W0190759

Atkins

Physikalische Chemie: Arbeitsbuch

VCH

Vertrieb:
VCH Verlagsgesellschaft, Postfach 1260/1280, D-6940 Weinheim (Bundesrepublik Deutschland)
Schweiz: VCH Verlags-AG, Postfach, CH-4020 Basel (Schweiz)
Großbritannien und Irland: VCH Publishers (UK) Ltd., 8 Wellington Court, Wellington Street, Cambridge CB1 1HW (Großbritannien)
USA und Canada: VCH Publishers, Suite 909, 220 East 23rd Street, New York, NY 10010-4606 (USA)

ISBN 3-527-26486-8

Peter W. Atkins

Physikalische Chemie: Arbeitsbuch

mit Beiträgen von J. C. Morrow

Übersetzt und bearbeitet von
Arno Höpfner

VCH

Originally published in English by
Oxford University Press
under the title
Solutions Manual for Physical Chemistry, Third Edition

Übersetzt und bearbeitet von
Prof. Dr. Arno Höpfner
Physikalisch-chemisches Institut der Universität
Im Neuenheimer Feld 253
D-6900 Heidelberg 1

Das vorliegende Werk wurde sorgfältig erarbeitet. Dennoch übernehmen Autor, Übersetzer und Verlag für die Richtigkeit von Angaben, Hinweisen und Ratschlägen sowie für eventuelle Druckfehler keine Haftung.

1. Auflage 1988

Lektorat: Dr. Michael G. Weller
Herstellerische Betreuung: Elke Littmann
Druck: betz-druck, D-6100 Darmstadt
Bindung: Konrad Triltsch, Graphischer Betrieb, D-8700 Würzburg

CIP-Titelaufnahme der Deutschen Bibliothek:
Atkins, Peter W.:
Physikalische Chemie / Peter W. Atkins. - Weinheim ; Basel (Schweiz) ; Cambridge ; New York, NY : VCH.
Einheitssacht.: Physical chemistry <dt.>
Arbeitsbuch. übers. u. bearb. von Arno Höpfner. Mit Beitr. von J. C. Morrow. - 1. Aufl. - 1988
ISBN 3-527-26486-8
NE: Höpfner, Arno [Bearb.]

Vorwort

In diesem Buch werden ausführliche Lösungen für die etwa 1400 Aufgaben wiedergegeben, die im Lehrbuch Physikalische Chemie von P. W. Atkins jeweils am Ende der Kapitel stehen. Ausgenommen sind lediglich die Aufgaben, bei denen der Leser Computer-Programme erstellen soll. Die Lösungen der 300 *einfachen Aufgaben* stammen von J. C. Morrow. L. Epstein (Pittsburgh) gab viele nützliche und ausführliche Hinweise für Verbesserungen; Michael Golde (Pittsburgh), Juvencio Robles (Chapel Hill), Beate Schumacher und Ruth Karcher haben die Aufgaben überprüft.

Die verwendeten Zahlenwerte beziehen sich auf die 1987 erschienene erste deutsche Ausgabe des Lehrbuches (korrigierter Nachdruck 1988).

Die Schreibweise der Formeln wurde dem deutschen Brauch angepaßt. Brüche wurden prinzipiell mit horizontalem Bruchstrich geschrieben, für Einheiten werden dagegen bei Bedarf schräge Bruchstriche oder negative Exponenten verwendet, also z. B. 12.5 $J\ K^{-1}\ mol^{-1}$ oder $\Lambda^{m}\ /(S\ cm^{2}\ mol^{-1})$. Die Diagramme enthalten dimensionslose Größen, z. B. die Zahlenwerte von p/kPa. Als Einheit der Konzentration verwenden wir $1\ M = 1\ mol\ dm^{-3}$, obwohl M nicht dem SI-System angehört; es vereinfacht jedoch viele Gleichungen erheblich. Der Standarddruck ist wie gewohnt $p^{\ominus} = 1\ bar = 10^{5}\ Pa = 10^{5}\ N\ m^{-2}$. Weiter verwenden wir, wie im Lehrbuch, die Abkürzung $\mathcal{T} = 298.15\ K$.

Am Ende des Buches findet sich eine Auswahl der weiterführenden Literatur aus der englischen Ausgabe des Lehrbuches, ergänzt um zahlreiche Hinweise auf deutsche Publikationen, sowie eine kurze Beschreibung der Methode der kleinsten Quadrate.

Heidelberg, im September 1988 A. H.

Inhalt

Teil I Gleichgewicht

Teil II Struktur

Teil III Zeitliche Veränderungen

Anhang

Teil I: GLEICHGEWICHT

1 Die Eigenschaften der Gase

A1-1 $p_{\mathrm{A}} = \frac{p_{\mathrm{E}} V_{\mathrm{E}}}{V_{\mathrm{A}}}$ [1.1–3]

$$= \frac{(3.78 \cdot 10^5\ \mathrm{Pa}) \cdot (4.65\ \mathrm{dm}^3)}{4.65\ \mathrm{dm}^3 + 2.20\ \mathrm{dm}^3} = 2.57 \cdot 10^5\ \mathrm{Pa} = \underline{2.57\ \mathrm{bar.}}$$

A1-2 $T_{\mathrm{E}} = \frac{T_{\mathrm{A}} V_{\mathrm{E}}}{V_{\mathrm{A}}}$ [1.1–3]

$$= (340\ \mathrm{K}) \cdot \left(\frac{1.18}{1}\right) = \underline{401\ \mathrm{K.}}$$

A1-3 $p = \frac{nRT}{V}$ [1.1–1]

$$= \left(\frac{0.255}{20.2}\ \mathrm{mol}\right) \cdot \frac{(8.314\ \mathrm{J\ K^{-1}\ mol^{-1}}) \cdot (122\ \mathrm{K})}{3.00 \cdot 10^{-3} \mathrm{m}^3} = 4.27 \cdot 10^3\ \mathrm{Pa} = \underline{4.27\ \mathrm{kPa.}}$$

A1-4 (a) $V = \frac{n_{\mathrm{J}} RT}{p_{\mathrm{J}}}$ [1.2–3]

$$= \frac{\left(\frac{0.225}{20.2}\ \mathrm{mol}\right)(8.314\ \mathrm{J\ K^{-1}\ mol^{-1}}) \cdot (300\ \mathrm{K})}{88.7\ \mathrm{mbar}} = 3.14 \cdot 10^{-3}\ \mathrm{m}^3 = \underline{3.14\ \mathrm{dm}^3.}$$

(b) $p_{\mathrm{J}} = \frac{n_{\mathrm{J}} RT}{V}$ [1.2–3]

$$= \frac{\left[\left(\frac{0.175}{40.0}\right)\ \mathrm{mol}\right][8.314\ \mathrm{J\ K^{-1}\ mol^{-1}}][300\ \mathrm{K}]}{3.14 \cdot 10^{-3} \mathrm{m}^3} = 3.47 \cdot 10^3\ \mathrm{Pa} = \underline{3.47\ \mathrm{kPa.}}$$

(c) $p = (n_{\mathrm{A}} + n_{\mathrm{B}} + n_{\mathrm{C}}) \frac{RT}{V}$ [1.2–1]

$$= \left(\frac{0.320}{16.0}\ \mathrm{mol} + \frac{0.175}{40.0}\ \mathrm{mol} + \frac{0.225}{20.2}\ \mathrm{mol}\right) \cdot \frac{(8.314\ \mathrm{J\ K^{-1}\ mol^{-1}}) \cdot (300\ \mathrm{K})}{3.14 \cdot 10^{-3}\ \mathrm{m}^3}$$

$$= \underline{2.83 \cdot 10^4\ \mathrm{Pa.}}$$

A1-5 $n = \frac{pV}{RT} = \frac{(200 \cdot 10^2\ \mathrm{Pa}) \cdot (10^{-3} \mathrm{m}^3)}{(8.314\ \mathrm{J\ K^{-1}\ mol^{-1}}) \cdot (330\ \mathrm{K})} = 7.27 \cdot 10^{-3} \mathrm{mol}$ [1.1–1]

$\mathrm{RMM} = 1.23 \cdot (7.27 \cdot 10^{-3})^{-1} = \underline{169.}$

A1-6 (a) $V_{\mathrm{m}}(\mathrm{perfekt}) = \frac{RT}{p}$ [1.1–1]

$Z = \frac{pV_{\mathrm{m}}}{RT} = \frac{p}{RT} \cdot \left(0.88 \cdot \frac{RT}{p}\right) = \underline{0.88.}$ [Abschnitt 1.3(a)]

(b) $V_m = 0.88 \cdot \frac{RT}{p} = \frac{(0.88) \cdot (8.314 \text{ J K}^{-1} \text{ mol}^{-1}) \cdot (300 \text{ K})}{14.8 \cdot 10^5 \text{ Pa}}$

$= 1.5 \cdot 10^{-3} \text{ m}^3 \text{ mol}^{-1} = \underline{1.5 \text{ dm}^3 \text{ mol}^{-1}}$. Die anziehenden Kräfte dominieren.

A1-7 $Z = \frac{pV_m}{RT} = 0.86$

$V_m = 0.86 \frac{RT}{p} = \frac{(0.86) \cdot (8.314 \text{ J K}^{-1} \text{ mol}^{-1}) \cdot (300 \text{ K})}{19.7 \cdot 10^5 \text{ Pa}}$

$= 1.1 \cdot 10^{-3} \text{m}^3 \text{ mol}^{-1} = \underline{1.1 \text{ dm}^3 \text{ mol}^{-1}}$.

(a) $V = (1.1 \text{ dm}^3 \text{ mol}^{-1}) \cdot (8.2 \cdot 10^{-3} \text{ mol}) = 9.0 \cdot 10^{-3} \text{ dm}^3 = \underline{9.0 \text{ cm}^3}$.

(b) $B = V_m \cdot \left[\frac{pV_m}{RT} - 1\right] = V_m \cdot [Z - 1] = (1.1 \text{ dm}^3 \text{ mol}^{-1}) \cdot (0.86 - 1.00) = \underline{-0.15 \text{ dm}^3 \text{ mol}^{-1}}$. [1.3–2]

A1-8 $T_k = \frac{2}{3} \cdot \sqrt{\frac{2a}{3bR}} = \frac{2}{3}\left(12p_k \cdot \left(\frac{b}{R}\right)\right) = \frac{2}{3}(12p_k)\left(\frac{V_{m,k}}{3R}\right)$

$= \frac{\frac{2}{3} \cdot (12) \cdot (39.5 \cdot 10^5 \text{ Pa}) \cdot (160 \cdot 10^{-6} \text{m}^3 \text{ mol}^{-1})}{(3) \cdot (8.314 \text{ J K}^{-1} \text{ mol}^{-1})} = \underline{203 \text{ K}}$.

$\frac{4\pi r^3}{3} = \frac{\frac{1}{3}V_{m,k}}{N_A}$ [1.4–3]

$r = \sqrt[3]{\frac{160 \cdot 10^{-6} \text{m}^3 \text{ mol}^{-1}}{4 \cdot 3.14 \cdot (6.02 \cdot 10^{23} \text{ mol}^{-1})}} = \underline{2.77 \cdot 10^{-10} \text{m}}$.

A1-9 (a) $V_m = \frac{RT}{p} = \frac{(8.314 \text{ J K}^{-1} \text{ mol}^{-1}) \cdot (350 \text{ K})}{2.27 \cdot 10^5 \text{ Pa}}$

$= 1.28 \cdot 10^{-2} \text{m}^3 \text{ mol}^{-1} = \underline{12.8 \text{ dm}^3 \text{ mol}^{-1}}$.

(b) $V_m = \frac{RT}{p + \frac{a}{V_m^2}} + b$ [1.4–2]

$= \frac{(8.31 \text{ J K}^{-1} \text{ mol}^{-1}) \cdot (350 \text{ K})}{2.27 \text{ bar} + \frac{6.58 \text{ bar dm}^6 \text{ mol}^{-2}}{(12.8 \text{ dm}^3 \text{ mol}^{-1})^2}} \cdot \frac{10^3 \text{ dm}^3/\text{m}^3}{10^5 \text{ Pa/bar}} + (5.62 \cdot 10^{-2} \text{ dm}^3 \text{ mol}^{-1})$

$= 12.6 \text{ dm}^3 \text{mol}^{-1}$.

Setzt man diesen Wert in den Anziehungs-Term ein, erhält man

$V_m = \underline{12.6 \text{ dm}^3 \text{ mol}^{-1}}$, und die Iteration ist beendet. [Tabelle 1–3]

A1-10 (a) $T_B = \frac{a}{bR} = \frac{6.579 \text{ dm}^6 \text{ bar mol}^{-2}}{5.622 \cdot 10^{-2} \text{ dm}^3 \text{ mol}^{-1}} \cdot \frac{(10^{-3} \text{ m}^3/\text{dm}^3) \cdot (10^5 \text{ Pa/bar})}{8.314 \text{ J K}^{-1} \text{ mol}^{-1}}$

$$= \underline{1.407 \cdot 10^3\ \text{K.}}\ \ [1.4\text{–}5, \text{Tabelle } 1\text{–}3]$$

(b) $\frac{4\pi r^3}{3} = \frac{b}{N_A}$ [1.4–3, Tabelle 1–3]

$$r = \sqrt[3]{\frac{(3)\cdot(5.62\cdot 10^{-2}\ \text{dm}^3\ \text{mol}^{-1})\cdot(10^{-3}\ \text{m}^3/\text{dm}^3)}{(4\cdot 3.14)\cdot(6.02\cdot 10^{23}\ \text{mol}^{-1})}} = 2.81\cdot 10^{-10}\ \text{m} = \underline{0.281\ \text{nm.}}$$

1-1 $p_E = \left(\frac{V_A}{V_E}\right)\cdot p_A$ [1.1–3].

$V_A = 1\ \text{dm}^3 = 1000\ \text{cm}^3, V_E = 100\ \text{cm}^3, p_A = 1\ \text{bar}.$

$$p_E = \left(\frac{1000\ \text{cm}^3}{100\ \text{cm}^3}\right)\times(1\ \text{bar}) = 10\times 1\ \text{bar} = \underline{10\ \text{bar.}}$$

1-2 $V_E = \left(\frac{p_A}{p_E}\right)V_A$ [1.1–3].

$V_A = 2\ \text{m}^3,\ p_A = 1006\ \text{mbar},\ p_E =$ (a) 133 mbar, (b) 13.3 mbar.

(a) $V_E = \left(\frac{1006\ \text{mbar}}{133\ \text{mbar}}\right)\cdot(2\ \text{m}^3) = \underline{15\ \text{m}^3.}$

(b) $V_E = \left(\frac{1006\ \text{mbar}}{13.3\ \text{mbar}}\right)\cdot(2\ \text{m}^3) = \underline{150\ \text{m}^3.}$

1-3 $V_E = \left(\frac{p_A}{p_E}\right)V_A$ [1.1–3]. $p_E = \rho g h$ [hydrostatisch] + 1 bar.

$V_A = 3\ \text{m}^3,\ p_A = 1\ \text{bar},\ \rho = 1.025\ \text{g cm}^{-3},\ g = 9.81\ \text{m s}^{-2},\ h = 50\ \text{m}.$

$$p_E = (1.025\ \text{g cm}^{-3})(9.81\ \text{m s}^{-2})(50\ \text{m}) + 1\ \text{bar} = 5.03\cdot 10^5\ \text{kg m}^{-1}\ \text{s}^{-2} + 1\ \text{bar}$$
$$= 5.03\cdot 10^5\ \text{N m}^{-2} + 1\ \text{bar} \approx 6\ \text{bar}.$$

$$V_E = \left(\frac{1\ \text{bar}}{6\ \text{bar}}\right)\cdot(3\ \text{m}^3) = \tfrac{1}{6}\cdot 3\ \text{m}^3 = \underline{0.5\ \text{m}^3.}$$

1-4 Der äußere Druck ist p_A, der Druck am unteren Ende des Strohhalmes $p_E + \rho g h$.

Im Gleichgewicht gilt $p_A = p_E + \rho g h$ bzw. $p_E = p_A - \rho g h$.

$$\rho g h = (1.0\ \text{g cm}^{-3})\cdot(9.81\ \text{m s}^{-2})\cdot(0.15\ \text{m}) = 1.47\cdot 10^3\ \text{N m}^{-2}.$$

$$\frac{\Delta V}{V} = \frac{V_E - V_A}{V_A} = \frac{\left(\frac{p_A}{p_E}\right)\cdot V_A - V_A}{V_A} = \left(\frac{p_A}{p_E}\right) - 1$$

$$= \frac{p_A - p_E}{p_E} = \frac{\rho g h}{p_E} \approx \frac{\rho g h}{p_A}\quad [\rho g h \ll p_A].$$

$$\frac{\Delta V}{V} = \frac{1.47 \cdot 10^3 \text{ N m}^{-2}}{1.013 \cdot 10^5 \text{ N m}^{-2}} = \underline{0.0145 \quad = \quad 1.5\ \%.}$$

1-5 $T_E = \left(\frac{V_E}{V_A}\right) \cdot T_A$ [1.1–5].

$V_A = 1 \text{ dm}^3, V_E = 100 \text{ cm}^3 = 0.1 \text{ dm}^3, T_A = 298 \text{ K}.$

$$T_E = \left(\frac{0.1 \text{ dm}^3}{1.0 \text{ dm}^3}\right) \cdot (298 \text{ K}) = 0.1 \cdot (298 \text{ K}) \approx \underline{30 \text{ K}.}$$

1-6 $p_E = \left(\frac{T_E}{T_A}\right) \cdot p_A$ [1.1–6].

Gasdruck im Reifen = angegebener Reifendruck + Atmosphärendruck

$p_A = 1.65 \text{ bar} + 1 \text{ bar} = 2.65 \text{ bar}$

$T_A = -5\ °C = 268 \text{ K}, \quad T_E = 35\ °C = 308 \text{ K}.$

$$p_E = \left(\frac{308 \text{ K}}{268 \text{ K}}\right) \cdot (2.65 \text{ bar}) = 3.04 \text{ bar}.$$

$p_E(\text{innen}) = (3.04 - 1) \text{ bar} = \underline{2.04 \text{ bar}.}$

1-7 Die Spannung der Ballonhülle wollen wir vernachlässigen.

$p_A V_A = nRT_A, \quad p_E V_E = nRT_E \quad$ [1.1–1]

$$\frac{p_A V_A}{nRT_A} = \frac{p_E V_E}{nRT_E} \quad \text{oder} \quad p_E = \left(\frac{V_A}{V_E}\right) \cdot \left(\frac{T_E}{T_A}\right) p_A$$

$$V_E = \tfrac{4}{3}\pi R_E^3, \quad V_A = \tfrac{4}{3}\pi R_A^3, \quad p_E = \left(\frac{R_A}{E_E}\right)^3 \cdot \left(\frac{T_E}{T_A}\right) p_A$$

$R_A = 1 \text{ m}, \ R_E = 3 \text{ m}, \ T_A = 298 \text{ K}, \ T_E = -20\ °C \approx 253 \text{ K}, \ p_A = 1 \text{ bar}.$

$$p_E = \left(\frac{1 \text{ m}}{3 \text{ m}}\right)^3 \cdot \left(\frac{253 \text{ K}}{298 \text{ K}}\right) \cdot (1 \text{ bar}) = \left(\frac{1}{3}\right)^3 \cdot (0.849) \cdot (1 \text{ bar}) = \underline{0.03 \text{ bar}.}$$

1-8 $n = \frac{M}{M_m}$ [Kasten 0–1]; $\quad \frac{n}{V} = \frac{M}{M_m V} = \frac{\rho}{M_m} \quad \left[\rho = \frac{M}{V}\right].$

Für ein perfektes Gas gilt $p = \frac{nRT}{V} = \underline{\frac{\rho RT}{M_m}}.$

Für ein reales Gas gilt

$$p = \frac{nRT}{V}\{1 + B'p + \ldots\} = \left(\frac{\rho RT}{M_m}\right)\{1 + B'p + \ldots\}$$

$$\frac{p}{\rho} = \left(\frac{RT}{M_m}\right) + B'\left(\frac{RT}{M_m}\right)p + \ldots$$

Wir tragen deshalb $\frac{p}{\rho}$ gegen p auf und erwarten eine Gerade mit dem Achsenabschnitt $\frac{RT}{M_m}$ bei $p = 0$.

p/mbar	122.32	251.97	369.7	603.7	852.4	1013.3
$p/(10^5$ Pa)	0.1223	0.2520	0.3697	0.6037	0.8522	1.0133
$\rho/(\mathrm{kg\ m^{-3}})$	0.225	0.456	0.664	1.062	1.468	1.734
$\frac{p}{\rho}/(10^5\ \mathrm{m^2\ s^{-2}})$	0.544	0.553	0.557	0.568	0.581	0.584

Diese Punkte sind in Abb. 1–1 aufgetragen; das perfekte Gasgesetz ist erfüllt.

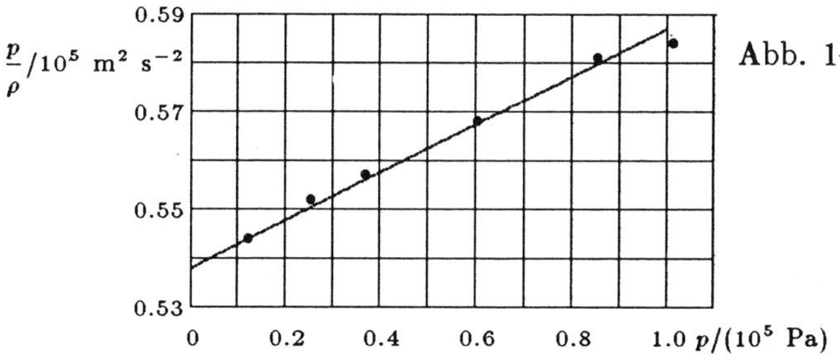

Abb. 1–1

Die Gerade schneidet die Ordinate für $p = 0$ bei $\left(\frac{p}{\rho}\right) \Big/ (10^5\ \mathrm{m^2\ s^{-2}}) = 0.540$. Daraus folgt

$$\frac{RT}{M_m} = 0.540 \cdot 10^5\ \mathrm{m^2\ s^{-2}} \quad \text{oder} \quad M_m = \frac{RT}{0.540 \cdot 10^5\ \mathrm{m^2\ s^{-2}}}.$$

$$M_m = \frac{(8.3144\ \mathrm{J\ K^{-1}\ mol^{-1}}) \cdot (298.15\ \mathrm{K})}{0.540 \cdot 10^5\ \mathrm{m^2\ s^{-2}}} = 4.59 \cdot 10^{-2}\ \mathrm{kg\ mol^{-1}} \quad [1\ \mathrm{J} = 1\ \mathrm{kg\ m^2\ s^{-2}}]$$

$$= 45.9\ \mathrm{g\ mol^{-1}}\ ; \quad \underline{M_r = 45.9.}$$

1-9 $n = \frac{pV}{RT}$ [1.1–1], $V = \frac{4}{3}\pi R^3$,

$p = 1.013 \cdot 10^5\ \mathrm{N\ m^{-2}}$, $T = 298$ K, $R = 3$ m,

$V = \frac{4}{3}\pi(3.0\ \mathrm{m})^3 = 113.1\ \mathrm{m^3}$, $RT = 2.479\ \mathrm{kJ\ mol^{-1}}$ [Einband].

$$n = \frac{1.013 \cdot 10^5 \cdot 113.1}{2.479 \cdot 10^3} \cdot \frac{\mathrm{N\ m^{-2} m^3}}{\mathrm{J\ mol^{-1}}} = \underline{4622\ \mathrm{mol}} \quad [1\ \mathrm{J} = 1\ \mathrm{N\ m}]$$

Masse des benötigten Wasserstoffs =

$M_{H_2} = nM_r\ \mathrm{g\ mol^{-1}}$ $[M = (4622\ \mathrm{mol}) \cdot (2\ \mathrm{g\ mol^{-1}}) = 9244\ \mathrm{g} = 9.2\ \mathrm{kg}$.

Masse der verdrängten Luft = $(113.1\ \mathrm{m}^3) \cdot (1.22\ \mathrm{kg\ m}^{-3}) = 138\ \mathrm{kg}$.

Das ergibt für die Nutzlast (einschl. der Ballonhülle) 138 kg – 9.2 kg = $\underline{129\ \mathrm{kg}}$.

Für Helium erhält man $M_{\mathrm{He}} = (4622\ \mathrm{mol}) \cdot (4.0\ \mathrm{g\ mol}^{-1}) = 18.5\ \mathrm{kg}$

und die Nutzlast = 138 kg – 18.5 kg = $\underline{120\ \mathrm{kg}}$.

In der angegebenen Höhe von 9144 m hat die Gasmenge $4.6 \cdot 10^3$ mol

das Volumen

$$V = \frac{nRT}{p}\ [1.1\text{-}1]\ \frac{(4.6 \cdot 10^3\ \mathrm{mol}) \cdot (8.31\ \mathrm{J\ K}^{-1}\ \mathrm{mol}^{-1}) \cdot (230\ \mathrm{K})}{(0.28 \cdot (10^5\ \mathrm{Nm}^{-2})} = 314\ \mathrm{m}^3.$$

Dort hat die verdrängte Luft die Masse

$$M_{\mathrm{Luft}} = (314\ \mathrm{m}^3) \cdot (0.43\ \mathrm{kg\ m}^{-3}) = 135\ \mathrm{kg}$$

und für die Nutzlast folgt 135 kg – 9 kg = $\underline{126\ \mathrm{kg}}$ (für Wasserstoff)
bzw. 135 kg – 18 kg = $\underline{117\ \mathrm{kg}}$ (für Helium).

Ob Sie mit Ihrem Sportskameraden diese Höhe erreichen, hängt davon ab, wieviel Sie zusammen wiegen. Gehen Sie von zusammen 127 kg aus und vergessen Sie nicht die Massen der Gondel, der Ballonhülle, des Proviantes usw.; suchen Sie sich gegebenenfalls einen schlanken Begleiter.
Wenn Sie den Ballon weiter aufblasen wollen, müssen Sie Wasserstoff mitnehmen. Nehmen Sie an, Sie hätten in dem gleichen Zylinder 9.2 kg komprimierten Wasserstoff mitgenommen. Auf Seehöhe ist die Nutzlast dann nur noch 120 kg. Wenn man in der angegebenen Höhe von 9144 m diese 9.2 kg Wasserstoff (das sind $4.6 \cdot 10^3$ mol) in die Hülle gibt, dehnt sie sich auf $2 \cdot 314\ \mathrm{m}^3$ auf und verdrängt damit 270 kg Luft. Die Nutzlast ist jetzt 252 kg, und der Ballon wird weiter steigen. Man kann sich natürlich vorerst auch mit kleineren Gas-Zugaben begnügen.

1-10 $p = \frac{\rho RT}{M_{\mathrm{m}}}$ [Aufgabe 1–8]; $m = \frac{M_{\mathrm{m}}}{N_{\mathrm{A}}}$ [Kasten 0–1].

$$\rho = \frac{M}{V} = \frac{33.5 \cdot 10^{-6}\ \mathrm{kg}}{250 \cdot 10^{-6}\ \mathrm{m}^3} = 0.134\ \mathrm{kg\ m}^{-3}.$$

$$p = 2.026 \cdot 10^4\ \mathrm{N\ m}^{-2}.$$

$$M_{\mathrm{m}} = \frac{\rho RT}{p} = \frac{((0.134\ \mathrm{kg\ m}^{-3}) \cdot (8.3144\ \mathrm{J\ K}^{-1}\ \mathrm{mol}^{-1}) \cdot (298.15\ K)}{(2.026 \cdot 10^4\ \mathrm{N\ m}^{-2})}$$

$$= 1.64 \cdot 10^{-2}\ \mathrm{kg\ J\ mol}^{-1}/(\mathrm{N\ m}) = 1.64 \cdot 10^{-2}\ \mathrm{kg\ mol}^{-1}\quad [1\ \mathrm{J} = 1\ \mathrm{N\ m}]$$

$$= 16.4\ \mathrm{g\ mol}^{-1}\ ;\quad \underline{\mathrm{M_r} = 16.4.}$$

$$m = \frac{M_{\mathrm{m}}}{N_{\mathrm{A}}} = \frac{1.64 \cdot 10^{-2}\ \mathrm{kg\ mol}^{-1}}{6.022 \cdot 10^{-23}\ \mathrm{mol}^{-1}} = \underline{2.7 \cdot 10^{-26}\ \mathrm{kg}.}$$

1-11 Das durch den Glaskolben verdrängte Gas hat die Masse $V\rho$; V ist das Volumen des Glaskolbens und ρ die Gasdichte. Die Gleichgewichtsbedingungen für die beiden Gase lauten $m(\mathrm{Kolben}) = V(\mathrm{Kolben}) \cdot \rho(1)$ sowie $m(\mathrm{Kolben}) = V(\mathrm{Kolben}) \cdot \rho(2)$ und damit $\rho(1) = \rho(2)$. Nach Aufgabe 1-8 ist $\rho(X) = \frac{M_{\mathrm{m}}(X) \cdot p(X)}{kT}$, $X = 1,\ 2$, und damit lautet die Bedingung für das Gleichgewicht der Waage $M_{\mathrm{m}}(1)p(1) =$

$M_m(2)p(2)$ oder $M_r(1)p(1) = M_r(2)p(2)$. Im Grenzfall kleiner Drücke gilt also $M_r(2) = M_r(1) \cdot \frac{p(1)}{p(2)}$. Beim ersten Versuch war $p(1) = 564.29$ mbar, $p(2) = 436.10$ mbar und damit $M_r(2) = 70.014 \cdot \frac{564.29 \text{ mbar}}{436.10 \text{ mbar}} = 90.59$, entsprechend beim zweiten Versuch $p(1) = 569.69$ mbar, $p(2) = 390.96$ mbar und damit $M_r(2) = 70.014 \cdot \frac{569.69 \text{ mbar}}{390.96 \text{ mbar}} = 102.01$. Wenn man die Meßreihe fortsetzen will, sollte man den Druck verkleinern, gegebenenfalls durch Veränderung des Gegengewichtes. Beim zweiten Experiment ist der Druck näher bei Null als bei der ersten Messung; wir setzen also $\underline{M_r = 102.}$ Für das Molekül CH_2FCF_3 entnehmen wir der Periodentafel $M_r = 102$.

1-12 $pV = nRT$ [1.1-1], $V =$ konstant.

Bei $T = T_3^*(= 273.16 \text{ K})$ ist $p = p_3$ $(= 66.92 \text{ mbar})$.

Allgemein gilt bei T $p(T) = p_3 \left(\frac{T}{T_3^*}\right)$ [1.1–6]. Das ergibt

$$p(274.16 \text{ K}) - p(273.16 \text{ K}) = p_3 \cdot \left(\frac{274.16 \text{ K} - 273.16 \text{ K}}{273.16 \text{ K}}\right)$$

$$= \frac{p_3}{273.16} = \frac{66.92 \text{ mbar}}{273.16} = \underline{0.245 \text{ mbar.}}$$

Bei 100 °C gilt

$$p(373.15\ K) = (66.92 \text{ mbar}) \cdot \left(\frac{373.15 \text{ K}}{273.16 \text{ K}}\right)$$

$$= 1.366 \cdot 66.92 \text{ mbar} = \underline{91.4 \text{ mbar.}}$$

Bei 101 °C gilt $p(374.15 \text{ K}) - p(373.15 \text{ K}) = \frac{p_3}{273.16} = \underline{0.245 \text{ mbar.}}$

1-13 $n = n(H_2) + n(N_2) = 2.0 \text{ mol} + 1.0 \text{ mol} = 3.0 \text{ mol}.$

$$x(H_2) = \frac{n(H_2)}{n} \text{ [Abschnitt 1.2(a)]} = \frac{2.0 \text{ mol}}{3.0 \text{ mol}} = \underline{0.67.}$$

$$x(N_2) = \frac{n(N_2)}{n} = \frac{1.0 \text{ mol}}{3.0 \text{ mol}} = \underline{0.33.}$$

$$p = \frac{nRT}{V} = \frac{(3.0 \text{ mol}) \cdot (8.3144 \text{ J K}^{-1} \text{ mol}^{-1}) \cdot (273.15 \text{ K})}{22.4 \text{ dm}^3}$$

$$= 3.0 \cdot 10^5 \text{ N m}^{-2} = \underline{3 \text{ bar.}}$$

$$p(H_2) = x(H_2) \cdot p = 0.67 \cdot (3.0 \text{ bar}) = \underline{2.0 \text{ bar}} \quad [1.2\text{–}4]$$

$$p(N_2) = x(N_2) \cdot p = 0.33 \cdot (3.0 \text{ bar}) = \underline{1.0 \text{ bar.}}$$

1-14 Anhand der Reaktionsgleichung $H_2 + \frac{1}{3}N_2 \rightarrow \frac{2}{3}NH_3$ stellen wir die folgende Tabelle auf:

	H_2	N_2	NH_3	
am Anfang	n_1	n_2	0	
am Ende	0	$n_2 - \frac{1}{3}n_1$	$\frac{2}{3}n_1$	
bzw.	0	0.33 mol	1.33 mol	[$n_1 = 2.0$ mol, $n_2 = 1.0$ mol]
Molenbruch:	0	0.20	0.80	[$n_{\text{gesamt}} = 1.66$ mol]

$$p = \frac{nRT}{V} = (1.66\ \text{mol}) \cdot \left\{\frac{(8.3144\ \text{J K}^{-1}\ \text{mol}^{-1}) \cdot (273.15\ \text{K})}{22.4\ \text{dm}^3}\right\} = 1.68\ \text{bar}.$$

$p(H_2) = x(H_2)p = \underline{0.}$

$p(N_2) = x(N_2)p = 0.20 \cdot (1.68\ \text{bar}) = \underline{0.34\ \text{bar.}}$

$p(NH_3) = x(NH_3)p = 0.80 \cdot (1.68\ \text{bar}) = \underline{1.34\ \text{bar.}}$

1-15 Wir berechnen den Gasdruck aus $p = \dfrac{nRT}{V}$.

$$n = \frac{131\ \text{g}}{131\ \text{g mol}^{-1}}\ \text{[Periodentafel]} = 1.00\ \text{mol}.$$

$R = 0.0831\ \text{dm}^3\ \text{bar K}^{-1}\ \text{mol}^{-1}$

$$p = \frac{(1.00\ \text{mol}) \cdot (0.0831\ \text{dm}^3\ \text{bar K}^{-1}\ \text{mol}^{-1}) \cdot (298\ \text{K})}{(1.0\ \text{dm}^3)} = 25\ \text{bar}.$$

Die Probe erreicht nicht nur 20 bar, sondern sogar 24 bar.

1-16 $p = \dfrac{nRT}{V - nb} - \dfrac{an^2}{V^2}$ [1.4–1a],

$a = 4.250\ \text{dm}^6\ \text{bar mol}^{-2}$, $b = 5.105 \cdot 10^{-2}\ \text{dm}^3\ \text{mol}^{-1}$ [Tabelle 1–3],

$n = 1.00$ mol [Aufgabe 1–15], $V = 1.0\ \text{dm}^3$.

$$\frac{nRT}{V - nb} = \frac{(1.00\ \text{mol}) \cdot (0.0831\ \text{dm}^3\ \text{bar K}^{-1}\ \text{mol}^{-1}) \cdot (298\ \text{K})}{(1.0\ \text{dm}^3) - (1.00\ \text{mol}) \cdot (5.105 \cdot 10^{-2}\ \text{dm}^3\ \text{mol}^{-1})}$$

$$= \frac{0.0831 \cdot 298\ \text{dm}^3\ \text{bar}}{(1.0 - 0.05)\ \text{dm}^3} = \frac{24.7\ \text{bar}}{0.95} = 26\ \text{bar}.$$

$$\frac{an^2}{V^2} = \frac{(4.250\ \text{dm}^6\ \text{bar mol}^{-2}) \cdot (1.00\ \text{mol})^2}{(1.0\ \text{dm}^3)^2} = 4.3\ \text{bar}.$$

Das ergibt $p = 26\ \text{bar} - 4.3\ \text{bar} = \underline{22\ \text{bar.}}$

1-17 (a) $p = \frac{nRT}{V}$ [1.1-1], (b) $p = \frac{nRT}{V - nb} - \frac{an^2}{V^2}$ [1.4–1a].

$a = 4.530\ \text{dm}^6\ \text{bar mol}^{-2}$, $b = 5.714 \cdot 10^{-2}\ \text{dm}^3\ \text{mol}^{-1} = 57.13\ \text{cm}^3\ \text{mol}^{-1}$ [Tabelle 1–3].

$\frac{RT}{V} = 1.01\ \text{bar mol}^{-1}$ mit $T = 273.15$ K und $V = 22.414\ \text{dm}^3$.

(a1) $p = (1.00\ \text{mol}) \cdot (1.01\ \text{bar mol}^{-1}) = \underline{1.01\ \text{bar.}}$

(a2) $$p = \frac{(1.00\ \text{mol}) \cdot (0.0831\ \text{dm}^3\ \text{bar K}^{-1}\ \text{mol}^{-1}) \cdot (1000\ \text{K})}{(0.100\ \text{dm}^3)} = \underline{831\ \text{bar.}}$$

(b1) $$\frac{nRT}{V - nb} = \frac{(1.00\ \text{mol}) \cdot (22.414\ \text{dm}^3\ \text{bar mol}^{-1})}{(22.711\ \text{dm}^3) - (5.714 \cdot 10^{-2}\ \text{dm}^3)} = 1.0158\ \text{bar}$$

$$\frac{an^2}{V^2} = \frac{(4.530\ \text{dm}^6\ \text{bar mol}^{-2}) \cdot (1.00\ \text{mol})2}{(22.414\ \text{dm}^3)^2} = 0.0090\ \text{bar.}$$

$p = (1.0158 - 0.0090)\ \text{bar} = \underline{1.0068\ \text{bar.}}$

(b2) $$\frac{nRT}{V - nb} = \frac{(1.00\ \text{mol}) \cdot (83.14\ \text{dm}^3\ \text{bar mol}^{-1})}{(0.100\ \text{dm}^3) - (1.00\ \text{mol}) \cdot (5.714 \cdot 10^{-2}\ \text{dm}^3\ \text{mol}^{-1})} = 1939.9\ \text{bar.}$$

$$\frac{an^2}{V^2} = \frac{(4.530\ \text{dm}^6\ \text{bar mol}^{-2}) \cdot (1.00\ \text{mol})}{(0.100\ \text{dm}^3)^2} = \underline{453.0\ \text{bar.}}$$

$p = 1939.9\ \text{bar} - 453.0\ \text{bar} = \underline{1486.9\ \text{bar.}}$

1-18 Bei 25 °C und 1 bar gilt für den reduzierten Druck und die reduzierte Temperatur des Wasserstoffs

$T_r = \frac{298.15\ \text{K}}{33.23\ \text{K}} = 8.97$, [Tabelle 1–2 und Gl. 1.4–6],

$p_r = \frac{1\ \text{bar}}{12.96\ \text{bar}} = 0.0772.$

Ammoniak, Xenon und Helium befinden sich in korrespondierenden Zuständen, wenn ihre reduzierten Drücke und Temperaturen diese Werte haben. Um die gesuchten Drücke und Temperaturen zu berechnen, schreiben wir $p = p_r p_k$ und $T = T_r T_k$ mit $p_r = 0.0772$ und $T_r = 8.97$ und entnehmen die Werte für p_k und T_k der Tabelle 1-2.

(a) Ammoniak: $p_k = 112.8$ bar, $T_k = 405.5$ K

das ergibt $p = \underline{8.71\ \text{bar}}$, $T = \underline{3640\ \text{K.}}$

(b) Xenon: $p_k = 58.77$ bar, $T_k = 289.8$ K

das ergibt $p = \underline{4.54\ \text{bar}}$, $T = \underline{2600\ \text{K.}}$

(c) Helium $p_k = 2.29$ bar, $T_k = 5.21$ K

das ergibt $p = \underline{0.177\ \text{bar}}$, $T = \underline{46.7\ \text{K.}}$

1-19 Aus [1.4–3]: $V_{m,k} = 3b = 3 \cdot (0.0226 \text{ dm}^3 \text{ mol}^{-1}) = \underline{67.8 \text{ cm}^3 \text{ mol}^{-1}}$

$$p_k = \frac{a}{27b^2} = \frac{0.761 \text{ bar dm}^6 \text{ mol}^{-2}}{27 \cdot (0.0226 \text{ dm}^3 \text{ mol}^{-1})^2} = \underline{55.2 \text{ bar.}}$$

$$T_k = \frac{8a}{27Rb} = \frac{8 \cdot 0.761 \text{ bar dm}^6 \text{ mol}^{-2}}{27 \cdot (0.08314 \text{ dm}^3 \text{ bar K}^{-1} \text{ mol}^{-1}) \cdot (0.0226 \text{ dm}^3 \text{ mol}^{-1})}$$

$$= 120/\text{K}^{-1} = \underline{120 \text{ K.}}$$

1-20 $b = \frac{V_{m,k}}{3}$ [1.4–3], $a = 3\, p_k\, V_{m,k}^2$ [1.4–3]

$V_{m,k} = 98.7 \text{ cm}^3 \text{ mol}^{-1} = 0.0987 \text{ dm}^3 \text{ mol}^{-1}$, $p_k = 46.2$ bar

$b = \frac{1}{3} \cdot (0.0987 \text{ dm}^3 \text{ mol}^{-1}) = \underline{0.0329 \text{ dm}^3 \text{ mol}^{-1}.}$

$a = 3 \cdot (46.2 \text{ bar}) \cdot (0.0987 \text{ dm}^3 \text{ mol}^{-1})^2 = \underline{1.352 \text{ bar dm}^6 \text{ mol}^{-1}.}$

$$v_{mol} \approx \frac{b}{N_A} \quad \text{[Abschnitt 1.4 a]} \quad = \frac{0.0329 \cdot 10^{-3} \text{ m}^3 \text{ mol}^{-1}}{6.022 \cdot 10^{23} \text{ mol}^{-1}}$$

$$= \underline{5.5 \cdot 10^{-29} \text{ m}^3 = 0.055 \text{ nm}^3.}$$

$v_{mol} \approx \frac{4}{3}\pi r^3$, daraus folgt

$$r = \sqrt[3]{\frac{3}{4\pi} \cdot (5.5 \cdot 10^{-29} \text{ m}^3)} = 2.4 \cdot 10^{-10} \text{ m} = \underline{0.24 \text{ nm.}}$$

1-21 $V_{m,k} = 2b$ [Kasten 1-1], $b \approx \frac{4}{3}\pi r^3 N_A$, also $r \approx \sqrt[3]{\frac{3}{4\pi} \cdot \left(\frac{V_{m,k}}{N_A}\right)}$.

Aus Tabelle 1–2 entnehmen wir $V_{m,k}(\text{He}) = 57.8 \text{ cm}^3 \text{ mol}^{-1} = 57.8 \cdot 10^{-6} \text{ m}^3 \text{ mol}^{-1}$.

$$\frac{V_{m,k}}{N_A} = \frac{57.8 \cdot 10^{-6} \text{ m}^3 \text{ mol}^{-1}}{6.022 \cdot 10^{23} \text{ mol}^{-1}} = 9.60 \cdot 10^{-29} \text{ m}^3.$$

Das ergibt $r(\text{He}) \approx \sqrt[3]{\frac{3}{8\pi} \cdot (9.60 \cdot 10^{-29} \text{ m}^3)} = \underline{2.26 \cdot 10^{-10} \text{ m} = 226 \text{ pm.}}$

Genauso führt $V_{m,k}(\text{Ne}) = 41.7 \text{ cm}^3 \text{ mol}^{-1}$ zu $\underline{r(\text{Ne}) \approx 202 \text{ pm.}}$

$V_{m,k}(\text{Ar}) = 75.3 \text{ cm}^3 \text{ mol}^{-1}$ ergibt $\underline{r(\text{Ar}) \approx 246 \text{ pm.}}$

$V_{m,k}(\text{Xe}) = 118.8 \text{ cm}^3 \text{ mol}^{-1}$ ergibt $\underline{r(\text{Xe}) \approx 287 \text{ pm.}}$

1-22 $V_{m,k} = 2b$, $T_k = \frac{a}{4bR}$ [Kasten 1-1].

Daraus folgt $b = \frac{1}{2}V_{m,k}$, $a = 4RT_k b = 2RT_k V_{m,k}$.

$V_{m,k} = 118.8\ \text{cm}^3\ \text{mol}^{-1}$, $\underline{b = 59.4\ \text{cm}^3\ \text{mol}^{-1}}$. $T_k = 289.75$ K;

$$a = 2 \cdot (0.08314\ \text{dm}^3\ \text{bar K}^{-1}\ \text{mol}^{-1}) \cdot (289.75\ K) \cdot (0.1188\ \text{dm}^3\ \text{mol}^{-1})$$

$= \underline{5.72\ \text{dm}^6\ \text{bar mol}^{-2}}$; daraus folgt $p = 20.9$ bar [Dieterici-Gleichung, Kasten 1–1].

1-23 $p = \dfrac{RT}{V_m - b} - \dfrac{a}{V_m^2} = \left(\dfrac{RT}{V_m}\right)\left\{\dfrac{1}{1-(b/V_m)}\right\} - \dfrac{a}{V_m^2}$ [Kasten 1–1].

Mit $\dfrac{1}{1-x} = 1 + x + x^2 + \ldots$ und $x = \dfrac{b}{V_m}$ erhalten wir

$$p = \left(\frac{RT}{V_m}\right)\{1 + \left(\frac{b}{V_m}\right) + \left(\frac{b}{V_m}\right)^2 + \ldots\} - \frac{a}{V_m^2}$$

$$= \left(\frac{RT}{V_m}\right)\left\{1 + \frac{\left[b - \left(\frac{a}{RT}\right)\right]}{V_m} + \left(\frac{b}{V_m}\right)^2 + \ldots\right\}.$$

Der Vergleich mit $p = \left(\dfrac{RT}{V_m}\right)\{1 + \dfrac{B}{V_m} + \dfrac{C}{V_m^2} + \ldots\}$ [Kasten 1–1] liefert

$$\underline{B = b - \frac{a}{RT}, \quad C = b^2.}$$

1-24 $p = \dfrac{RT}{V_m - b} \cdot \exp\left(\dfrac{-a}{RTV_m}\right)$ [Kasten 1–1]

Mit $\dfrac{1}{1-x} = 1 + x + x^2 + \ldots$ und $e^y = 1 + y + \dfrac{1}{2!}y^2 + \cdots$ erhalten wir,

wenn wir nach Potenzen von $\dfrac{1}{V_m}$ ordnen,

$$p = \left(\frac{RT}{V_m}\right) \cdot \left[\frac{1}{1-(b/V_m)}\right] \cdot \exp\left(\frac{-a}{RTV_m}\right)$$

$$= \left(\frac{RT}{V_m}\right) \cdot \left\{1 + \frac{b}{V_m} + \left(\frac{b}{V_m}\right)^2 + \cdots\right\} \cdot \left\{1 - \frac{a}{RTV_m} + \frac{1}{2}\left(\frac{a}{RTV_m}\right)^2 + \cdots\right\}$$

$$= \left(\frac{RT}{V_m}\right) \cdot \left\{1 + \left[b - \frac{a}{RT}\right] \cdot \frac{1}{V_m} + \left[b^2 - \frac{ab}{RT} + \frac{a^2}{2R^2T^2}\right] \cdot \left(\frac{1}{V_m}\right)^2 + \cdots\right\}.$$

Der Koeffizientenvergleich mit $p = \left(\dfrac{RT}{V_m}\right)\left\{1 + \dfrac{B(T)}{V_m} + \dfrac{C(T)}{V_m^2} + \cdots\right\}$ ergibt dann

$$\underline{B(T) = b - \frac{a}{RT}, \quad C(T) = b^2 - \frac{ab}{RT} + \frac{a^2}{2R^2T^2}.}$$

1-25 Beim van-der-Waals-Gas gilt $B = b - \dfrac{a}{RT}$, $C = b^2$ [Aufg. 1–23] und damit $b = \sqrt{C}$

und $a = (b - B) \cdot RT$. Wir verwenden die Formeln $p_k = \frac{a}{27b^2}$, $V_{m,k} = 3b$ und $T_k = \frac{8a}{27Rb}$.

$B(T) = -21.7\ \text{cm}^3\ \text{mol}^{-1}, \quad C(T) = 1200\ \text{cm}^6\ \text{mol}^{-2}$.

Das ergibt $b = 34.6\ \text{cm}^3\ \text{mol}^{-1}$,

$$\begin{aligned} a &= \{34.6\ \text{cm}^3\ \text{mol}^{-1} - (-21.7\ \text{cm}^3\ \text{mol}^{-1})\} \cdot \{(0.0831\ \text{dm}^3\ \text{bar K}^{-1}\ \text{mol}^{-1}) \cdot (273\ \text{K})\} \\ &= (56.3\ \text{cm}^3\ \text{mol}^{-1}) \cdot (22.69\ \text{dm}^3\ \text{bar mol}^{-1}) \\ &= 1277\ \text{cm}^3\ \text{dm}^3\ \text{bar mol}^{-2} = 1.277\ \text{dm}^6\ \text{bar mol}^{-2} \end{aligned}$$

und $$p_k = \frac{1.277\ \text{dm}^6\ \text{bar mol}^{-2}}{27 \cdot (34.6 \cdot 10^{-3}\ \text{dm}^3\ \text{mol}^{-1})^2} = \underline{39.5\ \text{bar}}$$

sowie $V_{m,k} = 3 \cdot (34.6\ \text{cm}^3\ \text{mol}^{-1}) = \underline{104\ \text{cm}^3\ \text{mol}^{-1}}$.

$$T_k = \frac{8 \cdot (1.277\ \text{dm}^6\ \text{bar mol}^{-2})}{27 \cdot (0.0831\ \text{dm}^3\ \text{bar K}^{-1}\ \text{mol}^{-1}) \cdot (34.6\ 10^{-3}\ \text{dm}^3\ \text{mol}^{-1})} = \underline{131\ \text{K}}.$$

Beim Dieterici-Gas gilt $B = b - \frac{a}{RT}$ und $C = b^2 - \frac{ab}{RT} + \frac{a^2}{2R^2T^2}$ [Aufg. 1-24].

Daraus folgt $C - \frac{1}{2}B^2 = \frac{1}{2}b^2$ und damit $b = \sqrt{2C - B^2}$ und $a = (b - B) \cdot RT$.

Jetzt verwenden wir $p_k = \frac{a}{4e^2b^2}$, $V_{m,k} = 2b$ und $T_k = \frac{a}{4bR}$.

$$b = \sqrt{\{2400\ \text{cm}^6\ \text{mol}^{-2} - (-21.7\ \text{cm}^3\ \text{mol}^{-1})^2\}} = \underline{43.9\ \text{cm}^3\ \text{mol}^{-1}}.$$

$$\begin{aligned} a &= \{43.9\ \text{cm}^3\ \text{mol}^{-1} - (-21.7\ \text{cm}^3\ \text{mol}^{-1})\} \cdot \{22.7\ \text{dm}^3\ \text{bar mol}^{-1}\} \\ &= 1489\ \text{cm}^3\ \text{dm}^3\ \text{mol}^{-2}\ \text{bar} = 1.49\ \text{dm}^3\ \text{bar mol}^{-2}. \end{aligned}$$

$$p_k = \frac{1.49\ \text{dm}^3\ \text{bar mol}^{-2}}{4e^2(43.9 \cdot 10^{-3}\ \text{dm}^3\ \text{mol}^{-1})^2} = \underline{26.2\ \text{bar}}.$$

$$V_{m,k} = 2 \cdot (43.9\ \text{cm}^3\ \text{mol}^{-1}) = \underline{87.8\ \text{cm}^3\ \text{mol}^{-1}}.$$

$$T_k = \frac{1.49\ \text{dm}^3\ \text{bar mol}^{-2}}{4 \cdot (43.9 \cdot 10^{-3}\ \text{dm}^3\ \text{mol}^{-1}) \cdot (0.0831\ \text{dm}^3\ \text{bar K}^{-1}\ \text{mol}^{-1})} = \underline{102\ \text{K}}.$$

1-26 Kritisches Verhalten bedeutet, daß eine der Isothermen einen Wendepunkt hat, bei dem die Steigung der Kurve gleich Null ist [Abschnitt 1.4 b]; aus dieser Bedingung lassen sich die kritischen Konstanten berechnen.

$$p = RT/V_m - B/V_m^2 + C/V_m^3$$

$$\left.\begin{aligned} dp/dV_m &= -RT/V_m^2 + 2B/V_m^3 - 3C/V_m^4 = 0 \\ d^2p/dV_m^2 &= 2RT/V_m^3 - 6B/V_m^4 + 12C/V_m^5 = 0 \end{aligned}\right\} \text{ bei } p_k,\ V_{m,k} \text{ und } T_k.$$

$$\left.\begin{aligned} -RT_kV_{m,k}^2 + 2BV_{m,k} - 3C &= 0 \\ RT_kV_{m,k}^2 - 3BV_{m,k} + 6C &= 0 \end{aligned}\right\} \text{ bei } p_k,\ V_{m,k} \text{ und } T_k.$$

Ausrechnung liefert $V_{m,k} = \frac{3C}{B}, \quad T_k = \frac{B^2}{3RC}.$

p_k erhalten wir aus der Zustandsgleichung:

$$p_k = \frac{RT_k}{V_{m,k}} - \frac{B}{V_{m,k}^2} + \frac{C}{V_{m,k}^3}$$

$$= R\frac{\left(\frac{B^2}{3RC}\right)}{\left(\frac{3C}{B}\right)} - \frac{B}{\left(\frac{3C}{B}\right)^2} + \frac{C}{\left(\frac{3C}{B}\right)^3} = \frac{B^3}{27C^2}.$$

$$Z_k = \frac{p_k V_{m,k}}{RT_k} = \frac{\left(\frac{B^3}{27C^2}\right)\left(\frac{3C}{B}\right)}{R\left(\frac{B^2}{3RC}\right)} = \frac{1}{3}$$

1-27 $\frac{pV_m}{RT} = 1 + B'p + C'p^2 + \cdots$ [1.3–1]

$\frac{pV_m}{RT} = 1 + \frac{B}{V_m} + \frac{C}{V_m^2} + \cdots$ [1.3–2].

Setzen wir die beiden Formeln für $\frac{pV_m}{RT}$ einander gleich, so erhalten wir

$$B'p + C'p^2 + \cdots = \frac{B}{V_m} + \frac{C}{V_m^2} + \cdots$$

Dann ist $B'pV_m + C'p^2V_m + \cdots = B + \frac{C}{V_m} + \cdots$

Wenn wir $pV_m = RT\{1 + \left(\frac{B}{V_m}\right) + \cdots\}$ einsetzen und die Koeffizienten

von $\frac{1}{V_m}$ vergleichen, erhalten wir

$$B'RT\{1 + \left(\frac{B}{V_m}\right) + \cdots\} + \left(\frac{C'}{V_m}\right)(RT^2)\left\{1 + \left(\frac{B}{V_m}\right) + \cdots\right\}^2 = B + \frac{C}{V_m} + \cdots$$

oder $B'RT + \frac{BB'RT + C'R^2T^2}{V_m} + \cdots - B + \frac{C}{V_m} + \cdots.$

Es ist also $B'RT = B$ bzw. $B' = \frac{B}{RT}$

sowie $BB'RT + C'R^2T^2 = C$ oder $B^2 + C'R^2T^2 = C$ bzw. $C' = \frac{C - B^2}{R^2T^2}.$

1-28 Bei $T = T_B$ ist $B' = 0$ [Abschn. 1.3 b].

$$B' = \frac{B}{RT} = \frac{b - \dfrac{a}{RT}}{RT} \quad \text{[Aufg. 1–27 und 1–23].}$$

Daraus folgt $b - \dfrac{a}{RT_\mathrm{B}} = 0$ bzw. $T_\mathrm{B} = \dfrac{a}{Rb}$.

Bei $T = T_\mathrm{B}$ ist $Z = \dfrac{pV_\mathrm{m}}{RT_\mathrm{B}} = 1 + B'(T_\mathrm{B})p + C'(T_\mathrm{B})p^2 + \cdots$

$$= 1 + C'(T_\mathrm{B})p^2 + \cdots \approx 1 \text{ für } C'p^2 \ll 1.$$

Es gilt also für Xenon $Z \approx 1$ bei $T \approx T_\mathrm{B} \approx \dfrac{a}{Rb}$.

$$T_\mathrm{B}(\mathrm{Xe}) \approx \frac{4.25 \text{ dm}^6 \text{ bar mol}^{-2}}{(0.0831 \text{ dm}^3 \text{ bar K}^{-1} \text{ mol}^{-1}) \cdot (0.05105 \text{ dm}^3 \text{ mol}^{-1})} = \underline{1000 \text{ K.}}$$

1-29 (a) $T_\mathrm{B} = \dfrac{a}{Rb}$ [Aufg. 1–28], $T_\mathrm{k} = \dfrac{8a}{27Rb}$ [Tabelle 1–4].

$$T_\mathrm{B,r} = \frac{T_\mathrm{B}}{T_\mathrm{k}} = \frac{a}{Rb} \cdot \frac{27Rb}{8a} = \frac{27}{8} = \underline{3.375.}$$

(b) Beim Dieterici-Gas ist $B = b - \dfrac{a}{RT}$ [Aufg. 1–24] und

$$B' = \frac{b - \dfrac{a}{RT}}{RT} \quad \text{[Aufg. 1–27].}$$

Für $T = T_\mathrm{B}$ gilt $B' = 0$, deshalb ist $b = \dfrac{a}{RT_\mathrm{B}}$ bzw.

$T_\mathrm{B} = \dfrac{a}{Rb}$. Mit $T_\mathrm{k} = \dfrac{a}{4bR}$ [Tabelle 1–4] ergibt sich dann

$$T_\mathrm{B,r} = \frac{a}{Rb} \Big/ \frac{a}{4bR} = \underline{4.}$$

1-30 $\dfrac{p}{\rho} = \dfrac{RT}{M_\mathrm{m}} + \dfrac{B'RT}{M_\mathrm{m}} \cdot p + \cdots$ [Aufg. 1–8]. Trägt man $\dfrac{p}{\rho}$ gegen p auf,

so erhält man eine Kurve mit der Grenzsteigung $\dfrac{B'RT}{M_\mathrm{m}}$. Wir schreiben jetzt

$$\left(\frac{p}{\rho}\right) / (10^5 \text{ m}^2 \text{ s}^{-2}) = \left(\frac{RT}{M_\mathrm{m}}\right) / (10^5 \text{ m}^2 \text{ s}^{-2}) + \left\{\left(\frac{B'RT}{M_\mathrm{m}}\right) / (10^5 \text{ m}^2 \text{ s}^{-2})\right\} (p/10^5 \text{ N m}^{-2}),$$

und wenn wir $\left(\dfrac{p}{\rho}\right) / (10^5 \text{ m}^2 \text{ s}^{-2})$ gegen $p/(10^5 \text{ N m}^{-2})$ auftragen (wie in Abb. 1–1),

so erhalten wir eine (dimensionslose) Steigung von

$$\left\{\left(\frac{B'RT}{M_\mathrm{m}}\right)/(10^5\ \mathrm{m^2\ s^{-2}})\right\}\cdot(10^5\ \mathrm{N\ m^{-2}})=\left(\frac{B'RT}{M_\mathrm{m}}\right)\ \mathrm{N\ m^{-4}\ s^2}.$$

Nach Abb. 1-1 ist dann die Grenzsteigung angenähert $\dfrac{0.584-0.544}{1.0133-0.1223}=4.5\cdot10^{-2}$.

Es ist also $\left(\dfrac{B'RT}{M_\mathrm{m}}\right)\ \mathrm{N\ m^{-4}\ s^2}=4.5\cdot10^{-2}$, $\dfrac{RT}{M_\mathrm{m}}=0.540\cdot10^5\ \mathrm{m^2\ s^{-2}}$,

und $B'=\dfrac{4.5\cdot10^{-2}}{\left(\dfrac{RT}{M_\mathrm{m}}\right)\ \mathrm{N\ m^{-4}\ s^2}}=\dfrac{4.5\cdot10^{-2}}{0.540\cdot10^5\ \mathrm{m^{-2}\ N}}=\underline{8.3\cdot10^{-7}\ \mathrm{Pa^{-1}}}.$

$B=B'RT$ [Aufg. 1-27]

$=(8.3\cdot10^{-7}\ \mathrm{N^{-1}\ m^2})\cdot(8.31\ \mathrm{J\ K^{-1}\ mol^{-1}})\cdot(298\ \mathrm{K})$

$=2.06\cdot10^{-3}\ \mathrm{J\ N^{-1}\ m^2\ mol^{-1}}=2.06\cdot10^{-3}\ \mathrm{m^3\ mol^{-1}}=\underline{2.06\ \mathrm{dm^3\ mol^{-1}}}.$

1-31 Wir untersuchen eine dünne Schicht mit dem Querschnitt A, der Dicke $\mathrm{d}h$ und der Dichte ρ. Auf die Flächeneinheit wirkt nach unten die Kraft $\dfrac{\rho Ag\mathrm{d}h}{A}=\rho g\mathrm{d}h$; sie entspricht der Druckdifferenz zwischen der oberen und der unteren Begrenzung der Schicht. Bezeichnen wir mit h die Höhe, so gilt $\mathrm{d}p=-\rho g\mathrm{d}h$ ($\dfrac{\mathrm{d}p}{\mathrm{d}h}$ ist negativ, denn der Druck nimmt mit zunehmender Höhe ab). Für perfekte Gase gilt $\rho=\dfrac{M_\mathrm{m}}{RT}\cdot p$ [Aufg. 1-8]; damit erhalten wir $\mathrm{d}p=-\dfrac{M_\mathrm{m}}{RT}gp\mathrm{d}h$ bzw. $g\mathrm{d}pp=-\dfrac{M_\mathrm{m}}{RT}\cdot g\mathrm{d}h$. Schreiben wir $p=p_0$ in der Höhe $h=0$ und $p=p(h)$ in der Höhe h, so erhalten wir nach dem Integrieren $\ln\dfrac{p(h)}{p_0}=-\dfrac{M_\mathrm{m}g}{RT}\cdot h$ oder $\underline{p(h)=p_0\cdot\exp\left(\dfrac{-M_\mathrm{m}g}{RT}\cdot h\right)}$.

1-32 $p_0=1.0$ bar, $M_\mathrm{m}\approx30\ \mathrm{g\ mol^{-1}}$, $T=298$ K.

$$\frac{M_\mathrm{m}g}{RT}=\frac{(30\ \mathrm{g\ mol^{-1}})\cdot(9.81\ \mathrm{m\ s^{-2}})}{(2.48\cdot10^3\ \mathrm{Jmol^{-1}})}=1.19\cdot10^{-4}\ \mathrm{m^{-1}}.$$

(a) $h=15\ \mathrm{cm}=0.15\ \mathrm{m}$

$p=p_0\cdot\exp(-0.15\cdot1.19\cdot10^{-4})=\underline{0.99998\ p_0}.$

(b) $h=411.5\mathrm{m}$

$p(411.5\ \mathrm{m})=(-411.5\cdot1.19\cdot10^{-4})\cdot p_0=0.952\cdot p_0.$

Dann ist für $p_0=1.0$ bar das Ergebnis $p(411.5\ \mathrm{m})=\underline{0.952\ \mathrm{bar}}.$

1-33 Die Komponenten des Gases verteilen sich unbhängig voneinander, deshalb gilt für die Komponente J mit der molaren Masse $M_\mathrm{J,m}$

$$p_\mathrm{J}(h)=p_\mathrm{J,0}\cdot\exp\left(-\frac{M_\mathrm{J,m}gh}{RT}\right).$$

Nach Beispiel 1–3 betragen auf Seehöhe ($p \approx 1000$ mbar) die Partialdrücke $p_0(N_2) = 0.781$ bar, $p_0(O_2) = 0.210$ bar, $p_0(Ar) = 0.009$ bar und $p_0(CO_2) = 0.0003$ bar. Wir verwenden $M_r(N_2) = 28$, $M_r(O_2) = 32$, $M_r(Ar) = 40$ und $M_r(CO_2) = 44$.

$$\frac{M_{J,m}g}{RT} = (M_{J,r}\ \text{g mol}^{-1}) \cdot (9.81\ \text{m s}^{-2})/(2.437 \cdot 10^3\ \text{J mol}^{-1})$$
$$= 4.02 \cdot 10^{-6}\ M_{J,r}\ \text{m}^{-1}.$$

Mit den angegebenen Werten von M_r und h können wir jetzt die folgende Tabelle aufstellen:

$h =$	411.5 m	8839 m	10^5 m
$N_2 : p_J(h)/\text{bar} =$	0.747	0.289	$1.01 \cdot 10^{-5}$
$[x_J(h)] =$	[0.781]	[0.807]	[0.949]
$O_2 : p_J(h)/\text{bar} =$	0.198	0.067	$5.39 \cdot 10^{-7}$
$[x_J(h)] =$	[0.208]	[0.187]	[0.051]
$Ar : p_J(h)/\text{bar} =$	0.008	0.002	$9.3 \cdot 10^{-10}$
$[x_J(h)] =$	[0.008]	[0.006]	$[8.7 \cdot 10^{-5}]$
$CO_2 : p_J(h)/\text{bar} =$	0.0003	0.00006	$6.2 \cdot 10^{-12}$
$[x_J(h)] =$	[0.0003]	[0.0002]	$[5.8 \cdot 10^{-7}]$

Die Molenbrüche wurden aus $x_J = \frac{p_J}{p}$ mit $p = p(N_2) + p(O_2) + \cdots$ berechnet.

1-34 $N \propto \exp\left(-\frac{m'gh}{kT}\right), \quad m' = v \cdot (\rho_{\text{Latex}} - \rho_{\text{Wasser}})$

[v ist das Volumen einer Latex-Kugel].

$\ln N = \text{konst} - \frac{m'g}{kT} \cdot h$. Man hat also $\ln N$ gegen h aufzutragen; die Steigung ist dann $-\frac{m'g}{kT}$. Dazu berechnen wir die folgende Tabelle:

h/mm	0	0.05	0.07	0.09	0.10	0.15	0.20
$\ln N$	6.91	5.99	5.63	5.25	5.08	4.09	3.22

Diese Punkte sind in Abb. 1–2 graphisch wiedergegeben. Man kann die Steigung -18.4 ablesen; das ist die Steigung der Geraden $\ln N = \text{konst.} - \frac{m'g}{kT} \cdot (h/\text{mm}) \cdot \text{mm}$, nämlich $-\frac{m'g}{kT} \cdot \text{mm}$. Es ist also $\frac{m'g}{kT} = \frac{18.4}{\text{mm}} = 18.4 \cdot 10^3\ \text{m}^{-1}$.

$$m' = \tfrac{4}{3}\pi R^3(\rho_{\text{Latex}} - \rho_{\text{Wasser}}) = \tfrac{4}{3} \cdot (2.12 \cdot 10^{-7}\ \text{m})^3 \cdot (1.2049 - 0.9982)\ \text{g cm}^{-3}$$
$$= 8.25 \cdot 10^{-18}\ \text{kg}.$$

Daraus folgt $k = \frac{m'g}{T \cdot (18.4 \cdot 10^3\ \text{m}^{-1}} = \frac{(8.25 \cdot 10^{-18}\ \text{kg}) \cdot (9.81\ \text{m s}^{-2})}{(293.15\ \text{K}) \cdot (18.4 \cdot 10^3\ \text{m}^{-1})}$

$= \underline{1.50 \cdot 10^{-23}\ \text{J K}^{-1}}.$

Mit $N_A = \frac{R}{k}$ und $R = 8.3144\ \text{J K}^{-1}\ \text{mol}^{-1}$ erhalten wir dann

$$N_A = \frac{8.3144\ \text{J K}^{-1}\ \text{mol}^{-1}}{1.5 \cdot 10^{-23}\ \text{J K}^{-1}} = \underline{5.5 \cdot 10^{23}\ \text{mol}^{-1}}.$$

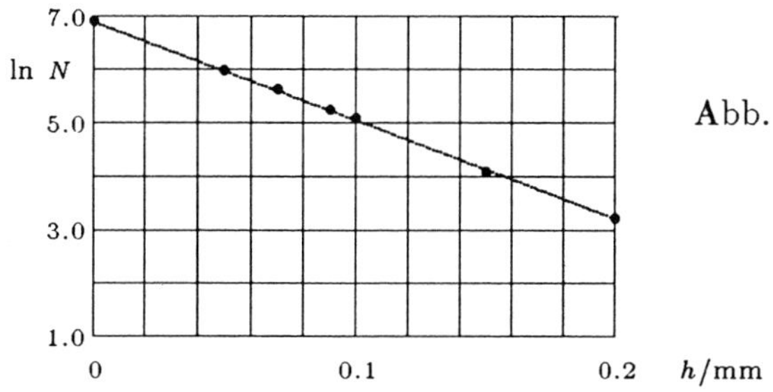

Abb. 1-2

2 Der Erste Hauptsatz: Grundlagen

A2-1 $w = -nRT \ln\left(\frac{V_E}{V_A}\right)$ [2.2–11b]

$= -(52.0 \cdot 10^{-3}\ \text{mol}) \cdot (8.31\ \text{J K}^{-1}\ \text{mol}^{-1}) \cdot (260\ \text{K}) \cdot \ln\frac{1}{3}$

$= \underline{-1.23 \cdot 10^{2}\ \text{J.}}$

$w' = -w = \underline{1.23 \cdot 10^{2}\ \text{J.}}$ [2.2–11a].

$q = \Delta U - w = 0 - w = \underline{1.23 \cdot 10^{2}\ \text{J.}}$ [Abschn. 2.1b und 3.2a, Kasten 3-2e.

A2-2 $w = -p_a \Delta V = -(266\ \text{mbar}) \cdot (3.30 \cdot 10^{-3}\ \text{m}^3)$

$= \underline{-87.8\ \text{J.}}$ [2.2–7b]

$q = \Delta U - w = 0 - w = \underline{87.8\ \text{J.}}$ [Abschn. 2.1b und 3.2a, Kasten 3-2e.

$w_{rev} = -nRT \ln\frac{V_E}{V_A}$ [2.2– 11b]

$= -\left(\frac{4.50}{16.0}\text{mol}\right) \cdot (8.31\ \text{J K}^{-1}\ \text{mol}^{-1}) \cdot (310\ \text{K}) \cdot \ln\left(\frac{16.0\ \text{dm}^3}{12.7\ \text{dm}^3}\right)$

$= \underline{-167\ \text{J.}}$

$q_{rev} = \Delta U - w_{rev} = 0 - w_{rev} = \underline{167\ \text{J.}}$

$\Delta U = \underline{0}$ [für einen isothermen Prozeß bei einem perfekten Gas].

A2-3 $w = -p_a \Delta V$ [2.2–7b]

$= -(96\ \text{bar}) \cdot (10^5\ \text{Pa/bar}) \cdot (-0.67 \cdot 10^{-2} \cdot 0.450 \cdot 10^{-3}\ \text{m}^3) = \underline{28.9\ \text{J.}}$

A2-4 $q = C_p \Delta T = (3.00\ \text{mol}) \cdot (29.4\ \text{J K}^{-1}\ \text{mol}^{-1}) \cdot (286\ \text{K} - 260\ \text{K}) = \underline{2.29\ \text{kJ.}}$

[Tabelle 2–1, Gl. 2.3–1]

$\Delta H = q = \underline{2.29\ \text{kJ.}}$ [2.3–6]

$\Delta U = \Delta H - nR\Delta T = 2.20\ \text{kJ} - (3.00\ \text{mol}) \cdot (8.31\ \text{J K}^{-1}\ \text{mol}^{-1}) \cdot (285\ \text{K} - 260\ \text{K})$

$= \underline{1.64\ \text{kJ.}}$ [Abschn. 2.3c]

A2-5 $\Delta T = \frac{q}{C_p} = \frac{4.89 \cdot 10^3\ \text{J}}{(35.6\ \text{J K}^{-1}\ \text{mol}^{-1}) \cdot (5.00\ \text{mol})} = 27.1\ \text{K}$

$T_E = 375\ \text{K} + 28\ \text{K} = \underline{403\ \text{K.}}$ [Tabelle 4–1, Gl. 2.3–1]

A2-6 $C_{p,\mathrm{m}} = \frac{1}{n} \cdot \left(\frac{q}{\Delta T}\right)$ [2.3–1]

$$= \frac{(229\ \mathrm{J})}{(2.55\ \mathrm{K}) \cdot (3.00\ \mathrm{mol})} = \underline{29.9\ \mathrm{J\ K^{-1}\ mol^{-1}}}.$$

$C_{V,\mathrm{m}} = C_{p,\mathrm{m}} - R = 29.9\ \mathrm{J\ K^{-1}\ mol^{-1}} - 8.3\ \mathrm{J\ K^{-1}\ mol^{-1}}$ [2.3–9]

$$= \underline{21.6\ \mathrm{J\ K^{-1}\ mol^{-1}}}.$$

A2-7 $w = -\int_{V_\mathrm{A}}^{V_\mathrm{E}} p dV = -n \int_{V_{\mathrm{A,m}}}^{V_{\mathrm{E,m}}} \left(\frac{RT}{V_\mathrm{m}}\right) \cdot (1 + \frac{B}{V_\mathrm{m}}) dV_\mathrm{m}$ [2.2–9, 1.3–2]

$$= -nRT \left[\ln\left(\frac{V_\mathrm{E}}{V_\mathrm{A}}\right) - B \cdot \left(\frac{1}{V_{\mathrm{m,E}}} - \frac{1}{V_{\mathrm{m,A}}}\right)\right] = -nRT \cdot \left[\ln\left(\frac{V_\mathrm{E}}{V_\mathrm{A}}\right) - nB \cdot \left(\frac{1}{V_\mathrm{E}} - \frac{1}{V_\mathrm{A}}\right)\right]$$

$$= -(0.0700\ \mathrm{mol}) \cdot (8.31\ \mathrm{J\ K^{-1}\ mol^{-1}}) \cdot (373\ \mathrm{K})$$

$$\times \left\{\ln\left(\frac{6.79\ \mathrm{cm^3}}{5.25\ \mathrm{cm^3}}\right) - (-28.7\ \mathrm{cm^3\ mol^{-1}}) \cdot (0.0700\ \mathrm{mol})\right.$$

$$\left.\times \left[\frac{1}{6.79\ \mathrm{cm^3}} - \frac{1}{5.25\ \mathrm{cm^3}}\right]\right\} = \underline{-37.0\ \mathrm{J}}.$$

$q = \Delta U - w = 83.5\ \mathrm{J} + 37.0\ \mathrm{J} = \underline{1.20 \cdot 10^2\ \mathrm{J}}.$ [Abschn. 2.1b]

$$\Delta H = \Delta U + \Delta(pV) = \Delta U + nRTB(V_{\mathrm{E,m}}^{-1} - V_{\mathrm{A,m}}^{-1}) = \Delta U + n^2 RTB \cdot \left(\frac{1}{V_\mathrm{E}} - \frac{1}{V_\mathrm{A}}\right)$$

$$= 83.5\ \mathrm{J} + (0.0700\ \mathrm{mol}) \cdot (8.314\ \mathrm{J\ K^{-1}\ mol^{-1}}) \cdot (373\ \mathrm{K}) \cdot (-28.7\ \mathrm{cm^3\ mol^{-1}})$$

$$\times \left(\frac{1}{6.79\ \mathrm{cm^3}} - \frac{1}{5.25\ \mathrm{cm^3}}\right) = \underline{355\ \mathrm{J}}.$$

A2-8 $w = \underline{0}$, denn das Volumen ist konstant.

$\Delta U = q + 0 = \underline{2.35\ \mathrm{kJ}}.$ [2.1–2]

$$\Delta H = \Delta U + \Delta(pV) = \Delta U + V\Delta p$$

$$\Delta p = \Delta \left[\frac{RT}{V_\mathrm{m} - b} - \frac{a}{V_\mathrm{m}^2}\right] = \frac{R}{V_\mathrm{m} - b} \cdot \Delta T$$

$$\Delta H = \Delta U + V \frac{R}{V_\mathrm{m} - b} \cdot (T_\mathrm{E} - T_\mathrm{A})$$

$$V_\mathrm{m} = \frac{15.0 \cdot 10^{-3}\ \mathrm{m^3}}{2.00\ \mathrm{mol}} = 7.50 \cdot 10^{-3}\ \mathrm{m^3\ mol^{-1}}$$

$$\Delta H = 2.35 \cdot 10^3\ \mathrm{J} + \frac{(15.0 \cdot 10^{-3}\ \mathrm{m^3}) \cdot (8.314\ \mathrm{J\ K^{-1}\ mol^{-1}}) \cdot (341\ \mathrm{K} - 300\ \mathrm{K})}{7.50\ 10^{-3}\ \mathrm{m^3\ mol^{-1}} - 4.27 \cdot 10^{-5}\ \mathrm{m^3\ mol^{-1}}}$$

$$= 3.04 \cdot 10^3\ \mathrm{J} = \underline{3.04\ \mathrm{kJ}}.$$

[Tab. 1-3. Abschn. 2.3b]

A2-9 $q = \underline{-1200\ \text{J.}}$

$\Delta H = q_\text{p} = \underline{-1200\ \text{J.}}$ [Abschn. 2.3b]

$$C_\text{p} \approx \frac{\Delta H}{\Delta T} = \frac{-1200\ \text{K}}{275\ \text{K} - 290\ \text{K}} = \underline{80\ \text{J K}^{-1}.}$$

A2-10 $q = (0.500\ \text{mol}) \cdot (26.0\ \text{kJ mol}^{-1}) = 13.0\ \text{kJ}$

$w = -p_\text{a}\Delta V \approx -p_\text{a}V_\text{Gas} = -nRT$ [2.2–7b]

$= -(0.500\ \text{mol}) \cdot (8.314\ \text{J K}^{-1}\ \text{mol}^{-1}) \cdot (250\ \text{K}) = -1.04 \cdot 10^3\ \text{J} = \underline{1.04\ \text{kJ.}}$

$\Delta H = q_p = \underline{13.0\ \text{kJ.}}$ [Abschn. 2.3b]

$\Delta U = q + w = 13.0\ \text{kJ} - 1.0\ \text{kJ} = \underline{12.0\ \text{kJ.}}$ [Abschn. 2.1b]

2-1 $w = mgh$ [Beispiel 2–1];

$m = 1.0\ \text{kg},\ h = 1.0\ \text{m},\ g =$ (a) $9.8\ \text{m s}^{-2}$, (b) $1.6\ \text{m s}^{-2}$.

(a) $w = (1.0\ \text{kg}) \cdot (9.8\ \text{m s}^{-2}) \cdot (1.0\ \text{m}) = 9.8\ \text{kg m}^2\ \text{s}^{-2} = \underline{9.8\ \text{J.}}$

(b) $w = (1.0\ \text{kg}) \cdot (1.6\ \text{m s}^{-2}) \cdot (1.0\ \text{m}) = 1.6\ \text{kg m}^2\ \text{s}^{-2} = \underline{1.6\ \text{J.}}$

2-2 $w = mgh$ [Beispiel 2-1];

$m = 75\ \text{kg},\ h = 3\ \text{m},\ \text{g} = 9.8\ \text{m s}^{-2}$.

$w = (75\ \text{kg}) \cdot (9.8\ \text{m s}^{-2}) \cdot (3.0\ \text{m}) = 2205\ \text{kg m}^2\ \text{s}^{-2} = \underline{2.2\ \text{kJ.}}$

2-3 $w = \int_{z_\text{A}}^{z_\text{E}} F(z)dz$ [2.2–4], $F(z) = -kz$ [die rücktreibende Kraft ist proportional zur Auslenkung]

Daraus folgt $w = k\int_{z_\text{A}}^{z_\text{E}} zdz = \frac{1}{2}k(z_\text{E}^2 - z_\text{A}^2)$.

Zu Beginn ist die Auslenkung Null → $z_\text{A} = 0$ und damit ergibt sich $w = \frac{1}{2}kz_\text{E}^2$.

$k = 2.0 \cdot 10^5\ \text{N m}^{-1},\ z_\text{E} = -1.0\ \text{cm}$.

$w = \frac{1}{2} \cdot (2.0 \cdot 10^5\ \text{N m}^{-1}) \cdot (1.0 \cdot 10^{-2}\ \text{m})^2 = 10\ \text{N m} = \underline{10\ \text{J.}}$

2-4 $w = \frac{1}{2} \cdot kz^2$ [Aufgabe 2–3].

$k = 2.0 \cdot 10^6\ \text{N m}^{-1},\ z = \pm 1.0\ \text{cm}$.

$w = \frac{1}{2} \cdot (2.0 \cdot 10^6\ \text{N m}^{-1}) \cdot (1.0 \cdot 10^{-2}\ \text{m})^2 = 100\ \text{N m} = 100\ \text{J.}$

Pro Zyklus (eine Dehnung, eine Kontraktion) wird eine Arbeit von 200 J geleistet, also für 1000 Zyklen 200 kJ. Wenn diese 1000 Zyklen in 1000 s ablaufen, so entspricht das einer Leistung von

$$\frac{200 \text{ kJ}}{1000 \text{ s}} = 200 \text{ J s}^{-1} = \underline{200 \text{ W}}.$$

Wenn 200 kJ Arbeit in Wärme verwandelt werden, dann führt das in einem Körper mit der Wärmekapazität $C = 4.2$ kJ K^{-1} zu einer Erwärmung um

$$\Delta T = \frac{q}{C} \quad [2.3\text{–}1] \quad = \frac{200 \text{ kJ}}{4.2 \text{ kJ K}^{-1}} = 48 \text{ K}.$$

Der Metallkörper erreicht also eine Temperatur von $\underline{68\ ^\circ\text{C}}$.

2-5 $w = -\int_0^{x_\text{E}} F(x)\mathrm{d}x \quad [2.2\text{–}4], \quad F(x) = -F \cdot \sin\frac{\pi x}{a};$

(a) $x_\text{E} = a$, (b) $x_\text{E} = 2a$.

(a) $w = F\int_0^a \sin\frac{\pi x}{a}\mathrm{d}x = -\frac{Fa}{\pi} \cdot \left(\cos\frac{\pi x}{a}\right)\Big|_0^a = \underline{2\frac{Fa}{\pi}}.$

(a) Die Kraft wirkt nur bis $x = a$ der Bewegung entgegen; von $x = a$ bis $x = 2a$ braucht man keine Arbeit mehr aufzuwenden. Die aufzuwendende Arbeit ist also ebenfalls $2\frac{Fa}{\pi}$. Wenn aber von außen eine Gegenkraft gerade gleich der inneren Kraft ist, so erfolgt die Bewegung reversibel, und das System leistet von $x = a$ bis $x = 2a$ Arbeit. Insgesamt folgt dann für die von $x = 0$ bis $x = 2a$ geleistete Arbeit $\underline{w = 0}$.

2-6 $w' = p_\text{a}\Delta V$ [2.2- 7a].

$p_\text{a} = 1.0 \text{ bar} = 1.0 \cdot 10^5 \text{ N m}^{-2}$

$\Delta V = (100 \text{ cm}^2) \cdot (10 \text{ cm}) = 1000 \text{ cm}^3 = 10^{-3} \text{ m}^3.$

$w = (1.0 \cdot 10^5 \text{ N m}^{-2}) \cdot (10^{-3} \text{ m}^3) = 1.0 \cdot 10^2 \text{ N m} = \underline{100 \text{ J}}.$

2-7 $w' = mgh$

$m = 5.0$ kg, $g = 9.81 \text{ m s}^{-2}$, $h = 10 \text{ cm} = 0.10$ m.

$w' = (5.0 \text{ kg}) \cdot (9.81 \text{ m s}^{-2}) \cdot (0.10 \text{ m}) = 4.9 \text{ kg m}^2 \text{ s}^{-2} = \underline{4.9 \text{ J}}.$

Der Querschnitt des Kolbens spielt keine Rolle; in beiden Fällen wird die Arbeit 4.9 J geleistet.

2-8 In der Umgebung sinkt ein Gewicht von 5.0 kg um 10 cm nach unten, also wird die Arbeitsfähigkeit der Umgebung um 4.9 J verringert. Das heißt, an dem System wurde eine Arbeit von 4.9 J geleistet [vgl. dazu Abschnitt 2.2b].

2-9 (a) $w = -p_\text{a}\Delta V$ [2.2–7]; (b) $w = -nRT \ln\frac{V_\text{E}}{V_\text{A}}$ [2.2–11].

$V_A = 100\ \text{cm}^3 = 1.00 \cdot 10^{-4}\ \text{m}^3,\ T = 298\ \text{K},\ p_a = 1\ \text{bar} = 1.0 \cdot 10^5\ \text{N m}^{-2}.$

$$n = \frac{5.0\ \text{g}}{44\ \text{g mol}^{-1}} = 0.114\ \text{mol}.$$

$$V_E = \frac{nRT}{p_E} = \frac{(0.114\ \text{mol}) \cdot (8.314\ \text{J K}^{-1}\ \text{mol}^{-1}) \cdot (298\ \text{K})}{1.0\ \text{bar}} = 2.8 \cdot 10^{-3}\ \text{m}^3.$$

$$\Delta V = V_E - V_A = 28 \cdot 10^{-4}\ \text{m}^3 - 1.00 \cdot 10^{-4}\ \text{m}^3 = 27 \cdot 10^{-4}\ \text{m}^3.$$

(a) $w = -(1.00 \cdot 10^5\ \text{N m}^{-2}) \cdot (27 \cdot 10^{-4}\ \text{m}^3) = -270\ \text{N m} = \underline{-0.27\ \text{kJ.}}$

(b) $w = -(0.114\ \text{mol}) \cdot (2.48\ \text{kJ mol}^{-1}) \cdot \ln \dfrac{2.8 \cdot 10^{-3}}{1.00 \cdot 10^{-4}}$

$= -(283\ \text{J}) \cdot \ln 28 = \underline{-0.94\ \text{kJ.}}$

2-10 $w = -p_a \Delta V$ [2.2–7]

$$V_A = 0, \quad V_E = \frac{nRT}{p_E}$$

$n = 1.0\ \text{mol},\quad T = 700\ °\text{C} = 973\ \text{K},\quad p_E = p_a = 1\ \text{bar} = 1.00 \cdot 10^5\ \text{N m}^{-2}.$

$$V_E = \frac{(1.0\ \text{mol}) \cdot (8.314\ \text{J K}^{-1}\ \text{mol}^{-1}) \cdot (973\ \text{K})}{1\ \text{bar}} = 80 \cdot 10^{-3}\ \text{m}^3.$$

$w = -(1.00 \cdot 10^5\ \text{N m}^{-2}) \cdot (80 \cdot 10^{-3}\ \text{m}^3 - 0) = -8.0 \cdot 10^3\ \text{N m} = \underline{-8.0\ \text{kJ.}}$

2-11 Auch wenn das Gefäß nicht mit einem Kolben abgeschlossen ist, muß das Gas die Atmosphäre verdrängen. Daher wird dieselbe Arbeit geleistet: $\underline{w = -8.0\ \text{kJ.}}$

2-12 $w = -p_a \Delta V$ [Aufgabe 2–11]

$Mg(s) + 2HCl(aq) \rightarrow H_2(g) + MgCl_2(aq);\ M_r(Mg) = 24.3,$

$$V_A = 0,\ V_E = \frac{nRT}{p_E},\quad p_E = p_a = 1.00 \cdot 10^5\ \text{N m}^{-2},$$

$$n = \frac{15\ \text{g}}{24.3\ \text{g mol}^{-1}} = 0.62\ \text{mol},\quad \Delta V = V_E - V_A = \frac{nRT}{p_E}.$$

$$w = -p_a \frac{nRT}{p_E} = -nRT = -(0.62\ \text{mol}) \cdot (2.48\ \text{kJ mol}^{-1}) = \underline{-1.53\ \text{kJ.}}$$

2-13 $w = -\displaystyle\int_{V_A}^{V_E} p_i \text{d}V$ [2.2–9]

$$p_i = RT\left[\left(\frac{1}{V_m}\right) + \left(\frac{B}{V_m^2}\right) + \left(\frac{C}{V_m^3}\right) + \cdots\right] = nRT\left[\frac{1}{V} + \frac{nB}{V^2} + \frac{n^2C}{V^3} + \cdots\right] = V.$$

Daraus folgt

$$w = -nRT\left[\int_{V_A}^{V_E}\frac{1}{V}\mathrm{d}V + n\cdot B\cdot\int_{V_A}^{V_E}\frac{1}{V^2}\mathrm{d}V + n^2C\int_{V_A}^{V_A}\frac{1}{V^3}\mathrm{d}V + \cdots\right]$$

$$= \underline{-nRT\left[\ln\frac{V_E}{V_A} - nB\left(\frac{1}{V_E}-\frac{1}{V_A}\right) - \tfrac{1}{2}n^2C\left(\frac{1}{V_E^2}-\frac{1}{V_A^2}\right) + \cdots\right]}.$$

2-14 (a) w wurde schon in Aufgabe 2–13 berechnet, (b) $w = -p_a\Delta V$,

(c) $w = -nRT\ \ln\frac{V_E}{V_A}$ für die reversible Expansion eines perfekten Gases [2.2–11].

$n = 1.0$ mol, $V_A = 500\ \mathrm{cm^3}$, $V_E = 1000\ \mathrm{cm^3}$, $T = 273$ K, $B = -21.7\ \mathrm{cm^3\ mol^{-1}}$, $C = 1200\ \mathrm{cm^6\ mol^{-2}}$.

$$\text{(a) } w = -(2.27\ \mathrm{kJ})\cdot\left[\ln\frac{1000\ \mathrm{cm^3}}{500\ \mathrm{cm^3}} - (1\ \mathrm{mol})\cdot(-21.7\ \mathrm{cm^3\ mol^{-1}})\cdot\left(\frac{1}{1000\ \mathrm{cm^3}}-\frac{1}{500\ \mathrm{cm^3}}\right)\right.$$

$$\left. -\tfrac{1}{2} * (1\ \mathrm{mol})^2\cdot(1200\ \mathrm{cm^6\ mol^{-2}})\cdot\left(\frac{1}{(1000\ \mathrm{cm^3})^2}-\frac{1}{(500\ \mathrm{cm^3})^2}\right)\right]$$

$$= -(2.27\ \mathrm{kJ})\cdot\left[\ln 2 + 21.7\cdot\left(\frac{1}{1000}-\frac{1}{500}\right) - 600\cdot\left(\frac{1}{1000^2}-\frac{1}{500^2}\right)\right]$$

$$= \underline{-1.53\ \mathrm{kJ}.}$$

$$\text{(b) } w = -p_a\Delta V = -(1.00\cdot10^5\ \mathrm{N\ m^{-2}})\cdot(1000\ \mathrm{cm^3} - 500\ \mathrm{cm^3})$$

$$= -(1.00\cdot10^5\ \mathrm{N\ m^{-2}})\cdot(500\cdot10^{-6}\ \mathrm{m^6}) = -50\ \mathrm{N\ m} = \underline{-50\ \mathrm{J}.}$$

$$\text{(c) } w = -nRT\ \ln\frac{V_E}{V_A} = -(2.27\ \mathrm{kJ})\cdot\ln\frac{1000\ \mathrm{cm^3}}{500\ \mathrm{cm^3}}$$

$$= -(2.27\ \mathrm{kJ})\cdot\ln 2 = \underline{-1.57\ \mathrm{kJ}.}$$

2-15 $w = -\int_{V_A}^{V_E} p_i\mathrm{d}V$ [2.2–9]; $p_i = \frac{nRT}{V-nb} - \frac{n^2a}{V^2}$ [Kasten 1–1].

$$w = -nRT\int_{V_A}^{V_E}\left(\frac{\mathrm{d}V}{V-nb}\right) + n^2a\int_{V_A}^{V_E}\left(\frac{\mathrm{d}V}{V^2}\right)$$

$$= -nRT\ \ln\left(\frac{V_E-nb}{V_A-nb}\right) - n^2a\left(\frac{1}{V_E}-\frac{1}{V_A}\right)$$

$$= \underline{-nRT\ \ln\left(\frac{V_E-nb}{V_A-nb}\right) + n^2a\left(\frac{V_E-V_A}{V_EV_A}\right)}.$$

Wir nehmen jetzt $nb \ll V_A$, V_E an; dann gilt

$\ln(V-nb) = \ln V + \ln(1-\frac{nb}{V}) \approx \ln V - \frac{nb}{V}$, und wir erhalten

$$w \approx -nRT \ln \frac{V_E}{V_A} - n^2 bRT \left(\frac{1}{V_A} - \frac{1}{V_E}\right) + n^2 a \left(\frac{V_E - V_A}{V_E V_A}\right)$$

$$\approx w^\circ + n^2 \left(\frac{V_E - V_A}{V_E V_A}\right) \cdot (a - bRT),$$

dabei ist w° die Arbeit, die von einem perfekten Gas geleistet wird. Bei einer reversiblen Kompression ist $V_E - V_A < 0$, und damit wird $w < w^\circ$ für $bRT < a$ und $w > w^\circ$ für $bRT > a$. Wenn die Anziehungskräfte stärker sind als die Abstoßungskräfte ($bRT < a$), so wird mit der Kompression weniger Arbeit verbunden sein, und wir erwarten $w < w^\circ$.

2-16 Wir tragen p gegen V auf [Abschnitt 2. 2d] und verwenden dabei

(a) $p = \frac{nRT}{V}$,

(b) $p = \frac{nRT}{V} - \frac{n^2 a}{V^2}$, $a = 4.2\ \mathrm{dm^6\ bar\ mol^{-2}}$,

(c) $p = \frac{nRT}{V - nb}$, $b = 5.105 \cdot 10^{-2}\ \mathrm{dm^3\ mol^{-1}}$.

Bei $T = 298$ K ist $RT = 24.8\ \mathrm{dm^3\ bar\ mol^{-1}}$ und damit

$$\frac{nRT}{V_A} = 24.8\ \text{bar}.$$

Wir schreiben jetzt $V = cV_A$ und lassen c von 1 bis 10 laufen.

(a) $p = \frac{24.8\ \text{bar}}{c}$ oder $p/\text{bar} = \frac{24.8}{c}$.

(b) $p = \frac{24.8\ \text{bar}}{c} - \frac{4.2\ \text{bar}}{c^2}$ oder $p/\text{bar} = \frac{24.8}{c} - \frac{4.2}{c^2}$.

(c) $p = \frac{24.8\ \text{bar}}{c - 0.051}$ oder $p/\text{bar} = \frac{24.8}{c - 0.051}$.

Jetzt berechnen wir die folgende Tabelle:

$c =$		1	2	3	4	5	6	7	8	9	10
p/bar	(a)	24.8	12.4	8.27	6.20	4.96	4.13	3.54	3.10	2.76	2.48
	(b)	20.6	11.4	7.80	5.94	4.79	4.02	3.46	3.03	2.70	2.44
	(c)	26.1	12.7	8.41	6.28	5.01	4.17	3.57	3.12	2.77	2.49

Diese Punkte sind in Abb. 2-1 eingetragen.

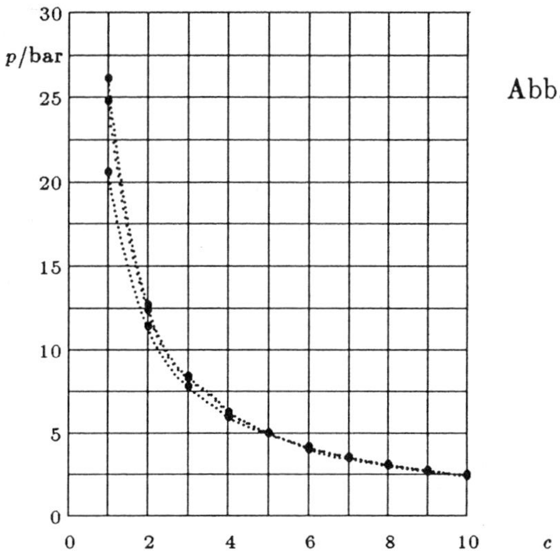

Abb. 2–1

2-17 $w = -nRT \cdot \ln\left(\frac{V_E - nb}{V_A - nb}\right) + n^2a \cdot \left(\frac{V_E - V_A}{V_E V_A}\right)$ [Aufgabe 2–15]

$$= nR\left(\frac{T}{T_k}\right) T_k \cdot \ln\left(\frac{\frac{V_E}{V_k} - \frac{nb}{V_k}}{\frac{V_A}{V_k} - \frac{nb}{V_k}}\right) + \frac{n^2a}{V_k} \cdot \left(\frac{\frac{V_E}{V_k} - \frac{V_A}{V_k}}{\frac{V_E}{V_k} \cdot \frac{V_A}{V_k}}\right).$$

$\frac{T}{T_k} = T_r, \quad \frac{V}{V_k} = V_r$ [1.4–6]; $T_k = \frac{8a}{27Rb}, \quad V_k = nV_{k,m} = 3nb$ [Kasten 1–1].

$$w = -\frac{8na}{27b} \cdot T_r \cdot \ln\left(\frac{V_{r,E} - \frac{1}{3}}{V_{r,A} - \frac{1}{3}}\right) + \frac{na}{3b} \cdot \left(\frac{V_{r,E} - V_{r,A}}{V_{r,E}V_{r,A}}\right).$$

$$w_r = \frac{3bw}{a}$$

$$= -\tfrac{8}{9}nT_r \cdot \ln\left(\frac{3V_{r,E} - 1}{3V_{r,A} - 1}\right) + n \cdot \left(\frac{V_{r,E} - V_{r,A}}{V_{r,E}V_{r,A}}\right).$$

2-18 (a) $p = \frac{nRT}{V}$

$$\left(\frac{\partial p}{\partial T}\right)_V = \left[\left(\frac{\partial}{\partial T}\right)\left(\frac{nRT}{V}\right)\right]_V = \frac{nR}{V} = \underline{\frac{p}{T}}$$

$$\left(\frac{\partial p}{\partial V}\right)_T = \left[\left(\frac{\partial}{\partial V}\right)\left(\frac{nRT}{V}\right)\right]_T = \frac{-nRT}{V^2} = \underline{\frac{-p}{V}}$$

$$\frac{\partial^2 p}{\partial V \partial T} = \left[\left(\frac{\partial}{\partial V}\right)\left(\frac{\partial p}{\partial T}\right)_V\right]_T = \left[\left(\frac{\partial}{\partial V}\right)\left(\frac{nR}{V}\right)\right]_T = \underline{-\frac{nR}{V^2}},$$

$$\frac{\partial^2 p}{\partial T \partial V} = \left[\left(\frac{\partial}{\partial T}\right)\left(\frac{\partial p}{\partial V}\right)_T\right]_V = \left[\left(\frac{\partial}{\partial T}\right)\left(\frac{-nR}{V^2}\right)\right]_V = \underline{-\frac{nRT}{V^2}}, \text{ also dasselbe.}$$

(b) $p = \left(\frac{RT}{V_\mathrm{m} - b}\right) \cdot \exp\left(-\frac{a}{RTV_\mathrm{m}}\right) = \left(\frac{nRT}{V - nb}\right) \cdot \exp\left(-\frac{na}{RTV}\right)$

$$\left(\frac{\partial p}{\partial T}\right)_V = \left(\frac{nR}{V - nb}\right) \cdot \exp\left(-\frac{na}{RTV}\right) + \left(\frac{na}{RT^2V}\right) \cdot \left(\frac{nRT}{V - nb}\right) \cdot \exp\left(-\frac{na}{RTV}\right)$$

$$= \left(\frac{nR}{V - nb}\right) \cdot \left(1 + \frac{na}{RTV}\right) \cdot \exp\left(-\frac{na}{RTV}\right) = \underline{\left(1 + \frac{na}{RTV}\right) \cdot \left(\frac{p}{T}\right)}.$$

$$\left(\frac{\partial p}{\partial V}\right)_T = -\left(\frac{nRT}{(V - nb)^2}\right) \cdot \exp\left(-\frac{na}{RTV}\right) + \left(\frac{na}{RTV^2}\right) \cdot \left(\frac{nRT}{V - nb}\right) \cdot \exp\left(-\frac{na}{RTV}\right)$$

$$= \left(\frac{nRT}{V - nb}\right) \cdot \left(\frac{na}{RTV^2} - \frac{1}{V - nb}\right) \cdot \exp\left(-\frac{na}{RTV}\right)$$

$$= \underline{\left(\frac{na}{RTV} - \frac{V}{V - nb}\right) \cdot \left(\frac{p}{V}\right)}.$$

$$\frac{\partial^2 p}{\partial V \partial T} = \left[\left(\frac{\partial}{\partial V}\right)\left(\frac{\partial p}{\partial T}\right)_V\right]_T = \left[\left(\frac{\partial}{\partial V}\right)\left(1 + \frac{na}{RTV}\right) \cdot \left(\frac{p}{T}\right)\right]_T$$

$$= \left[\left(\frac{\partial}{\partial V}\right)\left(\frac{p}{T}\right)\right]_T + \left[\left(\frac{\partial}{\partial V}\right)\left(\frac{na}{RTV}\right) \cdot \left(\frac{p}{T}\right)\right]_T$$

$$= \frac{1}{T}\left(\frac{\partial p}{\partial V}\right)_T - \left(\frac{na}{RT}\right) \cdot \left(\frac{1}{V^2}\right) \cdot \left(\frac{p}{T}\right) + \left(\frac{na}{RT^2V}\right) \cdot \left(\frac{\partial p}{\partial V}\right)_T$$

$$= \underline{\left(\frac{n^2a^2p}{R^2T^3V^3}\right) - \left(\frac{p}{T(V - nb)}\right) - \left(\frac{nap}{RT^2V(V - nb)}\right)}.$$

$$\frac{\partial^2 p}{\partial T \partial V} = \left[\left(\frac{\partial}{\partial T}\right)\left(\frac{\partial p}{\partial V}\right)_T\right]_V = \left[\left(\frac{\partial}{\partial T}\right)\left(\frac{nap}{RTV^2} - \frac{p}{V - nb}\right)\right]_V$$

$$= \left(\frac{na}{RTV^2}\right) \cdot \left(\frac{\partial p}{\partial T}\right)_V - \frac{nap}{RT^2V^2} - \left(\frac{1}{V - nb}\right) \cdot \left(\frac{\partial p}{\partial T}\right)_V$$

$$= \underline{\left(\frac{n^2a^2p}{R^2T^3V^3}\right) - \left(\frac{p}{T(V - nb)}\right) - \left(\frac{nap}{RT^2V(V - nb)}\right)};$$

es gilt also in der Tat $\frac{\partial^2 p}{\partial V \partial T} = \frac{\partial^2 p}{\partial T \partial V}$.

2-19 (a) $\delta p \approx \left(\frac{\partial p}{\partial T}\right)_V \cdot \delta T = \frac{p\delta T}{T}$ [Aufgabe 2–18a].

Das ergibt $\frac{\delta p}{p} \approx \frac{\delta T}{T} = \underline{1\ \%}.$

(b) $\delta p \approx \left(\frac{\partial p}{\partial T}\right)_V \cdot \delta V = -\left(\frac{p}{V}\right) \delta V$ [Aufgabe 2–18a].

Das ergibt $\frac{\delta p}{p} \approx -\frac{\delta V}{V} = \underline{2\ \%}.$

(c) $\delta p \approx \left(\frac{\partial p}{\partial T}\right)_V \cdot \delta T + \left(\frac{\partial p}{\partial V}\right)_T \delta V = \frac{p\delta T}{T} - \frac{p\delta V}{V}.$

Die Temperatur- und die Volumen-Unsicherheit sind zu addieren;

das ergibt insgesamt $\frac{\delta p}{p} \approx 1\ \% + 2\ \% = \underline{3\ \%}.$

2-20 $C_{V,\mathrm{m}} = \left(\frac{\partial U_\mathrm{m}}{\partial T}\right)_V$ [2.3–3], $U_\mathrm{m} = \frac{3}{2}RT.$

(a) $C_{V,\mathrm{m}} = \left[\left(\frac{\partial}{\partial T}\right)\left(\frac{3}{2}RT\right)\right]_V = \underline{\frac{3}{2}R}.$

(b) für die Translation $U_\mathrm{m} = \frac{3}{2}RT.$

für die Rotation $U_\mathrm{m} = \frac{3}{2}RT$ [Abschnitt 0.1f, im Fall von 3 Rotations-Freiheitsgraden].

für die Schwingung $U_\mathrm{m} = 0$ [Abschnitt 0.1f, wenn die Schwingungen noch nicht angeregt sind].

Insgesamt ist dann die molare Innere Energie $U = 3RT$;

daraus folgt $C_{V,\mathrm{m}} = \left(\frac{\partial U_\mathrm{m}}{\partial T}\right)_V = \underline{3R}.$

2-21 $C_p = \left(\frac{\partial H}{\partial T}\right)_p \approx \frac{(\delta q)_p}{\delta T}$

$= \frac{1\ \mathrm{cal}}{1\ \mathrm{K}} = 1\ \mathrm{cal\ K^{-1}}.$

1 g Wasser entspricht $\frac{1\ \mathrm{g}}{18.02\ \mathrm{g\ mol^{-1}}} = 0.0555$ mol; deshalb ist die molare Wärmekapazität des Wassers

$C_{p,\mathrm{m}} = \frac{1\ \mathrm{cal\ K^{-1}}}{0.0555\ \mathrm{mol}} = \underline{18.02\ \mathrm{cal\ K^{-1}\ mol^{-1}}}.$

Der Umrechnungsfaktor ist $\frac{\mathrm{cal}}{\mathrm{J}} = 4.184$; das ergibt

$C_{p,\mathrm{m}} = 18.02\ \mathrm{J}\left(\frac{\mathrm{cal}}{\mathrm{J}}\right)\mathrm{K^{-1}\ mol^{-1}} = 18.02 \cdot 4.184\ \mathrm{J\ K^{-1}\ mol^{-1}} = \underline{75.4\ \mathrm{J\ K^{-1}\ mol^{-1}}}.$

2-22 (a) $q = C_V\delta T$ [Abschnitt 2.3a]; (b) $q = C_p\delta T$ [Abschnitt 2.3b];

$C_V = C_p - nR$ [2.3–9].

$n = 1.0$ mol, $C_{p,\mathrm{m}} = 20.79\ \mathrm{J\ K^{-1}\ mol^{-1}}$, $\delta T = 10$ K.

(a) $C_V = (1.0\text{ mol}) \cdot C_{V,\text{m}}$;

$C_{V,\text{m}} = C_{p,\text{m}} - R = 20.79\text{ J K}^{-1}\text{ mol}^{-1} - 8.314\text{ J K}^{-1}\text{ mol}^{-1} = 12.48\text{ J K}^{-1}\text{ mol}^{-1}$;

$C_V = 12\text{ J K}^{-1}$.

$q = (12\text{ J K}^{-1}) \cdot (10\text{ K}) = \underline{0.12\text{ kJ.}}$

(b) $C_p = (1.0\text{ mol}) \cdot C_{p,\text{m}} = 21\text{ J K}^{-1}$.

$q = (21\text{ J K}^{-1}) \cdot (10\text{ K}) = \underline{0.21\text{ kJ.}}$

Zur Berechnung der geleisteten Arbeit verwenden wir

$w = -p_a \Delta V$ [2.2–7] und $p_a = 10$ bar.

(a) $\Delta V = 0$, daraus folgt $w = 0$.

(b) $V_A = \dfrac{nRT_A}{p_A}$, $V_E = \dfrac{nRT_E}{p_A}$,

$w = -p_a \cdot \Delta V = -nR \cdot (T_E - T_A) = -(1.0\text{ mol}) \cdot (8.314\text{ J K}^{-1}\text{ mol}^{-1}) \cdot (10\text{ K}) = \underline{-83\text{ J.}}$

2-23 $q \approx C_p \delta T$; $C_p = nC_{p,\text{m}}$.

$C_{p,\text{m}} = 21\text{ J K}^{-1}\text{ mol}^{-1}$, $\delta T = 10$ K,

$M_r(\text{Luft}) \approx 29$, $\rho(\text{Luft}) \approx 1.22\text{ kg m}^{-3}$ [Aufgabe 1–9].

$$n = \frac{\rho(\text{Luft}) \cdot V(\text{Zimmer})}{M_m(\text{Luft})} = \frac{(1.22 \cdot 10^3\text{ g m}^{-3}) \cdot (75\text{ m}^3)}{29\text{ g mol}^{-1}} = 3.2 \cdot 10^3\text{ mol.}$$

$q \approx (3.2 \cdot 10^3\text{ mol}) \cdot (21\text{ J K}^{-1}\text{ mol}^{-1}) \cdot (10\text{ K}) = \underline{6.7 \cdot 10^2\text{ kJ.}}$

Ein 1-kW-Heizofen erzeugt pro Sekunde 1 kJ, deshalb braucht er für 670 kJ <u>670 s</u> oder 11 Minuten. In der Praxis braucht er aber länger, weil auch die Möbel und die Wände erwärmt werden.

2-24 $q \approx C_p \delta T$; [2.3–2].

$C_{p,\text{m}} \approx 75.4\text{ J K}^{-1}\text{ mol}^{-1}$, $\delta T = 75$ K, $n = \dfrac{1.0\text{ kg}}{18.02\text{ g mol}^{-1}} = 55.5$ mol.

$q \approx (55.5\text{ mol}) \cdot (75.4\text{ J K}^{-1}\text{ mol}^{-1}) \cdot (75\text{ K}) = \underline{314\text{ kJ.}}$

Ein 1 kW-Heizofen liefert diese Wärmemenge in 314 s (gut 5 Minuten).

2-25 (a) $w = -p_a \Delta V$.

$n = 55.5$ mol [Aufgabe 2–24] , $p_a = 1.0$ bar, $\Delta V = V_E - V_A \approx V_E = \dfrac{nRT}{p_a}$, $T = 373$ K.

(a) $w \approx -p_a V_E = -nRT = -(55.5\text{ mol}) \cdot (8.314\text{ J K}^{-1}\text{ mol}^{-1}) \cdot (373\text{ K}) = \underline{-172\text{ kJ.}}$

(b) $q_p = n\Delta H_{\mathrm{Verd,m}} = (55.5\ \mathrm{mol}) \cdot (40.6\ \mathrm{kJ\ mol^{-1}}) = \underline{2.25 \cdot 10^3\ \mathrm{kJ}}.$

(c) $\Delta U = q_p + w = 2.25 \cdot 10^3\ \mathrm{kJ} - 0.17 \cdot 10^3\ \mathrm{kJ} = \underline{2.08 \cdot 10^3\ \mathrm{kJ}}$ [2.2–1].

(d) $\Delta H = q_p = \underline{2.25 \cdot 10^3\ \mathrm{kJ}}$ [2.3–6].

2-26 (a) $w = -nRT$ [Aufgabe 2–25a]

$$= -(55.5\ \mathrm{mol}) \cdot (8.314\ \mathrm{J\ K^{-1}\ mol^{-1}}) \cdot (319\ \mathrm{K}) = \underline{-0.15 \cdot 10^3\ \mathrm{kJ}}.$$

$q_p = n\Delta H_{\mathrm{Verd,m}} = (55.5\ \mathrm{mol}) \cdot (44\ \mathrm{kJ\ mol^{-1}}) = \underline{2.44 \cdot 10^3\ \mathrm{kJ}}.$

(c) $\Delta U = q_p + w = 2.44 \cdot 10^3\ \mathrm{kJ} - 0.15 \cdot 10^3\ \mathrm{kJ} = \underline{2.29 \cdot 10^3\ \mathrm{kJ}}.$

(d) $\Delta H = q_p = \underline{2.45 \cdot 10^3\ \mathrm{kJ}}.$

2-27 Um in 10 Minuten (600 s) die Wärmemenge $q = 2.3 \cdot 10^3$ kJ zuzuführen, braucht man ein Heizgerät mit der Leistung

$$\frac{2.3 \cdot 10^3 \cdot 10^3\ \mathrm{J}}{600\ \mathrm{s}} = 3.8 \cdot 10^3\ \mathrm{J\ s^{-1}} = \underline{3.8\ \mathrm{kW}}.$$

Für $q = 2.5 \cdot 10^3$ kJ braucht man (ebenfalls für 10 Minuten) ein Heizgerät mit der Leistung

$$\frac{2.5 \cdot 10^3 \cdot 10^3}{600\ \mathrm{s}} = 4.2 \cdot 10^3\ \mathrm{J\ s^{-1}} = \underline{4.2\ \mathrm{kW}}.$$

Um die Höhe zu berechnen, aus der ein 10-kg-Gewicht fallen muß, um diese Energiebeträge aufzubringen, hat man die Gleichung $mgh = q$ mit $g = 9.81\ \mathrm{m\ s^{-2}}$ zu lösen.

(a) $h \approx \dfrac{2.3 \cdot 10^6\ \mathrm{J}}{(10\ \mathrm{kg}) \cdot (9.8\ \mathrm{m\ s^{-1}})} = \underline{24\ \mathrm{km}}.$

(b) $h \approx \dfrac{2.5 \cdot 10^6\ \mathrm{J}}{(10\ \mathrm{kg}) \cdot (9.8\ \mathrm{m\ s^{-1}})} = \underline{26\ \mathrm{km}}.$

Ganz analog kann man berechnen, wieviel Wasser einen 100 m hohen Staudamm hinabfließen muß, damit diese Energiebeträge erzeugt werden können:

(a) $m = \dfrac{2.3 \cdot 10^6\ \mathrm{J}}{(9.8\ \mathrm{m\ s^{-1}}) \cdot (100\ \mathrm{m})} = \underline{2.4\ \mathrm{t}}.$

(b) $m = \dfrac{2.5 \cdot 10^6\ \mathrm{J}}{(9.8\ \mathrm{m\ s^{-1}}) \cdot (100\ \mathrm{m})} = \underline{2.6\ \mathrm{t}}.$

2-28 $q \approx nC_{p.\mathrm{m}}\delta T.$

$C_{p,\mathrm{m}} = 75.48\ \mathrm{J\ K^{-1}\ mol^{-1}}, \quad n = 55.5\ \mathrm{mol}, \quad \delta T = 75\ \mathrm{K}.$

$q \approx \underline{314\ \mathrm{kJ}}.$

2-29 $q = n_{\mathrm{Dampf}} \cdot \Delta H_{\mathrm{Verd,m}}$, daraus folgt $\Delta H_{\mathrm{Verd,m}} = \dfrac{q}{n_{\mathrm{Dampf}}}$

$\Delta H_{\text{Verd}} = q = \underline{22.2 \text{ kJ.}}$

$$n_{\text{Dampf}} = \frac{10\text{g}}{18.02 \text{ g mol}^{-1}} = 0.555 \text{ mol}$$

$$\Delta H_{\text{Verd,m}} = \frac{22.2 \text{ kJ}}{0.555 \text{ mol}} = \underline{40 \text{ kJ mol}^{-1}.}$$

$$\Delta U_{\text{Verd}} = \Delta(H_{\text{Verd}} - pV) = \Delta H_{\text{Verd}} - p\Delta V \quad [\text{aus } H = U + pV, \quad p = \text{ konst.}]$$

$$p\Delta V = p(V_{\text{E}} - V_{\text{A}}) \approx pV_{\text{E}} = n_{\text{Dampf}} \cdot RT, \quad T = 373 \text{ K.}$$

Das ergibt $\Delta U_{\text{Verd}} \approx \Delta H_{\text{Verd}} - n_{\text{Dampf}}RT$.

$$n_{\text{Dampf}} \cdot RT = (0.555 \text{ mol}) \cdot (8.314 \text{ J K}^{-1} \text{ mol}^{-1}) \cdot (373 \; K) = 1.72 \text{ kJ}$$

$$\Delta U_{\text{Verd}} = 22.2 \text{ kJ} - 1.7 \text{ kJ} = \underline{20.5 \text{ kJ.}}$$

$$w_{\text{rev}} = q - \Delta U \quad [\text{aus } \Delta U = q + w] \quad = 22.2 \text{ kJ} - 20.5 \text{ kJ} = \underline{1.7 \text{ kJ.}}$$

2-30 Wir gehen analog zu Beispiel 2–6 vor.

$$q_{\text{Verd}} = ItU_{\text{el}} = (0.232 \text{ A}) \cdot (650 \text{ s}) \cdot (12.0 \text{ V}) = 1810 \text{ V A s} = 1.81 \text{ kJ.}$$

$$\Delta H_{\text{Verd}} = q_{\text{Verd}} = 1.81 \text{ kJ.}$$

$$n_{\text{Dampf}} = \frac{m_{\text{Dampf}}}{M_{\text{m}}} = \frac{1.871 \text{ g}}{102 \text{ g mol}^{-1}} = 0.0183 \text{ mol}$$

$$\Delta H_{\text{Verd,m}} = \frac{\Delta H_{\text{Verd}}}{n_{\text{Dampf}}} = \frac{1.81 \text{ kJ}}{0.0183 \text{ mol}}$$

$$= \underline{98.9 \text{ kJ mol}^{-1}.}$$

$$\Delta U_{\text{Verd}} = \Delta H_{\text{Verd}} - p\Delta V_{\text{Verd}} \approx \Delta H_{\text{Verd}} - n_{\text{Dampf}} \cdot RT \quad [T = 351 \text{ K}]$$

$$= 1.81 \text{ kJ} - (0.0183 \text{ mol}) \cdot (8.314 \text{ J K}^{-1} \text{ mol}^{-1}) \cdot (351 \text{ K})$$

$$= 1.81 \text{ kJ} - 53.5 \text{ J} = 1.76 \text{ kJ.}$$

$$\Delta U_{\text{Verd,m}} = \frac{\Delta U_{\text{Verd}}}{n_{\text{Dampf}}} = \frac{1.76 \text{ kJ}}{0.0183 \text{ mol}} = \underline{96.2 \text{ kJ mol}^{-1}.}$$

3 Der Erste Hauptsatz: Hilfsmittel

A3-1 (a) $\dfrac{\partial(\partial f/\partial x)}{\partial y} = \dfrac{\partial(2xy)}{\partial y} = 2x$ [Kasten 3–1].

$$\frac{\partial(\partial f/\partial y)}{\partial x} = \frac{\partial(x^2+6y)}{\partial x} = 2x.$$

(b) $$\frac{\partial(\partial f/\partial x)}{\partial y} = \frac{\partial[\cos(xy) - (xy)\sin(xy)]}{\partial y}$$
$$= -(x)\sin(xy) - (x)\sin(xy) - (xy)(x)\cos(xy)$$
$$= -2(x)\sin(xy) - (x^2y)\cos(xy),$$

$$\frac{\partial(\partial f/\partial y)}{\partial x} = \frac{\partial[(-x^2)\sin(xy)]}{\partial x} = -2(x)\sin(xy) - (x^2y)\cos(xy).$$

(c) $$\frac{\partial(\partial f/\partial t)}{\partial s} = \frac{\partial(2t+\mathrm{e}^s)}{\partial s} = \mathrm{e}^s,$$

$$\frac{\partial(\partial f/\partial s)}{\partial t} = \frac{\partial(t\mathrm{e}^s+25)}{\partial t} = \mathrm{e}^s.$$

A3-2 $$\left(\frac{\partial C_V}{\partial V}\right)_T = \left[\frac{\partial\left(\frac{\partial U}{\partial T}\right)_V}{\partial V}\right]_T = \left[\frac{\partial\left(\frac{\partial U}{\partial V}\right)_T}{\partial T}\right]_V.$$

Für perfekte Gase ist $\left(\dfrac{\partial U}{\partial V}\right)_T = 0$ [Abschnitt 3.2a], daraus folgt auch $\left(\dfrac{\partial C_V}{\partial V}\right)_T = 0.$

A3-3 $H = U + pV$ [3.2–4]

$$\left(\frac{\partial H}{\partial U}\right)_p = 1 + p\left(\frac{\partial V}{\partial U}\right)_p.$$

$$\left(\frac{\partial H}{\partial U}\right)_p = \frac{\left(\frac{\partial H}{\partial V}\right)_p}{\left(\frac{\partial U}{\partial V}\right)_p} = \left(\frac{\partial V}{\partial U}\right)_p\left[\frac{\partial(U+pV)}{\partial V}\right]_p$$
$$= \left(\frac{\partial V}{\partial U}\right)_p\left[\left(\frac{\partial U}{\partial V}\right)_p + p\right] = \underline{1 + p\left(\frac{\partial V}{\partial U}\right)_p}.$$

A3-4 $dV = \left(\dfrac{\partial V}{\partial p}\right)_T \mathrm{d}p + \left(\dfrac{\partial V}{\partial T}\right)_p \mathrm{d}T$

$$\mathrm{d}(\ln V) = \frac{1}{V}\mathrm{d}V = \frac{1}{V}\left(\frac{\partial V}{\partial p}\right)_T \mathrm{d}p + \frac{1}{V}\left(\frac{\partial V}{\partial T}\right)_p \mathrm{d}T.$$

$$\alpha = \frac{1}{V}\left(\frac{\partial V}{\partial T}\right)_p \quad [3.2\text{–}9]; \quad \kappa = -\frac{1}{V}\left(\frac{\partial V}{\partial p}\right)_T \quad [3.2\text{–}11]$$

$$\mathrm{d}(\ln V) = -\kappa \mathrm{d}p + \alpha \mathrm{d}T.$$

A3-5 $\alpha = \frac{1}{V}\left(\frac{\partial V}{\partial T}\right)_p$ [3.2–9]

$$V_{320} = V_{300}[0.75 + (3.9 \cdot 10^{-4})(320) + (1.48 \cdot 10^{-6})(320)^2] = (1.03)V_{300}$$

$$\frac{1}{V_{320}} = 0.97 \cdot \frac{1}{V_{300}}; \quad \left(\frac{\partial V}{\partial T}\right)_p = V_{300}(3.9 \cdot 10^{-4} + 2.96 \cdot 10^{-6}\ T/\mathrm{K})\ \mathrm{K}^{-1}$$

$$\left[\left(\frac{\partial V}{\partial T}\right)_p\right]_{320} = V_{300}\left[3.9 \cdot 10^{-4} + (2.96 \cdot 10^{-6})(320)\right]\ \mathrm{K}^{-1} = (1.3 \cdot 10^{-3}\ \mathrm{K}^{-1})V_{300}$$

$$\alpha_{320} = \frac{1}{V_{320}}\left[\left(\frac{\partial V}{\partial T}\right)_p\right]_{320} = \left(\frac{0.97}{V_{300}}\right)(1.3 \cdot 10^{-3}\ \mathrm{K}^{-1})V_{300}$$

$$= (0.97)(1.3 \cdot 10^{-3}\ \mathrm{K}^{-1}) = \underline{1.3 \cdot 10^{-3}\ \mathrm{K}^{-1}.}$$

A3-6 $\kappa = -\frac{1}{V}\left(\frac{\partial V}{\partial p}\right)_T = -\left(\frac{\partial \ln V}{\partial p}\right)_T$ [3.2–11].

$$\Delta p = -\frac{\Delta \ln V}{\kappa}; \quad V = \frac{m}{\rho}; \quad -\Delta \ln V = \Delta \ln \rho \approx \frac{\Delta \rho}{\rho} = 0.08 \cdot 10^{-2}.$$

$$\Delta p = \frac{0.08 \cdot 10^{-2}}{7.25 \cdot 10^{-7}\ \mathrm{bar}^{-1}} = \underline{1.10 \cdot 10^3\ \mathrm{bar}.}$$

A3-7 $\left(\frac{\partial H_\mathrm{m}}{\partial p}\right)_T = -\mu_{JT} C_{p,\mathrm{m}} = -(0.25\ \mathrm{K\ bar^{-1}})(29\ \ \mathrm{J\ K^{-1}\ mol^{-1}}) = \underline{7.2\ \mathrm{J\ bar^{-1}\ mol^{-1}}}$

[Tabelle 2–1, 3.2–15]

$$q = -\left(\frac{\partial H}{\partial p}\right)_T (\Delta p) = (7.2\ \mathrm{J\ bar^{-1}\ mol^{-1}})(15\ \mathrm{mol})(76\ \mathrm{bar}) = \underline{8.2 \cdot 10^3\ \mathrm{J}.}$$

A3-8 $q = \underline{0}$ [adiabatischer Prozeß]

$$w = -p_\mathrm{a}\Delta V = -(800\ \mathrm{mbar})(40.0 \cdot 10^{-3}\ \mathrm{m}^3) = \underline{-3.2 \cdot 10^3\ \mathrm{J}.} \quad [2.2\text{–}7b]$$

$$\Delta T = \frac{-p_\mathrm{a}\Delta V}{C_V} = \frac{-3.2 \cdot 10^3\ \mathrm{J}}{(4.00\ \mathrm{mol})(21.0\ \ \mathrm{J\ K^{-1}\ mol^{-1}})} = \underline{-38.1\ \mathrm{K}.} \quad [3.3\text{–}2]$$

$$\Delta U = q + w = 0 - 3.2\ \mathrm{kJ} = \underline{3.2\ \mathrm{kJ}.}$$

$$\Delta H = \Delta U + nR\Delta T = -3.2 \cdot 10^3 \text{ J} + (4.00 \text{ mol})(8.314 \text{ J K}^{-1} \text{ mol}^{-1})(-38.1 \text{ K})$$

$$= \underline{-4.47 \cdot 10^3 \text{ J.}} \quad \text{[Abschnitt 2.3c]}$$

A3-9 $q = \underline{0}$ [adiabatischer Prozeß].

$$\Delta U = C_V \Delta T = (3.00 \text{ mol})(27.5 \text{ J K}^{-1} \text{ mol}^{-1})(50 \text{ K}) = \underline{4.12 \cdot 10^3 \text{ J.}}$$

$$w = \Delta U - q = 4.12 \cdot 10^3 \text{ J} - 0 = \underline{4.12 \cdot 10^3 \text{ J.}} \quad [2.1\text{–}2]$$

$$\Delta H = \Delta U + nR\Delta T = 4.12 \cdot 10^3 \text{ J} + (3 \text{ mol})(8.314 \text{ J K}^{-1} \text{ mol}^{-1})(50 \text{ K}) = \underline{5.37 \cdot 10^3 \text{ J.}}$$

$$V_\text{A} = \frac{nRT_\text{A}}{p_\text{A}} = \frac{(3.00 \text{ mol})(8.314 \text{ J K}^{-1} \text{ mol}^{-1})(200 \text{ K})}{(2.00 \text{ bar})(10^5 \text{ Pa/bar})} = 2.49 \cdot 10^{-2} \text{ m}^3 = \underline{24.9 \text{ dm}^3.} \quad [1.1\text{–}1]$$

$$c = \frac{C_{V,\text{m}}}{\text{R}} = \frac{27.5 \text{ J K}^{-1} \text{ mol}^{-1}}{8.314 \text{ J K}^{-1} \text{ mol}^{-1}} = \underline{3.31.}$$

$$V_\text{E} = V_\text{A} \left(\frac{T_\text{A}}{T_\text{E}}\right)^c = (24.9 \text{ dm}^3) \left(\frac{200 \text{ K}}{250 \text{ K}}\right)^{3.31} = \underline{11.9 \text{ dm}^3.} \quad [3.3\text{–}3]$$

$$p_\text{E} = \frac{nRT_\text{E}}{V_\text{E}} = \frac{(3.00 \text{ mol})(8.314 \text{ J K}^{-1} \text{ mol}^{-1})(250 \text{ K})}{11.9 \cdot 10^{-3} \text{ m}^3} = \underline{5.24 \cdot 10^5 \text{ Pa.}} \quad [1.1\text{–}1]$$

A3-10 $V_A = \dfrac{nRT_\text{A}}{p_\text{A}}$ [1.1–1]

$$= \frac{(1.00 \text{ mol})(8.314 \text{ J K}^{-1} \text{ mol}^{-1})(310 \text{ K})}{(3.29 \text{ bar})(10^5 \text{ Pa/bar})} = 7.83\ 10^{-3} \text{ m}^3 = \underline{7.83 \text{ dm}^3.}$$

$$\gamma = \frac{C_{p,\text{m}}}{C_{V,\text{m}}} \quad [3.3\text{–}6] \quad = \frac{20.8 \text{ J K}^{-1} \text{ mol}^{-1} + 8.314 \text{ J K}^{-1} \text{ mol}^{-1}}{20.8 \text{ J K}^{-1} \text{ mol}^{-1}} = 1.40 \quad [3.3\text{–}6];$$

$$\frac{1}{\gamma} = 0.714.$$

$$V_\text{E} = V_\text{A} \cdot \left(\frac{p_\text{A}}{p_\text{E}}\right)^{\frac{1}{\gamma}} = (7.83 \text{ dm}^3) \cdot \left(\frac{3.29 \text{ bar}}{2.53 \text{ bar}}\right)^{0.714} = \underline{9.45 \text{ dm}^3.} \quad [3.3\text{–}8]$$

$$T_\text{E} = \frac{p_\text{E} V_\text{E}}{nR} = \frac{(2.53 \text{ bar})(10^5 \text{ Pa/bar})(9.45 \cdot 10^{-3} \text{ m}^3)}{(1 \text{ mol})(8.314 \text{ J K}^{-1} \text{ mol}^{-1})} = \underline{288 \text{ K.}} \quad [1.1\text{–}1]$$

$$w = C_V(T_\text{E} - T_\text{A}) = (20.8 \text{ J K}^{-1})(288 \text{ K} - 310 \text{ K}) - \underline{-4.58 \cdot 10^2 \text{ J.}} \quad [3.5\text{–}5]$$

3-1 $\rho = \dfrac{M}{V}$; M und V sind extensive Größen, folglich ist ρ intensiv.

p hängt nicht von der Stoffmenge ab; deshalb ist p intensiv.

M hängt von der Stoffmenge ab; deshalb ist M extensiv.

T hängt nicht von der Stoffmenge ab; deshalb ist T intensiv.

H hängt von der Stoffmenge ab; deshalb ist H extensiv.

Der Brechungsindex n_r hängt nicht von der Stoffmenge ab; deshalb ist n_r intensiv.

C hängt von der Stoffmenge ab; deshalb ist C extensiv.

C_m ist gleich dem Quotienten zweier extensiver Größen und deshalb intensiv.

3-2 $\left(\frac{\partial U}{\partial V}\right)_T = \left[\left(\frac{\partial}{\partial V}\right)_T \left(\frac{3}{2}nRT\right)\right] = \underline{0.}$

$H = U + pV$ [3.2–4] $= U + nRT$ [$pV = nRT$] [3.2–4]

$$\left(\frac{\partial H}{\partial V}\right)_T = \left(\frac{\partial U}{\partial V}\right)_T + \left(\frac{\partial nRT}{\partial V}\right)_T = 0 + 0 = \underline{0.}$$

3-3 $\kappa = 2.18 \cdot 10^{-6}\ \mathrm{bar}^{-1} = \underline{2.18 \cdot 10^{-11}\ \mathrm{N}^{-1}\ \mathrm{m}^2.}$

$$\delta V \approx \left(\frac{\partial V}{\partial p}\right)_T \delta p = -\kappa V \delta p \quad [3.2\text{–}11]; \quad \delta p \approx \rho g h \quad [\text{Hydrostatik}].$$

$\rho = 1.03\ \mathrm{g\ cm^{-3}} = 1.03\ 10^3\ \mathrm{kg\ m^{-3}}$, $g = 9.81\ \mathrm{m\ s^{-2}}$,

$V = 1.0 \cdot 10^3\ \mathrm{cm}^3 = 1.0 \cdot 10^{-3}\ \mathrm{m}^3.$

$$\begin{aligned}\delta V &= -(2.18 \cdot 10^{-11}\ \mathrm{N}^{-1}\ \mathrm{m}^2) \cdot (1.0 \cdot 10^{-3}\ \mathrm{m}^3) \cdot (1.03 \cdot 10^3\ \mathrm{kg\ m}^{-3}) \cdot (9.81\ \mathrm{m\ s}^{-2}) \cdot h \\ &= -(2.2 \cdot 10^{-10}\ \mathrm{m}^2) \cdot h.\end{aligned}$$

(a) $h = 30.48\ \mathrm{m}$, $\delta V = -6.7 \cdot 10^{-9}\ \mathrm{m}^3 = \underline{-6.7\ \mathrm{mm}^3.}$

(b) $h = 5000$ Faden $= 9150\ \mathrm{m}$, $\delta V = -2.0 \cdot 10^{-6}\ \mathrm{m}^3 = \underline{-2.0\ \mathrm{cm}^3.}$

3-4 $\alpha = \frac{1}{V}\left(\frac{\partial V}{\partial T}\right)_p = 8.61 \cdot 10^{-5}\ \mathrm{K}^{-1}.$ [3.2–9]

$$\delta V \approx \left(\frac{\partial V}{\partial T}\right)_p \delta T = \alpha V \delta T.$$

$V = 10^{-3}\ \mathrm{m}^3$, $\delta T \approx 30\ \mathrm{K}$.

$\delta V = (8.61 \cdot 10^{-5}\ \mathrm{K}^{-1}) \cdot (1.0 \cdot 10^{-3}\ \mathrm{m}^3) \cdot (-30\ \mathrm{K}) = -2.6 \cdot 10^{-6}\ \mathrm{m}^3 = \underline{-2.6\ \mathrm{cm}^3.}$

Für den gemeinsamen Effekt braucht man nur die beiden δV-Werte zu addieren. Im Fall (a) erhält man so $\delta V \approx 2.6\ \mathrm{cm}^3$ (der Temperatur-Effekt überwiegt), im Fall (b) $\delta V \approx -4.6\ \mathrm{cm}^3$ (beide Effekte sind etwa gleich groß).

3-5 Wenn wir p als Funktion vom Volumen und von der Temperatur betrachten, $p = p(V, T)$, so gilt für das Differential

$$\mathrm{d}p = \left(\frac{\partial p}{\partial V}\right)_T \mathrm{d}V + \left(\frac{\partial p}{\partial T}\right)_V \mathrm{d}T.$$

Wenn V und T von der Zeit abhängen, erhalten wir daraus

$$\frac{dp}{dt} = \left(\frac{\partial p}{\partial V}\right)_T \left(\frac{dV}{dt}\right) + \left(\frac{\partial p}{\partial T}\right)_V \left(\frac{dT}{dt}\right).$$

Für ein perfektes Gas gilt $\left(\frac{\partial p}{\partial V}\right)_T = -\frac{p}{V}$ und $\left(\frac{\partial p}{\partial T}\right)_V = \frac{p}{T}$ [Aufgabe 2–18a];

das ergibt $\frac{dp}{dt} = -\frac{p}{V}\left(\frac{dV}{dt}\right) + \frac{p}{T}\left(\frac{dT}{dt}\right)$ oder

$$\underline{\frac{d\ln p}{dt} = -\frac{d\ln V}{dt} + \frac{d\ln T}{dt}.}$$

3-6 Für eine Newtonsche Abkühlung in Richtung auf den absoluten Nullpunkt gilt

$T = T_A \exp\left(-\frac{t}{\tau_T}\right)$ und damit

$$\frac{d\ln T}{dt} = \frac{1}{T}\left(-\frac{T_A}{\tau_T}\right)\exp\left(-\frac{t}{\tau_T}\right) = -\frac{1}{\tau_T}.$$

Bei exponentieller Kompression gilt $V = V_A \cdot \exp\left(-\frac{t}{\tau_V}\right)$ und damit $\frac{d\ln V}{dt} = -\frac{1}{\tau_V}$.

Aus Aufgabe 3–5 entnehmen wir jetzt $\frac{d\ln p}{dt} = \frac{1}{\tau_V} - \frac{1}{\tau_T}$, aus dem beim Integrieren

$\ln p = t \cdot \left(\frac{1}{\tau_V} - \frac{1}{\tau_T}\right) + \text{Konstante}$ folgt.

Das Zeitgesetz lautet dann $p = p_A \cdot e^{-\frac{t}{\tau_T}} \cdot e^{\frac{t}{\tau_V}}$. Für $\tau_T = \tau_V$ gilt also $p = p_A$,

d.h. p ist temperaturunabhängig.

3-7 $dp = \left(\frac{\partial p}{\partial V}\right)_T dV + \left(\frac{\partial p}{\partial T}\right)_V dT$ [Aufgabe 3–5].

$p = \frac{nRT}{V - nb} - \frac{n^2 a}{V^2}$ [Kasten 1–1].

$$\left(\frac{\partial p}{\partial V}\right)_T = -\frac{nRT}{(V-nb)^2} + \frac{2n^2a}{V^3} = -\frac{p}{V-nb} + \frac{n^2a}{V^3}\cdot\left(\frac{V-2nb}{V-nb}\right).$$

$\left(\frac{\partial p}{\partial T}\right)_V = \frac{nR}{V-nb} = \frac{p}{T} + \frac{n^2a}{TV^2}$. Das ergibt

$$dp = -p \cdot \left(\frac{dV}{V-nb}\right) + \left(\frac{n^2a}{V^3}\right)\cdot(V-2nb)\cdot\left(\frac{dV}{V-nb}\right) + p\cdot\left(\frac{dT}{T}\right) + \frac{n^2a}{V^2}\cdot\left(\frac{dT}{T}\right)$$

oder

$$d\ln p = -d\ln(V-nb) + d\ln T + \left(\frac{n^2a}{pV^2}\right)\cdot\left[\left(1 - \frac{2nb}{V}\right) d\ln(V-nb) + d\ln T\right].$$

Beim van-der-Waals-Gas sollte die Kompression auf den Grenzwert $V = nb$ zu erfolgen.

3-8 $p = \frac{nRT}{V - nb} - \frac{n^2 a}{V^2}$ [Kasten 1–1].

Daraus folgt $T = \frac{p}{nR}(V - nb) + \frac{na}{RV^2}(V - nb)$.

$$\left(\frac{\partial I}{\partial p}\right)_V = \frac{V - nb}{nR} = \frac{1}{\left(\frac{\partial p}{\partial T}\right)_V} \quad \text{[Aufgabe 3–7].}$$

Für die Eulersche Kettenregel [Kasten 3–1] müssen wir zeigen, daß

$$\left(\frac{\partial T}{\partial p}\right)_V \cdot \left(\frac{\partial p}{\partial V}\right)_T \cdot \left(\frac{\partial V}{\partial T}\right)_p = -1 \quad \text{gilt.}$$

$\left(\frac{\partial T}{\partial p}\right)_V$ haben wir soeben berechnet, $\left(\frac{\partial p}{\partial V}\right)_T$ in Aufgabe 3–7; uns fehlt also noch

$$\left(\frac{\partial V}{\partial T}\right)_p = \frac{1}{\left(\frac{\partial T}{\partial V}\right)_p} \quad \text{[Formel 2 in Kasten 3–1]}$$

$$\left(\frac{\partial T}{\partial V}\right)_p = \frac{p}{nR} + \frac{na}{RV^2} - \frac{2na}{RV^3}(V - nb)$$

$$= \frac{T}{V - nb} - \frac{2an}{RV^3}(V - nb).$$

Dann ist $\left(\frac{\partial T}{\partial p}\right)_V \left(\frac{\partial p}{\partial V}\right)_T \left(\frac{\partial V}{\partial T}\right)_p = \frac{\left(\frac{\partial T}{\partial p}\right)_V \cdot \left(\frac{\partial p}{\partial V}\right)_T}{\left(\frac{\partial T}{\partial V}\right)_p}$

$$= \left\{ \frac{\left(\frac{V - nb}{nR}\right)\left[\frac{-nRT}{(V - nb)^2} + \frac{2n^2 a}{V^3}\right]}{\left[\left(\frac{T}{V - nb}\right) - \left(\frac{2an}{RV^3}\right)(V - nb)\right]} \right\} = \left\{ \frac{\left(\frac{-T}{V - nb}\right) + \left(\frac{2na}{RV^3}\right)(V - nb)}{\left(\frac{T}{V - nb}\right) - \left(\frac{2na}{RV^3}\right)(V - nb)} \right\} = -1.$$

3-9 (a) $\alpha = \frac{1}{V}\left(\frac{\partial V}{\partial T}\right)_p = \frac{\frac{1}{V}}{\left(\frac{\partial T}{\partial V}\right)_p}$ [Formel 2]

$$= \left(\frac{1}{V}\right)\left\{\frac{1}{\frac{T}{V - nb} - \frac{2na}{RV^3}(V - nb)}\right\} \quad \text{[Aufgabe 3–8]}$$

$$= \frac{RV^2(V - nb)}{RTV^3 - 2na(V - nb)^2}.$$

$$\kappa = -\frac{1}{V}\left(\frac{\partial V}{\partial p}\right)_T = \frac{-\frac{1}{V}}{\left(\frac{\partial p}{\partial V}\right)_T} \quad \text{[Formel 2]}$$

$$= -\frac{1}{V}\left\{\frac{1}{\frac{-nRT}{(V-nb)^2}+\frac{2n^2a}{V^3}}\right\} \quad \text{[Aufgabe 3–7]}$$

$$= \frac{V^2(V-nb)^2}{nRTV^3 - 2n^2a(V-nb)^2}.$$

Das ergibt $\frac{\kappa}{\alpha} = \frac{V-nb}{Rn}$ und damit $nR\kappa = \alpha(V-nb)$ bzw. $R\kappa = \alpha(V_\mathrm{m} - b)$.

(b) Mit der Kettenregel [Kasten 3–1] erhalten wir das gleiche Ergebnis schneller:

$$\frac{\kappa}{\alpha} = \frac{-\left(\frac{\partial V}{\partial p}\right)_T}{\left(\frac{\partial V}{\partial T}\right)_p} \quad \text{[aus den Definitionen]}$$

$$= \frac{1}{\left(\frac{\partial p}{\partial V}\right)_T\left(\frac{\partial V}{\partial T}\right)_p}$$

$$= \left(\frac{\partial T}{\partial p}\right)_V \quad \text{[Kettenregel, Aufgabe 3–8]}$$

$$= \frac{V-nb}{nR} \quad \text{[Aufgabe 3–8]}.$$

Das ergibt $\underline{\kappa R = \alpha \cdot (V_\mathrm{m} - b)}$.

(c) Reduzierte Variable führen wir nach Gl. 1.4–6 ein:

$$\kappa_\mathrm{r} \equiv -\frac{1}{V_\mathrm{r}}\left(\frac{\partial V_\mathrm{r}}{\partial p_\mathrm{r}}\right)_T = -\frac{1}{V}\cdot\left(\frac{\partial V}{\partial p}\right)_T \cdot p_\mathrm{k} = \kappa p_\mathrm{k}$$

$$\alpha_\mathrm{r} \equiv \frac{1}{V_\mathrm{r}}\left(\frac{\partial V_\mathrm{r}}{\partial T_\mathrm{r}}\right)_p = \frac{1}{V}\cdot\left(\frac{\partial V}{\partial T}\right)_p \cdot T_\mathrm{k} = \alpha T_\mathrm{k}$$

Damit geht $R\kappa = \alpha(V_\mathrm{m} - b)$ in $\frac{R\kappa_\mathrm{r}}{p_\mathrm{k}} = \frac{\alpha_\mathrm{r}}{T_\mathrm{k}}(V_\mathrm{m} - b)$ oder

$\kappa_\mathrm{r} = \alpha_\mathrm{r}(V_\mathrm{r} - \frac{b}{V_\mathrm{m,k}}) \cdot \frac{V_\mathrm{m,k}p_\mathrm{k}}{RT_\mathrm{k}}$ über. Mit $\frac{p_\mathrm{k}V_\mathrm{m,k}}{RT_\mathrm{k}} = \frac{3}{8}$ und $\frac{b}{V_\mathrm{m,k}} = \frac{1}{3}$ [Kasten 1–1]

erhalten wir schließlich $\underline{8\kappa_\mathrm{r} = \alpha_\mathrm{r}(3V_\mathrm{r} - 1)}$.

3-10 $\mu_\mathrm{JT}C_p = T\left(\frac{\partial V}{\partial T}\right)_p - V = \frac{T}{\left(\frac{\partial T}{\partial V}\right)_p} - V$ [Formel 2]

$$\left(\frac{\partial T}{\partial V}\right)_p = \left(\frac{T}{V-nb}\right) - \left(\frac{2an}{RV^3}\right)(V-nb) \quad \text{[Aufgabe 3–8]}.$$

Es ist also $\mu_{\rm JT} C_p = -\left[\dfrac{nbRTV^2 - 2an(V-nb)^2}{RTV^3 - 2an(V-nb)^2}\right] \cdot V.$

Mit der Abkürzung $\xi = \dfrac{RTV^3}{2an(V-nb)^2}$ erhält man dafür

$$\mu_{\rm JT} C_p = -\left(\frac{\xi\left(\frac{nb}{V}\right) - 1}{\xi - 1}\right) \cdot V.$$

Für Xenon verwenden wir $n = 1$ mol, $V = 24.5\ \mathrm{dm^3}$, $T = 298$ K,

$a = 4.250\ \mathrm{dm^6\ bar\ mol^{-2}}$ und $b = 5.105 \cdot 10^{-2}\ \mathrm{dm^3\ mol^{-1}}$:

$$\frac{nb}{V} = \frac{(1\ \mathrm{mol}) \cdot (5.105 \cdot 10^{-2}\ \mathrm{dm^3\ mol^{-1}})}{24.5\ \mathrm{dm^3}} = 2.1 \cdot 10^{-3},$$

$(V - nb) = 24.6\ \mathrm{dm^3}.$

$$\xi = \frac{(0.0831\ \mathrm{dm^3\ bar\ K^{-1}\ mol^{-1}}) \cdot (298\ \mathrm{K}) \cdot (24.6\ \mathrm{dm^3})^3}{2 \cdot (1\ \mathrm{mol}) \cdot (4.250\ \mathrm{dm^6\ bar\ mol^{-2}}) \cdot (24.5\ \mathrm{dm^3})^2} = 72.3.$$

$$\mu_{\rm JT} C_p = -\left(\frac{72.3 \cdot 2.1 \cdot 10^{-3} - 1}{72.3 - 1}\right) \cdot (24.5\ \mathrm{dm^3}) = 0.293\ \mathrm{dm^3}.$$

$C_p = nC_{p,\rm m} = (1\ \mathrm{mol}) \cdot (20.79\ \ \mathrm{J\ K^{-1}\ mol^{-1}})$

[aus Tabelle 2–1 oder aus $C_p - C_V = nR$ und dem Gleichverteilungssatz]

$$\mu_{\rm JT} = \frac{0.293 \cdot 10^{-3}\ \mathrm{m^3}}{20.79\ \mathrm{J\ K^{-1}}} = 1.41 \cdot 10^{-5}\ \mathrm{K\ m^3\ J^{-1}} = \underline{1.41\ \mathrm{K\ bar^{-1}}}. \quad [1\ \mathrm{bar} = 10^5\ \mathrm{Pa}]$$

3-11 $\mu_{\rm JT}$ ändert sein Vorzeichen, wenn der Zähler in der Formel für $\mu_{\rm JT} C_p$ [Aufgabe 3– 10] sein Vorzeichen ändert (der Nenner ist immer positiv). Das passiert bei $T = T_{\rm i}$ mit

$$nbRT_{\rm i}V^2 = 2an(V-nb)^2 \quad \text{bzw.} \quad \underline{T_{\rm i} = 2 \cdot \frac{a}{bR} \cdot \left(1 - \frac{nb}{V}\right)^2}.$$

In reduzierten Variablen können wir $T_{\rm i,r} \equiv \dfrac{T_{\rm i}}{T_{\rm k}}$ schreiben; daraus folgt

$$T_{\rm i,r} = 2 \cdot \frac{a}{bRT_{\rm k}}\left(1 - \frac{nb}{V_{\rm r}V_{\rm k}}\right)^2$$

$$= 2 \cdot \left(\frac{a}{bR}\right)\left(\frac{27\ Rb}{8a}\right)\left(1 - \frac{b}{3bV_{\rm r}}\right)^2 \quad \left[T_{\rm k} = \frac{8a}{27Rb},\ V_{\rm k,m} = 3b\right]$$

$$= \underline{\left(\frac{27}{4}\right)\left(1 - \frac{1}{3V_{\rm r}}\right)^2}.$$

Betrachten wir H_2 und CO_2 als van-der-Waals-Gase und setzen wir $\frac{nb}{V} \ll 1$ voraus, dann ist $T_i \approx \frac{2a}{bR}$. Aus Tabelle 1–3 entnehmen wir die folgenden Werte:

(a) $H_2 : a = 0.248\ \text{dm}^6\ \text{bar mol}^{-2}, \quad b = 2.661 \cdot 10^{-2}\ \text{dm}^3\ \text{mol}^{-1}$

(b) $CO_2 : a = 3.640\ \text{dm}^6\ \text{bar mol}^{-2}, \quad b = 4.267 \cdot 10^{-2}\ \text{dm}^3\ \text{mol}^{-1}$

Daraus folgt $T_i(H_2) = 224$ K und $T_i(CO_2) = 2052$ K.

Äus dem Ausdruck fur die reduzierte Inversionstemperatur erhalten wir mit $3V_r \gg 1$

$$T_i = T_{i,r} \cdot T_k \approx \frac{27\ T_k}{4}.$$

Aus Tabelle 1–2 entnehmen wir $T_k(H_2) = 33.2$, das ergibt $T_i(H_2) = \underline{224\ \text{K}}$,

und $T_k(CO_2) = 304.2$, das ergibt $T_i(CO_2) = \underline{2053\ \text{K}}$.

3-12 $\mu_{JT} = \left(\frac{\partial T}{\partial p}\right)_H$ [Gl.3.2–14],

daraus folgt $\delta T \approx \left(\frac{\partial T}{\partial p}\right)_H \delta p = \mu_{JT} \delta p$.

$\mu = 1.2$ K bar^{-1}, $\delta T = -5$ K.

$$\delta p = \frac{\delta T}{\mu_{JT}} = \frac{-5\ \text{K}}{1.2\ \text{K bar}^{-1}} = \underline{-4.2\ \text{bar}}.$$

3-13 $\mu_{JT} = \left(\frac{\partial T}{\partial p}\right)_H = \lim_{\delta p \to 0} \left(\frac{\delta T}{\delta p}_H\right)$.

Jetzt stellen wir die folgende Tabelle von $\left(\frac{\partial T}{\partial p}\right)_H$ für verschiedene δp auf:

p/bar	32	24	18	11	8	5
$-\delta p$/bar	31	23	17	10	7	4
$-\delta T$/K	22	18	15	10	7.4	4.6
$\left(\frac{\delta T}{\delta p}\right)$/(K bar^{-1})	0.71	0.78	0.88	1.00	1.06	1.15

Nun tragen wir $\left(\frac{\delta T}{\delta p}\right)$ gegen δp auf und extrapolieren die Kurve auf $\delta p = 0$ (Abb. 3–1). Daraus ergibt sich $\mu_{JT} = 1.3$ K bar^{-1}. Hier genugt also eine kleinere Druckdifferenz als beim Freon (Aufgabe 3–12), um die gleiche Temperaturabnahme zu erreichen. In der Praxis müssen daneben noch andere Faktoren wie Brennbarkeit, Verfügbarkeit, Toxizität und Preis in Betracht gezogen werden.

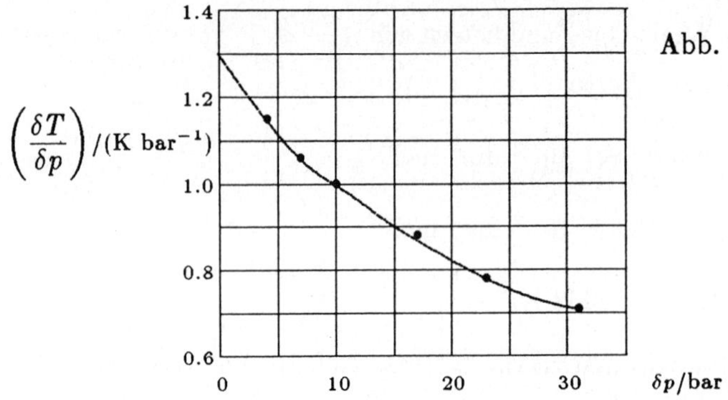

Abb. 3–1

3-14 $\left(\frac{\partial H}{\partial p}\right)_T = \left(\frac{\partial H}{\partial V}\right)_T \left(\frac{\partial V}{\partial p}\right)_T$ [Änderung der Variablen]

$= \left(\frac{\partial}{\partial V}\right)_T (U + pV) \left(\frac{\partial V}{\partial p}\right)_T$ [Definition von H]

$= \left(\frac{\partial U}{\partial V}\right)_T \left(\frac{\partial V}{\partial p}\right)_T + \left(\frac{\partial pV}{\partial V}\right)_T \left(\frac{\partial V}{\partial p}\right)_T$

$= \left\{T\left(\frac{\partial p}{\partial T}\right)_V - p\right\} \cdot \left(\frac{\partial V}{\partial p}\right)_T + \left(\frac{\partial pV}{\partial p}\right)_T$ [Gleichung für $\left(\frac{\partial U}{\partial V}\right)_T$ aus Abschn. 3.2d]

$= T\left(\frac{\partial p}{\partial T}\right)_V \left(\frac{\partial V}{\partial p}\right)_T - p\left(\frac{\partial V}{\partial p}\right)_T + p\left(\frac{\partial V}{\partial p}\right)_T + V = T\left(\frac{\partial p}{\partial T}\right)_V \left(\frac{\partial V}{\partial p}\right)_T + V$

$-T\left(\frac{\partial V}{\partial T}\right)_p + V$ [Kettenregel].

3-15 $\mu_{\mathrm{JT}} = \left(\frac{\partial T}{\partial p}\right)_H$

$$\left(\frac{\partial p}{\partial T}\right)_H \left(\frac{\partial H}{\partial p}\right)_T \left(\frac{\partial T}{\partial H}\right)_p = -1 \quad \text{[Kettenregel]}$$

$$\left(\frac{\partial p}{\partial T}\right)_H = 1/\mu_{\mathrm{JT}}, \quad \left(\frac{\partial T}{\partial H}\right)_p = 1/C_p$$

Daraus folgt $\mu_{\mathrm{JT}} \cdot Cp = -\left(\frac{\partial H}{\partial p}\right)_T = T\left(\frac{\partial V}{\partial T}\right)_p - V$ [Aufgabe 3–14]

$$= T^2 \left(\frac{\partial \left(\frac{V}{T}\right)}{\partial T}\right)_p .$$

Aus der Zustandsgleichung $\frac{pV}{nRT} = 1 + \frac{nB}{V}$ erhalten wir $\frac{p}{nRT}V^2 - V - nB = 0$ und

$V = \frac{nRT}{2p}\left\{1 + \sqrt{1 + \frac{4pB}{RT}}\right\}.$

Mit der Abkürzung $\xi = \sqrt{1 + \frac{4pB}{RT}}$ erhalten wir $\frac{V}{T} = \frac{nR}{2p}(1 + \xi)$.

Dann gilt $\left(\frac{\partial}{\partial T}\right)_p \left(\frac{V}{T}\right) = \frac{nR}{2p}\left(\frac{\partial \xi}{\partial T}\right)_p$

$$= \left(\frac{nR}{2p}\right)\left(\frac{4p}{R}\right)\left(\frac{1}{2\xi}\right)\left[\left(\frac{\partial}{\partial T}\right)_p \left(\frac{B}{T}\right)\right] = \frac{n}{\xi} \cdot \left(\frac{\partial}{\partial T}\right)_p \left(\frac{B}{T}\right).$$

Für $\frac{4pB}{RT} \ll 1$ ist $\xi \approx 1$. Dann wird $\mu_{\mathrm{JT}} \approx \frac{T^2}{C_{p,\mathrm{m}}} \cdot \left[\frac{\partial}{\partial T}\left(\frac{B}{T}\right)\right]_p$.

Dann gilt bei Zimmertemperatur für Argon

$$\left[\frac{\partial}{\partial T}\left(\frac{B}{T}\right)\right]_p \approx \left(\frac{B(373\ \mathrm{K})}{373\ \mathrm{K}} - \frac{B(273\ \mathrm{K})}{273\ \mathrm{K}}\right) \Big/ (373\ \mathrm{K} - 273\ \mathrm{K})$$

$$= \left\{\left(\frac{4.2\ \mathrm{cm^3\ mol^{-1}}}{373\ \mathrm{K}}\right) - \left(\frac{-21.7\ \mathrm{cm^3\ mol^{-1}}}{273\ \mathrm{K}}\right)\right\} \Big/ (100\ \mathrm{K}) \quad \text{[Tabelle 1–1]}$$

$$= 6.8 \cdot 10^{-4}\ \mathrm{cm^3\ K^{-2}\ mol^{-1}}.$$

Für $p = 1$ bar, $T = 298$ K und $B(298\ \mathrm{K}) \approx -4.4\ \mathrm{cm^3\ mol^{-1}}$ [Interpolation] ergibt sich

$$\frac{4pB}{RT} = \frac{4 \cdot (1\ \mathrm{bar}) \cdot (-4.4 \cdot 10^{-3}\ \mathrm{dm^3\ mol^{-1}})}{(0.0831\ \mathrm{dm^3\ bar\ K^{-1}\ mol^{-1}}) \cdot (298\ \mathrm{K})} = 7.2 \cdot 10^{-4} \ll 1.$$

$C_{p,\mathrm{m}} = 20.79\ \mathrm{J\ K^{-1}\ mol^{-1}}$ [Tabelle 2–1]. Daraus folgt

$$\mu_{\mathrm{JT}} \approx \frac{(298\ \mathrm{K})^2 \cdot (6.8 \cdot 10^{-4} \cdot 10^{-6}\ \mathrm{m^3\ K^{-2}\ mol^{-1}})}{20.78\ \mathrm{J\ K^{-1}\ mol^{-1}}}$$

$$= 2.9 \cdot 10^{-6}\ \mathrm{K\ m^3\ J^{-1}} = 2.9 \cdot 10^{-6}\ \mathrm{K\ (N\ m^{-2})^{-1}}$$

$$= \underline{0.29\ \mathrm{K\ bar^{-1}}}.$$

3-16 $\delta V \approx \left(\frac{\partial V}{\partial T}\right)_p \delta T = \alpha V \delta T$ [3.2–9]

(a) Quecksilber: $\alpha = 1.82 \cdot 10^{-4}\ \mathrm{K^{-1}}$;

(b) Diamant: $\alpha = 0.03 \cdot 10^{-4}\ \mathrm{K^{-1}}$; $V = 1\ \mathrm{cm^3}$; $\delta T = 5$ K.

(a) $\delta V \approx (1.82 \cdot 10^{-4}\ \mathrm{K^{-1}}) \cdot (1\ \mathrm{cm^3}) \cdot (5\ \mathrm{K}) = 9.1 \cdot 10^{-4}\ \mathrm{cm^3} = \underline{0.9\ \mathrm{mm^3}}$,

(a) $\delta V \approx (3.0 \cdot 10^{-6}\ \mathrm{K^{-1}}) \cdot (1\ \mathrm{cm^3}) \cdot (5\ \mathrm{K}) = 15 \cdot 10^{-6}\ \mathrm{cm^3} = \underline{0.02\ \mathrm{mm^3}}$.

3-17 $C_p - C_V = \left(\frac{\alpha^2}{\kappa}\right) TV$ [3.2–18] $= \alpha TV \left(\frac{\partial p}{\partial T}\right)_V$ [Formel darüber]

$$\left(\frac{\partial p}{\partial T}\right)_V = \frac{nR}{V-nb} \text{ [Aufgabe 3–8]}; \quad \alpha V = \left(\frac{\partial V}{\partial T}\right)_p = \frac{1}{\left(\frac{\partial T}{\partial V}\right)_p}.$$

$$\left(\frac{\partial T}{\partial V}\right)_p = \frac{T}{V-nb} - \frac{2na}{RV^3}\cdot(V-nb) \text{ [Aufgabe 3–8]},$$

$$C_p - C_V = \frac{T\cdot\left(\frac{\partial p}{\partial T}\right)_V}{\left(\frac{\partial T}{\partial V}\right)_p} = \frac{\frac{nRT}{V-nb}}{\frac{T}{V-nb} - \left(\frac{2an}{RV^3}\right)(V-nb)} = n\lambda R$$

mit $\frac{1}{\lambda} = 1 - \left\{\frac{2na(V-nb)^2}{RTV^3}\right\}.$

Wir führen jetzt die reduzierten Variablen $T = T_r T_k$, $V = nV_r V_{m,k}$ ein und verwenden $T_k = \frac{8a}{27Rb}$ und $V_{m,k} = 3b$ [Kasten 1–1]:

$$\frac{1}{\lambda} = 1 - \left\{\frac{2na(nV_rV_{m,k}-nb)^2}{RT_rT_kn^3V_{m,k}^3V_r^3}\right\} = 1 - \left\{\frac{2a(V_r - \frac{b}{V_{m,k}})^2}{RT_rT_kV_{m,k}V_r^3}\right\}$$

$$= 1 - \left\{\frac{9(V_r - \frac{1}{3})^2}{4T_rV_r^3}\right\} \text{ [Kasten 1–1] } = 1 - \left\{\frac{(3V_r-1)^2}{4T_rV_r^3}\right\}.$$

Für Xenon ist $V_m \approx 2.48 \text{ dm}^3 \text{ mol}^{-1}$, $V_{m,k} = 118.8 \text{ cm}^3 \text{ mol}^{-1}$ und $T_k = 289.8$ K [Tabelle 1–2].

$$V_r \approx \frac{2.48 \text{ dm}^3 \text{ mol}^{-1}}{119 \text{ cm}^3 \text{ mol}^{-1}} = 20.8; \quad T_r \approx \frac{298.2 \text{ K}}{289.8 \text{ K}} = 1.03.$$

Daraus folgt $\frac{1}{\lambda} \approx 1 - \left\{\frac{(62.1-1)^2}{4\cdot 1.03\cdot(20.8)^3}\right\} = 0.90$ und $\lambda = 1.11$

und damit $C_{p,m} - C_{V,m} \approx 1.11 \cdot R = \underline{9.2 \text{ J K}^{-1} \text{ mol}^{-1}}.$

3-18 $C_{p,m} - C_{V,m} = \left(\frac{\alpha^2}{\kappa}\right) TV_m$ [3.2–18].

(a) Kupfer: $\alpha = 0.501 \cdot 10^{-4} \text{ K}^{-1}$, $\kappa = 0.725 \cdot 10^{-6} \text{ bar}^{-1}$,

$$V_m = \frac{63.6 \text{ g mol}^{-1}}{8.93 \text{ g cm}^{-3}} = 7.12 \text{ cm}^3 \text{ mol}^{-1} = 7.12 \cdot 10^{-6} \text{ m}^3 \text{ mol}^{-1}.$$

$$C_{p,m} - C_{V,m} = \frac{(0.501\cdot 10^{-4} \text{ K}^{-1})^2 \cdot (298.15 \text{ K}) \cdot (7.12 \cdot 10^{-6} \text{ m}^3 \text{ mol}^{-1})}{0.725 \cdot 10^{-6} \text{ bar}^{-1}}$$

$$= 7.35 \cdot 10^{-6} \text{ bar m}^3 \text{ K}^{-1} \text{ mol}^{-1} = \underline{0.735 \text{ J K}^{-1} \text{ mol}^{-1}}.$$

(b) Benzol: $\alpha = 12.4 \cdot 10^{-4} \text{ K}^{-1}$, $\kappa = 90.9 \cdot 10^{-6} \text{ bar}^{-1}$,

$$V_\mathrm{m} = \frac{78.1 \text{ g mol}^{-1}}{0.88 \text{ g cm}^{-3}} = 88.8 \text{ cm}^3 \text{ mol}^{-1} = 88.8 \cdot 10^{-6} \text{ m}^3 \text{ mol}^{-1}.$$

$$C_{p,\mathrm{m}} - C_{V,\mathrm{m}} = \frac{(12.4 \cdot 10^{-4} \text{ K}^{-1})^2 \cdot (298.15 \text{ K}) \cdot (88.8 \cdot 10^{-6} \text{ m}^3 \text{ mol}^{-1})}{90.9 \cdot 10^{-6} \text{ bar}^{-1}}$$

$$= 4.48 \cdot 10^{-4} \text{ bar m}^3 \text{ K}^{-1} \text{ mol}^{-1} = \underline{44.8 \text{ J K}^{-1} \text{ mol}^{-1}}.$$

500 g sind bei Kupfer $\frac{500 \text{ g}}{63.6 \text{ g mol}^{-1}} = 7.86$ mol

und bei Benzol $\frac{500 \text{ g}}{78.1 \text{ g mol}^{-1}} = 6.40$ mol. Daraus folgt

für die Kupfer-Probe $C_p - C_V = (7.86 \text{ mol}) \cdot (0.735 \text{ J K}^{-1} \text{ mol}^{-1}) = 5.78 \text{ J K}^{-1}$,

für die Benzol-Probe $C_p - C_V = (6.40 \text{ mol}) \cdot (44.8 \text{ J K}^{-1} \text{ mol}^{-1}) = 287 \text{ J K}^{-1}$,

Hier gilt $\delta q \approx C\delta T$, deshalb folgt für die Differenzen bei einem Erwärmen um 50 K

(a) bei Kupfer: $\Delta(\delta q) = \delta q_p - \delta q_V = (5.78 \text{ J K}^{-1}) \cdot (50 \text{ K}) = \underline{0.29 \text{ kJ}}$,

(b) bei Benzol: $\Delta(\delta q) = \delta q_p - \delta q_V = (287 \text{ J K}^{-1}) \cdot (50 \text{ K}) = \underline{14.4 \text{ kJ}}$.

3-19 $C_{p,\mathrm{m}} - C_{V,\mathrm{m}} = \alpha V_\mathrm{m} \left\{ p + \left(\frac{\partial U}{\partial V}\right)_T \right\}$ [3.2–17]

$$\left(\frac{\partial U}{\partial V}\right)_T = \frac{C_{p,\mathrm{m}} - C_{V,\mathrm{m}}}{\alpha V_m} - p.$$

(a) Kupfer: $C_{p,\mathrm{m}} - C_{V,\mathrm{m}} = 0.735 \text{ J K}^{-1} \text{ mol}^{-1}$, $V_\mathrm{m} = 7.12 \cdot 10^{-6} \text{ m}^3 \text{ mol}^{-1}$,

$\alpha = 0.501 \cdot 10^{-4} \text{ K}^{-1}$, $p = 1$ bar.

$$\left(\frac{\partial U}{\partial V}\right)_T = \frac{0.735 \text{ J K}^{-1} \text{ mol}^{-1}}{(0.501 \cdot 10^{-4} \text{ K}^{-1}) \cdot (7.12 \cdot 10^{-6} \text{ m}^3 \text{ mol}^{-1})} - 1 \cdot 10^5 \text{ N m}^{-2}$$

$$= 2.06 \cdot 10^9 \text{ J m}^{-3} - 1 \cdot 10^5 \text{ J m}^{-3} = \underline{2.06 \cdot 10^9 \text{ J m}^{-3}}.$$

(b) Benzol:

$$\left(\frac{\partial U}{\partial V}\right)_T = \frac{44.8 \text{ J K}^{-1} \text{ mol}^{-1}}{(12.4 \cdot 10^{-4} \text{ K}^{-1}) \cdot (88.8 \cdot 10^{-6} \text{ m}^3 \text{ mol}^{-1})} - 1 \cdot 10^5 \text{ N m}^{-2}$$

$$= 4.07 \cdot 10^8 \text{ J m}^{-3} - 1 \cdot 10^5 \text{ J m}^{-3} = \underline{4.07 \cdot 10^8 \text{ J m}^{-3}}.$$

3-20 (a) $\delta U \approx \left(\frac{\partial U}{\partial T}\right)_p \delta T$; $\left(\frac{\partial U}{\partial T}\right)_p = C_V + \alpha V \left(\frac{\partial U}{\partial V}\right)_T$ [3.2–10].

$$\left(\frac{\partial U}{\partial V}\right)_T = \frac{C_{p,\mathrm{m}} - C_{V,\mathrm{m}}}{\alpha V_\mathrm{m}} - p \quad \text{[Aufgabe 3–19]}$$

$$\left(\frac{\partial U}{\partial T}\right)_p = C_V + \alpha V \frac{C_{p,\mathrm{m}} - C_{V,\mathrm{m}}}{\alpha V_\mathrm{m}} - \alpha p V$$

$$= C_V + n(C_{p,\mathrm{m}} - C_{V,\mathrm{m}}) - \alpha p V = C_p - \alpha p V.$$

$C_{p,\mathrm{m}} = 75.3\ \mathrm{J\ K^{-1}\ mol^{-1}}$ [Tabelle 2–1], $\alpha = 2.1 \cdot 10^{-4}\ \mathrm{K^{-1}}$ [Tabelle 3–1]

$p = 1\ \mathrm{bar} = 1 \cdot 10^5\ \mathrm{N\ m^{-2}}$, $V_\mathrm{m} = 18.07 \cdot 10^{-6}\ \mathrm{m^3\ mol^{-1}}$, $n = 1\ \mathrm{mol}$.

$$\left(\frac{\partial U}{\partial T}\right)_p = (75.3\ \mathrm{J\ K^{-1}}) - (2.1 \cdot 10^{-4}\ \mathrm{K^{-1}}) \cdot (1 \cdot 10^5\ \mathrm{N\ m^{-2}}) \cdot (18.07 \cdot 10^{-6}\ \mathrm{m^3})$$

$$= 75.3\ \mathrm{J\ K^{-1}} - 3.8 \cdot 10^{-4}\ \mathrm{N\ m\ K^{-1}} = 75.3\ \mathrm{J\ K^{-1}}.$$

Das ergibt $\delta U \approx (75.3\ \mathrm{J\ K^{-1}}) \cdot (10\ \mathrm{K}) = \underline{0.75\ \mathrm{kJ}}$.

(b) $\delta H \approx \left(\frac{\partial H}{\partial T}\right)_p \delta T = C_p \delta T$ [3.2–8] $\approx (75.3\ \mathrm{J\ K^{-1}}) \cdot (10\ \mathrm{K}) = \underline{0.75\ \mathrm{kJ}}$.

3-21 $w = -p_\mathrm{a} \Delta V$ [2.2–7]

$p_\mathrm{a} = 1.0\ \mathrm{bar} = 1 \cdot 10^5\ \mathrm{N\ m^{-2}}$; $\Delta V = 20\ \mathrm{cm} \cdot 10\ \mathrm{cm^2} = 200\ \mathrm{cm^3} = 2.0 \cdot 10^{-4}\ \mathrm{m^3}$.

$w = -(1 \cdot 10^5\ \mathrm{N\ m^{-2}}) \cdot (2.0 \cdot 10^{-4}\ \mathrm{m^3}) = -2.0 \cdot 10\ \mathrm{N\ m} = \underline{-20\ \mathrm{J}}$.

$\underline{q = 0}$ [Die Expansion ist nach Voraussetzung adiabatisch].

$\Delta U = q + w = w = \underline{-20\ \mathrm{J}}$.

$\Delta H = \Delta U + \Delta(pV)$ [nach der Definition von H]

$\approx \Delta U + nR\Delta T$ [für ein perfektes Gas].

$\Delta T = -\frac{p_\mathrm{a}\Delta V}{C_V}$ [3.3–2]

$C_{V,\mathrm{m}} = 28.5\ \mathrm{J\ K^{-1}\ mol^{-1}}$ [Tabelle 2–1], $\Delta V = 2.0 \cdot 10^{-4}\ \mathrm{m^3}$ [siehe oben]

$n = 2.0\ \mathrm{mol}$, $C_V = (2\ \mathrm{mol}) \cdot (28.5\ \mathrm{J\ K^{-1}\ mol^{-1}}) = 57.0\ \mathrm{J\ K^{-1}}$

$$\Delta T = \frac{-(1 \cdot 10^5\ \mathrm{N\ m^{-2}}) \cdot (2.0 \cdot 10^{-4}\ \mathrm{m^3})}{57.0\ \mathrm{J\ K^{-1}}} = \underline{-0.35\ \mathrm{K}} \quad [\mathrm{J = N\ m}].$$

$\Delta H = -20\ \mathrm{J} + (2\ \mathrm{mol}) \cdot (8.314\ \mathrm{J\ K^{-1}\ mol^{-1}}) \cdot (-0.35\ \mathrm{K}) = \underline{-26\ \mathrm{J}}$.

3-22 (a) $T_\mathrm{E} = \left(\frac{V_\mathrm{A}}{V_\mathrm{E}}\right)^{\frac{1}{c}} T_\mathrm{A}$ [3.3–4], $p_\mathrm{E} = \left(\frac{V_\mathrm{A}}{V_\mathrm{E}}\right)^{\gamma} p_\mathrm{A}$ [3.3–8] bzw. $\frac{V_\mathrm{A}}{V_\mathrm{E}} = \left(\frac{p_\mathrm{E}}{p_\mathrm{A}}\right)^{\frac{1}{\gamma}}$.

Daraus folgt $T_\mathrm{E} = \left(\frac{p_\mathrm{E}}{p_\mathrm{A}}\right)^{\frac{1}{c\gamma}} T_\mathrm{A}$, $c\gamma = \left(\frac{C_{V,\mathrm{m}}}{R}\right)\left(\frac{C_{p,\mathrm{m}}}{C_{V,\mathrm{m}}}\right) = \frac{C_{p,\mathrm{m}}}{R}$.

$p_\mathrm{A} = 2.0\ \mathrm{bar}$, $p_\mathrm{E} = 1.0\ \mathrm{bar}$, $T_\mathrm{A} = 298\ \mathrm{K}$.

$C_{p,\mathrm{m}} = 20.79\ \mathrm{J\ K^{-1}\ mol^{-1}}$ [Tabelle 2–1], $c\gamma = 2.5$.

$$T_{\mathrm{E}} = \left(\frac{1.0\ \mathrm{bar}}{2.0\ \mathrm{bar}}\right)^{\frac{1}{2.5}} \cdot (298\ \mathrm{K}) = \underline{226\ \mathrm{K}.}$$

(b) $\Delta T = \dfrac{-p_{\mathrm{a}}\Delta V}{C_V}$ [3.3–2].

$$C_V = (0.50\ \mathrm{mol}) \cdot (12.5\ \ \mathrm{J\ K^{-1}\ mol^{-1}}) = 6.25\ \mathrm{J\ K^{-1}}.$$

$$V_{\mathrm{A}} \approx \frac{(0.50\ \mathrm{mol}) \cdot (0.0831\ \mathrm{dm^3\ bar\ K^{-1}\ mol^{-1}}) \cdot (298\ \mathrm{K})}{2.0\ \mathrm{bar}} = 6.2\ \mathrm{dm^3}.$$

$$V_{\mathrm{E}} \approx \frac{nRT_{\mathrm{E}}}{p_{\mathrm{E}}}, \quad p_{\mathrm{E}} = p_{\mathrm{a}} = 1.0\ \mathrm{bar}.$$

$$\Delta T = T_{\mathrm{E}} - T_{\mathrm{A}} = \frac{-p_{\mathrm{a}}(V_{\mathrm{E}} - V_{\mathrm{A}})}{C_V} = -\left(\frac{p_{\mathrm{a}}}{C_V}\right)\left(\frac{nRT_{\mathrm{E}}}{p_{\mathrm{E}}} - V_{\mathrm{A}}\right),$$

daraus folgt $T_{\mathrm{E}}\left(1 + \dfrac{nR}{C_V}\right) = T_{\mathrm{A}} + \dfrac{p_{\mathrm{a}}V_{\mathrm{A}}}{C_V}$ bzw.

$$T_{\mathrm{E}} = \frac{T_{\mathrm{A}} + \dfrac{p_{\mathrm{a}}V_{\mathrm{A}}}{C_V}}{1 + \dfrac{R}{C_{V,\mathrm{m}}}} = \frac{(298\ \mathrm{K}) + \dfrac{(1 \cdot 10^5\ \mathrm{N\ m^{-2}}) \cdot (6.2 \cdot 10^{-3}\ \mathrm{m^3})}{6.25\ \mathrm{J\ K^{-1}}}}{1 + \dfrac{8.314\ \mathrm{J\ K^{-1}\ mol^{-1}}}{12.5\ \ \mathrm{J\ K^{-1}\ mol^{-1}}}} = \underline{239\ \mathrm{K}.}$$

3-23 $T_{\mathrm{E}} = \left(\dfrac{V_{\mathrm{A}}}{V_{\mathrm{E}}}\right)^{\frac{1}{c}} T_{\mathrm{A}}$ $\left[3.3\text{–}4,\ c = \dfrac{C_{V,\mathrm{m}}}{R}\right]$ oder $\ln\dfrac{T_{\mathrm{E}}}{T_{\mathrm{A}}} = \dfrac{1}{c}\ln\dfrac{V_{\mathrm{A}}}{V_{\mathrm{E}}}$.

Daraus folgt $c = \dfrac{\ln\dfrac{V_{\mathrm{A}}}{V_{\mathrm{E}}}}{\ln\dfrac{T_{\mathrm{E}}}{T_{\mathrm{A}}}}$ und $C_{V,\mathrm{m}} = Rc$.

$$\frac{V_{\mathrm{A}}}{V_{\mathrm{E}}} = \tfrac{1}{2}, \quad \frac{T_{\mathrm{E}}}{T_{\mathrm{A}}} = \frac{248.44}{298.15} = 0.833.$$

$$C_{V,\mathrm{m}} = (8.314\ \mathrm{J\ K^{-1}\ mol^{-1}}) \cdot \frac{\ln 0.5}{\ln 0.833}$$

$$= (8.314\ \mathrm{J\ K^{-1}\ mol^{-1}}) \cdot 3.80 = \underline{31.6\ \ \mathrm{J\ K^{-1}\ mol^{-1}}.}$$

Die Moleküle eines perfekten Gases müssen nicht unbedingt strukturlos sein. Der hier berechnete Zahlenwert für $C_{V,\mathrm{m}}$ zeigt, daß innere Freiheitsgrade (z.B. Schwingungen) angeregt sind, sodaß man einen höheren Wert als $3R = 24.9\ \mathrm{J\ K^{-1}\ mol^{-1}}$ findet, der zu Molekülen gehört, bei denen nur Translations- und Rotations-Freiheitsgrade angeregt sind.

3-24 $T_{\mathrm{E}} = \left(\dfrac{p_{\mathrm{E}}}{p_{\mathrm{A}}}\right)^{\frac{1}{c\gamma}} T_{\mathrm{A}}$ [Aufgabe 3–22], $c\gamma = \dfrac{C_{p,\mathrm{m}}}{R}$,

$$C_{p,\mathrm{m}} = R\left\{\frac{\ln\dfrac{p_{\mathrm{E}}}{p_{\mathrm{A}}}}{\ln\dfrac{T_{\mathrm{E}}}{T_{\mathrm{A}}}}\right\}$$

$$\frac{p_\mathrm{E}}{p_\mathrm{A}} = \frac{818.4\ \mathrm{mbar}}{2029.4\ \mathrm{mbar}} = 0.403.$$

$$C_{p,\mathrm{m}} = (8.314\ \mathrm{J\ K^{-1}\ mol^{-1}}) \left(\frac{\ln 0.403}{\ln 0.833}\right) = \underline{41.3\ \mathrm{J\ K^{-1}\ mol^{-1}}}.$$

$$\gamma = \frac{C_{p,\mathrm{m}}}{C_{V,\mathrm{m}}}\ [3.2\text{–}6] = \frac{41.3\ \mathrm{J\ K^{-1}\ mol^{-1}}}{31.6\ \mathrm{J\ K^{-1}\ mol^{-1}}} = \underline{1.31}.$$

3-25 $\Delta U = w + q = w$ [bei adiabatischen Prozessen ist $q = 0$]

$$w = C_V \Delta T\ [3.3\text{–}1] = nC_{V,\mathrm{m}}(T_\mathrm{E} - T_\mathrm{A}).$$

$$C_{V,\mathrm{m}} = 31.6\ \mathrm{J\ K^{-1}\ mol^{-1}},\quad T_\mathrm{E} - T_\mathrm{A} = -49.71\ \mathrm{K}.$$

$$\Delta U_\mathrm{m} = \frac{w}{n} = (31.6\ \mathrm{J\ K^{-1}\ mol^{-1}}) \cdot (-49.71\ \mathrm{K}) = \underline{-1.57\ \mathrm{kJ\ mol^{-1}}}.$$

$$\begin{aligned}\Delta H &= \Delta U + \Delta(pV) = \Delta U + \Delta n \cdot RT = \Delta U + nR\Delta T \\ &= -1.57\ \mathrm{kJ\ mol^{-1}} + (8.314\ \mathrm{J\ K^{-1}\ mol^{-1}}) \cdot (-49.71\ \mathrm{K}) \\ &= -1.57\ \mathrm{kJ} - 0.41\ \mathrm{kJ} = \underline{-1.98\ \mathrm{kJ\ mol^{-1}}}.\end{aligned}$$

3-26 $dH = V\mathrm{d}p,\quad \Delta H = \int_{p_\mathrm{A}}^{p_\mathrm{E}} V(p)\mathrm{d}p.$

$$pV^\gamma = \text{konstant}\ [3.3\text{–}9] \stackrel{def}{=} A^\gamma \quad \text{oder} \quad V = \frac{A}{p^{\frac{1}{\gamma}}}.$$

$$\Delta H = A\int_{p_\mathrm{A}}^{p_\mathrm{E}} \frac{\mathrm{d}p}{p^{\frac{1}{\gamma}}} = \left(\frac{A}{1-\frac{1}{\gamma}}\right)\left(\frac{1}{p^{\frac{1}{\gamma}-1}}\right)\Bigg|_{p_\mathrm{A}}^{p_\mathrm{E}} = \left(\frac{\gamma A}{\gamma - 1}\right)\left(\frac{1}{p_\mathrm{E}^{\frac{1}{\gamma}-1}} - \frac{1}{p_\mathrm{A}^{\frac{1}{\gamma}-1}}\right)$$

$$= \left(\frac{\gamma A}{\gamma-1}\right)\left(\frac{p_\mathrm{E}}{p_\mathrm{E}^{\frac{1}{\gamma}}} - \frac{p_\mathrm{A}}{p_\mathrm{A}^{\frac{1}{\gamma}}}\right) = \left(\frac{\gamma}{\gamma-1}\right)(p_\mathrm{E}V_\mathrm{E} - p_\mathrm{A}V_\mathrm{A})$$

$$= \left(\frac{nR\gamma}{\gamma-1}\right)(T_\mathrm{E} - T_\mathrm{A})\quad [pV = nRT].$$

$$\frac{\gamma}{\gamma-1} = \frac{\frac{C_{p,\mathrm{m}}}{C_{V,\mathrm{m}}}}{\frac{C_{p,\mathrm{m}}}{C_{V,\mathrm{m}}} - 1} = \left(\frac{C_{p,\mathrm{m}}}{C_{V,\mathrm{m}}}\right) \cdot \frac{C_{V,\mathrm{m}}}{C_{p,\mathrm{m}} - C_{V,\mathrm{m}}} = \frac{C_{p,\mathrm{m}}}{R}.$$

$$\Delta H = \frac{nRC_{p,\mathrm{m}}}{R}(T_\mathrm{E} - T_\mathrm{A}) = \underline{C_p(T_\mathrm{E} - T_\mathrm{A})}.$$

3-27 $C_{V,\mathrm{m}} = \frac{3}{2}R$ [nur Translation]

$$C_{p,\mathrm{m}} = C_{V,\mathrm{m}} + R\ [3.2\text{–}21] = \tfrac{3}{2}R + R = \tfrac{5}{2}R,$$

das ergibt $\gamma = \dfrac{C_{p,\mathrm{m}}}{C_{V,\mathrm{m}}} = \dfrac{\frac{5}{2}}{\frac{3}{2}} = \underline{\tfrac{5}{3}}.$

Für ein nicht-lineares Molekül, das auch rotiert, gilt

$C_{V,\mathrm{m}} = \frac{3}{2}R + \frac{3}{2}R = 3R$ [Aufgabe 2–20], $C_{p,\mathrm{m}} = C_{V,\mathrm{m}} + R = 4R$

und damit $\gamma = \dfrac{C_{p,\mathrm{m}}}{C_{V,\mathrm{m}}} = \dfrac{4R}{3R} = \underline{\tfrac{4}{3}}.$

3-28 $C_{p,\mathrm{m}} - C_{V,\mathrm{m}} = \lambda R, \quad \dfrac{1}{\lambda} = 1 - \dfrac{(3V_\mathrm{r} - 1)^2}{4T_\mathrm{r}V_\mathrm{r}^3}$ [Aufgabe 3–17]

(a) $C_{V,\mathrm{m}} = \frac{3}{2}R, \quad C_{p,\mathrm{m}} = \frac{3}{2}R + \lambda R$

$$\gamma = \frac{C_{p,\mathrm{m}}}{C_{V,\mathrm{m}}} = \underline{1 + \frac{2\lambda}{3}}.$$

(b) $C_{V,\mathrm{m}} = 3R$ [Aufgabe 2–20], $C_{p,\mathrm{m}} = 3R + \lambda R,$

$$\gamma = \frac{C_{p,\mathrm{m}}}{C_{V,\mathrm{m}}} = \underline{1 + \frac{\lambda}{3}}.$$

3-29 $T = 373$ K, $p = 1$ bar, $V_\mathrm{m} \approx 31.0\ \mathrm{dm^3\ mol^{-1}}$ $\left[\text{aus } V_\mathrm{m} \approx \dfrac{RT}{p}\right].$

(a) Xenon: $V_{\mathrm{m,k}} = 118.8\ \mathrm{cm^3\ mol^{-1}}$, $T_\mathrm{k} = 289.8$ K [Tabelle 1–2].

$$V_\mathrm{r} = \frac{31.0 \cdot 10^3\ \mathrm{cm^3\ mol^{-1}}}{118.8\ \mathrm{cm^3\ mol^{-1}}} = 261.$$

$$T_\mathrm{r} = \frac{373\ \mathrm{K}}{289.8\ \mathrm{K}} = 1.29.$$

$$\frac{1}{\lambda} = 1 - \frac{(3 \cdot 261 - 1)^2}{4 \cdot 1.29 \cdot 261^3} = 0.9933, \quad \lambda = 1.0067.$$

$$\gamma = 1 + \frac{2\lambda}{3}\ \text{[Aufgabe 3–28]} = \underline{1.671.}$$

(b) Wasserdampf: $V_{\mathrm{k,m}} = 55.3\ \mathrm{cm^3\ mol^{-1}}$, $T_\mathrm{k} = 647.4$ K [Tabelle 1–2].

$$V_\mathrm{r} = \frac{31.0 \cdot 10^3\ \mathrm{cm^3\ mol^{-1}}}{55.3\ \mathrm{cm^3\ mol^{-1}}} = 561.$$

$$T_\mathrm{r} = \frac{373\ \mathrm{K}}{647.4\ \mathrm{K}} = 0.576.$$

$$\frac{1}{\lambda} = 1 - \frac{(3 \cdot 561 - 1)^2}{4 \cdot 0.576 \cdot 561^3} = 0.9930, \quad \lambda = 1.0070.$$

$$\gamma = 1 + \frac{\lambda}{3}\ \text{[Aufgabe 3–28]} = \underline{1.336.}$$

3-30 $c_s = \sqrt{\frac{RT\gamma}{M_m}}$; $p = \rho\left(\frac{RT}{M_m}\right)$ [Aufgabe 1-8], $M_m = M_r$ g mol^{-1}

$$\underline{c_s = \sqrt{\frac{p\gamma}{\rho}}.}$$

(a) $T = 298.15$ K, $\gamma(\text{He}) = \frac{5}{3}$ [Aufgabe 3-27], $M_m(\text{He}) = 4.0 \cdot 10^{-3}$ kg mol^{-1}.

$$c_s = \sqrt{\frac{(8.314 \text{ J K}^{-1} \text{ mol}^{-1}) \cdot (298.15 \text{ K}) \cdot 5}{3 \cdot (4.0 \cdot 10^{-3} \text{ kg mol}^{-1})}} = \sqrt{1.03 \cdot 10^6 \text{ m}^2 \text{ s}^{-2}} = \underline{1.02 \text{ km s}^{-1}.}$$

(b) $T = 298.15$ K, $\gamma(\text{Luft}) = \frac{7}{5}$ $\left[C_{V,m}^{\text{zweiatomig}} = \frac{5}{2}R\right]$, $M_r(\text{Luft}) \approx 29$

$$c_s = \sqrt{\frac{(2.48 \cdot 10^3 \text{ J mol}^{-1}) \cdot 7}{5 \cdot (29 \cdot 10^{-3} \text{ kg mol}^{-1})}} = \sqrt{1.20 \cdot 10^5 \text{ m}^2 \text{ s}^{-2}} = \underline{346 \text{ m s}^{-1}.}$$

3-31 $c_s = \sqrt{\frac{RT\gamma}{M_m}}$ [Aufgabe 3-30], bzw. $\gamma = \frac{M_m c_s^2}{RT}$

$M_r(\text{Ethylen}) = 28.1$, $c_s = 317$ m s^{-1}, $T = 273$ K.

$$\gamma = \frac{(28.1 \cdot 10^{-3} \text{ kg mol}^{-1}) \cdot (317 \text{ m s}^{-1})^2}{(8.314 \text{ J K}^{-1} \text{ mol}^{-1}) \cdot (273 \text{ K})} = \underline{1.24.}$$

$$\frac{C_{p,m}}{C_{V,m}} = \gamma = 1.24; \quad C_{p,m} - C_{V,m} = R.$$

$$C_{V,m} = \frac{R}{\gamma - 1} = \frac{8.314 \text{ J K}^{-1} \text{ mol}^{-1}}{0.24} = \underline{34.6 \text{ J K}^{-1} \text{ mol}^{-1}.}$$

3-32 $\nu = Kc_s$ [vorgegeben], $c_s = \sqrt{\frac{RT\gamma}{M_m}}$ [Aufgabe 3-30]

$$\frac{\nu(CO_2)}{\nu(\text{Luft})} = \frac{c_s(CO_2)}{c_s(\text{Luft})} = \sqrt{\frac{\gamma(CO_2)}{\gamma(\text{Luft})} \cdot \frac{M_r(\text{Luft})}{M_r(CO_2)}}.$$

$$\gamma(CO_2) \approx \frac{7}{5} \quad \left[C_{V,m}^{\text{linear}} = \frac{5}{2}R\right]; \quad \gamma(\text{Luft}) \approx \frac{7}{5} \quad \left[C_{V,m}^{\text{zweiatomig}} = \frac{5}{2}R\right].$$

$M_r(\text{Luft}) \approx 29$, $M_r(CO_2) \approx 44$.

$$\nu(CO_2) \approx \sqrt{\frac{29}{44}} \cdot \nu(\text{Luft}) = 0.81 \cdot (440 \text{ Hz}) = \underline{357 \text{ Hz}.}$$

357 Hz ist die Frequenz des Tones *f*.

4 Die Anwendung des Ersten Hauptsatzes: Thermochemie

A4-1 $\Delta_b H^\ominus(T)[KClO_3(s)] = \Delta_b H^\ominus(T)[KCl(s)] - (0.500\ mol^{-1})(-89.4\ kJ)$ [Tabelle 4–1]

$= -436.8\ kJ\ mol^{-1} + 44.7\ kJ\ mol^{-1} = \underline{-392.1\ kJ\ mol^{-1}}.$

$\Delta_b H^\ominus(T)[NaHCO_3(s)] = \Delta_b H^\ominus(T)[NaOH(s)] + \Delta_b H^\ominus(T)[CO_2(g)] + (-127.5\ kJ\ mol^{-1})$

$= -425.6\ kJ\ mol^{-1} - 393.5\ kJ\ mol^{-1} - 127.5\ kJ\ mol^{-1} = \underline{-946.6\ kJ\ mol^{-1}}.$

$\Delta_b H^\ominus(T)[NOCl(g)] = \Delta_b H^\ominus(T)[NO(g)] - (0.500\ mol^{-1})(+75.5\ kJ)$

$= +90.2\ kJ\ mol^{-1} - 37.8\ kJ\ mol^{-1} = \underline{+52.4\ kJ\ mol^{-1}}.$

A4-2 $C_8H_{10}(l) + \frac{21}{2}O_2(g) \rightarrow 8CO_2(g) + 5H_2O(l)$

$\Delta_r H^\ominus(T) = 8\Delta_b H^\ominus(T)[CO_2(g)] + 5\Delta_b H^\ominus(T)[H_2O(l)] = \Delta_b H^\ominus(T)[C_8H_{10}(l)]$

$= 8 \cdot (-393.5\ kJ\ mol^{-1}) + 5 \cdot (-285.8\ kJ\ mol^{-1}) - (-12.5\ kJ\ mol^{-1})$

$= \underline{-4.564 \cdot 10^3\ kJ\ mol^{-1}}.$ [Tabelle 4–1, Gleichung 4.1–4]

A4-3 (a) $C_6H_{12}(l) + 9O_2(g) \rightarrow 6CO_2(g) + 6H_2O(l)$

(b) $6CO_2(g) + 7H_2O(l) \rightarrow C_6H_{14}(l) + \frac{19}{2}O_2(g)$

(c) $H_2(g) + \frac{1}{2}O_2(g) \rightarrow H_2O(l)$

(d) $C_6H_{12}(l) + H_2(g) \rightarrow C_6H_{14}(l)$

$\Delta_r H^\ominus(T)(d) = \Delta_r H^\ominus(T)(a) + \Delta_r H^\ominus(T)(b) + \Delta_b H^\ominus(T)[H_2O(l)]$

$= (-4003\ kJ\ mol^{-1}) - (-4163\ kJ\ mol^{-1}) + (-286\ kJ\ mol^{-1})$

$= \underline{-126\ kJ\ mol^{-1}}.$ [Tabellen 4–1 und 4–2]

A4-4 $3C(s) + 3H_2(g) + O_2(g) \rightarrow C_3H_6O_2(l)$

$\Delta U = \Delta H - \Delta\nu_{Gas}RT,$ [4.1–11]

$\Delta\nu_{Gas}RT = (-4.00\ mol)(8.314\ J\ K^{-1}\ mol^{-1})(298.15\ K) = -9.91 \cdot 10^3\ J.$

$\Delta_b U^\ominus(T) = -442\ kJ\ mol^{-1} - (-10\ kJ\ mol^{-1}) = \underline{-432\ kJ\ mol^{-1}}.$

A4-5 $2C(s) + 3H_2(g) + \rightarrow C_2H_6(g)$

$\Delta_b H^\ominus(350\ K) = \Delta_b H^\ominus(T) + \int_{298}^{350} \Delta_b C_p^\ominus(T) dT$ [4.1–6]

$C_p^\ominus[C_2H_6(g)] = [14.73 + 0.1272(T/K)]$ J K^{-1} mol^{-1}

$C_p^\ominus[C(s)] = [(16.86 + 4.77 \cdot 10^{-3}(T/K) - 8.54 \cdot 10^5(T/K)^{-2}]$ J K^{-1} mol^{-1}

$C_p^\ominus[H_2(g)] = [27.28 + 3.26 \cdot 10^{-3}(T/K) + 0.50 \cdot 10^5(T/K)^{-2}]$ J K^{-1} mol^{-1} [Tabelle 4–3]

$$\Delta_b C_p^\ominus = \big[14.73 - 2 \cdot (16.86) - 3 \cdot (27.28) + 0.1272(T/K) - 2 \cdot (4.77 \cdot 10^{-3})(T/K) - 3 \cdot (3.26 \cdot 10^{-3})(T/K) - 2 \cdot (-8.54 \cdot 10^5)(T/K)^{-2} - 3 \cdot (0.50 \cdot 10^5)(T/K)^{-2}\big] \text{ J K}^{-1}\text{ mol}^{-1}$$

$$= \big[-100.83 + 0.1079(T/K) + 15.58 \cdot 10^5 (T/K)^{-2}\big] \text{ J K}^{-1}\text{ mol}^{-1}$$

$$\int_{298}^{350} \Delta_b C_p \mathrm{d}(T/K) = \Big[(-100.83)(350-298) + \frac{1}{2}(0.1079)(350^2 - 298^2) - (15.58 \cdot 10^5)(350^{-1} - 298^{-1})\Big] \text{ J mol}^{-1} = -2.65 \cdot 10^3 \text{ J mol}^{-1}$$

$\Delta_b H^\ominus(350\text{ K}) = -84.68$ kJ mol^{-1} $- 2.65$ kJ mol^{-1} $=$ $\underline{-87.33 \text{ kJ mol}^{-1}}$.

A4-6 $C_{10}H_8(s) + 12O_2(g) \rightarrow 10CO_2(g) + 4H_2O(l)$

$\Delta\nu_{Gas} = -2$ mol;

$\Delta\nu_{Gas}RT = (-2.00 \text{ mol})(8.314 \text{ J K}^{-1}\text{ mol}^{-1})(298\text{ K}) = -4.95 \cdot 10^3$ J

$\Delta_r U_m = \Delta_r H_m - \Delta\nu_{Gas}RT$ [4.1–11] $= -5157$ kJ mol^{-1} $- (-5$ kJ mol$^{-1}) =$ $\underline{-5152 \text{ kJ mol}^{-1}}$.

$$q_V = \left[\left(\frac{120 \cdot 10^{-3}}{128}\right) \text{mol}\right] \cdot \left[-5152 \text{ kJ mol}^{-1}\right] = \underline{-4.83 \text{ kJ.}}$$ [4.1–1]

$$C = \frac{|q|}{\Delta T} = \frac{4.83 \text{ kJ}}{3.05 \text{ K}} = \underline{1.58 \text{ kJ K}^{-1}}.$$

$C_6H_5OH(s) + 7O_2(g) \rightarrow 6CO_2(g) + 3H_2O(l)$; $\Delta\nu_{Gas} = -1$ mol

$\Delta\nu_{Gas}RT = (-1.00 \text{ mol})(8.314 \text{ J K}^{-1}\text{ mol}^{-1})(298\text{ K}) = -2.48 \cdot 10^3$ J

$\Delta_r U = \Delta_r H - \Delta\nu_{Gas}RT = -3054$ kJ mol^{-1} $- (-2$ kJ mol$^{-1}) =$ $\underline{-3052 \text{ kJ mol}^{-1}}$ [Tabelle 4–2].

$$q_V = \left[\left(\frac{100 \cdot 10^{-3}}{94.1}\right) \text{mol}\right] \left[-3052 \text{ kJ mol}^{-1}\right] = \underline{-3.24 \text{ kJ.}}$$ [4.1–1]

$$\Delta T = \frac{|q|}{C} = \frac{3.24 \text{ kJ}}{1.58 \text{ kJ K}^{-1}} = \underline{2.05 \text{ K.}}$$ [Tabelle 4–2]

A4-7 Schmelzenthalpie $= (2.60 \text{ kJ mol}^{-1}) \left[\left(\frac{750 \cdot 10^3}{23.0}\right) \text{mol}\right] = \underline{8.48 \cdot 10^4 \text{ kJ.}}$

[Tabelle 4–7]

A4-9 $\Delta_r H^\ominus(T) = \Delta_b H^\ominus(T)(Cu^{2+}) - 2\left[\Delta_b H^\ominus(T)(Ag^+)\right]$ [4.1–4]

$= 64.8\ \text{kJ} - 2 \cdot (105.6\ \text{kJ}) = \underline{-1.46 \cdot 10^2\ \text{kJ.}}$ [Tabelle 4–8]

A4-10 $AgCl(s) \rightarrow Ag^+(aq) + Cl^-(aq)$

$$\Delta_r H^\ominus(T) = -\Delta_b H^\ominus(T)[AgCl(s)] + \Delta_b H^\ominus(T)[Ag^+(aq)] + \Delta_b H^\ominus(T)[Cl^-(aq)] \quad [4.1\text{–}4]$$
$$= 127.0\ \text{kJ mol}^{-1} + 105.6\ \text{kJ mol}^{-1} + (-167.2\ \text{kJ mol}^{-1}) \quad [\text{Tabelle 4–8}]$$
$$= \underline{65.4\ \text{kJ mol}^{-1}.}$$

4-1 $\Delta H > 0$ weist auf eine endotherme Reaktion hin, $\Delta H < 0$ auf eine exotherme Reaktion. Folglich sind (a) exotherm, (b) und (c) endotherm.

4-2 (a) $0 = CO_2 + 2H_2O - CH_4 - 2O_2$.

$\nu(CO_2) = 1, \quad \nu(H_2O) = 2, \quad \nu(CH_4) = -1, \quad \nu(O_2) = -2.$

(b) $0 = C_2H_2 - 2C - H_2$,

$\nu(C_2H_2) = 1, \quad \nu(C) = -2, \quad \nu(H_2) = -1.$

(c) $0 = NaCl(aq) - NaCl(s)$,

$\nu(NaCl, aq) = 1, \quad \nu(NaCl, s) = -1.$

4-3 (a) $\Delta_r H^\ominus = \Delta_b H^\ominus(N_2O_4, g) - 2\Delta_b H^\ominus(NO_2, g)$

$$= 9.16\ \text{kJ mol}^{-1} - 2 \cdot (33.18\ \text{kJ mol}^{-1}) = \underline{-57.20\ \text{kJ mol}^{-1}.}$$

(b) $\Delta_r H^\ominus = \Delta_b H^\ominus(NH_4Cl, s) - \Delta_b H^\ominus(NH_3, g) - \Delta_b H^\ominus(HCl, g)$
$$= (-314.43\ \text{kJ mol}^{-1}) - (-46.11\ \text{kJ mol}^{-1}) - (-92.31\ \text{kJ mol}^{-1})$$
$$= \underline{-176.01\ \text{kJ mol}^{-1}.}$$

(c) $\Delta_r H^\ominus = \Delta_b H^\ominus(\text{Propen}, g) - \Delta_b H^\ominus(\text{Cyclopropan}, g)$

$$= 20.42\ \text{kJ mol}^{-1} - 53.30\ \text{kJ mol}^{-1} = \underline{-32.88\ \text{kJ mol}^{-1}.}$$

(d) Man kann für die Reaktion auch

$H^+(aq) + Cl^-(aq) + Na^+(aq) + OH^-(aq) \rightarrow Na^+(aq) + Cl^-(aq) + H_2O(l)$ oder

$H^+(aq) + OH^-(aq) \rightarrow H_2O(l)$ schreiben; deshalb gilt

$$\Delta_r H^\ominus = \Delta_b H^\ominus(H_2O, l) - \Delta_b H^\ominus(H^+, aq) - \Delta_b H^\ominus(OH^-, aq)$$
$$= (-285.83\ \text{kJ mol}^{-1}) - (0) - (-229.99\ \text{kJ mol}^{-1}) = \underline{-55.84\ \text{kJ mol}^{-1}.}$$

4-4 $C \approx \dfrac{q}{\delta T}$ [2.3–1], $q = ItU_{el}$ [Beispiel 2–6],

$I = 3.20\ \text{A}, \quad t = 27.0\ \text{s}, \quad U_{el} = 12.0\ \text{V}, \quad \delta T = 1.617\ \text{K}.$

$$C = \frac{(3.200\ \mathrm{A}) \cdot (27.0\ \mathrm{s}) \cdot (12.0\ \mathrm{V})}{1.617\ \mathrm{K}} = 641\ \mathrm{A\ V\ s\ K^{-1}}$$

$$= \underline{641\ \mathrm{J\ K^{-1}}}\quad [\mathrm{A\ V\ s} = \mathrm{J}].$$

4-5 $q = C\delta T, \quad \Delta U = q_V \quad [4.1\text{–}1]$

$C = 641\ \mathrm{J\ K^{-1}}$ [Aufgabe 4–3], $\delta T = 7.793\ \mathrm{K}$.

$M = 0.3212\ \mathrm{g}, \quad M_r = 180.16;$

$$n = \frac{0.3212\ \mathrm{g}}{180.16\ \mathrm{g\ mol^{-1}}} = 1.783 \cdot 10^{-3}\ \mathrm{mol}.$$

$$\text{(b)}\ \Delta_r U^\ominus = \frac{-(641\ \mathrm{J\ K^{-1}}) \cdot (7.793\ \mathrm{K})}{1.783 \cdot 10^{-3}\ \mathrm{mol}} = \underline{-2800\ \ \mathrm{kJ\ mol^{-1}}}.$$

(a) $\Delta_r H^\ominus = \Delta_r U^\ominus = \Delta\nu_{\mathrm{Gas}} RT = \Delta_r U^\ominus$ wegen $\Delta\nu_{\mathrm{Gas}} = 0$,

$\Delta_r H = \Delta_r U = \underline{-2800\ \ \mathrm{kJ\ mol^{-1}}}$.

(c) Aus $6CO_2(g) + 6H_2O \rightarrow 6O_2(g) + \mathrm{Glucose(s)}$ folgt dann

$\Delta_r H^\ominus = \underline{+2800\ \ \mathrm{kJ\ mol^{-1}}}$.

$C(s) + O_2(g) \rightarrow CO_2(g); \quad \Delta_r H^\ominus = -393.51\ \ \mathrm{kJ\ mol^{-1}}$ [Tabelle 4–1].

$H_2(g) + \frac{1}{2}O_2(g) \rightarrow H_2O(l), \quad \Delta_r H^\ominus = -285.83\ \ \mathrm{kJ\ mol^{-1}}$ [Tabelle 4–1].

$$\Delta_b H^\ominus(\mathrm{Glucose}) = (2800\ \ \mathrm{kJ\ mol^{-1}}) + 6 \cdot (-393.51\ \ \mathrm{kJ\ mol^{-1}}) + 6 \cdot (-285.83\ \ \mathrm{kJ\ mol^{-1}})$$

$$= \underline{-1276\ \ \mathrm{kJ\ mol^{-1}}}.$$

4-6 $Cr(C_6H_6)_2(s) \rightarrow Cr(s) + 2C_6H_6(g), \quad \Delta\nu_{\mathrm{Gas}} = 2$

$$\begin{aligned}\Delta_r H &= \Delta_r U + \Delta\nu_{\mathrm{Gas}} RT \quad [4.1\text{–}11]\\ &= (8.0\ \ \mathrm{kJ\ mol^{-1}}) + 2 \cdot (8.314\ \mathrm{J\ K^{-1}\ mol^{-1}}) \cdot (583\ \mathrm{K})\\ &= (8.0\ \ \mathrm{kJ\ mol^{-1}}) + (9.7\ \ \mathrm{kJ\ mol^{-1}}) = \underline{17.7\ \ \mathrm{kJ\ mol^{-1}}}.\end{aligned}$$

$\Delta_b H^\ominus(Cr(C_6H_6)_2(s),\ 583\ \mathrm{K}) = 2\Delta_b H(C_6H_6, g, 583\ \mathrm{K}) - 17.7\ \ \mathrm{kJ\ mol^{-1}}$.

$$\Delta_b H^\ominus(C_6H_6, g, 583\ \mathrm{K}) = \Delta_b H^\ominus(C_6H_6, l, 298\ \mathrm{K}) + (T_s - 298\ \mathrm{K})C_{p,\mathrm{m}}(l)$$

$$+\Delta H^\ominus_{\mathrm{Verd,m}} + (583\ \mathrm{K} - T_s)C_{p,\mathrm{m}}(g) - 6 \cdot \int_{298\ \mathrm{K}}^{583\ \mathrm{K}} C_{p,\mathrm{m}}[C(\mathrm{Graphit})]\mathrm{d}T$$

$$-3 \cdot \int_{298\ \mathrm{K}}^{583\ \mathrm{K}} C_{p,\mathrm{m}}[H_2(g)]\mathrm{d}T \quad [4.1\text{–}6]$$

$$C_{p,\mathrm{m}}[C(\mathrm{Graphit})] = \left(16.86 + 4.77 \cdot 10^{-3}\ T/\mathrm{K} - \frac{8.54 \cdot 10^5}{(T/\mathrm{K})^2}\right)\ \mathrm{J\ K^{-1}\ mol^{-1}} \quad [\text{Tabelle 4–3}]$$

$$C_{p,\mathrm{m}}[H_2(g)] = \left(27.28 + 3.26 \cdot 10^{-3}\ T/\mathrm{K} + \frac{0.50 \cdot 10^5}{(T/\mathrm{K})^2}\right)\ \mathrm{J\ K^{-1}\ mol^{-1}} \quad [\text{Tabelle 4–3}]$$

$$\int_{298\ \mathrm{K}}^{583\ \mathrm{K}} \{6C_{p,\mathrm{m}}(\mathrm{C}) + 3C_{p,\mathrm{m}}(\mathrm{H_2})\}\mathrm{d}T = \int_{298\ \mathrm{K}}^{583\ \mathrm{K}} \left\{183.0 + 3.84 \cdot 10^{-2}\ T/\mathrm{K} - \frac{4.97 \cdot 10^6}{(T/\mathrm{K})^2}\right\} \mathrm{d}(T/\mathrm{K})$$

$$= \left\{(183.0) \cdot (583 - 298) + (1.92 \cdot 10^{-2}) \cdot (583^2 - 298^2) + (4.97 \cdot 10^6)\left(\frac{1}{583} - \frac{1}{298}\right)\right\}\ \mathrm{J\ mol^{-1}}$$

$$= 48.8\ \mathrm{kJ\ mol^{-1}}.$$

$\Delta_\mathrm{b} H^\ominus(\mathrm{C_6H_6, l, 298\ K}) = 49.0\ \mathrm{kJ\ mol^{-1}}$, $\Delta H^\ominus_\mathrm{Verd,m} = 30.8\ \mathrm{kJ\ mol^{-1}}$.

$T_\mathrm{b} = 353.2\ \mathrm{K}$ [Tabelle 4–7].

$$\Delta_\mathrm{b} H^\ominus(\mathrm{C_6H_6, g, 583\ K}) = \{49.0 + (55 \cdot 0.140) + 30.8 + (0.230 \cdot 28) - 48.8\}\ \mathrm{kJ\ mol^{-1}}$$

$$= (93.9 - 48.8)\ \mathrm{kJ\ mol^{-1}} = \underline{45.1\ \mathrm{kJ\ mol^{-1}}}.$$

$$\Delta_\mathrm{b} H^\ominus(\mathrm{Cr(C_6H_6)_2(s), 583\ K}) = (90.2 - 17.7)\ \mathrm{kJ\ mol^{-1}} = \underline{72.5\ \mathrm{kJ\ mol^{-1}}}.$$

4-7 $\mathrm{C_5H_{10}O_5(s) + 5O_2(g) \rightarrow 5CO_2(g) + 5H_2O(l)}$, $\Delta\nu_\mathrm{g} = 0$

$\mathrm{C_6H_5COOH(s) + \frac{15}{2}O_2(g) \rightarrow 7CO_2(g) + 3H_2O(l)}$, $\Delta\nu_\mathrm{g} = -\frac{1}{2}$

Ribose: $M_\mathrm{r} = 150.13$, $n = \dfrac{0.727\ \mathrm{g}}{150.13\ \mathrm{g\ mol^{-1}}} = 4.84 \cdot 10^{-3}\ \mathrm{mol}$

Benzoesäure: $M_\mathrm{r} = 122.13$, $n = \dfrac{0.825\ \mathrm{g}}{122.13\ \mathrm{g\ mol^{-1}}} = 6.76 \cdot 10^{-3}\ \mathrm{mol}$

Die Messung mit Benzoesäure liefert

$$\Delta U = -(3251\ \mathrm{kJ\ mol^{-1}}) \cdot (6.76 \cdot 10^{-3}\ \mathrm{mol}) = -22.0\ \mathrm{kJ} = -C\delta T.$$

Aus $\delta T = 1.940\ \mathrm{K}$ folgt $C = \dfrac{22.0\ \mathrm{kJ}}{1.940\ \mathrm{K}} = 11.3\ \mathrm{kJ\ K^{-1}}$.

Das ergibt für die D-Ribose

$$\Delta U = -C\delta T = -(11.3\ \mathrm{kJ\ K^{-1}}) \cdot (0.910\ \mathrm{K}) = -10.3\ \mathrm{kJ}$$

und $\Delta_\mathrm{r} U = \dfrac{-10.3\ \mathrm{kJ}}{4.84 \cdot 10^{-3}\ \mathrm{mol}} = \underline{-2130\ \mathrm{kJ\ mol^{-1}}}.$

$\Delta_\mathrm{r} H = \Delta_\mathrm{r} U$ $[\Delta\nu_\mathrm{Gas} = 0]$ $= \underline{-2130\ \mathrm{kJ\ mol^{-1}}}.$

Die molare Standard-Bildungsenthalpie ist dann

$$\begin{aligned}\Delta_\mathrm{b} H^\ominus &= 2130\ \mathrm{kJ\ mol^{-1}} + 5\Delta_\mathrm{b} H^\ominus(\mathrm{H_2O}) + 5\Delta_\mathrm{b} H^\ominus(\mathrm{CO_2})\\ &= 2130\ \mathrm{kJ\ mol^{-1}} + 5 \cdot (-285.8\ \mathrm{kJ\ mol^{-1}}) + 5 \cdot (-393.5\ \mathrm{kJ\ mol^{-1}})\\ &= \underline{1267\ \mathrm{kJ\ mol^{-1}}}.\end{aligned}$$

4-8 $\mathrm{C_{10}H_8(s) + 12O_2(g) \rightarrow 10CO_2(g) + 4H_2O(l)}$, $\Delta_\mathrm{r} H^\ominus = -5157\ \mathrm{kJ\ mol^{-1}}$.

Dann gilt auch $\mathrm{10CO_2(g) + 4H_2O(l) \rightarrow C_{10}H_8(s) + 12CO_2(g)}$; $\Delta_\mathrm{r} H^\ominus = +5157\ \mathrm{kJ\ mol^{-1}}$.

$$\begin{aligned}\Delta_b H^\ominus &= (5157\ \text{kJ mol}^{-1}) + 10\Delta_b H^\ominus(CO_2) + 4\Delta_b H^\ominus(H_2O,l)\\ &= (5157\ \text{kJ mol}^{-1}) + 10\cdot(-393.51\ \text{kJ mol}^{-1}) + 4\cdot(-285.83\ \text{kJ mol}^{-1})\\ &= \underline{78.6\ \text{kJ mol}^{-1}}.\end{aligned}$$

4-9 $NH_3SO_2 \rightarrow NH_3 + SO_2, \quad \Delta_r H^\ominus = +40\ \text{kJ mol}^{-1}.$

$NH_3 + SO_2 \rightarrow NH_3SO_2, \quad \Delta_r H^\ominus = -40\ \text{kJ mol}^{-1}.$

$$\begin{aligned}\Delta_b H^\ominus &= \Delta_b H^\ominus(NH_3) + \Delta_b H^\ominus(SO_2) + (-40\ \text{kJ mol}^{-1})\\ &= (-46.1\ \text{kJ mol}^{-1}) + (-296.8\ \text{kJ mol}^{-1}) + (-40\ \text{kJ mol}^{-1})\\ &= \underline{-383\ \text{kJ mol}^{-1}}.\end{aligned}$$

4-10 $(C_6H_5)_2 + \frac{29}{2}O_2(g) \rightarrow 12CO_2(g) + 5H_2O(x)$

$x =$ flüssig bei 25 °C und bei 99 °C; $\Delta\nu_{Gas} = 12 - \frac{29}{2} = -\frac{5}{2}$,

$x =$ gasförmig bei 101 °C; $\Delta\nu_{Gas} = 17 - \frac{29}{2} = +\frac{5}{2}$.

$RT = 2.48\ \text{kJ mol}^{-1}$ bei 25 °C $[R = 8.314\ \text{J K}^{-1}\ \text{mol}^{-1}]$,

$= 3.09\ \text{kJ mol}^{-1}$ bei 99 °C,

$= 3.11\ \text{kJ mol}^{-1}$ bei 101 °C,

(a) $\Delta_r H^\ominus - \Delta_r U^\ominus = -\frac{5}{2}\cdot 2.48\ \text{kJ mol}^{-1} = \underline{-6.20\ \text{kJ mol}^{-1}}$,

(b) $\Delta_r H^\ominus - \Delta_r U^\ominus = -\frac{5}{2}\cdot 3.09\ \text{kJ mol}^{-1} = \underline{-7.73\ \text{kJ mol}^{-1}}$,

(c) $\Delta_r H^\ominus - \Delta_r U^\ominus = +\frac{5}{2}\cdot 3.11\ \text{kJ mol}^{-1} = \underline{+7.78\ \text{kJ mol}^{-1}}$.

4-11 $\Delta H_m - \Delta U_m = \Delta p V_m = p\Delta V_m$ [4.1–9]

$$V_m(\text{Graphit}) = \frac{12.01\ \text{g mol}^{-1}}{2.27\ \text{g cm}^{-3}} = 5.29\ \text{cm}^3\ \text{mol}^{-1}.$$

$$V_m(\text{Diamant}) = \frac{12.01\ \text{g mol}^{-1}}{3.52\ \text{g cm}^{-3}} = 3.41\ \text{cm}^3\ \text{mol}^{-1}.$$

$$\Delta V_m = V_m(\text{Diamant}) - V_m(\text{Graphit}) = -1.88\ \text{cm}^3\ \text{mol}^{-1}$$

$$\begin{aligned}\Delta H_m - \Delta U_m &= (500\ \text{kbar})\cdot(-1.88\ \text{cm}^3\ \text{mol}^{-1})\\ &= (500\cdot 10^8\ \text{N m}^{-2})\cdot(-1.88\cdot 10^{-6}\ \text{m}^3\ \text{mol}^{-1}) = \underline{-94.0\ \text{kJ mol}^{-1}}.\end{aligned}$$

4-12 $\Delta_c H^\ominus(C_4H_{10}) = -2877\ \text{kJ mol}^{-1}, \quad M_r = 58.12.$

Wärmemenge pro mol: 2877 kJ mol^{-1},

Wärmemenge pro Gramm: $\dfrac{2877\ \text{kJ mol}^{-1}}{58.12\ \text{g mol}^{-1}} = \underline{49.50\ \text{kJ g}^{-1}}.$

$\Delta_c H^\ominus(\text{Pentan}) = -3536 \text{ kJ mol}^{-1}, \quad M_r = 72.15.$

Wärmemenge pro mol: 3536 kJ mol^{-1},

Wärmemenge pro Gramm: $\dfrac{3536 \text{ kJ mol}^{-1}}{72.15 \text{ g mol}^{-1}} = \underline{49.01 \text{ kJ g}^{-1}}.$

$\Delta_c H^\ominus(\text{Oktan}) = -5471 \text{ kJ mol}^{-1}, \quad M_r = 114.2.$

Wärmemenge pro mol: 5471 kJ mol^{-1},

Wärmemenge pro Gramm: $\dfrac{5471 \text{ kJ mol}^{-1}}{114.2 \text{ g mol}^{-1}} = \underline{47.91 \text{ kJ g}^{-1}}.$

4-13 (a) $C_4H_{10}(g) + \frac{13}{2}O_2 \rightarrow 4CO_2 + 5H_2O(l); \quad \Delta\nu_{\text{Gas}} = 4 - \frac{13}{2} - 1 = -\frac{7}{2}.$

$q_V = \Delta_c U^\ominus = \Delta_c H^\ominus - \Delta\nu_{\text{Gas}} RT = -2877 \text{ kJ mol}^{-1} - \left(-\frac{7}{2}\right) \cdot (2.48 \text{ kJ mol}^{-1})$

$\hat{=} - 2868 \text{ kJ mol}^{-1} = -49.35 \text{ kJ g}^{-1}.$

(b) $C_5H_{12}(g) + 8O_2 \rightarrow 5CO_2 + 6H_2O; \quad \Delta\nu_g = 5 - 8 - 1 = -4.$

$q_V = -3536 \text{ kJ mol}^{-1} - (-4) \cdot (2.48 \text{ kJ mol}^{-1})$

$= -3526 \text{ kJ mol}^{-1} \hat{=} \underline{-48.6 \text{ kJ g}^{-1}}.$

(c) $C_8H_{18}(l) + \frac{25}{2}O_2 \rightarrow 8CO_2 + 9H_2O; \quad \Delta\nu_{\text{Gas}} = 8 - \frac{25}{2} = -\frac{9}{2}$

$q_V = -5471 \text{ kJ mol}^{-1} - (-\frac{9}{2}) \cdot (2.48 \text{ kJ mol}^{-1})$

$= -5460 \text{ kJ mol}^{-1} \hat{=} \underline{-47.81 \text{ kJ g}^{-1}}.$

4-14 $w = mgh$ [Beispiel 2-1], $M_r(\text{Glucose}) = 180.2.$

$m \approx 65 \text{ kg}, \quad g = 9.81 \text{ m s}^{-2}, \quad h =$ (a) 3 m, (b) 3000 m.

(a) $w = (65 \text{ kg}) \cdot (9.81 \text{ m s}^{-2}) \cdot (3 \text{ m}) = 1913 \text{ J}$

$|\Delta_c H| = 2808 \text{ kJ mol}^{-1} \hat{=} 15.58 \text{ kJ g}^{-1}.$

Bei einem Wirkungsgrad von 25% ergibt das $|\Delta_c H|_{\text{effektiv}} \approx 3.90 \text{ kJ g}^{-1}.$

Für 1.91 kJ muß man deshalb $\dfrac{1.91 \text{ kJ}}{3.90 \text{ kJ g}^{-1}} = \underline{0.49 \text{ g Glucose}}$ verbrennen.

(b) $w = (65 \text{ kg}) \cdot (9.81 \text{ m s}^{-2}) \cdot (3000 \text{ m}) = 1913 \text{ kJ}.$

Hier ist der Verbrauch das Tausendfache: $(0.49 \text{ g}) \cdot (1000) = \underline{0.49 \text{ kg}}.$

4-15 $N_2 + \frac{5}{2} O_2 \rightarrow N_2O_5; \quad \Delta_b H^\ominus.$

$N_2 + \frac{5}{2}O_2 \xrightarrow{a} 2NO + \frac{3}{2}O_2 \xrightarrow{b} 2NO_2 + \frac{1}{2}O_2 \xrightarrow{c} N_2O_5.$

$$\Delta_b H^\ominus = a + b + c = \left\{(+180.5) + (-114.1) + \tfrac{1}{2}(-110.2)\right\} \text{ kJ mol}^{-1}$$

$$= \underline{11.3 \text{ kJ mol}^{-1}}.$$

4-16 $C(\text{Graphit}) + O_2 \rightarrow CO_2; \quad \Delta_r H^\ominus = -393.51 \text{ kJ mol}^{-1}$

$C(\text{Diamant}) + O_2 \rightarrow CO_2; \quad \Delta_r H^\ominus = -395.41 \text{ kJ mol}^{-1}$

$CO_2 \rightarrow C(\text{Diamant}) + O_2; \quad \Delta_r H^\ominus = +395.41 \text{ kJ mol}^{-1}$

$C(\text{Graphit}) + O_2 \rightarrow C(\text{Diamant}) + O_2;$

$$\Delta_r H^\ominus = -393.51 \text{ kJ mol}^{-1} + 395.41 \text{ kJ} = 1.90 \text{ kJ mol}^{-1}.$$

$C(\text{Graphit}) \rightarrow C(\text{Diamant}); \quad \Delta H_m^\ominus = \underline{1.90 \text{ kJ mol}^{-1}}.$

4-17 $\Delta H(373 \text{ K}) = \Delta H(T) + (373 \text{ K} - 298 \text{ K}) \cdot \Delta C_p$

$$= \Delta H(T) + (75 \text{ K}) \cdot (\Delta C_p)$$

$$\Delta C_p = C_{p,m}(N_2O_4) - 2C_{p,m}(NO_2)$$

$$= (77.28 - 2 \cdot 37.20) \text{ J K}^{-1} \text{ mol}^{-1} = 2.88 \text{ J K}^{-1} \text{ mol}^{-1}$$

$$\Delta H(373 \text{ K}) = -57.20 \text{ kJ mol}^{-1} + (75 \text{ K}) \cdot (2.88 \text{ J K}^{-1} \text{ mol}^{-1})$$

$$= -57.20 \text{ kJ mol}^{-1} + 0.22 \text{ kJ mol}^{-1} = \underline{-56.98 \text{ kJ mol}^{-1}}.$$

4-18 $\Delta H(T_2) = \Delta H(T_1) + \int_{T_1}^{T_2} \Delta C_p(T) \mathrm{d}T \quad [4.1\text{–}6]$

$$C_p(T) = a + bT + \frac{c}{T^2};$$

$$\Delta C_p(T) = \Delta a + \Delta b \cdot T + \frac{\Delta c}{T^2}$$

mit $\Delta a = \sum_J \nu_J a_J$ usw.

$$\Delta H(T_2) = \Delta H(T_1) + \int_{T_1}^{T_2} \left(\Delta a + \Delta b \cdot T + \frac{\Delta c}{T^2}\right) \mathrm{d}T$$

$$= \underline{\Delta H(T_1) + \Delta a(T_2 - T_1) + \tfrac{1}{2}\Delta b(T_2^2 - T_1^2) - \Delta c\left(\frac{1}{T_2} - \frac{1}{T_1}\right)}.$$

4-19 $a(H_2O) = 75.48 \text{ J K}^{-1} \text{ mol}^{-1}, \quad b = 0, \quad c = 0.$

$a(H_2) = 27.28 \text{ J K}^{-1} \text{ mol}^{-1}, \quad b = 3.26 \cdot 10^{-3} \text{ J K}^{-2} \text{ mol}^{-1}, \quad c = 0.50 \cdot 10^5 \text{ J K mol}^{-1}.$

$a(O_2) = 29.96 \text{ J K}^{-1} \text{ mol}^{-1}, \quad b = 4.18 \cdot 10^{-3} \text{ J K}^{-2} \text{ mol}^{-1}, \quad c = -1.67 \cdot 10^5 \text{ J K mol}^{-1}.$

$H_2(g) + \frac{1}{2}O_2(g) \rightarrow H_2O(l); \quad \Delta_b H^\ominus(\boldsymbol{T}) = -285.83 \;\text{kJ mol}^{-1}.$

$\Delta a = (75.48 - 27.28 - \frac{1}{2} \cdot 29.96)\;\text{J K}^{-1}\;\text{mol}^{-1} = 33.22\;\text{J K}^{-1}\;\text{mol}^{-1}.$

$\Delta b = (0 - 3.26 \cdot 10^{-3} - \frac{1}{2} \cdot 4.18 \cdot 10^{-3})\;\text{J K}^{-2}\;\text{mol}^{-1} = -5.35 \cdot 10^{-3}\;\text{J K}^{-2}\;\text{mol}^{-1}.$

$\Delta c = (0 - 0.50 \cdot 10^5 + \frac{1}{2} \cdot 1.67 \cdot 10^5)\;\text{J K mol}^{-1} = 0.34 \cdot 10^5\;\text{J K mol}^{-1}.$

(a) $\Delta_b H(273.05\;\text{K}) = \Delta_b H(\boldsymbol{T}) + \Delta a \cdot (273.05\;\text{K} - 298.15\;\text{K})$

$+\frac{1}{2} \cdot \Delta b \cdot \left[(273.05\;\text{K})^2 - (298.15\;\text{K})^2\right] - \Delta c \cdot \left(\frac{1}{273.05\;\text{K}} - \frac{1}{298.15\;\text{K}}\right)$ [Aufgabe 4–18]

$= -285.83\;\text{kJ mol}^{-1} + (33.22\;\text{J K}^{-1}\;\text{mol}^{-1}) \cdot (-25\;\text{K})$
$+\frac{1}{2} \cdot (-5.35 \cdot 10^{-3}\;\text{J K}^{-2}\;\text{mol}^{-1}) \cdot (-14.3 \cdot 10^3\;\text{K}^2)$
$-(0.34 \cdot 10^5\;\text{J K mol}^{-1}) \cdot (3.1 \cdot 10^{-4}\;\text{K}^{-1})$

$= -286.6\;\text{kJ mol}^{-1}.$

$\Delta_b H^\ominus(-0.1\;°\text{C}) \approx \Delta_b H^\ominus(273.05\;\text{K}) - \Delta H^\ominus_{\text{m,Schm}}$

$= -286.6\;\text{kJ mol}^{-1} - 6.01\;\text{kJ mol}^{-1}$ [Tabelle 4–7]

$= \underline{-292.6\;\text{kJ mol}^{-1}}.$

(b) $\Delta_b H(373.25\;\text{K}) = \Delta_b H(\boldsymbol{T}) + \Delta a \cdot (373.25\;\text{K} - 298.15\;\text{K})$

$+\frac{1}{2} \cdot \Delta b \cdot \left[(373.25\;\text{K})^2 - (298.15\;\text{K})^2\right] - \Delta c \cdot \left(\frac{1}{373.25\;\text{K}} - \frac{1}{298.15\;\text{K}}\right)$ [Aufgabe 4–18]

$= -285.83\;\text{kJ mol}^{-1} + (33.22\;\text{J K}^{-1}\;\text{mol}^{-1}) \cdot (+75\;\text{K})$
$+\frac{1}{2} \cdot (-5.35 \cdot 10^{-3}\;\text{J K}^{-2}\;\text{mol}^{-1}) \cdot (50.0 \cdot 10^3\;\text{K}^2)$
$-(0.34 \cdot 10^5\;\text{J K mol}^{-1}) \cdot (-6.75 \cdot 10^{-4}\;\text{K}^{-1})$

$= -283.4\;\text{kJ mol}^{-1}.$

$\Delta_b H^\ominus(100.1\;°C) \approx \Delta_b H^\ominus(373.25\;\text{K}) + \Delta H^\ominus_{\text{m,Verd}}$

$= -283.4\;\text{kJ mol}^{-1} + 40.7\;\text{kJ mol}^{-1}$ [Tabelle 4–7] $= \underline{-242.7\;\text{kJ mol}^{-1}}.$

4-20 $\Delta_b H^\ominus(99\;°\text{C}) = \Delta_b H^\ominus(\boldsymbol{T}) + \Delta a \cdot (372.15\;\text{K} - 298.15\;\text{K})$

$+\frac{1}{2}\Delta b \cdot \left[(372.15\;\text{K})^2 - (298.15\;\text{K})^2\right] - \Delta c \cdot \left(\frac{1}{372.15\;\text{K}} - \frac{1}{298.15\;\text{K}}\right)$ [Aufgabe 4–18]

$= \underline{-283.5\;\text{kJ mol}^{-1}}.$

$C_{p,\text{m}}(H_2O, \boldsymbol{T}) = 75.29\;\text{J K}^{-1}\;\text{mol}^{-1}$ [Tabelle 4–1]

$C_{p,\text{m}}(H_2, \boldsymbol{T}) = 28.82\;\text{J K}^{-1}\;\text{mol}^{-1}$

$C_{p,\mathrm{m}}(\mathrm{O}_2,T) = 29.36 \text{ J K}^{-1} \text{ mol}^{-1}$

$\Delta C_{p,\mathrm{m}} = (75.29 - 28.82 - \frac{1}{2} \cdot 29.36) \text{ J K}^{-1} \text{ mol}^{-1} = 31.79 \text{ J K}^{-1} \text{ mol}^{-1}.$

$\Delta_\mathrm{b} H(99\ {}^\circ\mathrm{C}) \approx \Delta_\mathrm{b} H(T) + (31.79 \text{ J K}^{-1} \text{ mol}^{-1}) \cdot (372.15 \text{ K} - 298.15 \text{ K})$

$\approx (-285.83 \text{ kJ mol}^{-1}) + (31.79 \text{ J K}^{-1} \text{ mol}^{-1}) \cdot (74.0 \text{ K}) \approx \underline{-283.5 \text{ kJ mol}^{-1}}.$

4-21 $\mathrm{d}U = C_V \mathrm{d}T$ [3.2–7]; $U(T_2) - U(T_1) = \int_{T_1}^{T_2} C_V(T)\mathrm{d}T;$

$\Delta U(T_2) = \Delta U(T_1) + \int_{T_1}^{T_2} \Delta C_V(T)\mathrm{d}T.$

4-22 $n(\text{Arabinose}) = \dfrac{88 \cdot 10^{-3} \text{ g}}{150.1 \text{ g mol}^{-1}} = 5.86 \cdot 10^{-4} \text{ mol}.$

$n(\text{Glucose}) = \dfrac{102 \cdot 10^{-3} \text{ g}}{180.2 \text{ g mol}^{-1}} = 5.66 \cdot 10^{-4} \text{ mol}.$

$C\delta T(\text{Arabinose}) = -q(\text{Arabinose}), \quad \delta T(\text{Arabinose}) = 0.761 \text{ K}.$

$C\delta T(\text{Glucose}) = -q(\text{Glucose}), \quad \delta T(\text{Glucose}) = 0.881 \text{ K}.$

$q(\text{Glucose}) = \Delta_\mathrm{c} H_\mathrm{m}^\ominus(\text{Glucose}) \cdot n(\text{Glucose}).$

$q(\text{Arabinose}) = \Delta_\mathrm{c} H_\mathrm{m}^\ominus(\text{Arabinose}) \cdot n(\text{Arabinose}).$

$\Delta_\mathrm{c} H_\mathrm{m}(\text{Glucose}) = -2802 \text{ kJ mol}^{-1}$ [Tabelle 4–2, oder aus $\Delta_\mathrm{b} H$].

$\Delta_\mathrm{c} H_\mathrm{m}(\text{Arabinose}) = \left(\dfrac{\delta T(\mathrm{A})}{\delta T(\mathrm{G})}\right) \cdot \left(\dfrac{n(\mathrm{G})}{n(\mathrm{A})}\right) \cdot \Delta_\mathrm{c} H_\mathrm{m}(\text{Glucose})$

$= \left(\dfrac{0.761 \text{ K}}{0.881 \text{ K}}\right) \cdot \left(\dfrac{5.66 \cdot 10^{-4} \text{ mol}}{5.86 \cdot 10^{-4} \text{ mol}}\right) \cdot (-2802 \text{ kJ mol}^{-1})$

$= \underline{2338 \text{ kJ mol}^{-1}}.$

$C_5H_{10}O_5 + 5O_2 \rightarrow 5CO_2 + 5H_2O; \quad \Delta_\mathrm{r} H^\ominus = -2338 \text{ kJ mol}^{-1}$ [s. oben].

$5CO_2 + 5H_2O \rightarrow C_6H_{10}O_5 + 5O_2; \quad \Delta_\mathrm{r} H^\ominus = 2338 \text{ kJ mol}^{-1}.$

$\Delta_\mathrm{b} H^\ominus = (2338 \text{ kJ mol}^{-1}) + 5\Delta_\mathrm{b} H^\ominus(CO_2) + 5\Delta_\mathrm{b} H^\ominus(H_2O)$

$= 2338 \text{ kJ mol}^{-1} + 5 \cdot (-393.51 \text{ kJ mol}^{-1}) + 5 \cdot (-285.83 \text{ kJ mol}^{-1})$

$= \underline{-1059 \text{ kJ mol}^{-1}}.$

4-23 $C_{12}H_{22}O_{11} + H_2O \rightarrow 4CH_3CH(OH)COOH$ (Milchsäure).

$\Delta_\mathrm{r} H^\ominus = 4\Delta_\mathrm{b} H^\ominus(\text{Milchsäure}) - \Delta_\mathrm{b} H^\ominus(\text{Rohrzucker}) - \Delta_\mathrm{b} H^\ominus(\text{Wasser})$

$= 4 \cdot (-694.0 \text{ kJ mol}^{-1}) - (-2222 \text{ kJ mol}^{-1}) - (-285.8 \text{ kJ mol}^{-1})$

$= \underline{-268 \text{ kJ mol}^{-1}}.$

$C_{12}H_{22}O_{11} + 12O_2 \rightarrow 12CO_2 + 11H_2O, \quad \Delta_r H^\ominus = -5645 \text{ kJ mol}^{-1}.$

Das ergibt $\Delta_r H(\text{aerob}) - \Delta_r H(\text{anaerob}) = (-5645 \text{ kJ mol}^{-1}) - (-268 \text{ kJ mol}^{-1})$

$= \underline{-5376 \text{ kJ mol}^{-1}}.$

Man erhält die gleiche Antwort auch aus $4 \cdot \Delta_c H$(Milchsäure).

4-24 $n = \frac{1.5 \text{ g}}{342.3 \text{ g mol}^{-1}} = 4.4 \cdot 10^{-3} \text{ mol}.$

$\Delta_c H^\ominus = n\Delta_c H_m^\ominus = (4.4 \cdot 10^{-3} \text{ mol}) \cdot (-5645 \text{ kJ mol}^{-1}) = -25 \text{ kJ}.$

$(\Delta_c H^\ominus)_{\text{effektiv}} \approx \frac{1}{4}(-25 \text{ kJ}) = -6.2 \text{ kJ}.$

$h = \frac{w}{mg} \approx \frac{(6.2 \text{ kJ})}{(65 \text{ kg}) \cdot (9.81 \text{ m s}^{-2})} \approx \underline{10 \text{ m}}.$

4-25 $\Delta H^\ominus_{\text{Verd,m}} = 44 \text{ kJ mol}^{-1}, \quad n = \frac{1 \text{ kg}}{18.02 \text{ g mol}^{-1}} = 56 \text{ mol}.$

$q = (44 \text{ kJ mol}^{-1}) \cdot (56 \text{ mol}) = \underline{2.5 \cdot 10^3 \text{ kJ}}.$

$\Delta_c H^\ominus(\text{Glucose}) = -2808 \text{ kJ mol}^{-1}.$

Für die Wärmemenge $2.5 \cdot 10^3$ kJ muß man an Glucose

$\frac{2.5 \cdot 10^3 \text{ kJ}}{2.8 \cdot 10^3 \text{ kJ mol}^{-1}} = 0.89 \text{ mol}$ bzw. $\underline{160 \text{ g}}$ verbrauchen.

$\delta T = \frac{q}{C}; \quad C = (75.5 \text{ J K}^{-1} \text{ mol}^{-1}) \cdot \left(\frac{65 \text{ kg}}{18.02 \text{ mol}^{-1}}\right) = 273 \text{ kJ K}^{-1}.$

$\delta T = -\frac{2.5 \cdot 10^3 \text{ kJ}}{273 \text{ kJ K}^{-1}} = -9.2 \text{ K}.$

Geht man von einer Körpertemperatur von 36.5 °C aus, so würde sich eine Endtemperatur von nur noch 27.3 °C ergeben.

4-26 $C_3H_8(l) + 5O_2 \xrightarrow{\Delta H^\ominus_{\text{Verd,m}}} C_3H_8(g) + 5O_2 \xrightarrow{\Delta_c H^\ominus} 3CO_2 + 4H_2O(l).$

$\Delta H^\ominus_{\text{Verd,m}} = 15 \text{ kJ mol}^{-1}, \quad \Delta_c H^\ominus = -2220 \text{ kJ mol}^{-1}.$

$\Delta_{\text{cH}}(\text{fl.Propan}) = (15 \text{ kJ mol}^{-1}) + (-2220 \text{ kJ mol}^{-1}) = \underline{-2205 \text{ kJ mol}^{-1}}.$

$\Delta\nu_{\text{Gas}} = 3 - 5 = -2,$

$\Delta_c U(\text{fl.Propan}) = -2205 \text{ kJ mol}^{-1} - (-2) \cdot RT = \underline{-2200 \text{ kJ mol}^{-1}}.$

4-27 $\Delta_c H^\ominus(308 \text{ K}) = \Delta_c H(298 \text{ K}) + \Delta C_p \delta T$ [4.1-5].

$= (-2205 \text{ kJ mol}^{-1}) + \left[(3 \cdot 37.1 + 4 \cdot 75.5 - 39.0 - 5 \cdot 29.3) \text{ J K}^{-1} \text{ mol}^{-1}\right] \cdot (10 \text{ K})$

$= \underline{-2203 \text{ kJ mol}^{-1}}.$

$\Delta_c U^{\ominus}(308 \text{ K}) = \Delta_c U^{\ominus}(298 \text{ K}) + \Delta C_V \delta T$ [Aufgabe 4–21]

Bei Flüssigkeiten gilt $C_p \approx C_V$, bei (perfekten) Gasen $C_{p,\mathrm{m}} - C_{V,\mathrm{m}} = R$.

Dann gilt $C_{V,\mathrm{m}}$(fl.Propan) $\approx 39.0 \text{ J K}^{-1} \text{ mol}^{-1}$ und $C_{V,\mathrm{m}}$(fl.Wasser) $\approx 75.5 \text{ J K}^{-1} \text{ mol}^{-1}$.

$C_{V,\mathrm{m}}(O_2) \approx 29.3 \text{ J K}^{-1} \text{ mol}^{-1} - 8.3 \text{ J K}^{-1} \text{ mol}^{-1} = 21.0 \text{ J K}^{-1} \text{ mol}^{-1}$.

$C_{V,\mathrm{m}}(CO_2) \approx 37.1 \text{ J K}^{-1} \text{ mol}^{-1} - 8.3 \text{ J K}^{-1} \text{ mol}^{-1} = 28.8 \text{ J K}^{-1} \text{ mol}^{-1}$.

$\Delta_c U^{\ominus}(308 \text{ K}) = (-2200 \text{ kJ mol}^{-1})$

$+ \left[(3 \cdot 28.8 + 4 \cdot 75.5 - 39.0 - 5 \cdot 21.0) \text{ J K}^{-1} \text{ mol}^{-1}\right] \cdot (10 \text{ K})$

$= \underline{2198 \text{ kJ mol}^{-1}}.$

4-28 $E_{\mathrm{Res}} = \Delta H_{\mathrm{m}}^{\ominus}(\text{Benzol}) - 3 \cdot \Delta H_{\mathrm{m}}^{\ominus}(\text{Ethen})$ [Abschnitt 4.2a]

$= (-205 \text{ kJ mol}^{-1}) - 3 \cdot (-137 \text{ kJ mol}^{-1}) = \underline{206 \text{ kJ mol}^{-1}}.$

4-29 $q = -\Delta T C, \quad \Delta H_{\mathrm{m}} = \frac{q}{n}$

(a) KF, $C = 4.168 \text{ kJ mol}^{-1}$.

Molalität/(mol KF/kg AcOH)	0.194	0.590	0.821	1.208
ΔT/K	1.592	4.501	5.909	8.115
$q = -\Delta T C$/kJ	−6.635	−18.76	−24.63	−33.82
ΔH_{m}/ kJ mol^{-1}	−34.2	−31.8	−30.0	−28.0

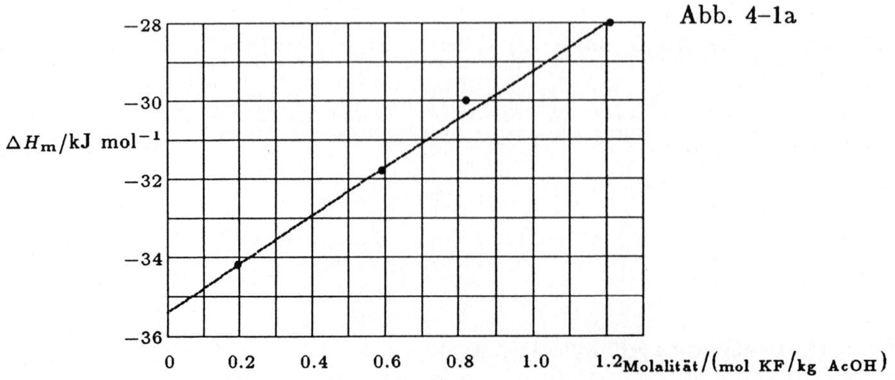

Abb. 4–1a

Wir tragen ΔH_m gegen die Molalität m auf (Abb. 4–1a) und bestimmen die Gerade, welche die Meßwerte am besten wiedergibt, graphisch oder nach der Methode der kleinsten Quadrate:

$\Delta H_m/\ \text{kJ mol}^{-1} = -35.4 + 6.2 \cdot m/(\text{mol KF/kg AcOH});$

$\Delta H_m(\text{bei unendl. Verdünnung}) = -35.4\ \ \text{kJ mol}^{-1}.$

(b) KF.AcOH, $C = 4.203\ \ \text{kJ mol}^{-1}$.

Molalität/(mol KF/kg AcOH)	0.280	0.504	0.910	1.190
$\Delta T/\text{K}$	−0.227	−0.432	−0.866	−1.189
$q = -\Delta TC/\text{kJ}$	+0.954	1.816	3.64	5.00
$\Delta H_m/\ \text{kJ mol}^{-1}$	+3.4	+3.6	+4.0	+4.2

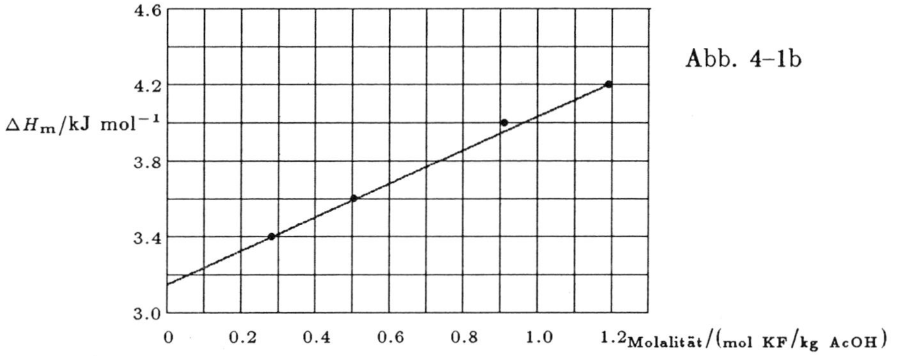

Abb. 4–1b

Wir tragen ΔH_m gegen die Molalität m auf (Abb. 4–1b) und bestimmen die Gerade, welche die Meßwerte am besten wiedergibt, graphisch oder nach der Methode der kleinsten Quadrate:

$\Delta H_m/\ \text{kJ mol}^{-1} = 3.15 + 0.9 \cdot m/(\text{mol KF/kg AcOH});$

$\Delta H_m(\text{bei unendl. Verdünnung}) = 3.15\ \ \text{kJ mol}^{-1}.$

(siehe auch *J. Chem. Soc.*, **1971**, 2702).

4-30 $\frac{3}{2}H_2(g) + \frac{1}{2}N_2(g) \rightarrow NH_3(g);$

$\Delta_r H^\ominus = -46.11\ \ \text{kJ mol}^{-1}$ [Tabelle 4–1].

$NH_3(g) \rightarrow \frac{3}{2}H_2(g) + \frac{1}{2}N_2(g);$

$\Delta_r H^\ominus = 46.11\ \ \text{kJ mol}^{-1}$

$H_2(g) \rightarrow 2H(g);\quad \Delta H_m = 436\ \ \text{kJ mol}^{-1}$ [angegeben]

$N_2(g) \rightarrow 2N(g); \quad \Delta H_m = 945 \ \text{kJ mol}^{-1}$ [angegeben]

Daraus folgt

$NH_3(g) \rightarrow N(g) + 3H(g),$

$$\Delta_a H_m = (46.1 + \tfrac{3}{2} \cdot 436 + \tfrac{1}{2} \cdot 945) \ \text{kJ mol}^{-1} = \underline{1173 \ \text{kJ mol}^{-1}}.$$

4-31 Wir konstruieren die folgenden Diagramme (die Enthalpien sind in kJ mol^{-1} angegeben):

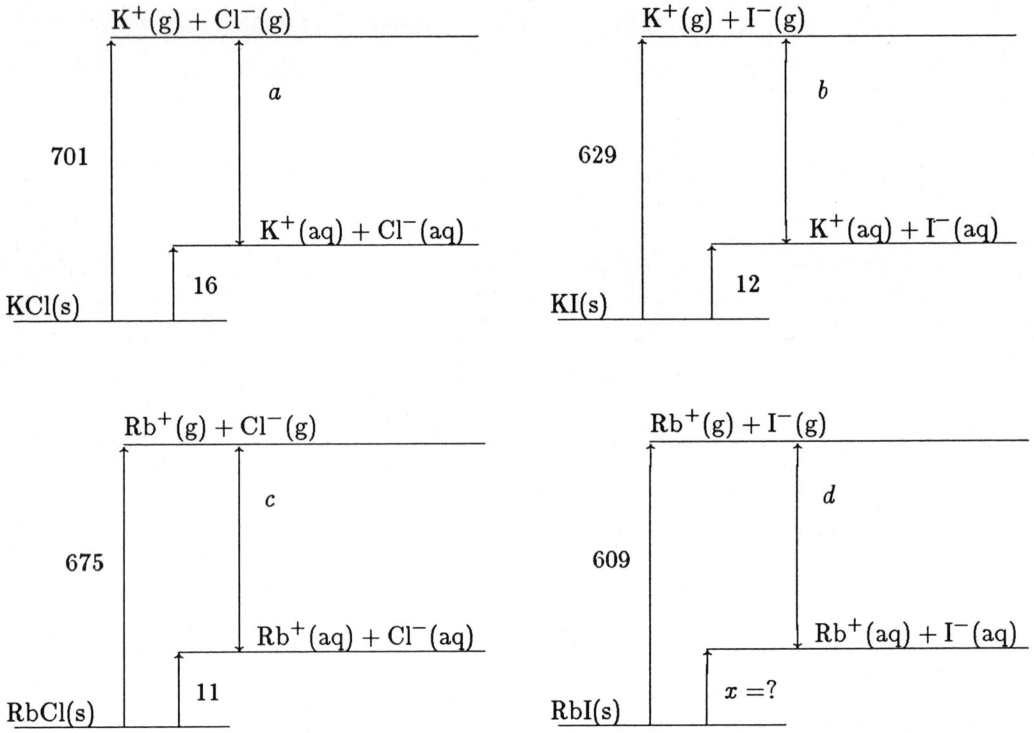

Dann ist $a = 685 \ \text{kJ mol}^{-1}$, $b = 617 \ \text{kJ mol}^{-1}$, $c = 664 \ \text{kJ mol}^{-1}$

und $d = (609 - x) \ \text{kJ mol}^{-1}$,

$\Delta H(Cl^-) - \Delta H(I^-) = a - b = 68 \ \text{kJ mol}^{-1} = c - d.$

$d = c - 68 \ \text{kJ mol}^{-1} = 596 \ \text{kJ mol}^{-1}.$

Das ergibt $x = \underline{13 \ \text{kJ mol}^{-1}}.$

4-32 Wir konstruieren den folgenden Born-Haberschen Kreisprozeß:

1 eV entspricht 96.485 kJ mol^{-1} (Einbandseite 1)

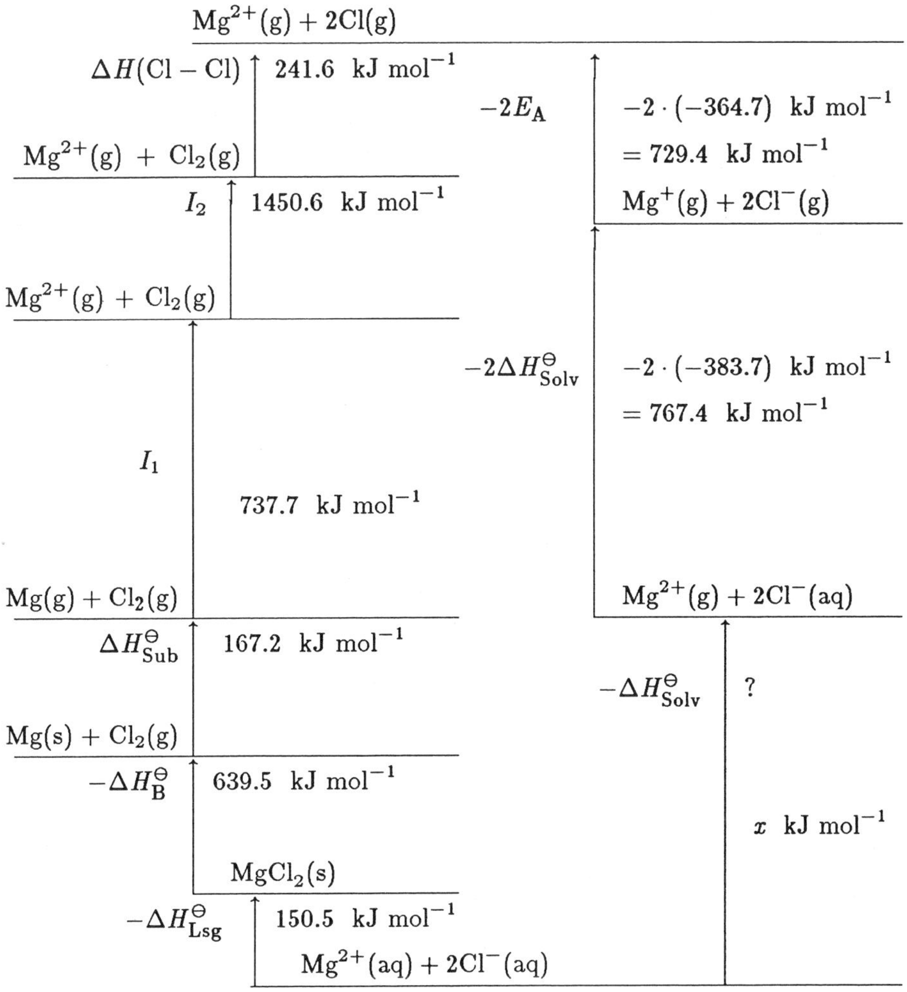

An dem Diagramm können wir die folgende Gleichung ablesen, wenn wir einmal die Energieschritte auf der linken Seite und einmal diejenigen auf der rechten Seite addieren:

$$150.5 + 639.5 + 167.2 + 737.7 + 1450.6 + 241.6 = x + 729.4 + 767.4.$$

Das ergibt $x = 1890.3$ und damit $\underline{\Delta H^{\ominus}_{Solv,m} = -1890.3 \text{ kJ mol}^{-1}}$.

4-33 Wir konstruieren den folgenden Born-Haberschen Kreisprozeß:

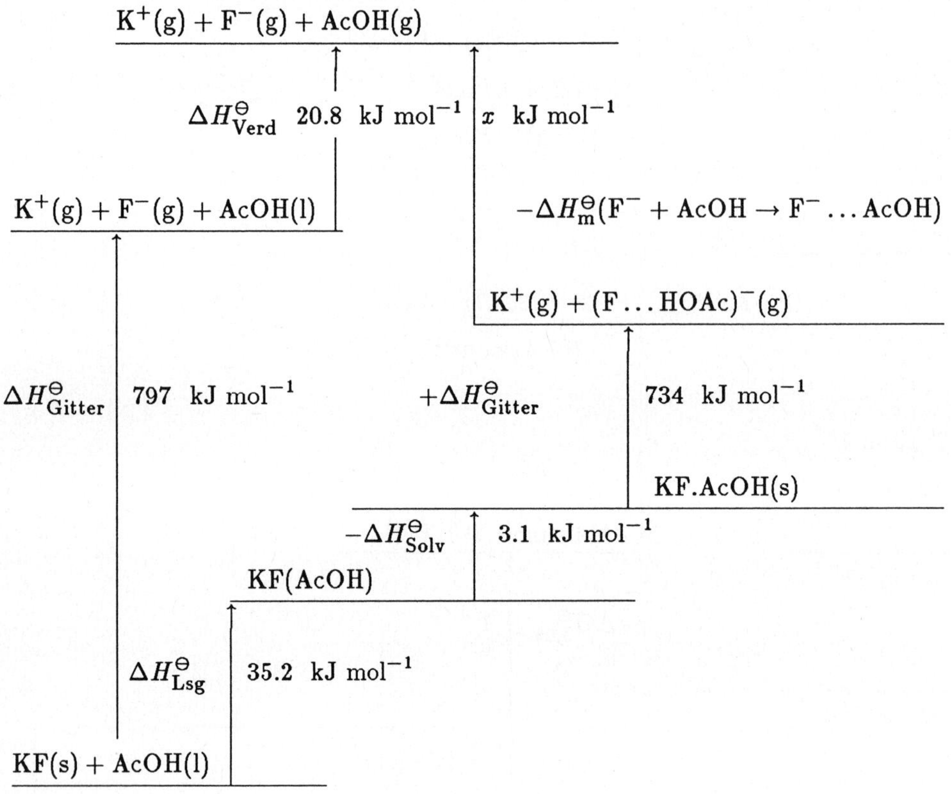

Wie in der vorigen Aufgabe entnimmt man dem Diagramm die Gleichung

$797 + 20.8 = x + 734 + 3.1 + 35.2$, daraus folgt $x \hat{=} 46$ und

$\Delta H_m^\ominus \hat{=} \underline{-46 \text{ kJ mol}^{-1}}$.

5 Der Zweite Hauptsatz: Grundlagen

A5-1 entzogene Wärmemenge $= \int_{265}^{300} C_p \mathrm{d}(T/\mathrm{K})$

$$= \int_{265}^{300} \left[\left(\frac{1.75 \cdot 10^3}{27.0}\right) \mathrm{mol}\right] \cdot [20.67 + 0.01238(T/\mathrm{K})][\ \mathrm{J\ K^{-1}\ mol^{-1}\ mol^{-1}}]\ \mathrm{d}(T/\mathrm{K}) \quad \text{[Tabelle 4–3]}$$

$$= [64.8\ \mathrm{mol}][(20.67)(300 - 265) + \tfrac{1}{2}(0.01238)(300^2 - 265^2)]\ \mathrm{J\ mol^{-1}}$$

$$= 5.48 \cdot 10^4\ \mathrm{J}.$$

$$\Delta S = \int_{300}^{265} \frac{C_\mathrm{p}}{T/\mathrm{K}} \mathrm{d}(T/\mathrm{K}) \quad [5.2\text{–}1]$$

$$= [64.8\ \mathrm{mol}] \cdot \int_{300}^{265} \left(\frac{20.67}{T/\mathrm{K}} + 0.01238\right) \cdot [\ \mathrm{J\ K^{-1}\ mol^{-1}}]\ \mathrm{d}(T/\mathrm{K})$$

$$= [64.8\ \mathrm{mol}\cdot] \left[20.67 \cdot \ln\frac{265}{300} + 0.01238 \cdot (265 - 300)\right] \cdot [\ \mathrm{J\ K^{-1}\ mol^{-1}}]$$

$$= \underline{-194\ \mathrm{J\ K^{-1}}.}$$

A5-2 $\Delta S = nR \ln\frac{V_\mathrm{E}}{V_\mathrm{A}} \quad [5.1\text{–}4]$

$$= nR \ln\frac{p_\mathrm{A}}{p_\mathrm{E}} \quad [1.1\text{–}1]$$

$$= \left[\left(\frac{25.0}{16.0}\right) \mathrm{mol}\right] [8.314\ \mathrm{J\ K^{-1}\ mol^{-1}}] \left[\ln\frac{18.5}{2.5}\right] = \underline{26.0\ \mathrm{J\ K^{-1}}.}$$

A5-3 $n = \frac{p_\mathrm{A} V_\mathrm{A}}{R T_\mathrm{A}} = \frac{(1 \cdot 10^5\ \mathrm{Pa})(15.0 \cdot 10^{-3}\ \mathrm{m^3})}{(8.314\ \mathrm{J\ K^{-1}\ mol^{-1}})(250\ \mathrm{K})} \quad [1.1\text{–}1]$

$$= 7.22 \cdot 10^{-1}\ \mathrm{mol}.$$

$$\Delta S = nR\ln\frac{V_\mathrm{E}}{V_\mathrm{A}}; \quad V_\mathrm{E} = V_\mathrm{A} \cdot \mathrm{e}^{\frac{\Delta S}{nR}} \quad [5.1\text{–}4]$$

$$\frac{\Delta S}{nR} = \frac{-5.00\ \mathrm{J\ K^{-1}}}{(7.22 \cdot 10^{-1}\ \mathrm{mol}) \cdot (8.314\ \mathrm{J\ K^{-1}\ mol^{-1}})} = -0.833.$$

$$V_\mathrm{E} = (15.0\ \mathrm{dm^3}) \cdot \mathrm{e}^{-0.833} = \underline{6.52\ \mathrm{dm^3}.}$$

A5-4 $\Delta S_\mathrm{m} = \frac{\Delta H_\mathrm{Verd,m}}{T_\mathrm{s}} = \frac{29.4 \cdot 10^3\ \mathrm{J\ mol^{-1}}}{335\ \mathrm{K}} = \underline{87.8\ \mathrm{J\ K^{-1}\ mol^{-1}}.} \quad [5.2\text{–}4]$

A5-5 $\Delta S(\mathrm{CHCl_3}) = \int_{275}^{300} \frac{C_\mathrm{p}}{T/\mathrm{K}} \mathrm{d}(T/\mathrm{K}) \quad [5.2\text{–}1]$

$$= \int_{275}^{300} [1.00 \text{ mol}] \left[\frac{91.47}{T/\text{K}} + 0.075\right] [\text{ J K}^{-1} \text{ mol}^{-1}] \text{d}(T/\text{K})$$

$$= \left[91.47 \cdot \ln\frac{300}{275} + 0.075 \cdot (300 - 275)\right] [\text{J K}^{-1}] = \underline{9.83 \text{ J K}^{-1}}.$$

$$q = \int_{275}^{300} [1.00 \text{ mol}] [91.47 + 0.075(T/\text{K})] [\text{J mol}^{-1}] \text{d}(T/\text{K})$$

$$= \left[91.47 \cdot (300 - 275) + \tfrac{1}{2}(0.075)(300^2 - 275^2)\right] \text{ J} = \underline{2.83 \cdot 10^3 \text{ J}}.$$

$$\Delta S(\text{Festkörper}) = \frac{-q}{T} = \frac{-2.83 \cdot 10^3 \text{ J}}{300 \text{ K}} = -9.43 \text{ J K}^{-1} \quad [5.1\text{–}1]$$

$$\Delta S(\text{gesamt}) = 9.83 \text{ J K}^{-1} - 9.43 \text{ J K}^{-1} = 0.40 \text{ J K}^{-1} > 0.$$

A5-6 (a) $\Delta_r S^\ominus(T) = 2S_m^\ominus(T)[CH_3COOH(l)] - 2S_m^\ominus(T)[CH_3CHO(g)] - S_m^\ominus(T)[O_2(g)]$

$= [2 \cdot (159.8) - 2 \cdot (250.3) - 205.1] \text{ J K}^{-1} = -386.1 \text{ J K}^{-1}$ [Tabelle 4.1a, 5.4–3].

(b) $\Delta_r S^\ominus(T) = 2S_m^\ominus(T)[AgBr(s)] + S_m^\ominus(T)[Cl_2(g)] - 2S_m^\ominus(T)[AgCl(s)] - S_m^\ominus(T)[Br_2(l)]$

$= [2 \cdot (107.1) + 223.0 - 2 \cdot (96.2) - 152.2] \text{ J K}^{-1} = \underline{92.6 \text{ J K}^{-1}}.$

A5-7 $\Delta_r G^\ominus(T) = 2\Delta_b G^\ominus(T)[H_2O(l)] + 2\Delta_b G^\ominus(T)[SO_2(g)] - 2\Delta_b G^\ominus(T)[H_2S(g)]$

$= 2 \cdot [(-237.1) + (-300.2) - (-33.6)] \text{ kJ} = \underline{-1007 \text{ kJ}}$ [Tabelle 4–1, 5.4–4].

A5-8 $C(s) + \frac{1}{2}O_2(g) + 2H_2(g) \rightarrow CH_3OH(l)$; $\Delta n_{Gas} = -2.5$ mol.

$\Delta(pV)(T) \approx \Delta n_{Gas} RT$ [1.1–1] $= (-2.5 \text{ mol})(8.314 \text{ J K}^{-1} \text{ mol}^{-1})(298 \text{ K}) = -6.19 \cdot 10^3 \text{ J}$,

$\Delta_b A^\ominus(T) = \Delta_b G^\ominus(T) - \Delta(pV)(T)$ [5.3–6] $= [(-166.3) - (-6.2)] \text{ kJ mol}^{-1} = \underline{-160.0 \text{ kJ mol}^{-1}}.$

A5-9 (a) $\Delta_r G^\ominus(T) = 2\Delta_b G^\ominus(T)[NO(g)] - 2\Delta_b G^\ominus(T)[NO_2(g)]$ [5.4–4]
$= 2 \cdot [+86.6 - 51.3] \text{ kJ} = 70.6 \text{ kJ} > 0$; d.h. <u>die Reaktion ist nicht spontan.</u>

(b) $\Delta_r G^\ominus(T) = \Delta_b G^\ominus(T)[C_2H_6(g)] - \Delta_b G^\ominus(T)[C_2H_4(g)]$

$= [(-32.8) - (68.2)] \text{ kJ} = -101.0 \text{ kJ} < 0$; d.h. <u>die Reaktion ist spontan.</u>

(c) $\Delta_r G^\ominus(T) = 2 \cdot \Delta_b G^\ominus(T)[NO_2(g)] - \Delta_b G^\ominus(T)[N_2O_4(g)]$

$= [2 \cdot (51.3) - (97.9)] \text{ kJ} = +4.7 \text{ kJ} > 0$;

d.h. <u>die Reaktion ist nicht spontan.</u> [Tabelle 4.1, Tabelle 4.1a]

A5-10 $6C(s) + 3H_2(g) + \frac{1}{2}O_2(g) \rightarrow C_6H_5OH(s)$

$$\Delta_r S^\ominus(T) = S^\ominus(T)[C_6H_5OH(s)] - 6S^\ominus(T)[C(s)] - 3S^\ominus(T)[H_2(g)] - \tfrac{1}{2}S^\ominus[O_2(g)]$$

$$= [146.0 - 6\cdot(5.7) - 3\cdot(130.7) - \tfrac{1}{2}(205.1)]\ \mathrm{J\ K^{-1}} = \underline{-382.9\ \mathrm{J\ K^{-1}}} \quad [5.4\text{–}3]$$

$C_6H_5OH(s) + 7O_2(g) \rightarrow 6CO_2(g) + 3H_2O(l).$

$$\Delta_r H^\ominus(T) = 3\cdot\Delta_b H^\ominus(T)[H_2O(l)] + 6\cdot\Delta_b H^\ominus(T)[CO_2(g)] - \Delta_b H^\ominus(T)[C_6H_5OH(s)] \quad [4.1\text{–}4]$$

$$\Delta_b H^\ominus(T)[C_6H_5OH(s)] = [3\cdot(-285.8) + 6\cdot(-393.5) - (-3054)]\ \mathrm{kJ\ mol^{-1}}$$

$$= \underline{-164.4\ \mathrm{kJ\ mol^{-1}}}.$$

$$\Delta_b G^\ominus(T) = \Delta_b H^\ominus(T) - T\Delta_r S^\ominus(T) = [-164.4 - (298.2)\cdot(-0.3829)]\ \mathrm{kJ\ mol^{-1}}$$

$$= \underline{-50.2\ \mathrm{kJ\ mol^{-1}}}. \quad [\text{Tabelle 4.1, Tabelle 4.1a}]$$

5-1 $\Delta S = \frac{q_{rev}}{T}$ [5.1–3].

(a) $\Delta S = \frac{25\cdot 10^3\ \mathrm{J}}{273.15\ \mathrm{K}} = \underline{92\ \mathrm{J\ K^{-1}}}.$

(b) $\Delta S = \frac{25\cdot 10^3\ \mathrm{J}}{373.15\ \mathrm{K}} = \underline{67\ \mathrm{J\ K^{-1}}}.$

5-2 ΔS hängt nur vom Anfangs- und vom Endzustand ab:

$$\Delta S = C_p \ln\frac{T_E}{T_A} \quad [5.2\text{–}1a].$$

$$T_E = T_A + \frac{q}{C_p} = T_A + \frac{I^2 R_{el} t}{C_p} \quad [q = I\cdot t\cdot U_{el} = I^2 R_{el} t].$$

$$\Delta S = C_p \ln\left[1 + \frac{I^2 R_{el} t}{C_p T_A}\right]; \quad n = \frac{500\ \mathrm{g}}{63.6\ \mathrm{g\ mol^{-1}}} = 7.86\ \mathrm{mol}.$$

$$\Delta S = (7.86\ \mathrm{mol})\cdot(24.4\ \mathrm{J\ K^{-1}\ mol^{-1}})\cdot\ln\left(1 + \frac{(1.00\ A)^2\cdot(1000\ \Omega)\cdot(15.0\ \mathrm{s})}{(7.86\cdot 24.4\ \mathrm{J\ K^{-1}})\cdot(293\ \mathrm{K})}\right)$$

$$= (192\ \mathrm{J\ K^{-1}})\cdot\ln(1.27) = \underline{45.9\ \mathrm{J\ K^{-1}}}.$$

5-3 Für den Kupferblock gilt $dq_{rev}(\text{gesamt}) = 0$; deshalb ist $dS = 0$ und $\underline{\Delta S = 0}$.

$$\Delta S_{Wasser} = \int \frac{dq_{rev}}{T} = \frac{q_{rev}}{T}, \quad T = 293\ \mathrm{K}.$$

$$\Delta S_{Wasser} = \frac{I^2 R_{el} t}{T} = \frac{(1.00\ A)^2\cdot(1000\ \Omega)(15.0\ \mathrm{s})}{293\ \mathrm{K}}$$

$$= \underline{51.2\ \mathrm{J\ K^{-1}}} \quad [1\ \mathrm{J} = 1\ \mathrm{A\ V\ s} = 1\ \mathrm{A^2\ \Omega\ s}].$$

5-4 Bei konstantem Volumen gilt $dq = dU$; $dU = C_V dT$ [2.3–3].

$\Delta S = C_V \ln\frac{T_2}{T_1}$ [5.2–1b].

$C_{V,\mathrm{m}} = 12.48 \;\mathrm{J\,K^{-1}\,mol^{-1}}$ [Tabelle 2–1], $T_2 = 500$ K, $T_1 = 298$ K.

$$S_\mathrm{m}(500\ \mathrm{K}) = 146.22\ \mathrm{J\,K^{-1}\,mol^{-1}} + (12.48\ \mathrm{J\,K^{-1}\,mol^{-1}}) \cdot \ln\left(\frac{500}{298}\right)$$

$$= (146.22 + 6.46)\ \mathrm{J\,K^{-1}\,mol^{-1}} = \underline{152.68\ \mathrm{J\,K^{-1}\,mol^{-1}}}.$$

5-5 $S^{\ominus}_\mathrm{m}(T_2) = S^{\ominus}_\mathrm{m}(T_1) + \int_{T_1}^{T_2} \frac{C_{p,\mathrm{m}}}{T}\mathrm{d}T$ [5.2–1a],

$$= S^{\ominus}_\mathrm{m}(T_1) + \int_{T_1}^{T_2} \left(\frac{a}{T} + b + \frac{c}{T^3}\right) \mathrm{d}T \quad [\text{wegen } C_{p,\mathrm{m}} = a + bT + cT^{-2}]$$

$$= S^{\ominus}_\mathrm{m}(T_1) + a \cdot \ln\frac{T_2}{T_1} + b \cdot (T_2 - T_1) - \tfrac{1}{2}c \cdot \left(\frac{1}{T_2^2} - \frac{1}{T_1^2}\right).$$

$S^{\ominus}_\mathrm{m}(298\ \mathrm{K}) = 192.4\ \mathrm{J\,K^{-1}\,mol^{-1}}$, $a = 29.75\ \mathrm{J\,K^{-1}\,mol^{-1}}$,

$b = 25.10 \cdot 10^{-3}\ \mathrm{J\,K^{-1}\,mol^{-1}}$, $c = -1.55 \cdot 10^{-5}\ \mathrm{J\,K^{-1}\,mol^{-1}}$.

(a) $$S^{\ominus}_\mathrm{m}(373\ \mathrm{K}) = (192.4\ \mathrm{J\,K^{-1}\,mol^{-1}}) + (29.75\ \mathrm{J\,K^{-1}\,mol^{-1}}) \cdot \ln\frac{373\ \mathrm{K}}{298\ \mathrm{K}}$$

$$+ (25.10 \cdot 10^{-3}\ \mathrm{J\,K^{-2}\,mol^{-1}}) \cdot (75\ \mathrm{K})$$

$$- \tfrac{1}{2}(-1.55 \cdot 10^{5}\ \mathrm{J\,K\,mol^{-1}}) \cdot \left(\frac{1}{(373\ \mathrm{K})^2} - \frac{1}{(298\ \mathrm{K})^2}\right)$$

$$= (192.4 + 6.68 + 1.88 - 0.32)\ \mathrm{J\,K^{-1}\,mol^{-1}} = \underline{200.6\ \mathrm{J\,K^{-1}\,mol^{-1}}}.$$

(b) $$S^{\ominus}_\mathrm{m}(773\ \mathrm{K}) = (192.4\ \mathrm{J\,K^{-1}\,mol^{-1}}) + (29.75\ \mathrm{J\,K^{-1}\,mol^{-1}}) \cdot \ln\frac{773\ \mathrm{K}}{298\ \mathrm{K}}$$

$$+ (25.10 \cdot 10^{-3}\ \mathrm{J\,K^{-2}\,mol^{-1}}) \cdot (475\ \mathrm{K})$$

$$- \tfrac{1}{2}(-1.55 \cdot 10^{5}\ \mathrm{J\,K\,mol^{-1}}) \cdot \left(\frac{1}{(773\ \mathrm{K})^2} - \frac{1}{(298\ \mathrm{K})^2}\right)$$

$$= (192.4 + 28.36 + 11.92 - 0.74)\ \mathrm{J\,K^{-1}\,mol^{-1}} = \underline{231.9\ \mathrm{J\,K^{-1}\,mol^{-1}}}.$$

5-6 $q(1) = -q(2)$
[die von der Probe 1 (mit der Masse 50 g) abgegebene Wärmemenge wird vollständig von der Probe 2 (mit der Masse 100 g) aufgenommen.]

Dann gilt $C_p(1)(T_\mathrm{E} - T_\mathrm{A1}) = -C_p(2)(T_\mathrm{E} - T_\mathrm{A2})$

[die Endtemperatur ist für beide Proben die gleiche] und

$$T_\mathrm{E} = \frac{C_p(1)T_\mathrm{A1} + C_p(2)T_\mathrm{A2}}{C_p(1) + C_p(2)} = \frac{n(1)T_\mathrm{A1} + n(2)T_\mathrm{A2}}{n(1) + n(2)}.$$

$\frac{n(1)}{n(2)} = \frac{1}{2}$; $T_\mathrm{A1} = 353$ K, $T_\mathrm{A2} = 283$ K.

Daraus folgt $T_\mathrm{E} = \frac{1}{3}(353\ \mathrm{K} + 2 \cdot 283\ \mathrm{K}) = 306\ \mathrm{K}$.

$$\Delta S = \Delta S(1) + \Delta S(2) = C_p(1) \cdot \ln \frac{T_\mathrm{E}}{T_\mathrm{A1}} + C_p(2) \cdot \ln \frac{T_\mathrm{E}}{T_\mathrm{A2}}.$$

$$n(1) = \left(\frac{50\ \mathrm{g}}{18\ \mathrm{g\ mol^{-1}}}\right) = 2.8\ \mathrm{mol}, \quad n(2) = 5.6\ \mathrm{mol}.$$ Das ergibt

$$\Delta S = (2.8\ \mathrm{mol}) \cdot (75.5\ \mathrm{J\ K^{-1}\ mol^{-1}}) \cdot \ln\left(\frac{306}{353}\right)$$

$$+ (5.6\ \mathrm{mol}) \cdot (75.5\ \mathrm{J\ K^{-1}\ mol^{-1}}) \cdot \ln\left(\frac{306}{283}\right)$$

$$= -30.21\ \mathrm{J\ K^{-1}} + 33.04\ \mathrm{J\ K^{-1}} = \underline{2.83\ \mathrm{J\ K^{-1}}}.$$

5-7 $T_\mathrm{E} = \dfrac{n(1)T_\mathrm{A1} + n(2)T_\mathrm{A2}}{n(1) + n(2)} = \frac{1}{2}(T_\mathrm{A1} + T_\mathrm{A2}) = 318\ \mathrm{K}$ [wegen $n(1) = n(2)$].

$$\Delta S = C_p(1) \cdot \ln\left(\frac{T_\mathrm{E}}{T_\mathrm{A1}}\right) + C_p(2) \cdot \ln\left(\frac{T_\mathrm{E}}{T_\mathrm{A2}}\right)$$

$$= C_p \cdot \ln\left(\frac{T_\mathrm{E}^2}{T_\mathrm{A1}T_\mathrm{A2}}\right) \quad [\text{wegen}\ C_p(1) = C_p(2)\ \text{und}\ n(1) = n(2)]$$

$$= \left[\frac{200\ \mathrm{g}}{18.0\ \mathrm{g\ mol^{-1}}}\right] \cdot (75.5\ \mathrm{J\ K^{-1}\ mol^{-1}}) \cdot \ln\left(\frac{318^2}{273 \cdot 363}\right)$$

$$= \underline{17.0\ \mathrm{J\ K^{-1}}}.$$

5-8 Zum Schmelzen wird die Wärmemenge

$$n\Delta H_\mathrm{m,Schm} = \underbrace{\left(\frac{200\ \mathrm{g}}{18.0\ \mathrm{g\ mol^{-1}}}\right)}_{11.1\ \mathrm{mol}} \cdot \underbrace{(6.01\ \mathrm{kJ\ mol^{-1}})}_{[\text{Tabelle 4–7}]}$$

$$= 66.8\ \mathrm{kJ}$$

benötigt. Mit dem Schmelzen ist dann im heißen Wasser eine Temperaturänderung von

$$\Delta T = -\frac{66.8\ \mathrm{kJ}}{(75.5\ \mathrm{J\ K^{-1}\ mol^{-1}}) \cdot (11.1\ \mathrm{mol})} = -79.6\ \mathrm{K}$$ verbunden.

Jetzt sind vorhanden: 200 g Wasser von 0°C und

200 g Wasser von (90 °C – 79.6 K) = 10 °C (283 K).

Dazu gehört die bisherige Entropieänderung

$$\Delta S = \frac{n\Delta H_\mathrm{m,Schm}}{T_\mathrm{Schm}} + nC_{p,\mathrm{m}} \cdot \ln\left(\frac{283\ \mathrm{K}}{363\ \mathrm{K}}\right) \quad [5.2\text{–}2\ \text{und}\ 5.2\text{–}4]$$

$$= \left(\frac{(11.1\ \mathrm{mol}) \cdot (6.01\ \mathrm{kJ\ mol^{-1}})}{273\ \mathrm{K}}\right) + (11.1 \cdot 75.5\ \mathrm{J\ K^{-1}}) \cdot \ln\left(\frac{283}{363}\right)$$

$$= 244.4\ \mathrm{J\ K^{-1}} - 208.6\ \mathrm{J\ K^{-1}} = 35.8\ \mathrm{J\ K^{-1}}.$$

Die Endtemperatur ist $T_E = \frac{1}{2}(273\ \text{K} + 283\ \text{K}) = 278\ \text{K}$ [Aufgabe 5–7].

Für diesen Schritt wird die Entropieänderung

$$\Delta S = C_p \cdot \ln \frac{T_E^2}{T_{A1} T_{A2}} \quad \text{[Aufgabe 5–7]}$$

$$= (11.1 \cdot 75.5\ \text{J K}^{-1}) \cdot \ln \frac{278^2}{273 \cdot 283} = 0.27\ \text{J K}^{-1}.$$

Die gesamte Entropieänderung ist dann

$$\Delta S = 35.8\ \text{J K}^{-1} + 0.27\ \text{J K}^{-1} = \underline{36.1\ \text{J K}^{-1}}.$$

5-9 (a) $\Delta S(\text{Gas}) = nR \ln \frac{V_E}{V_A}$ [5.1–4].

$$n = \frac{14\ \text{g}}{28\ \text{g mol}^{-1}} = 0.50\ \text{mol}.$$

$$\Delta S = (0.50\ \text{mol}) \cdot (8.314\ \text{J K}^{-1}\ \text{mol}^{-1}) \cdot \ln 2 = \underline{2.88\ \text{J K}^{-1}}.$$

$\Delta S(\text{Umgebung}) = -2.88\ \text{J K}^{-1}$ [5.2–3].

$\Delta S(\text{Weltall}) = \Delta S(\text{Gas}) + \Delta S(\text{Umgebung}) = \underline{0}.$

(b) $\Delta S(\text{Gas}) = 2.88\ \text{J K}^{-1}$ [S ist eine Zustandsfunktion].

$\Delta S(\text{Umgebung}) = \underline{0}$ [Abschnitt 5.2d].

$\Delta S(\text{Weltall}) = \Delta S(\text{Gas}) + \Delta S(\text{Umgebung}) = \underline{2.88\ \text{J K}^{-1}}.$

(c) $dq_{rev} = 0$, daraus folgt $\Delta S(\text{System}) = 0$, $\Delta S(\text{Umgebung}) = 0$ und

$\Delta S(\text{Weltall}) = \underline{0}.$

5-10 (a) $\Delta S_m(\text{l} \rightarrow \text{s}, T) = \Delta S_m(\text{l} \rightarrow \text{s}, T_f) - \Delta C_{p,m} \cdot \ln \frac{T}{T_f}$ [5.2–2, $\Delta C = C(\text{l}) - C(\text{s})$]

$$= \frac{\Delta H_m(\text{l} \rightarrow \text{s}, T_f)}{T_f} - \Delta C_{p,m} \cdot \ln \frac{T}{T_f} \quad [5.2\text{–}5]$$

$$= \frac{-\Delta H_{\text{Schm,m}}(T_f)}{T_f} - \Delta C_{p,m} \cdot \ln \frac{T}{T_f}.$$

$\Delta H_{\text{Schm,m}}(T_f) = 6.01\ \text{kJ mol}^{-1}$, $\Delta C_{p,m} = +37.3\ \text{J K}^{-1}\ \text{mol}^{-1}$.

$$\Delta S_m(\text{l} \rightarrow \text{s}, 268\ \text{K}) = \frac{-6.01\ \text{kJ mol}^{-1}}{273\ \text{K}} - (+37.3\ \text{J K}^{-1}\ \text{mol}^{-1}) \cdot \ln \frac{268}{273}$$

$$= \underline{-21.3\ \text{J K}^{-1}\ \text{mol}^{-1}}.$$

$$\Delta S(\text{Umgebung}) = \frac{-\Delta H_m(\text{l} \rightarrow \text{s}, T)}{T} = \frac{\Delta H_{\text{Schm,m}}(T)}{T} = \frac{\Delta H_{\text{Schm,m}}(T_f)}{T} + \frac{\Delta C_{p,m} \cdot (T - T_f)}{T}$$

$$= \left(\frac{6.01 \ \text{kJ mol}^{-1}}{268 \ \text{K}}\right) + (37.3 \ \text{J K}^{-1} \ \text{mol}^{-1}) \cdot \left(\frac{268 - 273}{268}\right)$$

$$= \underline{21.7 \ \text{J K}^{-1} \ \text{mol}^{-1}.}$$

$$\Delta S_\text{m}(\text{Weltall}) = \{(-21.3) + (21.7)\} \ \text{J K}^{-1} \ \text{mol}^{-1} = \underline{+0.4 \ \text{J K}^{-1} \ \text{mol}^{-1}.}$$

Es ist $\Delta S(\text{Weltall}) > 0$, der Übergang (l → s) ist also bei −5 °C spontan.

(b) $\Delta S_\text{m}(\text{l} \rightarrow \text{g},T) = \Delta S_\text{m}(\text{l} \rightarrow \text{g},T_\text{s}) + \Delta C_{p,\text{m}} \cdot \ln\frac{T}{T_\text{s}}$ [5.2–2, $\Delta C = C(\text{g}) - C(\text{l})$]

$$= \frac{\Delta H_\text{m}(\text{l} \rightarrow \text{g},T_\text{s})}{T_\text{s}} + \Delta C_{p,\text{m}} \cdot \ln\frac{T}{T_\text{s}} \quad [5.2\text{–}5]$$

$$= \frac{\Delta H_\text{Verd,m}(T_\text{s})}{T_\text{s}} + \Delta C_{p,\text{m}} \cdot \ln\frac{T}{T_\text{s}}.$$

$\Delta H_\text{Verd,m}(T_\text{s}) = 40.7$ kJ mol^{-1}, $\Delta C_{p,\text{m}} = -41.9$ J K^{-1} mol^{-1}.

$$\Delta S_\text{m}(\text{l} \rightarrow \text{g},368 \ \text{K}) = \frac{40.7 \ \text{kJ mol}^{-1}}{373 \ \text{K}} + (-41.9 \ \text{J K}^{-1} \ \text{mol}^{-1}) \cdot \ln\frac{368}{373}$$

$$= \underline{109.7 \ \text{J K}^{-1} \ \text{mol}^{-1}.}$$

$$\Delta S_\text{m}(\text{Umgebung}) = \frac{-\Delta H_\text{m}(\text{l} \rightarrow \text{g},T)}{T} = \frac{-\Delta H_\text{Verd,m}(T)}{T}$$

$$= \frac{-\Delta H_\text{Verd,m}(T_\text{s})}{T} - \Delta C_{p,\text{m}} \cdot \frac{T - T_\text{s}}{T}$$

$$= -\frac{40.7 \ \text{kJ mol}^{-1}}{368 \ \text{K}} - (-41.9 \ \text{J K}^{-1} \ \text{mol}^{-1}) \cdot \frac{368 - 373}{368}$$

$$= -111.17 \ \text{J K}^{-1} \ \text{mol}^{-1}.$$

$$\Delta S_\text{m}(\text{Weltall}) = \underline{-1.5 \ \text{J K}^{-1} \ \text{mol}^{-1}.}$$

Wir haben $\Delta S_\text{m}(\text{Weltall}) < 0$ erhalten,d. h. bei 95 °C verläuft die Reaktion

in der Gegenrichtung (g → l) spontan.

5-11 $G = H - TS$ [5.3–6]

(a) $\Delta G_\text{m}(\text{l} \rightarrow \text{s},T) = \Delta H_\text{m}(\text{l} \rightarrow \text{s},T) - T\Delta S_\text{m}(\text{l} \rightarrow \text{s},T)$

$$= \Delta H_\text{m}(\text{l} \rightarrow \text{s},T_\text{f}) - \Delta C_{p,\text{m}} \cdot (T - T_\text{f}) - T \cdot \left\{\Delta S_\text{m}(\text{l} \rightarrow \text{s},T_\text{f}) - \Delta C_{p,\text{m}} \cdot \ln\frac{T}{T_\text{f}}\right\}$$

[4.1–6, 5.2–2]

$$= \Delta H_\text{m}(\text{l} \rightarrow \text{s},T_\text{f}) - \left(\frac{T}{T_\text{f}}\right) \Delta H_\text{m}(\text{l} \rightarrow \text{s}, T_\text{f}) - \Delta C_{p,\text{m}} \cdot \left\{T - T_\text{f} - T \cdot \ln\frac{T}{T_\text{f}}\right\} \quad [5.2\text{–}5]$$

$$= \left\{\frac{T}{T_\text{f}} - 1\right\} \Delta H_\text{Schm,m}(T_\text{f}) - \Delta C_{p,\text{m}} \cdot \left\{T - T_\text{f} - T \cdot \ln\frac{T}{T_\text{f}}\right\}.$$

$T = 268$ K, $T_\text{f} = 273$ K, $\Delta H_\text{Schm,m}(T_\text{f}) = 6.01$ kJ mol^{-1};

$$\Delta C_{p,\text{m}} = C_p(\text{l}) - C_p(\text{s}) = 37.3 \text{ J K}^{-1} \text{ mol}^{-1}.$$

$$\Delta G_\text{m}(\text{l} \rightarrow \text{s},268 \text{ K}) = \left(\frac{268}{273} - 1\right) \cdot (6.01 \text{ kJ mol}^{-1})$$

$$-(37.3 \text{ J K}^{-1} \text{ mol}^{-1}) \cdot \left\{268 \text{ K} - 273 \text{ K} - (268 \text{ K}) \cdot \ln\frac{268}{273}\right\} = \underline{-0.11 \text{ kJ mol}^{-1}.}$$

Wir haben $\Delta G_\text{m} < 0$ erhalten, d. h. bei -5 °C ist die Reaktion (l $\rightarrow$ s) spontan. Beachten Sie, daß $\Delta G_\text{m} = -T\Delta S_\text{m}(\text{Weltall})$ (aus der vorigen Aufgabe) gilt.

(b) $\Delta G_\text{m}(\text{l} \rightarrow \text{g},T) = \Delta H_\text{m}(\text{l} \rightarrow \text{g},T) - T\Delta S_\text{m}(\text{l} \rightarrow \text{g},T)$

$$= \Delta H_{\text{Verd,m}}(T_\text{s}) + (T - T_\text{s})\Delta C_{p,\text{m}}$$

$$-T \cdot \left\{\Delta S_{\text{Verd,m}}(T_\text{s}) + [C_{p,\text{m}}(\text{g}) - C_{p,\text{m}}(\text{l})] \cdot \ln\frac{T}{T_\text{s}}\right\} \quad [4.1\text{–}6, \ 5.2\text{–}2]$$

$$= \Delta H_{\text{Verd,m}}(T_\text{s}) \cdot \left\{1 - \left(\frac{T}{T_\text{s}}\right)\right\} + \Delta C_{p,\text{m}} \cdot \left\{T - T_\text{s} - T \cdot \ln\frac{T}{T_\text{s}}\right\}.$$

$T = 368$ K, $T_\text{s} = 373$ K, $\Delta H_{\text{Verd,m}}(T_\text{s}) = 40.7$ kJ mol^{-1},

$\Delta C_{p,\text{m}} = -41.9$ J K^{-1} mol^{-1}.

$$\Delta G_\text{m}(\text{l} \rightarrow \text{g},368 \text{ K}) = (40.7 \text{ kJ mol}^{-1}) \cdot \left\{1 - \left(\frac{368}{373}\right)\right\}$$

$$+(-41.9 \text{ J K}^{-1} \text{ mol}^{-1}) \cdot \left\{368 \text{ K} - 373 \text{ K} - (368 \text{ K}) \cdot \ln\frac{368}{373}\right\} = \underline{+0.55 \text{ kJ mol}^{-1}.}$$

Wir haben $\Delta G_\text{m} > 0$ erhalten, d. h. bei 95 °C ist die Reaktion in der Gegenrichtung (g $\rightarrow$ l) spontan. Beachten Sie, daß $\Delta G_\text{m} = -T\Delta S_\text{m}(\text{Weltall})$ (aus der vorigen Aufgabe) gilt.

5-12 $\Delta S_\text{m}^{\text{Sys}} = \dfrac{\Delta H_{\text{Verd,m}}}{T_\text{s}}$ [5.2–4], $\Delta S_\text{m}^{\text{Umgebung}} = -\Delta S_\text{m}^{\text{Sys}}$, $\Delta S_\text{m}^{\text{Weltall}} = 0$ [Abschnitt 5.2c].

(a) Wasser: $\Delta H_{\text{Verd,m}} = 40.7$ kJ mol^{-1}, $T_\text{s} = 373$ K.

(I) $\Delta S_\text{m}^{\text{Sys}} = \dfrac{40.7 \cdot 10^3 \text{ J mol}^{-1}}{373 \text{ K}} = \underline{109 \text{ J K}^{-1} \text{ mol}^{-1};}$

(II) $\Delta S_\text{m}^{\text{Umg}} = \underline{-109 \text{ J K}^{-1} \text{ mol}^{-1};}$

(III) $\Delta S_\text{m}^{\text{Weltall}} = \underline{0}.$

(b) Benzol: $\Delta H_{\text{Verd,m}} = 30.8$ kJ mol^{-1}, $T_\text{s} = 353$ K.

(I) $\Delta S_\text{m}^{\text{Sys}} = \dfrac{30.8 \cdot 10^3 \text{ J mol}^{-1}}{353 \text{ K}} = \underline{87.3 \text{ J K}^{-1} \text{ mol}^{-1};}$

(II) $\Delta S_\text{m}^{\text{Umg}} = \underline{-87.3 \text{ J K}^{-1} \text{ mol}^{-1};}$

(III) $\Delta S_\text{m}^{\text{Weltall}} = \underline{0}.$

5-13 $\Delta S_m = R \cdot \ln\left(\frac{V_E}{V_A}\right) + C_{V,m} \cdot \ln\left(\frac{T_E}{T_A}\right)$ [5.1–4 und 5.2–1].

(a) Wasser: $\Delta S_m = (8.314 \text{ J K}^{-1} \text{ mol}^{-1}) \cdot \ln\frac{1}{2} + (25.3 \text{ J K}^{-1} \text{ mol}^{-1}) \cdot \ln 2$

$= -5.76 \text{ J K}^{-1} \text{ mol}^{-1} + 17.5 \text{ J K}^{-1} \text{ mol}^{-1} = \underline{11.8 \text{ J K}^{-1} \text{ mol}^{-1}}.$

(a) Benzol: $\Delta S_m = (8.314 \text{ J K}^{-1} \text{ mol}^{-1}) \cdot \ln\frac{1}{2} + (130 \text{ J K}^{-1} \text{ mol}^{-1}) \cdot \ln 2$

$= -5.76 \text{ J K}^{-1} \text{ mol}^{-1} + 90.1 \text{ J K}^{-1} \text{ mol}^{-1} = \underline{84.4 \text{ J K}^{-1} \text{ mol}^{-1}}.$

5-14 $w'_{rev} = -\Delta A$ [5.3–9], $w'_{e,max} = -\Delta G$ [5.3–1]

$\Delta A = \Delta U - T\Delta S$ [5.3–6], $\Delta G = \Delta H - T\Delta S$ [5.3–6].

$\Delta G_m(\text{l} \rightarrow \text{s,268 K}) = -0.11 \text{ kJ mol}^{-1}$ [Aufgabe 5-11a];

$w'_{e,max} = \underline{0.11 \text{ kJ mol}^{-1}}.$

$\Delta A = \Delta G - \Delta(pV) = \Delta G - p\Delta V$ [analog zu $H = U + pV$]

$$\Delta V_m = V_m(\text{s}) - V_m(\text{l}) = \frac{18.01 \text{ g mol}^{-1}}{0.917 \text{ g cm}^{-3}} - \frac{18.01 \text{ g mol}^{-1}}{0.999 \text{ g cm}^{-1}}$$

$= 1.612 \text{ cm}^3 \text{ mol}^{-1} = 1.612 \cdot 10^{-6} \text{ m}^3 \text{ mol}^{-1}$

$\Delta A_m = -0.11 \text{ kJ mol}^{-1} - (1 \cdot 10^5 \text{ N m}^{-2}) \cdot (1.612 \cdot 10^{-6} \text{ m}^3 \text{ mol}^{-1})$

$= -0.11 \text{ kJ mol}^{-1}$;

$w'_{max} = \underline{0.11 \text{ kJ mol}^{-1}}.$

5-15 $CH_4(g) + 2O_2(g) \rightarrow CO_2(g) + 2H_2O(l)$; $\Delta G_m^{\ominus} = -818 \text{ kJ mol}^{-1}$.

$w'_{e,max} = -\Delta G_m$ [5.3–11] $= \underline{818 \text{ kJ mol}^{-1}}.$

$w'_{max} = -\Delta A_m$ [5.3–9], $\Delta A_m = \Delta G_m - \Delta(pV_m) \approx \Delta G_m - \Delta\nu_{Gas}RT$

$\Delta\nu_{Gas} = 1 - 2 - 1 = -2$; $\Delta A_m = -818 \text{ kJ mol}^{-1} - (-2) \cdot (2.48 \text{ kJ mol}^{-1})$

$= -813 \text{ kJ mol}^{-1}$; $w'_{max} = \underline{813 \text{ kJ mol}^{-1}}.$

Das heißt, man kann bei diesem Prozeß maximal 813 kJ mol^{-1} Arbeit bzw. 818 kJ mol^{-1} Nicht-Volumenarbeit (z. B. elektrische Arbeit) gewinnen.

5-16 $S_m(T) = S_m(0) + \int_0^T \left(\frac{C_{p,m}}{T}\right) dT$ [5.2–1]

Aus den angegebenen Daten stellen wir die folgende Tabelle auf:

T/K	10	15	20	25	30	50
$C_{p,\mathrm{m}}$/ J K^{-1} mol^{-1}	2.8	7.0	10.8	14.1	16.5	21.4
$\left(\frac{C_{p,\mathrm{m}}}{T}\right)$ /J K^{-2} mol^{-1}	0.284	0.47	0.540	0.564	0.550	0.428
T/K	70	100	150	200	250	298
$C_{p,\mathrm{m}}$/ J K^{-1} mol^{-1}	23.3	24.5	25.3	25.8	26.2	26.6
$\left(\frac{C_{p,\mathrm{m}}}{T}\right)$ /J K^{-2} mol^{-1}	0.333	0.235	0.169	0.129	0.105	0.089

Jetzt tragen wir $\left(\frac{C_{p,\mathrm{m}}}{T}\right)$ gegen T auf [Abb. 5–1]. Dazu gehen wir in zwei Schritten vor. Von 0 K bis 10 K verwenden wir die Formel $C_{p,\mathrm{m}} = a \cdot T^3$ [Abschnitt 5–4], wobei a so festgelegt wird, daß die Kurve durch den Punkt (T = 10 K, $C_{p,\mathrm{m}}$ = 2.8 J K^{-1} mol^{-1}) geht; das ergibt $a = 2.8 \cdot 10^{-3}$ J K^{-4} mol^{-1}. Die Flächen bestimmen wir, indem wir die Quadrate auszählen. Für die Fläche A erhalten wir so den Wert 38.28 J K^{-1} mol^{-1}, für die Fläche B bis 0 °C 25.60 J K^{-1} mol^{-1} und bis 25 °C den Wert 27.80 J K^{-1} mol^{-1}.

$$S^{\ominus}_{\mathrm{m}}(273\ \mathrm{K}) = S^{\ominus}_{\mathrm{m}}(0) + \underline{63.88\ \mathrm{J\ K^{-1}\ mol^{-1}}},$$

$$S^{\ominus}_{\mathrm{m}}(298\ \mathrm{K}) = S^{\ominus}_{\mathrm{m}}(0) + \underline{66.08\ \mathrm{J\ K^{-1}\ mol^{-1}}},$$

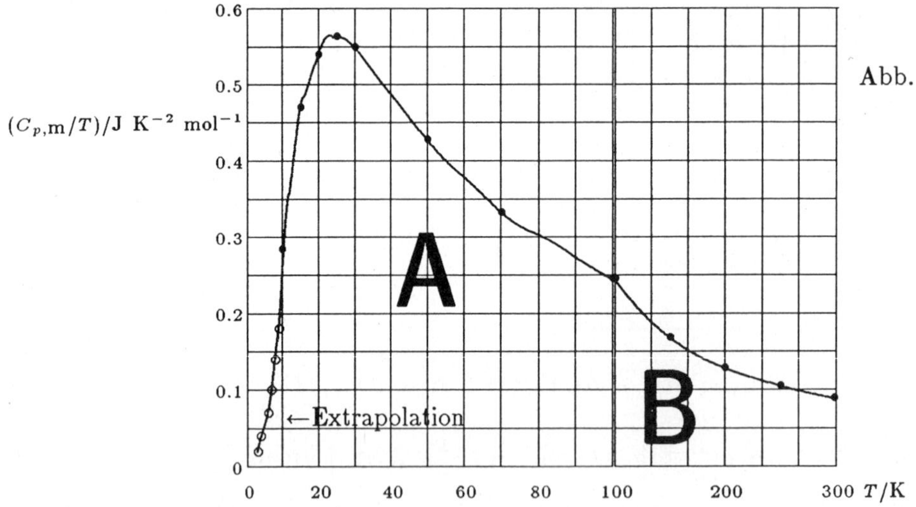

Abb. 5–1

5-17 $S^{\ominus}_{\mathrm{m}}(\mathrm{g},77\ \mathrm{K}) = S^{\ominus}_{\mathrm{m}}(0) + \int_0^{T_t} \left(\frac{C_{p,\mathrm{m}}}{T}\right) \mathrm{d}T + \frac{\Delta H_{\mathrm{m,t}}}{T_t}$

$$+ \int_{T_t}^{T_{\mathrm{Schm}}} \left(\frac{C_{p,\mathrm{m}}}{T}\right) \mathrm{d}T + \frac{\Delta H^{\ominus}_{\mathrm{m,Schm}}}{T_{\mathrm{Schm}}} + \int_{T_{\mathrm{Schm}}}^{T_s} \left(\frac{C_{p,\mathrm{m}}}{T}\right) + \frac{\Delta H_{\mathrm{Verd,m}}}{T_s} \quad \text{[Beispiel 5–9]}$$

$$= S^{\ominus}_{\mathrm{m}}(0) + (27.2\ \mathrm{J\ K^{-1}\ mol^{-1}}) + \frac{0.229 \cdot 10^3\ \mathrm{J\ mol^{-1}}}{35.61\ \mathrm{K}} + (23.4\ \mathrm{J\ K^{-1}\ mol^{-1}})$$

$$+\frac{0.721 \cdot 10^3\ \mathrm{J\ mol^{-1}}}{63.14\ \mathrm{K}} + (11.4\ \mathrm{J\ K^{-1}\ mol^{-1}}) + \frac{5.58 \cdot 10^3\ \mathrm{J\ mol^{-1}}}{77.32\ \mathrm{K}}$$

$$= S_{\mathrm{m}}^{\ominus}(0) + (27.2 + 6.4 + 23.4 + 11.4 + 11.4 + 72.2)\ \mathrm{J\ K^{-1}\ mol^{-1}}$$

$$= S_{\mathrm{m}}^{\ominus}(0) + \underline{152.0\ \mathrm{J\ K^{-1}\ mol^{-1}}}.$$

5-18 Wir müssen zeigen, daß $\oint \left(\frac{\mathrm{d}q}{T}\right) < 0$ gilt [5.1–7], wenn in dem Kreisprozeß ein irreversibler Schritt auftritt.

Schritt 1: $w(1) = -p_{\mathrm{a}}(V_{\mathrm{B}} - V_{\mathrm{A}})$ [Kasten 3–2],

$q(1) = p_{\mathrm{a}}(V_{\mathrm{B}} - V_{\mathrm{A}})$,

$$\Delta U(1) = 0, \quad \int \frac{\mathrm{d}q(1)}{T} = \frac{q(1)}{T_{\mathrm{w}}} = \frac{p_{\mathrm{a}}(V_{\mathrm{B}} - V_{\mathrm{A}})}{T_{\mathrm{w}}}.$$

Die Schritte 2, 3 und 4 sind im Buch bei Abb. 5–5 beschrieben.

$$\Delta U(\text{Kreisprozeß}) = 0, \quad \oint \frac{\mathrm{d}q}{T} = \frac{p_{\mathrm{a}}(V_{\mathrm{B}} - V_{\mathrm{A}})}{T_{\mathrm{w}}} + nRT_{\mathrm{k}} \cdot \ln\frac{V_{\mathrm{D}}}{V_{\mathrm{C}}}.$$

Es ist aber $p_{\mathrm{a}}(V_{\mathrm{B}} - V_{\mathrm{A}}) < nRT_{\mathrm{w}} \cdot \ln\frac{V_{\mathrm{B}}}{V_{\mathrm{A}}}$ wegen $|w_{\mathrm{irr}}| < |w_{\mathrm{rev}}|$.

Deshalb gilt $\oint \frac{\mathrm{d}q}{T} < nR \cdot \ln\frac{V_{\mathrm{B}}}{V_{\mathrm{A}}} + nR \cdot \ln\frac{V_{\mathrm{D}}}{V_{\mathrm{C}}} = \Delta S(\text{Kreisprozeß}) = 0$

und damit $\underline{\oint \frac{\mathrm{d}q}{T} < 0.}$

5-19 Wir betrachten Schritt 1: $\Delta S(1) = nR \cdot \ln\frac{V_{\mathrm{B}}}{V_{\mathrm{A}}}$ [S ist eine Zustandsfunktion].

$$\int_1 \frac{\mathrm{d}q}{T} = \frac{q(1)}{T_{\mathrm{w}}} = \frac{p_{\mathrm{a}}(V_{\mathrm{B}} - V_{\mathrm{A}})}{T_{\mathrm{w}}} \quad \text{[Aufgabe 5–18].}$$

Es ist aber $p_{\mathrm{a}}(V_{\mathrm{B}} - V_{\mathrm{A}}) < nRT_{\mathrm{w}} \cdot \ln\frac{V_{\mathrm{B}}}{V_{\mathrm{A}}}$ wegen $|w_{\mathrm{irr}}| < |w_{\mathrm{rev}}|$.

Deshalb gilt $\frac{p_{\mathrm{a}}(V_{\mathrm{B}} - V_{\mathrm{A}})}{T_{\mathrm{w}}} < nR \cdot \ln\frac{V_{\mathrm{B}}}{V_{\mathrm{A}}} = \Delta S(1)$ und damit

$$\Delta S(1) > \frac{p_{\mathrm{a}}(V_{\mathrm{B}} - V_{\mathrm{A}})}{T_{\mathrm{w}}} = \int_1 \frac{\mathrm{d}q}{T}.$$

Folglich gilt für diesen irreversiblen Schritt $\Delta S(1) > \int_1 \frac{\mathrm{d}q}{T}$,

in Übereinstimmung mit der Clausiusschen Ungleichung, Gl. [5.1–5].

5-20 (a) $\varepsilon = \frac{373\ \mathrm{K} - 333\ \mathrm{K}}{373\ \mathrm{K}} = \underline{0.11}$ (11%).

(b) $\varepsilon = \dfrac{573\ \mathrm{K} - 353\ \mathrm{K}}{573\ \mathrm{K}} = \underline{0.38}$ (38%).

5-21 $w' = mgh$ [Beispiel 2–1] $= (1000\ \mathrm{kg}) \cdot (9.81\ \mathrm{m\ s^{-2}}) \cdot (50\ \mathrm{m}) = 490\ \mathrm{kJ}$.

$$q(\text{gesucht}) = \frac{w(\max)}{\varepsilon}.$$

(a) $\varepsilon = 0.11$; $q(\text{gesucht}) = \dfrac{490\ \mathrm{kJ}}{0.11} = 4450\ \mathrm{kJ}$;

$$\text{Masse des Brennstoffs} = \frac{4450\ \mathrm{kJ}}{4.3 \cdot 10^4\ \mathrm{kJ\ kg^{-1}}} = \underline{0.10\ \mathrm{kg}.}$$

(b) $\varepsilon = 0.38$; $q(\text{gesucht}) = \dfrac{490\ \mathrm{kJ}}{0.38} = 1290\ \mathrm{kJ}$;

$$\text{Masse des Brennstoffs} = \frac{1290\ \mathrm{kJ}}{4.3 \cdot 10^4\ \mathrm{kJ\ kg^{-1}}} = \underline{0.03\ \mathrm{kg}.}$$

5-22 $\varepsilon = \dfrac{T_w - T_k}{T_w} = \dfrac{1200\ \mathrm{K}}{2273\ \mathrm{K}} = 0.53.$

$$w'_{\max} = mgh_{\max}, \quad w'_{\max} = \varepsilon q; \quad h_{\max} = \frac{\varepsilon q}{mg}.$$

$\varepsilon = 0.53$; $m = 1000\ \mathrm{kg}$, $g = 9.81\ \mathrm{m\ s^{-2}}$, $M_r = 114.2$.

$$q = \frac{(5512\ \mathrm{kJ\ mol^{-1}}) \cdot (3 \cdot 10^3\ \mathrm{g})}{114.2\ \mathrm{g\ mol^{-1}}} = 145 \cdot 10^3\ \mathrm{kJ}.$$

Daraus folgt $h_{\max} = \dfrac{0.53 \cdot (145 \cdot 10^3 \cdot 10^3\ \mathrm{J})}{(10^3\ \mathrm{kg}) \cdot (9.81\ \mathrm{m\ s^{-2}})} = \underline{7.8\ \mathrm{km}.}$

5-23 Für Isothermen gilt definitionsgemäß T = konstant, und für Adiabaten, die bei einem Prozeß reversibel durchlaufen werden, S = konstant. Damit erhalten wir das in Abb. 5–2 wiedergegebene Diagramm.

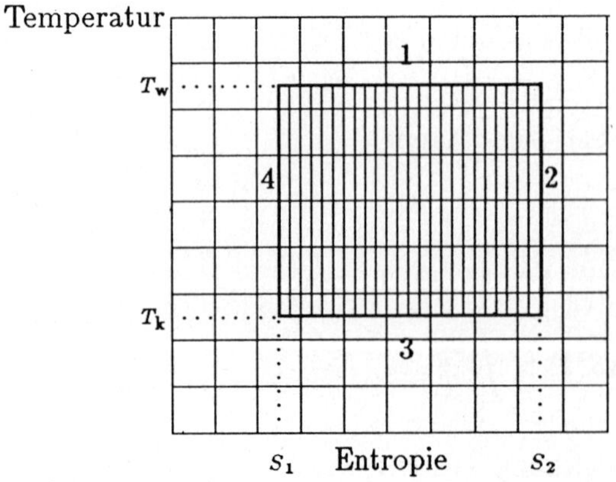

Abb. 5–2

$$\text{Fläche} = \int_{\text{Kreisprozeß}} T\mathrm{d}S = (T_w - T_k) \cdot (S_2 - S_1) = (T_w - T_k) \cdot \Delta S(1)$$

$$= (T_w - T_k) \cdot nR \cdot \ln \frac{V_B}{V_A}.$$

Wegen $w'(\text{Kreisprozeß}) = q\varepsilon = nR(T_w - T_k) \cdot \ln \frac{V_B}{V_A}$ [Abschnitt 5.2e] gilt dann

Fläche $= w'(\text{Kreisprozeß})$.

5-24 $\Delta S = C_p \ln \frac{T_E}{T_w} + C_p \ln \frac{T_E}{T_k}$ [T_E ist die Endtemperatur, 5.2–2]

$$= C_p \ln \frac{T_E^2}{T_w T_k}.$$

$T_E = \frac{1}{2}(T_w + T_k)$ [Aufgabe 5–6].

$$C_p = \frac{500 \text{ g}}{63.6 \text{ g mol}^{-1}} \cdot (24.4 \text{ J K}^{-1} \text{ mol}^{-1}) = 192 \text{ J K}^{-1}.$$

$T_E = \frac{1}{2}(500 + 250) \text{ K} = 375 \text{ K}.$

Das ergibt $\Delta S = (192 \text{ J K}^{-1}) \cdot \ln \frac{375^2}{500 \cdot 250} = \underline{22.6 \text{ J K}^{-1}}.$

5-25 $\Delta S_m = \frac{\Delta H_m}{T_t} = \frac{1.90 \text{ kJ mol}^{-1}}{2000 \text{ K}} = \underline{0.95 \text{ J K}^{-1} \text{ mol}^{-1}}$ [5.2–4].

5-26 $\Delta S_m = \frac{\Delta H_m}{T_t}$ [5.2–4]

$$= \frac{1.19 \text{ kJ mol}^{-1}}{98.36 \text{ K}} = \underline{12.1 \text{ J K}^{-1} \text{ mol}^{-1}}.$$

$\Delta S_m^{\text{Weltall}} = \Delta S_m(\text{HCl}) + \Delta S_m(\text{Kupfer}) = \underline{0}.$

$\Delta S(\text{Kupfer}) = -\frac{\Delta H_m}{T_t} = \underline{-12.1 \text{ J K}^{-1} \text{ mol}^{-1}}.$

Die Angabe mol^{-1} bezieht sich auf die Stoffmenge von HCl.

5-27 (a) $Hg(l) + Cl_2(g) \rightarrow HgCl_2(s)$

$\Delta_r S = (146.0 \text{ J K}^{-1} \text{ mol}^{-1}) - (-76.02 \text{ J K}^{-1} \text{ mol}^{-1}) - (223.07 \text{ J K}^{-1} \text{ mol}^{-1}) = \underline{-153.1 \text{ J K}^{-1} \text{ mol}^{-1}}.$

(b) $Zn(s) + CuSO_4(aq) \rightarrow Cu(s) + ZnSO_4(aq)$ oder $Zn(s) + Cu^{2+}(aq) \rightarrow Cu(s) + Zn^{2+}(aq)$

$\Delta_r S = [33.15 + (-112.1) - 41.63 - (-99.6)] \text{ J K}^{-1} \text{ mol}^{-1} = \underline{-21.0 \text{ J K}^{-1} \text{ mol}^{-1}}.$

Rohrzucker $+ 12O_2(g) \rightarrow 12CO_2(g) + 11H_2O(l)$

$\Delta_r S = [12 \cdot (213.74) + 11 \cdot (69.91) - 360.2 - 12 \cdot (205.14)] \text{ J K}^{-1} \text{ mol}^{-1} = \underline{512.0 \text{ J K}^{-1} \text{ mol}^{-1}}.$

5-28 $\Delta_r G^\ominus = \Delta_r H^\ominus - T\Delta_r S^\ominus$ [5.3-6]

(a) $\Delta_r H^\ominus = -224.3$ kJ mol^{-1} [Tabelle 4-1], $\Delta_r S^\ominus = -153.1$ J K^{-1} mol^{-1}.

$$\Delta_r G^\ominus = (-224.3 \text{ kJ mol}^{-1}) - (298.15 \text{ K}) \cdot (-153.1 \text{ J K}^{-1} \text{ mol}^{-1})$$

$$= \underline{-178.7 \text{ kJ mol}^{-1}}.$$

(b) $\Delta_r H^\ominus = \Delta_b H^\ominus(\mathrm{Zn}^{2+},\mathrm{aq}) - \Delta_b H^\ominus(\mathrm{Cu}^{2+},\mathrm{aq})$

$$= (-153.89 \text{ kJ mol}^{-1}) - (64.77 \text{ kJ mol}^{-1}) \quad \text{[Tabelle 4–1]}$$

$$= -218.66 \text{ kJ mol}^{-1}.$$

$$\Delta_r G^\ominus = (-218.66 \text{ kJ mol}^{-1}) - (298.15 \text{ K}) \cdot (-21.0 \text{ J K}^{-1} \text{ mol}^{-1})$$

$$= \underline{-212.4 \text{ kJ mol}^{-1}}.$$

(c) $\Delta_r H^\ominus = \Delta H^\ominus_{\mathrm{Verbr}} = -5645$ kJ mol^{-1} [Tabelle 4–2].

$$\Delta_r G^\ominus = (-5645 \text{ kJ mol}^{-1}) - (298.15 \text{ K}) \cdot (512.0 \text{ J K}^{-1} \text{ mol}^{-1})$$

$$= \underline{-5798 \text{ kJ mol}^{-1}}.$$

5-29 (a) $H_2(g) + \frac{1}{2}O_2(g) \rightarrow H_2O(l)$

$\Delta_r H^\ominus = \Delta_b H^\ominus(H_2O,l) = \underline{-285.85 \text{ kJ mol}^{-1}}.$

$\Delta_r S^\ominus = (69.91 - 130.68 - \frac{1}{2} \cdot 205.14)$ J K^{-1} mol^{-1} = $\underline{-163.34 \text{ J K}^{-1} \text{ mol}^{-1}}.$

$\Delta_r G^\ominus = \Delta_b G^\ominus(H_2O,l) = \underline{-237.13 \text{ kJ mol}^{-1}}.$

Die Reaktion läuft also unter Standardbedingungen in der angegebenen Richtung spontan ab.

(b) $3H_2(g) + C_6H_6(l) \rightarrow C_6H_{12}(l)$

$\Delta_r H^\ominus = \Delta_b H^\ominus(C_6H_{12},l) - \Delta_b H^\ominus(C_6H_6,l) = \underline{-205.2 \text{ kJ mol}^{-1}}.$

$\Delta_r S^\ominus = [204.3 - 173.3 - 3 \cdot (130.68)]$ J K^{-1} mol^{-1} = $\underline{-361.0 \text{ J K}^{-1} \text{ mol}^{-1}}.$

$$\Delta_r G^\ominus = \Delta_b G^\ominus(C_6H_{12},l) - \Delta_b G^\ominus(C_6H_6,l)$$

$$= 26.8 \text{ kJ mol}^{-1} - 124.3 \text{ kJ mol}^{-1}$$

$$= \underline{-97.5 \text{ kJ mol}^{-1}},$$

die Reaktion läuft also unter Standardbedingungen in der angegebenen Richtung spontan ab.

(c) $CH_3CHO(g) + \frac{1}{2}O_2(g) \rightarrow CH_3COOH(l)$

$\Delta_r H^\ominus = \Delta_b H^\ominus(CH_3COOH,l) - \Delta_b H^\ominus(CH_3CHO,g) = -318.31$ kJ mol^{-1}.

$\Delta_r S^\ominus = [159.8 - 250.3 - \frac{1}{2} \cdot 205.14)$ J K^{-1} mol^{-1}

$= -193.1\ \mathrm{J\ K^{-1}\ mol^{-1}}.$

$$\Delta_r G^\ominus = \Delta_b G^\ominus(\mathrm{CH_3COOH,l}) - \Delta_b G^\ominus(\mathrm{CH_3CHO,g})$$

$$= \underline{-261.0\ \mathrm{kJ\ mol^{-1}}},$$

die Reaktion läuft also unter Standardbedingungen in der angegebenen Richtung spontan ab.

5-30 $\Delta_r G^\ominus = \Delta_r H^\ominus - T\Delta_r S^\ominus = 26.120\ \mathrm{kJ\ mol^{-1}}$; $\Delta_r H^\ominus = \Delta H^\ominus_{\mathrm{Lsg}} = 55.000\ \mathrm{kJ\ mol^{-1}}$.

$$\Delta S^\ominus_\mathrm{m} = \frac{55.000\ \mathrm{kJ\ mol^{-1}} - 26.120\ \mathrm{kJ\ mol^{-1}}}{298.15\ \mathrm{K}} = \underline{96.864\ \mathrm{J\ K^{-1}\ mol^{-1}}}.$$

$$\Delta S^\ominus_\mathrm{m} = 4S^\ominus_\mathrm{m}(\mathrm{K^+,aq}) + S^\ominus_\mathrm{m}(\mathrm{Fe(CN)_6^{4-},aq}) + 3S^\ominus_\mathrm{m}(\mathrm{H_2O,l}) - S^\ominus_\mathrm{m}(\mathrm{K_4Fe(CN)_6.3H_2O,s})$$

$S^\ominus_\mathrm{m}(\mathrm{K^+,aq}) = 102.5\ \mathrm{J\ K^{-1}\ mol^{-1}}$, $S^\ominus_\mathrm{m}(\mathrm{H_2O,l}) = 69.91\ \mathrm{J\ K^{-1}\ mol^{-1}}$,

$S^\ominus_\mathrm{m}(\mathrm{K_4Fe(CN)_6.3H_2O,s}) = 599.7\ \mathrm{J\ K^{-1}\ mol^{-1}}$.

$$S^\ominus_\mathrm{m}(\mathrm{Fe(CN)_6^{4-},aq}) = (96.864 - 4\cdot 102.5 - 3\cdot 69.91 + 599.7)\ \mathrm{J\ K^{-1}\ mol^{-1}}$$

$$= \underline{76.9\ \mathrm{J\ K^{-1}\ mol^{-1}}}.$$

5-31 Wir stellen die folgende Tabelle auf:

T/K	10	20	30	40	50
$C_{p,\mathrm{m}}/\mathrm{J\ K^{-1}\ mol^{-1}}$	2.09	14.43	36.44	62.55	87.03
$\left(\frac{C_{p,\mathrm{m}}}{T}\right)/\mathrm{J\ K^{-2}\ mol^{-1}}$	0.209	0.722	1.215	1.564	1.741

T/K	60	70	80	90	100
$C_{p,\mathrm{m}}/\mathrm{J\ K^{-1}\ mol^{-1}}$	111.0	131.4	149.4	165.3	179.6
$\left(\frac{C_{p,\mathrm{m}}}{T}\right)/\mathrm{J\ K^{-2}\ mol^{-1}}$	1.850	1.877	1.868	1.837	1.796

T/K	110	120	130	140	150
$C_{p,\mathrm{m}}/\mathrm{J\ K^{-1}\ mol^{-1}}$	192.8	205.0	216.5	227.3	237.6
$\left(\frac{C_{p,\mathrm{m}}}{T}\right)/\mathrm{J\ K^{-2}\ mol^{-1}}$	1.753	1.708	1.665	1.624	1.584

T/K	160	170	180	190	200
$C_{p,\mathrm{m}}/\mathrm{J\ K^{-1}\ mol^{-1}}$	247.3	256.3	265.1	273.0	280.3
$\left(\frac{C_{p,\mathrm{m}}}{T}\right)/\mathrm{J\ K^{-2}\ mol^{-1}}$	1.546	1.508	1.473	1.437	1.402

Wir tragen $\frac{C_{p,\mathrm{m}}}{T}$ gegen T auf und erhalten Abb. 5–3a. Mit der Formel $C_{p,\mathrm{m}} = aT^3$ [Abschnitt 5–4], in der wir a so festlegen, daß die Kurve durch den Punkt (10 K, 2.09 J K^{-1} mol^{-1}) geht (das ergibt $a = 2.09 \cdot 10^{-3}$ J K^{-4} mol^{-1}), können wir auf $T = 0$ extrapolieren. Für möglichst viele verschiedene T bestimmen wir die Fläche unter der Kurve [Abschnitt 5–4]; dann tragen wir S_m gegen T auf und erhalten so die Abb. 5–3b.

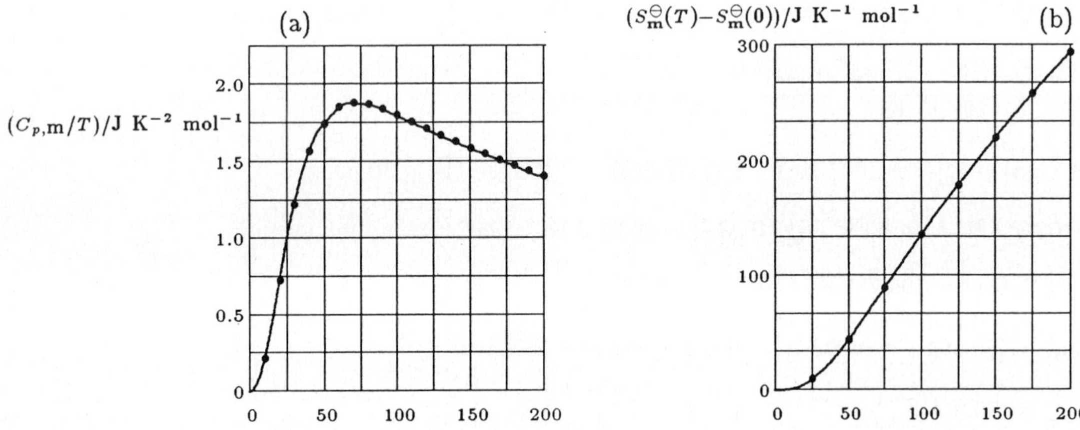

Abb. 5–3

T/K	25	50	75	100
$(S_\mathrm{m}^\ominus(T) - S_\mathrm{m}^\ominus(0))$/ J K^{-1} mol^{-1}	9.25	43.50	88.50	135.00
T/K	125	150	175	200
$(S_\mathrm{m}^\ominus(T) - S_\mathrm{m}^\ominus(0))$/ J K^{-1} mol^{-1}	178.25	219.0	257.3	293.5

5-32 Wir tragen $C_{p,\mathrm{m}}$ gegen T auf und erhalten das Diagramm in Abb. 5–4a. Wir bestimmen die Fläche unter der Kurve und berechnen daraus $H_\mathrm{m}(T) - H_\mathrm{m}(0) = \int_0^T C_{p,\mathrm{m}} \mathrm{d}T$. Dann stellen wir die folgende Tabelle auf, wobei wir die nachstehenden Beziehungen verwenden:

$$G_\mathrm{m}(T) = H_\mathrm{m}(T) - TS_\mathrm{m}(T) \quad \text{mit} \quad G_\mathrm{m}(T) - G_\mathrm{m}(0) = [H_\mathrm{m}(T) - H_\mathrm{m}(0)] - TS_\mathrm{m}(T)$$

$$\Phi_0(T) = \frac{G_\mathrm{m}(T) - H_\mathrm{m}(0)}{T} = \frac{H_\mathrm{m}(T) - H_\mathrm{m}(0)}{T} - S_\mathrm{m}(T).$$

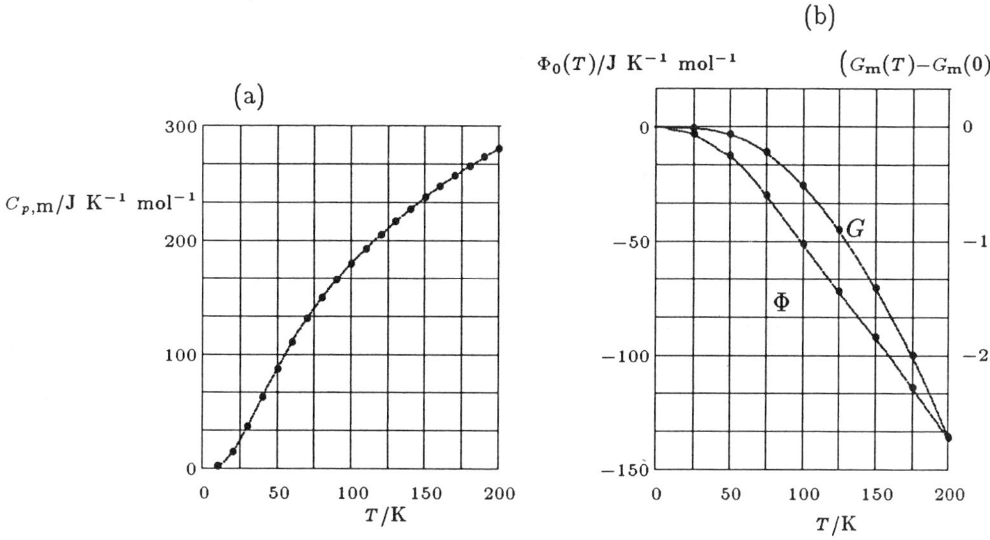

Abb. 5.4

T/K	25	50	75	100
$[H_\mathrm{m}(T) - H_\mathrm{m}(0)]$/ kJ mol^{-1}*	0.15	1.55	4.40	8.4
$S_\mathrm{m}(T)$/ J K^{-1} mol^{-1}**	9.25	43.5	88.5	135
$TS_\mathrm{m}(T)$/ kJ mol^{-1}	0.23	2.18	6.64	13.5
$[G_\mathrm{m}(T) - G_\mathrm{m}(0)]$/ kJ mol^{-1}	−0.08	−0.63	−2.24	−5.10
$\Phi_0(T)$/ J K^{-1} mol^{-1}	−3.2	−12.53	−29.9	−51.00

T/K	125	150	175	200
$[H_\mathrm{m}(T) - H_\mathrm{m}(0)]$/ kJ mol^{-1}*	13.3	18.8	25.0	31.7
$S_\mathrm{m}(T)$/ J K^{-1} mol^{-1}**	178	219	257	294
$TS_\mathrm{m}(T)$/ kJ mol^{-1}	22.3	32.9	45.0	58.8
$[G_\mathrm{m}(T) - G_\mathrm{m}(0)]$/ kJ mol^{-1}	−9.00	−14.1	−20.0	−27.1
$\Phi_0(T)$/ J K^{-1} mol^{-1}	−72.0	−92.0	−114	−136

* aus der Fläche unter der Kurve

** aus Aufgabe 5–31. Die beiden unteren Zeilen der Tabelle sind in Abb. 5–4b aufgetragen.

5-33 Wir stellen die folgende Tabelle auf und gehen wie in Aufgabe 5–31 vor.

T/K	14.14	16.33	20.03	31.15	44.08	64.81
$C_{p,\mathrm{m}}$/ J K^{-1} mol^{-1}	9.492	12.70	18.18	32.54	46.86	66.36
$\left(\frac{C_{p,\mathrm{m}}}{T}\right)$ / J K^{-1} mol^{-1}	0.671	0.778	0.908	1.045	1.063	1.024

T/K	100.90	140.86	183.59	225.10	262.99	298.06
$C_{p,\mathrm{m}}$/ J K^{-1} mol^{-1}	95.05	121.3	144.4	163.7	180.2	196.4
$\left(\frac{C_{p,\mathrm{m}}}{T}\right)$ / J K^{-1} mol^{-1}	0.942	0.861	0.787	0.727	0.685	0.659

Abb. 5–5a

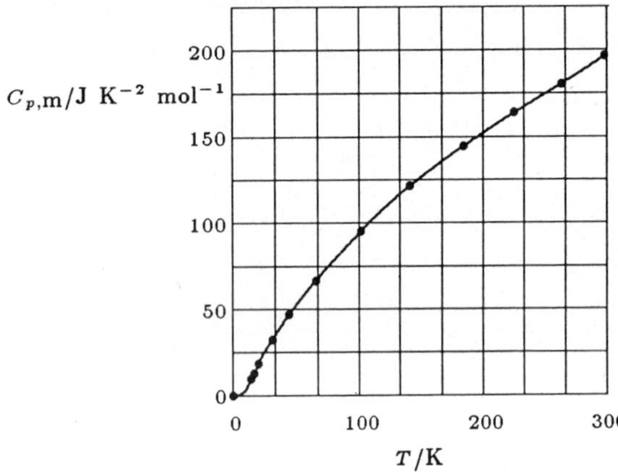

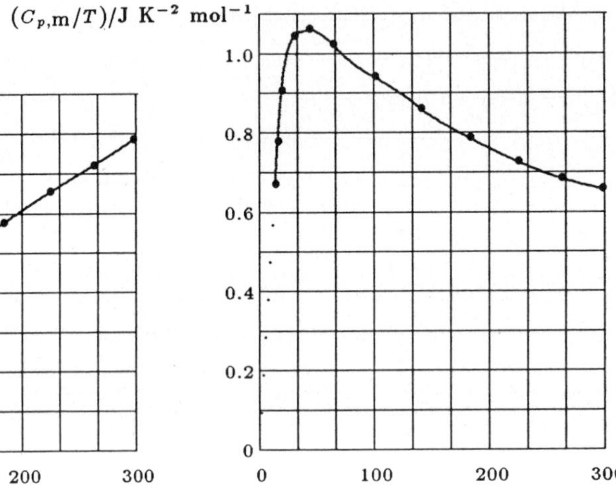

Abb. 5–5(b)

In Abb. 5–5a ist $C_{p,\mathrm{m}}$ gegen T aufgetragen, in Abb. 5–5b $\left(\frac{C_{p,\mathrm{m}}}{T}\right)$ gegen T. Mit der Formel $C_{p,\mathrm{m}} = aT^3$ extrapolieren wir gegen $T = 0$; damit die Kurve durch den Punkt (14.14 K, 9.492 J K^{-1} mol^{-1}) geht, müssen wir $a = 3.36 \cdot 10^{-3}$ J K^{-4} mol^{-1} setzen.

Dann erhalten wir $\int_0^{298\ \mathrm{K}} C_{p,\mathrm{m}} \mathrm{d}T = 34.4\ \mathrm{kJ\ mol^{-1}}$,

das ergibt $H_\mathrm{m}^\ominus(298\ \mathrm{K}) - H_\mathrm{m}^\ominus(0) = \underline{34.4\ \mathrm{kJ\ mol^{-1}}}$,

weiter $\int_0^{298\ \mathrm{K}} \left(\frac{C_{p,\mathrm{m}}}{T}\right) \mathrm{d}T = 243\ \mathrm{J\ K^{-1}\ mol^{-1}}$,

das ergibt $S_\mathrm{m}^\ominus(298\ \mathrm{K}) - S_\mathrm{m}^\ominus(0) = \underline{243\ \mathrm{J\ K^{-1}\ mol^{-1}}}$.

$G_\mathrm{m}(298\ \mathrm{K}) - G_\mathrm{m}(0) = -38.0\ \mathrm{kJ\ mol^{-1}}$.

$\Phi_\mathrm{m}(298\ \mathrm{K}) = \frac{-38.0\ \mathrm{kJ\ mol^{-1}}}{298\ \mathrm{K}} = \underline{-128\ \mathrm{J\ K^{-1}\ mol^{-1}}}$.

6 Der Zweite Hauptsatz: Hilfsmittel

A6-1 $\left(\frac{\partial S}{\partial V}\right)_T = \left(\frac{\partial p}{\partial T}\right)_V = -\frac{\left(\frac{\partial V}{\partial T}\right)_p}{\left(\frac{\partial V}{\partial p}\right)_T}$

$$= \frac{\frac{1}{V}\left(\frac{\partial V}{\partial T}\right)_p}{\frac{1}{V}\left(-\left(\frac{\partial V}{\partial p}\right)_T\right)} = \underline{\frac{\alpha}{\kappa}} \qquad \text{[Kasten 6–1, 3.2–9, 3.2–11]}$$

$$\left(\frac{\partial S}{\partial p}\right)_T = -\left(\frac{\partial V}{\partial T}\right)_p = \underline{-\alpha V.}$$

A6-2 $\left(\frac{\partial p}{\partial S}\right)_V = -\left(\frac{\partial T}{\partial V}\right)_S = \frac{\left(\frac{\partial S}{\partial V}\right)_T}{\left(\frac{\partial S}{\partial T}\right)_V} = \underline{\left(\frac{\alpha}{\kappa}\right)\cdot\left(\frac{C_V}{T}\right)}.$ [Kasten 6–1]

$$\left(\frac{\partial V}{\partial S}\right)_p = \left(\frac{\partial T}{\partial p}\right)_S = -\frac{\left(\frac{\partial S}{\partial p}\right)_T}{\left(\frac{\partial S}{\partial T}\right)_p} = \underline{\frac{\alpha V}{\frac{C_p}{T}}} \qquad \text{[Aufgabe A6–1].}$$

A6-3 $\Delta S = -\left(\frac{\partial \Delta G}{\partial T}\right)_p$ [6.2–1] $= -\frac{\partial[-85.40 + 36.5\cdot(T/\mathrm{K})]}{\partial(T/\mathrm{K})}\ \mathrm{J} = \underline{-36.5\ \mathrm{J.}}$

A6-4 $\Delta G = nRT\cdot\ln\frac{p_\mathrm{E}}{p_\mathrm{A}}$ [6.2–9] $= nRT\cdot\ln\frac{V_\mathrm{A}}{V_\mathrm{E}}$

$$= (3.0\cdot 10^{-3}\ \mathrm{mol})(8.314\ \mathrm{J\ K^{-1}\ mol^{-1}})(300\ \mathrm{K})\cdot\ln\left(\frac{36\ \mathrm{cm^3}}{60\ \mathrm{cm^3}}\right) = \underline{-3.8\ \mathrm{J.}}$$

A6-5 $\Delta G = V\Delta p$ [6.2–7]; $\rho = \frac{\text{Masse}}{V} = \frac{\text{Masse}}{\frac{\Delta G}{\Delta p}}$

$$\rho = \frac{(35\cdot 10^{-3}\ \mathrm{kg})\cdot(3\cdot 10^{8}\ \mathrm{Pa})}{12\cdot 10^{3}\ \mathrm{J}} = \underline{8.8\cdot 10^{2}\ \mathrm{kg\ m^{-3}}}. = 0.88\ \mathrm{g\ cm^{-3}}.$$

A6-6 $2CO(g) + O_2(g) \rightarrow 2CO_2(g)$

$\Delta_\mathrm{r}G^\ominus(T) = 2\Delta_\mathrm{b}G^\ominus(T)[CO_2(g)] - 2\Delta_\mathrm{b}G^\ominus(T)[CO(g)]$ [5.4–4, Tabelle 4–1.]

$$= [2\ \mathrm{mol}]\cdot[(-394.4\ \mathrm{kJ\ mol^{-1}}) - (-137.2\ \mathrm{kJ\ mol^{-1}})] = \underline{-514.4\ \mathrm{kJ.}}$$

$$\Delta_r H^\ominus(\boldsymbol{T}) = 2\Delta_b H^\ominus(\boldsymbol{T})[CO_2(g)] - 2\Delta_b H^\ominus(\boldsymbol{T})[CO(g)] \quad [4.1\text{–}4]$$

$$= [2\ \text{mol}] \cdot [(-393.5\ \text{kJ mol}^{-1}) - (-110.5\ \text{kJ mol}^{-1})] = \underline{-566.0\ \text{kJ}}.$$

$$\left(\frac{\partial\left(\frac{\Delta_r G^\ominus}{T}\right)}{\partial T}\right)_p = -\frac{\Delta_r H^\ominus}{T^2} \approx -\frac{\Delta_r H^\ominus(\boldsymbol{T})}{T^2} \quad [6.2\text{–}5]$$

$$\frac{\Delta_r G^\ominus(375\ \text{K})}{375\ \text{K}} = \frac{\Delta_r G^\ominus(\boldsymbol{T})}{\boldsymbol{T}} + \Delta_r H^\ominus(\boldsymbol{T}) \cdot \left(\frac{1}{T} - \frac{1}{\boldsymbol{T}}\right)$$

$$= \frac{-514.4\ \text{kJ}}{298\ \text{K}} + (-566.0\ \text{kJ}) \cdot \left(\frac{1}{375\ \text{K}} - \frac{1}{298\ \text{K}}\right)$$

$$= -1.336\ \text{kJ K}^{-1}.$$

$$\Delta_r G^\ominus(375\ \text{K}) = -(1.336\ \text{kJ K}^{-1}) \cdot (375\ \text{K}) = \underline{-501.1\ \text{kJ}}.$$

A6-7 $\Delta S = nR \cdot \ln\frac{V_E}{V_A} = nR \cdot \ln\frac{p_A}{p_E}$ [5.1–4]

$$p_E = p_A \cdot e^{-\frac{\Delta S}{nR}} = (3.50\ \text{bar}) \cdot \exp\left[-\frac{(-25.0\ \text{J K}^{-1})}{(2.00\ \text{mol}) \cdot (8.314\ \text{J K}^{-1}\ \text{mol}^{-1})}\right] = \underline{15.8\ \text{bar}}.$$

$$\Delta G = nRT \cdot \ln\frac{p_E}{p_A} \quad [6.2\text{–}9] \quad = T \cdot (-\Delta S) = (330\ \text{K}) \cdot (25.0\ \text{J K}^{-1}) = \underline{8.25\ \text{kJ}}.$$

A6-8 $f = (0.72) \cdot p = (0.72) \cdot (50\ \text{bar}) = 36\ \text{bar}$

$$\mu - \mu^\ominus = RT \cdot \ln\frac{f}{p^\ominus} \quad [6.2\text{–}1] \quad = (8.314\ \text{J K}^{-1}\ \text{mol}^{-1}) \cdot (200\ \text{K}) \cdot \ln\frac{36\ \text{bar}}{1\ \text{bar}}$$

$$= \underline{5.9 \cdot 10^3\ \text{J mol}^{-1}}.$$

A6-9 $\Delta\mu = RT \cdot \ln\frac{p_E}{p_A}$ [6.2–10] $= (8.314\ \text{J K}^{-1}\ \text{mol}^{-1}) \cdot (313\ \text{K}) \cdot \ln\frac{29.5\ \text{bar}}{1.8\ \text{bar}}$

$$= \underline{7.27 \cdot 10^3\ \text{J mol}^{-1}}.$$

A6-10 $B' = \frac{B}{RT} = \frac{-81.7 \cdot 10^{-6}\ \text{m}^3\ \text{mol}^{-1}}{(8.314\ \text{J K}^{-1}\ \text{mol}^{-1}) \cdot (373\ \text{K})}$

$$= \underline{-2.64 \cdot 10^{-8}\ \text{Pa}^{-1}}. \quad [1.3\text{–}1,\ 1.3\text{–}2]$$

$f = p \cdot e^{B'p}$ [Abschnitt 6.2e]

$$\frac{f}{p} = e^{B'p} = \exp\left[(-2.64 \cdot 10^{-8}\ \text{Pa}^{-1}) \cdot (50 \cdot 10^5\ \text{Pa})\right] = \underline{0.876}.$$

6-1 (a) Bei konstantem Volumen gilt $\mathrm{d}U = C_V \mathrm{d}T$, $\mathrm{d}S = \frac{\mathrm{d}q_{\mathrm{rev},V}}{T} = \frac{C_V \mathrm{d}T}{T}$

und damit $\left(\frac{\partial U}{\partial S}\right)_V = \frac{C_V \mathrm{d}T}{\frac{C_V \mathrm{d}T}{T}} = \underline{T.}$

(b) Die Entropie bleibt konstant, wenn wir einen reversiblen, adiabatischen Prozeß voraussetzen. Dann gilt

$\mathrm{d}U_S = \mathrm{d}w_{\mathrm{rev}} = -p\mathrm{d}V$; daraus folgt $\left(\frac{\partial U}{\partial V}\right)_S = \underline{-p.}$

6-2 Das ist auf zwei Wegen möglich.

(a) Wir betrachten $H(p,S)$ und $A(V,T)$ als Zustandsfunktionen und gehen genauso wie in Abschnitt 6.1b vor.

$$\mathrm{d}H(p,S) = \left(\frac{\partial H}{\partial p}\right)_S \mathrm{d}p + \left(\frac{\partial H}{\partial S}\right)_p \mathrm{d}S = V\mathrm{d}p + T\mathrm{d}S.$$

[6.1–2 und $\mathrm{d}H = \mathrm{d}U + p\mathrm{d}V + V\mathrm{d}p$].

$\mathrm{d}H$ ist ein vollständiges Differential, deshalb ist $\underline{\left(\frac{\partial V}{\partial S}\right)_p = \left(\frac{\partial T}{\partial p}\right)_S}$ [Kasten 3–1].

$$\mathrm{d}A(V,T) = \left(\frac{\partial A}{\partial T}\right)_V \mathrm{d}T + \left(\frac{\partial A}{\partial V}\right)_T \mathrm{d}V = -S\mathrm{d}T - p\mathrm{d}V$$

[6.1–1 und $\mathrm{d}A = \mathrm{d}U - T\mathrm{d}S - S\mathrm{d}T$].

$\mathrm{d}A$ ist ein vollständiges Differential, deshalb ist $-\left(\frac{\partial S}{\partial V}\right)_T = -\left(\frac{\partial p}{\partial T}\right)_V$

oder $\underline{\left(\frac{\partial S}{\partial V}\right)_T = \left(\frac{\partial p}{\partial T}\right)_V}$, wie behauptet wird.

(b) $\left(\frac{\partial S}{\partial V}\right)_T = \left(\frac{\partial S}{\partial p}\right)_T \cdot \left(\frac{\partial p}{\partial V}\right)_T = -\left(\frac{\partial V}{\partial T}\right)_p \cdot \left(\frac{\partial p}{\partial V}\right)_T$ [Kasten 6–1]

$= +\frac{1}{\left(\frac{\partial T}{\partial p}\right)_V}$ [Kettenregel, Kasten 3–1]

$= \left(\frac{\partial p}{\partial T}\right)_V$ [Inversion, Kasten 3–1].

Für $\left(\frac{\partial V}{\partial S}\right)_p$ verläuft die Herleitung ganz analog.

6-3 $\left(\frac{\partial S}{\partial V}\right)_T = \left(\frac{\partial p}{\partial T}\right)_V$ [siehe oben] $= \left(\frac{\partial}{\partial T}\right)_V \frac{nRT}{V} = \frac{nR}{V}.$

Daraus folgt $\mathrm{d}S = \frac{nR\mathrm{d}V}{V} = nR \cdot \mathrm{dln}\, V$ und

$S = \text{konst} + nR \cdot \ln V$ bei konstantem T.

6-4 $\mathrm{d}H = T\mathrm{d}S + V\mathrm{d}p$ [6.1–1 und $H = U + pV$]

$$= \left(\frac{\partial H}{\partial S}\right)_p \mathrm{d}S + \left(\frac{\partial H}{\partial p}\right)_S \mathrm{d}p \quad [\text{wegen } H = H(p,S)]$$

Dann gilt auch $\left(\frac{\partial H}{\partial S}\right)_p = T$, $\left(\frac{\partial H}{\partial p}\right)_S = V$ [dH ist ein vollständiges Differential].

Deshalb wird $\left(\frac{\partial H}{\partial p}\right)_T = \left(\frac{\partial H}{\partial S}\right)_p \cdot \left(\frac{\partial S}{\partial p}\right)_T + \left(\frac{\partial H}{\partial p}\right)_S$ [Formel 1 in Kasten 3–1]

$$= T\left(\frac{\partial S}{\partial p}\right)_T + V \quad [\text{siehe oben}] \quad = -T\left(\frac{\partial V}{\partial T}\right)_p + V$$

[Maxwellsche Formel, Kasten 6–1].

6-5 $\left(\frac{\partial H}{\partial p}\right)_T = -T\left(\frac{\partial V}{\partial T}\right)_p + V$ [siehe oben].

(a) $pV = nRT$, $V = \frac{nRT}{p}$, $\left(\frac{\partial V}{\partial T}\right)_p = \frac{nR}{p}$.

Das ergibt $\left(\frac{\partial H}{\partial p}\right)_T = -\frac{nRT}{p} + V = -V + V = 0$.

(b) $p = \frac{nRT}{V - nb} - \frac{an^2}{V^2}$ [Kasten 1–1], $\left(\frac{\partial V}{\partial T}\right)_p = \frac{1}{\left(\frac{\partial T}{\partial V}\right)_p}$

$$T = \frac{p \cdot (V - nb)}{nR} + \frac{an \cdot (V - nb)}{RV^2}.$$

$$\left(\frac{\partial T}{\partial V}\right)_p = \frac{p}{nR} + \frac{an}{RV^2} - \frac{2an \cdot (V - nb)}{RV^3}.$$

Dann erhalten wir $\left(\frac{\partial H}{\partial p}\right)_T = \dfrac{-T}{\dfrac{p}{nR} + \dfrac{an}{RV^2} - \dfrac{2an \cdot (V - nb)}{RV^3}} + V$

$$= \frac{-T}{\dfrac{T}{V - nb} - \dfrac{2an(V - nb)}{RV^3}} + V$$

$$= \frac{-V \cdot \left(1 - \dfrac{nb}{V}\right)}{1 - \dfrac{2an}{RTV} \cdot \left(1 - \dfrac{nb}{V}\right)^2} + V$$

$$= \frac{nb - \left(\frac{2na}{RT}\right) \cdot \lambda^2}{1 - \left(\frac{2na}{RTV}\right) \cdot \lambda^2}, \quad \lambda = 1 - \frac{nb}{V}.$$

Für $\frac{b}{V_\mathrm{m}} \ll 1$ ist $\lambda^2 \approx 1$.

$$\frac{2na}{RTV} = \left(\frac{2na}{RT}\right) \cdot \left(\frac{1}{V}\right) \approx \left(\frac{2na}{RT}\right) \cdot \left(\frac{p}{nRT}\right) = \frac{2pa}{R^2T^2}.$$

Das ergibt $\left(\frac{\partial H}{\partial p}\right)_T \approx \frac{nb - \left(\frac{2na}{RT}\right)}{1 - \left(\frac{2pa}{R^2T^2}\right)}$.

Für Argon gilt

$a = 1.363\ \mathrm{dm^6\ bar\ mol^{-2}}$, $b = 3.219 \cdot 10^{-2}\ \mathrm{dm^3\ mol^{-1}}$ [Tabelle 1–3];

$T = 298$ K, $p = 10$ bar, $n = 1.0$ mol.

$$\frac{2na}{RT} = \frac{2 \cdot (1.0\ \mathrm{mol}) \cdot (1.363\ \mathrm{dm^6\ bar\ mol^{-2}})}{(0.0831\ \mathrm{dm^3\ bar\ K^{-1}\ mol^{-1}}) \cdot (298\ \mathrm{K})} = 0.11\ \mathrm{dm^3}.$$

$$\frac{2pa}{R^2T^2} = \frac{2 \cdot (10\ \mathrm{bar}) \cdot (1.363\ \mathrm{dm^6\ bar\ mol^{-2}})}{((0.0831\ \mathrm{dm^3\ bar\ K^{-1}\ mol^{-1}}) \cdot (298\ \mathrm{K}))^2} = 0.044.$$

$$\left(\frac{\partial H}{\partial p}\right)_T \approx \frac{(3.22 \cdot 10^{-2} - 0.11)\ \mathrm{dm^3}}{(1 - 0.044)} = -0.081\ \mathrm{dm^3} = \underline{-8.1\ \mathrm{J\ bar^{-1}}}.$$

$[1\ \mathrm{dm^3} = 10^{-3}\ \mathrm{m^3} = 10^2\ \mathrm{J\ bar^{-1}} = 0.1\ \mathrm{kJ\ bar^{-1}}.]$

Damit ergibt sich für die Änderung der Enthalpie bei einer isothermen Druckerhöhung um 1 bar

$$\delta H \approx \left(\frac{\partial H}{\partial p}\right)_T \delta p = (-8.1\ \mathrm{J\ bar^{-1}}) \cdot (1\ \mathrm{bar}) = \underline{-8.1\ \mathrm{J}}.$$

6-6 $\left(\frac{\partial U}{\partial V}\right)_T = T\left(\frac{\partial p}{\partial T}\right)_V - p$ [6.1–6]

$p = \frac{RT}{V_\mathrm{m}} + \frac{RTB}{V_\mathrm{m}^2}$ [vorgegeben]

$$\left(\frac{\partial p}{\partial T}\right)_V = \frac{R}{V_\mathrm{m}} + \frac{RB}{V_\mathrm{m}^2} + \left(\frac{RT}{V_\mathrm{m}^2}\right) \cdot \left(\frac{\partial B}{\partial T}\right)_V$$

$$= \frac{p}{T} + \left(\frac{RT}{V_\mathrm{m}^2}\right)\left(\frac{\partial B}{\partial T}\right)_V$$

$$\left(\frac{\partial U}{\partial V}\right)_T = \left(\frac{RT^2}{V_\mathrm{m}^2}\right)\left(\frac{\partial B}{\partial T}\right)_V \approx \left(\frac{RT^2}{V_\mathrm{m}^2}\right)\left(\frac{\Delta B}{\Delta T}\right)_V.$$

Für $B \ll V_\mathrm{m}$ ist $V_\mathrm{m} \approx \frac{RT}{p}$ und $\left(\frac{\partial U}{\partial V}\right)_T \approx \left(\frac{p^2}{R}\right)\left(\frac{\Delta B}{\Delta T}\right)_V$.

$p = \text{(a) } 1 \text{ bar}, \quad \text{(b) } 10 \text{ bar}, \quad \Delta T = 50 \text{ K}.$

$$\Delta B = [-15.6 - (-28.0)] \text{ cm}^3 \text{ mol}^{-1} = 12.4 \text{ cm}^3 \text{ mol}^{-1}$$

$$\text{(a)} \quad \left(\frac{\partial U}{\partial V}\right)_T \approx \frac{(1 \text{ bar})^2 \cdot (12.4 \cdot 10^{-3} \text{ dm}^3 \text{ mol}^{-1})}{(0.0831 \text{ dm}^3 \text{ bar K}^{-1} \text{ mol}^{-1}) \cdot (50 \text{ K})} = 2.98 \cdot 10^{-3} \text{ bar}$$

$$= 2.98 \cdot 10^2 \text{ N m}^{-2} = \underline{298 \text{ J m}^{-3}}.$$

Wegen $\left(\frac{\partial U}{\partial V}\right)_T \propto p^2$ erhalten wir für $p = 10$ bar

$$\text{(b)} \quad \left(\frac{\partial U}{\partial V}\right)_T \approx 298 \cdot 10^2 \text{ J m}^{-3} = \underline{29.8 \text{ kJ m}^{-3}}.$$

6-7 $C_V = \left(\frac{\partial U}{\partial T}\right)_V, \quad C_p = \left(\frac{\partial H}{\partial T}\right)_p.$

$$\left(\frac{\partial C_V}{\partial V}\right)_T = \left(\frac{\partial}{\partial V}\right)_T \left(\frac{\partial U}{\partial T}\right)_V = \left(\frac{\partial^2 U}{\partial V \partial T}\right) = \left(\frac{\partial^2 U}{\partial T \partial V}\right) = \left(\frac{\partial}{\partial T}\right)_V \left(\frac{\partial U}{\partial V}\right)_T = 0$$

[wegen $\left(\frac{\partial U}{\partial V}\right)_T = 0$].

$C_p = C_V + nR$; dann ist $\left(\frac{\partial C_p}{\partial X}\right)_T = \left(\frac{\partial C_V}{\partial X}\right)_T$ für $X = p$ oder V.

Dann gilt auch $\left(\frac{\partial C_p}{\partial V}\right)_T = 0$ und $\left(\frac{\partial C_p}{\partial p}\right)_T = 0.$

Im Gegensatz dazu hängen C_V und C_p beide von der Temperatur ab (siehe Teil 2 des Buches).

6-8 $$\left(\frac{\partial C_{V,\text{m}}}{\partial V}\right)_T = \left(\frac{\partial}{\partial V}\right)_T \left(\frac{\partial U_\text{m}}{\partial T}\right)_V = \left(\frac{\partial}{\partial T}\right)_V \left(\frac{\partial U_\text{m}}{\partial V}\right)_T$$

$$= \left(\frac{\partial}{\partial T}\right)_V \left\{\left(\frac{RT^2}{V_\text{m}^2}\right)\left(\frac{\partial B}{\partial T}\right)_V\right\} \quad \text{[Aufgabe 6–6]}$$

$$= \left(\frac{2RT}{V_\text{m}^2}\right)\left(\frac{\partial B}{\partial T}\right)_V + \left(\frac{RT^2}{V_\text{m}^2}\right)\left(\frac{\partial^2 B}{\partial T^2}\right)_V$$

$$= \underline{\left(\frac{RT}{V_\text{m}^2}\right) \cdot \left(\frac{\partial^2}{\partial T^2}\right)_V (BT).}$$

$$\frac{\partial^2 (BT)}{\partial T^2} \approx \frac{\{(348 \text{ K})\cdot(-7.14 \text{ cm}^3 \text{ mol}^{-1}) - 2\cdot(323 \text{ K})\cdot(-11.06 \text{ cm}^3 \text{ mol}^{-1}) + (298 \text{ K})\cdot(-15.49 \text{ cm}^3 \text{ mol}^{-1})\}}{(25 \text{ K})^2}$$

$$= 7.04 \cdot 10^{-2} \text{ cm}^3 \text{ K}^{-1} \text{ mol}^{-1}.$$

$$\left(\frac{\partial C_{V,\mathrm{m}}}{\partial p}\right)_T = \left(\frac{\partial C_{V,\mathrm{m}}}{\partial V}\right)_T \cdot \left(\frac{\partial V}{\partial p}\right)_T = \frac{\left(\frac{\partial C_{V,\mathrm{m}}}{\partial V}\right)_T}{\left(\frac{\partial p}{\partial V}\right)_T}.$$

$$\left(\frac{\partial p}{\partial V}\right)_T \approx -\frac{RT}{V_\mathrm{m}^2} \approx -\frac{p}{V_\mathrm{m}}.$$

$$\left(\frac{\partial C_{V,\mathrm{m}}}{\partial p}\right)_T \approx \left(\frac{\partial C_{V,\mathrm{m}}}{\partial V}\right)_T \cdot \left(\frac{-V_\mathrm{m}}{p}\right) \approx \left(\frac{-RT}{V_\mathrm{m}^2}\right) \cdot \left(\frac{V_\mathrm{m}}{p}\right) \cdot \left(\frac{\partial^2}{\partial T^2}\right)(BT)$$

$$\approx -\left(\frac{\partial^2 (BT)}{\partial T^2}\right)_V$$

$$\approx -7.04 \cdot 10^{-2}\ \mathrm{cm^3\ K^{-1}\ mol^{-1}} = -7.04 \cdot 10^{-8}\ \mathrm{m^3\ K^{-1}\ mol^{-1}}.$$

Das ergibt für $\delta p \approx -9\ \mathrm{bar} = -9 \cdot 10^5\ \mathrm{N\ m^{-2}} = -9 \cdot 10^5\ \mathrm{J\ m^{-3}}$

$$\delta C_{V,\mathrm{m}} \approx (-7 \cdot 10^{-8}\ \mathrm{m^3\ K^{-1}\ mol^{-1}}) \cdot (-9 \cdot 10^5\ \mathrm{J\ m^{-3}})$$

$$= \underline{6 \cdot 10^{-2}\ \mathrm{J\ K^{-1}\ mol^{-1}}}.$$

6-9 $\mu_\mathrm{JT} = \left(\frac{\partial T}{\partial p}\right)_H$ [3.2–14], $C_p = \left(\frac{\partial H}{\partial T}\right)_p$ [2.3–7]

$$\mu_\mathrm{JT} C_p = \left(\frac{\partial T}{\partial p}\right)_H \cdot \left(\frac{\partial H}{\partial T}\right)_p = \frac{-1}{\left(\frac{\partial p}{\partial H}\right)_T}$$ [Kettenregel, Kasten 3–1]

$$= -\left(\frac{\partial H}{\partial p}\right)_T$$ [Inversion, Kasten 3–1]

$$= T\left(\frac{\partial V}{\partial T}\right)_p - V$$ [thermodynamische Zustandsgleichung, Aufgabe 6–4].

$\alpha = \frac{1}{V} \cdot \left(\frac{\partial V}{\partial T}\right)_p$ [3.2–9]; daraus folgt $\underline{\mu_\mathrm{JT} C_p = V \cdot (\alpha T - 1)}$.

6-10 $\mu_\mathrm{J} = \left(\frac{\partial T}{\partial V}\right)_U$, $C_V = \left(\frac{\partial U}{\partial T}\right)_V$ [2.3–3]

$$\mu_\mathrm{J} C_V = \left(\frac{\partial T}{\partial V}\right)_U \cdot \left(\frac{\partial U}{\partial T}\right)_V$$

$$= \frac{-1}{\left(\frac{\partial V}{\partial U}\right)_T}$$ [Kettenregel, Kasten 3–1]

$$= -\left(\frac{\partial U}{\partial V}\right)_T$$ [Inversion,Kasten 3–1]

$$= p - T \cdot \left(\frac{\partial p}{\partial T}\right)_V$$ [6.1–6].

$$\left(\frac{\partial p}{\partial T}\right)_V = -\frac{\left(\frac{\partial V}{\partial T}\right)_p}{\left(\frac{\partial V}{\partial p}\right)_T} \quad \text{[Kettenregel + Inversion]}$$

$$= \frac{\alpha V}{\kappa V} \quad \left[\kappa = -\left(\frac{1}{V}\right)\cdot\left(\frac{\partial V}{\partial p}\right)_T, \quad 3.2\text{–}11\right] \quad = \frac{\alpha}{\kappa}.$$

Das ergibt $\underline{\mu_J C_V = p - \frac{\alpha T}{\kappa}}.$

6-11 $\left(\frac{\partial U}{\partial V}\right)_T = T\cdot\left(\frac{\partial p}{\partial T}\right)_V - p$ [6.1–6]; $p = \frac{nRT}{V-nb} - \frac{n^2 a}{V^2}$ [Kasten 1–1].

$$\left(\frac{\partial p}{\partial T}\right)_V = \frac{nR}{V-nb};$$

$$\left(\frac{\partial U}{\partial V}\right)_T = \frac{nRT}{V-nb} - p = \frac{n^2 a}{V^2} = \underline{\frac{a}{V_m^2}}.$$

$$\lim_{V_m\to\infty}\left(\frac{\partial U}{\partial V}\right)_T = \underline{0}.$$

Für Argon ist $a = 1.363\ \text{dm}^6\ \text{bar mol}^{-2}$, $V_m \approx \frac{RT}{p}$, $\left(\frac{\partial U}{\partial V}\right)_T \approx \frac{ap^2}{R^2T^2}$.

(a) $p = 1.0$ bar :

$$\left(\frac{\partial U}{\partial V}\right)_T \approx \frac{(1.363\ \text{dm}^6\ \text{bar mol}^{-2})\cdot(1.0\ \text{bar})^2}{(0.0831\ \text{dm}^3\ \text{bar K}^{-1}\ \text{mol}^{-1})^2\cdot(298\ \text{K})^2}$$

$$= 2.3\cdot 10^{-3}\ \text{bar} = \underline{0.23\ \text{kJ m}^{-3}} \quad \text{[Aufgabe 6–6]}.$$

(b) $p = 10$ bar; $\left(\frac{\partial U}{\partial V}\right)_T \propto p^2$; $\underline{\left(\frac{\partial U}{\partial V}\right)_T \approx 23\ \text{kJ m}^{-3}}.$

6-12 $\left(\frac{\partial U}{\partial V}\right)_T = T\cdot\left(\frac{\partial p}{\partial T}\right)_V - p$ [6.1–6].

$$p = \left(\frac{nRT}{V-nb}\right)\cdot\exp\left(\frac{-an}{RTV}\right) \quad \text{[Kasten 1–1]}.$$

$$T\cdot\left(\frac{\partial p}{\partial T}\right)_V = \left(\frac{nRT}{V-nb}\right)\cdot\exp\left(\frac{-an}{RTV}\right) + \left(\frac{an}{RTV}\right)\cdot\left(\frac{nRT}{V-nb}\right)\cdot\exp\left(\frac{-an}{RTV}\right)$$

$$= p + \frac{anp}{RTV}.$$

Das ergibt $\left(\frac{\partial U}{\partial V}\right)_T = \underline{\frac{anp}{RTV}}.$

$$p = p_r p_k = \frac{p_r a}{4e^2 b^2}, \qquad V_m = V_r V_{m,k} = 2V_r b.$$

$$T = T_r T_k = \frac{T_r a}{4bR} \quad \text{[Kasten 1-1]}, \qquad U = U_r \cdot \left(\frac{a}{e^2 b}\right) \quad \text{[vorgegeben]}.$$

Dann wird $\left(\frac{\partial U}{\partial V}\right)_T = \left(\frac{\partial U_r}{\partial V_r}\right)_T \cdot \left(\frac{a}{2e^2 b^2}\right)$

$$= \frac{ap}{RTV_m} \quad \text{[siehe oben]} \quad = \left(\frac{ap_r}{RT_r V_r}\right) \cdot \left(\frac{p_k}{T_k V_{m,k}}\right)$$

$$= \left(\frac{p_r}{T_r V_r}\right) \cdot \left(\frac{a}{2e^2 b^2}\right).$$

Es ist also $\underline{\left(\frac{\partial U_r}{\partial V_r}\right)_T = \frac{p_r}{T_r V_r}}.$

6-13 $\kappa_S = -\left(\frac{1}{V}\right) \cdot \left(\frac{\partial V}{\partial p}\right)_S$

(bei einem adiabatischen und reversiblen Prozeß ist $\mathrm{d}S = 0$).

$pV^\gamma = \text{konstant}$ [gilt nach 3.3–9 für adiabatische und reversible Prozesse);

$$p = \frac{\text{konstant}}{V^\gamma}, \quad \left(\frac{\partial p}{\partial V}\right)_S = -\gamma \cdot \frac{\text{konstant}}{V^{\gamma+1}} = \frac{-\gamma p}{V}.$$

$$\left(\frac{\partial V}{\partial p}\right)_S = \frac{1}{\left(\frac{\partial p}{\partial V}\right)_S} = -\frac{V}{\gamma p}; \quad \kappa_S = -\left(\frac{1}{V}\right) \cdot \left(\frac{-V}{\gamma p}\right) = \frac{1}{\gamma p}.$$

Es ist also $\underline{\gamma p \kappa_S = 1.}$

6-14 $\mathrm{d}S = \left(\frac{\partial S}{\partial T}\right)_V \mathrm{d}T + \left(\frac{\partial S}{\partial V}\right)_T \mathrm{d}V \quad [S = S(V,T)];$

$$T\mathrm{d}S = T \cdot \left(\frac{\partial S}{\partial T}\right)_V \mathrm{d}T + T \cdot \left(\frac{\partial S}{\partial V}\right)_T \mathrm{d}V.$$

(I) $\left(\frac{\partial S}{\partial T}\right)_V = \left(\frac{\partial S}{\partial U}\right)_V \cdot \left(\frac{\partial U}{\partial T}\right)_V = \left(\frac{1}{T}\right) \cdot C_V \quad$ [6.1–3, 2.3–3].

(II) $\left(\frac{\partial S}{\partial V}\right)_T = \left(\frac{\partial p}{\partial T}\right)_V \quad$ [Maxwellsche Formel, Kasten 6–1].

Daraus folgt $\underline{T\mathrm{d}S = C_V \mathrm{d}T + T \cdot \left(\frac{\partial p}{\partial T}\right)_V \mathrm{d}V.}$

Bei einer reversiblen, isothermen Expansion ist $T\mathrm{d}S = \mathrm{d}q_{\text{rev}}$, $\quad \mathrm{d}T = 0$.

Das ergibt

$$\mathrm{d}q_{\text{rev}} = T \cdot \left(\frac{\partial p}{\partial T}\right)_V \mathrm{d}V = \left(\frac{nRT}{V - nb}\right) \mathrm{d}V \quad \text{[Aufgabe 6–11]}$$

und $$q_{\text{rev}} = nRT \int_{V_A}^{V_E} \left(\frac{\mathrm{d}V}{V - nb}\right) = \underline{nRT \cdot \ln\left(\frac{V_E - nb}{V_A - nb}\right)}.$$

6-15 $$\mathrm{d}S = \left(\frac{\partial S}{\partial T}\right)_p \mathrm{d}T + \left(\frac{\partial S}{\partial p}\right)_T \mathrm{d}p \quad [S = S(p,T)];$$

$$T\mathrm{d}S = T \cdot \left(\frac{\partial S}{\partial T}\right)_p \mathrm{d}T + T \cdot \left(\frac{\partial S}{\partial p}\right)_T \mathrm{d}p.$$

(I) $$\left(\frac{\partial S}{\partial T}\right)_p = \left(\frac{\partial S}{\partial H}\right)_p \cdot \left(\frac{\partial H}{\partial T}\right)_p$$

$$\mathrm{d}H = \mathrm{d}U + p\mathrm{d}V + V\mathrm{d}p \quad [H = U + pV] \quad = T\mathrm{d}S + V\mathrm{d}p \quad [6.1\text{–}1]$$
$$= \left(\frac{\partial H}{\partial S}\right)_p \mathrm{d}S + \left(\frac{\partial H}{\partial p}\right)_S \mathrm{d}p \quad [H = H(p,S)].$$

Deshalb gilt $\left(\frac{\partial H}{\partial S}\right)_p = T$ [dH ist ein vollständiges Differential]

und $\left(\frac{\partial S}{\partial H}\right)_p = \frac{1}{T}$ [Inversion, Kasten 3–1].

$$\left(\frac{\partial H}{\partial T}\right)_p = C_p \quad [2.3\text{–}7]; \quad T \cdot \left(\frac{\partial S}{\partial T}\right)_p = C_p.$$

(II) $$\left(\frac{\partial S}{\partial p}\right)_T = -\left(\frac{\partial V}{\partial T}\right)_p$$ [Maxwellsche Formel, Kasten 6–1].

Daraus folgt $$T\mathrm{d}S = C_p\mathrm{d}T - T \cdot \left(\frac{\partial V}{\partial T}\right)_p \mathrm{d}p = \underline{C_p\mathrm{d}T - \alpha TV\mathrm{d}p}$$

$$\left[\alpha = \frac{1}{V}\left(\frac{\partial V}{\partial T}\right)_p, \quad 3.2\text{–}9\right]$$

Bei einer reversiblen, isothermen Kompression gilt $T\mathrm{d}S = \mathrm{d}q_{\text{rev}}$, $\mathrm{d}T = 0$;

das liefert $\mathrm{d}q_{\text{rev}} = -\alpha TV\mathrm{d}p$.

$$q_{\text{rev}} = -T \int_{p_A}^{p_E} \alpha V \mathrm{d}p = -\alpha T \int_{p_A}^{p_E} V \mathrm{d}p,$$ wenn α = konstant ist.

Wenn auch $V \approx$ konstant vorausgesetzt wird, erhalten wir

$$q_{\text{rev}} \approx -\alpha TV \int_{p_A}^{p_E} \mathrm{d}p = -\alpha TV(p_E - p_A) = \underline{-\alpha TV\Delta p.}$$

$\alpha = 1.82 \cdot 10^{-4}\ \mathrm{K}^{-1}$, $T = 273$ K, $V = 100\ \mathrm{cm}^3 = 1.00 \cdot 10^{-4}\ \mathrm{m}^3$,

$\Delta p = 1000\ \mathrm{bar} = 1.00 \cdot 10^8\ \mathrm{N\ m}^{-2}$.

$$q_{\text{rev}} = (-1.82 \cdot 10^{-4}\ \text{K}^{-1}) \cdot (273\ \text{K}) \cdot (1.00 \cdot 10^{-4}\ \text{m}^3) \cdot (1.00 \cdot 10^8\ \text{N m}^{-2})$$
$$= \underline{-0.50\ \text{kJ.}}$$

6-16 $q_{\text{rev}} \approx -\alpha T V \Delta p$ [Aufgabe 6–15]

$$= -(1.24 \cdot 10^{-3}\ \text{K}^{-1}) \cdot (298\ \text{K}) \cdot \left(\frac{100\ \text{g}}{0.879\ \text{g cm}^{-3}}\right) \cdot (4 \cdot 10^3 \cdot 10^5\ \text{N m}^{-2})$$
$$= \underline{-17\ \text{kJ.}}$$

$$w_{\text{rev}} = -\int_{V_A}^{V_E} p\text{d}V = -\int_{p_A}^{p_E} p \cdot \left(\frac{\partial V}{\partial p}\right)_T \text{d}p = +\int_{p_A}^{p_E} \kappa p V \text{d}p$$
$$\approx +\kappa V \int_{p_A}^{p_E} p\text{d}p = +\tfrac{1}{2}\kappa V (p_E^2 - p_A^2)$$
$$= \tfrac{1}{2} \cdot (9.6 \cdot 10^{-5}\ \text{bar}^{-1}) \cdot (1.14 \cdot 10^{-4}\ \text{m}^3) \cdot (4.00 \cdot 10^3\ \text{bar})^2$$
$$= 88 \cdot 10^{-3}\ \text{m}^3\ \text{bar} = \underline{8.8\ \text{kJ.}}$$

$$\Delta U = w_{\text{rev}} + q_{\text{rev}} = +8.8\ \text{kJ} - 17\ \text{kJ} = \underline{-8.2\ \text{kJ.}}$$

6-17 $\delta G \approx V \delta p$ [6.2–7].

$V = 100\ \text{cm}^3$, $\delta p = 99\ \text{bar} = 99 \cdot 10^5\ \text{N m}^{-2}$.

$$\delta G \approx (100 \cdot 10^{-6}\ \text{m}^3) \cdot (99 \cdot 10^5\ \text{N m}^{-2}) = 0.99 \cdot 10^3\ \text{N m} = \underline{0.99\ \text{kJ.}}$$

6-18 $\text{d}G = \left(\frac{\partial G}{\partial p}\right)_T \text{d}p = V\text{d}p$ [6.2–2].

$\left(\frac{\partial V}{\partial p}\right)_T = -\kappa V$ [vorgegeben]; $\frac{\text{d}V}{V} = -\kappa \text{d}p$ bei $T =$ konstant.

$\int_{V(p_A)}^{V(p)} \frac{\text{d}V}{V} = -\kappa \int_{p_A}^{p} \text{d}p$ oder $\ln \frac{V(p)}{V(p_A)} = -\kappa(p - p_A)$ [$\kappa \approx$ konstant]

Deshalb gilt $V(p) = V(p_A) \cdot \exp\big(-\kappa(p - p_A)\big)$.

$\int \text{d}G = V(p_A) \int \exp\big(-\kappa(p - p_A)\big)\, \text{d}p$ oder

$$G(p_E) - G(p_A) = V(p_A) \int_{p_A}^{p_E} \exp\big(-\kappa(p - p_A)\big)\, \text{d}p$$
$$= V(p_A) \cdot \frac{\exp\big(-\kappa(p_E - p_A)\big) - 1}{-\kappa}$$
$$= \underline{\frac{V(p_A)}{\kappa} \cdot \Big\{1 - \exp\big(-\kappa(p_E - p_A)\big)\Big\}.}$$

Wenn $\kappa(p_E - p_A) \ll 1$ ist, können wir die Näherung $e^{-x} \approx 1 - x + \frac{x^2}{2}$ verwenden

und erhalten

$$G(p_E) \approx G(p_A) + \frac{V(p_A)}{\kappa} \cdot \left\{\kappa(p_E - p_A) - \tfrac{1}{2}\kappa^2(p_E - p_A)^2\right\}$$

$$\approx \underline{G(p_A) + V\Delta p - \tfrac{1}{2}\kappa V(\Delta p)^2}.$$

6-19 $G_m(p_E) - G_m(p_A) \approx V_m\Delta p - \frac{1}{2}\kappa V_m(\Delta p)^2 = V_m\Delta p\left(1 - \frac{1}{2}\kappa\Delta p\right)$

[Aufgabe 6–18, $\kappa\Delta p \ll 1$].

$\kappa = 0.8 \cdot 10^{-6}\ \text{bar}^{-1}$, $V_m = \dfrac{63.54\ \text{g mol}^{-1}}{8.93\ \text{g cm}^{-3}} = 7.12\ \text{cm}^3\ \text{mol}^{-1}$; $\Delta p =$ (a) 100 bar, (b) 10000 bar.

Zuerst ist nachzuprüfen, ob $\kappa\Delta p \ll 1$ gilt:

(a) $\kappa\Delta p = 0.8 \cdot 10^{-4} \ll 1$, (b) $\kappa\Delta p = 0.8 \cdot 10^{-2} \ll 1$; die Näherung ist also zulässig.

(a) $\Delta G_m \approx (7.12 \cdot 10^{-6}\ \text{m}^3\ \text{mol}^{-1}) \cdot (100 \cdot 10^5\ \text{N m}^{-2})$
$\cdot\left(1 - \frac{1}{2} \cdot (0.8 \cdot 10^{-6}\ \text{bar}^{-1}) \cdot (100\ \text{bar})\right) = \underline{71\ \text{J mol}^{-1}}.$

(b) $\Delta G_m \approx (7.12 \cdot 10^{-6}\ \text{m}^3\ \text{mol}^{-1}) \cdot (10^4 \cdot 10^5\ \text{N m}^{-2})$
$\cdot\left(1 - \frac{1}{2} \cdot (0.8 \cdot 10^{-6}\ \text{bar}^{-1}) \cdot (10^4\ \text{bar})\right) = \underline{7.1\ \text{kJ mol}^{-1}}.$

Sieht man das Kupfer als inkompressibel an, so wird $\Delta G_m \approx V_m\Delta p$ und damit

(a) $\Delta G_m \approx (7.12 \cdot 10^{-6}\ \text{m}^3\ \text{mol}^{-1}) \cdot (1 \cdot 10^7\ \text{N m}^{-2}) = \underline{71\ \text{J mol}^{-1}}$,

(b) $\Delta G_m \approx (7.12 \cdot 10^{-6}\ \text{m}^3\ \text{mol}^{-1}) \cdot (1 \cdot 10^9\ \text{N m}^{-2}) = \underline{7.1\ \text{kJ mol}^{-1}}.$

6-20 $dG_m \approx V_m\Delta p(1 - \frac{1}{2}\kappa\Delta p)$ [Aufgabe 6–18, $(\kappa\Delta p)^2 \ll 1$].

$V_m = \dfrac{18.02\ \text{g mol}^{-1}}{0.997\ \text{g cm}^{-3}} = 18.07\ \text{cm}^3\ \text{mol}^{-1}$

$\kappa = 4.94 \cdot 10^{-5}\ \text{bar}^{-1}$.

(a) $\Delta G_m \approx (18.07 \cdot 10^{-6}\ \text{m}^3\ \text{mol}^{-1}) \cdot (1 \cdot 10^7\ \text{N m}^{-2}) \cdot \left(1 - \frac{1}{2}(4.94 \cdot 10^{-5} \cdot 10^2)\right)$

$= \underline{180\ \text{J mol}^{-1}}.$

(b) $\Delta G_m \approx (18.07 \cdot 10^{-6}\ \text{m}^3\ \text{mol}^{-1}) \cdot (1 \cdot 10^9\ \text{N m}^{-2}) \cdot \left(1 - \frac{1}{2}(4.94 \cdot 10^{-5} \cdot 10^4)\right)$

$= \underline{13.6\ \text{kJ mol}^{-1}}.$

Wenn wir das Wasser als imkompressibel ansehen, verschwindet der Term mit dem Faktor $\frac{1}{2}$; die Rechnung ergibt dann

(a) $\Delta G_m \approx \underline{181\ \text{J mol}^{-1}}$, (b) $\Delta G_m \approx \underline{18.1\ \text{kJ mol}^{-1}}.$

Der zweite Wert unterscheidet sich erheblich von dem oben berechneten.

6-21 $\left(\frac{\partial}{\partial T}\right)_p \left(\frac{\Delta G}{T}\right) = -\frac{\Delta H}{T^2}$ [6.2–5]; $\int \mathrm{d}\left(\frac{\Delta G}{T}\right) = -\int \left(\frac{\Delta H \mathrm{d}T}{T^2}\right)$.

(a) $\frac{\Delta G(T_\mathrm{E})}{T_\mathrm{E}} - \frac{\Delta G(T_\mathrm{A})}{T_\mathrm{A}} \approx -\Delta H(T_\mathrm{A}) \cdot \left(\frac{1}{T_\mathrm{A}} - \frac{1}{T_\mathrm{E}}\right)$,

$$\Delta G(T_\mathrm{E}) \approx \Delta G(T_\mathrm{A}) + \left(\frac{T_\mathrm{E} - T_\mathrm{A}}{T_\mathrm{A}}\right) \cdot \left(\Delta G(T_\mathrm{A}) - \Delta H(T_\mathrm{A})\right)$$

$$\approx \underline{\tau \cdot \Delta G(T_\mathrm{A}) + (1-\tau) \cdot \Delta H(T_\mathrm{A})}, \quad \tau = \frac{T_\mathrm{E}}{T_\mathrm{A}}.$$

(b) $\Delta H(T) = \Delta H(T_\mathrm{A}) + (T - T_\mathrm{A}) \cdot \Delta C_p$ [vorgegeben].

$$\frac{\Delta G(T_\mathrm{E})}{T_\mathrm{E}} - \frac{\Delta G(T_\mathrm{A})}{T_\mathrm{A}} = -\int_{T_\mathrm{A}}^{T_\mathrm{E}} \left\{\frac{\Delta H(T_\mathrm{A})\mathrm{d}T}{T^2} + \frac{(T - T_\mathrm{A})\Delta C_p \mathrm{d}T}{T^2}\right\}$$

$$= -\left\{-\Delta H(T_\mathrm{A}) \cdot \left(\frac{1}{T_\mathrm{E}} - \frac{1}{T_\mathrm{A}}\right) + \Delta C_p \ln\left(\frac{T_\mathrm{E}}{T_\mathrm{A}}\right) + T_\mathrm{A}\Delta C_p \left(\frac{1}{T_\mathrm{E}} - \frac{1}{T_\mathrm{A}}\right)\right\}$$

$$= \left\{\Delta H(T_\mathrm{A}) - T_\mathrm{A}\Delta C_p\right\} \cdot \left(\frac{1}{T_\mathrm{E}} - \frac{1}{T_\mathrm{A}}\right) - \Delta C_p \ln\left(\frac{T_\mathrm{E}}{T_\mathrm{A}}\right).$$

Es ist also

$$\Delta G(T_\mathrm{E}) = \left(\frac{T_\mathrm{E}}{T_\mathrm{A}}\right) \cdot \Delta G(T_\mathrm{A}) + \left\{\Delta H(T_\mathrm{A}) - T_\mathrm{A}\Delta C_p\right\} \cdot \left(1 - \frac{T_\mathrm{E}}{T_\mathrm{A}}\right) - T_\mathrm{E}\Delta C_p \ln\left(\frac{T_\mathrm{E}}{T_\mathrm{A}}\right).$$

Mit der Abkürzung $\tau = \frac{T_\mathrm{E}}{T_\mathrm{A}}$ können wir dafür auch

$\Delta G(T_\mathrm{E}) = \underline{\tau\Delta G(T_\mathrm{A}) + (1-\tau) \cdot \{\Delta H(T_\mathrm{A}) - T_\mathrm{A}\Delta C_p\} - T_\mathrm{E}\Delta C_p \ln \tau}$ schreiben.

6-22 $\Delta G^\ominus_\mathrm{m}$(genau) $-$ $\Delta G^\ominus_\mathrm{m}$(Näherung) $= \left\{(\tau - 1)T_\mathrm{A} - T_\mathrm{E} \cdot \ln \tau\right\} \cdot \Delta C_p$ [Aufgabe 6–21].

$\Delta C_p = (75.3 - 28.8 - \frac{1}{2} \cdot 29.4)\ \mathrm{J\ K^{-1}\ mol^{-1}} = 31.8\ \mathrm{J\ K^{-1}\ mol^{-1}}$.

$\tau = \frac{T_\mathrm{E}}{T_\mathrm{A}} = \frac{350}{298} = 1.17$.

$\Delta G^\ominus_\mathrm{m}$(Näherung) $- \tau\Delta G^\ominus_\mathrm{m}(T_\mathrm{A}) + (1-\tau)\Delta H(T_\mathrm{A})$

$= 1.17 \cdot (-237.2\ \mathrm{kJ\ mol^{-1}}) - 0.17 \cdot (-285.8\ \mathrm{kJ\ mol^{-1}})$

$= \underline{-228.9\ \mathrm{kJ\ mol^{-1}}}$.

$\mathrm{d}G^\ominus_\mathrm{m}$(genau) $-$ $\Delta G^\ominus_\mathrm{m}$(Näherung) $= \{0.17 \cdot (298\ \mathrm{K}) - (350\ \mathrm{K}) \cdot \ln 1.17\} \cdot (31.8\ \mathrm{J\ K^{-1}\ mol^{-1}})$

$= \underline{-136.5\ \mathrm{J\ K^{-1}\ mol^{-1}}}$ (das ist ein Fehler von 0.06 %).

6-23 $N_2(g) + 3\ H_2(g) \rightarrow 2\ NH_3(g)$; $\Delta G^\ominus_\mathrm{m}(298\ \mathrm{K}) = -32.9\ \mathrm{kJ\ mol^{-1}}$,

$$\Delta H_m^\ominus(298\ \text{K}) = -92.2\ \text{kJ mol}^{-1}.$$

$\Delta G_m^\ominus(T) \approx \tau \cdot \Delta G_m^\ominus(T_A) + (1-\tau) \cdot \Delta H_m^\ominus(T_A)$ [Aufgabe 6-21].

(a) $T_E = 500\ \text{K}; \quad \tau = \dfrac{500\ \text{K}}{298\ \text{K}} = 1.68.$

$$\Delta G_m^\ominus(500\ \text{K}) \approx 1.68 \cdot (-32.9\ \text{kJ mol}^{-1}) + (-0.68) \cdot (-92.2\ \text{kJ mol}^{-1})$$
$$\approx \underline{7.4\ \text{kJ mol}^{-1}}.$$

(b) $T_E = 1000\ \text{K}; \quad \tau = \dfrac{1000\ \text{K}}{298\ \text{K}} = 3.36.$

$$\Delta G_m^\ominus(1000\ \text{K}) \approx 3.36 \cdot (-32.9\ \text{kJ mol}^{-1}) + (-2.36) \cdot (-92.2\ \text{kJ mol}^{-1})$$
$$\approx \underline{107\ \text{kJ mol}^{-1}}.$$

Die Reaktion wird also durch eine Temperaturerhöhung nicht begünstigt. Die Gesamtreaktion (Ausgangssubstanzen in ihren Standard-Zuständen → Endprodukt im Standard-Zustand) ist (wegen $\Delta G > 0$) nicht spontan.

6-24 $w'_{e,max} = -\Delta G$ [5.3–11] $\quad \tau = \dfrac{308\ \text{K}}{298\ \text{K}} = 1.03.$

$$\begin{aligned}\Delta G_m(308\ \text{K}) &= 1.03 \cdot \Delta G_m(298\ \text{K}) + (1-1.03) \cdot \Delta H_m^\ominus \quad \text{[Aufgabe 6-21]}\\ &= (1.03) \cdot (-5797\ \text{kJ mol}^{-1}) + (-0.03) \cdot (-5645\ \text{kJ mol}^{-1})\\ &= -5802\ \text{kJ mol}^{-1}.\end{aligned}$$

Das ergibt

$$\Delta G_m(35\ °\text{C}) - \Delta G_m(25\ °\text{C}) = (-5802\ \text{kJ mol}^{-1}) - (-5797\ \text{kJ mol}^{-1}) = -5\ \ \text{kJ mol}^{-1}.$$

Man erhält also bei 35 °C einen zusätzlichen Betrag von $\underline{5\ \ \text{kJ mol}^{-1}}$ an Nicht-Volumenarbeit.

6-25 $G(p_E) - G(p_A) = nRT \cdot \ln \dfrac{p_E}{p_A}$ [6.2–9].

$$\Delta G = (1\ \text{mol}) \cdot (8.314\ \text{J K}^{-1}\ \text{mol}^{-1}) \cdot (298\ \text{K}) \cdot \ln \frac{100\ \text{bar}}{1.0\ \text{bar}}$$
$$= \underline{11\ \text{kJ}}.$$

6-26 $\Delta G(p^+) = G(0) + \displaystyle\int_0^{p^+} V(p^+)\text{d}p^+$ [6.2–6].

$V(p^+) = V_0 \cdot \exp\left(\dfrac{-p^+}{p^*}\right)$, wobei p^+ der Zusatzdruck $(p - p_A)$ ist.

$$\begin{aligned}G(p^+) &= G(0) + V_0 \cdot \int_0^{p^+} \exp\left(\frac{-p^+}{p^*}\right) \text{d}p^+\\ &= \underline{G(p_A) + p^* V_0 \cdot \left\{1 - \exp\left(-\frac{p^+}{p^*}\right)\right\}},\end{aligned}$$

denn es ist $e^{\frac{-p^+}{p^*}} < 1$ für $p^+ > 0$ und $G(p^+) > G(0)$;

damit ist $G(0) - G(p^+)$ negativ, und die Reaktion verläuft spontan in der Richtung der Expansion.

6-27 $f = p \cdot \exp \int_0^p \left\{ \frac{Z(p,T) - 1}{p} \right\} \mathrm{d}p$ [6.2–14].

Wir stellen die folgende Tabelle auf.

p/bar	1	4	7	10
Z	0.99701	0.98796	0.97880	0.96956
$\left(\frac{Z-1}{p}\right)$ /bar^{-1}	$-2.99 \cdot 10^{-3}$	$-3.01 \cdot 10^{-3}$	$-3.03 \cdot 10^{-3}$	$-3.04 \cdot 10^{-3}$
p/bar	40	70	100	
Z	0.8734	0.7764	0.6871	
$\left(\frac{Z-1}{p}\right)$ /bar^{-1}	$-3.17 \cdot 10^{-3}$	$-3.19 \cdot 10^{-3}$	$-3.13 \cdot 10^{-3}$	

Nun tragen wir in einem Diagramm $\frac{Z-1}{p}$ gegen p auf (Abb. 6–1) und bestimmen daraus die Fläche.

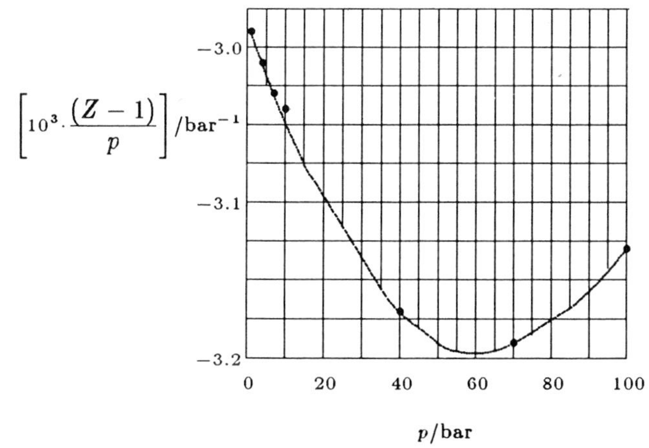

Abb. 6–1

Der Abb. 6–1 entnehmen wir den Wert

$$\int_0^{100\ \mathrm{bar}} \left(\frac{Z-1}{p}\right) \mathrm{d}p \approx -0.313.$$

Damit ergibt sich für die Fugazität bei 100 bar

$f \approx (100\ \text{bar}) \cdot \text{e}^{-0.313} = \underline{73.1\ \text{bar.}}$

6-28 $f = p \cdot \exp \int_0^p \left(\frac{Z-1}{p}\right) \text{d}p$ [6.2–14],

$$Z = 1 + \frac{B}{V_\text{m}} + \frac{C}{V_\text{m}^2} + \cdots \quad [1.3\text{–}2] \quad = 1 + B'p + C'p^2 + \cdots \quad [1.3\text{–}1];$$

$$B' = \frac{B}{RT}, \quad C' = \frac{C - B^2}{R^2T^2} \quad \text{[Aufgabe 1–27].}$$

$$f = p \cdot \exp \int_0^p \left(\frac{B'p + C'p^2}{p}\right) \text{d}p = p \cdot \exp \int_0^p (B' + C'p)\text{d}p$$

$$= p \cdot \exp\left(B'p + \tfrac{1}{2}C'p^2\right)$$

$$= \underline{p \cdot \exp\left\{\left(\frac{Bp}{RT}\right) + \frac{C - B^2}{2R^2T^2} \cdot p^2\right\}.}$$

Mit $f = \gamma p$ erhalten wir jetzt

$$\underline{\ln \gamma = \left(\frac{B}{RT}\right) \cdot p + \left(\frac{C - B^2}{2R^2T^2}\right) \cdot p^2.}$$

6-29 (a) $T = 273$ K, $B = -21.13\ \text{cm}^3\ \text{mol}^{-1}$, $C = 1054\ \text{cm}^6\ \text{mol}^{-2}$, $p = 1.00$ bar.

$$\left(\frac{B}{RT}\right) \cdot p = \frac{(-21.13 \cdot 10^{-3}\ \text{dm}^3\ \text{mol}^{-1}) \cdot (1\ \text{bar})}{(0.0831\ \text{dm}^3\ \text{bar K}^{-1}\ \text{mol}^{-1}) \cdot (273\ \text{K})} = -9.31 \cdot 10^{-4};$$

$$\frac{(C - B^2) \cdot p^2}{2R^2T^2} = \frac{[(1.054 \cdot 10^{-3}\ \text{dm}^6\ \text{mol}^{-2}) - (-21.13 \cdot 10^{-3}\ \text{dm}^3\ \text{mol}^{-1})^2] \cdot (1.00\ \text{bar})^2}{2 \cdot [(0.0831\ \text{dm}^3\ \text{bar K}^{-1}\ \text{mol}^{-1}) \cdot (273\ \text{K})]^2}$$

$$= 5.90 \cdot 10^{-7};$$

$$f = (1\ \text{bar}) \cdot \exp\left\{-9.31 \cdot 10^{-4} + 5.90 \cdot 10^{-7}\right\} = \underline{0.9991\ \text{bar.}}$$

(b) $T = 373$ K, $B = -3.89\ \text{cm}^3\ \text{mol}^{-1}$, $C = 918\ \text{cm}^6\ \text{mol}^{-2}$, $p = 1.00$ bar.

$$\left(\frac{B}{RT}\right) \cdot p = \frac{(-3.89 \cdot 10^{-3}\ \text{dm}^3\ \text{mol}^{-1}) \cdot (1\ \text{bar})}{(0.0831\ \text{dm}^3\ \text{bar K}^{-1}\ \text{mol}^{-1}) \cdot (373\ \text{K})} = -1.25 \cdot 10^{-4};$$

$$\frac{(C - B^2) \cdot p^2}{2R^2T^2} = \frac{[(0.918 \cdot 10^{-3}\ \text{dm}^6\ \text{mol}^{-2}) - (-3.89 \cdot 10^{-3}\ \text{dm}^3\ \text{mol}^{-1})^2] \cdot (1.00\ \text{bar})^2}{2 \cdot [(0.0831\ \text{dm}^3\ \text{bar K}^{-1}\ \text{mol}^{-1}) \cdot (373\ \text{K})]^2}$$

$$= 4.69 \cdot 10^{-7};$$

$$f = (1\ \text{bar}) \cdot \exp\left\{-1.25 \cdot 10^{-4} + 4.69 \cdot 10^{-7}\right\} = \underline{0.99988\ \text{bar.}}$$

6-30 $f = p \cdot \exp\left\{\left(\frac{Bp}{RT}\right) + \left(\frac{C - B^2}{2R^2T^2}\right) \cdot p^2\right\}$ [Aufgabe 6–28].

Bei 273 K können wir den in der letzten Aufgabe berechneten Wert für den Druck 1 bar verwenden.

$$\frac{Bp}{RT} = (-9.31 \cdot 10^{-4}) \cdot (p/\text{bar});$$

$$\frac{(C - B^2) \cdot p^2}{2R^2T^2} = (5.90 \cdot 10^{-7}) \cdot (p/\text{bar})^2.$$

$$f(p) = p \cdot \exp\left\{-9.31 \cdot 10^{-4} \cdot (p/\text{bar}) + 5.90 \cdot 10^{-7} \cdot (p/\text{bar})^2\right\} = p\gamma.$$

Jetzt stellen wir mit $\gamma = \frac{f}{p}$ die folgende Tabelle auf:

p/bar	1	3	10	30	100	300	1000
γ	0.9991	0.9972	0.9908	0.9730	0.9165	0.7976	0.7111
f/bar	0.9991	2.992	9.908	29.19	91.65	239.3	711.1

In Abb. 6–2 ist f gegen p aufgetragen. Wie man leicht nachrechnet,

ist $f = 1$ bar erst bei $\underline{p = 1.00093 \text{ bar}}$.

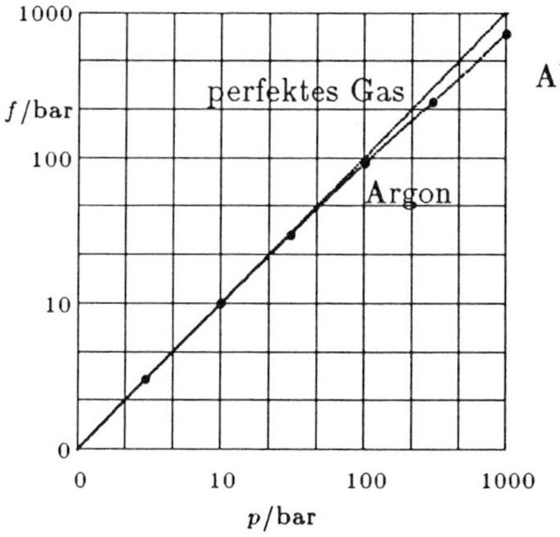

Abb. 6–2a

6-31 $f \approx p \cdot \exp\left(\frac{Bp}{RT}\right)$ $\left[\text{Aufgabe 6–28, mit } \frac{C - B^2}{2R^2T^2} \cdot p^2 \ll \frac{Bp}{RT}\right]$;

$$B = -261 \text{ cm}^3 \text{ mol}^{-1} = -261 \cdot 10^{-3} \text{ dm}^3 \text{ mol}^{-1}.$$

$$\frac{Bp}{RT} = \frac{(-261 \cdot 10^{-3} \text{ dm}^3 \text{ mol}^{-1}) \cdot p}{(0.0831 \text{ dm}^3 \text{ bar K}^{-1} \text{ mol}^{-1}) \cdot (298 \text{ K})} = -1.05 \cdot 10^{-2} \, (p/\text{bar}).$$

(a) $p = 1$ bar; $f = (1 \text{ bar}) \cdot \exp\left(-1.05 \cdot 10^{-2}\right) = \underline{0.990 \text{ bar.}}$

(b) $p = 100$ bar; $f = (100 \text{ bar}) \cdot \exp(-1.05) = \underline{34.9 \text{ bar.}}$

6-32 $\frac{pV_m}{RT} = 1 + \frac{BT}{V_m}$ [vorgegeben]

$\frac{pV_m^2}{RT} - V_m - BT = 0$ läßt sich auflösen zu

$$V_m = \left(\frac{RT}{2p}\right) \cdot \left[1 + \sqrt{1 + \frac{4pB}{R}}\right],$$

$$f = p \cdot \exp \int_0^p \left(\frac{Z-1}{p}\right) \mathrm{d}p \quad [6.2\text{–}14], \quad Z = \frac{pV_m}{RT}.$$

$$\frac{Z-1}{p} = \frac{\left(\frac{pV_m}{RT}\right) - 1}{p} = \frac{BT}{pV_m} = \frac{2\left(\frac{B}{R}\right)}{1 + \sqrt{1 + \frac{4pB}{R}}}.$$

$$\int_0^p \left(\frac{Z-1}{p}\right) \mathrm{d}p = 2 \cdot \left(\frac{B}{R}\right) \int_0^p \frac{\mathrm{d}p}{1 + \sqrt{1 + \frac{4pB}{R}}} = \int_2^a \left(\frac{a-1}{a}\right) \mathrm{d}a \qquad \left[a = 1 + \sqrt{1 + \frac{4pB}{R}}\right]$$

$$= a - 2 - \ln\left(\tfrac{1}{2}a\right)$$

$$= \sqrt{1 + \frac{4pB}{R}} - 1 - \ln\left\{\tfrac{1}{2} \cdot \left(1 + \sqrt{1 + \frac{4pB}{R}}\right)\right\}.$$

$$f = p \cdot \exp\left\{\sqrt{1 + \frac{4pB}{R}} - 1 - \ln\left[\tfrac{1}{2} \cdot \left(1 + \sqrt{1 + \frac{4pB}{R}}\right)\right]\right\}$$

$$= \frac{p \cdot \exp\left\{\sqrt{1 + \frac{4pB}{R}} - 1\right\}}{\tfrac{1}{2} \cdot \left\{1 + \sqrt{1 + \frac{4pB}{R}}\right\}}.$$

In Abb. 6–3 ist $\gamma = \frac{f}{p}$ gegen $\frac{4pB}{R}$ aufgetragen.

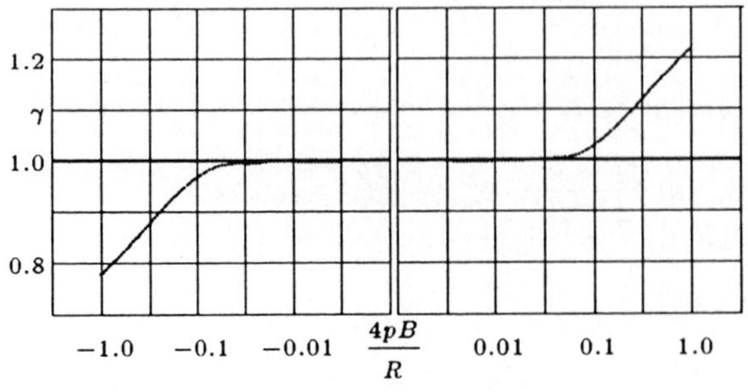

Abb. 6–3

7 Zustandsänderungen: Physikalische Umwandlungen reiner Substanzen

A7-1 $\Delta S_{\mathrm{m}} = \Delta V_{\mathrm{m}} \cdot \frac{\mathrm{d}p}{\mathrm{d}T}$ [7.2–1]

$$= [(163.3 - 161.0) \cdot 10^{-6}\ \mathrm{m^3\ mol^{-1}}] \cdot \left[\frac{(100-1) \cdot (1.013 \cdot 10^5\ \mathrm{Pa})}{(351.26 - 350.75)\ \mathrm{K}}\right]$$

$$= \underline{45.23\ \mathrm{J\ K^{-1}\ mol^{-1}}}.$$

$\Delta H_{\mathrm{Schm,m}} = T_{\mathrm{Schm}} \cdot \Delta S_{\mathrm{Schm,m}}$ [5.2–4] $= (350.75\ \mathrm{K}) \cdot (45.23\ \mathrm{J\ K^{-1}\ mol^{-1}})$

$$= \underline{1.586 \cdot 10^4\ \mathrm{J\ mol^{-1}}}.$$

A7-2 $\frac{\mathrm{d}(\ln p/\mathrm{mbar})}{\mathrm{d}(T/\mathrm{K})} = \frac{2501.8}{(T/\mathrm{K})^2} = \left(\frac{\Delta H_{\mathrm{Verd,m}}}{R}\right) \cdot \frac{1}{(T/\mathrm{K})^2}$ [7.2–4]

$\Delta H_{\mathrm{Verd,m}} = (8.314) \cdot (2501.8)\ \mathrm{J\ mol^{-1}} = \underline{2.080 \cdot 10^4\ \mathrm{J\ mol^{-1}}}.$

A7-3 $p = p^* \cdot \exp\left[\left(\frac{-\Delta H_{\mathrm{Verd,m}}}{R}\right) \cdot \left(\frac{1}{T} - \frac{1}{T^*}\right)\right]$ [7.2–5]

$$T = \frac{1}{\frac{1}{T^*} - \left(\frac{R}{\Delta H_{\mathrm{Verd,m}}}\right) \cdot \ln\frac{p}{p^*}}$$

$$= \frac{1}{\frac{1}{297.2\ \mathrm{K}} - \left(\frac{8.314\ \mathrm{J\ K^{-1}\ mol^{-1}}}{28.7 \cdot 10^3\ \mathrm{J\ mol^{-1}}}\right) \cdot \ln\frac{666.7\ \mathrm{mbar}}{533.3\ \mathrm{mbar}}}$$

$$= \underline{303.0\ \mathrm{K}}.$$

A7-4 $\frac{\mathrm{d}p}{\mathrm{d}T} = \frac{\Delta S_{\mathrm{m}}}{\Delta V_{\mathrm{m}}} = \frac{\Delta H_{\mathrm{m}}}{T \cdot \Delta V_{\mathrm{m}}}$ [7.2–1, 5.2–4]

$$= \frac{14.4 \cdot 10^3\ \mathrm{J\ mol^{-1}}}{(180\ \mathrm{K}) \cdot (14.5 - 0.1) \cdot 10^{-3}\ \mathrm{m^3\ mol^{-1}}}$$

$$= \underline{5.56 \cdot 10^3\ \mathrm{Pa\ K^{-1}}}.$$

$\left(\frac{\mathrm{d}p}{\mathrm{d}T}\right) = \left(\frac{\Delta H_{\mathrm{Verd,m}}}{RT^2}\right) \cdot p$ [Clausius – Clapeyron, [7.2–4]]

$$\frac{14.4 \cdot 10^3\ \mathrm{J\ mol^{-1}}}{(8.314\ \mathrm{J\ K^{-1}\ mol^{-1}}) \cdot (180\ \mathrm{K})^2} \cdot (1 \cdot 10^5\ \mathrm{Pa}) = 5.35 \cdot 10^3\ \mathrm{Pa\ K^{-1}}.$$

$$\text{Fehler} = \frac{5.56 - 5.35}{5.56} = 0.0378 = \underline{3.78\ \%}.$$

A7-5 $\left(\frac{qw}{qk}\right)_{\text{rev}} = \frac{T_\text{w}}{T_\text{k}}$;

$$T_\text{k} = T_\text{k} \cdot \left(\frac{q_\text{k}}{q_\text{w}}\right)_{\text{rev}} = (300\ \text{K}) \cdot \left(\frac{45\ \text{kJ}}{67\ \text{kJ}}\right) = \underline{201\ \text{K}.} \quad \text{[Abschnitt 5.5a]}$$

A7-6 $w = \left(\frac{q_\text{k}}{T_\text{k}}\right) \cdot (T_\text{w} - T_\text{k})$ [7.5–1] $= \left(\frac{2.10\ \text{kJ}}{80\ \text{K}}\right) \cdot [(200 - 80)\ \text{K}] = \underline{3.15\ \text{kJ}.}$

A7-7 $w = \gamma \Delta\sigma$ [7.6–1] $= (7.20 \cdot 10^{-2}\ \text{N m}^{-1}) \cdot [(2500 - 150) \cdot 10^{-4}\ \text{m}^2]$ [Tabelle 7–1]

$= \underline{1.69 \cdot 10^{-2}\ \text{J}.}$

A7-8 $\gamma = \frac{1}{2} h\rho g r$ [7.6–7]

$= \frac{1}{2}(1.20 \cdot 10^{-2}\ \text{m}) \cdot (0.871 \cdot 10^3\ \text{kg m}^{-3}) \cdot (9.81\ \text{m s}^{-2}) \cdot (0.400 \cdot 10^{-3}\ \text{m})$

$= \underline{2.05 \cdot 10^{-2}\ \text{N m}^{-1}.}$

A7-9 $r = \dfrac{2gV_\text{m}}{(RT) \cdot \ln \frac{p_\text{Tropfen}}{p(\text{l})}}$ [7.6–5]

$$= \frac{(2) \cdot (2.70 \cdot 10^{-2}\ \text{N m}^{-1}) \cdot (154 \cdot 10^{-3}\ \text{kg mol}^{-1})}{(8.314\ \text{J K}^{-1}\ \text{mol}^{-1}) \cdot (293\ \text{K}) \cdot (1.60 \cdot 10^3\ \text{kg m}^{-3}) \cdot \ln \frac{117.27\ \text{mbar}}{116.07\ \text{mbar}}}$$

$= \underline{2.08 \cdot 10^{-7}\ \text{m}.}$ [Tabelle 7–1]

A7-10 $p_\text{innen} = p_\text{außen} + \frac{2\gamma}{r}$ [7.6–3] $= 986.7\ \text{mbar} + \dfrac{2 \cdot (5.7 \cdot 10^{-2}\ \text{N m}^{-1})}{0.125 \cdot 10^{-3}\ \text{m}}$

4cm $= \underline{9.93 \cdot 10^4\ \text{Pa}.}$

7-1 $\Delta G_\text{m} = \Delta H_\text{m} - T\Delta S_\text{m}$ $[G = H - TS]$

$= (1.8961\ \text{kJ mol}^{-1}) - (298.15\ \text{K}) \cdot (-3.2552\ \text{J K}^{-1}\ \text{mol}^{-1})$

$= 2.8666\ \text{kJ mol}^{-1}$ (Graphit $\longrightarrow$ Diamant)

Die Reaktion läuft also in der Richtung <u>Diamant $\longrightarrow$ Graphit.</u>

Für sie gilt $\Delta H_\text{m} = -1.8961\ \text{kJ mol}^{-1}$ und $\left(\frac{\partial}{\partial T}\right)_p \left(\frac{\Delta G_\text{m}}{T}\right) = \frac{-\Delta H_\text{m}}{T^2}$ [6.2–5] > 0

wegen $\Delta H_\text{m} < 0$.

Bei Erhöhung der Temperatur ist die spontane Reaktion weniger stark begünstigt, denn $\frac{\Delta G_\text{m}}{T}$ nimmt dabei ab und geht eventuell sogar durch Null.

7-2 $\Delta A(p) = \Delta G(p) - p\Delta V(p), \quad \Delta G(p_2) \approx \Delta G(p_1) + (p_2 - p_1) \cdot \Delta V(p_1)$ [6.2–7].

$\Delta A(p_2) = \Delta G(p_1) - p_2 \cdot \Delta V(p_2) + (p_2 - p_1) \cdot \Delta V(p_1) \approx \Delta G(p_1) - p_1 \cdot \Delta V(p_1) = \Delta A(p_1)$.

Es ist also $\Delta A(p_2) \approx \Delta A(p_1)$, und ΔA ist druck-unabhängig (zumindest für diese Näherung).

$$\Delta V_{\mathrm{m}} = (12.01\ \mathrm{g\ mol^{-1}}) \cdot \left(\frac{1}{3.52\ \mathrm{g\ cm^{-3}}} - \frac{1}{2.27\ \mathrm{g\ cm^{-3}}}\right) = -1.88\ \mathrm{cm^3\ mol^{-1}}.$$

$\Delta A_{\mathrm{m}} \approx 2.8666\ \mathrm{kJ\ mol^{-1}}$ [Aufgabe 7–1] $-(1 \cdot 10^5\ \mathrm{N\ m^{-2}}) \cdot (-1.88 \cdot 10^{-6}\ \mathrm{m^3\ mol^{-1}})$

$= \underline{2.8668\ \mathrm{kJ\ mol^{-1}}}.$

7-3 $\left(\frac{\partial \mu}{\partial T}\right)_p (\mathrm{Wasser}) - \left(\frac{\partial \mu}{\partial T}\right)_p (\mathrm{Eis}) = -S_{\mathrm{m}}(\mathrm{Wasser}) + S_{\mathrm{m}}(\mathrm{Eis})$ [7.1–1]

$= -\Delta S_{\mathrm{m}}(\mathrm{Eis} \longrightarrow \mathrm{Wasser}) = \frac{\Delta H_{\mathrm{Schm,m}}}{T_{\mathrm{Schm}}}$ [5.2–4]

$= -\frac{6.008\ \mathrm{kJ\ mol^{-1}}}{273.15\ \mathrm{K}}$ [Tabelle 4–7] $= \underline{-\ 22.00\ \mathrm{J\ K^{-1}\ mol^{-1}}}.$

$\left(\frac{\partial \mu}{\partial T}\right)_p (\mathrm{Dampf}) - \left(\frac{\partial \mu}{\partial T}\right)_p (\mathrm{Wasser}) = -S_{\mathrm{m}}(\mathrm{Dampf}) + S_{\mathrm{m}}(\mathrm{Wasser})$ [7.1–1]

$= -\Delta S_{\mathrm{m}}(\mathrm{Wasser} \longrightarrow \mathrm{Dampf}) = \frac{-\ \Delta H_{\mathrm{Verd,m}}}{T_{\mathrm{s}}}$ [5.2–4]

$= -\frac{40.66\ \mathrm{kJ\ mol^{-1}}}{373.15\ \mathrm{K}}$ [Tabelle 4–7] $= \underline{-\ 109.0\ \mathrm{J\ K^{-1}\ mol^{-1}}}.$

7-4 $\left(\frac{\partial \mu}{\partial p}\right)_T (\mathrm{Wasser}) - \left(\frac{\partial \mu}{\partial p}\right)_T (\mathrm{Eis}) = V_{\mathrm{m}}(\mathrm{Wasser}) - V_{\mathrm{m}}(\mathrm{Eis})$ [7.1–2e

$= (18.02\ \mathrm{g\ mol^{-1}}) \cdot \left(\frac{1}{1.000\ \mathrm{g\ cm^{-3}}} - \frac{1}{0.917\ \mathrm{g\ cm^{-3}}}\right)$

$= -1.63\ \mathrm{cm^3\ mol^{-1}} = -1.63 \cdot 10^{-3}\ \mathrm{dm^3\ mol^{-1}}.$

$1\ \mathrm{dm^3} = 0.1\ \mathrm{kJ\ bar^{-1}}$ [Aufgabe 6–5].

Daraus folgt $\left(\frac{\partial \mu}{\partial p}\right)_T (\mathrm{Wasser}) - \left(\frac{\partial \mu}{\partial p}\right)_T (\mathrm{Eis}) = \underline{-\ 1.63 \cdot 10^{-4}\ \mathrm{kJ\ mol^{-1}\ bar^{-1}}}.$

$$V_{\mathrm{m}}(\mathrm{Dampf}) - V_{\mathrm{m}}(\mathrm{Wasser}) = (18.02\ \mathrm{g\ mol^{-1}}) \cdot \left(\frac{1}{0.598 \cdot 10^{-3}\ \mathrm{g\ cm^{-3}}} - \frac{1}{0.958\ \mathrm{g\ cm^{-3}}}\right)$$

$= 30.1\ \mathrm{dm^3\ mol^{-1}} = 3.01\ \mathrm{kJ\ mol^{-1}\ bar^{-1}}.$

7-5 $\delta\mu \approx \left(\frac{\partial \mu}{\partial T}\right)_p \delta T = -S_{\mathrm{m}}\delta T$ [7.1–1]

$$\mu(\mathrm{l}, -5\ ^\circ\mathrm{C}) - \mu(\mathrm{s}, -5\ ^\circ\mathrm{C}) \approx \left\{\mu(\mathrm{l}, 0\ ^\circ\mathrm{C}) + (5\ \mathrm{K}) \cdot S_{\mathrm{m}}(\mathrm{l})\right\} - \left\{\mu(\mathrm{s}, 0\ ^\circ\mathrm{C}) + (5\ \mathrm{K}) \cdot S_{\mathrm{m}}(\mathrm{s})\right\}$$

$= (5\ \mathrm{K}) \cdot \{S_\mathrm{m}(\mathrm{l}) - S_\mathrm{m}(\mathrm{s})\}$ [$\mu(\mathrm{l}, 0\ °\mathrm{C}) = \mu(\mathrm{s}, 0\ °\mathrm{C})$]

$= (5\ \mathrm{K}) \cdot \Delta S_\mathrm{m}(\mathrm{Eis, Wasser}) = (5\ \mathrm{K}) \cdot (22.0\ \mathrm{J\ K^{-1}\ mol^{-1}})$ [Aufgabe 7–3]

$= \underline{110\ \mathrm{J\ mol^{-1}}}$. Wegen $\mu(\mathrm{l}, -5\ °\mathrm{C}) > \mu(\mathrm{s}, -5\ °\mathrm{C})$ besteht eine thermodynamische Tendenz in Richtung der Erstarrung.

7-6 $\delta\mu \approx \left(\frac{\partial\mu}{\partial T}\right)_p \delta T = V_\mathrm{m}\delta p$ [7.1–2], $\delta\mu = \left(\frac{\partial\mu}{\partial T}\right)_p \delta T = -Sm\delta T$ [siehe oben];

$\mu(\mathrm{g}, 95\ °\mathrm{C}) - \mu(\mathrm{l}, 95\ °\mathrm{C}) - \{\mu(\mathrm{g}, 100\ °\mathrm{C}) + (5\ \mathrm{K}) \cdot S_\mathrm{m}(\mathrm{g})\} - \{\mu(\mathrm{l}, 100\ °\mathrm{C}) + (5\ \mathrm{K}) \cdot S_\mathrm{m}(\mathrm{l})\}$

$= (5\ \mathrm{K}) \cdot \{S_\mathrm{m}(\mathrm{g}) - S_\mathrm{m}(\mathrm{l})\}$ $\left[\mu(\mathrm{g}, 100\ °\mathrm{C}) = \mu(\mathrm{l}, 100\ °\mathrm{C})\right]$

$= (5\ \mathrm{K}) \cdot \Delta S_\mathrm{m}(\mathrm{l} \longrightarrow \mathrm{g}) = (5\ \mathrm{K}) \cdot (109\ \mathrm{J\ K^{-1}\ mol^{-1}})$ [Aufgabe 7–3]

$= \underline{0.55\ \mathrm{kJ\ mol^{-1}}}$, d.h. bei 1 bar besteht eine Tendenz in Richtung der Kondensation.

$\mu(\mathrm{g}, 1.2\ \mathrm{bar}) - \mu(\mathrm{l}, 1.2\ \mathrm{bar}) = (0.2\ \mathrm{bar}) \cdot \Delta V_\mathrm{m}$

$= (0.2\ \mathrm{bar}) \cdot (3.01\ \mathrm{kJ\ mol^{-1}\ bar^{-1}})$ [Aufgabe 7–4]

$= \underline{0.60\ \mathrm{kJ\ mol^{-1}}}$, d.h. bei 100 °C besteht eine Tendenz in Richtung der Kondensation.

7-7 $\delta\mu \approx \left(\frac{\partial\mu}{\partial T}\right)_p \delta T + \left(\frac{\partial\mu}{\partial p}\right)_T \delta p;$

$$\delta\{\mu(\mathrm{l}) - \mu(\mathrm{s})\} = \left\{\left(\frac{\partial\mu(\mathrm{l})}{\partial T}\right)_p - \left(\frac{\partial\mu(\mathrm{s})}{\partial T}\right)_p\right\}\delta T + \left\{\left(\frac{\partial\mu(\mathrm{l})}{\partial p}\right)_T - \left(\frac{\partial\mu(\mathrm{s})}{\partial p}\right)_T\right\}\delta p$$

$= -\Delta S_\mathrm{m}(\mathrm{s} \to \mathrm{l})\delta T + \Delta V_\mathrm{m}(\mathrm{s} \to \mathrm{l})\partial p$ [Aufgaben 7–3 und 7–4].

Die Gleichgewichtsbedingung lautet $\mu(\mathrm{l}) = \mu(\mathrm{s})$;
das bedeutet $\delta\{\mu(\mathrm{l}) - \mu(\mathrm{s})\} = 0$ und ergibt schließlich

$$\delta T = \left\{\frac{\Delta V_\mathrm{m}(\mathrm{s} \to \mathrm{l})}{\Delta S_\mathrm{m}(\mathrm{s} \to \mathrm{l})}\right\}\delta p \quad \text{[auch aus 7.2–1].}$$

$\Delta V_\mathrm{m}(\mathrm{s} \to \mathrm{l}) = -1.63 \cdot 10^{-3}\ \mathrm{dm^3\ mol^{-1}} = -1.63 \cdot 10^{-4}\ \mathrm{kJ\ mol^{-1}\ bar^{-1}}$ [Aufgabe 7–4];

$\Delta S_\mathrm{m}(\mathrm{s} \to \mathrm{l}) = 22.0 \cdot 10^{-3}\ \mathrm{kJ\ K^{-1}\ mol^{-1}}$ [Aufgabe 7–3].

$$\delta T = -\frac{(1.63 \cdot 10^{-4}\ \mathrm{kJ\ mol^{-1}\ bar^{-1}}) \cdot (999\ \mathrm{bar})}{22.0 \cdot 10^{-3}\ \mathrm{kJ\ K^{-1}\ mol^{-1}}} = -7.4\ \mathrm{K}.$$

Bei 1000 bar ist also $T_\mathrm{Schm} = (273.2 - 7.4)\ \mathrm{K} = \underline{265.8\ \mathrm{K}\ (-7.4\ °\mathrm{C})}$

7-8 $\delta T = \left\{\frac{\Delta V_\mathrm{m}(\mathrm{s} \to \mathrm{l})}{\Delta S_\mathrm{m}(\mathrm{s} \to \mathrm{l})}\right\}\delta p$ [Aufgabe 7–7].

$$\Delta V_\mathrm{m}(\mathrm{s} \to \mathrm{l}) = (78.115\ \mathrm{g\ mol^{-1}}) \cdot \left(\frac{1}{0.879\ \mathrm{g\ cm^{-3}}} - \frac{1}{0.891\ \mathrm{g\ cm^{-3}}}\right)$$

$= 1.197\ \text{cm}^3\ \text{mol}^{-1} = 1.197 \cdot 10^{-4}\ \text{kJ mol}^{-1}\ \text{bar}^{-1}$ [Aufgabe 7–4]

$$\delta T = \frac{(1.197 \cdot 10^{-4}\ \text{kJ mol}^{-1}\ \text{bar}^{-1}) \cdot (999\ \text{bar})}{\left(\dfrac{10.59\ \text{kJ mol}^{-1}}{278.27\ K}\right)} = 3.14\ \text{K}.$$

Bei 1000 bar gilt also $T_{\text{Schm}} = (278.7 + 3.1)\ \text{K} = \underline{281.8\ \text{K}\ \ (8.7\ °\text{C})}.$

7-9 $\dfrac{\mathrm{d}p}{\mathrm{d}T} = \dfrac{\Delta S_\mathrm{m}}{\Delta V_\mathrm{m}} = \dfrac{\Delta H_\mathrm{m}}{T_\mathrm{s}\Delta V_\mathrm{m}}$ [7.2–1, 5.2–4], das ergibt

$$\delta T \approx \left(\frac{T_\mathrm{s}\Delta V_\mathrm{m}}{\Delta H_\mathrm{m}}\right) \cdot \mathrm{d}p.$$

$T_\mathrm{s} = 373\ \text{K}$, $\Delta V_\mathrm{m} = 30.1\ \text{dm}^3\ \text{mol}^{-1} = 3.01\ \text{kJ mol}^{-1}\ \text{bar}^{-1}$ [Aufgabe 7–4]

$\Delta H_\mathrm{m} = 40.7\ \text{kJ mol}^{-1}$ [Tabelle 4–7], $\delta p = 10\ \text{mbar} = 0.010\ \text{bar}.$

$$\delta T = \frac{(373\ \text{K}) \cdot (3.01\ \text{mol}^{-1}\ \text{bar}^{-1}) \cdot (0.010\ \text{bar})}{40.7\ \text{kJ mol}^{-1}} = \underline{0.27\ \text{K}.}$$

$T_\mathrm{s}(1023.25\ \text{mbar}) = (373.15 + 0.27)\ \text{K} = \underline{373.42\ \text{K}\ \ (100.27\ °\text{C})}$

7-10 $\mathrm{d}H = C_p\mathrm{d}T + V\mathrm{d}p$, $\mathrm{d}\Delta H = \Delta C_p\mathrm{d}T + \Delta V\mathrm{d}p$, $\dfrac{\mathrm{d}p}{\mathrm{d}T} = \dfrac{\Delta H}{T \cdot \Delta V}$ [7.2–1]

$$\mathrm{d}\Delta H = \left\{\Delta C_p + \left(\frac{\Delta H}{T \cdot \Delta V}\right) \cdot \Delta V\right\}\mathrm{d}T = \left\{\Delta C_p + \frac{\Delta H}{T}\right\}\mathrm{d}T.$$

$$T \cdot \mathrm{d}\left(\frac{\Delta H}{T}\right) = \mathrm{d}\Delta H - \left(\frac{\Delta H}{T}\right)\mathrm{d}T = \Delta C_p\mathrm{d}T, \quad \underline{\mathrm{d}\left(\frac{\Delta H}{T}\right) = \Delta C_\mathrm{p} \cdot \mathrm{d}\ln T.}$$

$$\frac{\Delta H(T)}{T} = \frac{\Delta H(T^*)}{T^*} + \int_{T^*}^{T} \Delta C_p \cdot \mathrm{d}\ln T \approx \underline{\frac{\Delta H(T^*)}{T^*} + \Delta C_p \cdot \ln\left(\frac{T}{T^*}\right).}$$

$$\frac{\mathrm{d}p}{\mathrm{d}T} = \frac{\dfrac{\Delta H}{T}}{\Delta V} - \left\{\frac{\Delta H_\mathrm{m}(T^*)}{RT^*}\right\} \cdot \mathrm{d}\ln T + \left(\frac{\Delta C_{p,\mathrm{m}}}{R}\right) \cdot \ln\left(\frac{T}{T^*}\right) \cdot \mathrm{d}\ln T.$$

$$\begin{aligned}
\ln\left(\frac{p}{p^*}\right) &\approx \left(\frac{\Delta H_\mathrm{m}(T^*)}{RT^*}\right) \cdot \ln\left(\frac{T}{T^*}\right) + \left(\frac{\Delta C_{p,\mathrm{m}}}{R}\right) \cdot \left\{\tfrac{1}{2}(\ln T)^2 - \tfrac{1}{2}(\ln T^*)^2 - (\ln T^*) \cdot \ln\left(\frac{T}{T^*}\right)\right\} \\
&\approx \left(\frac{\Delta H_\mathrm{m}(T^*)}{RT^*}\right) \cdot \ln\left(\frac{T}{T^*}\right) + \left(\frac{\Delta C_{p,\mathrm{m}}}{2R}\right) \cdot (\ln T - \ln T^*)^2 \\
&\approx \left(\frac{\Delta H_\mathrm{m}(T^*)}{RT^*}\right) \cdot \ln\left(\frac{T}{T^*}\right) + \left(\frac{\Delta C_{p,\mathrm{m}}}{2R}\right) \cdot \left\{\ln\left(\frac{T}{T^*}\right)\right\}^2 \\
&\approx \left\{\left(\frac{\Delta H_\mathrm{m}(T^*)}{RT^*}\right) + \left(\frac{\Delta C_{p,\mathrm{m}}}{2R}\right) \cdot \ln\left(\frac{T}{T^*}\right)\right\} \cdot \ln\left(\frac{T}{T^*}\right) \\
&\approx \ln\left(\frac{T}{T^*}\right)^a, \quad a = \frac{\Delta H_\mathrm{m}}{RT^*} + \frac{\Delta C_\mathrm{p}}{2R} \cdot \ln\left(\frac{T}{T^*}\right).
\end{aligned}$$

Es ist also $\dfrac{p}{p^*} \approx \left(\dfrac{T}{T^*}\right)^a$.

Für Wasser gilt $\dfrac{\Delta H_{\mathrm{m}}^*}{RT^*} = \dfrac{40.656\ \mathrm{kJ\ mol^{-1}}}{(8.314\ \mathrm{J\ K^{-1}\ mol^{-1}}) \cdot (373.15\ \mathrm{K})} = 13.104.$

$$\frac{\Delta C_{p,\mathrm{m}}}{2R} = \frac{(34.38 - 75.48)\ \mathrm{J\ K^{-1}\ mol^{-1}}}{2 \cdot (8.314\ \mathrm{J\ K^{-1}\ mol^{-1}})} = -2.472.$$

$p^* = 1$ bar, $T^* = 373.15$ K; mit der Beziehung

$$\frac{p}{p^*} = \left(\frac{T}{373.15\ \mathrm{K}}\right)^{13.104 - 2.472 \cdot \ln\left(\frac{T}{373.15\ \mathrm{K}}\right)}$$

berechnen wir die folgende Tabelle.

T/K	373.15	370	360	350	340
p/p^*	1.000	0.8947	0.6229	0.4277	0.2892

T/K	330	320	310	300
p/p^*	0.1925	0.1259	0.0809	0.0509

Diese Punkte sind in Abb. 7–1 aufgetragen.

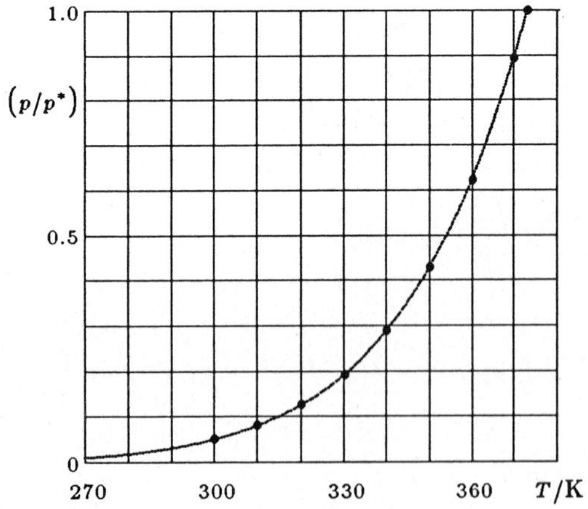

Abb. 7–1

7-11 $\delta T \approx \left(\dfrac{T_{\mathrm{t}} \cdot \Delta V_{\mathrm{m}}}{\Delta H_{\mathrm{m}}}\right) \cdot \delta p$ [Aufgabe 7–9], $\delta p = \rho g h$ [Hydrostatik].

$T_{\mathrm{t}} = 234.3$ K, $\Delta H_{\mathrm{m}} = 2.292\ \mathrm{kJ\ mol^{-1}}$, $\rho = 13.6\ \mathrm{g\ cm^{-3}}$,

$\Delta V_{\mathrm{m}} = 0.517\ \mathrm{cm^3\ mol^{-1}}$, $g = 9.81\ \mathrm{m\ s^{-2}}$, $h = 10$ m.

$$\delta T = \frac{(234.3\ \text{K}) \cdot (0.517 \cdot 10^{-6}\ \text{m}^3\ \text{mol}^{-1}) \cdot (13.6 \cdot 10^3\ \text{kg m}^{-3}) \cdot (9.81\ \text{m s}^{-2}) \cdot (10\ \text{m})}{2.292 \cdot 10^3\ \text{J mol}^{-1}}$$

$$= \underline{0.07\ \text{K}}; \quad \text{das ergibt} \quad T_{\text{Schm}} = \underline{234.4\ \text{K.}}$$

7-12 $n(\text{l}) = \dfrac{m}{M_\text{m}\ \text{g mol}^{-1}}, \quad n(\text{g}) = \dfrac{p(\text{g}) \cdot V(\text{g})}{RT}, \quad x(\text{l}) = \dfrac{n(\text{l})}{n(\text{l}) + n(\text{g})},$

$p' = px(\text{l})$ [1.2–4]

$$= \frac{pn(\text{l})}{n(\text{l}) \cdot n(\text{g})} = \frac{\left(\dfrac{pm}{M_\text{m}}\right)}{\dfrac{m}{M_\text{m}} + \dfrac{pV}{RT}}$$

$$= \frac{p \cdot \left[\dfrac{mRT}{pVM_\text{m}}\right]}{\left[\dfrac{mRT}{pVM_\text{m}}\right] + 1} = \frac{Apm}{1 + Am} \quad \text{mit} \quad A = \frac{RT}{M_\text{m}}.$$

7-13 $M_\text{r} = 154.2, \quad T = 110\ °\text{C} = 383\ \text{K}, \quad V = 5.00\ \text{dm}^3,$

$p = 1013\ \text{mbar}, \quad m = 0.32\ \text{g}.$

$$A = \frac{(0.0831\ \text{dm}^3\ \text{bar K}^{-1}\ \text{mol}^{-1}) \cdot (383\ \text{K})}{154.2 \cdot 10^{-3}\ \text{kg mol}^{-1}) \cdot (5.00\ \text{dm}^3) \cdot (1.00\ \text{bar})} = 40.8\ \text{kg.}$$

$$p' = \frac{(40.8\ \text{kg}^{-1}) \cdot (1013\ \text{mbar}) \cdot (0.32 \cdot 10^{-3}\ \text{kg})}{1 + (40.8\ \text{kg}^{-1}) \cdot (0.32 \cdot 10^{-3}\ \text{kg})} = \underline{13.1\ \text{mbar} = 1.31 \cdot 10^3\ \text{Pa.}}$$

7-14 $M_\text{r} = 154.2, \quad T = 140\ °\text{C} = 413\ \text{K}, \quad V_\text{g} = 1.000\ \text{dm}^3, \quad p = 1013\ \text{mbar}, \quad m = 243\ \text{mg}.$

$$A = \frac{(0.0831\ \text{dm}^3\ \text{bar K}^{-1}\ \text{mol}^{-1}) \cdot (413\ \text{K})}{(154.2 \cdot 10^{-3}\ \text{kg mol}^{-1}) \cdot (1.000\ \text{dm}^3) \cdot (1.013\ \text{bar})} = 220\ \text{kg}^{-1}.$$

$$p' = \frac{(220\ \text{kg}) \cdot (1013\ \text{mbar}) \cdot (243 \cdot 10^{-6}\ \text{kg})}{1 + (220\ \text{kg}^{-1}) \cdot (243 \cdot 10^{-6}\ \text{kg})} = \underline{51.5\ \text{mbar} = 5.15 \cdot 10^3\ \text{Pa.}}$$

Um ΔH_m zu erhalten, müssen wir $\dfrac{\text{d}\ln p}{\text{d}T} = \dfrac{\Delta H_{\text{Verd,m}}}{RT^2}$ [7.2–5] lösen:

$$\Delta H_{\text{Verd,m}} \approx R \cdot \left\{ \frac{\ln\left(\dfrac{p'(T_2)}{p'(T_1)}\right)}{\left(\dfrac{1}{T_1} - \dfrac{1}{T_2}\right)} \right\}.$$

$$\ln\left(\frac{p(413\ \text{K})}{p(383\ \text{K})}\right) = \ln\left(\frac{51.5\ \text{mbar}}{13.1\ \text{mbar}}\right) = 1.37;$$

$$\frac{1}{T_1} - \frac{1}{T_2} = 1.897 \cdot 10^{-4}\ \text{K.}$$

$$\Delta H_{\text{Verd,m}} \approx \frac{(8.314\ \text{J K}^{-1}\ \text{mol}^{-1}) \cdot (1.37)}{1.897 \cdot 10^{-4}\ \text{K}^{-1}} = \underline{60.0\ \text{kJ mol}^{-1}.}$$

Die Siedetemperatur erhält man, indem man $p = 1013$ mbar setzt und nach T auflöst.

$$p = p^* \cdot \exp\left\{-\frac{\Delta H_{\text{Verd,m}}}{R} \cdot \left(\frac{1}{T} - \frac{1}{T^*}\right)\right\} \quad [7.2\text{–}5];$$

$$\frac{1}{T} = \left(\frac{R}{\Delta H_{\text{Verd,m}}}\right) \cdot \left\{\frac{\Delta H_{\text{Verd,m}}}{RT^*} - \ln\left(\frac{p}{p^*}\right)\right\} = \frac{1}{T^*} - \left(\frac{R}{\Delta H_{\text{Verd,m}}}\right) \cdot \ln\left(\frac{p}{p^*}\right).$$

$$\frac{1}{T_s} = \frac{1}{413\ \text{K}} - \left(\frac{8.314\ \text{J K}^{-1}\ \text{mol}^{-1}}{60.0 \cdot 10^3\ \text{J mol}^{-1}}\right) \cdot \ln\left(\frac{1013\ \text{mbar}}{51.5\ \text{mbar}}\right) = 2.04 \cdot 10^{-3}$$

$$\underline{T_s = 498\ \text{K}.}$$

7-15 Im Gleichgewicht ist $n(\text{l}) = \frac{p(\text{l})V}{RT}$, $q = -n(\text{l})\Delta H_{\text{Verd,m}}$,

$$\Delta T = \frac{q}{C_p}; \quad \Delta H_{\text{Verd,m}} = 44.0\ \text{kJ mol}^{-1} \quad [\text{Tabelle 4–7}],$$

$$C_p = (75.5\ \text{J K}^{-1}\ \text{mol}^{-1}) \cdot \left(\frac{250\ \text{g}}{18.02\ \text{g mol}^{-1}}\right) = 1.05\ \text{kJ K}^{-1}.$$

$$n(\text{l}) = \frac{(31.7 \cdot 10^{-3}\ \text{bar}) \cdot (50.0\ \text{dm}^3)}{(0.0831\ \text{dm}^3\ \text{bar K}^{-1}\ \text{mol}^{-1}) \cdot (298\ \text{K})} = 0.064\ \text{mol}.$$

$$q = -(0.064\ \text{mol}) \cdot (44.0\ \text{kJ mol}^{-1}) = -2.82\ \text{kJ};$$

$$\Delta T = \frac{-2.82\ \text{kJ}}{1.05\ \text{kJ K}^{-1}} = 2.7\ \text{K}; \quad \text{das ergibt}$$

$$T_{\text{E}} = 25\ °\text{C} - 2.7\ °\text{C} = \underline{22\ °\text{C}.}$$

7-16 $$\frac{dn}{dt} = \frac{(1.2 \cdot 10^3\ \text{W m}^2) \cdot (50\ \text{m}^2)}{44.0 \cdot 10^3\ \text{J mol}^{-1}}$$

$$= 1.36\ \text{mol s}^{-1} \quad [1\ \text{W} = 1\ \text{J s}^{-1}].$$

Dann ist die Verdampfungs-Geschwindigkeit

$$(1.36\ \text{mol s}^{-1}) \cdot (18.02\ \text{g mol}^{-1}) = \underline{24\ \text{g s}^{-1}\ \text{bzw. } 86\ \text{kg/Stunde.}}$$

7-17 $n = \frac{pV}{RT}$; $M = nM_{\text{m}}$, $V = 75\ \text{m}^3$, $T = 298.15$ K.

$$n = \frac{(75 \cdot 10^3\ \text{dm}^3) \cdot (p/\text{mbar})}{(0.0831\ \text{dm}^3\ \text{bar K}^{-1}\ \text{mol}^{-1}) \cdot (298.15\ \text{K})}$$
$$= 3.026 \cdot (p/\text{mbar}) \quad [1\ \text{bar} = 1000\ \text{mbar}].$$

(a) Wasser: $p = 32$ mbar, $M_{\text{m}} = 18\ \text{g mol}^{-1}$,

$$n = (3.026\ \text{mol}) \cdot (32) = 97\ \text{mol}, \quad M = (97\ \text{mol}) \cdot (18\ \text{g mol}^{-1}) = \underline{1.7\ \text{kg}.}$$

(b) Benzol: $p = 131$ mbar, $M_m = 78 \text{ g mol}^{-1}$,

$n = (3.026 \text{ mol}) \cdot 131 = 395 \text{ mol}$, $M = (395 \text{ mol}) \cdot (78 \text{ g mol}^{-1}) = \underline{30.8 \text{ kg}}$.

(c) Quecksilber: $p = 2.3 \cdot 10^{-3}$ mbar, $M_m = 201 \text{ g mol}^{-1}$ (für Hg-Atome),

$n = (3.026 \text{ mol}) \cdot (2.3 \cdot 10^{-3}) = 6.9 : 10^{-3}$ mol,

$M = (6.09 \cdot 10^{-3} \text{ mol}) \cdot (201 \text{ g mol}^{-1}) = \underline{1.4 \text{ g}}$.

7-18 relative Feuchtigkeit $= \frac{p(H_2O)}{p}$ [p ist der Dampfdruck von Wasser].

Bei einer relativen Luftfeuchtigkeit von 70 % ist $p(H_2O) = 0.70 \cdot 32 \text{ mbar} = \underline{22.4 \text{ mbar}}$.

Die Masse Wasserdampf ist deshalb (1.7 kg) · (0.70) [Aufgabe 7–17a] $= \underline{1.2 \text{ kg}}$.

7-19 T_s ist die Temperatur, bei der $p(HNO_3) = 1013.25$ mbar ist.

$$\frac{\mathrm{d}\ln p}{\mathrm{d}T} = \frac{\Delta H_{\text{Verd,m}}}{RT^2} \quad [7.2\text{–}4],$$

daraus folgt $\ln p = \text{konst} - \frac{\Delta H_{\text{Verd,m}}}{RT}$ (wir haben vorausgesetzt, daß ΔH nicht von T abhängt). Damit wir $\ln p$ gegen $\frac{1}{T}$ auftragen können, berechnen wir die folgende Tabelle.

$t/°C$	0	20	40	50
p/mbar	19.2	63.9	177.3	277
T/K	273	293	313	323
$\left(\frac{1}{T\ \mathrm{K}}\right)$	0.00366	0.00341	0.00319	0.00310
$\ln(p/\text{mbar})$	2.95	4.16	5.18	5.62

$t/°C$	70	80	90	100
p/mbar	623	893	1249	1709
T/K	343	353	363	373
$\left(\frac{1}{T\ \mathrm{K}}\right)$	0.00292	0.00283	0.00275	0.00268
$\ln(p/\text{mbar})$	6.43	6.79	7.13	7.47

In Abb. 7–2 ist ln (p/mbar) gegen $\frac{1}{T}$ aufgetragen.

Die Steigung ist -4546, es ist also $\frac{\Delta H_{\text{Verd,m}}}{R} = -4546$ K; daraus folgt

$\Delta H_{\text{Verd,m}} = (4.60 \cdot (8.314 \text{ J K}^{-1} \text{ mol}^{-1}) = \underline{38.2 \text{ kJ mol}^{-1}}.$

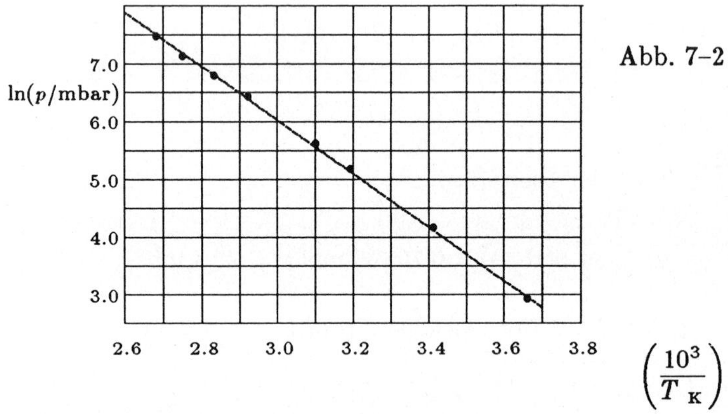

Abb. 7–2

ln 1013 = 6.92, an diesem Punkt ist $\frac{1}{T} = 2.80 \cdot 10^{-3}$ K^{-1}; daraus folgt $T_s = \underline{357 \text{ K}(84\ °\text{C})}$. Wenn man nach der Methode der kleinsten Quadrate (siehe Anhang) ln p gegen $\frac{1}{T}$ ausgleicht, erhält man dasselbe Resultat auf rein rechnerischem Wege.

7-20 Wir gehen wie in Aufgabe 7–19 vor und berücksichtigen, daß wir der angegebenen Tabelle bereits $\underline{T_s = 227.5\ °\text{C}}$ entnehmen können.

$t/°\text{C}$	57.4	100.4	133.0
p/mbar	1.33	13.3	53.3
T/K	330.6	373.6	406.2
$\left(\frac{1}{T\ \text{K}}\right)$	$3.02 \cdot 10^{-3}$	$2.68 \cdot 10^{-3}$	$2.46 \cdot 10^{-3}$
$\ln(p/\text{mbar})$	0.29	2.59	3.98

$t/°\text{C}$	157.4	203.4	227.5
p/mbar	133	533	1013
T/K	430.5	476.7	500.7
$\left(\frac{1}{T\ \text{K}}\right)$	$2.32 \cdot 10^{-3}$	$2.10 \cdot 10^{-3}$	$2.00 \cdot 10^{-3}$
$\ln(p/\text{mbar})$	4.89	6.28	6.92

Wir tragen jetzt $\ln(p/\text{mbar})$ gegen $\frac{1}{T}$ in Abb. 7–3 auf, dort können wir die Steigung $-6.6 \cdot 10^3$ ablesen; daraus folgt

$$\frac{-\Delta H_{\text{Verd,m}}}{R} = -6.6 \cdot 10^3 \text{ K}.$$

$$\Delta H_{\text{Verd,m}} = (6.6 \cdot 10^3 \text{ K}) \cdot (8.314 \text{ J K}^{-1} \text{ mol}^{-1}) = \underline{55 \text{ kJ mol}^{-1}}.$$

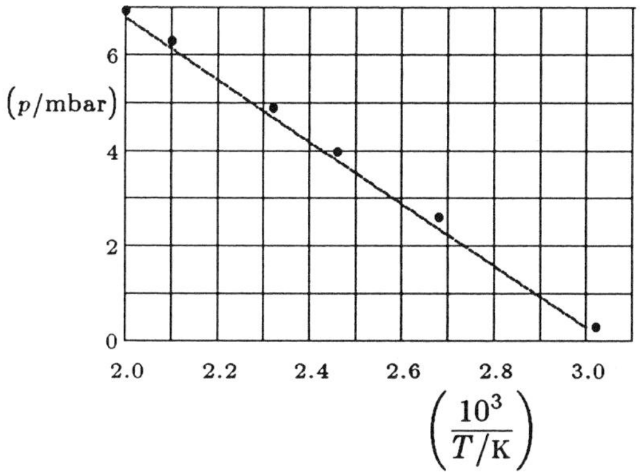

Abb 7–3

7-21 $p_{\text{Atmosphäre}}(h) = p_0 \cdot \exp\left(-\frac{M_\text{m} g h}{RT}\right)$ [Aufgabe 1–31, die Werte beziehen sich auf Luft].

$$p(H_2O, T) = p^* \cdot \exp\left\{-\frac{\Delta H_{\text{Verd,m}}}{R} \cdot \left(\frac{1}{T} - \frac{1}{T^*}\right)\right\}$$ [7.2–5, die Werte beziehen sich auf die Probe].

$T = T_\text{s}$ sei der normale Siedepunkt, dort ist $p^* = 1.013$ bar. $T = T_\text{h}$ sei der Siedepunkt in der Höhe h. Der Dampfdruck $p(H_2O, T)$ ist gleich dem Druck der Atmosphäre in der Höhe h: $p(H_2O, T) = p(h)$, dann ist T in Gl. 7.2–5 gerade der gesuchte Siedepunkt T_h. Mit $p_0 = p^*$ und $p_{\text{Atmosphäre}}(h) = p(T)$ erhalten wir jetzt

$$\exp\left(-\frac{M_\text{m} g h}{R T_{\text{Atmosphäre}}}\right) = \exp\left\{-\frac{\Delta H_{\text{Verd,m}}}{R} \cdot \left(\frac{1}{T_\text{h}} - \frac{1}{T_\text{s}}\right)\right\}.$$

Daraus folgt $\frac{1}{T_\text{h}} = \frac{1}{T_\text{b}} + \frac{M_\text{m} g h}{T_{\text{Atmosphäre}} \cdot \Delta H_{\text{Verd,m}}}$ [M_m ist die molare Masse von Luft].

$h = 3000$ m, $M_\text{r} = 29$, $g = 9.81 \text{ m s}^{-2}$,

$T_\text{s} = 373$ K, $T_{\text{Atmosphäre}} = 293$ K, $\Delta H_{\text{Verd,m}} = 40.7 \text{ kJ mol}^{-1}$.

$$\frac{1}{T_\text{h}} = \frac{1}{373 \text{ K}} + \frac{(29 \cdot 10^{-3} \text{ kg mol}^{-1}) \cdot (9.81 \text{ m s}^{-2}) \cdot (30.5 \cdot 10^3 \text{ m})}{(293 \text{ K}) \cdot (40.7 \cdot 10^3 \text{ J mol}^{-1})}$$

$$= \frac{1}{373 \text{ K}} + \frac{1}{1.38 \cdot 10^4 \text{ K}} = 2.75 \cdot 10^{-3} \text{ K}^{-1}, \quad \text{also} \quad T_\text{h} = \underline{363 \text{ K } (90\ ^\circ\text{C})}.$$

7-22 $\log(p/\text{mbar}) = b - \frac{0.05223 \cdot a}{T/\text{K}}$ [vorgegeben].

$$\ln(p/\text{mbar}) = \text{konst} - \frac{\Delta H_{\text{Verd,m}}}{RT} \quad [7.2\text{–}5].$$

(Wenn man p in anderen Einheiten mißt, braucht nur die Konstante geändert zu werden.)

$$\log(p/\text{mbar}) = \frac{1}{2.303} \cdot \ln(p/\text{mbar})) = \text{konst'} - \frac{\Delta H_{\text{Verd,m}}}{2.303 \cdot RT}$$

$$= \text{konst'} - \left(\frac{\Delta H_{\text{Verd,m}}}{2.303 \cdot R}\right) \cdot \left(\frac{1}{T}\right).$$

$$\left(\frac{\Delta H_{\text{Verd,m}}}{2.303 \cdot R}\right) /\text{K} = 0.05223 \cdot a.$$

$$\Delta H_{\text{Verd,m}} = (0.05223 \cdot a \text{ K}) \cdot (2.303 \cdot R) = 0.1203 \cdot R \cdot (a \text{ K}) = \underline{a \text{ J mol}^{-1}.}$$

Für Phosphor ist $a = 63123$ und $b = 9.7760$;

$$\log(p/\text{mbar}) = 9.7760 - \frac{(0.05223) \cdot (63123)}{298} = -1.29;$$

daraus folgt $p = \underline{0.051 \text{ mbar}.}$

$$\Delta H_{\text{Verd,m}} = \underline{63.1 \text{ kJ mol}^{-1}.}$$

7-23 Eis hat bei -5 °C einen Dampfdruck von 0.004 bar (4 mbar) [Beispiel 7–3]. Deshalb bildet sich Reif. Die Reifbildung erfolgt bei dieser Temperatur immer, wenn der Wasserdampf-Partialdruck grösser als 4 mbar ist.

7-24 (a) Grenzlinie Fest-Flüssig:

$$p = p^* + \frac{\Delta H_{\text{Schm,m}}}{\Delta V_{\text{Schm,m}}} \cdot \ln\left(\frac{T}{T^*}\right) \quad [7.2\text{–}2].$$

(b) Grenzlinie Flüssig-Gasförmig:

$$p = p^* \cdot \exp\left\{-\frac{\Delta H_{\text{Verd,m}}}{R} \cdot \left(\frac{1}{T} - \frac{1}{T^*}\right)\right\} \quad [7.2\text{–}5].$$

(c) Grenzlinie Gasförmig-Fest:

$$p = p^* \cdot \exp\left\{-\frac{\Delta H_{\text{Subl,m}}}{R} \cdot \left(\frac{1}{T} - \frac{1}{T^*}\right)\right\} \quad [7.2\text{–}6].$$

$$\Delta H_{\text{Schm,m}} = 10.6 \text{ kJ mol}^{-1}, \qquad \Delta H_{\text{Verd,m}} = 30.8 \text{ kJ mol}^{-1},$$

$$\Delta H_{\text{Sub,m}} = \Delta H_{\text{Schm,m}} \cdot \Delta H_{\text{Verd,m}} = 41.4 \text{ kJ mol}^{-1},$$

$$\Delta V_{\text{Schm,m}} = (78.12 \text{ g mol}^{-1}) \cdot \left(\frac{1}{0.899 \text{ g cm}^{-3}} - \frac{1}{0.91 \text{ g cm}^{-3}}\right)$$

$$= 1.05 \text{ cm}^3 \text{ mol}^{-1}.$$

(a) $p = p^* + \left(\dfrac{10.6 \text{ kJ mol}^{-1}}{1.05 \cdot 10^{-6} \text{ m}^3 \text{ mol}^{-1}}\right) \cdot \ln\left(\dfrac{T}{T^*}\right)$

$= p^* + (1.010 \cdot 10^{10} \text{ N m}^{-2} \cdot \ln\left(\dfrac{T}{T^*}\right) \quad [1 \text{ J} = 1 \text{ N m}]$

Mit $(p^*,\ T^*) = (48 \text{ mbar},\ 5.50\ °\text{C})$ berechnen wir jetzt die folgende Tabelle.

$t/°$C	5.0	5.2	5.3	5.4
p/mbar	$-1.81 \cdot 10^5$	$-1.09 \cdot 10^5$	$-7.25 \cdot 10^4$	$-3.62 \cdot 10^4$

$t/°$C	5.5	5.6	5.7
p/mbar	48	$3.63 \cdot 10^4$	$7.25 \cdot 10^4$

In Abb. 7–4 sind diese Punkte als Linie a aufgetragen.

(b) $p = p^* \cdot \exp\left\{-(370 \text{ K}) \cdot \left(\dfrac{1}{T} - \dfrac{1}{T^*}\right)\right\}$.

Mit $(p^*,\ T^*) = (48 \text{ mbar},\ 5.50\ °\text{C}\ [278.65 \text{ K}])$ berechnen wir die folgende Tabelle.

$t/°$C	−10.0	−5.0	0	5.0	10.0	15.0
p/mbar	22	28.5	36.7	46.9	59.5	74.4

Diese Werte sind in Abb. 7–4 als Linie b aufgetragen.

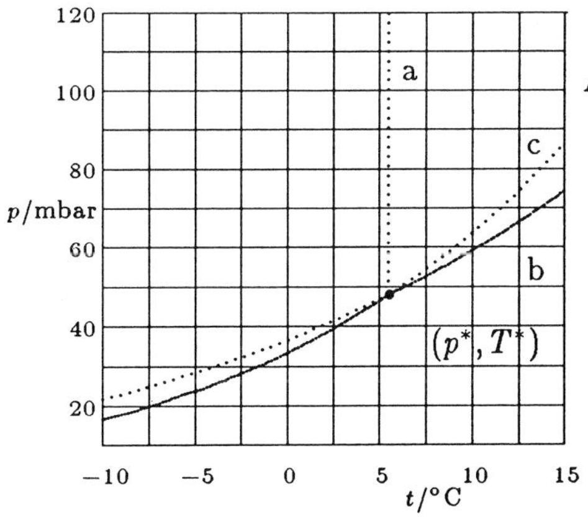

Abb. 7–4

(c) $p = p^* \cdot \exp\left\{-(4949 \text{ K}) \cdot \left(\dfrac{1}{T} - \dfrac{1}{T^*}\right)\right\}$.

Mit $(p^*, T^*) = (48 \text{ mbar}, 5.50\ °\text{C})$ berechnen wir die folgende Tabelle.

$t/°\text{C}$	−10.0	−5.0	0	5.0	10.0	15.0
p/mbar	21.9	28.5	36.7	46.9	59.3	74.4

Diese Werte sind in Abb. 7–4 als Linie c aufgetragen.

7-25 Wenn man den Dampf von 400 K auf 373 K abkühlt, wird das Volumen kleiner. Bei 373 K kondensiert der Dampf zur Flussigkeit, wenn man den Druck von 1.013 bar aufrechterhält. Dabei erfolgt eine sehr grose Volumen-Kontraktion. Beim weiteren Abkühlen nimmt das Volumen der Flüssigkeit weiter ab, bis sie bei 273 K erstarrt. Die Richtung der Neigung der Fest-Flüssig-Kurve weist darauf hin, daß beim Erstarren eine Volumen-Zunahme erfolgt (bei konstantem Druck). Bei 260 K liegt nur Eis vor. Die Abkühlungskurve läßt zwei Haltepunkte erkennen: einer liegt bei 373 K, dort werden 40 kJ mol^{-1} Wärme abgeführt, der andere bei 273 K, dort werden 6 kJ mol^{-1} Warme abgeführt.

7-26 0.006 bar ist der Tripelpunkts-Druck (siehe Abb. 7–6 im Buch). Wenn man bei diesem Druck den Dampf von 400 K auf 273.16 K abkühlt, tritt nur eine starke Volumen-Abnahme auf. Bei 273.16 K bildet sich direkt Eis, dabei erfolgt eine sehr starke Volumen-Abnahme.

7-27 Siehe dazu Abb. 7–5. (a) Das Gas dehnt sich aus. (b) Das Gas kontrahiert sich, bleibt aber Gas, denn 320 K liegt oberhalb der kritischen Punktes [Tabelle 1–2]. (c) Das Gas kontrahiert sich und geht in eine Flüssigkeit über, ohne daß man einen (diskontinuierlichen) Phasenübergang beobachten kann. (d) Das Volumen der Flüssigkeit nimmt etwas zu, wenn der Druck verkleinert wird. (e) Die Flüssigkeit wird abgekühlt und erstarrt, dabei wird das Volumen kleiner. (f) Verkleinert man den Druck, so dehnt sich der Festkörper etwas aus, wenn der Druck 5 bar erreicht, sublimiert er. (g) Wenn man das Gas bei 298 K und konstantem Druck erwärmt, dehnt es sich aus.

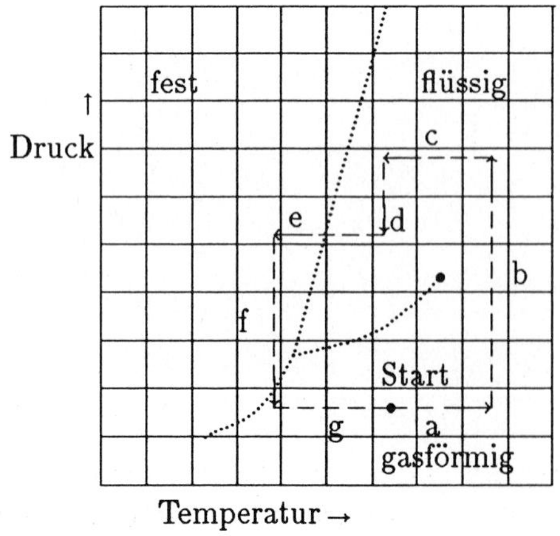

Abb. 7–5

7-28 $c_0 = \dfrac{T_k}{T_w - T_k}$; $T_w = 293$ K, $T_k =$ (a) 273 K, (b) 263 K.

$c_0 = \text{(a)}\ \frac{273}{20} = \underline{13.7}, \quad \text{(b)}\ \frac{263}{30} = \underline{8.8.}$

7-29 $c_0 = \frac{q_k}{w_{rev}}$ [Abschnitt 7.5a], $q_k = n\Delta H_{Schm,m}$, $w_{min} = w_{rev} = \frac{q_k}{c_0}$

$$= \frac{n\Delta H_{Schm,m}}{c_0}.$$

$\Delta H_{Schm,m} = 6.01\ \text{kJ mol}^{-1}, \quad n = \frac{250\ \text{g}}{18.02\ \text{g mol}^{-1}} = 13.9\ \text{mol};$

$c_0 = 13.7$ [Aufgabe 7-28].

$$w_{min} = \frac{(13.9\ \text{mol}) \cdot (6.01\ \text{kJ mol}^{-1})}{13.7} = \underline{6.10\ \text{kJ.}}$$

Diese Arbeit kann in $\frac{6.10 \cdot 10^3\ \text{J}}{100\ \text{J s}^{-1}} = 61\ \text{s}$ zugeführt werden.
Es dauert also mindestens $\underline{61\ \text{s.}}$

7-30 $c_0(T_k) = \frac{T_k}{T_w - T_k}$ [7.5-1], $\mathrm{d}q_k = -C_p \mathrm{d}T$.

$$\mathrm{d}w_{min}(T_k) = \frac{\mathrm{d}q_k}{c_0(T_k)} = \frac{-C_p(T_k) \cdot \mathrm{d}T_k}{c_0(T_k)}.$$

$$w_{min} = -\int_{T_A}^{T_E} C_p(T_k) \cdot \left(\frac{T_w - T_k}{T_k}\right) \cdot \mathrm{d}T_k \approx -C_p \int_{T_A}^{T_E} \left(\frac{T_w}{T_k} - 1\right) \cdot \mathrm{d}T_k$$

$$= \underline{C_p \cdot \left\{(T_E - T_A) - T_w \cdot \ln\left(\frac{T_E}{T_A}\right)\right\}.}$$

7-31 $w_{min} = w(T_A \to T_E) + w_{min}(\text{Gefrieren bei } T_E);$

$$w_{min}(\text{Abkühlung}) = C_p \cdot \left\{(T_E - T_A) - T_w \cdot \ln\left(\frac{T_E}{T_A}\right)\right\} \quad \text{[Aufgabe 7-30];}$$

$$= -(13.9\ \text{mol}) \cdot (75.5\ \text{J K}^{-1}\ \text{mol}^{-1}) \cdot \left\{20\ \text{K} + (293\ \text{K}) \cdot \ln\left(\frac{273}{293}\right)\right\}$$

[Tabelle 4-7]

$$= 0.75\ \text{kJ}.$$

$w_{min}(\text{Gefrieren}) = 6.10\ \text{kJ}$ [Aufgabe 7-29].

$w_{min} = \underline{6.85\ \text{kJ},}$ das kann in $\frac{6.85\ \text{kJ}}{100\ \text{J s}^{-1}} = \underline{69\ \text{s}}$ zugefuhrt werden.

Wenn man von Wasser von 25 °C ausgeht und eine Raumtemperatur von 20 °C voraussetzt, braucht man nicht mehr Arbeit, weil die Abkühlung von 25 °C auf 20 °C unter diesen Bedingungen spontan verläuft.

7-32 $c_0 = \frac{T_k}{T_w - T_k}, \quad w_{min} = \frac{q}{c_0} = \frac{nC_{p,m}\Delta T}{c_0}.$

$T_\mathrm{w} = 1.20\ \mathrm{K}, \quad (T_\mathrm{k})_\mathrm{gemittelt} = \frac{1}{2}(1.10\ \mathrm{K} + 0.10\ \mathrm{K}) = 0.60\ \mathrm{K}.$

$$c_0 = \left(\frac{0.60\ \mathrm{K}}{1.20\ \mathrm{K} - 0.60\ \mathrm{K}}\right) = 1.00.$$

$$n = \left(\frac{1.0\ \mathrm{g}}{63.5\ \mathrm{g\ mol^{-1}}}\right) = 0.016\ \mathrm{mol}.$$

$$w_\mathrm{min} = \frac{(0.016\ \mathrm{mol}) \cdot (3.9 \cdot 10^{-5}\ \mathrm{J\ K^{-1}\ mol^{-1}}) \cdot (0.60\ \mathrm{K})}{1.00} = \underline{3.7 \cdot 10^{-7}\ \mathrm{J}}.$$

7-33 $w_\mathrm{min} = -n \int_{T_\mathrm{A}}^{T_\mathrm{E}} C_p(T_\mathrm{k}) \cdot \left(\frac{T_\mathrm{w} - T_\mathrm{k}}{T_\mathrm{k}}\right) \cdot \mathrm{d}T_\mathrm{k}$ [Aufgabe 7–30]

$$= -n \int_{T_\mathrm{A}}^{T_\mathrm{E}} (AT_\mathrm{k}^2 + B)(T_\mathrm{w} - T_\mathrm{k}) \cdot \mathrm{d}T_\mathrm{k}$$

$$= n\left\{\tfrac{1}{4}A(T_\mathrm{E}^4 - T_\mathrm{A}^4) - \tfrac{1}{3}A(T_\mathrm{E}^3 - T_\mathrm{A}^3) \cdot T_\mathrm{w} + \tfrac{1}{2}B(T_\mathrm{E}^2 - T_\mathrm{A}^2) - B(T_\mathrm{E} - T_\mathrm{A}) \cdot T_\mathrm{w}\right\}.$$

$n = 0.016\ \mathrm{mol}, \quad A = 4.82 \cdot 10^{-5}\ \mathrm{J\ K^{-4}\ mol^{-1}}, \quad B = 6.88 \cdot 10^{-4}\ \mathrm{J\ K^{-2}\ mol^{-1}},$

$T_\mathrm{w} = 1.20\ \mathrm{K}, \quad T_\mathrm{A} = 1.10\ \mathrm{K}, \quad T_\mathrm{E} = 0.10\ \mathrm{K}.$

$w_\mathrm{min} = (0.016\ \mathrm{mol}) \cdot (4.21 \cdot 10^{-4}\ \mathrm{J\ mol^{-1}}) = \underline{6.7 \cdot 10^{-6}\ \mathrm{J}}.$

7-34 $T_\mathrm{E} = 10^{-6}$ K, die anderen Werte wie in Aufgabe 7–32.

$w_\mathrm{min} = (5.00 \cdot 10^{-4}\ \mathrm{J\ mol^{-1}}) \cdot (0.016\ \mathrm{mol}) = \underline{8.0 \cdot 10^{-6}\ \mathrm{J}}.$

Eine Kältemaschine mit der Leistung 1 μW leistet pro Sekunde 10^{-6} J [$1\ \mathrm{W} = 1\ \mathrm{J\ s^{-1}}$]; für $8 \cdot 10^{-6}$ J werden also $\underline{8\ \mathrm{s}}$ gebraucht.

7-35 (a) Die Abkühlung erfolgt spontan, deshalb braucht man keine Arbeit aufzuwenden.

(b) $c_0 = \frac{T_\mathrm{k}}{T_\mathrm{w} - T_\mathrm{k}}, \quad T_\mathrm{w} = 303\ \mathrm{K},$

für $T_\mathrm{k} = 22\ °\mathrm{C}$ (295 K) ergibt sich $c_0 = 37$,

für $T_\mathrm{k} = 26\ °\mathrm{C}$ (299 K) erhalten wir als genäherten Mittelwert $c_0 = 75$.

$$w_\mathrm{min} = \frac{nC_{p,\mathrm{m}}\Delta T}{c_0}.$$

$$n = \frac{(75\ \mathrm{m^3}) \cdot (1.2 \cdot 10^{-3}\ \mathrm{g\ m^{-3}})}{29\ \mathrm{g\ mol^{-1}}} = 3.1 \cdot 10^3\ \mathrm{mol}.$$

$$w_\mathrm{min} = \frac{(3.1 \cdot 10^3\ \mathrm{mol}) \cdot (29\ \mathrm{J\ K^{-1}\ mol^{-1}}) \cdot (8\ \mathrm{K})}{75} = \underline{9.6\ \mathrm{kJ}}.$$

7-36 $w_{\text{min}} = \dfrac{q_k}{c_0}, \quad \dfrac{\mathrm{d}w_{\text{min}}}{\mathrm{d}t} = \dfrac{1}{c_0} \cdot \left(\dfrac{\mathrm{d}q_k}{\mathrm{d}t}\right).$

$$c_0 = \frac{T_k}{T_w - T_k} = \frac{298}{5} = 59.6.$$

$\dfrac{\mathrm{d}q_k}{\mathrm{d}t} = 1\ \text{kW}$ (die Geschwindigkeit, mit der Wärme zugeführt werden muß),

also wird die Arbeitsleistung $\dfrac{\mathrm{d}w_{\text{min}}}{\mathrm{d}t} = \dfrac{1\ \text{kW}}{59.9} = \underline{17\ \text{W}}$ benötigt.

Für diesen Wärmetransport braucht man also nur relativ wenig Energie in Form von Arbeit; darauf beruht das Prinzip der Wärmepumpe.

7-37 Radius eines Tropfens: a;

seine Oberfläche: $4\pi a^2$, sein Volumen: $\frac{4}{3}\pi a^3$.

Radius eines Moleküls: $r = 120 \cdot 10^{-12}$ m,

ein Molekül besetzt in der Oberfläche die Fläche πr^2,

ein Molekül besetzt das Volumen $\frac{4}{3}\pi r^3$.

$$\frac{\text{Anzahl der Moleküle in der Oberfläche}}{\text{Anzahl der Moleküle im Tropfen}} = \frac{\left(\dfrac{4\pi a^2}{\pi r^2}\right)}{\left(\dfrac{\text{bruch}43\pi a^3}{\frac{4}{3}\pi r^3}\right)} = \frac{4r}{a} = \frac{4.8 \cdot 10^{-10}\ \text{m}}{a}.$$

(a) $a = 10^{-5}$ mm, Verhältnis = $\underline{4.8 \cdot 10^{-2}\ (1 : 21)},$

(b) $a = 10^{-2}$ mm, Verhältnis = $\underline{4.8 \cdot 10^{-5}\ (1 : 21000)},$

(c) $a = 1.0$ mm, Verhältnis = $\underline{4.8 \cdot 10^{-7}\ (1 : 2.1 \cdot 10^6)}.$

7-38 $\Delta A = \gamma \Delta\sigma$ [7.6–2], $V_A = \dfrac{M}{\rho}$, $M = 100$ g, $\rho = 0.88\ \text{g cm}^{-3}$.

Volumen aller Tropfen: $N\frac{4}{3}\pi r^3 = \dfrac{M}{\rho}$, Anzahl der Tropfen: $N = \dfrac{3M}{4\pi\rho r^3}$.

$$\left.\begin{array}{l} \text{Oberfläche der Tropfen} = 4pr^2 N = \dfrac{3M}{\rho r} \\ \text{Oberfläche der Ausgangsprobe} \approx 0 \end{array}\right\} \Delta\sigma = \frac{3M}{\rho r}.$$

$$\Delta A = \gamma\Delta\sigma = \frac{3M\gamma}{\rho r}, \quad w = \gamma\Delta\sigma \quad [7.6\text{–}1].$$

$$\Delta A = \frac{3 \cdot (100\ \text{g}) \cdot (2.8 \cdot 10^{-2}\ \text{N m}^{-1})}{(0.88\ \text{g cm}^{-3}) \cdot (10^{-6}\ \text{m})} = 9.5 \cdot 10^6\ \text{N m}^{-2}\ \text{cm}^3$$

$$= 9.5\ \text{N m} = \underline{9.5\ \text{J}}, \quad w = \Delta A = \underline{9.5\ \text{J}}.$$

7-39 $p(\text{Tropfen}) = p(\text{Fl}) \cdot \exp\left\{\frac{2\gamma V_\text{m}}{rRT}\right\}$ [7.6–5]

(p(Fl) ist der Dampfdruck der kompakten Flüssigkeit [engl. bulk].

$$V_\text{m} = \frac{M_\text{m}}{\rho} = \frac{78.12\ \text{g mol}^{-1}}{0.88\ \text{g cm}^{-3}} = 89\ \text{cm}^3\ \text{mol}^{-1}.$$

$$\frac{2\gamma V_\text{m}}{RT} = \frac{2 \cdot (2.8 \cdot 10^{-2}\ \text{N m}^{-1}) \cdot (89 \cdot 10^{-6}\ \text{m}^3\ \text{mol}^{-1})}{2.48 \cdot 10^3\ \text{J mol}^{-1}}$$

$$= 2.01 \cdot 10^{-9}\ \text{m}.$$

(a) $r = 10\ \mu\text{m} = 1.0 \cdot 10^{-5}$ m,

$$\frac{p(\text{Tropfen})}{p(\text{Fl})} = \text{e}^{2.01 \cdot 10^{-2}} = \underline{1.020.}$$

7-40 $M = nM_\text{r}\ \text{g mol}^{-1} = \left(\frac{pVM_\text{r}}{RT}\right)\ \text{g mol}^{-1}$ [Aufgabe 7–17]

$p = 133$ mbar $= 0.133$ bar, $V = 10\ \text{dm}^3$, $T = 333$ K, $M_\text{r} = 100.2$.

$$M = \frac{(0.133\ \text{bar}) \cdot (10\ \text{dm}^3) \cdot (100.2\ \text{g mol}^{-1})}{(0.0831\ \text{dm}^3\ \text{bar K}^{-1}\ \text{mol}^{-1}) \cdot (333\ \text{K})} = \underline{4.8\ \text{g.}}$$

$$p(\text{Tropfen}) = p(\text{Fl}) \cdot \exp\left\{\frac{2\gamma V_\text{m}}{rRT}\right\}. \quad [7.6\text{–}5].$$

Das ergibt $M(\text{Tropfen}) = M(\text{Flüssigkeit}) \cdot \exp\left\{\frac{2\gamma V_\text{m}}{rRT}\right\}$.

$\gamma \approx 2.8 \cdot 10^{-2}\ \text{N m}^{-1}$ [von Benzol], $\rho(\text{l}) = 0.879\ \text{g cm}^{-3}$,

$$V_\text{m} = \frac{100.2\ \text{g mol}^{-1}}{0.879\ \text{g cm}^{-3}} = 114.0\ \text{cm}^3\ \text{mol}^{-1},$$

$$\frac{2\gamma V_\text{m}}{rRT} = \frac{2 \cdot (2.8 \cdot 10^{-2}\ \text{N m}^{-1}) \cdot (114.0 \cdot 10^{-6}\ \text{m}^3\ \text{mol}^{-1})}{(1.0\ 10^{-7}\ \text{m}) \cdot (8.314\ \text{J K}^{-1}\ \text{mol}^{-1}) \cdot (333\ \text{K})} = 0.023.$$

Es ist also $M(\text{Tropfen}) \approx (4.8\ \text{g}) \cdot \text{e}^{0.023} = \underline{4.9\ \text{g.}}$

7-41 $h = \frac{2\gamma}{\rho g r}$ [7.6–7] $T_1 = 20\ °\text{C}$.

$$h(20\ °\text{C}) = \left(\frac{2 \cdot (7.28 \cdot 10^{-2}\ \text{N m}^{-1})}{(0.988 \cdot 10^{-3}\ \text{kg m}^{-3}) \cdot (9.81\ \text{m s}^{-1})}\right) \cdot \left(\frac{1}{r}\right) = \left(\frac{1.49 \cdot 10^{-5}\ \text{m}^2}{r}\right).$$

(a) $r = 1.0$ mm, $h = \frac{1.49 \cdot 10^{-5}\ m^2}{1.0 \cdot 10^{-3}\ \text{m}} = 1.49 \cdot 10^{-2}\ \text{m} = \underline{1.5\ \text{cm.}}$

(b) $r = 0.10$ mm, $h = 15 \cdot 10^{-1}\ \text{m} = \underline{15\ \text{cm.}}$

$$h(100\ °\mathrm{C}) = \left(\frac{2 \cdot (5.80 \cdot 10^{-2}\ \mathrm{N\ m^{-1}})}{(0.958 \cdot 10^{-3}\ \mathrm{kg\ m^{-3}}) \cdot (9.81\ \mathrm{m\ s^{-1}})}\right) \cdot \left(\frac{1}{r}\right) = \left(\frac{1.23 \cdot 10^{-5}\ \mathrm{m^2}}{r}\right).$$

(a) $r = 1.0$ mm, $h = 1.2 \cdot 10^{-2}$ m = $\underline{1.2\ \mathrm{cm.}}$

(b) $r = 0.10$ mm, $h = 1.2 \cdot 10^{-1}$ m = $\underline{12\ \mathrm{cm.}}$

7-42 $h = \dfrac{2\gamma}{\rho g r}$ [7.6–7]

$$= \frac{2 \cdot (2.189 \cdot 10^{-2}\ \mathrm{N\ m^{-1}})}{(0.780 \cdot 10^{3}\ \mathrm{kg\ m^{-3}}) \cdot (9.81\ \mathrm{m\ s^{-2}}) \cdot (0.10 \cdot 10^{-3}\ \mathrm{m})} = 0.058\ \mathrm{m} = \underline{5.8\ \mathrm{cm.}}$$

Druck $= \dfrac{2\gamma}{r}$ [Abschnitt 7.6c]

$$= \frac{2 \cdot (2.189 \cdot 10^{-2}\ \mathrm{N\ m^{-1}}}{0.10 \cdot 10^{-3}\ \mathrm{m}}$$

$$= \underline{440\ \mathrm{N\ m^{-2}}\ (0.0044\ \mathrm{bar}).}$$

7-43 Die Oberfläche ist nur in radialer Richtung gekrümmt, in Umlaufrichtung dagegen flach, vgl. Abb. 7–6. Deshalb ist die Druckdifferenz hier nur $\dfrac{\gamma}{r}$ anstelle von $\dfrac{2\gamma}{r}$, wobei $2r$ der Abstand zwischen dem Stab und dem Rohr ist. Dann gilt $h = \dfrac{\gamma}{\rho g r}$ und $r = 0.0050$ cm.

$$h = \frac{7.28 \cdot 10^{-2}\ \mathrm{N\ m^{-1}}}{(0.998 \cdot 10^{3}\ \mathrm{kg\ m^{-3}}) \cdot (9.81\ \mathrm{m\ s^{-2}}) \cdot (5.0\ 10^{-5}\ \mathrm{m})}$$

$$= \underline{0.15\ \mathrm{m}\ (15\ \mathrm{cm}).}$$

Abb. 7–6

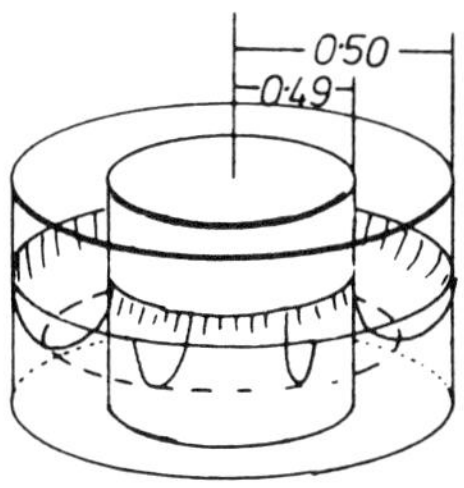

7-44 Wir betrachten die Oberfläche als Teil einer Kugelfläche. Deren Radius bezeichnen wir mit R, denjenigen des Rohres mit r (vgl. Abb. 7–7). Trigonometrisch erhalten wir $\frac{r}{R} = \sin(90^0 - \vartheta) = \cos\vartheta$. Es gilt also $R = \frac{r}{\cos\vartheta}$. R setzen wir in die Laplacesche Formel für den Druck ein $\left(\frac{2\gamma}{R}\right)$, und mit derselben Überlegung wir in Abschnitt 7.6c erhalten wir dann

$$h = \frac{2\gamma}{\rho g R} = \frac{2\gamma \cdot \cos\vartheta}{\rho g r}.$$

Abb. 7–7

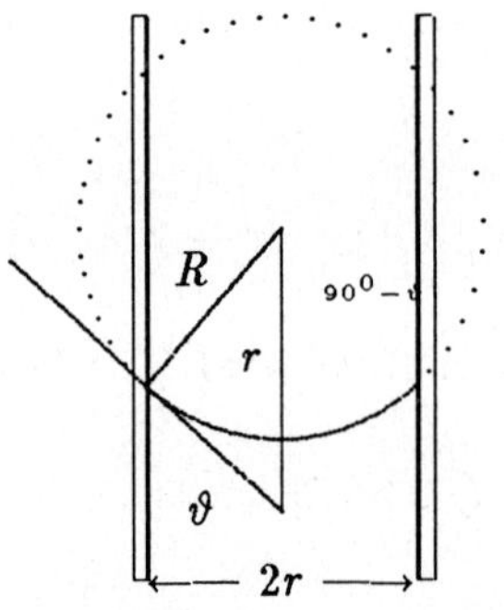

7-45 $\mathrm{d}\mu = -S\mathrm{d}T + \gamma\mathrm{d}\sigma + V\mathrm{d}p$

$$= V\mathrm{d}p + \gamma\mathrm{d}\sigma \qquad \text{bei } T = \text{konst.}$$

$$\left(\frac{\partial V}{\partial \sigma}\right)_T = \left(\frac{\partial g}{\partial p}\right)_{\sigma,T}$$

[T = konst, $\delta\mu$ ist ein vollständiges Differential, Formel 4 in Kasten 3–1].

Für kugelförmige Tropfen gilt $V = \frac{4}{3}\pi r^3$, $\sigma = 4\pi r^2$.

$$\frac{\mathrm{d}V}{\mathrm{d}\sigma} = \left(\frac{\mathrm{d}V}{\mathrm{d}r}\right) \cdot \left(\frac{\mathrm{d}r}{\mathrm{d}\sigma}\right) = \frac{\left(\frac{\mathrm{d}V}{\mathrm{d}r}\right)}{\left(\frac{\mathrm{d}\sigma}{\mathrm{d}r}\right)} = \frac{4\pi r^2}{8\pi} = \frac{1}{2}r.$$

Das ergibt $\left(\frac{\partial\gamma}{\partial p}\right)_{\sigma,T} = \frac{1}{2}r$ oder $\mathrm{d}\gamma = \frac{1}{2}r\mathrm{d}p$, Integration liefert

$$\gamma = \frac{1}{2}r \cdot (p_{\text{innen}} - p_{\text{außen}}) \quad \text{oder} \quad p_{\text{innen}} - p_{\text{außen}} = \frac{2\gamma}{r}, \quad \text{wie behauptet.}$$

7-46 $\frac{\mathrm{d}}{\mathrm{d}T}mv = F$ [Newton]. m und F hängen beide von der Zeit ab:

$m(t) = (\text{Volumen}) \cdot (\text{Dichte}) = (\pi r^2 \delta) \cdot r.$

$F(t) = 2 \cdot (\text{Umfang}) \cdot (\text{Oberflächenspannung})$

$\quad = 2 \cdot (2\pi r) \cdot \gamma = 4\pi r\gamma.$

$$\left(\frac{\mathrm{d}}{\mathrm{d}t}\right)\left[\pi r^2 \delta \rho v\right] = 4\pi r\gamma \quad \text{oder} \quad \left(\frac{\mathrm{d}}{\mathrm{d}t}\right)\left(r^2 v\right) = \frac{4r\gamma}{\rho\delta}.$$

Wir vernachlässigen Trägheitseffekte; dann wird

$$\left(\frac{\mathrm{d}}{\mathrm{d}t}\right)\left(r^2 v\right) \approx 2rv \cdot \frac{\mathrm{d}r}{\mathrm{d}t} = 2rv^2 = \frac{4r\gamma}{\rho\delta} \quad \text{oder} \quad v \approx \sqrt{\frac{2\gamma}{\delta\rho}}.$$

(a) $v \approx \sqrt{\dfrac{2 \cdot (7.2 \cdot 10^{-2}\ \mathrm{N\ m^{-1}})}{\delta \cdot (10^3\ \mathrm{kg\ m^{-3}})}} = \dfrac{0.01\ \mathrm{m\ s^{-1}}}{\sqrt{\delta/\mathrm{m}}}.$

Mit $\delta = 0.01$ mm folgt daraus $v \approx \dfrac{0.01\ \mathrm{m\ s^{-1}}}{\sqrt{10^{-5}}} = \underline{4\ \mathrm{m\ s^{-1}}}.$

(b) $v \approx \sqrt{\dfrac{2 \cdot (2.6 \cdot 10^{-2}\ \mathrm{N\ m^{-1}})}{\delta \cdot (10^3\ \mathrm{kg\ m^{-3}})}} = \dfrac{0.007\ \mathrm{m\ s^{-1}}}{\sqrt{\delta/\mathrm{m}}}.$

Mit $\delta = 0.01$ mm folgt daraus $v \approx \dfrac{0.007\ \mathrm{m\ s^{-1}}}{\sqrt{10^{-5}}} = \underline{2\ \mathrm{m\ s^{-1}}}.$

8 Zustandsänderungen: Physikalische Umwandlungen einfacher Mischungen

A8-1 $\frac{p_B}{x_B} = K_B$ [8.2–9]

$\frac{32.0 \text{ kPa}}{0.005} = 6.40 \cdot 10^3 \text{ kPa}$, $\frac{76.9 \text{ kPa}}{0.012} = 6.41 \cdot 10^3 \text{ kPa}$,

$\frac{121.8 \text{ kPa}}{0.019} = 6.41 \cdot 10^3 \text{ kPa}$, $K_B = \underline{6.41 \cdot 10^3 \text{ kPa.}}$

A8-2 $\Delta H_{\text{Verd,m}} = RT^2 \cdot \frac{\text{d} \ln p}{\text{d}T}$ [7.2–4] $= RT^2 \cdot \frac{\text{d} \ln K}{\text{d}T} = -R \cdot \frac{\text{d} \ln K}{\text{d}\left(\frac{1}{T}\right)}$

$= -(8.314 \text{ J K}^{-1} \text{ mol}^{-1}) \cdot (-1010 \text{ K}) = \underline{8.397 \cdot 10^3 \text{ J mol}^{-1}}.$

Zustandsänderung: HCl(gelöst) $\longrightarrow$ HCl(g).

A8-3 $p_A = p \cdot y_A$ und $p_B = p \cdot y_B$ [Abschnitt 1.2a]

p_A/kPa	x_A	y_A
0	0	0
1.399	0.0898	0.0410
3.566	0.2476	0.1154
5.044	0.3577	0.1762
6.996	0.5194	0.2772
7.940	0.6036	0.3393
9.211	0.7188	0.4450
10.105	0.8019	0.5435
11.287	0.9105	0.7284
12.295	1	1

p_B/kPa	x_B	y_B
0	0	0
4.209	0.0895	0.2716
8.487	0.1981	0.4565
11.487	0.2812	0.5550
15.462	0.3964	0.6607
18.243	0.4806	0.7228
23.582	0.6423	0.8238
27.334	0.7524	0.8846
32.722	0.9102	0.9590
36.066	1	1

$K_A = \frac{p_A}{x_A} = 15.579 \text{ kPa}$ für $x_A = 0.0898$ [8.2–8],

$K_B = \frac{p_B}{x_B} = 47.028 \text{ kPa}$ für $x_B = 0.0895$.

In Abb. A8–1 sind p_A gegen x_A und p_B gegen x_B aufgetragen.

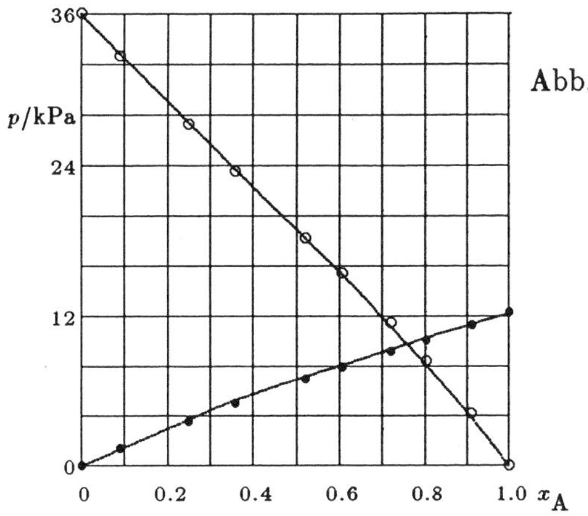

Abb. A8–1

A8-4 $a_A = \frac{p_A}{p_A^*}$ [8.5–4], $\gamma_A = \frac{a_A}{x_A}$ [8.5–5]

a_A	γ_A	x_A
0.1138	1.267	0.0898
0.2900	1.171	0.2476
0.4102	1.147	0.3577
0.5690	1.096	0.5194
0.6458	1.070	0.6036
0.7492	1.042	0.7188
0.8219	1.025	0.8019
0.9180	1.008	0.9105
1	1	1

A8-5 $T^* - T = \left(\frac{RT^{*2}}{\Delta H_{\text{Schm,m}}}\right) \cdot x_B$ [8.3–3].

$$T = 278.65\ \text{K} - \frac{(8.314\ \text{J K}^{-1}\ \text{mol}^{-1}) \cdot (279\ \text{K})^2 \cdot (1 - 0.905)}{9.84 \cdot 10^3\ \text{J mol}^{-1}}$$

$$= \underline{272.41\ \text{K}}.$$

A8-6 $\delta T = K_{\text{Kr}} \cdot \left[\frac{\left(\frac{W_B}{M_m}\right)}{W_A/\text{kg}}\right]$ [8.3–4, Tabelle 8–2]

$$M_m = \frac{(30 \text{ K kg mol}) \cdot (100 \text{ g})}{(0.750 \text{ kg}) \cdot (10.5 \text{ K})} = \underline{381 \text{ g mol}^{-1}}.$$

A8-7 $\Pi V = n_B RT$ [8.3–10], $\frac{n_B}{V} \approx M_B$ für verdünnte wäßrige Lösungen.

$$\delta T = K_{Kr} m_B \quad [8.3\text{–}4] \quad = K_{Kr} \cdot \left(\frac{n_B}{V}\right) = K_{Kr} \cdot \left(\frac{\Pi}{RT}\right)$$

$$= \frac{(1.86 \text{ K kg mol}^{-1}) \cdot (120 \cdot 10^3 \text{ Pa}) \cdot (10^{-3} \text{ m}^3 \text{ kg}^{-1})}{(8.314 \text{ J K}^{-1} \text{ mol}^{-1}) \cdot (300 \text{ K})} = 0.09 \text{ K}.$$

$$T = (273.15 - 0.09) \text{ K} = \underline{273.06 \text{ K}}.$$

A8-8 $p_A = 0.350 \cdot p_{gesamt} = (767 \text{ mbar}) \cdot x_A$, $p_B = 0.650 \cdot p_{gesamt} = (520 \text{ mbar}) \cdot (1 - x_A)$,

$$\frac{0.350}{0.650} = \frac{767 \text{ mbar}}{520 \text{ mbar}} \cdot \frac{x_A}{1 - x_A} \quad [8.2\text{–}7, \text{ Abschnitt 1.2a}]$$

$$x_A = 0.268, \quad x_B = 1 - x_A = 0.732, \quad p_{gesamt} = (767 \text{ mbar}) \cdot \left(\frac{0.268}{0.350}\right) = \underline{587 \text{ mbar}}.$$

A8-9
$$\left(\frac{\partial x_1}{\partial n_1}\right)_{n_2} = \left(\frac{\partial \left(\frac{n_1}{n_1 + n_2}\right)}{\partial n_1}\right)_{n_2} = \frac{x_2}{n_1 + n_2}$$

$$\left(\frac{\partial\{(x_1)(1 - x_1)\}}{\partial n_1}\right)_{n_2} = -x_1 \left(\frac{\partial x_1}{\partial n_1}\right)_{n_2} + (1 - x_1)\left(\frac{\partial x_1}{\partial n_1}\right)_{n_2}$$
$$= \frac{-x_1 x_2 + x_2^2}{n_1 + n_2}$$

$$\left(\frac{\partial G^E}{\partial n_1}\right)_{n_2} = \left(\frac{\partial\{(n_1 + n_2)(RTg_0)(x_1)(1 - x_1)\}}{\partial n_1}\right)_{n_2}$$
$$= RTg_0 \cdot \left\{(n_1 + n_2)\left(\frac{\partial\{(x_1)(1 - x_1)\}}{\partial n_1}\right)_{n_2} + (x_1)(1 - x_1)\right\}$$
$$= RTg_0 \cdot \{-x_1 x_2 + x_2^2 + x_1 x_2\} = RTg_0 x_2^2.$$

$$\underline{\mu_1 = \mu_1^\ominus + RT \ln x_1 + RTg_0 x_2^2.}$$

A8-10 $G^E = RT \cdot \frac{1}{4} \cdot \frac{3}{4} \cdot [0.4857 - 0.1077 \cdot (-\frac{1}{2}) + 0.0191 \cdot (-\frac{1}{2})^2] = \underline{0.1021 \cdot RT}.$

$$\Delta_M G = RT \cdot (n_A \cdot \ln x_A + n_B \cdot \ln x_B) + (n_A + n_B) \cdot G^E \quad [8.2\text{–}1, \text{ Abschnitt 8.2a}]$$
$$= RT \cdot [(1) \cdot \ln \tfrac{1}{4} + (3) \cdot \ln \tfrac{3}{4} + (1 + 3) \cdot (0.1021)] = \underline{-1.841 \cdot RT}.$$

8-1 $V_{A,m} = \left(\frac{\partial V}{\partial n_A}\right)_{n_B}$ [8.1–1].

Mit $n_A = n_{NaCl}$ und $n_B = n_{H_2O}$ bedeutet das

$$V_{NaCl,m} = \left(\frac{\partial V}{\partial n_{NaCl}}\right)_{n_{H_2O}} = \left(\frac{\partial V}{\partial m}\right)_{n_{H_2O}}.$$

[Etwas formaler sieht die Ableitung so aus:

$$V_{NaCl,m} = \left(\frac{\partial V}{\partial n_{NaCl}}\right)_{n_{H_2O}} = \left(\frac{\partial V}{\partial n_{NaCl}\mathrm{kg}^{-1}}\right)_{n_{H_2O}} \mathrm{kg}^{-1}$$

$$= \left(\frac{\partial V}{\partial m}\right)_{n_{H_2O}} \mathrm{kg}^{-1} = \left(\frac{\partial V}{\partial [m/\mathrm{mol\ kg}^{-1}]}\right)_{n_{H_2O}} \mathrm{kg}^{-1}/\mathrm{mol\ kg}^{-1}$$

$$= \left(\frac{\partial V}{\partial m}\right)_{n_{H_2O}} \mathrm{mol}^{-1} \quad \text{mit} \quad m \equiv m/\mathrm{mol\ kg}^{-1}.$$
]

$$V/\mathrm{cm}^3 = 1003 + 16.62\ m + 1.77\ m^{\frac{3}{2}} + 0.12\ m^2$$

$= 17.5\ \mathrm{mol}^{-1}$ für $m = 0.1$, das ergibt $V_{NaCl,m} = \underline{17.5\ \mathrm{cm}^3\ \mathrm{mol}^{-1}.}$

$V = n_{NaCl} \cdot V_{NaCl,m} + n_{H_2O} \cdot V_{H_2O,m}$ [8.1–2].

Für $m = 0.10\ \mathrm{mol\ kg}^{-1}$ enthält die Lösung $n_{NaCl} = 0.10\ \mathrm{mol}$ in 1 kg Wasser,

das sind $n_{H_2O} = 55.49\ \mathrm{mol}$. Das ergibt

$$V = (0.10\ \mathrm{mol}) \cdot (17.5\ \mathrm{cm}^3\ \mathrm{mol}^{-1}) + (55.49\ \mathrm{mol}) \cdot V_{H_2O,m}$$

$$= 1.75\ \mathrm{cm}^3 + (55.49\ \mathrm{mol}) \cdot V_{H_2O,m}$$

$$= \left[1003 + 16.62 \cdot (0.1) + 1.77 \cdot (0.1)^{\frac{3}{2}} + 0.12 \cdot (0.1)^2\right]\ \mathrm{cm}^3$$

$$= 1004.7\ \mathrm{cm}^3.$$

Das ergibt $V_{H_2O,m} = \frac{(1004.7 - 1.75)\ \mathrm{cm}^3}{55.49\ \mathrm{mol}} = \underline{18.1\ \mathrm{cm}^3\ \mathrm{mol}^{-1}.}$

8-2 $V_{Salz,m} = \left(\frac{\partial V}{\partial m}\right)_{n_{H_2O}} \mathrm{mol}^{-1}$ [Aufgabe 8–1],

Für $m - 0.05\ \mathrm{mol\ kg}^{-1}$ gilt

$V_{Salz,m} = 69.38 \cdot (0.05 - 0.07)\ \mathrm{cm}^3\ \mathrm{mol}^{-1} = \underline{-1.4\ \mathrm{cm}^3\ \mathrm{mol}^{-1}.}$

$V = \left[1001.21 + 34.69 \cdot 0.02^2\right]\ \mathrm{cm}^3 = 1001.20\ \mathrm{cm}^3,$

$$V_{H_2O,m} = \frac{1001.2\ \mathrm{cm}^3 - (0.02\ \mathrm{mol}) \cdot (-1.4\ \mathrm{cm}^3\ \mathrm{mol}^{-1})}{55.49\ \mathrm{mol}} = \underline{18.0\ \mathrm{cm}^3\ \mathrm{mol}^{-1}.}$$

8-3 Wir gehen nach der im Anhang 8–1 des Lehrbuches beschriebenen Ableitung vor und setzen

$$w = \frac{M_B}{M_A + M_B}, \quad \rho = \frac{M_A + M_B}{V}, \quad n_A = \frac{M_A}{M_{A,m}}:$$

$$V_{A,m} = \left(\frac{\partial V}{\partial n_A}\right)_B = \left(\frac{\partial V}{\partial M_A}\right)_B \cdot M_{A,m}$$

$$= \left(\frac{\partial}{\partial M_A}\right)_B \left(\frac{M_A + M_B}{\rho}\right) \cdot M_{A,m}$$

$$= \frac{M_{A,m}}{\rho} + (M_A + M_B) \cdot M_{A,m} \cdot \left(\frac{\partial}{\partial M_A}\right)_B \left(\frac{1}{\rho}\right)$$

$$\left(\frac{\partial}{\partial M_A}\right)_B \left(\frac{1}{\rho}\right) = \left(\frac{\partial w}{\partial M_A}\right)_B \left(\frac{\mathrm{d}}{\mathrm{d}w}\right) \left(\frac{1}{\rho}\right) = -\left(\frac{w}{M_A + M_B}\right) \cdot \left(\frac{\mathrm{d}}{\mathrm{d}w}\right) \left(\frac{1}{\rho}\right).$$

Daraus folgt $V_{A,m} = \dfrac{M_{A,m}}{\rho} - \left(\dfrac{(M_A + M_B) \cdot M_{A,m} \cdot w}{M_A + M_B}\right) \cdot \dfrac{\mathrm{d}}{\mathrm{d}w}\left(\dfrac{1}{\rho}\right)$

bzw. $\dfrac{1}{\rho} = \dfrac{V_{A,m}}{M_{A,m}} + \dfrac{\mathrm{d}}{\mathrm{d}w}\left(\dfrac{1}{\rho}\right) \cdot w.$

Wenn man also $\dfrac{1}{\rho}$ gegen w aufträgt und die Tangenten jeweils bis $w = 0$ verlängert, erhält man $\dfrac{V_{A,m}}{M_{A,m}}$ (wie in Abb. 8–22 des Lehrbuches). Dazu berechnen wir die folgende Tabelle:

100 w	2.162	10.98	20.80	30.00	39.2	51.68
$\rho/\mathrm{g\ cm^{-3}}$	1.01	1.06	1.12	1.18	1.24	1.32
$\left(\frac{1}{\rho}\right)/\mathrm{g^{-1}\ cm^3}$	0.990	0.943	0.893	0.847	0.806	0.758

100 w	62.64	71.57	82.33	93.40	99.60
$\rho/\mathrm{g\ cm^{-3}}$	1.38	1.42	1.46	1.49	1.51
$\left(\frac{1}{\rho}\right)/\mathrm{g^{-1}\ cm^3}$	0.725	0.704	0.685	0.671	0.662

Jetzt wird $\dfrac{1}{\rho}$ gegen w aufgetragen wie in Abb. 8–1a. Für drei Werte von w sind die Tangenten eingezeichnet, $\dfrac{V_{A,m}}{M_{A,m}}$ wird an den Achsenabschnitten bei $w = 0$ und $\dfrac{V_{B,m}}{M_{B,m}}$ an den Achsenabschnitten bei $w = 1$ abgelesen. Mit A = H_2O, $M_{A,m} = 18.02\ \mathrm{g\ mol^{-1}}$, B = HNO_3 und $M_{B,m} = 63.02\ \mathrm{g\ mol^{-1}}$ lassen sich $V_{A,m}$ und $V_{B,m}$ berechnen. Dazu stellen wir die folgende Tabelle auf.

$100\,w$	20	40	60	80	
$\left(\dfrac{V_{A,m}}{M_{A,m}}\right)$ g cm^{-3}	0.975	0.965	0.900	0.825	(bei $w = 0$)
$\left(\dfrac{V_{B,m}}{M_{B,m}}\right)$ g cm^{-3}	0.535	0.565	0.620	0.655	(bei $w = 1$)
$V_{A,m}$/cm^3 mol^{-1}	17.6	17.4	16.2	14.9	($M_{A,m} = 18.02$ g mol^{-1})
$V_{B,m}$/cm^3 mol^{-1}	33.7	35.6	39.1	41.3	($M_{B,m} = 63.02$ g mol^{-1})

In Abb. 8–1b ist $V_{B,m}$ gegen w aufgetragen.

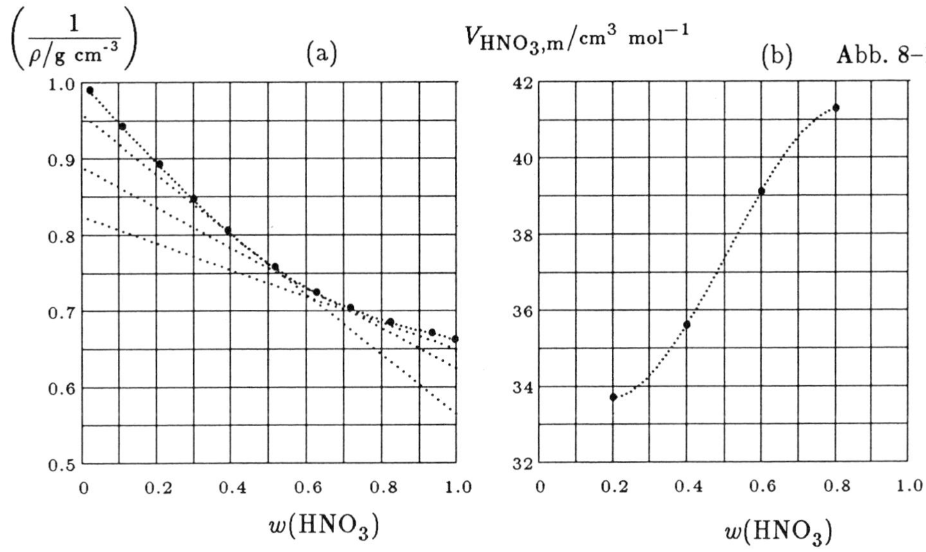

Abb. 8–1

8-4 Wir gehen genauso vor wie in Aufgabe 8–3. w sind jetzt Gewichtsprozente, es gilt also $\% = 100 \cdot w$. Dazu stellen wir die folgende Tabelle auf.

%	5	10	15	20
ρ/g cm^{-3}	1.051	1.107	1.167	1.2130
$\left(\dfrac{1}{\rho}\right)$ /g^{-1} cm^3	0.951	0.903	0.857	0.813

hskip1.5cm

In Abb. 8–2 ist $\dfrac{1}{\rho}$ gegen % aufgetragen. $\dfrac{V_{CuSO_4,m}}{M_{CuSO_4,m}}$ bestimmen wir aus den Achsenabschnitten für $\% = 100$. Extrapolation ergibt den Wert 0.075, es ist also

$V_{CuSO_4,m} = (0.075\ g^{-1}\ cm^3) \cdot (159.6\ g\ mol^{-1}) = \underline{12.0\ cm^3\ mol^{-1}}.$

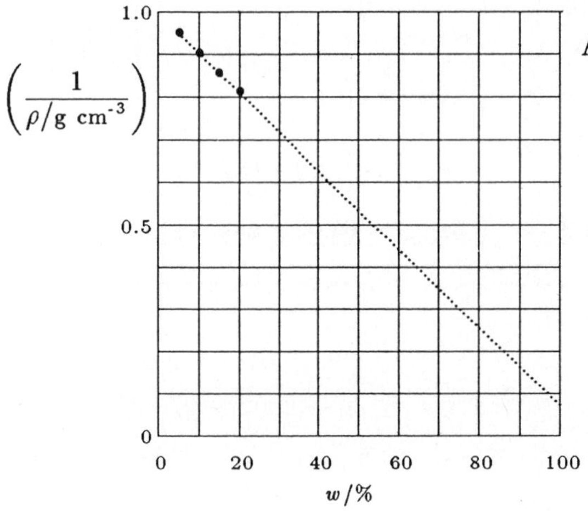

Abb. 8–2

8-5 A = Aceton, C = Chloroform.

(I) $n_A M_{A,m} + n_C M_{C,m} = M$ [= 1.000 kg].

$$x_A = \frac{n_A}{n_A + n_C} \quad \text{oder} \quad (x_A - 1) \cdot n_A + x_A n_C = 0, \quad \text{das ergibt}$$

(II) $-x_C n_A + x_A n_C = 0.$

Aus (I) und (II) folgt

$$n_A = \left(\frac{x_A}{x_C}\right) \cdot n_C, \quad n_C = \frac{M}{x_A M_{A,m} + x_c M_{C,m}},$$

$x_C = 0.4693$, also $x_A = 1 - x_C = 0.5307$.

$M_{C,m} = 119.4\ g\ mol^{-1}$, $M_{A,m} = 58.08\ g\ mol^{-1}$.

$$n_C = \frac{0.4693 \cdot 1000\ g}{(0.5307 \cdot 58.08\ g\ mol^{-1}) + (0.4693 \cdot 119.4\ g\ mol^{-1})} = 5.40\ mol,$$

$n_A = 6.11$ mol.

$$V = n_A V_{A,m} + n_C V_{C,m}$$
$$= (6.11\ mol) \cdot (74.166\ cm^3\ mol^{-1}) + (5.40\ mol) \cdot (80.235\ cm^3\ mol^{-1}) = \underline{886.4\ cm^3}.$$

Vor dem Vermischen haben die beiden Komponenten die Volumina

$V_C = (5.40\ mol) \cdot (80.665\ cm^3\ mol^{-1}) = 435.6\ cm^3,$

$V_A = (6.11\ mol) \cdot (73.993\ cm^3\ mol^{-1}) = 452.2\ cm^3,$

also zusammen $\underline{887.7\ cm^3}$. Beim Vermischen erfolgt also

eine Kontraktion um 1.3 cm^3.

8-6 $n_E V_{E,m} + n_W V_{W,m} = V$. Bei einer Mischung mit einem Massenverhältnis 50:50 gilt $M_E = M_W$; dann gilt auch $n_E M_{E,m} = n_W M_{W,m}$ und damit

$$n_E V_{E,m} + n_E \cdot \left(\frac{M_{E,m}}{M_{W,m}}\right) \cdot V_{W,m} = V,$$

$$n_E = \frac{V}{V_{E,m} + \left(\frac{M_{E,m}}{M_{W,m}}\right) \cdot V_{W,m}}.$$

$$x_E = \frac{n_E}{n_E + n_W} = \frac{1}{1 + \left(\frac{M_{E,m}}{M_{W,m}}\right)}.$$

$$\frac{M_{E,m}}{M_{W,m}} = \frac{46.07 \text{ g mol}^{-1}}{18.02 \text{ g mol}^{-1}} = 2.557, \quad \text{daraus folgt}$$

$x_E = 0.2811$ und $x_W = 1 - x_E = 0.7189$. Für diese Zusammensetzung gilt

$V_{E,m} = 56.0 \text{ cm}^3 \text{ mol}^{-1}$, $V_{W,m} = 17.5 \text{ cm}^3 \text{ mol}^{-1}$ [Abb. 8–1 im Lehrbuch].

$$\text{Dann gilt} \quad n_E = \frac{100 \text{ cm}^3}{(56.0 \text{ cm}^3 \text{ mol}^{-1}) + (2.556 \cdot (17.5 \text{ cm}^3 \text{ mol}^{-1})}$$

$$= \underline{0.993 \text{ mol}} \text{ oder } \underline{45.7 \text{ g}} \text{ oder } \underline{57.6 \text{ cm}^3.}$$

$$n_W = 2.556 \cdot 0.993 \text{ mol} = \underline{2.54 \text{ mol}} \text{ oder } \underline{45.7 \text{ g}} \text{ oder } \underline{45.7 \text{ cm.}}$$

$\Delta V \approx V_{E,m} \Delta n_E$ [Δn ist sehr klein]

$$\approx (56.0 \text{ cm}^3 \text{ mol}^{-1}) \cdot \left(\tfrac{1}{58}\right) \text{ mol.}$$

[$V_{E,m}$(reines Ethanol) $= 58 \text{ cm}^3 \text{ mol}^{-1}$, $1 \text{ cm}^3 = \left(\frac{1}{58}\right)$ mol]

$$\Delta V \approx \underline{0.97 \text{ cm}^3.}$$

8-7 Wir gehen wie in Anhang 8–1 vor. V_m wird gegen x_C aufgetragen, die Tangenten werden extrapoliert, und $V_{C,m}$ wird aus dem Achsenabschnitt bei $x_C = 1$, $V_{A,m}$ aus dem Achsenabschnitt bei $x_C = 0$ bestimmt. Abb. 8–3a erlaubt uns, die folgende Tabelle aufzustellen.

x_C	0.0	0.2	0.4	0.6	0.8	1.0	
$V_{A,m}/\text{cm}^3\ \text{mol}^{-1}$	73.99	74.03	74.11	73.96	73.50	72.72	(a)
$V_{C,m}/\text{cm}^3\ \text{mol}^{-1}$	80.85	80.53	80.31	80.37	80.60	80.66	(b)

aus dem Achsenabschnitt (a) bei $x_C = 0$, (b) bei $x_C = 1$.

Diese Punkte sind in Abb. 8–3b wiedergegeben.

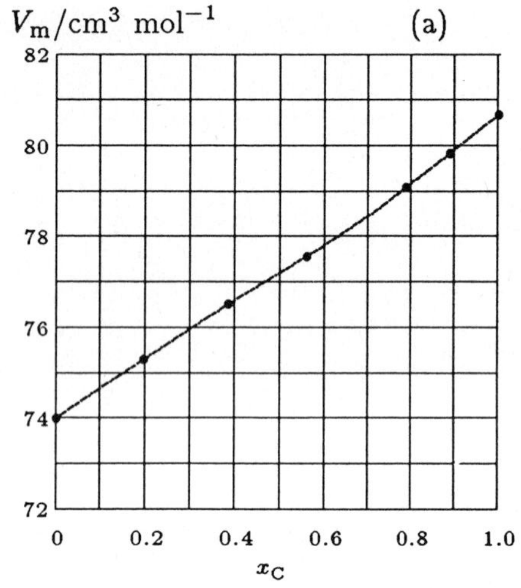

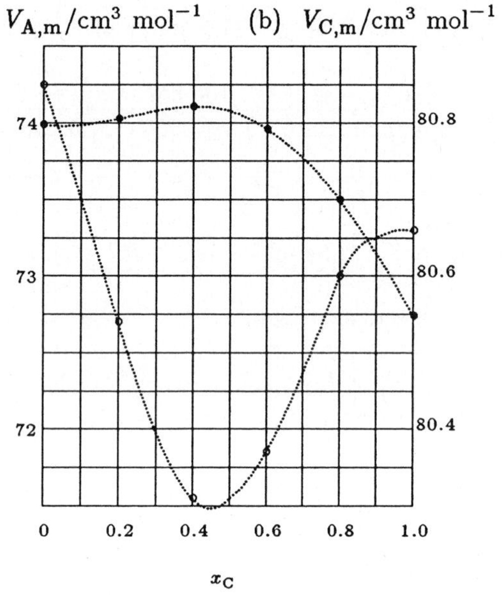

8-8 $V = n_A V_{A,m} + n_B V_{B,m}$ [8.1–2]

$dV = dn_A V_{A,m} + n_A dV_{A,m} + dn_B V_{B,m} + n_B dV_{B,m}$,

$dV = V_{A,m} dn_A + V_{B,m} dn_B$.

Es gilt also $\underline{n_A dV_{A,m} + n_B dV_{B,m} = 0.}$

Jetzt teilen wir durch $(n_A + n_B)$ und ergänzen die Differentiale

zu Differentialquotienten nach dx_B :

$$x_A \cdot \left(\frac{dV_{A,m}}{dx_B}\right) + x_B \cdot \left(\frac{dV_{B,m}}{dx_B}\right) = 0,$$

das ergibt $\dfrac{\left(\dfrac{dV_{A,m}}{dx_B}\right)}{\left(\dfrac{dV_{B,m}}{dx_B}\right)} = -\dfrac{x_B}{x_A} = -1$ [fur $x_A = x_B = \frac{1}{2}$].

Deshalb sind an dieser Stelle die beiden Steigungen einander entgegengesetzt, aber im Betrag gleich.

8-9 $x_A d\mu_A + x_B d\mu_B = 0$ [8.1–5]

$$x_A \cdot \left(\frac{\partial \mu_A}{\partial x_A}\right)_{p,T} + x_B \cdot \left(\frac{\partial \mu_B}{\partial x_A}\right)_{p,T} = 0.$$

Das ergibt $x_A \cdot \left(\dfrac{\partial \mu_A}{\partial x_A}\right)_{p,T} + x_B \cdot \left(\dfrac{\partial \mu_B}{\partial x_B}\right)_{p,T} = 0$ [wegen $dx_A = -dx_B$]

und $\left(\dfrac{\partial \mu_A}{\partial \ln x_A}\right)_{p,T} = \left(\dfrac{\partial \mu_B}{\partial \ln x_B}\right)_{p,T}$ $\left[\dfrac{dx}{x} = d \ln x\right]$.

Mit $\mu_J = \mu_J^\ominus + RT \cdot \ln f_J$ [6.2–11] folgt daraus

$$\left(\frac{\partial \mu_J}{\partial \ln x_J}\right)_{p,T} = RT \cdot \left(\frac{\partial \ln f_J}{\partial \ln x_J}\right)_{p,T} \quad \text{und}$$

$$\underline{\left(\frac{\partial \ln f_A}{\partial \ln x_A}\right)_{p,T} = \left(\frac{\partial \ln f_B}{\partial \ln x_B}\right)_{p,T}.}$$

Bei einem perfekten Gas können wir f durch p ersetzen:

$$\left(\frac{\partial \ln p_A}{\partial \ln x_A}\right)_{p,T} = \left(\frac{\partial \ln p_B}{\partial \ln x_B}\right)_{p,T}.$$

Wenn für A das Raoultsche Gesetz gilt, können wir $p_A = x_A p_A^*$ einsetzen:

$$\left(\frac{\partial \ln p_A}{\partial \ln x_A}\right)_{p,T} = \left(\frac{x_A}{p_A}\right) \cdot \left(\frac{\partial p_A}{\partial x_A}\right)_{p,T} = \left(\frac{x_A}{x_A p_A^*}\right) \cdot p_A^* = 1,$$

deshalb gilt auch (nach der Gibbs-Duhem-Margulesschen Gleichung) $\left(\dfrac{\partial \ln p_B}{\partial \ln x_B}\right)_{p,T} = 1.$

Das ist aber erfüllt, wenn $p_B = x_B p_B^*$ gilt, wie man leicht durch Integration nachrechnet.

Das heißt, wenn A das Raoultsche Gesetz erfüllt, tut das auch B.

8-10 $n_A \mathrm{d}V_{A,m} + n_B \mathrm{d}V_{B,m} = 0$ [Aufgabe 8–8],

daraus folgt $\left(\frac{n_A}{n_B}\right) \mathrm{d}V_{A,m} = -\mathrm{d}V_{B,m}$.

$$V_{B,m}(x_A) - V_{B,m}(0) = -\int_{V_{A,m}(0)}^{V_{A,m}(x_A)} \left(\frac{n_A}{n_B}\right) \mathrm{d}V_{A,m} = -\int_{V_{A,m}(0)}^{V_{A,m}(x_A)} \left(\frac{x_A \mathrm{d}V_{A,m}}{1-x_A}\right).$$

$$V_{B,m}(x_A, x_B) = V_{B,m}(0,1) - \int_{V_{A,m}(0,1)}^{V_{A,m}(x_A, x_B)} \left(\frac{x_A \mathrm{d}V_{A,m}}{1-x_A}\right).$$

Wir tragen jetzt $\frac{x_A}{1-x_A}$ gegen $V_{A,m}$ auf und ermitteln den Wert des Integrals graphisch. Das liefert uns $V_{A,m}(\frac{1}{2}, \frac{1}{2}) = 74.06\ \mathrm{cm^3\ mol^{-1}}$ [Aufgabe 8–7]. Mit den Angaben in Aufgabe 8–7 können wir die folgende Tabelle aufstellen:

$V_{A,m}/\mathrm{cm^3\ mol^{-1}}$	74.11	73.96	73.50	72.74
x_A	0.6	0.4	0.2	0
$\left(\frac{x_A}{1-x_A}\right)$	1.50	0.67	0.25	0

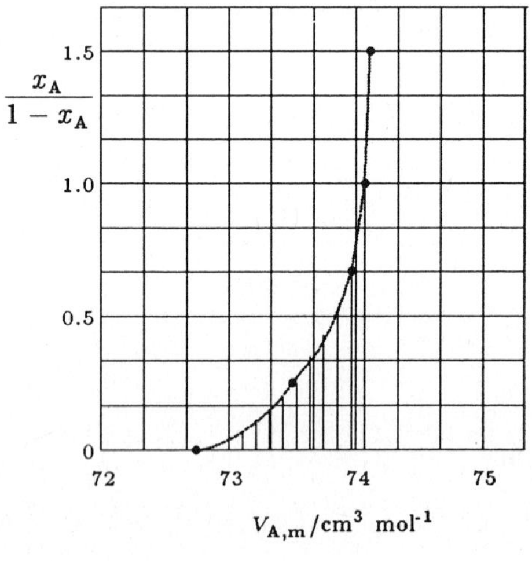

Abb. 8–4

In Abb. 8–4 ist die Fläche 0.300, dann gilt für Chloroform

$V_{C,m}(\frac{1}{2}, \frac{1}{2}) = 80.66\ \mathrm{cm^3} - 0.30\ \mathrm{cm^3\ mol^{-1}} = \underline{80.36\ \mathrm{cm^3\ mol^{-1}}}.$

8-11 $\Delta_M G = nRT\{x_A \cdot \ln x_A + x_B \cdot \ln x_B\}$ [8.2–1], $x_A = x_B = \frac{1}{2}$, $n = \frac{pV}{RT}$.

$$\Delta_M G = pV \cdot \ln \tfrac{1}{2} = -(1 \cdot 10^5 \text{ N m}^{-2}) \cdot (5.0 \cdot 10^{-3} \text{ m}^3) \cdot \ln 2 = \underline{-347 \text{ J.}}$$

$$\Delta_M S = -\left(\frac{\Delta_M G}{T}\right) \quad [8.2\text{–}2] \quad = \frac{+347 \text{ J}}{298 \text{ K}} = \underline{1.16 \text{ J K}^{-1}.}$$

8-12 (1) Wir expandieren den Stickstoff isotherm auf 1 bar:

$$G(N_2,1 \text{ bar}) = G(N_2,3 \text{ bar}) + n(N_2) \cdot RT \cdot \ln \tfrac{1}{3} \quad [6.2\text{–}9].$$

(2) Wir lassen die Komponenten sich mischen:

$$\Delta_M G = nRT\,\{x(H_2) \cdot \ln x(H_2) + x(N_2) \cdot \ln x(N_2)\} \quad [8.2\text{–}1]$$

$$= nRT\left\{\tfrac{1}{4} \cdot \ln \tfrac{1}{4} + \tfrac{3}{4} \cdot \ln \tfrac{3}{4}\right\} \quad \left[x(H_2) = \tfrac{1}{4}, \quad x(N_2) = \tfrac{3}{4}\right].$$

(3) Wir expandieren die Mischung wieder auf das Anfangsvolumen, d. h. auf den Enddruck $p = 2$ bar :

$$G(\text{Mischung, 2 bar}) = G(\text{Mischung, 1 bar}) + nRT \cdot \ln 2.$$

Damit ändert sich die Freie Enthalpie insgesamt um

$$\Delta G = -n(N_2) \cdot RT \cdot \ln 3 + nRT \cdot \left\{\tfrac{1}{4} \cdot \ln \tfrac{1}{4} + \tfrac{3}{4} \cdot \ln \tfrac{3}{4}\right\} + nRT \cdot \ln 2.$$

$$n(N_2) = \frac{p_A(N_2)V_A}{RT}, \quad n = \frac{p_E V_E}{RT}.$$

Deshalb gilt $\Delta G = -p_A(N_2)V_A \cdot \ln 3 + p_E V_E \cdot \left\{\tfrac{1}{4} \cdot \ln \tfrac{1}{4} + \tfrac{3}{4} \cdot \ln \tfrac{3}{4} + \ln 2\right\}$

$$p_A(N_2)V_A = 3 \cdot (1 \cdot 10^5 \text{ N m}^{-2}) \cdot (2.5 \cdot 10^{-3} \text{ m}^3) = 750 \text{ J.}$$

$$p_E V_E = 2 \cdot (1 \cdot 10^5 \text{ N m}^{-2}) \cdot (5.0 \cdot 10^{-3} \text{ m}^3) = 1000 \text{ J.}$$

$$\Delta G = -(750 \text{ J}) \cdot \ln 3 + (1000 \text{ J}) \cdot (\tfrac{1}{4} \cdot \ln \tfrac{1}{4} + \tfrac{3}{4} \cdot \ln \tfrac{3}{4} + \ln 2)$$
$$= (-824 \text{ J}) + (131 \text{ J}) = \underline{-693 \text{ J.}}$$

$$\Delta S = -\frac{\Delta G}{T} \quad [8.2\text{–}2]$$
$$= \frac{693 \text{ J}}{298 \text{ K}} = \underline{2.3 \text{ J K}^{-1}.}$$

Perfekte Gase vermischen sich also immer spontan. Bei realen Gasen kann es unter sehr hohen Drücken oberhalb der kritischen Temperaturen vorkommen, daß sie sich wie nicht mischbare Flüssigkeiten verhalten. Bestehen die beiden Komponenten, die man vermischt, aus demselben Gas, so tritt keine Freie Mischungsenthalpie oder Mischungsentropie auf. Eine Änderung von ΔG kommt dann nur dadurch zustande, daß A von 3 bar auf 2 bar expandiert und B von 1 bar auf 2 bar komprimiert wird:

$$\Delta G = n(A) \cdot RT \cdot \ln \tfrac{2}{3} + n(B) \cdot RT \cdot \ln \tfrac{2}{1} \quad [6.2\text{–}9]$$
$$= p_A(A)V_A \cdot \ln \tfrac{2}{3} + p_A(B)V_A \cdot \ln 2$$
$$= (750 \text{ J}) \cdot \ln \tfrac{2}{3} + \left(\tfrac{1}{3} \cdot 750 \text{ J}\right) \cdot \ln 2 = \underline{-131 \text{ J},}$$

wenn wir $V_A = 2.5$ dm^3, $p_A(A) = 3$ bar und $p_A(B) = 1$ bar verwenden.

8-13 $\Delta_M S = -nR \sum_J x_J \ln x_J$ [8.2–2]

$$\Delta_M S_m = -R\{0.782 \cdot \ln 0.782 + 0.209 \cdot \ln 0.209 + 0.009 \cdot \ln 0.009 + 0.0003 \cdot \ln 0.0003\}$$
$$= 0.564 \cdot R = \underline{4.69 \text{J}.}$$

8-14 $\Delta_M G = nRT \sum_J x_J \ln x_J$ [8.2–1]

$\Delta_M S = -nR \sum_J x_J \ln x_J$ [8.2–2]

$$\left.\begin{array}{l} n(\text{Hexan}) = \dfrac{500 \text{ g}}{86.178 \text{ g mol}^{-1}} = 5.80 \text{ mol} \\ n(\text{Heptan}) = \dfrac{500 \text{ g}}{100.20 \text{ g mol}^{-1}} = 4.99 \text{ mol} \end{array}\right\} n = 10.79 \text{ mol}$$

$$x(\text{Hexan}) = \frac{5.80}{10.79} = 0.538, \quad x(\text{Heptan}) = \frac{4.99}{10.79} = 0.462.$$

$$\Delta_M G = (10.79 \text{ mol}) \cdot (2.48 \text{ kJ mol}^{-1}) \cdot (0.537 \cdot \ln 0.537 + 0.462 \cdot \ln 0.462)$$
$$= \underline{-18.5 \text{ kJ}.}$$

$$\Delta_M S = \frac{18.5 \cdot 10^3 \text{ J}}{298 \text{ K}} = \underline{62.0 \text{ J K}^{-1}.}$$

$\Delta_M H = \underline{0.}$ [8.2–3].

8-15 Es muß die Bedingung für das Maximum von $|\Delta_M G|$ gesucht werden. Das ist gleichbedeutend mit dem Maximum der Funktion $|x_A \cdot \ln x_A + x_B \cdot \ln x_B|$.

$$\left(\frac{d}{dx_A}\right)(x_A \cdot \ln x_A + x_B \cdot \ln x_B) =$$

$$= \ln x_A + x_A \cdot \left(\frac{d \ln x_A}{dx_A}\right) + \left(\frac{dx_B}{dx_A}\right) \cdot \ln x_B + x_B \cdot \left(\frac{d \ln x_B}{dx_A}\right) = 0.$$

$$\frac{d \ln x_A}{dx_A} = \frac{1}{x_A}, \quad \frac{dx_B}{dx_A} = -1, \quad (\text{wegen } x_A + x_B = 0),$$

$$\frac{d \ln x_B}{dx_A} = -\frac{d \ln x_B}{dx_B} = -\frac{1}{x_B}.$$

Das ergibt $\ln x_A + 1 - \ln x_B - 1 = 0$ oder $\ln x_A = \ln x_B$.

$|\Delta_M G|$ nimmt sein Maximum also gerade für $x_A = x_B = \frac{1}{2}$ an. Man hat also von Hexan und Heptan (a) gleiche Stoffmengen, (b) Massen im Verhältnis der relativen Molekülmassen, $\dfrac{m(\text{Hexan})}{m(\text{Heptan})} = \dfrac{M_r(\text{Hexan})}{M_r(\text{Heptan})} = \dfrac{86.18}{100.2} = \underline{0.860,}$ zu vermischen.

8-16 $p = Kx$ [8.2–9], $K = 1.67 \cdot 10^6$ mbar [Tabelle 8–1];

$$x = \frac{n(CO_2)}{[n(CO_2) + n(H_2O)]} \approx \frac{n(CO_2)}{n(H_2O)}, \text{ das ergibt}$$

$$n(CO_2) = \frac{n(H_2O)p(CO_2)}{K} = \left(\frac{1000 \text{ g}}{18.02 \text{ g mol}^{-1}}\right) \cdot \left(\frac{p}{1.67 \cdot 10^6 \text{ mbar}}\right)$$

$$= (3.47 \cdot 10^{-5} \text{ mol}) \cdot (p/\text{mbar}) \quad \text{für 1 kg Lösungsmittel (Wasser).}$$

(a) $p = 0.10$ bar $= 100$ mbar,

$n(CO_2) = (3.47 \cdot 10^{-5}$ mol$) \cdot 100 = \underline{3.47 \cdot 10^{-3} \text{ mol}}$, d.h. die Löslichkeit ist $\underline{3.4 \text{ mmol kg}^{-1}}$.

(b) $p = 1.0$ bar $= 1000$ mbar;

$n(CO_2) = \underline{3.47 \cdot 10^{-2} \text{ mol}}$, d.h. die Löslichkeit ist $\underline{34 \text{ mmol kg}^{-1}}$.

8-17 $K(N_2) = 8.68 \cdot 10^7$ mbar, $K(O_2) = 4.40 \cdot 10^7$ mbar;

$p(N_2) = 0.782 \cdot (1013$ mbar$)$, $p(O_2) = 0.209 \cdot (1013$ mbar$)$.

$$n(N_2) \approx \frac{n(H_2O)p(N_2)}{K(N_2)}; \quad n(H_2O) = \frac{1000 \text{ g}}{18.02 \text{ g mol}^{-1}} = 55.5 \text{ mol.}$$

$$n(N_2) \approx \frac{(55.5 \text{ mol}) \cdot 0.782 \cdot (1013 \text{ mbar})}{8.68 \cdot 10^7 \text{ mbar}} = 5.065 \cdot 10^{-4} \text{ mol.}$$

$$n(O_2) \approx \frac{(55.5 \text{ mol}) \cdot 0.209 \cdot (1013 \text{ mbar})}{4.40 \cdot 10^7 \text{ mbar}} = 2.671 \cdot 10^{-4} \text{ mol.}$$

Diese Mengen beziehen sich auf 1 kg Lösungsmittel; die Molalitäten sind $\underline{5 \cdot 10^{-4} \text{ mol kg}^{-1}}$ für Stickstoff und $\underline{3 \cdot 10^{-4} \text{ mol kg}^{-1}}$ für Sauerstoff.

8-18 Wir verwenden das Ergebnis aus Aufgabe 8–16 mit $p = 10$ bar :

$n(CO_2) = 3.4 \cdot 10^{-1}$ mol, das ergibt eine Molalität von etwa $\underline{0.3 \text{ mol kg}^{-1}}$

bzw. eine Konzentration von 0.3 M.

8-19 Wir stellen die folgende Tabelle auf:

$n(H_2O)$/mol	55.49	55.49	55.49	55.49
$n(CH_3Cl)$/mol	0.029	0.051	0.106	0.131
n(gesamt)/mol	55.52	55.54	55.60	55.62
$x(CH_3Cl)$/mol	0.0005	0.0009	0.0019	0.0024
p/mbar	273.6	484.3	1008.1	1261.2

Wenn man p gegen x aufträgt (siehe Abb. 8–5), erhält man eine Gerade. Ihre Steigung ist $5.25 \cdot 10^5$, wir erhalten also $K = 5.25 \cdot 10^5$ mbar.

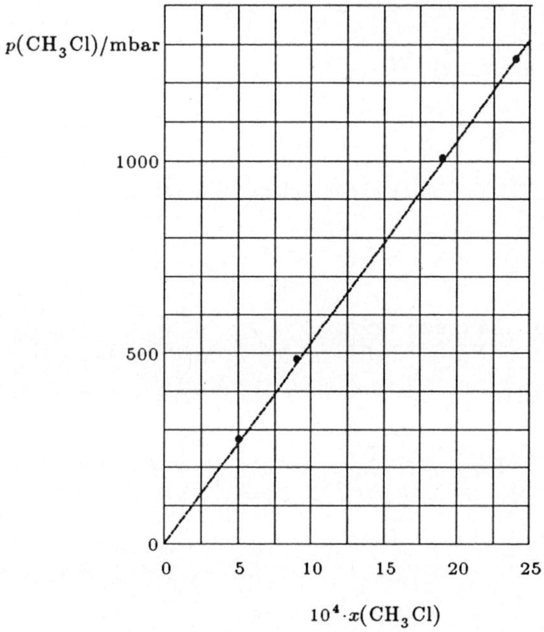

Abb. 8–5

8-20 $p = p_A + p_B = x_A p_A^* + x_B p_B^*$ [8.4–2].

Am angegebenen Siedepunktsdruck $p = 0.5$ bar ist $p_A^* = 535$ mbar und $p_B^* = 200$ mbar.

Wir bezeichnen Toluol mit A und haben die Gleichung

$500 = 535 \cdot x_A + 200 \cdot (1 - x_A)$ zu lösen.

Das liefert für das Verhältnis der Molenbrüche in der Toluol/o-Xylol-Mischung den Wert $0.920 : 0.080 = 11.5 : 1$.

Die Zusammensetzung des Dampfes ist

$$y_A = \frac{x_A p_A^*}{p_B^* \cdot (p_A^* - p_B^*) \cdot x_A} \quad [8.4\text{–}3] \quad = \frac{0.920 \cdot 533}{200 + (533 - 200) \cdot 0.920} = 0.968.$$

Im Dampf stehen also die Molenbrüche von Toluol und o-Xylol im Verhältnis

$0.968 : 0.032 = 30.3 : 1$ (der Dampf ist gegenüber der Flüssigkeit an dem leichter flüchtigen Toluol angereichert).

8-21 $$K_{Eb} = \frac{RT_s^{*2} M_{A,m}}{\Delta H_{Verd,m}} \quad [8.3\text{–}1];$$

$$K_{Kr} = \frac{RT_f^{*2} M_{A,m}}{\Delta H_{Schm,m}} \quad [8.3\text{–}3].$$

$$K_{Eb} = \frac{(8.314 \text{ J K}^{-1} \text{ mol}^{-1}) \cdot (350 \text{ K})^2 \cdot (153.8 \cdot 10^{-3} \text{ kg mol}^{-1})}{30.0 \cdot 10^3 \text{ J mol}^{-1}} = 5.22 \text{ K kg mol}^{-1}$$

$= \underline{5.22 \text{ K/(mol kg}^{-1})}.$

$$K_{\text{Kr}} = \frac{(8.314 \text{ J K}^{-1} \text{ mol}^{-1}) \cdot (250.3\text{K})^2 \cdot (153.8 \cdot 10^{-3} \text{ kg mol}^{-1})}{2.5 \cdot 10^3 \text{ J mol}^{-1}} = 32.0 \text{ K kg mol}^{-1}$$

$= \underline{32.0 \text{ K/(mol kg}^{-1})}.$

8-22 $K_{\text{Kr}}(\text{Wasser}) = 1.86 \text{ K/(mol kg}^{-1})$, $\Delta T = K_{\text{Kr}} m_{\text{B}}$ [8.3–4]

$$n_{\text{B}} = 2 \cdot \left(\frac{2 \text{ g}}{58.44 \text{ g mol}^{-1}} \right) = 0.068 \text{ mol}$$

(der Faktor 2 ist nötig, weil NaCl zwei Ionen liefert)

2 g in 100 g Wasser ergibt eine Molalität von

$m_{\text{B}} = 0.68 \text{ mol kg}^{-1}$; daraus folgt jetzt

$\Delta T = (0.68 \text{ mol kg}^{-1}) \cdot (1.86 \text{ K/mol kg}^{-1}) = 1.27 \text{ K}$,

d.h. wir erhalten als Gefrierpunkt der Lösung $\underline{-1.3\ ^\circ\text{C}}.$

8-23 Mit A bezeichnen wir die gelöste Substanz, mit B das Benzol.

$$p_{\text{B}} = x_{\text{B}} p_{\text{B}}^* \quad [8.2\text{–}7], \quad x_{\text{B}} = \frac{n_{\text{B}}}{n_{\text{A}} + n_{\text{B}}}, \quad p_{\text{B}} = \frac{n_{\text{B}} p_{\text{B}}^*}{n_{\text{A}} + n_{\text{B}}}.$$

Das ergibt $n_{\text{A}} = \dfrac{n_{\text{B}} \cdot (p_{\text{B}}^* - p_{\text{B}})}{p_{\text{B}}}, \quad n_{\text{A}} = \dfrac{M_{\text{A}}}{M_{\text{A,m}}}.$

$$M_{\text{A,m}} = \frac{M_{\text{A}} p_{\text{B}}}{n_{\text{B}} \cdot (p_{\text{B}}^* - p_{\text{B}})}; \quad M_{\text{A}} = 19 \text{ g}, \quad p_{\text{B}}^* = 533 \text{ mbar},$$

$$p_{\text{B}} = 515 \text{ mbar}, \quad n_{\text{B}} = \frac{500 \text{ g}}{78.1 \text{ g mol}^{-1}} = 6.40 \text{ mol}.$$

$$M_{\text{A,m}} = \frac{(19 \text{ g}) \cdot (515 \text{ mbar})}{(6.40 \text{ mol}) \cdot (18 \text{ mbar})} = 82 \text{ g mol}^{-1}$$

das ergibt $M_{\text{r}} = \underline{82}.$

8-24 $\Delta T = K_{\text{Kr}} m_{\text{B}}$ [8.3–4], $K_{\text{Kr}} = 40 \text{ K/mol kg}^{-1}$.

$M_{\text{m}}[CF_3(CF_2)_3CF_3] = 288.1$; $M_{\text{m}}[CF_3(CF_2)_4CF_3] - 338.1$.

1 g entsprechen jeweils den Stoffmengen

$n[CF_3(CF_2)_3CF_3] = 3.47 \cdot 10^{-3} \text{ mol}$, $n[CF_3(CF_2)_4CF_3] = 2.96 \cdot 10^{-3} \text{ mol}$.

Die Molalitäten der beiden Lösungen (jeweils 1 g in 100 g Lösungsmittel) sind

$m[CF_3(CF_2)_3CF_3] = 0.0347 \text{ mol kg}^{-1}$, $m[CF_3(CF_2)_4CF_3] = 0.296 \text{ mol kg}^{-1}$.

Daraus folgt für die Gefrierpunktserniedrigungen

$$\Delta T[CF_3(CF_2)_3CF_3] = (0.0347\ \text{mol kg}^{-1}) \cdot (40\ \text{K/mol kg}^{-1}) = 1.4\ \text{K},$$

$$\Delta T[CF_3(CF_2)_4CF_3] = (0.0296\ \text{mol kg}^{-1}) \cdot (40\ \text{K/mol kg}^{-1}) = 1.2\ \text{K}.$$

Wenn man also zwischen diesen beiden Werten unterscheiden will, muß die Temperaturmessung mindestens auf ± 0.05 K genau sein.

8-25 $\ln x_A = \dfrac{-\Delta G_{\text{Schm,m}}(T)}{RT}$ [Abschnitt 8.3b]

$$\frac{\text{d}\ln x_A}{\text{d}T} = -\left(\frac{1}{R}\right)\cdot\left(\frac{\text{d}}{\text{d}T}\right)\left[\frac{\Delta G_{\text{Schm,m}}(T)}{T}\right]$$

$$= \frac{\Delta H_{\text{Schm,m}}(T)}{RT^2} \quad \text{[Gibbs-Helmholtz-Gleichung, 6.2–4].}$$

$$\int_1^{x_A} \text{d}\ln x_A = \int_{T^*}^{T}\left\{\frac{\Delta H_{\text{Schm,m}}(T)\text{d}T}{RT^2}\right\}.$$

Mit der Näherung $\Delta H_{\text{Schm,m}}(T) \approx \Delta H_{\text{Schm,m}}(T^*)$ erhalten wir

$$\ln x_A\Big|_1^{x_A} \approx \left(\frac{\Delta H_{\text{Schm,m}}(T^*)}{R}\right)\cdot\int_{T^*}^{T}\left(\frac{\text{d}T}{T^2}\right) = -\left\{\frac{\Delta H_{\text{Schm,m}}(T^*)}{R}\right\}\cdot\left\{\frac{1}{T}-\frac{1}{T^*}\right\};$$

$$\ln x_A = \ln(1-x_B) \approx -x_B;$$

$$x_B \approx \frac{\Delta H_{\text{Schm,m}}(T^*)}{R}\cdot\left(\frac{1}{T}-\frac{1}{T^*}\right) \quad \text{oder}$$

$$\Delta T = T^* - T \approx \left(\frac{RT^{*2}}{\Delta H_{\text{Schm,m}}}\right)\cdot x_B.$$

8-26 $\Delta H_{\text{Schm,m}}(T) = \Delta H_{\text{Schm,m}}(T^*) + \displaystyle\int_{T^*}^{T} \Delta C_{p,\text{m}}(T^*)\text{d}T$ [4.1–6, p ist konstant]

mit $\Delta C_{p,\text{m}}(T) = C_{p,\text{m}}(\text{l};T) - C_{p,\text{m}}(\text{s},T) \approx \Delta C_{p,\text{m}}(T^*)$ (konstant vorausgesetzt).

Dann ist $\Delta H_{\text{Schm,m}}(T) \approx \Delta H_{\text{Schm,m}}(T^*) + (T-T^*)\cdot\Delta C_{p,\text{m}}(T^*)$ und

$$\ln x_A = \int_{T^*}^{T}\left\{\frac{\Delta H_{\text{Schm,m}}(T)}{RT^2}\right\}\text{d}T$$

$$= \int_{T^*}^{T}\left\{\Delta H_{\text{Schm,m}}(T^*) - \frac{T^*\cdot\Delta C_{p,\text{m}}(T^*)}{RT^2}\right\}\text{d}T + \int_{T^*}^{T}\left\{\frac{C_{p,\text{m}}(T^*)}{RT}\right\}\text{d}T$$

$$= \left\{\Delta H_{\text{Schm,m}} - T^*\cdot\Delta C_{p,\text{m}}\right\}\cdot\left(\frac{1}{R}\right)\cdot\left(\frac{1}{T^*}-\frac{1}{T}\right) + \left(\frac{\Delta C_{p,\text{m}}}{R}\right)\cdot\ln\left(\frac{T}{T^*}\right),$$

wobei sich ΔH und ΔC auf T^* beziehen. Mit $\Delta T = T^* - T$ erhalten wir dann

$$\ln x_A = -\left\{\frac{\Delta H_{\text{Schm,m}} - T^*\cdot\Delta C_{p,\text{m}}}{RT^*}\right\}\cdot\left(\frac{\Delta T}{T}\right) + \left\{\frac{\Delta C_{p,\text{m}}}{R}\right\}\cdot\ln\left(1-\frac{\Delta T}{T^*}\right)$$

und mit den Näherungen $\ln x_A = \ln(1-x_B) \approx -x_B$ und $\dfrac{\Delta T}{T^*} \ll 1$ schließlich

$$\frac{\Delta T}{T} = \frac{\Delta T}{T^* - \Delta T} = \frac{\left(\dfrac{\Delta T}{T^*}\right)}{\left(1 - \dfrac{\Delta T}{T^*}\right)} \approx \frac{\Delta T}{T^*} + \frac{\Delta T}{T^{*2}},$$

$$\ln\left(1 - \frac{\Delta T}{T^*}\right) - \frac{\Delta T}{T^*} + \left(\frac{\Delta T}{T^*}\right)^2.$$

$$x_B - \left\{\frac{\Delta H_{Schm,m} - T^* \cdot \Delta C_{p,m}}{RT^*}\right\} \cdot \left\{\frac{\Delta T}{T^*} + \left(\frac{\Delta T}{T^*}\right)^2\right\} + \left\{\frac{\Delta C_{p,m}}{R}\right\} \cdot \left\{\left(\frac{\Delta T}{T^*}\right) - \left(\frac{\Delta T}{T^*}\right)^2\right\}$$

$$\approx \left\{\frac{\Delta H_{Schm,m}}{RT^{*2}}\right\} \cdot \Delta T + \left\{\frac{\Delta H_{Schm,m} - 2T^* \cdot \Delta C_{p,m}}{RT^{*3}}\right\} \cdot (\Delta T)^2 = a \cdot \Delta T + b \cdot (\Delta T)^2.$$

Die Gleichung $b \cdot (\Delta T)^2 + a \cdot \Delta T - x_B = 0$ hat die Lösung

$$\Delta T = \left(\frac{1}{2b}\right) \cdot \left(-a + \sqrt{a^2 + 4bx_B}\right)$$

$$= \left(\frac{1}{2b}\right) \cdot \left(-1 + \sqrt{1 + \frac{4bx_B}{a^2}}\right) \approx \left(\frac{a}{2b}\right) \cdot \left(-1 + 1 + \frac{2bx_B}{a^2}\right)$$

$$= \frac{x_B}{a} = \left(\frac{RT^{*2}}{\Delta H_{Schm,m}}\right) \cdot x_B \quad \text{wie oben.}$$

Man kann die quadratische Gleichung für ΔT auch exakt lösen:

$$\underline{\Delta T = \left(\frac{a}{2b}\right) \cdot \left(-1 + \sqrt{1 - \left(\frac{4b}{a^2}\right) \cdot \ln x_A}\right).}$$

Mit $\Delta H_{Schm,m} = 6.01$ kJ mol^{-1}, $\Delta C_{p,m} = 51.0$ J K^{-1} mol^{-1} und $T^* = 271.15$ K erhalten wir

$$a = \frac{\Delta H_{Schm,m}}{RT^{*2}} = \frac{6.01 \text{ kJ mol}^{-1}}{(8.314 \text{ J K}^{-1} \text{ mol}^{-1}) \cdot (273.15 \text{ K})^2} = 9.69 \cdot 10^{-3} \text{ K}^{-1},$$

$$b = \frac{\Delta H_{Schm,m} - 2T^* \cdot \Delta C_{p,m}}{RT^{*3}} = \frac{\left[6.01 \cdot 10^3 - 2 \cdot (273.15) \cdot (51.0)\right] \text{ J mol}^{-1}}{(8.314 \text{ J K}^{-1} \text{ mol}^{-1}) \cdot (273.15 \text{ K})^3}$$

$$= -1.29 \cdot 10^{-4} \text{ K}^{-2}.$$

$$\frac{a}{2b} = -37.6 \text{ K}, \quad \frac{4b}{a^2} = -5.50.$$

Im Fall $x_B = 0.1$ ergibt die Näherungslösung

$$\Delta T \approx \frac{x_B}{a} = \frac{0.1}{9.69 \cdot 10^{-3} \text{ K}^{-1}} = 10.3 \text{ K},$$

die genauere Lösung dagegen

$$\Delta T \approx (37.6 \text{ K}) \cdot \left(1 - \sqrt{1 + 5.50 \cdot \ln x_A}\right) \approx \underline{13.2 \text{ K.}}$$

8-27 $n(\text{Rohrzucker}) = \dfrac{7.5 \text{ g}}{342.3 \text{ g mol}^{-1}} = 0.0219$ mol;

$$n(\text{Wasser}) = \frac{250 \text{ g}}{18.02 \text{ g mol}^{-1}} = 13.87 \text{ mol}; \quad n(\text{gesamt}) = 13.90 \text{ mol}.$$

$$x_B = \frac{0.0219}{13.90} = 0.0016, \quad x_A = 0.9984.$$

$$\Delta T = (37.6) \cdot \left(1 - \sqrt{1 + 5.50 \cdot \ln 0.9984}\right) \text{ [Letzte Aufgabe] } = 0.17 \text{ K}.$$

Der Gefrierpunkt der Zuckerlösung liegt also bei $-0.17\ °\text{C}$.

8-28 $\Delta T = K_{\text{Kr}} m_s$ [8.3–4]. Mit c bezeichnen wir den Preis von 100 kg Salz. Um dieselbe Gefrierpunktserniedrigung zu erreichen, brauchen wir $m_A(\text{NaCl}) = m_A(\text{CaCl}_2)$. $CaCl_2$ liefert aber drei Ionen, NaCl dagegen nur zwei. Für die Stoffmengen muß deshalb $n(\text{NaCl}) = \frac{3}{2} \cdot n(\text{CaCl}_2)$ gelten und für die Massen

$$\frac{M(\text{NaCl})}{M_r(\text{NaCl})} = \frac{3}{2} \cdot \frac{M(\text{CaCl}_2)}{M_r(\text{CaCl}_2)} \quad \text{oder}$$

$$\frac{M(\text{NaCl})}{M(\text{CaCl}_2)} = \frac{3}{2} \cdot \frac{M_r(\text{NaCl})}{M_r(\text{CaCl}_2)} = \frac{3 \cdot 58.44}{2 \cdot 110.98} = 0.79.$$

Das Preisverhältnis ist $\dfrac{c(\text{NaCl})}{c(\text{CaCl}_2)} = 1.3.$

Das Kostenverhältnis ist also $1.3 \cdot 0.79 = 1.03$, d.h. $CaCl_2$ ist unwesentlich günstiger.

8-29 $\Delta T_f = \dfrac{RT_f^2 \cdot x_B}{\Delta H_{\text{Schm,m}}}$ [8.3–3];

$\Delta H_{\text{Schm,m}} = 11.4 \text{ kJ mol}^{-1}$, $T_f = 290$ K, $M_r(\text{AcOH}) = 60.05$ (1 kg $\hat{=}$ 16.7 mol).

$$T_f = \left(\frac{(8.314 \text{ J K}^{-1} \text{ mol}^{-1}) \cdot (290 \text{ K})^2}{11.4 \text{ kJ mol}^{-1}}\right) \cdot \left(\frac{m_B}{16.7 \text{ mol kg}^{-1}}\right)$$
$$= (3.67 \text{ K/mol kg}^{-1}) \cdot m_B,$$

dabei ist m_B die scheinbare Molalität der gelösten Substanz.

Mit ν bezeichnen wir die Anzahl der Ionen; dann können wir $m_B = \nu \cdot m_B^o$ schreiben und die folgende Tabelle aufstellen:

$m^o(\text{KF})/\text{mol kg}^{-1}$	0.0015	0.037	0.077	0.295	0.602
$\Delta T_f/\text{K}$	0.116	0.299	0.473	1.39	2.69
$m_B(\text{KF})/\text{mol kg}^{-1}$	0.0315	0.0814	0.129	0.378	0.738
ν	2.1	2.2	1.68	1.28	1.22

vgl. auch die im Lehrbuch angegebene Literaturstelle.

8-30 $m_B = \dfrac{\Delta T}{K_f} = \dfrac{0.0703 \text{ K}}{1.86 \text{ K/mol kg}^{-1}} = 0.0378 \text{ mol kg}^{-1}.$

Die Konzentration der $Th(NO_3)_4$-Lösung ist 0.0096 mol kg^{-1}, daraus errechnen wir eine Dissoziation in $\frac{0.0378}{0.0096} = 4$ Ionen. Eine genauere Analyse der Meßdaten (vgl. die angegebene Original-Literatur) ergibt Werte zwischen 4 und 5.

8-31 $x_B = \exp\left\{\left(\frac{\Delta H_{\text{Schm,m}}}{R}\right)\cdot\left(\frac{1}{T^*}-\frac{1}{T}\right)\right\}$ [8.3–5]

$$= \exp\left\{\frac{(5.2 \text{ kJ mol}^{-1})\cdot(-47.0 \text{ K})}{(8.314 \text{ J K}^{-1} \text{ mol}^{-1})\cdot(600 \text{ K})^2}\right\} = \exp(-0.089) = \underline{0.92.}$$

$$x_B = \frac{n(\text{Pb})}{n(\text{Pb})+n(\text{Bi})}, \quad \text{also} \quad n(\text{Pb}) = \left(\frac{x_B}{1-x_B}\right)\cdot n(\text{Bi}).$$

1 kg Bi entspricht $n(\text{Bi}) = \frac{10^3 \text{ g}}{209 \text{ g mol}^{-1}} = 4.8$ mol.

Das ergibt $n(\text{Pb}) = \left(\frac{0.92}{0.08}\right)\cdot n(\text{Bi}) = 55$ mol (das sind 11 kg).

8-32 $x_B = \exp\left\{\left(\frac{\Delta H_{\text{Schm,m}}}{R}\right)\cdot\left(\frac{1}{T^*}-\frac{1}{T}\right)\right\}$ [8.3–5]

$$= \left\{\left(\frac{28.87 \text{ kJ mol}^{-1}}{8.314 \text{ J K}^{-1} \text{ mol}^{-1}}\right)\cdot\left(\frac{1}{490 \text{ K}}-\frac{1}{298 \text{ K}}\right)\right\}$$

$$= \exp(-4.57) = 0.010.$$

$$n(\text{Anthracen}) = \left(\frac{0.010}{0.990}\right)\cdot n(\text{Benzol}) = 0.011\cdot n(\text{Benzol}).$$

1 kg Benzol entspricht $n(\text{Benzol}) = \frac{1000 \text{ g}}{78.12 \text{ g mol}^{-1}} = 12.8$ mol.

Dann ist $n(\text{Anthracen}) = 0.13$, das sind 24 g.

Bei 25 °C lösen sich also in 1 kg Benzol, ideale Löslichkeit vorausgesetzt, 24 g Anthracen.

8-33 $\Pi = \left(\frac{n_B}{V}\right)\cdot RT$ [8.3–10] $= \left(\frac{M_B}{M_{B,m}V}\right)\cdot RT$

$$= \frac{c_B RT}{M_{B,m}} \quad \text{mit} \quad c_B = \frac{M_B}{V}.$$

$\Pi = \rho g h$ [hydrostatischer Druck]; daraus folgt $h = \left(\frac{RT}{\rho g M_{B,m}}\right)\cdot c_B$.

Wenn wir jetzt h gegen c_B auftragen, ist die Steigung gleich $\frac{RT}{\rho g M_{B,m}}$, und wir können $M_{B,m}$ bestimmen.

An Abb. 8–6 lesen wir die Steigung 0.29 ab, daraus folgt $\frac{RT}{\rho g M_{B,m}} = 0.29 \text{ cm/g dm}^{-3}$.

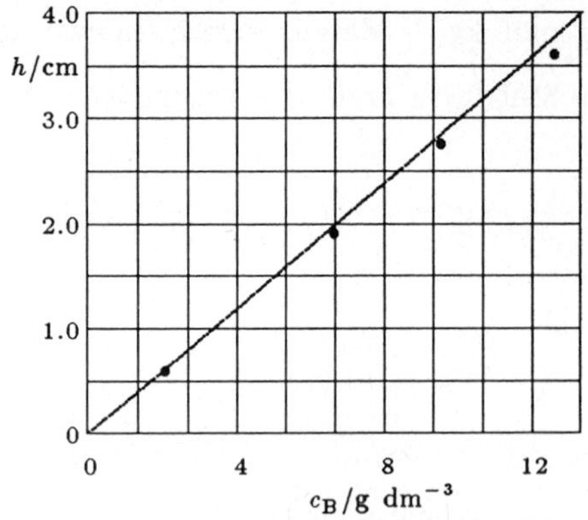

Abb. 8–6

$$\frac{RT}{\rho g} = \frac{(8.314\ \text{J K}^{-1}\ \text{mol}^{-1}) \cdot (298.15\ \text{K})}{(1.004\ \text{g cm}^{-3}) \cdot (9.81\ \text{m s}^{-2})} = 251.8\ \text{J g}^{-1}\ \text{cm}^3\ \text{s}^2\ \text{mol}^{-1}$$

$$= 251.8\ \text{kg m}^2\ \text{s}^{-2}\ \text{g}^{-1}\ \text{cm}^3\ \text{m}^{-1}\ \text{s}^2\ \text{mol}^{-1} \quad [1\ \text{J} = 1\ \text{kg m}^2\ \text{s}^{-2}]$$

$$= 251.8 \cdot 10^{-3}\ \text{m}^4\ \text{mol}^{-1}.$$

$$M_{\text{B,m}} = \frac{0.2518\ \text{m}^4\ \text{mol}^{-1}}{0.29\ \text{cm dm}^3\ \text{g}^{-1}} = \frac{0.2518}{0.29} \cdot 10^2 \cdot 10^3\ \text{g mol}^{-1}$$

$$= 87000\ \text{g mol}^{-1}.$$ Es ist also RMM = 87000.

8-34 Wir gehen wie in Aufgabe 8–33 vor. Die Daten sind in Abb. 8–7 aufgetragen, die Gerade hat die Steigung 1.78.

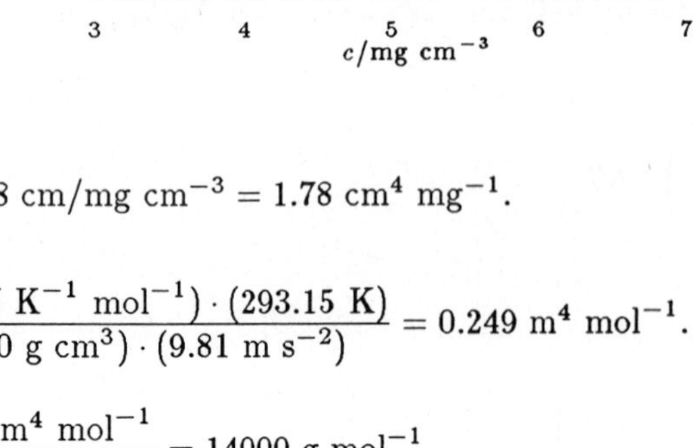

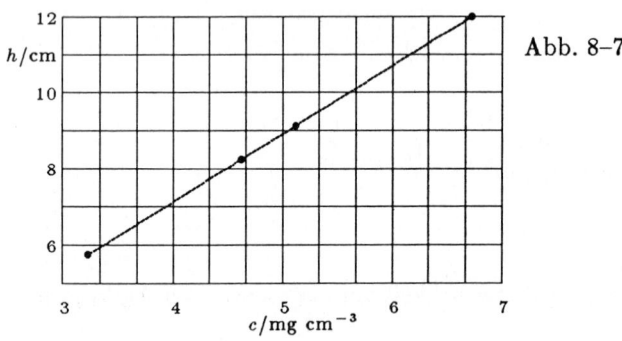

Abb. 8–7

$$\frac{RT}{\rho g M_{\text{B,m}}} = 1.78\ \text{cm/mg cm}^{-3} = 1.78\ \text{cm}^4\ \text{mg}^{-1}.$$

$$\frac{RT}{\rho g} = \frac{(8.314\ \text{J K}^{-1}\ \text{mol}^{-1}) \cdot (293.15\ \text{K})}{(1.000\ \text{g cm}^3) \cdot (9.81\ \text{m s}^{-2})} = 0.249\ \text{m}^4\ \text{mol}^{-1}.$$

$$M_{\text{B,m}} = \frac{0.249\ \text{m}^4\ \text{mol}^{-1}}{1.78\ \text{cm}^4\ \text{mg}^{-1}} = 14000\ \text{g mol}^{-1}.$$

Es ist also RMM = 14000.

8-35 Die Daten sind in Abb. 8–8 aufgetragen.

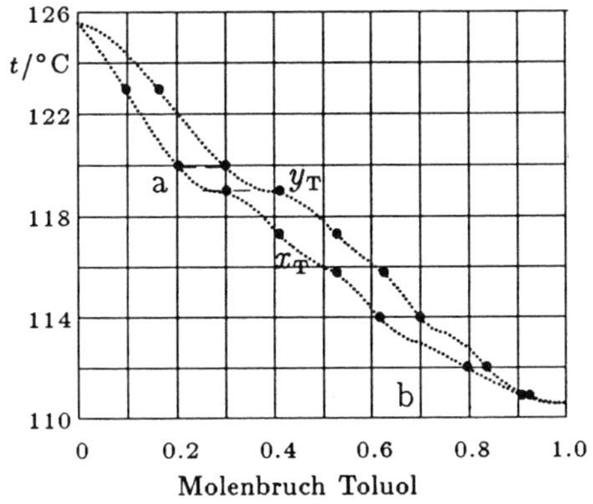

Abb. 8–8

Am Diagramm läßt sich ablesen, daß mit der Flüssigkeit der Zusammensetzung (a) $x_T = 0.25$ der Dampf mit der Zusammensetzung $y_T = 0.36$ im Gleichgewicht steht und mit (b) $x_T = 0.75$ der Dampf mit $y_T = 0.82$.

8-36 Raoult: $a = \frac{p}{p^*}$ [8.5–4], $a = \gamma x$ [8.5–5], $\gamma = \frac{p}{xp^*}$.

Henry: $\gamma_B = \frac{p_B}{K_B x_B}$ [8.5–10 und 11].

Um K zu bestimmen, trägt man die Meßwerte auf und extrapoliert sie zu kleinen Konzentrationen. An Abb. 8–9 lesen wir $K_I = 620$ mbar ab. Dann können wir die folgende Tabelle aufstellen.

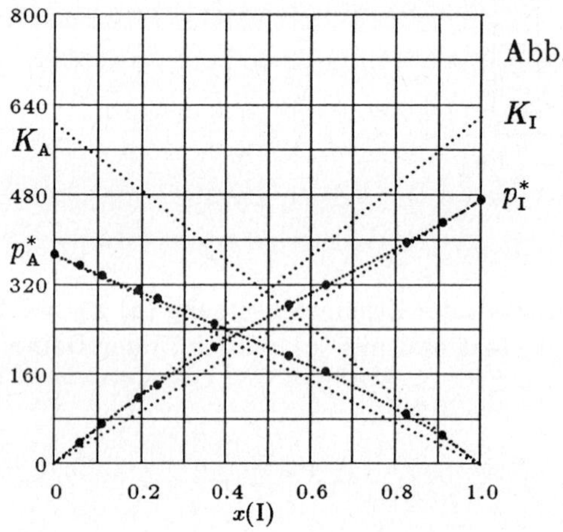

Abb. 8–9

x_I	0	0.2	0.4	0.6	0.8	1.0
p_I/mbar	0	123	220	307	387	471(= p_I^*)
p_A/mbar	373(= p_A^*)	307	247	180	107	0
$\gamma_I^{(R)} \left[= \frac{p_I}{x_I p_I^*}\right]$	–	1.303	1.169	1.086	1.027	1.000
$\gamma_A^{(R)} \left[= \frac{p_A}{x_A p_A^*}\right]$	1.000	1.027	1.101	1.205	1.429	–
$\gamma_I^{(H)} \left[= \frac{p_I}{K_I x_I}\right]$	1.000	0.989	0.887	0.824	0.780	0.759

8-37 Vergl. Abb. 8–8. Eine Flüssigkeit mit der Zusammensetzung $x_T = 0.3$ siedet bei 119 °C. Die Zusammensetzung des Dampfes und damit des ersten Tropfens des Destillats erhält man über die horizontale Verbindungslinie: $y_T = 0.410$. Mit dem Hebelgesetz [8.4–5] erhalten wir die Mengenverhältnisse der Phasen:

$$\frac{n(\mathrm{g})}{n(\mathrm{l})} = \frac{z-x}{y-z}.$$

Am Siedepunkt ist $z = x$, daraus folgt $\frac{n(\mathrm{g})}{n(\mathrm{l})} = 0$, ein Grad oberhalb des Siedepunktes (120 °C) ist praktisch nur noch Dampf mit der Zusammensetzung $y_T = 0.3$ vorhanden.

8-38 Abbildung 8–10 ist eine Kopie von Abb. 8–8. Wir beginnen mit einer Flüssigkeit der Zusammensetzung $x_T = 0.3$ und zeichnen Stufen ein, bis der Punkt $y_T = 0.7$ erreicht ist (das entspricht einem Kondensat mit $x_T = 0.7$). An dem Diagramm lesen wir ab, daß dazu vier Schritte nötig sind. Wir sprechen dann von vier theoretischen Böden.

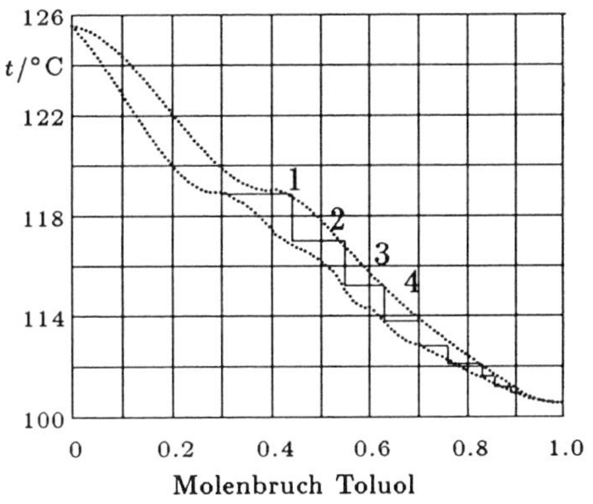

Abb. 8–10

8-39 Um ein Kondensat mit $x_T > 0.9$ zu gewinnen, muß man Dampf mit $y_T > 0.9$ haben. Wir gehen in Abb. 8–10 die Stufen nach unten, bis wir einen solchen Punkt erreichen. Wir können ablesen, daß wir dazu insgesamt neun Böden brauchen.

8-40 In Abb. 8–11 sind die angegebenen Daten aufgetragen. E und B bezeichnen Essigsäure und Benzol.

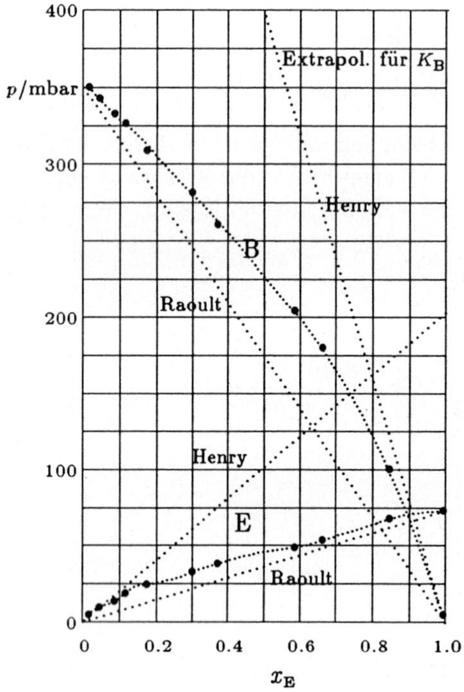

Abb. 8–11

8-41 Wie in Aufgabe 8–36 suchen wir $\gamma_E^{(R)} = \frac{p_E}{x_E p_E^*}$.

$$\gamma_B^{(R)} = \frac{p_B}{x_B p_B^*}, \quad \gamma_B^{(H)} = \frac{p_B}{x_B K_B}.$$

Die Aktivitäten berechnen wir mit $a^{(R)} = \frac{p}{p^*}$ und $a_B^{(H)} = \frac{p_B}{K_B}$.

Aus Abb. 8–11 entnehmen wir die Werte $p_A^* = 73.3$ mbar, $p_B^* = 352$ mbar und $K_B = 800$ mbar.

Damit können wir die folgende Tabelle aufstellen.

x_E	0	0.2	0.4	0.6	0.8	1.0
p_E/mbar	0	26.7	40	50.7	66.7	73.3($= p_E^*$)
p_B/mbar	352($= p_B^*$)	304	253.3	200	124	0
$a_E^{(R)} \left[= \frac{p_E}{p_E^*}\right]$	0	0.36	0.55	0.69	0.91	1.00
$a_B^{(R)} \left[= \frac{p_B}{p_B^*}\right]$	1.00	0.86	0.72	0.57	0.35	0
$\gamma_E^{(R)} \left[= \frac{p_E}{x_E p_E^*}\right]$	–	1.82	1.36	1.15	1.14	1.00
$\gamma_B^{(R)} \left[= \frac{p_B}{x_B p_B^*}\right]$	1.00	1.08	1.20	1.42	1.76	–
$a_B^{(H)} \left[= \frac{p_B}{K_B}\right]$	0.44	0.38	0.32	0.25	0.16	0
$\gamma_B^{(H)} \left[= \frac{p_B}{K_B x_B}\right]$	0.44	0.48	0.53	0.63	0.78	1.00

8-42 $G_m^E = RT(x_A \cdot \ln x_E + x_B \cdot \ln x_B)$ [Abschnitt 8.2d].

Mit den Daten aus Aufgabe 8–41 und mit $RT = 2.48$ kJ mol^{-1}

stellen wir die folgende Tabelle auf.

x_E	0	0.2	0.4	0.6	0.8	1.0
$x_E \cdot \ln \gamma_E^{(R)}$	0	0.12	0.12	0.08	0.10	0
$x_B \cdot \ln \gamma_B^{(R)}$	0	0.06	0.11	0.14	0.11	0
G_m^E/kJ mol^{-1}	0	0.45	0.57	0.55	0.52	0

9 Zustandsänderungen: Die Phasenregel

A9-1

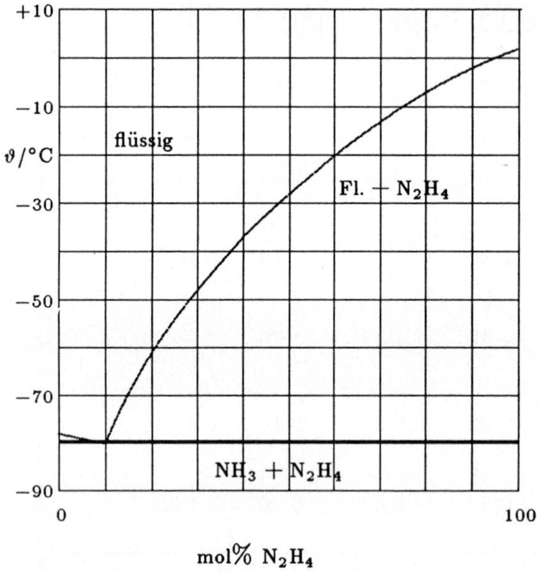

Abb. A9–1

A9-2

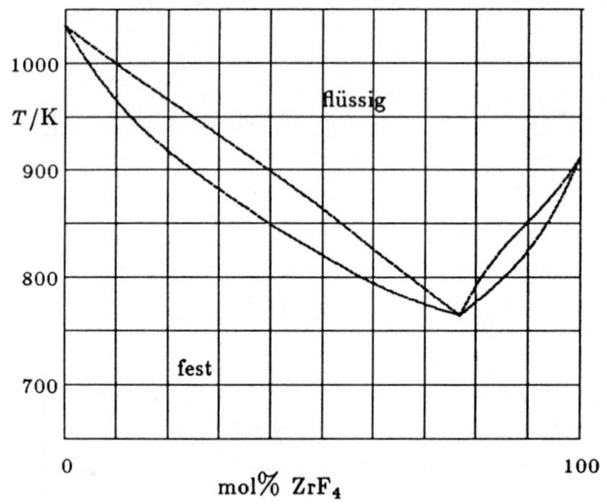

Abb. A9–2

Eine feste Lösung mit 21 mol % ZrF_4 tritt bei 875 °C auf. Die feste Lösung wird mehr, und ihr ZrF_4-Gehalt wächst auf 40 mol% bei 875 °C an. Bei dieser Temperatur verschwindet die flüssige Phase ganz.

A9-3

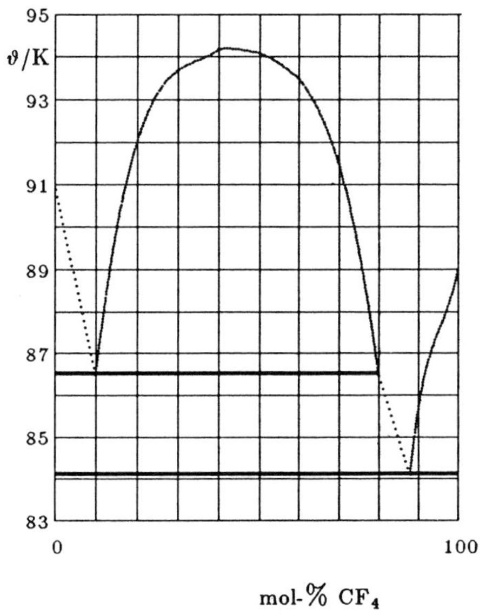

Abb. A9–3

A9-4

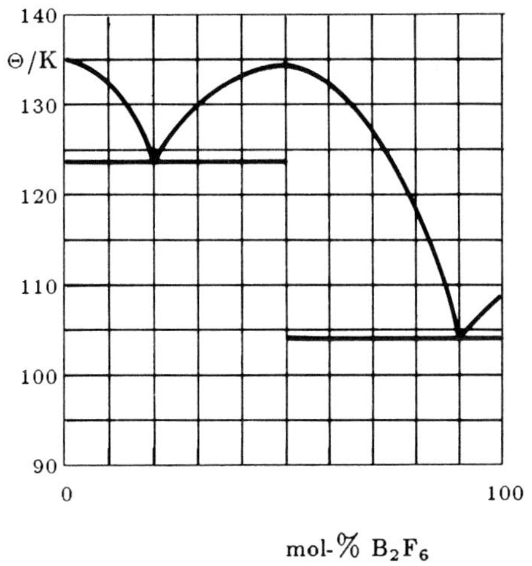

Abb. A9–4

Bei 120 K beginnt die feste Verbindung zu kristallisieren. Die Flüssigkeit reichtert sich an Diboran an und erreicht 90 mol% bei 104 K. Bei dieser Temperatur verschwindet der letzte Rest der Flüssigkeit, wenn man dem System Wärme entzieht. Unterhalb von 104 K ist das System eine Mischung aus festem Diboran und fester Additionsverbindung.

A9-5

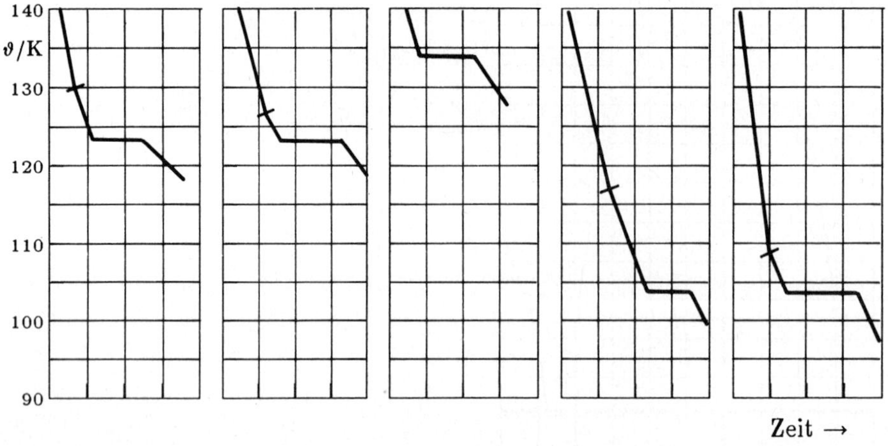

Abb. A9–5

A9-6

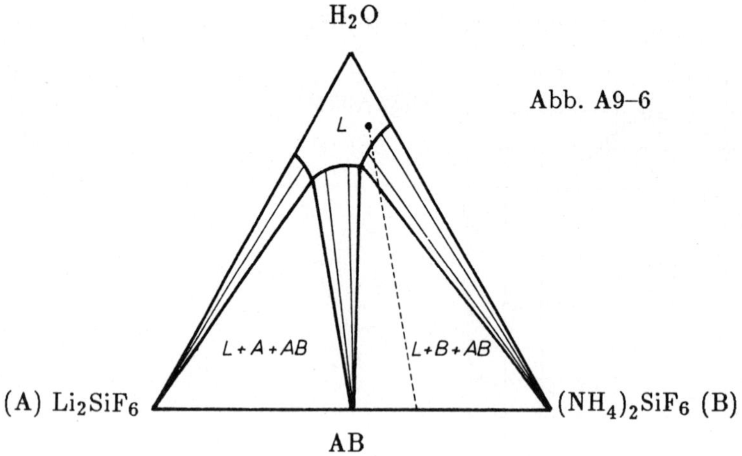

Abb. A9–6

Die Zusammensetzung ändert sich entlang der gestrichelten Linie. Als Festkörper erscheint zuerst $(NH_4)_2SiF_6$. Wenn der Wassergehalt 70.4 Gewichts- % erreicht, kristallisieren $(NH_4)_2SiF_6$ und das Doppelsalz gleichzeitig aus, in dem Maße wie das Wasser entfernt wird. Die Konzentration der Lösung bleibt konstant, bis die flüssige Phase ganz verschwunden ist.

A9-7

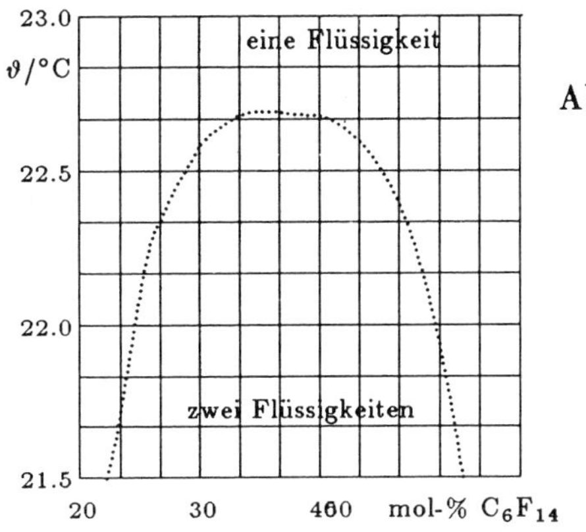

Abb. A9–7

(a) Für alle Zusammensetzungen hat man nur eine einzige flüssige Phase.

(b) Wenn die Zusammensetzung 25 mol% C_6F_{14} erreicht, trennt sich die Mischung in zwei Phasen mit den Konzentrationen 25 und 48 mol% C_6F_{14}. Die Mengenverhältnisse der beiden Phasen ändern sich, bis die Gesamt-Zusammensetzung 48 mol% erreicht hat. Für alle höheren Konzentrationen beobachtet man nur eine einzige Phase.

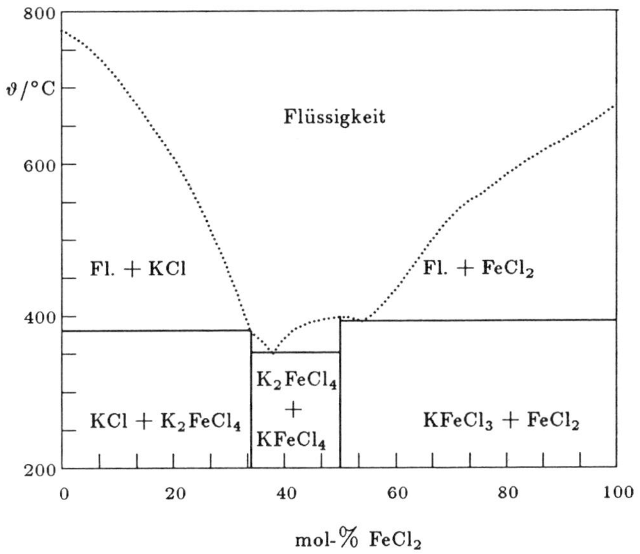

Abb. A9–8

Bei 360 °C verschwindet $K_2FeCl_4(s)$. Die Lösung reichert sich an $FeCl_2$ an, bis 351 °C erreicht wird, wo auch $KFeCl_3(s)$ verschwindet. Unterhalb 351 °C besteht das System aus einer Mischung von $K_2FeCl_4(s)$ und $KFeCl_3(s)$.

A9-9

Abb. A9–9

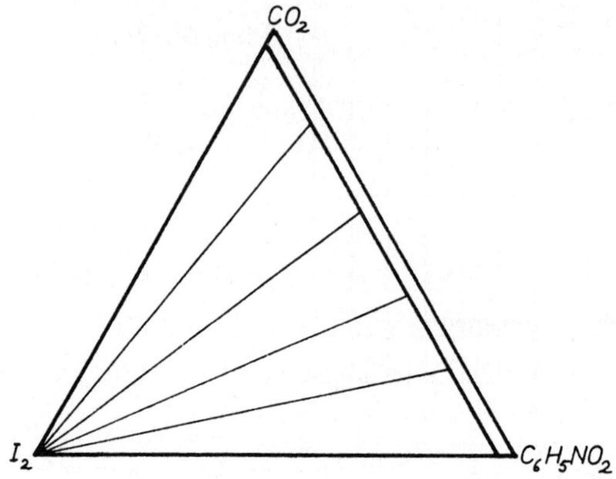

A9-10 (a)

Abb. A9–10

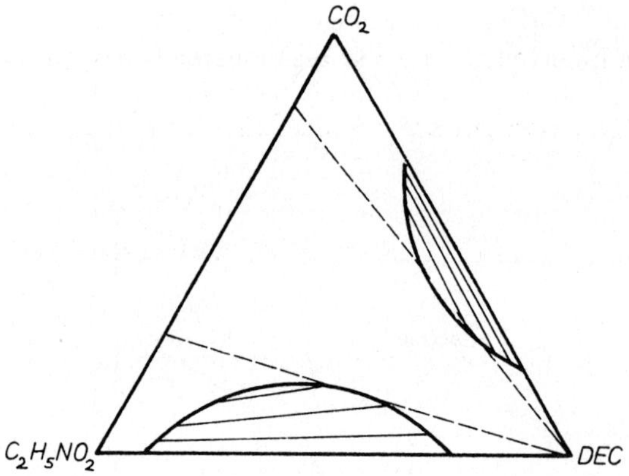

(b): zwischen 29 und 83 mol% $C_2H_5NO_2$.

9-1 $F = C - P + 2$. $C = 1$; am Schmelzpunkt ist $P = 3$ (s, l, g)

und am Umwandlungspunkt $P = 3$ (l, l', g), also in beiden Fällen $F = 1 - 3 + 2 = \underline{0}$.

9-2 (a) Salz und Wasser; $S = 2$.

(b) Na^+, H^+, $H_2PO_4^-$, HPO_4^{2-}, PO_4^{3-}, NaH_2PO_4, H_2O, OH^- (8 Ionen bzw. Moleküle),

vier Gleichgewichte sind zu berücksichtigen:

$NaH_2PO_4 \rightleftharpoons Na^+ + H_2PO_4^-$, $H_2PO_4^- \rightleftharpoons H^+ + HPO_4^{2-}$,

$H_3PO_4^{2-} \rightleftharpoons H^+ + PO_4^{3-}$, $H^+ + OH^- \rightleftharpoons H_2O$.

Zwei Bedingungen für elektrische Neutralität sind zu berücksichtigen:

$[Na^+]$ = [Gesamt–Phosphat] und $[H^+] = [OH^-]$ + [Phosphat-Ionen].

Die Anzahl der unabhängigen Komponenten ist deshalb $8 - (4 + 2) = \underline{2}$.

(c) Al^{3+}, H^+, $AlCl_3$, $Al(OH)_3$, OH^-, Cl^-, H_2O, HCl (8 Ionen oder Moleküle).

vier Gleichgewichte sind zu berücksichtigen:

$AlCl_3 + 3H_2O \rightleftharpoons Al(OH)_3 + 3HCl$, $\qquad HCl \rightleftharpoons H^+ + Cl^-$,

$AlCl_3 \rightleftharpoons Al^{3+} + 3Cl^-$, $\qquad H_2O \rightleftharpoons H^+ + OH^-$.

Eine Bedingungen für elektrische Neutralität ist zu berücksichtigen:

$[H^+] + \frac{1}{3}[Al^{3+}] \rightleftharpoons [OH^-] + [Cl^-]$.

Das ergibt $C = 8 - (4 + 1) = \underline{3}$.

9-3 Die Substanz A befinde sich in zwei Phasen α und β, deren Temperaturen

sich nur unendlich wenig unterscheiden: $T(\beta) - T(\alpha) = \mathrm{d}T$.

Jetzt transportieren wir die Stoffmenge n von α nach β:

$\mathrm{d}G = n \cdot [\mu(\beta) - \mu(\alpha)] = -nS_\mathrm{m}\mathrm{d}T \quad [\mathrm{d}\mu = -S_\mathrm{m}\mathrm{d}T,\ 6.2\text{–}1]$;

das bedeutet, nur bei $\mathrm{d}T = 0$, also im thermischen Gleichgewicht, kann $\mathrm{d}G = 0$ sein.

Jetzt nehmen wir an, die beiden Phasen unterscheiden sich nur unendlich wenig im Druck:

$p(\beta) - p(\alpha) = \mathrm{d}p$.

$\mathrm{d}G = n \cdot [\mu(\beta) - \mu(\alpha)] = nV_\mathrm{m}\mathrm{d}p \quad [\mathrm{d}\mu = V_\mathrm{m}\mathrm{d}p,\ 6.2 - 1]$;

das bedeutet, nur bei $\mathrm{d}p = 0$, also im mechanischen Gleichgewicht, kann $\mathrm{d}G = 0$ sein.

9-4 $CuSO_4 \cdot 5H_2O \rightleftharpoons CuSO_4 + 5H_2O$.

Wir haben zwei feste Phasen ('$CuSO_4 \cdot 5H_2O$' und '$CuSO_4$') und eine gasförmige Phase ('H_2O'), drei Teilchenarten und das angegebene Gleichgewicht; das ergibt $\underline{C = 2 \text{ und } P = 2.}$

9-5 $NH_4Cl(s) \rightleftharpoons NH_3(g) + HCl(g)$; $\underline{C = 1}$ [Abschnitt 9.1c], $\underline{P = 2.}$

Gibt man NH_3 hinzu, so wird $\underline{C = 2}$, denn NH_4Cl und NH_3 sind

jetzt voneinander unabhängig, und $\underline{P = 2.}$

9-6 $\underline{C = 2}$ (Na_2SO_4, H_2O), $\underline{P = 3}$ (festes Salz, flüssige Lösung, Gas); $F = C - P + 2 = 2 - 2 + 2 = \underline{2.}$

Ändert man den Druck, muß sich auch die Temperatur ändern, wenn wieder Gleichgewicht herrschen soll.

9-7 $\underline{C = 2}$ (Na_2SO_4, H_2O), $\underline{P = 2}$ (fl. Lösung, Dampf);

$F = C - P + 2 = 2 - 2 + 2 = \underline{0.}$ Wir können die Menge des gelösten Salzes und des Druck verändern; wenn das Gleichgewicht erhalten bleiben soll, muß dann auch die Temperatur verändert werden.

9-8 Die Daten sind in Abb. 9–1 aufgetragen.

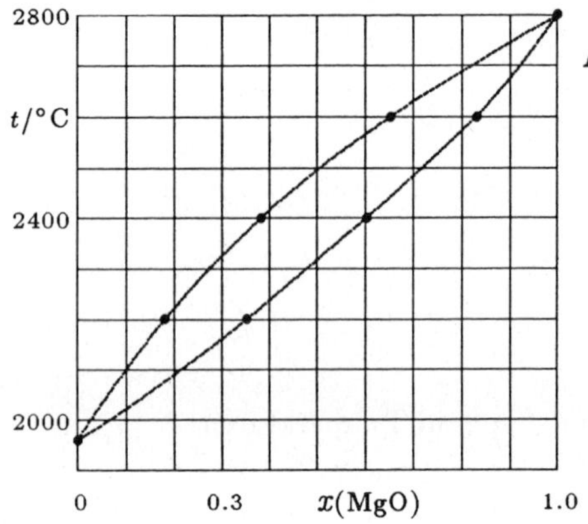

Abb. 9–1

9-9 a) An Abb. 9–1a lesen wir ab, daß für $x(MgO) = 0.3$ die feste und die flüssige Phase bei 2150 °C miteinander im Gleichgewicht sind.

(b) An der Verbindungslinie bei 2200 °C lesen wir ab, daß dort Gleichgewicht zwischen den Phasen mit $y(MgO) = 0.18$ und $x(MgO) = 0.35$ besteht. Nach dem Hebelgesetz [8.4–5] verhalten sich die Mengen der flüssigen und der festen Phase wie $l_1 : l_2 = 0.5 : 1.2 = 0.42$.

(c) Die Erstarrung beginnt bei c; das sind 2650 °C.

10-9 $\Delta T \approx \left(\frac{RT^{*2}}{\Delta H_{\text{Schm,m}}(A)}\right) \cdot x_B$ [8.3–3].

Für Bi gilt $\frac{RT^{*2}}{\Delta H_{\text{Schm,m}}} = \frac{(8.314 \text{ J K}^{-1} \text{ mol}^{-1}) \cdot (544.5 \text{ K})^2}{10.88 \text{ kJ mol}^{-1}} = 227 \text{ K}.$

Für Cd gilt $\frac{RT^{*2}}{\Delta H_{\text{Schm,m}}} = \frac{(8.314 \text{ J K}^{-1} \text{ mol}^{-1}) \cdot (594 \text{ K})^2}{6.07 \text{ kJ mol}^{-1}} = 483 \text{ K}.$

Jetzt stellen wir die folgende Tabelle auf:

$x(Cd)$	0.1	0.2	0.3	0.4	
$\Delta T/K$	22.7	45.4	68.1	90.8	$[\Delta T = (227 \text{ K}) \cdot x(Cd)]$
T_f/K	522	499	476	454	$[T_f = 544.5 \text{ K} - \Delta T]$

$x(Bi)$	0.1	0.2	0.3	0.4	
$\Delta T/K$	48.3	96.6	145	193	$[\Delta T = (483 \text{ K}) \cdot x(Bi)]$
T_f/K	546	497	449	401	$[T_f = 594 \text{ K} - \Delta T]$

Diese Werte sind in Abb. 9–2a aufgetragen.

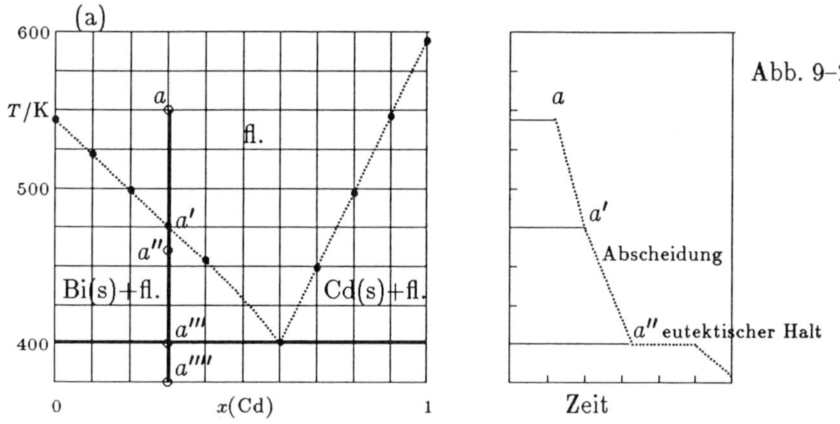

Abb. 9–2

9-11 Siehe dazu Abb. 9–2a. Beginnen wir beim Punkt a, so findet die Abkühlung zuerst ohne Abscheidung eines Festkörpers statt, bis der Punkt a' erreicht ist (bei 475 K). Dort beginnt die Abscheidung von festem Bi, und die Flüssigkeit reichert sich an Cd an. Bei a''' (400 K) besteht das System aus festem reinem Bi uind einer Flüssigkeit der Zusammensetzung $x(\text{Bi}) = 0.4$. Danach erstarrt alles zu einem Gemenge aus Bi(s) und Cd(s).

Bei a'' (460 K) ergibt sich aus dem Hebelgesetz das Mengenverhältnis $\frac{0.3}{0.06} = \underline{5.}$

Bei a''' (350 K) ist keine Flüssigkeit mehr vorhanden. Bei sehr schnellem Abkühlen erhält man eine feine Verteilung von Bi und Cd.

9-12 Siehe dazu Abschnitt 9.3c und Abb. 9–3. Wir erhalten die in Abb. 9–2b wiedergegebene Abkühlungskurve.

9-13 Die Werte sind in Abb. 9–3 wiedergegeben.

An den Kurven lesen wir $T_{\text{uk}} = \underline{122\ °\text{C}}$ und $T_{\text{ok}} = \underline{8\ °\text{C}}$ ab [Abschnitt 9.3a].

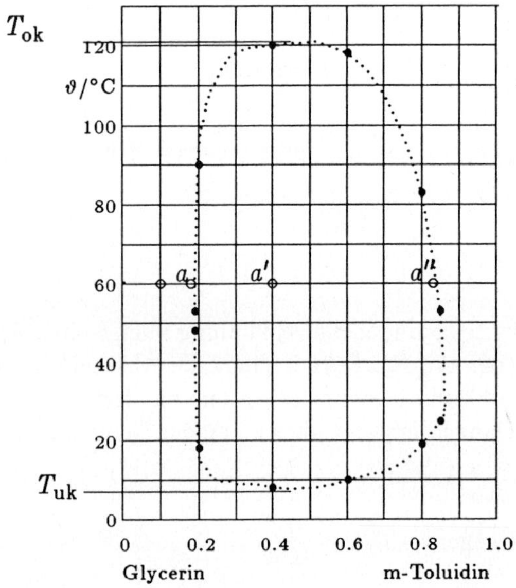

Abb. 9–3

9-14 Siehe Abb. 9–3. Bis zum Punkt a besteht vollständige Mischbarkeit. Links von a ist $P = 1$, $C = 2$ und $F = 3$ (T, p, x). Von a ab (w(Toluidin) $= 0.18$) treten zwei Phasen auf, und es gilt $P = 2$, $C = 2$ und $F = 2$ (p und x oder T). Am Punkt a' hat man zwei Phasen mit den Molenbrüchen 0.18 und 0.84, ihr Mengenverhältnis ist $\dfrac{a'' - a'}{a' - a} = \dfrac{0.44}{0.22} = 2$. Bei a" verschwindet die Phase mit $w = 0.18$, und wir kommen wieder in einen einphasischen Bereich mit $P = 1$, $C = 2$ und $F = 3$.

9-15 (Siehe Abb. 9–8 im Buch.) Bei b_3 haben wir zwei Phasen mit $x_A = 0.18$ *und* $x_A = 0.70$ im Mengenverhaltnis $\dfrac{3.5\ \text{mm}}{28\ \text{mm}} = 0.13$. Wegen $C = 2$ und $P = 2$ ist $F = 2$ (z.B. p und x). Beim Erwärmen gehen die beiden Phasen in eine einzige über, und es wird $F = 3$ (p,T,x). Das Gleichgewicht zwischen Flüssigkeit und Dampf wird erreicht, wenn die Isoplethe die Phasengrenzlinie schneidet. Bei dieser Temperatur und bei allen Temperaturen oberhalb b_1 ist $C = 2$, $P = 2$ und $F = 2$ (z.B. p und x). Oberhalb b_1 ist die ganze Probe gasförmig.

9-16 Das Phasendiagramm ist in Abb. 9–4a wiedergegeben.

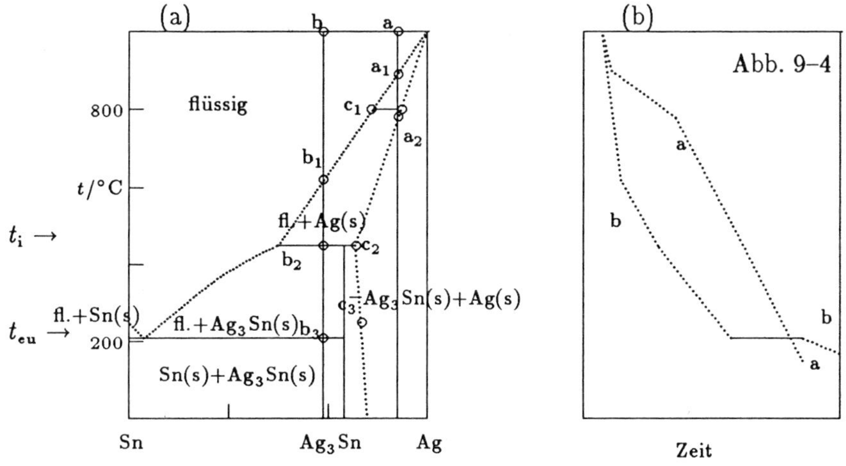

Anmerkung: Ag(s) ist mit Sn verunreinigt und umgekehrt.

(a) Festes Ag (verunreinigt mit Sn) beginnt sich bei a_1 auszuscheiden; bei a_2 ist alles erstarrt.
(b) Festes Ag (verunreinigt mit Sn) beginnt sich bei b_1 auszuscheiden; dabei nimmt der Sn-Gehalt der Mischung zu. Bei b_2 erfolgt die peritektische Reaktion; jetzt fällt beim weiteren Abkühlen Ag_3Sn aus, und der Sn-Gehalt der Mischung nimmt zu. Bei b_3 ist die eutektische Zusammensetzung erreicht, und das System erstarrt bei dieser Temperatur vollständig.

9-17 Der inkongruente Schmelzpunkt [Abschnitt 9.3d] ist in Abb. 9–4a eingetragen (t_i = 460 °C). Dort hat das Eutektikum die Zusammensetzung $w_e = 0.04$; es schmilzt bei t_{eu} = 215 °C. In Abb. 9–4b sind die Abkühlungskurven skizziert. In der Isoplethe (b) tritt ein eutektischer Halt auf.

9-18 Siehe Abb. 9–4a. (a) Die Löslichkeit von Ag in Sn bei 800 °C ergibt sich aus dem Punkt c_1; für größeres w(Ag) treten zwei Phasen auf. Bei c_1 ist $w(\text{Ag}) = 0.80$ und $w(\text{Sn}) = 0.20$; d.h. Silber löst sich in Zinn zu 80 Gewichts%.

(b) Ag_3Sn zersetzt sich.

(c) Die Löslichkeit von Ag_3Sn bei 300 K gibt der Punkt c_3 an.

9-19 Mit den Informationen konstruieren wir Abb. 9–5a. In $MgCu_2$ sind $\frac{24.3}{24.31 + 127} \cdot 100 = 16$ Gewichts% Mg und in Mg_2Cu $\frac{48.6}{48.6 + 63.5} = 43$ Gewichts% Mg.

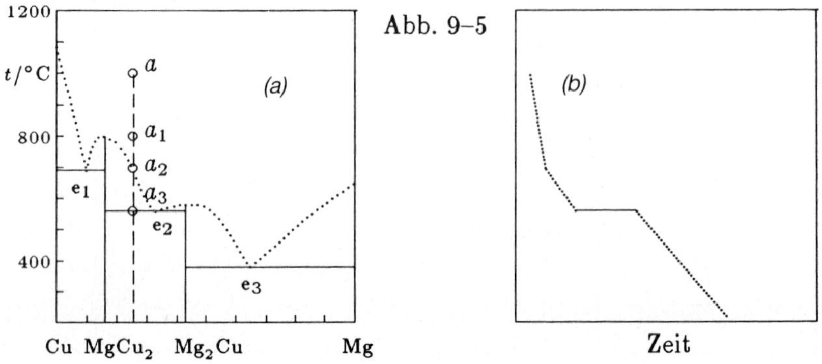

Abb. 9–5

9-20 Siehe Abb. 9–5a. Ausgangspunkt ist a_1, wo nur eine flüssige Phase vorliegt. Bei a_2 (770 °C) beginnt $MgCu_2$ auszufallen, und die Flüssigkeit reichert sich an Mg an. Das System wandert dabei nach e_2. Bei a_3 sind festes $MgCu_2$ und eine Flüssigkeit mit 33 Gewichts-% vorhanden. Diese Flüssigkeit erstarrt ohne weitere Veränderung.

9-21 Die Abkühlungskurve ist in Abb. 9–5b skizziert.

9-22 Die Daten sind in Abb. 9–6 aufgezeichnet [Abschnitt 9.4a]. Für (d) berechnen wir die Molenbrüche aus den angegebenen Gewichtsprozenten.

$M_r(NaCl) = 58.4, \quad M_r(H_2O) = 18.0, \quad M_r(Na_2SO_4 \cdot 10\ H_2O) = 322.2.$

Dann gelten für 100 g der Probe

$$n(NaCl) = 0.25 \cdot \left(\frac{100}{58.4}\right) \text{ mol} = 0.43 \text{ mol}, \quad n(H_2O) = 0.50 \cdot \left(\frac{100}{18.0}\right) \text{ mol} = 2.8 \text{ mol},$$

$$n(\text{Sulfat}) = 0.25 \cdot \left(\frac{100}{322.2}\right) \text{ mol} = 0.078 \text{ mol}.$$

Daraus folgen die Molenbrüche 0.13, 0.85 und 0.02 (Punkt d).

In diesem Beispiel ist Wasser die Substanz B. Die mit e bezeichnete Linie entspricht der Wasserzugabe.

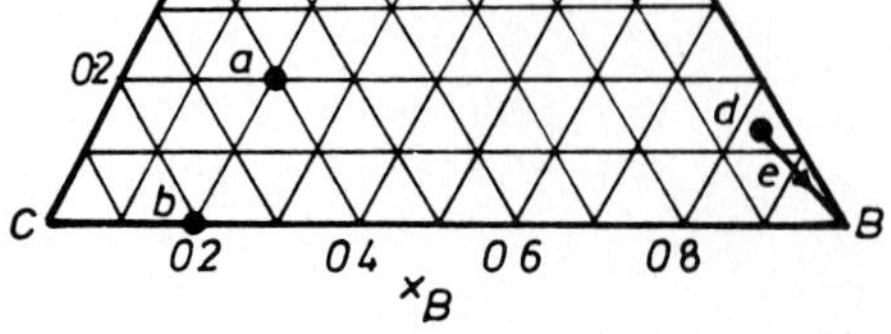

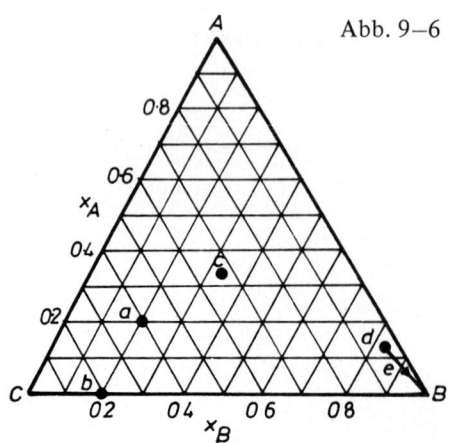

Abb. 9–6

9-23 Vergl. Abb. 9–7. Wir verwenden die Sätze über ähnliche Dreiecke.

$$\mathrm{AA'C'} \sim \mathrm{AA''C''} : \frac{a}{c} = \frac{a'}{c'}, \text{ das ergibt } \frac{a}{a'} = \frac{c}{c'}.$$

$$\mathrm{AB'C'} \sim \mathrm{AB''C''} : \frac{b}{c} = \frac{b'}{c'}, \text{ das ergibt } \frac{b}{b'} = \frac{c}{c'}.$$

Es ist also $\frac{a}{a'} = \frac{b}{b'}$ oder $\underline{\frac{a}{b} = \frac{a'}{b'}}$.

Abb. 9–7

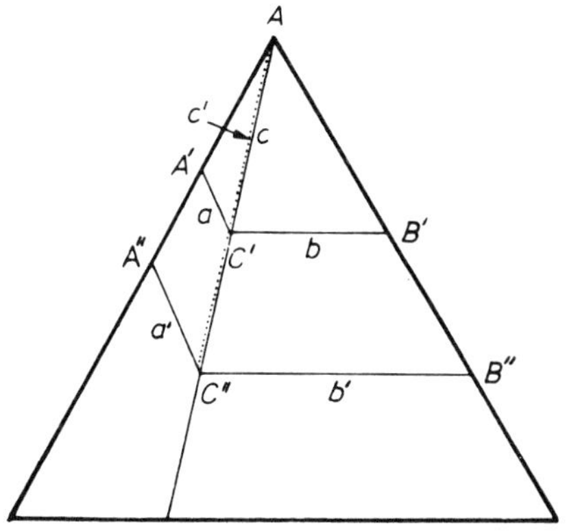

9-24 Die Werte sind in Abb. 9–8 aufgetragen. Bei Zugabe von M bleibt das Verhältnis E:W unverändert, wir können also das Ergebnis der letzten Aufgabe verwenden. Für die Zusammensetzung in g bzw. in mol können wir (M, E, W) = (5 g, 30 g, 50 g) *hat* = (0.156 *mol*, 0.405 *mol*, 2.775 /11111111mol) schreiben (unter Verwendung von $M_r(\mathrm{M}) = 32.04$, $M_r(\mathrm{E}) = 74.12$, $M_r(\mathrm{W}) = 18.02$). In Molenbrüchen lautet deshalb die Zusammensetzung (0.047, 0.121, 0.832). Diese Zusammensetzung ist in Abb. 9–8 mit a markiert; dieser Punkt befindet sich im <u>zweiphasischen Bereich.</u>

Die Linie w–a entspricht einem konstanten Verhältnis M:E. Bei a_1 oder a_2 wird der einphasische Bereich erreicht. Zu a_1 gehören die Molenbrüche (0.02, 0.05, 0.93). ($n_E = 0.156$ mol und $nM = 0.405$ mol bleiben konstant.) Daraus folgt $n_W \approx 7.3$ mol, d.h. es müssen <u>81 g Wasser</u> hinzugefügt werden.

a_2 in Molenbrüchen: (0.195, 0.515, 0.290). Das ergibt $n_W \approx 0.23$ mol oder 4.1 g. Man muß also 46 g entfernen, um das System in den einphasischen Bereich zu verschieben.

Abb. 9–8

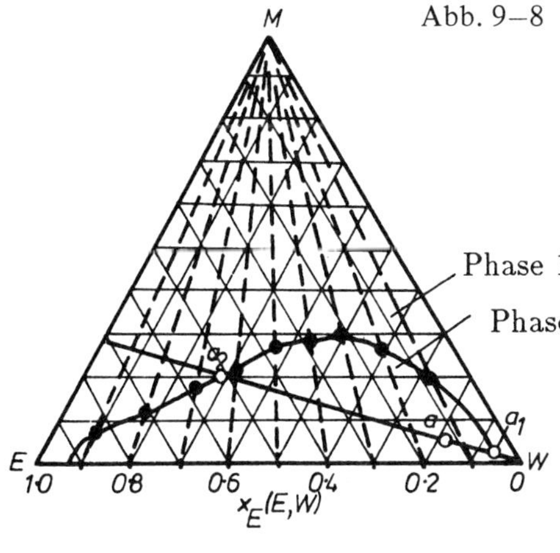

9-25 Die Zusammensetzung ist

$(W,C,A) = (2.3 \text{ g}, 9.2 \text{ g}, 3.1 \text{ g}) \mathrel{\hat{=}} (0.128 \text{ mol}, 0.077 \text{ mol}, 0.052 \text{ mol})$ mit

$M_r(W) = 18.02$, $M_r(C) = 119.4$ und $M_r(A) = 60.05$.

In Molenbrüchen bedeutet das (0.498, 0.300, 0.202).

Vergl. Abb. 9–17 des Buches. Der Punkt q liegt im zweiphasischen Bereich. Die Zusammensetzungen der beiden Schichten lassen sich an den Endpunkten der doppelt gezeichneten Verbindungslinien ablesen: (0.06, 0.82, 0.12) und (0.62, 0.16, 0.12) in Molenbrüchen. Die Mengenverhältnisse ergeben sich aus dem Hebelgesetz: $\frac{12 \text{ mm}}{45 \text{ mm}} = \underline{0.27\ (3.7:1)}$.

9-26 Vergl. Abb. 9-17 des Buches. Wenn man Wasser hinzufügt, verschiebt sich die Zusammensetzung längs der Verbindungslinie zur Ecke W. Bei $x(W) = 0.79$ tritt das System in den einphasischen Bereich ein. Fügt man Essigsäure hinzu, so erreicht das System bei $x_A = 0.35$ (a_3) den einphasischen Bereich.

9-27 Die vier Punkte sind in Abb. 9–9 eingezeichnet, die der Abb. 9-18 des Buches entspricht.

(a) Zweiphasen-System, $(NH_4)_2SO_4(s)$ und Flüssigkeit der Zusammensetzung a_1.

(b) Dreiphasen-System, $NH_4Cl(s)$, $(NH_4)_2SO_4(s)$ und Flüssigkeit der Zusammensetzung d.

(c) Einphasen-System.

(d) Invarianter Punkt; das System besteht aus einer gesättigten Lösung der Zusammensetzung d.

Abb. 9–9

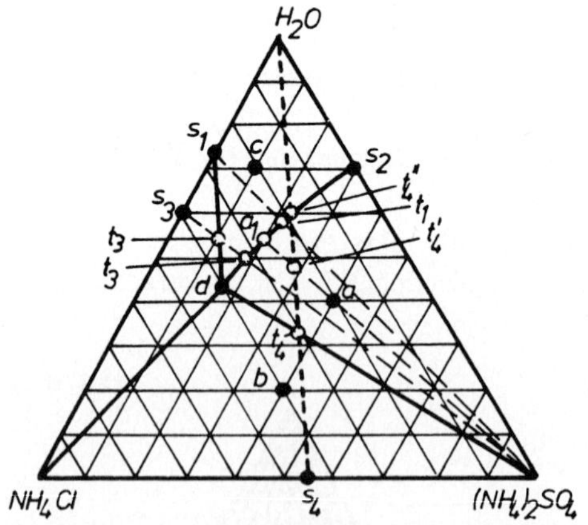

9-28 Vergl. Abb. 9–9. Die Löslichkeiten entsprechen den Zusammensetzungen, bei denen das Zweiphasen-System in ein Einphasen-System übergeht. Im vorliegenden Fall sind das

(a) s_1 mit $x(NH_4Cl) = 0.26$ und

(b) s_2 mit $x((NH_4)_2SO_4) = 0.30$.

$$n(H_2O) = \left(\frac{1 \text{ kg}}{18.02 \text{ g mol}^{-1}}\right) = 55.5 \text{ mol}, \quad M_r(NH_4Cl) = 53.49$$

und $M_r((NH_4)_2SO_4) = 132.14$.

$$x(s) = \frac{n(s)}{n(s) + n(S)}, \quad n(s) = \frac{n(S)x_S}{1 - x(s)}.$$ Das ergibt

(a) $n(NH_4Cl) = 19.5$ mol oder 1.04 kg,

(b) $n((NH_4)_2SO_4) = 23.8$ mol oder 3.14 kg.

Die Löslichkeit des Chlorids ist also 19.5 mol kg^{-1} bzw. 1.0 kg dm^{-3} und die des Sulfats 23.8 mol kg^{-1} bzw. 3.1 kg dm^{-3}.

9-29 Siehe dazu Abb. 9–9.

(a) Zu Beginn befindet sich das System bei s_1. Wenn Sulfat hinzugegeben wird, bewegt es sich von s_1 nach t_1. Das Sulfat löst sich, und das System bleibt bis t_1 einphasisch. Weiteres Sulfat löst sich nicht mehr auf; es liegen dann eine flüssige Phase mit der Zusammensetzung t_1 und festes Sulfat vor.

(b) Zu Beginn befindet sich das System z.B. bei s_3. Dann besteht es aus einer gesättigten Lösung der Zusammensetzung s_1 und aus festem Chlorid. Wenn Sulfat zugegeben wird, so erreicht es bei t_3 den einphasischen Bereich. Bis t_3' löst sich zugegebenes Sulfat weiter auf, danach befindet sich das System wieder in einem zweiphasischen Bereich mit festem ungelöstem Sulfat.

(c) 25 g NH_4Cl und 75 g $(NH_4)_2SO_4$ sind 0.47 mol und 0.57 mol; die zugehörigen Molenbrüche sind 0.45 und 0.55 (Punkt s_4). Wasserzugabe verändert das System längs der Linie s_4-t_4. Die drei Phasen festes Chlorid, festes Sulfat und gesättigte Lösung d bilden bis t_4 das System, dann besteht es wieder nur aus zwei Phasen (festes Sulfat und eine Lösung mit einer Zusammensetzung zwischen d und t_4''. Bei einer Gesamt-Zusammensetzung t_4' hat die flüssige Phase die Zusammensetzung a_1. Bei t_4'' erreicht es den einphasischen Bereich, und eine weitere Wasserzugabe führt nur zu einer weiteren Verdünnung der Lösung.

10 Zustandsänderungen: Chemische Reaktionen

A10-1 $\Delta_r G^\ominus(T) = -RT \ln K$ [10.1–15].

$\Delta_r G^\ominus(400\ \mathrm{K}) = -(8.314\ \mathrm{J\ K^{-1}\ mol^{-1}}) \cdot (400\ \mathrm{K}) \cdot \ln 2.07 = \underline{-2.42 \cdot 10^3\ \mathrm{J\ mol^{-1}}}.$

A10-2 $\Delta_r G^\ominus(T) = -RT \cdot \ln K$ [10.1–15].

$$K = \exp\left[\frac{-\Delta_r G^\ominus(T)}{RT}\right] = \exp\left[\frac{-(-3.67 \cdot 10^3\ \mathrm{J\ mol^{-1}}) \cdot (8.314\ \mathrm{J\ K^{-1}\ mol^{-1}})}{(400\ \mathrm{K})^{-1}}\right] = \underline{3.02.}$$

A10-3 $\dfrac{\Delta_r G^\ominus(T_2)}{T_2} - \dfrac{\Delta_r G^\ominus(T_1)}{T_1} = \Delta_r H^\ominus \cdot \left(\dfrac{1}{T_2} - \dfrac{1}{T_1}\right)$

[5.3–6; ΔH und ΔS werden als temperaturunabhängig vorausgesetzt].

$$\Delta_r G^\ominus(T_2) = 0, \qquad \frac{-\Delta_r G^\ominus(1280\ \mathrm{K})}{1280\ \mathrm{K}} = \Delta_r H^\ominus \cdot \left(\frac{1}{T_2} - \frac{1}{1280\ \mathrm{K}}\right)$$

$$\frac{-33 \cdot 10^3\ \mathrm{J\ mol^{-1}}}{1280\ \mathrm{K}} = (224 \cdot 10^3\ \mathrm{kJ\ mol^{-1}}) \cdot \left(\frac{1}{T_2} - \frac{1}{1280\ \mathrm{K}}\right);$$

$T_2 = \underline{1.3 \cdot 10^3\ \mathrm{K}.}$

A10-4 $\dfrac{\mathrm{d} \ln K}{\mathrm{d}\frac{1}{T}} = \dfrac{-\Delta_r H^\ominus(T)}{R}$ [10.2–5]

$$\Delta_r H^\ominus(T) = -R \cdot \frac{\mathrm{d} \ln K}{\mathrm{d}\frac{1}{T}} = -R \cdot \left[-1088 + 2 \cdot \frac{1.51 \cdot 10^5}{T/\mathrm{K}}\right]$$

$$\Delta_r H^\ominus(400\ \mathrm{K}) = -8.31 \cdot \left[-1088 + \frac{3.02 \cdot 10^5}{400}\right]\ \mathrm{J\ mol^{-1}} = \underline{2.27 \cdot 10^3\ \mathrm{J\ mol^{-1}}.}$$

$$\Delta_r S^\ominus(T) = -\left(\frac{\partial \Delta_r G^\ominus}{\partial T}\right)_p \ [6.2\text{–}2] = \left(\frac{\partial RT \ln K}{\partial T}\right)_p$$

$$= R \cdot \left[-1.04 - 1.51 \cdot 10^5 \cdot \frac{1}{(T/\mathrm{K})^2}\right]$$

$$\Delta_r S^\ominus(400\ \mathrm{K}) = 8.31 \cdot \left[-1.04 - \frac{1.51 \cdot 10^5}{(400)^2}\right]\ \mathrm{J\ K^{-1}\ mol^{-1}} = \underline{-16.5\ \mathrm{J\ K^{-1}\ mol^{-1}}.}$$

A10-5 $p_b = p_t x_b = (800\ \mathrm{mbar}) \cdot \dfrac{0.15}{0.15 + 0.30} = 267\ \mathrm{mbar}$ [1.2–4]

$p_i = p_t - p_b = (800 - 267)\ \mathrm{mbar} = 533\ \mathrm{mbar}.$

Borneol(g) $\rightleftharpoons$ Isoborneol(g)

$$\Delta_r G(503\ \text{K}) = \Delta_r G^\ominus(503\ \text{K}) + R \cdot (303\ \text{K}) \cdot \ln\left(\frac{p_i}{p_b}\right) \quad [10.1\text{–}3]$$

$$\Delta_r G(503\ \text{K}) = 9.4 \cdot 10^3\ \text{J mol}^{-1} + (8.314\ \text{J K}^{-1}\ \text{mol}^{-1}) \cdot (503\ \text{K}) \cdot \ln\left(\frac{533}{267}\right) = \underline{1.2 \cdot 10^4\ \text{J mol}^{-1}}.$$

A10-6 $\alpha\text{-U(s)} + \frac{3}{2}\text{H}_2\text{(g)} \rightleftharpoons \beta\text{-UH}_3\text{(s)}$

$$\Delta_r G^\ominus(500\ \text{K}) = -R \cdot (500\ \text{K}) \cdot \ln \text{K} = -R \cdot (500\ \text{K}) \cdot \ln(p_{\text{H}_2}/p^\ominus)^{-\frac{3}{2}} \quad [10.1\text{–}15; \quad f \to p]$$

$$= \tfrac{3}{2} \cdot (8.314\ \text{J K}^{-1}\ \text{mol}^{-1}) \cdot (500\ \text{K}) \cdot \ln(1.39)$$

$$= \underline{-4.10 \cdot 10^4\ \text{J mol}^{-1}}.$$

A10-7 $\alpha - \text{U(s)} + \frac{3}{2}\text{H}_2\text{(g)} \rightleftharpoons \beta\text{-UH}_3\text{(s)}; \quad \ln K = \ln(p/p^\ominus)^{-\frac{3}{2}} = -\frac{3}{2}\ln(p/p^\ominus).$

$$\Delta_r H^\ominus(T) = RT^2\,\frac{\text{d} \ln K}{\text{d}T} = -\tfrac{3}{2}\,RT^2\,\frac{\text{d} \ln(p/p^\ominus)}{\text{d}T}. \quad [10.2\text{–}4]$$

$$\Delta_r H^\ominus(T) = -\tfrac{3}{2} R (T/K)^2 \cdot \left[\frac{+1.464 \cdot 10^4}{(T/\text{K})^2} - \frac{5.65}{T/\text{K}}\right]$$

$$= -\tfrac{3}{2} R \left[1.464 \cdot 10^4 - 5.65 \cdot (T/\text{K})\right].$$

$$\Delta_r C_p^\ominus + \left(\frac{\partial \Delta_r H^\ominus(T)}{\partial T}\right)_p = \tfrac{3}{2} \cdot R \cdot (5.65) = \underline{8.475 \cdot R.}$$

A10-8 $\text{CaCl}_2 \cdot \text{NH}_3\text{(s)} \rightleftharpoons \text{NH}_3\text{(g)} + \text{CaCl}_2\text{(s)}$

$$\Delta_r G^\ominus(400\ \text{K}) = -R \cdot (400\ \text{K}) \cdot \ln(p_{\text{NH}_3}/p^\ominus)$$

$$= -(8.314\ \text{J K}^{-1}\ \text{mol}^{-1}) \cdot (400\ \text{K}) \cdot (\ln 17.1 \cdot 10^{-3})$$

$$= 1.354 \cdot 10^4\ \text{J mol}^{-1}$$

$$\frac{\Delta_r G^\ominus(T)}{T} = \frac{\Delta_r G^\ominus(400\ \text{K})}{400\ \text{K}} + \Delta_r H^\ominus \left(\frac{1}{T} - \frac{1}{400}\right)$$

$$= \frac{1.354 \cdot 10^4\ \text{J mol}^{-1}}{400\ \text{K}} + 7.815 \cdot 10^4\ \text{J mol}^{-1} \cdot \left(\frac{1}{T} - \frac{1}{400}\right)$$

$$= \frac{7.815 \cdot 10^4\ \text{J mol}^{-1}}{T} - 1.615 \cdot 10^2\ \ \text{J K}^{-1}\ \text{mol}^{-1};$$

$$\underline{\Delta_r G^\ominus(T) = \left[7.815 \cdot 10^4 - 161.5 \cdot (T/\text{K})\right]\ \text{J mol}^{-1}.}$$

A10-9 $K_x \propto p^{-\Delta\nu}$ [1.2–3]; (a) $\Delta\nu = 1$; $\dfrac{K_x(2\ \text{bar})}{K_x(1\ \text{bar})} = \frac{1}{2}$;

prozentuale Änderung von $K_x = 100 \cdot (\frac{1}{2} - 1) = -50$;

(b) <u>keine Änderung</u> von K_x mit p.

A10-10 $K = \frac{x_i}{x_b} = \frac{1 - x_b}{x_b}$;

$0.106 = \frac{1}{x_b}$; $\quad x_b = \underline{0.904.}$

10-1 Es ist zu prüfen, ob $\Delta_r G^\ominus$ negativ ist [Abschnitt 10.1e].

(a) $\Delta_r G^\ominus / \text{ kJ mol}^{-1} = (-202.87) - (-95.30 - 16.45) = -91.12.$

(b) $\Delta_r G^\ominus / \text{ kJ mol}^{-1} = 3 \cdot (-856.64) - 2 \cdot (-1582.3) = +594.7.$

(c) $\Delta_r G^\ominus / \text{ kJ mol}^{-1} = -(100.4) - (-33.56) = -66.8.$

(d) $\Delta_r G^\ominus / \text{ kJ mol}^{-1} = 2 \cdot (-33.56) - (-166.9) = +99.8.$

(e) $\Delta_r G^\ominus / \text{ kJ mol}^{-1} = (-744.53) - [2 \cdot (-120.35) + (-27.83)] = -476.00.$

Unter den angegebenen Bedingungen sind also die Reaktionen (a), (c) und (e) spontan, die anderen nicht.

10-2 Siehe Abschnitt 10.2c. Die Werte für $\Delta H_b^\ominus$ entnehmen wir der Tabelle 4–1.

(a) $\Delta H_m^\ominus / \text{ kJ mol}^{-1} = (-314.43) - (-46.11 - 92.31) = -176.01.$

(b) $\Delta H_m^\ominus / \text{ kJ mol}^{-1} = 3 \cdot (-910.94) - 2 \cdot (-1675.7) = +618.6.$

(c) $\Delta H_m^\ominus / \text{ kJ mol}^{-1} = -(100.0) - (-20.63) = -79.4.$

(d) $\Delta H_m^\ominus / \text{ kJ mol}^{-1} = 2 \cdot (-20.63) - (-178.2) = +136.9.$

(e) $\Delta H_m^\ominus / \text{ kJ mol}^{-1} = (-909.27) - [2 \cdot (-187.78) + (-39.7)] = -494.0.$

Die Reaktionen a, c und e sind exotherm, bei einer Temperaturerhöhung wird das Gleichgewicht zu den Ausgangssubstanzen verschoben. b und c sind endotherm, und Temperaturerhöhung verschiebt das Gleichgewicht nach rechts (zu den Produkten).

10-3 $\frac{\mathrm{d} \ln K}{\mathrm{d}T} = \frac{\Delta_r H^\ominus(T)}{RT^2}$ [10.2–4]

$\int \mathrm{d} \ln K = \int \left(\frac{\Delta_r H^\ominus(T)}{RT^2}\right) \mathrm{d}T \approx \Delta_r H^\ominus \int \frac{\mathrm{d}T}{RT^2}.$ Daraus folgt

$$\ln \left(\frac{K(T_2)}{K(T_1)}\right) \approx \left(\frac{\Delta_r H^\ominus}{R}\right) \cdot \left(\frac{1}{T_1} - \frac{1}{T_2}\right) = \frac{(T_2 - T_1) \cdot \Delta_r H^\ominus}{RT_1 T_2}.$$

(a) $K(T_2) = 2 \cdot K(T_1)$; $\quad T_1 = 298 \text{ K}, \quad T_2 - T_1 = 10 \text{ K}.$

$$\Delta_r H^\ominus - \frac{RT_1 T_2}{T_2 - T_1} \cdot \ln 2 = \left(\frac{298 \cdot 308}{10}\right) \cdot (8.314 \text{ J K}^{-1} \text{ mol}^{-1}) \cdot \ln 2$$

$$= \underline{53 \text{ kJ mol}^{-1}.}$$

(b) $K(T_2) = \frac{1}{2} K(T_1)$; $\quad \ln K(T_2) K(T_1) = -\ln 2$;

$\Delta_r H^\ominus = -\Delta_r H^\ominus(\text{a}) = \underline{-53 \text{ kJ mol}^{-1}.}$

10-4 $\Delta_r G^\ominus = -RT \ln K$ [10.1–17]

$$\Delta_r G^\ominus - \Delta_r G^{\ominus\prime} = -RT \cdot \ln \frac{K}{K'} = -RT \ln(1.1) = \underline{-238 \text{ J mol}^{-1}}.$$

Dann ist die prozentuale Änderung

$$\left\{ \frac{\Delta_r G^\ominus - \Delta_r G^{\ominus\prime}}{\Delta_r G^{\ominus\prime}} \right\} \cdot 100 = \frac{\ln \frac{K}{K'}}{\ln K} \cdot 100 = \underline{\frac{9.5}{\ln K'}}.$$

10-5 $\Delta_r G^\ominus = -RT \ln K$ [10.1–17]

(a) $\frac{1}{2}N_2 + \frac{3}{2}H_2 \rightleftharpoons NH_3$; $\Delta_r G^\ominus = -16.5 \text{ kJ mol}^{-1}$, $K = \dfrac{f_{NH_3}}{f_{N_2}^{\frac{1}{2}} \cdot f_{H_2}^{\frac{3}{2}}}$.

$$K(\text{a}) = \exp\left(\frac{-\Delta_r G^\ominus}{RT}\right) = \exp\left(\frac{16.5 \text{ kJ mol}^{-1}}{2.48 \text{ kJ mol}^{-1}}\right) = \underline{775}.$$

(b) $N_2 + 3H_2 \rightleftharpoons 2NH_3$.

$$K = \frac{f_{NH_3}^2}{f_{N_2} \cdot f_{H_2}^3} = K^2(\text{a}) = \underline{6.0 \cdot 10^5}.$$

(c) $NH_3 \rightleftharpoons \frac{1}{2}N_2 + \frac{3}{2}H_2$, $K = \dfrac{f_{H_2}^{\frac{3}{2}} \cdot f_{N_2}^{\frac{1}{2}}}{f_{NH_3}} = \dfrac{1}{K(\text{a})} = \underline{1.29 \cdot 10^{-3}}$.

10-6 $\Delta_r G = \Delta_r G^\ominus + RT \cdot \ln \left(\dfrac{\left(\frac{p(NH_3)}{p^\ominus}\right)}{\left(\frac{p(N_2)}{p^\ominus}\right)^{\frac{1}{2}} \cdot \left(\frac{p(H_2)}{p^\ominus}\right)^{\frac{3}{2}}} \right)$

$$= -16.5 \text{ kJ mol}^{-1} + (2.48 \text{ kJ mol}^{-1}) \cdot \ln\left(\frac{4}{\sqrt{3}}\right)$$

$$= \underline{-14 \text{ kJ mol}^{-1}}.$$

10-7 $K = \exp\left(\dfrac{-\Delta_r G^\ominus}{RT}\right)$ [10.1–17].

$CO(g) + H_2(G) \rightleftharpoons H_2CO(l)$; $\Delta_r G^{\ominus\prime} = 28.95 \text{ kJ mol}^{-1}$.

$H_2CO(l) \rightleftharpoons H_2CO(g)$, $K'' = \dfrac{p}{p^\ominus} = \exp\left(\dfrac{-\Delta_r G^{\ominus\prime\prime}}{RT}\right)$;

$$\Delta_r G^{\ominus\prime\prime} = -RT \cdot \ln\left(\frac{p}{p^\ominus}\right) = -(2.48 \text{ kJ mol}^{-1}) \cdot \ln\left(\frac{2000 \text{ mbar}}{1000 \text{ mbar}}\right) = -1.72 \text{ kJ mol}^{-1}.$$

Für die Reaktion $CO(g) + H_2(g) \rightleftharpoons H_2CO(g)$ erhalten wir

$$\Delta_r G^\ominus = \Delta_r G^{\ominus\prime} + \Delta_r G^{\ominus\prime\prime} = 28.95 \text{ kJ mol}^{-1} + (-1.72 \text{ kJ mol}^{-1}) = 27.23 \text{ kJ mol}^{-1},$$

$$K = \exp\left(\frac{-27.23}{2.48}\right) = \underline{1.70 \cdot 10^{-5}}.$$

10-8 $NH_4Cl(s) \rightleftharpoons NH_3(g) + HCl(g)$;

$p(NH_3) = p(HCl)$; $\quad p = p(NH_3) + p(HCl) = 2 \cdot p(HCl)$.

(a) $K_p = \left(\frac{p(NH_3)}{p^\ominus}\right) \cdot \left(\frac{p(HCl)}{p^\ominus}\right) = \left(\frac{p(HCl)}{p^\ominus}\right)^2 = \frac{1}{4}\left(\frac{p}{p^\ominus}\right)^2.$

Bei 427 °C (700 K) : $K_p(700 \text{ K}) = \frac{1}{4} \cdot \left(\frac{608 \text{ kPa}}{101.3 \text{ kPa}}\right)^2 = \underline{9.01.}$

Bei 459 °C (732 K) : $K_p(732 \text{ K}) = \frac{1}{4} \cdot \left(\frac{1115 \text{ kPa}}{101.3 \text{ kPa}}\right)^2 = \underline{30.3.}$

(b) $\Delta_r G^\ominus = RT \cdot \ln K_p$ [10.1–17].

Bei 427 °C : $\Delta_r G^\ominus = -(8.314 \text{ J K}^{-1} \text{ mol}^{-1}) \cdot (700 \text{ K}) \cdot \ln(9.01) = \underline{12.8 \text{ kJ mol}^{-1}.}$

(c) $\ln \frac{K(T_2)}{K(T_1)} = \frac{(T_2 - T_1) \cdot \Delta_r H^\ominus}{RT_1T_2}$ [10.2–6].

$$\Delta_r H^\ominus \approx \frac{RT_1T_2}{T_2 - T_1} \cdot \ln \frac{K(T_2)}{K(T_1)}$$

$$= \left(\frac{(8.314 \text{ J K}^{-1} \text{ mol}^{-1}) \cdot (700 \text{ K}) \cdot (732 \text{ K})}{32 \text{ K}}\right) \cdot \ln\left(\frac{30.3}{9.01}\right) = \underline{160 \text{ kJ mol}^{-1}.}$$

$$\Delta_r S^\ominus = \frac{\Delta_r H^\ominus - \Delta_r G^\ominus}{T} = \frac{\{160 - (-12.8)\} \text{ kJ mol}^{-1}}{700 \text{ K}} = \underline{250 \text{ J K}^{-1} \text{ mol}^{-1}.}$$

10-9 $A_2 \rightleftharpoons 2A$.

Von der Substanz A_2 ist ingesamt die Stoffmenge n vorhanden.

Als A_2 liegt vor die Stoffmenge $(1 - \alpha) \cdot n$.

Als A liegt vor die Stoffmenge $2 \cdot [n - (1 - \alpha)] = 2\alpha n$.

Insgesamt liegt die Stoffmenge $n_{A_2} + n_A = (1 - \alpha)n + 2\alpha n = (1 + \alpha)n$ vor.

$$n = \frac{M}{M_m(2CH_3COOH)} = \frac{M}{120.1 \text{ g mol}^{-1}}.$$

$$x(A) = \frac{2\alpha}{1 + \alpha}; \quad x(A_2) = \frac{1 - \alpha}{1 + \alpha}.$$

$$K = \frac{\left(\frac{p(A)}{p^\ominus}\right)^2}{\left(\frac{p(A_2)}{p^\ominus}\right)} = \frac{\left(\frac{x(A) \cdot p}{p^\ominus}\right)^2}{\left(\frac{x(A_2) \cdot p}{p^\ominus}\right)} = \left(\frac{\{x(A)\}^2}{x(A_2)}\right) \cdot \left(\frac{p}{p^\ominus}\right)$$

$$= \frac{4\alpha^2}{1-\alpha^2} \cdot \left(\frac{p}{p^\ominus}\right).$$

$$pV = n_{\text{gesamt}}RT = (1+\alpha)nRT, \quad \text{also} \quad \alpha = \left(\frac{pV}{nRT}\right) - 1.$$

(a) $T = 437$ K, $V = 21.45$ cm^3, $p = 1019.1$ mbar, $M = 0.0519$ g.

$$n = \frac{0.0519 \text{ g}}{120.1 \text{ g mol}^{-1}} = 4.32 \cdot 10^{-4} \text{ mol}.$$

$$\frac{pV}{nRT} = \frac{(1019.1 \text{ mbar}) \cdot (21.45 \cdot 10^{-3} \text{ dm}^3)}{(4.32 \cdot 10^{-4} \text{ mol}) \cdot (0.0831 \text{ dm}^3 \text{ bar K}^{-1} \text{ mol}^{-1}) \cdot (437 \text{ K})} = 1.392,$$

$\alpha = 1.392 - 1 = 0.392$, daraus folgt $x(A_2) = \underline{0.44}$ und $K = \underline{0.73.}$

(b) $T = 471$ K, $V = 21.45$ cm^3, $p = 1019.1$ mbar, $M = 0.038$ g.

$$n = \frac{0.038 \text{ g}}{120.1 \text{ g mol}^{-1}} = 3.16 \cdot 10^{-4} \text{ mol}.$$

$$\frac{pV}{nRT} = \frac{(1019.1 \text{ mbar}) \cdot (21.45 \cdot 10^{-3} \text{ dm}^3)}{(3.16 \cdot 10^{-4} \text{ mol}) \cdot (0.0831 \text{ dm}^3 \text{ bar K}^{-1} \text{ mol}^{-1}) \cdot (471 \text{ K})} = 1.766,$$

$\alpha = 1.766 - 1 = 0.766$, daraus folgt $x(A_2) = \underline{0.13}$ und $K = \underline{5.7.}$

$$\Delta H_{\text{m}}^\ominus \approx \frac{RT_1T_2}{T_2 - T_1} \cdot \ln \frac{K(T_2)}{K(T_1)} \quad [10.2\text{-}6]$$

$$= \left(\frac{(8.314 \text{ J K}^{-1} \text{ mol}^{-1}) \cdot (437 \text{ K}) \cdot (471 \text{ K})}{34 \text{ K}}\right) \cdot \ln\left(\frac{5.7}{0.73}\right) = \underline{160 \text{ kJ (mol Dimeres)}^{-1}.}$$

10-10 $K_{\text{L}} = a(\text{Ag}^+)a(\text{Cl}^-)$; $\quad \text{AgCl(s)} \rightleftharpoons \text{Ag}^+(\text{aq}) + \text{Cl}^-(\text{aq})$.

$$\Delta_{\text{r}}G^\ominus = (77.11 \text{ kJ mol}^{-1} - 131.23 \text{ kJ mol}^{-1}) - (-109.79 \text{ kJ mol}^{-1}) = 55.66 \text{ kJ mol}^{-1}.$$

$$K_{\text{L}} = \exp\left(\frac{-\Delta_{\text{r}}G^\ominus}{RT}\right) = \exp\left(\frac{-55.66}{2.479}\right) = \underline{1.77 \cdot 10^{-10}.}$$

$$K_{\text{L}} \approx \left[\frac{m(\text{Ag}^+)}{m^\ominus}\right] \cdot \left[\frac{m(\text{Cl}^-)}{m^\ominus}\right]$$

$$m(\text{Ag}^+) - \sqrt{K_{\text{L}}} \text{ mol kg}^{-1} = 1.3 \cdot 10^{-5} \text{ mol kg}^{-1}.$$

Das ergibt für Silberchlorid bei 25 °C eine Löslichkeit von angenähert

$\underline{1.3 \cdot 10^{-5} \text{ mol kg}^{-1}.}$

10-11 $\Delta_{\text{r}}H^\ominus \approx \dfrac{RT_1T_2}{T_2 - T_1} \cdot \ln \dfrac{K(T_2)}{K(T_1)} \quad [10.2\text{-}6]$

$$= \left(\frac{(8.314 \text{ J K}^{-1} \text{ mol}^{-1}) \cdot (293.15 \text{ K}) \cdot (303.15 \text{ K})}{10 \text{ K}}\right) \cdot \ln\left(\frac{1.45}{0.67}\right)$$

$$= \underline{57 \text{ kJ (mol Dimeres)}^{-1}.}$$

Der größte Wert von $\Delta H_m^\ominus$ gehört zum größten Wert von $K(T_1)$, also zu $1.48 \cdot 10^{-14}$, und zum kleinsten Wert von $K(T_2)$ $(0.66 \cdot 10^{-14})$, das ergibt $\Delta_r H^\ominus \approx 59$ kJ mol^{-1}, und der kleinste Wert von $\Delta H_m^\ominus$ zum kleinsten Wert von $K(T_1)$ $(1.44 \cdot 10^{-14})$ und zum größten Wert von $K(T_2)$ $(0.68 \cdot 10^{-14})$, das ergibt $\Delta_r H^\ominus \approx 55$ kJ mol^{-1}. Wir erhalten also

$$\Delta_r H^\ominus = \underline{(57 \pm 2)\ \text{kJ mol}^{-1}}.$$

10-12 $\Delta_r H^\ominus = -R \cdot \dfrac{\text{d} \ln K}{\text{d}\left(\frac{1}{T}\right)}$ [10.2–5];

$\log s(\text{H}_2) = -5.39 - 768 \cdot (K/\text{T})$; $\quad \ln s(\text{H}_2) = 2.303 \cdot \log s(\text{H}_2)$.

$$\Delta_r H^\ominus = 2.303 \cdot R \cdot \left[\frac{\text{d}}{\text{d}\left(\frac{1}{T}\right)}\right] \cdot \left[-5.39 - 768 \cdot (\text{K}/T)\right]$$

$$= 2.303 \cdot R \cdot (768\ \text{K}) = \underline{14.7\ \text{kJ mol}^{-1}}.$$

$\log s(\text{CO}) = -5.98 - 980 \cdot (\text{K}/T)$;

$$\Delta_r H^\ominus = 2.303 \cdot R \cdot (-980\ \text{K}) = \underline{18.8\ \text{kJ mol}^{-1}}.$$

10-13 $\text{CuSO}_4 \cdot 5\text{H}_2\text{O(s)} \rightleftharpoons 5\text{H}_2\text{O(g)} + \text{CuSO}_4\text{(s)}$; $\quad K_p = \left[\dfrac{p(\text{H}_2\text{O})}{p^\ominus}\right]^5$.

$$\Delta_r G^\ominus = 5 \cdot (-228.56\ \text{kJ mol}^{-1}) + (-661.8\ \text{kJ mol}^{-1}) - (-1879.5\ \text{kJ mol}^{-1}) = 75.05\ \text{kJ mol}^{-1}.$$

$$\Delta_r H^\ominus = 5 \cdot (-241.82\ \text{kJ mol}^{-1}) + (-771.36\ \text{kJ mol}^{-1}) - (-2279.7\ \text{kJ mol}^{-1}) = 299.2\ \text{kJ mol}^{-1}.$$

$$K_p = \exp\left\{\frac{-\Delta_b G^\ominus}{RT}\right\} = \exp\left\{\frac{-75.05}{2.479}\right\} = 7.1 \cdot 10^{-14} \quad \text{bei } 298\ \text{K}.$$

Das ergibt $\quad p(\text{H}_2\text{O}) = (K_p)^{\frac{1}{5}} \cdot p^\ominus = \underline{2.3 \cdot 10^{-3}\ \text{bar}}$ bei 298 K.

Für (a) und (b) gehen wir wie folgt vor:

$\ln \dfrac{K_2}{K_1} = \dfrac{T_2 - T_1}{RT_1T_2} \cdot \Delta H_m^\ominus$ [10.2–6], daraus folgt

$$T_2 = \frac{T_1 \cdot \Delta_r H^\ominus}{\Delta_r H^\ominus - RT_1 \cdot \ln \frac{K_2}{K_1}} = \kappa \cdot T_1, \qquad \frac{1}{\kappa} = 1 - \frac{5RT_1 \cdot \ln \frac{p_2}{p_1}}{\Delta_r H^\ominus}$$

$T_1 = 298.15$ K, $\quad \Delta_r H^\ominus = 299.2$ kJ mol^{-1}, $\quad p_1 = 2.3 \cdot 10^{-3}$ bar.

$$\frac{5RT_1}{\Delta H_m^\ominus} = 5 \cdot \frac{(8.314\ \text{J K}^{-1}\ \text{mol}^{-1}) \cdot (298.15\ \text{K})}{299.2 \cdot 10^3\ \text{J mol}^{-1}} = 4.14 \cdot 10^{-2}.$$

(a) $p_2 = 13.3$ mbar;

$$\frac{1}{\kappa} = 1 - (4.15 \cdot 10^{-2}) \cdot \ln\left(\frac{0.0133}{2.3 \cdot 10^{-3}}\right) = 0.93; \quad \kappa = 1.08.$$

Das ergibt $T_2 = 1.08 \cdot (298.15\ \text{K}) = \underline{322\ \text{K.}}$

(b) $p_2 = 1$ bar;

$$\frac{1}{\kappa} = 1 - (4.15 \cdot 10^{-2}) \cdot \ln\left(\frac{1}{2.3 \cdot 10^{-3}}\right) = 0.75; \quad \kappa = 1.3.$$

Das ergibt $T_2 = 1.3 \cdot (298.15\ \text{K}) = \underline{390\ \text{K.}}$

10-14

	H_2	I_2	HI	
(1) Anfangsmenge/mol	0.30	0.40	0.20	
(2) Δn/mol(gesucht)	$-x$			
(3) Δn/mol	$-x$	$-x$	$+2x$	$[H_2 + I_2 \rightleftharpoons 2HI]$
(4) Endzus./mol	$0.30 - x$	$0.40 - x$	$0.20 + 2x$	zus. 0.90 mol
(5) Molenbrüche	$\left(\frac{0.30 - x}{0.9}\right)$	$\left(\frac{0.40 - x}{0.9}\right)$	$\left(\frac{0.20 + 2x}{0.9}\right)$	

$$K_p = \frac{\left[\frac{p(\text{HI})}{p^\ominus}\right]^2}{\left[\frac{p(\text{H}_2)}{p^\ominus}\right]\left[\frac{p(\text{I}_2)}{p^\ominus}\right]} = \frac{(x(\text{HI}))^2}{x(\text{H}_2) \cdot x(\text{I}_2)} \qquad [p(\text{I}) = x(\text{I}) \cdot p]$$

$$= \frac{(0.20 + 2x)^2}{(0.30 - x) \cdot (0.40 - x)} = 870 \quad \text{(vorgegeben).}$$

Ausrechnung ergibt $0.04 + 0.80 \cdot x + 4 \cdot x^2 = 870 \cdot (0.12 - 0.7 \cdot x + x^2)$

und damit die quadratische Gleichung

$866 \cdot x^2 - 610 \cdot x + 104 = 0.$ Sie hat die Lösung $x = 0.29$

(sowie die nicht realisierbare Lösung 0.42).

Wir erhalten also folgende Endzusammensetzung:

$\underline{H_2:\ 0.01\ \text{mol},\quad I_2:\ 0.11\ \text{mol},\quad \text{HI}:\ 0.78\ \text{mol.}}$

10-15

	H_2	I_2	HI	
(1)	a	b	c	
(2)	$-x$			
(3)	$-x$	$-x$	$+2x$	
(4)	$a-x$	$b-x$	$c+2x$	zus.$a+b+c$
(5)	$\left(\frac{a-x}{a+b+c}\right)$	$\left(\frac{b-x}{a+b+c}\right)$	$\left(\frac{c+2x}{a+b+c}\right)$	

$$K_p = \frac{(c+2x)^2}{(a-x)(b-x)},$$

$$x = \frac{(a+b)\cdot K_p + 4c - \sqrt{[(a+b)\cdot K_p + 4c]^2 - 4\cdot(K_p-4)\cdot(ab\cdot Kp - c^2)}}{2\cdot(K_p-4)}.$$

10-16

	A	B	C	D	
(1)	1.0	2.0	0	1.0	
(2)			0.9		
(3)	−0.6	−0.3	0.9	0.6	$2A + B \rightarrow 3C + 2D$
(4)	0.4	1.7	0.9	1.6	zus.4.6
(5)	0.087	0.370	0.196	0.348	

$$K_x = \frac{x_C^3 \cdot x_D^2}{x_A^2 \cdot x_B} = \frac{0.196^3 \cdot 0.348^2}{0.087^2 \cdot 0.370} = \underline{0.33.}$$

10-17

	N_2	H_2	NH_3	
Anfangsmenge	n	$3n$	0	
Veränderung	$-\xi_n$	$-3\xi_n$	$2\xi_n$	
Endzusammensetzung	$n(1-\xi)$	$3n(1-\xi)$	$2n\xi$	$0 \leq \varsigma \leq 1$; $N_2 + 3H_2 \rightarrow 2NH_3$
Molenbruch	$\left(\frac{1-\xi}{2\cdot(2-\xi)}\right)$	$\left(\frac{3\cdot(1-\xi)}{2\cdot(2-\xi)}\right)$	$\left(\frac{\xi}{2-\xi}\right)$	

$$K_p = \frac{\left[\frac{p(\mathrm{NH_3})}{p^\ominus}\right]^2}{\left[\frac{p(\mathrm{N_2})}{p^\ominus}\right]\cdot\left[\frac{p(\mathrm{H_2})}{p^\ominus}\right]^3}$$

$$= \left\{\frac{(x(\mathrm{NH_3}))^2}{(x(\mathrm{N_2}))\cdot(x(\mathrm{H_2}))^3}\right\}\cdot\left\{\frac{p^\ominus}{p}\right\}^2$$

$$= \left\{\frac{\xi^2}{(2-\xi)^2}\cdot\frac{2\cdot(2-\xi)}{(1-\xi)}\cdot\frac{8\cdot(2-\xi)^3}{27\cdot(1-\xi)^3}\right\}\cdot\left(\frac{p^\ominus}{p}\right)^2$$

$$= \left\{\frac{26\cdot(2-\xi)^2\xi^2}{27\cdot(1-\xi)^4}\right\}\cdot\left(\frac{p^\ominus}{p}\right).$$

10-18 Weil K_p nicht vom Druck abhängt, setzen wir

$$\frac{(2-\xi)^2\xi^2}{(1-\xi)^4} = a^2\cdot\left(\frac{p}{p^\ominus}\right)^2 \quad \text{mit der Konstanten} \quad a^2 = \frac{27\,K_p}{16}.$$

Jetzt schreiben wir zur Abkürzung p anstelle von $\frac{p}{p^\ominus}$:

$$\frac{(2-\xi)\xi}{(1-\xi)^2} + ap.$$

$(1+ap)\xi^2 - 2\cdot(1+ap)\xi + ap = 0,$ damit $\xi \leq 1$ wird, müssen wir die negative Wurzel nehmen:

$\xi = 1 - \sqrt{\frac{1}{1+ap}}.$ Mit $a = \frac{3}{4}\sqrt{3\cdot K_p}$ liefert das

$$\xi = 1 - \sqrt{\frac{1}{1+\frac{3}{4}\sqrt{3\cdot K_p\cdot\frac{p}{p^\ominus}}}}.$$

10-19 In Aufgabe 10–5 haben wir $K_p = 6.0\cdot 10^5$ erhalten. Daraus folgt

$\xi_{\mathrm{Gl}} = 1 - \sqrt{\frac{1}{1+1000\cdot\sqrt{\frac{p}{p^\ominus}}}}.$ Damit stellen wir die folgende Tabelle auf.

$\frac{p}{p^\ominus}$	0.1	1.0	10.0	100	1000
ξ_{Gl}	0.94	0.97	0.98	0.99	0.99

Diese Werte sind in Abb. 10–1 aufgetragen.

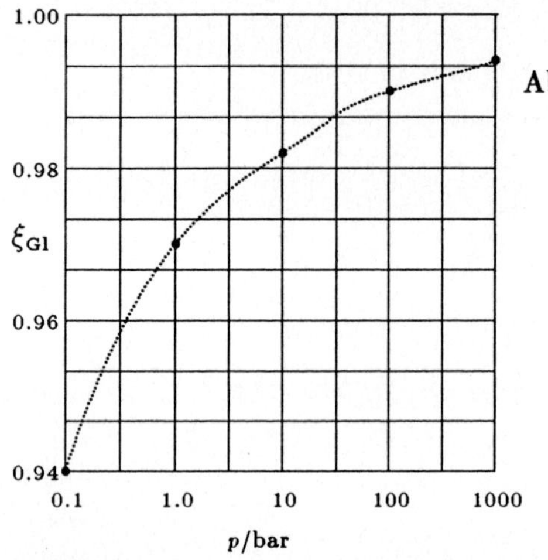

Abb. 10–1

Bei $p = 500$ bar ist $\xi_{Gl} = 0.99$. Dann ist die Zusammensetzung

$x(N_2) = 0.0033$, $x(H_2) = 0.0100$ und $x(NH_3) + 0.99$.

10-20 K und $\ln K$ sind in Abb. 10–2 gegen t aufgetragen.

Bei 20 °C erhalten wir $K = 23300$.

Daraus folgt

$$\Delta_r G^\ominus = -RT \ln K \quad [10.1\text{–}17]$$
$$= -(8.314 \text{ J K}^{-1} \text{ mol}^{-1}) \cdot (293.15 \text{ K}) \cdot (\ln 23300) = \underline{-24.5 \text{ kJ mol}^{-1}}.$$

$$\Delta_r H^\ominus = RT^2 \cdot \frac{\mathrm{d} \ln K}{\mathrm{d}T} \quad [10.2\text{–}4].$$

Dem Diagramm entnehmen wir für $t = 20$ °C $\frac{\mathrm{d} \ln K}{\mathrm{d}T} = -0.926 \text{ K}^{-1}$.

Daraus folgt

$$\Delta_r H^\ominus = (8.314 \text{ J K}^{-1} \text{ mol}^{-1}) \cdot (293.15 \text{ K})^2 \cdot (-0.0926 \text{ K}^{-1}) = \underline{-66.1 \text{ kJ mol}^{-1}}.$$

$$\Delta_r S^\ominus = \frac{\Delta_r H^\ominus - \Delta_r G^\ominus}{T} = \frac{-66.1 \text{ kJ mol}^{-1} - (-24.5 \text{ kJ mol}^{-1})}{293 \text{ K}}$$
$$= \underline{-142 \text{ J K}^{-1} \text{ mol}^{-1}}.$$

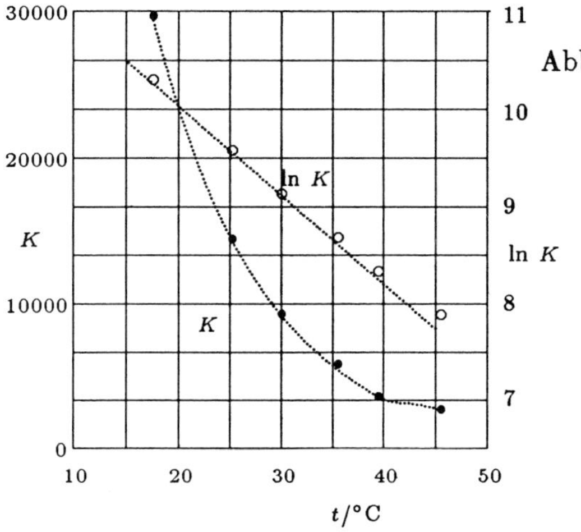

Abb. 10–2

10-21 $I_2 \rightleftharpoons 2I$.

Im Gleichgewicht sind die Stoffmengen $n(1-\alpha)$ (I_2) und $2n\alpha$ (I) vorhanden.

$$x(I_2) = \frac{1-\alpha}{1+\alpha}; \quad x(I) = \frac{2\alpha}{1+\alpha}, \quad p(I_2) = x(I_2)\cdot p, \quad p(I) = x(I)\cdot p.$$

$$K_p = \frac{(p(I))^2}{p(I_2)} = \frac{(x(I))^2 \cdot p}{x(I_2)} = \frac{4\alpha^2 p}{1-\alpha^2} \quad \left(\text{mit } p \text{ für } \frac{p}{p^{\ominus}}\right)$$

Schreiben wir $p^0 = \frac{nRT}{V}$, so erhalten wir

$$p = 2\alpha p^0 + p^0(1-\alpha) = p^0(1+\alpha) \text{ und } \alpha = \frac{p-p^0}{p^0}.$$

Jetzt können wir die folgende Tabelle aufstellen.

T/K	973	1073	1173
p/bar	0.06327	0.07599	0.09303
$10^4\ n$/mol (I_2)	2.4709	2.4555	2.4366
p^0/bar	0.05832	0.06391	0.06933
α	0.0845	0.1888	0.3415
K_p	$1.800 \cdot 10^{-3}$	$1.109 \cdot 10^{-2}$	$4.848 \cdot 10^{-2}$

$$\Delta H_m^{\ominus} = RT^2 \cdot \frac{\mathrm{d} \ln K}{\mathrm{d}T} \quad [10.2\text{–}4]$$

$$\approx (8.314 \text{ J K}^{-1} \text{ mol}^{-1}) \cdot (1073 \text{ K})^2 \cdot \frac{(-3.027) - (-6.320)}{200 \text{ K}} \approx \underline{157.6 \text{ kJ mol}^{-1}}.$$

10-22 $2\ NO_2 \rightleftharpoons N_2O_4$; $K_p = \dfrac{\left[\dfrac{p(N_2O_4)}{p^{\ominus}}\right]}{\left[\dfrac{p(NO_2)}{p^{\ominus}}\right]^2}$

$\Delta_r G^{\ominus} = -RT \cdot \ln K_p$ [10.1–17]; $\Delta_r H^{\ominus} = RT^2 \cdot \dfrac{d \ln K}{dT}$ [10.2–4]

Bei 298 K gilt $K_p = \dfrac{\dfrac{30.7}{1013}}{\left(\dfrac{61.3}{1013}\right)^2} = \underline{8.3.}$

$\Delta_r G^{\ominus} = -(2.48\ \text{kJ mol}^{-1}) \cdot \ln 8.3 = \underline{5.2\ \text{kJ mol}^{-1}.}$

Bei 305 K gilt $K_p = \dfrac{\dfrac{40.0}{1013}}{\left(\dfrac{90.7}{1013}\right)^2} = \underline{4.9.}$

$$\frac{d \ln K}{dT} \approx \frac{\ln 4.9 - \ln 8.3}{7\ \text{K}} = -0.075\ \text{K}^{-1}.$$

Das ergibt

$$\Delta_r H^{\ominus}(298.15\ \text{K}) \approx (8.314\ \text{J K}^{-1}\ \text{mol}^{-1}) \cdot (298\ \text{K})^2 \cdot (-0.075\ \text{K}^{-1}) = \underline{-55.6\ \text{kJ mol}^{-1}.}$$

$$\Delta_r S^{\ominus}(298.15\ \text{K}) \approx \frac{\Delta_r H^{\ominus} - \Delta_r G^{\ominus}}{T}$$

$$= \frac{(-55.6\ \text{kJ mol}^{-1}) - (-5.2\ \text{kJ mol}^{-1})}{298.15\ \text{K}} = \underline{-169\ \text{J K}^{-1}\ \text{mol}^{-1}.}$$

10-23 $K_p = \dfrac{p(N_2O_4)}{[p(NO_2)]^2}$ [wir schreiben p anstelle von p/mbar],

$p = p(NO_2) + p(N_2O_4)$.

$K_p \cdot [p(NO_2)]^2 + p(NO_2) - p = 0$, daraus folgt

$$p(NO_2) = \frac{-1 + \sqrt{1 + 4 \cdot K_p \cdot p}}{2 \cdot K_p}.$$

Bei gleicher NO_2-Lichtabsorption in beiden Zellen gilt

$l_1 p_1(NO_2) = l_2 p_2(NO_2)$ oder $r p_1 = p_2$ $\left[r = \dfrac{l_1}{l_2}\right]$.

Ausrechnung ergibt

$$r \cdot \left\{\sqrt{1 + 4 \cdot K_p \cdot p_1} - 1\right\} = \sqrt{1 + 4 \cdot K_p \cdot p_2} - 1$$

$$r \cdot \sqrt{1 + 4 \cdot K_p \cdot p_1} = (r - 1) + \sqrt{1 + 4 \cdot K_p \cdot p_2}$$

$$r^2 \cdot (1 + 4 \cdot K_p \cdot p_1) = (r - 1)^2 + (1 + 4 \cdot K_p \cdot p_2) + 2 \cdot (r - 1) \cdot \sqrt{1 + 4 \cdot K_p \cdot p_2}$$

$$r - 1 + 2 \cdot K_p \cdot (p_1 \cdot r^2 - p_2) = (r-1) \cdot \sqrt{1 + 4 \cdot K_p \cdot p_2}$$

$$\left[r - 1 + 2 \cdot K_p \cdot (p_1 r^2 - p_2)\right]^2 = (r-1)^2 \cdot (1 + 4 \cdot K_p \cdot p_2)$$

$$(p_1 r^2 - p_2)^2 \cdot K_p^2 + [(r-1) \cdot (p_1 r^2 - p_2) - (r-1)^2 \cdot p_2] \cdot K_p = 0$$

$$K_p = \frac{(p_1 r^2 - p_2)^2}{r \cdot (r-1) \cdot (p_2 - p_1 r)}.$$

$$r = \frac{l_1}{l_2} = \frac{395 \text{ mm}}{75 \text{ mm}} = 5.27$$

$$K_p = \frac{(27.8 \cdot p_1 - p_2)^2}{22.5 \cdot (p_2 - 5.27 \cdot p_1)}; \quad [p = p/\text{mbar}]$$

Jetzt können wir die folgende Tabelle aufstellen:

Absorption	p_1/mbar	p_2/mbar	K_p
0.05	1.33	7.29	110.8
0.10	2.80	16.00	102.5
0.15	4.20	24.87	103.0
		Mittelwert:	105

10-24 $K_p = \dfrac{p(\text{P})}{(p(\text{A}))^3}$, $[p$ für $p/\text{bar}]$, $p(\text{A}) = x_\text{A} p^0(\text{A})$, $p(\text{P}) = x_\text{P} p^0(\text{P})$;

$p(\text{A}) + p(\text{B}) = p$. Daraus folgt

$$p = x_\text{A} p^0(\text{A}) + x_\text{P} p^0(\text{P}) = x_\text{A} p^0(\text{A}) + (1 - x_\text{A}) p^0(\text{P}) \quad \text{und} \quad x_\text{A} = \frac{p - p^0(\text{P})}{p^0(\text{A}) - p^0(\text{P})}.$$

Daraus folgt $p(\text{A}) = p^0(\text{A}) \cdot \dfrac{p - p^0(\text{P})}{p^0(\text{A}) - p^0(\text{P})}$,

$$p(\text{P}) = p^0(\text{P}) \cdot \frac{p - p^0(\text{A})}{p^0(\text{P}) - p^0(\text{A})},$$

$$K_p = \frac{p^0(\text{P}) \cdot [p^0(\text{A}) - p] \cdot [p^0(\text{A}) - p^0(\text{P})]^2}{[p^0(\text{A})]^3 \cdot [p - p^0(\text{P})]^3}.$$

Für die Sättigungsdampfdrucke ist $\ln(p(\text{P})/\text{kPa}) = 15.1 - \dfrac{25.6 \text{ kJ mol}^{-1}}{RT}$

und $\ln(p(\text{A})/\text{kPa}) = 17.2 - \dfrac{41.5 \text{ kJ mol}^{-1}}{RT}$ vorgegeben.

$$p^0(\text{A})/\text{kPa} = 3.61 \cdot 10^6 \cdot \exp\left\{\frac{-3.08 \cdot 10^3}{T/\text{K}}\right],$$

$$p^0(\mathrm{P})/\mathrm{kPa} = 2.95 \cdot 10^7 \cdot \exp\left\{\frac{-4.99 \cdot 10^3}{T/\mathrm{K}}\right],$$

und wir können jetzt die folgende Tabelle aufstellen.

$\vartheta/°\mathrm{C}$	20.0	22.0	26.0	28.0	30.0
T/K	293.1	295.2	299.2	301.2	303.2
$p^0(\mathrm{A})/\mathrm{kPa}$	98.9	106.2	122.1	130.8	139.9
$p^0(\mathrm{P})/\mathrm{kPa}$	1.20	1.34	1.69	1.88	2.10
p/kPa	23.9	27.3	36.5	42.6	49.9
$K_p \cdot 10^5$	7.59	5.55	2.73	1.82	1.20
$\ln K_p$	−9.49	−9.80	−10.51	−10.91	−11.33

$\vartheta/°\mathrm{C}$	32.0	34.0	36.0	38.0	40.0
T/K	305.2	307.2	309.2	311.2	313.2
$p^0(\mathrm{A})/\mathrm{kPa}$	149.5	159.7	170.4	181.6	193.5
$p^0(\mathrm{P})/\mathrm{kPa}$	2.34	2.60	2.89	3.21	3.55
p/kPa	56.9	65.1	74.3	85.0	96.2
$K_p \cdot 10^5$	0.865	0.610	0.433	0.301	0.216
$\ln K_p$	−11.66	−12.01	−12.35	−12.71	−13.05

In Abb. 10–3 ist $\ln K_p$ gegen T aufgetragen.

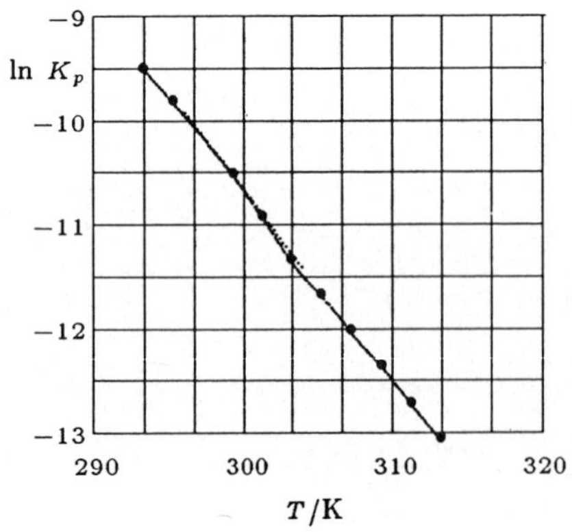

Abb. 10–3

$$\Delta_r H^\ominus = RT^2 \cdot \frac{\mathrm{d}\ln K_p}{\mathrm{d}T} \quad [10.2\text{–}4]$$

Bei 298 K lesen wir $\frac{\mathrm{d}\ln K_p}{\mathrm{d}T} = -0.185\ \mathrm{K}^{-1}$ ab.

Das ergibt $\Delta_r H^\ominus = (8.314\ \mathrm{J\ K^{-1}\ mol^{-1}}) \cdot (298.15\ \mathrm{K})^2 \cdot (-0.185\ \mathrm{K}^{-1}) = \underline{-137\ \mathrm{kJ\ mol^{-1}}}.$

10-25 $3\ \mathrm{A(g)} \rightarrow \mathrm{A_3(g)}$; $\Delta_r H^\ominus = -133.5\ \mathrm{kJ\ mol^{-1}}$, $\Delta_r S^\ominus = -475.5\ \mathrm{J\ K^{-1}}$.

$3\ \mathrm{A(l)} \rightarrow 3\ \mathrm{A(g)}$; $\Delta_r H^\ominus = 3 \cdot 25.6\ \mathrm{kJ\ mol^{-1}} = 76.8\ \mathrm{kJ\ mol^{-1}}$.

$\mathrm{A_3(l)} \rightarrow \mathrm{A_3(g)}$; $\Delta_r H^\ominus = 41.5\ \mathrm{kJ\ mol^{-1}}$.

$$\Delta_r S = \frac{41.5\ \mathrm{kJ\ mol^{-1}}}{398\ \mathrm{K}} = 104\ \mathrm{J\ K^{-1}\ mol^{-1}}.$$

$3\ \mathrm{A(l)} \rightarrow \mathrm{A_3(l)}$; $\Delta_r H^\ominus = 76.8\ \mathrm{kJ\ mol^{-1}} - 133.5\ \mathrm{kJ\ mol^{-1}} - 41.5\ \mathrm{kJ\ mol^{-1}}$

$= \underline{-98.2\ \mathrm{kJ\ mol^{-1}}}.$

$\Delta_r S = (261 - 457.5 - 104)\ \mathrm{J\ K^{-1}\ mol^{-1}} = \underline{-301\ \mathrm{J\ K^{-1}\ mol^{-1}}}.$

$\Delta_r G = -98.2\ \mathrm{kJ\ mol^{-1}} - (298\ \mathrm{K}) \cdot (-301\ \mathrm{J\ K^{-1}\ mol^{-1}}) = -8.50\ \mathrm{kJ\ mol^{-1}}.$

$$K_p = \exp\left(\frac{8.50}{2.48}\right) = 30.8.$$

$$\frac{K_p(\text{Gas})}{K_p(\text{Flüssigkeit})} = \frac{3.2 \cdot 10^{-5}}{30.8} = \underline{1.04 \cdot 10^{-6}}.$$

10-26 $K = K_p K_\gamma$ [10.1–18], $\left(\frac{\partial K}{\partial p}\right)_T = 0$ [10.2–1].

Daraus folgt $\left(\frac{\partial K_p}{\partial p}\right)_T \cdot K_\gamma + \left(\frac{\partial K_\gamma}{\partial p}\right)_T \cdot K_p = 0,$

$$\left(\frac{1}{K_p}\right) \cdot \left(\frac{\partial K_p}{\partial p}\right)_T + \left(\frac{1}{K_\gamma}\right) \cdot \left(\frac{\partial K_\gamma}{\partial p}\right)_T = 0,$$

$$\underline{\left(\frac{\partial \ln K_p}{\partial p}\right)_T = -\left(\frac{\partial \ln K_\gamma}{\partial p}\right)_T}.$$

$\mathrm{I_2 + H_2 \rightleftharpoons 2\ HI}$; $K = \dfrac{\left[\frac{f(\mathrm{HI})}{p^\ominus}\right]^2}{\left[\frac{f(\mathrm{H_2})}{p^\ominus}\right] \cdot \left[\frac{f(\mathrm{I_2})}{p^\ominus}\right]} = \dfrac{[f(\mathrm{HI})]^2}{f(\mathrm{H_2}) \cdot f(\mathrm{I_2})}.$

$$f = p \cdot \exp\left(-\frac{p \cdot a}{R^2 T^2}\right) = p \cdot \gamma.$$

Damit erhalten wir

$$K_\gamma = \frac{(\gamma(\mathrm{HI}))^2}{\gamma(\mathrm{H_2})\cdot\gamma(\mathrm{I_2})} = \exp\left\{-\frac{2a(\mathrm{HI})\cdot p(\mathrm{HI}) - a(\mathrm{H_2})\cdot p(\mathrm{H_2}) - a(\mathrm{I_2})\cdot p(\mathrm{I_2})}{R^2T^2}\right\}$$

$$= \exp\left\{-\frac{[2a(\mathrm{HI})\cdot x(\mathrm{HI}) - a(\mathrm{H_2})\cdot x(\mathrm{H_2}) - a(\mathrm{I_2})\cdot x(\mathrm{I_2})]\cdot p}{R^2T^2}\right\}.$$

$$\left(\frac{\partial \ln K_p}{\partial p}\right)_T = -\left(\frac{\partial}{\partial p}\right)_T \left\{-\frac{[2a(\mathrm{HI})\cdot x(\mathrm{HI}) - a(\mathrm{H_2})\cdot x(\mathrm{H_2}) - a(\mathrm{I_2})\cdot x(\mathrm{I_2})]\cdot p}{R^2T^2}\right\}$$

$$= \underline{\frac{2a(\mathrm{HI})\cdot x(\mathrm{HI}) - a(\mathrm{H_2})\cdot x(\mathrm{H_2}) - a(\mathrm{I_2})\cdot x(\mathrm{I_2})}{R^2T^2}}.$$

$a(\mathrm{HI}) = 6.2\ \mathrm{dm^6\ bar\ mol^{-2}}$, $a(\mathrm{H_2}) \approx 0.25\ \mathrm{dm^6\ bar\ mol^{-2}}$, $a(\mathrm{I_2}) = 7.3\ \mathrm{dm^6\ bar\ mol^{-1}}$.

$$\left(\frac{\partial \ln K_p}{\partial p}\right)_T \approx \left[12.4\cdot x(\mathrm{HI}) - 0.24\cdot x(\mathrm{H_2}) - 7.3\cdot x(\mathrm{I_2})\right]\cdot\frac{\mathrm{dm^6\ bar\ mol^{-2}}}{(0.0831\ \mathrm{dm^3\ bar\ K^{-1}\ mol^{-1}})^2\cdot T^2}$$

$$\approx \left[12.4\cdot x(\mathrm{HI}) - 0.24\cdot x(\mathrm{H_2}) - 7.3\cdot x(\mathrm{I_2})\right]\cdot\left(\frac{145\ \mathrm{K^2}}{T^2}\right)\ \mathrm{bar^{-1}}.$$

Nehmen wir als Beispiel $x(\mathrm{HI}) \approx x(\mathrm{H_2}) \approx x(\mathrm{I_2}) = \frac{1}{3}$, so erhalten wir

$$\left(\frac{\partial \ln K_p}{\partial p}\right)_T = 1.6\cdot x\cdot\left(\frac{145\ \mathrm{K^2}}{T^2}\right)\ \mathrm{bar^{-1}}.$$

Bei $T \approx 298$ K ist das $\left(\frac{\partial \ln K_p}{\partial p}\right)_T \approx 2.6\cdot 10^{-3}\ \mathrm{bar^{-1}}$.

$$\delta \ln K_p \approx \left(\frac{\partial \ln K_p}{\partial p}\right)_T\cdot\delta p \approx (2.6\cdot 10^{-3}\ \mathrm{bar^{-1}})\cdot(50\ \mathrm{bar}) = 0.13.$$

Es ist also $K_p(550\ \mathrm{bar}) \approx K_p(500\ \mathrm{bar})\cdot \mathrm{e}^{0.13} = 1.14\cdot K_p(500\ \mathrm{bar})$.

10-27 $w'_{\mathrm{Gl,max}} = -\Delta G$ [5.3–11], $q_p = \Delta H$

$$\Delta_\mathrm{r}G^\ominus = \Delta_\mathrm{b}G^\ominus(\mathrm{ZnSO_4,aq}) - \Delta_\mathrm{b}G^\ominus(\mathrm{CuSO_4,aq}) = \Delta_\mathrm{b}G^\ominus(\mathrm{Zn^{2+},aq}) - \Delta_\mathrm{b}G^\ominus(\mathrm{Cu^{2+},aq})$$

$$= (-147.1\ \mathrm{kJ\ mol^{-1}}) - (65.5\ \mathrm{kJ\ mol^{-1}}) - 212.6\ \mathrm{kJ\ mol^{-1}}.$$

Maximal wird vom System die elektrische Arbeit $\underline{212.6\ \mathrm{kJ\ mol^{-1}}}$ geleistet.

$$\Delta H^\ominus_\mathrm{m} = \Delta H^\ominus_\mathrm{b}(\mathrm{Zn^{2+},aq}) - \Delta H^\ominus_\mathrm{b}(\mathrm{Cu^{2+},aq}) = (-153.9\ \mathrm{kJ\ mol^{-1}}) - (64.8\ \mathrm{kJ\ mol^{-1}})$$

$$= -218.7\ \mathrm{kJ\ mol^{-1}}.$$

Maximal wird vom System die Wärmemenge $\underline{218.7\ \mathrm{kJ\ mol^{-1}}}$ abgegeben.

$$\Delta S^\ominus_\mathrm{m} = S^\ominus(\mathrm{Zn^{2+},aq}) - S^\ominus(\mathrm{Cu^{2+},aq}) = (-112.1\ \mathrm{J\ K^{-1}\ mol^{-1}}) - (-99.6\ \mathrm{J\ K^{-1}\ mol^{-1}})$$

$$= -12.5\ \mathrm{J\ K^{-1}\ mol^{-1}};$$

d. h. in der Umgebung muß Entropie erzeugt werden, damit die Entropieabnahme im Innern des Systems kompensiert wird. Das ist der Grund, weshalb nicht die ganze bei dem Prozeß umgesetzte Energie als Arbeit genutzt werden kann.

10-28 $C + O_2(g) \rightarrow CO_2(g); \quad n(C) = \dfrac{100 \text{ kg}}{12 \text{ g mol}^{-1}} = 8.3 \cdot 10^3 \text{ mol.}$

$w'_{\text{Gl,max}} = -\Delta G.$ Alle Substanzen sollen in ihrem Standard-Zustand vorliegen:

$\Delta G^\ominus = 8.3 \cdot 10^3 \text{ mol}) \cdot \Delta G^\ominus_\text{m}; \quad \Delta G^\ominus_\text{m} = \Delta G^\ominus_\text{b}(CO_2) = -393.5 \text{ kJ mol}^{-1}$ [Tabelle 4–1].

$w'_{\text{Gl,max}} = -(8.3 \cdot 10^3 \text{ mol}) \cdot (-393.5 \text{ kJ mol}^{-1}) = \underline{3.3 \cdot 10^6 \text{ kJ.}}$

$\Delta H^\ominus_\text{m} = \Delta H^\ominus_\text{b}(CO_2) = -393.5 \text{ kJ mol}^{-1}$ [Tabelle 4–1].

$q_p = 3.3 \cdot 10^6 \text{ kJ.}$

$w'_0 = c_0 q_p, \quad c_0 = \dfrac{T_\text{w} - T_\text{k}}{T_\text{w}}$ [Abschnitt 5.2e].

$$w'_0 = \left[\frac{120 \text{ K}}{423 \text{ K}}\right] \cdot \left[3.3 \cdot 10^6 \text{ kJ}\right] = \underline{9.4 \cdot 10^5 \text{ kJ.}}$$

10-29 $\Delta G = \Delta H - T \cdot \Delta S; \quad \Delta H(T_2) = \Delta H(T_1) + \int_{T_1}^{T_2} \Delta C_p(T) \mathrm{d}T$ [4.1–6];

$$\Delta S(T_2) = \Delta S(T_1) + \int_{T_1}^{T_2} \left(\frac{\Delta C_p(T)}{T}\right) \mathrm{d}T \quad [5.2\text{–}1].$$

$$\begin{aligned}
\Delta G(T_2) &= \Delta H(T_2) - T_2 \cdot \Delta S(T_2) \\
&= \Delta H(T_1) + \int_{T_1}^{T_2} \Delta C_p(T)\mathrm{d}T - T_2 \Delta S(T_1) - T_2 \cdot \int_{T_1}^{T_2} \left(\frac{\Delta C_p(T)}{T}\right) \mathrm{d}T \\
&= \Delta G(T_1) + (T_1 - T_2) \cdot \Delta S(T_1) + \int_{T_1}^{T_2} \Delta C_p(T) \cdot \left[1 - \frac{T_2}{T}\right] \mathrm{d}T.
\end{aligned}$$

$$\Delta C_p(T) = \Delta a + \Delta b \cdot T + \frac{\Delta c}{T_2},$$

$$\begin{aligned}
&\int_{T_1}^{T_2} \Delta C_p(T) \cdot \left[1 - \left(\frac{T_2}{T}\right)\right] \mathrm{d}T \\
&= \Delta a \left\{(T_2 - T_1) - T_2 \cdot \ln\left(\frac{T_2}{T_1}\right)\right\} + \Delta b \cdot \left\{\frac{T_2^2 - T_1^2}{2} - T_2 \cdot (T_2 - T_1)\right\} \\
&\qquad + \Delta c \cdot \left\{-\left(\frac{1}{T_2} - \frac{1}{T_1}\right) + \tfrac{1}{2} T_2 \cdot \left(\frac{1}{T_2^2} - \frac{1}{T_1^2}\right)\right\}.
\end{aligned}$$

Daraus folgt $\quad \Delta G(T_2) = \Delta G(T_1) + (T_1 - T_2) \cdot \Delta S(T_1) + \alpha \cdot \Delta a + \beta \cdot \Delta b + \gamma \cdot \Delta c$

mit $\quad \alpha = T_2 - T_1 - T_2 \cdot \ln\left(\dfrac{T_2}{T_1}\right), \quad \beta = \frac{1}{2}\left(T_2^2 - T_2^1\right) - T_2 \cdot (T_2 - T_1)$ und

$$\gamma = \left(\frac{1}{T_1} + \frac{1}{T_2}\right) + \frac{1}{2} T_2 \cdot \left(\frac{1}{T_2^2} - \frac{1}{T_1^2}\right),$$

$$\Delta S(T_1) = \frac{\Delta H(T_1) - \Delta G(T_1)}{T_1}.$$

10-30 $H_2 + \frac{1}{2}\,O_2 \rightarrow H_2O(l)$; $\quad \Delta_b G^\ominus(298\ \mathrm{K}) = -237.2\ \mathrm{kJ\ mol^{-1}}$,

$\Delta_b H^\ominus(298\ \mathrm{K}) = -285.8\ \mathrm{kJ\ mol^{-1}}$.

$\Delta_b S^\ominus(298\ \mathrm{K}) = -163.3\ \mathrm{J\ K^{-1}\ mol^{-1}}$.

$$\Delta a = a(H_2O) - a(H_2) - \tfrac{1}{2}a(O_2) = [75.48 - 27.28 - 14.98]\ \mathrm{J\ K^{-1}\ mol^{-1}}$$
$$= 33.22\ \mathrm{J\ K^{-1}\ mol^{-1}}.$$

$$\Delta b = b(H_2O) - b(H_2) - \tfrac{1}{2}b(O_2) = \left[0 - 3.26\cdot 10^{-3} - 2.09\cdot 10^{-3}\right]\ \mathrm{J\ K^{-2}\ mol^{-1}}$$
$$= -5.35\cdot 10^{-3}\ \mathrm{J\ K^{-2}\ mol^{-1}};$$

$$\Delta c = c(H_2O) - c(H_2) - \tfrac{1}{2}c(O_2) = \left[0 - 0.50\cdot 10^{5} + 0.83\cdot 10^{5}\right]\ \mathrm{J\ K\ mol^{-1}}$$
$$= 0.33\cdot 10^{5}\mathrm{J\ K\ mol^{-1}}.$$

$T_1 = 298$ K, $\quad T_2 = 372$ K.

$$\alpha = 372\ \mathrm{K} - 298\ \mathrm{K} - (372\ \mathrm{K})\cdot \ln\left(\frac{372}{298}\right) = -8.5\ \mathrm{K},$$

$$\beta = \left[\tfrac{1}{2}(372^2 - 298^2) - 372\cdot(372 - 298)\right]\ \mathrm{K^2} = -2738\ \mathrm{K^2},$$

$$\gamma = \left[\left(\frac{1}{298} - \frac{1}{372}\right) + \tfrac{1}{2}\cdot 372\cdot\left(\frac{1}{372^2} - \frac{1}{298^2}\right)\right]\ \mathrm{K^{-1}} = -8.288\cdot 10^{-5}\ \mathrm{K^{-1}}.$$

Damit erhalten wir

$$\begin{aligned}\Delta G(372\ \mathrm{K}) &= -237.2\ \mathrm{kJ\ mol^{-1}} + (-74\ \mathrm{K})\cdot(-163.0\cdot 10^{-3}\ \mathrm{kJ\ K^{-1}\ mol^{-1}})\\ &\quad + (-8.5\ \mathrm{K})\cdot(33.22\cdot 10^{-3}\ \mathrm{kJ\ K^{-1}\ mol^{-1}})\\ &\quad + (-2738\ \mathrm{K^2})\cdot(-5.35\cdot 10^{-6}\ \mathrm{kJ\ K^2\ mol^{-1}})\\ &\quad + (-8.29\cdot 10^{-5}\ \mathrm{K^{-1}})\cdot(0.33\cdot 10^{2}\ \mathrm{kJ\ K\ mol^{-1}})\\ &= \underline{-225.4\ \mathrm{kJ\ mol^{-1}}}.\end{aligned}$$

10-31 $\Phi_0(T) = \dfrac{G^\ominus_m(T) - H^\ominus_m(0)}{T}, \quad S(T) = \dfrac{H(T) - G(T)}{T}.$

$G^\ominus_m(T) = H^\ominus_m(0) + T\cdot\Phi_0,$

$$S^\ominus_m(T) = \frac{H^\ominus_m(T) - G^\ominus_m(T)}{T} = \frac{H^\ominus_m(T) - H^\ominus_m(0) - T\cdot\Phi_0}{T}$$
$$= \frac{H^\ominus_m(T) - H^\ominus_m(0)}{T} - \Phi_0.$$

10-32 $\Delta G^\ominus_m(T) = \Delta H^\ominus_m(0) + T\cdot\Phi_0 = \Delta G^\ominus_m(298\ \mathrm{K}) + [T\cdot\Delta\Phi_0(T) - (298\ \mathrm{K})\cdot\Phi_0(298\ \mathrm{K})].$

(a) $N_2 + 3\ H_2 \rightarrow 2\ NH_3$ bei 1000 K.

$\Delta_r G^\ominus(298\ \mathrm{K}) = -31.0\ \mathrm{kJ\ mol^{-1}}$ [Tabelle 4–1],

$\Delta\Phi_0(1000\ \mathrm{K}) = 2\cdot(-203.5\ \mathrm{J\ K^{-1}\ mol^{-1}}) - (-197.9\ \mathrm{J\ K^{-1}\ mol^{-1}})$

$$- 3 \cdot (-137.0 \text{ J K}^{-1} \text{ mol}^{-1}) = 201.9 \text{ J K}^{-1} \text{ mol}^{-1}.$$

$$\Delta\Phi_0(298 \text{ K}) = 2 \cdot (-159.0 \text{ J K}^{-1} \text{ mol}^{-1}) - (-162.4 \text{ J K}^{-1} \text{ mol}^{-1})$$
$$- 3 \cdot (-102.2 \text{ J K}^{-1} \text{ mol}^{-1}) = 151.0 \text{ J K}^{-1} \text{ mol}^{-1}.$$

Das ergibt $\Delta_r G^\ominus = -31.0 \text{ kJ mol}^{-1} + (201.9 \text{ kJ mol}^{-1} - 45.0 \text{ kJ mol}^{-1})$
$= \underline{125.9 \text{ kJ mol}^{-1}}.$

(b) $H_20 + CO \rightarrow H_2 + CO_2$ bei 500 K und bei 2000 K;

$$\Delta_r G^\ominus(298 \text{ K}) = \Delta G_b^\ominus(CO_2) = \Delta G_b^\ominus(H_2O,g) - \Delta G_b^\ominus(CO)$$
$$= [-394.4 - (-228.6) - (-137.2)] \text{ kJ mol}^{-1} \quad \text{[Tabelle 4–1]}$$
$$= -28.6 \text{ kJ mol}^{-1}.$$

$\Delta\Phi_0(298 \text{ K}) / \text{ J K}^{-1} \text{ mol}^{-1} = -182.3 - 102.2 + 155.5 + 168.4 = 39.4;$

$(298 \text{ K}) \cdot \Delta\Phi_0(298 \text{ K}) = 11.7 \text{ kJ mol}^{-1}.$

$\Delta\Phi_0(500 \text{ K}) / \text{ J K}^{-1} \text{ mol}^{-1} = -199.5 - 116.9 + 172.8 + 183.5 = 39.9;$

$(500 \text{ K}) \cdot \Delta\Phi_0(500 \text{ K}) = 20.0 \text{ kJ mol}^{-1}.$

$\Delta\Phi_0(2000 \text{ K}) / \text{ J K}^{-1} \text{ mol}^{-1} = -258.8 - 157.6 + 223.1 + 258.8 = 65.5;$

$(2000 \text{ K}) \cdot \Delta\Phi_0(2000 \text{ K}) = 131 \text{ kJ mol}^{-1}.$

Es ist also $\Delta_r G^\ominus(500 \text{ K}) / \text{ kJ mol}^{-1} = -28.6 + 20.0 - 11.7 = \underline{-20.3}$ und

$\Delta_r G^\ominus(2000 \text{ K}) / \text{ kJ mol}^{-1} = -28.6 + 131 - 11.7 = \underline{91.}$

10-33 $K_p = \exp\left\{-\frac{\Delta G_m^\ominus(T)}{RT}\right\}$ [10.1–17].

(a) $K_p = \exp\left\{-\frac{125.9 \text{ kJ mol}^{-1}}{(8.314 \text{ J K}^{-1} \text{ mol}^{-1}) \cdot (1000 \text{ K})}\right\} = e^{-15.1} = \underline{2.7 \cdot 10^{-7}.}$

(b) $K_p(500 \text{ K}) = \exp\left\{-\frac{-20.3 \text{ kJ mol}^{-1}}{(8.314 \text{ J K}^{-1} \text{ mol}^{-1}) \cdot (500 \text{ K})}\right\} = e^{+4.9} = \underline{130.}$

$K_p(2000 \text{ K}) = \exp\left\{-\frac{-25.2 \text{ kJ mol}^{-1}}{(8.314 \text{ J K}^{-1} \text{ mol}^{-1}) \cdot (2000 \text{ K})}\right\} = e^{-1.52} = \underline{0.22.}$

10-34 $\Phi = \frac{G_m^\ominus(T) - H_m^\ominus(\mathfrak{T})}{T}$

$$\Phi(\mathfrak{T}) = \frac{G_m^\ominus(\mathfrak{T}) - H_m^\ominus(\mathfrak{T})}{\mathfrak{T}} = -S_m^\ominus(\mathfrak{T})$$

$$\Phi = \frac{H_m^\ominus(T) - T \cdot S_m^\ominus(T) - H_m^\ominus(\mathfrak{T})}{T}$$
$$= \frac{H_m^\ominus(T) - H_m^\ominus(\mathfrak{T})}{T} - S_m^\ominus(T)$$

$$= \frac{H^{\ominus}_{\mathrm{m}}(T) - H^{\ominus}_{\mathrm{m}}(\boldsymbol{T})}{T} - [S^{\ominus}_{\mathrm{m}}(T) - S^{\ominus}_{\mathrm{m}}(\boldsymbol{T})] - S^{\ominus}_{\mathrm{m}}(\boldsymbol{T})$$

$$= \Phi(\boldsymbol{T}) + \frac{1}{T}\int_{\boldsymbol{T}}^{T} C_p(T')\mathrm{d}T' - \int_{\boldsymbol{T}}^{T}\left[\frac{C_p(T')}{T'}\right]\mathrm{d}T'$$

$$= \Phi(\boldsymbol{T}) + \frac{1}{T}\int_{\boldsymbol{T}}^{T} C_p(T')\cdot\left(\frac{T'-T}{T'T}\right)\mathrm{d}T'.$$

$$C_p(T') = a + bT' + cT'^{-2};$$

$$\Delta\Phi(T) = \Delta\Phi(\boldsymbol{T}) + \Delta a\cdot\int_{\boldsymbol{T}}^{T}\left(\frac{T'-T}{T'T}\right)\mathrm{d}T'$$

$$+ \Delta b\cdot\int_{\boldsymbol{T}}^{T}\left(\frac{T'-T}{T}\right)\mathrm{d}T' + \Delta c\cdot\int_{\boldsymbol{T}}^{T}\left(\frac{T'-T}{T'^3T}\right)\mathrm{d}T'$$

$$= \Delta\Phi(\boldsymbol{T}) + A(T)\cdot\Delta a + B(T)\cdot\Delta b + C(T)\cdot\Delta c \qquad \text{mit}$$

$$A(T) = \frac{1}{T}\cdot(T - \boldsymbol{T}) - \ln\left(\frac{T}{\boldsymbol{T}}\right),$$

$$B(T) = \frac{1}{2T}\cdot(T^2 - \boldsymbol{T}^2) - (T - \boldsymbol{T}),$$

$$C(T) = +\frac{1}{T}\cdot\left(\frac{1}{\boldsymbol{T}} - \frac{1}{T}\right) + \frac{1}{2}\left(\frac{1}{T^2} - \frac{1}{\boldsymbol{T}^2}\right).$$

11 Gleichgewichts-Elektrochemie: Ionen und Elektroden

A11-1 $I = \frac{1}{2}\Sigma_j \left(\frac{m_j}{m^\ominus}\right) z_j^2$ [11.2–6]

$$= \tfrac{1}{2}[3 \cdot (0.04) \cdot (+1)^2 + (0.04) \cdot (-3)^2 + (0.03) \cdot (+1)^2$$
$$+(0.03) \cdot (+1)^2 + (0.03) \cdot (-1)^2 + (0.05) \cdot (+1)^2]$$
$$= \underline{0.32.}$$

A11-2 Die NaCl-Menge $[M_r = 58.3]$ bezeichnen wir mit g_1.

Dann gilt $1.50 = \left[\frac{\frac{g_1}{58.4}}{800 - g_1}\right] \cdot 10^3, \quad g_1 = 64$ g.

Die NaCl-Lösung enthält $800 - 64 = 736$ g H_2O und 1.10 mol NaCl. Die NaCl-Konzentration in der hergestellten Mischung ist

$\frac{1.10}{0.736 + 0.255} = 1.11$ mol kg^{-1}.

Die Na_2SO_4–Menge $[M_r = 142]$ bezeichnen wir mit g_2. Dann gilt

$1.25 = \left[\frac{\frac{g_2}{142}}{300 - g_2}\right] \cdot 10^3, \quad g_2 = 45$ g.

Die Na_2SO_4-Lösung enthalt $300 - 45 = 255$ g H_2O und 0.317 mol Na_2SO_4. Die Na_2SO_4-Konzentration in der hergestellten Mischung ist dann $\frac{0.317}{0.736 + 0.255}$ mol kg^{-1} = 0.320 mol kg^{-1}.

$$I = \tfrac{1}{2}\Sigma_j \left(\frac{m_j}{m^\ominus}\right) z_j^2$$
$$= \tfrac{1}{2}\left[1.11 \cdot (+1)^2 + 1.11 \cdot (-1)^2 + 2 \cdot (0.320) \cdot (+1)^2 + (0.320) \cdot (-2)^2\right]$$
$$= \underline{2.07.}$$

A11-3 Die Masse von KNO_3 $[M_r = 101]$ bezeichnen wir mit g_1.

Dann ist $0.15 = \left[\frac{\frac{g_1}{101}}{500 - g_1}\right] \cdot 10^3, \quad g_1 = 7.5$ g.

Die KNO_3-Lösung enthält $500 - 8 = 492$ g H_2O und 0.074 mol KNO_3.

(a) Die Masse von $Ca(NO_3)_2$ $[M_r = 164]$ bezeichnen wir mit g_2.

$I = \frac{1}{2}\Sigma_j \left(\frac{m_j}{m^\ominus}\right) z_j^2$ [11.2–6]

$$0.25 = \frac{1}{2}\left[(0.15 \cdot (+1)^2 + (0.15) \cdot (-1)^2 + \frac{\left(\frac{g_2}{164}\right) \cdot (+2)^2}{0.492} + 2 \cdot \frac{\left(\frac{g_2}{164}\right) \cdot (-1)^2}{0.492}\right];$$

$\underline{g_2 = 2.7 \text{ g}.}$

(b) Die Masse von NaCl $[M_r = 58.4]$ bezeichnen wir mit g_3.

$$0.25 = \frac{1}{2}\left[(0.15) \cdot (+1)^2 + (0.15) \cdot (-1)^2 + \frac{\left(\frac{g_3}{58.4}\right) \cdot (+1)^2}{0.492} + \frac{\left(\frac{g_3}{58.4}\right) \cdot (-1)^2}{0.492}\right];$$

$\underline{g_3 = 2.9 \text{ g}.}$

A11-4 $a(\text{Cl}^-) = (\gamma_\pm) \cdot (2) \cdot (2.000) = (1.554) \cdot (2) \cdot (2.000) = \underline{6.216.}$

A11-5 Molzahl des Elektrolyten = (0.065) · (5.00) = 0.325 mol

$$w_e = \frac{-1.04 \cdot 10^3 \text{ J}}{0.325 \text{ mol}} = \underline{-3.20 \cdot 10^3 \text{ J mol}^{-1}.}$$

$$w_e = RT \ln \gamma_\pm^3; \quad \gamma_\pm = \exp\left(\frac{w_e}{3RT}\right); \quad [11.2\text{–}1]$$

$$\gamma_\pm = \exp\left\{\frac{-3.20 \cdot 10^3 \text{ J mol}^{-1}}{(3) \cdot (8.314 \text{ J K}^{-1} \text{ mol}^{-1}) \cdot (298 \text{ K})}\right]$$
$$= \underline{0.650.}$$

A11-6 $I = \frac{1}{2}\Sigma_j \left(\frac{m_j}{m^\ominus}\right) z_j^2 \quad [11.2\text{–}6]$

$$= \frac{1}{2}\left[(0.100) \cdot (+2)^2 + 2 \cdot (0.100) \cdot (-1)^2\right] = 0.300.$$

$$r_D^2 = \frac{\varepsilon RT}{2\rho e^2 I N_A^2 m^\ominus} \quad [11.2\text{–}8[; \quad \varepsilon = \frac{2 r_D^2 \rho e^2 I N_A^2 m^\ominus}{RT}$$
$$= (2) \cdot (0.400 \cdot 10^{-9} \text{ m})^2 \cdot (0.850 \cdot 10^3 \text{ kg m}^{-3}) \cdot (1.60 \cdot 10^{-19} \text{ C})^2 \cdot (0.300) \cdot$$
$$\cdot \frac{(6.02 \cdot 10^{23} \text{ mol}^{-1})^2 \cdot (1 \text{ mol kg}^{-1})}{(8.314 \text{ J K}^{-1} \text{ mol}^{-1}) \cdot (298 \text{ K})}$$
$$= 3.06 \cdot 10^{-10} \text{ J}^{-1} \text{ C}^2 \text{ m}^{-1}$$

$$\varepsilon_r = \frac{\varepsilon}{\varepsilon_0} = \frac{3.06 \cdot 10^{-10} \text{ J}^{-1} \text{ C}^2 \text{ m}^{-1}}{8.85 \cdot 10^{-12} \text{ J}^{-1} \text{ C}^2 \text{ m}^{-1}} = \underline{34.6.}$$

A11-7 $I = \frac{1}{2}\Sigma_j \left(\frac{m_j}{m^\ominus}\right) z_j^2 = \frac{1}{2}\left[(0.50) \cdot (+3)^2 + 3 \cdot (0.50) \cdot (-1)^2\right] = 3.00 \quad [11.2\text{–}6]$

$\log(\gamma_\pm)_{DHG} = -0.509 \cdot |z_+z_-| \cdot I^{\frac{1}{2}}$ [11.2–11] $= -(0.509) \cdot (3) \cdot \sqrt{3.00} = -2.65.$

$(\gamma_\pm)_{DHG} = 2.24 \cdot 10^{-3};$

$$\text{Fehler} = \frac{0.303 - 2.24 \cdot 10^{-3}}{2.24 \cdot 10^{-3}} \cdot (100\ \%) = \underline{1.34 \cdot 10^4\ \%.}$$

A11-8 $\log \gamma_\pm = -0.509 \cdot |z_+z_-| \cdot I^{\frac{1}{2}} + 0.509 \cdot A^* \cdot |z_+z_-| \cdot I$ [11.2–14]

$$|z_+z_-| = 1; \quad A^* = \frac{\log \gamma_\pm + 0.509 \cdot I^{\frac{1}{2}}}{0.509 \cdot I}$$

$$\text{(a)} \quad A^* = \frac{\log(0.930) + 0.509 \cdot \sqrt{0.005}}{(0.509) \cdot (0.005)} = \underline{1.75.}$$

$$\text{(b)} \quad A^* = \frac{\log(0.907) + 0.509 \cdot \sqrt{0.010}}{(0.509) \cdot (0.010)} = \underline{1.67.}$$

$$\text{(c)} \quad A^* = \frac{\log(0.879) + 0.509 \cdot \sqrt{0.020}}{(0.509) \cdot (0.020)} = \underline{1.57.}$$

A11-9 $CaF_2(s) \rightleftharpoons Ca^{2+}(aq) + 2\ F^-(aq)$

$$\Delta_r G^\ominus(T) = -RT \ln K_L = -(8.314\ \text{J K}^{-1}\ \text{mol}^{-1}) \cdot (298\ \text{K}) \cdot \ln(3.9 \cdot 10^{-11})$$
$$= 5.9 \cdot 10^4\ \text{J mol}^{-1}.$$

$$5.9 \cdot 10^4\ \text{J mol}^{-1} = \Delta_b G^\ominus(T, CaF_2(aq)) - \Delta_b G^\ominus(T, CaF_2(s)) \quad [5.4\text{–}4]$$
$$= \Delta_b G^\ominus(T, CaF_2(aq)) - (-1.162 \cdot 10^6\ \text{J mol}^{-1}).$$

$$\Delta_b G^\ominus(T, CaF_2(aq)) = \underline{-1.103 \cdot 10^6\ \text{J mol}^{-1}.}$$

A11-10 $a_{H^+}(0.020) = (0.879) \cdot (0.0200) = 0.0176.$

$a_{H^+}(0.005) = (0.930) \cdot (0.005) = 4.65 \cdot 10^{-3}$ [Aufgabe A11–8]

$$\Delta\phi(0.020\ \text{mol kg}^{-1}) - \Delta\phi(0.005\ \text{mol kg}^{-1})$$
$$= -\left(\frac{RT}{F}\right) \ln \left[\frac{\dfrac{f_{H_2}^{\frac{1}{2}}}{a_{H^+}(0.020)}}{\dfrac{f_{H_2}^{\frac{1}{2}}}{a_{H^+}(0.005)}}\right] \quad [11.4\text{–}2]$$
$$= -(0.0257\ \text{V}) \cdot \ln\left(\frac{4.65 \cdot 10^{-3}}{0.0176}\right) = \underline{3.42 \cdot 10^{-2}\ \text{V.}}$$

11-1 $I = \frac{1}{2} \Sigma_j \left(\frac{m_j}{m^\ominus}\right) z_j^2$ [11.2–6]

In 1 kg Lösungsmittel ist die Stoffmenge n_j enthalten; dann gilt $n_j/\text{mol} = m_j/\text{mol kg}^{-1}$. Man kann auch sagen, daß m_j in der Lösung der Masse (1 kg + $\Sigma_j n_j M_{j,\text{m}}$) enthalten ist. (Die gelöste Substanz hat die Masse $n_j M_{j,\text{m}}$.) Wenn wir die Dichte der Lösung mit ρ bezeichnen, dann ist die Stoffmenge n_j gerade in dem Volumen $\dfrac{1\text{ kg} + \Sigma_j n_j M_{j,\text{m}}}{\rho}$ der Lösung enthalten. Wieviele dm^3 sind das?

Schreiben wir $\rho = (\rho/\text{kg m}^{-3})\text{ kg m}^{-3}$, so wird dieses Volumen

$$\frac{1\text{ kg} + \Sigma_j n_j M_{j,\text{m}}}{(\rho/\text{kg m}^{-3})\text{ kg m}^{-3}} = \frac{\left[1 + \left(\Sigma_j n_j M_{j,\text{m}}/\text{kg}\right)\right]\text{ m}^3}{\rho/\text{kg m}^{-3}}$$

$$= 1000 \cdot \frac{\left[1 + \Sigma_j n_j M_{j,\text{m}}/\text{kg}\right]\text{ dm}^3}{\rho/\text{kg m}^{-3}}.$$

Die Konzentration erhalten wir, wenn wir n_j durch dieses Volumen dividieren:

$$c_j = \frac{n_j \cdot (\rho_{\text{Lösung}}/\text{kg m}^{-3})}{1000 \cdot (1 + \Sigma_j n_j M_{j,\text{m}}/\text{kg})},$$

$$c_j/\text{mol dm}^{-3} = \frac{\rho_{\text{Lösung}}/\text{kg m}^{-3}}{1000 \cdot (1 + \Sigma_j n_j M_{j,\text{m}}/\text{kg})} \cdot m_j/\text{mol kg}^{-1}$$

$$\rho/\text{kg m}^{-3} = (\rho/\text{cm}^{-3}) \cdot \left(\frac{\text{g cm}^{-3}}{\text{kg m}^{-3}}\right) = 1000 \cdot (\rho/\text{g cm}^{-3}).$$

Das ergibt $c_j/\text{mol dm}^{-3} = \left(\dfrac{\rho_{\text{Lösung}}/\text{g cm}^{-3}}{1 + \Sigma_j n_j M_{j,\text{m}}/\text{kg}}\right) \cdot \dfrac{m_j}{m^\ominus}$ und

$$I = \left\{\frac{1 + \Sigma_j n_j M_{j,\text{m}}/\text{kg}}{2 \cdot (\rho_{\text{Lösung}}/\text{g cm}^{-3})}\right\} \cdot \Sigma_j \left(\frac{c_j}{M}\right) z_j^2.$$

Für verdünnte Lösungen gilt $\Sigma_j n_j M_{j,\text{m}}/\text{kg} \ll 1$ und $\rho_{\text{Lösung}} \approx \rho$.

Das ergibt $\underline{I \approx \frac{1}{2} \cdot (\rho/\text{g cm}^{-3}) \cdot \Sigma_j \left(\frac{c_j}{M}\right) z_j^2}.$

11-2 $I = \frac{1}{2}\Sigma_f \left(\dfrac{m_j}{m^\ominus}\right) z_j^2$ [11.2–6].

Für M_aX_b, das nach $M_aX_b \rightarrow aM^{b+} + bX^{a-}$ dissoziiert, gilt

$$m_+ = am, \quad m_- = bm \quad \text{und} \quad I = \tfrac{1}{2}(az_+^2 + bz_-^2) \cdot \frac{m}{m^\ominus}.$$

(a) $I(\text{KCl}) = \frac{1}{2}(z_+^2 + z_-^2) \cdot \dfrac{m}{m^\ominus} = \dfrac{m}{m^\ominus} \quad \{|z_+| = |z_-| = 1\}.$

(b) $I(\text{MgCl}_2) = \frac{1}{2}(z_+^2 + 2z_-^2) \cdot \dfrac{m}{m^\ominus} = \dfrac{3m}{m^\ominus} \quad \{|z_+| = |z_-| = 1\}.$

(c) $I(\text{FeCl}_3) = \frac{1}{2}(z_+^2 + 3z_-^2) \cdot \dfrac{m}{m^\ominus} = \dfrac{6m}{m^\ominus} \quad \{|z_+| = 3, \quad |z_-| = 1\}.$

(d) $I(\text{Al}_2(\text{SO}_4)_3) = \frac{1}{2}(2z_+^2 + 3z_-^2) \cdot \dfrac{m}{m^\ominus} = \dfrac{15m}{m^\ominus} \quad \{|z_+| = 3, \quad |z_-| = 2\}.$

(e) $I(\mathrm{CuSO_4}) = \frac{1}{2}(z_+^2 + z_-^2) \cdot \frac{m}{m^\ominus} = \frac{4m}{m^\ominus} \quad \{|z_+| = 2, \quad |z_-| = 2\}$.

11-3 $I = I(\mathrm{KCl}) + I(\mathrm{CuSO_4})$ [11.2–6]

$$= \frac{m(\mathrm{KCl})}{m^\ominus} + 4 \cdot \frac{m(\mathrm{CuSO_4})}{m^\ominus} \quad \text{[Aufgabe 11–2]}$$

$$= 0.1 + 4 \cdot 0.2 = \underline{0.9.}$$

11-4 $n(\mathrm{KCl}) = \frac{5\ \mathrm{g}}{74.55\ \mathrm{g\ mol^{-1}}} = 0.067\ \mathrm{mol}; \quad m(\mathrm{KCl}) = 0.67\ \mathrm{mol\ kg^{-1}}$

$$n(\mathrm{FeCl_3}) = \frac{5\ \mathrm{g}}{162.2\ \mathrm{g\ mol^{-1}}} = 0.031\ \mathrm{mol}; \quad m(\mathrm{FeCl_3}) = 0.31\ \mathrm{mol\ kg^{-1}}.$$

$$I = I(\mathrm{KCl}) + I(\mathrm{FeCl_3}) = \frac{m(\mathrm{KCl})}{m^\ominus} + 6 \cdot \frac{m(\mathrm{FeCl_3})}{m^\ominus} \quad \text{[Aufgabe 11–2]}$$

$$= 0.67 + 6 \cdot 0.31 = \underline{2.52.}$$

11-5 $I(\mathrm{KCl}) = \frac{m(\mathrm{KCl})}{m^\ominus}, \quad I(\mathrm{CuSO_4}) = 4 \cdot \frac{m(\mathrm{CuSO_4})}{m^\ominus}$ [Aufgabe 11–2]

Wegen $I(\mathrm{KCl}) = I(\mathrm{CuSO_4})$ ist auch $m(\mathrm{KCl}) = 4 \cdot m(\mathrm{CuSO_4})$.

Daraus folgt $m(\mathrm{CuSO_4}) = \underline{0.25\ \mathrm{mol\ kg^{-1}}}$ bei $m(\mathrm{KCl}) = 1.0\ \mathrm{mol\ kg^{-1}}$.

11-6 $\mathrm{M}_p\mathrm{X}_q \rightarrow p\mathrm{M} + q\mathrm{X}; \quad \mu(\mathrm{M}_p\mathrm{X}_q) = p\mu(\mathrm{M}) + q\mu(\mathrm{X})$.

$\mu = \mu^\ominus + RT \cdot \ln a$, also

$$\mu(\mathrm{M}_p\mathrm{X}_q) = p\mu^\ominus(\mathrm{M}) + q\mu^\ominus(\mathrm{X}) + pRT \cdot \ln a(\mathrm{M}) + qRT \cdot \ln a(\mathrm{X}).$$

Wir schreiben jetzt $a(\mathrm{M}) = \gamma_+ m$ und $a(\mathrm{X}) = \gamma_- m$; daraus folgt

$$\mu(\mathrm{M}_p\mathrm{X}_q) = p\mu^\ominus(\mathrm{M}) + pRT \cdot \ln m + q\mu^\ominus(\mathrm{X}) + qRT \cdot \ln m + pRT \cdot \ln \gamma_+ + qRT \cdot \ln \gamma_-.$$

Mit $\gamma_+^p q_-^q = \gamma_\pm^{p+q}$ bzw. $p \cdot \ln \gamma_+ + q \cdot \ln \gamma_- = \ln \gamma_+^p \gamma_-^q = \ln \gamma_\pm^{p+q} = (p+q) \cdot \ln \gamma_\pm$

schreiben wir dafür

$$\mu(\mathrm{M}_p\mathrm{X}_q) = p\,\{\mu^\ominus(\mathrm{M}) + RT \cdot \ln m + RT \cdot \ln \gamma_\pm\} + q\,\{\mu^\ominus(\mathrm{X}) + RT \cdot \ln m + RT \cdot \ln \gamma_\pm\};$$

dabei wurden die Abweichungen vom idealen Verhalten gleichmäßig auf die Komponenten verteilt.

Dann gilt $a(\mathrm{M}_p\mathrm{X}_q) = a(\mathrm{M})^p a(\mathrm{X})^q$ und mit $a(\mathrm{M}) = \gamma_\pm pm$ und $a(\mathrm{X}) = \gamma_\pm qm$ auch

$$a(\mathrm{M}_p\mathrm{X}_q) = \gamma_\pm^{p+q} p^p q^q m^{p+q}.$$

11-7 Wir verwenden das Ergebnis der letzten Aufgabe und schreiben $m \equiv \frac{m}{m^{\ominus}}$.

$$a(\mathrm{KCl}) = \underline{\gamma_\pm^2 m^2} \quad \{p = 1,\ q = 1\},$$

$$a(\mathrm{MgCl_2}) = \gamma_\pm^{1+2}\ 1^1\ 2^2\ m^{1+2} = \underline{4\gamma_\pm^3 m^3} \quad \{p = 1,\ q = 2\},$$

$$a(\mathrm{FeCl_3}) = \gamma_\pm^{1+3}\ 1^1\ 3^3\ m^{1+3} = \underline{27\gamma_\pm^4 m^4} \quad \{p = 1,\ q = 3\},$$

$$a(\mathrm{CuSO_4}) = \gamma_\pm^{1+1}\ 1^1\ 1^1\ m^{1+1} = \underline{\gamma_\pm^2 m^2} \quad \{p = 1,\ q = 1\},$$

$$a(\mathrm{Al_2(SO_4)_3}) = \gamma_\pm^{2+3}\ 2^2\ 3^3\ m^{2+3} = \underline{108\gamma_\pm^5 m^5} \quad \{p = 2,\ q = 3\}.$$

11-8 $w_e = sRT \cdot \ln \gamma_\pm$ [11.2–1]. Das ist die Arbeit pro Formelumsatz.

Dabei entstehen jeweils s Ionen.

(a) $w_e = 2RT \cdot \ln 0.679 = 2 \cdot 2.48\ \mathrm{kJ\ mol^{-1}} \cdot \ln 0.679 = -1.92\ \mathrm{kJ\ mol^{-1}}$.

Aus $n \approx 2.00\ \mathrm{dm^3} \cdot 0.500\ \mathrm{M} = 1.00\ \mathrm{mol}$ folgt dann $w_e = \underline{-1.92\ \mathrm{kJ}}$.

(b) $w_e = 5RT \cdot \ln 0.014 = -53\ \mathrm{kJ\ mol^{-1}}$, $n = 1.00$ mol;

daraus folgt $w_e = \underline{-53\ \mathrm{kJ}}$.

11-9 $F = \frac{q_1 q_2}{4\pi\varepsilon_0 r^2}$ [Anhang 11–1]

$$q_2(\mathrm{Schale}) = \frac{(4\pi r^2)\cdot(-e)}{1\ \mathrm{cm}^2} = -4\pi e \cdot (r/\mathrm{cm})^2; \quad q_1 = e.$$

$$F(r) = -\frac{4\pi e^2 (r/\mathrm{cm})^2}{4\pi\varepsilon_0 r^2} = \frac{-e^2}{\varepsilon_o\ \mathrm{cm}^2}$$

$$= -\frac{(1.602 \cdot 10^{-19}\ \mathrm{C})^2}{(8.845 \cdot 10^{-12}\ \mathrm{J^{-1}\ C^2\ m^{-1}}) \cdot (10^{-4}\ \mathrm{m^2})}$$

$$= 3 \cdot 10^{-23}\ \mathrm{J\ m^{-1}} = \underline{3 \cdot 10^{-23}\ \mathrm{N}} \text{ für alle Abstände.}$$

11-10 $F = -q_2 \cdot \left(\frac{\mathrm{d}}{\mathrm{d}r}\right) \phi(r)$ [Anhang 11–1, $F = Eq$, $E = -\nabla\phi$].

$$F = -\left(\frac{q_1 q_2}{4\pi\varepsilon_0}\right) \cdot \left\{-\left(\frac{1}{r}\right)^2 - \left(\frac{1}{r \cdot r_\mathrm{D}}\right)\right\} \cdot \exp\left(\frac{-r}{r_\mathrm{D}}\right)$$

$$= \left(\frac{q_1 q_2}{4\pi\varepsilon_0\varepsilon_r}\right) \cdot \left\{\left(\frac{1}{r^2}\right) + \left(\frac{1}{r \cdot r_\mathrm{D}}\right)\right\} \cdot \exp\left(\frac{-r}{r_\mathrm{D}}\right)$$

$q_2 = -4\pi e \cdot (r/\mathrm{cm})^2$, $q_1 = e$ [Aufgabe 11–9].

$$F = -\left(\frac{4\pi e^2}{4\pi\varepsilon_0\ \mathrm{cm}^2}\right)\cdot\left\{1+\left(\frac{r}{r_\mathrm{D}}\right)\right\}\cdot \mathrm{e}^{-\frac{r}{r_\mathrm{D}}}.$$

$$= -\left(\frac{e^2}{\varepsilon_0}\right)\left\{1+\left(\frac{r}{r_\mathrm{D}}\right)\right\}\cdot\frac{\mathrm{e}^{-\frac{r}{r_\mathrm{D}}}}{10^{-4}\ \mathrm{m}^2}$$

$$= -\frac{(1.602\cdot 10^{-19}\ \mathrm{C})^2}{(8.854\cdot 10^{-12}\ \mathrm{J^{-1}\ C^2\ m^{-1}})\cdot(10^{-4}\ \mathrm{m}^2)}\cdot\left(1+\frac{r}{r_\mathrm{D}}\right)\cdot \mathrm{e}^{-\frac{r}{r_\mathrm{D}}}$$

$$= -(3\cdot 10^{-23}\ \mathrm{N})\cdot\left(1+\frac{r}{r_\mathrm{D}}\right)\cdot \mathrm{e}^{-\frac{r}{r_\mathrm{D}}}$$

(a) $r_\mathrm{D} = 10\ \mathrm{cm},\quad r = 10\ \mathrm{cm},\quad \frac{r}{r_\mathrm{D}} = 1;$

$F = (-3\cdot 10^{-23}\ \mathrm{N})\cdot(1+1)\cdot \mathrm{e}^{-1} = \underline{-2\cdot 10^{-23}\ \mathrm{N}.}$

(b) $r_\mathrm{D} = 10\ \mathrm{cm},\quad r = 1\ \mathrm{m},\quad \frac{r}{r_\mathrm{D}} = 10;$

$F = (-3\cdot 10^{-23}\ \mathrm{N})\cdot(1+10)\cdot \mathrm{e}^{-10} = \underline{-1\cdot 10^{-64}\ \mathrm{N}.}$

(c) $r_\mathrm{D} = 10\ \mathrm{cm},\quad r = 1000\ \mathrm{km},\quad \frac{r}{r_\mathrm{D}} = 10^7;$

$F \propto \exp\left(-10^7\right) \approx \underline{0.}$

11-11 $r_\mathrm{D}^2 = \frac{\varepsilon RT}{2\rho F^2 I m^\ominus}$ [11.2–8];

$\varepsilon = \varepsilon_\mathrm{r}\varepsilon_0;\quad \varepsilon_\mathrm{r} = 78,\quad I = \frac{3m}{m^\ominus}$ [Aufgabe 11–2] $= 0.0030.$

$$r_\mathrm{D}^2 = \frac{(8.854\cdot 10^{-12}\ \mathrm{J^{-1}\ C^2\ m^{-1}})\cdot(78)\cdot(8.314\ \mathrm{J\ K^{-1}\ mol^{-1}})\cdot T}{2\cdot(1.0\cdot 10^3\ \mathrm{kg\ m^{-3}})\cdot(9.648\cdot 10^4\ \mathrm{C\ mol^{-1}})^2\cdot(0.0030\ \mathrm{mol\ kg^{-1}})}$$

$$= 1.03\cdot 10^{-19}\ (T/\mathrm{K})\ \mathrm{m}^2 \quad \text{oder} \quad r_\mathrm{D} = 3.2\cdot 10^{-10}\cdot\sqrt{T/\mathrm{K}}\ \mathrm{m}.$$

(a) $T = 298\ \mathrm{K};\quad r_\mathrm{D} = \underline{5.5\ \mathrm{nm}.}$

(b) $T = 273\ \mathrm{K};\quad r_\mathrm{D} = \underline{5.3\ \mathrm{nm}.}$

11-12 $r_\mathrm{D}^2 = \frac{\varepsilon RT}{2\rho F^2 I m^\ominus}.$

$\varepsilon = \varepsilon_\mathrm{r}\varepsilon_0;\quad \varepsilon_\mathrm{r} = 22,\quad T = 240\ \mathrm{K},\quad \rho = 0.69\cdot 10^{-3}\ \mathrm{kg\ m^3},\quad I = \frac{3m}{m^\ominus} = 0.0030.$

$$r_\mathrm{D}^2 = \frac{(8.854\cdot 10^{-12}\ \mathrm{J^{-1}\ C^2\ m^{-1}})\cdot(22)\cdot(8.314\ \mathrm{J\ K^{-1}\ mol^{-1}})\cdot(240\ \mathrm{K})}{2\cdot(0.69\cdot 10^3\ \mathrm{kg\ m^{-3}})\cdot(9.648\cdot 10^4\ \mathrm{C\ mol^{-1}})^2\cdot(0.0030\ \mathrm{mol\ kg^{-1}})}$$

$$= 1.01\cdot 10^{-17}\ \mathrm{m}^2 \quad \text{oder} \quad r_\mathrm{D} = \underline{3.2\ \mathrm{nm}.}$$

11-13 $A = 1.825 \cdot 10^6 \cdot \sqrt{\frac{\rho/\text{g cm}^{-3}}{\varepsilon_r^3 \cdot (T/\text{K})^3}}$ [vor 11.2–1]

$$= 1.825 \cdot 10^6 \cdot \sqrt{\frac{0.69}{(22 \cdot 240)^3}} = \underline{-\ 4.0.}$$

Das ergibt $\log \gamma_\pm = -4.0 \cdot |z_+ z_-| \cdot I^{\frac{1}{2}}$.

11-14 $\log \gamma_\pm = -0.509 \cdot |z_+ z_-| \cdot \sqrt{I/\text{mol kg}^{-1}}$ [11.2–1];

$|z_+ z_-| = 1$; $I = m$. Jetzt können wir die folgende Tabelle aufstellen.

$\frac{m}{m^\ominus}$	0.001	0.002	0.005	0.01	0.02
$\sqrt{I}$	0.032	0.045	0.071	0.100	0.141
$\gamma_\pm$(ber.)	0.964	0.949	0.920	0.889	0.847
$\gamma_\pm$(exp.)	0.9649	0.9519	0.9275	0.9024	0.8712
$\log \gamma_\pm$(exp.)	−0.0155	−0.0214	−0.0327	−0.0446	−0.0599

In Abb. 11–1 sind diese Werte gegen $\sqrt{I}$ aufgetragen. Die berechnete und die experimentelle Kurve stimmen für kleines I sehr gut überein.

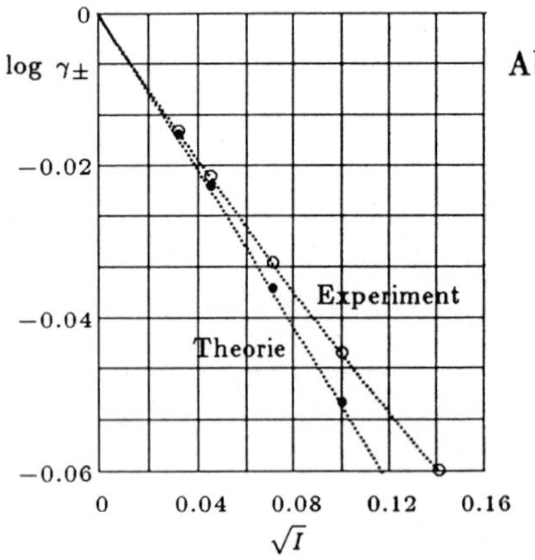

Abb. 11–1

11-15 $\ln a_A = \frac{-\Delta G_{\text{Schm,m}}}{RT}$ mit $x_A \to a_A$ bei einem realen System.

$$\frac{d \ln a_A}{dT} = -\left(\frac{1}{R}\right) \cdot \left(\frac{d}{dT}\right) \left(\frac{\Delta G_{\text{Schm,m}}}{T}\right)$$

$$= \frac{\Delta H_{\text{Schm,m}}}{RT^2} \quad [6.2\text{–}5].$$

$dT = -d\delta T \quad [\delta T = T_E - T]$,

$$d \ln a_A = -\left(\frac{\Delta H_{Schm,m}}{RT^2}\right) \cdot d\delta T \approx -\left(\frac{\Delta H_{Schm,m}(T_E)}{RT_E^2}\right) \cdot d\delta T.$$

Mit $K_f = \frac{RT_E^2 M_{A,m}}{\Delta H_{Schm,m}}$ erhalten wir dann

$$d \ln a_A = -\left(\frac{M_{A,m}}{K_f}\right) \cdot d\delta T.$$

$n_A d\mu_A + n_B d\mu_B = 0 \quad$ [Gibbs-Duhemsche Gl., [8.1–5]]

$RT\ (n_A\ d \ln a_A + n_B\ d \ln a_B) = 0 \quad [\mu = \mu^\ominus + RT \ln a]$,

$$d \ln a_A = -\left(\frac{n_B}{n_A}\right) \cdot d \ln a_B \quad \text{und} \quad d \ln a_B = \left(\frac{n_A M_{A,m}}{n_B K_f}\right) \cdot d\delta T.$$

Hat die Lösung die Molalität m_B, so gilt $n_A = \left(\frac{1\ \text{kg}}{M_{A,m}}\right) = \left(\frac{1000\ \text{mol}}{M_{A,r}}\right)$ und

$n_B = (m_B/\text{mol kg}^{-1})$ mol und damit $\frac{n_A}{n_B} = \frac{1000}{M_{A,r}(m_B/\text{mol kg}^{-1})}$.

Folglich ist

$$d \ln a_B = \left(\frac{1000\ \text{mol kg}^{-1}}{M_{A,r} m_B}\right) \cdot \left(\frac{M_{A,r}\ \text{g mol}^{-1}}{K_f}\right) \cdot d\delta T = \left(\frac{1}{m_B K_f}\right) \cdot d\delta T.$$

11-16 $\phi = \frac{\delta T}{2 m_B K_f}$ [angegeben]

$\ln a_B = 2 \ln \gamma_\pm + 2 \ln m_B$ [Aufgabe 11-6].

$d \ln \gamma_\pm + d \ln m_B = \frac{1}{2}\ d \ln a_B = \left(\frac{1}{2 m_B K_E}\right) \cdot d\delta T$ [Aufgabe 11–15].

$\ln \gamma_\pm = -A' m_B^{\frac{1}{2}}$ [11.2–1, 1,1-Elektrolyt; $A' = 2.303 \cdot A$; $m_B \equiv m_B/m^\ominus$].

$d \ln \gamma_\pm = -\frac{1}{2} A' m_B^{-\frac{1}{2}} dm_B; \quad d \ln m_B = \frac{dm_B}{m_B}$.

Das ergibt $\left(-\frac{1}{2} A' m_B^{-\frac{1}{2}} + m_B^{-1}\right) dm_B = \left(\frac{1}{2 m_B K_f}\right) \cdot d\delta T$,

$$\int_0^{m_B} \left[1 - \frac{1}{2} A' m_B^{\frac{1}{2}}\right] \delta m_B = \int_0^{\delta T} \left(\frac{1}{2K_f}\right) d\delta T.$$

$$m_B - \frac{2}{3} \cdot \frac{1}{2} \cdot A' m_B^{\frac{3}{2}} = \frac{\delta T}{2K_E} \quad \text{oder} \quad 1 - \frac{1}{3} \cdot A' m_B^{\frac{1}{2}} = \frac{\delta T}{2 m_B K_E} = \phi,$$

das ergibt $\phi = 1 - \frac{1}{3} A' m_B^{\frac{1}{2}}$.

11-17 $\phi = 1 - \frac{1}{3}A'\sqrt{\frac{m_B}{m^\ominus}}$ [Aufgabe 11-16, $m^\ominus = 1$ mol kg^{-1}], wenn die Debye-Hückelsche Theorie gilt.

Wir tragen $\phi = \frac{\delta T}{2m_B K_f}$ gegen $\sqrt{\frac{m_B}{m^\ominus}}$ auf und erwarten eine Gerade, die die Ordinate bei 1 schneidet, und mit der Steigung $-\frac{1}{3}A'$ im Grenzfall kleiner Konzentrationen.

m/mol kg^{-1}	0.001	0.002	0.005	0.010	0.020
$\sqrt{\frac{m}{m^\ominus}}$	0.032	0.045	0.071	0.100	0.141
δT/K	3.696	7.376	18.36	36.43	72.54
ϕ	0.9946	0.9924	0.9880	0.9830	0.9760

Diese Werte sind in Abb. 11–2 aufgetragen. Wir erhalten in der Tat eine Gerade; damit ist die Gültigkeit des Debye-Hückelschen Gesetzes für niedrige Konzentrationen bestätigt.

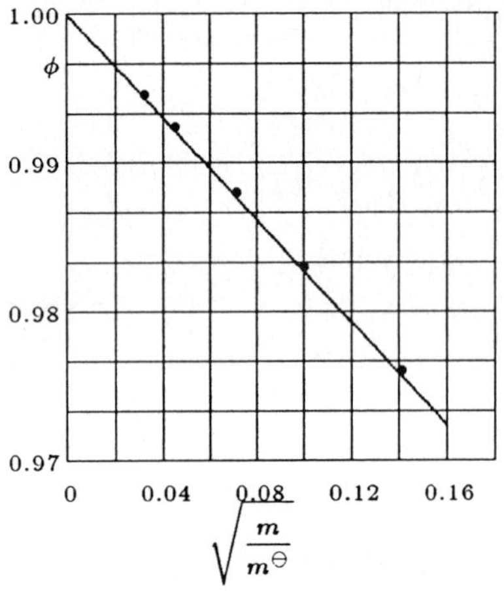

Abb. 11–2

11-18 $\mathrm{d}\ln\gamma_\pm = -\mathrm{d}\ln m + \left(\frac{1}{2mK_f}\right)\cdot \mathrm{d}\delta T$ [Aufgabe 11–16].

$$\frac{\mathrm{d}\phi}{\mathrm{d}m} = \left(\frac{\mathrm{d}}{\mathrm{d}m}\right)\left(\frac{\mathrm{d}T}{2mK_f}\right) = \frac{\left(\frac{\mathrm{d}\delta T}{\mathrm{d}m}\right)}{2mK_f} - \frac{\delta T}{2m^2K_f}.$$

Das ergibt $\frac{\mathrm{d}\delta T}{2mK_f} = \mathrm{d}\phi + \frac{\delta T \mathrm{d}m}{2m^2K_f} = \mathrm{d}\phi + \frac{\phi \mathrm{d}m}{m}$ und

$$\mathrm{d}\ln\gamma_\pm = -\frac{\mathrm{d}m}{m} + \mathrm{d}\phi + \frac{\phi\mathrm{d}m}{m} = -(1-\phi)\cdot\frac{\mathrm{d}m}{m} + \mathrm{d}\phi \quad \text{sowie}$$

$$\ln\gamma_\pm = \phi - 1 - \int_0^m \left(\frac{1-\phi}{m}\right)\mathrm{d}m. \quad [\ln\gamma_\pm|_{m=1} = 0].$$

11-19 Aus den angegebenen Daten berechnen wir mit $\phi = \dfrac{\delta T}{2m_\mathrm{B} K_\mathrm{f}}$ die folgende Tabelle.

$m/\mathrm{mol\ kg^{-1}}$	0.01	0.02	0.03	0.04	0.05
$\delta T/\mathrm{K}$	0.0355	0.0697	0.0343	0.137	0.172
ϕ	0.955	0.938	0.925	0.922	0.926
$\left[\dfrac{1-\phi}{m}\right]$ mol kg^{-1}	4.500	3.100	2.500	1.950	1.480

In Abb. 11–3 ist $\dfrac{1-\phi}{m}$ gegen m aufgetragen. Der Zahlenwert von $\dfrac{1-\phi}{m}$ geht gegen ∞ für $m \to 0$. Wir setzen die Gültigkeit der Debye-Hückelschen Theorie für kleine Konzentrationen voraus und berechnen das Integral analytisch bis $m = 0.01$.

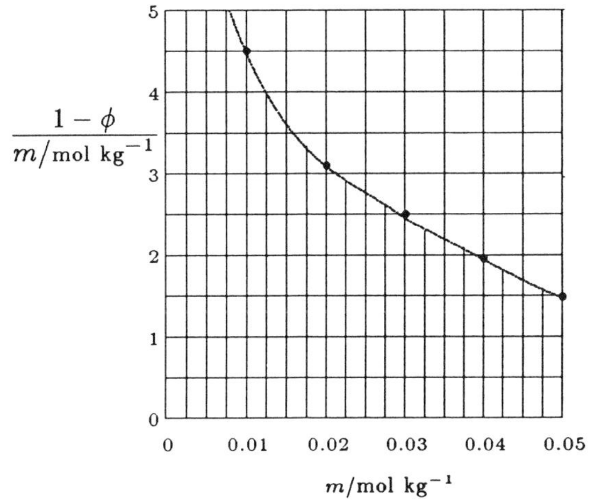

Abb. 11–3

Wir erhalten $\displaystyle\int_0^m \left(\frac{1-\phi}{m}\right) \mathrm{d}m = \frac{1}{3} A \int_0^m \frac{\mathrm{d}m}{\sqrt{m}}$ [Aufgabe 11–16]

$$= \tfrac{2}{3} A' \sqrt{m} \text{ mit } A' = 2.303 \cdot 0.509.$$

Das ergibt für das Integral bis $m = 0.01$ den Wert 0.0781. Für größeres m gehen wir numerisch vor. Von 0.01 bis 0.05 hat das Integral den Zahlenwert 0.106; insgesamt bis 0.050 mol kg^{-1} ergibt das 0.184. Daraus folgt

$\ln \gamma_\pm = 0.926 - 1 - 0.184 = -0.258$ und $\gamma_\pm = \underline{0.77.}$

11-20 $$K_\mathrm{a} = \frac{a(\mathrm{M^+})a(\mathrm{A^-})}{a(\mathrm{MA})} = \left[\frac{c(\mathrm{M^+})c(\mathrm{A^-})}{c(\mathrm{MA})}\right] \cdot \frac{\gamma_\pm^2}{\gamma_\mathrm{MA}}$$

$$= \left[\frac{(\alpha c)^2}{(1-\alpha)\cdot c}\right] \cdot \frac{\gamma_\pm^2}{\gamma_\mathrm{MA}} = \frac{K_\mathrm{c}\gamma_\pm^2}{\gamma_\mathrm{MA}} \approx \gamma_\pm^2 K_\mathrm{c}.$$

$\log \gamma_\pm = -A \cdot \sqrt{\alpha c}$ [11.2–11; c/mol dm$^{-3} \approx m$/mol kg^{-1}].

$\log K_c = \log K + 2A \cdot \sqrt{\alpha c}$,

$$K_c = \frac{(\alpha c)^2}{(1-\alpha)\cdot c} = \frac{\alpha^2 c}{1-\alpha}.$$

Jetzt wollen wir log K_c gegen $\sqrt{\alpha c}$ auftragen, um festzustellen, ob dabei eine Gerade erhalten wird. Dazu berechnen wir die folgende Tabelle:

$10^3 \cdot c/M$	0.0280	0.1114	0.2184
$\sqrt{\alpha c}$	$3.89 \cdot 10^{-3}$	$6.04 \cdot 10^{-3}$	$7.36 \cdot 10^{-3}$
K_c	$1.768 \cdot 10^{-5}$	$1.779 \cdot 10^{-5}$	$1.781 \cdot 10^{-5}$
log K_c	−4.753	−4.750	−4.749

$10^3 \cdot c/M$	1.0283	2.414	5.9115
$\sqrt{\alpha c}$	$1.13 \cdot 10^{-2}$	$1.41 \cdot 10^{-2}$	$1.79 \cdot 10^{-2}$
K_c	$1.799 \cdot 10^{-5}$	$1.809 \cdot 10^{-5}$	$1.822 \cdot 10^{-5}$
log K_c	−4.745	−4.743	−4.739

In Abb. 11–4 ist log K_c gegen $\sqrt{\alpha c}$ aufgetragen. Man erhält in der Tat eine Gerade.

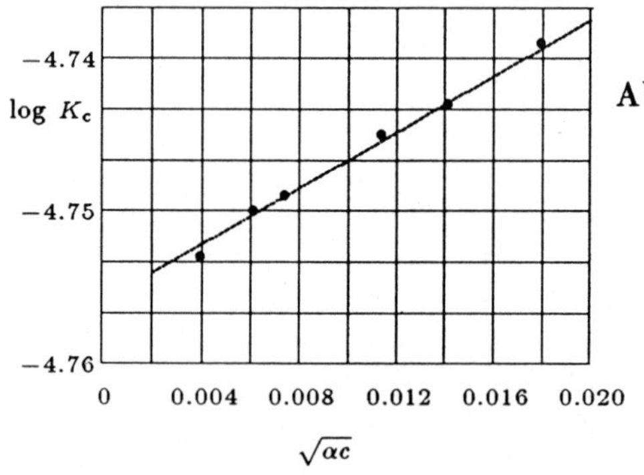

Abb. 11–4

11-21 $K_s = \dfrac{a(H^+)a(A^-)}{a(HA)} = \dfrac{\gamma(H^+)\gamma(A^-)c(H^+)c(A^-)}{c(HA)}$

$= \gamma(H^+)\gamma(A^-)K_s' = \gamma_\pm^2 K_s'$.

Daraus folgt $pK_s = -\log K_s = -2 \log \gamma_\pm + pK_s'$.

$\log \gamma_\pm = -A\sqrt{\dfrac{m}{m^\ominus}} \approx -A\sqrt{\dfrac{c_\pm}{M}}$ [11.2–11] und

$pK_s \approx pK_s' + 2A \cdot \sqrt{c_\pm}$ $(c \equiv c/M)$, wobei $c_\pm$ die Ionen-Konzentration ist.

$$K_s' = \frac{c(H^+)c(A^-)}{c(HA)}; \quad c(H^+) \approx \sqrt{K_s' c(HA)} \approx \sqrt{K_s' c^0(HA)}.$$

(c^0(HA) ist die Konzentration der zugegebenen Säure.) Dann erhalten wir

$$pK_s' \approx pK_s - 2A \cdot \left[K_s' c^0(HA)\right]^{\frac{1}{4}} \approx pK_s - 2A \cdot \left[K_s c^0(HA)\right]^{\frac{1}{4}};$$

$$pK_s' \approx 4.576 - 2 \cdot 0.509 \cdot \sqrt{10^{-4.746} \cdot 0.1} = \underline{4.719.}$$

11-22 $K_L = a_+^p a_-^q = m_+^p m_-^q \gamma_+^p \gamma_-^q \quad \left(m = \frac{m}{m^\ominus}\right); \quad M_pX_q \rightarrow pM + qX$

$\gamma_\pm^{p+q} = \gamma_+^p \gamma_-^q$ [Aufgabe 11–6, 11.1–5], $K_L = m_+^p m_-^q \gamma_\pm^{p+q}$.

Mit m bezeichnen wir die Molalität des gelösten Salzes: $m_+ = pm$, $m_- = qm$. Dann gilt

$$K_L = p^p q^q m^{p+q} \gamma_\pm^{p+q}.$$

Für $\gamma^\pm \approx 1$ wird $K_L \approx p^p q^q m^{p+q}$ bzw. $K_L \approx p^p q^q (c/M)^{p+q}$

[wegen $\rho \approx 1$ g cm^{-3} und $c/M \approx m/$mol kg^{-1}].

(a) AgCl: $p = q = 1$; $c = 1.34 \cdot 10^{-5}$ M; $K_L = (1.34 \cdot 10^{-5})^2 = \underline{1.80 \cdot 10^{-10}.}$

(b) $BaSO_4$: $p = q = 1$; $c = 9.51 \cdot 10^{-4}$ M; $K_L = (9.51 \cdot 10^{-4})^2 = \underline{9.04 \cdot 10^{-7}.}$

11-23 $AgBr(s) \rightleftharpoons Ag^+(aq) + Br^-(aq)$; $K_L = a(Ag^+)a(Br^-)$.

$\Delta_r G^\ominus = (77.11$ kJ mol$^{-1}) + (-103.96$ kJ mol$^{-1}) - (-96.90$ kJ mol$^{-1}) = 70.05$ kJ mol^{-1}.

$$K_L = \exp\left\{\frac{-\Delta G^\ominus}{RT}\right\} \quad [10.1\text{–}7]$$

$$= \exp\left\{\frac{-70.05 \text{ kJ mol}^{-1}}{2.48 \text{ kJ mol}^{-1}}\right\} = 5.41 \cdot 10^{-13}.$$

Wir setzen jetzt $a(Ag^+) \approx \frac{m(Ag^+)}{m^\ominus}$ und $a(Br^-) \approx \frac{m(Br^-)}{m^\ominus}$ voraus;

das ergibt $\frac{m(AgBr,aq)}{m^\ominus} = \frac{m(Ag^+)}{m^\ominus} = \sqrt{K_L} = 7.4 \cdot 10^{-7}$.

Daraus erfolgt eine Löslichkeit von $\underline{7.4 \cdot 10^{-7} \text{ mol kg}^{-1}.}$

11-24 $MX \rightleftharpoons M^+ + X^-$; $K_L \approx c(M^+)c(X^-)$ [$c \equiv c/$mol dm^{-3}]

$c(M^+) = c_0'$, $c(X^-) = c_0' + c$, $c(N^+) = c$.

$K_L = c_0'^2 + c_0' c$,

$c_0'^2 + cc_0' - K_L = 0$ liefert als Lösung

$$\underline{c_o' = \frac{1}{2}\left\{-c + \sqrt{c^2 + 4\,K_L}\right\} \approx \frac{K_L}{c}}, \quad \text{wenn} \quad \frac{4\,K_L}{c^2} \ll 1 \text{ ist.}$$

11-25 $K_L = a(M^+)a(X^-) = c(M^+)c(X^-) \cdot \gamma_\pm^2$

$$= \left(c_0'^2 + c_0'\right)\gamma_\pm^2, \quad \gamma_\pm = 10^{-A\sqrt{c}} \quad [11.2\text{–}11]$$

Die Gleichung $c_0'^2 + c_0' - \frac{K_L}{\gamma_\pm^2} = 0$ hat die Lösung

$$c_0' = \frac{1}{2}\left(-c + \sqrt{c^2 + \frac{4K_L}{\gamma_\pm^2}}\right)$$

$$\approx \frac{K_L}{c\gamma_\pm^2} \quad \text{für} \quad \frac{4K_L}{c^2\gamma_\pm^2} \ll 1.$$

Es ist also $c_o' = \frac{K_L \cdot 10^{2A\sqrt{c}}}{c}$.

11-26 $K_L = 5.0 \cdot 10^{-23}$ [Aufgabe 11–23]; $c(\text{KBr}) = 0.01$ M.

$$c_0'/\text{M} \approx \frac{5.0 \cdot 10^{-13}}{0.01\ \text{M}} \quad [\text{Aufgabe 11–24}] \quad = 5.0 \cdot 10^{-11}.$$

Das ergibt $c_0' = \underline{5.0 \cdot 10^{-11}\ \text{M.}}$

Jetzt berücksichtigen wir die Aktivitätskoeffizienten:

$$c_0'/\text{M} \approx \frac{K_L \cdot 10^{2A\sqrt{c}}}{c} \approx \frac{(4.99 \cdot 10^{-23}) \cdot 10^{2 \cdot 0.509 \cdot 0.1}}{0.01}$$

$$= 6.3 \cdot 10^{-11}.$$

Es ist also $c_0' \approx \underline{6.3 \cdot 10^{-11}\ \text{M.}}$

11-27 $\text{MX} \rightleftharpoons \text{M}^+ + \text{X}^-$, $K_L = a(\text{M}^+)a(\text{X}^-)$.

$$K_L = m(\text{M}^+)m(\text{X}^-)\gamma_\pm^2 \quad \left(m \equiv \frac{m}{m^\ominus}\right);$$

$$m = \sqrt{\frac{K_L}{\gamma_\pm^2}} = \frac{\sqrt{K_L}}{\gamma_\pm}.$$

$$\gamma_\pm = 10^{-0.509\sqrt{c}} \quad \left[11.2 - 11,\ I \approx c/\text{M};\ c \to c/\text{M}\right];$$

$$m = \sqrt{K_L} \cdot 10^{0.509 \cdot \sqrt{c}}.$$

Für $m \approx c$ gilt $c \approx \underline{\sqrt{K_L} \cdot 10^{0.509 \cdot \sqrt{c}}.}$

11-28 (a) $c(\mathrm{AgCl}) \approx \dfrac{K_\mathrm{L} \cdot 10^{2A \cdot \sqrt{c}}}{c}$ [Aufgabe 11–25, $c = c(\mathrm{KCl})/\mathrm{M}$].

$$c(\mathrm{AgCl})/\mathrm{M} = \frac{(1.83 \cdot 10^{-10}) \cdot 10^{2 \cdot 0.509 \cdot \sqrt{0.1}}}{0.1} = \underline{3.8 \cdot 10^{-9}}.$$

(b) $c(\mathrm{AgCl})/\mathrm{M} = \dfrac{(1.83 \cdot 10^{-10}) \cdot 10^{2 \cdot 0.509 \cdot 0.1}}{0.01} = \underline{2.3 \cdot 10^{-8}}.$

(c) $c(\mathrm{AgCl}) \approx \sqrt{K_\mathrm{L}} \cdot 10^{0.509 \cdot \sqrt{c}}$ [Aufgabe 11–27]

$$c(\mathrm{AgCl})/\mathrm{M} = \sqrt{1.83 \cdot 10^{-10}} \cdot 10^{0.509 \cdot 0.1} = \underline{1.5 \cdot 10^{-5}}.$$

11-29 $K_\mathrm{L} = K'_\mathrm{L} K_\gamma = K'_\mathrm{L} \gamma_\pm^2$.

$\log K_\mathrm{L} = \log K'_\mathrm{L} + 2 \log \gamma_\pm = \log K'_\mathrm{L} - 2A \cdot \sqrt{I}$ [11.2–11].

$$K'_\mathrm{L} = \left[\frac{m}{m^\ominus}\right]^2;$$

$$\log\left[\frac{m}{m^\ominus}\right] = \tfrac{1}{2} \log K_\mathrm{L} + A \cdot \sqrt{I(\mathrm{MgSO_4})}$$

$I(\mathrm{MgSO_4}) = \dfrac{4m'}{m^\ominus}$ [11.2–6]; $\log\left(\dfrac{m'}{m^\ominus}\right) = \tfrac{1}{2} \cdot \log K_\mathrm{L} + 2A \cdot \sqrt{\dfrac{m}{m^\ominus}}.$

Jetzt können wir aus den angegebenen Daten die folgende Tabelle berechnen:

$m/\mathrm{mol\ kg^{-1}}$	0.001	0.002	0.003
$\sqrt{\frac{m}{m^\ominus}}$	0.0316	0.0447	0.0548
$\log\left(\frac{m'}{m^\ominus}\right)$	−4.843	−4.829	−4.811
$m/\mathrm{mol\ kg^{-1}}$	0.004	0.006	0.010
$\sqrt{\frac{m}{m^\ominus}}$	0.0632	0.0775	0.100
$\log\left(\frac{m'}{m^\ominus}\right)$	−4.803	−4.796	−4.783

In Abb. 11–5 ist $\log m'$ gegen $\sqrt{m}$ aufgetragen. Bei kleinen Konzentrationen erhalten wir eine Gerade; beim Extrapolieren wird die Abszisse bei −4.90 geschnitten. Daraus erhalten wir $\frac{1}{2} \cdot \log K_\mathrm{L} = -4.90$ bzw. $K_\mathrm{L} = \underline{1.58 \cdot 10^{-10}}$.

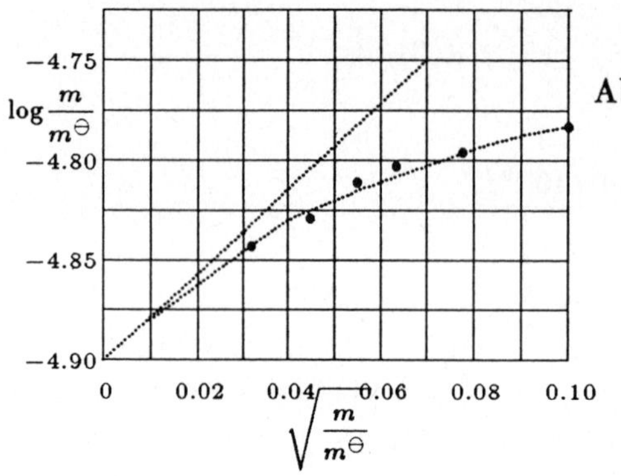

Abb. 11–5

$$\log \gamma_\pm = \tfrac{1}{2}(\log K_L - \log K'_L = \tfrac{1}{2}\log\left(\frac{K_L}{K'_L}\right).$$

Für 0.004 mol kg^{-1} ergibt das

$$K'_L = (1.575 \cdot 10^{-5})^2 = 2.481 \cdot 10^{-10} \quad \text{und damit}$$

$$\log \gamma_\pm = \tfrac{1}{2} \log\left(\frac{1.58 \cdot 10^{-10}}{2.48 \cdot 10^{-10}}\right) = -0.0970 \quad \text{und} \quad \underline{\gamma_\pm = 0.800.}$$

11-30 $\bar{\mu}_i = \mu_i + z_i F\phi$ [11.3–1]

$\Delta\bar{\mu}(Cu^{2+}) = 2F\Delta\phi = 2 \cdot (9.648 \cdot 10^4 \text{ C mol}^{-1}) \cdot (2.0 \text{ V}) = \underline{390 \text{ kJ mol}^{-1}}$ [1 C V = 1 J].

Für negatives z_i und $d\phi > 0$ erhalten wir jetzt

$z_i = -|z_i|$ und $d\bar{\mu}_i = -|z_i| F d\phi < 0$.

Die Ionen wandern also spontan zu größerem ϕ.

11-31 $\Delta\phi = \Delta\phi^\ominus - \left(\frac{RT}{F}\right) \cdot \ln\left(\frac{f^{\frac{1}{2}}}{a_{H^+}}\right)$ [11.4–2]

$$= \Delta\phi^\ominus - \left(\frac{RT}{F}\right) \cdot \ln f^{\frac{1}{2}} + 2.303 \cdot \left(\frac{RT}{F}\right) \cdot \log a_{H^+}$$

$$= \Delta\phi^\ominus - \left(\frac{RT}{F}\right) \cdot \ln f^{\frac{1}{2}} - 2.303 \cdot \left(\frac{RT}{F}\right) \cdot \text{pH}$$

$$= \text{konst} - (59.2 \text{ mV}) \cdot \text{pH}$$

$\Delta\phi(\text{pH} = 14) - \Delta\phi(\text{pH} = 0) = -(14 - 0) \cdot (59.2 \text{ mV}) = \underline{-0.83 \text{ V.}}$

11-32 Wir gehen wie in Abschnitt 11.4a vor.

Im Gleichgewicht ist $\frac{1}{2}\bar{\mu}_{G_2,g} + z\bar{\mu}_{e^-} = \bar{\mu}_{G^{z-},Lsg}$

$$\tfrac{1}{2}\mu^\ominus_{G_2} + \tfrac{1}{2}RT \cdot \ln f + z\mu^\ominus_{e^-} - zF\phi_M = \mu^\ominus_{G^{z-}} + RT \cdot \ln a - zF\phi_S$$

$$zF(\phi_M - \phi_S) = \tfrac{1}{2}\mu^\ominus_{G_2} + z\mu^\ominus_{e^-} - \mu^\ominus_{G^{z-}} + \tfrac{1}{2}RT \cdot \ln f - RT \cdot \ln a$$

$$zF\Delta\phi = zF\Delta\phi^\ominus + RT \cdot \ln\left(\frac{\sqrt{f}}{a}\right).$$

$$\Delta\phi = \Delta\phi^\ominus \cdot \left(\frac{RT}{zF}\right) \cdot \ln\left(\frac{\sqrt{f}}{a}\right).$$

Wenn $\Delta\phi$ anwächst, wird auch f größer, denn das Gleichgewicht ist nach G^{z-} verschoben. Die Elektronen (e^-) werden vom Metall abgezogen, sodaß dessen ϕ zunimmt, und G^{z-} kommt zur Lösung hinzu, sodaß dessen ϕ abnimmt. Weil dabei $\Delta\phi = \phi_M - \phi_S$ größer wird, nimmt auch $\Delta\phi$ zu.

11-33 $\underbrace{2\,Sb(s) + 6\,OH^-(aq)}_{\text{Red}} \rightarrow \underbrace{Sb_2O_3(s) + 3\,H_2O(l)}_{\text{Ox}} \quad \underbrace{+6\,e^-}_{\nu = 6}$

$$\Delta\phi = \Delta\phi^\ominus + \left(\frac{RT}{6F}\right) \cdot \ln\left\{\frac{a_{Sb_2O_3}a^3_{H_2O}}{a^2_{Sb}a^6_{OH^-}}\right\} \quad [11.4\text{–}3]$$

$$= \Delta\phi^\ominus + \left(\frac{RT}{6F}\right) \cdot \ln\left\{\frac{1}{a^6_{OH^-}}\right\} \quad [a_{\text{rein}} = 1].$$

$$= \Delta\phi^\ominus - \left(\frac{RT}{F}\right) \cdot \ln a_{OH^-}.$$

$$a_{OH^-} = \left(\frac{m_{OH^-}}{m^\ominus}\right) \cdot \gamma_\pm; \quad \log\gamma_\pm = -0.509 \cdot \sqrt{m/\text{mol kg}^{-1}} \quad [11.2\text{–}11].$$

(a) $m_{OH^-} = 0.01$ mol kg^{-1}: $\log\gamma_\pm = -0.0509$, $\gamma_\pm = 0.889$; $a_{OH^-} = 0.0089$.

(b) $m = 0.05$ mol kg^{-1}: $\log\gamma_\pm = -0.114$, $\gamma_\pm = 0.770$; $a_{OH^-} = 0.0385$.

$$\Delta\phi(0.05\text{ mol kg}^{-1}) - \Delta\phi(0.01\text{ mol kg}^{-1}) = -\left(\frac{RT}{F}\right) \cdot \{\ln 0.0385 - \ln 0.0089\}$$

$$= -(25.7\text{ mV}) \cdot \ln\left(\frac{0.0385}{0.0089}\right)$$

$$= -38\text{ mV}. \quad \left[\frac{RT}{F} = 25.7\text{ mV}\right].$$

11-34 $\underbrace{Cr_2O_7^{2-} + 14\,H^+(aq)}_{\text{Ox}} \quad \underbrace{+6e^-}_{\nu = 6} \rightleftharpoons \underbrace{2\,Cr^{3+}(aq) + 7H_2O(l)}_{\text{Red}}.$

$$\Delta\phi = \Delta\phi^\ominus + \left(\frac{RT}{6F}\right) \cdot \ln\left\{\gamma a_{Cr_2O_7^{2-}} a^{14}_{H^+} a^2_{Cr^{3+}} a^7_{H_2O}\right\} \quad [11.4\text{–}3]$$

$$= \Delta\phi^\ominus + \left(\frac{RT}{6F}\right) \cdot \ln\left\{\frac{a_{Cr_2O_7^{2-}}a^{14}_{H^+}}{a^2_{Cr^{3+}}}\right\}.$$

12 Elektrochemie im Gleichgewicht: Elektrochemische Zellen

A12-1 Mn | $MnCl_2$(aq) | Cl_2(g) | Pt; $Mn(s) \rightarrow Mn^{2+}(aq) + 2e^-$ [Kasten 12–1].

$Cl_2(g) + 2e^- \rightarrow 2\ Cl^-(aq)$; $E^\ominus T = E^\ominus_{Cl_2,Cl^-}(T) - E^\ominus_{Mn^{2+},Mn}(T)$ [Kasten 12–1].

$2.54\ V = 1.36\ V - E^\ominus_{Mn^{2+},Mn}(T)$, $E^\ominus_{Mn^{2+},Mn}(T) = (1.36 - 2.54)\ V = \underline{-1.18\ V.}$

A12-2 (a) $Zn(s) \rightarrow Zn^{2+}(aq) + 2\ e^-$; $2\ Ag^+(aq) + 2\ e^- \rightarrow 2\ Ag(s)$,

$Zn(s) + 2\ Ag^+(aq) \rightarrow Zn^{2+}(aq) + 2\ Ag(s)$.

(b) $Cd(s) \rightarrow Cd^{2+}(aq) + 2\ e^-$; $2\ H^+(aq) + 2\ e^- \rightarrow H_2(g)$;

$Cd(s) + 2\ H^+(aq) \rightarrow Cd^{2+}(aq) + H_2(g)$.

(c) $3\ Fe(CN)_6^{4-}(aq) \rightarrow 3\ Fe(CN)_6^{3-} + 3\ e^-$; $Cr^{3+}(aq) + 3\ e^- \rightarrow Cr(s)$;

$3\ Fe(CN)_6^{4-}(aq) + Cr^{3+}(aq) \rightarrow 3\ Fe(CN)_6^{3-} + Cr(s)$.

(d) $2\ Cl^-(aq) \rightarrow 2\ Cl_2(g) + 2\ e^-$; $Ag_2CrO_4(s) + 2e^- \rightarrow CrO_4^{2-}(aq) + 2\ Ag(s)$;

$Ag_2CrO_4(s) + 2\ Cl^-(aq) \rightarrow 2\ Ag(s) + Cl_2(g) + CrO_4^{2-}(aq)$.

A12-3 $E^\ominus(T) = E^\ominus_{Tl^+,Tl}(T) - E^\ominus_{Hg^{2+},Hg}(T) = -0.34\ V - (0.84\ V) = -1.20\ V.$

$E^\ominus_{Hg^{2+},Hg}(T) = \frac{1}{2}\left[E^\ominus_{Hg^{2+},Hg_2^{2+}}(T) + E^\ominus_{Hg_2^{2+},Hg}(T)\right]$. [Kasten 12–1].

$Hg(l) + 2\ Tl^+(aq) \rightarrow Hg^{2+}(aq) + 2\ Tl(s)$.

$$E(T) = E^\ominus(T) - \left(\frac{RT}{2F}\right) \cdot \ln\left(\frac{a_{Hg^{2+}}}{a^2_{Tl^+}}\right) \quad [12.1\text{–}6]$$

$$= -1.20\ V - \tfrac{1}{2} \cdot (0.15\ V) \cdot \ln\frac{0.0257}{(0.93)^2} = \underline{-1.18\ V.}$$

A12-4 (a) $E^\ominus(T) = \dfrac{-\Delta_r G^\ominus(T)}{\nu F}$ [12.3–1] $= \dfrac{-(-62.5 \cdot 10^3\ J)}{2 \cdot (9.65 \cdot 10^4\ C)} = \underline{0.324\ V.}$

(a) $E^\ominus(T) = E^\ominus_{Fe^{3+},Fe^{2+}}(T) - E^\ominus_{Ag_2CrO_4,CrO_4^{2-},Ag}(T)$, [Kasten 12–1]

$-E^\ominus_{Ag_2CrO_4,CrO_4^{2-},Ag}(T) = (0.77 - 0.32)\ V = \underline{0.45\ V.}$

A12-5 $E^\ominus(T) = E^\ominus_{Cd^{2+},Cd}(T) - E^\ominus_{AgBr,Br^-,Ag}(T)$ [Kasten 12–1] $= (-0.40 - 0.07)\ V$

$$= \underline{-0.47\ \text{V}.}$$

$2\ \text{Ag(s)} + 2\ \text{Br}^-(\text{aq}) + \text{Cd}^{2+}(\text{aq}) \rightarrow 2\ \text{AgBr(s)} + \text{Cd(s)}$

$\log \gamma_{\text{Br}^-} = -0.509 \cdot \sqrt{I}$ [11.2–11] $= -0.509 \cdot \sqrt{0.050}$; $\gamma_{\text{Br}^-} = 0.769$

$a_{\text{Br}^-} = (0.769) \cdot (0.050) = 3.84 \cdot 10^{-2}$

$\log \gamma_{\text{Cd}^{2+}} = -(0.509) \cdot (2)^2 \cdot \sqrt{I} = -(0.509) \cdot (2)^2 \cdot \sqrt{\frac{1}{2}} \cdot \sqrt{(0.010) \cdot (4) + (0.020)}$

$\gamma_{\text{Cd}^{2+}} = 0.444$; $a_{\text{Cd}^{2+}} = (0.444) \cdot (0.010) = 4.44 \cdot 10^{-3}$.

$$E(T) = E^{\ominus}(T) - \left(\frac{RT}{2F}\right) \cdot \ln\left(\frac{1}{a_{\text{Ca}^{2-}} a^2_{\text{Br}^-}}\right) \quad [12.1\text{–}6]$$

$$= -0.47\ \text{V} - \tfrac{1}{2} \cdot (0.0257\ \text{V}) \cdot \ln\left(\frac{1}{(4.44 \cdot 10^{-3}) \cdot (3.84 \cdot 10^{-2})^2}\right)$$

$$= (-0.47 + 0.15)\ \text{V} = \underline{-0.32\ \text{V}.}$$

A12-6 $2\ \text{Ag(s)} + \text{Fe}^{2+}(\text{aq}) \rightarrow 2\ \text{Ag}^+(\text{aq}) + \text{Fe(s)}$. [Kasten 12–1]

$$E^{\ominus}(T) = E^{\ominus}_{\text{Fe}^{2+},\text{Fe}}(T) - E^{\ominus}_{\text{Ag}^+,\text{Ag}}(T) = (-0.44 - 0.80)\ \text{V} = \underline{-1.24\ \text{V}.}$$

$$\Delta_r G^{\ominus}(T) = 2\ \Delta_b G^{\ominus}(T,\text{Ag}^+(\text{aq})) - \Delta_b G^{\ominus}(T,\text{Fe}^{2+}(\text{aq})) \quad [5.4\text{–}4]$$

$$= \Big[2 \cdot (77.1) - (-78.9)\Big]\ \text{kJ mol}^{-1} = \underline{233.1\ \text{kJ mol}^{-1}.}$$

$$\Delta_r H^{\ominus}(T) = 2\ \Delta_b H^{\ominus}(T,\text{Ag}^+(\text{aq})) - \Delta_b H^{\ominus}(T,\text{Fe}^{2+}(\text{aq})) \quad [4.1\text{–}4]$$

$$= \Big[2 \cdot (105.6) - (-89.1)\Big]\ \text{kJ mol}^{-1} = \underline{300.3\ \text{kJ mol}^{-1}.}$$

$$\left(\frac{\partial\left(\frac{\Delta_r G^{\ominus}}{T}\right)}{\partial\left(\frac{1}{T}\right)}\right)_p = \Delta_r H^{\ominus} \quad [6.2\text{–}5] \quad \approx \underline{300.3\ \text{kJ mol}^{-1}.}$$

$$\Delta_r G^{\ominus}(308.15\ \text{K}) = (308.15\ \text{K}) \cdot \left\{\frac{\Delta_r G^{\ominus}(T)}{T} + (300.3\ \text{kJ mol}^{-1}) \cdot \left(\frac{1}{308.15} - \frac{1}{T}\right)\right\}$$

$$= (308.15\ \text{K}) \cdot \left\{\frac{233.2\ \text{kJ mol}^{-1}}{298.15\ \text{K}} + (300.3\ \text{kJ mol}^{-1}) \cdot \left(\frac{1}{308.15\ \text{K}} - \frac{1}{298.15\ \text{K}}\right)\right\}$$

$$= \underline{230.8\ \text{kJ mol}^{-1}.}$$

$$E^{\ominus}(308.15\ \text{K}) = \frac{-\Delta_r G^{\ominus}(308.15\ \text{K})}{2F} \quad [12.3\text{–}1]$$

$$= \frac{-230.8 \cdot 10^3\ \text{J}}{2 \cdot (9.648 \cdot 10^4\ \text{C})}$$

$$= \underline{-1.20\ \text{V}.}$$

A12-7 (a) $Cu_3(PO_4)^2(s) = 3\ Cu^{2+}(aq) + 2\ PO_4^{3-}(aq)$ [Abschnitt 12.4a]

$$K_{LP} = a^3(Cu^{2+}) \cdot a^2(PO_4^{3-}) = m^3(Cu^{2+}) \cdot \left[\tfrac{2}{3} \cdot m(Cu^{2+})\right]^2 = \tfrac{4}{9} \cdot m^5(Cu^{2+})$$

$$m(Cu^{2+}) = \tfrac{9}{4} \cdot K_{LP}^{\frac{1}{5}} = \tfrac{9}{4} \cdot (1.3 \cdot 10^{-37})^{\frac{1}{5}} = \underline{9.4 \cdot 10^{-8}.}$$

(b) $H_2(g) + Cu^{2+}(aq) \rightarrow 2\ H^+(aq) + Cu(s)$ [Kasten 12–1]

$E^{\ominus}(T) = E^{\ominus}_{Cu^{2+},Cu}(T) = 0.34$ V [Tabelle 12–1].

$$E(T) = E^{\ominus}(T) - \left(\frac{RT}{2F}\right) \cdot \ln\left(\frac{a^2(H^+)}{a(Cu^{2+}) \cdot p(H_2)}\right) \quad [12.1\text{–}6]$$

$$= 0.34\ \text{V} - \tfrac{1}{2} \cdot (0.0257\ \text{V}) \cdot \ln \frac{(1.00)^2}{(9.4 \cdot 10^{-8}) \cdot (1.00)}$$

$$= \underline{0.13\ \text{V}.}$$

A12-8 (a) $E^{\ominus}(T) = E^{\ominus}_{Sn^{4+},Sn^{2+}}(T) - E^{\ominus}_{Sn^{2+},Sn}(T) = [+0.15 - (-0.14)]$ V

$= \underline{0.29\ \text{V}.}$ [Kasten 12–1, Tabelle 12–1]

$$K = \exp\left[\frac{-\Delta_r G^{\ominus}(T)}{RT}\right] = \exp\left[\frac{\nu F E^{\ominus}(T)}{RT}\right] \quad [12.3\text{–}1]$$

$$= \exp\left[\frac{2 \cdot (0.29\ \text{V})}{0.0257\ \text{V}}\right] = \underline{2.0 \cdot 10^9.}$$

(b) $E^{\ominus}(T) = E^{\ominus}_{AgCl,Cl^-,Ag}(T) - E^{\ominus}(T)_{Sn^{2+},Sn}(T) = [0.22 - (-0.14)]\ \text{V} = 0.36\ \text{V}$

$$K = \exp\left[\frac{2 \cdot (0.36\ \text{V})}{0.0257\ \text{V}}\right] = \underline{1.3 \cdot 10^{12}.}$$

(c) $E^{\ominus}(T) = E^{\ominus}_{Cu^{2+},Cu} - E^{\ominus}_{Ag^+,Ag} = (0.34 - 0.80)\ \text{V} = -0.46\ \text{V}$

$$K = \exp\left[\frac{2 \cdot (-0.46\ \text{V})}{0.0257\ \text{V}}\right] = \underline{2.8 \cdot 10^{-16}.}$$

A12-9 (a) $-\log K_s = pK_s$ [12.4–7] $= 9.31$; $\log K_s = -9.31$, $K_s = \underline{4.90 \cdot 10^{-10}.}$

(b) $pH = \tfrac{1}{2} pK_s - \tfrac{1}{2} \log A$ [12.4–11]

$= \tfrac{1}{2} \cdot (9.31) - \tfrac{1}{2} \cdot \log(0.25) = \underline{4.96.}$

(c) $pH = pK_s - \log\left(\frac{A}{S}\right)$ [12.4–12] $= 9.31 - \log\left(\frac{0.25}{0.15}\right) = \underline{9.09.}$

A12-10 $A = S$, $\log\left(\frac{A}{S}\right) = 0$; $pK_s = pH = 5.40$ [12.4–12].

$-\log K_s = 5.40; \quad K_s = 3.98 \cdot 10^{-6},$

$$A = \frac{0.60 \text{ mol}}{2.50 \text{ dm}^3} = 0.24 \text{ M},$$

$$\text{pH} = \tfrac{1}{2} \cdot \text{p}K_s - \tfrac{1}{2} \cdot \log A = \tfrac{1}{2} \cdot (5.40) - \tfrac{1}{2} \cdot \log(0.24) = \underline{3.01.}$$

12-1 [siehe dazu Kasten 12–1]

(a) Pt | H_2(g) | HCl(aq) | AgCl | Ag

$\text{Red}_L: H_2, \quad \text{Ox}_L: H^+; \quad \text{Red}_R: Ag + Cl^-, \quad \text{Ox}_R: AgCl$

$H_2(g) + 2\ AgCl(s) \rightarrow 2\ Ag(s) + 2\ HCl(aq) \quad (\nu = 2).$

$L: 2\ H^+(aq) + 2\ e^- \rightarrow H_2(g); \quad R: 2\ AgCl(s) + 2\ e^- \rightarrow 2\ Ag(s) + 2\ Cl^-(aq).$

(b) Pt | $FeCl_2$(aq),$FeCl_3$(aq) || $SnCl_4$(aq),$SnCl_2$(aq) | Pt

$\text{Red}_L: Fe^{2+}, \quad \text{Ox}_L: Fe^{3+}; \quad \text{Red}_R: Sn^{2+}, \quad \text{Ox}_R: Sn^{4+}$

$2\ Fe^{2+}(aq) + Sn^{4+}(aq) \rightarrow 2\ Fe^{3+}(aq) + Sn^{2+}(aq) \quad (\nu = 2).$

$L: 2\ Fe^{3+}(aq) + 2\ e^- \rightarrow 2\ Fe^{2+}; \quad R: Sn^{4+} + 2\ e^- \rightarrow Sn^{2+}.$

(c) Cu | $CuCl_2$(aq) || MnCl|(aq), HCl(aq) | MnO_2(s) | Pt

$\text{Red}_L: Cu, \quad \text{Ox}_L: Cu^{2+}; \quad \text{Red}_R: Mn^{2+} + 2\ H_2O, \quad \text{Ox}_R: MnO_2 + 4\ H^+$

$Cu(s) + MnO_2(s) + 4\ H^+(aq) \rightarrow Mn^{2+}(aq) + 2\ H_2O(l) + Cu^{2+}(aq) \quad (\nu = 2)$

$L: Cu^{2+}(aq) + 2\ e^- \rightarrow Cu(s); \quad R: MnO_2(s) + 4\ H^+ + 2\ e^- \rightarrow Mn^{2+}(aq) + 2\ H_2O(l).$

(d) Ag | AgCl | HCl(aq) || HBr(aq) | AgBr | Ag

$\text{Red}_L: Ag + Cl^-, \quad \text{Ox}_L: AgCl, \quad \text{Red}_R: Ag + Br^-, \quad \text{Ox}_R: AgBr$

$Ag(s) + Cl^-(aq) + AgBr(s) \rightarrow Ag(s) + Br^-(aq) + AgCl(s)$

oder $AgBr(s) + Cl^-(aq) \rightarrow AgCl(s) + Br^-(aq) \quad (\nu = 1)$

$L: AgCl(s) + e^- \rightarrow Ag(s) + Cl^-(aq), \quad R: AgBr(s) + e^- \rightarrow Ag(s) + Br^-(aq).$

12-2 [siehe dazu Kasten 12–1]

(a) Zn(s) + $CuSO_4$(aq) → $ZnSO_4$(aq)+ Cu(s)
Red_L Ox_R Ox_L Red_R

Zn | $ZnSO_4$(aq) || $CuSO_4$(aq) | Cu

(b) AgCl(s) + $\frac{1}{2}$ H_2(g) → HCl(aq) + Ag(s)
Ox_R Red_L Ox_L Red_R

Pt | H_2 | HCl(aq) | AgCl | Ag

(c) Wir erweitern die Gleichung $H_2(g) + \frac{1}{2}\,O_2(g) \rightarrow H_2O(l)$ zu

$$\underset{Red_L}{H_2(g)} + \underbrace{\tfrac{1}{2}\,O_2(g) + 2\,H^+(aq)}_{Ox_R} \rightarrow \underset{Red_R}{H_2O(l)} + \underset{Ox_L}{2\,H^+(aq)}$$

Pt | H_2 | $H^+(aq)$,$H_2O(l)$ | O_2 | Pt

oder Pt | H_2 | HCl(aq) | O_2 | Pt.

(d) $Na(s) + H_2O(l) \rightarrow NaOH(aq) + \frac{1}{2}\,H_2(g)$

oder $\underset{Red_L}{Na(s)} + \underset{Ox_R}{H_2O(l)} \rightarrow \underset{Ox_L}{Na^+(aq)} + \underbrace{OH^-(aq) + \tfrac{1}{2}\,H_2(g)}_{Red_R}$

Na(s) | $Na^+(aq)$,$OH^-(aq)$,$H_2O(l)$ | H_2 | Pt

oder Na(s) | NaOH(aq) | H_2 | Pt.

Um überhaupt eine Reaktion zu bekommen, an der wir Messungen anstellen können, lösen wir das Na in Hg zu einem Amalgam und verwenden die Reaktion

Na | NaI(Ethylamin) | Na,Hg | NaOH(aq) | H_2 | Pt.

(e) $\underset{Red_L}{H_2(g)} + \underset{Ox_R}{I_2(s)} \rightarrow 2\,HI(aq) \rightarrow \underset{Ox_L}{2\,H^+(aq)} + \underset{Red_R}{2\,I^-(aq)}$

Pt | H_2 | $H^+(aq)$,$I^-(aq)$ | $I_2(s)$ | Pt

oder Pt | H_2 | HI(aq) | $I_2(s)$ | Pt.

12-3 Für die Zellen in Aufgabe 12–1 erhalten wir

$E^\ominus(a) = E^\ominus_{AgCl,Ag,Cl^-} - E^\ominus_{H^+,H_2} = E^\ominus_{AgCl,Ag,Cl^-} = 0.22$ V (Ag ist positiv)

$E^\ominus(b) = E^\ominus_{Sn^{4+},Sn^{2+}} - E^\ominus_{Fe^{3+},Fe^{2+}} = 0.15\ V - 0.77\ V = -0.62$ V (Fe ist positiv)

$E^\ominus(c) = E^\ominus_{MnO_2,H^+,Mn^{2+},H_2O} - E^\ominus_{Cu^{2+},Cu} = 1.23\ V - 0.34\ V = 0.89$ V (Mn ist positiv)

$E^\ominus(d) = E^\ominus_{AgBr,Ag,Br^-} - E^\ominus_{AgCl,Ag,Cl^-} = 0.07\ V - 0.22\ V = -0.15$ V (AgCl ist positiv)

Für die Zellen in Aufgabe 12–1 erhalten wir

$E^\ominus(a) = E^\ominus_{Cu^{2+},Cu} - E^\ominus_{Zn^{2+},Zn} = 0.34\ V - (-0.76\ V) = 1.10$ V (Cu ist positiv)

$E^\ominus(b) = E^\ominus_{AgCl,Ag,Cl^-} - E^\ominus_{H^+,H_2} = E^\ominus_{AgCl,Ag,Cl^-} = 0.22$ V (AgCl ist positiv)

$E^\ominus(c) = E^\ominus_{O_2,H^+,H_2O} - E^\ominus_{H^+,H_2} = E^\ominus_{O_2,H^+,H_2O} = 1.23$ V (O_2 ist positiv)

$E^\ominus(d) = E^\ominus_{H_2O,OH^-,H_2} - E^\ominus_{Na^+,Na} = -0.83\ V - (-2.71\ V) = 1.88$ V (H_2 ist positiv)

$E(\mathrm{e}) = E^{\ominus}_{\mathrm{I_2,I^-}} - E^{\ominus}_{\mathrm{H^+,H_2}} = E^{\ominus}_{\mathrm{H_2,I^-}} = 0.54\ \mathrm{V}$ (I_2 ist positiv).

12-4 $\Delta_r G^{\ominus} = -\nu F E^{\ominus}$ [12.3–1], $F = 9.648 \cdot 10^4\ \mathrm{C\ mol^{-1}}$

(a) $2\ \mathrm{Na} + 2\ \mathrm{H_2O} \rightarrow 2\ \mathrm{NaOH} + \mathrm{H_2}$, $E^{\ominus} = 1.88\ \mathrm{V}$ [Aufgabe 12–3].

Dann gilt für die so beschriebene Reaktion mit $\nu = 2$

$\Delta_r G^{\ominus} = -2 \cdot (1.88\ \mathrm{V}) \cdot (9.6485 \cdot 10^4\ \mathrm{C\ mol^{-1}}) = \underline{-363\ \mathrm{kJ\ mol^{-1}}}.$

(b) $\mathrm{K} + \mathrm{H_2O} \rightarrow \mathrm{KOH} + \frac{1}{2}\ \mathrm{H_2}$: $\nu = 1$.

$$\left.\begin{array}{ll} \mathrm{R{:}\ H_2O + e^- \rightarrow HO^- + \tfrac{1}{2}\ H_2} & E^{\ominus} = -0.83\ \mathrm{V} \\ \mathrm{L{:}\ K^+ + e^- \rightarrow K} & E^{\ominus} = -2.93\ \mathrm{V} \end{array}\right\} E^{\ominus} = 2.10\ \mathrm{V}$$

$\Delta_r G^{\ominus} = -(2.10\ \mathrm{V}) \cdot (9.6485 \cdot 10^4\ \mathrm{C\ mol^{-1}}) = \underline{-203\ \mathrm{V}}.$

(c) $\mathrm{K_2S_2O_8} + 2\ \mathrm{KI} \rightarrow \mathrm{I_2} + 2\ \mathrm{K_2SO_4}$ $\nu = 2$

$$\left.\begin{array}{ll} \mathrm{R{:}\ S_2O_8^{2-} + 2\ e^- \rightarrow 2\ SO_4^{2-}} & E^{\ominus} = 2.05\ \mathrm{V} \\ \mathrm{L{:}\ I_2 + 2\ e^- \rightarrow 2\ I^-} & E^{\ominus} = 0.54\ \mathrm{V} \end{array}\right\} E^{\ominus} = 1.51\ \mathrm{V}$$

$\Delta_r G^{\ominus} = -2 \cdot (1.51\ \mathrm{V}) \cdot (9.6485 \cdot 10^4\ \mathrm{C\ mol^{-1}}) = \underline{-291\ \mathrm{kJ\ mol^{-1}}}.$

(d) $\mathrm{Pb} + \mathrm{ZnCO_3} \rightarrow \mathrm{PbCO_3} + \mathrm{Zn}$ $\nu = 2$

$$\left.\begin{array}{ll} \mathrm{R{:}\ \ Zn^{2+} + 2\ e^- \rightarrow Zn} & E^{\ominus} = -0.76\ \mathrm{V} \\ \mathrm{L{:}\ \ Pb^{2+} + 2\ e^- \rightarrow Pb} & E^{\ominus} = -0.13\ \mathrm{V} \end{array}\right\} E^{\ominus} = 0.63\ \mathrm{V}$$

$\Delta_r G^{\ominus} = 2 \cdot (0.63\ \mathrm{V}) \cdot (9.6485 \cdot 10^4\ \mathrm{C\ mol^{-1}}) = \underline{122\ \mathrm{kJ\ mol^{-1}}}.$

12-5 $\ln K = \dfrac{\nu F E^{\ominus}}{RT} = \dfrac{\nu E^{\ominus}}{25.69\ \mathrm{mV}}$ [Kasten 12–2]

(a) $\mathrm{Sn} + \mathrm{CuSO_4} \rightleftharpoons \mathrm{Cu} + \mathrm{SnSO_4}$; $K = \dfrac{a(\mathrm{Cu})a(\mathrm{Sn^{2+}})a(\mathrm{SO_4^{2-}})}{a(\mathrm{Sn})a(\mathrm{Cu^{2+}})a(\mathrm{SO_4^{2-}})} = \dfrac{a(\mathrm{Sn^{2+}})}{a(\mathrm{Cu^{2+}})}.$

$$\left.\begin{array}{ll} \mathrm{R{:}\ Cu^{2+} + 2\ e^- \rightleftharpoons Cu;} & E^{\ominus} = 0.34\ \mathrm{V} \\ \mathrm{L{:}\ Sn^{2+} + 2\ e^- \rightleftharpoons Sn;} & E^{\ominus} = -0.14\ \mathrm{V} \end{array}\right\} E^{\ominus}_{\mathrm{R}} - E^{\ominus}_{\mathrm{L}} = 0.48\ \mathrm{V}, \quad \nu = 2$$

$\ln K = \dfrac{2 \cdot (0.48\ \mathrm{V})}{25.69\ \mathrm{mV}} = 37;$ $\underline{K = 1.2 \cdot 10^{16}}.$

(b) $2\ \mathrm{H_2(g)} + \mathrm{O_2(g)} \rightleftharpoons 2\ \mathrm{H_2O(l)}$, $K = \dfrac{a^2(\mathrm{H_2O})}{f^2(\mathrm{H_2}) \cdot f(\mathrm{O_2})}.$

$$\left.\begin{array}{ll}\text{R: } 4\ \mathrm{H^+} + \mathrm{O_2} + 4\ \mathrm{e^-} \rightleftharpoons 2\ \mathrm{H_2O(l)} & E^\ominus = 1.23\ \mathrm{V} \\ \text{L: } 4\ \mathrm{H^+} + 4\ \mathrm{e^-} \rightarrow 2\ \mathrm{H_2} & E^\ominus = 0\end{array}\right\} \quad E^\ominus_\mathrm{R} - E^\ominus_\mathrm{L} = 1.23\ \mathrm{V}, \quad \nu = 2.$$

$$\ln K = \frac{4 \cdot (1.23\ \mathrm{V})}{25.69\ \mathrm{mV}} = 192, \quad \underline{K = 2.4 \cdot 10^{83}.}$$

$$\text{(c) } \mathrm{Cu^{2+}} + \mathrm{Cu} \rightleftharpoons 2\ \mathrm{Cu^{2+}}, \quad K = \frac{a^2(\mathrm{Cu^+})}{a(\mathrm{Cu^{2+}}) \cdot a(\mathrm{Cu})} = \frac{a^2(\mathrm{Cu^+})}{a(\mathrm{Cu^{2+}})}.$$

$$\left.\begin{array}{ll}\text{R: } Cu2^+ + \mathrm{e^-} \rightleftharpoons \mathrm{Cu^+} & E^\ominus = 0.16\ \mathrm{V} \\ \text{L: } \mathrm{Cu^+} + \mathrm{e^-} \rightarrow \mathrm{Cu} & E^\ominus = 0.52\ \mathrm{V}\end{array}\right\} \quad E^\ominus_\mathrm{R} - E^\ominus_\mathrm{L} = -0.36\ \mathrm{V}, \quad \nu = 1.$$

$$\ln K = \frac{-0.36\ \mathrm{V}}{25.69\ \mathrm{mV}} = -14.0, \quad \underline{K = 8.3 \cdot 10^{-7}.}$$

12-6 $\mathrm{Zn} \mid \mathrm{ZnSO_4}\ (a_+ = 1) \parallel \mathrm{CuSO_4}(a_+ = 1) \mid \mathrm{Cu}$

$\mathrm{Zn} + \mathrm{CuSO_4} \rightleftharpoons \mathrm{Cu} + \mathrm{ZnSO_4}$ [Aufgabe 12–2], $E^\ominus = 1.10\ \mathrm{V}$ [Aufgabe 12–3].

(a) $E = E^\ominus = \underline{1.10\ \mathrm{V}}$ [$a_+ = 1$ entspricht dem Standardzustand von Halbzellen]

(b) $\Delta_\mathrm{r}G^\ominus = -2 \cdot (1.10\ \mathrm{V}) \cdot (9.64846 \cdot 10^4\ \mathrm{C\ mol^{-1}}) = \underline{-212\ \mathrm{kJ\ mol^{-1}}.}$

(c) $\ln K = \dfrac{2 \cdot (1.10\ \mathrm{V})}{25.69\ \mathrm{mV}} = 85.6, \quad K = \underline{1.5 \cdot 10^{37}.}$

(d) Das Verhältnis der Ionenaktivitäten hat den Gleichgewichtswert K.

12-7 $\mathrm{Al} \mid \mathrm{Al^{3+}(aq)} \parallel \mathrm{Sn^{2+}(aq), Sn^{4+}(aq)} \mid \mathrm{Pt}$

$\mathrm{Red_L}$: Al, $\mathrm{Ox_L}$: $\mathrm{Al^{3+}}$; $\mathrm{Red_R}$: $\mathrm{Sn^{2+}}$, $\mathrm{Ox_R}$: $\mathrm{Sn^{4+}}$

$\frac{1}{3}\ \mathrm{Al(s)} + \frac{1}{2}\ \mathrm{Sn^{4+}(aq)} \rightarrow \frac{1}{3}\ \mathrm{Al^{3+}(aq)} + \frac{1}{2}\ \mathrm{Sn^{2+}(aq)}$ oder

$2\ \mathrm{Al(s)} + 3\ \mathrm{Sn^{4+}(aq)} \rightarrow 2\ \mathrm{Al^{3+}(aq)} + 3\ \mathrm{Sn^{2+}(aq)}, \quad \nu = 6$

$$E = E^\ominus - \left(\frac{RT}{6F}\right) \cdot \ln Q \quad [12.1\text{–}7], \quad Q = \frac{a^2_{\mathrm{Al^{3+}}} a^3_{\mathrm{Sn^{2+}}}}{a_{\mathrm{Al}} a^3_{\mathrm{Sn^{4+}}}}$$

$$E^\ominus = E^\ominus_{\mathrm{Sn^{4+},Sn^{2+}}} - E^\ominus_{\mathrm{Al^{3+},Al}} = 0.15\ \mathrm{V} - (-1.66\ \mathrm{V}) = 1.81\ \mathrm{V}.$$

$$\text{(a) } Q = \frac{a^2_{\mathrm{Al^{3+}}} a^3_{\mathrm{Sn^{2+}}}}{a_{\mathrm{Al}} a^3_{\mathrm{Sn^{4+}}}} = \frac{(0.10)^2 \cdot (0.10)^3}{(0.10)^3} = 0.010$$

$$E = 1.81\ \mathrm{V} - \left(\frac{25.69\ \mathrm{mV}}{6}\right) \cdot \ln 0.010 = \underline{1.83\ \mathrm{V}.}$$

Für $a_\mathrm{Ion} = 1.0$ gilt $E = E^\ominus = \underline{1.81\ \mathrm{V}.}$

(b) $\Delta_r G^\ominus = -nFE^\ominus = (-6)\cdot(9.6485\cdot 10^4\ \mathrm{C\ mol^{-1}})\cdot(1.81\ \mathrm{V}) = \underline{-1050\ \mathrm{kJ\ mol^{-1}}}.$

(c) $\ln K = \dfrac{nFE^\ominus}{RT} = \dfrac{6\cdot(1.81\ \mathrm{V})}{25.69\ \mathrm{mV}} = 423, \quad \underline{K = 10^{183}}.$

Wegen $E^\ominus > 0$ ist die Sn^{4+},Sn^{2+}-Elektrode positiv. Im äußeren Stromkreis fließen die Elektronen zu ihr hin.

12-8 $Q \approx \dfrac{(0.010)^2\cdot(0.010)^3}{(0.010)^3} \quad [\gamma \approx 1] \quad = 0.0010.$

$$E = E^\ominus - \left(\frac{RT}{6F}\right)\cdot \ln Q \quad \text{[Aufgabe 12–7]}$$

$$= 1.81\ \mathrm{V} - \left(\frac{25.69\ \mathrm{V}}{6}\right)\cdot \ln 0.0010 = \underline{1.85\ \mathrm{V}.}$$

12-9 $Pb(s) + Hg_2SO_4(s) \rightarrow PbSO_4(s) + 2\ Hg(l), \quad \nu = 2.$

$\mathrm{Red_L}$: Pb, $\mathrm{Ox_R}$: $Hg_2SO_4(s) + SO_4^{2-}$, $\mathrm{Red_R}$: Hg, $\mathrm{Ox_L}$: $PbSO_4(s) + SO_4^{2-}$

$Pb \mid PbSO_4(s) \mid SO_4^{2-}(aq) \parallel SO_4^{2-}(aq) \mid Hg_2SO_4(s) \mid Hg$

$$E = E^\ominus + \left(\frac{RT}{2F}\right)\cdot \ln Q.$$

$$Q = \frac{a_{PbSO_4(s)}\,a_{SO_4^{2-}(aq)}\,a_{Hg(l)}}{a_{Pb(s)}\,a_{Hg_2SO_4(s)}\,a_{SO_4^{2-}(aq)}} = \frac{a_{SO_4^{2-}(aq),L}}{a_{SO_4^{2-}(aq),R}}.$$

Wenn die Lösungen gesättigt sind, gilt

$$K_{L,Hg} = a_{Hg_2^{2-}}\,a_{SO_4^{2-}} = a^2_{SO_4^{2-}(aq),R};$$

$$a_{SO_4^{2-}(aq),R} = \sqrt{K_{L,Hg_2SO_4}}, \quad a_{SO_4^{2-}(aq),L} = \sqrt{K_{L,PbSO_4}}.$$

$$Q = \sqrt{\frac{K_{L,PbSO_4}}{K_{L,Hg_2SO_4}}}$$

$$E = E^\ominus + \left(\frac{RT}{2F}\right)\cdot \ln Q = E^\ominus + \left(\frac{RT}{4F}\right)\cdot \ln\left\{\frac{K_{L,PbSO_4}}{K_{L,Hg_2SO_4}}\right\}$$

$$= E^\ominus + \frac{25.69\ \mathrm{mV}}{4}\cdot \ln\left(\frac{2.43\cdot 10^{-8}}{1.46\cdot 10^{-6}}\right)$$

$$= E^\ominus - 0.03\ \mathrm{V}.$$

$$E^\ominus = E^\ominus_{Hg_2SO_4,Hg,SO_4^{2-}} - E^\ominus_{PbSO_4,SO_4^{2-}} = 0.62\ \mathrm{V} - (-0.36\ \mathrm{V}) \quad \text{[Tabelle 12–1]}$$

$$= 0.98\ \mathrm{V}.$$

Das ergibt $E = 0.98\ \text{V} - 0.03\ \text{V} = \underline{0.95\ \text{V}}.$

12-10 $H_2 \mid HCl(m_1) \mid HCl(m_2) \mid H_2$ [wir verwenden Gl. 11.4–2]

R: $H^+(m_2) + e^- \rightleftharpoons \frac{1}{2}H_2;\quad E = E^\ominus + \left(\frac{RT}{F}\right) \cdot \ln a(m_2),\quad E^\ominus = 0,$

L: $H^+(m_1) + e^- \rightleftharpoons \frac{1}{2}H_2;\quad E = E^\ominus + \left(\frac{RT}{F}\right) \cdot \ln a(m_1),\quad E^\ominus = 0.$

$$E = E_R - E_L = \left(\frac{RT}{F}\right) \cdot \ln\frac{a(m_2)}{a(m_1)} = (25.7\ \text{mV}) \cdot \ln\frac{0.20 \cdot 0.790}{0.10 \cdot 0.798}$$
$$= \underline{18\ \text{mV}.}$$

Wenn man zusätzlich unterschiedliche Fugazitäten (bzw. unterschiedliche Drücke) berücksichtigt, erhält man

$$E = \left(\frac{RT}{F}\right) \cdot \ln\frac{a(m_2)}{a(m_1)} - \left(\frac{RT}{2F}\right) \cdot \ln\left(\frac{p_2}{p_1}\right) \quad [11.4\text{–}2]$$

$$= 18\ \text{mV} - \tfrac{1}{2} \cdot (25.7\ \text{mV}) \cdot \ln 10 = \underline{-12\ \text{mV}.}$$

12-11 $H_2(g) \mid HCl(aq) \mid Hg_2Cl_2(s) \mid Hg(l)$

Red_L: H_2, Ox_L: H^+; Red_R: $Hg + Cl^-$, Ox_R: Hg_2Cl_2 [Kasten 12–1]

$H_2(g) + Hg_2Cl_2(s) \rightarrow 2\ Hg(l) + 2\ HCl(aq),\quad \nu = 2$

$$E = E^\ominus - \left(\frac{RT}{2F}\right) \cdot \ln Q \quad [12.1\text{–}7],\quad E^\ominus = 0.27\ \text{V} \quad [\text{Tabelle 12–1}]$$

$$Q = \frac{a_{H^+} a_{Cl^-}}{f} \quad \left[a_{Hg_2Cl_2} = a_{Hg} = 1,\quad f \equiv \frac{f}{p^\ominus}\right]$$

$$= \frac{m^2\gamma_\pm^2}{f} \quad \left[a_{H^+} a_{Cl^-} = m^2\gamma_\pm^2\right] = \frac{m^2\gamma_\pm^2}{\gamma p} \quad \left[p \equiv \frac{p}{p^\ominus}\right]$$

$$\gamma = \exp\int_0^p \left(\frac{Z-1}{p}\right) \mathrm{d}p \quad [6.2\text{–}14] = \exp\int_0^p \{5.37 \cdot 10^{-4} + 3.5 \cdot 10^{-8}\ p\}\ \mathrm{d}p$$

$$= \exp\left\{5.37 \cdot 10^{-4} \cdot \left(\frac{p}{p^\ominus}\right) + \tfrac{1}{2}\,(3.5 \cdot 10^{-8}) \cdot \left(\frac{p}{p^\ominus}\right)^2\right\}.$$

Bei 500 bar = $500 \cdot p^\ominus$ erhalten wir dann

$$\gamma = \exp\left\{5.37 \cdot 10^{-4} \cdot 500 + \tfrac{1}{2} \cdot 3.5 \cdot 10^{-8} \cdot 500^2\right\} = 1.31.$$

Daraus folgt

$$E = 0.27\ \text{V} - \left(\frac{25.69\ \text{mV}}{2}\right) \cdot \ln\left(\frac{m^4\gamma_\pm^4}{\gamma p}\right)$$

$$= 0.27\ \text{V} - \left(\frac{25.69\ \text{mV}}{2}\right) \cdot \ln\left(\frac{0.10^4 \cdot 0.798^4}{1.31 \cdot 500}\right)$$

$$= 0.27\ \text{V} - (-0.17\ \text{V}) = \underline{0.44\ \text{V}.}$$

12-12 $H_2 \mid HCl(aq) \mid Cl_2$, $H_2 + Cl_2 \rightleftharpoons 2\ HCl$.

$$E = E^\ominus + \left(\frac{RT}{F}\right) \cdot \ln\left(\frac{f_{Cl_2}^{\frac{1}{2}}}{a_{Cl^-} a_{H^+}}\right) \quad \left[f_{H_2} \approx 1\right].$$

$a_{Cl^-} a_{H^+} \approx (0.905 \cdot 0.01)^2 = 8.2 \cdot 10^{-5}$ [Tabelle 11–2]

$E^\ominus = E^\ominus(Cl_2, Cl^-) - E^\ominus(H_2, H^+) = 1.36$ V [Tabelle 12–1]

$$E = 1.36\ \text{V} + \left(\frac{25.69\ \text{mV}}{2}\right) \cdot \ln f_{Cl_2} - (25.69\ \text{mV}) \cdot \ln(8.2 \cdot 10^{-5})$$

$$= 1.60\ \text{V} + \left(\frac{25.69\ \text{mV}}{2}\right) \cdot \ln f \quad \left[f = f_{Cl_2}\right].$$

Es ist also $\ln f = \dfrac{E - 1.60\ \text{V}}{0.01284\ \text{V}}$.

Jetzt können wir die folgende Tabelle berechnen:

p/bar	1	50	100
$\ln f$	0.03	3.26	3.51
f/bar	1.03	26.1	33.5
$\gamma = \frac{f}{p}$	1.03	0.52	0.34

12-13 $H_2 \mid HCl(aq) \mid AgCl, Ag$; $H_2 + 2\ AgCl \rightleftharpoons 2\ HCl + 2\ Ag$.

$$E = E^\ominus(\text{Ag,AgCl}) - \left(\frac{RT}{F}\right) \cdot \ln a_{H^+} a_{Cl^-}$$

$$\approx E^\ominus(\text{Ag,AgCl}) - \left(\frac{2RT}{F}\right) \cdot \ln\left(\frac{m_{HCl}}{m^\ominus}\right)$$

$$\approx \underline{E^\ominus(\text{Ag,AgCl}) + \left(\frac{2RT}{F}\right) \cdot \ln(1 + \kappa t).}$$

$$\left(\frac{dE}{dT}\right) = \left(\frac{2RT}{F}\right) \cdot \left(\frac{d \ln(1 + \kappa t)}{dt}\right) = \underline{\frac{\frac{2\kappa RT}{F}}{1 + \kappa t}}.$$

12-14 $H_2 + \frac{1}{2}\, O_2 \rightleftharpoons H_2O; \qquad E^{\ominus} = 1.23\ \text{V}$ [Aufgabe 12–5b]

$$\Delta_r G^{\ominus} = 2 \cdot (1.23\ \text{V}) \cdot (9.6485 \cdot 10^4\ \text{C mol}^{-1}) \quad [12.3\text{–}1, \quad \nu = 2]$$
$$= -237\ \text{kJ mol}^{-1};$$

$$w'_{e,m} = -\Delta_r G^{\ominus} \quad [5.3\text{–}11] \quad = 237\ \text{kJ mol}^{-1}.$$

Die maximale EMK ist <u>1.23 V,</u> und pro mol Wasserstoff kann man maximal <u>237 kJ</u> Arbeit gewinnen.

12-15 $C_4H_{10}(g) + \frac{13}{2}\, O_2(g) \rightarrow 4\ CO_2(g) + 5\ H_2O(l).$

$$\Delta H^{\ominus}_{\text{Verbr}} = -2877\ \text{kJ mol}^{-1} \quad [\text{Tabelle 4–2}]$$

$$\Delta_r G^{\ominus} = \left[4 \cdot (-394.36) + 5 \cdot (-237.13) - (-17.03)\right]\ \text{kJ mol}^{-1} \quad [\text{Tabelle 4–1}]$$
$$= -2746\ \text{kJ mol}^{-1}.$$

$$\Delta_r G^{\ominus} = \Delta_r A^{\ominus} + \Delta\nu_{\text{Gas}} \cdot RT; \qquad \Delta\nu_{\text{Gas}} = 4 - 1 - \tfrac{13}{2} = -3.5.$$

$$\Delta_r A^{\ominus} = \left[-2746 + 3.5 \cdot 2.48\right]\ \text{kJ mol}^{-1} = -2738\ \text{kJ mol}^{-1}.$$

$$|q|_p = |\Delta_r H^{\ominus}| = \underline{2877\ \text{kJ mol}^{-1}} \quad [\text{für den Standard-Zustand}]$$

$$w'_{\max} = -\Delta_r A^{\ominus} \quad [5.3\text{–}9] \quad = \underline{2738\ \text{kJ mol}^{-1}.}$$

$$w'_{e,\max} = -\Delta_r G^{\ominus} \quad [5.3\text{–}11] \quad = \underline{2746\ \text{kJ mol}^{-1}.}$$

12-16 $H_2\ |\ HCl(m)\ |\ AgCl,Ag; \quad \frac{1}{2}\, H_2(g) + AgCl(s) \rightleftharpoons HCl(aq) + Ag(s).$

$$E = E^{\ominus} - \left(\frac{RT}{F}\right) \cdot \ln\left(a_{H^+} a_{Cl^-}\right) \quad [\text{Aufgabe 12–13}]$$

$$= E^{\ominus} - \left(\frac{RT}{F}\right) \cdot \ln\left(m^2 \gamma_{\pm}^2\right) \quad \left[m \equiv \frac{m}{m^{\ominus}}\right]$$

$$= E^{\ominus} - \left(\frac{2RT}{F}\right) \cdot \ln m - 2 \cdot \left(\frac{2.303 \cdot RT}{F}\right) \cdot \log \gamma_{\pm}$$

$$= E^{\ominus} - (0.1183\ \text{V}) \cdot \log m - (0.1183\ \text{V}) \cdot 0.509 \cdot \sqrt{m} - (0.1183\ \text{V}) \cdot Bm.$$

Dann ist

$$\left(\frac{E}{V}\right) + 0.1183 \cdot \log m - 0.0602 \cdot \sqrt{m} = \left(\frac{E^{\ominus}}{V}\right) - 0.1183 \cdot Bm.$$

Wenn wir von dieser Formel die linke Seite gegen m auftragen, so liefert der Schnittpunkt mit der Ordinate den Zahlenwert von $\frac{E^{\ominus}}{V}$ und die Steigung den Wert von $-0.1183 \cdot B$.

12-17 Wir stellen die folgende Tabelle auf:

$m/\text{mol kg}^{-1}$	0.1238	0.02563	0.009138	0.005619	0.003215
$E/\text{V} - 0.1183 \cdot \log m$ $-0.0602 \cdot \sqrt{m}$	0.2135	0.2204	0.2216	0.2218	0.2221

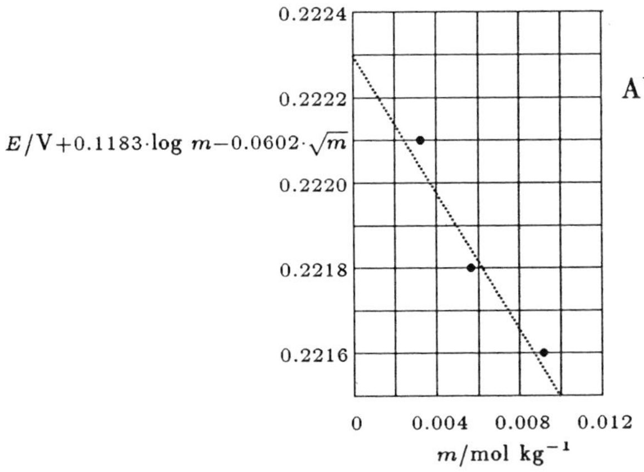

Abb. 12–1

Die drei letzten Punkte sind in Abb. 12–1 aufgetragen.

Der Ordinatenschnittpunkt liefert den Zahlenwert 0.2223; das ergibt

$E^\ominus = \underline{0.2223\ \text{V}.}$ Wegen $E^\ominus(\text{H}_2,\text{H}^+) = 0$ gilt dann auch

$E^\ominus(\text{AgCl},\text{Cl}^-) = \underline{0.2223\ \text{V}.}$

12-18 $E = E^\ominus - \left(\frac{2RT}{F}\right) \cdot \ln m - \left(\frac{2RT}{F}\right) \cdot \ln \gamma_\pm$ [Aufgabe 12–16]

$$\ln \gamma_\pm = \frac{E^\ominus - E - (0.0514\ \text{V}) \cdot \ln m}{0.0514\ \text{V}}$$

$$= \frac{(0.2223\ \text{V}) - (0.3524\ \text{V}) - (0.0514\ V) \cdot \ln(0.100)}{0.0514\ \text{V}}$$

$$= -0.2285, \quad \gamma_\pm = 0.7957.$$

(a) $a_{\text{H}^+} = \frac{m\gamma_\pm}{m^\ominus} = 0.7957 \cdot 0.100 = \underline{0.0796;}$

(b) $\gamma_\pm = \underline{0.7957.}$

(c) $\text{pH} = -\log a_{\text{H}^+} = -\log 0.0796 = \underline{1.10.}$

12-19 $\Delta_\text{r} G^\ominus = -\nu F E^\ominus$ [12.3–1], $\Delta_\text{r} S^\ominus = \nu F \cdot \left(\frac{\partial E^\ominus}{\partial T}\right)_m$ [12.3–4]

$\Delta_\text{r} H^\ominus = \Delta_\text{r} G^\ominus + T \Delta_\text{r} S^\ominus$ [12.3–5]; $\nu = 1.$

$$E^{\ominus}/\mathrm{V} = 0.23659 - 4.8564 \cdot 10^{-4}\,(\vartheta/°\mathrm{C}) - 3.4205 \cdot 10^{-6}\,(\vartheta/°\mathrm{C})^2 + 5.869 \cdot 10^{-9}\,(\vartheta/°\mathrm{C})^3,$$

$$\frac{\mathrm{d}(E^{\ominus}/\mathrm{V})}{\mathrm{d}\vartheta} = -4.8564 \cdot 10^{-4} - 6.8410 \cdot 10^{-6}\,(\vartheta/°\mathrm{C}) + +1.7607 \cdot 10^{-8}\,(\vartheta/°\mathrm{C})^2.$$

Bei 25 °C ist $E^{\ominus} = 0.22240$ V und $\frac{\mathrm{d}E^{\ominus}}{\mathrm{d}T} = \frac{\mathrm{d}E^{\ominus}}{\mathrm{d}\vartheta} = -6.4566 \cdot 10^{-4}\ \mathrm{V\,K^{-1}}$.

$$\Delta_r G^{\ominus} = -(9.64846 \cdot 10^4\ \mathrm{C\,mol^{-1}}) \cdot (0.22240\ \mathrm{V}) = \underline{-21.46\ \mathrm{kJ\,mol^{-1}}}.$$

$$\Delta_r S^{\ominus} = (9.64846 \cdot 10^4\ \mathrm{C\,mol^{-1}}) \cdot (-6.4566 \cdot 10^{-4}\ \mathrm{V\,K^{-1}}) = \underline{-62.30\ \mathrm{J\,K^{-1}\,mol^{-1}}}.$$

$$\Delta_r HS = (-21.46\ \mathrm{kJ\,mol^{-1}}) + (298.15\ \mathrm{K}) \cdot (-62.30\ \mathrm{J\,K^{-1}\,mol^{-1}})$$
$$= \underline{40.03\ \mathrm{kJ\,mol^{-1}}}.$$

$$\tfrac{1}{2}\,\mathrm{H_2} + \mathrm{AgCl} \rightleftharpoons \mathrm{Ag} + \mathrm{HCl}$$

$$\Delta_r G^{\ominus} = \Delta_b G^{\ominus}(\mathrm{H^+}) + \Delta_b G^{\ominus}(\mathrm{Cl^-}) - \Delta_b G^{\ominus}(\mathrm{AgCl})$$
$$= \Delta_b G^{\ominus}(\mathrm{Cl^-}) - \Delta_b G^{\ominus}(\mathrm{AgCl}).$$

$$\Delta_b G^{\ominus}(\mathrm{Cl^-}) = \Delta_r G^{\ominus} + \Delta_b G^{\ominus}(\mathrm{AgCl}) = (-21.46\ \mathrm{kJ\,mol^{-1}}) + (-109.79\ \mathrm{kJ\,mol^{-1}})$$
$$= \underline{-131.25\ \mathrm{kJ\,mol^{-1}}}.$$

$$S^{\ominus}(\mathrm{Cl^-}) = \Delta_r S^{\ominus} + S^{\ominus}(\mathrm{AgCl}) + \tfrac{1}{2}\,S^{\ominus}(\mathrm{H_2}) - S^{\ominus}(\mathrm{Ag})$$
$$= (-62.30\ \mathrm{J\,K^{-1}\,mol^{-1}}) + (96.2\ \mathrm{J\,K^{-1}\,mol^{-1}}) + \tfrac{1}{2}\,(130.86\ \mathrm{J\,K^{-1}\,mol^{-1}})$$
$$- (42.55\ \mathrm{J\,K^{-1}\,mol^{-1}})$$
$$= \underline{56.78\ \mathrm{J\,K^{-1}\,mol^{-1}}}.$$

$$\Delta_b H^{\ominus}(\mathrm{Cl^-}) = \Delta_r H^{\ominus} + \Delta_b H^{\ominus}(\mathrm{AgCl}) = (-40.03\ \mathrm{kJ\,mol^{-1}}) + (-127.07\ \mathrm{kJ\,mol^{-1}})$$
$$= \underline{-167.10\ \mathrm{kJ\,mol^{-1}}}.$$

12-20 $\mathrm{H_2}$ | HCl(aq) | AgCl | Ag

$$E = E^{\ominus}(\mathrm{AgCl,Cl^-}) - \left(\frac{RT}{F}\right) \cdot \ln a_{\mathrm{Cl^-}} a_{\mathrm{H^+}}$$
$$= E^{\ominus}(\mathrm{AgCl,Cl^-}) - 2 \cdot \left(\frac{RT}{F}\right) \cdot \ln a_{\mathrm{H^+}} \qquad \left[a_{\mathrm{H^+}} = a_{\mathrm{Cl^-}}\right]$$
$$= 0.2223\ \mathrm{V} - 2 \cdot 2.303 \cdot (0.02569\ \mathrm{V}) \cdot \log a_{\mathrm{H^+}}$$
$$= 0.2223\ \mathrm{V} + 0.1183\ \mathrm{V} \cdot \mathrm{pH},$$

$$\mathrm{pH} = \frac{E/\mathrm{V} - 0.2223}{0.1183} = \frac{0.332 - 0.2223}{0.1183} = \underline{0.926}.$$

12-21 Ag | AgBr(aq) | AgBr(s) | Ag

$\mathrm{Red_L}$: Ag, $\mathrm{Ox_L}$: $\mathrm{Ag^+}$; $\mathrm{Red_R}$: $\mathrm{Ag + Br^-}$, $\mathrm{Ox_R}$: AgBr [Kasten 12–1]

$Ag(s) + AgBr(s) \rightarrow Ag(s) + AgBr(aq), \quad \nu = 1$

oder $\quad AgBr(s) \rightarrow AgBr(aq), \quad K_L = \left\{ a_{Ag^+} a_{Br^-} \right\}_{Gl}$

$$E = E^{\ominus} - \left(\frac{RT}{F}\right) \cdot \ln a_{Ag^+} a_{Br^-} = \underline{0} \text{ am Gleichgewicht}$$

mit $\quad E^{\ominus} = \left(\frac{RT}{F}\right) \cdot \ln K_L.$

12-22 $E^{\ominus} = \left(\frac{RT}{F}\right) \cdot \ln K_L$ [Aufgabe 12–21]

$$K_L = \exp\left(\frac{E^{\ominus}}{\left(\frac{RT}{F}\right)}\right) = \exp\left(\frac{-0.9509 \text{ V}}{0.02569 \text{ V}}\right)$$

$$= \exp(-37.01) = \underline{8.44 \cdot 10^{-17}}.$$

$$K_L \approx \left(\frac{m}{m^{\ominus}}\right)^2, \qquad m \approx \underline{9.19 \cdot 10^{-9} \text{ mol kg}^{-1}}.$$

12-23 $Ag \mid AgX \mid MX(m_1) \mid M_xHg$

Red_L: $Ag + X^-$, Ox_L: AgX; Red_R: M_xHg, Ox_R: M^+ [Kasten 12–1]

$Ag + X^- + M^+ \rightarrow AgX + M_xHg, \quad \nu = 1$

$$E = E^{\ominus} - \left(\frac{RT}{F}\right) \cdot \ln Q, \qquad Q = \frac{a_{AgX} a_{M_xHg}}{a_{Ag} A_{X^-} a_{M^+}}$$

$Ag \mid AgX \mid MX(m_1) \mid M_xHg \mid MX(m_2) \mid AgX \mid Ag$

$$E = \left\{E^{\ominus} - \left(\frac{RT}{F}\right) \cdot \ln Q\right\}_R - \left\{E^{\ominus} - \left(\frac{RT}{F}\right) \cdot \ln Q\right\}_L$$

$$= \left(\frac{RT}{F}\right) \cdot \ln\left\{\frac{Q_L}{Q_R}\right\}$$

$$= \left(\frac{RT}{F}\right) \cdot \ln\left\{\frac{(a_{M^+} a_{X^-})_L}{(a_{M^+} a_{X^-})_R}\right\}$$

$$= \left(\frac{2RT}{F}\right) \cdot \ln\left(\frac{m_1}{m_2}\right) + \left(\frac{2RT}{F}\right) \cdot \ln\left\{\frac{\gamma_\pm(1)}{\gamma_\pm(2)}\right\}$$

Jetzt schreiben wir für den Bezugswert $m(2) = m_r$ und $m(1) = m$:

$$E = \left(\frac{2RT}{F}\right) \cdot \left\{\ln\left(\frac{m}{m_r}\right) + \ln\left(\frac{\gamma_\pm}{\gamma_r}\right)\right\}.$$

Für $m = 0.914$ mol kg^{-1} ergibt die erweiterte Debye-Hückel-Formel

$\log \gamma_{\pm,r} = -0.273$ und $\gamma_{\pm,r} = 0.533$.

Dann ist $\ln\left(\frac{\gamma}{\gamma_r}\right) = \frac{E}{0.05139\ \mathrm{V}} - \ln\left(\frac{m}{m_r}\right)$.

Mit $m_r = 0.0914\ \mathrm{mol\ kg^{-1}}$ und $\gamma_r = 0.533$ berechnen wir jetzt die folgende Tabelle.

$m/\mathrm{mol\ kg^{-1}}$	0.0555	0.0914	0.1652	0.2171	1.040	1.350
E/V	−0.0220	0.0000	0.0263	0.0379	0.1156	0.1336
$\ln\left(\frac{\gamma}{\gamma_r}\right)$	0.0708	0.0000	−0.0801	−0.1276	−0.1823	−0.0929
γ	0.572	0.533	0.492	0.469	0.444	0.486

Eine genauere Rechnung ist in der Original-Publikation beschrieben.

12-24 H_2 | HCl(aq) | Hg_2Cl_2 | Hg.

$$E = E^{\ominus}(\mathrm{Hg_2Cl_2,Hg}) - \left(\frac{RT}{F}\right)\cdot \ln a_{\mathrm{Cl^-}} a_{\mathrm{H^+}}$$

$$= E^{\ominus}(\mathrm{Hg_2Cl_2,Hg}) - \left(\frac{2RT}{F}\right)\cdot \ln m - \left(\frac{2RT}{F}\right)\cdot \ln \gamma_{\pm}$$

$$= E^{\ominus}(\mathrm{Hg_2Cl_2,Hg}) - (0.1183\ \mathrm{V})\cdot \log m + (0.1183\ \mathrm{V})\cdot A\cdot \sqrt{m} \quad [11.2\text{–}11],$$

$$E + (0.1183\ \mathrm{V})\cdot \log m = E^{\ominus}(\mathrm{Hg_2Cl_2,Hg}) + (0.1183\ \mathrm{V})\cdot A\cdot \sqrt{m}.$$

Wenn wir jetzt $(E/\mathrm{V}) + 0.1183\cdot \log m$ gegen $\sqrt{m}$ auftragen, können wir an dem Achsenabschnitt bei $m = 0$ den Zahlenwert von $E^{\ominus}/\mathrm{V}$ ablesen. Dazu stellen wir die folgende Tabelle auf:

$100\cdot\left(\frac{m}{m^{\ominus}}\right)$	0.16077	0.30769	0.50403	0.76938	1.09474
$\sqrt{\frac{m}{m^{\ominus}}}$	0.04010	0.05547	0.0710	0.08771	0.10463
$(E/\mathrm{V}) + 0.1183\cdot\log\left(\frac{m}{m^{\ominus}}\right)$	0.27029	0.27109	0.27186	0.27260	0.27337

Diese Werte sind in Abb. 12–2 aufgetragen. Die Ordinate wird bei 0.26835 geschnitten; es ist also $E^{\ominus} = 0.26835\ \mathrm{V}$. Wenn man die Zahlenwerte nach der Methode der kleinsten Quadrate auswertet (siehe den Anhang), so erhält man den Wert 0.26838 bei einem Bestimmungskoeffizienten von 0.99895.

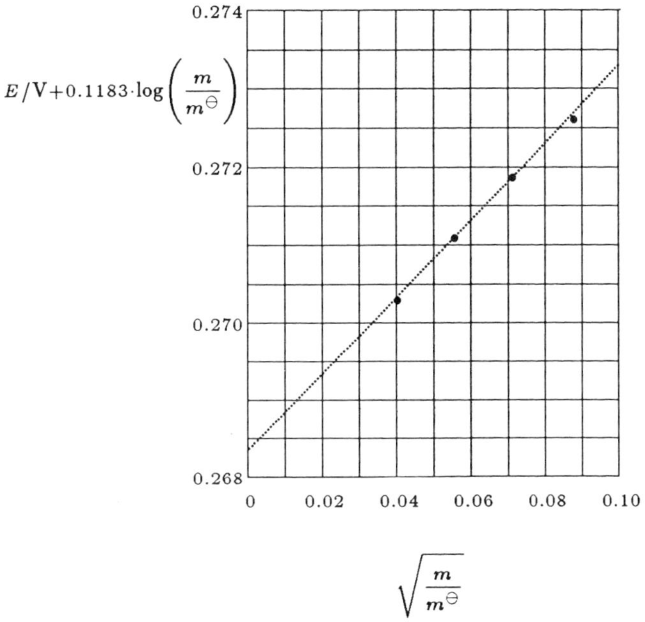

Abb. 12–2

Jetzt berechnen wir

$$\ln \gamma_\pm = \frac{E^\ominus - E}{\left(\frac{2RT}{F}\right)} - \ln\left(\frac{m}{m^\ominus}\right)$$

$$= \frac{0.26835 - (E/\mathrm{V})}{0.05138} - \ln\left(\frac{m}{m^\ominus}\right)$$

und stellen die folgende Tabelle auf:

$100\cdot\left(\frac{m}{m^\ominus}\right)$	0.16077	0.30769	0.50403	0.76938	1.09474
$\ln\gamma_\pm$	−0.0375	−0.0531	−0.0680	−0.0824	−0.0975
$\gamma_\pm$	0.9632	0.9483	0.9342	0.9209	0.9071

12-25 Pt | H_2 | NaOH(aq), NaCl(aq) | AgCl | Ag

$\mathrm{Red_L}$: H_2, $\mathrm{Ox_L}$: H^+; $\mathrm{Red_R}$: $Ag + Cl^-$, $\mathrm{Ox_R}$: AgCl

$H_2(g) + 2\ AgCl(s) \rightarrow 2\ Ag(s) + 2\ Cl^-(aq) + 2\ H^+(aq)$, $\nu = 2$

$$E = E^\ominus - \left(\frac{RT}{F}\right)\cdot\ln Q$$

$$Q = \frac{a_{H^+}a_{Ag}a_{Cl^-}}{f^{\frac{1}{2}}a_{AgCl}} = a_{H^+}a_{Cl^-}$$

$$= \frac{K_w a_{Cl^-}}{a_{OH^-}} = \frac{K_w \gamma m_{Cl^-}}{\gamma_{OH^-} m_{OH^-}}$$

$$= \frac{K_w m_{Cl^-}}{m_{OH^-}}.$$

$$E = E^{\ominus} - \left(\frac{RT}{F}\right) \cdot \ln K_w - \left(\frac{RT}{F}\right) \cdot \ln\left(\frac{m_{Cl^-}}{m_{OH^-}}\right)$$

$$= E^{\ominus} + \left(\frac{2.303 \cdot RT}{F}\right) \cdot pK_w - \left(\frac{RT}{F}\right) \cdot \ln\left(\frac{m_{Cl^-}}{m_{OH^-}}\right)$$

$$= E^{\ominus}_{AgCl,Ag,Cl^-} + \left(\frac{2.303 \cdot RT}{F}\right) \cdot pK_w - \left(\frac{RT}{F}\right) \cdot \ln\left(\frac{0.01125}{0.0100}\right)$$

$$pK_w = \frac{\left(E - E^{\ominus}_{AgCl,Ag,Cl^-}\right)}{\left(\frac{2.303 \cdot RT}{F}\right)} + \frac{\ln 1.125}{2.303}.$$

Jetzt stellen wir die folgende Tabelle auf:

$\vartheta/°C$	20.0	25.0	30.0
T/K	293.15	298.15	303.15
E/V	1.04774	1.04864	1.04942
$\left(\frac{2.303 \cdot RT}{F}\right)/V$	0.05819	0.05918	0.06018
pK_w	14.23	14.01	13.8

$\frac{d \ln K_w}{dT} = \frac{\Delta_r H^{\ominus}}{RT^2}$ [10.2–4], K_w bezieht sich auf die Reaktion

$H_2O(l) \rightleftharpoons H^+(aq) + OH^-(aq)$.

$$\Delta_r H^{\ominus} = 2.303 \cdot RT^2 \cdot \left(\frac{d \log K}{dT}\right) = -2.303 \cdot RT^2 \cdot \left(\frac{d\, pK_w}{dT}\right);$$

$$\left(\frac{d\, pK_w}{dT}\right) \approx \frac{13.79 - 14.23}{10.0\ K} = -0.044\ K^{-1};$$

$$\Delta_r H^{\ominus} = -2.303 \cdot (8.314\ J\ K^{-1}\ mol^{-1}) \cdot (298.15\ K)^2 \cdot (-0.044\ K^{-1})$$

$$= \underline{-\ 74.9\ kJ\ mol^{-1}}.$$

$$\Delta_r G^{\ominus} = -RT \cdot \ln K_w = 2.303 \cdot RT \cdot pK_w = \underline{80.0\ kJ\ mol^{-1}}.$$

$$\Delta_r S^\ominus = \frac{\Delta_r H^\ominus - \Delta_r G^\ominus}{T} = \underline{-17.1 \text{ J K}^{-1} \text{ mol}^{-1}}.$$

Für eine genauere Analyse der Meßwerte wird auf die Original-Literatur verwiesen.

12-26 H_2 | HCl(aq, Harnstoff) | AgCl | Ag.

$$E + \left(\frac{2RT}{F}\right) \cdot \ln\left(\frac{m}{m^\ominus}\right) = E^\ominus(\text{AgCl,Ag}) + (2 \cdot 2.303 \cdot A) \cdot \left(\frac{RT}{F}\right) \cdot \sqrt{\frac{m}{m^\ominus}}$$

In Abb. 12–3 ist die linke Seite dieser Gleichung gegen $\sqrt{m}$ aufgetragen. Die Extrapolation bis $m = 0$ ergibt $E^\ominus$. Dazu berechnen wir die folgende Tabelle:

$\left(\frac{m}{m^\ominus}\right)$	0.00558	0.01300	0.0192	0.0246	0.0349	0.0411
E/V	0.5616	0.5187	0.4999	0.4878	0.4708	0.4629
$\sqrt{\left(\frac{m}{m^\ominus}\right)}$	0.0747	0.1140	0.1386	0.1568	0.1868	0.2027
$(E/\text{V}) + 0.0514 \cdot \ln m$	0.2950	0.2955	0.2968	0.2974	0.2983	0.2988

Die extrapolierte Gerade trifft die Ordinate bei 0.2916; das ergibt

$E^\ominus(\text{AgCl,Cl}) = \underline{0.2916 \text{ V}.}$

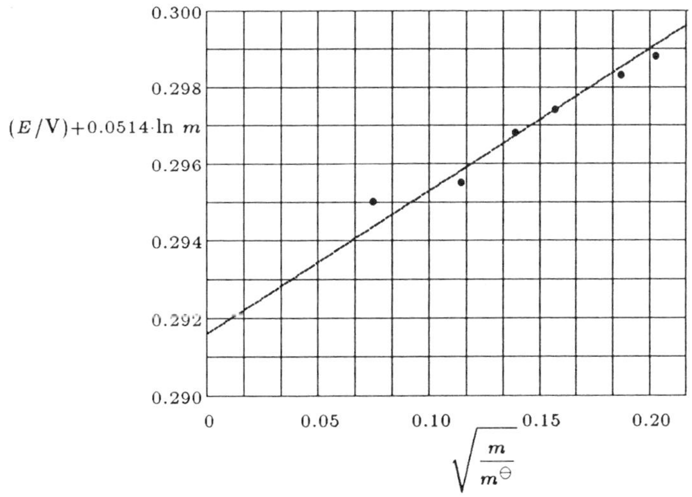

Abb. 12–3

12-27 $A = 1.825 \cdot 10^6 \cdot \sqrt{\frac{\rho/\text{g cm}^{-3}}{\varepsilon_r^3 \cdot (T/\text{K})^3}}$ [11.2–11]

$$= 1.825 \cdot 10^6 \cdot \sqrt{\frac{1.0790}{(91.76 \cdot 298.2)^3}} = \underline{0.419}$$

Die Gerade, die wir in Aufgabe 12–26 berechnet haben, hat die Steigung $4.606 \cdot \left(\frac{ART}{F}\right) /\mathrm{V} = 0.1183 \cdot A$. An der Geraden in Abb. 12–3 lesen wir die Steigung 0.0375 ab; daraus folgt $A_{\mathbf{exp}} = \underline{0.317.}$

12-28 (a) NH_4Cl; $pK_s = 9.25$, $S = 0.10$, $\log S = -1.00$

$\mathrm{pH} = \frac{1}{2} \cdot 9.25 + \frac{1}{2} \cdot 1.00$ [12.4–14] $= \underline{5.13.}$

(b) NaOAc; $pK_w = 14.00$, $pK_s = 4.76$, $S = 0.10$, $\log S = -1.00$

$\mathrm{pH} \approx \frac{1}{2} \cdot (14.00 + 4.76 - 1.00) = \underline{8.88}$ [12.4–13]

(c) NaOAc, $S = 1.0$, $\log S = 0$, $\mathrm{pH} \approx \frac{1}{2} \cdot (14.00 + 4.76) = \underline{9.38.}$

(d) AcOH : $pK_s = 4.75$, $A = 0.10$.

$\mathrm{pH} \approx \frac{1}{2}\, pK_s - \frac{1}{2} \log A$ [12.4–11] $= \frac{1}{2} \cdot [4.75 + 1.00] = \underline{2.88.}$

12-29 $\mathrm{pH} - \frac{1}{2}(pK_w + pK_s + \log S)$ [12.4–13]; $pK_s = 3.86$, $S = 0.10$

$\mathrm{pH} - \frac{1}{2}(14.00 + 3.86 - 1.00) = \underline{8.43.}$

Am Endpunkt liegt bei einem pH-Wert von $\underline{8.43}$ [Abschnitt 12.4].

12-30 Zu Beginn ist nur Salz vorhanden, und wir können Gl. 12.4–13 verwenden:

$\mathrm{pH} = \frac{1}{2}\, pK_s + \frac{1}{2}\, pK_w + \frac{1}{2} \log S$, $\log S = -1.00$

$= \frac{1}{2}\{4.75 + 14.0 - 1.00\} = 8.88$ (a).

Für $A \approx S$ verwenden wir Gl. 12.4–12:

$$\mathrm{pH} = pK_s - \log\left(\frac{A}{S}\right) = 4.75 - \log\left(\frac{A}{0.10}\right)$$

$= 3.75 - \log A$ (b).

Wenn wir soviel Säure zugeben, daß $A \gg S$ ist, können wir Gl. 12.4–11 verwenden:

$\mathrm{pH} = \frac{1}{2}\, pK_s - \frac{1}{2} \log A = 2.38 - \frac{1}{2} \log A$ (c).

Jetzt können wir die folgende Tabelle aufstellen:

A	0	0.06	0.08	0.10	0.12	0.14	0.6	0.8	1.0
pH	8.88	4.97	4.85	4.75	4.67	4.60	2.49	2.43	2.33
	(a)			(b)				(c)	

Diese Werte sind in Abb. 12–4 aufgetragen.

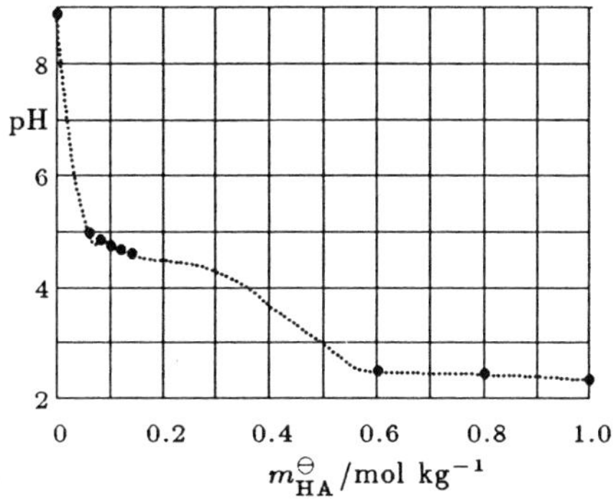

Abb. 12–4

Für die Mischung aus Borsäure ($pK_s = 9.14$) und Natriumborat erhalten wir

pH(Puffer) ≈ $\underline{9.14}$ [12.4–12, $A \approx S$]

12-31 (a) Für pH = 2.2 eignet sich ein Puffer aus Na_2HSO_4 und Phosphorsäure mit $pK_s = 2.12$.

(b) Für pH ≈ 7.0 verwendet man ein Gemisch aus NaH_2SO_4 und Na_2HSO_4 mit $pK_s = 7.2$.

12-32 $H = \dfrac{A}{1+\left(\dfrac{H}{K_s}\right)} + \dfrac{K_w}{H} + \dfrac{S}{\left\{1+\left(\dfrac{K_s}{H}\right)\right\}}$

$$H^2 \cdot \left(1+\frac{H}{K_s}\right)\cdot\left(1+\frac{K_s}{H}\right) = AH\cdot\left(1+\frac{K_s}{H}\right) + K_w\cdot\left(1+\frac{H}{K_s}\right)\cdot\left(1+\frac{K_s}{H}\right) - SH\cdot\left(1+\frac{H}{K_s}\right)$$

$$H^2\cdot\left(2+\frac{H}{K_s}+\frac{K_s}{H}\right) = AH + AK_s + K_w\cdot\left(2+\frac{H}{K_s}+\frac{K_s}{H}\right) - SH - \frac{SH^2}{K_s}$$

$$\frac{H^3}{K_s} + \left(2+\frac{S}{K_s}\right)\cdot H^2 + \left(K_s - A - \frac{K_w}{K_s} + S\right)\cdot H - (2\cdot K_w + AK_s) - \frac{K_sK_w}{H} = 0$$

$$H^4 + (2\cdot K_s + S)\cdot H^3 + K_s\cdot\left(K_s - A + S - \frac{K_w}{K_s}\right)\cdot H^2 - K_s\cdot(2\cdot K_w + AK_s)\cdot H - K_s^2K_w = 0$$

Mit den Abkürzungen $a_3 = 2\cdot K_s + S$

$$a_2 - K_s\cdot\left(S - A + K_s - \frac{K_w}{K_s}\right)$$

$$a_1 = -2\cdot K_sK_w - AK_s^2$$

$$a_0 = -K_s^2K_w$$

erhält man eine Gleichung vierten Grades,

$$H^4 + a_3H^3 + a_2H^2 + a_1H + a_0 = 0,$$

die man z. B. mit der im Handbuch von **Abramowitz** und **Stegun** in Abschnitt 3.8–3 beschriebenen

Methode lösen kann.

12-33 $M + M'^{+} \to M^{+} + M'$ für $E(M'^{+}, M') > E(M^{+}, M)$ [Abschnitt 12.1e]

(a) $H_3O^{+} + e^{-} \to H_2O + \frac{1}{2}\ H_2$;

$$E = E^{\ominus} + \left(\frac{RT}{F}\right) \cdot \ln a_{H^{+}} = 1.23\ V - (0.059\ V) \cdot pH.$$

(b) $\frac{1}{4}\ O_2 + H^{+} + e^{-} \to \frac{1}{2}\ H_2O$,

$$E = E^{\ominus} - \left(\frac{RT}{F}\right) \cdot \ln a_{H^{+}} = 1.23\ V - (0.059\ V) \cdot p(OH)$$

$\frac{1}{4}\ O_2 + \frac{1}{2}\ H_2O + e^{-} \to OH^{-}$.

$$E = E^{\ominus} - \left(\frac{RT}{F}\right) \cdot \ln a_{OH^{-}} = (0.401\ V) + (0.059\ V) \cdot p(OH)$$

$$= 0.401\ V + (0.059\ V) \cdot (pK_w - pH)$$

$$= 1.227\ V - (0.059\ V) \cdot pH.$$

$M^{+\nu} + \nu e^{-} \to M$

$$E(M,M^{+}) \approx E^{\ominus}(M,M^{+}) + \left(\frac{RT}{\nu F}\right) \cdot \ln a_{M^{+}}$$

$$\approx E^{\ominus}(M,M^{+}) + \left(\frac{0.059\ V}{\nu}\right) \cdot \log a_{M^{+}} = E^{\ominus}(M,M^{+}) - \frac{0.354\ V}{\nu}.$$

Um festzustellen, ob die Korrosion voranschreitet, haben wir zu prüfen, ob

$E(a,b,c) > E^{\ominus}(M^{+}, M) - \dfrac{0.354\ V}{\nu}$ ist. Dazu brauchen wir

(α) Al: $E^{\ominus} - \left(\frac{0.354\ V}{3}\right) = -1.66\ V - 0.118\ V = -1.78\ V$

(β) Cu: $E^{\ominus} - \left(\frac{0.354\ V}{2}\right) = 0.34\ V - 0.177\ V = 0.16\ V$

(γ) Fe: $E^{\ominus} - \left(\frac{0.354\ V}{2}\right) = -0.44\ V - 0.177\ V = -0.62\ V$

(δ) Pb: $E^{\ominus} - \left(\frac{0.354\ V}{2}\right) = -0.13\ V - 0.177\ V = -0.31\ V$

(ε) Au: $E^{\ominus} - \left(\frac{0.354\ V}{3}\right) = 1.40\ V - 0.118\ V = 1.28\ V$

I. $pH \approx 6$: $E(a) = -(0.059\ V) \cdot 6 = -0.354\ V$. Dieser Wert wird nur von Al und Fe erreicht; nur bei diesen Elementen ist die Korrosion thermodynamisch möglich. (Die Geschwindigkeit kann allerdings sehr klein sein.)

$E(\mathrm{b}) = 1.23\ \mathrm{V} - (0.059\ \mathrm{V}) \cdot 6 = 0.88\ \mathrm{V}$. Dieser Wert wird von allen genannten Elementen außer Au erreicht.

II. pH ≈ 8 : $E(\mathrm{c}) = 1.227\ \mathrm{V} - (0.059\ \mathrm{V}) \cdot 8 = 0.76\ \mathrm{V}$. Dieser Wert wird außer von Au von allen genannten Elementen erreicht.

III. pH ≈ 1 : $E(\mathrm{a}) = -0.059\ \mathrm{V}$. Dieser Wert wird außer von Cu und Au von allen genannten Elemente erreicht. Starke Säure ist also nur bei Pb nötig und ausreichend, um eine Korrosion nach dieser Reaktionsgleichung zu erzwingen.

$E(\mathrm{b}) = 1.17\ \mathrm{V}$. Dieser Wert wird, wie beim Fall mit pH ≈ 6, bis auf Au von allen genannten Elementen erreicht.

IV. pH ≈ 14 : $E(\mathrm{c}) = 1.227\ \mathrm{V} - (14 \cdot 80.059\ \mathrm{V}) = 0.40\ \mathrm{V}$. Genauso wie bei dem Fall mit pH ≈ 8 wird dieser Wert von allen genannten Elementen außer von Au erreicht.

12-34 Wie in Aufgabe 12–33 erfolgt eine nennenswerte Korrosion nur für $E_{\mathrm{Ox}} > -0.62\ \mathrm{V}$ [c]. Die Lösung hat einen pH-Wert von 9.38 [Aufgabe 12-28c]; die Potentiale der drei Oxidations-Reaktionen sind deshalb

$$E(\mathrm{a}) = -0.55\ \mathrm{V}, \quad E(\mathrm{b}) = 0.68\ \mathrm{V}, \quad E(\mathrm{c}) = 0.67\ \mathrm{V}.$$

Diese Werte sind alle größer als -0.617 V, es erfolgt also Korrosion.

12-35 $\frac{1}{2}\ \mathrm{H_2(g)} + (115)^+(\mathrm{aq}) \rightarrow (115)(\mathrm{s}) + \mathrm{H^+(aq)}$

$$\Delta_\mathrm{r} H^\ominus = \Delta_\mathrm{r} H \left[\tfrac{1}{2}\ \mathrm{H_2(g)} \rightarrow \mathrm{H^+(aq)}\right] - \Delta_\mathrm{r} H \left[(115)(\mathrm{s}) \rightarrow (115)^+(\mathrm{aq})\right]$$

Jetzt konstruieren wir die folgenden Born-Haberschen Kreisprozesse:

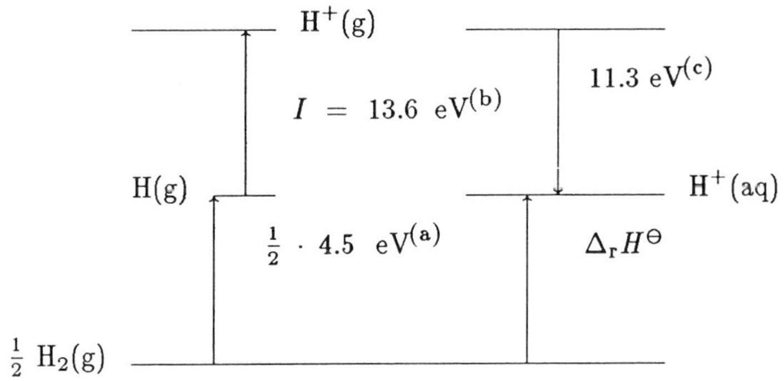

$$\Delta_\mathrm{r} H^\ominus = (13.6\ \mathrm{eV} + 2.2\ \mathrm{eV} - 11.3\ \mathrm{eV}) = 4.6\ \mathrm{eV}.$$

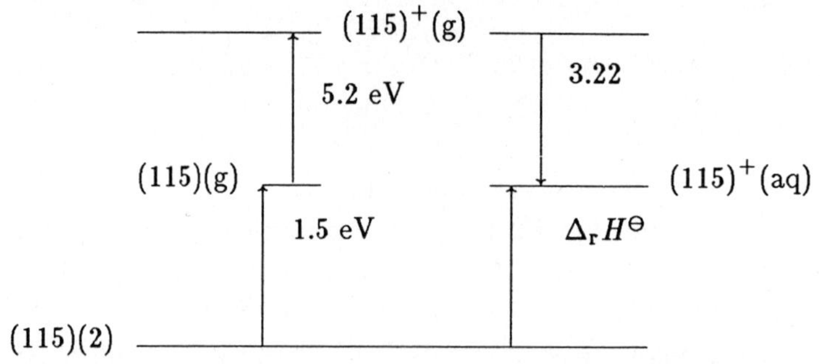

$\Delta_r H^\ominus = (1.5 \text{ eV} + 5.2 \text{ eV} - 3.22 \text{ eV}) = 3.5 \text{ eV}.$

(a) Tabelle 18–1, (b) Tabelle 4–9, (c) Tabelle 4–12.

$\Delta_r H^\ominus = 4.6 \text{ eV mol}^{-1} - 3.5 \text{ eV mol}^{-1} = 1.1 \text{ eV mol}^{-1}.$

$\Delta_r S^\ominus = \Delta S_\text{m}\left[\tfrac{1}{2}\ \text{H}_2(\text{g}) \rightarrow \text{H}^+(\text{aq})\right] - \Delta S_\text{m}\left[(115)(\text{s}) \rightarrow (115)^+(\text{aq})\right].$

$$\begin{aligned}\Delta_r S^\ominus\left[\tfrac{1}{2}\ \text{H}_2(\text{g}) \rightarrow \text{H}^+(\text{aq})\right] &= \left[0 - \tfrac{1}{2}\ (130.7 \text{ J K}^{-1} \text{ mol}^{-1})\right]\\ &= -65.3 \text{ J K}^{-1} \text{ mol}^{-1} \quad [\text{Tabelle 4–1}]\\ &= \left[\frac{65.3 \text{ J K}^{-1} \text{ mol}^{-1}}{96.5 \text{ kJ mol}^{-1}}\right] \text{eV mol}^{-1}\\ &= -6.8 \cdot 10^{-4} \text{ eV K}^{-1} \text{ mol}^{-1}.\end{aligned}$$

$$\begin{aligned}\Delta_r S^\ominus\left[(115)(\text{s}) \rightarrow (115)^+(\text{aq})\right] &= \left[1.34 \cdot 10^{-3} - 0.69 \cdot 10^{-3}\right] \text{ eV K}^{-1} \text{ mol}^{-1}\\ &= 6.5 \cdot 10^{-4} \text{ eV K}^{-1} \text{ mol}^{-1}.\end{aligned}$$

$\Delta_r S^\ominus = (6.8 \cdot 10^{-4} - 6.5 \cdot 10^{-4}) \text{ eV K}^{-1} \text{ mol}^{-1} = 3 \cdot 10^{-5} \text{ eV K}^{-1} \text{ mol}^{-1}.$

$$\begin{aligned}\Delta_r G^\ominus = \Delta_r H^\ominus - T\Delta_r S^\ominus &= 1.1 \text{ eV mol}^{-1} - (298 \text{ K}) \cdot (3 \cdot 10^{-5} \text{ eV K}^{-1} \text{ mol}^{-1})\\ &= 1.1 \text{ eV mol}^{-1}.\end{aligned}$$

$$E^\ominus = -F\Delta_r G^\ominus = \underline{-1.1 \text{ V}} \qquad \left[1.1 \text{ eV mol}^{-1} = 106 \text{ kJ mol}^{-1}, \quad \frac{106 \text{ kJ mol}^{-1}}{9.65 \cdot 10^4 \text{ C mol}^{-1}} = 1.1 \text{ V}\right].$$

Teil II: DIE STRUKTUR

13 Quantentheorie: Grundlagen

A13-1 $M = \sigma T^4$ [Abschnitt 13.2a]

$$\text{Leistung} = A \cdot M = (2.0\ \text{m} \cdot 3.0\ \text{m}) \cdot (5.67 \cdot 10^{-8}\ \text{W m}^{-2}\ \text{K}^{-4}) \cdot (1500\ \text{K})^4$$
$$= \underline{1.72 \cdot 10^6\ \text{W}.}$$

A13-2 Leistung · Zeit $= E = Nh\nu$ [Abschnitt 13.2a].

$$\nu = \frac{\text{Leistung} \cdot \text{Zeit}}{Nh}$$
$$= \frac{(0.72 \cdot 10^{-6}\ \text{W}) \cdot (3.8 \cdot 10^{-3}\ \text{s})}{(8.0 \cdot 10^7) \cdot (6.63 \cdot 10^{-34}\ \text{J s})}$$
$$= \underline{5.2 \cdot 10^{16}\ \text{Hz}.}$$

A13-3 $p = mv$ und $\lambda = \dfrac{h}{p}$ [13.2–8].

$$v = \frac{p}{m} = \left(\frac{h}{\lambda}\right) \cdot \left(\frac{1}{m}\right)$$
$$= \frac{6.6 \cdot 10^{-34}\ \text{J}}{(0.45 \cdot 10^{-9}\ m) \cdot (9.1 \cdot 10^{-31}\ \text{kg})} = \underline{1.6 \cdot 10^6\ \text{m s}^{-1}.}$$

A13-4 $p = \dfrac{h}{\lambda}$; [13.2–8]

(a) $p = \dfrac{6.63 \cdot 10^{-34}\ \text{J s}}{750 \cdot 10^{-9}\ \text{m}} = \underline{8.84 \cdot 10^{-28}\ \text{kg m s}^{-1}.}$

(b) $p = \dfrac{6.63 \cdot 10^{-34}\ \text{J s}}{70 \cdot 10^{-12}\ \text{m}} = \underline{9.5 \cdot 10^{-24}\ \text{kg m s}^{-1}.}$

(c) $p = \dfrac{6.63 \cdot 10^{-34}\ \text{J s}}{19\ \text{m}} = \underline{3.5 \cdot 10^{-35}\ \text{kg m s}^{-1}.}$

A13-5 $\frac{1}{2}mv^2 = h\nu - \Phi$ [13.2–6]

$$\lambda = \frac{c}{\nu} = \frac{c \cdot h}{\Phi + \frac{1}{2}mv^2}$$

$$= \frac{(3.00 \cdot 10^{8}\ \mathrm{m\ s^{-1}}) \cdot (6.63 \cdot 10^{-34}\ \mathrm{J\ s})}{3.44 \cdot 10^{-18}\ \mathrm{J} + \frac{1}{2} \cdot (9.11 \cdot 10^{-31}\ \mathrm{kg}) \cdot (1.03 \cdot 10^{6}\ \mathrm{m\ s^{-1}})^2}$$

$$= 5.06 \cdot 10^{-8}\ \mathrm{m} = \underline{50.6\ \mathrm{nm}.}$$

A13-6 $\delta\lambda = \left(\frac{h}{m_e c}\right) \cdot (1 - \cos\vartheta)$ [13.2–7].

$$\delta\lambda = \frac{(6.626 \cdot 10^{-34}\ \mathrm{J\ s}) \cdot (1 - 0.3420)}{(9.109 \cdot 10^{-31}\ \mathrm{kg}) \cdot (2.998 \cdot 10^{8}\ \mathrm{m\ s^{-1}})}$$

$$= 1.597 \cdot 10^{-12}\ \mathrm{m} = 1.597\ \mathrm{pm} \quad \text{und}$$

$$\lambda = 70.78\ \mathrm{pm} + 1.60\ \mathrm{pm} = \underline{72.38\ \mathrm{pm}.}$$

A13-7 $p = mv = (1.67 \cdot 10^{-27}\ \mathrm{kg}) \cdot (4.50 \cdot 10^{5}\ \mathrm{m\ s^{-1}}) = \underline{7.52 \cdot 10^{-22}\ \mathrm{kg\ m\ s^{-1}}.}$

$$\delta p = 10^{-4}\ p = \underline{7.52 \cdot 10^{-26}\ \mathrm{kg\ m\ s^{-1}}.}$$

$$\delta q = \frac{h}{4\pi\delta p} \quad [13.4\text{–}8]$$

$$= \frac{6.63 \cdot 10^{-34}\ \mathrm{J\ s}}{4 \cdot (3.14) \cdot (7.52 \cdot 10^{-26}\ \mathrm{kg\ m\ s^{-1}})} = \underline{7.02 \cdot 10^{-10}\ \mathrm{m}.}$$

A13-8 $E = \frac{n^2h^2}{8mL^2}$ [14.1–9].

$$L = \sqrt{\frac{n^2h^2}{8mE}} = \frac{nh}{\sqrt{8mE}}$$

$$= \frac{3 \cdot (6.63 \cdot 10^{-34}\ \mathrm{J\ s})}{\sqrt{8 \cdot (6.65 \cdot 10^{-27}\ \mathrm{kg}) \cdot (2.00 \cdot 10^{-24}\ \mathrm{J})}} = \underline{6.10 \cdot 10^{-9}\ \mathrm{m}.}$$

A13-9 $\psi_1 = \sqrt{\frac{2}{L}} \cdot \sin\left(\frac{\pi x}{L}\right)$ [14.1–9].

Der Maximalwert von ψ_1 ist $\sqrt{\frac{2}{L}}$;

$\left(\frac{1}{4}\right) \cdot \sqrt{\frac{2}{L}} = \sqrt{\frac{2}{L}} \cdot \sin\left(\frac{\pi x}{L}\right)$, das ergibt $\sin\left(\frac{\pi x}{L}\right) = \frac{1}{4}$.

$x = \left(\frac{L}{\pi}\right) \cdot \arcsin\left(\frac{1}{4}\right) = \left(\frac{L}{\pi}\right) \cdot (0.253)$ oder

$\left(\frac{L}{\pi}\right) \cdot (\pi - 0.253) = \underline{8.05 \cdot 10^{-2} \cdot L} = \underline{0.920 \cdot L.}$

A13-10 $E_n = \frac{n^2 h^2}{8mL^2}$ [14.1–9].

$$E = \left(\frac{h^2}{8mL^2}\right) \cdot (5^2 - 4^2)$$

$$= \frac{(6.6 \cdot 10^{-34}\ \text{J s})^2 \cdot (1.8) \cdot (25 - 16)}{(3.3 \cdot 10^{-27}\ \text{kg}) \cdot (5.0 \cdot 10^{-9}\ \text{m})^2} = \underline{5.9 \cdot 10^{-24}\ \text{J.}}$$

13-1 $E = h\nu$ [Abschnitt 13.2a] $= \frac{hc}{\lambda}$.

$hc = (6.6262 \cdot 10^{-34}\ \text{J s}) \cdot (2.9979 \cdot 10^8\ \text{m s}^{-1}) = 1.986 \cdot 10^{-25}\ \text{J m}$.

$hcN_A = (1.986 \cdot 10^{-25}\ \text{J m}) \cdot (6.022 \cdot 10^{23}\ \text{m s}^{-1}) = 0.1196\ \text{J m mol}^{-1}$.

Jetzt stellen wir die folgende Tabelle auf:

λ/nm	E/J	E/ kJ mol^{-1}
600	$3.31 \cdot 10^{-19}$	199
550	$3.61 \cdot 10^{-19}$	218
400	$4.97 \cdot 10^{-19}$	299
200	$9.93 \cdot 10^{-19}$	598
$\lambda = 150$ pm	$1.32 \cdot 10^{-15}$	$79.8 \cdot 10^4$
$\lambda = 1$ cm	$1.99 \cdot 10^{-23}$	0.012

13-2 $p = \frac{h}{\lambda}$ [Abschnitt 13.2d], $h = 6.626 \cdot 10^{-34}$ J s.

Wenn das Atom diesen Impuls aufgenommen hat, ist seine Geschwindigkeit v durch $mv = p$ gegeben. Zur Auswertung verwenden wir

$m = 1.008 \cdot (1.661 \cdot 10^{-27}$ kg) [dritte Einbandseite] $= 1.674 \cdot 10^{-27}$ kg.

Jetzt stellen wir die folgende Tabelle auf:

λ/nm	p/kg m s^{-1}	v/m s^{-1}
600	$1.10 \cdot 10^{-27}$	0.66
550	$1.20 \cdot 10^{-27}$	0.72
400	$1.66 \cdot 10^{-27}$	0.99
200	$3.31 \cdot 10^{-27}$	1.98
$\lambda = 150$ pm	$4.42 \cdot 10^{-24}$	2640
$\lambda = 1$ cm	$6.63 \cdot 10^{-32}$	$3.96 \cdot 10^{-5}$

13-3 Licht von 650 nm besteht aus Photonen mit der Energie $3.055 \cdot 10^{-19}$ J $[E = h\nu]$. Eine Lichtquelle mit der Leistung 0.1 W = 0.1 J s^{-1} emittiert deshalb $\frac{0.1 \text{ J s}^{-1}}{3.055 \cdot 10^{-19} \text{ J}} = 3.27 \cdot 10^{17}$ Photonen pro Sekunde. Jedes dieser Photonen hat den Impuls $1.019 \cdot 10^{-27}$ kg m s^{-1} $\left[p = \frac{h}{\lambda}\right]$. Die Impulsübertragung pro Sekunde ist dann

$(1.019 \cdot 10^{-27} \text{ kg m s}^{-1}) \cdot (3.27 \cdot 10^{17} \text{ s}^{-1}) = 3.34 \cdot 10^{10} \text{ kg m s}^{-2}$.

Dafür können wir auch $\dot{p} = ma$ mit der Beschleunigung

$a = \frac{\dot{p}}{m} = \frac{3.34 \cdot 10^{-10} \text{ kg m s}^{-2}}{5.0 \cdot 10^{-3} \text{ kg}} = 6.68 \cdot 10^{-8}$ m s^{-2} schreiben.

Nach 10 Jahren wird die Geschwindigkeit $s = at$ mit $t = 10$ Jahre erreicht:

$s = (6.68 \cdot 10^{-8} \text{ m s}^{-2}) \cdot (10 \cdot 3600 \cdot 24 \cdot 365.25 \text{ s}) = \underline{21 \text{ m s}^{-1}}$.

13-4 Ein Photon hat die Energie $E = \dfrac{hc}{\lambda} = 3.61 \cdot 10^{-19}$ J [Aufgabe 13–1],

$1\ \mathrm{W} = 1\ \mathrm{J\ s^{-1}}$.

(a) $N = \dfrac{1.0\ \mathrm{J\ s^{-1}}}{3.61 \cdot 10^{-19}\ \mathrm{J}} = \underline{2.8 \cdot 10^{18}\ \mathrm{s^{-1}}.}$

(b) $N = \dfrac{100\ \mathrm{J\ s^{-1}}}{3.61 \cdot 10^{-19}\ \mathrm{J}} = \underline{2.8 \cdot 10^{20}\ \mathrm{s^{-1}}.}$

13-5 $\rho = \left(\dfrac{8\pi hc}{\lambda^5}\right) \cdot \left\{\dfrac{\exp\left(-\dfrac{hc}{\lambda kT}\right)}{1 - \exp\left(-\dfrac{hc}{\lambda kT}\right)}\right\}, \quad \Delta\mathcal{U} \approx \rho\Delta\lambda \quad$ [13.2–4].

$\Delta\lambda = 655\ \mathrm{nm} - 650\ \mathrm{nm} = 5\ \mathrm{nm}, \quad \lambda \approx 652.5\ \mathrm{nm}$

$\dfrac{hc}{\lambda k} = \dfrac{1.439 \cdot 10^{-2}\ \mathrm{m\ K}}{\lambda}$ [erste Einbandseite] $= 2.205 \cdot 10^4$ K

$$\frac{8\pi hc}{\lambda^5} = \frac{8\pi \cdot (6.626 \cdot 10^{-34}\ \mathrm{J\ s}) \cdot (2.998 \cdot 10^8\ \mathrm{m\ s^{-1}})}{(652.5 \cdot 10^{-9}\ \mathrm{m})^5} = 4.221 \cdot 10^7\ \mathrm{J\ m^{-4}}.$$

$$\Delta\mathcal{U} = (4.221 \cdot 10^7\ \mathrm{J\ m^{-4}}) \cdot (5 \cdot 10^{-9}\ \mathrm{m}) \cdot \left\{\frac{\exp\left(-\dfrac{2.205 \cdot 10^4\ \mathrm{K}}{T}\right)}{1 - \exp\left(-\dfrac{2.205 \cdot 10^4\ \mathrm{K}}{T}\right)}\right\}.$$

(a) $T = 298$ K (25 °C) : $\Delta\mathcal{U} = (0.211\ \mathrm{J\ m^{-3}}) \cdot (7.58 \cdot 10^{-33}) = \underline{1.6 \cdot 10^{-33}\ \mathrm{J\ m^{-3}}.}$

(b) $T = 3273$ K (3000 °C) : $\Delta\mathcal{U} = (0.211\ \mathrm{J\ m^{-3}}) \cdot (1.191 \cdot 10^{-3}) = \underline{2.5 \cdot 10^{-4}\ \mathrm{J\ m^{-3}}.}$

13-6 Wir suchen diejenige Wellenlänge, bei der ρ ein Maximum erreicht. Dazu haben wir die Gleichung $\left(\dfrac{\mathrm{d}\rho}{\mathrm{d}\lambda}\right) = 0$ zu lösen. Für $\rho(\lambda)$ verwenden wir Gl. 13.2–4.

$$\frac{\mathrm{d}\rho}{\mathrm{d}\lambda} = \left(-\frac{5}{\lambda}\right) \cdot \left(\frac{8\pi hc}{\lambda^5}\right) \cdot \left\{\frac{\exp\left(-\dfrac{hc}{\lambda kT}\right)}{1 - \exp\left(-\dfrac{hc}{\lambda kT}\right)}\right\} + \left(\frac{hc}{\lambda^5 kT}\right) \cdot \left(\frac{8\pi hc}{\lambda^5}\right) \cdot \left\{\frac{\exp\left(-\dfrac{hc}{\lambda kT}\right)}{1 - \exp\left(-\dfrac{hc}{\lambda kT}\right)}\right\}$$
$$+ \left(\frac{hc}{\lambda^5 kT}\right) \cdot \left\{\frac{\exp\left(-\dfrac{hc}{\lambda kT}\right)}{1 - \exp\left(-\dfrac{hc}{\lambda kT}\right)}\right\} \cdot \left(\frac{8\pi hc}{\lambda^5}\right) \cdot \left\{\frac{\exp\left(-\dfrac{hc}{\lambda kT}\right)}{1 - \exp\left(-\dfrac{hc}{\lambda kT}\right)}\right\} = 0.$$

$$-5+\left(\frac{hc}{\lambda kT}\right)+\left(\frac{hc}{\lambda kT}\right)\cdot\left\{\frac{\exp\left(-\frac{hc}{\lambda kT}\right)}{1-\exp\left(-\frac{hc}{\lambda kT}\right)}\right\}=0 \text{ für } \lambda=\lambda_{\max}.$$

$$-5+5\cdot\exp\left(-\frac{hc}{\lambda_{\max}kT}\right)+\left(\frac{hc}{\lambda_{\max}kT}\right)=0.$$

Für $\lambda_{\max}kT \ll hc$ gilt auch $\exp\left(-\frac{hc}{\lambda_{\max}kT}\right) \ll 1$;

daraus folgt $-5+\frac{hc}{\lambda_{\max}kT}\approx 0$ bzw. $\underline{\lambda_{\max}T \approx \frac{hc}{5k}}$.

13-7 $\lambda_{\max}=\left(\frac{hc}{5k}\right)\cdot\left(\frac{1}{T}\right)$ [Aufgabe 13–6]. Wenn wir jetzt $\lambda_{\max}$ gegen $\frac{1}{T}$ auftragen, erhalten wir eine Gerade mit der Steigung $\frac{hc}{5k}$, vergl. Abb. 13–1.

ϑ/°C	1000	1500	2000
T/K	1273	1773	2273
$\frac{1}{T/\text{K}}$	$7.86\cdot10^{-4}$	$5.64\cdot10^{-4}$	$4.40\cdot10^{-4}$
$\lambda_{\max}$/nm	2180	1600	1240

ϑ/°C	2500	3000	3500
T/K	2773	3273	3773
$\frac{1}{T/\text{K}}$	$3.61\cdot10^{-4}$	$3.06\cdot10^{-4}$	$2.65\cdot10^{-4}$
$\lambda_{\max}$/nm	1035	878	763

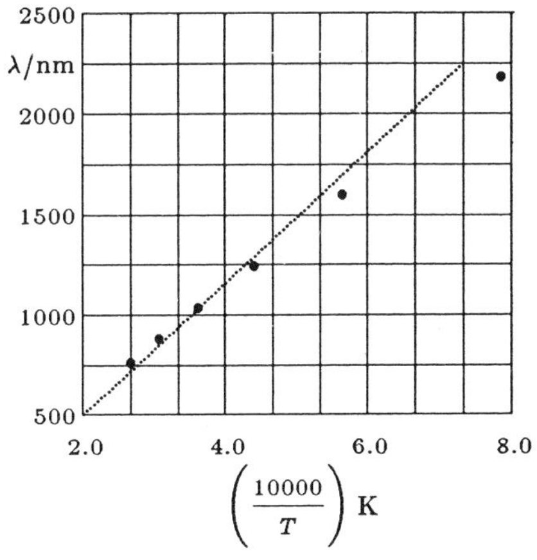

Abb. 13–1

An dem Diagramm lesen wir die Steigung $2.83 \cdot 10^6$ ab. Daraus folgt

$$\frac{hc}{5k} = \frac{2.83 \cdot 10^6 \text{ nm}}{1 \text{ K}^{-1}} = 2.83 \cdot 10^{-3} \text{ m K};$$

$$h = \frac{5 \cdot (1.38 \cdot 10^{-23} \text{ J K}^{-1}) \cdot (2.83 \cdot 10^{-3} \text{ m K})}{2.998 \cdot 10^8 \text{ m s}^{-1}} = \underline{6.51 \cdot 10^{-34} \text{ J s.}}$$

13-8 $T \approx \dfrac{hc}{5k\lambda_{\max}}, \quad \dfrac{hc}{k} = 1.439 \cdot 10^{-2} \text{ m K}$ [erste Einbandseite]

$$\lambda_{\max} = 480 \text{ nm}, \qquad T \approx \frac{1.439 \cdot 10^{-2} \text{ m K}}{5 \cdot 480 \cdot 10^{-9} \text{ m}} = \underline{6000 \text{ K.}}$$

13-10 $\dfrac{h\nu}{k} = \dfrac{(6.626 \cdot 10^{-34} \text{ J s}) \cdot (7.1 \cdot 10^{12} \text{ s}^{-1})}{1.381 \cdot 10^{-23} \text{ J K}^{-1}} = 341 \text{ K.}$

$$C_{V,\text{m}} = (24.9 \text{ J K}^{-1} \text{ mol}^{-1}) \cdot \left(\frac{341 \text{ K}}{T}\right)^2 \cdot \left\{ \frac{\exp\left(-\frac{341 \text{ K}}{T}\right)}{\left[1 - \exp\left(-\frac{341 \text{ K}}{T}\right)\right]^2} \right\} \qquad [13.2\text{–}5]$$

(a) $T = 200$ K, $C_{V,\text{m}} = \underline{19.7 \text{ J K}^{-1} \text{ mol}^{-1}.}$

(b) $T = 298$ K, $C_{V,\text{m}} = \underline{22.4 \text{ J K}^{-1} \text{ mol}^{-1}.}$

(c) $T = 700$ K, $C_{V,\text{m}} = \underline{24.4 \text{ J K}^{-1} \text{ mol}^{-1}.}$

Klassisch gilt bei allen Temperaturen $C_{V,\text{m}} = 3R = \underline{24.9 \text{ J K}^{-1} \text{ mol}^{-1}.}$

13-11 $\frac{h\nu}{k}$ hat die Dimension einer Temperatur [Aufgabe 13–10].

Wir können deshalb die äquivalente Temperatur ϑ_E definieren:

$$\vartheta_E = \frac{h\nu}{k} = (4.798 \cdot 10^{-11} \text{ s K}) \cdot \nu.$$

Für $\nu = 7.1 \cdot 10^{12}$ Hz erhalten wir dann

$$\vartheta_E = (4.798 \cdot 10^{-11} \text{ s K}) \cdot (7.1 \cdot 10^{12} \text{ s}^{-1}) = \underline{341 \text{ K.}}$$

13-12 $\frac{1}{2}mv^2 = h\nu - \Phi$ [13.2–6]

$\Phi = 2.14$ eV $\hat{=}$ $2.14 \cdot 1.602 \cdot 10^{-19}$ J [erste Einbandseite] $= 3.43 \cdot 10^{-19}$ J.

(a) $\lambda = 700$ nm, $h\nu = \frac{hc}{\lambda} = 2.84 \cdot 10^{-19}$ J.

Wegen $h\nu < \Phi$ erfolgt keine Emission von Elektronen.

(b) $\lambda = 300$ nm, $h\nu = \frac{hc}{\lambda} = 6.62 \cdot 10^{-19}$ J.

$$\frac{1}{2}mv^2 = (6.62 \cdot 10^{-19} \text{ J}) \cdot (3.43 \cdot 10^{-19} \text{ J}) = \underline{3.19 \cdot 10^{-19} \text{ J} \ (1.99 \text{ eV}).}$$

$$v = \sqrt{\frac{2 \cdot (3.19 \cdot 10^{-19} \text{ J})}{9.11 \cdot 10^{-31} \text{ kg}}} = \underline{837 \text{ km s}^{-1}.}$$

13-13 $\frac{1}{2}mv^2 = h\nu - I$, hier steht die Ionisierungsenergie I anstelle von Φ.

$$I = h\nu - \frac{1}{2}mv^2 = \frac{hc}{\lambda} - \frac{1}{2}mv^2$$

$$= 1.32 \cdot 10^{-15} \text{ J} - \frac{1}{2} \cdot (9.1095 \cdot 10^{-31} \text{ kg}) \cdot (2.14 \cdot 10^{7} \text{ m s}^{-1})^2 \quad \text{[Aufgabe 13–1]}$$

$$= 1.11 \cdot 10^{-15} \text{ J}, \quad 6930 \text{ eV} \quad \text{[Einbandseite 1]}.$$

Das ergibt eine Bindungsenergie von $\underline{6.93 \text{ eV.}}$

13-14 $\delta\lambda = \left(\frac{h}{m_e c}\right) \cdot (1 - \cos\vartheta)$ [13.2–7];

bei $\vartheta = 90^0$ ergibt das $\delta\lambda = \frac{h}{m_e c}$.

$$\delta\lambda = \frac{6.626 \cdot 10^{-34}\ \mathrm{J\ s}}{(9.1095 \cdot 10^{-31}\ \mathrm{kg}) \cdot (2.9979 \cdot 10^8\ \mathrm{m\ s^{-1}})}.$$

$$= 2.426 \cdot 10^{-12}\ \mathrm{m}, \quad \underline{2.426\ \mathrm{pm.}}$$

Für ein Proton mit $\delta\lambda = \frac{h}{m_p c}$ gilt dann

$$\delta\lambda = \left(\frac{m_e}{m_p}\right) \cdot (2.426\ \mathrm{pm}) = \left(\frac{9.1095 \cdot 10^{-31}}{1.6727 \cdot 10^{-27}}\right) \cdot (2.426\ \mathrm{pm}) = \underline{1.321 \cdot 10^{-15}\ \mathrm{m.}}$$

13-15 Siehe dazu Abb. 13–2.

Energieerhaltung.

(1) $h\nu_A + m_e c^2 = h\nu_E + \sqrt{p^2c^2 + m_e^2 c^4}$.

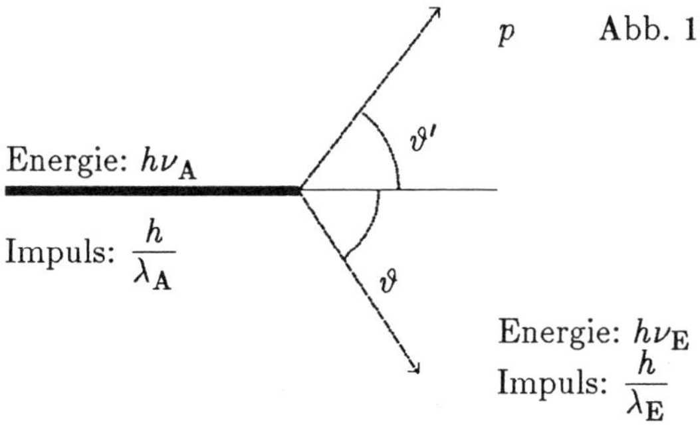

Abb. 13–2

Impulserhaltung.

(2) $\frac{h\nu_A}{c} = \left(\frac{h\nu_E}{c}\right) \cdot \cos\vartheta + p \cdot \cos\vartheta'$ (in der Bewegungsrichtung)

(3) $0 = \left(\frac{h\nu_E}{c}\right) \cdot \sin\vartheta - p \cdot \sin\vartheta'$ (senkrecht dazu).

Aus (2) und (3) folgt

$$p^2 \cdot \cos^2\vartheta' + p^2 \cdot \sin^2\vartheta' = \left[\left(\frac{h\nu_A}{c}\right) - \left(\frac{h\nu_E}{c}\right) \cdot \cos\vartheta\right]^2 + \left[\left(\frac{h\nu_E}{c}\right) \cdot \sin\vartheta\right]^2.$$

$$p^2 = \left(\frac{h^2}{c^2}\right) \cdot \left[\nu_A^2 + \nu_E^2 \cdot \cos^2\vartheta - 2 \cdot \nu_A\nu_E \cdot \cos\vartheta + \nu_E^2 \cdot \sin^2\vartheta\right]$$

$$= \left(\frac{h^2}{c^2}\right) \cdot \left[\nu_A^2 + \nu_E^2 - 2 \cdot \nu_A\nu_E \cdot \cos\vartheta\right].$$

Aus (1) folgt $p^2c^2 = (h\nu_A + m_ec^2 - h\nu_E)^2 - m_e^2c^4$; damit ergibt sich

$$\nu_A^2 + \nu_E^2 - 2 \cdot \nu_A\nu_E \cdot \cos\vartheta = \nu_A^2 + \nu_E^2 + 2 \cdot \left(\frac{m_ec^2}{h}\right) \cdot (\nu_A - \nu_E) - 2 \cdot \nu_A\nu_E$$

oder $2 \cdot \nu_A\nu_E \cdot (1 - \cos\vartheta) = 2 \cdot \left(\frac{m_ec^2}{h}\right) \cdot (\nu_A - \nu_E)$.

Wir erhalten damit

$$\frac{\nu_A - \nu_E}{\nu_A\nu_E} + \left(\frac{h}{m_ec^2}\right) \cdot (1 - \cos\vartheta).$$

Wegen $\frac{\nu_A - \nu_E}{\nu_A\nu_E} = \frac{1}{\nu_E} - \frac{1}{\nu_A} = \left(\frac{\lambda_E}{c}\right) - \left(\frac{\lambda_A}{c}\right)$ gilt dann auch

$$\underline{\lambda_E - \lambda_A = \left(\frac{h}{m_ec}\right) \cdot (1 - \cos\vartheta).}$$

13-16 $E = h\nu, \quad \nu = \frac{1}{\text{Schwingungsdauer}}.$

(a) $E = (6.626 \cdot 10^{-34}\ \text{J s}) \cdot \left(\frac{1}{10^{-15}\ \text{s}}\right) = 6.626 \cdot 10^{-19}\ \text{J}$, $\underline{400\ \text{kJ mol}^{-1}}$.

(b) $E = (6.626 \cdot 10^{-34}\ \text{J s}) \cdot \left(\frac{1}{10^{-14}\ \text{s}}\right) = 6.626 \cdot 10^{-20}\ \text{J}$, $\underline{40\ \text{kJ mol}^{-1}}$.

(c) $E = (6.626 \cdot 10^{-34}\ \text{J s}) \cdot \left(\frac{1}{1\ \text{s}}\right) = 6.626 \cdot 10^{-34}\ \text{J}$, $\underline{4 \cdot 10^{-13}\ \text{kJ mol}^{-1}}$.

13-17 $\lambda = \frac{h}{p} = \frac{h}{mv}$ [13.2–8]

(a) $\lambda = \frac{h}{(1 \cdot 10^{-3}\ \text{kg}) \cdot (1 \cdot 10^{-2}\ \text{m s}^{-2})} = \underline{7 \cdot 10^{-29}\ \text{m.}}$

(b) $\lambda = \frac{h}{(1 \cdot 10^{-3}\ \text{kg}) \cdot (100 \cdot 10^{3}\ \text{m s}^{-2})} = \underline{7 \cdot 10^{-36}\ \text{m.}}$

(c) $\frac{1}{2}mv^2 \approx \frac{3}{2}kT$ [0.1–3], $v = \sqrt{\frac{3kT}{m}}$;

$$\lambda \approx \frac{h}{m \cdot \sqrt{\frac{3kT}{m}}} = \frac{h}{\sqrt{3kTm}}.$$

$m = 4.00 \cdot (1.66 \cdot 10^{-27}\ \text{kg})$ [dritte Einbandseite] $= 6.64 \cdot 10^{-27}$ kg.

$$\lambda \approx \frac{6.626 \cdot 10^{-34}\ \text{J s}}{3 \cdot (6.64 \cdot 10^{-27}\ \text{kg}) \cdot (1.38 \cdot 10^{-23}\ \text{J K}^{-1}) \cdot (298\ \text{K})}$$
$$= 73 \cdot 10^{-12}\ \text{m} = \underline{73\ \text{pm.}}$$

(d) $\frac{1}{2}mv^2 = e\Delta\phi$; $v = \sqrt{\frac{2e\Delta\phi}{m}}$

$$\lambda = \frac{h}{mv} = \frac{h}{\sqrt{2me\Delta\phi}}$$
$$= \frac{h}{\sqrt{2 \cdot (9.1091 \cdot 10^{-31}\ \text{kg}) \cdot (1.6021 \cdot 10^{-19}\ \text{C}) \cdot \Delta\phi)}}$$
$$= \frac{1.226 \cdot 10^{-9}\ \text{m}}{\sqrt{\Delta\phi/\text{V}}} \quad [1\ \text{J} = 1\ \text{C V}]$$

$\Delta\phi = 100$ V, $\lambda = \frac{1.226 \cdot 10^{-9}\ \text{m}}{\sqrt{100}} = 1.23 \cdot 10^{-10}\ \text{m} = \underline{123\ \text{pm.}}$

$\Delta\phi = 1$ kV, $\lambda = \frac{1.226 \cdot 10^{-9}\ \text{m}}{\sqrt{10^3}} = 4 \cdot 10^{-11}\ \text{m} = \underline{40\ \text{pm.}}$

$\Delta\phi = 100$ kV, $\lambda = \frac{1.226 \cdot 10^{-9}\ \text{m}}{\sqrt{10^5}} = 4 \cdot 10^{-12}\ \text{m} = \underline{4\ \text{pm.}}$

13-18 $\delta p \delta q \geq \frac{1}{2}\hbar$ [13.4–8]; $\delta v = \frac{\text{d}p}{m} \geq \frac{\hbar}{2m\delta q}$; $\delta q \geq \frac{\hbar}{2m\delta v}$.

$$\delta v \geq \frac{1.0545 \cdot 10^{-34}\ \text{J s}}{2 \cdot (0.5\ \text{kg}) \cdot (10^{-6}\ \text{m})} = \underline{1 \cdot 10^{-28}\ \text{m s}^{-1}.}$$

$$\delta q \geq \frac{1.0545 \cdot 10^{-34}\ \text{J s}}{2 \cdot (5 \cdot 10^{-3}\ \text{kg}) \cdot (10^{-5}\ \text{m s}^{-1})} = \underline{1 \cdot 10^{-27}\ \text{m.}}$$

13-19 $\delta p \geq \frac{\hbar}{2\delta q} = \frac{1.0545 \cdot 10^{-34}\ \mathrm{J\ s}}{2 \cdot (10^{-10}\ \mathrm{m})} = \underline{5 \cdot 10^{-25}\ \mathrm{kg\ m\ s^{-1}}}.$

$$\delta v = \frac{\delta p}{m} = \frac{5 \cdot 10^{-25}\ \mathrm{kg\ m\ s^{-1}}}{9.019 \cdot 10^{-31}\ \mathrm{kg}} = \underline{5 \cdot 10^{5}\ \mathrm{m\ s^{-1}}}.$$

13-20 $\int \psi^* \beta \mathrm{d}\tau = 1$ [13.3–7];

wir schreiben $\psi = Nf$ und berechnen für gegebenes f den Wert von N.

$$\text{(a) } N^2 \int_0^L \sin^2\left(\frac{n\pi x}{L}\right) \mathrm{d}x = \frac{1}{2}N^2 \int_0^L \left\{1 - \cos\left(\frac{2n\pi x}{L}\right)\right\} \mathrm{d}x$$

$$= \tfrac{1}{2}N^2 \cdot \left[x - \left(\frac{L}{2n\pi}\right) \cdot \sin\left(\frac{2n\pi x}{L}\right)\right]_0^L = \left(\frac{L}{2}\right) \cdot N^2 = 1,$$

also $\underline{N = \sqrt{\frac{2}{L}}}.$

$$\text{(b) } N^2 \int_{-L}^{L} c^2 \mathrm{d}x = 2N^2 c^2 L = 1,$$

also $\underline{N = \frac{1}{c \cdot \sqrt{2L}}}.$

$$\text{(c) } N^2 \int_0^\infty \mathrm{d}r \cdot r^2 \int_0^\pi \mathrm{d}\vartheta \cdot \sin\vartheta \int_0^{2\pi} \mathrm{d}\phi \cdot \mathrm{e}^{-\frac{2r}{a_0}} \quad \text{[Beispiel 13–3]}$$

$$= N^2 \int_0^\infty r^2 \cdot \mathrm{e}^{-\frac{2r}{a_0}} \mathrm{d}r \int_0^\pi \mathrm{d}\vartheta \sin\vartheta \int_0^{2\pi} \mathrm{d}\phi$$

$$= N^2 \cdot \left(\frac{a_0^3}{4}\right) \cdot (2) \cdot (2\pi) = N^2 a_0^3 \pi, \quad \text{also} \quad \underline{N = \frac{1}{\sqrt{\pi a_0^3}}}.$$

(d) $N^2 \int_0^\infty dr \cdot r^2 \int_0^\pi d\vartheta \cdot \sin\vartheta \int_0^{2\pi} d\phi \cdot r^2 \cdot \sin^2\vartheta \cdot \cos^2\phi \cdot e^{-\frac{r}{a_0}} \quad [x = r \sin\vartheta \cos\phi]$

$$= N^2 \int_0^\infty r^4 \cdot e^{-\frac{r}{a_0}} dr \int_0^\pi d\vartheta \cdot \sin^3\vartheta \int_0^{2\pi} d\phi \cdot \cos^2\pi$$

$$= N^2 \cdot (4! \cdot a_0^5) \cdot (\tfrac{4}{3}) \cdot (\pi) = N^2 \cdot 32 \cdot \pi \cdot a_0^5, \quad \text{also} \quad \underline{N = \frac{1}{\sqrt{32 \cdot \pi \cdot a_0^5}}}.$$

$$\left[\text{Regel:} \int_0^\pi d\vartheta \sin\vartheta \cos^n\vartheta = -\int_1^{-1} (d\cos\vartheta)\cos^n\vartheta = \int_{-1}^1 x^n dx.\right]$$

13-21 $\psi^2(x) = \left(\frac{2}{L}\right) \cdot \sin^2\left(\frac{\pi x}{L}\right), \quad L = 10$ nm.

Die Wahrscheinlichkeit dafür, das Teilchen zwischen $x = a$ und $x = b$ anzutreffen, ist

$$P(a,b) = \int_a^b \psi^2(x) dx = \left(\frac{2}{L}\right) \int_a^b \sin^2\left(\frac{x\pi}{L}\right) dx$$
$$= \left[\left(\frac{x}{L}\right) - \left(\frac{1}{2\pi}\right) \cdot \sin\left(\frac{2\pi x}{L}\right)\right]_a^b.$$

(a) $a = 4.95$ nm, $b = 5.05$ nm; $L = 10$ nm :

$$P = \left(\frac{0.10}{10}\right) - \left(\frac{1}{2\pi}\right) \cdot [\sin(2\pi \cdot 0.505) - \sin(2\pi \cdot 0.495)] = \underline{0.020 \ (2\ \%)}.$$

(b) $a = 1.95$ nm, $b = 2.05$ nm, $L = 10$ nm :

$$P = 0.01 - \left(\frac{1}{2\pi}\right) \cdot [\sin(2\pi \cdot 0.205) - \sin(2\pi \cdot 0.195)] = \underline{0.007 \ (0.7\ \%)}.$$

(c) $a = 9.90$ nm, $b = 10.00$ nm, $L = 10$ nm :

$$P = 0.01 - \left(\frac{1}{2\pi}\right) \cdot [\sin(2\pi) - \sin(2\pi \cdot 0.99)] = \underline{6.6 \cdot 10^{-6}}.$$

(d) $P = \frac{1}{2}$ aus Symmetriegründen.

(e) $a = \frac{L}{3}, \quad b = \frac{2 \cdot L}{3}$

$$P = \tfrac{1}{3} - \left(\frac{1}{2\pi}\right) \cdot \left[\sin\left(\frac{4\pi}{3}\right) - \sin\left(\frac{2\pi}{3}\right)\right] = \underline{0.61 \ (61\ \%)}.$$

13-22 $\psi^2(r,\vartheta,\phi)\mathrm{d}\tau = \left(\frac{1}{\pi a_0^3}\right)\cdot \exp\left(-\frac{2r}{a_0}\right)\mathrm{d}\tau, \quad a_0 = 53\ \mathrm{pm}$

$\delta\tau \approx \frac{4}{3}\pi\cdot(1.0\ \mathrm{pm})^3 = 4.2\ \mathrm{pm}^3.$

(a) $r = 0;\quad \psi^2 = \frac{1}{\pi a_0^3} = \frac{1}{53^3\cdot\pi\ \mathrm{pm}^3}.$

$P = \frac{4.2\ \mathrm{pm}^3}{53^2\cdot\pi\ \mathrm{pm}^3} = \underline{9.0\cdot 10^{-6}}.$

(b) $r = a_0;\quad \psi^2 = \frac{\mathrm{e}^{-2}}{\pi a_0^3}$

$P = 9.0\cdot 10^{-6}\cdot \mathrm{e}^{-2} = \underline{1.2\cdot 10^{-6}}.$

13-23 (a) $\psi = N\cdot(2-\left(\frac{r}{a_0}\right)\cdot \mathrm{e}^{-\frac{r}{a_0}}\cdot r^2\cdot \mathrm{d}r$

$$\int\psi^2\mathrm{d}\tau = N^2\int_0^\infty\left(2-\frac{r}{a_0}\right)^2\cdot\mathrm{e}^{-\frac{r}{a_0}}\cdot r^2\cdot\mathrm{d}r\cdot\int_0^\pi \sin\vartheta\ \mathrm{d}\vartheta\cdot\int_0^{2\pi}\mathrm{d}\phi$$

$$= N^2\int_0^\infty\left(4r^2-\frac{4r^3}{a_0}+\frac{r^4}{a_0^2}\right)\cdot\mathrm{e}^{-\frac{r}{a_0}}\cdot\mathrm{d}r\cdot\int_{-1}^1\mathrm{d}\cos\vartheta\cdot\int_0^{2\pi}\mathrm{d}\phi$$

$$= N^2\left\{4\cdot 2a_0^3-4\cdot\frac{6a_0^4}{a_0}+\frac{24a_0^5}{a_0^2}\right\}\cdot 2\cdot 2\pi$$

$$= 32\pi a_0^3 N^2;\quad \text{das ergibt}\quad \underline{N = \sqrt{\frac{1}{32\pi a_0^3}}}.$$

(b) $\psi = r\sin\vartheta\cos\phi\ \mathrm{e}^{-\frac{r}{2a_0}}$

$$\int\psi^2\mathrm{d}\tau = N^2\int_0^\infty r^4\cdot\mathrm{e}^{-\frac{r}{a_0}}\ \mathrm{d}r\cdot\int_0^\pi \sin^2\vartheta\ \sin\vartheta\cdot\mathrm{d}\vartheta\cdot\int_0^{2\pi}\cos^2\phi\ \mathrm{d}\phi$$

$$= N^2\cdot(4!\cdot a_0^5)\cdot\int_{-1}^1(1-\cos^2\vartheta)\cdot\mathrm{d}(\cos\vartheta)\cdot\pi$$

$$= N^2\cdot(4!\cdot a_0^5)\cdot\left(2-\tfrac{2}{3}\right)\cdot\pi = 32\pi a_0^5 N^2;\quad \text{das ergibt}\quad \underline{N = \sqrt{\frac{1}{32\pi a_0^5}}}.$$

13-24 ψ ist genau dann eine Eigenfunktion von $\frac{\mathrm{d}}{\mathrm{d}x}$, wenn $\left(\frac{\mathrm{d}}{\mathrm{d}x}\right)\psi = a \cdot \psi$ ist, wobei a eine Zahl (der sogenannte Eigenwert) ist [13.4–3].

(a) $\left(\frac{\mathrm{d}}{\mathrm{d}x}\right) \mathrm{e}^{ikx} = ik \cdot \mathrm{e}^{ikx}$; ja; Eigenwert = $\underline{ik}$.

(b) $\left(\frac{\mathrm{d}}{\mathrm{d}x}\right) \cos kx = -k \sin kx$; nein.

(c) $\left(\frac{\mathrm{d}}{\mathrm{d}x}\right) k = 0$; ja; Eigenwert = $\underline{0}$.

(d) $\left(\frac{\mathrm{d}}{\mathrm{d}x}\right) kx = k = \left(\frac{1}{x}\right) \cdot kx$; nein; $\left[\frac{1}{x}\right.$ ist keine Konstante$\left.\right]$.

(e) $\left(\frac{\mathrm{d}}{\mathrm{d}x}\right) \mathrm{e}^{-\alpha x^2} = -2\alpha x \cdot \mathrm{e}^{-\alpha x^2}$; nein; [$-2\alpha x$ ist keine Konstante].

13-25 (a) $\left(\frac{\mathrm{d}^2}{\mathrm{d}x^2}\right) \mathrm{e}^{ikx} = -k^2 \cdot \mathrm{e}^{ikx}$; ja; Eigenwert = $\underline{-k^2}$.

(b) $\left(\frac{\mathrm{d}^2}{\mathrm{d}x^2}\right) \cos kx = -k^2 \cdot \cos kx$; ja; Eigenwert = $\underline{-k^2}$.

(c) $\left(\frac{\mathrm{d}^2}{\mathrm{d}x^2}\right) k = 0$, ja; Eigenwert = $\underline{0}$.

(d) $\left(\frac{\mathrm{d}^2}{\mathrm{d}x^2}\right) kx = 0$; ja; Eigenwert = $\underline{0}$.

(e) $\left(\frac{\mathrm{d}^2}{\mathrm{d}x^2}\right) \mathrm{e}^{-\alpha x^2} = -2\alpha \cdot \mathrm{e}^{-2\alpha x^2} + 4\alpha^2 x^2 \cdot \mathrm{e}^{-\alpha x^2}$; nein.

Die mit (a), (b), (c) und (d) bezeichneten Funktionen sind also Eigenfunktionen von $\left(\frac{\mathrm{d}^2}{\mathrm{d}x^2}\right)$, (b) und (d) sind aber nicht Eigenfunktionen von $\left(\frac{\mathrm{d}}{\mathrm{d}x}\right)$.

13-26 $\psi = \cos\chi \cdot e^{ikx} + \sin\chi \cdot e^{-ikx}$

(a) $P = \underline{\cos^2\chi}$ [Abschnitt 13.4b]

(b) $P = \underline{\sin^2\chi}$

(c) $\cos^2\chi = 0.90$; $\cos\chi = \pm 0.95$; $\sin^2\chi = 0.10$; $\sin\chi = \pm 0.32$.

Das ergibt $\psi = \underline{0.95 \cdot e^{ikx} \pm 0.32 \cdot e^{-ikx}}.$

13-27 $<T> = N^2 \int \psi^* \left(\frac{\hat{p}^2}{2m}\right) \psi \mathrm{d}\tau$ [13.4–7]

$$\frac{\hat{p}^2}{2m} = -\left(\frac{\hbar^2}{2m}\right) \cdot \frac{\mathrm{d}^2}{\mathrm{d}x^2} \quad [13.4\text{–}5]$$

$$\hat{p}^2\psi = -\hbar^2 \cdot \left(\frac{\mathrm{d}^2}{\mathrm{d}x^2}\right) \cdot \left(\cos\chi \cdot e^{ikx} + \sin\chi \cdot e^{-ikx}\right)$$ [ψ ist noch nicht normalisiert]

$$= \hbar^2 \cdot \left(k^2 \cdot \cos\chi \cdot e^{ikx} + k^2 \cdot \sin\chi \cdot e^{-ikx}\right)$$

$$= k^2\hbar^2 \cdot \left(\cos\chi \cdot e^{ikx} + \sin\chi \cdot e^{-ikx}\right) = k^2\hbar^2\psi$$

$$<T> = \frac{\int \psi^* \left(\frac{\hat{p}^2}{2m}\right) \psi \mathrm{d}\tau}{\int \psi^* \psi \mathrm{d}\tau} \quad \text{[Normalisierung]}$$

$$= \left(\frac{k^2\hbar^2}{2m}\right) \cdot \frac{\int \psi^* \psi \mathrm{d}\tau}{\int \psi^* \psi \mathrm{d}\tau} = \underline{\frac{k^2\hbar^2}{2m}}.$$

13-28 $< p_x >= \int_{-\infty}^{\infty} \psi^*(x)\hat{p}_x\psi(x)\mathrm{d}x$ [13.4–7]

$$= \left(\frac{\hbar}{\mathrm{i}}\right) \cdot \int_{-\infty}^{\infty} \psi \cdot (x) \left(\frac{\mathrm{d}\psi}{\mathrm{d}x}\right) \mathrm{d}x \quad [13.4\text{–}5]$$

(a) $\mathrm{e}^{\mathrm{i}kx}$:

$$< p_x > = \left(\frac{\hbar}{\mathrm{i}}\right) \cdot \frac{\int_{-\infty}^{\infty} \mathrm{e}^{-\mathrm{i}kx} \left(\frac{\mathrm{d}}{\mathrm{d}x}\right) \mathrm{e}^{\mathrm{i}kx}\, \mathrm{d}x}{\int_{-\infty}^{\infty} \mathrm{e}^{-\mathrm{i}kx}\, \mathrm{e}^{\mathrm{i}kx}\, \mathrm{d}x}$$

$$= \left(\frac{\hbar}{\mathrm{i}}\right) \cdot (\mathrm{i}k) \cdot \frac{\int_{-\infty}^{\infty} \mathrm{e}^{-\mathrm{i}kx} \cdot \mathrm{e}^{\mathrm{i}kx}\, \mathrm{d}x}{\int_{-\infty}^{\infty} \mathrm{e}^{-\mathrm{i}kx}\, \mathrm{e}^{\mathrm{i}kx}\, \mathrm{d}x} = \underline{\hbar k.}$$

(b) $\cos kx$:

$$< p_x > \propto \left(\frac{\hbar}{\mathrm{i}}\right) \cdot \int_{-\infty}^{\infty} \cos(kx) \cdot \left(\frac{\mathrm{d}}{\mathrm{d}x}\right) (\cos kx) \cdot \mathrm{d}x$$

$$= \left(\frac{\hbar}{\mathrm{i}}\right) \cdot (-k) \cdot \int_{-\infty}^{\infty} \cos kx \cdot \sin kx \cdot \mathrm{d}x = \underline{0.}$$

(c) $\mathrm{e}^{-\alpha x^2}$:

$$< p_x > \propto \left(\frac{\hbar}{\mathrm{i}}\right) \cdot \int_{-\infty} +\infty \mathrm{e}^{-\alpha x^2} \left(\frac{\mathrm{d}}{\mathrm{d}x}\right) \mathrm{e}^{-\alpha x^2}\, \mathrm{d}x$$

$$= -\left(\frac{2\alpha\hbar}{\mathrm{i}}\right) \cdot \int_{-\infty}^{\infty} x\, \mathrm{e}^{-2\alpha x^2}\, \mathrm{d}x = \underline{0.}$$

13-29 $< r >= N^2 \int \psi^* r \psi \mathrm{d}\tau, \quad < r^2 >= N^2 \int \psi^* \cdot r^2 \psi \mathrm{d}\tau$

(a) $\psi = \left(2 - \frac{r}{a_0}\right) \cdot \mathrm{e}^{-\frac{r}{2a_0}}; \quad N = \sqrt{\frac{1}{32\pi a_0^3}}$ [Aufgabe 13-23]

$$< r > = \left(\frac{1}{32\pi a_0^3}\right) \cdot \int_0^\infty r \cdot \left(2 - \frac{r}{a_0}\right)^2 r^2 \,\mathrm{e}^{-\frac{r}{a_0}} \cdot 4\pi$$

$$= \left(\frac{1}{8a_0^3}\right) \cdot \int_0^\infty \left(4r^3 - \frac{4r^4}{a_0} + \frac{r^5}{a_0^2}\right) \cdot \mathrm{e}^{-\frac{r}{a_0}} \cdot \mathrm{d}r$$

$$= \left(\frac{1}{8a_0^3}\right) \cdot (4 \cdot 3! \cdot a_0^4 - 4 \cdot 4! \cdot a_0^4 + 5! \cdot a_0^4) = \underline{6a_0.}$$

$$< r^2 > = \left(\frac{1}{8a_0^3}\right) \cdot \int_0^\infty \left(4r^2 - \frac{4r^5}{a_0} + \frac{r^6}{a_0^2}\right) \cdot \mathrm{e}^{-\frac{r}{a_0}} \cdot \mathrm{d}r$$

$$= \left(\frac{1}{8a_0^3}\right) \cdot (4 \cdot 4! - 4 \cdot 5! + 6!) \cdot a_0^5 = \underline{42\, a_0^2.}$$

(b) $\psi = Nr \cdot \sin\vartheta \cos\phi \,\mathrm{e}^{-\frac{r}{2a_0}}; \quad N = \sqrt{\frac{1}{32\pi a_0^3}}$ [Aufgabe 13–23]

$$< r > = \left(\frac{1}{32_{\mathrm{p}} a_0^5}\right) \cdot \int_0^\infty r^5 \,\mathrm{e}^{-\frac{r}{a_0}} \,\mathrm{d}r \cdot \left(\frac{4\pi}{3}\right)$$

$$= \left(\frac{1}{24a_0^5}\right) \cdot 5! \cdot a_0^6 = \underline{5\, a_0.}$$

$$< r^2 > = \left(\frac{1}{24a_0^5}\right) \cdot \int_0^\infty r^6 \,\mathrm{e}^{-\frac{r}{a_0}} \,\mathrm{d}r$$

$$= \left(\frac{1}{24a_0^5}\right) \cdot 6! \cdot a_0^7 = \underline{30\, a_0^2.}$$

(c) $\psi = \sqrt{\frac{1}{\pi a_0^3}} \cdot \mathrm{e}^{-\frac{r}{a_0}}$ [Aufgabe 13–3]

13-30 $<V> = \int \psi^* \cdot \left(\frac{-e^2}{4\pi\varepsilon_0 r}\right) \cdot \psi \mathrm{d}\tau$

$$= -\left(\frac{e^2}{4\pi\varepsilon_0}\right) \cdot \left(\frac{1}{\pi a_0^3}\right) \cdot \int_0^\infty \left(\frac{1}{r}\right) \cdot r^2 \cdot \mathrm{e}^{-\frac{2r}{a_0}} \mathrm{d}r \cdot \int_0^\pi \sin\vartheta \, \mathrm{d}\vartheta \cdot \int_0^{2\pi} \mathrm{d}\phi$$

$$= -\left(\frac{e^2}{4\pi\varepsilon_0}\right) \cdot \left(\frac{4}{a_0^3}\right) \cdot \int_0^\infty r \cdot \mathrm{e}^{\frac{2r}{a_0}} \mathrm{d}r$$

$$= -\left(\frac{e^2}{4\pi\varepsilon_0}\right) \cdot \left(\frac{4}{a_0^3}\right) \cdot \left(\frac{a_0}{2}\right)^2 = \underline{-\frac{e^2}{4\pi\varepsilon_0 a_0}}.$$

13-31 $x_{\mathrm{Op}} = x, \quad p_{x,\mathrm{Op}} = \left(\frac{\hbar}{\mathrm{i}}\right) \cdot \left(\frac{\partial}{\partial x}\right)$ [13.4–5]

$[x_{\mathrm{Op}}, y_{\mathrm{Op}}]\ \psi = [x, y]\ \psi = (xy - yx)\ \psi = 0$; daraus folgt $[x_{\mathrm{Op}}, y_{\mathrm{Op}}] = 0$,
x und y sind also nicht komplementär.

$[x_{\mathrm{Op}}, x_{\mathrm{Op}}]\ \psi = [x, x]\ \psi = (xx - xx)\ \psi = (x^2 - x^2)\ \psi = 0$; daraus folgt $\underline{[x_{\mathrm{Op}}, x_{\mathrm{Op}}]\ \psi = 0.}$

$$[p_{x,\mathrm{Op}}, p_{y,\mathrm{Op}}]\ \psi = \left(\frac{\hbar}{\mathrm{i}}\right)^2 \cdot \left[\left(\frac{\partial}{\partial x}\right), \left(\frac{\partial}{\partial y}\right)\right]\ \psi = \left(\frac{\hbar}{\mathrm{i}}\right)^2 \cdot \left\{\frac{\partial^2}{\partial x \partial y} - \frac{\partial^2}{\partial y \partial x}\right\}\ \psi,$$

$\frac{\partial^2 \psi}{\partial x \partial y} = \frac{\partial^2 \psi}{\partial y \partial x}$ [Kasten 3–1], das ergibt $\underline{[p_{x,\mathrm{Op}}, p_{y,\mathrm{Op}}] = 0.}$

$$[x_{\mathrm{Op}}, p_{x,\mathrm{Op}}]\ \psi = \left(\frac{\hbar}{\mathrm{i}}\right) \cdot \left[x, \left(\frac{\partial}{\partial x}\right)\right]\ \psi$$

$$= \left(\frac{\hbar}{\mathrm{i}}\right) \cdot \left\{x\left(\frac{\partial}{\partial x}\right) - \left(\frac{\partial}{\partial x}\right) x\right\}\ \psi$$

$$= \left(\frac{\hbar}{\mathrm{i}}\right) \cdot \left\{x\left(\frac{\partial \psi}{\partial x}\right) - \left(\frac{\partial x\psi}{\partial x}\right)\right\}$$

$$= \left(\frac{\hbar}{\mathrm{i}}\right) \cdot \left\{x\left(\frac{\partial \psi}{\partial x}\right) - \psi - x\left(\frac{\partial \psi}{\partial x}\right)\right\} = \hbar \mathrm{i} \psi.$$

Damit wird $\underline{x_{\mathrm{Op}}, p_{x,\mathrm{Op}} = \hbar \mathrm{i}}$, und x und $p_{x,\mathrm{Op}}$ sind komplementäre Observable. Ihr Produkt hat die Dimension einer Wirkung (J s).

$$
\begin{aligned}
\left[x_{\mathrm{Op}}, p_{y,\mathrm{Op}}\right] \psi &= \left(\frac{\hbar}{\mathrm{i}}\right) \cdot \left[x, \left(\frac{\partial}{\partial y}\right)\right] \psi \\
&= \left(\frac{\hbar}{\mathrm{i}}\right) \cdot \left\{x \left(\frac{\partial}{\partial y}\right) - \left(\frac{\partial}{\partial y}\right) x\right\} \psi \\
&= \left(\frac{\hbar}{\mathrm{i}}\right) \cdot \left\{x \left(\frac{\partial \psi}{\partial y}\right) - x \left(\frac{\partial \psi}{\partial y}\right)\right\} = 0.
\end{aligned}
$$

Damit wird $\underline{x_{\mathrm{Op}}, p_{x,\mathrm{Op}} = 0}$, und x und $p_{y,\mathrm{Op}}$ sind nicht komplementär.

13-32 $\left[x_{\mathrm{Op}}, p_{x,\mathrm{Op}}\right] \neq 0$, deshalb können x und p_x nicht gleichzeitig beliebig genau bestimmt werden.

$\left[y_{\mathrm{Op}}, p_{x,\mathrm{Op}}\right] = 0$ [wie in der vorigen Aufgabe für x, p_y]; für eine gleichzeitige Bestimmung von y und p_x besteht also kein Hindernis.

$[x_{\mathrm{OP}}, y_{\mathrm{Op}}] = [x_{\mathrm{Op}}, z_{\mathrm{Op}}] = [y_{\mathrm{Op}}, z_{\mathrm{Op}}] = 0$ [wie in der vorigen Aufgabe für x, y]; die drei Ortskoordinaten lassen sich also ohne Einschränkung gleichzeitig bestimmen.

13-33 $l_{x,\mathrm{Op}} = y_{\mathrm{Op}} p_{z,\mathrm{Op}} - z_{\mathrm{Op}} p_{y,\mathrm{Op}} = \left(\frac{\hbar}{\mathrm{i}}\right) \cdot \left\{y \left(\frac{\partial}{\partial z}\right) - z \left(\frac{\partial}{\partial z}\right)\right\}$

$$l_{y,\mathrm{Op}} = z_{\mathrm{Op}} p_{x,\mathrm{Op}} - x_{\mathrm{Op}} p_{z,\mathrm{Op}} = \left(\frac{\hbar}{\mathrm{i}}\right) \cdot \left\{z \left(\frac{\partial}{\partial x}\right) - x \left(\frac{\partial}{\partial z}\right)\right\}$$

$$l_{z,\mathrm{Op}} = x_{\mathrm{Op}} p_{y,\mathrm{Op}} - y_{\mathrm{Op}} p_{x,\mathrm{Op}} = \left(\frac{\hbar}{\mathrm{i}}\right) \cdot \left\{x \left(\frac{\partial}{\partial y}\right) - y \left(\frac{\partial}{\partial x}\right)\right\}$$

$$
\begin{aligned}
\left[l_{x,\mathrm{Op}}, l_{y,\mathrm{Op}}\right] \psi &= \left(\frac{\hbar}{\mathrm{i}}\right)^2 \cdot \left[\left(y \cdot \frac{\partial}{\partial z} - z \cdot \frac{\partial}{\partial y}\right), \left(z \cdot \frac{\partial}{\partial x} - x \cdot \frac{\partial}{\partial z}\right)\right] \psi \\
&= \left(\frac{\hbar}{\mathrm{i}}\right)^2 \cdot \left\{\left[y \cdot \frac{\partial}{\partial z} - z \cdot \frac{\partial}{\partial y}\right] \cdot \left[z \cdot \frac{\partial}{\partial x} - x \cdot \frac{\partial}{\partial z}\right] - \left[z \cdot \frac{\partial}{\partial x} - x \cdot \frac{\partial}{\partial z}\right] \cdot \left[y \cdot \frac{\partial}{\partial z} - z \cdot \frac{\partial}{\partial y}\right]\right\} \psi
\end{aligned}
$$

$$= \left(\frac{\hbar}{\mathrm{i}}\right)^2 \cdot \left\{ y \cdot \left(\frac{\partial}{\partial z}\right) z \cdot \left(\frac{\partial}{\partial x}\right) - y \cdot \left(\frac{\partial}{\partial z}\right) x \cdot \left(\frac{\partial}{\partial z}\right) - z \cdot \left(\frac{\partial}{\partial y}\right) z \cdot \left(\frac{\partial}{\partial x}\right) + z \cdot \left(\frac{\partial}{\partial y}\right) x \cdot \left(\frac{\partial}{\partial z}\right) \right.$$

$$\left. - z \cdot \left(\frac{\partial}{\partial x}\right) y \cdot \left(\frac{\partial}{\partial z}\right) + z \cdot \left(\frac{\partial}{\partial x}\right) z \cdot \left(\frac{\partial}{\partial y}\right) + x \cdot \left(\frac{\partial}{\partial z}\right) y \cdot \left(\frac{\partial}{\partial z}\right) - x \cdot \left(\frac{\partial}{\partial z}\right) z \cdot \left(\frac{\partial}{\partial y}\right) \right\} \psi$$

$$= \left(\frac{\hbar}{\mathrm{i}}\right)^2 \cdot \left\{ yz \left(\frac{\partial^2}{\partial z \partial x}\right) + y \cdot \left(\frac{\partial}{\partial x}\right) - yx \left(\frac{\partial^2}{\partial z^2}\right) \right.$$

$$- z^2 \left(\frac{\partial^2}{\partial y \partial x}\right) + zx \left(\frac{\partial^2}{\partial y \partial z}\right) - zy \left(\frac{\partial^2}{\partial x \partial z}\right) + z^2 \left(\frac{\partial^2}{\partial x \partial y}\right)$$

$$\left. + xy \left(\frac{\partial^2}{\partial z^2}\right) - x \cdot \left(\frac{\partial}{\partial y}\right) - xz \left(\frac{\partial^2}{\partial z \partial y}\right) \right\} \psi$$

$$= \left(\frac{\hbar}{\mathrm{i}}\right)^2 \cdot \left(y \cdot \left(\frac{\partial}{\partial x}\right) - x \cdot \left(\frac{\partial}{\partial y}\right) \right) \psi = - \left(\frac{\hbar}{\mathrm{i}}\right) \cdot l_{z,\mathrm{Op}} \psi = \mathrm{i}\hbar l_{z,\mathrm{Op}} \psi .$$

Das ergibt $\underline{\left[l_{x,\mathrm{Op}}, l_{y,\mathrm{Op}}\right] = \mathrm{i}\hbar l_{z,\mathrm{Op}}}$.

14 Quantentheorie: Methoden und Anwendungen

A14-1 $P = \dfrac{1}{1+G}$ mit

$$G = \frac{\left\{\exp\left(\sqrt{\dfrac{2m\cdot(V-E)}{\left(\dfrac{h}{2\pi}\right)^2}}\cdot L\right) - \exp\left(\sqrt{\dfrac{2m\cdot(V-E)}{\left(\dfrac{h}{2\pi}\right)^2}}\cdot L\right)\right\}^2}{4\cdot\left(\dfrac{E}{V}\right)\cdot\left[1-\left(\dfrac{E}{V}\right)\right]} \qquad [14.1\text{–}6]$$

$$\left(\frac{L}{\left(\dfrac{h}{2\pi}\right)}\right)\cdot\sqrt{2m\cdot(V-E)} = \frac{(0.25\cdot 10^{-9}\ \mathrm{m})\cdot(2\pi)}{6.6\cdot 10^{-34}\ \mathrm{J\ s}}$$

$$\cdot\sqrt{2\cdot(9.1\cdot 10^{-31}\ \mathrm{kg})\cdot(2.0\ \mathrm{V} - 0.9\ \mathrm{V})\cdot(1.6\cdot 10^{-19}\ \mathrm{C})} = 1.3.$$

$$G = \frac{\left[\exp(1.3) - \exp(-1.3)\right]^2}{\left[(4)\cdot\left(\dfrac{0.9}{2.0}\right)\cdot\left(1-\dfrac{0.9}{2.0}\right)\right]} = 12.$$

$$P = \frac{1}{1+G} = \frac{1}{13} = \underline{7.7\cdot 10^{-2}}.$$

A14-2 $E = 3\cdot\left(\dfrac{3h^2}{8mL^2}\right) = \dfrac{9h^2}{8mL^2}$. Dann ist $n_\mathrm{A}^2 + n_\mathrm{B}^2 + n_\mathrm{C}^2 = 9$.

Mögliche Werte dafür sind $\underline{(1,2,2),\ (2,1,1),\ (2,2,1)}$ mit dem Entartungsgrad $\underline{3.}$

A14-3 $E = \dfrac{\text{konstant}}{L^2}$,

$$\frac{E_2 - E_1}{E_1} = \frac{\left(\dfrac{1}{0.9\cdot L}\right)^2 - \left(\dfrac{1}{L}\right)^2}{\left(\dfrac{1}{L}\right)^2} = \frac{1-0.81}{0.81} = 0.24 \quad \text{bzw.} \quad \underline{24\ \%.}$$

A14-4 $E = \left(v+\frac{1}{2}\right)\cdot\left(\dfrac{h}{2\pi}\right)\cdot\omega$ [14.2–4]

$$E_0 = \frac{1}{2}\left(\frac{h}{2\pi}\right)\cdot\omega = \frac{1}{2}\left(\frac{h}{2\pi}\right)\cdot\sqrt{\frac{k}{m}}$$

$$= \frac{6.626\cdot 10^{-34}\ \mathrm{J\ s}}{4\pi}\cdot\sqrt{\frac{155\ \mathrm{N\ m^{-1}}}{2.33\cdot 10^{-26}\ \mathrm{kg}}} = \underline{4.31\cdot 10^{-21}\ \mathrm{J}.}$$

A14-5 $\Delta E = \left(\frac{h}{2\pi}\right) \cdot \sqrt{\frac{k}{m}} \cdot \left(5\frac{1}{2} - 4\frac{1}{2}\right)$. [Aufgabe A14–4]

$$k = m \cdot \left(\frac{(\Delta E) \cdot (2\pi)}{h}\right)^2 = (1.33 \cdot 10^{-25}\ \text{kg}) \cdot \left(\frac{(4.82 \cdot 10^{-21}\ \text{J}) \cdot (2\pi)}{6.63 \cdot 10^{-34}\ \text{J s}}\right)^2$$

$$= \underline{277\ \text{N m}^{-1}}.$$

A14-6 $\Delta E = \left(\frac{h}{2\pi}\right) \cdot \sqrt{\frac{k}{m}} = \frac{hc}{\lambda}$ [Aufgabe A14–4]

$$\lambda = \frac{2\pi c}{\sqrt{\frac{k}{m}}} = \frac{2\pi \cdot (3.00\ 10^8\ \text{m s}^{-1})}{\sqrt{\frac{855\ \text{N m}^{-1}}{1.67 \cdot 10^{-27}\ \text{kg}}}}$$

$$= \underline{2.63 \cdot 10^{-6}\ \text{m}.}$$

A14-7 $\lambda \propto \sqrt{m}$, [Aufgabe A14–6]

$\lambda = (2.63 \cdot 10^{-6}\ \text{m}) \cdot \sqrt{2} = 3.72 \cdot 10^{-6}\ \text{m}.$

$\Delta\lambda = (3.72 - 2.63) \cdot (10^{-6})\ \text{m} = \underline{1.09 \cdot 10^{-6}\ \text{m}.}$

A14-8 Vergl. Kasten 14–1. Wir kürzen ab $\alpha \equiv \sqrt{\frac{m\omega}{\left(\frac{h}{2\pi}\right)}}$.

$$\psi_1(y) = \sqrt{\frac{a}{2\sqrt{\pi}}} \cdot (2y) \cdot \exp\left(-\tfrac{1}{2}y^2\right).$$

Für $y = 0$ oder $y = \pm\infty$ ist $\psi_1(0) = 0$.

$$\frac{\partial \psi_1}{\partial y} = \left(\frac{\psi_1}{y}\right) - \psi_1 y = \left(\frac{\psi_1}{y}\right) \cdot (1 - y^2) = 0$$

$1 - y^2 = 0$ ergibt $y = 1$ und $y = -1$.

Das Maximum gehört zu $\underline{y = 1.}$

A14-9 $E = \frac{l \cdot (l+1) \cdot \left(\frac{h}{2\pi}\right)^2}{2mR^2}$. [14.3–23]

$$R = \sqrt{\frac{l \cdot (l+1) \cdot \left(\frac{h}{2\pi}\right)^2}{2mE}}$$

$$= \sqrt{\frac{2 \cdot (2+1) \cdot (6.63 \cdot 10^{-34}\ \text{J s})^2}{(2\pi)^2 \cdot 2 \cdot (6.35 \cdot 10^{-26}\ \text{kg}) \cdot (2.47 \cdot 10^{-23}\ \text{J})}}$$

$= 1.46 \cdot 10^{-10}\ \text{m} = \underline{0.146\ \text{nm.}}$

A14-10 $J = \sqrt{l \cdot (l+1)} \cdot \left(\frac{h}{2\pi}\right)$ [14.3–24]

$$= \sqrt{l \cdot (l+1)} \cdot (6.63 \cdot 10^{-34}\ \text{J s}) \cdot \left(\frac{1}{2\pi}\right) = 1.49 \cdot 10^{-34}\ \text{J s.}$$

$J_z = 0$ und $\pm\left(\frac{h}{2\pi}\right)$ [14.3–25]

$= \underline{0 \text{ und } \pm 1.05 \cdot 10^{-34}\ \text{J s.}}$

14-1 $E_n = \frac{n^2 h^2}{8mL^2}$ [14.1–9a]

$$= \frac{n^2 \cdot (6.626 \cdot 10^{-34}\ \text{J s})^2}{8 \cdot (9.109 \cdot 10^{-31}\ \text{kg}) \cdot (1.0 \cdot 10^{-9}\ \text{m})^2}$$

$$= (6.02 \cdot 10^{-20}\ \text{J}) \cdot n^2$$

$E_n = 36.3 \cdot n^2\ \text{kJ mol}^{-1}$ [eigentlich $N_A E_n$]

$= 0.376 \cdot n^2\ \text{eV} \mathrel{\hat{=}} 3030 \cdot n^2\ \text{kJ mol}^{-1} = \kappa n^2$ [erste Einbandinnenseite]

(a) $E_2 - E_1 = \kappa(4-1) = 3\kappa = 1.8 \cdot 10^{-19}\ \text{J},\ 110\ \text{kJ mol}^{-1},\ 1.1\ \text{eV},\ 9100\ \text{cm}^{-1}.$

(b) $E_6 - E_5 = \kappa(36-25) = 11\kappa = 6.6 \cdot 10^{-19}\ \text{J},\ 400\ \text{kJ mol}^{-1},\ 41\ \text{eV},\ 33000\ \text{cm}^{-1}.$

14-2 $E_n = \frac{n^2 h^2}{8mL^2}$ [14.1–9a]

$m = 32 \cdot (1.661 \cdot 10^{-27}\ \text{kg}) = 5.3 \cdot 10^{-26}\ \text{kg}$ [dritte Einbandinnenseite]

$$= n^2 \cdot \frac{(6.626 \cdot 10^{-34}\ \text{J s})^2}{8 \cdot (5.3 \cdot 10^{-26}\ \text{kg}) \cdot (0.05\ \text{m})^2}$$

$$= 4.1 \cdot n^2 \cdot 10^{-40}\ \text{J.}$$

$E_2 - E_1 = (2^2 - 1^2) \cdot (4.1 \cdot 10^{-40}\ \text{J}) = 1.2 \cdot 10^{-39}\ \text{J},\quad \underline{7.5 \cdot 10^{-19}\ \text{kJ mol}^{-1}.}$

$4.1 \cdot n^2 \cdot 10^{-40}\ \text{J} = \frac{1}{2}kT = \frac{1}{2} \cdot (1.381 \cdot 10^{-23}\ \text{J K}^{-1}) \cdot (300\ \text{K}) = 2.07 \cdot 10^{-21}\ \text{J};$

also ist $\underline{n = 2 \cdot 10^9.}$

$$E_n - E_{n-1} = (n^2 - (n-1)^2) \cdot \left(\frac{h^2}{8mL^2}\right) = (2n-1) \cdot \left(\frac{h^2}{8mL^2}\right)$$

$$\approx 2n \cdot \left(\frac{h^2}{8mL^2}\right) \quad \text{für} \quad n \gg 1.$$

Deshalb gilt

$E_n - E_{n-1} \approx (4 \cdot 10^9) \cdot (4.1 \cdot 10^{-40}\ \text{J}) = 1.6 \cdot 10^{-30}\ \text{J},\quad \underline{9.6 \cdot 10^{-10}\ \text{kJ mol}^{-1}.}$

14-3 $-\left(\frac{\hbar^2}{2m}\right)\cdot\left(\frac{\partial^2}{\partial x^2}+\frac{\partial^2}{\partial y^2}+\frac{\partial^2}{\partial z^2}\right)\ \psi = E\psi$ [Kasten 13–1]

Wir versuchen es mit dem Ansatz $\psi(x,y,z) = X(x)\cdot Y(y)\cdot Z(z)$:

$$-\left(\frac{\hbar^2}{2m}\right)\cdot\left\{YZ\cdot\left(\frac{\partial^2 X}{\partial x^2}\right)+XZ\cdot\left(\frac{\partial^2 Y}{\partial y^2}\right)+XY\cdot\left(\frac{\partial^2 Z}{\partial z^2}\right)\right\} = E\cdot XYZ,$$

$$-\left(\frac{\hbar^2}{2m}\right)\cdot\left\{\frac{\left(\frac{\partial^2 X}{\partial x^2}\right)}{X}+\frac{\left(\frac{\partial^2 Y}{\partial y^2}\right)}{Y}+\frac{\left(\frac{\partial^2 Z}{\partial z^2}\right)}{Z}\right\} = E.$$

$\frac{\left(\frac{\partial^2 X}{\partial x^2}\right)}{X}$ hängt nur von x ab; bei einer Änderung von x ist also nur dieser Term betroffen. Die Summe der drei Terme ist aber konstant, damit also auch dieser, den wir E^x nennen wollen. Dasselbe gilt für Y und X.

$$-\left(\frac{\hbar^2}{2m}\right)\cdot\frac{\left(\frac{\partial^2 X}{\partial x^2}\right)}{X} = E^x \quad\text{oder}\quad -\left(\frac{\hbar^2}{2m}\right)\cdot\left(\frac{\mathrm{d}^2 X}{\mathrm{d}x^2}\right) = E^x X.$$

Zu dieser Gleichung gehört eine Quantenzahl. Zu den beiden Gleichungen mit E^y und E^z gehören ebenfalls Quantenzahlen. Die Summe der drei Konstanten ergibt E:

$$E^x_{n_1} + E^y_{n_2} + E^z_{n_3} = E_{n_1 n_2 n_3}.$$

Jede Dimension liefert also eine Gleichung für ein Teilchen in einem eindimensionalen Kasten. Mit Gl. 14.1–9 erhalten wir dann

$$E_{n_1 n_2 n_3} = \left(\frac{h^2}{8m}\right)\cdot\left\{\frac{n_1^2}{L_x^2}+\frac{n_2^2}{L_y^2}+\frac{n_3^2}{L_z^2}\right\},$$

$$\psi_{n_1 n_2 n_3} = X_{n_1} Y_{n_2} Z_{n_3}$$

$$= \sqrt{\frac{8}{L_x L_y L_z}}\cdot\sin\left(\frac{n_1 \pi x}{L_x}\right)\cdot\sin\left(\frac{n_2 \pi y}{L_y}\right)\cdot\sin\left(\frac{n_3 \pi z}{L_z}\right).$$

Für einen Würfel gilt $L_x = L_y = L_z = L$ und damit

$$\underline{E_{n_1 n_2 n_3} = \left(\frac{h^2}{8mL^2}\right)\cdot\left(n_1^2+n_2^2+n_3^2\right).}$$

14-4 $P = \int_{\text{Barriere}} |\psi|^2 \delta\tau = \int_0^\infty |A|^2\cdot \mathrm{e}^{-2\kappa x}\,\mathrm{d}x$ [Barriere bei $x = 0$]

$$= \underline{\frac{|A|^2}{2\kappa}}.$$

$$< x > = \int_0^\infty \psi^*\psi \mathrm{d}x = |A|^2\cdot\int_0^\infty x\cdot \mathrm{e}^{-2\kappa x}\mathrm{d}x$$

$$= |A|^2\cdot\frac{2!}{(2\kappa)^2} = \frac{|A|^2}{2\kappa^2}$$

$$= \frac{P}{\kappa}.$$

14-5 Zone A: $\psi_A = A \cdot e^{ikx} + A' \cdot e^{-ikx}, \quad k = \sqrt{\frac{2mE}{\hbar^2}}$

Zone B: $\psi_B = B \cdot e^{\kappa x} + B' \cdot e^{-\kappa x}, \quad \kappa = \sqrt{\frac{2m(V-E)}{\hbar^2}}$

Zone C: $\psi_C = C \cdot e^{ik'x} + C' \cdot e^{-ik'x}, \quad k' = \sqrt{\frac{2m(E-V')}{\hbar^2}}.$

Randbedingung: $C' = 0$ [von rechts kommt kein Teilchen]

(I) $\psi_A(0) = \psi_B(0)$, (II) $\psi'_A(0) = \psi'_B(0)$, (III) $\psi_A(L) = \psi_C(L)$, (IV) $\psi'_B(L) = \psi'_C(L)$.

Das ergibt

(I) $A + A' = B + B'$

(II) $ikA - ikA' = \kappa B - \kappa B'$

(III) $B \cdot e^{\kappa L} + B' \cdot e^{-\kappa L} = C \cdot e^{ik'L}$

(IV) $\kappa B \cdot e^{\kappa L} - \kappa B' \cdot e^{-\kappa L} = ikC \cdot e^{ik'L}$

Kombination von (I) und (II) ergibt

$$A = \tfrac{1}{2}\left(1 + \frac{\kappa}{ik}\right) \cdot B + \tfrac{1}{2}\left(1 - \frac{\kappa}{ik}\right) \cdot B',$$

Kombination von (III) und (IV) ergibt

$$B = \tfrac{1}{2}\left(1 + \frac{ik'}{\kappa}\right) \cdot C \cdot e^{ik'L-\kappa L}$$

$$B = \tfrac{1}{2}\left(1 - \frac{ik'}{\kappa}\right) \cdot C \cdot e^{ik'L+\kappa L}$$

Daraus erhalten wir

$$A = \tfrac{1}{4}\left(1 + \frac{\kappa}{ik}\right) \cdot \left(1 + \frac{ik'}{\kappa}\right) \cdot C \cdot e^{ik'L-\kappa L} + \tfrac{1}{4}\left(1 - \frac{\kappa}{ik}\right) \cdot \left(1 - \frac{ik'}{\kappa}\right) \cdot C \cdot e^{ik'L+\kappa L}$$

$$= \tfrac{1}{2}C \cdot e^{ik'L}\left\{(1+\lambda) \cdot \cosh(\kappa L) - i\left[\left(\frac{k'}{\kappa}\right) - \left(\frac{\kappa}{k}\right)\right] \cdot \sinh(\kappa L)\right\} \quad \left[\lambda = \frac{k'}{k}\right],$$

$$\left|\frac{A}{C}\right|^2 = \tfrac{1}{4}\left\{(1+\lambda)^2 \cdot \cosh^2(\kappa L) + \left[\left(\frac{k'}{\kappa}\right) - \left(\frac{\kappa}{k}\right)\right]^2 \cdot \sinh^2(\kappa L)\right\}$$

$$= \tfrac{1}{4}\left\{2\lambda + (1+\lambda^2) \cdot \cosh^2(\kappa L) + \left[\lambda^2 \cdot \left(\frac{k}{\kappa}\right)^2 + \left(\frac{\kappa}{k}\right)^2\right] \cdot \sinh^2(\kappa L)\right\},$$

$$P = \left|\frac{C}{A}\right|$$

$$= \frac{4}{2\lambda + (1+\lambda^2)\cdot\cosh^2\kappa L + \left[\lambda^2\cdot\left(\frac{k}{\kappa}\right)^2 + \left(\frac{\kappa}{k}\right)^2\right]\cdot\sinh^2\kappa L}$$

$$= \frac{4}{(1+\lambda)^2 + \left[1+\lambda^2+\lambda^2\cdot\left(\frac{k}{\kappa}\right)^2 + \left(\frac{\kappa}{k}\right)^2\right]\cdot\sinh^2\kappa L}$$

und $P = \dfrac{1}{\left\{\left(\frac{1+\lambda}{2}\right)^2 + G\right\}}.$

$$G = \tfrac{1}{4}\left\{1+\left(\frac{\kappa}{k}\right)^2 + \lambda^2\cdot\left[1+\left(\frac{k}{\kappa}\right)^2\right]\right\}\cdot\sinh^2(\kappa L)$$

$$= \tfrac{1}{16}\left\{1+\left(\frac{\kappa}{k}\right)^2 + \lambda^2\cdot\left[1+\left(\frac{k}{\kappa}\right)^2\right]\right\}\cdot\left(e^{\kappa L} - e^{-\kappa L}\right)^2$$

Wenn wir noch $\dfrac{k^2}{\kappa^2} = \dfrac{E}{V} - E = \dfrac{\varepsilon}{1-\varepsilon}$ berücksichtigen, erhalten wir schließlich

$$G = \frac{1}{16}\cdot\left\{\left(\frac{1}{\varepsilon}\right) + \lambda^2\cdot\left(\frac{1}{1-\varepsilon}\right)\right]\cdot\left(e^{\kappa L} - e^{-\kappa L}\right)^2$$

$$= \frac{1+(\lambda^2-1)\cdot\varepsilon}{16\cdot\varepsilon\cdot(1-\varepsilon)}\cdot\left(e^{\kappa L} - e^{-\kappa L}\right)^2.$$

Für $\lambda = 1$ erhalten wir die im Buch angegebene Gleichung 14.1–13.

14-6 Wir verwenden dieselben Bezeichnungen wie in Beispiel 14–2:

Zone A: $\psi_A(x) = A\cdot e^{ikx} + A'\cdot e^{-ikx}.\quad k = \sqrt{\dfrac{2mE}{\hbar^2}}$

Zone B: $\psi_B(x) = B\cdot e^{ik'x} + B'\cdot e^{-ik'x}.\quad k' = \sqrt{\dfrac{2m(E-V)}{\hbar^2}}$

Zone C: $\psi_C(x) = C\cdot e^{ikx} + C'\cdot e^{-ikx}.\quad k = \sqrt{\dfrac{2mE}{\hbar^2}}$

Man beachte die Veränderung in Zone B: für $E > V$ oszilliert ψ.

$C' = 0$ [von rechts kommen keine Teilchen], $P = \dfrac{|C|^2}{|A|^2}$ [Beispiel 4–2]

$\psi_A(0) = \psi_B(0),\quad \psi_B(L) = \psi_C(L)$ [ψ muß stetig sein]

$\left(\dfrac{d\psi_A}{dx}\right)_0 = \left(\dfrac{d\psi_B}{dx}\right)_0,\quad \left(\dfrac{d\psi_A}{dx}\right)_L = \left(\dfrac{d\psi_C}{dx}\right)_L,\quad \left[\dfrac{d\psi}{dx}\text{ muß stetig sein}\right]$

Mit diesen Bedingungen erhalten wir

$A + A' = B + B',\quad B\cdot e^{ik'L} + B'\cdot e^{-ik'L} = C\cdot e^{ikL};$

$$kA - kA' = k'B - k'B', \quad k'B \cdot e^{ik'L} - k'B'e^{-ik'L} = kC \cdot e^{ikL}.$$

Das ergibt die Lösung

$$A = \tfrac{1}{2} \cdot \left\{ \left[1 + \left(\frac{k'}{k}\right)\right] \cdot B + \left[1 - \left(\frac{k'}{k}\right)\right] \cdot B' \right\}$$

$$B = \tfrac{1}{2} \cdot \left[1 + \left(\frac{k}{k'}\right)\right] \cdot C \cdot e^{i(k-k')L}$$

$$B' = \tfrac{1}{2} \cdot \left[1 - \left(\frac{k}{k'}\right)\right] \cdot C \cdot e^{i(k+k')L},$$

damit haben wir A in Abhängigkeit von C erhalten. Mit $\lambda = \frac{V}{E}$ erhalten wir

$$\frac{|A|^2}{|C|^2} = 1 + \frac{\lambda^2 \cdot [1 - \cos(2k'L)]}{8 \cdot (1 - \lambda)} = 1 + \frac{\lambda^2 \cdot \sin^2(k'L)}{4 \cdot (1 - \lambda)}.$$

Dann wird $P = \frac{|A|^2}{|C|^2} = \underline{\frac{1}{1+G}}$

mit $$G = \frac{\lambda^2 \cdot \sin^2(k'L)}{4 \cdot (1 - \lambda)} = \underline{\frac{\left(\frac{V}{E}\right)^2 \cdot \sin^2(k'L)}{4 \cdot \left(1 - \left(\frac{V}{E}\right)\right.}}.$$

Für $V \to 0$ ergibt das $G \to 0$ und $P \to 1$.

14-7 Wir gehen von der Rechnung in Aufgabe 14–6 aus mit $V \to -V$ und $P(\text{Reflektion}) = 1 - P(\text{Durchgang})$.

$$P = 1 - \frac{1}{1+G} = \frac{G}{1+G};$$

$$G = \frac{\left(\frac{V}{E}\right)^2 \cdot \sin^2\left\{\sqrt{\frac{2m(E+V)}{\hbar^2}} \cdot L\right\}}{4 \cdot \left[1 + \left(\frac{V}{E}\right)\right]}.$$

Mit $\lambda = \frac{E}{V}$ ergibt das

$$\underline{G = \frac{\sin^2\left\{\sqrt{\left(\frac{2mV}{\hbar^2}\right) \cdot (1+\lambda) \cdot L}\right\}}{4\lambda \cdot (1+\lambda)}}.$$

$V = 5$ eV $\hat{=}$ $8 \cdot 10^{-19}$ J [erste Einbandinnenseite]; $L = 0.1$ nm.

$$\sqrt{\frac{2mV}{\hbar^2}} \cdot L = 49.09 \text{ (Proton)}, ...= 69.42 \text{ (Deuteron)}.$$

Wenn $\sqrt{\frac{2mV}{\hbar}} \cdot L \cdot \sqrt{1+\lambda} = n\pi$ mit ganzem n gilt, folgt $P = 0$ aus $G = 0$. Dann ist auch

$$\lambda = \left(\frac{\hbar}{2mV}\right) \cdot \left(\frac{n\pi}{L}\right)^2 - 1.$$

In Abb. 14–1 ist P gegen λ für $0 \leq \lambda \leq 2$ aufgetragen.

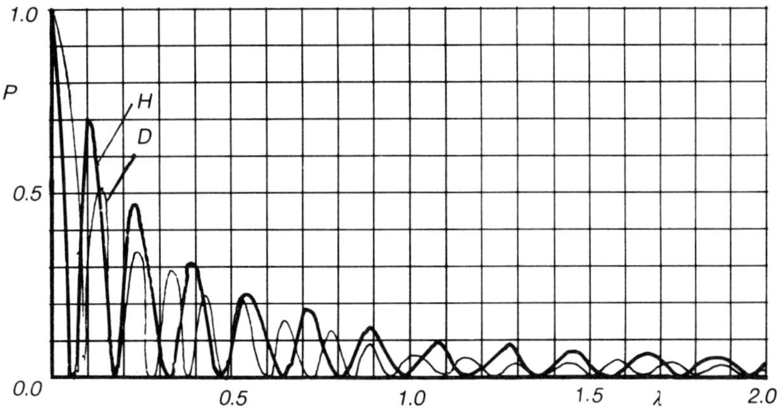

Abb. 14–1

14-8 $\psi_0 = \frac{1}{\sqrt{\alpha\sqrt{\pi}}} \cdot e^{-\frac{y^2}{2}}, \quad \alpha^2 = \frac{\hbar}{\sqrt{mk}}, \quad y = \frac{x}{a}$ [Kasten 14–1]

$$\psi_0^2 = \frac{1}{\alpha\sqrt{\pi}} \cdot e^{-y^2}.$$

Für ein Proton gilt $\alpha^2 = \frac{1.0545 \cdot 10^{-34}\ \mathrm{J\ s}}{\sqrt{(1.67 \cdot 10^{-27}\ \mathrm{kg}) \cdot (500\ \mathrm{N\ m^{-1}})}}$

$$= 1.15 \cdot 10^{-22}\ \mathrm{m^2}$$

$$\frac{1}{\alpha\sqrt{\pi}} = 5.25 \cdot 10^{10}\ \mathrm{m^{-1}}$$

$$\omega = \sqrt{\frac{k}{m}} = 5.47 \cdot 10^{14}\ \mathrm{s^{-1}}, \quad E_0 = \tfrac{1}{2}\hbar\omega = 2.89 \cdot 10^{-20}\ \mathrm{J}.$$

Für ein Deuteron gilt wegen $m \approx 2 \cdot m_\mathrm{p}$

$$\omega = \frac{5.47 \cdot 10^{14}\ \mathrm{s^{-1}}}{\sqrt{2}} = 3.87 \cdot 10^{14}\ \mathrm{s^{-1}},$$

$$\alpha^2 = \left(\frac{1.15 \cdot 10^{-22}}{\sqrt{2}}\right)\ \mathrm{m^2} = 8.13 \cdot 10^{-23}\ \mathrm{m^2},$$

$$\frac{1}{\alpha\sqrt{\pi}} = 6.25 \cdot 10^{10}\ \mathrm{m^{-1}}.$$

$$E_0 = \tfrac{1}{2} \cdot (1.0545 \cdot 10^{-34}\ \mathrm{J\ s}) \cdot (3.87 \cdot 10^{14}\ \mathrm{s^{-1}}) = 2.04 \cdot 10^{-20}\ \mathrm{J}.$$

Damit wir die Wahrscheinlichkeitsdichte $\psi_0^2(x)$ auftragen können, berechnen wir die folgende Tabelle:

x/pm	0	1	2	4	6	8
$\frac{1}{2}kx^2/\mathrm{J}\cdot 10^{-20}$	0	0.025	0.100	0.40	0.90	1.6
$[\psi_0^2(x)/\mathrm{pm}]_{\mathrm{Proton}}$	0.0525	0.0520	0.0507	0.0457	0.0384	0.0301
$[\psi_0^2(x)/\mathrm{pm}]_{\mathrm{Deuteron}}$	0.0625	0.0617	0.0595	0.0513	0.0401	0.0284
x/pm	10	12	14	16	18	20
$\frac{1}{2}kx^2/\mathrm{J}\cdot 10^{-20}$	2.5	3.6	4.9	6.4	8.1	10.0
$[\psi_0^2(x)/\mathrm{pm}]_{\mathrm{Proton}}$	0.0221	0.0151	0.0096	0.0057	0.0036	0.0016
$[\psi_0^2(x)/\mathrm{pm}]_{\mathrm{Deuteron}}$	0.0183	0.0106	0.0056	0.0027	0.0012	0.0005

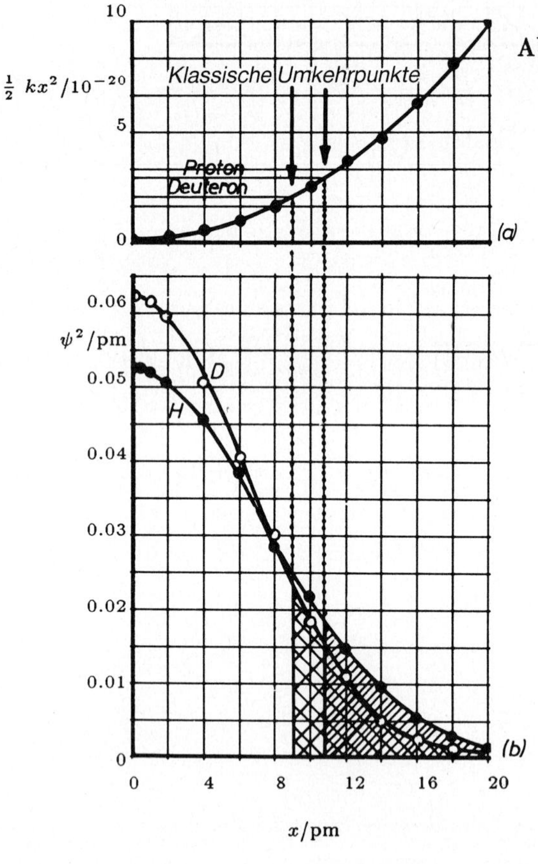

Abb. 14–2

Diese Punkte sind in Abb. 14–2 aufgetragen. Die klassischen Umkehrpunkte liegen bei $x_{\mathrm{H}} = 10.7$ und bei $x_{\mathrm{D}} = 9.0$ pm (dort ist $E_0 = \frac{1}{2}kx^2$). Numerische Integration der Flächen unter diesen Punkten ergibt $p_{\mathrm{H}}(x > 10.7$ pm$) = 0.073$ und $p_{\mathrm{D}}(x) > 9.0$ pm$) = 0.075$. Man darf natürlich nicht die andere Seite der Kurve (für negatives x) vergessen, die noch einmal denselben Betrag liefert. Die gesamten Aufenthaltswahrscheinlichkeiten für die klassisch verbotenen Bereiche sind dann

für H: 0.146, für D: 0.150.

Die Unterschiede zwischen p_H und p_D kommen durch die Ungenauigkeit der numerischen Integration zustande. Die Tunnelwahrscheinlichkeiten sind analytisch gleich.

14-9 $-\left(\dfrac{\hbar^2}{2m}\right)\cdot\dfrac{\delta^2\psi}{\delta x^2}+\frac{1}{2}kx^2\ \psi=E\ \psi$ [14.2–1].

$\psi=\exp(-gx^2),\quad \dfrac{d\psi}{dx}=-2gx\cdot\exp(-gx^2)$

$$\frac{\delta^2\psi}{dx^2}=-2g\cdot\exp(-gx^2)+4g^2x^2\cdot\exp(-gx^2)=-2g\psi+4g^2x^2\psi.$$

$$\left(\frac{\hbar^2 g}{m}\right)\cdot\psi-\left(\frac{2\hbar^2g^2}{m}\right)x^2\psi+\frac{1}{2}kx^2\ \psi=E\psi$$

$$\left[\left(\frac{\hbar^2 g}{m}\right)-E\right]\psi+\left[\frac{1}{2}k-\left(\frac{2\hbar^2g^2}{m}\right)\right]x^2\psi=0.$$

Das wird erfüllt von $E=\dfrac{\hbar^2 g}{m}$ und $2\hbar^2g^2=\frac{1}{2}mk$ bzw. $\underline{g=\frac{1}{2}\sqrt{\dfrac{mk}{\hbar^2}}}$.

Mit der Schreibweise $\omega=\sqrt{\dfrac{k}{m}}$ erhalten wir jetzt $E=\frac{1}{2}\hbar\cdot\sqrt{\dfrac{k}{m}}=\frac{1}{2}\hbar\omega$.

Wegen $E_v=(v+\frac{1}{2})\cdot\hbar\omega$ [14.2–4] erhalten wir für die kleinste Anregungsenergie

$$E_1-E_0=\hbar\omega=\hbar\cdot\sqrt{\frac{k}{m}}.$$

14-10 $\Delta E=\hbar\omega$ [14.2–5]; $\omega=\sqrt{\dfrac{k}{m}}$.

(a) $\omega=\sqrt{\dfrac{g}{l}}$ [klassische Physik] $=\sqrt{\dfrac{9.81\text{ m s}^{-2}}{1\text{m}}}=3\text{ s}^{-1}$.

$\Delta E=(1.0545\cdot10^{-34}\text{ J s})\cdot(3\text{ s}^{-1})=\underline{3\cdot10^{-34}\text{ J}}.$

(b) $\nu\approx5$ Hz, $\omega=2\pi\nu$; $\omega=30\text{ s}^{-1}$;

$\Delta E=(1.0545\cdot10^{-34}\text{ J s})\cdot(30\text{ s}^{-1})=\underline{30\cdot10^{-34}\text{ J}}.$

(c) $\omega=2\pi\cdot(33\cdot10^3\text{ Hz})=2.1\cdot10^5\text{ s}^{-1}$;

$\Delta E=(1.0545\cdot10^{-34}\text{ J s})\cdot(2.1\cdot10^5\text{ s}^{-1})=\underline{2.2\cdot10^{-29}\text{ J}}.$

(d) $\omega=\sqrt{\dfrac{1177\text{ N m}^{-1}}{\frac{1}{2}\cdot16\cdot(1.66\cdot10^{-27}\text{ kg})}}=\underline{3.0\cdot10^{14}\text{ s}^{-1}}$

$\Delta E=(1.0545\cdot10^{-34}\text{ J s})\cdot(3.0\cdot10^{14}\text{ s}^{-1})=3.1\cdot10^{-20}\text{ J},\quad 1600\text{ cm}^{-1}$

[erste Einbandinnenseite]

14-11 $\omega = \sqrt{\frac{k}{m}}; \quad k = m\omega^2, \quad \omega = 2\pi\nu = \frac{2\pi c}{\lambda}.$

$$k = \frac{4\pi^2 c^2 m}{\lambda^2}, \quad \frac{1}{\lambda} = \tilde{\nu}, \quad m = \frac{m_1 m_2}{m_1 + m_2}.$$

$$k = 4\pi^2 c^2 \tilde{\nu}^2 \cdot \frac{m_1 m_2}{m_1 + m_2}.$$

Mit der Lichtgeschwindigkeit $c = 2.9979 \cdot 10^8$ m s^{-1} und den Angaben auf der dritten Einbandseite können wir jetzt die folgende Tabelle aufstellen:

	$^1H^{35}Cl$	$^1H^{80}Br$	$^1H^{127}I$	$^{12}C^{16}O$	$^{14}N^{16}O$
$\tilde{\nu}/\mathrm{m}^{-1}$	298974	264972	230953	217021	190403
$m_1/\mathrm{kg} \cdot 10^{-27}$	1.6735	1.6735	1.6735	19.926	23.2521
$m_2/\mathrm{kg} \cdot 10^{-27}$	58.066	134.36	210.72	26.560	25.560
$k/\mathrm{N\ m}^{-1}$	515.9	411.8	314.2	1902	1595

Die Bindungsstärke nimmt also in der Reihenfolge CO > NO > HCl > HBr > HI ab.

14-12 $< T > \int \psi^* \hat{T} \psi \delta\tau$ [13.4–7]

$$\hat{T} = \frac{\hat{p}^2}{2m}, \quad \hat{p} = \left(\frac{\hbar}{\mathrm{i}}\right) \cdot \frac{\mathrm{d}}{\mathrm{d}x} \quad [13.4\text{–}5];$$

$$\hat{T} = -\left(\frac{\hbar^2}{2m}\right) \cdot \frac{\mathrm{d}^2}{\mathrm{d}x^2} = -\left(\frac{\hbar^2}{2\alpha^2 m}\right) \cdot \frac{\mathrm{d}^2}{\mathrm{d}y^2} = -\tfrac{1}{2}\hbar\omega \cdot \frac{\mathrm{d}^2}{\mathrm{d}y^2}.$$

$$\hat{T}\psi = -\tfrac{1}{2}\hbar\omega \cdot \left(\frac{\mathrm{d}^2\psi}{\mathrm{d}y^2}\right); \quad \psi_v = N_v H_v \mathrm{e}^{-\frac{y^2}{2}}.$$

$$\frac{\delta^2\psi}{\mathrm{d}y^2} = N_v \cdot \left(\frac{\mathrm{d}^2}{\mathrm{d}y^2}\right) \left\{ H_v \mathrm{e}^{-\frac{y^2}{2}} \right\}$$

$$= N_v \cdot \left\{ H_v'' - 2yH_v' - H_v + y^2 H_v \right\} \cdot \mathrm{e}^{-\frac{y^2}{2}}.$$

$$H_v'' - 2yH_v' = -2vH_v \quad [\text{Kasten 14–1}]$$

$$y^2 H_v = y \cdot \left\{ \tfrac{1}{2} H_{v+1} + vH_{v-1} \right\} \quad [\text{Kasten 14–1}]$$

$$= \tfrac{1}{2} \left\{ \tfrac{1}{2} H_{v+2} + (v+1)H_v \right\} + v \left\{ \tfrac{1}{2} H_v + (v-1)H_{v-2} \right\} \quad [\text{Kasten 14–1}]$$

$$= \tfrac{1}{4} H_{v+2} + v(v-1)H_{v-2} + (v + \tfrac{1}{2})H_v.$$

$$\frac{d^2\psi}{dy^2} = N_v \left\{ \tfrac{1}{4}H_{v+2} + v(v-1)H_{v-2} + v(v+\tfrac{1}{2})H_v \right\} \cdot e^{-\frac{y^2}{2}}$$

$$< T > = N_v^2(\tfrac{1}{2}\hbar\omega) \int H_v \left\{ \frac{1}{4}H_{v+2} + v(v-1)H_{v-2} - (v+\frac{1}{2})H_v \right\} \cdot e^{-\frac{y^2}{2}} dx$$

$$= \alpha N_v^2(-\tfrac{1}{2}\hbar\omega) \cdot \left\{0 + 0 - (v+\tfrac{1}{2})\sqrt{\pi}\, 2^v v!\right\} \quad \text{[Kasten 14–1]}$$

$$= \underline{\tfrac{1}{2}\hbar\omega(v+\tfrac{1}{2})}. \quad \left[N_v^2 = \frac{1}{\alpha\sqrt{\pi}2^v v!}, \quad \text{Kasten 14–1.}\right]$$

14-13 $< x^n > = \alpha^n < y^n >$ [Kasten 14–1]

$$= \alpha_n \int \psi y^n \psi dx = \alpha^{n+1} \int \psi y^n \psi dy \quad [x = \alpha y, \quad \text{Kasten 14–1}]$$

$\int \psi y^3 \psi dy = 0$ wegen der Symmetrie von ψ,

oder

$$y^2\psi = N_v y^3 H_v e^{-\frac{y^2}{2}} = N_v y^3 \cdot \left\{ \tfrac{1}{2}H_{v+1} + vH_{v-1} \right\} \cdot e^{-\frac{y^2}{2}}$$

$$= N_v y \cdot \left\{ \tfrac{1}{2}\left[\tfrac{1}{2}H_{v+2} + (v+1)H_v\right] + v\left[\tfrac{1}{2}H_v + (v-1)H_{v-2}\right] \right\} \cdot e^{-\frac{y^2}{2}}$$

$$= N_v y \cdot \left\{ \tfrac{1}{4}H_{v+2} + (v+\tfrac{1}{2})H_v + v(v-1)H_{v-2} \right\} \cdot e^{-\frac{y^2}{2}}$$

$$= N_v y \cdot \left\{ \tfrac{1}{4}\left[\tfrac{1}{2}H_{v+3} + (v+2)H_{v+1}\right] + (v+\tfrac{1}{2}) \cdot [H_{v+1} + vH_{v-1}] \right.$$

$$\left. + v(v-1) \cdot \left[\tfrac{1}{2}H_{v-1} + (v-2)H_{v-3}\right] \right\} \cdot e^{-\frac{y^2}{2}}.$$

Für $v' \neq v$ ist $\int H_v H_{v'} e^{-\frac{y^2}{2}} dy = 0$, das ergibt $< y^3 > = 0$ und $\underline{< x^3 > = 0.}$

$$< x^4 > = \alpha^5 \int \psi y^4 \psi dy$$

$$y^4\psi = y \cdot (y^3\psi)$$

$$= yN_v \left\{ \tfrac{1}{8}H_{v+3} + \tfrac{3}{4}(v+1)H_{v+1} + \tfrac{3}{2}v^2H_{v-1} + v(v-1)(v-2)H_{v-3} \right\} \cdot e^{-\frac{y^2}{2}}.$$

Nur yH_{v+1} und yH_{v-1} tragen zu H_v bei und damit zum Erwartungswert. Das ergibt

$$y^4\psi = \tfrac{3}{4}N_v y \left\{ (v+1)H_{v+1} + 2v^2H_{v-1} \right\} \cdot e^{-\frac{y^2}{2}} + \ldots$$

$$= \tfrac{3}{4}N_v \left\{ (v+1)\left[\tfrac{1}{2}H_{v+2} + (v+1)H_v\right] + 2v^2\left[\tfrac{1}{2}H_v + (v-1)H_{v-2}\right] \right\} \cdot e^{-\frac{y^2}{2}} + \ldots$$

$$= \tfrac{3}{4} N_v \left\{ (v+1)^2 H_v + v^2 H^v \right\} \cdot \mathrm{e}^{-\frac{y^2}{2}} + \ldots$$

$$= \tfrac{3}{4} N_v (2v^2 + 2v + 1) H_v \cdot \mathrm{e}^{-\frac{y^2}{2}} + \ldots$$

$$\int \psi y^4 \psi \mathrm{d}y = \frac{3}{4} N_v^2 (2v^2 + 2v + 1) \int H_v^2 \mathrm{e}^{-\frac{y^2}{2}} \mathrm{d}y$$

$$= \left(\frac{3}{4\alpha}\right) (2v^2 + 2v + 1) \int H_v^2 \mathrm{e}^{-\frac{y^2}{2}} \mathrm{d}y \quad \text{[Kasten 14–1]}.$$

$$< x^4 > = \alpha^5 \cdot \left(\frac{3}{4\alpha}\right) \cdot (2v^2 + 2v + 1) = \underline{\tfrac{3}{4}(2v^2 + 2v + 1) \cdot \alpha^4}.$$

14-14 $\mu = \int \psi_{v'} x \psi_v \mathrm{d}x = \alpha^2 \int \psi_{v'} y \psi_v \mathrm{d}y \quad [x = \alpha y]$

$$y\psi_v = N_v \left\{ \tfrac{1}{2} H_{v+1} + v H_{v-1} \right\} \cdot \mathrm{e}^{-\frac{y^2}{2}} \quad \text{[Kasten 14–1]}$$

$$\mu = \alpha^2 N_{v'} N_v \int \left\{ \frac{1}{2} H_{v'} H_{v+1} + v H_{v'} H_{v-1} \right\} \cdot \mathrm{e}^{-\frac{y^2}{2}} \mathrm{d}y = 0 \quad \text{für} \quad \underline{v' = v \pm 1.}$$

(a) $v' = v + 1$:

$$\mu = \tfrac{1}{2} \alpha^2 N_{v+1} N_v \int H_{v+1}^2 \mathrm{e}^{-\frac{y^2}{2}} \mathrm{d}y = \frac{1}{2} \alpha^2 N_{v+1} N_v \sqrt{\pi}\, 2^{v+1} (v+1)!$$

$$= \underline{\alpha \cdot \left(\sqrt{\tfrac{1}{2}}\right) \cdot \sqrt{v+1}.}$$

(b) $v' = v - 1$:

$$\mu = \tfrac{1}{2} \alpha^2 N_{v-1} N_v \int H_{v-1}^2 \mathrm{e}^{-\frac{y^2}{2}} \mathrm{d}y = \frac{1}{2} \alpha^2 N_{v-1} N_v \sqrt{\pi}\, 2^{v-1} (v-1)!$$

$$= \underline{\alpha \cdot \left(\sqrt{\tfrac{1}{2}}\right) \cdot \sqrt{v}.}$$

14-15 $V = \dfrac{-e^2}{4\pi\varepsilon_0 r} = a b^x \quad \text{mit} \quad b = -1 \quad [x \equiv r]$

Aus $2 < T > = b \cdot < V >$ [14.2–11] folgt

$2 \cdot < T > = - < V >$ und $\underline{< T > = -\tfrac{1}{2} < V >}$.

14-16 $I = m_{\mathrm{H}} R^2$: $E_{m_l}^2 = m_l^2 \cdot \left(\dfrac{\hbar^2}{2 \cdot I}\right)$ [14.3–5]

$$I = [1.0078 \cdot (1.6605 \cdot 10^{-27}\ \text{kg})] \cdot (160 \cdot 10^{-12}\ \text{m})^2 = 4.28 \cdot 10^{-47}\ \text{kg m}^2$$

$$E_{m_l} + (1.30 \cdot 10^{-22}\ \text{J}) \cdot m_l^2 \begin{cases} \hat{=}\ (78.2 \cdot 10^{-3}\ \text{kg mol}^{-1}) \cdot m_l^2 \\ \hat{=}\ (6.54\ \text{cm}^{-1}) \cdot m_l^2 \end{cases}$$

Zu Beginn ist $m_l = 0$, nach der ersten Anregung $m_l = \pm 1$. Man braucht also mindestens die Energie $\underline{78.23 \cdot 10^{-3}\ \text{kJ mol}^{-1}}$ bzw. $\underline{6.54\ \text{cm}^{-1}}$. Der kleinste von Null verschiedene Drehimpuls $|\hbar m_l|$ gehört zu $m_l = 1$ und hat den Zahlenwert $\underline{1.055 \cdot 10^{-34}\ \text{J s}}$.

14-17 $\psi_{m_l} = \dfrac{1}{\sqrt{2\pi}} \cdot e^{im\phi}$ [14.3–4]

(a) $m_l = 0$, $\psi = \dfrac{1}{\sqrt{2\pi}}$. Das bedeutet, das H-Atom ist gleichförmig über einen Ring verteilt.

(b) $m_l = \pm l$, $\psi_{m_l} = \dfrac{1}{\sqrt{2\pi}} \cdot e^{\pm i\phi}$. Wenn der Drehimpuls den Wert $m_l = +1$ hat, gilt $\psi = \dfrac{1}{\sqrt{2\pi}} \cdot e^{+i\phi}$; für $m_l = -1$ gilt $\psi_{-1} = \dfrac{1}{\sqrt{2\pi}} \cdot e^{-i\phi}$. In beiden Fällen ist $|\psi|^2 = \left(\dfrac{1}{2\pi}\right) \cdot e^{i\phi} \cdot e^{-i\phi} = \dfrac{1}{2\pi}$. Das Wasserstoffatom ist also gleichförmig um einen Ring verteilt.

14-18 (a) $\hat{l}_z \cdot e^{i\phi} = \left(\dfrac{\hbar}{i}\right)\left(\dfrac{d}{d\phi}\right) e^{i\phi} = \hbar \cdot e^{i\phi}$; $\underline{l_z = +\hbar}$.

(b) $\hat{l}_z \cdot e^{-2i\phi} = \left(\dfrac{\hbar}{i}\right)\left(\dfrac{d}{dp}\right) \cdot e^{-2i\phi} = -2\hbar \cdot e^{-2i\phi}$; $\underline{l_z = -2\hbar}$.

(c) $< l_z > \propto ds \int_0^{2\pi} \cos\phi \left(\dfrac{\hbar}{i}\right)\left(\dfrac{d}{d\phi}\right) \cos\phi\, d\phi = \underline{0}$.

$$\propto -\left(\frac{\hbar}{i}\right) \int_0^{2\pi} \cos\phi \sin\phi\, d\phi = \underline{0}.$$

(d) $$< l_z > = N^2 \int_0^{2\pi} \left(\cos\chi \cdot e^{i\phi} + \sin\chi \cdot e^{-i\phi}\right)^* \left(\frac{\hbar}{i}\right)\left(\frac{d}{d\phi}\right) \left(\cos\chi \cdot e^{i\phi} + \sin\chi \cdot e^{-i\phi}\right) d\phi$$

$$= \left(\frac{\hbar}{i}\right) \cdot N^2 \int_0^{2\pi} \left(\cos\chi \cdot]^{-i\phi} \cdot \sin\chi \cdot e^{i\phi}\right) \cdot \left(i \cdot \cos\chi \cdot e^{i\phi} - i \cdot \sin\chi \cdot e^{-i\phi}\right) d\phi$$

$$= \hbar N^2 \int_0^{2\pi} \left\{\cos^2\chi - \sin^2\chi + \cos\chi \cdot \sin\chi \cdot (e^{2i\phi} - e^{-2i\phi}\right\} \cdot d\phi$$

$$= \hbar N^2 \left(\cos^2\chi - \sin^2\chi\right) \cdot 2\pi = 2\pi\hbar N^2 \cdot \cos 2\chi.$$

$$N^2 \int_0^{2\pi} \left(\cos\chi \cdot e^{i\phi} + \sin\chi \cdot e^{-i\phi}\right)^* \cdot \left(\cos\chi \cdot e^{i\phi} + \sin\chi \cdot e^{-i\phi}\right) \cdot d\phi$$

$$= N^2 \int_0^{2\pi} \left\{\cos^2\chi + \sin^2\chi + \cos\chi \cdot \sin\chi \cdot \left(e^{2i\phi} + e^{-2i\phi}\right)\right\} \cdot d\phi$$

$$= 2\pi N^2 \cdot \left(\cos^2\chi \cdot \sin^2\chi\right) = 2\pi N^2 = 1; \quad N^2 = \frac{1}{2\pi}.$$

Es ist also $<l_z> = \underline{\hbar \cdot \cos 2\chi}.$

Die kinetische Energie berechnen wir aus

$$\hat{T} = \frac{\hat{l}_z^2}{2I} = -\left(\frac{\hbar^2}{2I}\right) \cdot \frac{\mathrm{d}^2}{\mathrm{d}\phi^2}$$

(a) $\hat{T} \cdot \mathrm{e}^{\mathrm{i}\phi} = -\left(\frac{\hbar^2}{2I}\right) \cdot \mathrm{i}^2 \cdot \mathrm{e}^{\mathrm{i}\phi} = \left(\frac{\hbar^2}{2I}\right) \cdot \mathrm{e}^{\mathrm{i}\phi}; \quad T = \frac{\hbar^2}{2I}.$

(b) $\hat{T} \cdot \mathrm{e}^{-2\mathrm{i}\phi} = -\left(\frac{\hbar^2}{2I}\right) \cdot 2\mathrm{i}^2 \cdot \mathrm{e}^{-2\mathrm{i}\phi} = \left(\frac{4\hbar^2}{2I}\right) \cdot \mathrm{e}^{-2\mathrm{i}\phi}; \quad T = \underline{\frac{4\hbar^2}{2I}}.$

(c) $\hat{T} \cdot \cos\phi = -\left(\frac{\hbar^2}{2I}\right) \cdot (-\cos\phi) = \left(\frac{\hbar^2}{2I}\right) \cdot \cos\phi; \quad T = \underline{\frac{\hbar^2}{2I}}.$

(d) $\hat{T} \cdot \{\cos\chi \cdot \mathrm{e}^{\mathrm{i}\phi} + \sin\chi \cdot \mathrm{e}^{-\mathrm{i}\phi}\} = -\left(\frac{\hbar^2}{2I}\right) \cdot \{-\cos\chi \cdot \mathrm{e}^{\mathrm{i}\phi} - \sin\chi \cdot \mathrm{e}^{-\mathrm{i}\phi}\}$

$$= \left(\frac{\hbar^2}{2I}\right) \cdot \{\cos\chi \cdot \mathrm{e}^{\mathrm{i}\phi} + \sin\chi \cdot \mathrm{e}^{-\mathrm{i}\phi}\}; \quad \underline{T = \frac{\hbar^2}{2I}}.$$

14-19 $\psi = N \cdot \{a \cdot \mathrm{e}^{\mathrm{i}\phi} + b \cdot \mathrm{e}^{2\mathrm{i}\phi} + c \cdot \mathrm{e}^{3\mathrm{i}\phi}\}$

$$N^2 \int_0^{2\pi} \left(a \cdot \mathrm{e}^{-\mathrm{i}\phi} + b \cdot \mathrm{e}^{-2\mathrm{i}\phi} + c \cdot \mathrm{e}^{-3\mathrm{i}\phi}\right) \cdot \left(a \cdot \mathrm{e}^{\mathrm{i}\phi} + b \cdot \mathrm{e}^{2\mathrm{i}\phi} + c \cdot \mathrm{e}^{3\mathrm{i}\phi}\right) \mathrm{d}\phi$$

$$= N^2 \int_0^{2\pi} \{a^2 + b^2 + c^2 + \ldots\} \cdot \mathrm{d}\phi \qquad [\ldots \text{ ergibt beim Integrieren Null}]$$

$$= N^2 \cdot 2\pi \cdot (a^2 + b^2 + c^2) = 1; \text{ dann wird } \quad N^2 = \frac{1}{2\pi \cdot (a^2 + b^2 + c^2)}.$$

$$<l_z> = \left(\frac{\hbar}{\mathrm{i}}\right) \cdot N^2 \int_0^{2\pi} \left\{a \cdot \mathrm{e}^{-\mathrm{i}\phi} + b \cdot \mathrm{e}^{-2\mathrm{i}\phi} + c \cdot \mathrm{e}^{-3\mathrm{i}\phi}\right\} \cdot \left(\frac{\mathrm{d}}{\mathrm{d}\phi}\right) \left\{a \cdot \mathrm{e}^{\mathrm{i}\phi} + b \cdot \mathrm{e}^{2\mathrm{i}\phi} + c \cdot \mathrm{e}^{3\mathrm{i}\phi}\right\} \cdot \mathrm{d}\phi$$

$$= \hbar N^2 \int_0^{2\pi} \left\{a \cdot \mathrm{e}^{-\mathrm{i}\phi} + b \cdot \mathrm{e}^{-2\mathrm{i}\phi} + c \cdot \mathrm{e}^{-3\mathrm{i}\phi}\right\} \cdot \left\{a \cdot \mathrm{e}^{\mathrm{i}\phi} + 2b \cdot \mathrm{e}^{2\mathrm{i}\phi} + 3c \cdot \mathrm{e}^{3\mathrm{i}\phi}\right\} \cdot \mathrm{d}\phi$$

$$= \hbar N^2 \cdot 2\pi \cdot (a^2 + 2b^2 + 3c^2)$$

$$= \underline{\frac{\hbar \cdot (a^2 + 2b^2 + 3c^2)}{a^2 + b^2 + c^2}}.$$

$$<l_z^2> = -\hbar^2 N^2 \int_0^{2\pi} \left\{a \cdot \mathrm{e}^{-\mathrm{i}\phi} + b \cdot \mathrm{e}^{-2\mathrm{i}\phi} + c \cdot \mathrm{e}^{-3\mathrm{i}\phi}\right\} \cdot \left(\frac{\mathrm{d}^2}{\mathrm{d}\phi^2}\right) \left\{a \cdot \mathrm{e}^{\mathrm{i}\phi} + b \cdot \mathrm{e}^{2\mathrm{i}\phi} + c \cdot \mathrm{e}^{3\mathrm{i}\phi}\right\} \cdot \mathrm{d}\phi$$

$$= -\hbar^2 N^2 \int_0^{2\pi} \left\{a \cdot \mathrm{e}^{-\mathrm{i}\phi} + b \cdot \mathrm{e}^{-2\mathrm{i}\phi} + c \cdot \mathrm{e}^{-3\mathrm{i}\phi}\right\} \cdot \left\{a \cdot \mathrm{e}^{\mathrm{i}\phi} + 4b \cdot \mathrm{e}^{2\mathrm{i}\phi} + 9c \cdot \mathrm{e}^{3\mathrm{i}\phi}\right\} \cdot \mathrm{d}\phi$$

$$= 2\pi\hbar^2 N^2 \cdot (a^2 + 4b^2 + 9c^2)$$

$$= \frac{\hbar^2 \cdot (a^2 + 4b^2 + 9c^2)}{a^2 + b^2 + c^2}.$$

$$<T> = \frac{<l_z^2>}{2I}$$

$$= \left(\frac{\hbar^2}{2I}\right) \cdot \frac{a^2+4b^2+9c^2}{a^2+b^2+c^2}.$$

$$\frac{<l_z^2> - <l_z>^2}{\hbar^2} = \frac{a^2+4b^2+9c^2}{a^2+b^2+c^2} - \left(\frac{a^2+2b^2+3c^2}{a^2+b^2+c^2}\right)^2$$

$$= \frac{a^2b^2+4a^2c^2+b^2c^2}{(a^2+b^2+c^2)^2}$$

$$\delta l_z = \frac{\hbar \cdot \sqrt{a^2b^2+4a^2c^2+b^2c^2} \cdot c}{a^2+b^2+c^2}.$$

14-20 $E_l = \frac{l(l+1)\cdot\hbar^2}{2I}$ [14.3–22].

Die ersten vier Niveaus haben die Energien

$E_0 = 0,\qquad E_1 = \frac{\hbar^2}{I},\qquad E_2 = \frac{3\hbar^2}{I},\qquad E_3 = \frac{6\hbar^2}{I}.$

Die Drehimpulse haben die Werte $\sqrt{l(l+1)}\cdot\hbar$:

$0\qquad \sqrt{2}\hbar\qquad \sqrt{6}\hbar\qquad \sqrt{12}\hbar.$

Die Anzahl der Zustände pro Niveau ist $(2l+1)$:

1 3 5 7

14-21 $E_J = \frac{J(J+1)\cdot\hbar^2}{2I}$ [14.3–22]; $I = \frac{m_1 m_2}{m_1+m_2}\cdot R^2.$

$m_1 = 1.6735\cdot10^{-27}$ kg, $m_2 = 210.72\cdot10^{-27}$ kg [Aufgabe 14–11]; $R = 160$ pm.

$$I = \left(\frac{(1.6735\cdot10^{-27}\text{ kg})\cdot(210.72\cdot10^{-27}\text{ kg})}{(1.6735\cdot10^{-27}\text{ kg})+(210.72\cdot10^{-27}\text{ kg})}\right)\cdot(160\cdot10^{-12}\text{ m})^2$$

$$= 4.2504\cdot10^{-47}\text{ kg m}^2.$$

$$E_J = \frac{J(J+1)(1.0545\cdot10^{-34}\text{ J s})^2}{2\cdot(4.2504\cdot10^{-47}\text{ kg m}^2)}$$

$$= (1.3083\cdot10^{-22}\text{ J})\cdot J(J+1)\begin{cases}\hat{=}(78.786\cdot10^{-3}\text{ kJ mol}^{-1})\cdot J(J+1)\\ \hat{=}(6.588\text{ cm}^{-1})\cdot J(J+1).\end{cases}$$

Die vier Niveaus haben die Energien

$$E_0 = \begin{cases}0\\0\end{cases},\quad E_1 = \begin{cases}0.158\text{ kJ mol}^{-1}\\13.18\text{ cm}^{-1}\end{cases},\quad E_1 = \begin{cases}0.473\text{ kJ mol}^{-1}\\39.5\text{ cm}^{-1}\end{cases},\quad E_1 = \begin{cases}0.945\text{ kJ mol}^{-1}\\79.0\text{ cm}^{-1}\end{cases}.$$

14-22 $-\left(\frac{\hbar^2}{2m}\right)\cdot\nabla^2\psi + E\psi$ [14.3–12; $V=0$]; $E_l = l(l+1)\cdot\left(\frac{\hbar^2}{2I}\right)$ [14.3–22],

$$\nabla^2 = \left(\frac{\partial^2}{\partial r^2}\right) \cdot \left(\frac{2}{r}\right) \cdot \left(\frac{\partial}{\partial r}\right) + \left(\frac{1}{r^2}\right) \cdot \Lambda^2 \quad [14.3\text{–}14]$$

$$\Lambda^2 = \left(\frac{1}{\sin\vartheta}\right)^2 \cdot \left(\frac{\partial^2}{\partial\phi^2}\right) + \left(\frac{\cos\vartheta}{\sin\vartheta}\right) \cdot \left(\frac{\mathrm{d}}{\partial\vartheta}\right) + \left(\frac{\partial^2}{\partial\vartheta^2}\right).$$

(a) $\psi_{0,0} = \frac{1}{2\sqrt{\pi}}$; $\nabla^2\psi_{0,0} = 0$ wegen $\psi_{0,0} = \text{konst.}$, das ergibt $E_{0,0} = 0$.

Dasselbe folgt aus Gl. 14.3–22.

(b) $\psi_{1,0} = \frac{1}{2}\sqrt{\frac{3}{\pi}} \cdot \cos\vartheta$

$$\nabla^2\psi_{1,0} = \left(\frac{1}{r^2}\right) \cdot \Lambda^2 \cdot \psi_{1,0} = \left(\frac{1}{r^2}\right) \cdot \left\{\left(\frac{\cos\vartheta}{\sin\vartheta}\right) \cdot \left(\frac{\partial}{\partial\vartheta}\right) + \left(\frac{\partial^2}{\partial\vartheta^2}\right)\right\} \cdot \frac{1}{2} \cdot \sqrt{\frac{3}{\pi}} \cdot \cos\vartheta$$
$$= \frac{1}{2}\sqrt{\frac{3}{\pi}} \cdot \left(\frac{1}{r^2}\right) \cdot \left\{\left(\frac{\cos\vartheta}{\sin\vartheta}\right) \cdot (-\sin\vartheta) - \cos\vartheta\right\}$$
$$= -2\left(\frac{1}{r^2}\right) \cdot \frac{1}{2} \cdot \sqrt{\frac{3}{\pi}} \cdot \cos\vartheta = -2 \cdot \left(\frac{1}{r^2}\right) \cdot \psi_{1,0}.$$

Deshalb ist

$$E_1\psi_{1,0} = -\left(\frac{\hbar^2}{2m}\right) \cdot \nabla^2\psi_{1,0} = +\left(\frac{\hbar^2}{2mr^2}\right)\psi_{1,0}$$
$$= 2 \cdot \left(\frac{\hbar^2}{2I}\right)\psi_{1,0} \quad \text{und} \quad E_1 = 2 \cdot \left(\frac{\hbar^2}{2I}\right).$$

Dasselbe folgt aus Gl. 14.3–22.

(c) $\psi_{2,-1} = \frac{1}{2}\sqrt{\frac{15}{2\pi}} \cdot \cos\vartheta \cdot \sin\vartheta \cdot \mathrm{e}^{-\mathrm{i}\phi}$

$$\nabla^2\psi_{2,-1} = \left(\frac{1}{r^2}\right) \cdot \Lambda^2\psi_{2,-1} = \frac{1}{2}\sqrt{\frac{15}{2\pi}} \cdot \left(\frac{1}{r^2}\right) \cdot \left\{\left(\frac{1}{\sin\vartheta}\right)^2 \cdot \left(\frac{\partial^2}{\partial\phi^2}\right)\right.$$
$$\left. + \left(\frac{\cos\vartheta}{\sin\vartheta}\right) \cdot \left(\frac{\partial}{\partial\vartheta}\right) + \left(\frac{\partial^2}{\partial\vartheta^2}\right)\right\} \cdot \cos\vartheta \cdot \sin\vartheta \cdot \mathrm{e}^{-\mathrm{i}\phi}$$
$$= \frac{1}{2}\sqrt{\frac{15}{2\pi}} \cdot \left(\frac{1}{r^2}\right) \cdot$$
$$\left\{-\frac{\cos\vartheta \cdot \sin\vartheta \cdot \mathrm{e}^{-\mathrm{i}\phi}}{\sin^2\vartheta} + \left(\frac{\cos\vartheta}{\sin\vartheta}\right) \cdot (\cos^2\vartheta - \sin^2\vartheta) \cdot \mathrm{e}^{-\mathrm{i}\phi} - 4\cos\vartheta \cdot \sin\vartheta \cdot \mathrm{e}^{-\mathrm{i}\phi}\right\}$$
$$= \frac{1}{2}\sqrt{\frac{15}{2\pi}} \cdot \left(\frac{1}{r^2}\right) \cdot \mathrm{e}^{-\mathrm{i}\phi} \cdot \cos\vartheta \cdot \sin\vartheta \cdot \left\{-\frac{1}{\sin^2\vartheta} + \frac{\cos^2\vartheta}{\sin^2\vartheta} - 1 - 4\right\}$$
$$= -6 \cdot \frac{1}{2} \cdot \sqrt{\frac{15}{2\pi}} \cdot \left(\frac{1}{r^2}\right) \cdot \cos\vartheta \cdot \sin\vartheta \cdot \mathrm{e}^{-\mathrm{i}\phi}$$
$$= -\frac{6 \cdot \psi_{2,1}}{r^2}, \quad \text{damit wird}$$

$$E_2\psi_{2,-1} = -\left(\frac{\hbar^2}{2m}\right)\nabla^2\psi_{2,-1} = 6 \cdot \left(\frac{\hbar^2}{2mr^2}\right) \cdot \psi_{2,-1} \quad \text{und}$$

$E_2 = \frac{6\hbar^2}{2mr^2} = \frac{6\hbar^2}{2I}$. Gl. 14.3–22 ergibt dasselbe.

(d) $\psi_{3,3} = -\frac{1}{8} \cdot \sqrt{\frac{35}{\pi}} \cdot \sin^3\vartheta \cdot e^{3i\phi}$

$$\nabla^2\psi_{3,3} = -\frac{1}{8} \cdot \sqrt{\frac{35}{\pi}} \cdot \left(\frac{1}{r^2}\right) \cdot \left\{\left(\frac{1}{\sin\vartheta}\right)^2 \cdot \left(\frac{\partial^2}{\partial\phi^2}\right) + \left(\frac{\cos\vartheta}{\sin\vartheta}\right) \cdot \left(\frac{\partial}{\partial\vartheta}\right) + \left(\frac{\partial^2}{\partial\vartheta^2}\right)\right\} \sin^3\vartheta \cdot e^{3i\phi}$$

$$= -\frac{1}{8} \cdot \sqrt{\frac{35}{\pi}} \cdot \left(\frac{1}{r^2}\right) \cdot \left\{\frac{-9 \cdot \sin^3\vartheta \cdot e^{3ip}}{\sin^2\vartheta} + \left(\frac{\cos\vartheta}{\sin\vartheta}\right) \cdot 3 \cdot \cos\vartheta \cdot \sin^2\vartheta \cdot e^{3i\phi}\right\}$$

$$+ \left[6 \cdot \cos^2\vartheta \cdot \sin\vartheta - 3 \cdot \sin^3\vartheta\right] \cdot e^{3i\phi}$$

$$= -\frac{1}{8} \cdot \sqrt{\frac{35}{\pi}} \cdot \left(\frac{1}{r^2}\right) \cdot \sin^3\vartheta \cdot e^{3i\phi} \cdot \left\{\frac{-9}{\sin^2\vartheta} + \frac{3 \cdot \cos^2\vartheta}{\sin^2\vartheta} + \frac{6 \cdot \cos^2\vartheta}{\sin^2\vartheta} - 3\right\}$$

$$= +12 \cdot \frac{1}{8} \cdot \sqrt{35 \cdot \pi} \cdot \left(\frac{1}{r^2}\right) \cdot \sin^3\vartheta \cdot e^{3i\phi} = \frac{-12\psi_{3,3}}{r^2}.$$

Es ist also $E_3\psi_{3,3} = -\left(\frac{\hbar^2}{2m}\right) \cdot \nabla^2\psi_{3,3} = \left(\frac{12\hbar^2}{2mr^2}\right) \cdot \psi_{3,3}$ und $E_3 = \frac{12\hbar^2}{2I}$.

Dasselbe folgt aus Gl. 14.3–22.

14-23 $\int_0^\pi \delta\vartheta \sin\vartheta \int_0^\pi d\phi \, |\psi_{3,3}(\vartheta,\phi)|^2$

$$= \int_0^\pi d\vartheta \sin\vartheta \int_0^{2\pi} d\phi \left(\frac{1}{64}\right) \cdot \left(\frac{35}{\pi}\right) \cdot \sin^6\vartheta = \left(\frac{1}{64}\right) \cdot \left(\frac{35}{\pi}\right) \cdot (2\pi) \int_0^\pi d\vartheta \cdot \sin^7\vartheta.$$

$$\int_0^\pi d\vartheta \sin^7\vartheta = \int_0^\pi d\vartheta \sin\vartheta \cdot \sin^6\vartheta = \int_{-1}^1 d\cos\vartheta \cdot (1-\cos^2\vartheta)^3$$

$$\int_0^\pi d\vartheta \sin^7\vartheta = \int_{-1}^1 dx\,(1 - 3x^2 + 3x^4 - x^6) = \left(x - x^3 + \frac{3}{5}x^5 - \frac{1}{7}x^7\right)\Big|_{-1}^{1} = \frac{32}{35}.$$

Das ergibt $\int dt\,|\psi_{3.3}|^2 = \left(\frac{1}{64}\right) \cdot \left(\frac{35}{\pi}\right) \cdot (2\pi) \cdot \left(\frac{32}{35}\right) = 1$, wie behauptet.

14-24

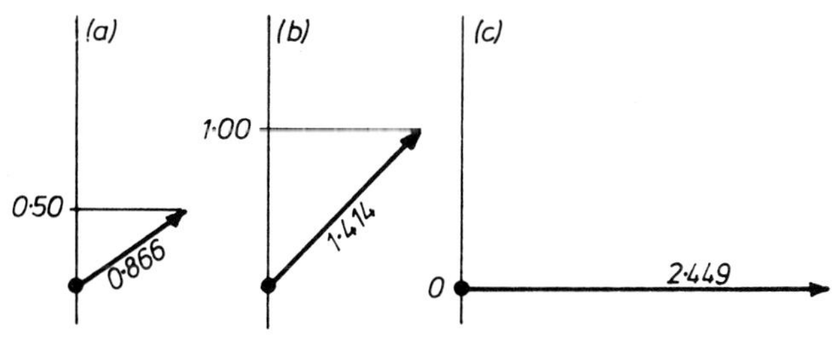

Abb. 14–3

14-25

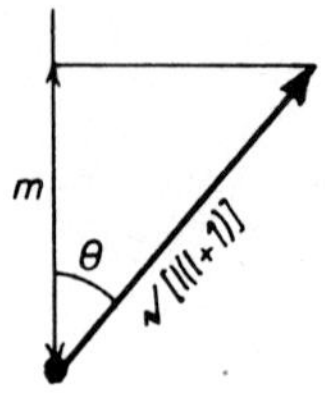

Abb. 14–4

$$\cos\vartheta = \frac{m_l}{\sqrt{l(l+1)}};$$

$$\vartheta = \arccos\left\{\frac{m_l}{\sqrt{l(l+1)}}\right\} \quad \text{oder} \quad \vartheta = \arccos\left\{\frac{m^2}{\sqrt{s(s+1)}}\right\}.$$

Für ein α-Elektron gilt $m_s = +\frac{1}{2}$, $s = \frac{1}{2}$;

$$\vartheta = \arccos\left(\frac{\frac{1}{2}}{\sqrt{\frac{3}{4}}}\right) = \arccos\left(\frac{1}{\sqrt{3}}\right) = \underline{54^0\ 44'}.$$

Der kleinste Winkel gehört zu $m_l = l$.

$$\lim_{l\to\infty} \vartheta_{\text{min}} = \lim_{l\to\infty} \arccos\left(\frac{1}{\sqrt{l(l+1)}}\right) = \lim_{l\to\infty} \arccos\frac{l}{l} = \arccos 1 = 0.$$

14-26 Die $2l + 1 = 13$ Kegel konstruieren wir mit $\sqrt{l(l+1)} = \sqrt{42} = 6.48$ und $m_l = 6, 5, \ldots, -6$. Das Ergebnis ist in Abb. 14–5 wiedergegeben. Das Elektron mit $m_l = 6$ hat die größte Aufenthaltswahrscheinlichkeit am Äquator, desgleichen das Elektron mit $m_l = -6$. Das Elektron mit $m_l = 0$ hält sich vorwiegend in der Nähe der Pole auf.

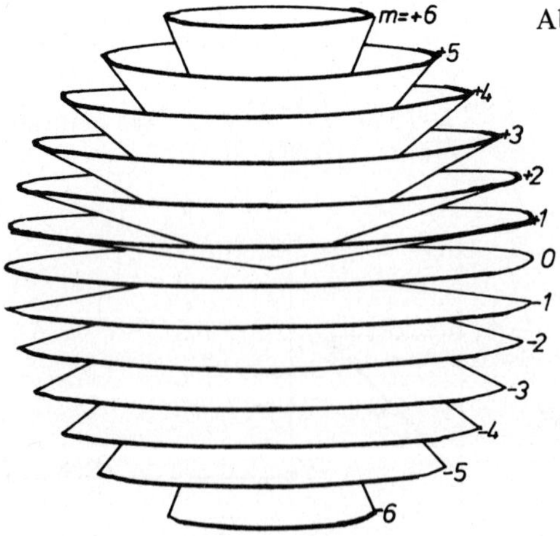

Abb. 14–5

15 Aufbau der Atome und Atomspektren

A15-1 $\frac{1}{\lambda} = R_\mathrm{H}\left(\frac{1}{4} - \frac{1}{n_2^2}\right)$. [15.1–1]

$$\lambda = \frac{1}{R_\mathrm{H}} \cdot \frac{1}{\frac{1}{4} - \left(\frac{1}{4}\right)^2} = \frac{1}{(1.09677 \cdot 10^7\ \mathrm{m}^{-1}) \cdot \left[\frac{1}{4} - \left(\frac{1}{4}\right)^2\right]}$$

$= 4.86276 \cdot 10^{-7}\ \mathrm{m} = \underline{486.276\ \mathrm{nm}.}$

A15-2 $\frac{1}{\lambda} = R_\mathrm{H} \cdot \left(\frac{1}{9} - \frac{1}{n_2^2}\right)$. [15.1–2].

$$n_2 = \frac{1}{\sqrt{\frac{1}{9} - \frac{1}{\lambda R_\mathrm{H}}}} = \frac{1}{\sqrt{\frac{1}{9} - \left(\frac{\nu}{c R_\mathrm{H}}\right)}}$$

$$= \frac{1}{\sqrt{\frac{1}{9} - \frac{2.7415 \cdot 10^{14}\ \mathrm{Hz}}{(2.9979 \cdot 10^8\ \mathrm{m\ s}^{-1}) \cdot (1.0968 \cdot 10^7\ \mathrm{m}^{-1})}}}$$

$= 6.0047$; d.h. es ist $\underline{n_2 = 6.}$

A15-3 $\frac{1}{\lambda} = \frac{1}{486.1 \cdot 10^{-7}\ \mathrm{cm}} = 20572\ \mathrm{cm}^{-1}$.

Term $= 27414\ \mathrm{cm}^{-1} - 20572\ \mathrm{cm}^{-1} = \underline{6842\ \mathrm{cm}^{-1}.}$

A15-4 $R_{20}(r) = (2a_0)^{-\frac{3}{2}} \cdot (2-\rho) \cdot \mathrm{e}^{-\frac{\rho}{2}}$ mit $\rho = \frac{r}{a_0}$ [Kasten 15–1]

$$\left(\frac{\partial R_{20}}{\partial r}\right) = \frac{1}{a_0} \cdot \left(\frac{\partial R_{20}}{\partial \rho}\right) = 0.$$

$$\left(\frac{\partial R_{20}}{\partial r}\right) = (2a_0)^{-\frac{3}{2}} \cdot \mathrm{e}^{-\frac{\rho}{2}} \cdot \left[(2-\rho) \cdot (-\tfrac{1}{2}) - 1\right] = 0;$$

$\frac{1}{2}\rho - 1 = 1$ und $\rho = 4$. Das ergibt für den Extremwert $\underline{r = 4a_0.}$

$$\left(\frac{\partial^2 R_{20}}{\partial \rho^2}\right) = (2a_0)^{-\frac{3}{2}} \cdot \mathrm{e}^{-\frac{\rho}{2}} \cdot \left[\left(\frac{3}{2}\right) - \left(\frac{\rho}{4}\right)\right],$$

das ergibt $\left[\left(\frac{3}{2}\right) - \left(\frac{1}{4}\right) \cdot (4)\right] > 0$ im Extremum. Es handelt sich also um ein Minimum.

$R_{20}(4a_0) = (2a_0)^{-\frac{3}{2}} \cdot (2-4) \cdot e^{-\frac{4}{2}} \neq 0,$ die Funktion ist also im Extremum von Null verschieden.

A15-5 $R_{30}(r) = a_0^{-\frac{3}{2}} \cdot \frac{1}{9\sqrt{3}} \cdot (6 - 6\rho + \rho^2) \cdot e^{\frac{\rho}{2}}$ [Kasten 15–1]

mit $\rho = \frac{2r}{3a_0}$.

Aus $6 - 6\rho + \rho^2 = 0$ folgt dann $\rho = 3 \pm \sqrt{3} = 1.27$ bzw. 4.73.

$r = \frac{3}{2}\rho a_0 = 1.91 \cdot a_0, \quad 7.10 \cdot a_0 = (1.91) \cdot (52.9\ \text{pm}) = 101\ \text{pm}$ und

$(7.10) \cdot (52.9\ \text{pm}) = \underline{376\ \text{pm}}.$

A15-6 $j = l + s,$ mit $s = \frac{1}{2}$ ergibt das $l = 1;$

$$\text{Bahndrehimpuls} = \sqrt{l(l+1)} \cdot \left(\frac{h}{2\pi}\right) = \frac{\sqrt{2} \cdot (6.63 \cdot 10^{-34}\ \text{J s})}{2 \cdot 3.14} = \underline{1.49 \cdot 10^{-34}\ \text{J s}.}$$

A15-7 D bedeutet $\underline{L = 2;}$ 1 bedeutet $\underline{S = 0;}$ 2 bedeutet $\underline{J = 2.}$

A15-8 Im Grundzustand ist die Wahrscheinlichkeitsdichte proportional $e^{-\frac{2r}{a_0}}$ [Abschnitt 15.1e]

Der maximale Wert von $e^{-\frac{2r}{a_0}}$ ist 1. Dann ist $0.50 = e^{-\frac{2r}{a_0}}$ und

$r_{50} = -\left(\frac{a_0}{2}\right) \cdot \ln(0.50) = \left(\frac{1}{2}\right) \cdot (53\ \text{pm}) \cdot (0.69) = \underline{18\ \text{pm}.}$

A15-9 $P = \frac{4r^2}{a_0^3} \cdot e^{-\frac{2r}{a_0}}$ mit einem Maximum bei $r = a_0$ [15.1–25]

(a) $\frac{4r_{50}^2}{a_0^3} \cdot e^{-\frac{2r_{50}}{a_0}} = 0.50 \cdot \frac{4a_0^2}{a_0^3 e^{-2}}$

$\frac{r_{50}}{a_0} \cdot e^{-\frac{r_{50}}{a_0}} = \sqrt{0.50} \cdot e^{-1} = 0.260.$

Setzen wir jetzt $x \equiv \frac{r_{50}}{a_0}$. Dann ist $x = 0.260 \cdot e^{x}$,

und wir erhalten durch Probieren $x = \underline{2.079.}$

$r_{50} = (2.079) \cdot (52.9\ \text{pm}) = \underline{110\ \text{pm}.}$

(b) Ganz analog erhalten wir $x = 0.319 \cdot \mathrm{e}^x$, $x = 1.632$ und $r_{95} = \underline{86.3\ \mathrm{pm}}.$

A15-10 $E = \mu_\mathrm{B} m_l B$ [15.3–6].

$$m_l = \frac{E}{\mu_\mathrm{B} B} = \frac{2.23 \cdot 10^{-22}\ \mathrm{J}}{(9.27 \cdot 10^{-24}\ \mathrm{J\ T^{-1}}) \cdot (12\ \mathrm{T})} = 2.00.$$

Es ist also $m_l = 2$.

15-1 $\frac{1}{\lambda} = R \cdot \left(\frac{1}{n_1^2} - \frac{1}{n_2^2}\right)$ [15.1–2], $R = 109677\ \mathrm{cm^{-1}}$.

n_1 bestimmen wir aus dem größten Wert λ_max, der zu dem Übergang $n_2 = n_1 + 1 \rightarrow n_1$ gehört:

$$\frac{1}{\lambda_\mathrm{max} \cdot R} = \frac{1}{n_1^2} - \frac{1}{(n_1+1)^2} = \frac{2n_1+1}{n_1^2(n_1+1)^2}$$

$$\lambda_\mathrm{max} \cdot R = \left\{\frac{n_1^2(n_1+1)^2}{2n_1+1}\right\}.$$

$$\lambda_\mathrm{max} \cdot R = (123368 \cdot 10^{-9}\ \mathrm{m}) \cdot (109677\ \mathrm{cm^{-1}}) = 1.36 \cdot \left(\frac{\mathrm{m}}{\mathrm{cm}}\right) = 136.$$

Die Fälle mit $n_1 = 1,\ 2,\ 3$ und 4 wurden bereits in Abschnitt 15.1 untersucht.
Wir beginnen deshalb mit $n_1 = 5,\ 6, \ldots$.

Mit $n_1 = 6$ erhalten wir $\frac{n_1^2(n_1+1)^2}{2n_1+1} = 136$, die Humphrey-Serie ist also durch

$\underline{n_2 \rightarrow n_1 = 6}$ gekennzeichnet. Ihre Übergänge sind dann

$$\frac{1}{\lambda} = (109677\ \mathrm{cm^{-1}}) \cdot \left(\frac{1}{6^2} - \frac{1}{n_2^2}\right), \quad n_2 = 7,\ 8,\ 9, \ldots$$

Das ergibt Übergänge bei 12370 nm, 7503 nm, 5908 nm, 5129 nm, ... 3908 nm ($n_2 = 15$),

die für $n^2 \rightarrow \infty$ nach 3282 nm konvergieren.

15-2 $\lambda_\mathrm{max} \cdot R = \frac{n_1^2(n_1+1)^2}{2n_1+1}$ [Aufgabe 15–1],

$$= (656.46 \cdot 10^{-9}\ \mathrm{m}) \cdot (109677\ \mathrm{cm^{-1}}) = 7.20.$$

$\frac{n_1^2(n_1+1)^2}{2n_1+1} = 7.20$ für $n_1 = 2$. Dann sind die Übergänge

$$\frac{1}{\lambda} = (109677\ \mathrm{cm^{-1}}) \cdot \left(\frac{1}{4} - \frac{1}{n_2^2}\right), \quad n_2 = 3,\ 4,\ 5,\ 6,\ 7, \ldots$$

Für die nächste Linie ist $n_2 = 7$:

$$\frac{1}{\lambda} = (109677\ \mathrm{cm^{-1}}) \cdot \left(\frac{1}{4} - \frac{1}{49}\right) = \underline{397.13\ \mathrm{nm}}.$$

Die Ionsierungsenergie erhalten wir, wenn wir $n_2 \to \infty$ setzen:

$$\frac{1}{\lambda_\infty} = (109677\ \text{cm}^{-1}) \cdot \left(\frac{1}{4} - 0\right) = 27419\ \text{cm}^{-1}\ \text{bzw.}\ \ \underline{3.40\ \text{eV.}}$$

Zur Erinnerung: die hier berechnete Ionisierungsenergie bezieht sich auf die Ionisierung aus dem angeregten Zustand mit $n = 2$ und nicht aus dem Grundzustand mit $n = 1$.

15-3 $\frac{1}{\lambda} = K \cdot \left(1 - \frac{1}{n_2}\right)$, $\quad n = 2,\ 3,\ 4, \ldots$ [wie in Gleichung 15.1–2].

Wenn die angegebene Formel richtig ist, muß

$$\frac{\frac{1}{\lambda}}{\left(1 - \frac{1}{n_2}\right)} = K \quad \text{eine Konstante sein.}$$

Dazu stellen wir die folgende Tabelle auf:

n	2	3	4
$\left(\frac{1}{\lambda}\right)/\text{cm}^{-1}$	740747	877924	925933
$\frac{\left(\frac{1}{\lambda}\right)}{\left(1 - \frac{1}{n_2}\right)} \Big/ \text{cm}^{-1}$	987663	987665	987662

K ist also in der Tat eine Konstante mit dem Zahlenwert $\underline{987663\ \text{cm}^{-1}}$.

15-4 $\frac{1}{\lambda} = K \cdot \left(\frac{1}{4} - \frac{1}{n^2}\right)$; $\quad n = 3,\ 4,\ 5, \ldots$

$$= (987663\ \text{cm}^{-1} \cdot \left(\frac{1}{4} - \frac{1}{n^2}\right) = \underline{137175\ \text{cm}^{-1},\ \ 185187\ \text{cm}^{-1}, \ldots}$$

15-5 $R_\text{H} = \frac{R_\infty}{1 + \frac{m_\text{e}}{m_\text{H}}}$, $\quad R_\text{D} = \frac{R_\infty}{1 + \frac{m_\text{e}}{m_\text{D}}}$ $\quad$ [15.1–21]

$$\frac{1}{\lambda_\text{H}} = R_\text{H} \cdot \left(1 - \frac{1}{2^2}\right) = 0.75 \cdot R_\text{H}; \quad \frac{1}{\lambda_\text{D}} = 0.75 \cdot R_\text{D}.$$

$$\frac{R_\text{H}}{R_\text{D}} = \frac{\left(\frac{1}{\lambda_\text{H}}\right)}{\left(\frac{1}{\lambda_\text{D}}\right)} = \frac{82259.098\ \text{cm}^{-1}}{82281.476\ \text{cm}^{-1}}$$

$$= 0.99972803 = \frac{1 + \frac{m_\text{e}}{m_\text{D}}}{1 + \frac{m_\text{e}}{m_\text{D}}}.$$

$$\frac{m_\text{e}}{m_\text{D}} = (0.99972803) \cdot \left(1 + \frac{m_\text{e}}{m_\text{H}}\right) - 1 = 0.99972803 \cdot \left(\frac{m_\text{e}}{m_\text{H}}\right) - 0.00027197.$$

$$m_\text{D} = \frac{m_\text{e}}{0.99972803 \cdot \left(\frac{m_\text{e}}{m_\text{H}}\right) - 0.00027197}$$

$$= \frac{9.10953 \cdot 10^{-31}\ \text{kg}}{\left(\frac{9.10953 \cdot 10^{-31}\ \text{kg}}{1.67265 \cdot 10^{-27}\ \text{kg}}\right) \cdot 0.9972803 - 0.00027197} = \underline{3.3594 \cdot 10^{-27}\ \text{kg}.}$$

15-6 $R_\text{Positronium} = \frac{R_\infty}{1+1}$ [Aufgabe 15–5] $= \frac{1}{2} R_\infty = 54869\ \text{cm}^{-1}$.

$$\frac{1}{\lambda} = (54869\ \text{cm}^{-1}) \cdot \left(\frac{1}{4} - \frac{1}{n^2}\right), \quad n = 3,\ 4,\ 5, \ldots$$

$$= \underline{7621\ \text{cm}^{-1},\ \ 10288\ \text{cm}^{-1},\ \ 11522\ \text{cm}^{-1}\ \ldots}$$

Zur Lyman-Serie gehört die Serienformel

$$(54869\ \text{cm}^{-1}) \cdot \left(1 - \frac{1}{n^2}\right), \quad n = 2,\ 3, \ldots,$$

mit $n = \infty$ erhält man die Energie zum Abtrennen eines Elektrons aus dem Grundzustand, $54869\ \text{cm}^{-1}$, und gleichzeitig dessen Ionisierungsenergie entsprechend $\underline{6.80\ \text{eV}.}$

15-7 Coulombsche Anziehungskraft $= \frac{Ze^2}{4\pi\varepsilon_0 r^2}$ [Elektrostatik].

Zentrifugalkraft $= \frac{(\text{Drehimpuls})^2}{m_\text{e} r^3}$ [klassische Physik].

Drehimpuls $= n\hbar$, $n = 1,\ 2, \ldots$ [Postulat]

Im Gleichgewicht ist $\frac{Ze^2}{4\pi\varepsilon_0 r^2} = \frac{n^2\hbar^2}{m_\text{e} r^3}$ oder $r = \frac{4\pi n^2 \hbar^2 \varepsilon_0}{Ze^2 m_\text{e}}$.

Gesamtenergie = kinetische Energie + potentielle Energie

$$= \frac{(\text{Drehimpuls})^2}{2I} - \frac{Ze^2}{4\pi\varepsilon_0 r} \quad (\text{Trägheitsmoment} \quad I = m_\text{e} r^2)$$

$$= \left(\frac{n^2\hbar^2}{2m_e r^2}\right) - \left(\frac{Ze^2}{4\pi\varepsilon_0 r}\right) = \frac{n^2\hbar^2}{2m_e \cdot \left(\frac{4\pi n^2\hbar^2\varepsilon_0}{Ze^2 m_e}\right)^2} - \left(\frac{Ze^2}{4\pi\varepsilon_0}\right) \cdot \left(\frac{Ze^2 m_e}{4\pi n^2\hbar^2\varepsilon_0}\right)$$

$$= -\frac{Z^2 e^4 m_e}{32\pi^2\varepsilon_0^2\hbar^2} \cdot \frac{1}{n^2} = -\frac{hcR_\infty}{n^2} \quad [15.1\text{–}21].$$

15-8 (I) Es ist nicht möglich, Bahnen genau anzugeben.

(II) Der Drehimpuls eines dreidimensionalen Systems ist $\sqrt{l(l+1)}\cdot\hbar$ und nicht $n\hbar$. Im Bohrschen Modell hat der Grundzustand den Drehimpuls $n\hbar$ mit $n = 1$. In Wirklichkeit hat aber der Grundzustand (mit $l = 0$) den Drehimpuls Null. Damit ergibt sich eine völlig andere Elektronenverteilung.

Experimentell kann man zwischen den beiden Modellen unterscheiden, (I) indem man etwa anhand der magnetischen Eigenschaften zeigt, daß der Grundzustand keinen Drehimpuls hat, (II) indem man zeigt, daß es zwischen Elektron und Kern einen räumlichen Kontakt gibt, vgl. Kapitel 20.

15-9 $\psi_{1s} = \sqrt{\frac{Z^3}{\pi a_0^3}} \cdot \mathrm{e}^{-\frac{Zr}{a_0}}, \quad a_0 = 53$ pm.

$P = 4\pi r^2 \psi_{1s}^2 = 4\pi r^2 \cdot \left(\frac{Z^3}{\pi a_0^3}\right) \cdot \mathrm{e}^{-\frac{2Zr}{a^0}}$. Der wahrscheinlichste Abstand ist derjenige Wert von r, bei dem P sein Maximum erreicht [Abschnitt 15.1e].

$$\left(\frac{\mathrm{d}}{\mathrm{d}r}\right) P = 8\pi r \left(\frac{Z^3}{\pi a_0^3}\right) \cdot \mathrm{e}^{-\frac{2Zr}{a_0}} - 8\pi \left(\frac{Z}{a_0}\right) r^2 \left(\frac{Z^3}{\pi a_0^3}\right) \mathrm{e}^{-\frac{2Zr}{a_0}} = 0 \quad \text{bei} \quad r = r^*.$$

Dann ist $1 = \frac{Zr^*}{a_0}$ und $\underline{r^* = \frac{a_0}{Z}}$.

(a) $Z = 2$; $r^* = \frac{a_0}{2} = \underline{26\ \text{pm}}$,

(b) $Z = 9$; $r^* = \frac{a_0}{9} = \underline{5.9\ \text{pm}}$,

15-10 $r^* = \frac{a_0}{Z}$ [Aufgabe 15-9] $= \frac{53\ \text{pm}}{126} = \underline{0.42\ \text{pm}}.$

15-11 Drehimpuls $= \sqrt{l(l+1)} \cdot \hbar$ [Kasten 14-2].

Die Symbole	s	p	d	f	g	...
bedeuten $l =$	0	1	2	3	4	...

	Drehimpuls	Anzahl der radialen Knotenflächen	Anzahl der winkelabhängigen Knotenflächen
(a) 1s: $l = 0$;	0	0	0
(b) 3s: $l = 0$;	0	2	0
(c) 3d: $l = 2$;	$\sqrt{2 \cdot 3} \cdot \hbar = \sqrt{6} \cdot \hbar$	0	2
(d) 2p: $l = 1$;	$\sqrt{2} \cdot \hbar$	0	1
(e) 3p: $l = 1$;	$\sqrt{2} \cdot \hbar$	1	1

Allgemein ist die Anzahl der radialen Knotenflächen gleich $n - l - 1$

und die Anzahl der winkelabhängigen Knotenflächen gleich l.

15-12 $\langle r \rangle_{2p} = \int_0^{\pi} r^2 R_{21}(r) r R_{21}(r) \mathrm{d}r, \quad \rho = \dfrac{2Zr}{na_0} = \dfrac{Zr}{a_0}; \quad r = \dfrac{a_0 \rho}{Z}.$

$$\langle r \rangle_{2p} = \left(\frac{Z}{a_0}\right)^3 \cdot \left(\frac{1}{2\sqrt{6}}\right)^3 \cdot \int_0^{\infty} r^3 \rho^2 \mathrm{e}^{-\rho} \mathrm{d}r = \left(\frac{Z}{a_0}\right)^3 \cdot \left(\frac{1}{24}\right) \cdot \left(\frac{a_0}{Z}\right)^4 \cdot \int_0^{\infty} \rho^5 \mathrm{e}^{-\rho} \mathrm{d}\rho$$

[Kasten 15–1].

$$= \left(\frac{1}{24}\right) \cdot \left(\frac{a_0}{Z}\right) \cdot 5! = \underline{\frac{5a_0}{Z}} \qquad \left[\text{wegen} \int_0^{\infty} x^n \mathrm{e}^{-x} \mathrm{d}x = n!\right]$$

$$\langle r \rangle_{2s} = \int_0^{\infty} r^2 R_{20}(r) r R_{20}(r) \mathrm{d}r$$

$$= \left(\frac{Z}{a_0}\right)^3 \cdot \left(\frac{1}{8}\right) \cdot \left(\frac{a_0}{Z}\right)^4 \cdot \int_0^{\infty} (4\rho^3 - 4\rho^4 + \rho^5) \cdot \mathrm{e}^{-\rho} \mathrm{d}\rho = \left(\frac{a_0}{8Z}\right) \cdot (4 \cdot 3! - 4 \cdot 4! + 5!) = \frac{6a_0}{Z}.$$

Es ist also $\langle r \rangle_{2p} < \langle r \rangle_{2s}$, und deshalb befindet sich das 2p-Elektron im Mittel näher am Kern.

Den wahrscheinlichsten Abstand des 3s-Elektrons erhalten wir, indem wir denjenigen Abstand bestimmen, bei dem die radiale Verteilungsfunktion ihr Maximum erreicht. Das geschieht am besten graphisch.

$$P \propto 4\pi r^2 R_{30}^2(r) \propto r^2 (6 - 6\rho + \rho^2)^2 \mathrm{e}^{-\rho}$$

$$\propto \rho^2 (6 - 6\rho + \rho^2)^2 \mathrm{e}^{-\rho}, \quad \rho = \frac{2Zr}{3a_0} \quad \text{[Kasten 15–1].}$$

Jetzt stellen wir die folgende Tabelle auf:

ρ	0	0.3	0.6	1.0	1.3	1.6	2.0	2.3	2.6	3.0
P	0	1.23	1.51	0.37	0.01	0.56	2.17	3.34	4.05	4.03
ρ	3.3	3.6	4.0	4.3	4.6	5.0	5.3	5.6	6.0	6.3
P	3.40	2.47	1.17	0.43	0.04	0.17	0.74	1.64	3.21	4.54
ρ	6.6	7.0	7.3	7.6	8.0	8.3	8.6	9.0	9.3	9.6
P	5.88	7.55	8.64	9.53	10.39	10.78	10.95	10.89	10.64	10.27
ρ	10.0	10.3	10.6	11.0	12.0	13.0	14.0			
P	9.61	9.02	8.39	7.52	5.38	3.59	2.27			

Diese Punkte sind in Abb. 15–1 aufgetragen. Das Hauptmaximum liegt bei $\rho = 8.8$; das ergibt $r^* = \left(\frac{3a_0}{2}\right) \cdot 8.8 = \underline{700 \text{ pm}}$.

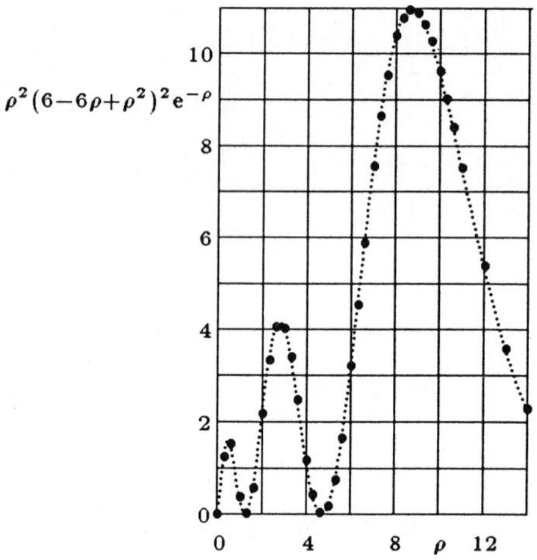

Abb. 15–1

15-13 $\psi(r) \propto e^{-\frac{\rho}{2}} = e^{-\frac{Zr}{a_0}}$ [Kasten 15–1], $\quad a_0 = \frac{4\pi\varepsilon_0\hbar^2}{me^2}$.

$$H = -\left(\frac{\hbar^2}{2m}\right) \cdot \nabla^2 - \frac{Ze^2}{4\pi\varepsilon_0 r}.$$

$$\nabla^2\psi(r) = \left[\left(\frac{d^2}{dr^2}\right) + \left(\frac{2}{r}\right) \cdot \left(\frac{d}{dr}\right)\right] \psi(r) \quad [15.1\text{–}7a; \quad \Lambda\psi = 0]$$

$$= \left[\left(\frac{d^2}{dr^2}\right) + \left(\frac{2}{r}\right) \cdot \left(\frac{d}{dr}\right)\right] \cdot e^{-\frac{Zr}{a_0}}$$

$$= \left[\left(\frac{Z}{a_0}\right)^2 - \left(\frac{2Z}{ra_0}\right)\right] \cdot e^{-\frac{Zr}{a_0}}$$

$$H\psi = \left\{-\left(\frac{\hbar^2}{2m}\right) \cdot \left[\left(\frac{Z}{a_0}\right)^2 - \left(\frac{2Z}{ra_0}\right)\right] - \left(\frac{Ze^2}{4\pi\varepsilon_0 r}\right)\right\} \cdot e^{-\frac{Zr}{a_0}}$$

$$= \left\{-\left(\frac{Z^2\hbar^2}{2ma_0^2}\right) + \left(\frac{\hbar^2 Z}{mra_0}\right) - \frac{Z\hbar^2}{mra_0}\right\} \cdot e^{-\frac{Zr}{a_0}}$$

$$= -\left(\frac{Z^2\hbar^2}{2ma_0^2}\right) \cdot e^{\frac{Zr}{a_0}} = -\left(\frac{Z^2\hbar^2}{2ma_0^2}\right) \cdot \psi.$$

Daraus folgt $E_0 = -\frac{Z^2\hbar^2}{2ma_0^2} = -\frac{Z^2me^4}{32\pi^2\varepsilon_0^2\hbar^2} = -Z^2R_H$ [wie in Aufgabe 15.1–15].

Im F^{8+} ist $Z = 9$, also

$E_0 = -81 \cdot R_H = -81 \cdot (13.6 \text{ eV}) = \underline{-1102 \text{ eV}.}$

15-14 Der Punkt mit der größten Aufenthaltswahrscheinlichkeit liegt auf der z-Achse dort, wo die radiale Wellenfunktion ihren höchsten Wert hat (wo das Maximum von ψ^2 liegt.)

$R_{21}(r) \propto \rho \cdot e^{-\frac{\rho}{2}}$ [Kasten 15–1]. Das hat wegen

$\rho = \frac{Zr}{a_0}$ ein Maximum für $\frac{dR}{d\rho} = 0$ bzw. für $\frac{dR}{dr} = 0.$

Für $\rho = 2$ ist $\frac{dR}{d\rho} = (1 - \frac{1}{2}\rho) \cdot e^{-\frac{\rho}{2}} = 0;$

dann ist $r^* = \frac{2a_0}{Z}$, und der Punkt, wo das Elektron die größte Aufenthaltswahrscheinlichkeit hat, liegt bei

$z = \pm\frac{2a_0}{Z} = \underline{\pm 106 \text{ pm}.}$

15-15 $E_n = \frac{R_H}{n^2}$ [15.1–15].

(a) $E = -R_H$ bedeutet $n = 1$. Dann ist $l = 0$ und $m_l = 0$ [Abschnitt 15.1c], und das Niveau ist nicht entartet.

(b) $E = -\frac{R_H}{9}$ bedeutet $n = 3$. Dann ist $l = 0$, 1 oder 2.

Zu $l = 0$ gehört $m_l = 0$ (1 s-Orbital

Zu $l = 1$ gehört $m_l = -1, 0, 1$ (3 p-Orbitale)

Zu $l = 2$ gehört $m_l = -2, -1, 0, 1, 2$ (5 d-Orbitale)

Das sind zusammen $1 + 3 + 5 = 9$ Zustände. Das Niveau ist also 9-fach entartet.

(c) $E = -\frac{R_H}{25}$ bedeutet $n = 5$. Dann ist $l = 0, 1, 2, 3$ oder 4.

Zu $l = 0$ gehört $m_l = 0$ (1 s-Orbital)

Zu $l = 1$ gehört $m_l = -1, 0, 1$ (3 p-Orbitale)

Zu $l = 2$ gehört $m_l = -2, -1, 0, 1, 2$ (5 d-Orbitale)

Zu $l = 3$ gehört $m_l = -3, -2, -1, 0, 1, 2, 3$ (7 f-Orbitale)

Zu $l = 4$ gehört $m_l = -4, -3, -2, -1, 0, 1, 2, 3, 4$ (9 g-Orbitale)

Das sind zusammen $1 + 3 + 5 + 7 + 9 = 25$ Zustände. Das Niveau ist also 25-fach entartet.

Allgemein ist der Entartungsgrad n^2. Die Spins haben wir bisher vernachlässigt. Wenn keine Spin-Bahn-Kopplung auftritt, verdoppelt der Spin den Entartungsgrad auf $2n^2$.

15-16 $\Delta l = \pm 1$, $\Delta n =$ eine ganze Zahl [Abschnitt 15.3b]

(a) 2s → 1s, $\Delta l = 0$; verboten.

(b) 2p → 1s, $\Delta l = -1$, $\Delta n = -1$; erlaubt.

(c) 3d → 2p, $\Delta l = -1$, $\Delta n = -1$; erlaubt.

(d) 5d → 3s, $\Delta l = -2$, verboten.

(e) 5p → 3s, $\Delta l = -1$, $\Delta n = -2$; erlaubt.

15-17 Für ein gegebenes l gibt es jeweils $2l + 1$ Werte von m_l und damit $2l + 1$ Orbitale. Jedes Orbital kann von 2 Elektronen besetzt werden. Die maximale Besetzungszahl ist also $2 \cdot (2l + 1)$.

15-18 Wir verwenden das Aufbauprinzip [Abschnitt 15.2a] mit der dort angegebenen Reihenfolge der Orbital-Energien:

1s < 2s < 2p < 3s < 3p.

H $1s^1$

He $1s^2$

Li $K2s^1$; $K \equiv 1s^2$

Be $K2s^2$

B $K2s^2 2p_x^1$

C $K2s^2 2p_x^1 2p_y^1$

N $K2s^2 2p_x^1 2p_y^1 2p_z^1$

O $K2s^2 2p_x^2 2p_y^1 2p_z^1$

F $K2s^2 2p_x^2 2p_y^2 2p_z^1$

Ne $K2s^2 2p_x^2 2p_y^2 2p_z^2 = K2s^2 2p^6 = KL$; $L \equiv 2s^2 2p^6$

Na $KL3s^1$

Mg $KL3s^2$

Al $KL3s^2 3p_x^1$

Si $KL3s^2 3p_x^1 3p_y^1$

P $KL3s^2 3p_x^1 3p_y^1 3p_z^1$

S $KL3s^2 3p_x^2 3p_y^1 3p_z^1$

Cl $KL3s^2 3p_x^2 3p_y^2 3p_z^1$

Ar $KL3s^2 3p_x^2 3p_y^2 3p_z^2 = KL3s^2 3p^6 = KLM$; $M \equiv 3s^2 3p^6$.

In der nächsten Periode liegen die Energien der Orbitale 4s, 4p und 3d sehr eng beieinander. Bei der Auffüllung des 3d-Orbitals treten die Übergangsmetalle auf.

15-19 $\frac{1}{\lambda} = K \cdot \left(1 - \frac{1}{n^2}\right)$, $K = 987663\ \mathrm{cm}^{-1}$; $E_n = -\frac{K}{n^2}$ [15.1–15].

Die maximale Bindungsenergie gehört zu $n = 1$: $E_1 = K$.

Das ergibt für die Ionisierungsenergie den Wert 987663 cm^{-1} bzw. 122.5 eV.

15-20 Siehe Abb. 15–2. $E(1s^2 nd\ ^2D) = -\frac{K'}{n^2}$ [wasserstoffähnlich]

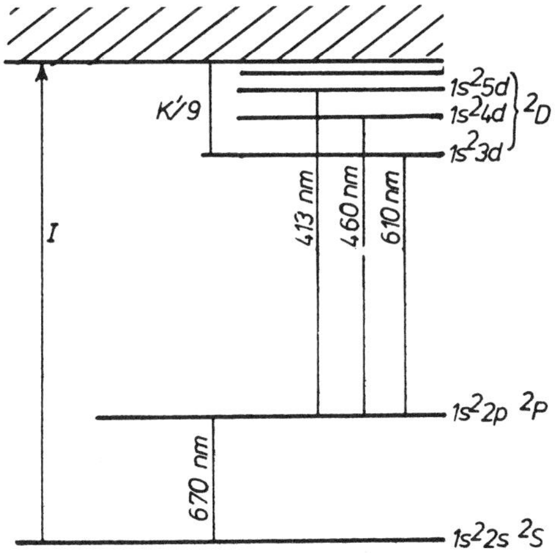

Abb. 15–2

Für $^2D \to {}^2P$ – Übergänge gilt

$$\frac{1}{\lambda} = \frac{\left|E(1s^2\ 2p,{}^2P)\right|}{hc} - \frac{K'}{n^2} \qquad [\Delta E = h\nu]$$

$$\frac{\left|E(1s^2 2p,{}^2P)\right|}{hc} = \frac{1}{\lambda} + \frac{K'}{n^2}$$

$$= (610.36 \cdot 10^{-7}\ \mathrm{cm})^{-1} + \frac{K'}{9} \quad \text{Fall (a)}$$

$$= (460.29 \cdot 10^{-7}\ \mathrm{cm})^{-1} + \frac{K'}{16} \quad \text{Fall (b)}$$

$$= (413.23 \cdot 10^{-7}\ \mathrm{cm})^{-1} + \frac{K'}{25} \quad \text{Fall (c)}$$

(a) – (b): $(610.36 \cdot 10^{-7}\ \mathrm{cm})^{-1} - (460.29 \cdot 10^{-7}\ \mathrm{cm})^{-1} = \frac{K'}{16} - \frac{K'}{9}$,

$$K' = \frac{5341.66\ \mathrm{cm}^{-1}}{\left(\frac{1}{9} - \frac{1}{16}\right)} = 109886\ \mathrm{cm}^{-1}.$$

(a) – (c): $(610.36 \cdot 10^{-7}\ \mathrm{cm})^{-1} - (413.23 \cdot 10^{-7}\ \mathrm{cm})^{-1} = \frac{K'}{25} - \frac{K'}{9}$,

$K' = 109910\ \mathrm{cm}^{-1}$.

(b) – (c): $(460.29 \cdot 10^{-7}\ \mathrm{cm})^{-1} - (413.23 \cdot 10^{-7}\ \mathrm{cm})^{-1} = \frac{K'}{25} - \frac{K'}{16}$,

$K' = 109963\ \mathrm{cm}^{-1}$.

Mittelwert: $K' = 109963\ \mathrm{cm}^{-1}$.

Das ergibt für die Bindungsenergien

$$E(1s^2 3d, {}^2D) = -\frac{K'}{9} = -12213\ \mathrm{cm}^{-1}.$$

$$E(1s^2 2p, {}^2P) = (-610.36 \cdot 10^{-7}\ \mathrm{cm})^{-1} + (12213\ \mathrm{cm}^{-1})$$
$$= -28597\ \mathrm{cm}^{-1}.$$

$$E(1s^2 2s, {}^2S) = (-670.78 \cdot 10^{-7}\ \mathrm{cm})^{-1} + (-28597\ \mathrm{cm}^{-1})$$
$$= -43505\ \mathrm{cm}^{-1}.$$

Daraus folgt die Ionisierungsenergie $I(1s^2 2s, {}^2S) = \underline{43505\ \mathrm{cm}^{-1}\ \text{bzw.}\ 5.39\ \mathrm{eV}}$.

15-21 $h\nu = \frac{1}{2} m_e v^2 + I$

$\lambda = 58.4\ \mathrm{nm} = 5.84 \cdot 10^{-6}\ \mathrm{cm}$: $\frac{1}{\lambda} = 1.71 \cdot 10^5\ \mathrm{cm}^{-1} \mathrel{\hat{=}} 21.2\ \mathrm{eV}$ [erste Einbandinnenseite].

$I = 21.2\ \mathrm{eV} - \frac{1}{2} m_e v^2$.

(a) Kr: $\frac{1}{2} m_e v^2 = \frac{1}{2} \cdot (9.110 \cdot 10^{-31}\ \mathrm{kg}) \cdot (1.59 \cdot 10^6\ \mathrm{m\ s^{-1}})^2$
$= 1.15 \cdot 10^{-18}\ \mathrm{J} \mathrel{\hat{=}} 7.19\ \mathrm{eV}$.

Das ergibt $I = 21.2\ \mathrm{eV} - 7.2\ \mathrm{eV} = \underline{14.0\ \mathrm{eV}}$.

(b) Rb: $\frac{1}{2} m_e v^2 = \frac{1}{2} \cdot (9.110 \cdot 10^{-31}\ \mathrm{kg}) \cdot (2.45 \cdot 10^6\ \mathrm{m\ s^{-1}})^2$

$= 2.73 \cdot 10^{-18}$ J$\hat{=}$17.1 eV.

Das ergibt $I = 21.2 \text{ eV} - 17.1 \text{ eV} = \underline{4.1 \text{ eV}}.$

15-22 $\frac{I_D}{I_H} = \frac{R_D}{R_H} = \frac{1 + \frac{m_e}{m_H}}{1 + \frac{m_e}{m_D}}$ [Aufgabe 15–5]

$$= \frac{1 + \frac{9.10953 \cdot 10^{-31} \text{ kg}}{1.67265 \cdot 10^{-27} \text{ kg}}}{1 + \frac{9.10953 \cdot 10^{-31} \text{ kg}}{3.34295 \cdot 10^{-27} \text{ kg}}} = 1.000272.$$

Das ergibt $\underline{I_D = 1.000272 \cdot I_H}$.

15-23 $l = 3, \quad s = \frac{1}{2}; \quad j = l + s, \ l + s - 1, \ldots, |l - s|$ [15.3–1].

$|l - s| = 3 - \frac{1}{2} = \frac{5}{2}; \quad l + s = 3 + \frac{1}{2} = \frac{7}{2}; \quad$ also $\quad j = \frac{7}{2}, \frac{5}{2},$

$$\text{Betrag des Drehimpulses} = \sqrt{j(j+1)} \cdot \hbar = \begin{cases} \sqrt{\frac{7}{2} \cdot \frac{9}{2}} \cdot \hbar = \underline{\frac{3}{2} \cdot \sqrt{7} \cdot \hbar \text{ für } j = \frac{7}{2}} \\ \sqrt{\frac{5}{2} \cdot \frac{7}{2}} \cdot \hbar = \underline{\frac{1}{2} \cdot \sqrt{35} \cdot \hbar \text{ für } j = \frac{5}{2}} \end{cases}$$

15-24 $s = \frac{1}{2}, \quad J_{\text{Molekül}} = 20.$

$J_{\text{gesamt}} = J_{\text{Molekül}} + s, \quad J_{\text{Molekül}} + s - 1, \quad \ldots, |J_{\text{Molekül}} - s| \quad [15.3\text{–}1] \quad = \underline{\frac{41}{2}, \frac{39}{2}}.$

15-25 $J = j_1 + j_2, \quad j_1 + j_2 - 1, \ldots, |j_1 - j_2| \quad$ [15.2–1]

(a) $j_1 = 5, \quad j_2 = 3, \quad j_1 + j_2 = 8, \quad |j_1 - j_2| = 2;$

$\underline{J = 8, 7, 6, 5, 4, 3, 2.}$

(b) $j_1 = 3, \quad j_2 = 5, \quad j_1 + j_2 = 8, \quad |j_1 - j_2| = 2;$

$\underline{J = 8, 7, 6, 5, 4, 3, 2.}$

Der Betrag des Gesamtdrehimpules ist gleich $\hbar \cdot \sqrt{J(J+1)}$.

15-26 Der Grundterm ist KLM4s^1 $^2S_{\frac{1}{2}}$, der angeregte Term KLM4p^1 ^2P. Wegen Spin-Bahn-Kopplung besteht der angeregte Term aus den beiden Niveaus $j = l + \frac{1}{2}, l - \frac{1}{2}$ [Abschnitt 15.3a]. Deshalb können wir die Übergänge mit $^2P_{\frac{3}{2}} \rightarrow {}^2S_{\frac{1}{2}}$ und $^2P_{\frac{1}{2}} \rightarrow {}^2S_{\frac{1}{2}}$ bezeichnen (beide sind erlaubt). Der Betrag der Aufspaltung ist gleich $\frac{3\lambda}{2}$ [Beispiel 15–5], das ergibt dann

$(766.70 \cdot 10^{-7} \text{ cm})^{-1} - (770.11 \cdot 10^{-7} \text{ cm})^{-1} = 57.75 \text{ cm}^{-1}$ und $\lambda = \underline{38.50 \text{ cm}^{-1}}.$

15-27 $S_{12} = s_1 + s_2,\ s_1 + s_2 - 1, \ldots, |s_1 - s_2|$ [15.2–1];

$S = S_{12} + s_3,\ S_{12} + s_3 - 1, \ldots, |S_{12} - s_3|$.

(a) $s_1 = \frac{1}{2}, \quad s_2 = \frac{1}{2}, \quad \underline{S = 1,\ 0.}$

(b) $s_1 = \frac{1}{2}, \quad s_2 = \frac{1}{2}, \quad s_3 = \frac{1}{2}; \quad S_{12} = 1,\ 0.$

$$S = \left\{ \begin{matrix} 1 + \frac{1}{2},\ 1 - \frac{1}{2} = \frac{3}{2},\ \frac{1}{2} \\ 0 + \frac{1}{2} = \frac{1}{2} \end{matrix} \right\} \quad S = \frac{3}{2},\ \frac{1}{2},\ \frac{1}{2}.$$

(c) $s_1 = \frac{1}{2}, \quad s_2 = \frac{1}{2}, \quad s_3 = \frac{1}{2}; \quad s_4 = \frac{1}{2}, \quad S_{123} = \frac{3}{2},\ \frac{1}{2},\ \frac{1}{2};$

$$S = \left\{ \begin{matrix} \frac{3}{2} + \frac{1}{2},\ \frac{3}{2} + \frac{1}{2} - 1 = 2,\ 1 \\ \frac{1}{2} + \frac{1}{2},\ \frac{1}{2} - \frac{1}{2} = 1,\ 0 \\ \frac{1}{2} + \frac{1}{2},\ \frac{1}{2} - \frac{1}{2} = 1,\ 0 \end{matrix} \right\} \quad S = 2,\ 1,\ 1,\ 1,\ 0,\ 0.$$

In allen Fällen ist die Multiplizität gleich $2S = 1$ (wenn $S \leq L$). Jede angegebene Zahl entspricht einem Zustand.

15-28 $J = L + S,\ L + S - 1,\ \ldots, |L - S|$ [15.3–4]; jedes durch J gekennzeichnete Niveau besteht aus $2J + 1$ Zuständen.

^{1}S: $L = 0,\ S = 0;\ J = 0$ d.h. $^1S_0$; $2J + 1 = 1, \rightarrow$ 1 Zustand.

^{2}P: $L = 1,\ S = \frac{1}{2};\ J = \frac{3}{1},\ \frac{1}{2}$ d.h. $^2P_{\frac{3}{2}},\ ^2P_{\frac{1}{2}}$ mit 4 bzw. 2 Zuständen.

^{3}P: $L = 1,\ S = 1;\ J = 2,\ 1,\ 0$, d.h. $^3P_2,\ ^3P_1,\ ^3P_0$ mit 5, 3 bzw. 1 Zuständen.

^{3}D: $L = 2,\ S = 1;\ J = 3,\ 2,\ 1$, d.h. $^3D_3,\ ^3D_2,\ ^3D_1$ mit 7, 5 bzw. 3 Zuständen.

^{2}D: $L = 2,\ S = \frac{1}{2};\ J = \frac{5}{2},\ \frac{3}{2}$ d.h. $^2D_{\frac{5}{2}},\ ^2D_{\frac{3}{2}}$ mit 6 bzw. 4 Zuständen.

^{1}D: $L = 2,\ S = 0;\ J = 2$ d.h. $^1D_2$ mit 5 Zuständen.

^{4}D: $L = 2,\ S = \frac{3}{2};\ J = \frac{7}{2},\ \frac{5}{2},\ \frac{3}{2},\ \frac{1}{2}$ d.h. $^4D_{\frac{7}{2}},\ ^4D_{\frac{5}{2}},\ ^4D_{\frac{3}{2}},\ ^4D_{\frac{1}{2}}$ mit 8, 6, 4 bzw. 2 Zuständen.

15-29 $\Delta S = 0; \quad \Delta L = \pm 1,\ 0; \quad \Delta J = \pm 1,\ 0$, aber $(J = 0) \nleftrightarrow (J = 0)$ [Abschnitt 15.3b]

^{1}S $\rightarrow$ — (ein Übergang nach ^{1}D würde schon $\Delta L = 2$ bedeuten.

$^2P \leftrightarrow {}^2D$: $^2P_{\frac{3}{2}} \leftrightarrow {}^2D_{\frac{5}{2}},\ ^2D_{\frac{3}{2}};\quad ^2P_{\frac{1}{2}} \leftrightarrow {}^2D_{\frac{3}{2}}$.

$^3P \leftrightarrow {}^3D$ $(\Delta S = 0,\ \Delta L = 1)$: $^3P_2 \leftrightarrow {}^3D_3,\ ^3D_2,\ ^3D_1;\quad ^3P_1 \leftrightarrow {}^3D_2,\ ^3D_1;\quad ^3P_0 \leftrightarrow {}^3D_1$
(nach der Regel für ΔJ.)

^{4}D $\rightarrow$ — ($\Delta S = 0$ ist nicht erfüllbar).

15-30 (a) Li $1s^2 2s^1$ $S = \frac{1}{2}$, $L = 0$; $J = \frac{1}{2}$; $\underline{^2S_{\frac{1}{2}}}$ [Abschnitt 15.3b]

(b) $Na(1s^2 2s^2 2p^6) 3p^1$ $S = \frac{1}{2}$, $L = 1$; $J = \frac{3}{2}, \frac{1}{2}$; $\underline{^2P_{\frac{3}{2}}, {}^2P_{\frac{1}{2}}}$.

(c) $Sc(\ldots) 3d^1$ $S = \frac{1}{2}$, $L = 2$; $J = \frac{5}{2}, \frac{3}{2}$; $\underline{^2D_{\frac{5}{2}}, {}^2D_{\frac{3}{2}}}$.

(d) $Br(\ldots) 4p^5 \equiv Br(\ldots)(4p^6)(4p)^{-1}$ [Beispiel 15–7].

$S = \frac{1}{2}$, $L = 1$: $J = \frac{3}{2}, \frac{1}{2}$: $\underline{^2P_{\frac{3}{2}}, {}^2P_{\frac{1}{2}}}$.

15-31 $E(m_l) = \mu_B m_l B$ [15.3–6], $\mu_B = 0.467\ \text{cm}^{-1}\ \text{T}^{-1}$ [Abschnitt 15–3c]

$E(m_l + 1) - E(m_l) = \mu_B B = (0.467\ \text{cm}^{-1}\ \text{T}^{-1}) \cdot B$.

$$B = \frac{1\ \text{cm}^{-1}}{0.467\ \text{cm}^{-1}\ \text{T}^{-1}} = \underline{2.14\ \text{T}} \quad (21.4\ \text{kG}).$$

16 Aufbau der Moleküle

A16-1 Li_2 : $(1s\sigma)^2 \ (1s\sigma^*)^2(2s\sigma)^2$ eine Bindung [Abschnitt 16.2d],

Be_2 : $(1s\sigma)^2(1s\sigma^*)^2(2s\sigma)^2(2s\sigma^*)^2$ keine Bindung,

C_2 : $(1s\sigma)^2(1s\sigma^*)^2(2s\sigma)^2(2s\sigma^*)^2(2p\pi)^4$ zwei Bindungen.

A16-2 B_2 : $(1s\sigma)^2(1s\sigma^*)^2(2s\sigma)^2(2s\sigma^*)^2(2p\pi)^2$ eine Bindung [Abschnitt 16.2d],

C_2 : $(1s\sigma)^2(1s\sigma^*)^2(2s\sigma)^2(2s\sigma^*)^2(2p\pi)^4$ zwei Bindungen.

Zum Aufbrechen von zwei Bindungen wird mehr Energie gebraucht als zum Aufbrechen von einer Bindung. Deshalb sollte C_2 die größere Bindungsdissoziationsenergie haben.

A16-3 $2S + 1 = 2$ und $S = \frac{1}{2}$. Das Symbol Σ bedeutet, daß der Gesamt-Bahndrehimpuls gleich 0 ist [Abschnitt 16.2e]. Das ungepaarte Elektron befindet sich deshalb in einem $2p\sigma_g$-Orbital, und für die Konfiguration erhalten wir

$(1s\sigma_g)^2(1s\sigma_u^*)^2(2s\sigma_g)^2(2s\sigma_u^*)^2(2p\pi_u)^4(2p\sigma_g)^1$.

A16-4 Nach der Hundschen Regel sind ein $2p\pi_u$-Elektron sowie das $2p\sigma_g$-Elektron ungepaart. Der Gesamt-Spin ist gleich 1, und die Multiplizität hat den Wert 3. Die Gesamt-Parität ist $g \times u = u$ [Abschnitt 16.2e].

A16-5 Die Bindungs-Ordnungen in NO und O_2 sind 2.5 bzw. 2. Deshalb sollten im NO die Kerne einen kleineren Abstand haben. Man findet für NO 115 pm und für O_2 121 pm [Abschnitt 16.2d].

A16-6 Weil das Molekül einen Drehimpuls von einer Einheit hat und weil ein Elektron in einem σ-Orbital ist, muß das andere in einem π-Orbital sein. Das Molekül ist relativ stabil; daraus kann man schließen, daß sich die Elektronen in bindenden Orbitalen befinden. Dann hat das σ-Orbital die Parität g und das π-Orbital die Parität u. Das ergibt die Konfiguration $(1s\sigma_g)^2(2p\pi_u)^1$ [Abschnitt 16.2d].

A16-7 $$\int \left(3^{-\frac{1}{2}}\right)^2 \left(s + 2^{\frac{1}{2}} p_x\right)^2 d\tau = \frac{1}{3} \cdot \left[\int s^2 d\tau + 2^{\frac{2}{3}} \int s p_x d\tau + 2 \int p_x^2 d\tau\right]$$

$$= \frac{1}{3} \cdot [1 + 0 + 2 \cdot (1)] = 1,$$ denn s und p_x sind normiert.

A16-8 $$\psi_h = \frac{1}{4} \cdot \left(2\pi a_0^3\right)^{-\frac{1}{2}} \cdot e^{-\frac{\rho}{2}} \cdot \frac{1}{\sqrt{3}} \cdot \left[(2-\rho) - \frac{\rho \cdot \sin\vartheta \cdot \cos\phi}{\sqrt{2}} + \sqrt{\frac{3}{2}} \cdot \rho \cdot \sin\vartheta \cdot \cos\phi\right].$$

Für die beiden Terme, die von ϑ und ϕ abhängen, können wir auch

$$\frac{\rho \cdot \sin\vartheta \cdot (-\cos\phi + \sqrt{3} \cdot \sin\phi}{\sqrt{2}}$$ schreiben [Kasten 15–1].

Der Einheitsvektor in dieser Richtung ist $-\frac{1}{2}\mathbf{i}_x + \frac{1}{2}\sqrt{3}\cdot\mathbf{i}_y$.

Die Projektion von $\mathbf{r} = r\cdot\sin\vartheta\cdot\cos\phi\cdot\mathbf{i}_x + r\cdot\sin\vartheta\cdot\sin\phi\cdot\mathbf{i}_y + r\cdot\cos\vartheta\cdot\mathbf{i}_z$

auf den Einheitsvektor ist dann $\frac{1}{2}r\cdot\sin\vartheta\cdot\left[-\cos\phi + \sqrt{3}\cdot\sin\phi\right]$.

A16-9 $a^2 = \dfrac{\cos\vartheta}{\cos\vartheta - 1}$ [16.3–4] $= \dfrac{\cos 92.2°}{\cos 92.2° - 1}$

$= 0.0370$ bzw. $\underline{3.7\ \%}$.

$(a')^2 = \dfrac{1+\cos\vartheta}{1-\cos\vartheta}$ [16.3–5] $= \dfrac{1+\cos 92.2°}{1-\cos 92.2°}$

$= 0.926$ bzw. $\underline{92.6\ \%}$.

A16-10 $\psi_{2\mathrm{p}_x} \propto \cos\phi$ und $\psi_{2\mathrm{p}_y} \propto \sin\phi$

$$\int_0^{2\pi} \cos\phi\cdot\sin\phi\cdot\mathrm{d}\phi = 0 \quad \text{wegen} \quad \cos\phi\cdot\sin\phi\cdot\mathrm{d}\phi = \tfrac{1}{2}\cdot\mathrm{d}(\sin^2\phi).$$

16-1 $\psi_\mathrm{A} = \cos(k_1 x)$ (x wird von A aus gemessen),

$\psi_\mathrm{B} = \cos\{k_2(x-R)\}$ (x wird hier ebenfalls von A aus gemessen).

$$\psi = \cos(k_1 x) + \cos\{k_2(x-R)\}$$
$$= \cos(k_1 x) + \cos(k_2 R)\cdot\cos(k_2 x) + \sin(k_2 R)\cdot\sin(k_2 x)$$

[Additionstheorem: $\cos(a-b) = \cos a\cdot\cos b + \sin a\cdot\sin b$]

(a) $k_1 = k_2 = \dfrac{\pi}{2R}$: $\cos(k_2 R) = \cos(\frac{1}{2}\pi) = 0$; $\sin(k_2 R) = \sin(\frac{1}{2}\pi) = 1$.

$$\psi(x) = \cos\left(\frac{x\pi}{2R}\right) + \sin\left(\frac{x\pi}{2R}\right).$$

In der Mitte ist $x = \frac{1}{2}R$.

$\psi(\frac{1}{2}R) = \cos(\frac{1}{4}\pi) + \sin(\frac{1}{4}\pi) = \sqrt{2}$ $\left[\cos(\frac{1}{4}\pi) = \sin(\frac{1}{4}\pi) = \frac{1}{2}\sqrt{2}\right]$

d. h. wir haben <u>konstruktive</u> Interferenz.

(b) $k_1 = \dfrac{\pi}{2R}$, $k_2 = \dfrac{3\pi}{2R}$; $\cos(k_2 R) = \cos(\frac{3}{2}\pi) = 0$, $\sin(k_2 R) = \sin(\frac{3}{2}\pi) = -1$.

$$\psi(x) = \cos\left(\frac{x\pi}{2R}\right) - \sin\left(\frac{x\pi}{2R}\right).$$

In der Mitte ist $x = \frac{1}{2}R$.

$\psi(\frac{1}{2}R) = \cos(\frac{1}{4}\pi) - \sin(\frac{1}{4}\pi) = \frac{1}{2}\sqrt{2} - \frac{1}{2}\sqrt{2} = 0$,

d. h. wir haben <u>destruktive</u> Interferenz.

16-2 $\psi \approx 1s_A + 1s_B$ [16.1–4], $1s_A \propto e^{-\frac{r}{a_0}}$ ($r > 0$, gemessen vom Kern aus).

$\psi \propto e^{-\frac{|z|}{a_0}} + e^{-\frac{|z-R|}{a_0}}$ (z wird von A aus in Richtung auf B zu gemessen).

Mit $a_0 = 52.9$ pm und $R = 106$ pm stellen wir jetzt die folgende Tabelle auf:

z/pm	−100	−80	−60	−40	−20	0	20	40
$\psi \propto$	0.17	0.25	0.37	0.53	0.78	1.13	0.88	0.76
z/pm	60	80	100	120	140	160	180	200
$\psi \propto$	0.74	0.83	1.04	0.87	0.60	0.41	0.28	0.19

Diese Werte sind in Abb. 16–1 (ψ_+) aufgetragen.

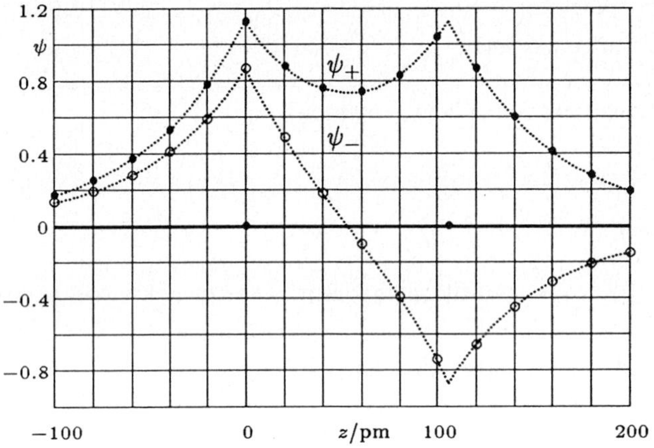

Abb. 16–1

16-3 $\psi \approx 1s_A - 1s_B$ [Abschnitt 16.1c], $1s \propto e^{-\frac{r}{a_0}}$;

$\psi \propto e^{-\frac{|z|}{a_0}} - e^{-\frac{|z-R|}{a_0}}$ (z wird von A aus in Richtung auf B zu gemessen).

Mit $a_0 = 52.9$ pm und $R = 106$ pm stellen wir jetzt die folgende Tabelle auf:

z/pm	−100	−80	−60	−40	−20	0	20	40
$\psi \propto$	0.13	0.19	0.28	0.41	0.59	0.87	0.49	0.18
z/pm	60	80	100	120	140	160	180	200
$\psi \propto$	−0.10	−0.39	−0.74	−0.66	−0.45	−0.31	−0.21	−0.15

Diese Werte sind ebenfalls in Abb. 16–1 (ψ_+) aufgetragen.

Man beachte, daß die beiden Funktionen noch nicht normiert sind.

16-4 Die Antwort geben die Diagramme in Abb. 16–2.

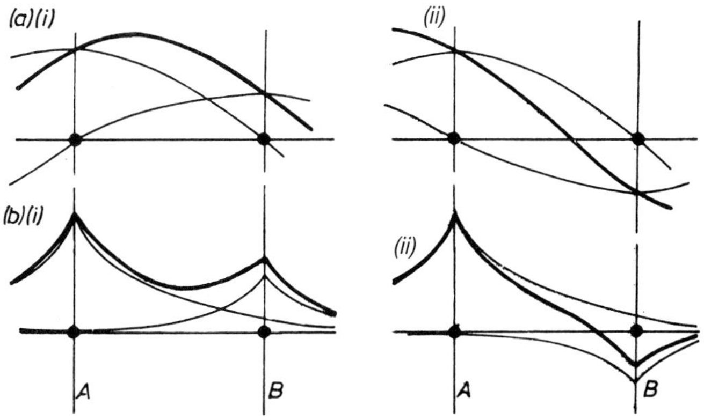

Abb. 16–2

16-5 $\int \psi^* \psi \mathrm{d}\tau = N^2 \int (1s_A + \lambda \cdot 1s_B)^2 \mathrm{d}\tau$

$$= N^2 \cdot \left\{ \int (1s_A)^2 \mathrm{d}\tau + 2\lambda \cdot \int 1s_A \cdot 1s_B \cdot \mathrm{d}\tau + \lambda^2 \int (1s_B)^2 \mathrm{d}\tau \right\}$$

$$= N^2 \cdot \left\{1 + 2\lambda S + \lambda^2\right\} = 1.$$

Das ergibt $\underline{N = \dfrac{1}{\sqrt{1 + 2\lambda S + \lambda^2}}}$ mit

$$S = \left\{1 + \left(\frac{R}{a_0}\right) + \frac{1}{3} \cdot \left(\frac{R}{a_0}\right)^2\right\} \cdot \mathrm{e}^{-\frac{R}{a_0}} \quad [16.2\text{–}2].$$

16-6 $\int (1s_A + 1s_B)^* (1s_A - 1s_B) \mathrm{d}\tau$

$$= \int (1s_A \cdot 1s_A - 1s_B \cdot 1s_B + 1s_B \cdot 1s_A - 1s_A \cdot 1s_B) \cdot \mathrm{d}\tau \quad [s \text{ ist reell}]$$

$$= 1 - 1 + S - S = 0.$$

$\int (1s_A + \lambda \cdot 1s_B)(\mu \cdot 1s_A + 1s_B)\,\mathrm{d}\tau$ [μ ist ein Parameter]

$$= \mu \cdot \int (1s_A)^2 \mathrm{d}\tau + \lambda \cdot \int (1s_B)^2 \mathrm{d}\tau + \int (1s_A)(1s_B) \mathrm{d}\tau + \lambda \cdot \mu \cdot \int (1s_B)(1s_A) \mathrm{d}\tau$$

$$= \mu + \lambda + S + \lambda\mu S = 0.$$

Das ergibt $\mu = -\dfrac{\lambda + S}{1 + \lambda S}$.

16-7 Die Elektronendichte ist $N^2 \cdot (1s_A \pm 1s_B)$. Mit den Zahlenwerten von $1s_A \pm 1s_B$, die in den Aufgaben 16–2 und 16–3 berechnet wurden, berechnen wir die folgende Tabelle. Wir berechnen auch

$$\rho = N^2\left((1s_A)^2 + (1s_B)^2\right) = N^2\left(e^{-\frac{2\cdot|z|}{a_0}} + e^{-\frac{2\cdot|z-R|}{a_0}}\right) \quad \text{mit} \quad N^2 = \frac{1}{9.35\cdot 10^5\ \text{pm}}.$$

z/pm	−100	−80	−60	−40	−20	0	+20	+40
$\rho_+ \cdot 10^7/\text{pm}^{-3}$	0.19	0.42	0.92	1.89	4.10	8.61	5.22	3.89
$\rho_- \cdot 10^7/\text{pm}^{-3}$	0.44	0.93	2.03	4.34	9.00	19.6	6.21	0.84
$\rho \cdot 10^7/\text{pm}^{-3}$	0.25	0.53	1.13	2.40	5.11	10.9	5.44	3.24
z/pm	+60	+80	+100	+120	+140	+160	+180	+200
$\rho_+ \cdot 10^7/\text{pm}^{-3}$	3.69	4.64	7.29	5.10	2.43	1.13	0.53	0.24
$\rho_- \cdot 10^7/\text{pm}^{-3}$	0.26	3.93	14.2	11.3	5.23	2.48	1.14	0.58
$\rho \cdot 10^7/\text{pm}^{-3}$	2.99	4.52	8.77	6.41	3.01	1.41	0.66	0.31

Hier ist $\rho_+ = \dfrac{(1s_A + 1s_B)^2}{\left(1218\ \text{pm}^{\frac{3}{2}}\right)^2}$, $\rho_- = \dfrac{(1s_A - 1s_B)^2}{\left(622\ \text{pm}^{\frac{3}{2}}\right)^2}$ und

$\rho = \dfrac{(1s_A)^2 + (1s_B)^2}{9.35\cdot 10^5\ \text{pm}^3}$. In Abb. 16–3 sind diese Werte aufgetragen.

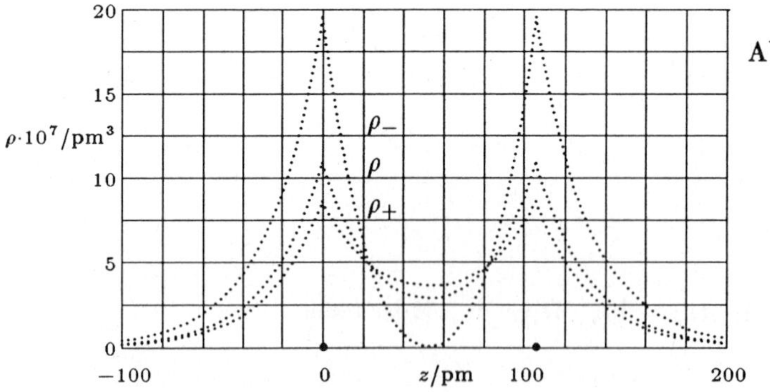

Abb. 16–3

16-8 Wir bilden $\delta\rho_+ = \rho_+ - \rho$ und $\delta\rho_- = \rho_- - \rho$. Mit den in Aufgabe 16–7 berechneten Werten können wir jetzt die folgende Tabelle aufstellen.

z/pm	−100	−80	−60	−40	−20	0	20	40
$\delta\rho_+ \cdot 10^7/\text{pm}^{-3}$	−0.06	−0.09	−0.11	−0.51	−1.01	−2.3	−0.22	+0.65
$\delta\rho_- \cdot 10^7/\text{pm}^{-3}$	0.19	0.40	0.90	1.94	3.89	8.7	0.77	−2.40
z/pm	60	80	100	120	140	160	180	200
$\delta\rho_+ \cdot 10^7/\text{pm}^{-3}$	+0.70	+0.12	−1.48	−1.31	−0.58	−0.28	−0.13	−0.07
$\delta\rho_- \cdot 10^7/\text{pm}^{-3}$	−2.73	−0.59	5.4	4.9	2.22	1.07	0.48	0.27

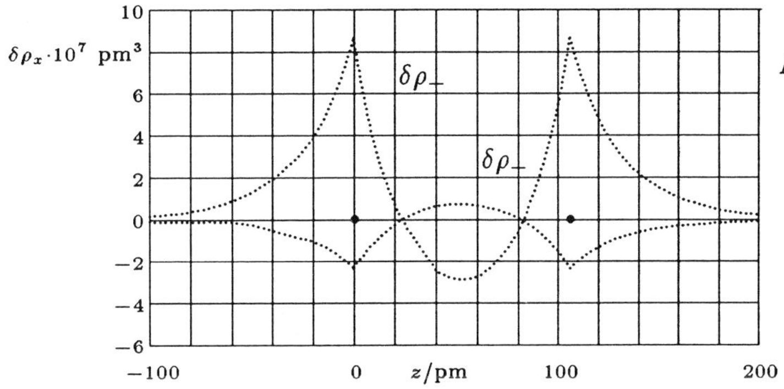

Abb. 16–4

16-9 $\mathrm{d}P = |\psi^*|^2\,\mathrm{d}\tau \approx |\psi^*|^2\,\delta\tau, \quad \delta\tau = 1$ pm.

Aus Aufgabe 16–7 entnehmen wir $\psi_+^2(z=0) = \rho_+(z=0) = 8.6 \cdot 10^{-7}$ pm^{-3},

das ergibt für die Wahrscheinlichkeit, das Elektron in dem Volumen $\delta\tau$ unmittelbar am Kern A zu finden, den Wert

$(8.6 \cdot 10^{-7}$ pm$) \cdot (1$ pm$^3) = \underline{8.6 \cdot 10^{-7}}.$

Aus Symmetriegründen gilt derselbe Wert für die Aufenthaltswahrscheinlichkeit bei B: $\underline{8.6 \cdot 10^{-7}}.$

(c) $\psi_+^2\left(z = \frac{R}{2}\right) = 3.7 \cdot 10^{-7}$ pm^{-3} [Abb. 16–3]; $P = \underline{3.7 \cdot 10^{-7}}.$

Wir berechnen $\psi_+ = \dfrac{1s_A + 1s_B}{1218\ \text{pm}^{\frac{3}{2}}}$ bei $r_A = 22.4$ pm und $r_B = 86.6$ pm [vgl. Abb.16–5].

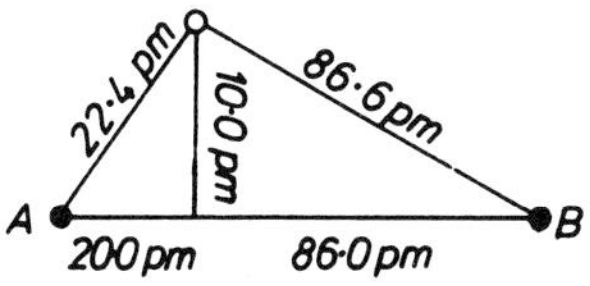

Abb. 16–5

$$\psi_+ = \frac{e^{-\frac{r_A}{a_0}} + e^{-\frac{r_B}{a_0}}}{1218\ \mathrm{pm}^{\frac{3}{2}}} = \frac{e^{-\frac{22.4}{52.9}} + e^{-\frac{86.6}{52.9}}}{1218\ \mathrm{pm}^{\frac{2}{3}}}$$

$$= \frac{0.65 + 0.19}{1218\ \mathrm{pm}^{\frac{3}{2}}} = 6.97 \cdot 10^{-4}\ \mathrm{pm}^{-\frac{3}{2}};$$

$$\psi_+^2 = 4.9 \cdot 10^{-7}\ \mathrm{pm}^{-3}, \quad P = \underline{4.9 \cdot 10^{-7}}.$$

16-10 (a) Aus Aufgabe 16–7 entnehmen wir $\psi_-^2(z=0) = 19.6 \cdot 10^{-7}\ \mathrm{pm}^{-3}$;

$$P = (19.6 \cdot 10^{-7}\ \mathrm{pm}^{-3}) \cdot (1\ \mathrm{pm}^3) = \underline{2.0 \cdot 10^{-6}}.$$

(b) Aus Symmetriegründen gilt hier auch $P = \underline{2.0 \cdot 10^{-6}}$.

(c) $\psi_-^2 \left(z = \frac{R}{2}\right) = 0; \quad P = \underline{0}.$

(d) Wir berechnen $\psi_- = \frac{e^{-\frac{r_A}{a_0}} - e^{-\frac{r_B}{a_0}}}{6.22\ \mathrm{pm}^{\frac{3}{2}}}$ bei $r_A = 22.4$ pm und $r_B = 86.6$ pm [Aufgabe 16–9].

$$\psi_- = \frac{0.65 - 0.19}{622\ \mathrm{pm}^{\frac{3}{2}}} = 7.40 \cdot 10^{-4}\ \mathrm{pm}^{-\frac{3}{2}}$$

$$\psi_-^2 = 5.47 \cdot 10^{-7}\ \mathrm{pm}^{-3}; \quad P = \underline{5.5 \cdot 10^{-7}}.$$

16-11 $E - E_H = \left(\frac{e^2}{4\pi\varepsilon_0 R}\right) - \frac{V_1(R) + V_2(R)}{1 + S(R)}$ mit $E_H = -\frac{1}{2}\bar{R}_H$,

$$\bar{R}_H = \frac{me^4}{16\pi^2\varepsilon_0\hbar^2} \quad [15.1\text{–}2] \quad = 27.3\ \mathrm{eV}. \quad \text{Mit}$$

$$\frac{e^2}{4\pi\varepsilon_0 R} = \frac{e^2}{4\pi\varepsilon_0 a_0 \cdot \left(\frac{R}{a_0}\right)}$$

$$= \frac{e^2}{4\pi\varepsilon_0 \cdot \left(\frac{4\pi\varepsilon_0\hbar^2}{m_e e^2}\right) \cdot \left(\frac{R}{a_0}\right)}$$

$$= \frac{m_e e^4}{16\pi^2\varepsilon_0^2\hbar^2 \cdot \left(\frac{R}{a_0}\right)} = \frac{\bar{R}_H}{\left(\frac{R}{a_0}\right)} \quad \text{und}$$

$$\frac{\left(\frac{e^2}{4\pi\varepsilon_0 R}\right)}{\bar{R}_H} = \frac{1}{\left(\frac{R}{a_0}\right)}$$ können wir jetzt die folgende Tabelle aufstellen:

$\frac{R}{a_0}$	0	1	2	3	4	∞
$\frac{\left(\frac{e^2}{4\pi\varepsilon_0 R}\right)}{\bar{R}_H}$	∞	1	0.500	0.333	0.250	0
$\frac{V_1 + V_2}{\bar{R}_H}$	2.000	1.465	0.879	0.529	0.342	0
$\frac{E - E_H}{\bar{R}_H}$	∞	0.212	−0.054	−0.059	−0.038	0

Diese Punkte sind in Abb. 16–6 wiedergegeben. Das Minimum liegt bei $\frac{R}{a_0} = 2.5$, es ist also $R = 2.5 \cdot 52.9$ pm = 130 pm. Bei dieser Bindungslänge ist $\frac{E - E_H}{\bar{R}_H} = -0.07$, daraus folgt $E - E_H = -0.07 \cdot 27.3$ eV = −1.91 eV.

(a) Das ergibt eine Dissoziationsenergie von 1.9 eV.

(b) Die Bindung ist 130 pm lang.

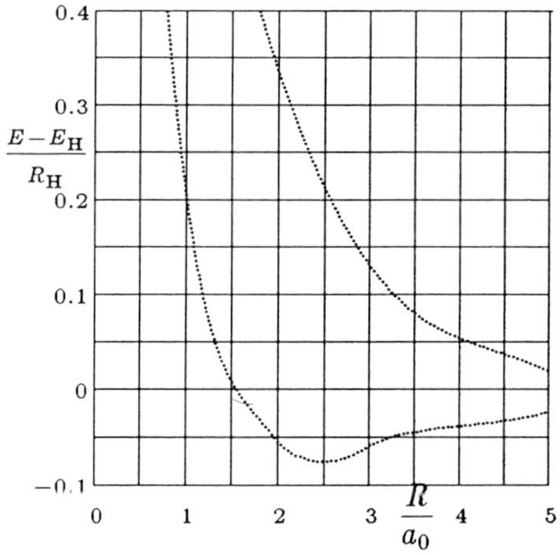

Abb. 16–6

16-12 $E - E_H = \left(\frac{e^2}{4\pi\varepsilon_0 R}\right) - \frac{V_1(R) - V_2(R)}{1 - S(R)}.$

Damit berechnen wir die folgende Tabelle.

$\frac{R}{a_0}$	0	1	2	3	4	∞
$\frac{\left(\frac{e^2}{4\pi\varepsilon_0 R}\right)}{\bar{R}_H}$	∞	1	0.500	0.333	0.250	0
$\frac{V_1 - V_2}{\bar{R}_H}$	0	−0.007	0.067	0.131	0.158	0
$\frac{E - E_H}{\bar{R}_H}$	∞	1.049	0.338	0.132	0.055	0

Diese Punkte sind in Abb. 16–6 aufgetragen. V_2 nimmt wegen der Überlappung zwischen $1s_A$ und $1s_B$ schnell ab [vgl. Aufgabe 16–14].

16-13 $\int \psi^2 d\tau = 1; \quad \psi = N \cdot (\psi_A + \psi_A), \quad \psi_A = 1s_A, \quad \psi_B = 1s_B.$

$$N^2 \cdot \int (\psi_A + \psi_B)^2 d\tau = N^2 \cdot \left\{ \int \psi_A^2 d\tau + \int \psi_B^2 d\tau + 2 \int \psi_A \psi_B d\tau \right\}$$

$$= N^2 \cdot \{1 + 1 + 2S\} = 1 \quad \text{mit} \quad S = \int \psi_A \psi_B d\tau.$$

$$N = \frac{1}{\sqrt{2 \cdot (1+S)}}.$$

$$H = -\left(\frac{\hbar^2}{2m}\right) \cdot \nabla^2 \psi - \frac{e^2}{4\pi\varepsilon_0 r_A} - \frac{e^2}{4\pi\varepsilon_0 r_B} + \frac{e^2}{4\pi\varepsilon_0 R}.$$

$$H\psi = E\psi, \quad \psi = N \cdot (\psi_A + \psi_B);$$

$$-\left(\frac{\hbar^2}{2m}\right) \cdot \nabla^2 \psi - \left(\frac{e^2}{4\pi\varepsilon_0 r_A}\right) \cdot \psi - \left(\frac{e^2}{4\pi\varepsilon_0 r_B}\right) \cdot \psi + \left(\frac{e^2}{4\pi\varepsilon_0 R}\right) \cdot \psi = E \cdot \psi.$$

Jetzt wird mit ψ^* multipliziert und anschließend integriert:

$$\int d\tau \cdot \psi^* \cdot \left\{ \left(-\frac{\hbar^2}{2m}\right) \cdot \nabla^2 - \left(\frac{e^2}{4\pi\varepsilon_0 r_A}\right) - \left(\frac{e^2}{4\pi\varepsilon_0 r_B}\right) + \left(\frac{e^2}{4\pi\varepsilon_0 R}\right) \right\} \cdot N \cdot (\psi_A + \psi_B)$$

$$= E \int d\tau \cdot \psi^* \psi = E.$$

Die beiden letzten Gleichungen gehen mit

$\left(-\frac{\hbar^2}{2m}\right) \cdot \nabla^2 \psi_A - \left(\frac{e^2}{4\pi\varepsilon_0 r_A}\right) \cdot \psi_A = E_H \psi_A$ und $\left(-\frac{\hbar^2}{2m}\right) \cdot \nabla^2 \psi_B - \left(\frac{e^2}{4\pi\varepsilon_0 r_B}\right) \cdot \psi_B = E_H \psi_B$ über in

$$N \cdot \int d\tau \cdot \psi^* \cdot \left\{ E_H \psi_A + E_H \psi_B - \left(\frac{e^2}{4\pi\varepsilon_0 r_A}\right) \cdot \psi_B - \left(\frac{e^2}{4\pi\varepsilon_0 r_B}\right) \cdot \psi_A + \left(\frac{e^2}{4\pi\varepsilon_0 R}\right) \cdot (\psi_A + \psi_B) \right\} = E,$$

$$E_\mathrm{H}\int \mathrm{d}\tau\cdot\psi^*\psi + \left(\frac{e^2}{4\pi\varepsilon_0 R}\right)\cdot\int \mathrm{d}\tau\cdot\psi^*\psi - \left(\frac{e^2}{4\pi\varepsilon_0}\right)\cdot N\cdot\int \mathrm{d}\tau\cdot\psi^*\cdot\left\{\left(\frac{1}{r_\mathrm{A}}\right)\cdot\psi_\mathrm{B} + \left(\frac{1}{r_\mathrm{B}}\right)\cdot\psi_\mathrm{A}\right\} = E,$$

$$E_\mathrm{H} + \left(\frac{e^2}{4\pi\varepsilon_0 R}\right)$$

$$-\left(\frac{e^2}{4\pi\varepsilon_0}\right)\cdot N^2\cdot\int \mathrm{d}\tau\cdot\left\{\psi_\mathrm{A}\cdot\left(\frac{1}{r_\mathrm{A}}\right)\cdot\psi_\mathrm{B} + \psi_\mathrm{B}\cdot\left(\frac{1}{r_\mathrm{A}}\right)\cdot\psi_\mathrm{B} + \psi_\mathrm{A}\cdot\left(\frac{1}{r_\mathrm{B}}\right)\cdot\psi_\mathrm{A} + \psi_\mathrm{B}\cdot\left(\frac{1}{r_\mathrm{B}}\right)\cdot\psi_\mathrm{A}\right\} = E.$$

Jetzt verwenden wir

$$\int \mathrm{d}\tau\cdot\psi_\mathrm{A}\cdot\left(\frac{1}{r_\mathrm{A}}\right)\cdot\psi_\mathrm{B} = \int \mathrm{d}\tau\cdot\psi_\mathrm{B}\cdot\left(\frac{1}{r_\mathrm{B}}\right)\cdot\psi_\mathrm{A}\ \text{[wegen der Symmetrie]} = \frac{V_2}{\left(\frac{e^2}{4\pi\varepsilon_0}\right)}$$

$$\int \mathrm{d}\tau\cdot\psi_\mathrm{A}\cdot\left(\frac{1}{r_\mathrm{B}}\right)\cdot\psi_\mathrm{A} = \int \mathrm{d}\tau\cdot\psi_\mathrm{B}\cdot\left(\frac{1}{r_\mathrm{A}}\right)\cdot\psi_\mathrm{B}\ \text{[wegen der Symmetrie]} = \frac{V_1}{\left(\frac{e^2}{4\pi\varepsilon_0}\right)}.$$

Das ergibt $E_\mathrm{H} + \left(\frac{e^2}{4\pi\varepsilon_0 R}\right) - \frac{1}{1+S}\cdot(V_1+V_2) = E$ oder

$$E = E_\mathrm{H} - \frac{V_1+V_2}{1+S} + \left(\frac{e^2}{4\pi\varepsilon_0 R}\right).$$

16-14 $S = \left\{1 + \left(\frac{R}{a_0}\right) + \left(\frac{R^2}{3a_0^2}\right)\right\}\cdot \mathrm{e}^{-\frac{R}{a_0}}$

Damit berechnen wir die folgende Tabelle:

$\frac{R}{a_0}$	0	1	2	3	4	5
S	1.000	0.858	0.586	0.349	0.189	0.097

$\frac{R}{a_0}$	6	7	8	9	10
S	0.047	0.022	0.010	0.005	0.002

Diese Werte sind in Abb. 16–7 aufgetragen.

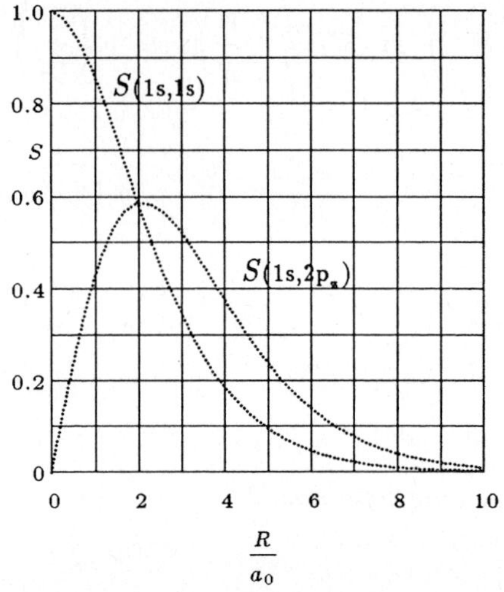

Abb. 16–7

16-15 Das s-Orbital erstreckt sich in den Bereich, wo die Amplitude des p-Orbitals negativ ist. Wenn die Zentren der beiden Orbitale zusammenfallen, hebt die positive Überlappung die negative Überlappung auf.

$$S = \left(\frac{R}{2a_0}\right) \cdot \left\{1 + \left(\frac{R}{a_0}\right) + \left(\frac{R^2}{3a_0^2}\right)\right\} \cdot \mathrm{e}^{-\frac{R}{a_0}}$$

Damit berechnen wir die folgende Tabelle:

$\frac{R}{a_0}$	0	1	2	3	4	5
S	0	0.429	0.586	0.523	0.379	0.241
$\frac{R}{a_0}$	6	7	8	9	10	
S	0.141	0.078	0.041	0.021	0.010	

Diese Werte sind ebenfalls in Abb. 16–7 aufgetragen. Das Maximum liegt bei $\frac{R}{a_0} = 2.1$.

16-16 Die Antwort geben wir anhand des Aufbau-Prinzips, wenn wir die Anzahl n der unterzubringenden Elektronen kennen.

H_2^- $(n = 3)$: $(1s\sigma_g)^2(1s\sigma_u^*)^1$.

N_2 $(n = 14)$: $(1s\sigma_g)^2(1s\sigma_u^*)^2(2s\sigma_g)^2(2s\sigma_u^*)^2(2p\pi_u)^4(2p\sigma_g)^2$.

O_2 $(n = 16)$: $(1s\sigma_g)^2(1s\sigma_u^*)^2(2s\sigma_g)^2(2s\sigma_u^*)^2(2p\pi_u)^4(2p\sigma_g)^2(2p_x\pi_g^*)^1(2p_y\pi_g^*)^1$.

CO $(n=14)$: $(1s\sigma)^2(1s\sigma^*)^2(2s\sigma)^2(2s\sigma^*)^2(2p\pi)^4(2p\sigma)^2$.

NO $(n=15)$: $(1s\sigma)^2(1s\sigma^*)^2(2s\sigma)^2(2s\sigma^*)^2(2p\pi)^4(2p\sigma)^2(2p\pi^*)^1$.

CN $(n=13)$: $(1s\sigma)^2(1s\sigma^*)^2(2s\sigma)^2(2s\sigma^*)^2(2p\pi)^4(2p\sigma)^1$.

16-17 Wir haben zu entscheiden, ob ein angelagertes oder ein abzutrennendes Elektron ein bindendes oder ein antibindendes Orbital besetzt. Dazu stellen wir für das betreffende Orbital die folgende Tabelle auf (vgl. dazu Abb. 16–12 im Lehrbuch und Aufgabe 16–16.)

	N_2	NO	O_2	C_2	F_2	CN
(a) AB^-	$2p\pi^*$	$2p\pi^*$	$2p\pi^*$	$2p\sigma$	$2p\sigma^*$	$2p\sigma$
(b) AB^+	$2p\sigma$	$2p\pi^*$	$2p\pi^*$	$2p\pi$	$2p\pi^*$	$2p\sigma$

16-18 d-Orbitale können σ-Orbitale bilden $(d_{z^2}-d_{z^2})$, vgl. Abb. 16–8, aber auch π-Orbitale $(d_{xz}-d_{xz},\ d_{yz}-d_{yz})$ und δ-Orbitale $(d_{xy}-d_{xy},\ d_{x^2-y^2}-d_{x^2-y^2})$. Die Stärke der Überlappung nimmt in der Reihenfolge $\sigma > \pi > \delta$ ab. Ohne Beweis wollen wir die Stärke der Überlappung auch als Maß für die Bindungsstärke ansehen. Ein σ-Orbital kann zwei Elektronen aufnehmen, die beiden π-Orbitale vier Elektronen und die beiden δ-Orbitale ebenfalls vier.

(a) $(d\sigma)^2$

(b) $(d\sigma)^2(d\pi)^3$

(c) $(d\sigma)^2(d\pi)^4(d\delta)^2$, $\left[(d\delta)^2 \text{ heißt } (d_{xy}d)^1(d_{x^2-y^2}\delta)^1\right]$.

16-19 Wir können das Diagramm 16–12 aus dem Lehrbuch verwenden. Für CO haben wir 14 Elektronen einzusetzen, für XeF 15 Elektronen. (Die energetischen Feinheiten der Elektronen auf den Orbitalen 1s, 2s, 2p, 3s, 3p, 3d, 4s, 4p und 4d brauchen wir hier nicht zu berücksichtigen; es reicht aus, für die Konfiguration von Xe einfach $\ldots(5s)^2(5p)^6$ zu schreiben. Bei genaueren Untersuchungen spielen die 4d-Elektronen aber eine nicht vernachlässigbare Rolle.)

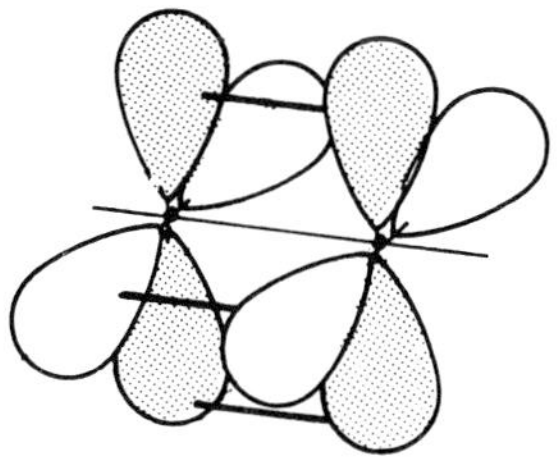

Abb. 16–8

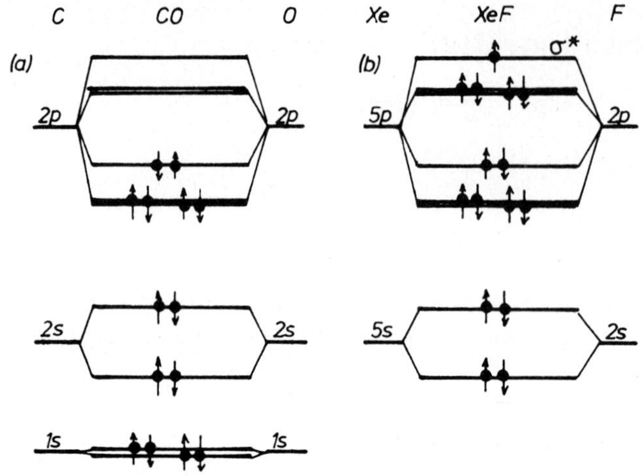

Abb. 16–9

XeF^+ ist stabiler als XeF, weil es ein σ^*-Elektron weniger enthält.

16-20 Siehe dazu Abb. 16–13 im Lehrbuch.

(a) π^* ist g.

(b) Die g,u-Klassifizierung ist nicht anwendbar, weil NO kein Symmetriezentrum hat.

(c) δ ist g [vgl. Abb. 16–10a].

(d) δ^* ist u [vgl. Abb. 16–10b].

(e) Die Orbitale sind (in der Reihenfolge zunehmender Energie) u, g, u, g

[Beachten Sie die Knotenebene im Ring der pπ-Orbitale; das Symmetrie-Zentrum liegt im Zentrum des Rings.]

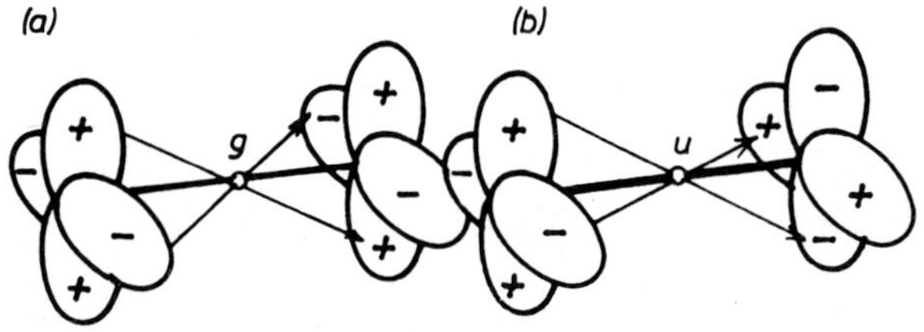

Abb. 16–10

16-21 Die Coulomb-Energie zwischen zwei Ionen im Abstand R ist

$$V(R) = -\frac{e^2}{4\pi\varepsilon_0 R} = \frac{-(1.602 \cdot 10^{-19}\ \mathrm{C})^2}{4\pi \cdot (8.854 \cdot 10^{-12}\ \mathrm{J^{-1}\ C^2\ m^{-1}}) \cdot (294 \cdot 10^{-12}\ \mathrm{m})}$$

$$= -7.85 \cdot 10^{-19}\ \mathrm{J}.$$

Für 1 mol ist die betreffende Energie

$$(7.85 \cdot 10^{-19}\ \mathrm{J}) \cdot (6.022 \cdot 10^{23}\ \mathrm{mol} - 1) = \underline{472\ \mathrm{kJ\ mol^{-1}}\ (4.89\ \mathrm{eV})}.$$

Zur Bildung von M^+ wird die Ionisationsenergie I gebraucht.

16-22 Zur Bildung von X^- ist die Elektronenaffinität $-E_A$ aufzuwenden.

Die Coulombsche Anziehungsenergie ist $-\dfrac{e^2}{4\pi\varepsilon_0 R}$.

Die Bildung von Ionen wird deshalb bei dem Abstand $R_{max} = \dfrac{\left(\dfrac{e^2}{4\pi\varepsilon_0}\right)}{I - E_A}$ beginnen.

$$\frac{e^2}{4\pi\varepsilon_0} = \frac{(1.602 \cdot 10^{-19}\ \mathrm{C})^2}{4\pi \cdot (8.854 \cdot 10^{-12}\ \mathrm{J^{-1}\ C^2\ m^{-1}})}$$

$$= 2.31 \cdot 10^{-28}\ \mathrm{J\ m} \mathrel{\hat{=}} 1.39 \cdot 10^{-7}\ \mathrm{kJ\ mol^{-1}\ m}.$$

Dann wird $R_{max}/\mathrm{nm} = \dfrac{139}{(I - E_A)/\ \mathrm{kJ\ mol^{-1}}}$.

Die folgende Tabelle ist aus den in dieser Aufgabe angegebenen Daten berechnet.

R_{max}/nm	Li	Na	K
F	0.74	0.85	1.61
Cl	0.81	0.94	1.98
Br	0.72	0.83	1.53

16-23 Wir gehen wie in Beispiel 16–4 vor und setzen $\Phi = \dfrac{2\pi}{3}$.

$$h = a\mathrm{s} + b\mathrm{p}\left(\tfrac{1}{2}\Phi\right) = a\mathrm{s} + b\mathrm{p}\left(\frac{\pi}{3}\right)$$

$$h' = a'\mathrm{s} + b'\mathrm{p}\left(\tfrac{1}{2}\Phi + \frac{2\pi}{3}\right) = a'\mathrm{s} + b'\mathrm{p}(\pi)$$

$$h'' = a''\mathrm{s} + b''\mathrm{p}\left(-\tfrac{1}{2}\Phi\right) = a''\mathrm{s} + b''\mathrm{p}\left(-\frac{\pi}{3}\right).$$

Normalisierung: $a^2 + b^2 = 1$ usw.

Äquivalenz: $a^2 = a'^2 = a''^2; \quad b^2 = b'^2 = b''^2$.

Orthogonalität:

$$\left[\begin{array}{l} \mathrm{p}\left(\dfrac{\pi}{3}\right) = \mathrm{p}_x \cdot \cos\left(\dfrac{\pi}{3}\right) + \mathrm{p}_y \cdot \sin\left(\dfrac{\pi}{3}\right) \quad \text{[Abschnitt 16.3a].} \\ \mathrm{p}\pi = \mathrm{p}_x \cdot \cos\pi + \mathrm{p}_y \cdot \sin\pi = -\mathrm{p}_x. \\ \mathrm{p}\left(-\dfrac{\pi}{3}\right) = \mathrm{p}_x \cdot \cos\left(\dfrac{\pi}{3}\right) - \mathrm{p}_y \cdot \sin\left(\dfrac{\pi}{3}\right). \end{array}\right]$$

$$\int h \cdot h' \mathrm{d}\tau = a^2 - b^2 \cdot \cos\left(\frac{\pi}{3}\right) = a^2 - \frac{1}{2}b^2 = 0.$$

$$\int h' \cdot h'' \mathrm{d}\tau = a^2 - b^2 \cdot \cos\left(\frac{\pi}{3}\right) = a^2 - \frac{1}{2}b^2 = 0.$$

$$\int h \cdot h'' \mathrm{d}\tau = a^2 + b^2 \cdot \left\{\cos^2\left(\frac{\pi}{3}\right) - \sin^2\left(\frac{\pi}{3}\right)\right\} = a^2 - \frac{1}{2}b^2 = 0.$$

Das bedeutet $a = \frac{b}{\sqrt{2}}$, und $a^2 + b^2 = 1$ ergibt $b = \sqrt{\frac{2}{3}}$:

$$h = \left(\frac{1}{\sqrt{3}}\right) \cdot \left\{\mathrm{s} + \sqrt{2} \cdot \mathrm{p}\left(\frac{\pi}{3}\right)\right\}$$

$$h' = \left(\frac{1}{\sqrt{3}}\right) \cdot \left\{\mathrm{s} + \sqrt{2} \cdot \mathrm{p}\pi\right\}$$

$$h'' = \left(\frac{1}{\sqrt{3}}\right) \cdot \left\{\mathrm{s} + \sqrt{2} \cdot \mathrm{p}\left(-\frac{\pi}{3}\right)\right\}$$

Man kann also für jede Bindung $\mathrm{s}^{\frac{1}{2}}\mathrm{p}^{\frac{2}{3}}$ oder besser 'sp^2' schreiben. Weiter existiert ein dazu senkrechtes einsames Elektronenpaar der Zusammensetzung p_z^2.

Die Promotion kann durch $2\mathrm{s}^2 2\mathrm{p}^3 \rightarrow \left(2\mathrm{s}^{\frac{1}{3}} 2\mathrm{p}^{\frac{2}{3}}\right)^3 (\mathrm{p}^2) = 2\mathrm{s}2\mathrm{p}^4$ beschrieben werden. Es muß also ein Elektron promoviert werden.

16-24 Wir mischen den drei in Aufgabe 16–23 konstruierten Orbitalen das p_z-Orbital bei:

$h = a\mathrm{s} + b\mathrm{p}$, $\quad \mathrm{p} = \mathrm{p}\left(\frac{\pi}{3}\right) \cdot \sin\Phi + \mathrm{p}_z \cdot \cos\Phi$

$h' = a\mathrm{s} + b\mathrm{p}'$, $\quad \mathrm{p}' = \mathrm{p}(\pi) \cdot \sin\Phi + \mathrm{p}_z \cdot \cos\Phi$

$h'' = a\mathrm{s} + b\mathrm{p}$, $\quad \mathrm{p}'' = \mathrm{p}\left(-\frac{\pi}{3}\right) \cdot \sin\Phi + \mathrm{p}_z \cdot \cos\Phi$

Normalisierung: $a^2 + b^2 = a'^2 + b'^2 = 1.$

Orthogonalität von h'' und h''': $a \cdot a' + b \cdot b' \cdot \cos\Phi = 0$

Orthogonalität von h und h': $a^2 - b^2 \cdot \sin^2\Phi \cdot \cos\left(\frac{\pi}{3}\right) + b^2 \cdot \cos^2\Phi = 0.$

Dann ist $a^2 = \frac{\sin^2\Phi - 2 \cdot \cos^2\Phi}{3 \cdot \sin^2\Phi}$ $\left[\text{wegen } \cos\left(\frac{\pi}{3}\right) = 0.5\right]$.

Mit der trigonometrischen Formel $\cos\Theta = \frac{1}{2} \cdot \left(3 \cdot \cos^2\Phi - 1\right)$ erhalten wir daraus

$$a^2 = \frac{\cos\Theta}{\cos\Theta - 1} \quad \text{und} \quad b^2 = 1 - a^2 = \frac{1}{1 - \cos\Theta}.$$

Weiter gilt $a \cdot a' + b \cdot b' \cdot \cos\Phi = 0$ und $a^2 \cdot a'^2 = b^2 \cdot b'^2 \cdot \cos^2\Phi$ und damit

$$a'^2 = \frac{1 + 2 \cdot \cos\Theta}{1 - \cos\Theta} \quad \text{und} \quad b'^2 = 1 - a'^2 = \frac{3 \cdot \cos\Theta}{\cos\Theta - 1}.$$

Bei Bindungen der Zusammensetzung $s^{a^2}p^{b^2}$ (jede mit einem Elektron) und einem einsamen Elektronenpaar auf dem Orbital $s^{a'^2}p^{b'^2}$ lautet die Konfiguration

$$\left(s^{a^2}p^{b^2}\right)^3 \left(s^{a'^2}p^{b'^2}\right)^2 = s^{\frac{2+\cos\Theta}{1-\cos\Theta}} \cdot p^{\frac{3\cdot(1-\cos\Theta)}{1-\cos\Theta}}.$$

Die Promotionsenergie $P(\Theta)$ von s^2p^3 zu dieser Konfiguration ist deshalb

$$P(\Theta) = 2 - \left\{\frac{2 + \cos\Theta}{1 - \cos\Theta}\right\} = \frac{3 \cdot \cos\Theta}{\cos\Theta - 1}.$$

Beim NH_3 mit $\Theta = 106.7^o$ ergibt das

$$P(106.7^o) = \frac{3 \cdot \cos(106.7^o)}{\cos(106.7^o) - 1} = \underline{0.67},$$

d.h. 67 % eines Elektrons werden von s nach p promoviert.

16-25 CO_2 ist linear. Dazu betrachten wir das Gerüst aus den sp-Hybriden am C, den beiden p_z an den Sauerstoff-Atomen und einem π-Gerüst aus $C(2p_x) - O(2p_x)$ und $C(2p_y) - O'(2p_y)$.

NO_2 ist gewinkelt. Wir können es als isoelektronisch mit CO_2^- ansehen.

Das zusätzliche Elektron trägt zur Bindung bei. Deshalb kann man ihm s-Charakter zuschreiben.

NO_2^+ ist linear und isoelektronisch mit CO_2.

NO_2^- ist gewinkelt. Es hat ein Bindungselektron mehr als NO_2, deshalb ist die Bindung stärker.

SO_2 ist isoelektronisch mit NO_2^-, wenn man die inneren Elektronen vernachlässigt. Deshalb ist es gewinkelt.

H_2O ist gewinkelt [Abschnitt 16–3].

H_2O^{2+} ist linear [ein Elektronenpaar weniger als H_2O].

16-26 Wir bauen die Antworten auf NH_3 auf, das wegen des einsamen Elektronenpaares nicht eben ist [Abschnitt 16–3].

NH_3 ist nicht eben.

NH_3^{2+} ist eben, weil das einsamen Elektronenpaar fehlt.

CH_3 ist entweder eben oder nur leicht nicht-eben [es ist isoelektronisch zu NH_3^+, das nur ein halbes einsames Elektronenpaar besitzt.]

NO_3^- ist eben; es ist praktisch isoelektronisch zu NH_3^{2+}, wenn man O^- als isoelektronisch zu H ansieht.

CO_3^{2-} ist planar [isoelektronisch zu NO_3^-].

16-27 Für Ethen konstruieren wir aus $CH_2(sp^2, p_x)$ die Abbildung 16–11b.

Für Ethin konstruieren wir aus CH(sp, p_x, p_y) die Abbildung 16–11b.

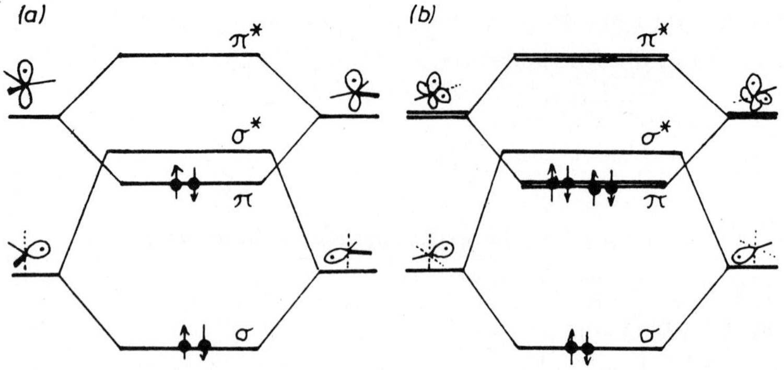

Abb. 16–11

16-28 $E_n = \dfrac{n^2h^2}{8m_eL^2}$; $n = 1, 2, \ldots$

$\psi_n(x) = \sqrt{\dfrac{2}{L}} \cdot \sin\left(\dfrac{n\pi x}{L}\right)$ [14.1-9].

Pauli-Prinzip: nur zwei Elektronen dürfen ein Niveau besetzen.

Butadien: vier π-Elektronen sind unterzubringen.

Ergebnis: 2 Elektronen besetzen das Orbital ψ_1 mit der Energie E_1,

2 Elektronen besetzen das Orbital ψ_2 mit der Energie E_2.

$$\psi_1 = \sqrt{\frac{2}{L}} \cdot \sin\left(\frac{\pi x}{L}\right), \quad \psi_2 = \sqrt{\frac{2}{L}} \cdot \sin\left(\frac{2\pi x}{L}\right).$$

Die Form dieser Orbitale ist in Abb. 16–12 skizziert.

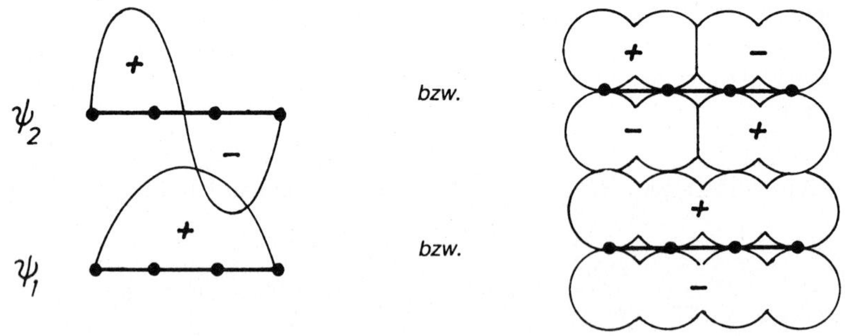

Abb. 16–12

16-29 $\Delta E_{\text{min}} = E_3 - E_2$

ψ_3 ist das niedrigste nicht besetzte Orbital (LUMO), ψ_2 das höchste besetzte (HOMO).

$$\Delta E_{\text{min}} = \left(\frac{h^2}{8m_eL^2}\right) \cdot (3^2 - 2^2) = 5 \cdot \left(\frac{h^2}{8m_eL^2}\right).$$

16-30 Das Molekül $CH_2{=}CH{-}CH{=}CH{-}CH{=}CH{-}CH{=}CH_2$ enthält 8 π-Elektronen, damit ist das oberste besetzte Orbital (HOMO) das Orbital ψ_4 und das unterste unbesetzte (LUMO) das Orbital ψ_5.

$$\Delta E = E_5 - E_4 = (25 - 16) \cdot \left(\frac{h^2}{8m_e L^2}\right) = \frac{9h^2}{8m_e L^2}.$$

$L = 8 \cdot L_{CC} = 1120$ pm.

$$\Delta E = \frac{9 \cdot (6.626 \cdot 10^{-34}\ \text{J s})^2}{8 \cdot (9.110 \cdot 10^{-31}\ \text{kg}) \cdot (1.120 \cdot 10^{-9}\ \text{m})^2}$$
$$= \underline{4.3 \cdot 10^{-19}\ \text{J}\ (2.7\ \text{eV})}.$$

$$\Delta E = h\nu = \frac{hc}{\lambda}.$$

$$\lambda = \frac{hc}{\Delta E} = \frac{(6.26 \cdot 10^{-34}\ \text{J s}) \cdot (2.998 \cdot 10^8\ \text{m s}^{-1})}{4.3 \cdot 10^{-19}\ \text{J}}$$
$$= 4.6 \cdot 10^{-7}\ \text{m} = 460\ \text{nm}.$$

460 nm ist die Wellenlänge von blauem Licht, wir erwarten deshalb, daß das Molekül in weißem Licht orange erscheint. Das oberste besetzte Orbital ist $\psi_4 \propto \sin\left(\frac{4\pi x}{L}\right)$, vgl. Abb. 16–13.

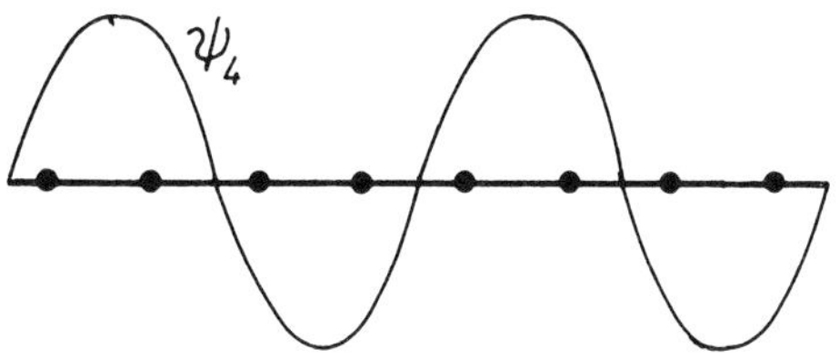

Abb. 16–13

16-31 (a) $\psi = \mathrm{e}^{-kr}$, $H = -\left(\frac{\hbar^2}{2\mu}\right) \cdot \nabla^2 - \frac{e^2}{4\pi\varepsilon_0 r}$.

$$\int \psi^* \psi \cdot \mathrm{d}\tau = \int_0^{2\pi} \mathrm{d}\phi \int_0^{\pi} \sin\vartheta \cdot \mathrm{d}\vartheta \int_0^{\infty} \mathrm{e}^{-2kr} r^2 \cdot \mathrm{d}r = \frac{\pi}{k^3}.$$

$$\int \psi^* \cdot \left(\frac{1}{r}\right) \cdot \psi \cdot \mathrm{d}\tau = \int_0^{2\pi} \mathrm{d}\phi \int_0^{\pi} \sin\vartheta \cdot \mathrm{d}\vartheta \int_0^{\infty} \mathrm{e}^{-2kr} r \cdot \mathrm{d}r = \frac{\pi}{k^2}$$

$$\int \psi^* \cdot \nabla^2 \psi \cdot \mathrm{d}\tau = \int \psi^* \cdot \left\{\left(\frac{1}{r}\right) \cdot \left(\frac{\mathrm{d}^2}{\mathrm{d}r^2}\right) r \cdot \mathrm{e}^{-kr}\right\} \cdot \mathrm{d}\tau \quad [14.3\text{–}14,\ \Lambda\psi = 0]$$
$$= \int \psi^* \cdot \left\{k^2 - \left(\frac{2k}{r}\right)\right\} \psi \cdot \mathrm{d}\tau$$
$$= \frac{\pi}{k} - \frac{2\pi}{k} = -\frac{\pi}{k}.$$

Daraus folgt $\int \psi^* H \psi \cdot \mathrm{d}\tau = \left(\frac{\hbar^2}{2\mu}\right) \cdot \left(\frac{\pi}{k}\right) - \left(\frac{e^2}{4\pi\varepsilon_0}\right) \cdot \left(\frac{\pi}{k^2}\right).$

$$E = \frac{\left(\frac{\hbar^2}{2\mu}\right)\cdot\left(\frac{\pi}{k}\right) - \left(\frac{e^2}{4\pi\varepsilon_0}\right)\cdot\left(\frac{\pi}{k^2}\right)}{\left(\frac{\pi}{k^3}\right)} \qquad [16.2\text{–}4]$$

$$= \left(\frac{\hbar^2}{2\mu}\right)\cdot k^2 - \left(\frac{e^2}{4\pi\varepsilon_0}\right)\cdot k.$$

$$\frac{\mathrm{d}E}{\mathrm{d}k} = 2\cdot\left(\frac{\hbar^2}{2\mu}\right)\cdot k - \left(\frac{e^2}{4\pi\varepsilon_0}\right) = 0 \quad [16.2\text{–}5].$$

Das ergibt $k = \frac{-e^2\mu}{4\pi\varepsilon_0\hbar^2}$, und die optimale Energie ist $\underline{E = \frac{e^2\mu}{32\pi^2\varepsilon_0^2\hbar^2} = -hcR_{\mathrm{H}}}$.

(b) $\psi = \mathrm{e}^{-kr^2}$, $H = -\left(\frac{\hbar^2}{2\mu}\right)\cdot\nabla^2 - \frac{e^2}{4\pi\varepsilon_0 r}$.

$$\int \psi^*\psi\cdot\mathrm{d}\tau = \int_0^{2\pi}\mathrm{d}\phi\int_0^{\pi}\sin\vartheta\cdot\mathrm{d}\vartheta\int_0^{\infty}\mathrm{e}^{-2kr^2}r^2\cdot\mathrm{d}r = \left(\frac{\pi}{2}\right)\cdot\sqrt{\frac{\pi}{2k^3}}$$

$$\int \psi^*\cdot\left(\frac{1}{r}\right)\cdot\psi\cdot\mathrm{d}\tau = \int_0^{2\pi}\mathrm{d}\phi\int_0^{\pi}\sin\vartheta\cdot\mathrm{d}\vartheta\int_0^{\infty}\mathrm{e}^{-2kr^2}r\cdot\mathrm{d}r = \frac{\pi}{k}$$

$$\int \psi^*\cdot\nabla^2\psi\cdot\mathrm{d}\tau = -2\int\psi^*\cdot(3k - 2k^2r^2)\cdot\psi\cdot\mathrm{d}\tau$$

$$= -2\int_0^{2\pi}\mathrm{d}\phi\int_0^{\pi}\sin\vartheta\cdot\mathrm{d}\vartheta\int_0^{\infty}(3kr^2 - 2k^2r^4)\cdot\mathrm{e}^{-2kr^2}\mathrm{d}r$$

$$= -8\pi\cdot\left\{\left(\frac{3k}{8}\right)\cdot\sqrt{\frac{\pi}{2k^3}} - \left(\frac{3}{16}\right)\cdot k^2\cdot\sqrt{\frac{\pi}{2k^5}}\right\}.$$

$$E = \tfrac{3}{2}\cdot\left(\frac{\hbar^2}{\mu}\right)\cdot k - \frac{e^2}{\varepsilon_0\cdot\sqrt{2\pi^3}}\cdot\sqrt{k}$$

$$\frac{\mathrm{d}E}{\mathrm{d}k} = 0, \quad \text{wenn} \quad k = \frac{e^4\mu^2}{18\pi^3\varepsilon_0^2\hbar^4}.$$

Dann gilt $E = -\frac{e^4\mu}{12\pi^3\varepsilon_0^2\hbar^2} = \underline{-\left(\frac{8}{3\mathrm{p}}\right)\cdot hc\cdot R_{\mathrm{H}}}$.

16-32 (a) $\psi = c_{\mathrm{A}}s_{\mathrm{A}} + c_{\mathrm{B}}s_{\mathrm{B}} + c_{\mathrm{C}}s_{\mathrm{C}}$

$$\det = \begin{vmatrix} \alpha - E & \beta & 0 \\ \beta & \alpha - E & \beta \\ 0 & \beta & \alpha - E \end{vmatrix} = 0.$$

(b) $\psi = c_A s_A + c_B s_B + c_C s_C$

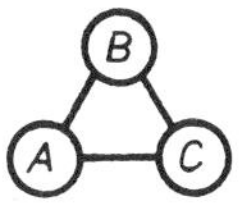

$$\det = \begin{vmatrix} \alpha - E & \beta & \beta \\ \beta & \alpha - E & \beta \\ \beta & \beta & \alpha - E \end{vmatrix} = 0.$$

Die symmetrie-angepaßten Kombinationen für (a) lauten

$a_1 = s_B, \quad a_2 = s_A + s_C, \quad a_3 = s_A - s_C.$

Damit zerfällt die Determinante in eine quadratische und eine lineare Gleichung.

16-33 Aus den Orbital-Energien [16.4–7] und Abb. 16–28 im Lehrbuch folgt

(a) für Benzol$^-$: $a_{2u}^2 e_{1}^3 e_{2u}^1$,

$E_\pi = 2 \cdot (\alpha + 2\beta) + 4 \cdot (\alpha + \beta) + (\alpha - \beta) = 7\alpha + 7\beta,$

(b) für Benzol$^+$: $a_{2u}^2 e_{1g}^3$,

$E_\pi = 2 \cdot (\alpha + 2\beta) + 3 \cdot (\alpha + \beta) = 5\alpha + 7\beta.$

16-34 Die Orbitale bezeichnen wir mit H und F. Die primitive Valence-Bond-Struktur ist dann H(1)F(2). Wenn wir die Ununterscheidbarkeit der Elektronen berücksichtigen, erhalten wir

(a) $\psi^{\text{kovalent}} \approx \text{H}(1)\text{F}(2) + \text{H}(2)\text{F}(1)$ [16.6–1].

Für eine reine Ionen-Struktur H^+F^- können wir F(1)F(2) schreiben:

(b) $\psi^{\text{ionisch}} \approx \text{F}(1)\text{F}(2)$ [16.6–4].

Für ein Resonanz-Hybrid aus H^+F^- und H–F schreiben wir

(c) $\psi = c_1 \psi^{\text{kovalent}} + c_2 \psi^{\text{ionisch}}$ mit $|c_1|^2 + |c_2|^2 = 1.$

Gegeben ist $|c_1|^2 = 0.80$, $|c_2|^2 = 0.20$ und damit $c_1 = 0.89$, $c_2 = 0.45$. Dann ist

$\psi = 0.89 \cdot [\text{H}(1)\text{F}(2) + \text{H}(2)\text{F}(1)] + 0.45 \cdot [\text{F}(1)\text{F}(2)].$

16-35 Die Antwort beruht auf einem Theorem von Rumer; danach erhält man einen vollständigen Satz linear unabhängiger Strukturen, wenn man die Atome in einem Kreis anordnet und alle möglichen Bindungen einzeichnet, die sich nicht überschneiden.

Für die π-Struktur des Cyclobutadiens zeichnen wir zuerst 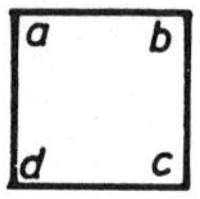

dann die beiden Rumer-Strukturen: 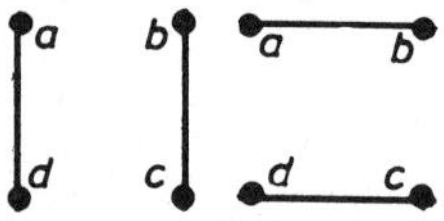

entsprechend  und 

Weiter gibt es ionische Strukturen (Abb. 16–14a) und auch zweifach ionische Strukturen (Abb. 16–14b usw.)

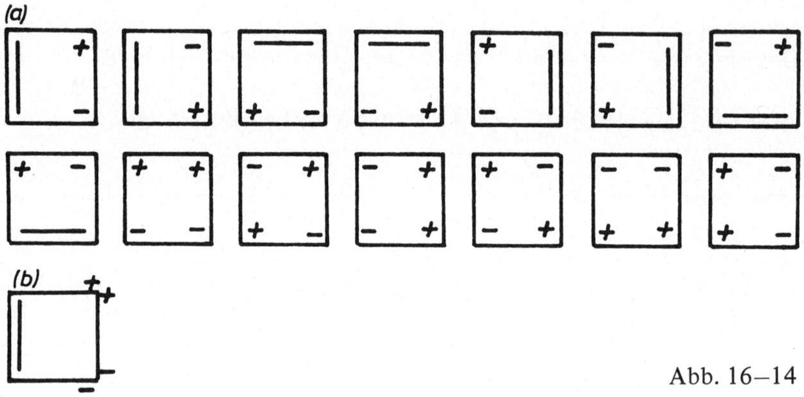

Abb. 16–14

16-36 Es gibt insgesamt 1302 Wellenfunktionen; davon sind 40 ganz kovalent und 1206 einfach polar. In Abb. 16–15 sind die Strukturen, die nur kurze Bindungen enthalten, zusammengestellt.

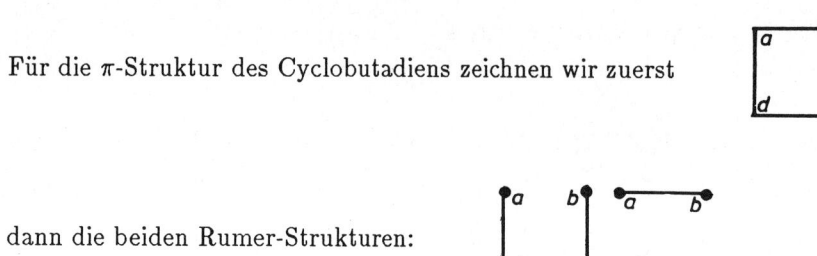

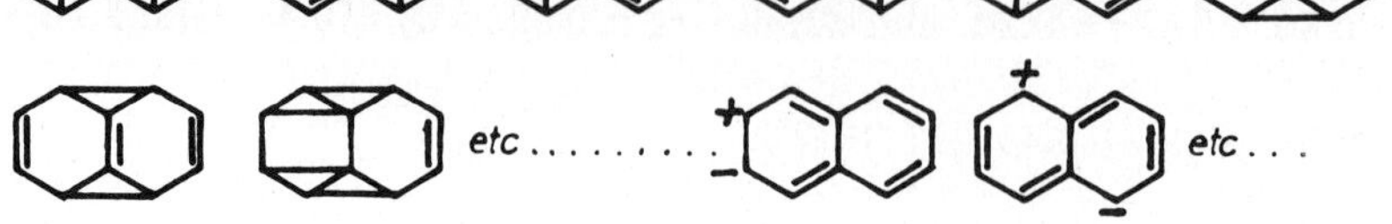

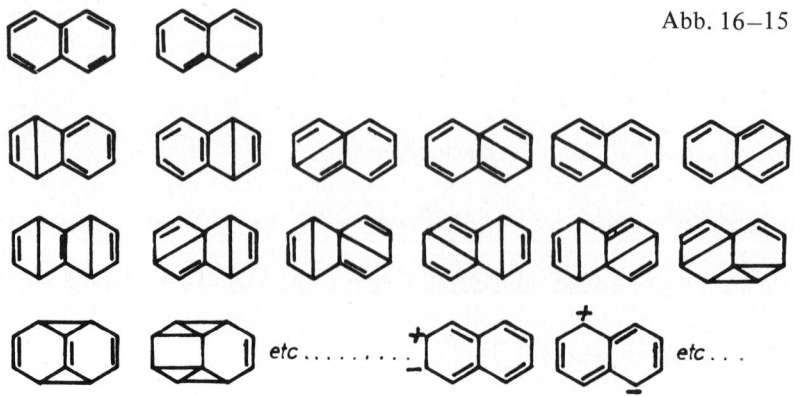

Abb. 16–15

17 Symmetrie: Beschreibung und Anwendung

A17-1 Vier. Die Anzahl der irreduziblen Darstellungen ist gleich der Anzahl der Klassen [Abschnitt 17.2c].

17-2 Die Symmetrieelemente sind eine C_3-Achse und drei dazu senkrechte Symmetrieebenen. Das C-Atom und das Cl-Atom liegen auf der C_3-Achse. Die drei Symmetrieebenen sind jeweils durch C, Cl und ein H-Atom definiert [Abschnitt 17.1a].

A17-3 Nur bei Molekülen der Symmetriegruppen C_n, C_{nv} und C_s ist ein elektrisches Dipolmoment erlaubt. Deshalb haben nur Pyridin, $C_2H_5NO_2$ und CH_3Cl Dipolmomente. [Abschnitt 17.1c].

A17-4

	E	$2C_4$	C_2	$2\sigma_v$	$2\sigma_d$
$f_3 = p_z$	1	1	1	1	1
$f_2 = z$	1	1	1	1	1
$f_2 f_3$	1	1	1	1	1
$f_1 = p_x$	2	0	−2	0	0
$f_1 f_2 f_3$	2	0	−2	0	0

A_1 erscheint hier 0-mal $\left[\frac{1}{8} \cdot (2 + 0 - 2 + 0 + 0) = 0\right]$. Deshalb verschwindet das Integral [Abschnitt 17.3a].

A17-5 [Abschnitt 17.3c]

	x			y			z		
A_1	1	1	1	1	1	1	1	1	1
	2	−1	0	2	−1	0	1	1	1
A_2	1	1	−1	1	1	−1	1	1	−1
	2	−1	0	2	−1	0	1	1	−1
	E			E			A_2		

A_1 kommt nicht vor, deshalb ist das elektrische Dipolmoment gleich Null.

A17-6 A_1 tritt $\frac{1}{8} \cdot (5 + 2 + 1 + 6 + 2) = 2$ mal auf [Beispiel 17–5]

A_2 tritt $\frac{1}{8} \cdot (5+2+1-6-2) = 0$ mal auf,

B_1 tritt $\frac{1}{8} \cdot (5-2+1+6-2) = 1$ mal auf,

B_2 tritt $\frac{1}{8} \cdot (5-2+1-6+2) = 0$ mal auf,

E tritt $\frac{1}{8} \cdot (10+0-2+0+0) = 1$ mal auf;

das ergibt $2A_1 + B_1 + E$.

Die benötigten Orbitale sind $p_z(A_1)$, $d_{x^2-y^2}(B_1)$, $d_{z^2}(A_1)$ und $d_{xz}, d_{yz}(E)$.

Die Orbitale $d_{xy}(B_2)$ und $p_x, p_y(E)$ sind hier nicht zu gebrauchen.

A17-7 Ja. Die Hybride spannen A_1, B_1 und E auf. Die A_1-Orbitale (s und p_z) und die E-Orbitale (p_x und p_y) haben die richtige Symmetrie, so daß die Überlappung nicht verschwindet [Abschnitt 17–1].

A17-8 Die Gruppe C_{4v} besteht aus den Elementen E, C_4, C_2, σ_v und σ_d.

Unter E ist $xy \to xy$, das ergibt 1.

Unter C_4 ist $x \to y$, $y \to -x$, $xy \to -xy$, das ergibt -1.

Unter C_2 ist $x \to -x$, $y \to -y$, $xy \to xy$, das ergibt 1.

Unter σ_v ist $x \to x$, $y \to -y$, $xy \to -xy$, das ergibt -1.

Unter σ_d ist $x \to -y$, $y \to -x$, $xy \to xy$, das ergibt 1.

In der Charaktertafel der Gruppe C_{4v} findet man für B_2 in der Tat die Angabe 1, -1, 1, -1, 1.

A17-9 D_{2h} enthält das Element i. C_{3h} enthält die Elemente C_3 und σ_h, das entspricht S_3.

T_h enthält das Element i. T_d enthält das Element S_4 [Abschnitt 17–1].

A17-10

D_2 erster Faktor → zweiter Faktor ↓	E	C_2	C_2'	C_2''
E	E	C_2	C_2'	C_2''
C_2	C_2	E	C_2''	C_2'
C_2'	C_2'	C_2''	E	C_2
C_2''	C_2''	C_2'	C_2	E

17-1 Im folgenden sind nur die entscheidenden Symmetrieelemente angegeben; weggelassen sind diejenigen, die nur Kombinationen der angegebenen sind (vgl. Abschnitt 17.1b).

Kugel: Rotationen um eine beliebige Achse; $\underline{R_3}$.

Gleichschenkliges Dreieck: $E,\ C_2,\ 2\sigma_v$; $\underline{C_{2v}}$.

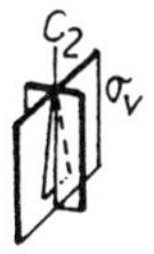

Gleichseitiges Dreieck: $\underbrace{\underbrace{E,\ 2C_3,\ 3C_2,}_{D_3}\ \sigma_h,}_{D_{3h}}\ 3\sigma_v,\ 2S_3$.

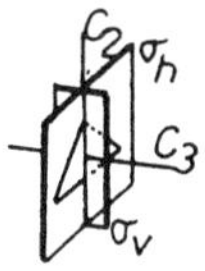

Ein ungespitzter Bleistift (Zylinder): $E,\ C_\infty,\ \infty C_2,\ \sigma_h$; $\underline{D_{\infty h}}$.

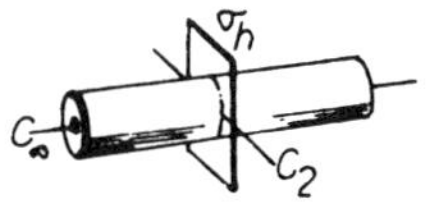

Ein runder gespitzter Bleistift: $E,\ C_\infty,\ \sigma_v$; $\underline{C_{\infty h}}$.

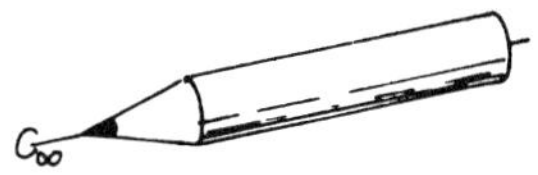

Ein Propeller mit drei Blättern: $E,\ 2C_3,\ 3C_2$; $\underline{D_3}$.

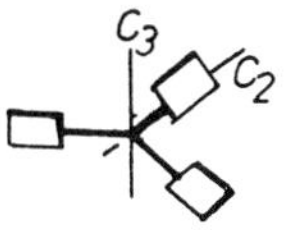

Eine Schneeflocke: $E,\ 2C_6,\ 6C_2,\ \sigma_h$; $\underline{D_{6h}}$.

Ein Tisch (eine Quadrat auf vier Beinen): $E,\ 2C_4,\ 2\sigma_v$; $\underline{C_{4v}}$.

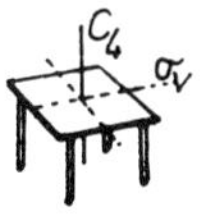

Ein Mensch: $E,\ \sigma_v$ (näherungsweise); $\underline{C_s}$.

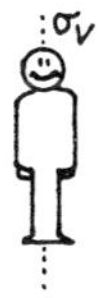

17-2 Im folgenden sind nur die entscheidenden Symmetrieelemente angegeben; weggelassen sind diejenigen, die nur Kombinationen der angegebenen sind (vgl. Abschnitt 17.1b und Kasten 17–2).

NO_2 : $E,\ C_2,\ 2\sigma_v$; $\underline{C_{2v}}$.

CH_3Cl : $E,\ 2C_3,\ 3\sigma_v$; $\underline{C_{3v}}$.

CCl_3H : wie CH_3Cl : $\underline{C_{3v}}$.

$CH_2 = CH_2$: $E,\ C_2,\ 2C_2',\ \sigma_h$; $\underline{D_{2h}}$.

cis-CHCl = CHCl : $E,\ C_2,\ 2\sigma_v$; $\underline{C_{2v}}$.

trans-CHCl = CHCl : $E,\ C_2,\ \sigma_h$; $\underline{C_{2h}}$.

Naphthalin : $E,\ C_2,\ 2C_2',\ \sigma_h$; $\underline{D_{3h}}$.

Anthracen : $E,\ C_2,\ 2C_2',\ \sigma_h$; $\underline{D_{2h}}$.

Chlorbenzol: $E,\ C_2,\ 2\sigma_v$; $\underline{C_{2v}}$.

17-3 CH_3CH_3 gestaffelt: $E,\ 2C_3,\ 2C_2,\ 3\sigma_d$; $\underline{D_{3d}}$ [Abb. 17–12 im Buch].

Cyclohexan (Sesselform): $E,\ 2C_3,\ 3C_2,\ 3\sigma_d$; $\underline{D_{3d}}$.

B_2H_6 : $E,\ C_2,\ 2C_2',\ \sigma_h$; $\underline{D_{2h}}$.

CO_2 : $E,\ 2C_\infty,\ \infty C_2,\ \sigma_h$; $\underline{D_{\infty h}}$.

$Co(en)_3^{3+}$: $E,\ 2C_3,\ 3C_2$; $\underline{D_3}$.

S_8 (Kronenform): E, $2C_4$, C_2, $4C_2'$, $4\sigma_d$, $2S_8$: $\underline{D_{4d}}$.

17-4 Siehe dazu Abb. 17–1. Für alle Elemente der Gruppe gilt $R^2 = E$. $ER = R$ gilt natürlich immer. Für diese Gruppe gilt auch $RR' = R'R$ sowie $C_2\sigma_h = i$, $\sigma_h i = C_2$ und $iC_2 = \sigma_h$.

Abb. 17–1

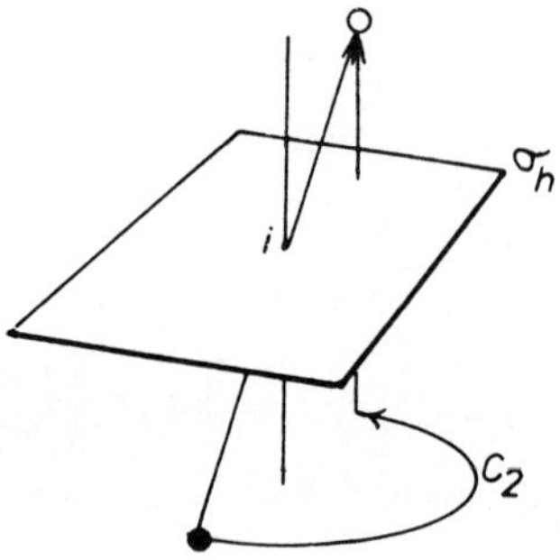

	E	C_2	σ_h	i
E	E	C_2	σ_h	i
C_2	C_2	E	i	σ_h
σ_h	σ_h	i	E	C_2
i	i	σ_h	C_2	E

Zu dieser Gruppe gehört z. B. trans–CHCl=CHCl [Aufgabe 17–2].

17-5 Siehe dazu Abb. 17–2. σ_h erzeugt aus P den Punkt σ_hP. C_2 erzeugt aus σ_hP den Punkt $C_2\sigma_h$P. Man kann denselben Punkt aber auch durch die Inversion i aus P erzeugen, denn es gilt $C_2\sigma_h\mathrm{P} = i\mathrm{P}$ für alle Punkte P. Es gilt also $C_2\sigma_h = i$, und das heißt, i ist ebenfalls ein Element der Gruppe.

Abb. 17–2

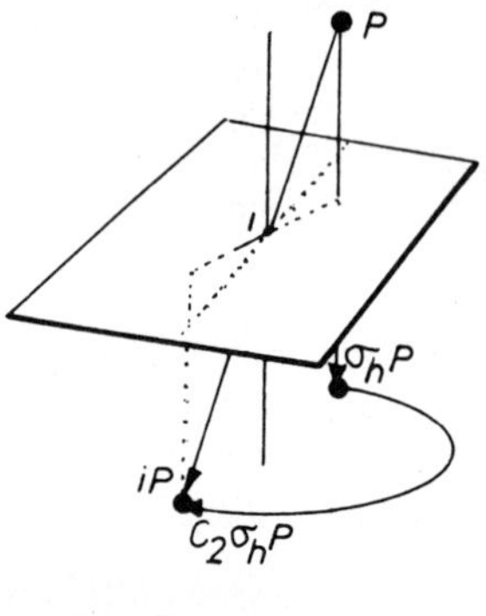

17–6 Nur die Moleküle, welche zu einer der Gruppen C_n, C_{nv} oder C_s gehören, können ein elektrisches Dipolmoment haben. Von den in den Aufgaben 17–2 und 17–3 genannten Molekülen sind das NO_2(C_{2v}), CH_3Cl(C_{3v}), CCl_3H(C_{3v}), cis-CHCl=CHCl(C_{2v}) und C_6H_5Cl(C_{2v}).

17-7 Nur Moleküle, die <u>keine</u> S_n-Achse haben, können optisch aktiv sein [Abschnitt 17.1c]. Dabei ist zu beachten, daß $i \equiv S_2$ ist und daß die Gruppen S_{nh} jeweils S_n enthalten (zu ihnen gehören C_n und σ_h) [Abschnitt 17.1c]. Deshalb kann von den genannten Molekülen nur $\mathrm{Co(en)}_3^{3+}$ optisch aktiv sein, denn D_3 enthält nicht S_n. Wegen $\sigma = S_1$ schließt eine Symmetrieebene optische Aktivität aus.

17-8 Siehe dazu Abb. 17–3 im Buch. Die Orbitale h_1 und h_2 plazieren wir an die H-Atome und die Orbitale s, p_x, p_y und p_z an das O-Atom. z ist die Richtung der C_2-Achse, x liegt senkrecht zu σ_v', y liegt senkrecht zu σ_v. Damit stellen wir die folgende Tabelle auf, aus der hervorgeht, welche Wirkungen die Basis-Operationen haben.

	E	C	σ_v	σ_v'
h_1	h_1	h_2	h_2	h_1
h_2	h_2	h_1	h_1	h_2
s	s	s	s	s
p_x	p_x	$-p_x$	p_x	$-p_x$
p_y	p_y	$-p_y$	$-p_y$	p_y
p_z	p_z	p_z	p_z	p_z

Die Spalten, über denen jeweils die Operation R steht, drücken wir jetzt durch die ursprüngliche Basis aus, indem wir

(neue Basis) = (ursprüngliche Basis) $\cdot D(R)$ schreiben,

wobei $D(R)$ eine $6 \cdot 6$-Matrix ist, die R darstellt [Abschnitt 16.2a]. Die Regeln für die Matrix-Multiplikation entnehmen wir dem Anhang 17–1.

(I) $E(h_1, h_2, s, p_x, p_y, p_z)$

$$= (h_1, h_2, s, p_x, p_y, p_z) \begin{pmatrix} 1 & 0 & 0 & 0 & 0 & 0 \\ 0 & 1 & 0 & 0 & 0 & 0 \\ 0 & 0 & 1 & 0 & 0 & 0 \\ 0 & 0 & 0 & 1 & 0 & 0 \\ 0 & 0 & 0 & 0 & 1 & 0 \\ 0 & 0 & 0 & 0 & 0 & 1 \end{pmatrix} \quad D(E)$$

(II) $C_2(h_2, h_1, s, -p_x, -p_y, p_z)$

$$= (h_1, h_2, s, p_x, p_y, p_z) \begin{pmatrix} 0 & 1 & 0 & 0 & 0 & 0 \\ 1 & 0 & 0 & 0 & 0 & 0 \\ 0 & 0 & 1 & 0 & 0 & 0 \\ 0 & 0 & 0 & -1 & 0 & 0 \\ 0 & 0 & 0 & 0 & -1 & 0 \\ 0 & 0 & 0 & 0 & 0 & 1 \end{pmatrix} \quad D(C_2)$$

(III) $\sigma_v(h_2, h_1, s, p_x, -p_y, p_z)$

$$= (h_1, h_2, s, p_x, p_y, p_z) \begin{pmatrix} 0 & 1 & 0 & 0 & 0 & 0 \\ 1 & 0 & 0 & 0 & 0 & 0 \\ 0 & 0 & 1 & 0 & 0 & 0 \\ 0 & 0 & 0 & 1 & 0 & 0 \\ 0 & 0 & 0 & 0 & -1 & 0 \\ 0 & 0 & 0 & 0 & 0 & 1 \end{pmatrix} \quad D(\sigma_v)$$

(IV) $\sigma'_v(h_1, h_2, s, -p_x, p_y, p_z)$

$$= (h_1, h_2, s, p_x, p_y, p_z)\begin{pmatrix} 1 & 0 & 0 & 0 & 0 & 0 \\ 0 & 1 & 0 & 0 & 0 & 0 \\ 0 & 0 & 1 & 0 & 0 & 0 \\ 0 & 0 & 0 & -1 & 0 & 0 \\ 0 & 0 & 0 & 0 & 1 & 0 \\ 0 & 0 & 0 & 0 & 0 & 1 \end{pmatrix} \quad D(\sigma'_v)$$

17-9 Wir rechnen $C_2\sigma_v = \sigma'_v$ anhand der darstellenden Matrizen nach: $D(C_2) \cdot D(\sigma_v) =$

$$\begin{pmatrix} 0 & 1 & 0 & 0 & 0 & 0 \\ 1 & 0 & 0 & 0 & 0 & 0 \\ 0 & 0 & 1 & 0 & 0 & 0 \\ 0 & 0 & 0 & -1 & 0 & 0 \\ 0 & 0 & 0 & 0 & -1 & 0 \\ 0 & 0 & 0 & 0 & 0 & 1 \end{pmatrix} \cdot \begin{pmatrix} 0 & 1 & 0 & 0 & 0 & 0 \\ 1 & 0 & 0 & 0 & 0 & 0 \\ 0 & 0 & 1 & 0 & 0 & 0 \\ 0 & 0 & 0 & 1 & 0 & 0 \\ 0 & 0 & 0 & 0 & -1 & 0 \\ 0 & 0 & 0 & 0 & 0 & 1 \end{pmatrix} = \begin{pmatrix} 1 & 0 & 0 & 0 & 0 & 0 \\ 0 & 1 & 0 & 0 & 0 & 0 \\ 0 & 0 & 1 & 0 & 0 & 0 \\ 0 & 0 & 0 & -1 & 0 & 0 \\ 0 & 0 & 0 & 0 & 1 & 0 \\ 0 & 0 & 0 & 0 & 0 & 1 \end{pmatrix} = D(\sigma'_v).$$

Jetzt rechnen wir $\sigma_v\sigma'_v = C_2$ anhand der darstellenden Matrizen nach: $D(\sigma_v) \cdot D(\sigma'_v) =$

$$\begin{pmatrix} 0 & 1 & 0 & 0 & 0 & 0 \\ 1 & 0 & 0 & 0 & 0 & 0 \\ 0 & 0 & 1 & 0 & 0 & 0 \\ 0 & 0 & 0 & 1 & 0 & 0 \\ 0 & 0 & 0 & 0 & -1 & 0 \\ 0 & 0 & 0 & 0 & 0 & 1 \end{pmatrix} \cdot \begin{pmatrix} 1 & 0 & 0 & 0 & 0 & 0 \\ 0 & 1 & 0 & 0 & 0 & 0 \\ 0 & 0 & 1 & 0 & 0 & 0 \\ 0 & 0 & 0 & -1 & 0 & 0 \\ 0 & 0 & 0 & 0 & 1 & 0 \\ 0 & 0 & 0 & 0 & 0 & 1 \end{pmatrix} = \begin{pmatrix} 0 & 1 & 0 & 0 & 0 & 0 \\ 1 & 0 & 0 & 0 & 0 & 0 \\ 0 & 0 & 1 & 0 & 0 & 0 \\ 0 & 0 & 0 & -1 & 0 & 0 \\ 0 & 0 & 0 & 0 & -1 & 0 \\ 0 & 0 & 0 & 0 & 0 & 1 \end{pmatrix} = D(C_2).$$

17-10 Darstellung 1: $D(C_3) \cdot D(C_2) = 1 \cdot 1 = 1 = D(C_6)$ in Darstellung 1.

Darstellung 2: $D(C_3) \cdot D(C_2) = 1 \cdot (-1) = -1 = D(C_6)$ in Darstellung 2.

Darstellung 1: Die Darstellung ist entweder A_1 oder A_2 [vgl. die Charakter-Tafel]

dann ist entweder $D(\sigma_v) = D(\sigma_d) = +1$ oder $D(\sigma_v) = D(\sigma_d) = -1$.

Darstellung 2: Die Darstellung ist entweder B_1 oder B_2 [vgl. die Charakter-Tafel]
dann ist entweder $D(\sigma_v) = -D(\sigma_d) = +1$ oder $D(\sigma_v) = -D(\sigma_d) = -1$.

17-11 Siehe dazu die Charaktertafel für C_{2v}. Die s-Orbitale spannen A_1 (totalsymmetrisch) auf, die p-Orbitale $A_1(p_z)$, $B_1(p_x)$ und $B_2(p_y)$. Es gibt hier keine Orbitale, die A_2 aufspannen, folglich ist $p_{x1} - p_{x2}$ eine *nicht-bindende* Kombination. Beim Schwefel müssen d-Orbitale berücksichtigt werden; d_{xy}, das sich wie xy transformiert, vgl. Abschnitt 17.3c, ist eine Basis für A_2 und kann deshalb mit $p_{x1} - p_{x2}$ zu einer nicht-verschwindenden Überlappung führen.

17-12 Das elektrische Dipol-Übergangsmoment transformiert sich wie x, y oder z je nach der x-, y- oder z-Polarisation des eingestrahlten Lichtes. In C_{2v} spannen x, y und z B_1, B_2 und A_1 auf [vgl. die Charakter-Tafel]. Übergänge sind nur erlaubt, wenn $\int \psi_E^* \mu \psi_A \cdot d\tau$ nicht verschwindet [17.3–3]. ψ_A wird wie A_1 transformiert [vorgegeben]. Das Integral verschwindet, es sei denn, $\Gamma_E \cdot \Gamma(\mu) \cdot \Gamma_A = \Gamma(\mu) \cdot A_1$ enthält A_1 [Abschnitt 17.3c]. Beachten Sie, daß $\Gamma(\mu) \cdot A_1 = \Gamma(\mu)$ ist. Wenn bei C_{2v} $\Gamma_E = \Gamma(\mu)$ ist, dann gilt $\Gamma_E \cdot \Gamma(\mu) = A_1$. Mit in der x-Richtung polarisiertem Licht kann deshalb ein Übergang in einen B_1-Zustand erreicht werden, mit in der y-Richtung polarisiertem Licht ein Übergang in einen B_2-Zustand und mit in der z-Richtung polarisiertem Licht ein Übergang in einen A_1-Zustand.

17-13 $\Gamma_E \cdot \Gamma(\mu) \cdot \Gamma_A$ muß A_1 enthalten [Abschnitt 17.3c].

$\Gamma_A = B_1$, $\Gamma(\mu) = \Gamma(\mu_y) = B_2$ [Charaktertafel]

R	E	C_2	σ_v	σ'_v
B_2	1	−1	−1	1
B_1	1	−1	1	−1
$B_2 \cdot B_1$	1	1	−1	$-1 = A_2$

Der obere Zustand ist A_2, denn es gilt $A_2 \cdot [B_2 \cdot B_1] = A_2 \cdot A_2 = A_1$.

17-14 (a) Benzol gehört zur Symmetriegruppe D_{6h}, aber für unsere Überlegungen reicht es aus, die kleinere Gruppe C_{6v} zu betrachten. Die Komponenten von μ transformieren sich wie $E_1(x, y)$, $A_1(z)$. Der Grundzustand ist A_1. Dabei ist $E_1 \cdot A_1 = E_1$ und $A_1 \cdot A_1 = A_1$. Der obere Zustand muß deshalb E_1 (weil $E_1 \cdot E_1$ A_1 enthält) oder A_1 (wegen $A_1 \cdot A_1 = A_1$) sein.

(b) Naphthalin gehört zu C_{2v}. Der Grundzustand ist A_1. Das liefert dasselbe Ergebnis wie bei NO_2 [Aufgabe 17–11]. Der bei den Übergängen erreichte obere Zustand kann A_1 (z-Polarisation), $B_1(x)$ oder $B_2(y)$ sein.

(In D_{6h} spannt μ $A_{2u}(z)$, $E_{1u}(x, y)$ auf; der Grundzustand ist A_{1g}. Beachten Sie, daß $A_{2u} \cdot A_{1g} = A_{2u}$ und $E_{1u} \cdot A_{1g} = E_{1u}$ ist. Weiter gilt $A_{2u} \cdot A_{2u} = A_{1g}$ und $E_{1u} \cdot E_{1u} = A_{1g} + A_{2g} + E_{2g}$; der angeregte Zustand ist deshalb entweder A_{2u} oder E_{1u}, wenn D_{6h} vorgegeben ist.

17-15 Wir gehen so vor, wie es in der Anmerkung zu Beispiel 17–3 beschrieben wurde.

E: Alle vier Orbitale bleiben ungeändert: $\chi = 4$

C_3 : Ein Orbital bleibt ungeändert: $\chi = 1$

C_2 : Kein Orbital bleibt ungeändert: $\chi = 0$

S_4 : Kein Orbital bleibt ungeändert: $\chi = 0$

σ_D : Zwei Orbitale bleiben ungeändert: $\chi = 2$.

Der Charakter-Satz 4, 1, 0, 0, 2 spannt $A_1 + T_2$ auf. Diese Zerlegung ergibt sich entweder durch Nachrechnen oder nach der in der Anmerkung zu Beispiel 17–5 beschriebenen Methode.

Die H1s-Orbitale spannen also in der Gruppe T_d A_1 und T_2 auf.

An der Charaktertafel läßt sich ablesen, daß s A_1 aufspannt (es ist totalsymmetrisch und transformiert sich wie $r = \sqrt{x^2 + y^2 + z^2}$) und daß p_x, p_y und p_z eine Basis für T_2 bilden. Die Orbitale s und p am zentralen C-Atom können also mit beiden Basen Bindungen bilden.

In T_d spannen die d-Orbitale E und T_2 auf (siehe die letzte Spalte der Charaktertafel). Deshalb ist nur der T_2-Satz (d_{xy}, d_{xz}, d_{yz}) zu einer nicht-verschwindenen Überlappung in der Lage und kann deshalb zur Bindung beitragen.

17-16 (a) C_{3v}-Symmetrie. Die H1s-Orbitale spannen dieselbe irreduzible Darstellung wie im NH_3 auf, nämlich $A_1 + A_2 + E$ [Abschnitt 17.3d]. Hier ist ein weiteres A_1-Orbital vorhanden, denn auf der C_3-Achse liegt ein viertes H-Atom. In C_{3v} spannen die d-Orbitale $A_1 + E + E$ auf [siehe die letzte Spalte der Charaktertafel für C_{3v}]. Deshalb können alle fünf d-Orbitale zur Bindung beitragen.

(b) C_{2v}-Symmetrie. Die H1s-Orbitale spannen hier dieselbe irreduzible Darstellung wie im H_2O auf, aber das eine der beiden ' H_2O-Fragmente' ist gegen das andere um 90° verdreht. Während also im H_2O die H1s-Orbitale $A_1 + B_2$ aufspannen [$H_1 + H_2$; $H_1 - H_2$, vgl. Aufgabe 17–17], spannen sie im deformierten Methan $A_1 + B_2 + A_1 + B_1$ auf [das zweite A_1 ist $H_3 + H_4$, B_1 ist $H_3 - H_4$]. In C_{2v} spannen die d-Orbitale $2A_1 + B_1 + B_2 + A_2$ auf [vgl. die letzte Spalte der Charaktertafel]. Bis auf $d_{xy}(A_2)$ können also alle Orbitale an der Bindung teilnehmen.

17-17 Wir gehen wie in Abschnitt 17.3d vor. σ_v und σ_v' wurden im Buch in Abb. 17–3 definiert. x ist senkrecht zu σ_v' und y senkrecht zu σ_v.

ursprünglicher Satz:	H_1	H_2	O2s	$O2p_x$	$O2p_y$	$O2p_z$
unter E	H_1	H_2	O2s	$O2p_x$	$O2p_y$	$O2p_z$
C_2	H_2	H_1	O2s	$-O2p_x$	$-O2p_y$	$O2p_z$
σ_v	H_2	H_1	O2s	$O2p_x$	$-O2p_y$	$O2p_z$
σ_v'	H_1	H_2	O2s	$-O2p_x$	$O2p_y$	$O2p_z$

Für A_1 sind alle Charaktere gleich 1. Die Schritte (I) und (II) in Abschnitt 17.3d ergeben deshalb

$$2(H_1 + H_2) \quad 2(H_1 + H_2) \quad 4O2s \quad 0 \quad 0 \quad 4O2p_z$$

Die Ordnung dieser Gruppe ist 4. Damit ergibt Schritt (III)

$\psi(A_1) = \frac{1}{2}(H_1 + H_2)$, $\psi(A_1) = O2s$, $\psi(A_1) = O2p_z$.

Für A_2 sind die Charaktere 1, 1, −1 und − 1; damit ergibt Schritt (I)

χ	H_1	H_2	O2s	$O2p_x$	$O2p_y$	$O2p_z$
$E(1)$	H_1	H_2	O2s	$O2p_x$	$O2p_y$	$O2p_z$
$C_2(1)$	H_2	H_1	O2s	$-O2p_x$	$-O2p_y$	$O2p_z$
$\sigma_v(-1)$	$-H_2$	$-H_1$	−O2s	$-O2p_x$	$O2p_y$	$-O2p_z$
$\sigma'_v(-1)$	$-H_1$	$-H_2$	−O2s	$O2p_x$	$-O2p_y$	$-O2p_z$
Schritt (II):	0	0	0	0	0	0

Das heißt, $\psi(A_2)$ ist leer.

Für B_1 mit den Charakteren 1, −1, 1 und − 1 liefert uns Schritt (I)

χ	H_1	H_2	O2s	$O2p_x$	$O2p_y$	$O2p_z$
$E(1)$	H_1	H_2	O2s	$O2p_x$	$O2p_y$	$O2p_z$
$C_2(-1)$	$-H_2$	$-H_1$	−O2s	$O2p_x$	$O2p_y$	$-O2p_z$
$\sigma_v(-1)$	H_2	H_1	O2s	$O2p_x$	$-O2p_y$	$O2p_z$
$\sigma'_v(-1)$	$-H_1$	$-H_2$	−O2s	$O2p_x$	$-O2p_y$	$-O2p_z$
Schritt (II):	0	0	0	$4O2p_x$	0	0

Das ergibt $\psi(B_1) = O2p_x$.

Für B_2 mit den Charakteren 1, −1, −1 und 1 liefert uns Schritt (I)

χ	H_1	H_2	O2s	$O2p_x$	$O2p_y$	$O2p_z$
$E(1)$	H_1	H_2	O2s	$O2p_x$	$O2p_y$	$O2p_z$
$C_2(-1)$	$-H_2$	$-H_1$	−O2s	$O2p_x$	$O2p_y$	$-O2p_z$
$\sigma_v(-1)$	$-H_2$	$-H_1$	−O2s	$-O2p_x$	$O2p_y$	$-O2p_z$
$\sigma'_v(1)$	H_1	H_2	O2s	$-O2p_x$	$O2p_y$	$O2p_z$
Schritt (II):	$2(H_1 - H_2)$	$2(H_2 - H_1)$	0	0	$4O2p_y$	0

Das ergibt $\psi(\mathrm{B}_2) = \frac{1}{2}(\mathrm{H}_1 - \mathrm{H}_2)$, $\psi(\mathrm{B}_2) = \mathrm{O2p}_y$.

Daraus bilden wir die Linearkombinationen

$$\psi(\mathrm{A}_1) = c_{\mathrm{H}}(\mathrm{H}_1 + \mathrm{H}_2) + c_{\mathrm{O}1}\psi(\mathrm{O}_{2\mathrm{s}}) + c_{\mathrm{O}2}\psi(\mathrm{O}_{2\mathrm{p}_z})$$

$$\psi(\mathrm{B}_1) = \psi(\mathrm{O}_{2\mathrm{p}_x})$$

$$\psi(\mathrm{B}_2) = c'_{\mathrm{H}}(\mathrm{H}_1 - \mathrm{H}_2) + c'_{\mathrm{O}1}\psi(\mathrm{O}_{2\mathrm{p}_y}).$$

17-18 Vergl. dazu Aufgabe 17–8. Die Charaktere berechnen wir, indem wir die Summe der Diagonal-Elemente bilden:

$$\chi(E) = 6, \quad \chi(C_2) = 0, \quad \chi(\sigma_\mathrm{v}) = 2, \quad \chi(\sigma'_\mathrm{v}) = 4.$$

(a) Alle Operationen gehören zu verschiedenen Klassen, deshalb müssen unter den Charakteren nicht unbedingt gleiche Werte vorkommen. (σ_v und σ'_v sind zwar beides Spiegelungen, sie gehören aber zu verschiedenen Klassen. Das läßt sich aus den Definition einer Klasse folgern, wie sie in der Gruppentheorie erfolgt: zwei Elemente R_1 und R_2 gehören dann und nur dann zu derselben Klasse, wenn man zwischen ihnen die Gleichung $RR_1R^{-1} = R_2$ hinschreiben kann, wobei R ein Element der Gruppe ist. Für σ_v und σ'_v geht das in $C_{2\mathrm{v}}$ nicht.

(b), (c) Die Charaktere (6, 0, 2, 4) kann man durch $3\mathrm{A}_1 + \mathrm{B}_1 + 2\mathrm{B}_2$ ausdrücken, die Darstellung ist also reduzibel auf diese irreduziblen Darstellungen.

17-19 Man erhält die Transformations-Eigenschaften am einfachsten, indem man jede Transformation als Produkt von irreduziblen Darstellungen auffaßt. Die Transformations-Eigenschaften entnehmen wir den betreffenden Charakter-Tafeln.

$$f_{z^3} = z \cdot (5z^2 - 3r^2) \cdot f(r) \qquad f_{z(x^2-y^2)} = z \cdot (x^2 - y^2) \cdot f(r)$$

$$f_{y^3} = y \cdot (5y^2 - 3r^2) \cdot f(r) \qquad f_{y(x^2-z^2)} = y \cdot (x^2 - z^2) \cdot f(r)$$

$$f_{x^3} = x \cdot (5x^2 - 3r^2) \cdot f(r) \qquad f_{x(z^2-y^2)} = x \cdot (z^2 - y^2) \cdot f(r)$$

$$fxyz = xyz \cdot f(r)$$

(a) $\underline{C_{2\mathrm{v}}}$: x^2, y^2 und z^2 sind invariant für alle Operationen der Gruppe; deshalb transformiert sich f_{z^3} wie $z(\mathrm{A}_1)$, f_{y^3} wie $y(\mathrm{B}_2)$ und f_{x^3} wie $x(\mathrm{B}_1)$. Dasselbe gilt für $f_{z(x^2-y^2)}(\mathrm{A}_1)$, $f_{y(x^2-z^2)}(\mathrm{B}_2)$ und $f_{x(z^2-y^2)}(\mathrm{B}_1)$. Das letzte Orbital, $fxyz$, transformiert sich wie das Produkt xyz, also wie $\mathrm{B}_1 \cdot \mathrm{B}_2 \cdot \mathrm{A}_2 = \mathrm{A}_2$. Das bedeutet

$$f \rightarrow \underline{2\mathrm{A}_1 + \mathrm{A}_2 + 2\mathrm{B}_1 + 2\mathrm{B}_2}.$$

(b) $\underline{C_{3\mathrm{v}}}$: z transformiert sich wie A_1; also transformiert sich f_{z^3} wie A_1. An der Charakter-Tafel lesen wir ab, daß $(x^2 - y^2,\ xy)$ eine Basis für E ist und $fxyz$ und $f_{z(x^2-y^2)}$ eine Basis für $\mathrm{A}_1 \cdot \mathrm{E} = \mathrm{E}$. Die Linearkombinationen $f_{y^3} + 5f_{y(x^2-z^2)} \propto y$ und $f_{x^3} + 5f_{x(z^2-y^2)} \propto x$ sind eine Basis für E. Ihre beiden orthogonalen Kombinationen sind eine andere Basis für E. Das ergibt

$$f \rightarrow \underline{\mathrm{A}_1 + 3\mathrm{E}}.$$

(c) $\underline{T_d}$: Wir beginnen mit der naheliegenden Annahme, daß die f-Orbitale eine Basis der Dimension 3+3+1 bilden. Ihre Zerlegung ist dann A + T + T. Ist die A-Darstellung A_1 oder A_2? Das läßt sich mit S_4 entscheiden. Unter S_4 ist $x \to y$, $y \to -x$ und $z \to -z$ und damit $xyz \to y(-x)(-z) = xyz$. Der Charakter ist 1, also spannt f_{xyz} A_1 auf. Weiter ist $(x^3,\ y^3,\ z^3) \to (y^3,\ -x^3,\ -z^3)$, und die Spur der entsprechenden Matrix ist $0+0-1=-1$. Dieses Trio spannt also T_1 auf. Schließlich ist
$\{x(z^2-y^2),\ y(z^2-x^2),\ z(x^2-y^2)\} \to \{y(z^2-x^2),\ -x(z^2-y^2),\ -z(y^2-x^2)\}$.
Das ergibt die Spur +1 und weist auf T_2 hin. Damit ist

$f \to \underline{A_1 + T_1 + T_2}.$

(d) $\underline{O_h}$: Wir setzen die Zerlegung A + T + T voraus. x, y und z ändern bei der Inversion das Vorzeichen, also sind ihre Darstellungen alle u. Unter S_4 gilt (wie oben) $x \to y$, $y \to -x$ und $z \to -z$ und damit $xyz \to y(-x)(-z) = xyz$. Die Darstellung ist also genauer A_{2u} [vergl. die Charakter-Tafel]. Unter S_4 transformiert sich $(x^3,\ y^3,\ z^3)$ in $(y^3,\ -x^3,\ -z^3)$ wie oben, und der Charakter ist −1. Das weist auf T_{1u}. Analog zeigt man, daß die drei restlichen Darstellungen T_{2u} aufspannen. Dann gilt

$f \to \underline{A_{2u} + T_{1u} + T_{2u}}.$

[Anschauliche Bilder von Orbitalen findet man in *J. Chem. Educ.* **62**, 207 (1985)

und in *Chemie in unserer Zeit* **12**, 23 (1978)]

17-20 Die f-Orbitale zerfallen in Sätze entsprechend den irreduziblen Darstellungen, die sie aufspannen.

(a) $\underline{T_d}$: $f \to T_1 + T_2 + A_1$. Es gibt hier also zwei dreifach entartete Sätze (t_1 und t_2) sowie einen nicht-entarteten (a_1).

(b) $\underline{O_h}$: $f \to T_{1u} + T_{2u} + A_{2u}$. Hier gibt es also zwei dreifach entartete Sätze (t_{1u} und t_{2u}) sowie einen nicht-entarteten Satz (a_{2u}).

17-21 (a) In T_d transformiert sich das Übergangsmoment wie T_2 [vergl. die Charakter-Tafel]. Wenn der Übergang erlaubt sein soll, muß A_1 in $\Gamma_E \cdot T_2 \cdot \Gamma_A$ enthalten sein.

(I) $\Gamma_A(d_{z^2}) = E$, $\Gamma_E(d_{xy}) = T_2$; $\Gamma_E \cdot T_2 \cdot \Gamma_A = T_2 \cdot T_2 \cdot E$.

Aus $T_2 \cdot E = \{6,\ 0,\ -2,\ 0,\ 0\}$ folgt $T_2 \cdot T_2 \cdot E = \{18,\ 0,\ 2,\ 0,\ 0\}$.

Um festzustellen, ob darin A_1 enthalten ist, gehen wir wie in Beispiel 17–5 vor. A_1 tritt einmal auf, wir erhalten also die Zahl 1, und der Übergang $d_{z^2} \to d_{xy}$ ist nicht verboten. [Die Anmerkung in Beispiel 17–7 zeigt aber, daß sich dieser Übergang bei einer genaueren Untersuchung, wenn man die Darstellungen selbst und nicht nur die Charaktere untersucht, doch als verboten herausstellt.]

(II) $\Gamma_A = \Gamma(d_{xy}) = T_2$, $\Gamma_E = \Gamma(f_{xyz}) = A_1$ [Aufgabe 17–19].

$\Gamma_E \cdot T_2 \cdot \Gamma_A = A_1 \cdot T_2 \cdot T_2 = T_2 \cdot T_2 = A_1 + E + T_1 + T_2.$

Dieses Produkt enthält A_1, also ist dieser Übergang erlaubt.

(b) In O_h transformiert sich das Übergangsmoment wie T_{1u} [siehe die Charakter-Tafel; u kommt vom Symmetrie-Zentrum, denn μ soll antisymmetrisch sein.]

(I) $\Gamma_A(d_{z^2}) = E_g$, $\Gamma_E(d_{xy}) = T_{2g}$.

Wegen $g \cdot g = g$ und $g \cdot u = u$ kann sich das Produkt $\Gamma_E \cdot T_{1u} \cdot \Gamma_A$ nicht wie A_{1g} transformieren, folglich ist der Übergang verboten.

(II) $\Gamma_A(d_{xy}) = T_{2g}$, $\Gamma_E(f_{xyz}) = A_{2u}$ [Aufgabe 17–19].

$$\Gamma_E \cdot T_{1u} \cdot \Gamma_A = A_{2u} \cdot T_{1u} \cdot T_{2g} = A_{2u} \cdot (A_{2u} + E_u + T_{1u} + T_{2u})$$
$$= A_{1g} + E_g + T_{2g} + T_{1g}.$$

Dieses Produkt enthält A_{1g}, und der Übergang ist deshalb erlaubt.

17-22 $l_z = xp_y - yp_x$; wie E, C_3^+ und σ_v auf l_z wirken, ermitteln wir mit der in Abschnitt 17.2d beschriebenen Methode.

$$E\,l_z = xp_y - yp_x = l_z.$$

$$\sigma_v l_z = (-x)p_y - y(-p_x) = -l_z$$

[p_x wird wie x transformiert, p_y wie y.]

$$C_3^+ l_z = (-\tfrac{1}{2}x + \tfrac{1}{2}\sqrt{3}y) \cdot (-\tfrac{1}{2}\sqrt{3}p_x - \tfrac{1}{2}p_y) - (-\tfrac{1}{2}\sqrt{3}x - \tfrac{1}{2}y) \cdot (-\tfrac{1}{2}p_x + \tfrac{1}{2}\sqrt{3}p_y)$$
$$= \tfrac{1}{4}\sqrt{3}xp_x - \tfrac{1}{4}\sqrt{3}yp_y - \tfrac{3}{4}yp_x + \tfrac{1}{4}xp_y - \tfrac{1}{4}\sqrt{3}xp_x + \tfrac{3}{4}xp_y - \tfrac{1}{4}yp_x + \tfrac{1}{4}\sqrt{3}yp_y$$
$$= xp_y - yp_x = l_z.$$

Die Darstellungen von E, σ_v und C_3^+ sind deshalb eindimensionale Matrizen mit den Charakteren 1, −1 und 1. Also ist l_z eine Basis für A_2 [vergl. die Charakter-Tafel für C_{3v}].

17-23 Die Transformationen transformieren sich wie x, y und z, die Rotationen wie R_x, R_y und R_z. Siehe dazu die Charakter-Tafeln.

(a) C_{2v} : x, y, z transformieren sich wie B_1, B_2 und A_1.
R_x, R_y, R_z transformieren sich wie B_2, B_1 und A_2.

(b) C_{3v} : $(x,\ y)$ spannen E auf, z transformiert sich wie A_1.
$(R_x,\ R_y)$ spannen E auf, R_z transformiert sich wie A_2.

(c) C_{6v} : $(x,\ y)$ spannen E_1 auf, z transformiert sich wie A_1.
$(R_x,\ R_y)$ spannen E_1 auf, R_z transformiert sich wie A_2.

(d) O_h : $(x,\ y,\ z)$ spannen T_{1u} auf.
$(R_x,\ R_y,\ R_z)$ spannen T_{1g} auf.

17-24 Das Ausmaß der Mischung der Orbitale hängt von Integralen vom Typ $\int \psi_E^* \mu \psi_A \mathrm{d}\tau$ ab; dabei ist $\psi_A = s$, $\psi_E = p$, d oder f, und μ das elektrische Dipolmoment, das sich wie x, y oder z transformiert. Wir haben festzustellen, ob die Integrale verschwinden.

(a) O_h : s transformiert sich wie A_{1g} und μ wie T_{1u} [vergl. die Charakter-Tafel]. Wegen $u \cdot g \cdot u = g$ muß ψ_E u sein. Die p- und f-Orbitale haben die Parität u, sie müssen also in Betracht gezogen werden.

(b) T_d: Hier liegt kein Inversions-Zentrum vor, damit ist die u-g-Klassifizierung nicht möglich. Wir müssen also p-, d- und f-Orbitale berücksichtigen.

17-25 (a) Der Grundzustand von NO_2 hat die Symmetrie A_1 [Aufgabe 17–12]. Ist das Feld in der Richtung x oder y oder z, so transformiert er sich wie B_2 oder B_1 oder A_2, und eine Vermischung mit Zuständen, die sich wie $A_1 \cdot B_2 = B_2$ oder $A_1 \cdot B_1 = B_1$ oder $A_1 \cdot A_2 = A_2$ transformieren, ist möglich. [Für alle Γ ist $C_{2v}\Gamma^2 = A_1$, also verlangt $\Gamma \cdot A_1 \cdot B_2$ zum Beispiel $\Gamma = B_2$, wenn das Produkt A_1 enthalten soll.]

(b) Der Grundzustand ist T_{2g}. In O_h transformieren sich die Rotationen wie T_{1g}. Wir bestimmen Γ_E aus der Bedingung, daß A_{1g} in $\Gamma_E \cdot T_{1g} \cdot T_{2g}$ enthalten sein soll.

$T_{1g} \cdot T_{2g} = A_{2g} + E_g + T_{1g} + T_{2g}$.

Wenn wir also Γ_E mit A_{2g}, E_g, T_{1g} und T_{2g} identifizieren, erhält das Produkt A_{1g}.

(c) Der Grundzustand ist A_{1g}. In C_{6v} vereinfacht er sich zu A_1. Die Wirkung des Feldes transformiert sich wie R_z oder A_2. Der hinzugemischte Zustand Γ_E muß so beschaffen sein, daß $\Gamma_E \cdot A_2 \cdot A_1$ A_1 enthält. Wegen $A_2 \cdot A_1 = A_2$ und $A_2 \cdot A_2 = A_1$ ist dann $\Gamma_E = A_2$.

17-26 $I = \int_{-a}^{a} f_1 f_2 \mathrm{d}\vartheta = \int_{-a}^{a} \sin\vartheta \cdot \cos\vartheta \cdot \mathrm{d}\vartheta$.

Jetzt stellen wir die folgende Tabelle auf:

	$\sin\vartheta$	$\cos\vartheta$
E	$\sin\vartheta$	$\cos\vartheta$
σ_h	$-\sin\vartheta$	$\cos\vartheta$

Man erkennt, daß $\sin\vartheta$ eine Darstellung mit den Charakteren 1, −1 aufspannt (also A″), $\cos\vartheta$ dagegen eine Darstellung mit den Charakteren 1, 1 (also A′). Weil $\sin\vartheta$ und $\cos\vartheta$ verschiedene irreduzible Darstellungen aufspannen, verschwindet das Integral [Abschnitt 17.3c]. Wenn der Integrationsbereich nicht symmetrisch ist, ist die Spiegelung σ_h kein Symmetrie-Element, und die Gruppe C_s kommt nicht in Frage.

17-27 (a) xyz ist antisymmetrisch unter $z \to -z$ (oder $x \to -x$ oder $y \to -y$), damit verschwindet das Integral in der Richtung z (bzw. in der Richtung x oder y). Dann verschwindet auch das Volumen-Integral.

(b) xyz transformiert sich wie A_1, deshalb transformiert sich das Integral $\int xyz\,\mathrm{d}\tau$ wie A_1 und muß nicht verschwinden.

(c) xyz ist unter $z \to -z$ antisymmnetrisch, es kann sich also in D_{6h} nicht wie A_{1g} transformieren. Deshalb muß das Integral hier verschwinden.

17-28 Vergl. dazu Aufgabe 17–23.

Abb. 17–3

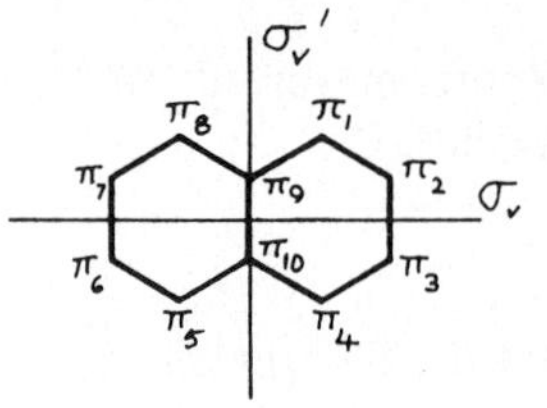

Wir stellen die folgende Tabelle auf:

	π_1	π_2	π_3	π_4	π_5	π_6	π_7	π_8	π_9	π_{10}	χ
E	π_1	π_2	π_3	π_4	π_5	π_6	π_7	π_8	π_9	π_{10}	10
C_2	π_5	π_6	π_7	π_8	π_1	π_2	π_3	π_4	π_{10}	π_9	0
σ_v	π_4	π_3	π_2	π_1	π_8	π_7	π_6	π_5	π_{10}	π_9	0
σ_v'	π_8	π_7	π_6	π_5	π_4	π_3	π_2	π_1	π_9	π_{10}	2

[χ erhalten wir aus der Anzahl der nicht veränderten Orbitale.] Der Charakter-Satz {10, 0, 0, 2} zerfällt in $3A_1 + 2A_2 + 2B_1 + 3B_2$. Jetzt bilden wir die in Abschnitt 17.3d eingeführten symmetrie-angepaßten Orbitale:

$\pi(A_1) = \pi_1 + \pi_4 + \pi_5 + \pi_8$ [aus Spalte 1]

$\pi(A_1) = \pi_2 + \pi_3 + \pi_6 + \pi_7$ [Spalte 2]

$\pi(A_1) = \pi_9 + \pi_{10}$ [Spalte 9]

$\pi(A_2) = \pi_1 + \pi_5 - \pi_4 - \pi_8$ [Spalte 1]

$\pi(A_2) = \pi_2 + \pi_6 - \pi_3 - \pi_7$ [Spalte 2]

$\pi(B_1) = \pi_1 - \pi_5 + \pi_4 - \pi_8$ [Spalte 1]

$\pi(B_1) = \pi_2 - \pi_6 + \pi_3 - \pi_7$ [Spalte 2]

$\pi(B_2) = \pi_1 - \pi_5 - \pi_4 + \pi_8$ [Spalte 1]

$\pi(B_2) = \pi_2 - \pi_6 - \pi_3 + \pi_7$ [Spalte 2]

$\pi(B_2) = \pi_9 - \pi_{10}$ [Spalte 9]

17-29 Wir stellen die folgende Tabelle auf:

	N2s	N2p_x	N2p_y	N2p_z	O2p_x	O2p_y	O2p_z	O'2p_x	O'2p_y	O'2p_z	χ
E	N2s	N2p_x	N2p_y	N2p_z	O2p_x	O2p_y	O2p_z	O'2p_x	O'2p_y	O'2p_z	10
C_2	N2s	−N2p_x	−N2p_y	N2p_z	−O'2p_x	−O'2p_y	O'2p_z	−O2p_x	−O2p_y	O2p_z	0
σ_v	N2s	N2p_x	−N2p_y	N2p_z	O'2p_x	−O'2p_y	O'2p_z	O2p_x	−O2p_y	O2p_z	2
σ_v'	N2s	−N2p_x	N2p_y	N2p_z	−O2p_x	O2p_y	O2p_z	−O'2p_x	O'2p_y	O'2p_z	4

Der Charakter-Satz {10, 0, 2, 4} zerfällt in $4A_1 + 2B_1 + 3B_2 + A_2$. Die symmetrie-angepaßten Linear-Kombinationen bilden wir nach der in Abschnitt 17.3d beschriebenen Methode:

$\psi(A_1) = N2s$ [Spalte 1]

$\psi(A_1) = N2p_z$ [Spalte 4]

$\psi(A_1) = O2p_z + O'2p_z$ [Spalte 7]

$\psi(A_1) = O2p_y - O'2p_y$ [Spalte 9]

$\psi(B_1) = O2p_x$ [Spalte 2]

$\psi(B_1) = O2p_x + O'2p_y$ [Spalte 5]

$\psi(B_2) = N2p_y$ [Spalte 3]

$\psi(B_2) = O2p_y + O'2p_y$ [Spalte 6]

$\psi(B_2) = O2p_z - O'2p_z$ [Spalte 7]

$\psi(A_2) = O2p_x - O'2p_x$ [Spalte 5]

17-30 Der Hamilton-Operator H transformiert sich wie A_1; deshalb verschwinden alle Integrale der Form $\int \psi' H \psi d\tau$, wenn ψ' und ψ zu derselben Rasse gehören [vergl. Abschnitt 17.3a]. Die im Buch konstruierten Orbitale spannen verschiedene irreduzible Darstellungen auf; deshalb läßt sich die $6 \cdot 6$-dimensionale Säkular-Determinante in Determinanten mit den Dimensionen 1, 2, 2 und 1 zerlegen.

18 Bestimmung der Molekülstruktur: Rotations- und Schwingungsspektren

A18-1 $\frac{1}{\mu} = \frac{1}{m_1} + \frac{1}{m_2}$ [18.3–2]

$$^{1}H^{35}Cl: \quad \mu = \frac{1.66 \cdot 10^{-27}\ \text{kg}}{\frac{1}{1} + \frac{1}{35}} = \underline{1.6 \cdot 10^{-27}\ \text{kg};}$$

der Zahlenwert wird überwiegend von ^{1}H bestimmt.

$$^{2}H^{35}Cl: \quad \mu = \frac{1.66 \cdot 10^{-27}\ \text{kg}}{\frac{1}{2} + \frac{1}{35}} = \underline{3.1 \cdot 10^{-27}\ \text{kg};}$$

der Zahlenwert wird überwiegend von ^{2}H bestimmt.

$$^{133}Cs^{35}Cl: \quad \mu = \frac{1.66 \cdot 10^{-27}\ \text{kg}}{\frac{1}{133} + \frac{1}{35}} = \underline{4.6 \cdot 10^{-26}\ \text{kg};}$$

der Zahlenwert wird überwiegend von ^{35}Cl bestimmt.

A18-2 $I = \frac{m_1 m_2}{m_1 + m_2} \cdot R^2$ [Kasten 18–1].

$$= \frac{(79) \cdot (81)}{79 + 81} \cdot (1.660 \cdot 10^{-27}\ \text{kg}) \cdot (0.228 \cdot 10^{-9}\ \text{m})^2$$

$$= \underline{3.45 \cdot 10^{-45}\ \text{kg m}^2.}$$

A18-3 $I = \frac{h}{8\pi^2 cB}$ [18.2–3]

$$= \frac{6.63 \cdot 10^{-34}\ \text{J s}}{8 \cdot \pi^2 \cdot (3.0 \cdot 10^{8}\ \text{m s}^{-1}) \cdot (11.42\ \text{m}^{-1})}$$

$$= \underline{2.45 \cdot 10^{-45}\ \text{kg m}^2.}$$

A18-4 Bei dem Übergang geht J von 0 nach 2. B kann der Tabelle 18–1 entnommen werden.

$\tilde{\nu} = \tilde{\nu}_0 - 2B \cdot (2J + 3)$ [18.2–15]

$\tilde{\nu} = 20487\ \text{cm}^{-1} + 2 \cdot (1.9987\ \text{cm}^{-1}) \cdot (2 \cdot 0 + 3) = \underline{20475\ \text{cm}^{-1}.}$

A18-5 Bei diesem Übergang geht v von 0 nach 1 und J von 2 nach 3.

Die benötigten Zahlenwerte entnehmen wir den Tabellen 18–1 und 18–2.
$\tilde{\nu} = 2648.98\ \text{cm}^{-1} + (8.465\ \text{cm}^{-1}) \cdot (3 \cdot 4 - 2 \cdot 3) = \underline{2598.19\ \text{cm}^{-1}.}$

A18-6 $\mu_{35} = \dfrac{23 \cdot 35}{23 + 35} = 13.9$ [18.3–2]

$$\mu_{37} = \frac{23 \cdot 37}{23 + 37} = 14.2.$$

Wegen $\omega = \sqrt{\dfrac{k}{\mu}}$ ist dann $\left|\dfrac{\Delta\omega}{\omega}\right| = \frac{1}{2}\left|\dfrac{\Delta\ddagger}{\mu}\right| = \frac{1}{2}\dfrac{0.3}{13.9} = \underline{1.1\ \%}.$

A18-7 $\omega = 2\pi\nu = \dfrac{2\pi c}{\lambda} = 2 \cdot \pi \cdot (2.998 \cdot 10^8\ \mathrm{m\ s^{-1}}) \cdot (5.649 \cdot 10^4\ \mathrm{m^{-1}})$

$$= \underline{1.064 \cdot 10^{14}\ \mathrm{s^{-1}}}.$$

$$k = \mu\omega^2 = \left(\frac{35}{2}\right) \cdot (1.66 \cdot 10^{-27}\ \mathrm{kg}) \cdot (1.065 \cdot 10^{14}\mathrm{s^{-1}})^2 = \underline{330\ \mathrm{N\ m^{-1}}} \quad [14.2\text{–}4].$$

A18-8 Für den Grundton ist $\Delta\ = \pm 1$. Die größte Wellenzahl gehört zu $0 \leftarrow 1$, dabei ist $\tilde{\nu} - 2x_e\tilde{\nu} = 384.3\ \mathrm{cm^{-1}} - 2 \cdot (1.5\ \mathrm{cm^{-1}}) = \underline{381.3\ \mathrm{cm^{-1}}}$. Die zweigrößte Wellenzahl gehört zu $1 \leftarrow 2$: $\tilde{\nu} - 4x_e\tilde{\nu} = 384.3\ \mathrm{cm^{-1}} - 4 \cdot (1.5\ \mathrm{cm^{-1}}) = \underline{378.3\ \mathrm{cm^{-1}}}$. [18.3–14].

18-9 Nullpunkts-Energie $\hat{=} \frac{1}{2}(\omega - \frac{1}{2}\omega x_e)$ [18.3–6]

$$= 0.5 \cdot (384.3 - 0.7) = \underline{191.8\ \mathrm{cm^{-1}}}.$$

$D_e = D_0 + 191.8\ \mathrm{cm^{-1}} = (2.153\ \mathrm{eV}) \cdot (8065.5\ \mathrm{cm^{-1}\ eV^{-1}}) + 191.8\ \mathrm{cm^{-1}}$ [18.3–14]

$$= 1.756 \cdot 10^4\ \mathrm{cm^{-1}}\ \text{bzw.}\ \underline{2.177\ \mathrm{eV}}.$$

A18-10 Wir verwenden die Charakter-Tafel für die Gruppe C_{2v} [Beispiel 18–8]. Die Rotationen gehören zu A_2, B_1 und B_2, die Translationen zu A_1, B_1 und B_2. Die Normalschwingungen sind dann $4A_1 + A_2 + 2B_1 + 2B_2$. Davon sind A_1, B_1 und B_2 infrarot-aktiv, denn sie transformieren sich wie Translationen. Alle Rassen sind Raman-aktiv, denn sie transformieren sich wie quadratische Formen.

18-1 Das sind die Moleküle mit permanenten Dipolmomenten [Abschnitt 18.1b], nämlich HCl, CH_3Cl, CH_2Cl_2, H_2O, H_2O_2, NH_3, NH_4Cl (Rotation in der Gasphase).

18-2 Das sind die Moleküle, bei denen mit der Schwingung eine Änderung des Dipolmomentes verbunden sind [Abschnitt,18.1b]: HCl, CO_2, H_2O, CH_3CH_3, CH_4, CH_3Cl, N_3^-. (Man muß berücksichtigen, daß symmetrische oder gestreckte Moleküle wie z.B. CO_2 Knickschwingungen ausführen und daß dabei einzelne Bindungen gedehnt werden können.)

18-3 Das sind Moleküle, deren Polarisierbarkeit sich bei der Rotation ändert, z.B. wenn ihre Polarisierbarkeit anisotrop ist [Abschnitt 18.2b]. Dazu gehören H_2, HCl, CH_3Cl, CH_2Cl_2, CH_3CH_3 und H_2O.

18-4 Das sind die Moleküle, bei denen sich die Polarisierbarkeit während der Schwingung ändert [Abschnitt 18.3c]. Damit liefern alle angegebenen Moleküle ein Schwingungs-Raman-Spektrum.

18-5 $\lambda_{\text{beobachtet}} = \left(1 + \frac{v}{c}\right) \cdot \lambda$

für Annäherung $v < 0$, für Abstandsvergrößerung $v > 0$.

$$80 \text{ Kilometer Stunde}^{-1} = \frac{80 \cdot 10^3 \text{ m}}{3600 \text{ s}} = 22.2 \text{ m s}^{-1};$$

$$\lambda_{\text{beobachtet}} = \left\{1 - \frac{22.2 \text{ m s}^{-1}}{2.998 \cdot 10^8 \text{ m s}^{-1}}\right\} \cdot (660 \text{ nm})$$

$$= 0.999999926 \cdot (660 \text{ nm}).$$

$$v = c \cdot \left\{\left(\frac{\lambda_0}{\lambda}\right) - 1\right\} = (2.998 \cdot 10^8 \text{ m s}^{-1}) \cdot \left\{\left(\frac{529 \text{ nm}}{660 \text{ nm}}\right) - 1\right\}$$

$$= -6.36 \cdot 10^7 \text{ m s}^{-1} \mathrel{\hat{=}} 2.29 \cdot 10^8 \text{ Kilometer Stunde}^{-1}.$$

Hier kommt v in die Größenordnung der Lichtgeschwindigkeit c; deshalb ist eigentlich die relativistische Formel

$$\nu = \sqrt{\frac{1 - \left(\frac{v}{c}\right)}{1 + \left(\frac{v}{c}\right)}} \cdot \nu_0$$ zu verwenden. Sie ergibt $-7.02 \cdot 10^7 \text{ m s}^{-1}$.

18-6 $v = c \cdot \left\{\left(\frac{\lambda_0}{\lambda}\right) - 1\right\}$ [Aufgabe 18–5], $\Delta\lambda = 2 \cdot \left(\frac{\lambda}{c}\right) \cdot \sqrt{\frac{2kT \cdot \ln 2}{m}}$ [18.1–5]

$$v = (2.998 \cdot 10^8 \text{ m s}^{-1}) \cdot \left\{\left(\frac{706.5 \text{ nm}}{654.2 \text{ nm}}\right) - 1\right\}$$

$$= \underline{2.4 \cdot 10^4 \text{ km s}^{-1}.}$$

$$T = \left(\frac{m}{2k \cdot \ln 2}\right) \cdot \left(\frac{c \cdot \Delta\lambda}{2\lambda}\right)^2$$

$$= \left(\frac{48 \cdot 1.661 \cdot 10^{-27} \text{ kg}}{2 \cdot (1.381 \cdot 10^{-23} \text{ J K}^{-1}) \cdot \ln 2}\right) \cdot \left(\frac{2.998 \cdot 10^8 \text{ m s}^{-1}) \cdot (61.8 \cdot 10^{-12} \text{ m})}{2 \cdot (654.2 \cdot 10^{-9} \text{ m})}\right)^2$$

$$= (4.164 \cdot 10^{-3} \text{ kg J}^{-1} \text{ K}) \cdot (2.005 \cdot 10^8 \text{ m}^2 \text{ s}^{-1}) = \underline{8.4 \cdot 10^5 \text{ K.}}$$

18-7 $\frac{\Delta\lambda}{\lambda} = \left(\frac{2}{c}\right) \cdot \sqrt{\frac{2kT \cdot \ln 2}{m}}$ [18.1–5]

$$= \left(\frac{2}{2.998 \cdot 10^8 \text{ m s}^{-1}}\right) \cdot \sqrt{\frac{2 \cdot (1.381 \cdot 10^{-23} \text{ J K}^{-1}) \cdot (298 \text{ K}) \cdot \ln 2}{m}}$$

$$= \frac{5.04 \cdot 10^{-19}}{\sqrt{m/\text{kg}}}.$$

(a) $m(\text{HCl}) \approx (35 + 1) \cdot (1.661 \cdot 10^{-27} \text{ kg}) = 6.0 \cdot 10^{-26} \text{ kg}$ [Einbandseiten 3 und 4]

$$\frac{\Delta\lambda}{\lambda} = \frac{5.04 \cdot 10^{-19}}{\sqrt{6.0 \cdot 10^{-26}}} = 2.1 \cdot 10^{-6}.$$

$$\frac{\Delta\lambda}{\lambda} = \frac{\lambda' - \lambda''}{\lambda} = \nu \cdot \left(\frac{1}{\nu'} - \frac{1}{\nu''}\right) = \frac{\nu\Delta\nu}{\nu'\nu''} \approx \frac{\Delta\nu}{\nu} = \frac{\Delta\tilde{\nu}}{\tilde{\nu}}.$$

$$\begin{aligned}\Delta\nu(\text{Rotation}) &\approx (2.1 \cdot 10^{-6}) \cdot \nu \approx (2.1 \cdot 10^{-6}) \cdot 2Bc\\ &\approx (2.1 \cdot 10^{-6}) \cdot (10.6\ \text{cm}^{-1}) \cdot 2 \cdot (2.998 \cdot 10^{10}\ \text{cm s}^{-1}) \quad [\text{Tabelle 18–1}]\\ &\approx 1.3 \cdot 10^{6}\ \text{s}^{-1}\ \text{bzw.}\ \underline{1.3\ \text{MHz.}}\end{aligned}$$

$$\Delta\tilde{\nu}(\text{Schwingung}) \approx (2.1 \cdot 10^{-6}) \cdot (2991\ \text{cm}^{-1}) \quad [\text{Tabelle 18–1}] \quad = \underline{0.006\ \text{cm}^{-1}.}$$

(b) $I(\text{JCl}) \approx (127 + 35) \cdot (1.661 \cdot 10^{-27}\ \text{kg}) = 2.69 \cdot 10^{-25}\ \text{kg}$

$$\frac{\Delta\lambda}{\lambda} = \frac{5.04 \cdot 10^{-19}}{\sqrt{2.69 \cdot 10^{-26}}} = 9.7 \cdot 10^{-7}.$$

$$\begin{aligned}\Delta\nu(\text{Rotation}) &\approx (9.7 \cdot 10^{-7}) \cdot B \approx (9.7 \cdot 10^{-7}) \cdot (0.114\ \text{cm}^{-1}) \cdot (2.998 \cdot 10^{10}\ \text{cm s}^{-1})\\ &\approx (3.3 \cdot 10^{3}\ \text{s}^{-1}\ \text{bzw.}\ \underline{3.3 \cdot 10^{-3}\ \text{MHz (3.3 kHz).}}\end{aligned}$$

$$\Delta\tilde{\nu}(\text{Schwingung}) \approx (9.7 \cdot 10^{-7}) \cdot (384\ \text{cm}^{-1}) = \underline{3.7 \cdot 10^{-4}\ \text{cm}^{-1}.}$$

18-8 $\tau \approx \dfrac{\hbar}{\delta E}; \quad \delta E = h\delta\nu = hc \cdot \delta\left(\dfrac{1}{\lambda}\right) = hc\delta\tilde{\nu} \quad [\tilde{\nu}\ \text{ist die Wellenzahl}],$

$$\tau \approx \frac{\hbar}{hc\delta\tilde{\nu}} = \frac{1}{2\pi c\delta\tilde{\nu}}; \qquad \tau \approx \frac{\hbar}{h\delta\nu} = \frac{1}{2\pi\delta\nu}.$$

(a) $\delta\tilde{\nu} = 0.1\ \text{cm}^{-1}$;

$$\tau \approx \frac{1}{2\pi \cdot (2.998 \cdot 10^{10}\ \text{cm s}^{-1}) \cdot (0.1\ \text{cm}^{-1})} = \underline{5 \cdot 10^{-11}\ \text{s.}}$$

(b) $\delta\tilde{\nu} = 1.0\ \text{cm}^{-1}; \quad \tau \approx \dfrac{1}{2\pi \cdot (2.998 \cdot 10^{10}\ \text{cm s}^{-1}) \cdot (1.0\ \text{cm}^{-1})} = \underline{5 \cdot 10^{-12}\ \text{s.}}$

(c) $\delta\nu = 100\ \text{MHz}; \quad \tau \approx \dfrac{1}{2\pi \cdot (10^{8}\ \text{s}^{-1})} = \underline{2 \cdot 10^{-9}\ \text{s.}}$

18-9 $\delta\tilde{\nu} \approx \dfrac{1}{2\pi c\tau} \quad [\text{Aufgabe 18–8}] \quad = \dfrac{5 \cdot 10^{-12}\ \text{cm}^{-1}}{\tau/\text{s}}.$

(a) $\tau \approx \dfrac{1}{10^{13}}\ \text{s} = 10^{-13}\ \text{s};$

$$\delta\tilde{\nu} \approx \frac{5 \cdot 10^{-12}\ \text{cm}^{-1}}{10^{-13}} = \underline{50\ \text{cm}^{-1}.}$$

(b) $\tau \approx \left(\dfrac{10^{2}}{10^{13}}\right)\ \text{s} = 10^{-11}\ \text{s};$

$$\delta\tilde{\nu} \approx \frac{5 \cdot 10^{-12}\ \text{cm}^{-1}}{10^{-11}} = \underline{0.5\ \text{cm}^{-1}.}$$

18-10 $\tau = \dfrac{1}{z} = \dfrac{\dfrac{kT}{p} \cdot \sqrt{\dfrac{\pi m}{8kT}}}{\sqrt{2} \cdot \sigma}.$

Für HCl ist

$$\tau \approx \left\{\frac{1.381 \cdot (10^{-23}\ \mathrm{J\ K^{-1}}) \cdot (298\ \mathrm{K})}{1 \cdot 10^{5}\ \mathrm{N\ m^{-2}}}\right\} \cdot \sqrt{\frac{\pi \cdot 36 \cdot (1.661 \cdot 10^{-27}\ \mathrm{kg})}{8 \cdot (1.381 \cdot 10^{-23}\ \mathrm{J\ K^{-1}}) \cdot (298\ \mathrm{K})}} \cdot \left\{\frac{1}{\sqrt{2} \cdot (0.30 \cdot 10^{-18}\ \mathrm{m^2})}\right\}$$

$$\approx \underline{2 \cdot 10^{-10}\ \mathrm{s}}.$$

$$\delta\nu = \frac{1}{2\pi\tau} \quad \text{[Aufgabe 18–8]} \quad = \frac{1}{2\pi \cdot 2 \cdot 10^{-10}\ \mathrm{s}}$$

$$= 7 \cdot 10^{8}\ \mathrm{s^{-1}} = \underline{700\ \mathrm{MHz}}.$$

$\delta\nu(\text{Doppler}) = 0.67\ \mathrm{MHz}$ [Aufgabe 18–7a].

$\delta\nu(\text{Stoß}) \propto \frac{1}{\tau} \propto p.$

Man muß also den Druck um den Faktor $\frac{0.67\ \mathrm{MHz}}{700\ \mathrm{MHz}} = 1 \cdot 10^{-3}$ herabsetzen, wenn die Doppler-Verbreiterung überwiegen soll. Das ergibt einen Druck von
$1 \cdot 10^{-3}$ bar oder $\underline{100\ \mathrm{Pa}}$.

18-11 $$\frac{N(\text{angeregt})}{N(\text{Grundzustand})} = \exp\left(-\frac{\Delta E}{kT}\right) \quad [18.1\text{–}3] \quad = \exp\left(-\frac{hc\Delta\tilde{\nu}}{kT}\right)$$

$$= \exp\left\{\frac{-(559.7\ \mathrm{cm^{-1}}) \cdot (2.998 \cdot 10^{10}\ \mathrm{cm\ s^{-1}}) \cdot (6.626 \cdot 10^{-34}\ \mathrm{J\ s})}{(1.381 \cdot 10^{-23}\ \mathrm{J\ K^{-1}}) \cdot T}\right\}$$

$$= \exp\left\{-\frac{805}{T/\mathrm{K}}\right\}$$

(a) $T = 273$ K, $\frac{N(\text{angeregt})}{N(\text{Grundzustand})} = \exp\left(-\frac{805}{273}\right) = \underline{0.052}.$

(b) $T = 298$ K, $\frac{N(\text{angeregt})}{N(\text{Grundzustand})} = \exp\left(-\frac{805}{298}\right) = \underline{0.067}.$

(a) $T = 500$ K, $\frac{N(\text{angeregt})}{N(\text{Grundzustand})} = \exp\left(-\frac{805}{500}\right) = \underline{0.200}.$

18-12 $$N_J \propto (2J+1) \cdot \exp\left(-\frac{E_J}{kT}\right) \quad [18.1\text{–}2]$$

$$= (2J+1) \cdot \exp\left(-\frac{hcB \cdot J \cdot (J+1)}{kT}\right) \quad [18.2\text{–}6].$$

Das Maximum von N_J bekommt man, indem man denjenigen Wert $J = J^*$ bestimmt, für den $\frac{\mathrm{d}N_J}{\mathrm{d}J} = 0$ ist.

$$\frac{\mathrm{d}N_J}{\mathrm{d}J} \propto 2 \cdot \exp\left(-\frac{hcB \cdot J \cdot (J+1)}{kT}\right) - (2J+1) \cdot \left(\frac{hcB}{kT}\right) \cdot (2J+1) \cdot \exp\left(-\frac{hcB \cdot J \cdot (J+1)}{kT}\right)$$

$2 - \left(\frac{hcB}{kT}\right) \cdot (2J^* + 1)^2 = 0,$ wenn N_J ein Maximum annimmt.

$$J^* = \tfrac{1}{2} \cdot \left(\sqrt{\frac{2kT}{hcB}} - 1 \right).$$

$$\frac{kT}{hc} = 207.27 \text{ cm}^{-1} \quad \text{[erste Einbandinnenseite]}$$

$$J^* = \tfrac{1}{2} \cdot \left(\sqrt{\frac{2 \cdot 207.27 \text{ cm}^{-1}}{0.114 \text{ cm}^{-1}}} - 1 \right) = 29.7; \quad \text{d.h. es ist} \quad \underline{J^* \approx 30.}$$

18-13 $N_J \propto (2J+1)^2 \cdot \exp\left\{ -\dfrac{hcB \cdot J \cdot (J+1)}{kT} \right\}.$

$$\frac{\mathrm{d}N_J}{\mathrm{d}J} \propto 4 \cdot (2J+1) \cdot \exp\left\{ -\frac{hcB \cdot J \cdot (J+1)}{kT} \right\} - (2J+1) \cdot \left(\frac{hcB}{kT} \right) \cdot (2J+1)^2 \cdot \exp\left\{ -\frac{hcB \cdot J \cdot (J+1)}{kT} \right\} = 0.$$

$$4 \cdot (2J+1) - (2J+1)^3 \cdot \left(\frac{hcB}{kT} \right) = 0 \quad \text{für} \quad J = J^*.$$

$$J^* = \sqrt{\frac{kT}{hcB}} - \tfrac{1}{2}.$$

$$B(\text{CH}_4) = 5.24 \text{ cm}^{-1}.$$

$$\frac{kT}{hcB} = \frac{207.2 \text{ cm}^{-1}}{5.24 \text{ cm}^{-1}} = 39.5.$$

$$J^* = \sqrt{39.5} - 0.5 = 5.8; \quad \text{also} \quad \underline{J^* \approx 6.}$$

Zu einem gegebenen J gibt es $2J+1$ Werte von M_J, also auch $2J+1$ Werte von K. Diese Zustände haben alle dieselbe Energie. Die Entartung eines Energie-Wertes ist also $(2J+1)^2$.

18-14 $\mu = \dfrac{m_1 m_2}{m_1 + m_2}$ [18.3–2], $I = \mu R^2$ [Kasten 18–1].

(a) $^1\text{H}^{35}\text{Cl}$: $m(^1\text{H}) = 1.0078 \cdot (1.66056 \cdot 10^{-27} \text{ kg}) = 1.6735 \cdot 10^{-27} \text{ kg}$ [Einbandseite 4].

$$m(^{35}\text{Cl}) = 34.9688 \cdot (1.66056 \cdot 10^{-27} \text{ kg}) = 5.8068 \cdot 10^{-26} \text{ kg}$$

$$\mu = \frac{(1.6735 \cdot 10^{-27} \text{ kg}) \cdot (5.8068 \cdot 10^{-26} \text{ kg})}{(1.6735 \cdot 10^{-27} \text{ kg}) + (5.8068 \cdot 10^{-26} \text{ kg})} = \underline{1.6266 \cdot 10^{-27} \text{ kg.}}$$

$$I = (1.6266 \cdot 10^{-27} \text{ kg}) \cdot (127.45 \cdot 10^{-12} \text{ m})^2 = \underline{2.6422 \cdot 10^{-47} \text{ kg m}^2.}$$

(b) $^2\text{H}^{35}\text{Cl}$: $m(^2\text{H}) = 2.0141 \cdot (1.66056 \cdot 10^{-27} \text{ kg}) = 3.3445 \cdot 10^{-27} \text{ kg}$

$$\mu = \frac{(3.3445 \cdot 10^{-27} \text{ kg}) \cdot (5.8068 \cdot 10^{-26} \text{ kg})}{(3.3445 \cdot 10^{-27} \text{ kg}) + (5.8068 \cdot 10^{-26} \text{ kg})} = \underline{3.1622 \cdot 10^{-27} \text{ kg.}}$$

$$I = (3.1622 \cdot 10^{-27} \text{ kg}) \cdot (127.45 \cdot 10^{-12} \text{ m})^2 = \underline{5.1368 \cdot 10^{-47} \text{ kg m}^2.}$$

(c) $^1\text{H}^{37}\text{Cl}$: $m(^{37}\text{Cl}) = 36.9651 \cdot (1.6605 \cdot 10^{-27} \text{ kg}) = 6.1383 \cdot 10^{-26} \text{ kg}$

$$\mu = \frac{(1.6735 \cdot 10^{-27}\ \text{kg}) \cdot (6.1383 \cdot 10^{-26}\ \text{kg})}{(1.6735 \cdot 10^{-27}\ \text{kg}) + (6.1383 \cdot 10^{-26}\ \text{kg})} = \underline{1.6291 \cdot 10^{-27}\ \text{kg}.}$$

$$I = (1.6291 \cdot 10^{-27}\ \text{kg}) \cdot (127.45 \cdot 10^{-12}\ \text{m})^2 = \underline{2.6462 \cdot 10^{-47}\ \text{kg m}^2.}$$

18-15 $E_{J+1} - E_J = 2hcB \cdot (J+1)$ [18.2–12]. Das bedeutet, man findet Linien bei den Frequenzen $2Bc$, $4Bc$, $6Bc\ldots$, ihre Abstände sind $2Bc$ bzw. in Wellenzahlen $2B$.

$$2Bc = 2 \cdot (298\ \text{GHz}) = \underline{596\ \text{GHz}.}$$

$$2B = \frac{596 \cdot 10^9\ \text{s}^{-1}}{2.998 \cdot 10^{10}\ \text{cm s}^{-1}} = \underline{19.9\ \text{cm}^{-1}.}$$

Die Linien liegen bei 19.9 cm^{-1}, 39.8 cm^{-1}, 59.7 cm^{-1} ... und haben die Wellenlängen 0.503 mm, 0.251 mm, 0.168 mm .... Die Abstände in Wellenlängen sind 0.252 mm, 0.083 mm ... und nehmen also ab.

$$hcB = \frac{\hbar^2}{2I} \quad [18.2\text{–}3], \qquad I = m_1 R^2(1 - \cos\vartheta) + \left(\frac{m_1 m_2}{m}\right) \cdot R^2 \cdot (1 + 2 \cdot \cos\vartheta) \quad [\text{Kasten 18–1}].$$

$$m_1 = 1.6735 \cdot 10^{-27}\ \text{kg} \quad [\text{Aufgabe 18–14}].$$

$$m_2 = 14.0031 \cdot (1.6605 \cdot 10^{-27}\ \text{kg}) = 2.3252 \cdot 10^{-26}\ \text{kg} \quad [\text{dritte Einbandinnenseite}].$$

$$m = 3m_1 + m_2 = 2.8273 \cdot 10^{-26}\ \text{kg}, \qquad R = 101.4\ \text{pm}.$$

$$I = (1.6735 \cdot 10^{-27}\ \text{kg}) \cdot (101.4 \cdot 10^{-12}\ \text{m})^2 \cdot \left(1 - \cos(106^0 47')\right)$$
$$+ \left\{\frac{(1.6735 \cdot 10^{-27}\ \text{kg}) \cdot (2.3252 \cdot 10^{-26}\ \text{kg})}{2.8273 \cdot 10^{-26}\ \text{kg}}\right\} \cdot (101.4 \cdot 10^{-12}\ \text{m})^2 \cdot \left(1 + 2 \cdot \cos(106^0 47')\right)$$
$$= 2.8154 \cdot 10^{-47}\ \text{kg m}^2.$$

$$hcB = \frac{(1.05459 \cdot 10^{-34}\ \text{J s})^2}{2 \cdot (2.8154 \cdot 10^{-47}\ \text{kg m}^2} = 1.9751 \cdot 10^{-22}\ \text{J}.$$

$$B = \frac{(1.9751 \cdot 10^{-22}\ \text{J}}{(6.62618 \cdot 10^{-34}\ \text{J s}) \cdot (2.99793 \cdot 10^{10}\ \text{cm s}^{-1})}$$
$$= 9.94\ \text{cm}^{-1} \quad [\text{oben wurde } 2B = 19.9\ \text{cm}^{-1} \text{ erhalten}].$$

18-16 $I = mR^2, \quad m = \dfrac{m(\text{C}) \cdot m(\text{O})}{m(\text{C}) + m(\text{O})}$ [Kasten 18–1].

$$m(^{12}C) = 12.0000 \cdot (1.6605 \cdot 10^{-27}\ \text{kg}) = 1.9926 \cdot 10^{-26}\ \text{kg} \quad [\text{dritte Einbandinnenseite}].$$

$$m(^{16}O) = 15.9949 \cdot (1.6605 \cdot 10^{-27}\ \text{kg}) = 2.6560 \cdot 10^{-26}\ \text{kg}.$$

$$\mu(^{12}\text{C}^{16}\text{O}) = \frac{m(^{12}\text{C}) \cdot m(^{16}\text{O})}{m(^{12}\text{C}) + m(^{16}\text{O})} = 1.1385 \cdot 10^{-26}\ \text{kg}.$$

$$I(^{12}\text{C}^{16}\text{O}) = (1.1385 \cdot 10^{-26}\ \text{kg}) \cdot (112.82 \cdot 10^{-12}\ \text{m})^2 = 1.4491 \cdot 10^{-46}\ \text{kg m}^2.$$

$B = \dfrac{\hbar}{4\pi c I} = \underline{1.9318\ \text{cm}^{-1}};$ das ergibt Übergänge bei $\tilde{\nu} = 2B \cdot (J+1)$.

$m(^{13}C) = 13.0034 \cdot (1.6605 \cdot 10^{-27}\ kg) = 2.1592 \cdot 10^{-26}\ kg.$

$$\mu(^{13}C^{16}O) = \frac{m(^{13}C) \cdot m(^{16}O)}{m(^{13}C) + m(^{16}O)} = 1.1910 \cdot 10^{-26}\ kg.$$

$I(^{13}C^{16}O) = (1.1910 \cdot 10^{-26}\ kg) \cdot (112.82 \cdot 10^{-12}\ m)^2 = 1.5159 \cdot 10^{-46}\ kg\ m^2.$

$B(^{13}C^{16}O) = \underline{1.8466\ cm^{-1}}$; das ergibt Übergänge bei $\tilde{\nu} = 2B \cdot (J+1)$.

Aus [18.2–12]folgt, daß die (1–0)-Linie im $^{12}C^{16}O$-Spektrum bei 3.8636 cm^{-1} und im $^{13}C^{16}O$-Spektrum bei 3.6923 cm^{-1} liegt. Um die beiden Linien zu unterscheiden, braucht man also ein Mikrowellen-Spektrometer mit einer Auflösung von mindestens 0.1 cm^{-1}.

18-17 Die Abstände benachbarter Linien sind 20.81 cm^{-1}, 20.60 cm^{-1}, 20.64 cm^{-1}, 20.52 cm^{-1}, 20.34 cm^{-1}, 20.37 cm^{-1}, 20.26 cm^{-1}. Der Mittelwert ist 20.51 cm^{-1}, das entspricht $2B$ [18.2–12].

$B = \frac{1}{2} \cdot (20.51\ cm^{-1}) = 10.26\ cm^{-1}.$

$$I = \frac{\hbar}{4\pi c B} = \frac{1.05459 * |0^{-34}\ J\ s}{4 \cdot \pi \cdot (2.997925 \cdot 10^{8}\ m\ s^{-1}) \cdot (10.26\ cm - 1)}$$
$$= \underline{2.728 \cdot 10^{-47}\ kg\ m^2.}$$

$R = \sqrt{\frac{I}{\mu}}$ [Kasten 18–1], $\mu = 1.6266 \cdot 10^{-27}$ kg [Aufgabe 18–14a].

$$R = \sqrt{\frac{2.728 \cdot 10^{-47}\ kg\ m^2}{1.6266 \cdot 10^{-27}\ kg}} = 1.295 \cdot 10^{-10}\ m = \underline{129.5\ pm.}$$

(Wenn man die Zentrifigal-Dehnung des Moleküls berücksichtigt und nicht einfach, wie hier geschehen, den Mittelwert der Linienabstände verwendet, erhält man einen genaueren Wert.)

18-18 $B \propto \frac{1}{I} \propto \frac{1}{\mu}$;

$$\frac{B(^{2}H^{35}Cl)}{B(^{1}H^{35}Cl)} = \frac{\mu(^{1}H^{35}Cl)}{\mu(^{2}H^{35}Cl)} = \frac{1.6266 \cdot 10^{-27}\ kg}{3.1622 \cdot 10^{-27}\ kg}\ \text{[Aufgabe 18–14]} = 0.5144,$$

also ist $B = 0.5144 \cdot 10.26\ cm^{-1} = 5.278\ cm^{-1}.$

Das ergibt Linien bei 10.56 cm^{-1}, 21.11 cm^{-1}, 31.67 cm^{-1}, ···

18-19 Es empfiehlt sich, zuerst die Aufgaben 18–35 und 18–36 zu bearbeiten und deren Ergebnis zu verwenden.

$F_J = (\Delta E^{R}_{J-1} - \Delta E^{P}_{J+1}) \cdot hc = 2B_0 \cdot (2J+1).$

Jetzt stellen wir die folgende Tabelle auf:

HCl	$J = 0$	1	2	3	4	5	6
$\Delta\tilde{\nu}^{\mathrm{R}}_{J-1}/\mathrm{cm}^{-1}$	–	2906.25	2925.92	2944.99	2963.35	2981.05	2998.05
$\Delta\tilde{\nu}^{\mathrm{P}}_{J+1}/\mathrm{cm}^{-1}$		2843.63	2821.59	2799.00	2775.77	2752.01	–
$F(J)/\mathrm{cm}^{-1}$		62.62	104.33	145.99	187.58	229.04	–
$2B_0/\mathrm{cm}^{-1}$	–	20.87	20.87	20.86	20.84	20.82	–

Das ergibt den Mittelwert $B_0 = 10.43\ \mathrm{cm}^{-1}$.

DCl	$J = 0$	1	2	3	4	5	6
$\Delta\tilde{\nu}^{\mathrm{R}}_{J-1}/\mathrm{cm}^{-1}$	–	2101.60	2111.94	2122.05	2131.91	2141.53	2150.93
$\Delta\tilde{\nu}^{\mathrm{P}}_{J+1}/\mathrm{cm}^{-1}$		2069.24	2058.02	2046.58	2034.95	2023.12	–
$F(J)/\mathrm{cm}^{-1}$		32.36	53.92	75.47	93.96	118.41	–
$2B_0/\mathrm{cm}^{-1}$	–	10.79	10.78	10.78	10.77	10.76	–

Das ergibt den Mittelwert $B_0 = 5.39\ \mathrm{cm}^{-1}$.

$$B = \frac{\hbar}{4\pi c I}, \quad I = \mu R^2; \quad R = \sqrt{\frac{\hbar}{4\pi c \mu B}}.$$

$\mu(\mathrm{HCl}) = 1.6266 \cdot 10^{-27}$ kg [Aufgabe 18–14],

$\mu(\mathrm{DCl}) = 3.1622 \cdot 10^{-27}$ kg [Aufgabe 18–14],

Dann ergibt sich $R(\mathrm{HCl}) = \underline{1.285 \cdot 10^{-10}\ \mathrm{m}}$ und $R(\mathrm{DCl}) = \underline{1.282 \cdot 10^{-10}\ \mathrm{m}}$.

In der zitierten Arbeit wird der Einfluß der Zentrifugal-Aufweitung diskutiert.

18-20

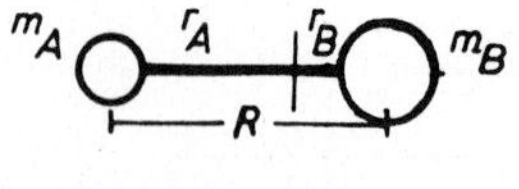

$r_{\mathrm{A}} + r_{\mathrm{B}} = R$. Der Schwerpunkt liegt bei $m_{\mathrm{A}} r_{\mathrm{A}} = m_{\mathrm{B}} r_{\mathrm{B}}$.

Dann gilt $r_{\mathrm{A}} = \dfrac{R}{1 + \dfrac{m_{\mathrm{A}}}{m_{\mathrm{B}}}}$ und $r_{\mathrm{B}} = \dfrac{R}{1 + \dfrac{m_{\mathrm{B}}}{m_{\mathrm{A}}}}$.

Das Trägheitsmoment ist $I = m_{\mathrm{A}} r_{\mathrm{A}}^2 + m_{\mathrm{B}} r_{\mathrm{B}}^2$ [Definition]

$$= \frac{m_A R^2}{(1+\frac{m_A}{m_B})^2} + \frac{m_B R^2}{(1+\frac{m_B}{m_A})^2}$$

$$= \frac{m_A m_B^2 R^2}{(m_A+m_B)^2} + \frac{m_A^2 m_B R^2}{(m_A+m_B)^2}$$

$$= \frac{m_A m_B R^2}{m_A+m_B} = \mu R^2 \quad \text{mit} \quad \mu = \frac{m_A m_B}{m_A+m_B}.$$

(a) $m_H = 1.0078 \cdot (1.6605 \cdot 10^{-27}\ \text{kg}) = 1.6735 \cdot 10^{-27}\ \text{kg}$

$\mu = \frac{m_H^2}{2m_H} = \frac{1}{2} m_H = 0.8367 \cdot 10^{-27}\ \text{kg}; \qquad R = 74.14\ \text{pm} \qquad$ [Tabelle 18–1]

$I = (0.8367 \cdot 10^{-27}\ \text{kg}) \cdot (74.14 \cdot 10^{-12}\ \text{m})^2 = \underline{4.599 \cdot 10^{-48}\ \text{kg m}^2.}$

(b) $m_I = 126.9045 \cdot (1.66056 \cdot 10^{-27}\ \text{kg}) = 2.1073 \cdot 10^{-25}\ \text{kg}$

$\mu = \frac{1}{2} m_I; \qquad R = 266.7\ \text{pm}.$

$I = \frac{1}{2} \cdot (2.1073 \cdot 10^{-25}\ \text{kg}) \cdot (266.7 \cdot 10^{-12}\ \text{pm})^2 = \underline{7.495 \cdot 10^{-45}\ \text{kg m}^2.}$

18-21 $B = \frac{1}{2} \cdot (13.10\ \text{cm}^{-1}) = 6.55\ \text{cm}^{-1}$

$$B = \frac{\hbar}{4\pi c I} = \frac{\hbar}{4\pi c \mu R^2}; \qquad R = \sqrt{\frac{\hbar}{4\pi c \mu B}}.$$

$$\mu(^1\text{H}^{127}\text{I}) = \frac{(1.0078 \cdot 126.9045) \cdot (1.6605 \cdot 10^{-27}\ \text{kg})}{1.0078 + 126.9045} = 1.6603 \cdot 10^{-27}\ \text{kg}.$$

$$R = \sqrt{\frac{1.055 \cdot 10^{-34}\ \text{J s}}{4 \cdot \pi \cdot (1.6603 \cdot 10^{-27}\ \text{kg}) \cdot (2.9979 \cdot 10^{10}\ \text{cm s}^{-1}) \cdot (6.55\ \text{cm}^{-1})}}$$

$$= 1.605 \cdot 10^{-10}\ \text{m} = \underline{160.5\ \text{pm}.}$$

18-22 $\Delta\nu = 2cB \cdot (J+1) \quad$ [18.2–12].

$R = \sqrt{\frac{\hbar}{4\pi c \mu B}} \quad$ [Aufgabe 18–21]

$$\mu(\text{CuBr}) \approx \frac{63.55 \cdot 79.9 \cdot (1.66065 \cdot 10^{-27}\ \text{kg})}{63.55 + 79.9} = 5.88 \cdot 10^{-26}\ \text{kg}.$$

Jetzt stellen wir die folgende Tabelle auf:

J	13	14	15	
$\Delta\nu$/MHz	84421.34	90449.25	96476.72	
B/cm^{-1}	0.10057	0.10057	0.10057	$\left[= \frac{\Delta\nu}{2c(J+1)}\right]$

$$R/\text{pm} = \sqrt{\frac{1.055 \cdot 10^{-34}\ \text{J s}}{4 \cdot \pi \cdot (5.88 \cdot 10^{-26}\ \text{kg}) \cdot (2.9979 \cdot 10^{10}\ \text{cm s}^{-1}) \cdot (0.1006\ \text{cm}^{-1})}}$$
$$= 2.176 \cdot 10^{-10}\ \text{m} = \underline{218\ \text{pm}.}$$

18-23 Der Abstand zwischen den Linien ist $2Bc$, das ergibt

$cB = 6.08145$ GHz, 6.08141 GHz, 6.08122 GHz mit dem Mittelwert 6.08136 GHz.

$$I = \frac{\hbar}{4\pi cB} = \frac{1.05459 \cdot 10^{-34}\ \text{J s}}{4 \cdot \pi \cdot (6.08136 \cdot 10^{9}\ \text{s}^{-1})}$$
$$= \underline{1.37998 \cdot 10^{-45}\ \text{kg m}^2.}$$

Das Experiment liefert nur eine Angabe, wir haben es aber mit zwei zwei voneinander unabhängigen Bindungslängen zu tun. Aus I allein können wir diese nicht bestimmen.

18-24 Dem Kasten 18–1 entnehmen wir

$$I(^{16}\text{O}^{12}\text{C}^{32}\text{S}) = \left(\frac{m(^{16}\text{O}) \cdot m(^{32}\text{S})}{m(^{16}\text{O}^{12}\text{C}^{32}\text{S})}\right) \cdot (R + R')^2 + \frac{m(^{12}\text{C}) \cdot \left\{m(^{16}\text{O})R^2 + m(^{32}\text{S})R'^2\right\}}{m(^{16}\text{O}^{12}\text{C}^{32}\text{S})}$$

$$I(^{16}\text{O}^{12}\text{C}^{34}\text{S}) = \left(\frac{m(^{16}\text{O}) \cdot m(^{34}\text{S})}{m(^{16}\text{O}^{12}\text{C}^{34}\text{S})}\right) \cdot (R + R')^2 + \frac{m(^{12}\text{C}) \cdot \left\{m(^{16}\text{O})R^2 + m(^{34}\text{S})R'^2\right\}}{m(^{16}\text{O}^{12}\text{C}^{34}\text{S})}$$

$m(^{16}\text{O}) = 15.9949 \cdot (1.6605 \cdot 10^{-27}\ \text{kg}) = 2.6560 \cdot 10^{-26}\ \text{kg}$

$m(^{12}\text{C}) = 12.0000 \cdot (1.6605 \cdot 10^{-27}\ \text{kg}) = 1.9926 \cdot 10^{-26}\ \text{kg}$

$m(^{32}\text{S}) = 31.9715 \cdot (1.6605 \cdot 10^{-27}\ \text{kg}) = 5.3089 \cdot 10^{-26}\ \text{kg}$

$m(^{34}\text{S}) = 33.9679 \cdot (1.6605 \cdot 10^{-27}\ \text{kg}) = 5.6404 \cdot 10^{-26}\ \text{kg}$

$m(^{16}\text{O}^{12}\text{C}^{32}\text{S}) = 9.9574 \cdot 10^{-26}\ \text{kg}, \quad m(^{16}\text{O}^{12}\text{C}^{34}) = 10.2890 \cdot 10^{-26}\ \text{kg}$

$I(^{16}\text{O}^{12}\text{C}^{32}\text{S}) = 1.37998 \cdot 10^{-45}\ \text{kg m}^2$ [Aufgabe 18–23].

$I(^{16}\text{C}^{12}\text{C}^{34}\text{S})$ berechnen wir aus dem Abstand der Linien $1 \to 2$ und $3 \to 4$, der gleich $2Bc + 2Bc = 4Bc$ ist.

$cB = 5.93252$ GHz,

$$I(^{16}\text{O}^{12}\text{C}^{34}\text{S}) = \frac{\hbar}{4\pi cB} = 1.41460 \cdot 10^{-45}\ \text{kg m}^2.$$

Jetzt können wir die Zahlenwerte der Trägheitsmomente in die oben angegebenen Gleichungen einsetzen:

$$1.37998 \cdot 10^{-45}\ \text{m}^2 = (1.4161 \cdot 10^{-26}) \cdot (R + R')^2 + 5.3150 \cdot 10^{-27} \cdot R^2 + 1.0624 \cdot 10^{-26} \cdot R'^2$$

$$1.41460 \cdot 10^{-45}\ \text{m}^2 = (1.4560 \cdot 10^{-26}) \cdot (R + R')^2 + 5.1437 \cdot 10^{-27} \cdot R^2 + 1.0923 \cdot 10^{-26} \cdot R'^2$$

Damit haben wir zwei Gleichungen für die beiden Unbekannten R und R'. Ihre Bestimmung ist mühsam, aber im Prinzip möglich. Man erhält dabei

$R = \underline{116.28\text{ pm}}$ und $R' = \underline{155.97\text{ pm}}$.

18-25 Die Substitution eines Atom, das in der Achse liegt, ist lösbar, wenn wir den Fall eines linearen Moleküls behandeln können. Nehmen wir an, ein Atom mit der Masse m liege im Abstand z vom Schwerpunkt und ein anderes der Masse m' im Abstand z'. (Das zweite 'Atom' mag den Rest des Moleküls repräsentieren.) Dann gilt $mz = m'z'$ und $I = mz^2 + m'z'^2$. Wenn der Abstand der beiden Atome R ist, dann gilt auch $z + z' = R$. Jetzt ändern wir m in $m + \delta m$. Dann gilt für den neuen Schwerpunkt $(m + \delta m)\bar{z} = m'\bar{z}'$, aber auch $\bar{z} + \bar{z}' = R$. Das neue Trägheitsmoment ist $I' = (m + \delta m)\bar{z}'^2 + m'\bar{z}^2$. Jetzt suchen wir einen Ausdruck für $I' - I$. Erstens gilt

$$z' = \left(\frac{m}{m'}\right) \cdot z \quad \text{und} \quad z' = R - z, \quad \text{zweitens}$$

$$\bar{z}' = \frac{m + \delta m}{m'} \cdot \bar{z} \quad \text{und} \quad \bar{z} = R - \bar{z}'. \quad \text{Daraus folgt}$$

$$\begin{aligned}\bar{z} &= \frac{m'R}{m + m' + \delta m} = \frac{m'R}{M + \delta m} \quad [M = m + \mu'].\\ &= \left(\frac{m'}{M + \delta m}\right) \cdot \left(\frac{Mz}{m'}\right) = \frac{Mz}{M + \delta m}.\end{aligned}$$

$$\begin{aligned}I' - I &= m'\bar{z}'^2 + (m + \delta m) \cdot \bar{z}^2 - m'z'^2 - mz^2\\ &= \left\{\frac{(m + \delta m)^2 M^2}{m' \cdot (M + \delta m)^2}\right\} \cdot z^2 + \left\{\frac{(M + \delta m)M^2}{(m + \delta m)^2}\right\} \cdot z^2 - \left(\frac{m^2}{m'}\right) \cdot z^2 - mz^2\\ &= \left\{\frac{\delta m M}{M + \delta m}\right\} \cdot z^2 \quad \text{(nach einigen Rechnungen).}\end{aligned}$$

Jetzt setzen wir $\delta m = M' - M$, dann wird $I' - I = \left\{\frac{(M' - M) \cdot M}{M'}\right\} \cdot z^2 = \bar{\mu} z^2$.

$$B = \frac{\hbar}{4\pi c I}, \quad B' = \frac{\hbar}{4\pi c I'} \quad \text{und damit}$$

$$I' - I = \left(\frac{\hbar}{4\pi c}\right) \cdot \left(\frac{1}{B'} - \frac{1}{B}\right) = \left(\frac{\hbar}{4\pi c}\right) \cdot \frac{B - B'}{BB'} = \frac{\hbar \Delta B}{4\pi c B B'};$$

das ergibt $z^2 = \dfrac{\hbar \Delta B}{4\pi c B B' \bar{\mu}}$.

Jetzt verwenden wir die in der Aufgabe benutzten Bezeichnungen:

$M = M_r\text{ g mol}^{-1}/N_A$ und damit $\bar{\mu} = \Delta M_r\text{ g mol}^{-1}/N_A$ mit

$$\Delta M_r = \frac{(M_r' - M_r) \cdot M_r}{M_r'}. \quad \text{Daraus folgt}$$

$$z^2 = \left(\frac{\hbar N_A}{4\pi c}\right) \cdot \left(\frac{\Delta B}{BB'\Delta M_r\text{ g mol}^{-1}}\right).$$

$$\frac{\hbar N_A}{4\pi c \text{ g mol}^{-1}} = \frac{(6.02252 \cdot 10^{23} \text{ mol}^{-1}) \cdot (1.50459 \cdot 10^{-34} \text{ J s})}{4 \cdot \pi \cdot (2.997925 \cdot 10^8 \text{ m s}^{-1}) \cdot (\text{g mol}^{-1})}$$

$$= 1.68590 \cdot 10^{-17} \text{ m} = (1.68590 \cdot 10^{17}) \cdot (\text{pm})^2 \cdot (10^{-24} \text{ m}^{-2})$$

$$= 1.68590 \cdot 10^7 \text{ pm}^2 \text{ m}^{-1} = 1.68590 \cdot 10^5 \text{ pm}^2 \text{ cm}^{-1}.$$

$$(z/\text{pm})^2 = (1.68590 \cdot 10^5 \text{ cm}^{-1}) \cdot \left(\frac{\Delta B}{BB'\Delta M_r}\right)$$

$$= 1.68590 \cdot 10^5 \cdot \frac{(\Delta B/\text{cm}^{-1})}{(B/\text{cm}^{-1}) \cdot (B'/\text{cm}^{-1})} \cdot \frac{1}{\Delta M_r}.$$

Erweitert man den Bruch mit c^2, so erhält man

$$(z/\text{pm})^2 = (5.05380 \cdot 10^9) \cdot \frac{c\Delta B/\text{MHz}}{(cB/\text{MHz}) \cdot (cB'/\text{MHz})} \cdot \frac{1}{\Delta M_r}.$$

Der allgemeine Fall wird in der Original-Arbeit (*Amer. J. Phys.* 21, 17 (1953)) behandelt.

18-26 $\Delta\nu(J) = 2 \cdot (J+1) \cdot Bc.$

Aus den angegebenen Daten erhalten wir für $J = 10$

(a) $cB(^{35}\text{Cl}^{126}\text{TeF}_5) = \dfrac{30711.18 \text{ MHz}}{22} = 1395.96 \text{ MHz}.$

(b) $cB(^{35}\text{Cl}^{125}\text{TeF}_5) = \dfrac{30713.24 \text{ MHz}}{22} = 1396.06 \text{ MHz}.$

(c) $cB(^{37}\text{Cl}^{126}\text{TeF}_5) = \dfrac{29990.54 \text{ MHz}}{22} = 1363.21 \text{ MHz}.$

$M_r(^{35}\text{Cl}^{126}\text{TeF}_5) = 34.9688 + 125.0331 + (5 \cdot 18.9984) = 254.9939.$

$M_r(^{35}\text{Cl}^{125}\text{TeF}_5) = 34.9688 + 124.0443 + (5 \cdot 18.9984) = 254.0051.$

$M_r(^{37}\text{Cl}^{126}\text{TeF}_5) = 36.9651 + 125.0331 + (5 \cdot 18.9984) = 256.9902.$

Aus (a) und (b) entnehmen wir $\Delta B/\text{MHz} = 0.10$ und $\Delta M_r = 0.9850.$

$$z(\text{Te}) = \sqrt{\frac{5.05380 \cdot 10^9 \cdot 0.10}{0.9850 \cdot 1535.559 \cdot 1353.662}} \text{ pm}$$

$$= \underline{(-)15 \text{ pm}} \quad [\text{Aufgabe 18–25}].$$

Aus (a) und (c) entnehmen wir $\Delta B/\text{MHz} = 32.75$ und $\Delta M_r = 1.9808.$

$$z(\text{Cl}) = \sqrt{\frac{5.05380 \cdot 10^9 \cdot 32.75}{1.9808 \cdot 1535.559 \cdot 1499.528}} \text{ pm} = \underline{191 \text{ pm.}}$$

Das ergibt $R(\text{Te}-\text{Cl}) = (191 + 15) \text{ pm} = \underline{206 \text{ pm.}}$

18-27 $E_{v,J} = (v + \frac{1}{2}) \cdot \hbar\omega + hcB \cdot J \cdot (J+1)$ [18.3–15]

O-Zweig: $\Delta v = 1,\quad \Delta J = -2$ [Abschnitt 18.3e]; $\Delta E_J^{\mathrm{O}} = \hbar\omega - 2hcB \cdot (2J - 1)$

S-Zweig: $\Delta v = 1,\quad \Delta J = +2$ [Abschnitt 18.3e]; $\Delta E_J^{\mathrm{S}} = \hbar\omega + 2hcB \cdot (2J + 3)$

Der Übergang mit der größten Intensität stimmt ungefähr mit dem Übergang überein, zu dem der wahrscheinlichste Wert von J gehört. (In Aufgabe 18–12 hatten wir diesen Wert mit J^* bezeichnet.)

Zwischen den Peaks beträgt dann der Energie-Abstand

$$\Delta E = \Delta E_{J^*}^{\mathrm{S}} - \Delta E_{J+}^{\mathrm{O}} = 2hcB \cdot (2J^* + 3) - [-2hcB \cdot (2J^* - 1)] = 8hcB \cdot (J^* + \tfrac{1}{2}).$$

$$J^* = \tfrac{1}{2} \cdot \sqrt{\frac{2kT}{hcB}} - 1 \quad \text{[Aufgabe 18–12]};$$

$$\Delta E = 4hcB \cdot \sqrt{\frac{2kT}{hcB}} = \sqrt{32\ hcBkT}.$$

$\Delta E = hc\delta\tilde{\nu}$ ($\tilde{\nu}$ ist die Wellenzahl)

$$\Delta\tilde{\nu} = \sqrt{\frac{32\ BkT}{hc}}.$$

Diese Formel verwenden wir in der Form $B = \dfrac{hc \cdot (\delta\tilde{\nu})^2}{32\ kT}$.

$$\mathrm{HgCl_2}:\quad B = \left\{\frac{(6.626 \cdot 10^{-34}\ \mathrm{J\ s}) \cdot (2.9979 \cdot 10^{10}\ \mathrm{cm\ s^{-1}})}{32 \cdot (1.38066 \cdot 10^{-23}\ \mathrm{J\ K^{-1}}) \cdot (555\ \mathrm{K})}\right\} \cdot (23.8\ \mathrm{cm^{-1}})^2$$

$$= \left(\frac{0.04496\ \mathrm{cm}}{555}\right) \cdot (23.8\ \mathrm{cm^{-1}})^2 = \underline{0.0459\ \mathrm{cm^{-1}}}.$$

$$\mathrm{HgBr_2}:\quad B = \left(\frac{0.04496\ \mathrm{cm}}{565}\right) \cdot (15.2\ \mathrm{cm^{-1}})^2 = \underline{0.0184\ \mathrm{cm^{-1}}}.$$

$$\mathrm{HgI_2}:\quad B = \left(\frac{0.04496\ \mathrm{cm}}{565}\right) \cdot (11.4\ \mathrm{cm^{-1}})^2 = \underline{0.0103\ \mathrm{cm^{-1}}}.$$

18-28 $\omega = \sqrt{\dfrac{k}{\mu}};\quad k = \mu\omega^2,\quad \mu = \dfrac{m_1 m_2}{m_1 + m_2}$ [18.3–4].

$$\mu(\mathrm{HF}) = \left(\frac{1.0078 \cdot 18.9984}{1.0078 + 18.9984}\right) \cdot (1.6605 \cdot 10^{-27}\ \mathrm{kg}) = 1.5892 \cdot 10^{-27}\ \mathrm{kg}.$$

$$\mu(\mathrm{H^{35}Cl}) = \left(\frac{1.0078 \cdot 34.9688}{1.0078 + 34.9688}\right) \cdot (1.6605 \cdot 10^{-27}\ \mathrm{kg}) = 1.6266 \cdot 10^{-27}\ \mathrm{kg}.$$

$$\mu(\mathrm{H^{81}Br}) = \left(\frac{1.0078 \cdot 80.9163}{1.0078 + 80.9163}\right) \cdot (1.6605 \cdot 10^{-27}\ \mathrm{kg}) = 1.6529 \cdot 10^{-27}\ \mathrm{kg}.$$

$$\mu(\mathrm{H^{127}I}) = \left(\frac{1.0078 \cdot 126.9045}{1.0078 + 126.9045}\right) \cdot (1.6605 \cdot 10^{-27}\ \mathrm{kg}) = 1.6603 \cdot 10^{-27}\ \mathrm{kg}.$$

Jetzt bilden wir $k = \mu\omega^2$ und stellen (mit $\omega = 2\pi\nu = 2\pi c\tilde{\nu}$) die folgende Tabelle auf.

	HF	HCl	HBr	HI
$\tilde{\nu}/\mathrm{cm}^{-1}$	4141.3	2988.9	2649.7	2309.5
$\omega/(10^{14}\ \mathrm{s}^{-1})$	7.8008	5.6300	4.9911	4.3503
‡$/(10^{-27}\ \mathrm{kg})$	1.5892	1.6266	1.6529	1.6603
$k/\mathrm{N\ m}^{-1}$	967.1	515.6	411.8	314.2

18-29 Mit den entsprechenden Werten von μ und k bilden wir

$$\tilde{\nu} = \frac{\omega}{2\pi c} = \frac{1}{2\pi c} \cdot \sqrt{\frac{k}{\mu}}.$$

$$\mu(^2\mathrm{HF}) = \left(\frac{2.0141 \cdot 18.9984}{2.0141 + 18.9984}\right) \cdot (1.6605 \cdot 10^{-27}\ \mathrm{kg}) = 3.0238 \cdot 10^{-27}\ \mathrm{kg}.$$

$$\mu(^2\mathrm{H}^{35}\mathrm{Cl}) = 3.1623 \cdot 10^{-27}\ \mathrm{kg}$$

$$\mu(^2\mathrm{H}^{81}\mathrm{Br}) = 3.2632 \cdot 10^{-27}\ \mathrm{kg}$$

$$\mu(^2\mathrm{H}^{127}\mathrm{I}) = 3.2992 \cdot 10^{-27}\ \mathrm{kg}.$$

Jetzt stellen wir die folgende Tabelle auf:

	^{2}HF	^{2}HCl	^{2}HBr	^{2}HI
$k/\mathrm{N\ m}^{-1}$	967.1	515.6	411.8	3214.2
$\mu/\mathrm{kg} \cdot 10^{-27}$	3.0238	3.1623	3.2632	3.2922
$\omega/10^{14}\ \mathrm{s}^{-1}$	5.6553	4.0379	3.5524	3.0893
$\tilde{\nu}/\mathrm{cm}^{-1}$	3002.3	2143.7	1885.9	1640.1

18-30 $V(R) = D_{\mathrm{Gl}} \cdot \left\{1 - \mathrm{e}^{-a(R-R_{\mathrm{Gl}})}\right\}^2$ [18.3–6].

$$\tilde{\nu} = \frac{\omega}{2\pi c} = 936.8\ \mathrm{cm}^{-1}; \quad x\tilde{\nu} = 14.15\ \mathrm{cm}^{-1}.$$

$$a = \omega \cdot \sqrt{\frac{\mu}{2D_{\mathrm{Gl}}}}; \quad x = \frac{\hbar a^2}{2\mu\omega}; \quad \text{das ergibt} \quad D_{\mathrm{Gl}} = \frac{\hbar\omega}{4x} = \frac{\hbar c\tilde{\nu}}{4x}.$$

$$\mu(\mathrm{RbH}) = \left(\frac{1.008 \cdot 85.47}{1.008 + 85.47}\right) \cdot (1.6605 \cdot 10^{-27}\ \mathrm{kg}) = 1.654 \cdot 10^{-27}\ \mathrm{kg}.$$

$$\frac{D_{\text{Gl}}}{hc} = \frac{\tilde{\nu}^2}{4x\tilde{\nu}} = \frac{(936.8 \text{ cm}^{-1})^2}{4 \cdot 14.15 \text{ cm}^{-1}} = 15505 \text{ cm}^{-1} \quad (1.92 \text{ eV}).$$

$$a = 2\pi c\tilde{\nu} \cdot \sqrt{\frac{\mu}{2D_{\text{Gl}}}} = 2\pi c\tilde{\nu} \cdot \sqrt{\frac{\mu}{2 \cdot \left(\frac{D_{\text{Gl}}}{hc}\right) \cdot hc}}$$

$$= 2\pi \cdot (2.998 \cdot 10^{10} \text{ cm s}^{-1}) \cdot (936.8 \text{ cm}^{-1}) \cdot \sqrt{\frac{1.654 \cdot 10^{-27} \text{ kg}}{2 \cdot (15505 \text{ cm}^{-1}) \cdot (6.626 \cdot 10^{-34} \text{ J s}) \cdot (2.998 \cdot 10^{10} \text{ cm s}^{-1})}}$$

$$= 9.144 \cdot 10^9 \text{ m}^{-1}.$$

$$\frac{V(R)}{D_{\text{Gl}}} = \left\{1 - \mathrm{e}^{-(9.144 \cdot 10^9 \text{ m}^{-1}) \cdot (R - R_{\text{Gl}})}\right\}^2, \qquad R_{\text{Gl}} = 236.7 \text{ pm}.$$

Für den Bereich von $R = 50$ pm bis $R = 800$ pm stellen wir jetzt die folgende Tabelle auf:

R/pm	50	100	150	200	250	300	350
$\frac{V(R)}{D_{\text{Gl}}}$	20.4	6.20	1.46	0.159	0.0131	0.193	0.416
R/pm	400	450	500	550	600	700	800
$\frac{V(R)}{D_{\text{Gl}}}$	0.601	0.736	0.828	0.889	0.929	0.971	0.988

In Abb. 18–1 sind diese Punkte in der mit $J = 0$ bezeichneten Kurve wiedergegeben.

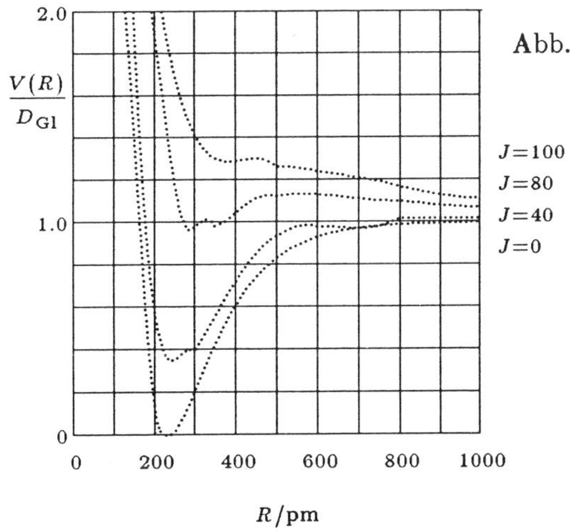

Abb. 18–1

18-31 $V_J^*(R) = V(R) + hcB(R) \cdot J \cdot (J+1)$

$$= V(R) + hcB(R_{\text{Gl}}) \cdot \left(\frac{R_{\text{Gl}}}{R}\right)^2 \cdot J \cdot (J+1), \qquad hcB(R_{\text{Gl}}) = 3.020 \text{ cm}^{-1}.$$

Mit den in Aufgabe 17–30 berechneten Werten für $V(R)$ stellen wir jetzt für $J = 40$, 80 und 100 die folgende Tabelle auf:

R/pm	50	100	200	300	400	600	800	1000
$\frac{R_{Gl}}{R}$	4.73	2.37	1.18	0.79	0.59	0.39	0.30	0.24
$\frac{V}{D_{Gl}}$	20.4	6.20	0.159	0.193	0.601	0.929	0.988	1.000
$\frac{V_{40}^*}{D_{Gl}}$	27.5	7.99	0.606	0.392	0.713	0.979	1.016	1.016
$\frac{V_{80}^*}{D_{Gl}}$	48.7	13.3	1.93	0.979	1.043	1.13	1.099	1.069
$\frac{V_{100}^*}{D_{Gl}}$	64.5	17.2	2.91	1.42	1.29	1.24	1.16	1.11

Diese Werte sind ebenfalls in Abb. 18–1 wiedergegeben.

18-32 $E_v = \left(v + \frac{1}{2}\right) \cdot \hbar\omega - \left(v + \frac{1}{2}\right)^2 \cdot \hbar\omega x$ [18.3–6]

$$\frac{E_v}{hc} = \left(v + \frac{1}{2}\right) \cdot \tilde{\nu} - \left(v + \frac{1}{2}\right)^2 \cdot x\tilde{\nu}$$

$$\frac{E_{v+1} - E_v}{hc} = \tilde{\nu} - 2 \cdot (v+1) \cdot x\tilde{\nu} = (1 - 2x) \cdot \tilde{\nu} - 2vx\tilde{\nu}.$$

Wenn wir jetzt $\frac{E_{v+1} - E_v}{hc}$ gegen v auftragen, können wir aus dem Achsenabschnitt bei $\tilde{\nu} = 0$ den Wert von $(1 - 2x)\tilde{\nu}$ und aus der Steigung $-2x\tilde{\nu}$ ermitteln. Dazu stellen wir die folgende Tabelle auf:

v	0	1	2	3	4
$\frac{E_v}{hc}/\mathrm{cm}^{-1}$	1481.86	4367.50	7149.04	9826.48	12399.8*)
$\frac{E_{v+1} - E_v}{hc}/\mathrm{cm}^{-1}$	2885.64	2781.54	2677.44	2573.34	

*) Die in der 1. deutsche Ausgabe angegebenen Wellenzahlen sind durch die hier verwendeten Werte zu ersetzen.

Diese Punkte sind in Abb. 18–2 aufgetragen. Die Achse wird bei 2885.6 geschnitten, und die Steigung ist $\frac{-312.3}{3} = -104.1$. Das ergibt $x\tilde{\nu} = 52.1\ \mathrm{cm}^{-1}$.

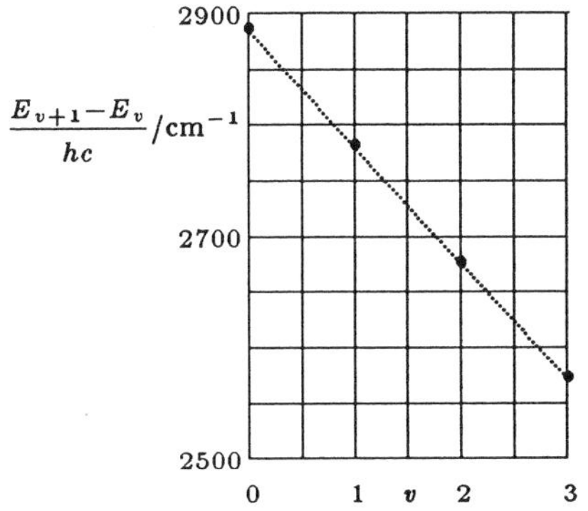

Abb. 18–2

$\tilde{\nu} - 2x\tilde{\nu} = 2885.6\ \text{cm}^{-1}$; dann ist $\tilde{\nu} = (2885.6 + 104.2)\ \text{cm}^{-1} = 2989.8\ \text{cm}^{-1}$.

Die Dissoziationsenergie läßt sich errechnen, wenn man z. B. annimmt, daß das Molekül durch ein Morse-Potential beschrieben wird. Dann wird $D_{\text{Gl}} = \dfrac{\tilde{\nu}^2}{4x\tilde{\nu}}$.

$$D_{\text{Gl}} = \frac{(2989.8\ \text{cm}^{-1})^2}{4 \cdot (52.1\ \text{cm}^{-1})} = 42932\ \text{cm}^{-1}\quad (5.32\ \text{eV}).$$

Das Niveau mit der Nullpunkts-Energie liegt bei

$$\frac{E_0}{hc} = \tfrac{1}{2}\tilde{\nu} - \tfrac{1}{4}x\tilde{\nu} = 1481.9\ \text{cm}^{-1}\quad (0.18\ \text{eV}).$$

Daraus folgt für die Dissoziations-Energie $(5.32 - 0.17)\ \text{eV} = \underline{5.14\ \text{eV}}.$

18-33 $\tilde{\nu}_v = \left(v + \tfrac{1}{2}\right) \cdot \tilde{\nu} - \left(v + \tfrac{1}{2}\right)^2 \cdot x\tilde{\nu}$

$\Delta\tilde{\nu}_v = \tilde{\nu}_{v+1} - \tilde{\nu}_v = \tilde{\nu} - 2 \cdot (v+1) \cdot x\tilde{\nu}$, $\quad D_{\text{Gl}} = \dfrac{\tilde{\nu}}{4x}$ [Aufgabe 18–32].

Jetzt stellen wir die folgende Tabelle auf:

v	0	1	2	3
$\tilde{\nu}_v$/cm^{-1}	142.81	427.31	710.31	991.81
$\Delta\tilde{\nu}_v$/cm^{-1}	284.50	283.00	281.50	

Jetzt zeichnen wir Abb. 18–3. Aus dem Achsenabschnitt entnehmen wir $\tilde{\nu} = 286\ \text{cm}^{-1}$. Die Steigung ist -1.50, das ergibt $x\tilde{\nu} = 0.75\ \text{cm}^{-1}$. Dann wird $D_{\text{Gl}} = \dfrac{\tilde{\nu}^2}{4x\tilde{\nu}} = 27300\ \text{cm}^{-1}$ oder 3.4 eV. Das Niveau mit der Nullpunkts-Energie liegt bei $\underline{143\ \text{cm}^{-1}}$, es ist also $D_{\text{Gl}} \approx \underline{3.4\ \text{eV}}$.

Aus $\mu = \left(\dfrac{22.99 \cdot 126.9}{22.99 + 126.9}\right) \cdot (1.6605 \cdot 10^{-27}\ \text{kg}) = 3.232 \cdot 10^{-26}\ \text{kg}$ erhalten wir

$k = \mu\omega^2 = 4\pi^2 c^2 \mu\tilde{\nu}^2 = 4\pi^2 \cdot (2.9979 \cdot 10^{10}\ \text{cm}^{-1})^2 \cdot (3.232 \cdot 10^{-26}\ \text{kg}) \cdot (286\ \text{cm}^{-1})^2$
$= \underline{93.8\ \text{N m}^{-1}}.$

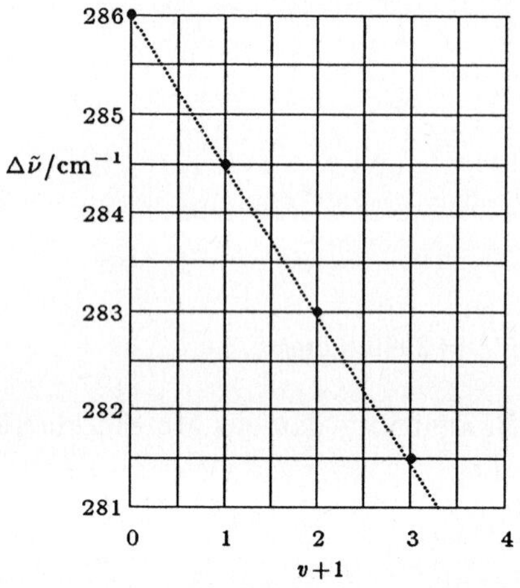

Abb. 18–3

18-34 $D_0 = D_{\text{Gl}} - \tilde{\nu}', \quad \tilde{\nu}' = \frac{1}{2}\tilde{\nu} - \frac{1}{4}x\tilde{\nu}$ [18.3–14]

(a) HCl: $\tilde{\nu}' = 1344.8\ \text{cm}^{-1} - \frac{1}{4} \cdot (52.05\ \text{cm}^{-1}) = 1481.8\ \text{cm}^{-1}$ bzw. 0.184 eV.

$D_0 = 5.33\ \text{eV} - 0.18\ \text{eV} = \underline{5.15\ \text{eV}}.$

(b) DCl: $\frac{2\mu\omega x}{\hbar} = a^2$ [Abschnitt 18.3b]. Für konstantes a ist $\omega x \propto \frac{1}{\mu}$.

$D_{\text{Gl}} = \frac{\tilde{\nu}}{4x}$ [Aufgabe 18–32] $= \frac{\tilde{\nu}^2}{4\tilde{\nu}x}$.

D_{Gl} ist für beide Potentialkurven gleich; aus $\omega x \propto \frac{1}{\mu}$ folgt $\tilde{\nu}^2 \propto \frac{1}{\mu}$ und $\tilde{\nu} \propto \frac{1}{\sqrt{\mu}}$. Die reduzierten Massen hatten wir in den Aufgaben 18–28 und 18–29 berechnet.

$$\tilde{\nu}(\text{DCl}) = \sqrt{\frac{\mu(\text{HCl})}{\mu(\text{DCl})}} \cdot \tilde{\nu}(\text{HCl}) = 0.7172 \cdot (2989.7\ \text{cm}^{-1}) = 2144.2\ \text{cm}^{-1}.$$

$$x\tilde{\nu}(\text{DCl}) = \left(\frac{\mu(\text{HCl})}{\mu(\text{DCl})}\right) \cdot x\tilde{\nu}(\text{HCl}) = 0.5144 \cdot (52.05\ \text{cm}^{-1}) = 26.77\ \text{cm}^{-1}.$$

$\tilde{\nu}_0 = \frac{1}{2} \cdot (2144.2\ \text{cm}^{-1}) - \frac{1}{4} \cdot (26.77\ \text{cm}^{-1}) = 1065.4\ \text{cm}^{-1}$ bzw. 0.13 eV.

$D_0 = 5.33\ \text{eV} - 0.13\ \text{eV} = \underline{5.20\ \text{eV}}.$

18-35 $E_{v,J} = \left(v + \frac{1}{2}\right) \cdot \hbar\omega + hcB_v \cdot J \cdot (J+1)$ [18.3–5, aber hier hängt B von v ab].

$E_{v+1,J'} - E_{v,J} = \hbar\omega + hcB_{v+1} \cdot J' \cdot (J'+1) - hcB_v \cdot J \cdot (J+1).$

P-Zweig: $J' = J - 1$:

$$\frac{\Delta E_J^{\mathrm{P}}}{hc} = \tilde{\nu}_0 + B_{v+1} \cdot (J-1) \cdot J - B_v \cdot J \cdot (J+1) = \underline{\tilde{\nu}_0 - (B_v + B_{v+1}) \cdot J + (B_{v+1} - B_v) \cdot J^2.}$$

Q-Zweig: $J' = J$:

$$\frac{\Delta E_J^{\mathrm{Q}}}{hc} = \tilde{\nu}_0 + B_{v+1} \cdot J \cdot (J+1) - B_v \cdot J \cdot (J+1) = \underline{\tilde{\nu}_0 - (B_{v+1} - B_v) \cdot J \cdot (J+1).}$$

R-Zweig: $J' = J + 1$:

$$\frac{\Delta E_J^{\mathrm{R}}}{hc} = \tilde{\nu}_0 + B_{v+1} \cdot (J+1) \cdot (J+2) - B_v \cdot J \cdot (J+1)$$

$$= \underline{\tilde{\nu}_0 + 2B_{v+1} + (3B_{v+1} - B_v) \cdot J + (B_{v+1} - B_v) \cdot J^2.}$$

18-36 $\dfrac{\Delta E_J^{\mathrm{R}} - \Delta E_J^{\mathrm{P}}}{hc} = 2B_{v+1} + (3B_{v+1} - B_v) \cdot J + (B_v + B_{v+1}) \cdot J$ [Aufgabe 18–35]

$$\frac{\Delta E_J^{\mathrm{R}} - \Delta E_J^{\mathrm{P}}}{hc}) = 2B_{v+1} + 4B_{v+1} \cdot J = 2B_{v+1} \cdot (2J+1);$$

$$B_{v+1} = \frac{\hbar^2}{2I_{v+1}}, \quad I_{v+1} = \mu \cdot R_{v+1}^2.$$

$$\frac{\Delta E_{J-1}^{\mathrm{R}} - \Delta E_{J+1}^{\mathrm{P}}}{hc} = \left\{2B_{v+1} + (3B_{v+1} - B_v) \cdot (J-1) + (B_{v+1} - B_v) \cdot (J-1)^2\right\}$$

$$- \left\{-(B_v + B_{v+1}) \cdot (J+1) + (B_{v+1} - B_v) \cdot (J+1)^2\right\}$$

$$= 2B_v \cdot (2J+1);$$

$$B_v = \frac{\hbar^2}{2I_v}, \quad I_v = \mu R_v^2.$$

Jetzt stellen wir die folgende Tabelle auf:

	0	1	2	3	
$\Delta E_J^{\mathrm{R}}/\mathrm{cm}^{-1}$	2906.2	2925.9	2945.0	2963.3	
$\Delta E_J^{\mathrm{P}}/\mathrm{cm}^{-1}$		2865.1	2843.6	2821.6	
$(\Delta E_J^{\mathrm{R}} - \Delta E_J^{\mathrm{P}})/\mathrm{cm}^{-1}$		60.80	101.4	141.7	$[\equiv \Delta]$
$(\Delta E_{J-1}^{\mathrm{R}} - \Delta E_{J+1}^{\mathrm{P}})/\mathrm{cm}^{-1}$		62.60	104.3	–	$[\equiv \Delta']$
B_{v+1}/cm^{-1}		10.13	10.14	10.12	$\left[= \dfrac{\Delta}{2 \cdot (2J+1)}\right]$
B_v/cm^{-1}		10.43	10.43	–	$\left[= \dfrac{\Delta'}{2 \cdot (2J+1)}\right]$

Wegen $v = 0$ erhalten wir $B_0 = 10.43\ \text{cm}^{-1}$ und $B_1 = 10.13\ \text{cm}^{-1}$.

Die Bindungslängen sind dann

$$R_v = \sqrt{\frac{\hbar}{4\pi mcB_v}} \quad \text{[Aufgabe 18–21]} \quad \text{mit} \quad \mu = 1.6266 \cdot 10^{-27}\ \text{kg} \quad \text{[Aufgabe 18–14]}.$$

$$R_0 = \sqrt{\frac{1.05459 \cdot 10^{-34}\ \text{J s}}{4\pi \cdot (1.6266 \cdot 10^{-27}\ \text{kg}) \cdot (2.9979 \cdot 10^{10}\ \text{cm s}^{-1}) \cdot (10.43\ \text{cm}^{-1})}}$$
$$= \frac{4.148 \cdot 10^{-10}\ \text{m}}{\sqrt{10.43}} = 1.28 \cdot 10^{-10}\ \text{m} = \underline{128\ \text{pm.}}$$

$$R_1 = \frac{4.148 \cdot 10^{10}\ \text{m}}{\sqrt{10.13}} = \underline{130\ \text{pm.}}$$

Zur Berechnung der Kraftkonstanten gehen wir aus von

$$\Delta E_0^{\text{R}} = \hbar\omega + 2B_{v+1} \quad \text{[Aufgabe 18–35]} \quad \text{mit} \quad v = 0$$

$$\tilde{\nu} = 2906.2\ \text{cm}^{-1} - 2 \cdot (10.13\ \text{cm}^{-1}) = 2885.9\ \text{cm}^{-1}.$$

$$\omega = 2\pi\tilde{\nu}c = 2\pi \cdot (2885.9\ \text{cm}^{-1}) \cdot (2.9979 \cdot 10^{10}\ \text{cm s}^{-1}) = 5.436 \cdot 10^{14}\ \text{s}^{-1}.$$

$$\omega = \sqrt{\frac{k}{\mu}}; \qquad k = \mu\omega^2 :$$

$$k = (1.6266 \cdot 10^{-27}\ \text{kg}) \cdot (5.436 \cdot 10^{14}\ \text{s}^{-1})^2 = 480.7\ \text{kg s}^{-2} = \underline{480.7\ \text{N m}^{-1}.}$$

18-37 Der Linienabstand ist $4 \cdot B$ [Abschnitt 18.3c].

$$B = \frac{0.9752\ \text{cm}^{-1}}{4} = 0.2438\ \text{cm}^{-1}.$$

$$R = \sqrt{\frac{\hbar}{4\pi\mu cB}} \quad \text{[Aufgabe 18–21]};$$

$$\mu = \frac{m(^{35}\text{Cl}) \cdot m(^{35}\text{Cl})}{m(^{35}\text{Cl}) + m(^{35}\text{Cl})} = \tfrac{1}{2} \cdot m(^{35}\text{Cl}) = \tfrac{1}{2} \cdot (5.8096 \cdot 10^{-26}\ \text{kg}) \quad \text{[Aufgabe 18–14]}.$$

$$R = \sqrt{\frac{1.05459 \cdot 10^{-34}\ \text{J s}}{4\pi \cdot \frac{1}{2} \cdot (5.8096 \cdot 10^{-26}\ \text{kg}) \cdot (2.9979 \cdot 10^{10}\ \text{cm s}^{-1}) \cdot (0.2438\ \text{cm}^{-1})}}$$
$$= 1.9887 \cdot 10^{-10}\ \text{m} = \underline{198.9\ \text{pm.}}$$

18-38 Wir haben zu prüfen, welche Rasse (I) mit einer Änderung der Polarisierbarkeit, (II) mit einer Änderung des Dipolmoments verbunden ist. Dabei ist die Ausschlußregel [Abschnitt 18.4c]zu berücksichtigen.

(a) Molekül AB_2 gewinkelt: alle Schwingungen sind Raman- und infrarot-aktiv.

(b) Molekül AB_2 gestreckt $(B - A - B)$: vergl. dazu Abb. 18–18 im Buch. ν_1 ist symmetrisch und erfolgt damit ohne Dipolmoment-Änderung. Bei ν_3 und ν_2 tritt ein Dipolmoment auf (ursprünglich ist keines vorhanden). Also sind ν_1 infrarot-inaktiv und ν_2 und ν_3 infrarot-aktiv. Nach der Ausschlußregel sind dann ν_2 und ν_3 Raman-inaktiv und ν_1 Raman-aktiv.

18-39 Das Molekül hat ein Symmetrie-Zentrum, also gilt die Ausschluß-Regel. Die Ring-Dehnung ist infrarot-inaktiv, denn bei ihr bleibt das Dipolmoment auf dem Wert Null. Sie kann aber Raman-aktiv sein (und ist es in der Tat.)

19 Bestimmung der Molekülstruktur: Elektronenspektroskopie

A19-1 $\log\left(\frac{I_E}{I_A}\right) = -\varepsilon c l$ [19.1–4]

$= -(855\ \text{mol}^{-1}\ \text{dm}^3\ \text{cm}^{-1}) \cdot (3.25 \cdot 10^{-3}\ \text{mol dm}^{-3}) \cdot (0.25\ \text{cm}) = -0.695.$

$\frac{I_E}{I_A} = 0.202$, die Intensität wurde also um $\underline{79.8\ \%}$ verringert.

A19-2 $\alpha = -C^{-1} l^{-1} \cdot \ln\left(\frac{I_E}{I_A}\right)$ [19.1–3, C ist die Konzentration]

$$= -\frac{\ln 0.655}{(6.75 \cdot 10^{-4}\ \text{mol dm}^{-3}) \cdot (0.35\ \text{cm})}$$

$= 1.79 \cdot 10^3\ \text{M}^{-1}\ \text{cm}^{-1} = \underline{1.79 \cdot 10^6\ \text{cm}^2\ \text{mol}^{-1}}.$

A19-3 $C = -\alpha^{-1} \text{l}^{-1} \ln\left(\frac{I_E}{I_A}\right)$ [19.1–3, C ist die Konzentration]

$$= -\frac{\ln 0.535}{(286\ \text{mol}^{-1}\ \text{dm}^3\ \text{cm}^{-1}) \cdot (0.65\ \text{cm})} = \underline{3.36 \cdot 10^{-3}\ \text{M}.}$$

A19-4 $\left|\frac{\Delta I}{I}\right| = \alpha l \cdot |\delta C|$ [19.1–3]

$$|\delta C| = \frac{0.02}{(275\ \text{mol}^{-1}\ \text{dm}^3\ \text{cm}^{-1}) \cdot (0.15\ \text{cm})} = \underline{4.8 \cdot 10^{-4}\ \text{mol dm}^{-3}.}$$

A19-5 Die Absorption erstreckt sich über $9000\ \text{cm}^{-1}$ von $3.45 \cdot 10^4\ \text{cm}^{-1}$ bis $4.35 \cdot 10^4\ \text{cm}^{-1}$.

$$\mathcal{A} = \int \varepsilon\, \mathrm{d}\nu = (1.21 \cdot 10^4\ \text{dm}^3\ \text{mol}^{-1}\ \text{cm}^{-1}) \cdot (10^{-3}\ \text{m}^3\ \text{dm}^{-3}) \cdot (100\ \text{cm m}^{-1})$$

$$\cdot(\tfrac{1}{2} \cdot 9000\ \text{cm}^{-1}) \cdot (3.00 \cdot 10^{10}\ \text{cm s}^{-1})$$

$= 1.63 \cdot 10^{18}\ \text{M}^{-1}\ \text{cm}^{-1}\ \text{s}^{-1}.$ [19.1–5]

$f = 1.44 \cdot 10^{-19} \cdot 1.63 \cdot 10^{18} = \underline{0.23.}$ [19.1–6a]

A19-6 $f = (1.4095 \cdot 10^{42}\ \text{m}^{-2}\ \text{s C}^{-2}) \cdot (35000\ \text{cm}^{-1}) \cdot (3.00 \cdot 10^{10}\ \text{cm s}^{-1}) \cdot (2.65 \cdot 10^{-30}\ \text{C m})^2$

$= \underline{0.0104.}$ [19.1–8]

A19-7 0.91 und 0.75 sind starke Übergänge, $2.9 \cdot 10^{-2}$ ist schwach, und $6.2 \cdot 10^{-5}$ und $3.2 \cdot 10^{-9}$ sind verboten [Abschnitt 19.1].

A19-8 Die Konjugation der Doppelbindungen im Dien führt zu einer Verschiebung ihrer charakteristischen Absorption nach größeren Wellenlängen. Das Maximum bei 243 nm gehört also zum Dien. Der andere Peak hat die typische Lage der Absorption einer isolierten Doppelbindung. [Tabelle 19–2].

A19-9 Die schwache Absorption ist für die C = O–Gruppe typisch. Wegen der Konjugation der C = C–Doppelbindung mit der C = O–Doppelbindung ist die starke C = C–Absorption, die normalerweise bei 180 nm liegt, nach 213 nm verschoben [Tabelle 19–2].

A19-10 Der Unterschied in der Bindungs-Ordnung zeigt, daß im H_2^+ der Kernabstand größer als im H_2 ist. Die Änderung des Kernabstandes und die Verschiebung der Potentialkurven verkleinert die Franck-Condon-Faktoren der beiden Schwingungs-Grundzustände. Die Überlappung des Schwingungs-Grundzustandes des H_2 mit einem Zustand des H_2^+, der eine von Null verschiedene Schwingungs-Quantenzahl hat, wird dabei begünstigt.

19-1 $\log\left(\frac{I_E}{I_A}\right) = -\varepsilon[J]l$ [19.1–4]; $\varepsilon = -\frac{1}{[J]\cdot l}\cdot\log\left(\frac{I_E}{I_A}\right)$.

Mit $l = 0.20$ cm stellen wir jetzt die folgende Tabelle auf:

$[J]/\text{M}$	0.001	0.005	0.010	0.050	
$\frac{I_E}{I_A}$	0.814	0.356	0.127	$3.0\cdot 10^{-5}$	
$\varepsilon/(\text{M cm})^{-1}$	441	449	448	452	Mittelwert: 449

Das ergibt $\underline{\varepsilon = 450\ \text{M}^{-1}\ \text{cm}^{-1}}$.

19-2 $\varepsilon = -\frac{1}{[J]\cdot l}\cdot\log\left(\frac{I_E}{I_A}\right)$ [19.1–4] $= -\frac{\log 0.48}{(0.010\ \text{M})\cdot(0.20\ \text{cm})} = \underline{160\ \text{M}^{-1}\ \text{cm}^{-1}}$.

19-3 $A = \varepsilon[J]l$ [Abschnitt 19–1]

(a) $\varepsilon[J]l = (450\ \text{M}^{-1}\ \text{cm}^{-1})\cdot[J]\cdot(0.20\ \text{cm}) = 90.0\left(\frac{[J]}{M}\right)$

$[J]/\text{M}$	0.001	0.005	0.010	0.050
A	0.09	0.45	0.90	4.5

(b) $A = (160\ \mathrm{M^{-1}\ cm^{-1}}) \cdot (0.010\ \mathrm{M}) \cdot (0.20\ \mathrm{cm}) = \underline{0.32.}$

19-4 $\dfrac{I_\mathrm{E}}{I_\mathrm{A}} = 10^{-\varepsilon[J]l}$ [19.1–4], $\varepsilon(\mathrm{Brom}) = 450\ \mathrm{M^{-1}\ cm^{-1}}$;

$\varepsilon(\mathrm{Benzol}) = 160\ \mathrm{M^{-1}\ cm^{-1}}$.

(a) 0.010 M Benzol.

(α) $l = 0.10$ cm; $\dfrac{I_\mathrm{E}}{I_\mathrm{A}} = 10^{-(160\ \mathrm{cm^{-1}\ M^{-1}})\cdot(0.10\ \mathrm{M})\cdot(0.10\ \mathrm{cm})} = 10^{-0.16} = 0.69.$

d.h. I_E beträgt $\underline{69\ \%}$ von I_A.

(β) $l = 10$ cm; $\dfrac{I_\mathrm{E}}{I_\mathrm{A}} = 10^{-160\cdot 0.010\cdot 10} = 10^{-16.0} = 1.0\cdot 10^{-16}$, also $\underline{1.0\cdot 10^{-14}\ \%.}$

(b) 0.0010 M Brom.

(α) $l = 0.10$ cm; $\dfrac{I_\mathrm{E}}{I_\mathrm{A}} = 10^{-450\cdot 0.0010\cdot 10} = 10^{-0.045} = \underline{0.90}$ (90 %).

(β) $l = 10$ cm; $\dfrac{I_\mathrm{E}}{I_\mathrm{A}} = 10^{-450\cdot 0.0010\cdot 0.10} = 10^{-4.5} = 3.2\cdot 10^{-5}$, $\underline{3.2\cdot 10^{-3}\ \%.}$

19-5 $\dfrac{I_\mathrm{E}}{I_\mathrm{A}} = 10^{-\varepsilon[J]l}$ [19.1–4], $\varepsilon = 6.2\cdot 10^{-5}\ \mathrm{M^{-1}\ cm^{-1}}$

$$[J] = \left(\frac{1.00\ \mathrm{kg}}{18.02\ \mathrm{g\ mol^{-1}}}\right)/\mathrm{dm^3} = 55.5\ \mathrm{mol\ dm^{-3}} = 55.5\ \mathrm{M}.$$

$$l = -\left(\frac{1}{\varepsilon\cdot[J]}\right)\cdot\log\left(\frac{I_\mathrm{E}}{I_\mathrm{A}}\right)$$

$$= \left(\frac{6.2\cdot 10^{-5}\ \mathrm{M^{-1}\ cm^{-1}}}{55.5\ \mathrm{mol\ dm^{-3}}}\right)\cdot\log\left(\frac{I_\mathrm{E}}{I_\mathrm{A}}\right) = -(290\ \mathrm{cm})\cdot\log\left(\frac{I_\mathrm{E}}{I_\mathrm{A}}\right).$$

(a) $\dfrac{I_\mathrm{E}}{I_\mathrm{A}} = 0.50$, $l = -(290\ \mathrm{cm})\cdot\log 0.50 = \underline{88\ \mathrm{cm}.}$

(b) $\dfrac{I_\mathrm{E}}{I_\mathrm{A}} = 0.10$, $l = -(290\ \mathrm{cm})\cdot\log 0.10 = \underline{290\ \mathrm{cm}.}$

19-6 $\mathcal{A} = \int \varepsilon(\nu)\,\mathrm{d}\nu$ [19.1–5]

$\approx 2\cdot\left(\frac{1}{2}\,\varepsilon_\mathrm{max}\,\Delta\nu\right)$ [Abb. 19–1] $= \varepsilon_\mathrm{max}\,\Delta\nu.$

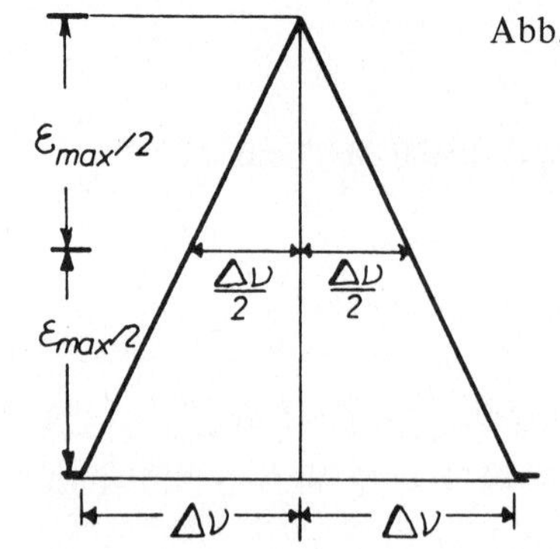

Abb. 19–1

$$\Delta\nu = (5000\ \mathrm{cm}^{-1}) \cdot (2.998 \cdot 10^{10}\ \mathrm{cm\ s}^{-1}) = 1.499 \cdot 10^{14}\ \mathrm{s}^{-1}$$
$$\approx 1.5 \cdot 10^{14}\ \mathrm{s}^{-1}.$$

(a) $\mathcal{A} \approx (1 \cdot 10^4\ \mathrm{M}^{-1}\ \mathrm{cm}^{-1}) \cdot (1.5 \cdot 10^{14}\ \mathrm{s}^{-1})$
$= 1.5 \cdot 10^{18}\ \mathrm{dm}^3\ \mathrm{mol}^{-1}\ \mathrm{cm}^{-1}\ \mathrm{s}^{-1} = \underline{1.5 \cdot 10^{18}\ \mathrm{cm}^2\ \mathrm{s}^{-1}\ \mathrm{mmol}^{-1}}.$

(b) $\mathcal{A} \approx (5 \cdot 10^2\ \mathrm{M}^{-1}\ \mathrm{cm}^{-1}) \cdot (1.5 \cdot 10^{14}\ \mathrm{s}^{-1})$
$= 7.5 \cdot 10^{16}\ \mathrm{dm}^3\ \mathrm{mol}^{-1}\ \mathrm{cm}^{-1}\ \mathrm{s}^{-1} = \underline{7.5 \cdot 10^{16}\ \mathrm{cm}^2\ \mathrm{s}^{-1}\ \mathrm{mmol}^{-1}}.$

19-7 $f = \left(\frac{4 m_e c \varepsilon_0 \cdot \ln 10}{N_A e^2}\right) \cdot \mathcal{A}$ [19.1–6] $= 1.44 \cdot 10^{19} \cdot (\mathcal{A}/\mathrm{cm}^2\ \mathrm{s}^{-1}\ \mathrm{mmol}^{-1})$ [19.1–6a]

(a) $f = 1.44 \cdot 10^{-19} \cdot (1.5 \cdot 10^{18}) = \underline{0.22}.$

(b) $f = 1.44 \cdot 10^{-19} \cdot (7.5 \cdot 10^{16}) = \underline{0.011}.$

19-8 $\varepsilon(\nu) = \varepsilon_{\max} \cdot \exp\left(-\frac{\nu^2}{2\Gamma}\right)$; $\nu = 0$ am Banden-Zentrum, Γ ist eine Konstante.

$\varepsilon(\nu) = \frac{1}{2}\varepsilon_{\max}$ für $\nu = \pm\nu_{\frac{1}{2}}$; $\nu_{\frac{1}{2}}^2 = 2 \cdot \Gamma \cdot \ln 2$

Halbwertsbreite: $\Delta\nu = 2 \cdot \nu_{\frac{1}{2}} = 2 \cdot \sqrt{2 \cdot \Gamma \cdot \ln 2}$; $\Gamma = \frac{\Delta\nu^2}{8 \cdot \ln 2}.$

$$\mathcal{A} = \int \varepsilon(\nu) \mathrm{d}\nu = \varepsilon_{\max} \cdot \int_{-\infty}^{\infty} \mathrm{e}^{-\frac{\nu^2}{2\Gamma}}\, \mathrm{d}\nu$$
$$= \varepsilon_{\max} \cdot \sqrt{2\pi\Gamma} = \varepsilon_{\max} \cdot \sqrt{\frac{2\pi\Delta\nu^2}{8 \ln 2}} \quad \left[\int_{-\infty}^{\infty} \mathrm{e}^{-x^2} \mathrm{d}x = \sqrt{\pi}\right]$$
$$= \frac{1}{2}\sqrt{\frac{\pi}{\ln 2}} \cdot \varepsilon_{\max} \cdot \Delta\nu = 1.0645 \cdot \varepsilon_{\max} \cdot \Delta\nu.$$

Verwenden wir die Wellenzahl $\tilde{\nu}$ mit $\Delta\nu = c \cdot \Delta\tilde{\nu}$, so lautet diese Formel

$\mathcal{A} = \underline{1.0645 \cdot c \cdot \varepsilon_{\max} \cdot \Delta\tilde{\nu}}.$

19-9 Aus Abb. 19–26 im Text entnehmen wir $\varepsilon_{\max} \approx 9.5\ \mathrm{M^{-1}\ cm^{-1}}$ und $\Delta\tilde{\nu}_{\frac{1}{2}} \approx 4760\ \mathrm{cm^{-1}}$

$$\mathcal{A} = 1.0645 \cdot (2.998 \cdot 10^{10}\ \mathrm{cm\ s^{-1}}) \cdot (9.5\ \mathrm{dm^3\ mol^{-1}\ cm^{-1}}) \cdot (4760\ \mathrm{cm^{-1}})$$

$$= \underline{1.4 \cdot 10^{15}\ \mathrm{cm^2\ s^{-1}\ mmol^{-1}}}.$$

Die Fläche unter der Kurve in Abb. 19–26 im Buch ist gleich $c \cdot 1288\ \mathrm{mm^2}$. Jeweils 1 $\mathrm{mm^2}$ entspricht $c \cdot (190.5\ \mathrm{cm^{-1}}) \cdot (0.189\ \mathrm{M^{-1}\ cm^{-1}})$; das ergibt für das Integral $\int \varepsilon(\tilde{\nu})\mathrm{d}\tilde{\nu}$ den Wert $4.64 \cdot 10^4\ \mathrm{M^{-1}\ cm^{-2}}$. $\mathcal{A}$ folgt aus $c \int \varepsilon(\tilde{\nu})\mathrm{d}\tilde{\nu} = \underline{1.4 \cdot 10^{15}\ \mathrm{cm^2\ s^{-1}\ mmol^{-1}}}$, das entspricht $f = 2.0 \cdot 10^{-4}$. Es ist also $f \ll 1$, und der Übergang ist damit verboten [Abschnitt 19.1].

19-10 $\Delta\tilde{\nu}_{\frac{1}{2}} = \left(\frac{1}{\lambda'} - \frac{1}{\lambda''}\right)$, λ' und λ'' sind die Wellenlängen bei $\frac{1}{2}\varepsilon_{\max}$ auf den beiden Flanken der Bande. An Abb. 19–2 im Buch können wir die folgenden Werte ablesen:

Bande bei 280 nm : $\lambda' \approx 260$ nm, $\lambda'' \approx 300$ nm;

$$\Delta\tilde{\nu}_{\frac{1}{2}} \approx \left(\frac{1}{260} - \frac{1}{300}\right) \cdot 10^9\ \mathrm{m^{-1}} = 5130\ \mathrm{cm^{-1}}.$$

$$\varepsilon_{\max} \approx 11\ \mathrm{M^{-1}\ cm^{-1}}.$$

$$\mathcal{A} = 1.0645 \cdot c \cdot \varepsilon_{\max} \cdot \Delta\tilde{\nu} \quad \text{[Aufgabe 19–8]}$$

$$= 1.0645 \cdot (2.998 \cdot 10^{10}\ \mathrm{cm\ s^{-1}}) \cdot (11\ \mathrm{M^{-1}\ cm^{-1}}) \cdot (5130\ \mathrm{cm^{-1}}) \approx 1.8 \cdot 10^{15}\ \mathrm{cm^2\ s^{-1}\ mmol^{-1}}.$$

$$f = 1.44 \cdot 10^{-19} \cdot 1.8 \cdot 10^{15} = \underline{2.6 \cdot 10^{-4}}.$$

Bande bei 430 nm: $\lambda' \approx 390$ nm, $\lambda'' \approx 455$ nm,

$$\Delta\tilde{\nu}_{\frac{1}{2}} \approx \left(\frac{1}{390} - \frac{1}{455}\right) \cdot 10^9\ \mathrm{m^{-1}} = 3660\ \mathrm{cm^{-1}}, \quad \varepsilon_{\max} \approx 18\ \mathrm{M^{-1}\ cm^{-1}}.$$

$$\mathcal{A} = 1.0645 \cdot c \cdot \varepsilon_{\max} \cdot \Delta\tilde{\nu} \approx 2.1 \cdot 10^{15}\ \mathrm{cm^{-2}\ s^{-1}\ mmol^{-1}}.$$

$$\underline{f \approx 3 \cdot 10^{-4}}.$$

Für die Umrechnung zwischen Wellenlängen und Wellenzahlen stellen wir die folgende Tabelle auf:

λ/nm	250	260	270	280	290	300
$\tilde{\nu}$/1000 cm^{-1}	40.0	38.5	37.0	35.7	34.5	33.3
ε/M^{-1} cm^{-1}	3	4	6	10	11	8

λ/nm	310	320	330	340	350	360
$\tilde{\nu}$/1000 cm^{-1}	32.3	31.3	30.3	29.4	28.6	27.8
ε/M^{-1} cm^{-1}	5	3	1	1	1	3

λ/nm	360	370	380	390	400	410
$\tilde{\nu}$/1000 cm^{-1}	27.8	27.0	26.3	25.6	25.0	24.4
ε/M^{-1} cm^{-1}	3	5	8	11	14	17

λ/nm	420	430	440	450	460	470
$\tilde{\nu}$/1000 cm^{-1}	23.8	23.3	22.7	22.2	21.7	21.3
ε/M^{-1} cm^{-1}	17	16	16	14	1	0

Diese Punkte sind in Abb. 19–2 aufgetragen. Unter der 280-nm-Kurve ist die Fläche $5.72 \cdot 10^4$ M^{-1} cm^{-2} und unter der 430-nm-Kurve $6.8 \cdot 10^4$ cm^{-2}. Daraus folgt

$$\mathcal{A}(280\ \text{nm}) \approx (2.998 \cdot 10^{10}\ \text{cm s}^{-1}) \cdot (5.72 \cdot 10^4\ \text{M}^{-1}\ \text{cm}^{-2}) = 1.7 \cdot 10^{15}\ \text{cm}^2\ \text{s}^{-1}\ \text{mmol}^{-1},$$

$$\mathcal{A}(430\ \text{nm}) \approx (2.998 \cdot 10^{10}\ \text{cm s}^{-1}) \cdot (6.80 \cdot 10^4\ \text{M}^{-1}\ \text{cm}^{-2}) = 2.0 \cdot 10^{15}\ \text{cm}^2\ \text{s}^{-1}\ \text{mmol}^{-1};$$

$$f(280\ \text{nm}) \approx \underline{2.5 \cdot 10^{-4}}; \quad f(430\ \text{nm}) \approx \underline{2.9 \cdot 10^{-4}}.$$

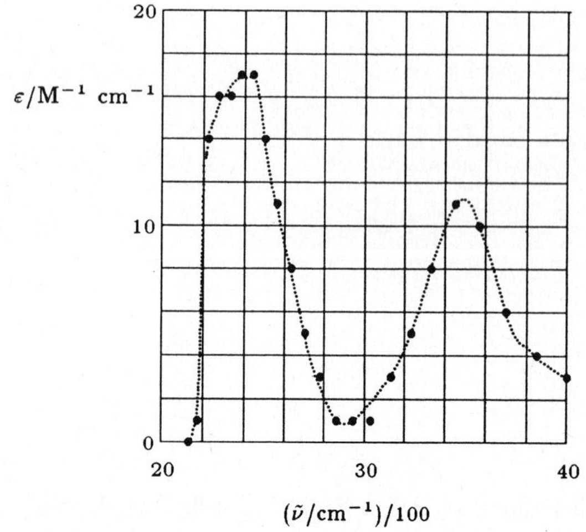

Abb. 19–2

Jetzt schreiben wir $\nu = \frac{c}{\lambda}$ und $d\nu = -c \cdot \frac{d\lambda}{\lambda^2}$. Dann wird

$$\mathcal{A} = \int_0^\infty \varepsilon(\lambda) \cdot \left(-c \cdot \frac{d\lambda}{\lambda^2}\right) = c \cdot \varepsilon_{max} \int_0^\infty \left(\frac{1}{\lambda^2}\right) \cdot \exp\left\{-\frac{(\lambda - \lambda_0)^2}{2\gamma}\right\} \cdot d\lambda,$$

dabei ist $\exp\left\{-\frac{(\lambda - \lambda_0)^2}{2\gamma}\right\}$ eine Gauß-Kurve mit dem Zentrum bei λ_0 und einer Breite, die durch γ bestimmt ist. Das Integral kann numerisch ausgewertet werden; man kann aber auch als Näherung $\lambda^2 \approx \lambda_0^2$ setzen und für die untere Grenze $-\infty$ (damit begeht man nur einen vernachlässigbar kleinen Fehler). Dann erhält man

$$\mathcal{A} \approx c \cdot \varepsilon_{max} \cdot \left(\frac{1}{\lambda_0^2}\right) \int_{-\infty}^{\infty} \exp\left\{-\frac{\lambda - \lambda_0)^2}{2\gamma}\right\} \cdot d\lambda$$

$$= c \cdot \varepsilon_{max} \cdot \frac{\sqrt{2\pi\gamma}}{\lambda_0^2} \text{ mit } \gamma = \frac{\Delta\lambda_{\frac{1}{2}}^2}{8 \ln 2} \quad \text{[wie in Aufgabe 19–8].}$$

Für die 280-nm-Bande ist $\Delta\lambda_{\frac{1}{2}} \approx 60$ nm; $\lambda_0 \approx 280$ nm und $\varepsilon_{max} \approx 11\ M^{-1}\ cm^{-1}$.

$$\gamma = \frac{(60\ nm)^2}{8 \ln 2} = 6.5 \cdot 10^{-16}\ m^2, \quad \sqrt{2\pi\gamma} = 6.4 \cdot 10^{-8}\ m;$$

$$\mathcal{A} = \frac{(2.998 \cdot 10^{10}\ cm\ s^{-1}) \cdot (11\ M^{-1}\ cm^{-1}) \cdot (6.4 \cdot 10^{-8}\ m)}{(280\ nm)^2} \approx 2.7 \cdot 10^{15}\ cm^2\ s^{-1}\ mmol^{-1},$$

$$f = \underline{3.9 \cdot 10^{-4}}.$$

Für die 430-nm-Bande ist $\Delta\lambda_{\frac{1}{2}} \approx 65$ nm; $\lambda_0 \approx 430$ nm und $\varepsilon_{max} \approx 18\ M^{-1}\ cm^{-1}$.

$$\gamma = \frac{(65\ nm)^2}{8 \ln 2} = 7.6 \cdot 10^{-16}\ m^2, \quad \sqrt{2\pi\gamma} = 6.9 \cdot 10^{-8}\ m;$$

$$\mathcal{A} = \frac{(2.998 \cdot 10^{10}\ cm\ s^{-1}) \cdot (18\ M^{-1}\ cm^{-1}) \cdot (6.9 \cdot 10^{-8}\ m)}{(430\ nm)^2} \approx 2.0 \cdot 10^{15}\ cm^2\ s^{-1}\ mmol^{-1},$$

$$f = \underline{2.9 \cdot 10^{-4}}.$$

19-11 $\Delta\tilde{\nu}_{\frac{1}{2}} = \left(\frac{1}{\lambda'} - \frac{1}{\lambda''}\right)$ [Aufgabe 19–10]; $\mathcal{A} = 1.0645 \cdot c \cdot \varepsilon_{max} \cdot \Delta\tilde{\nu}_{\frac{1}{2}}$ [Aufgabe 19–8].

$\lambda' \approx 267$ nm, $\lambda'' \approx 303$ nm; $\varepsilon_{max} \approx 235\ M^{-1}\ cm^{-1}$ [Aus Abb. 19–27 im Buch].

$$\Delta\tilde{\nu}_{\frac{1}{2}} \approx \left(\frac{1}{267} - \frac{1}{303}\right) \cdot 10^9\ m^{-1} = 4.45 \cdot 10^5\ m^{-1} = 4.45 \cdot 10^3\ cm^{-1}.$$

$$\mathcal{A} \approx 1.645 \cdot (1.998 \cdot 10^{10}\ cm\ s^{-1}) \cdot (235\ M^{-1}\ cm^{-1}) \cdot (4450\ cm^{-1})$$

$$\approx 3.3 \cdot 10^{16}\ cm^2\ s^{-1}\ mmol^{-1}.$$

$$f \approx 1.44 \cdot 10^{-19} \cdot 3.3 \cdot 10^{16} = \underline{4.8 \cdot 10^{-3}}.$$

Danach ist der Übergang schwach verboten.

Das Übergangsdipolmoment transformiert sich wie $A_1(z)$, $B_1(x)$, $B_2(y)$, [Aufgabe 17–12]; also sind Anregungen in die Zustände A_1, B_1 und B_2 erlaubt.

19-12 $f = \left(\frac{8\pi^2}{3}\right) \cdot \left(\frac{m_e \nu}{he^2}\right) \cdot |\mu|$ [19.1–8].

$$\mu_x = -e \int_0^L \psi_n(x) x \psi_n(x) \mathrm{d}x \quad [19.1\text{–}8].$$

$$\psi_n(x) = \sqrt{\frac{2}{L}} \cdot \sin\left(\frac{n\pi x}{L}\right); \quad E_n = \frac{n^2 h^2}{8 m_e L^2} \quad [14.1\text{–}9].$$

$$\mu_x = -\left(\frac{2e}{L}\right) \int_0^L x \cdot \sin\left(\frac{n'\pi x}{L}\right) \cdot \sin\left(\frac{n\pi x}{L}\right) \cdot \mathrm{d}x = \left(\frac{8eL}{\pi^2}\right) \cdot \frac{n \cdot (n+1)}{(2n+1)^2}$$

für den Übergang $n \to n+1$. Für $n \to n+2$ ist dagegen $\mu_x = 0$.

$$h\nu = E_{n+1} - E_n = (2n+1) \cdot \left(\frac{h^2}{8 m_e L^2}\right).$$

$$f_{n \to n+1} = \left(\frac{8\pi^2}{3}\right) \cdot \left(\frac{m_e}{he^2}\right) \cdot \left(\frac{h}{8 m_e L^2}\right) \cdot (2n+1) \cdot \left(\frac{8eL}{\pi^2}\right)^2 \cdot \frac{n^2 \cdot (n+1)^2}{(2n+1)^4}$$

$$= \underline{\left(\frac{64}{3\pi^2}\right) \cdot \left\{\frac{n^2 \cdot (n+1)^2}{(2n+1)^3}\right\}}.$$

$$\underline{f_{n \to n+2} = 0.}$$

19-13 $\nu = \frac{E_{n+1} - E_n}{h} = (2n+1) \cdot \left(\frac{h}{8 m_e L^2}\right), \quad L \approx 22 \cdot R_{CC},$

$R_{CC} \approx 140$ pm [Aufgabe 16–30]. Das oberste besetzte Orbital ist das mit $n = 11$ [das Molekül enthält 22 π-Elektronen]; $2n + 1 = 23$:

$$\nu = \frac{23 \cdot h}{8 m_e L2} = \frac{23 \cdot (6.626 \cdot 10^{-24}\ \mathrm{J\ s})}{(8 \cdot (9.110 \cdot 10^{-31}\ \mathrm{kg}) \cdot (22 \cdot 140 \cdot 10^{-12}\ \mathrm{m})^2}$$

$$= 2.2 \cdot 10^{14}\ \mathrm{s}^{-1}.$$

$$\tilde{\nu} = \frac{\nu}{c} = \frac{2.2 \cdot 10^{14}\ \mathrm{s}^{-1}}{2.998 \cdot 10^{10}\ \mathrm{cm\ s}^{-1}} \approx 7400\ \mathrm{cm}^{-1}.$$

Danach sollten Möhren im IR absorbieren; das tun sie, freilich aus anderen Gründen. Um die rote Farbe der Möhren zu erklären, braucht man eine Absorption am blauen Ende des sichtbaren Spektrums.

$$f_{11 \to 12} = \left(\frac{64}{3\pi^2}\right) \cdot \left\{\frac{11^2 \cdot 12^2}{23^3}\right\} \quad [\text{Aufgabe 19–12}] \quad = 3.1.$$

$$\mathcal{A} = \left(\frac{f}{1.44 \cdot 10^{-19}}\right)\ \mathrm{cm}^2\ \mathrm{s}^{-1}\ \mathrm{mmol}^{-1}$$

$$= 2.2 \cdot 10^{19}\ \mathrm{cm}^2\ \mathrm{s}^{-1}\ \mathrm{mmol}^{-1}.$$

$$\varepsilon_{\max} \approx \frac{\mathcal{A}}{\Delta\nu} \approx \frac{\mathcal{A}}{1.5 \cdot 10^{14}\ \mathrm{s}^{-1}} \quad \text{[Aufgabe 19–6]}$$

$$\approx 1.4 \cdot 10^5\ \mathrm{mol}^{-1}\ \mathrm{dm}^3\ \mathrm{cm}^{-1} = 1.4 \cdot 10^5\ \mathrm{M}^{-1}\ \mathrm{cm}^{-1}.$$

$$l = -\left(\frac{1}{[J] \cdot \varepsilon}\right) \cdot \log\left(\frac{I_\mathrm{E}}{I_\mathrm{A}}\right) \quad [19.1\text{–}4]; \quad \frac{I_\mathrm{E}}{I_\mathrm{A}} = \tfrac{1}{2}.$$

$$l = \frac{\log 2}{(1\ \mathrm{M}) \cdot (1.4 \cdot 10^5\ \mathrm{M}^{-1}\ \mathrm{cm}^{-1})} = \underline{2 \cdot 10^{-6}\ \mathrm{cm},}$$

das wäre nur eine hauchdünne Schicht. Das stimmt nicht mit der Realität überein und läßt die Grenzen der FEMO-Methode deutlich werden.

19-14 $f_{n \to n+1} = \left(\frac{64}{3\pi^2}\right) \cdot \frac{n^2 \cdot (n+1)^2}{(2n+1)^3}$ [Aufgabe 19–12].

n hängt von der Anzahl der Bindungen ab; jede π-Bindung enthält zwei π-Elektronen und erhöht damit n um 1. Für großes n ist $f \propto n$. Der f-Wert für den Übergang mit der kleinsten Frequenz wird deshalb größer, wenn man die Kette verlängert. Die Energie des Übergangs ist proportional zu $\frac{2n+1}{L^2}$, aber gleichzeitig ist $n \propto L$, wie schon festgestellt wurde. Damit wird die Energie des Übergangs proportional zu $\frac{1}{L}$. Wenn L zunimmt, verschiebt sich also der Übergang nach Rot, und die 'Farbe' des Farbstoffs wird blauer.

19-15 $\mu = -e \int \psi_{v'} x \psi_v \cdot \mathrm{d}\tau$ [19.1–7]

Aus Aufgabe 14–14 entnehmen wir

$$\mu_{1,0} = -e \int \psi_1 x \psi_0 \mathrm{d}\tau = -e\alpha \cdot \sqrt{\frac{1}{2}}$$

$$= -\frac{e\alpha}{\sqrt{2}} = -e \cdot \sqrt{\frac{\hbar}{2 \cdot \sqrt{m_\mathrm{e} k}}}$$

$$f = \left(\frac{8\pi^2}{3}\right) \cdot \left(\frac{m_\mathrm{e}\nu}{he^2}\right) \cdot \mu_{1,0}^2 \quad [19.1\text{–}8]$$

$$= \tfrac{1}{2} \cdot \left(\frac{8\pi^2}{3}\right) \cdot \left(\frac{m_\mathrm{e}\nu}{he^2}\right) \cdot \frac{e^2\hbar}{\sqrt{m_\mathrm{e} k}}$$

$$= \tfrac{1}{3} \cdot \left(\frac{\sqrt{m_\mathrm{e}} \cdot \omega}{h}\right) \cdot \frac{h}{\sqrt{k}} = \tfrac{1}{3} \cdot \omega \cdot \sqrt{\frac{m_\mathrm{e}}{k}} = \underline{\tfrac{1}{3}} \quad \left[\omega = \sqrt{\frac{k}{m_\mathrm{e}}}\right].$$

19-16 $\mu = -eRS$ [gegeben]; $S(R) = \left\{1 + \left(\frac{R}{a_0}\right) + \frac{1}{3} \cdot \left(\frac{R}{a_0}\right)^2\right\} \cdot \mathrm{e}^{-\frac{R}{a_0}}$ [Aufgabe 16–14].

$$f = \left(\frac{8\pi^2}{3}\right) \cdot \left(\frac{m_\mathrm{e}\nu}{he^2}\right)^2 \quad [19.1\text{–}8] \quad = \left(\frac{8\pi^2}{3}\right) \cdot \left(\frac{m_\mathrm{e}\nu}{h}\right) \cdot R^2 S^2$$

$$= \left(\frac{8\pi^2}{3}\right) \cdot \left(\frac{m_\mathrm{e}\nu}{h}\right) \cdot a_0^2 \cdot \left(\frac{R}{a_0}\right)^2 S^2.$$

Jetzt stellen wir die folgende Tabelle auf:

$\frac{R}{a_0}$	0	1	2	3	4
$\frac{f}{\left(\frac{8\pi^2}{3}\right)\cdot\left(\frac{m_e\nu}{h}\right)\cdot a_0^2}$	0	0.737	1.376	1.093	0.573
$\frac{R}{a_0}$	5	6	7	8	
$\frac{f}{\left(\frac{8\pi^2}{3}\right)\cdot\left(\frac{m_e\nu}{h}\right)\cdot a_0^2}$	0.233	0.08	0.02	0.01	

Diese Punkte sind in Abb. 19–3 aufgetragen.

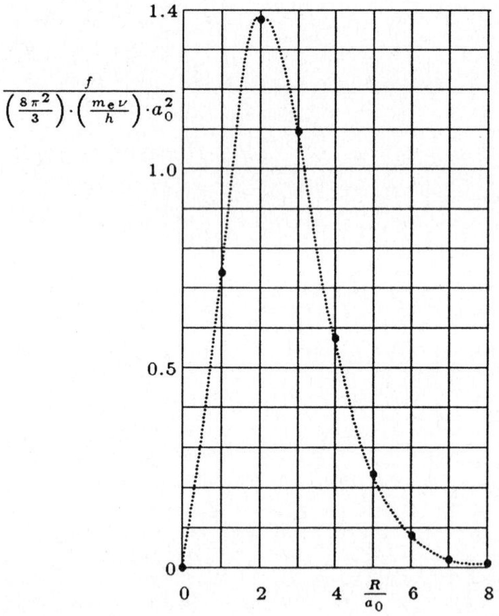

Abb. 19–3

f hat sein Maximum an derselben Stelle wie RS.

$$\left(\frac{\mathrm{d}}{\mathrm{d}R}\right) RS = S + R\cdot\left(\frac{\mathrm{d}S}{\mathrm{d}R}\right)$$

$$= \left\{1 + \left(\frac{R}{a_0}\right) - \frac{1}{3}\cdot\left(\frac{R}{a_0}\right)^3\right\}\cdot \mathrm{e}^{-\frac{R}{a_0}} = 0 \quad \text{bei} \quad R = R^*.$$

Das ergibt $1 + \left(\frac{R^*}{a_0}\right) - \frac{1}{3}\cdot\left(\frac{R^*}{a_0}\right)^3 = 0.$

Diese Gleichung löst man numerisch, indem man mit Werten nahe bei $\left(\frac{R}{a_0}\right) \approx 2.1$ beginnt. Eine analytische Methode zur Lösung von Gleichungen dritten Grades findet man bei Abramowitz und Stegun, *Handbook of Mathematical Functions,* Abschnitt 3.8–2.

Das Ergebnis lautet $\frac{R}{a_0} = \underline{2.10380.}$

Für $R \to 0$ erhält man einen $(s \to s)$-Übergang, der verboten ist. Für $R \to \infty$ gehört das Elektron eindeutig nur noch zu einem einzigen Atom.

19-17 (a) Ethylen gehört zu D_{2h}; in dieser Gruppe transformieren sich die Translationen (und damit auch μ) genauso wie $B_{1u}(z)$, $B_{2u}(y)$ und $B_{3u}(x)$. Das π-Orbital hat die Rasse B_{1u} (wie z) und das π^*-Orbital B_{3g}. Wegen $B_{3g} \cdot B_{1u} = B_{2u}$ und $B_{2u} \cdot B_{2u} = A_{1g}$ ist dieser Übergang erlaubt und in der y-Richtung polarisiert.

(b) Lokal (d.h. wenn man den Rest der Moleküls wegdenkt) kann man die Carbonylgruppe der Gruppe C_{2v} zuschreiben. Die Komponenten des Übergangsmomentes transformieren sich wie A_1, B_1 und B_2. Das n-Orbital gehört zu p_y, denn es liegt in der > CO-Ebene und transformiert sich deshalb wie B_2. Das π^*-Orbital gehört zu p_x, denn es liegt senkrecht zu dieser Ebene und transformiert sich wie B_1. Es ist $\Gamma_E \cdot \Gamma_A = B_1 \cdot B_2 = A_2$; weil aber keine der Komponenten von μ sich wie A_2 transformiert, ist dieser Übergang verboten.

19-18 Die energetische Aufspaltung im unteren Zustand wird durch die Aufspaltung der Maxima von A bestimmt [Abschnitt 19.4a]. Am Spektrum liest man $\tilde{\nu} \approx 1800\ \text{cm}^{-1}$ ab [in dieser Abbildung ist $1\ \text{cm} \triangleq 1175\ \text{cm}^{-1}$]. Über die Aufspaltung im oberen Zustand läßt sich nichts aussagen, solange man nicht eine genaue Analyse der Intensitäten vornimmt.

19-19 Benzophenon absorbiert bei 360 nm; nach einigen Schwingungsübergängen überträgt es seine Anregungsenergie auf das Naphthalin. Das Naphthalin emittiert die Energie dann als Strahlung.

19-20 Das Fluoreszenz-Spektrum spiegelt die Schwingungsaufspaltung des unteren Zustandes wieder. Die Wellenlängen gehören zu den Wellenzahlen

$22730\ \text{cm}^{-1}$, $24390\ \text{cm}^{-1}$, $25640\ \text{cm}^{-1}$ und $27030\ \text{cm}^{-1}$.
Die Abstände sind dann $1660\ \text{cm}^{-1}$, $1250\ \text{cm}^{-1}$ und $1390\ \text{cm}^{-1}$. Im Absorptionsspektrum gibt die Aufspaltung die Abstände der Schwingungsniveaus des oberen Zustandes wieder. Die Wellenzahlen der Maxima sind

$27800\ \text{cm}^{-1}$, $29000\ \text{cm}^{-1}$, $30300\ \text{cm}^{-1}$ und $32800\ \text{cm}^{-1}$.

Das ergibt für die Abstände der Schwingungsniveaus

$1200\ \text{cm}^{-1}$, $1300\ \text{cm}^{-1}$ und $2500\ \text{cm}^{-1}$.

19-21 Für die Absorption gilt $A = \varepsilon \cdot [J] \cdot l$ [Abschnitt 19.1].

Wenn nur HIn in der Konzentration C vorhanden ist, gilt

$A(\text{HIn}) = \varepsilon(\text{HIn}) \cdot [\text{HIn}]_0 \cdot 1 = \varepsilon(\text{HIn}) \cdot C \cdot l.$

Wenn das HIn vollständig als In^- vorliegt, gilt

$A(\text{In}^-) = \varepsilon(\text{In}^-) \cdot [\text{In}^-]_0 \cdot l = \varepsilon(\text{In}^-) \cdot C \cdot l.$

$$A(\text{misch}) = \varepsilon(\text{HIn}) \cdot [\text{HIn}] \cdot l + \varepsilon(\text{HIn}) \cdot [\text{In}^-] \cdot l = (1-\alpha) \cdot C \cdot \varepsilon(\text{HIn}) \cdot l + \alpha \cdot C \cdot \varepsilon(\text{In}^-) \cdot l,$$

dabei ist α der Dissoziationsgrad von HIn.

$$A(\text{misch}) = C \cdot \varepsilon(\text{HIn}) \cdot l + \alpha \cdot C \cdot l \cdot \left\{\varepsilon(\text{In}^-) - \varepsilon(\text{HIn})\right\}$$

$$= A(\text{HIn}) + \alpha \cdot \left\{A(\text{In}^-) - A(\text{HIn})\right\}.$$

$$\underline{\alpha = \frac{A(\text{misch}) - A(\text{HIn})}{A(\text{In}^-) - A(\text{HIn})}.}$$

$$K_{\text{In}} = \frac{[\text{H}^+] \cdot [\text{In}^-]}{[\text{HIn}]} = \frac{[\text{H}^+] \cdot \alpha}{1-\alpha}; \text{ das ergibt } [\text{H}^+] = \frac{(1-\alpha) \cdot K_{\text{In}}}{\alpha} \text{ und}$$

$$\underline{\text{pH} = \text{p}K_{\text{In}} - \log\left(\frac{1-\alpha}{\alpha}\right),} \quad \text{wobei } \alpha \text{ wie oben definiert ist.}$$

Für $A(\text{In}^-) = 0$ und $A(\text{HIn}) = A$ erhalten wir

$$\alpha = 1 - \frac{A(\text{misch})}{A} \quad \text{und} \quad \frac{1-\alpha}{\alpha} = 10^{\text{p}K_{\text{In}} - \text{pH}}.$$

$$\frac{A(\text{misch})}{A} = \frac{1}{1 + 10^{\text{pH} - \text{p}K_{\text{In}}}}.$$

Damit stellen wir die folgende Tabelle auf:

pH	1	2	3	3.5	4	4.5	5	6	7
$\frac{A(\text{misch})}{A}$	1.00	0.90	0.91	0.76	0.50	0.24	0.09	0.01	0.001

Diese Punkte sind in Abb. 19–4 graphisch wiedergegeben.

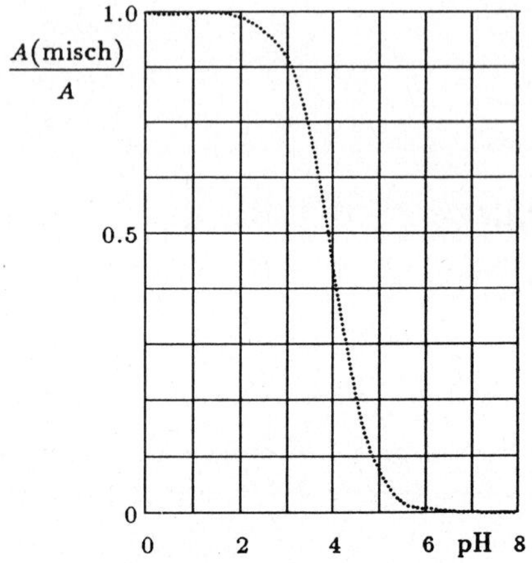

Abb. 19–4

19-22 $A(\text{misch}) = A(\text{HIn}) + \alpha \cdot \left\{ A(\text{In}^-) - A(\text{HIn}) \right\}$ [Aufgabe 19–21].

Dann gibt es eine Wellenlänge, für die $A(\text{In}^-) = A(\text{HIn})$ gilt. Dort hängt A(misch) <u>nicht</u> von α ab. Das ist der isosbestische Punkt.

19-23 $\varepsilon(\text{InH}) = 8.33 \cdot 10^3\ \text{M}^{-1}\ \text{cm}^{-1}$, $\varepsilon(\text{In}^-) = 18.33 \cdot 10^3\ \text{M}^{-1}\ \text{cm}^{-1}$.

$A(\text{InH}) = (1-\alpha) \cdot C \cdot l \cdot \varepsilon(\text{InH})$, $A(\text{In}^-) = \alpha \cdot C \cdot l \cdot \varepsilon(\text{InH})$.

$\dfrac{A(\text{InH})}{C \cdot l}$ und $\dfrac{A(\text{In}^-)}{C \cdot l}$ sind die effektiven molaren Absorptions-Koeffizienten der Moleküle InH und In^-; wir wollen sie $E(\text{InH})$ und $E(\text{In}^-)$ nennen.

Dann ist $E(\text{InH}) = (1-\alpha) \cdot \varepsilon(\text{InH})$ und $E(\text{In}^-) = \alpha \cdot \varepsilon(\text{In}^-)$.

Jetzt stellen wir die folgende Tabelle auf:

pH	4	5	6	7	8	9	10	
	1	1	0.92	0.50	0.05	–	–	$1-\alpha = \dfrac{E(\text{InH})}{\varepsilon(\text{InH})}$
daraus α	0	0	0.08	0.50	0.95	–	–	
α	–	–	0.09	0.50	0.95	1.00	1.00	$\alpha = \dfrac{E(\text{In}^-)}{\varepsilon(\text{In}^-)}$
Mittelwert von α	0	0	0.08	0.50	0.95	1.00	1.00	

Mit $\text{p}K_{\text{In}} = \text{pH} - \log\left(\dfrac{\alpha}{1-\alpha}\right)$ [Aufgabe 19–21] können wir jetzt $\text{p}K_{\text{In}}$ berechnen und die folgende Tabelle aufstellen.

pH	6.0	7.0	8.0	
$\text{p}K_{\text{In}}$	7.1	7.0	6.7	Mittelwert: <u>6.9.</u>

19-24 Wir gehen wie in Beispiel 18–6 vor und tragen die Differenzen $\Delta\tilde{\nu}_v$ gegen v auf, siehe Abb. 19–5. Bei $v = 17$ verschwindet der Abstand benachbarter Linien. Jedes Quadrat entspricht 100 cm^{-1}. Unter der Kurve befinden sich 68.0 Quadrate, das entspricht <u>6800 cm^{-1}.</u>

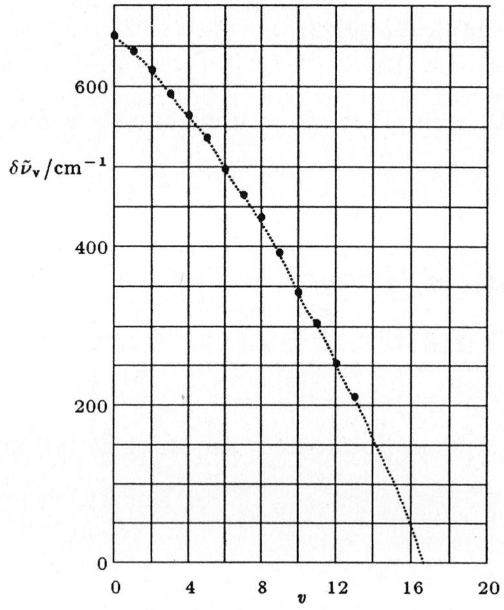

Abb. 19–5

19-25 Bei $v = 0$ ist die Anregungsenergie vom Grundzustand nach $^3\Sigma_u^-$ 50062.6 cm^{-1} oder 6.21 eV. Für den Übergang $^3\Sigma_u^- \to O + O^*$ beträgt sie 0.85 eV [Aufgabe 19–24]. Also werden für $O_2 \to O + O^*$ 7.06 eV gebraucht. Die Energie des Übergangs $O^* \to O$ beträgt −190 kJ mol^{-1} oder −1.97 eV. Daraus resultiert für den Übergang $O_2 \to 2O$ eine Energie von 7.06 eV − 1.97 eV = 5.09 eV.

19-26 Mit der Clebsch-Gordan-Reihe [15.2–1] kombinieren wir die beiden resultierenden Drehimpulse; der Drehimpuls muß erhalten bleiben.

(a) O_2. $S = 1$; die Konfiguration von O ist $\ldots 2p^4$ oder in anderer Schreibweise $\ldots (2p)^6 (2p)^{-2}$. $S_1 = 1$ und $S_2 = 0$ kombinieren zu $S = 0$; $S_1 = 1$ und $S_2 = 1$ können zu $S = 1$ kombinieren. Wir erwarten also die Multiplizitäten $3 + 1$ und $3 + 3$.

(b) N_2. $S = 0$; die Konfiguration von N ist $\ldots 2p^3$. $S_1 = \frac{3}{2}$ und $S_2 = \frac{3}{2}$ können zu $S = 0$ kombinieren. $S_1 = \frac{1}{2}$ und $S_2 = \frac{1}{2}$ können zu $S = 0$ kombinieren. Wir erwarten also die Multiplizitäten $4 + 4$ und $2 + 2$.

19-27

N_2 :	5.6-eV-Linie	(Bindungsenergie 15.6 eV):	$2p\sigma_g$-Elektron
	4.5-eV-Linie	(Bindungsenergie 16.7 eV):	$2p\pi_u$-Elektron
	2.4-eV-Linie	(Bindungsenergie 18.8 eV):	$2s\sigma_u^*$-Elektron
CO :	7.2-eV-Linie	(Bindungsenergie 14.0 eV):	$2p\sigma$-Elektron
	4.9-eV-Linie	(Bindungsenergie 16.3 eV):	$2p\pi$-Elektron
	1.7-eV-Linie	(Bindungsenergie 19.5 eV):	$2s\sigma^*$-Elektron

Die Linien der N_2-Bande bei 4.5 eV sind $c \cdot 0.24$ eV bzw. $c \cdot 1940\ \mathrm{cm}^{-1}$ voneinander entfernt, die der CO-Bande bei 4.9 eV $c \cdot 0.23$ eV bzw. $c \cdot 1860\ \mathrm{cm}^{-1}$. Das ist gleichzeitig eine grobe Abschätzung für die Abstände der Schwingungsniveaus im N_2^+ und im CO^+ in den betreffenden angeregten Zuständen.

19-28 Die Konfiguration ist $(2s\sigma^*)^2(2p\pi)^4(2p\sigma)^2(2p\pi^*)^1$; die Angaben beziehen sich auf die Energie des abgelösten Elektrons. Für die Ionisierungsenergie ergibt das 16.52 eV, 15.65 eV und 9.21 eV. Die Linie bei 16.52 eV gehört zur Ablösung eines 2pσ-Elektrons, die bei 15.65 eV (mit der breiten Schwingungsstruktur) zur Ablösung eines 2pπ-Elektrons. Die Linie bei 9.21 eV entspricht der Ablösung des am schwächsten gebundenen Elektrons im Orbital 2pπ^*.

19-29 0.41 eV entspricht 3310 cm^{-1}, das liegt nahe bei der Bande 3652 cm^{-1} des nicht-ionisierten Wassers. Das deutet darauf hin, daß das abgelöste Elektron aus einem nicht-bindenden Orbital stammt.

19-30 0.125 eV entspricht 1010 cm^{-1}, das ist deutlich weniger als die Wellenzahl der Knickschwingung (1595 cm^{-1}). Das weist darauf hin, daß das abgelöste Elektron mit einer Bindung zwischen den beiden Wasserstoffatomen des Wassermoleküls zu tun hat.

20 Bestimmung der Molekülstruktur: Resonanzmethoden

A20-1 $m_1 = \frac{3}{2},\ \frac{1}{2},\ -\frac{1}{2},\ -\frac{3}{1}$. [Abschnitt 21–1].

$E_m = -g_I \mu_N m_I B$ [20.1–1] $= -(0.4289) \cdot (5.051 \cdot 10^{-27}\ \text{J T}^{-1}) \cdot (7.500\ \text{T}) \cdot m_I$

$= -1.625 \cdot 10^{-26}\ m_I$ J; $E_{\frac{3}{2}} = -E_{-\frac{3}{2}} = \underline{-2.437 \cdot 10^{-26}\ \text{J}}$; $E_{\frac{1}{2}} = -E_{-\frac{1}{2}} = \underline{-8.124 \cdot 10^{-27}\ \text{J}}$.

A20-2 $\Delta E = -g_I \mu_N B \Delta m_I$ [20.1–1].

$|\Delta E| = (0.4036) \cdot (5.051 \cdot 10^{-27}\ \text{J T}^{-1}) \cdot (15.00\ \text{T}) \cdot (2) = \underline{6.116 \cdot 10^{-26}\ \text{J}}$.

A20-3 $h\nu = g_I \mu_N B$; $B = \dfrac{h\nu}{g_I \mu_N}$ [20.1–3].

$m_I = \pm 1$ für die niedrigste und die höchste Energie.

$$B = \frac{(6.626 \cdot 10^{-34}\ \text{J s}) \cdot (150.0 \cdot 10^6\ \text{Hz})}{(5.586) \cdot (5.051 \cdot 10^{-27}\ \text{J T}^{-1})}$$

$$= \underline{3.523\ \text{T}}.$$

A20-4 $\dfrac{1}{2\pi\delta\nu} = \dfrac{1}{2 \cdot (3.14) \cdot (90.0\ \text{Hz})} = 1.77\ \text{ms}$ [20.1–7].

Wegen 0.200 ms $\ll$ 1.77 ms werden die Linien nicht aufgelößt.

A20-5 $B = \dfrac{h\nu}{g_e \mu_B}$ [20.2–3]

$$= \frac{(6.63 \cdot 10^{-34}\ \text{J s}) \cdot (3.00 \cdot 10^8\ \text{m s}^{-1})}{(3.00 \cdot 10^{-2}\ \text{m}) \cdot (3.10) \cdot (9.27 \cdot 10^{-24}\ \text{J T}^{-1})} = \underline{0.231\ \text{T}}.$$

A20-6 $2I + 1 = 4$ und $I = \underline{\frac{3}{2}}$ [Abschnitt 20.1c].

A20-7 X^1H_2 hat sechs Sätze (von X) zu je drei Linien (von den beiden ^{1}H), also insgesamt 18 Linien. X^2H_2 hat sechs Sätze zu je fünf Linien (von den beiden ^{2}H), also insgesamt 30 Linien [Abschnitt 20.2c].

A20-8 $\ln\left(\dfrac{N_\alpha}{N_\beta}\right) = \dfrac{-g_e \mu_B B}{kT}$ [0.1–2 und 20.2–3].

$$T = \frac{(-2.00) \cdot (9.27 \cdot 10^{-24}\ \text{J T}^{-1}) \cdot (0.800)}{(1.38 \cdot 10^{-23}\ \text{J K}^{-1}) \cdot \ln\left(\dfrac{1}{1.005}\right)}$$

$$= \underline{215\ \text{K}}.$$

A20-9 $v = \frac{\delta\nu \cdot c}{\nu}$ [Beispiel 20–6] $= \frac{30.5 \cdot 10^6 \text{ s}^{-1}}{(26.8 \cdot 10^3 \text{ eV}) \cdot (8.07 \cdot 10^3 \text{ cm}^{-1} \text{ eV}^{-1})}$

$= 0.141 \text{ cm s}^{-1} = \underline{1.41 \text{ mm s}^{-1}}.$

A20-10 Die Relativ-Bewegung von Strahlungsquelle und Probe führt zu einer kleineren Frequenz, folglich ist das Vorzeichen der Verschiebung negativ [Abschnitt 20.3b].

$\delta\nu = -\frac{\nu \cdot v}{c} = -(23.8 \cdot 10^3 \text{ eV}) \cdot (8.07 \cdot 10^3 \text{ cm}^{-1} \text{ eV}^{-1}) \cdot (0.115 \text{ cm s}^{-1})$

$= \underline{-22.1 \text{ MHz}}.$ Es handelt sich also um Sn(IV) [Abschnitt 20.3c].

20-1 $B = \left(\frac{h}{g_I \mu_N}\right) \cdot \nu$ [20.1–3]

$= \left\{\frac{6.62618 \cdot 10^{-34} \text{ J s}}{5.05082 \cdot 10^{-27} \text{ J T}^{-1}}\right\} \cdot \left(\frac{\nu}{g_I}\right)$

$= (1.3119 \cdot 10^{-7} \text{ T s}) \cdot \left(\frac{\nu}{g_I}\right).$

Jetzt stellen wir die folgende Tabelle auf (a) mit $\nu = 60$ MHz, (b) mit $\nu = 300$ MHz.

		^{1}H	^{2}H	^{13}C	^{14}N	^{19}F	^{31}P
g_I		5.5857	0.85745	1.4046	0.40356	5.2567	2.2634
B/T	(a)	1.4	9.2	5.6	19.5	1.5	3.5
	(b)	7.05	45.9	28.0	97.5	7.49	17.4

20-2 $\frac{N_\alpha - N_\beta}{N_\alpha + N_\beta} \approx \frac{g_I \mu_N B}{2kT}$ [20.1–4]

$= \frac{(5.5857 \cdot 5.05082 \cdot 10^{-27} \text{ J T}^{-1}) \cdot B}{2 \cdot (1.38066 \cdot 10^{-23} \text{ J K}^{-1}) \cdot T}$

$= \frac{(1.0217 \cdot 10^{-3} \cdot (B/\text{T})}{T/\text{K}}$

Vorsicht! T in (B/T) ist die Einheit Tesla; T in (T/K) ist die Temperatur.

Mit (a) $T = 4$ K, (b) $T = 300$ K stellen wir jetzt die folgende Tabelle auf:

B/T		0.3	1.5	7.0
$\frac{\delta N}{N}$	(a)	$7.7 \cdot 10^{-5}$	$3.8 \cdot 10^{-4}$	$1.8 \cdot 10^{-3}$
	(b)	$1.0 \cdot 10^{-6}$	$5.1 \cdot 10^{-6}$	$2.4 \cdot 10^{-5}$

20-3 $B = \left(\frac{h}{g_I \mu_N}\right) \cdot \nu$ [20.1–3]

$$= \frac{(1.3119 \cdot 10^{-7}\ \mathrm{T\ s}) \cdot (9 \cdot 10^9\ \mathrm{Hz})}{5.5854} \quad \text{[Aufgabe 20–1]} \quad = 210\ \mathrm{T}.$$

Für die Messung von Protonenresonanz-Spektren verwenden wir deshalb im 9 GHz-Spektrometer eine Feldstärke von <u>210 T</u> und für die Messung von ESR-Spektren im 60 MHz-Spektrometer eine Feldstärke von <u>2.1 mT.</u>

20-4 $g_I = -3.8260.$

$$B = \left(\frac{h}{g_I \mu_N}\right) \cdot \nu \quad [20.1\text{–}3] \quad = \frac{(1.3119 \cdot 10^{-7}\ \mathrm{T\ s}) \cdot (60\ \mathrm{MHz})}{3.8260} = \underline{2.06\ \mathrm{T}} \quad (20.6\ \mathrm{kG}).$$

[Das Vorzeichen von g_I hat auf den Betrag von B keinen Einfluß.]

$$\frac{\delta N}{N} \approx \frac{g_I \mu_N B}{2kT} \quad [20.1\text{–}4]$$

$$= \frac{(-3.8260) \cdot (5.05082 \cdot 10^{-27}\ \mathrm{J\ T^{-1}}) \cdot (2.06\ \mathrm{T})}{2 \cdot (1.381 \cdot 10^{-23}\ \mathrm{J\ K^{-1}}) \cdot (298.15\ \mathrm{K})} = \underline{-5 \cdot 10^{-6}}.$$

Der β-Zustand ($m = -\frac{1}{2}$) liegt wegen $g_I < 0$ tiefer [20.1–1].

20-5 $B_{\mathrm{lokal}} = (1 - \sigma) \cdot B$ [20.1–5]

$\delta B_{\mathrm{lokal}} = \delta\sigma \cdot B = (2.20 \cdot 10^{-6} - 9.80 \cdot 10^{-6}) \cdot B = -7.60 \cdot 10^{-6} \cdot B.$

(a) $\delta B_{\mathrm{lokal}} = -7.60 \cdot 10^{-6} \cdot 1.5\ \mathrm{T} = \underline{-11\ \mu\mathrm{T}}.$

(b) $\delta B_{\mathrm{lokal}} = -7.60 \cdot 10^{-6} \cdot 7.0\ \mathrm{T} = \underline{-53\ \mu\mathrm{T}}.$

20-6 $\delta\nu = \nu \cdot \delta\sigma$ [Abschnitt 20.1b], $|\delta\sigma| = 7.60 \cdot 10^{-6}$.

(a) $\delta\nu = 7.60 \cdot 10^{-6} \cdot 60\ \mathrm{MHz} = \underline{460\ \mathrm{Hz}}.$

(b) $\delta\nu = 7.60 \cdot 10^{-6} \cdot 300\ \mathrm{MHz} = \underline{2.3\ \mathrm{kHz}}.$

20-7 Siehe dazu Abb. 20–1. Wenn man die Frequenz auf 300 MHz erhöht, wird der Abstand der CH_3- und CHO-Linien größer (um den Faktor 5), die Feinstruktur bleibt unverändert, und die Intensität nimmt zu (weil δN anwächst).

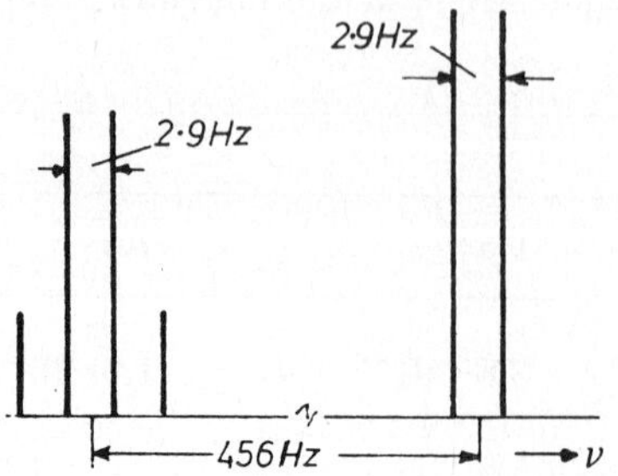

Abb. 20–1

20-8 $|B_{\mathrm{Kern}}| = g_I \mu_N \cdot \left(\frac{\mu_0}{4\pi}\right) \cdot \left(\frac{1}{R^3}\right) \cdot (1 - 3 \cdot \cos^2\vartheta) \cdot m_I$ [20.1–6]

$$= g_I\mu_N \cdot \left(\frac{\mu_0}{4\pi}\right) \cdot \left(\frac{1}{R^3}\right) \quad \text{für } \vartheta = 0 \text{ und } m_I = -\tfrac{1}{2}.$$

$$R = \sqrt[3]{\frac{g_I\mu_N\mu_0}{4\pi B_{\text{Kern}}}}$$

$$= \sqrt[3]{\frac{5.5857 \cdot (5.0508 \cdot 10^{-27}\ \text{J T}^{-1}) \cdot (4\pi \cdot 10^{-7}\ \text{T}^2\ \text{J}^{-1}\ \text{m}^3)}{4\pi \cdot (0.715 \cdot 10^{-3}\ \text{T})}}$$

$$= \sqrt[3]{3.946 \cdot 10^{-30}\ \text{m}^3} = \underline{1.58 \cdot 10^{-10}\ \text{m}\ \ (158\ \text{pm})}.$$

20-9 $\langle B_{\text{Kern}}\rangle = g_I\mu_N \cdot \left(\frac{\mu_0}{4\pi}\right) \cdot \left(\frac{1}{R^3}\right) \cdot m_I \cdot \int_0^{\vartheta_{\max}} (1 - 3 \cdot \cos^2\vartheta) \cdot \sin\vartheta \cdot d\vartheta$

$$= g_I\mu_N \cdot \left(\frac{\mu_0}{4\pi}\right) \cdot \left(\frac{1}{R^3}\right) \cdot m_I \cdot \int_1^{x_{\max}} (1 - 3x^2)dx \quad [x_{\max} = \cos\vartheta_{\max}]$$

$$= g_I\mu_N \cdot \left(\frac{\mu_0}{4\pi}\right) \cdot \left(\frac{1}{R^3}\right) \cdot m_I \cdot \cdot\cos\vartheta_{\max} \cdot (1 - \cos^2\vartheta_{\max})$$

$$= g_I\mu_N \cdot \left(\frac{\mu_0}{4\pi}\right) \cdot \left(\frac{1}{R^3}\right) \cdot m_I \cdot \cdot\cos\vartheta_{\max} \cdot \sin^2\vartheta_{\max}.$$

Für $\vartheta_{\max} = \pi$ wird $\sin\vartheta_{\max} = 0$ und damit $\langle B_{\text{Kern}}\rangle = 0$.

Für $\vartheta_{\max} = 30^0$ wird $\cos\vartheta_{\max} \cdot \sin^2\vartheta_{\max} = 0.217$.

$$|\langle B_{\text{Kern}}\rangle| = \frac{5.5857 \cdot (5.0508 \cdot 10^{-27}\ \text{J T}^{-1}) \cdot (10^{-7}\ \text{T}^2\ \text{J}^{-1}\ \text{m}^3) \cdot (0.217)}{(1.58 \cdot 10^{-10}\ \text{m})^3 \cdot 2}$$

$$= 7.8 \cdot 10^{-5}\ \text{T} = \underline{78\ \mu\text{T}}.$$

20-10 $\tau_J \approx \dfrac{1}{2\pi \cdot \delta\nu}$ [20.1–7] $= \dfrac{1}{2\pi\nu \cdot \delta\sigma}$.

$$\tau_J \approx \frac{1}{2\pi \cdot (60 \cdot 10^6\ \text{Hz}) \cdot (5.2 \cdot 10^{-6} - 4.0 \cdot 10^{-6})} = 2.2 \cdot 10^{-3}\ \text{s}.$$

Die Signale fallen zusammen, wenn die Lebensdauer der beiden Isomeren kleiner als 2 ms ist; das entspricht einer Umwandlungsgeschwindigkeit von $\underline{500\ \text{s}^{-1}}$.

20-11 $\tau_J(280\ \text{K}) = 2.2$ ms [Aufgabe 20–10].

$$\tau_J(300\ \text{K}) = \frac{1}{2\pi \cdot (300 \cdot 10^6\ \text{Hz}) \cdot (1.2 \cdot 10^{-6})} = 4.4 \cdot 10^{-4}\ \text{s}.$$

$$\tau_J = \tau_J^0 \cdot \exp\left(\frac{E_a}{RT}\right), \quad \frac{\tau_J(T')}{\tau_J(T)} = \exp\left\{\left(\frac{E_a}{R}\right) \cdot \left(\frac{1}{T'} - \frac{1}{T}\right)\right\}.$$

$$E_a = \frac{R \cdot \ln\left(\frac{\tau'}{\tau}\right)}{\left(\frac{1}{T'} - \frac{1}{T}\right)}$$

$$= \frac{(8.314\ \text{J K}^{-1}\ \text{mol}^{-1}) \cdot \ln\left(\frac{4.4 \cdot 10^{-4}}{2.2 \cdot 10^{-3}}\right)}{\left(\frac{1}{300\ \text{K}} - \frac{1}{280\ \text{K}}\right)}$$

$= \underline{56 \text{ kJ mol}^{-1}}.$

20.12 $$J(\omega) \propto \text{Re}\left[\int_0^\infty \cos(\omega_0 \cdot t) \cdot \text{e}^{-\frac{t}{\tau}+\text{i}\omega t} \cdot \delta t\right]$$

$$\propto \text{Re}\left[\int_0^\infty \left\{\text{e}^{-\frac{t}{\tau}+\text{i}(\omega+\omega_0)t} + \text{e}^{-\frac{t}{\tau}+\text{i}(\omega-\omega_0)t}\right\} \cdot \text{d}t\right]$$

$$\propto \text{Re}\left[\int_0^\infty \left\{\text{e}^{-\left[\frac{1}{\tau}-\text{i}(\omega+\omega_0)\right]\cdot t} + \text{e}^{-\left[\frac{1}{\tau}-\text{i}(\omega-\omega_0)\right]\cdot t}\right\}\right] \cdot \text{d}t$$

$$\propto \text{Re}\left\{\frac{1}{\frac{1}{\tau} - \text{i}(\omega+\omega_0)} + \frac{1}{\frac{1}{\tau} - \text{i}(\omega-\omega_0)}\right\}$$

$$\propto \frac{\frac{1}{\tau}}{\frac{1}{\tau^2} + (\omega+\omega_0)^2} + \frac{\frac{1}{\tau}}{\frac{1}{\tau^2} + (\omega-\omega_0)^2}.$$

Für $\omega \approx \omega_0$ spielt nur der zweite Term eine Rolle; dann gilt

$$J(\omega) \propto \frac{\tau}{1 + (\omega - \omega_0)^2 \tau^2},$$

das ist eine *Lorentz-Funktion* mit dem Zentrum bei $\omega = \omega_0$, vergl. Abb. 20–2.

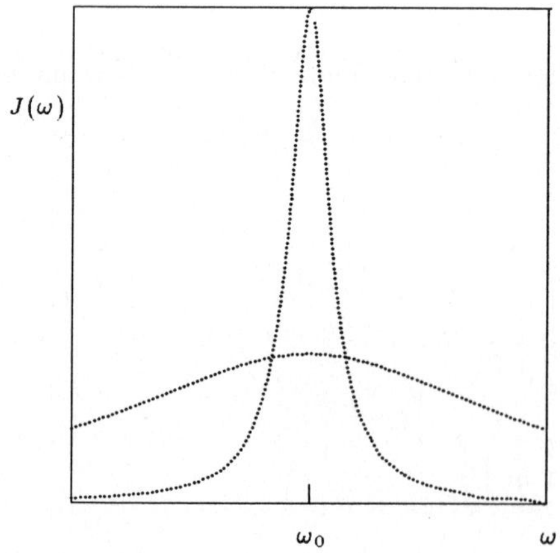

Abb. 20–2

20-13 Für $\omega \approx \omega_1$, ω_2 verwenden wir das Ergebnis von Aufgabe 20–12 und schreiben

$$J(\omega) \propto \frac{A \cdot \tau}{1 + (\omega_1 - \omega_0)^2 \tau^2} + \frac{B \cdot \tau}{1 + (\omega_2 - \omega_0)^2 \tau^2},$$

das entspricht der Summe zweier Lorentz-Funktionen bei ω_1 und ω_2 mit den relativen Intensitäten A und B.

20-14 Wir bilden $G(t) = \Sigma_i A_i \cdot \cos(\omega_i t) \cdot \mathrm{e}^{-\frac{t}{\tau}}$

dabei sind die A_i die relativen Intensitäten und die ω_i die Banden-Mitten. Schließlich tragen wir $G(t)$ gegen t auf.

20-15 $h\nu = g\mu_{\mathrm{B}}B$ [20.2–4]; $\nu = \left(\frac{c}{\lambda}\right)$.

$$B = \frac{hc}{g\mu_{\mathrm{B}}\lambda}$$

$$= \frac{(6.626 \cdot 10^{-34}\ \mathrm{J\ s}) \cdot (2.998 \cdot 10^{8}\ \mathrm{m\ s^{-1}})}{2 \cdot (9.274 \cdot 10^{-24}\ \mathrm{J\ T^{-1}}) \cdot (8 \cdot 10^{-3}\ \mathrm{m})}$$

$$= \underline{1.3\ \mathrm{T\ bzw.}\ 13\ \mathrm{kG.}}$$

20-16 $n = \frac{10^{10}}{N_{\mathrm{A}}} = \frac{10^{10}}{6.022 \cdot 10^{23}\ \mathrm{mol^{-1}}} = 2 \cdot 10^{-14}\ \mathrm{mol\ in}\ \ 1\ \mathrm{cm^3}.$

Bezogen auf ein Volumen von $1\ \mathrm{dm^3}$ ist das

$2 \cdot 10^{-14} \cdot 10^{3}\ \mathrm{mol} = 2 \cdot 10^{-11}\ \mathrm{mol}$. Die Spin-Konzentration ist also

$\underline{2 \cdot 10^{-11}\ \mathrm{mol\ dm^{-3}}}$.

$$N_\beta - N_\alpha = (N_\beta + N_\alpha) \cdot \left\{ \frac{1 - \exp\left(-\frac{2\mu_{\mathrm{B}}B}{kT}\right)}{1 + \exp\left(-\frac{2\mu_{\mathrm{B}}B}{kT}\right)} \right\} \qquad [20.1\text{–}4]$$

$N_\alpha + N_\beta = 2.5 \cdot 10^{14}$, $\mathrm{B} = 0.3\ \mathrm{T}$

[dieses Feld ist typisch für das X-Band, Abschnitt 20.21a].

$$\frac{2\mu_{\mathrm{B}}B}{kT} = \frac{2 \cdot (0.3\ \mathrm{T}) \cdot (9.27 \cdot 10^{-24}\ \mathrm{J\ T^{-1}})}{(1.38 \cdot 10^{-23}\ \mathrm{J\ K^{-1}}) \cdot (298\ \mathrm{K})}$$

$$= 1.35 \cdot 10^{-3}.$$

$$\exp\left(-\frac{2\mu_{\mathrm{B}}B}{kT}\right) = 0.99865.$$

$$N_\beta - N_\alpha \approx (2.5 \cdot 10^{14}) \cdot (6.75 \cdot 10^{-4}) = 1.7 \cdot 10^{11}.$$

$$\frac{N_\beta - N_\alpha}{N_\beta + N_\alpha} = \underline{6.8 \cdot 10^{-4}}.$$

20-17 $\frac{\delta N}{N} = \left\{ \frac{1 - \exp\left(-\frac{2\mu_{\mathrm{B}}B}{kT}\right)}{1 + \exp\left(-\frac{2\mu_{\mathrm{B}}B}{kT}\right)} \right\}$ [20.1–4]

$$\frac{2\mu_B B}{kT} = \frac{2 \cdot (0.3\ \mathrm{T}) \cdot (9.274 \cdot 10^{-24}\ \mathrm{J\ T^{-1}})}{(1.381 \cdot 10^{-23}\ \mathrm{J\ K^{-1}}) \cdot T}$$

$$= \frac{0.4029}{T/\mathrm{K}}.$$

(a) $T = 4$ K, $\frac{2\mu_B B}{kT} = 0.1007$, $\frac{\delta N}{N} = \underline{0.05.}$

(b) $T = 300$ K, $\frac{2\mu_B B}{kT} = 0.0013$, $\frac{\delta N}{N} = \underline{0.0007.}$

20-18 $g = \left(\frac{h\nu}{\mu_B B}\right)$ [20.2–4]. Oft brauchen wir $\frac{h}{\mu_B}$:

$$\frac{h}{\mu_B} = \frac{6.62618 \cdot 10^{-34}\ \mathrm{J\ s}}{9.27408 \cdot 10^{-24}\ \mathrm{J\ T^{-1}}} = 7.14484 \cdot 10^{-11}\ \mathrm{T\ s}.$$

$$g = \frac{(7.14484 \cdot 10^{-11}\ \mathrm{T\ s}) \cdot (9.2231 \cdot 10^{9}\ \mathrm{s^{-1}})}{329.12 \cdot 10^{-3}\ \mathrm{T}} = \underline{2.00224.}$$

20-19 $B = \frac{h\nu}{g\mu_B}$ [20.2–4].

(a) $B = \frac{(7.1448 \cdot 10^{-11}\ \mathrm{T\ s}) \cdot (9.302 \cdot 10^{9}\ \mathrm{s^{-1}})}{2.0025} = \underline{331.9\ \mathrm{mT}}$ (3319 G),

(b) $B = \frac{(7.1448 \cdot 10^{-11}\ \mathrm{T\ s}) \cdot (33.67 \cdot 10^{9}\ \mathrm{s^{-1}})}{2.0025} = \underline{1.201\ \mathrm{T}}$ (12.01 kG).

20-20 $\delta B = B_{\mathrm{lokal}} - B = -\sigma B$ [Abschnitt 20.2b], $g = g_e(1-\sigma)$, $g_e = 2.0023$.

$$B = \frac{(g - g_e)B}{g_e} = \frac{(2.0102 - 2.0023) \cdot B}{2.0023} = 3.9 \cdot 10^{-3}\ B.$$

(a) $B = 3400$ G, $\delta B = 3.9 \cdot 10^{-3} \cdot (3400\ \mathrm{G}) = \underline{13\ \mathrm{G}}$ (1.3 mT).

(b) $B = 12.3$ kG, $\delta B = 3.9 \cdot 10^{-3} \cdot (12.3\ \mathrm{kG}) = \underline{48\ \mathrm{G}}$ 4.8 mT).

20-21 $g = \frac{h\nu}{\mu_B B} = \frac{(7.1448 \cdot 10^{-11}\ \mathrm{T\ s}) \cdot (9.302 \cdot 10^{9}\ \mathrm{s^{-1}})}{B} = \frac{0.6646}{B/\mathrm{T}}.$

(a) $g = \frac{0.6646}{333.64 \cdot 10^{-3}} = \underline{1.9920.}$

(b) $g = \frac{0.6646}{331.94 \cdot 10^{-3}} = \underline{2.0022.}$

20-22 $a = B(2) - B(1)$ [20.2–6] $= 357.3\ \mathrm{mT} - 306.6\ \mathrm{mT} = \underline{50.7\ \mathrm{mT}}$ (507 G).

20-23 $a = B(3) - B(2) = B(2) - B(1)$ [20.2–6]

$$\left.\begin{aligned} B(3)-B(2) &= 334.8\ \mathrm{mT} - 332.5\ \mathrm{mT} = 2.3\ \mathrm{mT} \\ B(2)-B(1) &= 332.5\ \mathrm{mT} - 330.2\ \mathrm{mT} = 2.3\ \mathrm{mT} \end{aligned}\right\}\quad a = \underline{2.3\ \mathrm{mT}.}$$

20-24 g berechnen wir aus der mittleren Linie.

$$g = \frac{h\nu}{\mu_B B} = \frac{(7.1148 \cdot 10^{-11}\ \mathrm{T\ s}) \cdot (9.319 \cdot 10^{9}\ \mathrm{s}^{-1})}{332.5\ \mathrm{mT}} = \underline{2.0025.}$$

Für ein Feld von 1.0 mT und diesen g-Wert erhalten wir die Frequenz

$$\nu = \frac{g\mu_B B}{h} = \frac{2.0025 \cdot (1.0 \cdot 10^{-3}\ \mathrm{T})}{7.1448 \cdot 10^{-11}\ \mathrm{T\ s}} = 2.803 \cdot 10^{7}\ \mathrm{s}^{-1}.$$

Demnach ist eine Kopplungskonstante von 2.3 mT einer Frequenz von $6.4 \cdot 10^{7}\ \mathrm{s}^{-1}$ oder <u>64 MHz</u> äquivalent.

20-25 Zentrum des Spektrums: 332.5 mT.

Proton 1 erzeugt eine Aufspaltung der Linie in zwei Linien mit dem Abstand 2.0 mT symmetrisch zur ursprünglichen Linie; das ergibt zwei Linien bei 331.5 mT und 333.5 mT.

Proton 2 spaltet die eben genannten Linien noch einmal in je zwei Linien auf; das ergibt jetzt Linien bei 331.5 mT ± 1.3 mT und bei 333.5 mT ± 1.3 mT. Das Spektrum besteht also aus <u>vier Linien gleicher Intensität</u> bei den Feldstärken <u>330.2 mT, 332.2 mT, 332.8 mT und 334.8 mT.</u>

20-26 $\tau_J < \dfrac{1}{2\pi \cdot \delta\nu}$ [20.1–7];

$\delta\nu$ entspricht der als Frequenz geschriebenen Differenz $|a(2) - a(1)|$,

mit 1 mT$\hat{=}$28 mHz [Aufg. 20–24] ergibt das

$\delta\nu \approx 0.6 \cdot 2.8 \cdot 10^{7}\ \mathrm{s}^{-1} = 1.7 \cdot 10^{7}\ \mathrm{s}^{-1}$.

$\tau_J \approx \dfrac{1}{2\pi \cdot (1.7 \cdot 10^{7}\ \mathrm{s}^{-1})} = 9.4 \cdot 10^{-9}\ \mathrm{s}$, das entspricht einer

Umwandlungsgeschwindigkeit von $\dfrac{1}{\tau_J} = \underline{1.1 \cdot 10^{8}\ \mathrm{s}^{-1}.}$

20-27 Für CH_3 konstruieren wir Abb.20–3a und für CD_3 Abb. 20–3b.

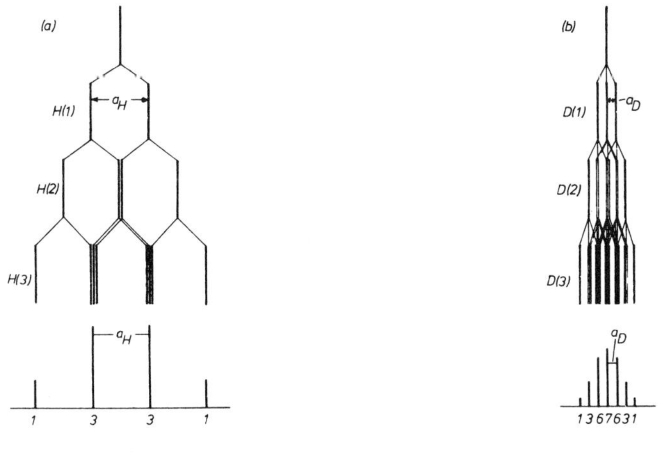

Abb. 20–3

20-28 Siehe dazu Abb. 20–3. Die Breite des CH_3-Spektrums beträgt $3a_H$ bzw. 0.69 mT. Die Aufspaltungen sind den Kern-g-Werten proportional; das ergibt

$$a_D \approx \left(\frac{0.85745}{5.5857}\right) \cdot a_H = 0.1535 \cdot a_H = 0.035 \text{ mT}.$$

Die Breite der ganzen Bande ist $6 \cdot a_D = \underline{0.21 \text{ mT}}.$

20-29 Zuerst berücksichtigen wir die CH_3-Aufspaltung, die zu einem 1:3:3:1-Quartett führt; danach sorgt die CH_2-Gruppe zu einer weiteren Aufspaltung dieser vier Linien jeweils in ein 1:2:1-Triplett. Siehe auch Abb. 20–4.

Beim CD_2 stehen anstelle der vier Tripletts 1:2:3:2:1-Quintetts mit einer um den Faktor 0.1535 kleineren CH_2-Aufspaltung, also mit $a(CH_2) = 0.034$ mT.

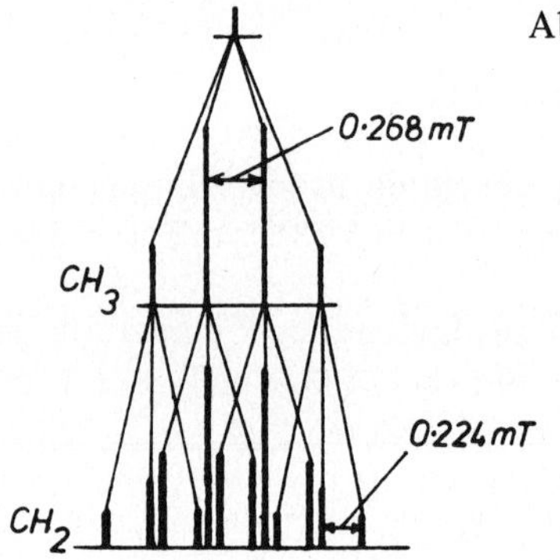

Abb. 20–4

20-30 Zuerst berücksichtigen wir die Aufspaltung aufgrund der beiden äquivalenten Stickstoff-Atome in ein 1:2:3:2:1-Quintett. Die vier äquivalenten Protonen verursachen eine Aufspaltung jeder dieser Linien in ein 1:4:6:4:1-Quintett. Das resultierende Spektrum aus 25 Linien ist in Abb. 20–5 wiedergegeben.

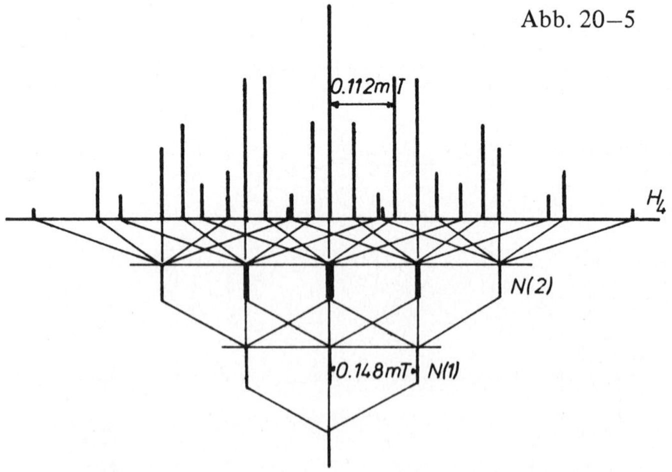

Abb. 20–5

20-31 $P(\text{N2s}) = \dfrac{5.7 \text{ mT}}{55.2 \text{ mT}} = \underline{0.10}$ (10 % der Zeit).

20-32 $P(\mathrm{N2p}) = \dfrac{1.3\ \mathrm{mT}}{3.4\ \mathrm{mT}} = \underline{0.38}$ (38 % der Zeit).

20-33 $P(\mathrm{N}) = P(\mathrm{N2s}) + P(\mathrm{N2p}) = \underline{0.48,}$

$P(\mathrm{O}) = 1 - P(\mathrm{N}) = \underline{0.52.}$

Das Hybridisierungsverhältnis ist $\dfrac{P(\mathrm{N2p})}{P(\mathrm{N2s})} = \dfrac{0.38}{0.10} = \underline{3.8}$ ($sp^{3.8}$)

Das ungepaarte Elektron besetzt also ein Orbital, das einem sp^3-Orbital am Stickstoff ähnelt. Vergl. auch die Diskussion bei Aufgabe 16–24.

$$a'^2 = \frac{1 + \cos\Theta}{1 - \cos\Theta} \quad [16.3\text{–}5]$$

$$b'^2 = 1 - a'^2 = \frac{-2 \cdot \cos\Theta}{1 - \cos\Theta}$$

$$\lambda = \frac{b'^2}{a'^2} = \frac{2 \cdot \cos\Theta}{1 + \cos\Theta}; \quad \cos\Theta = \frac{-\lambda}{2 + \lambda}.$$

Mit $\lambda = 3.8$ ergibt das $\cos\Theta = -0.66$ und $\Theta = \underline{131^0.}$

20-34 Beim (Benzol)$^-$ hat die Hyperfeinstruktur-Kopplungskonstante den Wert 0.375 mT [20.2–7], das ist $\frac{1}{6} \cdot (2.25\ \mathrm{mT})$. Deshalb führt eine Elektronenspin-Dichte von Eins zu einer Hyperfeinstruktur-Aufspaltung von 2.25 mT. Daraus läßt sich die folgende Übersicht konstruieren:

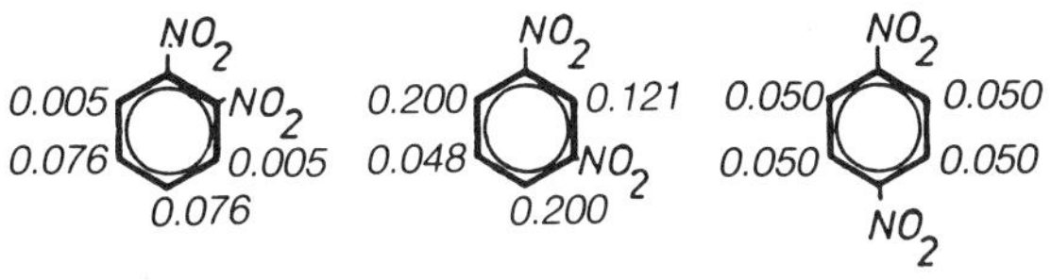

20-35 Wir verwenden für (Benzol)$^-$ denselben Wert wie in Aufgabe 20–34.

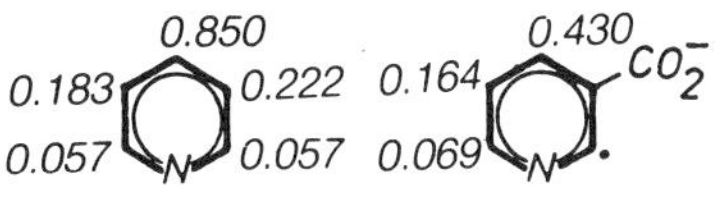

20-36 Eine Rotation um die Bindungsachse moduliert die Hyperfeinstruktur-Kopplung von 113.1 MHz auf 11.2 MHz. Wir verwenden

$$\tau \approx \frac{1}{2\pi \cdot \delta\nu} \quad [20.1\text{–}7].$$

$$\tau_J \approx \frac{1}{2\pi \cdot (113.1 - 11.2) \cdot 10^6\ \mathrm{s}^{-1}} = 1.6 \cdot 10^{-9}\ \mathrm{s}.$$

Das heißt, das Molekül rotiert bei 115 K so schnell um die Parallel-Achse, daß es von einer Orientierung (mit der 113.1-MHz-Hyperfeinstruktur-Kopplung) in die andere (mit 11.2 MHz) in etwa $\underline{1.6 \cdot 10^{-9}\ \mathrm{s}}$ übergeht.

20-37 Impuls des Photons $= \dfrac{h\nu}{c} = -(\text{Impuls des Atoms}) = mv.$

1 keV $= 1.602 \cdot 10^{-16}$ J [erste Einbandinnenseite].

$$v = \frac{h\nu}{mc} = \frac{14.4 \cdot (1.602 \cdot 10^{-16}\ \mathrm{J})}{m \cdot (2.998 \cdot 10^{8}\ \mathrm{m\ s^{-1}})}$$
$$= \frac{7.69 \cdot 10^{-24}\ \mathrm{m\ s^{-1}}}{m/\mathrm{kg}}.$$

(a) $m(^{57}\mathrm{Fe}) = 57 \cdot (1.661 \cdot 10^{-27}\ \mathrm{kg}) = 9.5 \cdot 10^{-26}\ \mathrm{kg};$

$$v = \frac{7.69 \cdot 10^{-24}\ \mathrm{m\ s^{-1}}}{9.5 \cdot 10^{-26}} = \underline{80\ \mathrm{m\ s^{-1}}}.$$

(b) $m(\text{Kristall}) = 1.00 \cdot 10^{-4}\ \mathrm{kg};$

$$v = \frac{7.69 \cdot 10^{-24}\ \mathrm{m\ s^{-1}}}{10^{-4}} = \underline{7.7 \cdot 10^{-20}\ \mathrm{m\ s^{-1}}}.$$

$$\delta\nu = \frac{\nu v}{c}\ \text{[Abschnitt 20.3a]} = \frac{v \cdot 1.602 \cdot 10^{-16}\ \mathrm{J}}{(6.626 \cdot 10^{-34}\ \mathrm{J\ s}) \cdot (2.998 \cdot 10^{8}\ \mathrm{m\ s^{-1}})}$$
$$= (8.06 \cdot 10^{8}\ \mathrm{Hz}) \cdot (v/\mathrm{m\ s^{-1}}).$$

(a) $\delta\nu = (8.06 \cdot 10^{8}\ \mathrm{Hz}) \cdot 80 = \underline{6.5 \cdot 10^{10}\ \mathrm{Hz}}.$

(b) $\delta\nu = \underline{6.2 \cdot 10^{-11}\ \mathrm{Hz}}.$

20-38 In $Na_4Fe(CN)_6$ ist die Umgebung des ^{57}Fe oktaedrisch; deshalb erfolgt keine Quadrupolaufspaltung [Abschnitt 20.3c]. Im $Na_2Fe(CN)_5NO$ ist die Umgebung axialsymmetrisch, und die Resonanzlinie wird in zwei Linien aufgespalten.

20-39 Bei zunehmendem Ionencharakter der Bindung wird der 6s-Charakter kleiner und der Betrag der Isomerenverschiebung größer. Der Ionencharakter nimmt in der Reihe AuI, AuBr, AuCl zu. Siehe dazu auch die angegebene Originalliteratur.

21 Statistische Thermodynamik: Grundlagen

A21-1 $q = \left(\frac{2\pi m}{h^2\beta}\right)^{\frac{3}{2}} \cdot V$ [21.1–15].

(a) $q = \left[\frac{2\pi \cdot (0.120\ \text{kg}) \cdot (1.38 \cdot 10^{-23}\ J/K)}{6.02 \cdot 10^{23}}\right]^{\frac{3}{2}} \cdot \frac{2 \cdot 10^{-6}\ \text{m}^3}{(6.63 \cdot 10^{-34}\ \text{J s})^3} = \underline{2.58 \cdot 10^{27}.}$

(b) $q = 2.58 \cdot 10^{27} \cdot \left(\frac{400\ \text{K}}{300\ \text{K}}\right)^{\frac{3}{2}} = \underline{3.97 \cdot 10^{27}.}$

A21-2 $\frac{4^{\frac{3}{2}}}{2^{\frac{3}{2}}} = \underline{2.83}$ [21.1–15].

A21-3 $q = 3 + \exp\left(-3500\ \text{cm}^{-1} \cdot u\right) + 3 \cdot \exp\left(-4700\ \text{cm}^{-1} \cdot u\right)$ [21.1–10]

mit $u = \frac{hc}{1900 \cdot k} = \frac{1.439\ \text{cm K}}{1900\ \text{K}} = 7.573 \cdot 10^{-4}\ \text{cm}.$

A21-4 $\frac{U - U(0)}{N} = \frac{\varepsilon_1 \cdot \text{e}^{-\varepsilon_1\beta} + 3\varepsilon_2 \cdot \text{e}^{-\varepsilon_2\beta}}{q}$

$$= \frac{(1.986 \cdot 10^{-23}\ \text{J cm}) \cdot \left[3500\ \text{cm}^{-1} \cdot \text{e}^{-2.650} + 3 \cdot (4700\ \text{cm}^{-1}) \cdot \text{e}^{-3.559}\right]}{3.156}$$

$$= 4.08 \cdot 10^{-21}\ \text{J} \mathrel{\hat{=}} \underline{2.46\ \text{kJ mol}^{-1}.}$$

A21-5 $\frac{10}{90} = \text{e}^{-540\ \text{cm}^{-1} \cdot u}$ und $u = 4.07 \cdot 10^{-3}\ \text{cm}$ [21.1–8]

$T = \frac{1.439\ \text{cm K}}{4.07 \cdot 10^{-3}\ \text{cm}} = \underline{354\ \text{K}.}$

A21-6 $13! = 6227020800 \approx 6.227 \cdot 10^9$;

$\exp(13 \cdot \ln 13 - 13) = 6.846 \cdot 10^8$;

$\exp\left(13.5 \cdot \ln 13 - 13 + 0.5 \cdot \ln(2\pi)\right) = 6.187 \cdot 10^9.$

A21-7 $S = nR \cdot \ln\left\{\text{e}^{\frac{5}{2}} \left(\frac{2\pi mkT}{h^2}\right)^{\frac{3}{2}} \cdot \frac{kT}{p}\right\}$ [21.3–11]

$$= (1\ \text{mol}) \cdot (8.314\ \text{J K}^{-1}\ \text{mol}^{-1}) \cdot$$

$$\ln\left\{\frac{e^{\frac{5}{2}}\cdot(2\pi\cdot 20.18\cdot 1.6606\cdot 10^{-27}\ \mathrm{kg})^{\frac{3}{2}}\cdot(1.38\cdot 10^{-23}\ \mathrm{J\ K^{-1}}\cdot 298\ \mathrm{K})^{\frac{5}{2}}}{(6.626\cdot 10^{-34}\ \mathrm{J\ s})^3\cdot(1\cdot 10^5\ \mathrm{N\ m^{-2}})}\right\}$$

$$= (8.314\ \mathrm{J\ K^{-1}})\cdot 17.60 = \underline{146\ \mathrm{J\ K^{-1}}}.$$

A21-8 $\beta\varepsilon = \dfrac{(1.44\cdot 10^{-2}\ \mathrm{m\ K})\cdot(7.32\cdot 10^4\ \mathrm{m^{-1}})}{300\ \mathrm{K}} = 3.51.$ [21.2–4]

$$q = \frac{1}{1-e^{-3.51}} = 1.03.$$

$$\frac{U-U(0)}{T} = \frac{nN_A q\varepsilon\cdot e^{-\beta\varepsilon}}{T}$$

$$= \frac{(12.0\ \mathrm{J\ cm\ mol^{-1}})\cdot(732\ \mathrm{cm^{-1}})\cdot e^{-3.51}\cdot(1.03)}{300\ \mathrm{K}}$$

$$= \underline{0.899\ \mathrm{J\ K^{-1}\ mol^{-1}}}.$$

$$R\ln q = (8.314\ \mathrm{J\ K^{-1}\ mol^{-1}})\cdot\ln(1.03) = 0.246\ \mathrm{J\ K^{-1}\ mol^{-1}},$$

$$S = 0.899 + 0.246 = \underline{1.14\ \mathrm{J\ K^{-1}\ mol^{-1}}}.$$

A21-9 $S = nR\cdot\ln\left\{e^{\frac{5}{2}}\cdot\left(\dfrac{2\pi mkT}{h^2}\right)^{\frac{3}{2}}\cdot\left(\dfrac{kT}{p}\right)\right\}.$ [21.3–11]

$$m = (30.0)\cdot(1.66\cdot 10^{-27}\ \mathrm{kg}) = 4.98\cdot 10^{-26}\ \mathrm{kg}.$$

$$kT = (1.38\cdot 10^{-23}\ \mathrm{J\ K^{-1}})\cdot(298\ \mathrm{K}) = 4.11\cdot 10^{-21}\ \mathrm{J}.$$

$$\frac{2\pi mkT}{h^2} = \frac{(2)\cdot(3.14)\cdot(4.98\cdot 10^{-26}\ \mathrm{kg})\cdot(1.38\cdot 10^{-23}\ \mathrm{J\ K^{-1}})\cdot\cdot(298\ \mathrm{K})}{(6.63\cdot 10^{-34}\ \mathrm{J\ s})^2}$$

$$= 2.93\cdot 10^{21}\ \mathrm{m^{-2}}.$$

$$S = (8.314\ \mathrm{J\ K^{-1}\ mol^{-1}})\cdot\left\{\tfrac{5}{2}+\tfrac{3}{2}\cdot\ln\left(2.93\cdot 10^{21}\ \mathrm{m^{-2}}\right)+\ln\left(4.11\cdot 10^{-21}\ \mathrm{J}\right)-\ln\left(1\cdot 10^5\ \mathrm{Pa}\right)\right\}$$

$$= \underline{151\ \mathrm{J\ K^{-1}\ mol^{-1}}}.$$

[Wenn der Ausdruck unter dem Logarithmus in Gl. 21.3–11 so wie in der letzten Zeile in Summanden aufgelöst wird, müssen genau die SI-Basiseinheiten eingesetzt werden.]

A21-10 $\dfrac{\varepsilon}{kT} = \dfrac{(450\ \mathrm{cm^{-1}})\cdot(12.0\ \mathrm{J\ mol^{-1}\ cm})}{(8.314\ \mathrm{J\ K^{-1}\ mol^{-1}})\cdot(300\ \mathrm{K})}$

$$= 2.17.$$

$$q = 2 + 4\cdot e^{-2.17} = \underline{2.46}.$$

Im höheren Niveau sollte sich im Gleichgewicht befinden der Bruchteil $\frac{4 \cdot e^{-2.17}}{2.46} = 0.186 \mp 0.30$.

21-1 $W = \frac{N!}{n_1!n_2!\ldots}$ [21.1–1]

$N = 5, \quad n_1 = 5$ [d.h. alle 5 Moleküle befinden sich im Niveau mit $j = 1$]

$W = \frac{5!}{5!0!0!\ldots} = \underline{1.}$

21-2

ε_0	$\varepsilon_0 + \varepsilon$	$\varepsilon_0 + 2\varepsilon$	$\varepsilon_0 + 3\varepsilon$	$\varepsilon_0 + 4\varepsilon$	$\varepsilon_0 + 5\varepsilon$	$W = \frac{N!}{n_1!n_2!\ldots}$	
4	0	0	0	0	1	$\frac{5!}{4!0!0!0!0!1!}$	= 5
3	1	0	0	1	0	$\frac{5!}{3!1!0!0!1!0!}$	= 20
3	0	1	1	0	0	$\frac{5!}{3!0!1!1!0!0!}$	= 20
2	2	0	1	0	0	$\frac{5!}{2!2!0!1!0!0!}$	= 30
2	1	2	0	0	0	$\frac{5!}{2!1!2!0!0!0!}$	= 30
1	3	1	0	0	0	$\frac{5!}{1!3!1!0!0!0!}$	= 20
0	5	0	0	0	0	$\frac{5!}{0!5!0!0!0!0!}$	= 1

Die beiden Konfigurationen {2, 2, 0, 1, 0, 0} und {2, 1, 2, 0, 0, 0} sind am wahrscheinlichsten.

21-3 Siehe dazu die Tabelle auf Seite 364.

21-4 Die Gewichte sind in der letzten Spalte der Tabelle bei Aufgabe 21–3 angegeben. Die wahrscheinlichste Konfiguration ist {4, 2, 2, 1, 0, 0, 0, 0, 0} mit dem Gewicht 3780. Die beiden nächsten sind {4, 3, 1, 0, 1, 0, 0, 0, 0, 0} und {3, 4, 1, 1, 0, 0, 0, 0, 0, 0}; beide haben das Gewicht 2520.)

ϵ_0	$\epsilon_o + \epsilon$	$\epsilon_o + 2\epsilon$	$\epsilon_o + 3\epsilon$	$\epsilon_o + 4\epsilon$	$\epsilon_o + 5\epsilon$	$\epsilon_o + 6\epsilon$	$\epsilon_o + 7\epsilon$	$\epsilon_o + 8\epsilon$	$\epsilon_o + 9\epsilon$	W	
8	0	0	0	0	0	0	0	0	1	9!/8!	= 9
7	1	0	0	0	0	0	0	1	0	9!/7!	= 72
7	0	1	0	0	0	0	1	0	0	9!/7!	= 72
7	0	0	1	0	0	1	0	0	0	9!/7!	= 72
7	0	0	0	1	1	0	0	0	0	9!/7!	= 72
6	2	0	0	0	0	0	1	0	0	9!/6!2!	= 252
6	0	2	0	0	1	0	0	0	0	9!/6!2!	= 252
6	0	0	3	0	0	0	0	0	0	9!/6!3!	= 84
6	1	0	0	2	0	0	0	0	0	9!/6!2!	= 252
6	1	1	0	0	0	1	0	0	0	9!/6!	= 504
6	1	0	1	0	1	0	0	0	0	9!/6!	= 504
6	0	1	1	1	0	0	0	0	0	9!/6!	= 504
5	3	0	0	0	0	1	0	0	0	9!/5!3!	= 504
5	0	3	1	0	0	0	0	0	0	9!/5!3!	= 504
5	2	1	0	0	1	0	0	0	0	9!/5!2!	= 1512
5	2	0	1	1	0	0	0	0	0	9!/5!2!	= 1512
5	1	2	0	1	0	0	0	0	0	9!/5!2!	= 1512
5	1	1	2	0	0	0	0	0	0	9!/5!2!	= 1512
4	4	0	0	0	1	0	0	0	0	9!/4!4!	= 630
4	3	1	0	1	0	0	0	0	0	9!/4!3!	= 2520
4	3	0	2	0	0	0	0	0	0	9!/4!3!2!	= 1260
4	2	2	1	0	0	0	0	0	0	9!/4!2!2!	= 3780
3	5	0	0	1	0	0	0	0	0	9!/3!5!	= 504
3	4	1	1	0	0	0	0	0	0	9!/3!4!	= 2520
2	6	0	1	0	0	0	0	0	0	9!/2!6!	= 252
2	5	2	0	0	0	0	0	0	0	9!/2!5!2!	= 756
1	7	1	0	0	0	0	0	0	0	9!/7!	= 72
0	9	0	0	0	0	0	0	0	0	9!/9!	= 1

21-5 $\dfrac{n_j^*}{n_0^*} = \dfrac{\exp[-\beta \cdot (\varepsilon_0 + j\varepsilon)]}{\exp[-\beta\varepsilon_0]}$ [21.1-9]

$= \exp(-\beta j \varepsilon), \quad \beta = \dfrac{1}{kT}.$

$-\beta j \varepsilon = \ln n_j^* - \ln n_0^*$ oder $\ln n_j^* = \ln n_0^* - \dfrac{j\varepsilon}{kT}.$

Wenn man jetzt $\ln n_j^*$ oder $\ln\left(\dfrac{n_j^*}{n_0^*}\right)$ gegen j aufträgt, sollte man eine Gerade mit der Steigung $-\dfrac{\varepsilon}{kT}$ erhalten. Dazu stellen wir die folgende Tabelle auf:

j	0	1	2	3
n_j^*	4	2	2	1
$\ln n_j^*$	1.39	0.69	0.69	0

In Abb. 21–1 sind diese Punkte aufgetragen. Die Steigung der Geraden ist –0.46. (Im thermodynamischen Grenzfall erhält man eine perfekte Gerade.) Wegen $\varepsilon \mathrel{\hat{=}} 50\ \text{cm}^{-1}$ entspricht diese Steigung der Temperatur

$$T = \frac{hc\varepsilon}{0.46 \cdot k} = \frac{(50\ \text{cm}^{-1}) \cdot (2.998 \cdot 10^{10}\ \text{cm s}^{-1}) \cdot (6.26 \cdot 10^{-34}\ \text{J s})}{(0.46 \cdot 1.381 \cdot 10^{-23}\ \text{J K}^{-1})}$$

$= \underline{156\ \text{K}} \approx \underline{160\ \text{K.}}$

Eine bessere Rechnung (siehe Aufgabe 21–6) liefert den Wert 104 K.

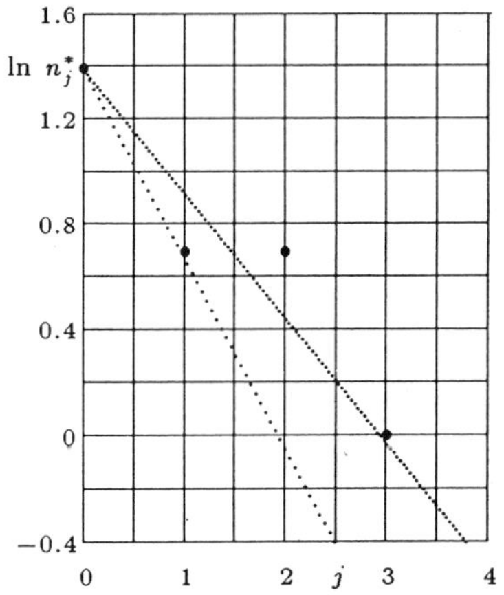

Abb. 21–1

21-6 $U = -N \cdot \dfrac{\mathrm{d}\ln q}{\mathrm{d}\beta}$ [21.1-12 und $U(0) = 0$]; $q = \dfrac{1}{1 - \varepsilon^{-\varepsilon\beta}}$ [21.1-13 und $\varepsilon_0 = 0$].

$$\frac{\mathrm{d}\ln q}{\mathrm{d}\beta} = \left(\frac{1}{q}\right) \cdot \left(\frac{\mathrm{d}q}{\mathrm{d}\beta}\right) = \frac{-\varepsilon \cdot \mathrm{e}^{-\beta\varepsilon}}{1 - \mathrm{e}^{-\beta\varepsilon}}.$$

$$a\varepsilon = \frac{U}{N} = -\frac{\mathrm{d}\ln q}{\mathrm{d}\beta} = \frac{-\varepsilon\cdot \mathrm{e}^{-\beta\varepsilon}}{1-\mathrm{e}^{-\beta\varepsilon}}.$$

Das ergibt $a = \dfrac{\mathrm{e}^{-\beta\varepsilon}}{1-\mathrm{e}^{-\beta\varepsilon}}$, $\mathrm{e}^{-\beta\varepsilon} = \dfrac{a}{1+a}$ und $\underline{\beta = \left(\dfrac{1}{\varepsilon}\right)\cdot \ln\left\{1+\left(\dfrac{1}{a}\right)\right\}}$.

Für $a = 1$ ist $\beta = \dfrac{1}{kT} = \left(\dfrac{1}{\varepsilon}\right)\cdot \ln 2$ und $T = \dfrac{\varepsilon}{k\ln 2}$.

Dann wird für $\varepsilon \mathrel{\hat{=}} 50\ \mathrm{cm}^{-1} = 9.93\ 10^{-22}$ J [erste Einbandinnenseite]

$$T = \frac{993\cdot 10^{-22}\ \mathrm{J}}{1.381\cdot 10^{-23}\ \mathrm{J\ K}^{-1}}\cdot \ln 2 = \underline{104\ \mathrm{K.}}$$

$$q = \frac{1}{1-\mathrm{e}^{-\beta\varepsilon}} = \frac{1}{1-\dfrac{a}{1+a}} = \underline{1+a.}$$

In unserem Fall ergibt das $q = 2$.

21-7 Wir wählen eine Verteilung mit dem Gewicht 2520 und eine mit dem Gewicht 504 aus und stellen die folgende Tabelle auf.

	j	0	1	2	3	4
$W = 2520$	n_j	4	3	2	0	1
	$\ln n_j$	1.39	1.10	0	$-\infty$	0
$W = 504$	n_j	6	0	1	1	1
	$\ln n_j$	1.79	$-\infty$	0	0	0

Man erhält dabei sehr stark gekrümmte Kurven.

21-8 $q = \sum_i \mathrm{e}^{-\beta\varepsilon_i}$ [21.1–10]

$$= \sum_i \varepsilon^{-\beta\varepsilon_0}\cdot \mathrm{e}^{-i\beta\varepsilon} = \frac{\mathrm{e}^{-\beta\varepsilon_0}}{1-\mathrm{e}^{-\beta\varepsilon}}$$

$q = \dfrac{1}{1-\mathrm{e}^{-\beta\varepsilon}}$. Für $T = 104$ K ist $\dfrac{kT}{hc} = 72.3\ \mathrm{cm}^{-1}$.

$$q(104\ \mathrm{K}) = \frac{1}{1-\exp\left(-\dfrac{50}{72.3}\right)} = 2.00.$$

$$q(100\ \mathrm{K}) = \frac{1}{1 - \exp\left(-\dfrac{50}{72.3} \cdot \dfrac{104}{100}\right)} = 1.95.$$

$$q(108\ \mathrm{K}) = \frac{1}{1 - \exp\left(-\dfrac{50}{72.3} \cdot \dfrac{104}{108}\right)} = 2.06.$$

Eine numerische Abschätzung ergibt

$$\frac{\mathrm{d}\ln q}{\mathrm{d}\beta} = \left(\frac{1}{q}\right) \cdot \left(\frac{\mathrm{d}q}{\mathrm{d}\beta}\right) \approx \left(\frac{1}{2.00}\right) \cdot \left\{\frac{2.06 - 1.95}{\left(\dfrac{1}{k}\right) \cdot \left(\dfrac{1}{108\ \mathrm{K}} - \dfrac{1}{100\ \mathrm{K}}\right)}\right\}$$

$$\approx -10.3 \cdot 10^{-21}\ \mathrm{J} \quad \text{und}$$

$$\varepsilon_0 + a\varepsilon = -\frac{\mathrm{d}\ln q}{\mathrm{d}\beta} \approx 1.03 \cdot 10^{-21}\ \mathrm{J} \mathrel{\hat{=}} 52\ \mathrm{cm}^{-1}.$$

Für eine analytische Lösung schreiben wir

$$-\frac{\mathrm{d}\ln q}{\mathrm{d}\beta} = -\left(\frac{1}{q}\right) \cdot \left(\frac{\mathrm{d}q}{\mathrm{d}\beta}\right) = \frac{\varepsilon \cdot \mathrm{e}^{-\beta\varepsilon}}{1 - \mathrm{e}^{-\beta\varepsilon}}$$

$$= \frac{(50\ \mathrm{cm}^{-1}) \cdot \exp\left(-\dfrac{50}{72.3}\right)}{1 - \exp\left(-\dfrac{50}{72.3}\right)} = 50\ \mathrm{cm}^{-1}.$$

Die mittlere Energie ist also $\varepsilon_0 + 50\ \mathrm{cm}^{-1}$. Die zu dieser Temperatur gehörende Steigung ist in Abb. 21–1 mit eingezeichnet.

21-9 Es geht um die Nicht-Unterscheidbarkeit der Teilchen [Abschnitt 21.2b].

(a) Ja; die Atome sind ununterscheidbar und können sich frei bewegen.

(b) Ja; wie bei (a), nur für Moleküle.

(c) Nein; die Atome sind zwar alle gleich, aber weil sie fest in ein Gitter eingebaut sind, lassen sie sich indizieren.

(d) Ja; wie bei (b).

(e) Nein; wie bei (c).

(f) Ja; die Elektronen sind alle gleich und frei beweglich.

(g) Der Faktor $N!$ ist nur eine Näherung für hohe Temperaturen. Allgemein ist die korrekte Fermi-Dirac-Statistik zu verwenden, insbesondere für ein Elektronengas in einem Metall.

21-10 $q = \left(\dfrac{2\pi m}{h^2\beta}\right)^{\frac{3}{2}} \cdot V$ [21.1–15], $\beta = \dfrac{1}{kT}$

$$= \left\{ \frac{2\pi \cdot (6.64 \cdot 10^{-26}\ \text{kg}) \cdot (1.381 \cdot 10^{-23}\ \text{J K}^{-1}) \cdot T}{(6.626 \cdot 10^{-34}\ \text{J s})^2} \right\}^{\frac{3}{2}} \cdot (10^{-6}\ \text{m}^3)$$

$$= 4.76 \cdot 10^{22} \cdot (T/\text{K})^{\frac{3}{2}}.$$

(a) $T = 100$ K, $q = \underline{4.76 \cdot 10^{25}}.$

(b) $T = 298$ K, $q = \underline{2.45 \cdot 10^{26}}.$

(c) $T = 10000$ K, $q = \underline{4.76 \cdot 10^{28}}.$

(d) $T = 0$, $q = \underline{1}$ [alle Moleküle sind im untersten Energiezustand].

21-11 $q_x = \sum_{n=1}^{\infty} \exp\left(-\frac{(n-1)^2 h^2 \beta}{8mX^2}\right)$ [Abschnitt 21.e], $q = q_x q_y q_z.$

Der Energieabstand zwischen benachbarten Niveaus ist

$\frac{(n+1)^2 h^2}{8mX^2} - \frac{n^2 h^2}{8mX^2} = \frac{(2n+1) \cdot h^2}{8mX^2}$ und hat die Größenordnung $\frac{h^2}{mX^2}$.

Die mittlere Energie hat die Größenordnung kT, d. h. für $\frac{h^2}{mX^2 kT} \ll 1$ sind viele Niveaus besetzt.

Wenn die Ungleichung nicht gilt, muß man explizit aufsummieren.

Für $q = 10$ erhalten wir [vgl. Aufgabe 21–10]

$$T = \left(\frac{10}{4.76 \cdot 10^{22}}\right)^{\frac{2}{3}} \text{K} = \underline{3.5 \cdot 10^{-15}\ \text{K}}.$$

Bei dieser Temperatur gilt

$$\frac{h^2}{8mX^2} = \frac{(6.626 \cdot 10^{-34}\ \text{J s})^2}{8 \cdot (6.64 \cdot 10^{-26}\ \text{K}) \cdot (1.381 \cdot 10^{-23}\ \text{K}^{-1}) \cdot (3.5 \cdot 10^{-15}\ \text{K}) \cdot (10^{-2}\ \text{m})^2} = 0.17.$$

Dann ist $q_x = \sum_{n=1}^{\infty} \exp\left(-0.17 \cdot (n-1)^2\right) = 1.00 + 0.84 + 0.51 + 0.22 + 0.07 + \ldots = 2.65.$

$q_y = q_z = q_x \quad q = q_x q_y q_z = (2.65)^3 = \underline{18.60}.$

21-12 $q = \sum_j \mathrm{e}^{-\beta\varepsilon_j}$ [21.1–10].

Bei 298 K ist $\frac{1}{\beta hc} = 207\ \text{cm}^{-1}$, bei 5000 K $\frac{1}{\beta hc} = 3475\ \text{cm}^{-1}$.

$$q(298\ \text{K}) = 5 + 3 \cdot \exp\left(-\frac{4751}{207}\right) + \exp\left(-\frac{4707}{207}\right) + 5 \cdot \exp\left(-\frac{10559}{207}\right)$$

$$= 5 + 3.2 \cdot 10^{-10} + 1.3 \cdot 10^{-10} + 2.7 \cdot 10^{-22} = \underline{5.00}.$$

$$q(5000\ \text{K}) = 5 + 3 \cdot \exp\left(-\frac{4751}{3475}\right) + \exp\left(-\frac{4707}{3475}\right) + 5 \cdot \exp\left(-\frac{10559}{3475}\right)$$

$$= 5 + 0.76 + 0.26 + 0.24 = \underline{6.25.}$$

21-13 $P_j = \left(\frac{1}{q}\right) \cdot \mathrm{e}^{-\varepsilon_j \beta}$ [21.1–11]

$$P_0 = \frac{1}{q} = \text{(a)}\ \frac{1}{5.00} = 0.20, \quad \text{(b)}\ \frac{1}{6.25} = 0.16.$$

Das Grundniveau ist aber fünffach entartet, und jeder seiner Zustände ist gleich besetzt. Das ergibt

(a) $P_0 = \underline{1.00,}$ (b) $P_0 = 5 \cdot 0.16 = \underline{0.80.}$

$$P_1 = \frac{\exp\left(-\frac{4751}{207}\right)}{5.00} = 2.15 \cdot 10^{-11}\text{; aber dieses Niveau ist dreifach entartet:}$$

(a) $P_1 = 3 \cdot 2.15 \cdot 10^{-11} = \underline{6.5 \cdot 10^{-11}.}$

(b) $P_1 = \dfrac{3 \cdot \exp\left(-\frac{4751}{3475}\right)}{6.25} = \underline{0.12.}$

21-14 Die Energieangaben beziehen sich auf den Grundzustand.

$$q = \sum_j \mathrm{e}^{-\beta\varepsilon_j} = \sum_j \exp\left\{-(\beta hc) \cdot \left(\frac{\varepsilon_j}{hc}\right)\right\}$$

$$= 2 + 2 \cdot \exp\left\{-\beta hc \cdot (121.1\ \text{cm}^{-1})\right\}$$

$$\beta hc = \frac{hc}{kT} = \frac{(6.626 \cdot 10^{-34}\ \text{J s}) \cdot (2.998 \cdot 10^{10}\ \text{cm s}^{-1})}{(1.381 \cdot 10^{-23}\ \text{J K}^{-1}) \cdot T}$$

$$= \frac{1.438}{T/\text{K}}.$$

$$q = 2 + 2 \cdot \exp\left(-\frac{174.4}{T/\text{K}}\right).$$

Diese Funktion ist in Abb. 21–2 aufgetragen.

Bei 298 K, $q = 3.11$ und $P_0 = \frac{1}{q} = 0.32$ ist

$$P_1 = \frac{\exp\left(-\frac{174.4}{298}\right)}{q} = 0.18.$$ Diese Niveaus sind aber zweifach entartet,

deshalb sind bei 298 K die Besetzungszahlen $2 \cdot 0.32 = \underline{0.64}$ für den unteren und $2 \cdot 0.18 = \underline{0.36}$ für den oberen Zustand.

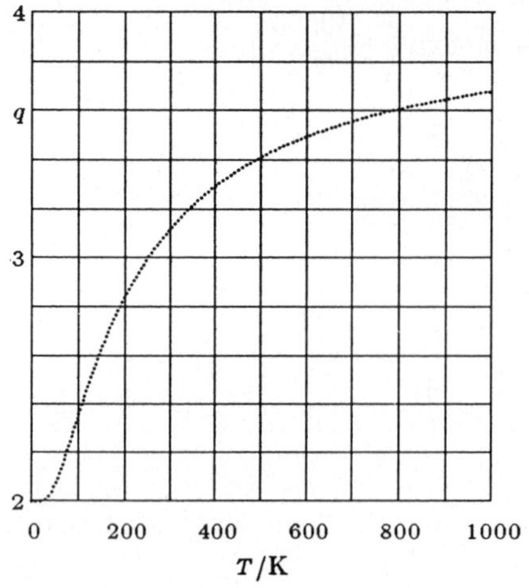

Abb. 21–2

21-15 $U - U(0) = N \cdot \left(\frac{\partial \ln q}{\partial \beta}\right)_V$ [21.1–12] $= -\left(\frac{N}{q}\right) \cdot \left(\frac{\partial q}{\partial \beta}\right)_V$

$$= -\left(\frac{N}{q}\right) \cdot \left(\frac{\partial}{\partial \beta}\right)_V \{2 + 2 \cdot e^{-\beta hc\tilde{\nu}}\} \quad [\tilde{\nu} = 121.1 \text{ cm}^{-1}]$$

$$= -\left(\frac{N}{q}\right) \cdot \{-2hc\tilde{\nu} \cdot e^{-\beta hc\tilde{\nu}}\}$$

$$= \frac{Nhc\tilde{\nu} \cdot e^{-\beta hc\tilde{\nu}}}{1 + e^{-\beta hc\tilde{\nu}}}.$$

$$\frac{U - U(0)}{Nhc} = \frac{(121.1 \text{ cm}^{-1}) \cdot \exp\left(-\frac{174.4}{T/\text{K}}\right)}{1 + \exp\left(-\frac{174.4}{T/\text{K}}\right)}$$

Bei $T = 298$ K ergibt das

$$\frac{U - U(0)}{Nhc} = \frac{(121.1 \text{ cm}^{-1}) \cdot \exp\left(-\frac{174.4}{298}\right)}{1 + \exp\left(-\frac{174.4}{298}\right)} = 43.3 \text{ cm}^{-1}.$$

Daraus folgt für die molare Innere Energie

$$U - U(0) = (43.3 \text{ cm}^{-1}) \cdot (6.26 \cdot 10^{-34} \text{ J s}) \cdot (2.998 \cdot 10^{10} \text{ cm s}^{-1}) \cdot (6.022 \cdot 10^{23} \text{ mol}^{-1})$$

$$= \underline{0.518 \text{ kJ mol}^{-1}}.$$

21-16 $q = \sum_j e^{-\beta \varepsilon_j}$ [21.1–10]

(a) 100 K, $\frac{1}{\beta hc} = 69.50 \text{ cm}^{-1}$ [erste Einbandinnenseite].

$$q = 1 + \exp\left(-\frac{213.30}{69.50}\right) + \exp\left(-\frac{425.39}{69.50}\right) + \exp\left(-\frac{636.27}{69.50}\right) +$$

$$+\exp\left(-\frac{845.93}{69.50}\right) + \exp\left(-\frac{1054.38}{69.50}\right) = \underline{1.049.}$$

(b) 298.15 K, $\frac{1}{\beta hc} = 207.22\ \mathrm{cm}^{-1}$ [erste Einbandinnenseite].

$$q = 1 + \exp\left(-\frac{213.30}{207.22}\right) + \exp\left(-\frac{425.39}{207.22}\right) + \exp\left(-\frac{636.27}{207.22}\right) +$$

$$+\exp\left(-\frac{845.93}{207.22}\right) + \exp\left(-\frac{1054.38}{207.22}\right) = \underline{1.56.}$$

21-17 $P_0 = \frac{1}{q} =$ (a) $\underline{0.9535}$, (b) $\underline{0.6430.}$

$$P_1 = (\mathrm{a})\ \frac{\exp\left(-\frac{213.30}{69.50}\right)}{1.0488} = \underline{0.2298,}$$

$$= (\mathrm{b})\ \frac{\exp\left(-\frac{213.30}{207.22}\right)}{1.5553} = \underline{0.0443.}$$

$$P_2 = (\mathrm{a})\ \frac{\exp\left(-\frac{425.39}{69.50}\right)}{1.0488} = \underline{0.0021,}$$

$$= (\mathrm{b})\ \frac{\exp\left(-\frac{425.39}{207.22}\right)}{1.5553} = \underline{0.0826.}$$

21-18 $U - U(0) = N \sum_j \frac{\varepsilon_j \cdot \mathrm{e}^{-\beta\varepsilon_j}}{q}$

$$\frac{U - U(0)}{Nhc} = \{0 + 213.30 \cdot P_1 + 425.39 \cdot P_2 + 636.27 \cdot P_3 + 845.93 \cdot P_4 + 1054.38 \cdot P_5\}\ \mathrm{cm}^{-1}$$

Bei 100 K ist $P_1 = 0.0443$, $P_2 = 0.0021$, $P_3 = 1.01 \cdot 10^{-4}$,

$P_4 = 4.95 \cdot 10^{-6}$, $P_5 = 2.47 \cdot 10^{-7}$; $\frac{U - U(0)}{Nhc} = 10.41\ \mathrm{cm}^{-1}$.

$U_\mathrm{m} - U_\mathrm{m}(0) = (10.41\ \mathrm{cm}^{-1}) \cdot N_\mathrm{A} hc = \underline{125\ \mathrm{J\ mol}^{-1}.}$

Bei 298 K ist $P_1 = 0.2298$, $P_2 = 0.0826$, $P_3 = 0.0299$, $P_4 = 0.0109$, $P_5 = 0.0040$ und

$\frac{U - U(0)}{Nhc} = 116.6\ \mathrm{cm}^{-1}$.

$U_\mathrm{m} - U_\mathrm{m}(0) = (116.6\ \mathrm{cm}^{-1}) \cdot N_\mathrm{A} hc = \underline{1.40\ \mathrm{kJ\ mol}^{-1}.}$

21-19 $q = \sum_j \mathrm{e}^{-\beta\varepsilon_j} = 1 + \mathrm{e}^{-2\mu_\mathrm{B} B\beta}$,

die Energien werden vom unteren Spinzustand aus gemessen.

$$-\left(\frac{\partial \ln q}{\partial \beta}\right)_V = -\left(\frac{1}{q}\right)\cdot\left(\frac{\partial}{\partial \beta}\right)_V \{1+\mathrm{e}^{-2\mu_\mathrm{B}B\beta}\} = \left(\frac{2\mu_\mathrm{B}B}{q}\right)\cdot \mathrm{e}^{-2\mu_\mathrm{B}B\beta},$$

$$\langle\varepsilon\rangle = -\left(\frac{\partial \ln q}{\partial \beta}\right)_V = \left\{\frac{2\mu_\mathrm{B}B\cdot \mathrm{e}^{-2\mu_\mathrm{B}B\beta}}{1+\mathrm{e}^{-2\mu_\mathrm{B}B\beta}}\right\}.$$

Mit der Abkürzung $x = 2\mu_\mathrm{B}B\beta = \frac{2\mu_\mathrm{B}B}{kT}$ erhalten wir $\frac{\langle\varepsilon\rangle}{2\mu_\mathrm{B}B} = \frac{\mathrm{e}^{-x}}{1+\mathrm{e}^{-x}}$.

Trägt man die Funktion auf der rechten Seite der letzten Gleichung graphisch auf, so erhält man ein universell verwendbares Diagramm. Die relativen Besetzungszahlen sind

$$P_0 = \frac{1}{q} = \frac{1}{1+\mathrm{e}^{-x}}, \quad P_1 = \frac{\mathrm{e}^{-x}}{1+\mathrm{e}^{-x}} \text{ und } \frac{P_1}{P_2} = \mathrm{e}^{-x}.$$

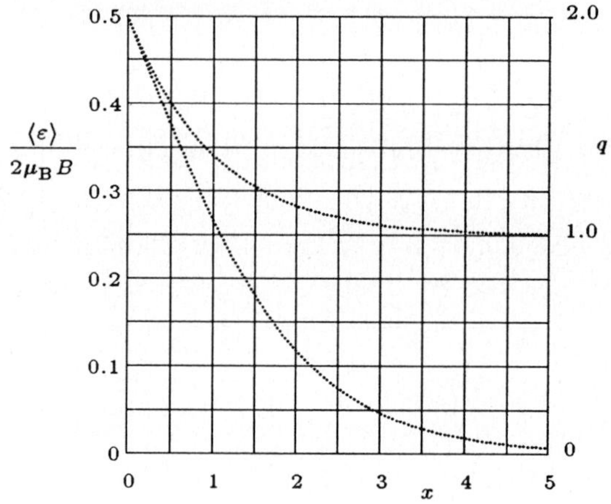

Abb. 21–3

Mit $B = 300$ mT (3 kG) erhalten wir

$$x = \frac{2\cdot(9.274\cdot 10^{-24}\ \mathrm{J\ T^{-1}})\cdot(0.3\ \mathrm{T})}{(1.381\cdot 10^{-23}\ \mathrm{J\ K^{-1}})\cdot T} = \frac{0.403}{T/\mathrm{K}}.$$

(a) $T = 4$ K: $\frac{P_1}{P_0} = \mathrm{e}^{-0.101} = \underline{0.904.}$

(b) $T = 298$ K: $\frac{P_1}{P_0} = \mathrm{e}^{-0.001} = \underline{0.999.}$

21-20 $q = \sum_j \mathrm{e}^{-\beta\varepsilon_j} = 1+\mathrm{e}^{-x}+\mathrm{e}^{-2x}, \quad x = g_\mathrm{I}\mu_N B\beta.$

$$\left(\frac{\partial q}{\partial \beta}\right)_V = g_\mathrm{I}\mu_N B\cdot\left(\frac{\partial q}{\partial x}\right)_V = g_\mathrm{I}\mu_N B\cdot\{-\mathrm{e}^{-x}-2\cdot\mathrm{e}^{-2x}\}.$$

$$\langle\varepsilon\rangle = -\left(\frac{1}{q}\right)\cdot\left(\frac{\partial q}{\partial \beta}\right)_V = g_\mathrm{I}\mu_N B\cdot\frac{\mathrm{e}^{-x}+2\cdot\mathrm{e}^{-2x}}{1+\mathrm{e}^{-x}+\mathrm{e}^{-2x}}.$$

In dieser Formel ist die Energie des untersten Niveaus gleich Null gesetzt. Wenn man das mittlere Niveau mit $m_\mathrm{I} = 0$ als Energie-Null wählt, braucht man nur die Energiedifferenz $g_\mathrm{I}\mu_N B$ abzuziehen:

$$\langle\varepsilon\rangle = g_I \mu_N B \cdot \left\{ \frac{e^{-x} + 2 \cdot e^{-2x}}{1 + e^{-x} + e^{-2x}} - 1 \right\}$$

$$= -g_I \mu_N B \cdot \left\{ \frac{1 - e^{-2x}}{1 - e^{-x} + e^{-2x}} \right\}.$$

Für ^{14}N ist $g_I = 0.40356$ [Tabelle 20–1], $\mu_N = 5.051 \cdot 10^{-27}$ J T^{-1} [erste Einbandinnenseite]

und (bei 4 K) $\beta = \dfrac{1}{(1.381 \cdot 10^{-23}\ \mathrm{J\ K^{-1}}) \cdot 4\ \mathrm{K}} = 1.810 \cdot 10^{22}\ \mathrm{J^{-1}}$. Das ergibt

$x = 0.40356 \cdot (5.051 \cdot 10^{-27}\ \mathrm{J\ T^{-1}}) \cdot (1.810 \cdot 10^{22}\ \mathrm{J^{-1}}) \cdot B = 3.69 \cdot 10^{-5} \cdot (B/\mathrm{T})$.

Für $B = 1.4$ T (14 kG) folgt daraus

$x = 3.69 \cdot 10^{-5} \cdot 1.4 = 5.17 \cdot 10^{-5}$ und $q = 2.99985$.

21-21 $\dfrac{P_1}{P_0} = e^{-\varepsilon\beta}$ mit $\varepsilon = E_1 - E_0$.

E_0 ist die Energie des unteren Zustandes und E_1 die des oberen. Damit ist ε positiv. Weil immer $e^{-\varepsilon\beta} > 1$ ist, muß $P_1 > P_0$ gelten, wenn $\varepsilon\beta$ negativ sein soll. Deshalb wird β negativ, wenn ε positiv ist. Ein β-Wert, der zu $\dfrac{P_1}{P_0} < 1$ gehört, entspricht damit einer normalen Gleichgewichtsverteilung, wie wir sie von einem thermischen Gleichgewicht her kennen. Jetzt wollen wir uns eine neue Verteilung vorstellen, bei der die ursprüngliche Verteilung gerade umgekehrt (invertiert) ist: $\dfrac{P_1'}{P_0'} = \dfrac{P_0}{P_1}$. Dann wird die neue (negative) Temperatur β' durch

$$\frac{P_1'}{P_0'} = e^{-\beta'\varepsilon} = \frac{P_0}{P_1} = \frac{1}{e^{-\beta\varepsilon}} = e^{\beta\varepsilon}$$

gegeben. Das ergibt $\beta' = -\beta$ und $T' = -T$. Daraus folgen die Temperaturen (a) $\underline{-298\ \mathrm{K}}$, (b) $\underline{-10\ \mathrm{K}}$ und (c) $\underline{-0\ \mathrm{K}}$. [Achten Sie auf den Sprung zwischen $T = -0$ K und $T = +0$ K.]

21-22 Entweder sind nur zwei Niveaus besetzt und ihre Besetzung kann durch ein negatives β beschrieben werden, oder die Besetzungen der drei Niveaus verhalten sich so, daß sie durch ein einziges negatives β beschrieben werden können. Das ist immer möglich, aber nur wenn die Abstände der Niveaus gleich sind, entspricht die neue Besetzung direkt einer Umkehrung (Inversion) der ursprünglichen Besetzung, bei der sich an dem mittleren Niveau nichts ändert.

21-23 $\dfrac{S}{Nk} = \dfrac{U - U(0)}{NkT} + \ln q$ [21.3–8; $Q = q^N$].

$= a\beta\varepsilon + \ln q$ [Aufgabe 21–6]

$= a \ln\left(1 + \dfrac{1}{a}\right) + \ln(1 + a)$ [Aufgabe 21–6]

$= (1 + a) \cdot \ln(1 + a) - a \cdot \ln a.$

Mit der mittleren Energie $\varepsilon_0 + \varepsilon$ erhalten wir $a = 1$ [Aufgabe 21–6] und damit $\dfrac{S}{Nk} = \underline{2 \cdot \ln 2.}$

21-24 $S = \dfrac{U - U(0)}{T} + k \cdot \ln Q \quad [21.3\text{–}8]$

$Q = q^N$ [ohne den Faktor $N!$, denn hier geht es nicht um einen Beitrag der Translation].

$$S = \frac{U - U(0)}{T} + Nk \cdot \ln q; \qquad S_\mathrm{m} = \frac{U_\mathrm{m} - U_\mathrm{m}(0)}{T} + R \cdot \ln q.$$

$q(298\ \mathrm{K}) = 5.00, \quad q(5000\ \mathrm{K}) = 6.25$ [Aufgabe 21–12].

$U - U(0)$ können wir direkt aufsummieren:

$$U - U(0) = \left(\frac{N}{q}\right) \cdot \sum_j \varepsilon_j \cdot \mathrm{e}^{-\beta\varepsilon_i}.$$

Bei 298 K gilt

$$\frac{U_\mathrm{m} - Um(0)}{N_\mathrm{A}hc} = \left(\frac{1}{5.00}\right) \cdot \left\{0 + 3 \cdot (4751\ \mathrm{cm}^{-1}) \cdot \exp\left(-\frac{4751}{207}\right) + \right.$$
$$\left. + (4707\ \mathrm{cm}^{-1}) \cdot \exp\left(-\frac{4707}{207}\right) + \ldots\right\} = 4.32 \cdot 10^{-7}\ \mathrm{cm}^{-1}.$$

$$U_\mathrm{m} - U_\mathrm{m}(0) = (4.32 \cdot 10^{-7}\ \mathrm{cm}^{-1}) \cdot (6.022 \cdot 10^{23}\ \mathrm{mol}^{-1}) \cdot (6.26 \cdot 10^{-34}\ \mathrm{J\ s}) \cdot (2.998 \cdot 10^{10}\ \mathrm{cm\ s}^{-1})$$
$$= 4.88 \cdot 10^{-6}\ \mathrm{mol}^{-1}.$$

Bei 5000 K gilt

$$\frac{U_\mathrm{m} - U_\mathrm{m}(0)}{N_\mathrm{A}hc} = \left(\frac{1}{6.25}\right) \cdot \left\{0 + 3 \cdot (4751\ \mathrm{cm}^{-1}) \cdot \exp\left(-\frac{4751}{3475}\right) + (4707\ \mathrm{cm}^{-1}) \cdot \exp\left(-\frac{4707}{3475}\right) + \right.$$
$$\left. + 5 \cdot (10559\ \mathrm{cm}^{-1}) \cdot \exp\left(-\frac{10559}{3475}\right) + \ldots\right\} = 1178\ \mathrm{cm}^{-1}.$$

$U_\mathrm{m} - U_\mathrm{m}(0) = (1178\ \mathrm{cm}^{-1}) \cdot N_\mathrm{A}hc = 14.10\ \mathrm{kJ\ mol}^{-1}$. Daraus folgt

$$S_\mathrm{m}(298\ \mathrm{K}) = \frac{4.88 \cdot 10^{-6}\ \mathrm{J\ mol}^{-1}}{298\ K} + (8.314\ \mathrm{J\ K}^{-1}\ \mathrm{mol}^{-1}) \cdot \ln 5.00 = \underline{13.38\ \mathrm{J\ K}^{-1}\ \mathrm{mol}^{-1}}$$

[praktisch gleich $R \cdot \ln 5$].

$$S_\mathrm{m}(5000\ \mathrm{K}) = \frac{1410\ \mathrm{kJ\ mol}^{-1}}{5000\ \mathrm{K}} + (8.314\ \mathrm{J\ K}^{-1}\ \mathrm{mol}^{-1}) \cdot \ln 6.25 = \underline{18.07\ \mathrm{J\ K}^{-1}\ \mathrm{mol}^{-1}.}$$

21-25 $q = 2 + 2 \cdot \exp\left(\dfrac{-174.4}{T/\mathrm{K}}\right)$ [Aufgabe 21–14]

$$U_\mathrm{m} - U_\mathrm{m}(0) = \frac{N_\mathrm{A}hc \cdot (121.1\ \mathrm{cm}^{-1}) \cdot \exp\left(\dfrac{-174.4}{T/\mathrm{K}}\right)}{1 + \exp\left(\dfrac{-174.4}{T/\mathrm{K}}\right)} \quad \text{[Aufgabe 21–15].}$$

$(121.1\ \mathrm{cm}^{-1}) \cdot N_\mathrm{A}hc = 1.449\ \mathrm{kJ\ mol}^{-1}$

$S_\mathrm{m} = \dfrac{U_\mathrm{m} - U_\mathrm{m}(0)}{T} + R \cdot \ln q$ [Aufgabe 21–24].

(a) bei 298 K: $q = 2 + 2 \cdot \exp\left(\frac{-174.4}{298}\right) = 3.114.$

$$U_m - U_m(0) = \frac{(1.449 \text{ kJ mol}^{-1}) \cdot \exp\left(\frac{-174.4}{298}\right)}{1 + \exp\left(\frac{-174.4}{298}\right)} = 0.518 \text{ kJ mol}^{-1};$$

$$S_m = \frac{0.518 \text{ kJ mol}^{-1}}{298 \text{ K}} + (8.314 \text{ J K}^{-1} \text{ mol}^{-1}) \cdot \ln 3.114 = \underline{11.2 \text{ J K}^{-1} \text{ mol}^{-1}}.$$

(b) bei 500 K: $q = 2 + 2 \cdot \exp\left(\frac{-174.4}{500}\right) = 3.411.$

$$U_m - U_m(0) = \frac{(1.449 \text{ kJ mol}^{-1}) \cdot \exp\left(\frac{-174.4}{500}\right)}{1 + \exp\left(\frac{-174.4}{500}\right)} = 0.599 \text{ kJ mol}^{-1};$$

$$S_m = \frac{0.599 \text{ kJ mol}^{-1}}{500 \text{ K}} + (8.314 \text{ J K}^{-1} \text{ mol}^{-1}) \cdot \ln 3.411 = \underline{11.4 \text{ J K}^{-1} \text{ mol}^{-1}}.$$

21-26 $q(100 \text{ K}) = 1.049, \quad q(298 \text{ K}) = 1.555$ [Aufgabe 21–16]

$U_m - U_m(0) = 125 \text{ J mol}^{-1}$ bei 100 K und 1400 J mol^{-1} bei 298 K [Aufgabe 21–18].

$S_m = \frac{U_m - U_m(0)}{T} + R \cdot \ln q$ [Aufgabe 21–24].

(a) $T = 100$ K, $S_m = \frac{125 \text{ J mol}^{-1}}{100 \text{ K}} + (8.314 \text{ J K}^{-1} \text{ mol}^{-1}) \cdot \ln 1.049 = \underline{1.65 \text{ J K}^{-1} \text{ mol}^{-1}}.$

(b) $T = 298$ K, $S_m = \frac{1400 \text{ J mol}^{-1}}{298 \text{ K}} + (8.314 \text{ J K}^{-1} \text{ mol}^{-1}) \cdot \ln 1.555 = \underline{8.37 \text{ J K}^{-1} \text{ mol}^{-1}}.$

21-27 $S_m = \frac{U_m - U_m(0)}{T} + R \cdot \ln q; \quad q = 1 + e^{-2\mu_B B\beta} = 1 + e^{-x},$

$x = \frac{2\mu_B B}{kT}$ [Aufgabe 21–19];

$U_m - U_m(0) = 2\mu_B B N_A \cdot \frac{e^{-x}}{1 + e^{-x}}$ [Aufgabe 21–19].

$$S_m = \left(\frac{2\mu_B B}{T}\right) \cdot N_A \cdot \frac{e^{-x}}{1 + e^{-x}} \cdot R \cdot \ln(1 + e^{-x})$$

$$= R \cdot \frac{x \cdot e^{-x}}{1 + e^{-x}} + R \cdot \ln(1 - e^{-x}).$$

Für kleine Feldstärken ist $x \ll 1$, dort können wir

$e^{-x} \approx 1 - x + \frac{1}{2}x^2$ und $\ln(1 + z) \approx z - \frac{1}{2}z^2$ setzen:

$$S_m \approx \frac{R \cdot x \cdot (1 - x)}{2 - x} + R \cdot \ln\left(2 - x + \tfrac{1}{2}x^2\right)$$

$$\approx \tfrac{1}{2}R \cdot x \cdot (1-x) \cdot (1+\tfrac{1}{2}x) + R \cdot \ln 2 + R \cdot \ln\left(1 - \tfrac{1}{2}x + \tfrac{1}{4}x^2\right)$$

$$\approx \tfrac{1}{2}R \cdot x \cdot (1 - \tfrac{1}{2}x) + R \cdot \ln 2 - \tfrac{1}{2}Rx + \tfrac{1}{4}Rx^2 - \tfrac{1}{8}Rx^2$$

$$\approx R \cdot \ln 2 - \tfrac{1}{8}Rx^2,$$

d. h. für $T \to \infty$ (beide Zustände sind gleich besetzt) wird $S_\mathrm{m} \to R \cdot \ln 2$.

In sehr starken Feldern mit $x \gg 1$ wird umgekehrt

$1 + \mathrm{e}^{-x} \approx 1, \quad S_\mathrm{m} \approx \tfrac{3}{2}R \cdot x \cdot \mathrm{e}^{-x}$ und $S_\mathrm{m} \to 0$ für $T \to 0$

(nur ein Zustand ist besetzt).

21-28 $S_\mathrm{A} = 0, \quad S_\mathrm{E} = nR \cdot \ln\left\{\dfrac{\mathrm{e}^{\frac{5}{2}}kT}{p\Lambda^3}\right\}$ [21.3-11].

$\Delta S = S_\mathrm{E} - S_\mathrm{A} = S_\mathrm{E}$.

$$\Delta S_\mathrm{m} = (8.314\ \mathrm{J\ K^{-1}\ mol^{-1}}) \cdot \ln\left\{\mathrm{e}^{\frac{5}{2}}(2\pi)^{\frac{3}{2}} \cdot \frac{(1.381 \cdot 10^{-23}\ \mathrm{J\ K^{-1}}) \cdot (298\ \mathrm{K})}{1 \cdot 10^5\ \mathrm{N\ m^{-2}}} \cdot \left[\frac{(39.95 \cdot 1.6605 \cdot 10^{-27}\ \mathrm{kg}) \cdot (1.381 \cdot 10^{-23}\ \mathrm{J\ K^{-1}}) \cdot T}{(6.626 \cdot 10^{-34}\ \mathrm{J\ s})^2}\right]^{\frac{3}{2}}\right\}$$

$$= \underline{155\ \mathrm{J\ K^{-1}\ mol^{-1}}} \quad \text{bei } T = 298\ \mathrm{K}.$$

21-29 $S_\mathrm{m} = R \cdot \ln\left\{\mathrm{e}^{\frac{5}{2}} \cdot \left(\dfrac{2\pi m_\mathrm{e} kT}{h^2}\right)^{\frac{3}{2}} \cdot \dfrac{V}{nN_\mathrm{A}}\right\}, \quad n = 1\ \mathrm{mol}.$

$$S_\mathrm{m} = R \cdot \ln\left\{\mathrm{e}^{\frac{5}{2}} \cdot (2\pi)^{\frac{3}{2}} \cdot \left[\frac{(9.105 \cdot 10^{-31}\ \mathrm{kg}) \cdot (1.381 \cdot 10^{-23}\ \mathrm{J\ K^{-1}})}{(6.626 \cdot 10^{-34}\ \mathrm{J\ s})^2}\right]^{\frac{3}{2}} \cdot \frac{T^{\frac{3}{2}} \cdot V}{(1\ \mathrm{mol}) \cdot (6.022 \cdot 10^{23}\ \mathrm{mol^{-1}})}\right\}$$

$$= R \cdot \ln\left\{0.04883 \cdot (T/\mathrm{K})^{\frac{3}{2}} \cdot (V/\mathrm{m^3})\right\}.$$

(a) $S_\mathrm{m} = R \cdot \ln\left\{0.04883 \cdot (298)^{\frac{3}{2}} \cdot 10^{-2}\right\} = 0.921 \cdot R = \underline{7.7\ \mathrm{J\ K^{-1}\ mol^{-1}}}.$

(b) $S_\mathrm{m} = R \cdot \ln\left\{0.04883 \cdot (5000)^{\frac{3}{2}} \cdot 10^{-2}\right\} = 5.15 \cdot R = \underline{43\ \mathrm{J\ K^{-1}\ mol^{-1}}}.$

21-30 $S_\mathrm{m} = R \cdot \ln\left\{\mathrm{e}^{\frac{5}{2}} \cdot \left(\dfrac{2\pi mkT}{h^2}\right) \cdot \left(\dfrac{kT}{p}\right)\right\} \quad S_\mathrm{m} = R \cdot \ln\left\{\mathrm{e}^{\frac{5}{2}} \cdot \left(\dfrac{2\pi mkT}{h^2}\right)^{\frac{3}{2}} \cdot \left(\dfrac{kT}{p}\right)\right\}$ [21.3-11] $= R \cdot$

Bei konstanter Temperatur gilt dann

$$S_\mathrm{m}(p_\mathrm{E}) - S_\mathrm{m}(p_\mathrm{A}) = R \cdot \ln\left(\frac{A}{p_\mathrm{E}}\right) - R \cdot \ln\left(\frac{A}{p_\mathrm{A}}\right) = \underline{R \cdot \ln\left(\frac{p_\mathrm{A}}{p_\mathrm{E}}\right)}.$$

$$S_\mathrm{m} = R \cdot \ln \left\{ \mathrm{e}^{\frac{5}{2}} \cdot \left(\frac{2\pi mkT}{h^2}\right)^{\frac{3}{2}} \cdot \left(\frac{V}{nN_\mathrm{A}}\right) \right\} \quad [21.3\text{–}11] \quad = R \cdot \ln \left(B \cdot T^{\frac{3}{2}}\right).$$

Bei konstantem Volumen gilt

$$S_\mathrm{m}(T_\mathrm{E}) - S_\mathrm{m}(T_\mathrm{A}) = R \cdot \ln \left(B \cdot T_\mathrm{E}^{\frac{3}{2}}\right) - R \cdot \ln \left(B \cdot T_\mathrm{A}^{\frac{3}{2}}\right) = R \cdot \ln \left(\frac{T_\mathrm{E}^{\frac{3}{2}}}{T_\mathrm{A}^{\frac{3}{2}}}\right) = \left(\frac{3}{2}\right) \cdot R \cdot \ln \left(\frac{T_\mathrm{E}}{T_\mathrm{A}}\right).$$

Mit $C_{V,\mathrm{m}} = \frac{3}{2}R$ folgt daraus $\Delta S_\mathrm{m} = \underline{C_{V,\mathrm{m}} \cdot \ln \left(\frac{T_\mathrm{E}}{T_\mathrm{A}}\right)}$.

Bei konstantem Druck gilt

$$\Delta S_\mathrm{m} = R \cdot \ln \left(\frac{T_\mathrm{E}^{\frac{5}{2}}}{T_\mathrm{A}^{\frac{5}{2}}}\right) \quad [31.3\text{–}11] \quad = \left(\frac{5}{2}\right) \cdot R \cdot \ln \left(\frac{T_\mathrm{E}}{T_\mathrm{A}}\right)$$

$$= \underline{C_{p,\mathrm{m}} \cdot \ln \left(\frac{T_\mathrm{E}}{T_\mathrm{A}}\right)}.$$

22 Statistische Thermodynamik: Anwendungen

A22-1 (a) 1, (b) 2, (c) 2, (d) 12. [Abschnitt 22.1c]

A22-2 $q^{\mathrm{R}} = \dfrac{2IkT}{\left(\dfrac{h}{2\pi}\right)^2 \cdot \sigma}$ [22.1-6]

$$= \frac{(2)\cdot(7.99970)\cdot(1.6606\cdot 10^{-27}\ \mathrm{kg})\cdot(1.2075\cdot 10^{-10}\ \mathrm{m})^2\cdot(1.3807\cdot 10^{-23}\ \mathrm{J\ K^{-1}})\cdot(300\ \mathrm{K})\cdot(2\pi)^2}{(6.6262\cdot 10^{-34}\ \mathrm{J\ s})^2\cdot(2)}$$

$$= \underline{72.114.}$$

A22-3 $q^{\mathrm{R}} = \dfrac{1}{\sigma}\cdot\left(\dfrac{kT}{hc}\right)^{\frac{3}{2}}\cdot\sqrt{\dfrac{\pi}{ABC}}$ [22.1-7]

$$= 1\cdot\frac{\left(\dfrac{373.15\ \mathrm{K}}{1.4388\ \mathrm{cm\ K}}\right)^{\frac{3}{2}}\cdot\sqrt{3.1416}}{\sqrt{(3.1752\ \mathrm{cm^{-1}})\cdot(0.3951\ \mathrm{cm^{-1}})\cdot(0.3505\ \mathrm{cm^{-1}})}}$$

$$= \underline{1.116\cdot 10^{4}.}$$

A22-4 Aus $q^{\mathrm{Schw}} = 1.001$ folgt $\tilde{\nu} = \left(\dfrac{kT}{hc}\right)\cdot\ln\left(\dfrac{1}{1-\dfrac{1}{q^{\mathrm{Schw}}}}\right)$ [22.1-8]

$$\tilde{\nu} = \left(\frac{500}{1.4388}\right)\cdot\ln\left(\frac{1}{1-\dfrac{1}{1.001}}\right) = \left(\frac{500}{1.4388}\right)\cdot(6.9088) = 2401\ \mathrm{cm^{-1}}.$$

Für $\tilde{\nu} \geq 2400\ \mathrm{cm^{-1}}$ ist der Fehler kleiner als 0.10 %, wenn man einfach $q^{\mathrm{Schw}} \approx 1$ setzt.

22-5 $q^{\mathrm{R}} = \left(\dfrac{kT}{hcB\sigma}\right) = \dfrac{300\ \mathrm{K}}{(1.4388\ \mathrm{cm}\ K)\cdot(0.3902\ \mathrm{cm^{-1}})\cdot(2)} = 267.2$ [Kasten 22–1].

Der Beitrag zu $G - G(0)$ ist dann

$$-RT\cdot\ln\left(q^{\mathrm{R}}\cdot q^{\mathrm{Schw}}\right) = -(8.314\ \mathrm{J\ K^{-1}\ mol^{-1}})\cdot(300\ \mathrm{K})\cdot\ln\left[(267.2)\cdot(1.088)\right]$$

$$= \underline{14.15\ \mathrm{kJ\ mol^{-1}}.}$$ [Kasten 22–2]

A22-6 $q^{\mathrm{Elek}} = 4 + 2\cdot \mathrm{e}^{-\beta\varepsilon}$ [wie in 22.1–10].

$$\beta\varepsilon = \frac{(881)\cdot(1.439)}{T} = \frac{1268}{T}.$$

$$C_V^{\text{Elek}} = \left(\frac{N}{kT^2}\right) \cdot \left(\frac{\partial}{\partial \beta}\right)_V \left(\frac{\left(\frac{\partial q^{\text{Elek}}}{\partial \beta}\right)_V}{q^{\text{Elek}}}\right) \qquad [22.3\text{–}9]$$

$$= \left(\frac{N}{kT^2}\right) \cdot (8\varepsilon^2) \cdot \frac{e^{-\frac{-1268}{T}}}{\left(4 + 2 \cdot e^{\frac{-1268}{T}}\right)^2}.$$

Bei 500 K ist $\beta\varepsilon = 2.536$:

$$C_V^{\text{Elek}} = (8.314 \text{ J K}^{-1} \text{ mol}^{-1}) \cdot (8) \cdot (2.536)^2 \cdot \frac{e^{-2.536}}{(4 + 2 \cdot e^{-2.536})^2}$$

$$= \underline{1.96 \text{ J K}^{-1} \text{ mol}^{-1}}.$$

Bei 900 K ist $\beta\varepsilon = 1.408$:

$$C_V^{\text{Elek}} = (8.314 \text{ J K}^{-1} \text{ mol}^{-1}) \cdot (8) \cdot (1.408)^2 \cdot \frac{e^{-1.408}}{(4 + 2 \cdot e^{-1.408})^2}$$

$$= \underline{1.60 \text{ J K}^{-1} \text{ mol}^{-1}}.$$

A22-7 $q^{\text{Elek}} = 3 + 2 \cdot \exp^{-\beta\varepsilon}$ [wie in 22.1–10].

$$\beta\varepsilon \approx \frac{(1.4388 \text{ cm } K) \cdot (7918.1 \text{ cm}^{-1})}{400 \text{ K}} = 28.48.$$

$e^{-28.48} = 4.279 \cdot 10^{-13}$; das ergibt $q^{\text{Elek}} = 3$,

und der Beitrag zu $G - G(0)$ ist dann

$$-RT \cdot \ln q^{\text{Elek}} = -(8.314 \text{ J K}^{-1} \text{ mol}^{-1}) \cdot (400 \text{ K}) \cdot \ln 3 = \underline{-3.65 \text{ kJ mol}^{-1}} \quad [22.2\text{–}8].$$

A22-8 Beim Kobalt ist die Entartung des Spins $2S + 1 = 4$, daraus folgt $q = 4$.

$$S(\text{Spin}) = Nk \cdot \ln q = (8.314 \text{ J K}^{-1} \text{ mol}^{-1}) \cdot \ln 4 = \underline{11.5 \text{ J K}^{-1} \text{ mol}^{-1}} \quad [\text{Abschnitt 22.3c}].$$

A22-9 $C_V^{\text{Trans}} = \frac{3}{2}R$ [22.3–11]; $C_V^{\text{Rot}} = \frac{3}{2}R$ [Abschnitt 22.3b]

$C_V^{\text{Schw}} = (3 \cdot 4 - 6) \cdot R = 6 \cdot R$ [Abschnitt 22.3b].

$C_p^{\text{Gleichverteilung}} = 9 \cdot R + R = 10 \cdot R = 10 \cdot (8.314 \text{ J K}^{-1} \text{ mol}^{-1}) = 83.1 \text{ J K}^{-1} \text{ mol}^{-1}$.

$C_p^{\text{Experiment}} = 4.29 \cdot R$. Das zeigt, daß die Wärmekapazität bei 298 K praktisch ganz von der Translation und der Rotation herrührt. Die Schwingungsfreiheitsgrade des NH_3 sind bei dieser Temperatur überhaupt noch nicht angeregt.

A22-10 Das Produkt der q^{T}-Terme ist $\left[\frac{(2\cdot 79)\cdot(2\cdot 81)}{(79+81)^2}\right]^{\frac{3}{2}} = 0.9998$,

denn q^{T} ist proportional zu $m^{\frac{3}{2}}$.

q^{R} ist proportional zu $\frac{\mu}{\sigma}$, also ist das Produkt der q^{T}-Terme $\frac{(79+81)^2\cdot(1)^2}{(2\cdot 79)\cdot(2\cdot 81)\cdot(2)^2} = 0.2500$.

Die Wellenzahlen der Schwingungen sind $323.33\ \mathrm{cm}^{-1}$ für ${}^{79}\mathrm{Br}^{81}\mathrm{Br}$,

$\sqrt{\frac{80}{79}}\cdot(323.33) = 325.37\ \mathrm{cm}^{-1}$ für ${}^{79}\mathrm{Br}^{79}\mathrm{Br}$ und $\sqrt{\frac{80}{81}}\cdot(323.33) = 321.33\ \mathrm{cm}^{-1}$ für ${}^{81}\mathrm{Br}^{81}\mathrm{Br}$.

$\frac{hc}{kT} = \frac{1.4388}{300} = 0.004796$ cm. Damit werden die entsprechenden Werte

von $\frac{hc\tilde{\nu}}{kT}$ jetzt 1.5507, 1.5605 und 1.5411.

Für das Produkt der Schwingungsterme erhalten wir dann

$$\frac{1}{1-\exp\left(-\frac{hc\tilde{\nu}}{kT}\right)} = \frac{(1.2659)\cdot(1.2725)}{(1.2692)^2} = \underline{1.0000.}$$

$$\beta\cdot\Delta E_0 = \tfrac{1}{2}\cdot(0.004796)\cdot(321.33+325.37-323.33-323.33)$$
$$= \tfrac{1}{2}\cdot(0.004796)\cdot(0.04) = 9.6\cdot 10^{-5}.$$

$e^{-9.6\cdot 10^{-5}} = 0.99999;$

$K_p = (0.9998)\cdot(0.2500)\cdot(1.0000)\cdot(0.9999) = \underline{0.2500.}$ [Abschnitt 22.3d].

22-1 $q^{\mathrm{R}} \approx \frac{kT}{Bhc\sigma}$ [Kasten 22–1] $= \left(\frac{0.6950}{\sigma}\right)\cdot(T/\mathrm{K})\cdot(B/\mathrm{cm}^{-1})$

$B = 10.59\ \mathrm{cm}^{-1}$ [Tabelle 18–1], $\sigma = 1$.

$q^{\mathrm{R}} = \frac{T/\mathrm{K}}{15.24}$.

(a) $T = 100$ K, $q^{\mathrm{R}} = \underline{6.56,}$

(b) $T = 298$ K, $q^{\mathrm{R}} = \underline{19.6,}$

(c) $T = 500$ K, $q^{\mathrm{R}} = \underline{32.8.}$

22-2 Die Wellenzahlen der Übergänge sind

$B\cdot(J+1)\cdot(J+2) - B\cdot J\cdot(J+1) = 2\cdot B\cdot(J+1)$; Division durch $2\cdot(J+1)$ ergibt dann B.

Wir erhalten so die Werte (in cm^{-1}) 10.60, 10.59, 10.59, 10.59, 10.593, 10.593, 10.594, 10.593, 10.593 ... und setzen als Mittelwert

$B = 10.593\ \mathrm{cm}^{-1}$.

$$q^{\mathrm{R}} = \sum_{J=0}^{\infty} (2J+1) \cdot \exp^{-\beta E_J} \quad [22.1\text{–}4]$$

$$= \sum_{J=0}^{\infty} (2J+1) \cdot \exp\{-B\beta \cdot J \cdot (J+1)\}$$

$$= \sum_{J=0}^{\infty} (2J+1) \cdot \exp\left\{-(10.593\ \mathrm{cm}^{-1}) \cdot \left(\frac{hc}{kT}\right) \cdot J \cdot (J+1)\right\}$$

$$= \sum_{J=0}^{\infty} (2J+1) \cdot \exp\left\{\frac{-15.241 \cdot J \cdot (J+1)}{T/\mathrm{K}}\right\}.$$

(a) $T = 100$ K, $q^{\mathrm{R}} = 1.000 + 2.2118 + 2.0037 + 1.1241 + \ldots = \underline{6.9051.}$

(b) $T = 298$ K, $q^{\mathrm{R}} = 1.000 + 2.7083 + 3.6787 + 3.7893 + \ldots = \underline{19.889.}$

22-3 $q^{\mathrm{R}} = \dfrac{1.0270 \cdot \left(\frac{1}{\sigma}\right) \cdot (T/\mathrm{K})^{\frac{3}{2}}}{\sqrt{(A/\mathrm{cm}^{-1}) \cdot (B/\mathrm{cm}^{-1}) \cdot (C/\mathrm{cm}^{-1})}}$ [Kasten 22–1];

$\sigma = 2, \quad T = 298$ K.

$$q^{\mathrm{R}} = \frac{1.0270 \cdot \frac{1}{2} \cdot (298)^{\frac{3}{2}}}{\sqrt{27.878 \cdot 14.509 \cdot 9.287}} = \underline{43.10.}$$

Die Hochtemperaturnäherung ist verwendbar, wenn kT deutlich größer als die größte Rotationskonstante ist:

$kT \gg (27.9\ \mathrm{cm}^{-1}) \cdot hc$ oder $T \gg (27.9\ \mathrm{cm}^{-1}) \cdot (1.439\ \mathrm{cm\ K}) = 40$ K.

Die Hochtemperaturnäherung ist also für $\underline{T \gg 40\ \mathrm{K}}$ zulässig.

22-4 $B = \dfrac{\hbar}{4\pi c I}$ [18.2–3], $I = \frac{8}{3} \cdot m_{\mathrm{H}} R^2$ [Kasten 17–1],

$$q^{\mathrm{R}} = \frac{1.0270 \cdot \left(\frac{1}{\sigma}\right) \cdot (T/\mathrm{K})^{\frac{3}{2}}}{(B/\mathrm{cm}^{-1})^{\frac{3}{2}}} \quad [\text{Kasten 22-1, } A = B = C];$$

$$I = \tfrac{8}{3} \cdot (1.0078 \cdot 1.6605 \cdot 10^{-27}\ \mathrm{kg}) \cdot (109 \cdot 10^{-12}\ \mathrm{m})^2 = 5.302 \cdot 10^{-47}\ \mathrm{kg\ m}^2.$$

$$B = \frac{\hbar}{4\pi c I} = \frac{1.05459 \cdot 10^{-34}\ \mathrm{J\ s}}{4\pi \cdot (2.9979 \cdot 10^{10}\ \mathrm{cm\ s}^{-1}) \cdot (5.302 \cdot 10^{-47}\ \mathrm{kg\ m}^2)} = 5.2799\ \mathrm{cm}^{-1}.$$

$$q^{\mathrm{R}} = \frac{1.0270 \cdot \frac{1}{12} \cdot (T/\mathrm{K})^{\frac{3}{2}}}{(5.2799)^{\frac{3}{2}}} = 7.054 \cdot 10^{-3} \cdot (T/\mathrm{K})^{\frac{3}{2}}.$$

(a) $T = 298$ K, $q^{\mathrm{R}} = 7.054 \cdot 10^{-3} \cdot (298)^{\frac{3}{2}} = \underline{36.3,}$

(b) $T = 500$ K, $q^{\mathrm{R}} = 7.054 \cdot 10^{-3} \cdot (500)^{\frac{3}{2}} = \underline{78.9.}$

22-5 $$q^{\mathrm{R}} = \sum_{JMK} \mathrm{e}^{-\beta E_J} = \left(\frac{1}{\sigma}\right) \sum_J (2J+1)^2 \cdot \mathrm{e}^{-hcB\beta \cdot J\cdot(J+1)} \quad \text{[Aufgabe 18–13]}$$

$$= \frac{1}{\sigma}\sum_J (2J+1)^2 \cdot \exp\left\{-(5.2799\ \mathrm{cm}^{-1})\cdot\left(\frac{hc}{kT}\right)\cdot J\cdot(J+1)\right\}$$

$$= \frac{1}{\sigma}\sum_J (2J+1)^2 \cdot \exp\left\{\frac{-7.5966\cdot J\cdot(J+1)}{T/\mathrm{K}}\right\} \quad \left[\frac{hc}{k} \text{ siehe erste Einbandinnenseite}\right].$$

Bei 298 K ist

$$q^{\mathrm{R}} = \frac{1.0000 + 8.5526 + 21.4543 + 36.0863 + \ldots}{\sigma} = \frac{439.2664}{\sigma} = \underline{36.6055.}$$

Bei 500 K ist

$$q^{\mathrm{R}} = \frac{1.0000 + 8.7306 + 22.8218 + 40.8335 + \ldots}{\sigma} = \frac{950.0591}{\sigma} = \underline{79.1716.}$$

Das sind nur Näherungswerte, denn der Symmetriefaktor darf eigentlich nur bei hohen Temperaturen verwendet werden. Für eine genaue Berechnung von q^{R} muß man berücksichtigen, welche Rotationszustände nach dem Pauli-Prinzip erlaubt sind und welche nicht.

22-6 $$q^{\mathrm{T}} = q_x^{\mathrm{T}} q_y^{\mathrm{T}}, \quad q_z^{\mathrm{T}} = \sqrt{\frac{2\pi m X^2}{h^2\beta}} \quad \text{[Abschnitt 21.1e].}$$

$$q^{\mathrm{T}} = \left(\frac{2\pi m}{h^2\beta}\right)\cdot XY = \left(\frac{2\pi m}{h^2\beta}\right)\cdot\sigma, \quad \sigma = XY.$$

$$U - U(0) = -\left(\frac{N}{q}\right)\cdot\left(\frac{\partial q}{\partial\beta}\right)_V = nRT.$$

$$S = \frac{U - U(0)}{T} + nR\cdot(\ln q - \ln nN_{\mathrm{A}} + 1) \quad \text{[Kasten 22–2]}$$

$$= nR + nR\cdot\ln\left(\frac{\mathrm{e}q}{nN_{\mathrm{A}}}\right) = nR\cdot\ln\left(\frac{\mathrm{e}^2 q}{nN_{\mathrm{A}}}\right)$$

$$= nR\ln\left\{\mathrm{e}^2\cdot\left(\frac{2\pi m}{h^2\beta}\right)\cdot\left(\frac{\sigma}{nN_{\mathrm{A}}}\right)\right\}.$$

$$S_{\mathrm{m}}(3\mathrm{d}) = R\ln\left\{\mathrm{e}^{\frac{5}{2}} + \left(\frac{2\pi m}{h^2\beta}\right)^{\frac{3}{2}}\cdot\left(\frac{V}{nN_{\mathrm{A}}}\right)\right\}, \quad n = 1\ \mathrm{mol} \quad [21.3\text{–}19];$$

$$S_{\mathrm{m}}(2\mathrm{d}) = R\ln\left\{\mathrm{e}^2\cdot\left(\frac{2\pi m}{h^2\beta}\right)\cdot\left(\frac{\sigma}{nN_{\mathrm{A}}}\right)\right\}, \quad n = 1\ \mathrm{mol}.$$

$$\Delta S_{\mathrm{m}} = S_{\mathrm{m}}(2\mathrm{d}) - S_{\mathrm{m}}(3\mathrm{d}) = R\ln\left\{\frac{\mathrm{e}^2\cdot\left(\frac{2\pi m}{h^2\beta}\right)\cdot\left(\frac{\sigma}{nN_{\mathrm{A}}}\right)}{\mathrm{e}^{\frac{5}{2}}\cdot\left(\frac{2\pi m}{h^2\beta}\right)^{\frac{3}{2}}\cdot\left(\frac{V}{nN_{\mathrm{A}}}\right)}\right\}$$

$$= R\cdot\ln\left\{\left(\frac{\sigma}{V}\right)\cdot\sqrt{\frac{h^2\beta}{2\pi m e}}\right\}.$$

Siehe dazu die Originalliteratur *J. Chem. Soc.* **1**, 1784 (1973) und für eine Anwendung Aufgabe 22–8.

22-7 $S_{\mathrm{m}}^{\mathrm{R}} = \dfrac{U_{\mathrm{m}} - U_{\mathrm{m}}(0)}{T} + R \cdot \ln q^{\mathrm{R}}$ [Kasten 22–2, innere Freiheitsgrade].

$$q^{\mathrm{R}} = \left(\frac{\sqrt{\pi}}{\sigma}\right) \cdot \sqrt{\left(\frac{2I_{\mathrm{A}}kT}{\hbar^2}\right) \cdot \left(\frac{2I_{\mathrm{B}}kT}{\hbar^2}\right) \cdot \left(\frac{2I_{\mathrm{C}}kT}{\hbar^2}\right)} \quad \text{[Kasten 22–1]}$$

$$= \sqrt{\left(\frac{\pi}{\sigma^2}\right) \cdot 8 \cdot I_{\mathrm{A}} I_{\mathrm{B}} I_{\mathrm{C}} \cdot \left(\frac{kT}{\hbar^2}\right)^3} \quad [\sigma = 12, \text{ Abschnitt 22.1c}]$$

$$= \sqrt{\left(\frac{8\pi}{144}\right) \cdot (2.93 \cdot 10^{-45}\ \mathrm{kg\ m^2}) \cdot (1.46 \cdot 10^{-45}\ \mathrm{kg\ m^2})^2 \cdot \left[\frac{(1.381 \cdot 10^{-23}\ \mathrm{J\ K^{-1}}) \cdot (362\ \mathrm{K})}{(1.05459 \cdot 10^{-34}\ \mathrm{J\ s})^2}\right]^3}$$

$$= 9950.$$

$\dfrac{U_{\mathrm{m}} - U_{\mathrm{m}}(0)}{T} = \frac{3}{2}R$ [aus q^{R} oder aus dem Gleichverteilungssatz].

$S_{\mathrm{m}}^{\mathrm{R}} = R \cdot \left\{\frac{3}{2} + ln\ 9950\right\} = \underline{89\ \mathrm{J\ K^{-1}\ mol^{-1}}}.$

Wenn nur eine Rotation um eine Achse möglich ist:

$$q^{\mathrm{R}} = \sum_{m_l} \exp\left(\frac{-m_l^2\hbar^2}{2I_{\mathrm{A}}kT}\right) \quad \left[14.3\text{–}5 \text{ und } 21.1\text{–}9, \quad m_l = 0,\ \pm 1,\ \pm 2, \ldots\right]$$

$$= \left(\frac{1}{\sigma}\right) \int_{-\infty}^{\infty} \exp\left(\frac{-m_l^2\hbar^2}{2I_{\mathrm{A}}kT}\right) \delta m_l$$

$$= \left(\frac{1}{\sigma}\right) \cdot \sqrt{\frac{2I_{\mathrm{A}}kT}{\hbar^2}} \int_{-\infty}^{\infty} \mathrm{e}^{-x^2}\,\mathrm{d}x$$

$$= \sqrt{\frac{2\pi I_{\mathrm{A}}kT}{\hbar^2}} \cdot \left(\frac{1}{\sigma}\right) \quad \left[\int_{-\infty}^{\infty} \mathrm{e}^{-x^2}\,\mathrm{d}x = \sqrt{\pi}\right].$$

$$q^{\mathrm{R}} = \sqrt{\frac{2\pi \cdot (2.93 \cdot 10^{-45}\ \mathrm{kg}) \cdot (1.381 \cdot 10^{-23}\ \mathrm{J\ K^{-1}}) \cdot (362\ \mathrm{K})}{(1.05459 \cdot 10^{-34}\ \mathrm{J\ s})^2}} \cdot \left(\frac{1}{\sigma}\right)$$

$= \dfrac{90.97}{\sigma} = 15.2$ [bei dieser Rotation des Benzols ist $\sigma = 6$].

$\dfrac{U_{\mathrm{m}} - U_{\mathrm{m}}(0)}{T} = \frac{1}{2}R$ [aus q^{R} oder aus dem Gleichverteilungssatz].

$S_{\mathrm{m}}^{\mathrm{R}}(2\mathrm{d}) = R \cdot \left\{\frac{1}{2} + \ln 15.2\right\} = 26.8\ \mathrm{J\ K^{-1}\ mol^{-1}}.$

$\Delta S_{\mathrm{m}}^{\mathrm{R}}(3\mathrm{d} \to 2\mathrm{d}) = 27\ \mathrm{J\ K^{-1}\ mol^{-1}} - 89\ \mathrm{J\ K^{-1}\ mol^{-1}} = \underline{-62\ \mathrm{J\ K^{-1}\ mol^{-1}}}.$

22-8 $\Delta S_{\mathrm{m}}^{\ominus\mathrm{T}} = R \cdot \ln \left\{ \left(\frac{\sigma^{\ominus}}{V^{\ominus}} \right) \cdot \sqrt{\frac{h^2 \beta}{2\pi m e}} \right\}$ [Aufgabe 22–6]

$$V^{\ominus} = \frac{(1\ \mathrm{mol}) \cdot RT}{1\ \mathrm{bar}} = 8.314 \cdot 10^{-5}\ \mathrm{m}^3 \cdot (T/\mathrm{K})$$

$$\sigma^{\ominus} = (1\ \mathrm{mol}) \cdot (4.08 \cdot 10^{-20}\ \mathrm{m}^2) \cdot (6.022 \cdot 10^{23}\ \mathrm{mol}^{-1}) \cdot (T/\mathrm{K})$$
$$= 2.457 \cdot 10^4\ \mathrm{m}^2 \cdot (T/\mathrm{K}).$$

[Der Standardzustand des beweglichen zweidimensionalen Gases ist so definiert, daß in ihm bei 273 K der mittlere Abstand der adsorbierten Moleküle genauso groß ist wie im dreidimensionalen Gas bei 273 K und 1 bar; vergl. dazu die angegebene Originalliteratur.]

$$\frac{\sigma^{\ominus}}{V^{\ominus}} = \frac{2.457 \cdot 10^4\ \mathrm{m}^2 \cdot (T/\mathrm{K})}{8.314 \cdot 10^{-5}\ \mathrm{m}^3 \cdot (T/\mathrm{K})} = 2.955 \cdot 10^8\ \mathrm{m}^{-1}$$

$$\sqrt{\frac{h^2\beta}{2\pi m e}} = \sqrt{\frac{(6.626 \cdot 10^{-34}\ \mathrm{J\ s})^2}{2\pi \mathrm{e} \cdot (1.381 \cdot 10^{-23}\ \mathrm{J\ K}^{-1}) \cdot T \cdot M_{\mathrm{r}} \cdot (1.66056 \cdot 10^{-27}\ \mathrm{kg})}}$$
$$= \frac{1.059 \cdot 10^{-9} \cdot m}{\sqrt{(T/\mathrm{K}) \cdot M_{\mathrm{r}}}}$$

$$\Delta S_{\mathrm{m}}^{\ominus\mathrm{T}} = R \cdot \ln \left\{ \frac{(2.955 \cdot 10^8\ \mathrm{m}^{-1}) \cdot (1.059 \cdot 10^{-9}\ \mathrm{m})}{\sqrt{(T/\mathrm{K}) \cdot M_{\mathrm{r}}}} \right\}$$
$$= R \cdot \ln 0.313 - \tfrac{1}{2} R \cdot \ln \{(T/\mathrm{K}) \cdot M_{\mathrm{r}}\}$$
$$= -9.659\ \mathrm{J\ K}^{-1}\ \mathrm{mol}^{-1} - \tfrac{1}{2} R \cdot \ln \{(T/\mathrm{K}) \cdot M_{\mathrm{r}}\}.$$

Für $T = 362$ K und $M_{\mathrm{r}} = 78.12$ ergibt das $\Delta S_{\mathrm{m}}^{\ominus}(\mathrm{Translation}) = -52.3\ \mathrm{J\ K}^{-1}\ \mathrm{mol}^{-1}$.

Für die Rotation um die sechszählige Achse erhalten wir als Änderung der Rotationsentropie

$\Delta S_{\mathrm{m}}^{\ominus}(\mathrm{Rotation}) = -62\ \mathrm{J\ K}^{-1}\ \mathrm{mol}^{-1}$ [Aufgabe 22–7].

Das ergibt insgesamt eine Entropieänderung von $\Delta S_{\mathrm{m}}^{\ominus} = \underline{-114\ \mathrm{J\ K}^{-1}\ \mathrm{mol}^{-1}}$;

das stimmt mit dem für niedrige Belegungen der Oberfläche experimentell bestimmten Wert überein. Das Modell einer beweglichen Schicht mit einer Rotation der Moleküle um eine Achse stimmt also mit dem Befund überein. Allerdings kann man anhand der Daten nicht genau sagen, um welche Achse die Rotation erfolgt.

Wenn die Belegung der Oberfläche größer wird, sinkt die Entropieänderung auf den Wert

$\Delta S_{\mathrm{m}}^{\ominus} = -52\ \mathrm{J\ K}^{-1}\ \mathrm{mol}^{-1}$,

das weist darauf hin, daß dann Rotation um alle drei Achsen möglich ist. Damit wird

$\Delta S_{\mathrm{m}}^{\ominus} = \Delta S_{\mathrm{m}}^{\ominus}(\mathrm{Translation}) = -52\ \mathrm{J\ K}^{-1}\ \mathrm{mol}^{-1}$.

Wäre das Benzol auf der Oberfläche völlig unbeweglich, so müßte

$$\Delta S_{\mathrm{m}}^{\ominus}(\mathrm{Translation}) = -S_{\mathrm{m}}^{\ominus}(\mathrm{3d\text{-}Translation}) = -R \cdot \ln \left\{ \mathrm{e}^{\frac{5}{2}} \cdot \left(\frac{2\pi m}{h^2 \beta} \right)^{\frac{3}{2}} \cdot \left(\frac{V^{\ominus}}{nL} \right) \right\}$$

[Aufgabe 22–6]

$$= 9.680\ \mathrm{J\ K}^{-1}\ \mathrm{mol}^{-1} - R \cdot \ln \left\{ M_{\mathrm{r}}^{\frac{3}{2}} \cdot (T/\mathrm{K})^{\frac{5}{2}} \right\} \quad \text{sein}$$

$$\left[\text{wegen } V^{\ominus} = \frac{RT}{(1\ \text{mol}) \cdot (1\ \text{bar})} \text{ und } n = 1\ \text{mol}\right].$$

Bei 362 K ergibt das $\Delta S_{\text{m}}^{\ominus}(\text{Translation}) = -167\ \text{J K}^{-1}\ \text{mol}^{-1}$; das liegt deutlich über dem höchsten Meßwert.

22-9 (a) Zwei nicht unterscheidbare Orientierungen NN′ und N′N; $\sigma = 2$.

(b) Eine Orientierung (NO und ON sind verschieden); $\sigma = 1$.

(c) Sechs Orientierungen um die C_6-Achse; zu jeder davon gehört eine C_2-Achse, das ergibt $\sigma = 12$.

(d) Drei Orientierungen um jede der vier CH-Achsen; $\sigma = 12$.

(e) Drei Orientierungen um die (einzige) CH-Achse, $\sigma = 3$.

Man kann die Antwort auch ermitteln, indem man die Ordnung der betreffenden Rotations-Untergruppe bestimmt [Abschnitt 22.1c].

22-10 $\frac{q^{\text{T}\ominus}}{N} = 0.02561 \cdot (T/\text{K})^{\frac{5}{2}} \cdot M_{\text{r}}^{\frac{3}{2}}$ [Kasten 22–1]

$$= 0.02561 \cdot (298.15)^{\frac{5}{2}} \cdot (67.5)^{\frac{3}{2}} = 2.17 \cdot 10^7.$$

$$q^{\text{R}} = \left(\frac{\sqrt{\pi}}{\sigma}\right) \cdot \sqrt{\frac{8 I_{\text{A}} I_{\text{B}} I_{\text{C}} \cdot (kT)^3}{\hbar^6}} \quad \text{[Kasten 22–1]}.$$

Die Trägheitsmomente bestimmen wir mit Hilfe der im Kasten 18–1 angegebenen Formeln. Für I_{A} betrachten wir das Molekül von der Seite (parallel zur Verbindungslinie O–O), dann erscheint es wie ein zweiatomiges Molekül mit der Bindungslänge

$(149\ \text{pm}) \cdot \cos 59.25^0 = 76.2\ \text{pm}$

und den relativen Atommassen 32.0 und 35.5. Die erste Formel in Kasten 18–1 ergibt

$$I_{\text{A}} = \left(\frac{32.0 \cdot 35.5}{67.5}\right) \cdot (76.2\ \text{pm})^2 \cdot (1.66056 \cdot 10^{-27}\ \text{kg}) = 1.623 \cdot 10^{-46}\ \text{kg m}^2.$$

Für I_{C} betrachten wir das Molekül in der Richtung der C_2-Achse; so erscheint es wie ein dreiatomiges Molekül mit

$R = (149\ \text{pm}) \cdot \sin 59.25^0 = 128\ \text{pm}$. Mit der dritten Formel in Kasten 18–1 ergibt sich

$$I_{\text{C}} = 2 \cdot (16.0 \cdot 1.6605 \cdot 10^{-27}\ \text{kg}) \cdot (128\ \text{pm})^2 = 8.70 \cdot 10^{-46}\ \text{kg m}^2.$$

Für I_{B} verwenden wir $\sum_i m_i R_i^2$; der Schwerpunkt liegt auf der C_2-Achse im Abstand

$\left(\frac{32.0}{67.5}\right) \cdot (76.2\ \text{pm}) = 36.12\ \text{pm}$ vom Cl-Atom und im Abstand

$\sqrt{(128\ \text{pm})^2 + (76.2\ \text{pm} - 36.12\ \text{pm})^2} = 134\ \text{pm}$ von jedem der Sauerstoff-Atome. Das ergibt

$$I_{\text{B}} = \left[(35.5 \cdot (36.12\ \text{pm})^2 + 2 \cdot (16.0) \cdot (134\ \text{pm})^2\right] \cdot (1.60056 \cdot 10^{-27}\ \text{kg}) = 1.031 \cdot 10^{-45}\ \text{kg m}^2.$$

$$q^{\mathrm{R}} = \left(\frac{\sqrt{\pi}}{2}\right) \cdot \sqrt{8 \cdot (1.623 \cdot 10^{-46}\ \mathrm{kg\ m^2}) \cdot (1.031 \cdot 10^{-45}\ \mathrm{kg\ m^2}) \cdot (8.70 \cdot 10^{-46}\ \mathrm{kg\ m^2})} \cdot \sqrt{\left[\frac{(1.3805 \cdot 10^{-23}\ \mathrm{J\ K^{-1}}) \cdot (298.15\ \mathrm{K})}{(1.05459 \cdot 10^{-34}\ \mathrm{J\ s})^2}\right]^3}$$

$$= 4816.$$

$q^{\mathrm{Schw}} = 1$ [Schwingungen sind nicht angeregt].

$q^{\mathrm{Elek}} = 2$ [Der Grundzustand ist ein Dublett].

$$\frac{q^{\ominus}}{N} = \left(\frac{q^{\mathrm{T}\ominus}}{N}\right) q^{\mathrm{R}} q^{\mathrm{Schw}} q^{\mathrm{Elek}} = (2.17 \cdot 197) \cdot (4816) \cdot 1 \cdot 2 = 2.09 \cdot 10^{11}.$$

$$\frac{U_{\mathrm{m}} - U_{\mathrm{m}}(0)}{T} = \tfrac{3}{2}R + \tfrac{3}{2}R = 3 \cdot R \quad \text{[Gleichverteilung].}$$

$$S_{\mathrm{m}} = \frac{U_{\mathrm{m}} - U_{\mathrm{m}}(0)}{T} + R \cdot \left[\ln\left(\frac{q}{N}\right) + 1\right] \quad \text{[Kasten 22–2]}$$

$$= R \cdot \{3 + 1 + \ln(2.09 \cdot 10^{11})\} = 30.07 \cdot R = \underline{250\ \mathrm{J\ K^{-1}\ mol^{-1}}}.$$

22-11 $K = \left\{\dfrac{q_{\mathrm{m}}^{\ominus}(\mathrm{CHD_3}) \cdot q_{\mathrm{m}}^{\ominus}(\mathrm{DCl})}{q_{\mathrm{m}}^{\ominus}(\mathrm{CD_4}) \cdot q_{\mathrm{m}}^{\ominus}(\mathrm{HCl})}\right\} \cdot \mathrm{e}^{-\beta \Delta E_0}$ [22.3–21]

$$\frac{q_{\mathrm{m}}^{\mathrm{T}\ominus}(\mathrm{CHD_3})}{N_{\mathrm{A}}} = 2.561 \cdot 10^{-2} \cdot (T/\mathrm{K})^{\frac{5}{2}} \cdot M_{\mathrm{r}}^{\frac{3}{2}} \quad \text{[Kasten 22–1]}$$

$$= 2.561 \cdot 10^{-2} \cdot (T/\mathrm{K})^{\frac{5}{2}} \cdot (19.06)^{\frac{3}{2}} = 2.131 \cdot (T/\mathrm{K})^{\frac{5}{2}}$$

$$\frac{q_{\mathrm{m}}^{\mathrm{T}\ominus}(\mathrm{DCl})}{N_{\mathrm{A}}} = 5.872 \cdot (T/\mathrm{K})^{\frac{5}{2}}$$

$$\frac{q_{\mathrm{m}}^{\mathrm{T}\ominus}(\mathrm{CD_4})}{N_{\mathrm{A}}} = 2.303 \cdot (T/\mathrm{K})^{\frac{5}{2}}$$

$$\frac{q_{\mathrm{m}}^{\mathrm{T}\ominus}(\mathrm{HCl})}{N_{\mathrm{A}}} = 5.638 \cdot (T/\mathrm{K})^{\frac{5}{2}}$$

$$q^{\mathrm{R}}(\mathrm{CDH_3}) = \frac{1.0270 \cdot (T/\mathrm{K})^{\frac{3}{2}}}{\sqrt{3.28 + 3.28 + 2.63}} \quad \text{[Kasten 22–1]}$$

$$= 0.0644 \cdot (T/\mathrm{K})^{\frac{3}{2}}$$

$$q^{\mathrm{R}}(\mathrm{DCl}) = \frac{0.6950 \cdot (T/\mathrm{K})}{5.455} = 0.124 \cdot (T/\mathrm{K})$$

$$q^{\mathrm{R}}(\mathrm{CD_4}) = \left(\frac{1.0270}{12}\right) \cdot \frac{(T/\mathrm{K})^{\frac{3}{2}}}{(2.63)^{\frac{3}{2}}} = 0.00669 \cdot (T/\mathrm{K})^{\frac{3}{2}}$$

$$q^{\mathrm{R}}(\mathrm{HCl}) = \frac{0.6950 \cdot (T/\mathrm{K})}{10.59} = 0.0656 \cdot (T/\mathrm{K})$$

$$K = \left(\frac{2.131 \cdot 5.872}{2.303 \cdot 5.638}\right) \cdot \left(\frac{0.0644 \cdot 0.1274}{0.00669 \cdot 0.0656}\right) \cdot \left\{\frac{q^{\text{Schw}}(\text{CHD}_3) \cdot q^{\text{Schw}}(\text{DCl})}{q^{\text{Schw}}(\text{CD}_4) \cdot q^{\text{Schw}}(\text{HCl})}\right\} \cdot \mathrm{e}^{-\beta \Delta E_0}$$

$$= 18.00 \cdot Q \cdot \mathrm{e}^{-\beta \Delta E_0},$$ wobei Q das Verhältnis der Schwingungs-Zustandssummen ist.

$$\frac{\Delta E_0}{hc} = \frac{1}{2} \cdot \left\{\left[(2142) + 2 \cdot (1291) + 3 \cdot (1003) + 2 \cdot (2993) + 2 \cdot (1036) + (2145)\right] - \left[(2109) + 2 \cdot (1092) + 3 \cdot (2259) + 3 \cdot (996) + (2991)\right]\right\} \text{ cm}^{-1}$$

$$= -1053 \text{ cm}^{-1}$$ [das ist die Differenz der Nullpunktsenergien].

$$q^{\text{Schw}}(\text{CHD}_3) = \frac{1}{\left(1 - \exp\left\{\frac{-3082}{T/K}\right\}\right)} \cdot \frac{1}{\left(1 - \exp\left\{\frac{-1857}{T/K}\right\}\right)^2} \cdot \frac{1}{\left(1 - \exp\left\{\frac{-1491}{T/K}\right\}\right)^2} \cdot \frac{1}{\left(1 - \exp\left\{\frac{-1443}{T/K}\right\}\right)^3} \cdot \frac{1}{\left(1 - \exp\left\{\frac{-4306}{T/K}\right\}\right)}$$

$$\left[\frac{hc}{k} = 1.43878 \text{ cm K}\right]$$

$$q^{\text{Schw}}(\text{DCl}) = \frac{1}{\left(1 - \exp\left\{\frac{-3086}{T/K}\right\}\right)}$$

$$q^{\text{Schw}}(\text{CD}_4) = \frac{1}{\left(1 - \exp\left\{\frac{-3034}{T/K}\right\}\right)} \cdot \frac{1}{\left(1 - \exp\left\{\frac{-1571}{T/K}\right\}\right)^2} \cdot \frac{1}{\left(1 - \exp\left\{\frac{-1491}{T/K}\right\}\right)^2} \cdot \frac{1}{\left(1 - \exp\left\{\frac{-1433}{T/K}\right\}\right)^3} \cdot \frac{1}{\left(1 - \exp\left\{\frac{-3250}{T/K}\right\}\right)^3}$$

$$q^{\text{Schw}}(\text{HCl}) = \frac{1}{\left(1 - \exp\left\{\frac{-4303}{T/K}\right\}\right)}.$$

Jetzt tragen wir alle Faktoren zusammen, dabei verwenden wir die Abkürzung $E(x) = \varepsilon^{-x(T/\mathrm{K})}$:

$$K = 6.00 \cdot \left\{\frac{[1 - E(3034)] \cdot [1 - E(1572)]^2 \cdot [1 - E(1433)]^3 \cdot [1 - E(3250)]^3 \cdot [1 - E(4303)]}{[1 - E(3082)] \cdot [1 - E(1857)]^2 \cdot [1 - E(1443)]^3 \cdot [1 - E(4306)] \cdot [1 - E(1491)]^2 \cdot [1 - E(3086)]}\right\} \cdot \exp\left(\frac{+1515}{T/\mathrm{K}}\right)$$

Jetzt stellen wir die folgende Tabelle auf:

T/K	500	1000	1500	2000	3000	4000	5000
K	22	6.1	4.5	4.0	3.7	3.6	3.5

22-12 $K = \left\{\frac{q^{\ominus}(\mathrm{HCl})}{q^{\ominus}(\mathrm{DCl})}\right\} \cdot \left\{\frac{q^{\ominus}(\mathrm{HDO})}{q^{\ominus}(\mathrm{H_2O})}\right\} \cdot \mathrm{e}^{-\beta\Delta E_0}$ [22.3–21].

$$\frac{q^{\ominus}(\mathrm{HCl})}{q^{\ominus}(\mathrm{DCl})} = \left\{\frac{\Lambda(\mathrm{DCl})}{\Lambda(\mathrm{HCl})}\right\}^3 \cdot \left\{\frac{q^{\mathrm{R}}(\mathrm{HCl})}{q^{\mathrm{R}}(\mathrm{DCl})}\right\} \cdot \left\{\frac{q^{\mathrm{Schw}}(\mathrm{HCl})}{q^{\mathrm{Schw}}(\mathrm{DCl})}\right\}$$

$$\left\{\frac{\Lambda(\mathrm{DCl})}{\Lambda(\mathrm{HCl})}\right\}^3 = \left\{\frac{M_\mathrm{r}(\mathrm{DCl})}{M_\mathrm{r}(\mathrm{DCl})}\right\}^{\frac{3}{2}} \quad \text{[Kasten 22–1]} \quad = \left(\frac{36.46}{37.46}\right)^{\frac{3}{2}} = 0.960.$$

$$\frac{q^{\mathrm{R}}(\mathrm{HCl})}{q^{\mathrm{R}}(\mathrm{DCl})} = \frac{B(\mathrm{DCl})}{B(\mathrm{HCl})} \quad \text{[Kasten 22–1]} \quad = \frac{5.499}{10.59} = 0.519.$$

$$\left\{\frac{\Lambda(\mathrm{D_2O})}{\Lambda(\mathrm{HDO})}\right\}^3 = \left\{\frac{M_\mathrm{r}(\mathrm{HDO})}{M_\mathrm{r}(\mathrm{H2O})}\right\}^{\frac{3}{2}} = \left(\frac{19.02}{18.02}\right)^{\frac{3}{2}} = 1.084.$$

$$\frac{q^{\mathrm{R}}(\mathrm{HDO})}{q^{\mathrm{R}}(\mathrm{H_2O})} = 2 \cdot \sqrt{\frac{A(\mathrm{H_2O}) \cdot B(\mathrm{H_2O}) \cdot C(\mathrm{H_2O})}{A(\mathrm{HDO}) \cdot B(\mathrm{HDO}) \cdot C(\mathrm{HDO})}} \quad [\sigma(\mathrm{H_2O}) = 2]$$

$$= 2 \cdot \sqrt{\frac{27.88 \cdot 14.51 \cdot 9.29}{23.38 \cdot 9.102 \cdot 6.417}} = 3.318.$$

$$\frac{\Delta E_0}{hc} = \tfrac{1}{2}\{[2726.7 + 1402.2 + 3707.5 + 2991]$$
$$- [3656.7 + 1594.8 + 3755.8 + 2145]\}\ \mathrm{cm^{-1}} = -162\ \mathrm{cm^{-1}}.$$

$$\Delta E_0\beta = -162\ \mathrm{cm^{-1}} \cdot \left(\frac{hc}{kT}\right) = \frac{-233}{T/\mathrm{K}} \quad \left[\frac{hc}{k} \text{ ist auf der ersten Einbandinnenseite angegeben.}\right]$$

$$K = 0.960 \cdot 0.519 \cdot 1.084 \cdot 3.318 \cdot \left\{\frac{q^{\mathrm{Schw}}(\mathrm{HCl})}{q^{\mathrm{Schw}}(\mathrm{DCl})}\right\} \cdot \left\{\frac{q^{\mathrm{Schw}}(\mathrm{HDO})}{q^{\mathrm{Schw}}(\mathrm{H_2O})}\right\} \cdot \mathrm{e}^{-\Delta E_0\beta}$$

$$= 1.792 \cdot \left\{\frac{q^{\mathrm{Schw}}(\mathrm{HCl})}{q^{\mathrm{Schw}}(\mathrm{DCl})}\right\} \cdot \left\{\frac{q^{\mathrm{Schw}}(\mathrm{HDO})}{q^{\mathrm{Schw}}(\mathrm{H_2O})}\right\} \cdot \exp\left(\frac{233}{T/\mathrm{K}}\right).$$

$$q^{\mathrm{Schw}}(\mathrm{HCl}) = \sum_{v=0}^{\infty} \exp\left\{-v \cdot \frac{\tilde{\nu}(\mathrm{HCl}) \cdot hc}{kT}\right\}$$

$$= \sum_v \exp\left\{\frac{-4303 \cdot v}{T/\mathrm{K}}\right\} \quad \left[\frac{hc}{k} = 1.4388\ \mathrm{cm\ K},\quad \tilde{\nu}(\mathrm{HCl}) = 2991\ \mathrm{cm^{-1}}\right]$$

$$= \begin{cases} 1 + 0.0000 + \ldots = 1.000 & \text{bei } 298\ \mathrm{K}, \\ 1 + 0.0046 + 0.00002 + \ldots = 1.005 & \text{bei } 800\ \mathrm{K}. \end{cases}$$

$$q^{\mathrm{Schw}}(\mathrm{DCl}) = \sum_v \exp\left\{\frac{-3086 \cdot v}{T/\mathrm{K}}\right\}$$

$$= \begin{cases} 1 + 0.0000 + \ldots = 1.000 & \text{bei } 298\ \mathrm{K}, \\ 1 + 0.0211 + 0.0004 + \ldots = 1.022 & \text{bei } 800\ \mathrm{K}. \end{cases}$$

$$q^{\mathrm{Schw}}(\mathrm{HDO}) = \frac{1}{1 - \exp\left(\frac{-3923}{T/\mathrm{K}}\right)} \cdot \frac{1}{1 - \exp\left(\frac{-2017}{T/\mathrm{K}}\right)} \cdot \frac{1}{1 - \exp\left(\frac{-5334}{T/\mathrm{K}}\right)}$$

$$= \begin{cases} 1.001 & \text{bei } 298\ \mathrm{K}, \\ 1.097 & \text{bei } 800\ \mathrm{K}. \end{cases}$$

$$q^{\mathrm{Schw}}(\mathrm{H_2O}) = \frac{1}{1-\exp\left(\dfrac{-5262}{T/\mathrm{K}}\right)} \cdot \frac{1}{1-\exp\left(\dfrac{-2295}{T/\mathrm{K}}\right)} \cdot \frac{1}{1-\exp\left(\dfrac{-5404}{T/\mathrm{K}}\right)}$$

$$= \begin{cases} 1.001 & \text{bei } 298\ \mathrm{K}, \\ 1.063 & \text{bei } 800\ \mathrm{K}. \end{cases}$$

(a) $K(298\ \mathrm{K}) = 1.792 \cdot \left(\dfrac{1.000}{1.000}\right) \cdot \left(\dfrac{1.001}{1.001}\right) \cdot \exp\left(+\dfrac{233}{298}\right) = \underline{3.917.}$

(b) $K(800\ \mathrm{K}) = 1.792 \cdot \left(\dfrac{1.005}{1.022}\right) \cdot \left(\dfrac{1.097}{1.063}\right) \cdot \exp\left(+\dfrac{233}{298}\right) = \underline{2.433.}$

22-13 $\dfrac{q_{\mathrm{m}}^{\mathrm{T}\ominus}}{N_{\mathrm{A}}} = 2.561 \cdot 10^{-2} \cdot (T/\mathrm{K})^{\frac{5}{2}} \cdot M_{\mathrm{r}}^{\frac{3}{2}}$ [Kasten 22–1].

$$\frac{q_{\mathrm{m}}^{\mathrm{T}\ominus}(\mathrm{I_2})}{N_{\mathrm{A}}} = 2.561 \cdot 10^{-2} \cdot 1000^{\frac{5}{2}} + 253.8^{\frac{3}{2}} = 3.27 \cdot 10^{9}.$$

$$\frac{q_{\mathrm{m}}^{\mathrm{T}\ominus}(\mathrm{I})}{N_{\mathrm{A}}} = 2.561 \cdot 10^{-2} \cdot 1000^{\frac{5}{2}} + 126.9^{\frac{3}{2}} = 1.16 \cdot 10^{9}.$$

$$q^{\mathrm{R}}(\mathrm{I_2}) = \left(\frac{0.6950}{2}\right) \cdot \left(\frac{1000}{0.0373}\right) \quad \text{[Kasten 22-1]} \quad = 9316.$$

$$q^{\mathrm{Schw}}(\mathrm{I_2}) = \frac{1}{1-\exp\left(\dfrac{-214.36}{695}\right)} \quad \text{[Kasten 22–1]} \quad = 3.77.$$

$q^{\mathrm{Elek}}(\mathrm{I}) = 4, \quad q^{\mathrm{Elek}}(\mathrm{I_2}) = 1.$

$$K_p = \left\{\frac{(q_{\mathrm{m}}^{\ominus}(\mathrm{I}))^2}{q_{\mathrm{m}}^{\ominus}(\mathrm{I_2}) \cdot N_{\mathrm{A}}}\right\} \cdot \mathrm{e}^{-\frac{\Delta E_0}{RT}} \quad [22.3\text{–}21]$$

$$= \left\{\frac{\left[\dfrac{q_{\mathrm{m}}^{\ominus}(\mathrm{I})}{N_{\mathrm{A}}}\right]^2}{\left[\dfrac{q_{\mathrm{m}}^{\ominus}(\mathrm{I_2})}{N_{\mathrm{A}}}\right]}\right\} \cdot \mathrm{e}^{-\frac{D_0}{RT}}$$

$$= \left\{\frac{(1.16 \cdot 10^{9} \cdot 4)^2}{3.27 \cdot 10^{9} \cdot 9316 \cdot 3.77}\right\} \cdot \mathrm{e}^{-17.9}$$

$$= \underline{3.2 \cdot 10^{-3}.}$$

22-14 $q^{\mathrm{Elek}}(\mathrm{I}) = 4 + 2 \cdot \exp\left(-\dfrac{7603}{1390}\right) = 4.008$ [bei 2000 K gilt $RT \mathrel{\hat{=}} 1390\ \mathrm{cm^{-1}}$].

K_p sei die wahre Gleichgewichtskonstante bei 2000 K und K'_p die unter Vernachlässigung der höheren elektronischen Zustände der Atome für 2000 K berechnete Gleichgewichtskonstante. Dann gilt

$$\frac{K_p}{K'_p} = \frac{(4.008)^2}{(4.000)^2} = \underline{1.004.}$$

22-15 $q^{\text{Elek}} = \sum_{M_J} \mathrm{e}^{-g\mu_B B\beta M_J}, \quad M_J = -\frac{3}{2}, -\frac{1}{2}, \frac{1}{2}, \frac{3}{2}, \quad g = \frac{4}{3}.$

Unter normalen Bedingungen ist $g\mu_B B\beta \ll 1$:

$$q^{\text{Elek}} = \Sigma_{M_J}\left\{1 - g\mu_B B\beta m_J - \frac{1}{2}(g\mu_B B\beta M_J)^2 + \dots\right\}$$

$$= 4 + 0 - \tfrac{1}{2}\cdot(g\mu_B B\beta)^2 \cdot \left\{(\tfrac{3}{2})^2 + (\tfrac{1}{2})^2 + (\tfrac{1}{2})^2 + (\tfrac{3}{2})^2\right\} + \dots$$

$$= 4 - \tfrac{5}{2}\cdot(g\mu_B B\beta)^2 + \dots = 4\cdot\left\{1 - \tfrac{10}{9}\cdot(\mu_B B\beta)^2 + \dots\right\}.$$

Wenn K_p die Gleichgewichtskonstante im Feld und K_p^0 die für das Feld Null berechnete Gleichgewichtskonstante ist, so erhalten wir aus Aufgabe 22–13

$$K_p \approx \left\{1 - \tfrac{10}{9}\cdot(\mu_B B\beta)^2\right\}^2 \cdot K_p^0 \approx \left\{1 - \tfrac{20}{9}\cdot(\mu_B B\beta)^2\right\}\cdot K_p^0.$$

Eine Veränderung um 1 % bedeutet $\frac{20}{9}\cdot(\mu_B B\beta)^2 \approx 0.01$ oder $\mu_B B\beta \approx 0.067$.

Das ergibt

$$B \approx \frac{0.067\cdot kT}{\mu_B} \approx \frac{0.067\cdot(1.381\cdot 10^{-23}\ \text{J K}^{-1})\cdot(1000\ \text{K})}{9.274\cdot 10^{-24}\ \text{J T}^{-1}} \approx \underline{100\ \text{T}.}$$

22-16 $q = \dfrac{1}{1 - \exp\left(-\dfrac{\hbar\omega}{kT}\right)}$ [Kasten 22–1] $= \dfrac{1}{1 - \mathrm{e}^{-x}}, \quad x = \dfrac{\hbar\omega}{kT} = \hbar\omega\beta.$

$$U - U(0) = -N\cdot\left(\frac{\partial \ln q}{\partial\beta}\right)_V \quad \text{[Kasten 22–2]} \quad = -N\cdot\left(\frac{1}{q}\right)\cdot\left(\frac{\partial q}{\partial\beta}\right)_V$$

$$= -N\cdot(1 - \mathrm{e}^{-x})\cdot\left(\frac{\partial}{\partial\beta}\right)_V \frac{1}{1 - \mathrm{e}^{-x}} = N\cdot(1 - \mathrm{e}^{-x})\cdot\hbar\omega\cdot\frac{\mathrm{e}^{-x}}{(1 - \mathrm{e}^{-x})^2}$$

$$= \underline{N\hbar\omega\cdot\frac{\mathrm{e}^{-x}}{1 - \mathrm{e}^{-x}}.}$$

$$H - H(0) = U - U(0) = \underline{N\hbar\omega\cdot\frac{\mathrm{e}^{-x}}{1 - \mathrm{e}^{-x}}.}$$

$$S = \frac{U - U(0)}{T} + nR\cdot\ln q = Nk\cdot\frac{x\cdot\mathrm{e}^{-x}}{1 - \mathrm{e}^{-x}} - Nk\ln(1 - \mathrm{e}^{-x})$$

$$= \underline{Nk\cdot\left\{\frac{x\cdot\mathrm{e}^{-x}}{1 - \mathrm{e}^{-x}} - \ln(1 - \mathrm{e}^{-x})\right\}.}$$

$$A - A(0) = G - G(0) = -nRT\cdot\ln q = \underline{NkT\cdot\ln(1 - \mathrm{e}^{-x}).}$$

Damit können wir die folgende Tabelle aufstellen:

x	0.01	0.02	0.03	0.06	0.10	0.20
$\frac{U-U(0)}{N\hbar\omega}$	99.5	49.5	32.8	16.2	9.51	4.52
$\frac{S}{Nk}$	5.61	4.91	4.51	3.81	3.30	2.61
$\frac{A-A(0)}{NkT}$	−4.61	−3.92	−3.52	−2.84	−2.35	−1.71

x	0.30	0.60	1.0	2.0	3.0	6.0
$\frac{U-U(0)}{N\hbar\omega}$	2.86	1.22	0.58	0.16	0.05	0.002
$\frac{S}{Nk}$	2.21	1.53	1.04	0.46	0.21	0.02
$\frac{A-A(0)}{NkT}$	−1.35	−0.80	−0.46	−0.15	−0.05	−0.002

Diese Werte sind in Abb. 22–1 aufgetragen.

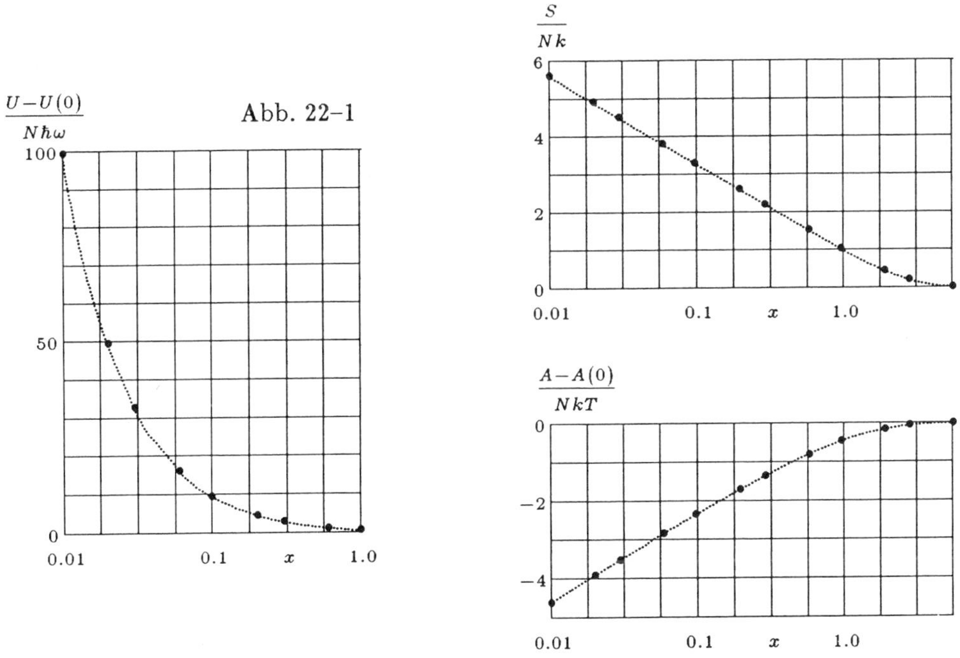

Abb. 22–1

22-17 $\Phi_0^{\text{Schw}} = \dfrac{G_\text{m}(T) - H_\text{m}(T)}{0} = \dfrac{G_\text{m}(T) - G_\text{m}(0)}{T} = \underline{R \cdot \ln(1 - \text{e}^{-x})}.$

22-18 Für j Freiheitsgrade gilt $q = q_1 \cdot q_2 \ldots$ und damit

$$\Phi_0^{\mathrm{Schw}} = R\sum_j \ln\left(1-\mathrm{e}^{-x_j}\right), \quad x_j = \hbar\omega\beta.$$

Bei 1000 K ist $\dfrac{kT}{hc} = 695.03\ \mathrm{cm}^{-1}$ und damit

(a) NH_3: $x_1 = \dfrac{3336.7}{695.03} = 4.80, \quad x_2 = 1.37, \quad x_3 = 4.95, \quad x_4 = 1.88.$

(b) CH_4: $x_1 = 4.19, \quad x_2 = 2.21, \quad x_3 = 4.34, \quad x_4 = 2.34.$

(a) $\Phi_0^{\mathrm{Schw}} = R\cdot\ln\left(1-\mathrm{e}^{-4.80}\right)\cdot\left(1-\mathrm{e}^{-1.37}\right)\cdot\left(1-\mathrm{e}^{-4.95}\right)^2\cdot\left(1-\varepsilon^{-2.34}\right)^2$

$= -0.518\cdot R = \underline{4.31\ \mathrm{J\ K^{-1}\ mol^{-1}}}.$

(b) $\Phi_0^{\mathrm{Schw}} = R\cdot\ln\left(1-\mathrm{e}^{-4.19}\right)\cdot\left(1-\mathrm{e}^{-2.21}\right)^2\cdot\left(1-\mathrm{e}^{-4.34}\right)^3\cdot\left(1-\varepsilon^{-1.88}\right)^3$

$= -0.784\cdot R = \underline{6.52\ \mathrm{J\ K^{-1}\ mol^{-1}}}.$

22-19 $\Phi_0 = \dfrac{G_\mathrm{m}(T)-H_\mathrm{m}(0)}{T} = \dfrac{G_\mathrm{m}(T)-G_\mathrm{m}(0)}{T}$

$= -nR\cdot\ln\left(\dfrac{q_\mathrm{m}^\mathrm{T}}{N_\mathrm{A}}\right) - nR\cdot\ln q^\mathrm{i} = -nR\cdot\ln\left(\dfrac{q_\mathrm{m}^\mathrm{T}q^\mathrm{i}}{N_\mathrm{A}}\right)$ [Kasten 22–2].

(a) H_2: $\left(\dfrac{q_\mathrm{m}^\mathrm{T}}{N_\mathrm{A}}\right)^\ominus = 0.02561\cdot(1000)^{\frac{5}{2}}\cdot(2.01)^{\frac{3}{2}} = 2.31\cdot 10^6$ [Kasten 22–1].

$$q^\mathrm{R} = \tfrac{1}{2}\cdot(0.6950)\cdot\frac{1000}{60.864} = 5.711.$$

$$q^{\mathrm{Schw}} = \frac{1}{1-\exp\left(-\dfrac{4400.39}{695.3}\right)} = 1.002.$$

$\Phi_0^\ominus = -R\cdot\ln\left(1.32\cdot 10^7\right) = \underline{-136\ \mathrm{J\ K^{-1}\ mol^{-1}}}.$

(b) Cl_2: $\left(\dfrac{q_\mathrm{m}^\mathrm{T}}{N_\mathrm{A}}\right)^\ominus = 0.02561\cdot(1000)^{\frac{5}{2}}\cdot(70.90)^{\frac{3}{2}} = 4.84\cdot 10^8.$

$$q^\mathrm{R} = \tfrac{1}{2}\cdot(0.6950)\cdot\frac{1000}{0.2441} = 1.424\cdot 10^3.$$

$$q^{\mathrm{Schw}} = \frac{1}{1-\exp\left(-\dfrac{559.71}{695.3}\right)} = 1.809.$$

$\Phi_0^\ominus = -R\cdot\ln\left(1.24\cdot 10^{12}\right) = \underline{-232\ \mathrm{J\ K^{-1}\ mol^{-1}}}.$

(c) NH_3: $\left(\dfrac{q_\mathrm{m}^\mathrm{T}}{N_\mathrm{A}}\right)^\ominus = 0.02561\cdot(1000)^{\frac{5}{2}}\cdot(17.03)^{\frac{3}{2}} = 5.69\cdot 10^7.$

$$q^\mathrm{R} = \tfrac{1}{3}\cdot(1.0270)\cdot\frac{(1000)^{\frac{3}{2}}}{\sqrt{6.34\cdot 9.98^2}} = 431.$$

$$q^{\text{Schw}} = \frac{1}{1-e^{-4.80}} \cdot \frac{1}{1-e^{-1.37}} \cdot \left(\frac{1}{1-e^{-4.95}}\right)^2 \cdot \left(\frac{1}{1-e^{-2.34}}\right)^2 = 1.68.$$

$$\Phi_0^\ominus = -R \cdot \ln\left(4.12 \cdot 10^{10}\right) = \underline{-203 \text{ J K}^{-1} \text{ mol}^{-1}.}$$

(d) N_2 : $$\left(\frac{q_m^T}{N_A}\right)^\ominus = 0.02561 \cdot (1000)^{\frac{5}{2}} \cdot (28.02)^{\frac{3}{2}} = 1.20 \cdot 10^8.$$

$$q^R = \tfrac{1}{3} \cdot (0.6950) \cdot \frac{(1000)}{(1.9987)} = 173.9.$$

$$q^{\text{Schw}} = \frac{1}{1 - \exp\left(-\dfrac{2358.07}{695.3}\right)} = 1.035.$$

$$\Phi_0^\ominus = -R \cdot \ln\left(2.14 \cdot 10^{10}\right) = \underline{-198 \text{ J K}^{-1} \text{ mol}^{-1}.}$$

(e) NO : $$\left(\frac{q_m^T}{N_A}\right)^\ominus = 0.02561 \cdot (1000)^{\frac{5}{2}} \cdot (30.01)^{\frac{3}{2}} = 1.33 \cdot 10^8.$$

$$q^R = (0.6950) \cdot \frac{(1000)}{(1.7046)} = 408.$$

$$q^{\text{Schw}} = \frac{1}{1 - \exp\left(-\dfrac{1904}{695.3}\right)} = 1.069.$$

$$q^{\text{Elek}} = 2 \cdot \left[1 + \exp\left(-\frac{121.1}{695.3}\right)\right] = 3.84 \quad \text{[Aufgabe 20–13].}$$

$$\Phi_0^\ominus = -R \cdot \ln\left(2.14 \cdot 10^{11}\right) = \underline{-217 \text{ J K}^{-1} \text{ mol}^{-1}.}$$

22-20 $N_2 + 3\,H_2 \rightleftharpoons 2\,NH_3$ [wir gehen wie in Beispiel 10–5 vor].

$$\begin{aligned}\Delta_r\Phi_0 &= \{2 \cdot (-203) - (-198) - 3 \cdot (-136)\} \text{ J K}^{-1} \text{ mol}^{-1} \\ &= 200 \text{ J K}^{-1} \text{ mol}^{-1} \quad \text{[Aufgabe 22–19].}\end{aligned}$$

$\Delta_r H^\ominus = -92.2 \text{ kJ mol}^{-1}$ [Beispiel 10–5]

$\Delta_r H^\ominus - \Delta_r H^\ominus(0) = -14.24 \text{ kJ mol}^{-1}$ [Tabelle 10–1, oder ganz nach der statistischen Thermodynamik gemäß Kasten 22–2].

$$\begin{aligned}K &= \exp\left\{-\frac{\Delta_r G^\ominus}{RT}\right\} \\ &= \exp\left\{-\frac{\Delta_r\Phi_0^\ominus}{R} - \frac{\Delta_r H^\ominus}{RT} + \frac{\Delta_r H^\ominus - \Delta_r H^\ominus(0)}{RT}\right\} \quad [10.1\text{–}13] \\ &= \exp\left(\frac{-1}{8.314 \text{ J K}^{-1} \text{ mol}^{-1}} \cdot \left[200 \text{ J K}^{-1} \text{ mol}^{-1} - \frac{92.2 \text{ kJ mol}^{-1}}{1000 \text{ K}} + \frac{14.24 \text{ kJ mol}^{-1}}{1000 \text{ K}}\right]\right) \\ &= e^{-14.7} = \underline{4.1 \cdot 10^{-7}.}\end{aligned}$$

22-21 $U - U(0) = -N \cdot \left(\frac{1}{q}\right) \cdot \left(\frac{\partial q}{\partial \beta}\right)_V$ [Kasten 22–2]

$$= N \cdot \left(\frac{1}{q}\right) \cdot \sum_j \varepsilon_j \cdot \mathrm{e}^{-\beta\varepsilon_j} = N \cdot \left(\frac{1}{q}\right) \cdot kT\dot{q} = \underline{nRT \cdot \left(\frac{\dot{q}}{q}\right)},$$

$$S = \frac{U - U(0)}{T} + nR \cdot \left[\ln\left(\frac{q}{N}\right) + 1\right] = \underline{nR \cdot \left\{\left(\frac{\dot{q}}{q}\right) + \ln\left(\frac{\mathrm{e}q}{N}\right)\right\}}.$$

$$C_V = \left(\frac{\partial U}{\partial T}\right)_V = \left(\frac{\mathrm{d}\beta}{\delta T}\right) \cdot \left(\frac{\partial U}{\partial \beta}\right)_V$$

$$= -\left(\frac{1}{kT^2}\right) \cdot \left(\frac{\partial}{\partial \beta}\right)_V \left\{N \cdot \left(\frac{1}{q}\right) \sum_j \varepsilon_j \cdot \mathrm{e}^{-\beta\varepsilon_j}\right\}$$

$$= -\left(\frac{N}{kT^2}\right) \cdot \left\{\left(\frac{1}{q}\right) \cdot \sum_j \varepsilon_j^2 \cdot \mathrm{e}^{-\beta\varepsilon_j} + \left(\frac{1}{q^2}\right) \cdot \left(\frac{\partial q}{\partial \beta}\right)_V \sum_j \varepsilon_j \cdot \mathrm{e}^{-\beta\varepsilon_j}\right\}$$

$$= -\left(\frac{N}{kT^2}\right) \cdot \left\{\left(\frac{1}{q}\right) \cdot \sum_j \varepsilon_j^2 \cdot \mathrm{e}^{-\beta\varepsilon_j} - \left(\frac{1}{q^2}\right) \cdot \left[\sum_j \varepsilon_j \cdot \mathrm{e}^{-\beta\varepsilon_j}\right]^2\right\}$$

$$= -\left(\frac{N}{kT^2}\right) \cdot \left\{\left(\frac{k^2T^2\ddot{q}}{q}\right) - \left(\frac{1}{q^2}\right) \cdot k^2T^2 \cdot (\dot{q})^2\right\}$$

$$= \underline{nR \cdot \left\{\left(\frac{\ddot{q}}{q}\right) - \left(\frac{\dot{q}}{q}\right)^2\right\}}.$$

22-22 $U - U(0) = -\left(\frac{\partial \ln Q}{\partial \beta}\right)_V = -\left(\frac{\partial \ln(Q_{\text{in}} \cdot Q_{\text{ex}})}{\partial \beta}\right)_V$

$$= \left(\frac{\partial \ln\left(\frac{q_{\text{in}}^N \cdot q_{\text{ex}}^N}{N!}\right)}{\partial \beta}\right)_V = -\left(\frac{\partial \ln q_{\text{in}}^N + \ln\left(\frac{q_{\text{ex}}^N}{N!}\right)}{\partial \beta}\right)_V$$

$$= \left(\frac{\partial \ln q_{\text{in}}}{\partial \beta}\right)_V - \left(\frac{\partial \ln\left(\frac{q_{\text{ex}}^N}{N!}\right)}{\partial \beta}\right)_V$$

$$= [U_{\text{in}} - U_{\text{in}}(0)] + [U_{\text{ex}} - U_{\text{ex}}(0)].$$

$$U_{\text{in}} - U_{\text{in}}(0) = -N\left(\frac{\partial \ln q_{\text{in}}}{\partial \beta}\right)_V = \underline{nRT \cdot \left(\frac{\dot{q}_{\text{in}}}{q_{\text{in}}}\right)}.$$

$$S = \frac{U - U(0)}{T} + k \cdot \ln Q = \frac{U_{\text{in}} - U_{\text{in}}(0)}{T} + \frac{U_{\text{ex}} - U_{\text{ex}}(0)}{T} + k \cdot \ln\left(\frac{q_{\text{in}}^N \cdot q_{\text{ex}}^N}{N!}\right)$$

$$= \left\{\frac{U_{\text{in}} - U_{\text{in}}(0)}{T} + k \cdot \ln q_{\text{in}}^N\right\} + \left\{\frac{U_{\text{ex}} - U_{\text{ex}}(0)}{T} + k \cdot \ln\left(\frac{q_{\text{ex}}^N}{N!}\right)\right\} = S_{\text{in}} + S_{\text{ex}};$$

$$S_{\text{in}} = \frac{U_{\text{in}} - U_{\text{in}}(0)}{T} + Nk \cdot \ln q_{\text{in}}$$

$$= nR \cdot \left(\frac{\dot{q}_{\text{in}}}{q_{\text{in}}}\right) + nR \cdot \ln q_{\text{in}}$$

$$C_V = \left(\frac{\partial U}{\partial T}\right)_V = \left(\frac{\partial U_{\text{in}}}{\partial T}\right)_V + \left(\frac{\partial U_{\text{ex}}}{\partial T}\right)_V$$

$$C_{V,\text{in}} = \left(\frac{\partial U_{\text{in}}}{\partial T}\right)_V = \underline{nR \cdot \left\{\left(\frac{\ddot{q}}{q}\right)_{\text{in}} - \left(\frac{\dot{q}}{q}\right)^2_{\text{in}}\right\}}.$$

22-23 Bei 5000 K ist $\frac{kT}{hc} = 3475\ \text{cm}^{-1}$. Jetzt berechnen wir die Summen q, $\dot{q}$ und $\ddot{q}$:

$$q = \sum_j \mathrm{e}^{-\varepsilon_j \beta} = 1 + \exp\left(-\frac{21850}{3475}\right) + 3 \cdot \exp\left(-\frac{21870}{3475}\right) + \ldots = 1.0167.$$

$$\dot{q} = \sum_j \left(\frac{\varepsilon_j}{kT}\right) \cdot \mathrm{e}^{-\varepsilon_j \beta} = \left(\frac{hc}{kT}\right) \cdot \sum_j \left(\frac{\varepsilon_j}{hc}\right) \cdot \mathrm{e}^{-\varepsilon_j \beta}$$

$$= \frac{1}{3475\ \text{cm}^{-1}} \cdot \left\{0 + (21850\ \text{cm}^{-1}) \cdot \exp\left(-\frac{21850}{3475}\right) + 3 \cdot (21870\ \text{cm}^{-1}) \cdot \exp\left(-\frac{21870}{3475}\right) + \ldots\right\} = 0.1057.$$

$$\ddot{q} = \sum_j \left(\frac{\varepsilon_j}{kT}\right)^2 \cdot \mathrm{e}^{-\varepsilon_j \beta} = \left(\frac{hc}{kT}\right)^2 \cdot \sum_j \left(\frac{\varepsilon_j}{hc}\right)^2 \cdot \mathrm{e}^{-\varepsilon_j \beta}$$

$$= \left(\frac{1}{3457\ \text{cm}^{-1}}\right)^2 \cdot \left\{0 + (21850\ \text{cm}^{-1})^2 \cdot \exp\left(-\frac{21850}{3475}\right) + \ldots\right\} = 0.6719.$$

(a) $H_{\text{m}}^{\text{Elek}} - H_{\text{m}}^{\text{Elek}}(0) = U_{\text{m}}^{\text{Elek}} - U_{\text{m}}^{\text{Elek}}(0) = RT \cdot \left(\frac{\dot{q}^{\text{Elek}}}{q^{\text{Elek}}}\right)$ [Aufgabe 22–22]

$$= (8.314\ \text{J K}^{-1}\ \text{mol}^{-1}) \cdot (5000\ \text{K}) \cdot \left(\frac{0.1057}{1.0167}\right)$$

$$= \underline{4.322\ \text{kJ mol}^{-1}}.$$

$\Phi_0^{\text{Elek}} = -R \cdot \ln q$ [Aufgabe 22–17]

$$= (8.314\ \text{J K}^{-1}\ \text{mol}^{-1}) \cdot \ln 1.0167 = \underline{-0.138\ \text{J K}^{-1}\ \text{mol}^{-1}}.$$

$C_{V,\text{m}}^{\text{Elek}}(5000\ \text{K}) = R \cdot \left\{\left(\frac{\ddot{q}}{q}\right)_{\text{Elek}} - \left(\frac{\dot{q}}{q}\right)^2_{\text{Elek}}\right\}$ [Aufgabe 22–22]

$$= (8.314\ \text{J K}^{-1}\ \text{mol}^{-1}) \cdot \left\{\left(\frac{0.6719}{1.0167}\right) - \left(\frac{0.1057}{1.0167}\right)^2\right\} = \underline{5.405\ \text{J K}^{-1}\ \text{mol}^{-1}}.$$

22-24 $\Phi_0^{\text{Elek}} = -R \cdot \ln q$ [Aufgabe 22–17],

$$q = \sum_j \mathrm{e}^{-\beta\varepsilon_j} = \sum_j (2J + 1) \cdot \varepsilon^{-\beta E_J}.$$

Das Niveau J ist $(2J + 1)$-fach entartet. Deshalb sind die Beiträge der Niveaus jeweils mit $(2J + 1)$ zu multiplizieren. Jetzt stellen wir die folgende Tabelle auf:

T/K	1000	2000	3000	4000	5000
$\left(\frac{kT}{hc}\right)$ cm^{-1}	695	1391	2085	2780	3475
q	2.000	2.000	2.002	2.014	2.053
$-\Phi_0^{\mathrm{Elek}}/\ \mathrm{J\ K^{-1}\ mol^{-1}}$	5.763	5.763	5.771	5.821	5.980

C_V bei 3000 K ist in der nächsten Aufgabe angegeben.

22-25 $C_{V,\mathrm{m}}^{\mathrm{Elek}} = R \cdot \left\{ \left(\frac{\ddot{q}}{q}\right)_{\mathrm{Elek}} - \left(\frac{\dot{q}}{q}\right)^2_{\mathrm{Elek}} \right\}$ [Aufgabe 22–22].

T/K	1000	2000	3000	4000	5000
$\left(\frac{kT}{hc}\right)$ cm^{-1}	695	1391	2085	2780	3475
q	2.000	2.000	2.002	2.014	2.053
$\dot{q}$	$3.69 \cdot 10^{-9}$	$3.68 \cdot 10^{-4}$	$1.46 \cdot 10^{-2}$	$9.08 \cdot 10^{-2}$	0.289
$\ddot{q}$	$9.01 \cdot 10^{-8}$	$4.50 \cdot 10^{-3}$	0.121	0.598	1.697
$C_{V,\mathrm{m}}/R$	$4.51 \cdot 10^{-8}$	$2.25 \cdot 10^{-3}$	0.060	0.295	0.807

22-26 $\Phi_0^{\mathrm{Elek}} = \frac{G_{\mathrm{m}}^{\ominus} - G_{\mathrm{m}}^{\ominus}(0)}{T} = -R \cdot \ln\left(\frac{q_{\mathrm{m}}^{\ominus}}{N_{\mathrm{A}}}\right)$ [Kasten 22–2].

$\mathrm{Na_2} \rightleftharpoons 2\ \mathrm{Na}; \quad \Delta_{\mathrm{r}}G^{\ominus} = -RT \cdot \ln K_p.$

$$-RT \cdot \ln K_p = 2 \cdot G_{\mathrm{Na,m}}^{\ominus} - G_{\mathrm{Na_2,m}}$$

$$= 2 \cdot T \cdot \Phi_{0,\mathrm{Na}}^{\ominus} + 2 \cdot G_{\mathrm{Na,m}}^{\ominus}(0) - T \cdot \Phi_{0,\mathrm{Na_2}}^{\ominus} - G_{\mathrm{Na_2,m}}^{\ominus}(0)$$

$$= T \cdot \left\{2 \cdot \Phi_{0,\mathrm{Na}}^{\ominus} - \Phi_{0,\mathrm{Na_2}}^{\ominus}\right\} + D_0 \qquad [G(0) \to U(0)] \qquad [22.3\text{–}22]$$

$$= -RT \cdot \ln \left\{ \frac{\left(\frac{q_{\mathrm{Na,m}}^{\ominus}}{N_{\mathrm{A}}}\right)^2}{\frac{q_{\mathrm{Na_2,m}}^{\ominus}}{N_{\mathrm{A}}}} \right\} + D_0.$$

Das ergibt $K_p = \left(\frac{q_{\mathrm{Na,m}}^{\ominus\,2}}{q_{\mathrm{Na_2,m}} N_{\mathrm{A}}}\right) \cdot \exp\left(-\frac{D_0}{RT}\right)$. Jetzt gehen wir wie in Beispiel 22–6 vor:

$$\frac{q^{T\ominus}_{Na,m}}{N_A} = 2.561 \cdot 10^{-2} \cdot 1163^{\frac{5}{2}} \cdot 22.99^{\frac{3}{2}} \quad \text{[Kasten 22–1]} \quad = 1.30 \cdot 10^{8}$$

$$\frac{q^{\ominus}_{Na_2,m}}{N_A} = 3.68 \cdot 10^{8}$$

$$q^{R}_{Na_2} = \tfrac{1}{2} \cdot 0.6950 \cdot \frac{1163}{0.1547} = 2612$$

$$q^{Schw}_{Na_2} = \frac{1}{1 - \exp\left(-\dfrac{159}{808}\right)} = 5.598$$

$$q^{Elek}_{Na} = 2.00 \quad \text{[Aufgabe 22–24].}$$

$$K_p = \left\{\frac{(1.30 \cdot 10^{8} \cdot 2.00)^2}{3.68 \cdot 10^{8} \cdot 2612 \cdot 5.598}\right\} \cdot \exp\left(-\frac{D_0}{RT}\right)$$
$$= \underline{8.65.}$$

Mit dem Dissoziationsgrad α_{Gl} erhalten wir

$$\alpha_{Gl} = \sqrt{\frac{K_p}{K_p + 4 \cdot p^{\ominus}}} \quad [10.2\text{–}2] \quad = \sqrt{\frac{8.65}{8.65 + 4.0000}}$$
$$= 0.827 \quad \text{bei } p = 1 \text{ bar.}$$

Daraus folgt für die Molenbrüche im Gleichgewicht

$$x(Na_2) = \frac{1 - \alpha_{Gl}}{1 + \alpha_{Gl}} = \underline{0.095,}$$

$$x(Na) = \frac{2 \cdot \alpha_{Gl}}{1 + \alpha_{Gl}} = \underline{0.905.}$$

Im Experiment lassen sich der Anteil der Atome durch Atomabsorptions-Spektroskopie und der Anteil der Dimeren durch Raman-Spektroskopie bestimmen.

22-27 $C_{V,m} = \frac{1}{2}R \cdot (3 \cdot \nu^*_R + 2 \cdot \nu^*_{Schw})$ [22.3–14]

(a) $\nu^*_R = 2$, $\nu^*_{Schw} = 0$ (vielleicht dennoch Beiträge);

$$C_{V,m} \geq \tfrac{1}{2}R \cdot (3 + 2 + 0) = \tfrac{5}{2} \cdot R = \underline{21 \text{ J K}^{-1} \text{ mol}^{-1}.}$$

(b) $\nu^*_R = 2$ (wegen der Quanteneffekte wahrscheinlich weniger);

$$C_{V,m} \approx \tfrac{1}{2}R \cdot (3 + 2 + 0) = \tfrac{5}{2} \cdot R = \underline{21 \text{ J K}^{-1} \text{ mol}^{-1}.}$$

(c) $\nu^*_R = 3$, $\nu^*_{Schw} = 0$;

$$C_{V,m} = \tfrac{1}{2}R \cdot (3 + 3 + 0) = 3 \cdot R = \underline{25 \text{ J K}^{-1} \text{ mol}^{-1}.}$$

(d) $\nu^*_R = 3$, $\nu^*_{Schw} = 0$; $C_{V,m} = 3 \cdot R = \underline{25 \text{ J K}^{-1} \text{ mol}^{-1}.}$

(e) $\nu^*_R = 3$, $\nu^*_{Schw} = 0$; $C_{V,m} = 3 \cdot R = \underline{25 \text{ J K}^{-1} \text{ mol}^{-1}.}$

(f) $\nu^*_R = 2$, $\nu^*_{Schw} = 0$; $C_{V,m} = \frac{5}{2} \cdot R = \underline{21 \text{ J K}^{-1} \text{ mol}^{-1}.}$

22-28 $U - U(0) = N\hbar\omega \cdot \frac{e^{-x}}{1 - e^{-x}}$ [$x = \hbar\omega\beta$, vergl. Aufgabe 22–16]

$$C_V = \left(\frac{\partial U}{\partial T}\right)_V = \left(\frac{\partial \beta}{\partial T}\right)_V \cdot \left(\frac{\partial U}{\partial \beta}\right)_V = -\left(\frac{1}{kT^2}\right) \cdot \left(\frac{\partial U}{\partial \beta}\right)_V$$

$$= -\left(\frac{N\hbar\omega}{kT^2}\right) \cdot \left\{-\hbar\omega \cdot \frac{e^{-x}}{1 - e^{-x}} - \hbar\omega \cdot \frac{e^{-2x}}{(1 - e^{-x})^2}\right\}$$

$$= \left(\frac{N\hbar^2\omega^2}{kT^2}\right) \cdot \frac{e^{-x}}{(1 - e^{-x})^2} = Nk \cdot \frac{x^2 \cdot e^{-x}}{(1 - e^{-x})^2}.$$

$$\frac{C_{V,m}}{R} = \underline{\frac{x^2 \cdot e^{-x}}{(1 - e^{-x})^2}}.$$

Diese Funktion ist in Abb. 22–2 graphisch wiedergegeben.

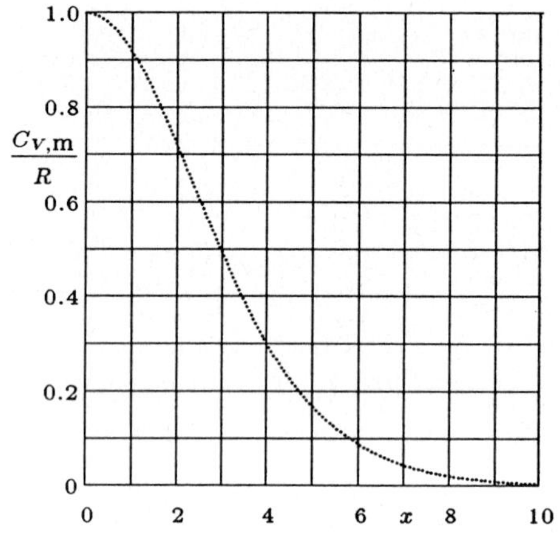

Abb. 22–2

Mit den Daten aus Aufgabe 22–18 und unter Berücksichtigung eventueller Entartungen (sodaß manche Frequenzen einen mehrfachen Beitrag leisten) können wir jetzt die weiter unten wiedergegebenen Tabellen aufstellen.

Wegen des Gleichverteilungssatzes tragen die Translationen und die Rotationen je $3 \cdot R$ bei; deshalb sind die Wärmekapazitäten insgesamt

Ammoniak (a) 298 K: $3.27 \cdot R =$ $\underline{27.2 \text{ J K}^{-1} \text{ mol}^{-1}}$,

500 K: $3.99 \cdot R =$ $\underline{33.2 \text{ J K}^{-1} \text{ mol}^{-1}}$.

Methan (b) 298 K: $3.28 \cdot R =$ $\underline{27.3 \text{ J K}^{-1} \text{ mol}^{-1}}$,

500 K: $4.58 \cdot R =$ $\underline{38.1 \text{ J K}^{-1} \text{ mol}^{-1}}$.

Ammoniak

Freiheitsgrad	(a) 298 K		(b) 500 K	
$\tilde{\nu}/\mathrm{cm}^{-1}$	x	$\frac{C_{V,m}}{R}$	x	$\frac{C_{V,m}}{R}$
3336.7	16.12	$2.6 \cdot 10^{-5}$	9.59	0.01
950.4	4.59	0.22	2.73	0.56
3443.8	16.64	$1.6 \cdot 10^{-5}$	9.90	$4.9 \cdot 10^{-3}$
3443.8	16.64	$1.6 \cdot 10^{-5}$	9.90	$4.9 \cdot 10^{-3}$
1626.8	7.86	0.02	4.67	0.21
1626.8	7.86	0.02	4.67	0.21
Summe		0.27		0.99

Methan

Freiheitsgrad	(a) 298 K		(b) 500 K	
$\tilde{\nu}/\mathrm{cm}^{-1}$	x	$\frac{C_{V,m}}{R}$	x	$\frac{C_{V,m}}{R}$
2816.7	14.09	$1.5 \cdot 10^{-4}$	8.34	0.02
1533.6	7.41	0.03	4.41	0.24
1533.6	7.41	0.03	4.41	0.24
3018.9	14.58	$9.9 \cdot 10^{-5}$	8.68	0.01
3018.9	14.58	$9.9 \cdot 10^{-5}$	8.68	0.01
3018.9	14.58	$9.9 \cdot 10^{-5}$	8.68	0.01
1306.2	6.31	0.07	3.75	0.35
1306.2	6.31	0.07	3.75	0.35
1306.2	6.31	0.07	3.75	0.35
Summe		0.28		1.58

22-29 Wir haben $\frac{C_{V,m}}{R} = \frac{x^2 \cdot \mathrm{e}^{-x}}{(1-\mathrm{e}^{-x})^2}$ für jeden einzelnen Freiheitsgrad zu schreiben [Aufgabe 22–28]. Mit $\frac{kT}{hc} = 207\ \mathrm{cm}^{-1}$ bei 298 K und $\frac{kT}{hc} = 348\ \mathrm{cm}^{-1}$ bei 500 K stellen wir dann die folgende Tabelle auf.

$\tilde{\nu}/\text{cm}^{-1}$	$x(298\text{ K})$	$x(500\text{ K})$	$\dfrac{C_{V,\text{m}}(298\text{ K})}{R}$	$\dfrac{C_{V,\text{m}}(500\text{ K})}{R}$
612	2.96	1.76	0.505	0.777
612	2.96	1.76	0.505	0.777
729	3.52	2.09	0.389	0.704
729	3.52	2.09	0.389	0.704
1974	9.54	5.67	0.007	0.112
3287	15.88	9.45	$3.2 \cdot 10^{-5}$	0.007
3374	16.30	9.70	$3.2 \cdot 10^{-5}$	0.006
Summe			1.796	3.086

Das ergibt bei 298 K $C_{V,\text{m}}^{\text{Schw}} = 1.796 \cdot R$ und bei 500 K $C_{V,\text{m}}^{\text{Schw}} = 3.086 \cdot R$. In beiden Fällen tragen die Rotationen R und die Translationen $\frac{3}{2} \cdot R$ bei. Das ergibt für die vollständigen Wärmekapazitäten

(a) bei 298 K: $C_{V,\text{m}} = (1.796 + 1.000 + 1.500) \cdot R = \underline{35.72\text{ J K}^{-1}\text{ mol}^{-1}}.$

(b) bei 500 K: $C_{V,\text{m}} = (3.086 + 1.000 + 1.500) \cdot R = \underline{46.44\text{ J K}^{-1}\text{ mol}^{-1}}.$

22-30 $q = 1 + \exp\left(-\dfrac{\Delta}{kT}\right)$

$$U - U(0) = N \cdot \Delta \cdot \frac{\exp\left(-\dfrac{\Delta}{kT}\right)}{1 + \exp\left(-\dfrac{\Delta}{kT}\right)} = N \cdot \Delta \cdot \frac{\text{e}^{-\Delta\beta}}{1 + \text{e}^{-\Delta\beta}}$$

$$C_{V,\text{m}} = -\left(\frac{N}{kT^2}\right) \cdot \left(\frac{\partial U}{\partial \beta}\right)_V = N \cdot \left(\frac{\Delta^2}{kT^2}\right) \cdot \frac{\text{e}^{-\Delta\beta}}{(1 + \text{e}^{-\Delta\beta})^2}$$

$$\frac{C_{V,\text{m}}}{R} = \underline{\frac{x^2 \cdot \text{e}^{-x}}{(1 + \text{e}^{-x})^2}}, \quad x = \frac{\Delta}{kT}.$$

Diese Funktion ist in Abb. 22-3 wiedergegeben.

Beachten Sie, daß für $T \to 0$ und für $T \to \infty$ immer $C_{V,\text{m}} \to 0$ gilt.

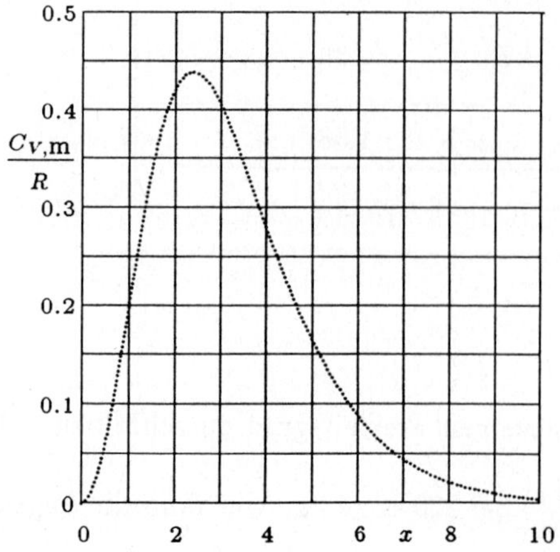

Abb. 22-3

22-31 $\frac{C_{V,m}}{R} = \frac{x^2 \cdot e^{-x}}{(1+e^{-x})^2}, \quad x = \Delta\beta \quad$ [Aufgabe 22–30]

Damit stellen wir die folgende Tabelle auf:

T/K	50	298	500
$\left(\frac{kT}{hc}\right)/\mathrm{cm}^{-1}$	34.8	207	348
$x = \frac{\Delta}{kT}$	3.46	0.585	0.348
$\frac{C_{V,m}}{R}$	0.354	0.079	0.029
$C_{V,m}/\mathrm{J\,K^{-1}\,mol^{-1}}$	2.94	0.654	0.244

Die doppelte Entartung der beiden Niveaus hat hier keinen Einfluß auf das Ergebnis, weil sich die beiden Faktoren 2 in U herauskürzen. In diesem Bereich nimmt der elektronische Beitrag zu $C_{V,m}$ bei Temperaturerhöhung ab.

22-32 $\frac{C_{V,m}^{\mathrm{Elek}}}{R} = \frac{x^2 \cdot e^{-x}}{(1+e^{-x})^2} \quad$ [Aufgabe 22–30],

$$x = \Delta\beta = 2\mu_B B\beta \quad \left[\Delta = 2\mu_B B,\ [20.2-2]\right].$$

$$= \frac{2 \cdot (9.274 \cdot 10^{-24}\ \mathrm{J\,T^{-1}}) \cdot (5.0\ \mathrm{T})}{(1.381 \cdot 10^{-23}\ \mathrm{J\,K^{-1}}) \cdot T} = \frac{6.72}{T/\mathrm{K}}.$$

(a) $T = 50\ \mathrm{K}, \quad x = \frac{6.72}{50} = 0.134; \quad C_{V,m}^{\mathrm{Elek}} = 4.47 \cdot 10^{-3} \cdot R.$

Es ist also $C_{V,m}^{\mathrm{Elek}} = \underline{3.72 \cdot 10^{-2}\ \mathrm{J\,K^{-1}\,mol^{-1}}}.$

(b) $T = 298\ \mathrm{K}, \quad x = \frac{6.72}{298} = 2.26 \cdot 10^{-2}; \quad C_{V,m}^{\mathrm{Elek}} = 1.27 \cdot 10^{-4} \cdot R.$

Es ist also $C_{V,m}^{\mathrm{Elek}} = \underline{1.06 \cdot 10^{-3}\ \mathrm{J\,K^{-1}\,mol^{-1}}}.$

Es ist $C_{V,m} \approx 3 \cdot R \approx 25\ \mathrm{J\,K^{-1}\,mol^{-1}}$, der elektronische Beitrag zur Wärmekapazität liegt also in diesen Fällen bei 0.1 % bzw. bei 0.004 %.

22-33 $q = \sum_{m=-\infty}^{\infty} \exp\left(-\frac{m^2\hbar^2}{2IkT}\right) - \left(\frac{1}{\sigma}\right) \int_{-\infty}^{\infty} \exp\left(-\frac{m^2\hbar^2}{2IkT}\right) \mathrm{d}m$

$$\approx \left(\frac{1}{\sigma}\right) \cdot \sqrt{\frac{2IkT}{\hbar^2}} \int_{-\infty}^{\infty} e^{-x^2} \mathrm{d}x = \left(\frac{1}{\sigma}\right) \cdot \sqrt{\frac{2\pi IkT}{\hbar^2}}.$$

$$U - U(0) = -N \cdot \left(\frac{1}{q}\right) \cdot \left(\frac{\partial q}{\partial \beta}\right)_V = -N \cdot \left(\frac{1}{q}\right) \cdot \left(\frac{1}{\sigma}\right) \cdot \sqrt{\frac{2\pi I}{\hbar^2}} \cdot \left(\frac{\partial}{\partial \beta}\right)_V \sqrt{\frac{1}{\beta}}$$

$$= \frac{N}{2\beta} = \tfrac{1}{2} kTN \quad \text{[oder nach dem Gleichverteilungssatz].}$$

$$C_{V,\mathrm{m}} = \left(\frac{\partial U_\mathrm{m}}{\partial T}\right)_V = \tfrac{1}{2} kN_\mathrm{A} = \tfrac{1}{2} R = \underline{4.16 \text{ J K}^{-1} \text{ mol}^{-1}}.$$

$$S_\mathrm{m} = \frac{U - U(0)}{T} + R \cdot \ln q \quad \text{[Kasten 22–2]}$$

$$= \tfrac{1}{2} R + R \cdot \ln \left\{ \left(\frac{1}{\sigma}\right) \cdot \sqrt{\frac{2\pi IkT}{\hbar^2}} \right\}.$$

$\sigma = 3, \quad I = 5.341 \cdot 10^{-47}$ kg m^2;

$$\left(\frac{1}{\sigma}\right) \cdot \sqrt{\frac{2\pi IkT}{\hbar^2}} = \frac{1}{3} \cdot \sqrt{\frac{2\pi \cdot (5.341 \cdot 10^{-47} \text{ kg m}^2) \cdot (1.381 \cdot 10^{-23} \text{ J K}^{-1}) \cdot T}{(1.055 \cdot 10^{-34} \text{ J s})^2}}$$

$$= 0.215 \cdot \sqrt{T/\mathrm{K}}.$$

$$S_\mathrm{m} = R \cdot \left\{ \tfrac{1}{2} + \ln \left(0.215 \cdot \sqrt{T/\mathrm{K}}\right) \right\} = R \cdot \left\{ -1.037 + \tfrac{1}{2} \ln (T/\mathrm{K}) \right\}$$

(Weil $S_\mathrm{m} > 0$ sein muß, kann das nur für $T > 8$ K gelten.)

Für $T = 298$ K erhalten wir jetzt $S_\mathrm{m} = R \cdot \left\{ -1.307 + \tfrac{1}{2} \ln 298 \right\} = \underline{15.1 \text{ J K}^{-1} \text{ mol}^{-1}}.$

22-34 $q = 1 + 5 \cdot \mathrm{e}^{-\Delta\beta}$

$\Delta = E(\mathrm{J} = 2) - E(\mathrm{J} = 0) = 6hcB \quad [E_J = hcB \cdot J \cdot (J + 1)]$

$$U - U(0) = N \cdot \left(\frac{1}{q}\right) \cdot 5 \cdot \Delta \cdot \mathrm{e}^{-\Delta\beta}$$

$$C_{V,\mathrm{m}} = -\left(\frac{1}{kT^2}\right) \cdot \left(\frac{\partial U_\mathrm{m}}{\partial \beta}\right)_V = \left(\frac{5R\Delta^2}{k^2T^2}\right) \cdot \frac{\mathrm{e}^{-\Delta\beta}}{(1 + 5 \cdot \mathrm{e}^{-\Delta\beta})^2}$$

$$\frac{C_{V,\mathrm{m}}}{R} = 5 \cdot \left(\frac{6hcB}{kT}\right)^2 \cdot \frac{\mathrm{e}^{-6hcB\beta}}{(1 + 5 \cdot \mathrm{e}^{-6hcB\beta})^2}.$$

$$\frac{hcB}{k} = (60.864 \text{ cm}^{-1}) \cdot \left(\frac{hc}{k}\right) = 87.570 \text{ K}.$$

$$\frac{C_{V,\mathrm{m}}}{R} = \frac{1.3803 \cdot 10^6 \cdot \exp\left(\dfrac{-525.42 \text{ K}}{T}\right)}{(T/\mathrm{K})^2 \cdot \left\{1 + 5 \cdot \exp\left(\dfrac{-525.42 \text{ K}}{T}\right)\right\}^2}.$$

Damit stellen wir die folgende Tabelle auf:

T/K	50	100	150	200	250
$\frac{C_{V,\mathrm{m}}}{R}$	0.02	0.68	1.40	1.35	1.04
T/K	300	350	400	450	500
$\frac{C_{V,\mathrm{m}}}{R}$	0.76	0.56	0.42	0.32	0.26

Diese Werte sind in Abb. 22–4 aufgetragen.

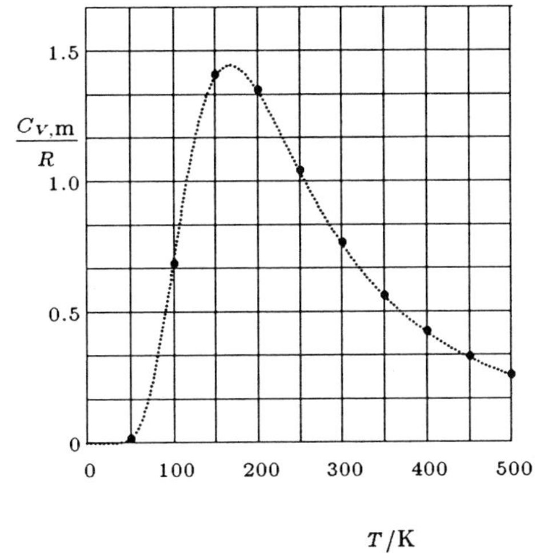

Abb. 22–4

22-35 $c_\mathrm{s} = \sqrt{\frac{\gamma RT}{M_\mathrm{m}}}, \quad \gamma = \frac{C_p}{C_V} = \frac{C_{p,\mathrm{m}}}{C_{V,\mathrm{m}}}, \quad C_{p,\mathrm{m}} = C_{V,\mathrm{m}} + R \quad [2.3\text{–}9].$

(a) $C_{V,\mathrm{m}} = \frac{1}{2} R \cdot (3 + \nu_\mathrm{R}^* + 2\nu_\mathrm{Schw}^*)$ [22.3–14] $= \frac{1}{2} R \cdot (3 + 2 + 0) = \frac{5}{2} R.$

$C_{p,\mathrm{m}} = \frac{5}{2} R + R = \frac{7}{2} R.$

$$\gamma = \frac{\frac{7}{2} R}{\frac{5}{2} R} = \frac{7}{5} = 1.40.$$

$$c_\mathrm{s} = \underline{\sqrt{\frac{1.40 \cdot RT}{M_\mathrm{m}}}}.$$

(b) $C_{V,\mathrm{m}} = \frac{3}{2} R + C_{V,\mathrm{m}}^\mathrm{R}(T)$

$$C_{V,\mathrm{m}}^\mathrm{R} = 5 \cdot R \cdot \left(\frac{6hcB}{kT}\right)^2 \cdot \frac{\mathrm{e}^{-6hcB\beta}}{\left(1 + \mathrm{e}^{-6hcB\beta}\right)^2}; \quad \text{[Aufgabe 22–34].}$$

$C_{p,\mathrm{m}} = \frac{5}{2}R + C_{V,\mathrm{m}}^{\mathrm{R}}(T).$

$$\gamma = \frac{\frac{5}{2}R + C_{V,\mathrm{m}}^{\mathrm{R}}(T)}{\frac{3}{2}R + C_{V,\mathrm{m}}^{\mathrm{R}}(T)}$$

$$= \frac{1+a}{\frac{5}{3} + \frac{2}{5} \cdot a}, \quad a = 2 \cdot \left(\frac{6B}{kT^2}\right)^2 \cdot \frac{\mathrm{e}^{-6B\beta}}{(1 + 5 \cdot \mathrm{e}^{-6B\beta})^2};$$

$$c_\mathrm{s} = \underline{\sqrt{\frac{5 \cdot (1+a) \cdot RT}{(3 + 5 \cdot a) \cdot M_\mathrm{m}}}}.$$

22-36 $c_\mathrm{s} = \sqrt{\frac{1.40 \cdot RT}{M_\mathrm{m}}}$ [Aufgabe 22–35a]

$M_\mathrm{m} \approx 29 \text{ g mol}^{-1}, \quad T \approx 298 \text{ K}.$

$$c_\mathrm{s} \approx \sqrt{\frac{1.40 \cdot (2.48 \text{ kJ mol}^{-1})}{29 \text{ g mol}^{-1}}} = \underline{346 \text{ m s}^{-1}}.$$

22-37 $S_\mathrm{m} = R \cdot \ln p$ [Abschnitt 22.3c, p ist die Anzahl der Realisierungsmöglichkeiten].

(a) $S_\mathrm{m} = R \cdot \ln 3 = \underline{9.13 \text{ J K}^{-1} \text{ mol}^{-1}}$,

(b) $S_\mathrm{m} = R \cdot \ln 5 = \underline{13.4 \text{ J K}^{-1} \text{ mol}^{-1}}$,

(c) $S_\mathrm{m} = R \cdot \ln 6 = \underline{14.9 \text{ J K}^{-1} \text{ mol}^{-1}}$.

22-38 Die Moleküle mit $n = 0$ und $n = 6$ haben beide $p = 1$; daraus folgt $S_\mathrm{m} = 0$.

Die Moleküle mit $n = 1$ und $n = 5$ haben beide $p = 6$; daraus folgt $S_\mathrm{m} = \underline{14.9 \text{ J K}^{-1} \text{ mol}^{-1}}$.

Die Moleküle mit $n = 2$ und $n = 4$ haben beide $p = 6$ in der *ortho*(1,2)-Form und in der *meta*(1,3)-Form und damit $S_\mathrm{m} = \underline{14.9 \text{ J K}^{-1} \text{ mol}^{-1}}$, aber $p = 3$ in der *para*(1,4)-Form, für die also $S_\mathrm{m} = \underline{9.13 \text{ J K}^{-1} \text{ mol}^{-1}}$ ist. Das Molekül mit $n = 3$ hat $p = 6$ für die (1,2,3)-Form und für die (1,2,4)-Form und damit $S_\mathrm{m} = \underline{14.9 \text{ J K}^{-1} \text{ mol}^{-1}}$, aber für die symmetrische (1,3,5)-Form $p = 2$ und folglich $S_\mathrm{m} = \underline{5.8 \text{ J K}^{-1} \text{ mol}^{-1}}$.

22-39 $\frac{q_\mathrm{m}^{\mathrm{T}\ominus}}{N_\mathrm{A}} = 0.02561 \cdot (298.15)^{\frac{5}{2}} \cdot (28.02)^{\frac{3}{2}}$ [Kasten 22–1] $= 5.830 \cdot 10^6$.

$$q^\mathrm{R} = \frac{\frac{1}{2} \cdot (0.6950) \cdot (298.15)}{1.9987} = 51.85.$$

$$q^\mathrm{Schw} = \frac{1}{1 - \exp\left(-\frac{2358}{207.20}\right)} = 1.000.$$

$$\frac{q^{\mathrm{T}\ominus} q^\mathrm{R} q^\mathrm{Schw}}{N_\mathrm{A}} = 3.023 \cdot 10^8.$$

$U_\mathrm{m} - U_\mathrm{m}(0) = \frac{3}{2}RT + RT = \frac{5}{2}RT$ [Gleichverteilungssatz]

$$S_\mathrm{m}^\ominus = \frac{U_\mathrm{m} - Um(0)}{T} + R \cdot \left\{\ln\left(\frac{q_\mathrm{m}^\ominus}{N_\mathrm{A}}\right) + 1\right\} \quad \text{[Kasten 22–2]}$$

$$= \frac{5}{2}R + R \cdot \left\{\ln\left(3.023 \cdot 10^8\right) + 1\right\} = 23.03 \cdot R = \underline{191.4 \text{ J K}^{-1} \text{ mol}^{-1}}.$$

Die Differenz zwischen diesem und dem aus thermochemischen Messungen ermittelten Wert ist vernachlässigbar klein; wir können also davon ausgehen, daß die Nullpunktsentropie des Stickstoffs gleich Null ist.

23 Bestimmung der Molekülstruktur: Beugungsmethoden

A23-1 $\lambda = 2d \cdot \sin\vartheta = 2 \cdot (99.3 \text{ pm}) \cdot \sin(20.850) = \underline{70.7 \text{ pm.}}$ [23.2–1]

A23-2 $\sin\vartheta_1 = \dfrac{\lambda_1}{2d} = \dfrac{154.051 \text{ pm}}{2 \cdot (77.8 \text{ pm})} = \underline{0.99005}$ [23.2–1].

$$= \frac{154.433 \text{ pm}}{2 \cdot (77.8 \text{ pm})} = \underline{0.99250.}$$

$\Delta\vartheta = 1.4482 - 1.4296 = 0.0186$ rad; Abstand $= 2 \cdot (5.74 \text{ cm}) \cdot (0.0186) = 0.21$ cm.

A23-3 $V = (651 \text{ pm})^2 \cdot (934 \text{ pm}) = \underline{3.96 \cdot 10^{-28} \text{ m}^3.}$

A23-4 $d = \dfrac{Z \cdot (\text{RMM})}{N_\text{A} \cdot abc}$

$$Z = \frac{(3.9 \cdot 10^6 \text{ g m}^{-3}) \cdot (633.8) \cdot (784.2) \cdot (515.5) \cdot (10^{-36} \text{ m}^3) \cdot (6.022 \cdot 10^{-23})}{154.77} = 3.9 \approx 4.$$

$$\text{Dichte} = \frac{4 \cdot (154.77) \cdot (1036)}{(6.022 \cdot 10^{23}) \cdot (633.8) \cdot (784.2) \cdot (515.5)} = 4.01 \cdot 10^6 \text{ g m}^{-3} = \underline{4.01 \text{ g cm}^{-3}.}$$

A23-5 $d = \dfrac{1}{\sqrt{\left(\frac{h}{a}\right)^2 + \left(\frac{k}{b}\right)^2 + \left(\frac{l}{c}\right)^2}}$

$$= \frac{1}{\sqrt{\left(\frac{4}{812}\right)^2 + \left(\frac{1}{947}\right)^2 + \left(\frac{1}{637}\right)^2}} = \underline{190 \text{ nm.}}$$

A23-6 Die Ebene schneidet die Achsen bei $\dfrac{a}{5}$, $\dfrac{b}{2}$ und $\dfrac{c}{3}$.

Die Abstände sind 240 pm, 606 pm und 395 pm [Beispiel 23–1].

A23-7 Bei 32.6° tritt der (220)-Reflex auf, deshalb ist $a = \dfrac{\sqrt{8} \cdot \lambda}{2 \cdot \sin\vartheta} = 404$ pm.

$\vartheta/^0$	$10^5 \cdot \left(\dfrac{4 \cdot \sin^2\vartheta}{\lambda^2}\right)/\text{pm}^2$	$h^2 + k^2 + l^2$	(hkl)	a/pm
19.4	1.86	3	(111)	401
22.5	2.47	4	(200)	402
32.6	4.90	8	(220)	404
39.4	6.80	11	(311)	402

Das ergibt den Mittelwert $a = \underline{402 \text{ pm.}}$ [23.2–1].

A23-8 Die vier Werte von $hx + ky + lz$ sind 0, $\frac{3}{2}$ und $\frac{7}{2}$.

Die Summe der entsprechenden Exponentialterme ist $e^0 + e^{3\pi i} + e^{6\pi i} + e^{7\pi i}$,

das ergibt $1 + (-1) + 1 + (-1) = 0$ [23.2–7].

A23-9 $E = \frac{p^2}{2m} = \frac{h^2}{2m\lambda^2}$ [13.2–8 und Abschnitt 23.5]

$$= \frac{(6.62 \cdot 10^{-34} \text{ J s})^2}{2 \cdot (1.67 \cdot 10^{-27} \text{ kg}) \cdot (70 \cdot 10^{-12} \text{ m})^2}$$

$$= \underline{2.68 \cdot 10^{-20} \text{ J.}}$$

A23-10 $E = \frac{p^2}{2m} = \frac{h^2}{2m\lambda^2}$ [13.2–8 und Abschnitt 23.6]

$$V = \frac{E}{1.60 \cdot 10^{-19} \text{ C}}$$

$$= \frac{(6.62 \cdot 10^{-34} \text{ J s})^2}{2 \cdot (9.11 \cdot 10^{-31} \text{ kg}) \cdot (18 \cdot 10^{-12} \text{ m}) \cdot (1.60 \cdot 10^{-19} \text{ C})}$$

$$= \underline{4.64 \cdot 10^3 \text{ V.}}$$

23-1 Im kubischen System haben wir vier dreizählige Achsen (vergl. Abb. 23–2 im Buch). Sie sind in Abb. 23–1 zusätzlich eingezeichnet. Die Kristalle enthalten drei zweizählige Achsen, vier dreizählige Achsen, drei Symmetrieebenen und ein Symmetriezentrum; damit gehören sie zu O_h ($m3m$).

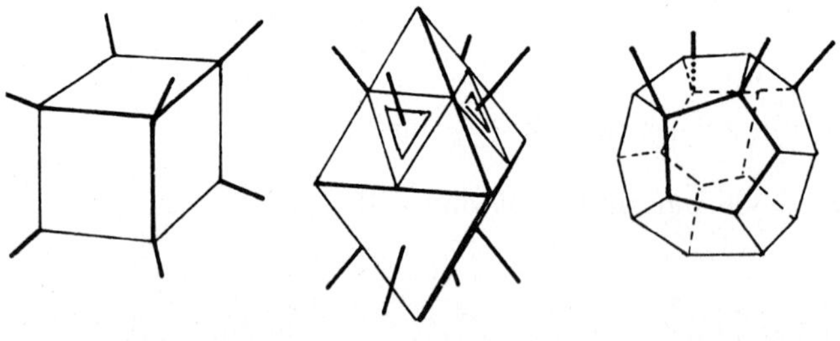

Abb. 23–1

23-2 Der Kristall hat vier dreizählige Achsen und gehört folglich zum <u>kubischen</u> System (vergl. Abb. 23–2 im Buch).

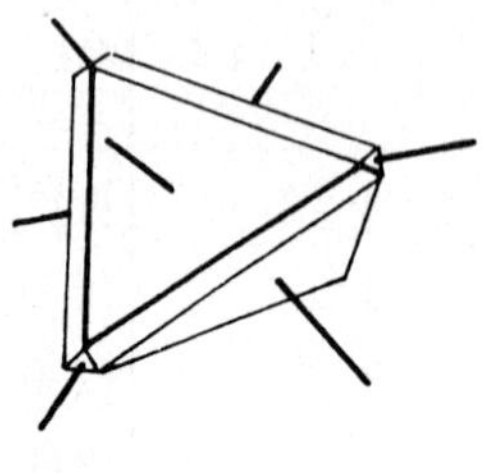

Abb. 23–2

Insgesamt sind vier dreizählige Achsen, drei zweizählige Achsen und sechs Symnmetrieebenen erkennbar; das ergibt die Klasse T_d ($\bar{4}3m$).

23-3 Wenn keine Symmetrieachse vorhanden ist, kommt nur das trikline System in Frage (vergl. Abb. 23–8 im Buch). Das Inversionszentrum ergibt die Klasse C_i ($\bar{1}$).

23-4 Vergl. Abb. 23–1 im Buch. Es handelt sich um das monokline System.

23-5 Die Liste der Symmetrieelemente ist $3C_4$, $4C_4$, $6C_2$, 3σ, i. Das entspricht der Gruppe des regulären Oktaeders. Der Kristall ist kubisch, O_h ($m3m$).

23-6 *Darwin* gibt in einem der ersten Kapitel seines Buches *Die Entstehung der Arten* Gründe dafür an, weshalb Würfelzucker für Evolutionsstudien ein besonders geeignetes Material ist; einer der wichtigsten Gründe ist, daß man das Untersuchungsmaterial nach dem Versuch aufessen kann. Ein Beispiel einer Dreiecksfläche, die man am Original-Würfel nicht erkennen konnte, ist in Abb. 23–3 angegeben. Hier ist tg $\phi = \frac{2}{\sqrt{2}} = \sqrt{2}$, also $\phi = 54^0\ 44'$.

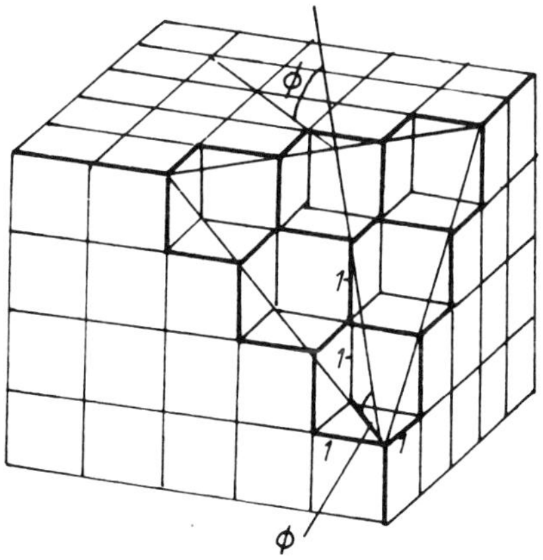

Abb. 23–3

23-7 Die Punkte und Ebenen sind in Abb. 23–4a eingezeichnet.

Abb. 23–4

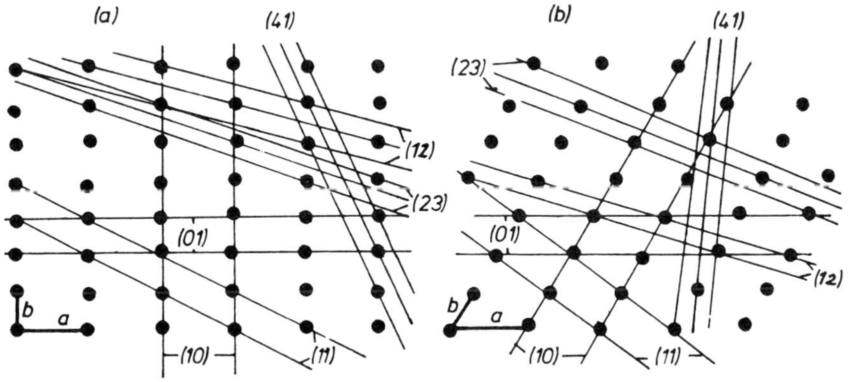

23-8 Siehe dazu Abb. 23-4b.

23-9 (a) Vergl. Abb. 23-5a.

$$d = b \cdot \sin\alpha, \quad \sin\alpha = \frac{a}{\sqrt{a^2+b^2}};$$

$$d = \frac{ab}{\sqrt{a^2+b^2}}.$$

(a) Vergl. Abb. 23–5b. $d = b \cdot \sin\alpha$,

$$\frac{a}{\sin\alpha} = \frac{c}{\sin 60^0}; \quad \sin\alpha = \left(\frac{a}{c}\right) \cdot \sin 60^0; \quad \sin 60^0 = \tfrac{1}{2}\sqrt{3}$$

$$c^2 = a^2 + b^2 - 2 \cdot ab \cdot \cos 60^0 = a^2 + b^2 - ab$$

$$d = \left(\frac{ab}{c}\right) \cdot \sin 60^0 = \frac{ab\sqrt{3}}{2\sqrt{a^2+b^2-ab}}.$$

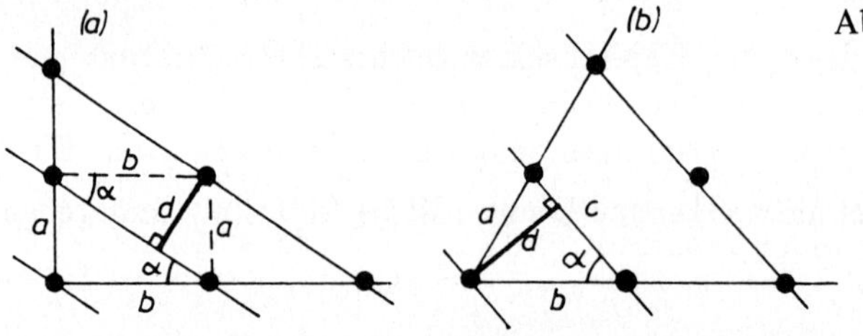

Abb. 23–5

23-10 Siehe dazu Abschnitt 32.1c. Wir stellen dazu die folgende Tabelle auf:

Original	Reziproke	erweitert	Millersche Indices
$(2a, 3b, c)$ oder $(2, 3, 1)$	$(\frac{1}{2}, \frac{1}{3}, 1)$	$(3, 2, 6)$	(326)
(a, b, c) oder $(1, 1, 1)$	$(1, 1, 1)$	$(1, 1, 1)$	(111)
$(6a, 3b, 3c)$ oder $(6, 3, 3)$	$(\frac{1}{6}, \frac{1}{3}, \frac{1}{3})$	$(1, 2, 2)$	(122)
$(2a, -3b, -3c)$ oder $(2, -3, -3)$	$(\frac{1}{2}, -\frac{1}{3}, -\frac{1}{3})$	$(3, 2, 6)$	$(3\bar{2}\bar{6})$

23-11 Siehe dazu Abschnitt 23.1c. Die gesuchten Ebenen sind in den Abbildungen 23–6a und 23–6b eingezeichnet.

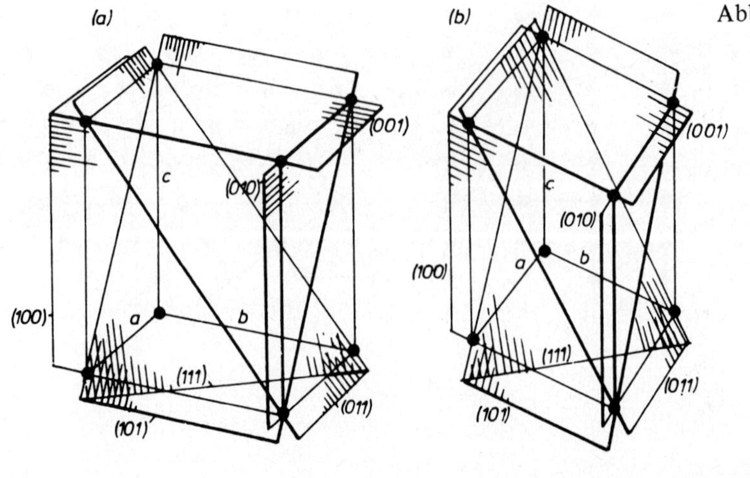

Abb. 23–6

22-12 $d_{hkl} = \dfrac{a}{\sqrt{h^2+k^2+l^2}}$ [23.1–1], $a = 432$ pm.

$d_{111} = \dfrac{432 \text{ pm}}{\sqrt{3}} = \underline{249 \text{ pm}},\quad d_{211} = \dfrac{432 \text{ pm}}{\sqrt{6}} = \underline{176 \text{ pm}},\quad d_{100} = \dfrac{432 \text{ pm}}{\sqrt{1}} = \underline{432 \text{ pm.}}$

23-13 $\lambda = \dfrac{2a \cdot \sin \vartheta_{hkl}}{\sqrt{h^2+k^2+l^2}}$ [23.2–2] $= \dfrac{2a \cdot \sin(6^0 0')}{\sqrt{1}} = 0.209 \cdot a.$

Wir betrachten die Elementarzelle in Abb. 23–7. Sie enthält die Masse

$m = 4 \cdot (22.99 + 45.45) \cdot (1.660 \cdot 10^{-27} \text{ kg}) = 3.882 \cdot 10^{-25}$ kg.

[Jede Ecke gehört zu 8 Zellen, jede Kante zu 4 Zellen und jede Fläche zu 2 Zellen, damit enthält jede Zelle vier NaCl-Einheiten.] Das Volumen einer Zelle ist a^3, daraus folgt für die Dichte

$\rho = \dfrac{3.882 \cdot 10^{-25} \text{ kg}}{a^3} = 2.17 \text{ g cm}^{-3} = 2.17 \cdot 10^3 \text{ kg m}^3.$

$a = \dfrac{3.882 \cdot 10^{-25} \text{ kg}}{\sqrt[3]{2.17 \cdot 10^3 \text{ kg m}^{-3}}} = 5.63 \cdot 10^{-10} \text{ m}.$

$\lambda = 0.209 \cdot (2.82 \cdot 10^{-10} \text{ m}) = 5.89 \cdot 10^{-11} \text{ m} = \underline{58.9 \text{ pm.}}$

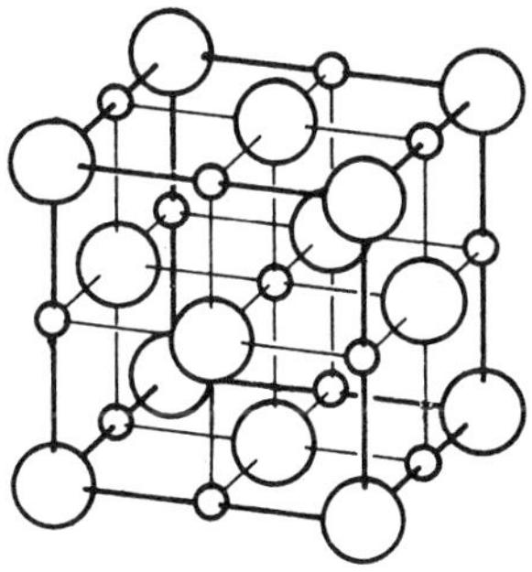

Abb. 23–7

23-14 $\lambda = 2a \cdot \sin \vartheta_{100}$ [23.2–2], $a = \dfrac{\lambda}{2 \cdot \sin \vartheta_{100}}$

$$\frac{a(\text{KCl})}{a(\text{NaCl})} = \frac{\sin \vartheta_{100}(\text{NaCl})}{\sin \vartheta_{100}(\text{KCl})} = \frac{\sin(6^0 0')}{\sin(5^0 23')} = 1.114.$$

$a(\text{KCl}) = 1.114 \cdot a(\text{NaCl}) = \underline{628 \text{ pm.}}$

$$\frac{\rho(\text{KCl})}{\rho(\text{NaCl})} = \left\{\frac{M_r(\text{KCl})}{M_r(\text{NaCl})}\right\} \cdot \left\{\frac{a(\text{NaCl})}{a(\text{KCl})}\right\}^3 = \left\{\frac{74.55}{58.44}\right\} \cdot \left\{\frac{564 \text{ pm}}{628 \text{ pm}}\right\}^3 = 0.924.$$

Aus den Angaben folgt $\dfrac{\rho(\text{KCl})}{\rho(\text{NaCl})} = \dfrac{1.99 \text{ g cm}^{-3}}{2.17 \text{ g cm}^{-3}} = 0.92.$ Die Röntgendaten sind also konsistent.

23-15 $\lambda = 2 \cdot d_{hkl} \cdot \sin \vartheta_{hkl}$ [23.2–2], $\lambda = 154$ pm

$$\frac{1}{d_{hkl}^2} = \left(\frac{h}{a}\right)^2 + \left(\frac{k}{b}\right)^2 + \left(\frac{l}{c}\right)^2 \quad [23.1\text{–}2]$$

$$\frac{1}{d_{199}^2} = \frac{1}{a^2}; \quad d_{100} = a = 542 \text{ pm.} \qquad \frac{1}{d_{010}^2} = \frac{1}{b^2}; \quad d_{010} = b = 917 \text{ pm.}$$

$$\frac{1}{d_{111}^2} = \frac{1}{a^2} + \frac{1}{b^2} + \frac{1}{c^2} = 6.997 \cdot 10^{-6} \text{ pm}; \quad d_{111} = 378 \text{ pm.}$$

$$\sin \vartheta_{100} = \frac{\lambda}{2 \cdot d_{100}} = \frac{154.1 \text{ pm}}{2 \cdot (542\ pm)} = 0.142; \quad \vartheta_{100} = \underline{8^0 10'}.$$

$$\sin \vartheta_{010} = \frac{\lambda}{2 \cdot d_{010}} = \frac{154.1 \text{ pm}}{2 \cdot (917\ pm)} = 0.084; \quad \vartheta_{010} = \underline{4^0 49'}.$$

$$\sin \vartheta_{111} = \frac{\lambda}{2 \cdot d_{010}} = \frac{154.1 \text{ pm}}{2 \cdot (378\ pm)} = 0.205; \quad \vartheta_{111} = \underline{11^0 46'}.$$

23-16 Die Elementarzelle ist kubisch flächenzentriert wegen der systematischen Lücken [Abb. 23–18 im Buch und Abschnitt 23.2b].

23-17 Die Linien mit ungeradem $h+k+l$ fehlen, die Elementarzelle ist deshalb kubisch raumzentriert [Abb. 23–18 im Buch und Abschnitt 23.2b].

23-18 $d_{hkl} = \dfrac{1}{\sqrt{h^2 + k^2 + l^2}}$ [23.1–1], $a = 564$ pm.

$$d_{100} = a = \underline{564 \text{ pm},} \quad d_{111} = \frac{a}{\sqrt{3}} = \underline{326 \text{ pm},} \quad d_{012} = \frac{a}{\sqrt{5}} = \underline{252 \text{ pm.}}$$

23-19 Der Einfachheit halber untersuchen wir ein zweidimensionales Gitter, vergl. Abb. 23–8. Die (hk)-Ebenen schneiden die a- und b-Achsen bei $\frac{a}{h}$ und $\frac{b}{k}$. Wir erhalten damit

$$\sin \alpha = \frac{d}{\left(\frac{a}{h}\right)} \quad \text{und} \quad \cos \alpha = \frac{d}{\left(\frac{b}{k}\right)},$$

$$\frac{d^2 h^2}{a^2} + \frac{d^2 h^2}{b^2} = \sin^2\alpha + \cos^2\alpha = 1.$$

Es ist also $\dfrac{h^2}{a^2} + \dfrac{k^2}{b^2} = \dfrac{1}{d^2}$.

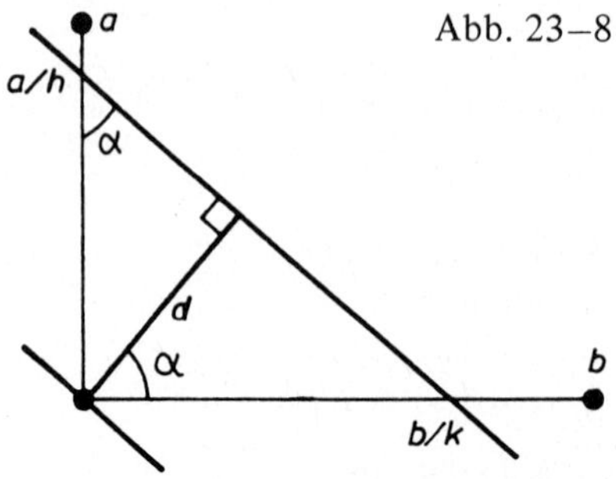

Abb. 23–8

Durch eine einfache Symmetrieüberlegung (oder durch explizites Rechnen) kann man das Ergebnis auf drei Dimensionen übertragen:

$$\underline{\frac{1}{d_{hkl}^2} = \frac{h^2}{a^2} + \frac{k^2}{b^2} + \frac{l^2}{c^2}.}$$

23-20 Wenn die Kanten einer Elementarzelle die Vektoren **a**, **b** und **c** definieren, dann ist ihr Volumen, wie in der Aufgabe angegeben, $V = \mathbf{a} \bullet \mathbf{b} \times \mathbf{c}$. Jetzt führen wir einen orthogonalen Satz von Vektoren **i**, **j**, **k** ein, sodaß

$$\mathbf{a} = a_x \cdot \mathbf{i} + a_y \cdot \mathbf{j} + a_z \cdot \mathbf{k}$$

$$\mathbf{b} = b_x \cdot \mathbf{i} + b_y \cdot \mathbf{j} + b_z \cdot \mathbf{k}$$

$$\mathbf{c} = c_x \cdot \mathbf{i} + c_y \cdot \mathbf{j} + c_z \cdot \mathbf{k} \text{ gilt.}$$

Dann ist $V = \mathbf{a} \bullet \mathbf{b} \times \mathbf{c} = \begin{vmatrix} a_x & a_y & a_z \\ b_x & b_y & b_z \\ c_x & c_y & c_z \end{vmatrix}.$

Daraus folgt $V^2 = \begin{vmatrix} a_x & a_y & a_z \\ b_x & b_y & b_z \\ c_x & c_y & c_z \end{vmatrix} \cdot \begin{vmatrix} a_x & a_y & a_z \\ b_x & b_y & b_z \\ c_x & c_y & c_z \end{vmatrix}$

$$= \begin{vmatrix} a_x & a_y & a_z \\ b_x & b_y & b_z \\ c_x & c_y & c_z \end{vmatrix} \cdot \begin{vmatrix} a_x & b_x & c_x \\ a_y & b_y & c_y \\ a_z & b_z & c_z \end{vmatrix}$$

[Vertauschen von Zeilen gegen Spalten verändert den Wert einer Determinante nicht]

$$= \begin{vmatrix} a_x a_x + a_y a_y + a_z a_z & a_x b_x + a_y b_y + a_z b_z & a_x c_x + a_y c_y + a_z c_z \\ b_x a_x + b_y a_y + b_z a_z & b_x b_x + b_y b_y + b_z b_z & b_x c_x + b_y c_y + b_z c_z \\ c_x a_x + c_y a_y + c_z a_z & c_x b_x + c_y b_y + c_z b_z & c_x c_x + c_y c_y + c_z c_z \end{vmatrix}$$

$$= \begin{vmatrix} \mathbf{a} \times \mathbf{a} & \mathbf{a} \times \mathbf{b} & \mathbf{a} \times \mathbf{c} \\ \mathbf{b} \times \mathbf{a} & \mathbf{b} \times \mathbf{b} & \mathbf{b} \times \mathbf{c} \\ \mathbf{c} \times \mathbf{a} & \mathbf{c} \times \mathbf{b} & \mathbf{c} \times \mathbf{c} \end{vmatrix}$$

Jetzt verwenden wir

$\mathbf{a} \times \mathbf{a} = a^2$, $\mathbf{b} \times \mathbf{b} = b^2$, $\mathbf{c} \times \mathbf{c} = c^2$, $\mathbf{a} \times \mathbf{b} = a \cdot b \cdot \cos\gamma$, $\mathbf{b} \times \mathbf{c} = b \cdot c \cdot \cos\alpha$

und $\mathbf{c} \times \mathbf{a} = a \cdot c \cdot \cos\psi$

und rechnen die Determinante aus:

$$V^2 = a^2 b^2 c^2 \cdot (1 - \cos^2\alpha - \cos^2\beta - \cos^2\gamma + 2 \cdot \cos\alpha \cdot \cos\beta \cdot \cos\gamma)$$

$$\underline{V = abc \cdot \sqrt{1 - \cos^2\alpha - \cos^2\beta - \cos^2\gamma + 2 \cdot \cos\alpha \cdot \cos\beta \cdot \cos\gamma}.}$$

23-21 In einer monoklinen Elementarzelle ist $\alpha = \gamma = 90^0$.

$V = abc \cdot \sqrt{1 - \cos^2\beta}$ [Aufgabe 23–20] $= abc \cdot \sin\beta$.

$a = 1.377 \cdot b, \quad c = 1.436 \cdot b, \quad \beta = 122^0 49' : \quad V = 1.377 \cdot 1.436 \cdot b^3 \cdot \sin(122^0 49') = 1.662 \cdot b^3.$

$$\rho = \frac{2 \cdot (128.18) \cdot (1.66056 \cdot 10^{-27}\ \text{kg})}{1.662 \cdot b^3} = 1.152 \cdot 10^3\ \text{kg m}^{-3}$$ [M_r und ρ sind angegeben].

$$b = \sqrt[3]{\frac{2 \cdot (128.18) \cdot (1.66056 \cdot 10^{-27}\ \text{kg}}{1.662 \cdot (1.152 \cdot 10^3\ \text{kg m}^{-3}}} = 6.058 \cdot 10^{-10}\ \text{m}.$$

$a = 1.377 \cdot 606\ \text{pm} = \underline{834\ \text{pm}}, \quad b = \underline{606\ \text{pm}}, \quad c = 1.436 \cdot 606\ \text{pm} = \underline{870\ \text{pm}}.$

23-22 $d_{111} = \dfrac{\lambda}{2 \cdot \sin d_{111}}$ [23.2–2] $= \dfrac{70.8\ \text{pm}}{2 \cdot \sin(8^0 44')} = 233\ \text{pm}.$

$d_{111} = \dfrac{a}{\sqrt{3}}$ [23.1–1]; $\quad a = (233\ \text{pm}) \cdot \sqrt{3} = 404\ \text{pm}.$

$$\rho = \frac{M_m}{V_m} = 2.601\ g\ cm^{-1} = 2.601 \cdot 10^6\ \text{g m}^{-3}.$$

$M_m = 4 \cdot (25.94\ \text{g mol}^{-1}) = 103.8\ \text{g mol}^{-1}$ [vier LiF in einer Elementarzelle]. $\quad V_m = a^3 \cdot N_A;$

$$N_A = \frac{M_m}{\rho \cdot a^3} = \frac{103.8\ \text{g mol}^{-1}}{(494 \cdot 10^{-12}\ \text{m})^3 \cdot (2.601 \cdot 10^6\ \text{g m}^{-3})} = \underline{6.05 \cdot 10^{23}\ \text{mol}^{-1}}.$$

23-23 (a) In jeder der acht Ecken befindet sich ein Atom; jedes dieser Atome gehört zu acht Elementarzellen; das ergibt $\underline{n = 1 \text{ pro Elementarzelle.}}$

(b) Wie in (b), aber zusatzlich ein Atom im Zentrum; das ergibt

$\underline{n = 2 \text{ pro Elementarzelle.}}$

(c) In jeder der acht Ecken befindet sich ein Atom; jedes dieser Atome gehört zu acht Elementarzellen; weiter sitzen sechs Atome auf den Flächen, die jeweils zu zwei Elementarzellen gehören; schließlich befinden sich vier Atome innerhalb der Zelle; das ergibt

$n = 1 + 3 + 4 = \underline{8 \text{ Atome pro Elementarzelle.}}$

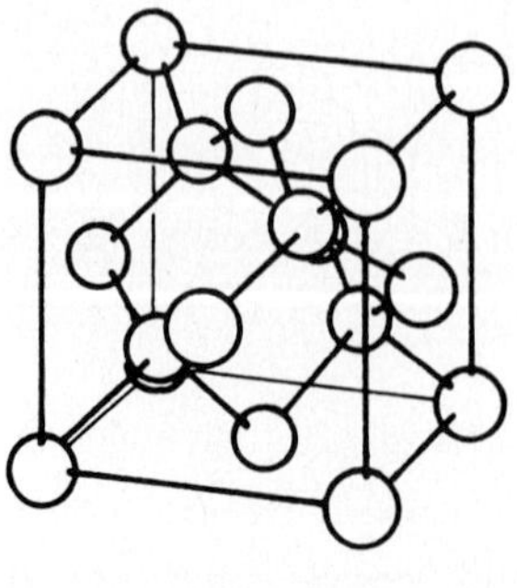

Abb. 23–9

23-24 $f = \dfrac{NV_a}{V_c}$. N ist die Anzahl der Atome in einer Elementarzelle, V_a das Volumen eines Atoms und V_c das Volumen der Elementarzelle. Siehe dazu Abb. 23–10.

(a) $N = 1$ [Aufgabe 23–23], $V_a = \frac{4}{3}\pi R^3$, $V_c = (2 \cdot R)^3$;

$$f = \frac{\frac{4}{3}\pi R^3}{8 \cdot R^3} = \frac{\pi}{6} = \underline{0.5236.}$$

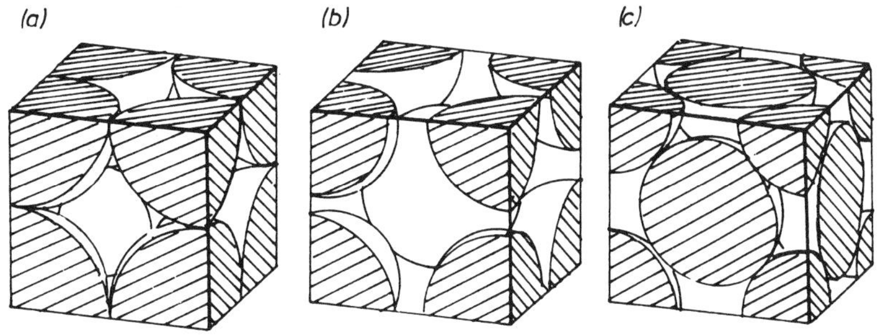

Abb. 23–10

(b) $N = 2$ [Aufgabe 23–23], $V_a = \frac{4}{3}\pi R^3$, $V_c = \left(\frac{4 \cdot R}{\sqrt{3}}\right)^3$

[die Raumdiagonale der Einheitswürfels hat die Länge $\sqrt{3}$];

$$f = \frac{2 \cdot \frac{4}{3} \cdot \pi \cdot R^3}{\left(\frac{4 \cdot R}{\sqrt{3}}\right)^3} = \sqrt{3} \cdot \left(\frac{\pi}{8}\right) = \underline{0.6802.}$$

(c) $N = 4$ [Aufgabe 23–23], $V_a = \frac{4}{3}\pi R^3$, $V_c = \left(2 \cdot \sqrt{2} \cdot R\right)^3$;

$$f = \frac{4 \cdot \frac{4}{3} \cdot \pi \cdot R^3}{(2 \cdot \sqrt{2} \cdot R)^3} = \frac{\pi}{2 \cdot \sqrt{3}} = \underline{0.7405.}$$

Aus geometrischen Gründen ist für die Verschiffung von Apfelsinen eine flächenzentrierte oder eine hexagonal dichteste Kugelpackung zu empfehlen.

23-25 Siehe dazu Abb. 23–11 und im Buch Abb. 232–29.

Die Grundfläche einer Zelle ist $R \cdot \sqrt{3} \cdot (2 \cdot R) = 2 \cdot R^2 \cdot \sqrt{3}$, sie enthält jeweils einen Zylinder. Jeder Zylinder hat die Grundfläche πR^2. Die Volumina erhalten wir durch Multiplikation mit der Länge L der Zylinder.

$$f = \frac{\pi R^3 L}{2 \cdot \sqrt{3} \cdot R^2 \cdot L} = \frac{\pi}{2 \cdot \sqrt{3}} = \underline{0.9069.}$$

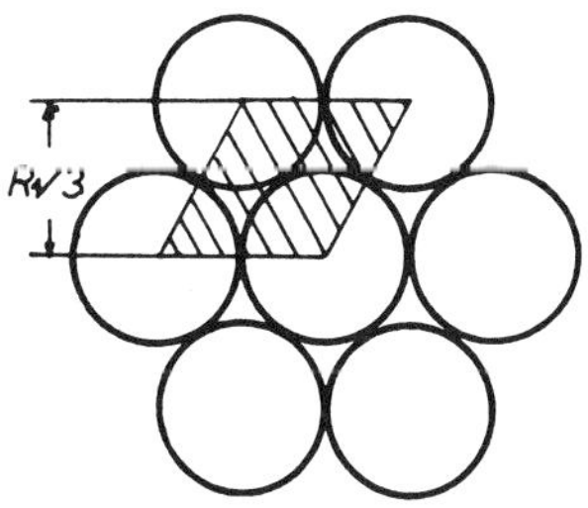

Abb. 23–11

23-26 $\sin \vartheta_{hkl} = \left(\frac{\lambda}{2a}\right) \cdot \sqrt{h^2 + k^2 + l^2}$ [23.2–1]

$\lambda = 154$ pm, $a = 334.5$ pm; $\sin \vartheta_{hkl} = 0.230 \cdot \sqrt{h^2 + k^2 + l^2}$.

Die hkl können alle ganzzahligen Werte annehmen [siehe Abb. 23–18 im Buch]. Das ergibt Linien bei $\vartheta_{hkl} = 13^0 17'$ (100), $18^0 59'$ (110), $23^0 28'$ (111), $27^0 23'$ (200), $30^0 57'$ (210),...

$$\rho = \frac{M_\mathrm{m}}{V_\mathrm{m}} = \frac{210 \text{ g mol}^{-1}}{(6.002 \cdot 10^{23} \text{ mol}^{-1}) \cdot (344.5 \text{ pm})^3}$$
$$= 9.32 \cdot 106 \text{ g m}^{-3} = \underline{9.32 \text{ g cm}^{-1}.}$$

Der Radius der Atome ist $\frac{1}{2}a = 669.0$ pm. In einem flächenzentrierten Gitter ist die Diagonale einer Fläche $4 \cdot (167.3 \text{ pm}) = 669.0$ pm und damit ihr Flächeninhalt $\frac{669.0 \text{ pm}}{\sqrt{2}} = 473.1$ pm.

Dann ist das Volumen der Zelle

$V = (473.1 \text{ pm})^3 = 1.059 \cdot 10^{-28} \text{ m}^3 = 1.059 \cdot 10^{-22} \text{ cm}^{-3}$.

$M_\mathrm{m} = 4 \cdot (210 \text{ g mol}^{-1}) = 840 \text{ g mol}^{-1}$

und die Masse einer Elementarzelle $\frac{840 \text{ g mol}^{-1}}{N_\mathrm{A}} = 1.395 \cdot 10^{-21}$ g.

Daraus folgt $\rho = \frac{1.395 \cdot 10^{-2} \text{ g}}{1.059 \cdot 10^{-22} \text{ cm}^3} = \underline{13.2 \text{ cm}^{-3}.}$

23-27 $d_{100} = a = 350$ pm.

$$\rho = \frac{N \cdot (6.941 \text{ g mol}^{-1})}{(350 \text{ pm})^3 N_\mathrm{A}} = 0.53 \text{ g cm}^{-3}$$

$$N = \frac{(0.53 \cdot 10^6 \text{ g m}^{-3}) \cdot (350 \cdot 10^{-12} \text{ m})^3 \cdot (6.022 \cdot 10^{23} \text{ mol}^{-1})}{6.941 \text{ g mol}^{-1}} = 1.97.$$

Im flächenzentrierten Gitter ist $N = 4$, im raumzentrierten $N = 2$ [Aufgabe 23–23].

Demnach kristallisiert Li <u>raumzentriert.</u>

23-28 $\sin \vartheta_{hkl} = \left(\frac{\lambda}{2a}\right) \cdot \sqrt{h^2 + k^2 + l^2}$ [23.2–1].

Es treten systematische Lücken auf; für die erlaubten Linien sind die (hkl) entweder alle gerade oder alle ungerade [vergl. Abb. 23–18 im Buch].

$$\left(\frac{\lambda}{2a}\right) = \frac{154 \text{ pm}}{2 \cdot (361 \text{ pm})} = 0.213.$$

$\vartheta_{hkl} = 21^0 41'$ (111), $25^0 15'$ (200), $37^0 06'$ (220), $45^0 02'$ (311)... wie im Buch in Abb. 23–18.

$$\rho = \frac{4 \cdot (63.55 \text{ g mol}^{-1})}{(361 \text{ pm})^3 \cdot (6.022 \cdot 10^{23} \text{ mol}^{-1})} = 8.97 \cdot 10^6 \text{ g m}^{-3} = \underline{8.97 \text{ g cm}^{-3}.}$$

23-29 $\vartheta(100 \text{ K}) = 22^0 2' 25''$, $\vartheta(300 \text{ K}) = 21^0 57' 59''$;

$\sin \vartheta(100 \text{ K}) = 0.37526$, $\sin \vartheta(300 \text{ K}) = 0.37406$,

$$\frac{\sin\vartheta(300\text{ K})}{\sin\vartheta(100\text{ K})} = 0.99681 = \frac{a(100\text{ K})}{a(300\text{ K})}.$$

$$a(100\text{ K}) = 0.99681 \cdot a(300\text{ K}).$$

$$a(300\text{ K}) = \frac{\lambda\cdot\sqrt{3}}{2\cdot\sin\vartheta} = \frac{(154.0562\text{ pm})\cdot\sqrt{3}}{2\cdot 0.37406} = 356.67\text{ pm}.$$

$$a(100\text{ K}) = 0.99681\cdot(356.67\text{ pm}) = 355.53\text{ pm}.$$

$$\frac{\delta a}{a} = \frac{356.67\text{ pm} - 355.53\text{ pm}}{356.67\text{ pm}} = 3.196\cdot 10^{-3}.$$

$$\frac{\delta V}{V} = \frac{(356.67\text{ pm})^3 - (355.53\text{ pm})^3}{(356.67\text{ pm})^3} = 0.00956.$$

$$\beta_{\text{Vol}} = \left(\frac{1}{V}\right)\cdot\left(\frac{\partial V}{\partial T}\right)_p = \frac{0.00956}{200\text{ K}} = \underline{4.8\cdot 10^{-5}\text{ K}^{-1}}.$$

$$\beta_{\text{linear}} = \left(\frac{1}{a}\right)\cdot\left(\frac{\partial a}{\partial T}\right)_p = \frac{3.196\cdot 10^{-3}}{200\text{ K}} = \underline{1.6\cdot 10^{-5}\text{ K}^{-1}}.$$

23-30 Wir gehen wie in Beispiel 23–3 vor.

Wegen $R = 28.7$ mm ist gerade $\vartheta/^0 = \left(\frac{D}{2R}\right)\cdot\left(\frac{180}{\pi}\right) = D/\text{mm}$.

Dann gehen wir wie folgt vor:

(1) Wir wandeln den Abstand D in den Winkel ϑ um $[D/^0 = D/\text{mm}]$.

(2) Wir berechnen $\sin^2\vartheta$.

(3) Wir berechnen in $\sin^2\vartheta = \left(\frac{\lambda^2}{4a^2}\right)\cdot(h^2+k^2+l^2)$ den gemeinsamen Faktor $A = \left(\frac{\lambda^2}{4a^2}\right)$.

(4) Wir indizieren gemäß $\frac{\sin^2\vartheta}{A} = h^2+k^2+l^2$.

(5) Wir lösen $A = \frac{\lambda_2}{4a^2}$ nach a auf.

Jetzt stellen wir mit $A = 61.0\cdot 10^{-3}$ die folgende Tabelle auf:

D/mm	14.5	20.6	25.4	29.6	33.4	37.1	44.0
$\vartheta/^0$	14.5	20.6	25.4	29.6	33.4	37.1	44.0
$10^3 \cdot \sin^2\vartheta$	62.7	124	184	244	303	364	483
$\frac{\sin^2\vartheta}{A}$	1.03	2.03	3.02	4.00	4.97	5.97	7.92
(hkl)	(001)	(011)	(111)	(002)	(012)	(112)	(022)
D/mm	47.5	50.9	54.4	58.2	62.1	66.4	78.1
$\vartheta/^0$	47.5	50.9	54.4	58.2	62.1	66.4	78.1
$10^3 \cdot \sin^2\vartheta$	544	602	661	722	781	840	957
$\frac{\sin^2\vartheta}{A}$	8.92	9.87	10.84	11.84	12.80	13.77	16.69
(hkl)	{(003), (122)}	(013)	(113)	(222)	(023)	(123)	(004)

Die Angaben bei Abb. 23–18 im Buch zeigen uns, daß es sich um ein primitives kubisches Gitter handeln muß.

$$a = \frac{\lambda}{2 \cdot \sqrt{A}} = \frac{154 \text{ pm}}{2 \cdot \sqrt{61.0 \cdot 10^{-3}}} = \underline{312 \text{ pm.}}$$

23-31 Wir gehen wie in Aufgabe 23–30 vor und verwenden $A = 35.0 \cdot 10^{-3}$.

D/mm	18.9	22.1	31.9	38.3	40.4
$\vartheta/^0$	18.9	22.1	31.9	38.3	40.4
$10^3 \cdot \sin^2\vartheta$	105	142	279	384	420
$\frac{\sin^2\vartheta}{A}$	3.00	4.06	7.97	10.97	12.00
(hkl)	(111)	(002)	(022)	(113)	(222)
D/mm	48.9	55.0	58.0	68.8	83.3
$\vartheta/^0$	48.9	55.0	58.0	68.8	83.3
$10^3 \cdot \sin^2\vartheta$	568	671	719	869	986
$\frac{\sin^2\vartheta}{A}$	16.2	19.2	30.5	24.8	28.2
(hkl)	(004)	(133)	(024)	(224)	{(333), (511)}

Wie Abb. 23–18 im Buch zeigt, handelt es sich um ein kubisch flächenzentriertes Gitter.

$$a = \frac{\lambda}{2 \cdot \sqrt{A}} = \frac{154\ \text{pm}}{2 \cdot \sqrt{35.0 \cdot 10^{-3}}} = \underline{412\ \text{pm.}}$$

23-32 Die Winkel ϑ entnehmen wir der Abbildung mit $0.5\ \text{cm} \mathrel{\hat{=}} 10^0$. Sonst gehen wir genauso wie in Aufgabe 23–30 vor und verwenden zuerst $A = 0.0594$.

(a) D/mm	2.2	3.0	3.6	4.4	5.0	5.8	6.7	7.7
$\vartheta/^0$	22	30	36	44	50	58	67	77
$10^3 \cdot \sin^2\vartheta$	140	250	345	482	587	719	847	949
$\frac{\sin^2\vartheta}{A}$	2.4	4.2	5.8	8.1	9.9	12.1	14.3	16.0
(hkl)	(011)	(002)	(112)	(022)	(032)	(222)	(123)	(004)

Der Vergleich mit Abb. 23–18 im Buch zeigt, daß es sich hier um ein raumzentriertes Gitter handelt.

$a = \frac{\lambda}{2 \cdot \sqrt{A}} = \frac{154\ \text{pm}}{2 \cdot \sqrt{0.0594}} = \underline{316\ \text{pm.}}$ Mit Abb. 23-10b ergibt das

$4 \cdot R = \sqrt{3} \cdot a$ und $R = \underline{137\ \text{pm.}}$

Jetzt rechnen wir mit $A = 0.0455$.

(a) D/mm	2.1	2.5	3.7	4.5	4.7	5.9	6.7	7.2
$\vartheta/^0$	21	25	37	45	47	59	67	72
$10^3 \cdot \sin^2\vartheta$	128	179	362	500	535	735	847	905
$\frac{\sin^2\vartheta}{A}$	2.8	3.9	8.0	11.0	11.8	16.2	18.6	19.9
(hkl)	(111)	(002)	(022)	(113)	(222)	(004)	(133)	(204)

Der Vergleich mit Abb. 23–18 im Buch zeigt, daß es sich hier um ein flächenzentriertes Gitter handelt.

$a = \frac{\lambda}{2 \cdot \sqrt{A}} = \frac{154\ \text{pm}}{2 \cdot \sqrt{0.0455}} = \underline{361\ \text{pm.}}$ Mit Abb. 23–10c ergibt das

$4 \cdot R = \sqrt{2} \cdot a$ und $R = \underline{128\ \text{pm.}}$

23-33 $d_{hkl} = \dfrac{\left(\frac{\lambda}{2}\right)}{\sin\vartheta_{hkl}}$ [23.2–2], $\lambda = 154$ pm.

$$\frac{1}{d_{hkl}^2} = \left(\frac{h}{a}\right)^2 + \left(\frac{k}{l}\right)^2 + \left(\frac{l}{c}\right)^2 \quad [23.1\text{–}2]$$

$$d_{100} = a = \frac{\left(\frac{\lambda}{2}\right)}{\sin\vartheta_{100}} = \frac{77\ \text{pm}}{\sin 7^0 25'} = \underline{597\ \text{pm.}}$$

$$d_{010} = b = \frac{77\ \text{pm}}{\sin 3^0 28'} = \underline{1270\ \text{pm.}}$$

$$d_{001} = c = \frac{77\ \text{pm}}{\sin 10^0 13'} = \underline{434\ \text{pm.}}$$

$V(\text{Zelle}) = abc = 3.29 \cdot 10^{-28}\ \text{m}^3.$

$$\rho = \frac{N \cdot M_\text{m}}{V_\text{m}} = \frac{N \cdot (271.5\ \text{g mol}^{-1})}{(3.29 \cdot 10^{-28}\ \text{m}^3) \cdot (6.022 \cdot 10^{23}\ \text{mo}l^{-}1)}$$
$$= 1.37 \cdot N \cdot 10^6\ \text{g m}^{-3} = 1.37 \cdot N\ \text{g cm}^{-3}.$$

Mit $\rho = 5.42\ \text{g cm}^{-3}$ erhalten wir $N = \dfrac{5.42}{1.37} = 3.97.$

Das ist $N = 4$, und die Elementarzelle enthält also $\underline{4\ \text{HgCl}_2}$.

23-34 Richtet man einen schmalen Röntgen-Strahl auf das Zentrum einer echten Perle, so werden alle Kristallite parallel zu einer trigonalen Achse bestrahlt. Man erhält dann ein Laue-Diagramm mit einer sechszähligen Symmetrie. In einer synthetischen Perle sind die Kristallite zufällig gegenüber dem Strahl angeordnet, und es resultiert ein nicht symmetrisches Laue-Diagramm. [J. Bijvoet et al., *X-ray analysis of crystals,* Butterworth, 1951.]

23-35 $F_{hkl} = \Sigma_i f_i \cdot \exp\{2\pi \text{i}(hx_i + ky_i + lz_i)\}$ [23.2–7]

$f_i = \frac{1}{8} f$ [jedes Atom gehört zu acht Zellen]

$$F_{hkl} = \tfrac{1}{8} f \cdot \left\{1 + \text{e}^{2\pi \text{i}h} + \text{e}^{2\pi \text{i}k} + \text{e}^{2\pi \text{i}l} + + \text{e}^{2\pi \text{i}(h+k)} + \text{e}^{2\pi \text{i}(h+l)} + \text{e}^{2\pi \text{i}(k+l)} + \text{e}^{2\pi \text{i}(h+k+l)}\right\}.$$

$\text{e}^{2\pi \text{i}} = 1$; h, k, l sind ganze Zahlen, folglich werden alle Terme gleich 1, und wir erhalten $\underline{F_{hkl} = f.}$

23-36 $F_{hkl} = f_\text{A} + f_\text{B} \cdot \text{e}^{2\pi \text{i} \cdot \frac{1}{2} + (h+k+l)}$

f_A kommt genauso wie in Aufgabe 23–35 zustande. Wegen des Zentralatoms B tritt in der Summe lediglich ein weiterer Term auf.

$$F_{hkl} = f_\text{A} + f_\text{B} \cdot \left(\text{e}^{\text{i}\pi}\right)^{h+k+l} = f_\text{A} + (-1)^{h+k+l} \cdot f_\text{B} \quad [\text{e}^{\text{i}\pi} = -1].$$

(a) $f_\text{A} = f$, $f_\text{B} = 0$; $F_{hkl} = f$; keine systematischen Lücken.

(b) $f_\text{B} = \frac{1}{2} f_\text{A}$; $F_{hkl} = f_\text{A} \cdot \left(1 + \frac{1}{2} \cdot (-1)^{h+k+l}\right)$;

für ungerades $(h+k+l)$ ergibt das $F_{hkl} = f_A \cdot \left(1 - \frac{1}{2}\right) = \frac{1}{2} f_A$ und

für gerades $(h+k+l)$ $\qquad F_{hkl} = f_A \cdot \left(1 + \frac{1}{2}\right) = \frac{3}{2} f_A$.

Man erhält also einen Intensitätswechsel $(I \propto F^2)$ zwischen geraden und ungeraden Werten von $h+k+l$.

(c) $f_A = f_B = f$; $\quad F_{hkl} = f \cdot \left(1 + (-1)^{h+k+l}\right) = 0$ für ungerades $(h+k+l)$.

Das heißt, alle Linien mit ungeradem $(h+k+l)$ fehlen. Es handelt sich hier um die bei Abb. 23–18 im Buch erwähnten systematischen Lücken im Beugungsdiagramm der raumzentrierten kubischen Elementarzelle.

23-37 Siehe auch Beispiel 23–4.

$F_{hkl} = 4 \cdot (f_M + f_{Cl})$; $\quad h,\ k,\ l$ alle gerade, $\quad$ M = K oder Na.

$F_{hkl} = 4 \cdot (f_M - f_{Cl})$; $\quad h,\ k,\ l$ alle ungerade.

Die (311)-Linie hat ungerade $h,\ k,\ l,$ also gilt $F = 4 \cdot (f_M - f_{Cl})$.

Die (222)-Linie hat gerade $h,\ k,\ l,$ also gilt . $F = 4 \cdot (f_M + f_{Cl})$. Damit wird die (311)-Linie schwächer als die (222)-Linie. Im KCl ist $f_K \approx f_{Cl}$, und die Intensität der (311)-Linie verschwindet praktisch.

23-38 Zu jedem Verbindungsvektor zwischen Atompaaren zeichnen wir entsprechende Punkte, wie es in Abb. 23–22 gezeigt ist. Schwere Atome tragen zur Intensität mehr bei als leichte Atome. Natürlich gehören zu jedem Paar zwei Vektoren, für die wir A → B und B → A schreiben können. Mann sollte auch nicht den Nullvektor A → A vergessen, der der Mitte des Diagramms entspricht. Siehe dazu Abb. 23–12.

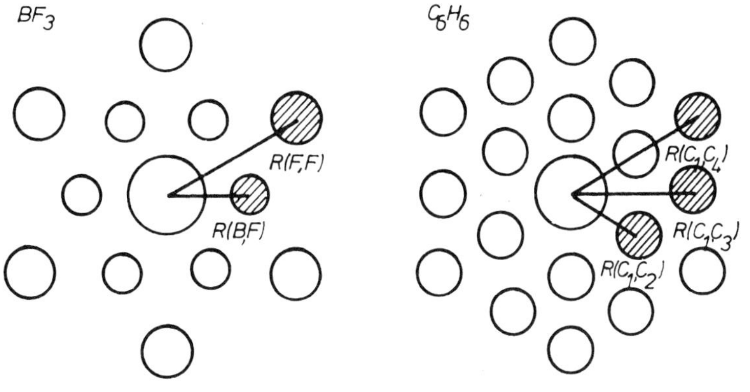

Abb. 23–12

23-39 $\lambda = \dfrac{h}{p} \quad [13.2\text{–}8] \quad = \dfrac{h}{m_e v}$.

$\frac{1}{2} m_e v^2 = e\Delta\phi$; $\quad v^2 = \left(\dfrac{2e}{m_e}\right) \cdot \Delta\phi \quad$ [$\Delta\phi$ ist die Potentialdifferenz].

$$\lambda = \frac{h}{m_e \cdot \sqrt{\dfrac{2e}{m_e}} \cdot \sqrt{\Delta\phi}} = \sqrt{\frac{h^2}{2 m_e e \Delta\phi}}$$

$$= \sqrt{\frac{(6.626 \cdot 10^{-34}\ \mathrm{J\ s})^2}{2 \cdot (9.1095 \cdot 10^{-31}\ \mathrm{kg}) \cdot (1.602 \cdot 10^{-19}\ \mathrm{C}) \cdot \Delta\phi}}$$

$$= \frac{1.226 \cdot 10^{-9}\ \text{m}}{\sqrt{\frac{\Delta\phi}{V}}}$$

(a) $\Delta\phi = 1$ kV.

$$\lambda = \frac{1.226 \cdot 10^{-9}\ \text{m}}{\sqrt{1000}} = 3.88 \cdot 10^{-11}\ \text{m} = \underline{39\ \text{pm.}}$$

(b) $\Delta\phi = 10$ kV.

$$\lambda = \frac{1.226 \cdot 10^{-9}\ \text{m}}{\sqrt{10^4}} = 1.2 \cdot 10^{-11}\ \text{m} = \underline{12\ \text{pm.}}$$

(b) $\Delta\phi = 40$ kV.

$$\lambda = \frac{1.226 \cdot 10^{-9}\ \text{m}}{\sqrt{4 \cdot 10^4}} = 6.1 \cdot 10^{-12}\ \text{m} = \underline{6.1\ \text{pm.}}$$

23-40 $\lambda = \dfrac{h}{m_n v}$ [13.2–8]; $v = \dfrac{h}{m_n \lambda}$

$$v = \frac{6.626 \cdot 10^{-34}\ \text{J s}}{(1.675 \cdot 10^{-27}\ \text{kg}) \cdot (50 \cdot 10^{-12}\ \text{m})} = \underline{7.9\ \text{km s}^{-1}.}$$

$$\tfrac{1}{2} m_n v^2 = \tfrac{3}{2} kT; \quad v = \sqrt{\frac{3kT}{m_n}}$$

$$\lambda = \frac{h}{m_n v} = \sqrt{\frac{h^2}{3 m_n kT}}$$

$$= \frac{(6.626 \cdot 10^{-34}\ \text{J s})^2}{3 \cdot (1.675 \cdot 10^{-27}\ \text{kg}) \cdot (1.381 \cdot 10^{-23}\ \text{J K}^{-1}) \cdot \sqrt{300\ \text{K}}}$$

$$= 1.45 \cdot 10^{-10}\ \text{m} = \underline{145\ \text{pm.}}$$

23-41 $I(\vartheta) = \Sigma_{ij} f_i f_j \cdot \dfrac{\sin(sR_{ij})}{sR_{ij}}, \quad s = \left(\dfrac{4\pi}{\lambda}\right) \cdot \sin\tfrac{1}{2}\vartheta$ [23.5–2]

$$I(\vartheta) = 4 \cdot f_C f_{Cl} \cdot \frac{\sin(sR_{CCl})}{sR_{CCl}} + 6 \cdot f_{Cl} f_{Cl} \cdot \frac{\sin(sR_{ClCl})}{sR_{ClCl}}$$

$$= 4 \cdot 6 \cdot 17 \cdot \{f^2 \cdot \sin(sR_{CCl})\} + 6 \cdot 17^2 \cdot \left\{ f^2 \cdot \frac{\sin\left(s \cdot (\frac{8}{3})^{\frac{1}{2}} \cdot R_{CCl}\right)}{s \cdot (\frac{8}{3})^{\frac{1}{2}} \cdot R_{CCl}} \right\}$$

$$\frac{I}{f^2} = 408 \cdot \frac{\sin x}{x} + 1062 \cdot \frac{\sin(\sqrt{\frac{8}{3}} \cdot x)}{\sqrt{\frac{8}{3}} \cdot x}, \quad x = sR_{CCl}.$$

Jetzt stellen wir die folgende Tabelle auf:

x	2.0	2.5	3.0	3.5	4.0	4.5	5.0	5.5	6.0
$\frac{I}{f^2}$	120	−247	−239	−204	−11.8	118	124	30.5	83.8
x	6.5	7.0	7.5	8.0	8.5	9.0	9.5	10.0	10.5
$\frac{I}{f^2}$	−138	−99.3	6.6	114	159	119	18.4	−84	−134
x	11.0	11.5	12.0	12.5	13.0	13.5	14.0	14.5	15.0
$\frac{I}{f^2}$	−112	−37.5	41.9	82.8	69.6	20.0	−29.2	−46.4	−24.5
x	15.5	16.0	16.5	17.0	17.5	18.0	18.5	19.0	19.5
$\frac{I}{f^2}$	17.6	48.3	44.9	7.61	−40.9	−70.1	−61.2	−18.0	35.2
x	20.0	20.5	21.0	21.5	22.0	22.5	23.0	23.5	24.0
$\frac{I}{f^2}$	68.9	65.6	29.5	16.9	−47.5	−47.4	−21.5	11.0	28.7
x	24.5	25.0	25.5	26.0	26.5	27.0	27.5	28.0	28.5
$\frac{I}{f^2}$	22.0	−1.5	−24.1	−28.8	−11.0	18.7	41.2	41.3	17.3
x	29.0	29.5	30.0						
$\frac{I}{f^2}$	−17.8	−44.2	−47.3						

In Abb. 23–13 ist die Funktion $\frac{I}{f^2}$ aufgetragen.

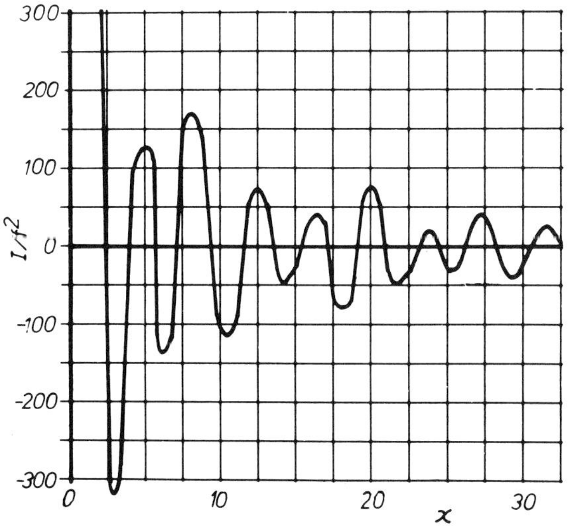

Abb. 23–13

23-42 $\lambda = 12.26$ pm [Aufgabe 23- 39], $s = \left(\frac{4\pi}{\lambda}\right) \cdot \sin\frac{1}{2}\vartheta$, $x = sR_{CCl}$.

x_{max} und x_{min} entnehmen wir der Abb. 23–13, s_{max} und s_{min} aus den Angaben in der Aufgabe. Es ist nachzuweisen, daß aus dem Verhältnis $\frac{x}{s}$ für alle Meßwerte derselbe Wert von R_{CCl} folgt. Dazu stellen wir die folgende Tabelle auf:

	Maxima			Minima			
ϑ(exp)	$3^0 10'$	$5^0 22'$	$7^0 54'$	$1^0 46'$	$4^0 6'$	$6^0 10'$	$9^0 10'$
s/pm^{-1}	0.0284	0.0480	0.0786	0.0158	0.0367	0.0597	0.0819
x(ber)	5.0	8.5	12.5	2.8	6.5	10.5	14.5
$\left(\frac{x}{s}\right)$ /pm	176	177	177	177	177	176	177

Es ist also $\underline{R_{CCl} = 177 \text{ pm}}$; das beobachtete Beugungsmuster ist mit einer tetraedrischen Geometrie verträglich.

24 Die elektrischen und magnetischen Eigenschaften von Molekülen

A24-1 $C = C_0\varepsilon_r = (6.2\ \text{pF}) \cdot (35.5) = 220\ \text{pF}$ [24.1–2].

A24-2 $\alpha + \dfrac{\mu^2}{3kT} = \dfrac{3\varepsilon_0 P_m}{N_A}$ [24.1–13a].

Bei 351.0 K ist $\alpha + \dfrac{\mu^2}{3 \cdot (1.381 \cdot 10^{-23}) \cdot (351.0\ \text{K})} = \dfrac{3 \cdot (8.854 \cdot 10^{-12}) \cdot (70.62 \cdot 10^{-6})}{6.022 \cdot 10^{-23}}$.

Bei 423.2 K ist $\alpha + \dfrac{\mu^2}{3 \cdot (1.381 \cdot 10^{-23}) \cdot (423.3\ \text{K})} = \dfrac{3 \cdot (8.854 \cdot 10^{-12}) \cdot (62.47 \cdot 10^{-6})}{6.022 \cdot 10^{-23}}$.

$\mu^2 = 3.062 \cdot 10^{-59}\ \text{C}^2\ \text{m}^2$; $\mu = 5.54 \cdot 10^{-30}\ \text{C m} = \underline{1.66\ \text{D}}$.

$\alpha = \underline{1.01 \cdot 10^{-39}\ \text{J}^{-1}\ \text{C}^2\ \text{m}^2}$.

A24-4 $P_m = \left(\dfrac{M_m}{\rho}\right) \cdot \left[\dfrac{\varepsilon_r - 1}{\varepsilon_r + 2}\right]$ [21.1–13b]

$27.18\ \text{cm}^3 = \dfrac{92.45\ \text{g mol}^{-1}}{1.89\ \text{g cm}^{-3}} \cdot \left[\dfrac{\varepsilon_r - 1}{\varepsilon_r + 2}\right]$;

$\varepsilon_r = \underline{4.75}$.

A24-4 Die Struktur (1) sollte kein Dipolmoment haben. Die Struktur (2) mit einem von Null verschiedenen Dipolmoment ist deshalb wahrscheinlicher [Abschnitt 24.1f].

A24-5 Der temperaturabhängige Teil der Polarisation ist proportional zu $N\mu^2$ [24.1–1]. Bei der Dimerisierung geht N in $\dfrac{N}{2}$ über und μ^2 in $4\mu^2$. Der Beitrag zur Polarisation wird also verdoppelt. Das scheinbare Dipolmoment des Dimeren ist dann $\sqrt{2} \cdot \mu$.

A24-6 Die Dimeren sollten ein Dipolmoment Null haben. Die starke Wechselwirkung der Moleküle in der reinen Flüssigkeit bricht wahrscheinlich die Dimeren zu Ketten auf, deren Glieder über Wasserstoffbrücken verbunden sind. In sehr verdünnten Benzollösungen verhalten sich die Moleküle eher wie im Gas und neigen zur Bildung ebener Dimerer. Die Dielektrizitätskonstante sollte deshalb beim Verdünnen abnehmen [Abschnitt 24.1d].

A24-7 Das Molekül enthält 10 C–H-, 2 C–C- und 2 C–O-Bindungen. Ihr Beitrag zur Molrefraktion ist

$(10 \cdot (1.65) + 2 \cdot (1.20) + 2 \cdot (1.41))\ \text{cm}^3\ \text{mol}^{-1} = 21.72\ \text{cm}^3\ \text{mol}^{-1}$ [Beispiel 24–4, Tabelle 24–3].

$V_m = \dfrac{74.12\ \text{g mol}^{-1}}{0.715\ \text{g cm}^{-3}} = 105.06\ \text{cm}^3\ \text{mol}^{-1}$.

$n_r = \dfrac{\sqrt{195.06 + 2 \cdot (21.72)}}{\sqrt{105.06 - 21.72}} = \underline{1.34}$.

Im Experiment findet man den Wert 1.354.

A24-8 $\dfrac{n_r^2 - 1}{n_r^2 + 2} = 0.400$ [24.1–14].

$$\frac{3\varepsilon_0 M_m}{\rho N_A} = \frac{3 \cdot (8.8542 \cdot 10^{-12}\ J^{-1}\ C^2\ m^{-1}) \cdot (267.8\ g\ mol^{-1})}{(3.318\ g\ cm^{-3}) \cdot (6.022 \cdot 10^{23}\ mol^{-1})} \cdot (10^{-6}\ m^3\ cm^{-3})$$

$$= 3.560 \cdot 10^{-39}\ J^{-1}\ C^2\ m^2$$

$$\alpha = (3.560 \cdot 10^{-39}\ J^{-1}\ C^2\ m^2) \cdot (0.400) = \underline{1.42 \cdot 10^{-39}\ J^{-1}\ C^2\ m^2.}$$

A24-9 $m = \sqrt{4 \cdot S \cdot (S+1)}$ Bohrsche Magnetonen [Abschnitt 24.6b].

$S \cdot (S+1) = \dfrac{(3.81)^2}{4}$; $S = 1.47$ [wir nehmen die positive Wurzel].

Der Spin von drei ungepaarten Elektronen hat den Wert $\frac{3}{2}$.

A24-10 Im starken Feld besetzen die sechs Elektronen, die das Co(III) beiträgt, die drei t_{2g}-Orbitale. Weil dabei alle Spins gepaart sind, ist $K_3Co(CN)_6$ diamagnetisch. Im schwachen Feld sind dagegen von den sechs Elektronen nur zwei gepaart. Deshalb stammt im K_3CoF_6 das Spin-Moment von vier ungepaarten Elektronen. Das ergibt $S = 2$, und das Moment hat den Wert $\sqrt{4 \cdot 2 \cdot (2+1)} = 4.9$ Bohrsche Magnetonen. Der beobachtete Wert liegt etwas höher.

24-1 Vergl. Abb. 4–9 im Buch. Die einzelnen Momente werden vektoriell addiert.

(1) p-Xylol. Die Resultante ist Null: $\underline{\mu = 0.}$

(2) o-Xylol. $\mu = (0.4\ D) \cdot \cos 30^0 + (0.4\ D) \cdot \cos 30^0 = \underline{0.7\ D.}$

(3) m-Xylol. $\mu = (0.4\ D) \cdot \cos 60^0 + (0.4\ D) \cdot \cos 60^0 = \underline{0.4\ D.}$

Der Wert für das p-Xylol folgt aus der Symmetrie des Moleküls; man braucht dafür keine weiteren Annahmen.

24-2 $\mu(H_2O) = 2 \cdot \mu(OH) \cdot \cos\frac{1}{2}\vartheta$; $\mu(OH) = \dfrac{1.85\ D}{2 \cdot \cos 52.2^0} = 1.51\ D.$

$\mu(H_2O_2) = \underline{2 \cdot (1.51\ D) \cdot \cos\frac{1}{2}\phi}$, senkrecht zur O–O-Bindung.

$$\phi = 2 \cdot \arccos\left\{\frac{\mu(H_2O_2)}{3.02\ D}\right\} = 2 \cdot \arccos\left(\frac{2.12}{3.00}\right) = \underline{90.1^0.}$$

24-3 Die Ladung q erzeugt das Feld $\dfrac{q}{4\pi\varepsilon_0 R}$ [Anhang 11–1].

Wenn sich ein Dipol im Abstand R von einem Punkt befindet und sein Dipolmoment auf diesen Punkt zu gerichtet ist, dann beschreiben wir das Feld durch eine Ladung q im Abstand $R-\frac{1}{2}d$ und eine Ladung $-q$ im Abstand $R+\frac{1}{2}d$. Dann herrscht an dem genannten Punkt das Potential

$$\phi = \frac{q}{4\pi\varepsilon_0 \cdot (R-\frac{1}{2}d)} - \frac{q}{4\pi\varepsilon_0 \cdot (R+\frac{1}{2})}$$

$$= \frac{q}{4\pi\varepsilon_0 R} \cdot \left\{ \left[\frac{1}{1-\left(\frac{d}{2R}\right)} \right] - \left[\frac{1}{1+\left(\frac{d}{2R}\right)} \right] \right\}$$

$$= \frac{q}{4\pi\varepsilon_0 R} \cdot \left\{ \left[1+\left(\frac{d}{2R}\right)+\ldots \right] - \left[1-\left(\frac{d}{2R}\right)+\ldots \right] \right\}$$

$$= \frac{q}{4\pi\varepsilon_0 R} \cdot \left(\frac{2d}{2R}\right) = \frac{qd}{4\pi\varepsilon_0 R^2} = \frac{\mu}{4\pi\varepsilon_0 R^2}.$$

Das elektrische Feld können wir als den negativen Gradienten des Potentials auffassen [Anhang 11-1]:

$$E = -\frac{\mathrm{d}\phi}{\mathrm{d}R} = \frac{2\mu}{4\pi\varepsilon_0 R^3}.$$

$\mu = 1.85\ \mathrm{D} = 1.85 \cdot (3.34 \cdot 10^{-39}\ \mathrm{C\ m})$ [erste Einbandinnenseite],

$$E = \frac{1.85 \cdot (3.34 \cdot 10^{-30}\ \mathrm{C\ m})}{2\pi \cdot (8.854 \cdot 10^{-12}\ \mathrm{J^{-1}\ C^2\ m^{-2}}) \cdot R^3)}$$

$$= \frac{1.11 \cdot 10^{-19}\ \mathrm{J\ C^{-1}\ m^{-2}}}{(R/\mathrm{m}^3)} \quad [1\ \mathrm{J} = 1\ \mathrm{V\ C}].$$

(a) $E = \dfrac{1.11 \cdot 10^{-19}\ \mathrm{V\ m^{-1}}}{1.0 \cdot 10^{-9}} = \underline{1.1 \cdot 10^{8}\ \mathrm{V\ m^{-1}}}.$

(b) $E = \dfrac{1.11 \cdot 10^{-19}\ \mathrm{V\ m^{-1}}}{(3.0 \cdot 10^{-10})^3} = \underline{4.1 \cdot 10^{9}\ \mathrm{V\ m^{-1}}}.$

(c) $E = \dfrac{1.11 \cdot 10^{-19}\ \mathrm{V\ m^{-1}}}{(3.0 \cdot 10^{-8})^3} = \underline{4.1 \cdot 10^{3}\ \mathrm{V\ m^{-1}}}.$

Der Dipol wird sich so orientieren, daß sein positives Ende dem negativen Anion näher ist. Die Sauerstoffatome bilden das negative Ende des Dipols.

24-4 Ein Dipol μ, der mit einem äußeren Feld E_a den Winkel ϑ bildet, hat die potentielle Energie

$$\mathcal{E} = -mE_\mathrm{a} \cdot \cos\vartheta \ \text{[Abschnitt 24.1b]} = \begin{cases} -\mu E_\mathrm{a}, & \vartheta = 0 \\ 0, & \vartheta = 90^0. \end{cases}$$

Die potentielle Energie eines Systems aus einem Dipol und einem Atom, das vom Dipol polarisiert wird, ist

$\mathcal{K} = -\left(\dfrac{1}{8\pi^2\varepsilon_0^2}\right) \cdot \left(\dfrac{a_\mathrm{m}^2}{R^6}\right),$ wenn das Atom auf der Dipolachse liegt, und

$\mathcal{K} = -\left(\dfrac{1}{31\pi^2\varepsilon_0^2}\right) \cdot \left(\dfrac{a_\mathrm{m}^2}{R^6}\right),$ wenn das Atom auf einer Senkrechten zur Dipolachse liegt.

$$\mathcal{E} = -\tfrac{1}{2}\alpha\varepsilon_0 E^2, \quad \mathbf{E} = \left(\frac{1}{4\pi\varepsilon_0}\right)\cdot\left(\frac{1}{R3}\right)\cdot\left\{\mu - \frac{3\mu\cdot\mathbf{R}\times\mathbf{R}}{R^2}\right\}$$

$$E^2 = \mathbf{E}\times\mathbf{E} = \left(\frac{1}{4\pi\varepsilon_0}\right)^2\cdot\left(\frac{1}{R^6}\right)\cdot\left\{\mu\cdot\mu + \frac{9\cdot(\mu\cdot\mathbf{R})^2\cdot\mathbf{R}\cdot\mathbf{R}}{R^4} - 6\mu\cdot\mathbf{R}\times\mathbf{R}\cdot\frac{\mu}{R^2}\right\}$$

$$= \left(\frac{1}{4\pi\varepsilon_0}\right)^2\cdot\left(\frac{1}{R^6}\right)\cdot\left\{\mu^2 + \frac{3\cdot(\mu\cdot\mathbf{R})^2}{R^2}\right\}$$

$$\mathcal{E} = -\tfrac{1}{2}\cdot\left(\frac{1}{16\pi^2\varepsilon_0^2}\right)\cdot\left(\frac{1}{R^6}\right)\cdot\alpha\cdot\left\{\mu^2 + \frac{3\cdot(\mu\cdot\mathbf{R})^2}{R^2}\right\}$$

$$= \begin{cases} -\left(\frac{1}{32\pi^2\varepsilon_0^2}\right)\cdot\left(\frac{1}{R^6}\right)\cdot\alpha\cdot 4\cdot\mu^2 = -\left(\frac{1}{8\pi^2\varepsilon_0^2}\right)\cdot\alpha\cdot\frac{\mu^2}{R^6} & \text{für } \mathbf{R} \text{ parallel zu } \mu \\ -\left(\frac{1}{32\pi^2\varepsilon_0^2}\right)\cdot\left(\frac{1}{R^6}\right)\cdot\alpha\cdot\mu^2 & \text{für } \mathbf{R} \text{ senkrecht zu } \mu. \end{cases}$$

Der Energieunterschied zwischen den beiden Orienterungen, die praktisch einer Rotation des Dipols um 90^0 entsprechen, ist danach

$$\Delta\mathcal{E} = -\left(\frac{1}{8\pi^2\varepsilon_0^2}\right)\cdot\left(\frac{\alpha\mu^2}{R^6}\right) - \left\{-\mu\cdot E_a - \left(\frac{1}{32\pi^2\varepsilon_0^2}\right)\cdot\left(\frac{\alpha\mu^2}{R^6}\right)\right\}$$

$$= \mu\cdot E_a - \left(\frac{3}{32\pi^2\varepsilon_0^2}\right)\cdot\left(\frac{\alpha\mu^2}{R^6}\right).$$

Das Umklappen wird begünstigt, wenn diese Differenz negativ wird. Das soll im Abstand R^* erfolgen. Dann gilt

$$\left(\frac{3}{32\pi^2\varepsilon_0^2}\right)\cdot\left(\frac{\alpha\mu^2}{R^{*6}}\right) = \mu\cdot E_a \quad \text{oder} \quad R^* = \sqrt[6]{\left(\frac{3}{32\pi^2\varepsilon_0^2}\right)\cdot\left(\frac{\alpha\mu^2}{E_a}\right)} = \sqrt[6]{\left(\frac{3}{32\pi^2\varepsilon_0^2}\right)\cdot\left(\frac{\alpha'\mu^2}{E_a}\right)}.$$

Mit $\alpha' = 1.66\cdot 10^{-24}\ \text{cm}^3$ und $\mu = 1.84\ \text{D} \mathrel{\hat=} 6.17\cdot 10^{-30}\ \text{C m}$ erhalten wir in einem Feld von $1\ \text{kV m}^{-1}$

$$R^* = \sqrt[6]{\frac{3\cdot(1.66\cdot 10^{-30}\ \text{m}^3)\cdot(6.18\cdot 10^{-30}\ \text{C m})}{8\pi\cdot(8.854\cdot 10^{-12}\ \text{J}^{-1}\ \text{C}^2\ \text{m}^{-1})\cdot(10^3\ \text{V m}^{-1})}}$$

$$= \sqrt[6]{1.38\cdot 10^{-52}\ \text{J C}^{-1}\ \text{V}^{-1}\ \text{m}^6} = \underline{2.27\ \text{nm}}.$$

24-5 $\Delta = (\varepsilon_r - 1)\cdot v$ mit dem relativen spezifischen Volumen v. Bei der Temperatur T ist

$v = \dfrac{T}{273.15\ \text{K}}$. Mit $\dfrac{M_m}{\rho} = V_m$ erhalten wir dann

$$V_m(T) = \frac{T}{273.15\ \text{K}}\cdot V_m(273.15\ \text{K})$$

$$= (2.2711\cdot 10^4\ \text{cm}^3\ \text{mol}^{-1})\cdot\left(\frac{T}{273.15\ \text{K}}\right)$$

$$P_m = V_m\cdot\left(\frac{\varepsilon_r - 1}{\varepsilon_r + 2}\right) \quad [24.1\text{–}13a]$$

$$= \frac{V_\mathrm{m} \cdot \left(\frac{\Delta}{v}\right)}{3 + \left(\frac{\Delta}{v}\right)} = \frac{V_\mathrm{m} \cdot \Delta}{3 \cdot v + \Delta}$$

$$= \frac{(2.2711 \cdot 10^4 \text{ cm}^3 \text{ mol}^{-1}) \cdot \left(\frac{T}{273.15 \text{ K}}\right) \cdot \Delta}{3 \cdot \left(\frac{T}{273.15 \text{ K}}\right) + \Delta}$$

$$= \left(\frac{N_\mathrm{A}}{3\varepsilon_0}\right) \cdot \left(\alpha + \frac{\mu^2}{3kT}\right) \quad [24.1\text{–}13\text{b}].$$

Wenn wir jetzt P_m gegen $\frac{1}{T}$ auftragen, können wir an dem Schnittpunkt mit der Ordinate $\frac{N_\mathrm{A} \cdot \alpha}{3\varepsilon_0} = \frac{4\pi N_\mathrm{A} \alpha'}{3}$ und aus der Steigung $\frac{N_\mathrm{A}\mu^2}{9\varepsilon_0 k}$ entnehmen. Dazu stellen wir die folgende Tabelle auf.

$\vartheta/°\mathrm{C}$	0	100	200	300
T/K	273	373	473	573
$\frac{10^3}{T/\mathrm{K}}$	3.66	2.68	2.11	1.75
$10^3 \cdot \Delta(\mathrm{HCl})$	4.3	3.5	3.0	2.6
$P_\mathrm{m}(\mathrm{HCl})/(\mathrm{cm}^3 \mathrm{~mol}^{-1})$	32.1	26.1	22.4	19.4
$10^3 \cdot \Delta(\mathrm{HBr})$	3.1	2.6	2.3	2.1
$P_\mathrm{m}(\mathrm{HBr})/(\mathrm{cm}^3 \mathrm{~mol}^{-1})$	23.1	19.4	17.2	15.7
$10^3 \cdot \Delta(\mathrm{HI})$	2.3	2.2	2.1	2.1
$P_\mathrm{m}(\mathrm{HI})/(\mathrm{cm}^3 \mathrm{~mol}^{-1})$	17.2	16.4	15.7	15.7

Diese Punkte sind in Abb. 24–1 graphisch wiedergegeben.

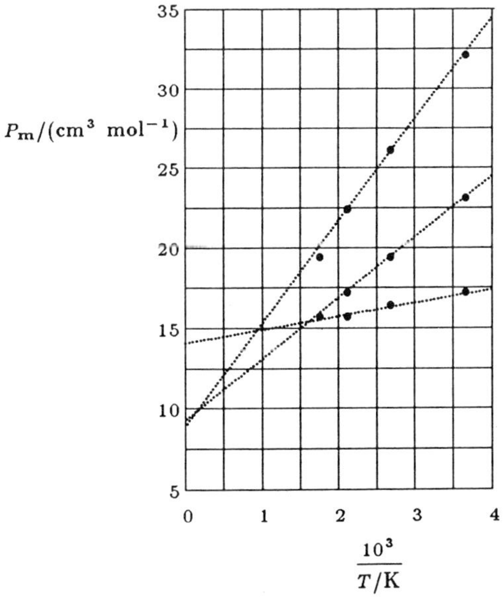

Abb. 24–1

Folgende Werte können wir hier ablesen:

	Ordinatenschnittpunkt	Steigung
HCl	8.9	$6.4 \cdot 10^3$
HBr	9.3	$3.8 \cdot 10^3$
HI	14.1	$8.3 \cdot 10^2$

Das ergibt

$$\alpha'(\mathrm{HCl}) = \left(\frac{3}{4\pi N_\mathrm{A}}\right) \cdot (8.9\ \mathrm{cm^3\ mol^{-1}}) = \underline{3.5 \cdot 10^{-24}\ \mathrm{cm^3}},$$

$$\alpha'(\mathrm{HBr}) = \left(\frac{3}{4\pi N_\mathrm{A}}\right) \cdot (9.3\ \mathrm{cm^3\ mol^{-1}}) = \underline{3.7 \cdot 10^{-24}\ \mathrm{cm^3}},$$

$$\alpha'(\mathrm{HI}) = \left(\frac{3}{4\pi N_\mathrm{A}}\right) \cdot (14.1\ \mathrm{cm^3\ mol^{-1}}) = \underline{5.6 \cdot 10^{-24}\ \mathrm{cm^3}},$$

$$\mu = \sqrt{\mathrm{Steigung\ cm^3\ mol^{-1}\ K}} \cdot \sqrt{\frac{9\varepsilon_0 k}{N_\mathrm{A}}}.$$

$$\sqrt{\frac{9\varepsilon_0 k}{N_\mathrm{A}}} = \sqrt{\frac{9 \cdot (8.854 \cdot 10^{-12}\ \mathrm{J^{-1}\ C^2\ m^{-1}}) \cdot (1.381 \cdot 10^{-23}\ \mathrm{J\ K^{-1}})}{6.022 \cdot 10^{23}\ \mathrm{mol}}}$$

$$= 4.275 \cdot 10^{-29}\ \mathrm{C\ mol^{\frac{1}{2}}}\ m^{-\frac{1}{2}}\ \mathrm{K^{-\frac{1}{2}}}$$

$$\mu = 4.275 \cdot 10^{-29}\ \mathrm{C} \cdot \sqrt{\mathrm{Steigung\ cm^3\ mol^{-1}\ K\ mol\ m^{-1}\ K^{-1}}}$$
$$= 4.275 \cdot 10^{-29}\ \mathrm{C} \cdot \sqrt{\mathrm{Steigung} \cdot 10^{-6}\ \mathrm{m^2}}$$
$$= (4.275 \cdot 10^{-32}\ \mathrm{C\ m}) \cdot \sqrt{\mathrm{Steigung}}.$$

Mit $1\ \mathrm{D} = 3.3356 \cdot 10^{-30}\ \mathrm{C\ m}$ können wir das in Debye umrechnen:

$\mu = (1.282 \cdot 10^{-2}\ \mathrm{D}) \cdot \sqrt{\mathrm{Steigung}}$. Dann erhalten wir

$$\mu(\mathrm{HCl}) = (1.828 \cdot 10^{-2}\ \mathrm{D}) \cdot \sqrt{6.4 \cdot 10^3} = \underline{1.03\ \mathrm{D}},$$

$$\mu(\mathrm{HBr}) = (1.828 \cdot 10^{-2}\ \mathrm{D}) \cdot \sqrt{3.8 \cdot 10^3} = \underline{0.80\ \mathrm{D}},$$

$$\mu(\mathrm{HI}) = (1.828 \cdot 10^{-2}\ \mathrm{D}) \cdot \sqrt{8.3 \cdot 10^2} = \underline{0.36\ \mathrm{D}}.$$

24-6 $n_\mathrm{r} = \sqrt{\dfrac{V_\mathrm{m} + 2 \cdot R_\mathrm{m}}{Vm - Rm}}$ [24.1–16]

$$V_m = \frac{M_m}{\rho} = \frac{18.02 \text{ g mol}^{-1}}{1.00 \text{ g cm}^{-3}} = 18.02 \text{ cm}^3 \text{ mol}^{-1}.$$

$$R_m = \tfrac{4}{3}\pi\alpha' N_A \quad [24.1\text{–}15]$$

$$= \tfrac{4}{3}\pi \cdot (1.5 \cdot 10^{-24} \text{ cm}^3) \cdot (6.022 \cdot 10^{23} \text{ mol}^{-1}) = 3.8 \text{ cm}^3 \text{ mol}^{-1}.$$

$$n_r = \sqrt{\frac{18.02 + 7.6}{18.02 - 3.8}} = \underline{1.34.}$$

Die Diskrepanz ist auf die ungenaue Korrektur des lokalen Feldes sowie sowie auf den Beitrag der Schwingungen zurückzuführen.

24-7 $P_m = \left(\frac{M_m}{\rho}\right) \cdot \left(\frac{\varepsilon_r - 1}{\varepsilon_r + 2}\right) \quad [24.1\text{–}13b]$

$$= \tfrac{4}{3}\pi + \frac{N_A \mu^2}{9\varepsilon_0 kT} \quad [24.1\text{–}13a].$$

Mit $M = 119.4$ g mol^{-1} stellen wir jetzt die folgende Tabelle auf:

$\vartheta/°\mathrm{C}$	−80	−70	−60	−40	−20	0	20
T/K	193	203	213	233	253	273	293
$\frac{10^3}{T/\mathrm{K}}$	5.18	4.93	4.69	4.29	3.95	3.66	3.41
ε_r	3.1	3.1	7.0	6.5	6.0	5.5	5.0
$\frac{\varepsilon_r - 1}{\varepsilon_r + 2}$	0.41	0.41	0.67	0.65	0.63	0.60	0.57
$\rho/(\mathrm{g\ cm^{-3}})$	1.65	1.64	1.64	1.61	1.57	1.53	1.50
$P_m/(\mathrm{cm^3\ mol^{-1}})$	29.8	29.9	48.5	48.0	47.5	46.8	45.4

In Abb. 24–2 ist P_m gegen $\frac{1}{T}$ aufgetragen. Die extrapolierte Gerade schneidet die Ordinate bei 30.00 und hat die Steigung $4.5 \cdot 10^3$. Daraus folgt

$$\alpha' = \frac{3 \cdot (30.0 \text{ cm}^3 \text{ mol}^{-1}}{4\pi \cdot (6.022 \cdot 10^{23} \text{ mol}^{-1}} = \underline{1.19 \cdot 10^{-23} \text{ cm}^3.}$$

$$\mu = (1.282 \cdot 10^{-2} \text{ D}) \cdot \sqrt{\text{Steigung}} \quad [\text{Aufgabe 24–5}] \quad = (1.282 \cdot 10^{-2} \text{ D}) \cdot \sqrt{4.5 \cdot 10^3} = \underline{0.9 \text{ D.}}$$

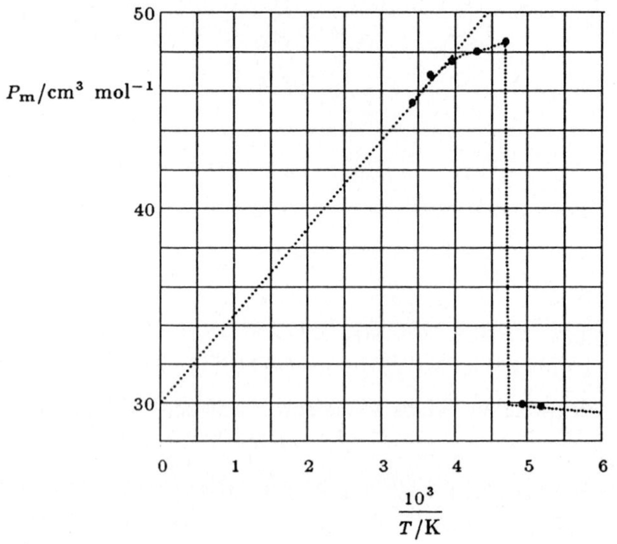

Abb. 24–2

Der Sprung in der Kurve erfolgt am Schmelzpunkt des Chloroforms (−63 °C), wo der Term der Dipol-Reorientierung eingefroren wird. Der P_m-Wert des festen Chloroforms entspricht dem extrapolierten dipolfreien Wert.

24-8 $P_\mathrm{m} = \left(\frac{M_\mathrm{r}}{\rho}\right) \cdot \left(\frac{\varepsilon_\mathrm{r} - 1}{\varepsilon_\mathrm{r} + 2}\right)$ [24.1–13b],

$$= \tfrac{4}{3}\pi N_\mathrm{A}\alpha + \frac{N_\mathrm{A}\mu_2}{9\varepsilon_0 kT} \quad [24.1\text{–}13a].$$

Die Temperaturabhängigkeit der Dichte des Methanols ist bereits berücksichtigt. Wir verwenden den Wert bei 20°C, 0.791 g $\mathrm{cm^{-3}}$. μ und α' ermitteln wir aus den Daten für den flüssigen Bereich ($\vartheta > -95$ °C), wir müssen aber beachten, das auch unterhalb des Schmelzpunktes schon in gewissem Maße eine Rotation der Moleküle stattfindet. [$\varepsilon_\mathrm{r}(-110$ °C) liegt nahe bei $\varepsilon_\mathrm{r}(-80$°C).]

Mit $M_\mathrm{m} = 32.0$ g $\mathrm{mol^{-1}}$ und $P_\mathrm{m} = \left(\frac{M_\mathrm{m}}{\rho}\right) \cdot \left(\frac{\varepsilon_\mathrm{r} - 1}{\varepsilon_\mathrm{r} + 2}\right)$ stellen wir jetzt die folgende Tabelle auf:

$\vartheta/°\mathrm{C}$	−80	−50	−20	0	20
T/K	193	233	253	273	293
$\frac{10^3}{T/\mathrm{K}}$	5.18	4.48	3.95	3.66	3.41
ε_r	57	49	42	38	34
$\frac{\varepsilon_\mathrm{r} - 1}{\varepsilon_\mathrm{r} + 2}$	0.95	0.94	0.93	0.93	0.92
$P_\mathrm{m}/(\mathrm{cm^3\ mol^{-1}})$	38.5	38.1	37.4	37.7	37.2

In Abb. 24–3 ist P_m gegen $\frac{1}{T}$ aufgetragen. Wenn man die Daten bis $\frac{1}{T} = 0$ extrapoliert, erhält man den Wert 35.0. Die Steigung erhält man nach der Methode der kleinsten Quadrate zu 741. Das ergibt

$$\alpha' = \frac{3 \cdot (35.0 \text{ cm}^3 \text{ mol}^{-1})}{4\pi \cdot (6.022 \cdot 10^{23} \text{ mol}^{-1})} = \underline{1.38 \cdot 10^{-23} \text{ cm}^3}.$$

$$\mu = (1.282 \cdot 10^{-2} \text{ D}) \cdot \sqrt{\text{Steigung}} \quad [\text{Aufgabe 24–5}]$$
$$= (1.282 \cdot 10^{-2} \text{ D}) \cdot \sqrt{741} = \underline{0.35 \text{ D}}.$$

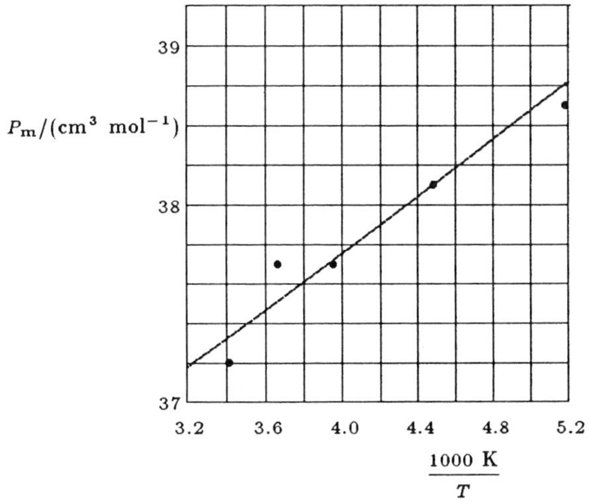

Abb. 24–3

24-9 $\frac{n_r^2 - 1}{n_r^2 + 2} = \frac{N_A \rho \alpha}{3\varepsilon_0 M_m} = \frac{4\pi\alpha' \rho N_A}{3M_m}$ [24.1–4 und 24.1–15].

$$\rho = \frac{M_m}{V_m} = \frac{M_m p}{RT}.$$

$n_r^2 - 1 = \left(\frac{4\pi\alpha' p}{3kT}\right) \cdot (n_r^2 + 2)$, daraus folgt

$$n_r = \sqrt{\frac{1 + \left(\frac{8\pi\alpha' p}{3kT}\right)}{1 - \left(\frac{4\pi\alpha' p}{3kT}\right)}} \approx \sqrt{\left\{1 + \left(\frac{8\pi\alpha' p}{3kT}\right)\right\} \cdot \left\{1 + \left(\frac{4\pi\alpha' p}{3kT}\right)\right\}}$$

$$\approx \sqrt{1 + \left(\frac{12\pi\alpha' p}{3kT}\right)} \approx 1 + \left(\frac{6\pi\alpha' p}{3kT}\right) = \underline{1 + \left(\frac{2\pi\alpha'}{3kT}\right) \cdot p}.$$

Umgekehrt ist $\alpha' \approx (n_r - 1) \cdot \left(\frac{kT}{2\pi p}\right)$ oder besser

$$\underline{\alpha' = \left(\frac{3kT}{4\pi p}\right) \cdot \frac{n_r^2 - 1}{n_r^2 + 2}}$$

(aus der dritten Zeile zu dieser Aufgabe).

24-10 Die Schwingungen laufen bei Benzol und Toluol etwa in $\frac{1}{0.55 \text{ GHz}} = 2 \cdot 10^{-9}$ s ab; bei Toluol gibt es eine zusätzliche Schwingung mit $2.5 \cdot 10^{-9}$ s. Toluol hat ein permanentes Dipolmoment, Benzol nicht. In beiden Molekülen werden aber durch die Fluktuationen des Lösungsmittels Dipolmomente induziert. Ihre

Polarisierbarkeiten sind anisotrop, deshalb werden die Brechungsindices durch die Bewegungen der Moleküle beeinflußt.

24-11 $\frac{\varepsilon_r - 1}{\varepsilon_r + 2} = \left(\frac{N_A \rho}{3\varepsilon_0 M_m}\right) \cdot \left\{\alpha + \frac{\mu^2}{3kT}\right\} \equiv x$ [24.1–12].

Damit wird $\varepsilon_r = \frac{1 + 2x}{1 - x}$.

$\mu = 1.57 \text{ D} \mathrel{\hat{=}} 5.24 \cdot 10^{-30}$ C m [erste Einbandinnenseite],

$\alpha = 4\pi\varepsilon_0\alpha' = 1.37 \cdot 10^{-33}$ cm^3 J^{-1} C^2 m^{-1}; $\rho = 1.107$ g cm^{-3}.

$$\frac{N_A \rho}{3\varepsilon_0 M_m} = \frac{(6.022 \cdot 10^{23} \text{ mol}^{-1}) \cdot (1.107 \text{ g cm}^{-3})}{3 \cdot (8.854 \cdot 10^{-12} \text{ J}^{-1} \text{ C}^2 \text{ m}^{-1}) \cdot (112.6 \text{ g mol}^{-1})}$$

$$= 2.23 \cdot 10^{32} \text{ cm}^{-3} \text{ J C}^{-2} \text{ m}.$$

$$\frac{\mu^2}{3kT} = \frac{5.24 \cdot 10^{-30} \text{ C m}}{3 \cdot (1.381 \cdot 10^{-23} \text{ J K}^{-1}) \cdot (298.15 \text{ K})}$$

$$= 2.22 \cdot 10^{-39} \text{ m}^2 \text{ J}^{-1} \text{ C}^2 = 2.22 \cdot 10^{-33} \text{ cm}^3 \text{ J}^{-1} \text{ C}^2 \text{ m}^{-1}.$$

$$x = (2.23 \cdot 10^{32} \text{ cm}^{-3} \text{ J C}^{-2} \text{ m}) \cdot (1.37 \cdot 10^{-33} + 2.22 \cdot 10^{-33}) \text{ cm}^3 \text{ J}^{-1} \text{ C}^2 \text{ m}^{-1} = 0.801.$$

$$\varepsilon_r = \frac{1 + 1.602}{1 - 0.801} = \underline{13.1.}$$

24-12 $n_r = \sqrt{\frac{V_m + 2R_m}{V_m - R_m}}$ [24.1–16]; $R_m = \frac{4}{3}\pi\alpha' N_A$ [24.1–15],

$V_m = \frac{M_m}{\rho}$, $M_m = 18.02$ g mol^{-1}, $\alpha' = 1.50 \cdot 10^{-24}$ cm^3.

$R_m = \frac{4}{3}\pi \cdot (1.50 \cdot 10^{-24} \text{ cm}^3) \cdot (6.022 \cdot 10^{23} \text{ mol}^{-1}) = 3.78$ cm^3 mol^{-1}.

Jetzt stellen wir die folgende Tabelle auf:

$\vartheta/°C$	0	20	40	60	80	100
$V_m/(\text{cm}^3 \text{ mol}^{-1})$	18.02	18.05	18.16	18.33	18.54	18.80
$(V_m + 2R_m)/(\text{cm}^3 \text{ mol}^{-1})$	25.58	25.61	25.71	25.89	26.10	26.36
$(V_m - R_m)/(\text{cm}^3 \text{ mol}^{-1})$	14.25	14.82	14.39	14.56	14.77	15.03
n_r	1.339	1.339	1.336	1.333	1.329	1.324

Diese Punkte sind in Abb. 24–4 aufgetragen.

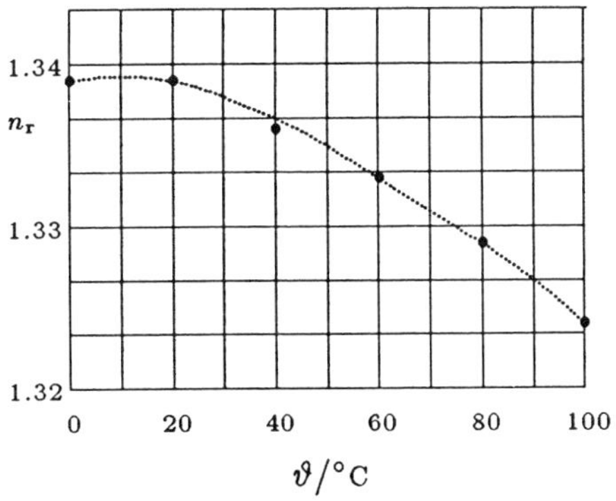

Abb. 24–4

24-13 $n_r = \sqrt{\dfrac{1 + \left(\dfrac{8\pi\alpha' p}{3kT}\right)}{1 - \left(\dfrac{4\pi\alpha' p}{3kT}\right)}}$ [Aufgabe 24–9],

$\alpha' = 1.50 \cdot 10^{-24}$ cm^3 [Aufgabe 24–12].

$$\frac{4\pi\alpha' p}{3kT} = \frac{4\pi \cdot (1.50 \cdot 10^{-30}\ \mathrm{m}^3) \cdot (10^5\ \mathrm{N\ m^{-2}})}{3 \cdot (1.381 \cdot 10^{-23}\ \mathrm{J\ K^{-1}}) \cdot (373.2\ \mathrm{K})} = 1.219 \cdot 10^{-4}.$$

$$n_r = \sqrt{\frac{1 + 2.438 \cdot 10^{-4}}{1 - 1.219 \cdot 10^{-4}}} = \underline{1.00018.}$$

$R_m(\mathrm{CaCl_2}) = [1.19 + 2 \cdot (9.30)]$ cm^3 mol^{-1} = 19.8 cm^3 mol^{-1};

$$V_m(\mathrm{CaCl_2}) = \frac{111.0\ \mathrm{g\ mol^{-1}}}{2.15\ \mathrm{g\ cm^{-3}}} = 51.6\ \mathrm{cm^3\ mol^{-1}};$$

$$n_r = \sqrt{\frac{V_m + 2R_m}{V_m - R_m}} = \underline{1.69.}$$

$R_m(\mathrm{NaCl}) = (0.46 + 9.30)$ cm^3 mol^{-1}) = 9.80 cm^3 mol^{-1};

$$V_m(\mathrm{NaCl}) = \frac{58.4\ \mathrm{cm^3\ mol^{-1}}}{2.163\ \mathrm{g\ cm^{-3}}} = 27.0\ \mathrm{cm^3\ mol^{-1}};$$

$n_r = \underline{1.65.}$

$R_m(\mathrm{Ar}) = 4.14$ cm^3 mol^{-1};

$$V_m(\mathrm{Ar}) = \frac{39.95\ \mathrm{g\ mol^{-1}}}{1.42\ \mathrm{g\ cm^{-3}}} = 28.1\ \mathrm{cm^3\ mol^{-1}};$$

$n_r = \underline{1.23.}$

24-14 $P_m = \left(\dfrac{n_A}{3\varepsilon_0}\right) \cdot \left\{\alpha + \dfrac{\mu^2}{3kT}\right\}$ [24.1–13a].

Wenn wir jetzt P_m gegen $\dfrac{1}{T}$ auftragen, sollten wir eine Gerade mit der Steigung $\dfrac{N_A\mu^2}{9\varepsilon_0 k}$ erhalten, die die Ordinate (für $\dfrac{1}{T} \to 0$) bei $\dfrac{\alpha N_A}{3\varepsilon_0} = \frac{4}{3}\pi\alpha' N_A$ schneidet. Dazu stellen wir die folgende Tabelle auf:

T/K	292.2	309.0	333.0	387.0	413.0	446.0
$\dfrac{10^3}{T/\mathrm{K}}$	3.42	3.24	3.00	2.58	2.42	2.24
$P_\mathrm{m}/(\mathrm{cm^3\ mol^{-1}})$	57.57	55.01	51.22	44.99	42.51	39.59

Diese Punkte sind in Abb. 24–5 aufgetragen. Der nach der Methode der kleinsten Quadrate berechnete Ordinatenschnittpunkt liegt bei 5.65, das ergibt $\frac{4}{3}\pi N_\mathrm{A}\alpha' = 5.65\ \mathrm{cm^3\ mol^{-1}}$. Daraus folgt

$$\alpha' = \frac{3 \cdot (5.65\ \mathrm{cm^3\ mol^{-1}})}{4\pi \cdot (6.022 \cdot 10^{23}\ \mathrm{mol^{-1}})} = \underline{2.24 \cdot 10^{-24}\ \mathrm{cm^3}}.$$

Die Rechnung ergibt eine Steigung von $1.52 \cdot 10^4$, also ist

$$\frac{N_\mathrm{A}\mu^2}{9\varepsilon_0 k} = 1.52 \cdot 10^4\ \mathrm{cm^3\ mol^{-1}\ K},$$

$$\mu = \sqrt{\left(\frac{9\varepsilon_0 k}{N_\mathrm{A}}\right) \cdot (1.52 \cdot 10^4\ \mathrm{cm^3\ mol^{-1}\ K})}$$

$$= \sqrt{\frac{9 \cdot (8.854 \cdot 10^{-12}\ \mathrm{J^{-1}\ C^2\ m^{-2}}) \cdot (1.381 \cdot 10^{-23}\ \mathrm{J\ K^{-1}}) * (1.52 \cdot 10^{-2}\ \mathrm{m^3\ mol^{-1}\ K})}{6.022 \cdot 10^{23}\ \mathrm{mol^{-1}}}}$$

$$= \sqrt{(1.827\ 10^{-57}) \cdot (1.52 \cdot 10^{-2})}\ \mathrm{C\ m} = 5.27 \cdot 10^{-30}\ \mathrm{C\ m} = \underline{1.58\ \mathrm{D}}.$$

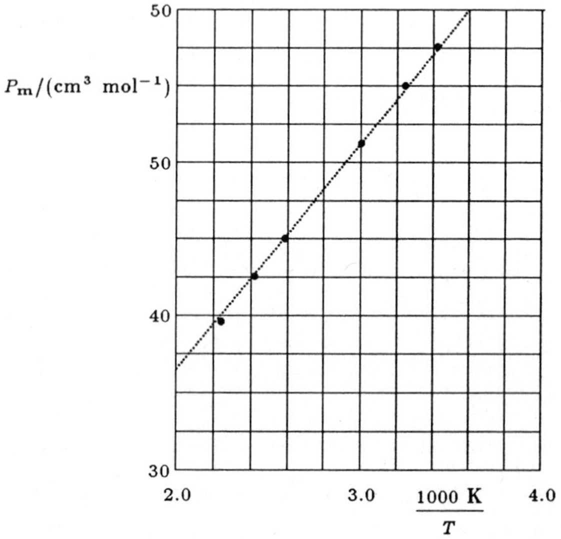

Abb. 24–5

24-15 $P_\mathrm{m} = \frac{4}{3}\pi\alpha' N_\mathrm{A} = \left(\frac{M_\mathrm{m}}{\rho}\right) \cdot \frac{n_\mathrm{r}^2 - 1}{n_\mathrm{r}^2 + 2}$ [24.1-14; $P_\mathrm{m} = R_\mathrm{m}$]

$$= \left(\frac{RT}{p}\right) \cdot \frac{n_\mathrm{r}^2 - 1}{n_\mathrm{r}^2 + 2}.$$

$n_{\mathrm{r}} = 1.000379, \quad \dfrac{n_{\mathrm{r}}^2 - 1}{n_{\mathrm{r}}^2 + 2} = 2.527 \cdot 10^4.$

$$\frac{RT}{p} = \frac{(8.314 \text{ J K}^{-1} \text{ mol}^{-1}) \cdot (273 \text{ K})}{10^5 \text{ N m}^{-2}} = 2.270 \cdot 10^4 \text{ cm}^3 \text{ mol}^{-1}.$$

$$P_{\mathrm{m}} = (2.527 \cdot 10^{-4}) \cdot (2.270 \cdot 10^4 \text{ cm}^3 \text{ mol}^{-1}) = \underline{5.74 \text{ cm}^3 \text{ mol}^{-1}}.$$

P_{m} hängt nicht von der Dichte ab, deshalb hat es bei 292 K denselben Wert.

Bei 292 K ergab die statische Messung

$$P_{\mathrm{m}}(0) = \left(\frac{N_{\mathrm{A}}}{3\varepsilon_0}\right) \cdot \left\{4\pi\alpha' + \frac{\mu_2}{3kT}\right\} = 57.57 \text{ cm}^3 \text{ mol}^{-1} \quad \text{[Aufgabe 23–14]}.$$

Die optische Messung ergab $\frac{4}{3}\pi N_{\mathrm{A}} \alpha'$,damit erhalten wir

$$\frac{\mu^2 N_{\mathrm{A}}}{9\varepsilon_0 kT} = P_{\mathrm{m}}(0) - P_{\mathrm{m}}(\text{optisch}) = (57.57 - 5.66) \text{ cm}^3 \text{ mol}^{-1} = 51.91 \text{ cm}^3 \text{ mol}^{-1}.$$

Dann ist
$$\begin{aligned} \mu_2 &= \left(\frac{9\varepsilon_0 kT}{N_{\mathrm{A}}}\right) \cdot (51.91 \text{ cm}^3 \text{ mol}^{-1}) \\ &= (1.827 \cdot 10^{-57} \cdot 292.2) \cdot (51.91 \cdot 10^{-6} \text{ C}^2 \text{ m}^2) \\ &= 2.771 \cdot 10^{-59} \text{ C}^2 \text{ m}^2. \end{aligned}$$

Das ergibt $\mu = 5.264 \cdot 10^{-30}$ C m = $\underline{1.578 \text{ D.}}$

Oft unterscheiden sich $\alpha(\omega)$ und $\alpha(0)$ erheblich. In diesem Beispiel überwiegt aber der Effekt des permanenten Dipols, sodaß der Fehler in α nicht ins Gewicht fällt.

24-16 Wir betrachten ein einzelnes Molekül, das von $N - 1$ ($\approx N$) anderen Molekülen umgeben ist. Das Volumen des Behalters sei V. In einer Kugelschale der Dicke $\mathrm{d}R$ mit dem Radius R um das Molekül befinden sich $\dfrac{4\pi R_2 \mathrm{d}R \cdot N}{V}$ Moleküle. Daraus folgt für die Wechselwirkungsenergie

$$u = \int_d^{R_c} \frac{4\pi R^2 \mathrm{d}R \cdot N}{V} \cdot (-C_6 R^6) = -4\pi \left(\frac{N}{V}\right) \cdot C_6 \int_d^{R_c} \frac{\delta R}{R^4},$$

dabei ist R_{c} der Radius des Behälters und d der Moleküldurchmesser. d ist gleichzeitig der kleinste Molekülabstand.

$$u - \left(\frac{4\pi}{3}\right) \cdot \left(\frac{N}{V}\right) \cdot C_6 \cdot \left\{\frac{1}{R_{\mathrm{c}}^3} - \frac{1}{d^3}\right\} \approx -\frac{\frac{4}{3}\pi \cdot C_6 \cdot \left(\frac{N}{V}\right)}{d^3},$$

denn es ist $d \ll R_{\mathrm{c}}$. Die Paar-Wechselwirkung aller N Moleküle ist $U = \frac{1}{2}Nu$. (Der Faktor $\frac{1}{2}$ ist erforderlich, weil beim Summieren über alle Teilchen jede Paar-Wechselwirkung zweimal gerechnet wird (als A–B und als B–A.)

$$U = -\tfrac{2}{3}\pi \cdot \left(\frac{N^2}{V}\right) \cdot \left(\frac{C_6}{d^3}\right).$$

Beim van-der-Waals-Gas ist $\left(\dfrac{\partial U}{\partial V}\right)_T = \dfrac{n^2 a}{V^2}$ [Beispiel 6–1] mit $n = \dfrac{N}{N_{\mathrm{A}}}$. Dann wird

$$a = \left(\frac{V^2}{n^2}\right) \cdot \left(\frac{\partial}{\partial V}\right)_T \left\{-\tfrac{2}{3}\pi \cdot \left(\frac{N^2}{V}\right) \cdot \left(\frac{C_6}{d^3}\right)\right\} = \underline{\tfrac{2}{3}\pi \cdot N_A^2 \cdot \left(\frac{C_6}{d^3}\right).}$$

$$C_6 \approx -\left\{\frac{3 \cdot I_1 I_2}{2 \cdot (I_1 + I_2)}\right\} \cdot \alpha_1' \alpha_2' \quad [24.2\text{–}3] \quad = -\tfrac{3}{4} I \alpha'^2 \quad [I_1 \approx I_2 \text{ usw.}].$$

Für Argon ist $I = 1521$ kJ mol^{-1} [Tabelle 4–9] $\hat{=}$ $2.53 \cdot 10^{-18}$ J;

$\alpha' = 1.66 \cdot 10^{-24}$ cm^3 [Tabelle 24–1] $= 1.66 \cdot 10^{-30}$ m^3.

$C_6 \approx \frac{3}{4} \cdot (2.63 \cdot 10^{-18}\ \text{J}) \cdot (1.66 \cdot 10^{-30}\ \text{m}^3)^2 = 5.2 \cdot 10^{-68}\ \text{J m}^6.$

$$a = \tfrac{2}{3}\pi \cdot N_A^2 \cdot \left(\frac{C_6}{d^3}\right) = \frac{\tfrac{2}{3}\pi \cdot (6.002 \cdot 10^{23}\ \text{mol}^{-1})^2 \cdot (5.2 \cdot 10^{-78}\ \text{J m}^6)}{(572\ \text{pm})^3}$$
$$= 0.021\ \text{J m}^3\ \text{mol}^{-1} \quad [d \approx 2R_0, \quad \text{für } R_0 \text{ siehe Tabelle 23–2}].$$

Aus Tabelle 1–3 entnehmen wir

$$a = 1.363\ \text{dm}^3\ \text{bar mol}^{-2} = 1.363 \cdot (10^{-6}\ \text{m}^6) \cdot (1 \cdot 10^5\ \text{N m}^{-2})\ \text{mol}^{-2}$$
$$= 0.14\ \text{N m}^4\ \text{mol}^{-2} = \underline{0.14\ \text{J m}^3\ \text{mol}^{-2}.}$$

Damit wir bei der Rechnung auf diesen Wert kommen, müssen wir für d einen kleineren Wert einsetzen (304 pm).

24-17 $B(T) = 2\pi N_A \int_0^\infty \left\{1 - e^{-\frac{V(R)}{kT}}\right\} \cdot R_2 \cdot dR \quad [24.4\text{–}8]$

$$= 2\pi N_A \int_0^d R_2 dR + 2\pi N_A \int_d^\infty \left\{1 - e^{+\frac{C_6}{R^6 kT}}\right\} \cdot R^2 dR$$
$$\approx \tfrac{2}{3}\pi N_A d^3 + 2\pi N_A \int_d^\infty \left(\frac{-C_6}{R^6 kT}\right) \cdot R^2 dR$$
$$\approx \tfrac{2}{3}\pi N_A d^3 - \left(\frac{2\pi N_A C_6}{kT}\right) \int_d^\infty \frac{dR}{R^4}$$
$$\approx \tfrac{2}{3}\pi N_A d^3 - \left(\frac{2\pi N_A C_6}{3kTd^3}\right) = \underline{\tfrac{2}{3}\pi N_A d^3 \cdot \left\{1 - \left(\frac{C_6}{kTd^6}\right)\right\}.}$$

24-18 $B = 2\pi N_A \int_0^\infty \left\{1 - e^{-\frac{V}{kT}}\right\} \cdot R^2 dR \quad [24.4\text{–}8]$

$$= 2\pi N_A \int_0^{\sigma_1} R^2 dR + \int_{\sigma_2}^{\sigma_2} \left\{1 - e^{\frac{\varepsilon}{kT}}\right\} \cdot R^2 dR$$
$$= 2\pi N_A \cdot \left(\frac{\sigma_1^3}{3}\right) + \tfrac{2}{3}\pi N_A \cdot \left\{1 - e^{\frac{\varepsilon}{kT}}\right\} \cdot (\sigma_2^3 - \sigma_1^3).$$

Wenn wir $\varepsilon \ll kT$ voraussetzen, ergibt das

$$B = \frac{2}{3}\pi \cdot N_A \sigma_1^3 - \frac{2}{3}\pi \cdot N_A \cdot \frac{\varepsilon \cdot (\sigma_2^3 - \sigma_1^3)}{kT}.$$

Für die van-der-Waalssche Gleichung gilt $B = b - \frac{a}{RT}$ [1.4–4], das ergibt jetzt

$$\underline{b = \frac{2}{3}\pi \cdot N_A \cdot \sigma_1^3}, \quad \underline{a = \frac{2}{3}\pi \cdot N_A^2 \cdot \varepsilon \cdot (\sigma_2^3 - \sigma_1^3)}.$$

24-19 Durch numerische Integration wie in Beispiel 24–4 erhalten wir die folgenden Werte:

T/K	270	280	290	300	310	320...	500
B/(cm^3 mol^{-1})	−22.3	−19.8	−17.6	−15.5	−13.5	−11.7	+7.04

24-20 $F = -\frac{dV}{dR}$ [Abschnitt 13–1].

$$V = \frac{C_n}{R_n} - \frac{C_6}{R^6} \quad [24.2\text{–}8],$$

$$\underline{F = \frac{n \cdot C_n}{R^{n+1}} - \frac{6 \cdot C_6}{R^7}}.$$

$$F = 0 \quad \text{wenn} \quad \frac{n \cdot C_n}{R^{n+1}} = \frac{6 \cdot C_6}{R^7} \quad \text{oder} \quad R^{n-6} = \left(\frac{n}{6}\right) \cdot \left(\frac{C_n}{C_6}\right) \quad \text{oder} \quad \underline{R = \left\{\left(\frac{n}{6}\right) \cdot \left(\frac{C_n}{C_6}\right)\right\}^{\frac{1}{n-6}}}.$$

24-21 $C_6 \approx \frac{3}{4} I \alpha'^2$ [Aufgabe 24–16],

$$B \approx \frac{2}{3}\pi N_A d^3 \cdot \left\{1 - \frac{3I\alpha'^2}{4kTd^6}\right\}.$$

$\alpha' \approx 1.66 \cdot 10^{-24}$ cm^3, $d \approx 572$ pm, $I = 1520.6$ kJ mol^{-1} $\hat{=}$ $2.53 \cdot 10^{-18}$ J.

$$\frac{3I\alpha'^2}{4kTd^6} = \frac{3 \cdot (2.53 \cdot 10^{-18}\ \text{J}) \cdot (1.66 \cdot 10^{-24}\ \text{cm}^3)^2}{4 \cdot (1.381 \cdot 10^{-23}\ \text{J K}^{-1}) \cdot (298.15\ \text{K}) \cdot (572\ \text{pm})^6} = 0.0363.$$

$$\frac{2}{3}\pi N_A d^3 = \frac{2}{3}\pi \cdot (6.022 \cdot 10^{23}\ \text{mol}^{-1}) \cdot (572\ \text{pm})^3 = 2.36 \cdot 10^{-4}\ \text{m}^3\ \text{mol}^{-1}.$$

Dann ist bei 298 K $B \approx (2.36 \cdot 10^{-4}\ \text{m}^3\ \text{mol}^{-1}) \cdot (1 - 0.0363) = \underline{230\ \text{cm}^3\ \text{mol}^{-1}}$.

24-22 $V_g(R) = -\frac{G \cdot m_1 \cdot m_2}{R}$ [potentielle Gravitationsenergie nach Newton].

$V_{elek}(R) = -\frac{C_6}{R^6}$ [potentielle elektrische Anziehungsenergie].

Wir verwenden $R \approx 572$ pm und $C_6 = 1.02 \cdot 10^{-77}$ J m^6 [Aufgabe 24–16].

$$V_{\text{elek}}(572 \text{ pm}) = -\frac{-(1.02 \cdot 10^{-77} \text{ J m}^6)}{(572 \cdot 10^{-12} \text{ m})^6} = -291 \cdot 10^{-22} \text{ J}.$$

$$m_1 = m_2 = 40 \cdot (1.66 \cdot 10^{-27} \text{ kg}) = 6.64 \cdot 10^{-26} \text{ kg};$$

$$V_{\text{g}}(572 \text{ pm}) = -\frac{(6.67 \cdot 10^{-11} \text{ N m}^2 \text{ kg}^{-2}) \cdot (6.64 \cdot 10^{-26} \text{ kg})^2}{572 \text{ pm}} = -5.14 \cdot 10^{-52} \text{ J}.$$

Das ergibt $\dfrac{V_{\text{g}}}{V_{\text{elek}}} = 1.8 \cdot 10^{-30}$ bei $R \approx 572$ pm.

24-23 Die Anzahl der Moleküle im Volumenelement $\text{d}\tau$ ist $N \cdot \left(\frac{\text{d}\tau}{V}\right) = \mathcal{N} \cdot \text{d}\tau$. Die Wechselwirkungsenergie dieser Moleküle hat im Abstand R den Wert $V(R)\mathcal{N}\text{d}\tau$. Wenn man über das ganze Probenvolumen summiert, erhält man die Wechselwirkungsenergie

$$u = \int V(R)\mathcal{N}\text{d}\tau = \mathcal{N} \int V(R)\text{d}\tau \quad [\mathcal{N} \text{ ist überall gleich}].$$

Die gesamte Wechselwirkungsenergie in einer Probe aus N Molekülen ist $\frac{1}{2}Nu$ (zum Faktor $\frac{1}{2}$ siehe Aufgabe 24–16).

Die kohäsive Energiedichte wird dann

$$-\frac{U}{V} = -\frac{\frac{1}{2}Nu}{V} = -\tfrac{1}{2}\mathcal{N}^2 \int V(R)\text{d}\tau.$$

Für $V(R) = -\dfrac{C_6}{R^6}$ und $\text{d}\tau = 4\pi R^2 \text{d}R$ ergibt das

$$-\frac{U}{V} = 2\pi\mathcal{N}^2 C_6 \int_d^\infty \frac{\text{d}R}{R^4} = \frac{\frac{2}{3}\pi\mathcal{N}^2 C_6}{d^3}.$$

Mit M bezeichnen wir die Masse der ganzen Probe und mit M_{m} die molare Masse. Dann ist

$$\mathcal{N} = \frac{N}{V} = \frac{nN_{\text{A}}}{V} = \frac{N_{\text{A}}M}{M_{\text{m}}V} = \frac{N_{\text{A}}\rho}{M_{\text{m}}} \quad \text{und}$$

$$-\frac{U}{V} = \tfrac{2}{3}\pi \cdot \left(\frac{N_{\text{A}}\rho}{M_{\text{m}}}\right)^2 \cdot \left(\frac{C_6}{d^3}\right).$$

22-24 $\dfrac{\Delta H}{V} \approx \tfrac{2}{3}\pi \cdot \left(\dfrac{N_{\text{A}}\rho}{M_{\text{m}}}\right)^2 \cdot \left(\dfrac{C_6}{d^3}\right)$.

Wenn wir das mit $V_{\text{m}} = \dfrac{M_{\text{m}}}{\rho}$ multiplizieren, erhalten wir die molare Enthalpie:

$$\Delta H_{\text{m}} = \tfrac{2}{3}\pi \cdot N_{\text{A}}^2 \cdot \left(\frac{\rho}{M_{\text{m}}}\right) \cdot \left(\frac{C_6}{d^3}\right).$$

$C_6 \approx \frac{3}{4}I\alpha'^2$ [Aufgabe 24–16].

$$\tfrac{4}{3}\pi \cdot \left(\frac{d}{2}\right)^3 \cdot N_A \approx V_m; \quad \text{daraus folgt} \quad d^3 \approx \frac{6V_m}{\pi N_A} = \frac{6M_m}{\pi N_A \rho}.$$

$$\Delta H_m \approx \tfrac{2}{3}\pi \cdot N_A^2 \cdot \left(\frac{\rho}{M_m}\right) \cdot \left(\frac{3I\alpha'^2}{4}\right) \cdot \left(\frac{\pi N_A \rho}{6M_m}\right) = \left(\frac{\rho\pi}{M_m}\right)^2 \cdot \frac{N_A^3 I\alpha'^2}{12}.$$

$$r = 1.594 \text{ g cm}^{-3}, \quad \alpha' = 10.5 \cdot 10^{-24} \text{ cm}^3, \quad M_m = 153.8 \text{ g mol}^{-1}, \quad I \approx 5 \text{ eV} \mathrel{\hat{=}} 8 \cdot 10^{-19} \text{ J}.$$

$$\Delta H_m \approx \left(6.022 \cdot 10^{23} \text{ mol}^{-1}\right)^3 \cdot \left\{\frac{1.594 \cdot \pi \text{ g cm}^{-3}}{1.53.8 \text{ g mol}^{-1}}\right\} \cdot \frac{(8.19 \cdot 10^{-19} \text{ J}) \cdot (1.05 \cdot 10^{-24} \text{ cm}^3)^2}{12}$$

$$\approx \underline{1.8 \text{ kJ mol}^{-1}}.$$

24-25 $U = -\tfrac{2}{3}\pi \cdot \left(\frac{N^2}{V}\right) \cdot \left(\frac{C_6}{d^3}\right); \quad \left(\frac{\partial U}{\partial V}\right)_T = \frac{n^2 a}{V^2}, \quad n = \frac{N}{N_A}.$

$$a = \tfrac{2}{3}\pi \cdot N_A^2 \cdot \left(\frac{C_6}{d^3}\right) \quad \text{[Aufgabe 24–16]}$$

$$b \approx \tfrac{4}{3}\pi \cdot \left(\frac{d}{2}\right)^3 \cdot N_A = \left(\frac{\pi}{6}\right) \cdot N_A \cdot d^3.$$

$$V_{m,k} = 3b = \tfrac{1}{2}\pi \cdot N_A \cdot d^3 \quad \text{[Kasten 1-1]}.$$

$$p_k = \frac{a}{27 \cdot b} \quad \text{[Kasten 1–1]} \quad = \frac{\tfrac{2}{3}\pi \cdot N_A^2 \cdot \left(\frac{C_6}{d^3}\right)}{27 \cdot \left(\frac{\pi}{6}\right)^2 \cdot N_A^2 \cdot d^6} = \underline{\frac{8}{9\pi} \cdot \frac{C_6}{d^9}}.$$

$$T_k = \frac{8 \cdot a}{27 \cdot Rb} = \frac{\tfrac{16}{3} \cdot \pi \cdot N_A^2 \cdot \left(\frac{C_6}{d^3}\right)}{27 \cdot R \cdot \left(\frac{\pi}{6}\right) \cdot N_A \cdot d^3} = \underline{\frac{32}{27} \cdot \frac{C_6}{k \cdot d^6}}.$$

24-26 Siehe dazu Abb. 24–6a. Der Streuwinkel ist $\vartheta = 180° - 2\alpha$, wenn eine Kollision mit einem sehr viel schwereren Körper erfolgt (der Ausfallswinkel ist gleich dem Einfallswinkel). Wenn für den Stoßparameter $b \leq R_1 + R_2$ gilt, wird $\sin \alpha = \frac{b}{R_1 + R_2}$ und

$$\vartheta = \begin{cases} 180^0 \approx 2 \cdot \arcsin\left(\frac{b}{R_1 + R_2}\right) & \text{für } b \leq R_1 + R_2, \\ 0 & \text{für } b > R_1 + R_2. \end{cases}$$

Diese Funktion ist in Abb. 24–6b wiedergegeben. (Ein anschauliches Beispiel für diesen Vorgang ist die Kollision eines Tischtennisballs mit einer Billardkugel.)

Abb. 24–6

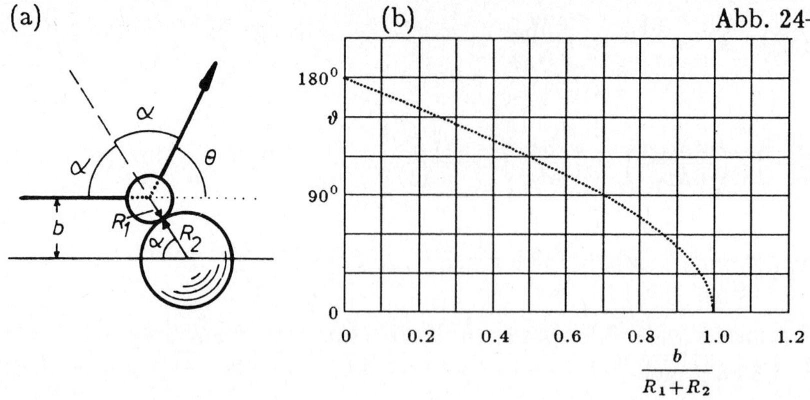

24-27

$$\vartheta(v) = \begin{cases} 180^0 \approx 2 \cdot \arcsin\left(\dfrac{b}{R_1 + R_2(v)}\right) & \text{für } b \leq R_1 + R_2(v) \quad \text{[Aufgabe 24–26]} \\ 0 & \text{für } b > R_1 + R_2(v). \end{cases}$$

$$R_2(v) = R_2 \cdot \exp\left(-\frac{v}{v^*}\right); \quad R_1 = \tfrac{1}{2}R_2; \quad b = \tfrac{1}{2}R_2$$

$$\vartheta(v) = 180^0 - 2 \cdot \arcsin\left\{\frac{1}{1 + 2 \cdot \exp\left(-\dfrac{v}{v^*}\right)}\right\}.$$

Die Bedingung $b \leq R_1 + R_2(v)$ geht in $\frac{1}{2}R_2 \leq \frac{1}{2}R_2 + R_2 \cdot \exp\left(-\frac{v}{v^*}\right)$ über, was für alle v erfüllt ist. Diese Kurve ist in Abb. 24–7 (Kurve a) wiedergegeben. Die kinetische Energie des herankommenden Teilchens ist $\frac{1}{2}mv^2$, daraus folgt

$$\vartheta(E) = 180^0 - 2 \cdot \arcsin\left\{\frac{1}{1 + 2 \cdot \exp\left(-\sqrt{\dfrac{2 \cdot E}{mv^{*2}}}\right)}\right\}$$

$$= 180^0 - 2 \cdot \arcsin\left\{\frac{1}{1 + 2 \cdot \exp\left(-\sqrt{\dfrac{E}{E^*}}\right)}\right\}$$

mit $E^* = \frac{1}{2}mv^{*2}$. Diese Funktion ist ebenfalls in Abb. 24–7 (Kurve b) wiedergegeben.

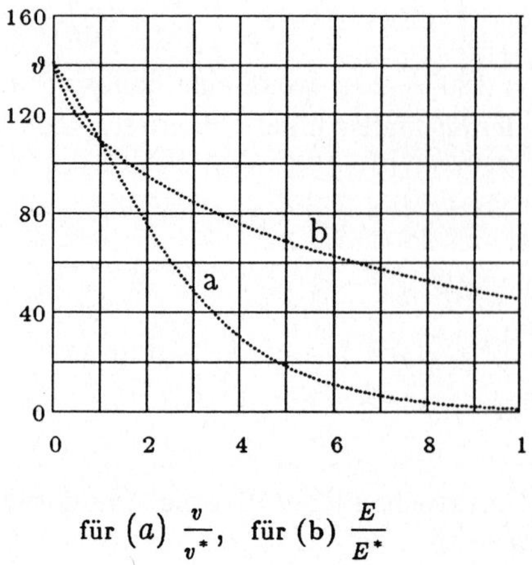

Abb. 24–7

24-28 $\mathcal{M} = \frac{1}{2}\sum_i \left\{ \frac{\left(\frac{z_i}{z_-}\right)}{\rho_{+i}} + \frac{\left(\frac{z_i}{z_+}\right)}{\rho_{-i}} \right\}$ [24.5–3]

$$\sum_i \left\{ \frac{\left(\frac{z_i}{z_-}\right)}{\rho_{+i}} \right\} = 2 \cdot \left\{ 1 + \frac{1}{2} + \frac{1}{3} - \frac{1}{4} + \ldots \right\} = 2 \cdot \ln 2.$$

(Der Faktor 2 rührt daher, daß für ein gegebenes Ion die Gegenionen links <u>und</u> rechts berücksichtigt werden müssen. Die Kationen befinden sich bei $\rho = 2,\ 4,\ \ldots$, für sie ist $\frac{z_+}{z_-} = -1$. Die Anionen befinden sich bei $\rho = 1,\ 3,\ \ldots$, für sie ist $\frac{z_+}{z_-} = 1$. Die Reihe

$\ln(1+z) = z - \frac{1}{2}z^2 + \frac{1}{3}z^3 - \ldots$ zeigt uns, daß $\ln 2 = 1 - \frac{1}{2} + \frac{1}{3} - \ldots$ ist.)

$\sum_i \left\{ \frac{\left(\frac{z_i}{z_+}\right)}{\rho_{-i}} \right\} = 2 \cdot \ln 2$ läßt sich genauso zeigen.

Es ist also $\mathcal{M} = \frac{1}{2}(2 \cdot \ln 2 + 2 \cdot \ln 2) = 2 \cdot \ln 2 = \underline{1.38629\ldots}$

24-29 $\left(\frac{\partial U}{\partial V}\right)_T = T \cdot \left(\frac{\partial p}{\partial T}\right)_V - p.$ Bei $T = 0$ ist $\left(\frac{\partial U}{\partial V}\right)_T = -p.$

$$\kappa = -\left(\frac{1}{V}\right) \cdot \left(\frac{\partial V}{\partial p}\right)_T \quad [3.2\text{–}11] \quad = -\left(\frac{1}{V}\right) \cdot \left(\frac{\partial p}{\partial V}\right)_T \quad [\text{Kasten } 3\text{–}1],$$

$$\left(\frac{\partial p}{\partial V}\right)_T = \left(\frac{\partial}{\partial V}\right)_T \left(-\left(\frac{\partial U}{\partial V}\right)_T\right) = -\left(\frac{\partial^2 U}{\partial V^2}\right)_T.$$

Das ergibt $\kappa = +\frac{\left(\frac{1}{V}\right)}{\left(\frac{\partial^2 U}{\partial V^2}\right)_T}$ bzw. $\underline{\frac{1}{\kappa} = V \cdot \left(\frac{\partial^2 U}{\partial V^2}\right)_T}.$

$$\left(\frac{\partial U}{\partial V}\right)_T = \left(\frac{\partial U}{\partial R_0}\right)_T \cdot \left(\frac{\delta R_0}{\mathrm{d}V}\right); \quad V = cR_0^3, \quad \frac{\mathrm{d}V}{\mathrm{d}R_0} = 3cR_0^2$$

$$\frac{\partial^2 U}{\partial V^2} = \left(\frac{\partial}{\partial V}\right)_T \left\{ \left(\frac{\partial U}{\partial R_0}\right)_V \left(\frac{1}{3cR_0^2}\right) \right\}$$

$$= \left(\frac{1}{3cR_0^2}\right) \cdot \left(\frac{\partial}{\partial R_0}\right)_T \left\{ \left(\frac{\partial U}{\partial R_0}\right)_T \left(\frac{1}{3cR_0^2}\right) \right\}$$

$$= \left(\frac{1}{9c^2}\right) \cdot \left(\frac{1}{R_0^2}\right) \cdot \left\{ \left(\frac{\partial^2 U}{\partial R_0^2}\right) - \left(\frac{2}{R_0}\right) \cdot \left(\frac{\partial U}{\partial R_0}\right)_T \right\}$$

$$\frac{1}{\kappa} = cR_0 \cdot \left(\frac{1}{9c^2 R_0^4}\right) \cdot \left\{ \left(\frac{\partial^2 U}{\partial R_0^2}\right)_T - \left(\frac{2}{R_0}\right) \cdot \left(\frac{\partial U}{\partial R_0}\right)_T \right\}$$

$$U = -\left(\frac{na \cdot \mathcal{M}}{R_0}\right) \cdot \left(1 - \frac{R^*}{R_0}\right) \quad \left[24.5\text{–}7, \quad a = \frac{N_A e^2}{4\pi\varepsilon_0}\right]$$

$$\left(\frac{\partial U}{\partial R_0}\right)_T = na \cdot \mathcal{M} \cdot \left\{\left(\frac{1}{R_0^2}\right) - \left(\frac{2 \cdot R^*}{R_0^3}\right)\right\}$$

$$\left(\frac{\partial^2 U}{\partial R_0^2}\right) = -a \cdot \mathcal{M} \cdot \left\{\left(\frac{2}{R_0^3}\right) - \left(\frac{6 \cdot R^*}{R_0^4}\right)\right\}.$$

$$\frac{1}{\kappa} = \left(\frac{na \cdot \mathcal{M}}{9cR_0}\right) \cdot \left\{-\left(\frac{2}{R_0^3}\right) + \left(\frac{6 \cdot R^*}{R_0^4}\right) - \left(\frac{2}{R_0^4}\right) + \left(\frac{4 \cdot R^*}{R_0^4}\right)\right\}$$

$$= \left(\frac{2a \cdot \mathcal{M}}{9cR_0^4}\right) \cdot \left\{5 \cdot \left(\frac{R^*}{R_0}\right) - 2\right\}$$

$$= \left(\frac{2na \cdot \mathcal{M}}{9R_0 V}\right) \cdot \left\{5 \cdot \left(\frac{R^*}{R_0}\right) - 2\right\}.$$

Das ergibt $R^* \frac{2}{5} R_0 + \frac{18}{5}\pi \cdot \frac{\varepsilon_0 R_0^2 V_m}{k N_A e^2 \mathcal{M}}$.

24-30

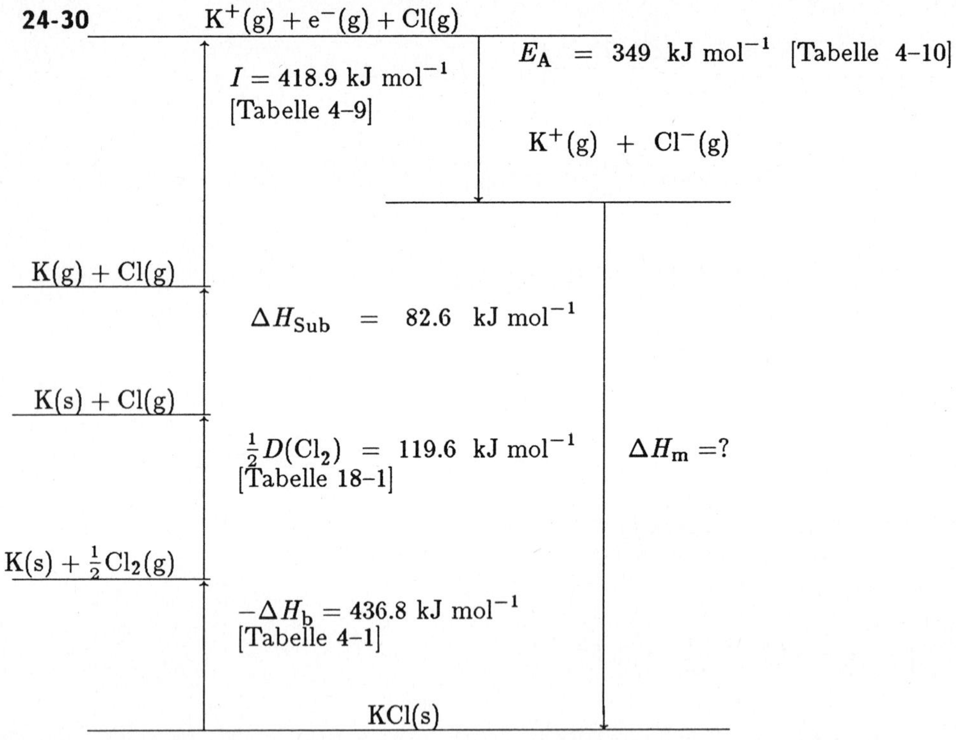

ΔH_m/ kJ mol^{-1} = − {436.8 + 119.6 + 82.8 + 418.9 − 349} = − 709.

$$U_m = -\left(\frac{N_A e^2 \cdot \mathcal{M}}{4\pi\varepsilon_0 R_0}\right) \cdot \left\{1 - \left(\frac{R^*}{R_0}\right)\right\} \quad [24.5\text{–}7];$$

$$\frac{R^*}{R_0} = \frac{2}{5} + \frac{18}{5}\pi \cdot \left(\frac{\varepsilon_0 \cdot R_0 \cdot V_m}{l N_A \varepsilon^2 \cdot \mathcal{M}}\right) \quad [\text{Aufgabe } 24\text{–}29]$$

$\kappa = 1.1 \cdot 10^{-5}\ \text{bar}^{-1} = 1.1 \cdot 10^{-10}\ \text{N}^{-1}\ \text{m}^2.$

$\mathcal{M} = 1.748$ [Tabelle 24–6]; $R_0 = 138\ \text{pm} + 181\ \text{pm}$ [Tabelle 23–1] $= 319\ \text{pm}.$

$$V_\text{m} = \frac{M_\text{m}}{\rho} = \frac{74.55\ \text{g mol}^{-1}}{1.984\ \text{g cm}^{-3}} = 37.58\ \text{cm}^3\ \text{mol}^{-1}.$$

$$\frac{R^*}{R_0} = \frac{2}{5} + \left\{ \frac{\frac{18}{5}\pi \cdot (8.854 \cdot 10^{-12}\ \text{J}^{-1}\ \text{C}^{-2}\ \text{m}^{-1}) \cdot (319 \cdot 10^{-12}\ \text{m}) \cdot (3.758 \cdot 10^{-5}\ \text{m}^3\ \text{mol}^{-1})}{(1.1 \cdot 10^{-10}\ \text{N}^{-1}\ \text{m}^2) \cdot (6.022 \cdot 10^{23}\ \text{mol}^{-1}) \cdot (1.602 \cdot 10^{-19}\ \text{C})^2 \cdot 1.748} \right\}$$

$$= 0.804.$$

$$U_\text{m} = -\left\{ \frac{(6.022 \cdot 10^{23}\ \text{mol}^{-1}) \cdot (1.602 \cdot 10^{-19}\ \text{C})^2 \cdot 1.748}{4\pi \cdot (8.854 \cdot 10^{-12}\ \text{J}^{-1}\ \text{C}^2\ \text{m}^{-1}) \cdot (319 \cdot 10^{-12}\ \text{m})} \right\} \cdot (1 - 0.804)$$

$$= -149\ \ \text{kJ mol}^{-1}.$$

Das ergibt $\Delta H_\text{m} = U_\text{m} - 2 \cdot RT = \underline{-140\ \text{kJ mol}^{-1}}.$

24-31 $U_\text{m} = -\left(\frac{N_\text{A} e^2 \cdot \mathcal{M}}{4\pi\varepsilon_0 R_0}\right) \cdot \left\{1 - \left(\frac{R^*}{R_0}\right)\right\}$ [24.5–7].

$$\frac{N_\text{A} e^2}{4\pi\varepsilon_0} = \frac{(6.022 \cdot 10^{23}\ \text{mol}^{-1}) \cdot (1.602 \cdot 10^{-19}\ \text{C})^2}{4\pi \cdot (8.854 \cdot 10^{-12}\ \text{J}^{-1}\ {}^2\ \text{m}^{-1})}$$

$$= 1.389 \cdot 10^{-4}\ \text{J mol}^{-1}\ \text{m}.$$

$\mathcal{M} = 1.748$ [Tabelle 23–5], $R_0 = 102\ \text{pm} + 133\ \text{pm} = 235\ \text{pm}.$

$$U_\text{m} = -\left\{ \frac{(1.389 \cdot 10^{-4}\ \text{J mol}^{-1}\ \text{m}) \cdot 1.748}{235 \cdot 10^{-12}\ \text{m}} \right\} \cdot \left\{1 - \frac{29}{235}\right\}$$

$$= \underline{-910\ \text{kJ mol}^{-1}}.$$

24-32 $\mathcal{M} = 1.778$ [Tabelle 24–6], $R_0 = 182\ \text{pm} + 181\ \text{pm} = 363\ \text{pm},$ $R^* = 40\ \text{pm}.$

$$U_\text{m} = -\left\{ \frac{(1.389 \cdot 10^{-4}\ \text{J mol}^{-1}\ \text{m}) \cdot (1.778}{363 \cdot 10^{-12}\ \text{m}} \right\} \cdot \left\{1 - \frac{40}{363}\right\}$$

$$= \underline{-605\ \text{kJ mol}^{-1}}.$$

24-33 $\xi = -\left(\frac{e^2}{6m_\text{e}}\right) \cdot \langle r^2 \rangle.$

$$\langle r^2 \rangle = \int_0^\infty \psi \cdot r^2 \psi \text{d}\tau, \quad \psi = \sqrt{\frac{1}{\pi a_0^3}} \cdot \text{e}^{-\frac{r}{a_0}} \quad [15.1\text{–}24].$$

$$= 4\pi \int_0^\infty \psi^2 r^4 \text{d}r = \left(\frac{4}{a_0^3}\right) \int_0^\infty r_4 \text{e}^{-\frac{2r}{a_0}} \text{d}r \quad [\text{d}\tau = 4\pi r^2 \text{d}r]$$

$$= 3a_0^2 \qquad \left[\int_0^\infty x^n \mathrm{e}^{-ax} \mathrm{d}x = \frac{n!}{a^{n+1}}\right].$$

$$\xi = -\frac{(1.6022 \cdot 10^{-19}\ \mathrm{C})^2 \cdot 3 \cdot (5.2918 \cdot 10^{-11}\ \mathrm{m})^2}{6 \cdot (9.1095 \cdot 10^{-31}\ \mathrm{kg})} = \underline{-3.9456 \cdot 10^{-29}\ \mathrm{C^2\ m^2\ kg^{-1}}}.$$

$$\kappa = \mathcal{N}\mu_0\xi \quad [24.6\text{–}4] \quad = \left(\frac{N}{V}\right) \cdot \mu_o\xi = \left(\frac{\rho}{m_\mathrm{H}}\right) \cdot \mu_o\xi.$$

$$\chi = \frac{\kappa}{\left(\frac{\rho}{\rho^\ominus}\right)} = \frac{\left(\frac{\rho}{m_\mathrm{H}}\right) \cdot \mu_0\xi}{\rho/\mathrm{kg\ m^{-3}}} = \left\{\frac{\mu_0\xi}{m_\mathrm{H}/\mathrm{kg}}\right\}\ \mathrm{m^{-3}}$$

$$= -\frac{(4\pi \cdot 10^{-7}\ \mathrm{J\ s^2\ C^{-1}\ m^{-1}}) \cdot (3.9456 \cdot 10^{-29}\ \mathrm{C^2\ m^2\ kg^{-1}})\ \mathrm{m^{-3}}}{1.008 \cdot (1.6605 \cdot 10^{-27})}$$

$$= \underline{-2.962 \cdot 10^{-8}}.$$

24-34 $\chi = 6.3001 \cdot 10^{-3} \cdot \frac{S \cdot (S+1)}{M_\mathrm{r} \cdot (T/\mathrm{K})}$ [Beispiel 24–6]

$$= \frac{6.3001 \cdot 10^{-3} \cdot \frac{3}{4}}{1.008 \cdot 298.15} = \underline{1.572 \cdot 10^{-5}}.$$

$\chi_\mathrm{gesamt} = \chi_\mathrm{para} + \chi_\mathrm{dia} = 1.572 \cdot 10^{-5} + (-2.9622 \cdot 10^{-8})$ [Aufgabe 24–35] $= \underline{1.569 \cdot 10^{-5}}.$

24-35 Nur das obere Niveau ist magnetisch und hat das magnetische Moment $2\mu_\mathrm{B}$. Den Anteil der Moleküle im oberen Niveau bezeichnen wir mit P. Dann gilt

$$P = \frac{\mathrm{e}^{-\frac{hc\tilde{\nu}}{kT}}}{1 - \mathrm{e}^{-\frac{hc\tilde{\nu}}{kT}}} \quad [\text{Aufgabe 21–14}]$$

mit $\tilde{\nu} = 121.1\ \mathrm{cm^{-1}}$. Jetzt ersetzen wir in Gl. 24.6–7 $S \cdot (S+1)\mu_\mathrm{B}^2$ durch $(4\mu_\mathrm{B})^2$ und den Gewichtsfaktor P. Dann entnehmen wir dem Beispiel 24–6

$$\chi = \frac{(6.3001 \cdot 10^{-3}) \cdot 4 \cdot P}{M_\mathrm{r} \cdot (T/\mathrm{K})} = \frac{8.40 \cdot 10^{-4} \cdot P}{T/\mathrm{K}} \quad [M_\mathrm{r} = 30.01].$$

Mit $\frac{hc\tilde{\nu}}{k} = (1.4388\ \mathrm{cm\ K}) \cdot (121.1\ \mathrm{cm^{-1}}) = 174.2\ \mathrm{K}$ [erste Einbandinnenseite],

$$\chi = \frac{\frac{8.40 \cdot 10^{-4}}{T/\mathrm{K}} \cdot \mathrm{e}^{-\frac{174.2}{T/\mathrm{K}}}}{1 + \mathrm{e}^{-\frac{174.2}{T/\mathrm{K}}}}.$$

Die Funktion ist in Abb. 24–8 wiedergegeben. Bei 25 °C ist $\underline{\chi = 1.0 \cdot 10^{-6}}$.

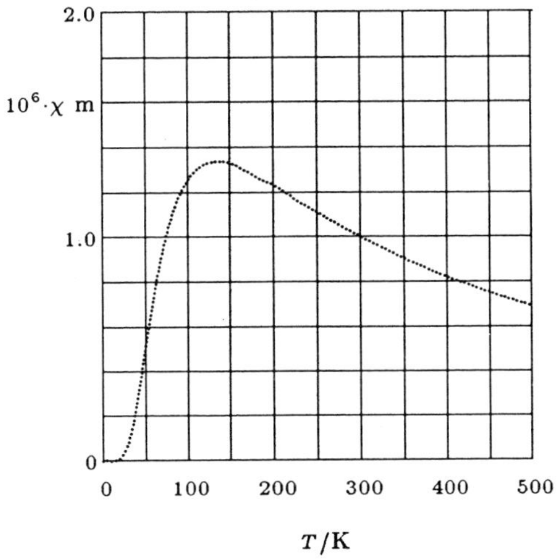

Abb. 24–8

25 Aufbau und Eigenschaften von Makromolekülen

A25-1 $\frac{\Pi}{c} = \left(\frac{RT}{M_m}\right) \cdot \left(1 + \frac{Bc}{M_m}\right)$ [25.1–2].

$c/(g\ dm^{-3})$	$\Pi c^{-1}/(Pa\ g^{-1}\ dm^3)$	$\frac{\Delta\left(\frac{\Pi}{c}\right)}{\Delta c}$		$\Pi c^{-1} + 4.64 \cdot c$
1.21	111			105
		4.64		
2.72	118			105
		4.66		
5.08	129			105
		4.61		
6.60	136			105
	Mittel:	4.64	Mittel:	105

$\frac{RT}{M_m} = 105\ Pa\ g^{-1}\ dm^3$ [aus dem Ordinatenabschnitt].

$$M_m = \frac{(8.314\ J\ K^{-1}\ mol^{-1}) \cdot (293\ K) \cdot (1000\ dm^3\ m^{-3})}{105\ Pa\ g^{-1}\ dm^3} = \underline{2.32 \cdot 10^4\ g\ mol^{-1}}.$$

$\frac{RTB}{M_m^2} = 4.64\ Pa\ g^{-2}\ dm^6$ [aus der Steigung der gefitteten Geraden]

$$B = \frac{(4.64\ Pa\ g^{-2}\ dm^6) \cdot (2.32 \cdot 10^4\ g\ mol^{-1})^2}{(8.314\ J\ K^{-1}\ mol^{-1}) \cdot (293\ K) \cdot (1000\ dm^3\ m^{-3})} = \underline{1.03 \cdot 10^3\ dm^3\ mol^{-1}}.$$

A25-2 Die Menge von Cl^- auf der linken Seite der Zelle bezeichen wir mit u.

$(0.1 + u) \cdot (u) = \left[\frac{0.06 - u}{2}\right]^2$ [Abschnitt 25.1c, hier ist das positive Vorzeichen zu nehmen].

$u = 6.7 \cdot 10^{-3}$ mol; das ergibt die Konzentration $\underline{6.7 \cdot 10^{-3}\ mol\ dm^{-3}}$.

A25-3 Mit u bezeichnen wir die Anzahl der Mole von Na^+, die aus dem linken Teil der Zelle herauswandern.

$(0.030 + 0.010 - u) \cdot (0.010 - u) = (0.005 + u)^2$ [Abschnitt 25.1c]

$u = 6.25 \cdot 10^{-3}$ mol; $(Na^+)_1 = 0.034\ mol\ dm^{-3}$.

$(Na^+)_2 = 0.011\ mol\ dm^{-3}$.

$$\text{Potential} = \left(\frac{RT}{F}\right) \cdot \ln\left(\frac{c_1}{c_2}\right) = \frac{(8.314\ \text{J K}^{-1}\ \text{mol}^{-1}) \cdot (300\ \text{K})}{9.65 \cdot 10^4\ \text{C mol}^{-1}} \cdot \ln\left(\frac{0.034}{0.011}\right) = \underline{29\ \text{mV}}\ [22.4\text{–}6].$$

A25-4 $\dfrac{\mathrm{d}\ln c}{\mathrm{d}(r^2)} = \dfrac{M_\mathrm{m}\omega^2 \cdot (1-\rho\bar{v})}{2RT}$ [25.1–18]

$$M_\mathrm{m} = \frac{(729\ \text{cm}^{-2}) \cdot (60\ \text{s min}^{-1})^2 \cdot 2 \cdot (8.314\ \text{J K}^{-1}\ \text{mol}^{-1}) \cdot (300\ \text{K})}{(5.00 \cdot 10^4\ \text{min}^{-1})^2 \cdot (2\pi)^2 \cdot \left(1 - \dfrac{0.997\ \text{g cm}^{-3}}{0.61\ \text{cm}^3\ \text{g}^{-1}}\right)}$$

$$= \underline{3.39 \cdot 10^6\ \text{g mol}^{-1}.}$$

A25-5 $R_\mathrm{rms} = \sqrt{N} \cdot l$ [25.2–2] $= \sqrt{700} \cdot (0.90\ \text{nm}) = \underline{23.8\ \text{nm.}}$

A25-6 $R_\mathrm{g} = \dfrac{\sqrt{N} \cdot l}{\sqrt{3}}$ [25.2–4]

$$\sqrt{N} = \frac{(7.3 \cdot 10^{-9}\ \text{m}) \cdot (1.732)}{154 \cdot 10^{-12}\ \text{m}}; \qquad \underline{N = 6.74 \cdot 10^3.}$$

A25-7 $[\eta] = \dfrac{\lim\left[\left(\dfrac{\eta}{\eta^*}\right) - 1\right]}{c}$ [25.1–20]

$c/(\text{g dm}^{-3})$	$\dfrac{\left[\left(\dfrac{\eta}{\eta^*}\right) - 1\right]}{c}/(\text{dm}^3\ \text{g}^{-1})$
1.32	0.0731
2.89	0.0755
5.73	0.0771
9.17	0.0825

Extrapolation nach $c = 0$ ergibt $[\eta] = \underline{0.0715\ \text{dm}^3\ \text{g}^{-1}.}$ [siehe Abb. A25–1].

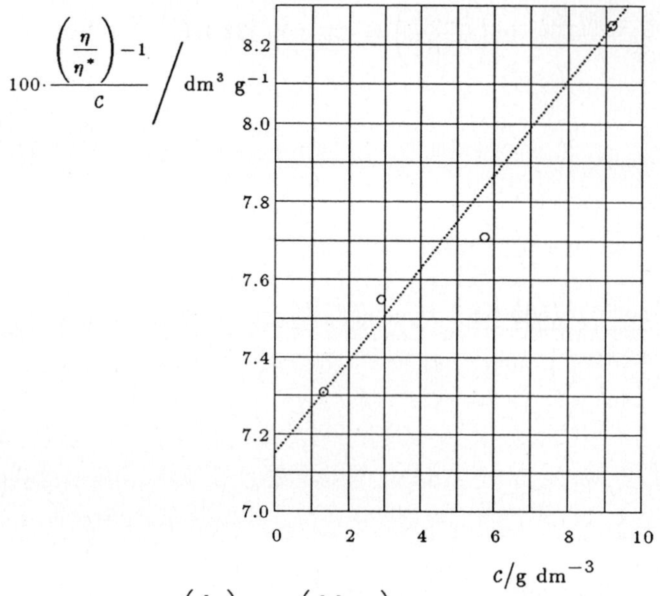

Abb. A25–1

A25-8 $S = \frac{\left(\frac{\mathrm{d}r}{\mathrm{d}t}\right)}{r\omega^2} = \frac{\left(\frac{\mathrm{d}\ln r}{\mathrm{d}t}\right)}{\omega^2}$ [25.1–14]

t/min	r/cm	ln(r/cm)
15.5	5.05	1.619
29.1	5.09	1.627
36.4	5.12	1.633
58.2	5.19	1.647

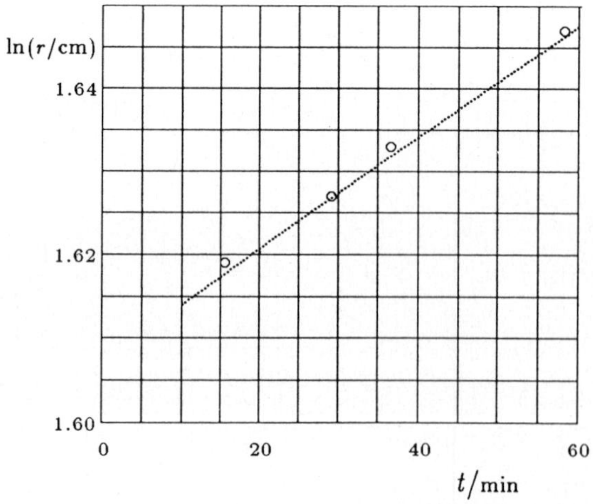

Abb. A25–2

An der Abb. A25–1 können wir ablesen

$$\frac{\mathrm{d}\ln r}{\mathrm{d}t} = 6.60 \cdot 10^{-4}\ \mathrm{min}^{-1},$$

$$S = \frac{(6.60 \cdot 10^{-4}\ \text{min}^{-1}) \cdot (60\ \text{s min}^{-1})}{(4.50 \cdot 10^4\ \text{min}^{-1})^2 \cdot (2 \cdot 3.14\ \text{Radian})^2} = \underline{4.81 \cdot 10^{-13}\ \text{s.}}$$

A25-9 $M_\text{m} = \dfrac{SRT}{bD}$ [25.1–17]

$$= \frac{(3.20 \cdot 10^{-13}\ \text{s}) \cdot (8.314\ \text{J K}^{-1}\ \text{mol}^{-1}) \cdot (293\ \text{K})}{(1 - 0.656\ \text{cm}^3\ \text{g}^{-1}) \cdot (1.06\ \text{g cm}^{-3}) \cdot (8.30 \cdot 10^{-11}\ \text{m}^2\ \text{s}^{-1})}$$

$$= \underline{3.1 \cdot 10^4\ \text{g mol}^{-1}.}$$

A25-10 (a) Über die Teilchenanzahl gemittelte mittlere Molekülmasse:

$$\langle M_\text{r} \rangle_N = \frac{100}{\dfrac{70}{1.50 \cdot 10^4} + \dfrac{30}{3.00 \cdot 10^4}} = \underline{1.76 \cdot 10^4} \quad [25.1\text{–}7].$$

mittlere Molekülmasse:

$$\langle M_\text{r} \rangle_M = 0.70 \cdot (1.50 \cdot 10^4) + 0.30 \cdot (3.00 \cdot 10^4) = \underline{1.95 \cdot 10^4} \quad = \underline{1.95 \cdot 10^4} \quad [25.1\text{–}23].$$

25-1 $\dfrac{\Pi}{c_\text{p}} = \left(\dfrac{RT}{M_\text{m}}\right) \cdot \left\{1 + \left(\dfrac{B}{M_\text{m}}\right) \cdot c_\text{p}\right\}$ [25.1–2].

$$\frac{h}{c_\text{p}} = \left(\frac{RT}{\rho g M_\text{m}}\right) + \left(\frac{BRT}{\rho g M_\text{m}^2}\right) \cdot c_\text{p} \quad [\Pi = \rho g h].$$

Wenn wir $\dfrac{h}{c_\text{p}}$ gegen c_p auftragen, können wir $\dfrac{RT}{\rho g M_\text{m}}$ aus dem Ordinatenabschnitt bei $c_\text{p} = 0$ entnehmen. Dazu stellen wir die folgende Tabelle auf:

$c_\text{p}/(\text{mg cm}^{-3})$	3.2	4.8	5.7	6.88	7.94
h/cm	3.11	6.22	8.40	11.73	14.90
$\left(\dfrac{h}{c_\text{p}}\right)/(\text{mg cm}^{-4})$	0.97	1.30	1.47	1.70	1.90

Diese Punkte sind in Abb. 25–1 aufgetragen.

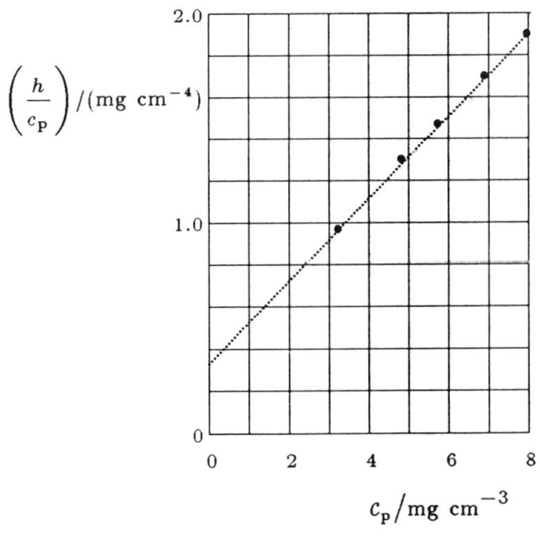

Abb. 25–1

Der Ordinatenabschnitt ist 0.331, das ergibt $\dfrac{RT}{\rho g M_\mathrm{m}} = 0.331\ \mathrm{cm^4\ mg^{-1}}$ und damit

$$M_\mathrm{m} = \frac{RT}{\rho g} = \frac{(8.314\ \mathrm{J\ K^{-1}\ mol^{-1}})\cdot(298.15\ \mathrm{K})}{(0.867\ \mathrm{g\ cm^{-3}})\cdot(9.81\ \mathrm{m\ s^{-2}})\cdot(0.331\ \mathrm{cm^4\ mg^{-1}})}$$

$$= \frac{880.5\ \mathrm{J\ mol^{-1}}}{\mathrm{g\ mg^{-1}\ m\ cm\ s^{-2}}} = 88.0\ \mathrm{kg\ mol^{-1}}.$$

Damit wird $M_\mathrm{m} = \underline{88000\ \mathrm{g\ mol^{-1}}}$ und $M_\mathrm{r} = \underline{88000.}$

25-2 Wir gehen so vor wie in Aufgabe 25–1 und stellen dazu die folgende Tabelle auf:

$\dfrac{c_\mathrm{p}}{g/(100\ \mathrm{cm^3})}$	0.200	0.400	0.600	0.800	1.00
h/cm	0.48	1.12	1.86	2.76	3.88
$\left(\dfrac{h}{c_\mathrm{p}}\right)/(100\ \mathrm{cm^4\ g^{-1}})$	2.4	2.80	3.10	3.45	3.88

Diese Punkte sind in Abb. 25–2 aufgetragen.

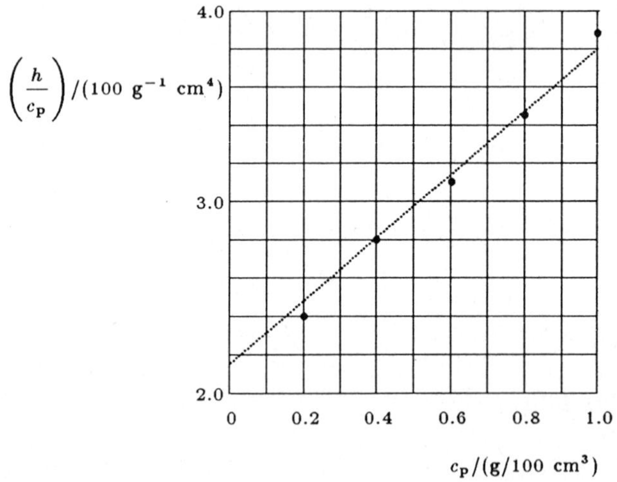

Abb. 25–2

Der Ordinatenschnittpunkt liegt bei $\dfrac{\left(\dfrac{h}{c_\mathrm{p}}\right)}{100\ \mathrm{cm^4\ g^{-1}}} = 2.15$, das ergibt $\dfrac{h}{c_\mathrm{p}} = 215\ \mathrm{cm^4\ g^{-1}}$. Damit ist

$$M_\mathrm{m} = \frac{RT}{\rho g} = \frac{2479\ \mathrm{J\ mol^{-1}}}{(0.798\ \mathrm{g\ cm^{-3}})\cdot(9.81\ \mathrm{m\ s^{-2}})\cdot(215\ \mathrm{cm^4\ g^{-1}})}$$

$$= \frac{1.47\ \mathrm{J\ mol^{-1}}}{\mathrm{m\ cm\ s^{-2}}} = 147\ \mathrm{kg\ mol^{-1}}.$$

Es ist also $M_{\mathrm{m}} = \underline{147000 \text{ g mol}^{-1}}$ und $M_{\mathrm{r}} = \underline{147000.}$

Die Gerade hat die Steigung 1.63; daraus folgt

$$\frac{BRT}{\rho g M_{\mathrm{m}}^2} = \frac{1.63 \cdot (100 \text{ cm}^4 \text{ g}^{-1})}{\text{g } 10^{-2} \text{ cm}^{-3}} = 1.63 \cdot 10^4 \text{ cm}^7 \text{ g}^{-2}.$$

$$B = \frac{(1.63 \cdot 10^4 \text{ cm}^7 \text{ g}^{-2}) \cdot (0.798 \text{ g cm}^{-3}) \cdot (9.81 \text{ m s}^{-2}) \cdot (147 \text{ kg mol}^{-1})^2}{(8.314 \text{ J K}^{-1} \text{ mol}^{-1}) \cdot (298.15 \text{ K})}$$

$$= \frac{1.11 \cdot 10^6 \text{ (cm}^4 \text{ g}^{-1} \text{ m s}^{-2} \text{ kg}^2 \text{ mol}^{-2})}{\text{kg m}^2 \text{ s}^{-2} \text{ mol}^{-1}} = \underline{11 \text{ m}^3 \text{ mol}^{-1}}.$$

25-3 $\langle M_{\mathrm{r}} \rangle_N = \left(\frac{1}{N}\right) \cdot (N_1 M_{\mathrm{r}1} + N_2 M_{\mathrm{r}2})$ [25.1-7] $= \frac{1}{2}(M_{\mathrm{r}1} + M_{\mathrm{r}2}) = \underline{70000.}$

$$\langle M_{\mathrm{r}} \rangle_M = \frac{M_1 M_{\mathrm{r}1} + M_2 M_{\mathrm{r}2}}{M_1 + M_2} \quad [25.1\text{–}23] \quad = \frac{n_1 M_{\mathrm{m}1} M_{\mathrm{r}1} + n_2 M_{\mathrm{m}2} M_{\mathrm{r}2}}{n_1 M_{\mathrm{m}1} + n_2 M_{\mathrm{m}2}}$$

$$= \frac{M_{\mathrm{r}1}^2 + M_{\mathrm{r}2}^2}{M_{\mathrm{r}1} + M_{\mathrm{r}2}} \quad [n_1 = n_2] \quad = 70914 \approx \underline{71000.}$$

25-4 $\mathrm{d}N_{\mathrm{i}} \propto \exp\left\{-\frac{(M_{\mathrm{ri}} - M_{\mathrm{r}})^2}{2\Gamma}\right\} \mathrm{d}M_{\mathrm{ri}}.$

Wegen $\int \mathrm{d}N_{\mathrm{i}} = K \int_0^\infty \exp\left\{-\frac{(M_{\mathrm{ri}} - M_{\mathrm{r}})^2}{2\Gamma}\right\} \mathrm{d}M_{\mathrm{ri}} = N$ setzen wir $x = \frac{M_{\mathrm{ri}} - M_{\mathrm{r}}}{\sqrt{2\Gamma}}$,

dann wird $\sqrt{2\Gamma} \cdot \mathrm{d}x = \mathrm{d}M_{\mathrm{ri}}$ und damit $a = -\frac{M_{\mathrm{r}}}{\sqrt{2\Gamma}}$,

$$N = K \cdot \sqrt{2\Gamma} \cdot \int_a^\infty \mathrm{e}^{-x^2} \mathrm{d}x \approx K \cdot \sqrt{2\Gamma} \cdot \int_0^\infty \mathrm{e}^{-x^2} \mathrm{d}x \quad [a \approx 0]$$

$$= K \cdot \sqrt{2\Gamma} \cdot \tfrac{1}{2}\sqrt{\pi} \quad \text{und damit} \quad K = \sqrt{\frac{2}{\Gamma \cdot \pi}} \cdot N.$$

$$\langle M_{\mathrm{r}} \rangle_N = \sqrt{\frac{2}{\Gamma\pi}} \int_0^\infty M_{\mathrm{ri}} \cdot \exp\left(-\frac{(M_{\mathrm{ri}} - M_{\mathrm{r}})^2}{2\Gamma}\right) \mathrm{d}M_{\mathrm{ri}} \quad [25.1\text{–}7, \text{ kontinuierliche Verteilung}]$$

$$= \sqrt{\frac{2}{\Gamma\pi}} \cdot \sqrt{2\Gamma} \cdot \sqrt{2\Gamma} \int_0^\infty \mathrm{d}x \cdot \left(x + \frac{M_{\mathrm{r}}}{\sqrt{2\Gamma}}\right) \cdot \mathrm{e}^{-x^2} \quad [a \approx 0]$$

$$= \sqrt{\frac{8\Gamma}{\pi}} \cdot \left\{\tfrac{1}{2} + \sqrt{\frac{\pi}{8\Gamma}} \cdot M_{\mathrm{r}}\right\} = \underline{M_{\mathrm{r}} + \sqrt{\frac{2\Gamma}{\pi}}}.$$

25-5 Die Zentren der Teilchen können sich einander nicht weiter als bis auf $2a$ nähern, damit wird das besetzte Volumen

$\frac{4}{3}\pi(2a)^3 = 8 \cdot \left(\frac{4}{3}\pi a^3\right) = 8 v_{\mathrm{mol}}$ mit dem molaren Volumen v_{mol}.

Mit $B = \frac{1}{2} N_{\mathrm{A}} v_{\mathrm{p}}$ [25.1–6] erhalten wir jetzt für das Fleckfiebervirus

$$B(\mathrm{Fl}) = \tfrac{1}{2} N_A v_p = 4 N_A v_{mol} + \tfrac{16}{3}\pi a^3 N_A$$

$$= \tfrac{16}{3}\pi \cdot (6.022 \cdot 10^{23}\ \mathrm{mol^{-1}}) \cdot (14.0 \cdot 10^{-9}\ \mathrm{m})^3 = \underline{28\ \mathrm{m^3\ mol^{-1}}}$$

und für Hämoglobin

$$B(\mathrm{H}) = \tfrac{16}{3}\pi \cdot (6.022 \cdot 10^{23}\ \mathrm{mol^{-1}}) \cdot (3.2 \cdot 10^{-9}\ \mathrm{m})^3 = \underline{0.33\ \mathrm{m^3\ mol^{-1}}}.$$

25-6 $\Pi^0 = RT[P]$; $\quad \Pi = RT[P] + BRT[P]^2$ [25.1–1].

$$\frac{\Pi - \Pi^0}{\Pi^0} = \frac{BRT[P]^2}{RT[P]} = B[P].$$

$$[P] = \frac{1.0\ \mathrm{g}}{(100\ \mathrm{cm^3}) \cdot M_m} = \frac{10^4\ \mathrm{g}}{M_m\ \mathrm{m^3}}.$$

Dann gilt für Fleckfieberviren

$$[P] = \frac{10^4\ \mathrm{g}}{1.07 \cdot 10^7\ \mathrm{g\ mol^{-1}\ m^3}} = 9.35 \cdot 10^{-4}\ \mathrm{mol\ m^{-3}} \quad \text{und damit}$$

$$\frac{\Pi - \Pi^0}{\Pi^0} = (28\ \mathrm{m^3\ mol^{-1}}) \cdot (9.35\ 10^{-4}\ \mathrm{mol\ m^{-3}}) = 2.6 \cdot 10^{-2} = \underline{2.6\ \%}.$$

Für Hämoglobin erhalten wir

$$[P] = \frac{10^4\ \mathrm{g}}{6.65 \cdot 10^4\ \mathrm{g\ mol^{-1}\ m^3}} = 0.15 \cdot \mathrm{mol\ m^{-3}} \quad \text{und damit}$$

$$\frac{\Pi - \Pi^0}{\Pi^0} = (0.33\ \mathrm{m^3\ mol^{-1}}) \cdot (0.15\ \mathrm{mol\ m^{-3}}) = 50 \cdot 10^{-2} = \underline{50\ \%}.$$

25-7 $B = \tfrac{1}{2} N_A v_p$ [25.1–6] $= 4 N_A v_{mol}$ [Aufgabe 25–5]

$$= 4 \cdot \left(\tfrac{4}{3}\pi\right) \cdot N_A R_{gl}^3 = \frac{16\pi}{3} \cdot \gamma^3 \cdot N_A \cdot R_g^3.$$

$$R_g = \frac{\sqrt{N} \cdot l}{\sqrt{6}} \quad [25.2\text{–}3]; \quad B_{frei} = \left(\tfrac{16\pi}{3} \cdot 6^{\frac{3}{2}}\right) \cdot \gamma^3 l^3\, N^{\frac{3}{2}}\, N_A = \underline{(4.22 \cdot 10^{23}\ \mathrm{mol^{-1}}) \cdot (l \cdot \sqrt{N})^3}.$$

Bei der Kette mit Tetraederwinkeln ist l mit $\sqrt{2}$ zu multiplizieren [25.2–4]; das ergibt

$$B_{tetr} = (4.22 \cdot 10^{23}\ \mathrm{mol^{-1}}) \cdot (l \cdot \sqrt{2N})^3 = \underline{(1.19 \cdot 10^{24}\ \mathrm{mol^{-1}}) \cdot (l \cdot \sqrt{N})^3}.$$

Mit $l = 154$ pm und $N = 4000$ erhalten wir daraus

(a) $B_{frei} = (4.22 \cdot 10^{23}\ \mathrm{mol^{-1}}) \cdot (1.54 \cdot 10^{-10}\ \mathrm{m})^3 \cdot (4000)^{\frac{3}{2}} = \underline{0.39\ \mathrm{m^3\ mol^{-1}}}.$

(b) $B_{tetr} = (1.19 \cdot 10^{24}\ \mathrm{mol^{-1}}) \cdot (1.54 \cdot 10^{-10}\ \mathrm{m})^3 \cdot (4000)^{\frac{3}{2}} = \underline{1.10\ \mathrm{m^3\ mol^{-1}}}.$

25-8 Wegen $N = \dfrac{M_r}{14}$ $[M_r(CH_2) = 14]$ ist

$B = (1.19 \cdot 10^{24}\ \mathrm{mol}^{-1}) \cdot (l \cdot \sqrt{N})^3$ [Aufgabe 25–7, Tetraederwinkel]

$$= (1.19 \cdot 10^{24}\ \mathrm{mol}^{-1}) \cdot \frac{(l \cdot \sqrt{M_\mathrm{r}})^3}{14^{\frac{3}{2}}} = (2.27 \cdot 10^{22}\ \mathrm{mol}^{-1}) \cdot (l \cdot \sqrt{M_\mathrm{r}})^3.$$

Für $l = 154$ pm und $M_\mathrm{r} = 56000$ ergibt das

$$B = (2.27 \cdot 10^{22}\ \mathrm{mol}^{-1}) \cdot (1.54 \cdot 10^{-10}\ \mathrm{m})^3 \cdot (56000)^{\frac{3}{2}} = \underline{1.10\ \mathrm{m}^3\ \mathrm{mol}^{-1}}.$$

25-9 (a) $[\mathrm{Na^+}]_\mathrm{L}[\mathrm{Cl^-}]_\mathrm{L} = [\mathrm{Na^+}]_\mathrm{R}[\mathrm{Cl^-}]_\mathrm{R}$ [25.1–9],

(b) $[\mathrm{Na^+}]_\mathrm{L} = [\mathrm{Cl^-}]_\mathrm{L} + \nu \cdot [\mathrm{P}]$ [25.1–10],

(c) $[\mathrm{Na^+}]_\mathrm{R} = [\mathrm{Cl^-}]_\mathrm{R}$ [25.1–10].

(d) $[\mathrm{Na^+}]_\mathrm{L} \cdot (-\nu \cdot [\mathrm{P}] + [\mathrm{Na^+}]_\mathrm{L}) = [\mathrm{Na^+}]^2_\mathrm{R}$ [aus a, b, c].

(e) $[\mathrm{Cl^-}]_\mathrm{L} \cdot ([\mathrm{Cl^-}]_\mathrm{L} + \nu \cdot [\mathrm{P}]) = [\mathrm{Cl^-}]^2_\mathrm{R}$ [aus a, b, c].

$[\mathrm{Na^+}]^2_\mathrm{R} - [\mathrm{Na^+}]^2_\mathrm{L} = -\nu \cdot [\mathrm{P}] \cdot [\mathrm{Na^+}]_\mathrm{L}$ [aus d],

$$[\mathrm{Na^+}]_\mathrm{R} - [\mathrm{Na^+}]_\mathrm{L} = \frac{-\nu \cdot [\mathrm{P}] \cdot [\mathrm{Na^+}]_\mathrm{L}}{[\mathrm{Na^+}]_\mathrm{R} + [\mathrm{Na^+}]_\mathrm{L}}$$

$$= \underline{\frac{-\nu \cdot [\mathrm{P}] \cdot [\mathrm{Na^+}]_\mathrm{L}}{2 \cdot [\mathrm{Cl^-}] + \nu \cdot [\mathrm{P}]}} \quad \text{(nach der Definition von } [\mathrm{Cl^-}]).$$

$[\mathrm{Cl^-}]^2_\mathrm{R} - [\mathrm{Cl^-}]^2_\mathrm{L} = \nu \cdot [\mathrm{P}] \cdot [\mathrm{Cl^-}]_\mathrm{L}$ [aus e],

$$[\mathrm{Cl^-}]_\mathrm{R} - [\mathrm{Cl^-}]_\mathrm{L} = \frac{\nu \cdot [\mathrm{P}] \cdot [\mathrm{Cl^-}]_\mathrm{L}}{[\mathrm{Cl^-}]_\mathrm{R} + [\mathrm{Cl^-}]_\mathrm{L}} = \underline{\frac{\nu \cdot [\mathrm{P}] \cdot [\mathrm{Cl^-}]_\mathrm{L}}{2 \cdot [\mathrm{Cl^-}]}}.$$

25-10

Links	Rechts
$\mathrm{P}^{\nu-}$	0
$\mathrm{M^+}$	$\mathrm{M^+}$
$\mathrm{X^{2-}}$	$\mathrm{X^{2-}}$

(a) $[\mathrm{M^+}]^2_\mathrm{L} \cdot [\mathrm{M^{2-}}]_\mathrm{L} = [\mathrm{M^+}]^2_\mathrm{R} \cdot [\mathrm{X^{2-}}]_\mathrm{R}$ [Gleichgewicht, $\gamma \approx 1$],

(b) $[\mathrm{M^+}]_\mathrm{L} = 2 \cdot [\mathrm{X^{2-}}]_\mathrm{L} + \nu \cdot [\mathrm{P}]$ [elektrische Neutralität links],

(c) $[\mathrm{M^+}]_\mathrm{R} = 2 \cdot [\mathrm{X^{2-}}]_\mathrm{R}$ [elektrische Neutralität rechts].

Jetzt gehen wir wie in Aufgabe 25–9 vor:

$$\left.\begin{aligned} &[M^+]_L^2 \cdot \left(\tfrac{1}{2}[M^+]_L - \tfrac{1}{2}\nu \cdot [P]\right) = \tfrac{1}{2}[M^+]_R^3 \\ &[X^{2-}]_L \cdot \left(2 \cdot [X^{2-}]_L + \nu \cdot [P]\right)^2 = 4 \cdot [X^{2-}]_R^2 \end{aligned}\right\}$$

oder $$\left.\begin{aligned} &[M^+]_L^3 - \nu \cdot [M^+]_L^2 \cdot [P] = [M^+]_R^3 \\ &4 \cdot [X^{2-}]_L^3 - 4\nu \cdot [X^{2-}]_L^2 \cdot [P] + \nu^2 \cdot [P]^2 \cdot [X^{2-}]_L = 4 \cdot [X^{2-}]_R^2. \end{aligned}\right\}$$

$$\left.\begin{aligned} &[M^+]_R^3 - [M^+]_L^3 = -\nu \cdot [M^+]_L^2 \cdot [P] \\ &[X^{2-}]_R^3 - [X^{-2}]_L^3 = \nu \cdot [X^{2-}]_L^2 \cdot [P] + \tfrac{1}{4}\nu^2 \cdot [X^{2-}]_L \cdot [P]^2. \end{aligned}\right\}$$

$$[M^+]_R^3 - [M^+]_L^3 = \left([M^+]_R - [M^+]_L\right) \cdot \left([M^+]_R^2 + [M^+]_R \cdot [M^+]_L + [M^+]_L^2\right).$$

Dann ist $$\underline{[M^+]_R - [M^+]_L = -\frac{[M^+]_L^2 \cdot [P]}{[M^+]_R^2 + [M^+]_R \cdot [M^+]_L + [M^+]_L^2}}.$$

$$[X^{2-}]_R - [X^{-2}]_L = \frac{\nu \cdot [X^{2-}]_L \cdot [P] \cdot \left([X^{2-}]_L + \tfrac{1}{4}\nu \cdot [P]\right)}{[X^{2-}]_R^2 + [X^{2-}]_R \cdot [X^{-2}]_L + [X^{2-}]_L^2}.$$

Mit den folgenden Formeln lassen sich diese Beziehungen noch weiter vereinfachen.

$$\begin{aligned} [M^+]_R^2 + [M^+]_R \cdot [M^+]_L + [M^+]_L &= \tfrac{1}{4}\left([M^+]_R - [M^+]_L\right)^2 + \tfrac{3}{4}\left([M^+]_R + [M^+]_L\right)^2 \\ &= \tfrac{1}{4}\left([M^+]_R - [M^+]_L\right)^2 + \tfrac{3}{4}\left(2 \cdot [X^{2-}] + \nu \cdot [P]\right)^2 \end{aligned}$$

$$\begin{aligned} [X^{2-}]_R^2 + [X^{2-}]_R \cdot [X^{2-}]_L + [X^{-2}]_L^2 &= \tfrac{1}{2}\left([X^{2-}]_R - [X^{2-}]_L\right)^2 + \tfrac{3}{4}\left([X^{2-}]_R + [X^{2-}]_L\right)^2 \\ &= \tfrac{1}{4}\left([X^{2-}]_R - [X^{2-}]_L\right)^2 + 3 \cdot [X^{2-}]^2 \end{aligned}$$

mit $[X^{2-}] = \frac{1}{2}\left([X^{2-}]_R + [X^{2-}]_L\right)$.

25-11 $[Na^+]_R^2 - [Na^+]_L^2 = -\nu \cdot [P] \cdot [Na^+]_L$ [Aufgabe 25-9]

$$[Na^+]_L^2 - \nu \cdot [P] \cdot [Na^+]_L - [Na^+]_R^2 = 0,$$

$$[Na^+]_L = \tfrac{1}{2}\left\{\nu \cdot [P] \pm \sqrt{\nu^2 \cdot [P]^2 + 4 \cdot [Na^+]_R^2}\right\},$$

$$\frac{[Na^+]_L}{[Na^+]_R} = \frac{\nu \cdot [P]}{2 \cdot [Na^+]_R} \pm \sqrt{1 + \left(\frac{\nu \cdot [P]}{2 \cdot [Na^+]_R}\right)^2}$$

$$= x \pm \sqrt{1 + x^2} \rightarrow \underline{x + \sqrt{1 + x^2}} \qquad [\text{bei } x = 0 \text{ ist das Verhältnis } 1].$$

Diese Funktion ist in Abb. 25–3 aufgetragen.

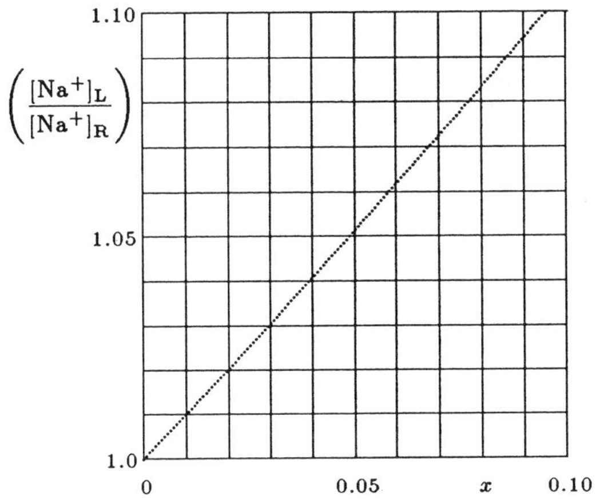

Abb. 25–3

25-12 $\dfrac{[\mathrm{Na}^+]_\mathrm{L}}{[\mathrm{Na}^+]_\mathrm{R}} = x + \sqrt{1+x}$ [Aufgabe 25–11], $x = \dfrac{\nu \cdot [\mathrm{P}]}{2 \cdot [\mathrm{Na}^+]_\mathrm{R}}$

$$[\mathrm{P}] = \frac{1\ \mathrm{g}}{(100\ \mathrm{cm}^3)\cdot(100000\ \mathrm{g\ mol}^{-1})} = 10^{-7}\ \mathrm{mol\ cm}^{-3}.$$

$$\frac{\nu \cdot [\mathrm{P}]}{2 \cdot [\mathrm{Na}^+]_\mathrm{R}} = \frac{20 \cdot (10^{-7}\ \mathrm{mol\ cm}^{-3})}{2 \cdot (10^{-3}\ \mathrm{mol\ dm}^{-3})} = 1.00.$$

Daraus folgt $\dfrac{[\mathrm{Na}^+]_\mathrm{L}}{[\mathrm{Na}^+]_\mathrm{R}} = 1 + \sqrt{2} = 2.41$ und $[\mathrm{Na}^+]_\mathrm{L} = \underline{0.00241\ \mathrm{mol\ dm}^{-3}}$.

25-13 Die Gleichgewichtsbedingung lautet

$$\gamma_\mathrm{L}^2 \cdot [\mathrm{Na}^+]_\mathrm{L} \cdot \big([\mathrm{Na}^+]_\mathrm{L} - \nu \cdot [\mathrm{P}]\big) = \gamma_\mathrm{R}^2 \cdot [\mathrm{Na}^+]_\mathrm{R}^2,$$

$$[\mathrm{Na}^+]_\mathrm{L}^2 - \nu \cdot [\mathrm{P}] \cdot [\mathrm{Na}^+]_\mathrm{L} - \left(\frac{\gamma_\mathrm{R}}{\gamma_\mathrm{L}}\right)^2 \cdot [\mathrm{Na}^+]_\mathrm{R} = 0,$$

$$[\mathrm{Na}^+]_\mathrm{L} = \tfrac{1}{2} \cdot \left\{\nu \cdot [\mathrm{P}] + \sqrt{\nu^2 \cdot [\mathrm{P}]^2 + 4 \cdot \left(\frac{\gamma_\mathrm{R}}{\gamma_\mathrm{L}}\right)^2 \cdot [\mathrm{Na}^+]_\mathrm{R}^2}\right\},$$

$$\frac{[\mathrm{Na}^+]_\mathrm{L}}{[\mathrm{Na}^+]_\mathrm{R}} = x + \sqrt{\left(\frac{\gamma_\mathrm{R}}{\gamma_\mathrm{L}}\right)^2 + x^2}, \quad x = \frac{\nu \cdot [\mathrm{P}]}{2 \cdot [\mathrm{Na}^+]_\mathrm{R}}.$$

$$\frac{\gamma_\mathrm{R}}{\gamma_\mathrm{L}} = \frac{10^{-A\cdot\sqrt{I_\mathrm{R}}}}{10^{-A\cdot\sqrt{I_\mathrm{L}}}} \quad [11.2\text{–}11] \quad = 10^{-A\cdot\left(\sqrt{[\mathrm{Na}^+]_\mathrm{R}} - \sqrt{[\mathrm{Na}^+]_\mathrm{L}}\right)}, \text{ das ergibt}$$

$$\left(\frac{\gamma_\mathrm{R}}{\gamma_\mathrm{L}}\right)^2 = 10^{-2A\delta} \quad \text{mit} \quad \delta = \sqrt{[\mathrm{Na}^+]_\mathrm{R}} - \sqrt{[\mathrm{Na}^+]_\mathrm{L}}.$$

Für die vorhergehende Aufgabe ist $\sqrt{[\mathrm{Na}^+]_\mathrm{R}} = \sqrt{10^{-3}} = 0.032$ und

$\sqrt{[\mathrm{Na}^+]_\mathrm{L}} \approx 0.049$ und mit $A \approx 0.509$ [11.2–1]

$$\left(\frac{\gamma_R}{\gamma_L}\right)^2 \approx 10^{0.017} = 1.041.$$

Das ergibt $\dfrac{[Na^+]_L}{[Na^+]_L} \approx x + \sqrt{1.041 + x^2} = 1.00 + \sqrt{2.041} = 2.43,$

nach dem Donnanschen Gleichgewicht ist also $[Na^+]_L \approx 0.00243 \text{ mol dm}^{-3}$

anstelle des früheren Wertes $0.00241 \text{ mol dm}^{-3}$.

25-14 $\Pi = RT \cdot [P] \cdot \left\{1 + \dfrac{\nu^2 \cdot [P]}{4 \cdot [Cl^-] + \nu \cdot [P]}\right\}$ [25.1–12]

$$= RT \cdot [P] \cdot \left\{1 + \frac{\nu^2 \cdot [P]}{4 \cdot [Cl^-] \cdot \left(1 + \frac{\nu \cdot [P]}{4 \cdot [Cl^-]}\right)}\right\}$$

$$\approx RT \cdot [P] \cdot \left\{1 + \left(\frac{\nu^2 \cdot [P]}{4 \cdot [Cl^-]}\right) - \left(\frac{\nu^3 \cdot [P]^2}{16 \cdot [Cl^-]^2}\right) + \ldots\right\}$$

$$\left[\frac{1}{1+x} = 1 - x + x^2 - \ldots\right]$$

Das ergibt $B \approx \dfrac{\nu_2}{4 \cdot [Cl^-]} = \dfrac{400}{4 \cdot (0.02 \text{ mol dm}^{-3})} = \underline{5 \text{ m}^3 \text{ mol}^{-1}}.$

25-15 $F = m\omega^2 r$ [klassische Physik] $= 4\pi^2\nu^2 mr$ $[\omega = 2\pi\nu]$ $= ma$ [Newton].

Dann gilt für die Beschleunigung

$$a = 4\pi^2\nu^2 r = 4\pi^2 \cdot \left(\frac{8 \cdot 10^4}{60} \text{ s}^{-1}\right)^2 \cdot (6.0 \cdot 10^{-2} \text{ m}) = 4.21 \cdot 10^6 \text{ m s}^{-2}.$$

Mit $g = 9.81 \text{ m s}^{-2}$ ergibt das $a = \underline{4.3 \cdot 10^5\, g}.$

25-16 $\ln\left(\dfrac{c(r_1)}{c(r_2)}\right) = -\tfrac{1}{2} mb\omega^2 \cdot \dfrac{r_1^2 - r_2^2}{kT}$ [25.1–18] $= 2\pi^2 mb\nu^2 \cdot \dfrac{r_2^2 - r_1^2}{kT},$

$$\nu^2 = \frac{kT \cdot \ln\left(\frac{c_1}{c_2}\right)}{2\pi^2 mb \cdot (r_2^2 - r_2^1)}$$

$$= \frac{RT \cdot \ln\left(\frac{c_1}{c_2}\right)}{2\pi^2 M_m b \cdot (r_2^2 - r_2^1)} \quad \left[m = \frac{M_m}{N_A}, \quad N_A k = R\right]$$

$$= \frac{(2.48 \cdot 10^3 \text{ J mol}^{-1}) \cdot \ln 5}{2\pi^2 \cdot (10^5 \text{ g mol}^{-1}) \cdot (1 - 0.75) \cdot (7^2 - 5^2) \cdot (10^{-4} \text{ m}^2)} = 3370 \text{ Hz}^2.$$

Das ergibt $\nu = 58$ Hz $\hat{=}$ <u>3500 Umdrehungen pro Minute.</u>

25-17 Wir stellen die folgende Tabelle auf:

r/cm	5.0	5.1	5.2	5.3	5.4
$c/(\text{g dm}^{-3})$	0.536	0.284	0.148	0.077	0.039
r^2/cm^2	25.0	26.0	27.0	28.1	29.2
$\ln c/(\text{g dm}^{-3})$	−0.624	−1.259	−1.911	−2.564	−3.244

Diese Punkte sind in Abb. 25–4 aufgetragen. Die Steigung ist −0.62.

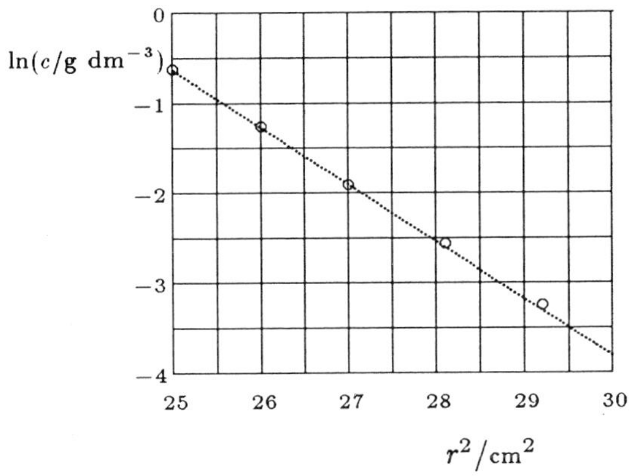

Abb. 25–4

Damit erhalten wir $\dfrac{M_\text{m} \cdot (1 - \rho v) \cdot \omega^2}{2RT} = -0.62\ \text{cm}^{-2} = -0.62 \cdot 10^4\ \text{m}^{-2}.$

$$M_\text{m} = \frac{(-0.62 \cdot 10^4\ \text{m}^{-2}) \cdot 2 \cdot (2.48 \cdot 10^3\ \text{J mol}^{-1})}{\left(1 - (1.001\ \text{g cm}^{-3}) \cdot (1.112\ \text{cm}^3\ \text{g}^{-1})\right) \cdot (2\pi \cdot 322\ \text{s}^{-1})^2} = 66.4\ \text{kg mol}^{-1}$$

$= 66400\ \text{g mol}^{-1}$. Es ist also $\underline{M_\text{r} = 66400.}$

25-18 $M_\text{m} = \dfrac{SRT}{bD}$ [25.1–17], $b = 1 - v_\text{s}\rho$.

$b = 1 - (0.998 \cdot 0.75) = 0.252.$

$$M_\text{m} = \frac{(4.5 \cdot 10^{-13}\ \text{s}) \cdot (8.314\ \text{J K}^{-1}\ \text{mol}^{-1}) \cdot (293.15\ \text{K})}{0.252 \cdot (6.3 \cdot 10^{-11}\ \text{m}^2\ \text{s}^{-1})} = \underline{69.1\ \text{kg mol}^{-1}.}$$

Es ist also $M_\text{m} = \underline{69100\ \text{g mol}^{-1}}$ und $M_\text{r} = \underline{69100.}$

25-19 $f = \dfrac{kT}{D}$ [25.1–16] $= 6\pi a\eta$ [Kasten 25–1].

$$a = \frac{kT}{6\pi\eta D} = \frac{(1.3807 \cdot 10^{-23}\ \text{J K}^{-1}) \cdot (293.15\ \text{K})}{6\pi \cdot (1.00 \cdot 10^{-3}\ \text{kg m}^{-1}\ \text{s}^{-1}) \cdot (6.3 \cdot 10^{-11}\ \text{m}^2\ \text{s}^{-1})} = 3.4 \cdot 10^{-9}\ \text{m}.$$

Das ergibt $a = \underline{3.4\ \text{nm}.}$

25-20 $M_\text{m} = \frac{SRT}{bD}$ [25.1-17], $b = 1 - v_\text{s}\rho$.

$b = 1 - 1.0023 \cdot 0.734 = 0.264$.

$$M_\text{m} = \frac{(5.01 \cdot 10^{-13}\ \text{s}) \cdot (293.15\ \text{K}) \cdot (8.314\ \text{J K}^{-1}\ \text{mol}^{-1})}{0.264 \cdot (6.97 \cdot 10^{-11}\ \text{m}^2\ \text{s}^{-1})} = 66.3\ \text{kg mol}^{-1}.$$

$$f = \frac{kT}{D} \quad [25.1\text{–}16] \quad = \frac{(1.381 \cdot 10^{-23}\ \text{J K}^{-1}) \cdot (293.15\ \text{K})}{6.97 \cdot 10^{-11}\ \text{m}^2\ \text{s}^{-1}} = 5.81 \cdot 10^{-11}\ \text{kg s}^{-1}.$$

$[1\ \text{J} = 1\ \text{kg m}^2\ \text{s}^{-2}]$

$$V_\text{m} = v_\text{s} M_\text{m} = (0.734\ \text{cm}^3\ \text{g}^{-1}) \cdot (66.3 \cdot 10^3\ \text{g mol}^{-1}) = 4.87 \cdot 10^4\ \text{cm}^3\ \text{mol}^{-1}$$
$$= 4.87 \cdot 10^{-2}\ \text{m}^3\ \text{mol}^{-1} \approx \tfrac{4}{3}\pi \cdot N_\text{A} \cdot c^3.$$

$$c \approx \sqrt[3]{\frac{3 \cdot V_\text{m}}{4\pi \cdot N_\text{A}}} = \sqrt[3]{\frac{3 \cdot (4.87 \cdot 10^{-2}\ \text{m}^3\ \text{mol}^{-1})}{4\pi \cdot (6.022 \cdot 10^{23}\ \text{mol}^{-1})}} \approx 2.68 \cdot 10^{-9}\ \text{m}.$$

$$f_0 = 6\pi a\eta \quad [\text{Kasten 25–1}] \quad = 6\pi \cdot (2.68 \cdot 10^{-9}\ \text{m}) \cdot (1.00 \cdot 10^{-3}\ \text{kg m}^{-1}\ \text{s}^{-1}) = 5.05 \cdot 10^{-11}\ \text{kg s}^{-1}.$$

$\frac{f}{f_0} = 1.15$, dann ist nach Kasten 25–1 $\frac{a}{b} \approx 3.5$.

$v_\text{mol} = \frac{4}{3}\pi \cdot c^3$, $c = \sqrt[3]{ab^2}$ [Kasten 25–1] und damit

$ab^2 = (2.68 \cdot 10^{-9}\ \text{m})^3 = 1.93 \cdot 10^{-26}\ \text{m}^3$.

Mit $a \approx 3.5 \cdot b$ erhalten wir dann $\underline{b \approx 1.8\ \text{nm}}$ und $\underline{a \approx 6.2\ \text{nm}.}$

25-21 Wir stellen die folgende Tabelle auf:

t/s	0	300	600	900	1200	1500	1800
r/cm	6.127	6.153	6.179	6.206	6.232	6.258	6.284
$10^5 \cdot s/(\text{cm s}^{-1})$	–	8.67	8.67	9.00	8.67	8.67	8.67

Das ergibt für die mittlere Wanderungsgeschwindigkeit den Wert $s = 8.67 \cdot 10^{-5}\ \text{cm s}^{-1}$.

$$S = \frac{s}{r\omega^2} \quad [25.1\text{–}14] \quad = \frac{8.67 \cdot 10^{-5}\ \text{cm s}^{-1}}{(6.127\ \text{cm}) \cdot \left\{2\pi \cdot \left(\frac{50000}{60}\right)\ \text{s}^{-1}\right\}^2}$$

$= \underline{5.16 \cdot 10^{-13}\ \mathrm{s}}.$

$b = 1 - (0.728\ \mathrm{cm^3\ g^{-1}}) \cdot (0.9981\ \mathrm{g\ cm^{-3}}) = 0.273.$

$$M_\mathrm{m} = \frac{SRT}{bD} \quad [25.1\text{–}17] \quad = \frac{(5.16 \cdot 10^{-13}\ \mathrm{s}) \cdot (8.314\ \mathrm{J\ K^{-1}\ mol^{-1}}) \cdot (293.15\ \mathrm{K})}{0.273 \cdot (7.62 \cdot 10^{-11}\ \mathrm{m^2\ s^{-1}})}$$

$$= 60.5\ \mathrm{kg\ mol^{-1}} = \underline{60500\ \mathrm{g\ mol^{-1}}}.$$

25-22 $f = \frac{kT}{D}$ [25.1–17]$= \frac{(1.3807 \cdot 10^{-23}\ \mathrm{J\ K^{-1}}) \cdot (293.15\ \mathrm{K})}{7.62 \cdot 10^{-11}\ \mathrm{m^2\ s^{-1}}} = 5.31 \cdot 10^{-11}\ \mathrm{kg\ s^{-1}}.$

$c = \sqrt[3]{\frac{3 \cdot V_\mathrm{m}}{4\pi \cdot N_\mathrm{A}}}$ [Kasten 25–1].

$V_\mathrm{m} = (0.728\ \mathrm{cm^3\ g^{-1}}) \cdot (60500\ \mathrm{g\ mol^{-1}}) = 44044\ \mathrm{cm^3\ mol^{-1}} = 4.404 \cdot 10^{-2}\ \mathrm{m^3\ mol^{-1}}.$

$$c = \sqrt[3]{\frac{3 \cdot (4.404 \cdot 10^{-2}\ \mathrm{m^3\ mol^{-1}})}{4\pi \cdot (6.022 \cdot 10^{23}\ \mathrm{mol^{-1}})}} = 2.59\ \mathrm{nm}.$$

$f_0 = 6\pi c\eta$ [Kasten 25–1] $= 6\pi \cdot (2.59 \cdot 10^{-9}\ \mathrm{m}) \cdot (1.00 \cdot 10^{-3}\ \mathrm{kg\ m^{-1}\ s^{-1}})$

$= 4.89 \cdot 10^{-11}\ \mathrm{kg\ s^{-1}}.$

$\frac{f}{f_0} = \frac{5.31}{4.89} = 1.09.$

Es handelt sich also entweder um ein <u>kurzes</u> oder um ein <u>gestrecktes</u> Ellipsoid mit $\frac{a}{b} \approx 2.8.$

25-23 $[\eta] = (8.3 \cdot 10^{-2}\ \mathrm{cm^3\ g^{-1}}) \cdot M_\mathrm{r}^{0.50}$ [Tabelle 25–2],

$$[\eta] = \lim_{c_\mathrm{p} \to 0} \frac{\frac{\eta}{\eta^*} - 1}{c_\mathrm{p}} \quad [25.1\text{–}20].$$

Mit $\eta^* = 0.647 \cdot 10^{-3}\ \mathrm{kg\ m^{-1}\ s^{-1}}$ stellen wir jetzt die folgende Tabelle auf:

$c_\mathrm{p}/(\mathrm{g/100\ cm^3})$	0	0.2	0.4	0.6	0.8	1.0
$\eta/(10^{-3}\ \mathrm{kg\ m^{-1}\ s^{-1}})$	0.647	0.690	0.733	0.777	0.821	0.865
$\left(\frac{\eta}{\eta^*}\right) - 1$	0	0.066	0.133	0.201	0.269	0.337
$\frac{\left(\frac{\eta}{\eta^*}\right) - 1}{c_\mathrm{p}} / (100\ \mathrm{cm^3\ g^{-1}})$	-	0.332	0.332	0.335	0.336	0.337

Diese Werte sind in Abb. 25–5 aufgetragen. Bei $c_{\mathrm{p}} = 0$ lesen wir den Grenzwert 0.330 ab; daraus folgt

$[\eta] = 0.330 \cdot (100\ \mathrm{cm^3\ g^{-1}}) = 33.0\ \mathrm{cm^3\ g^{-1}}$.

Das ergibt $M_{\mathrm{r}} = \left(\dfrac{33.0\ \mathrm{cm^3\ g^{-1}}}{8.3 \cdot 10^{-2}\ \mathrm{cm^3\ g^{-1}}}\right)^{2.00} = \underline{158000.}$

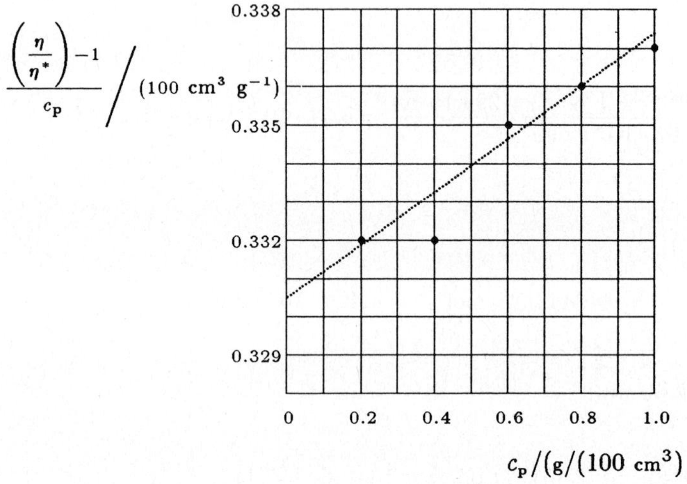

Abb. 25–5

25-24

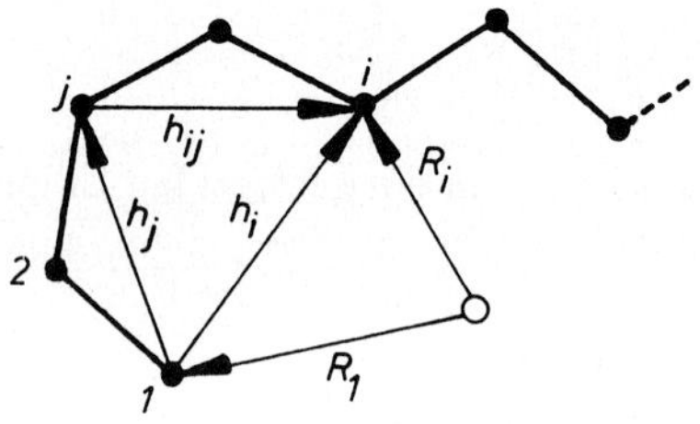

Abb. 25–6

$\mathbf{R}_i = \mathbf{R}_1 + \mathbf{h}_i$

$\sum\limits_i \mathbf{R}_i = 0$, dann ist $N \cdot \mathbf{R}_1 + \sum\limits_i \mathbf{h}_i = 0$ und

$$\mathbf{R}_1 = \left(\frac{-1}{N}\right) \sum_i \mathbf{h}_i .$$

$$R_1^2 = \left(\frac{1}{N}\right)^2 \sum_{ij} \mathbf{h}_i \bullet \mathbf{h}_j, \quad \mathbf{R}_1 \cdot \sum_i \mathbf{h}_i = \left(\frac{-1}{N}\right) \sum_{ij} \mathbf{h}_i \bullet \mathbf{h}_j .$$

$$R_{\mathrm{g}}^2 = \left(\frac{1}{N}\right) \sum_i R_i^2 \quad \text{[neue Definition]}$$

$$= \left(\frac{1}{N}\right) \sum_i \left\{(\mathbf{R}_i + \mathbf{h}_i) \cdot (\mathbf{R}_1 + \mathbf{h}_i)\right\} = \left(\frac{1}{N}\right) \left\{N R_1^2 + \sum_i h_i^2 + 2 \cdot \mathbf{R}_1 \bullet \sum_i \mathbf{h}_i\right\}$$

$$= \left(\frac{1}{N}\right)\left\{\sum_i h_i^2 - \left(\frac{1}{N}\right)\sum_{ij} \mathbf{h}_i \bullet \mathbf{h}_j\right\}.$$

Den Cosinus-Satz verwenden wir in der Form $\mathbf{h}_i \bullet \mathbf{h}_j = \frac{1}{2}(h_i^2 + h_j^2 - h_{ij}^2)$, damit erhalten wir

$$R_\mathrm{g}^2 = \left(\frac{1}{N}\right)\left\{\sum_i h_i^2 + \left(\frac{1}{2N}\right)\sum_{ij} h_{ij}^2 - \frac{1}{2}\sum_i h_i^2 - \sum_j h_j^2\right\}$$

$$= \left(\frac{1}{2N^2}\right)\sum_{ij} h_{ij}^2 \quad [= R_\mathrm{g}^2 \text{ nach Gl. 25.1–28}].$$

25-25 $R_\mathrm{rms}^2 = \int_0^\infty f(r) r^2 \mathrm{d}r, \quad f(r) = \left(\frac{a}{\sqrt{\pi}}\right)^3 \cdot 4\pi r^2 \cdot \mathrm{e}^{-a^2r^2}, \quad a^2 = \frac{3}{2\cdot Nl^2}$ [25.2–1].

(a) $R_\mathrm{rms}^2 = 4\pi \cdot \left(\frac{a}{\sqrt{\pi}}\right)^3 \int_0^\infty r^4 \cdot \mathrm{e}^{-a^2r^2}\mathrm{d}r = 4\pi \cdot \left(\frac{a}{\sqrt{\pi}}\right)^3 \cdot \frac{3}{8} \cdot \sqrt{\frac{\pi}{a^{10}}} = \frac{3}{2a^2} = \underline{Nl^2.}$

Es ist also $R_\mathrm{rms} = \underline{l \cdot \sqrt{N}.}$

(b) $R_\mathrm{gemittelt} = \int_0^\infty f(r) r \mathrm{d}r = 4\pi \cdot \left(\frac{a}{\sqrt{\pi}}\right)^3 \int_0^\infty r^3 \cdot \mathrm{e}^{-a^2r^2}\mathrm{d}r = 4\pi \cdot \left(\frac{a}{\sqrt{\pi}}\right)^3 \cdot \left(\frac{1}{2a^4}\right) = \frac{2}{a\cdot\sqrt{\pi}}$

$$= \underline{l \cdot \sqrt{\frac{8N}{3\pi}}.}$$

(c) $\frac{\mathrm{d}f}{\mathrm{d}r} = 0$ bei $r = R^*$.

$$\frac{\delta f}{\mathrm{d}r} = 4\pi \cdot \left(\frac{a}{\sqrt{\pi}}\right)^3 \cdot \{2r - 2a^2r^3\} \cdot \mathrm{e}^{-a^2r^2} = 0 \text{ für } a^2r^2 = 1.$$

Es ist also $R^* = \frac{1}{a} = \underline{l \cdot \sqrt{\frac{2N}{3}}.}$

Für $N = 4000$ und $l = 154$ pm erhalten wir so $R_\mathrm{rms} = \underline{9.74 \text{ nm},}$

$R_\mathrm{gemittelt} = \underline{8.97 \text{ nm}}$ und $R^* = \underline{7.95 \text{ nm}.}$

25-26 Ein einfaches Verfahren besteht darin, daß man Zufallszahlen zwischen 1 und 8 erzeugt und dann für 1 oder 2 einen Schritt nach Norden, für 3 oder 4 einen Schritt nach Osten, für 5 oder 6 einen Schritt nach Süden und für 7 oder 8 einen Schritt nach Westen geht. Ein solches Vorgehen zeigt Abb. 25–7.

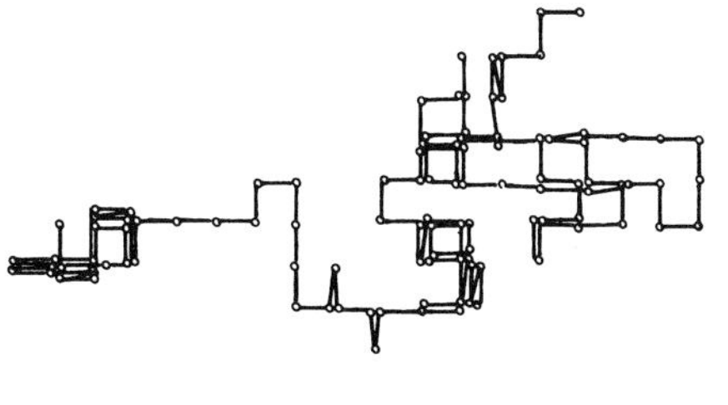

Abb. 25–7

25-27 $R_g = \left(\frac{1}{N}\right) \sum_j R_j^2$ [Aufgabe 25–24].

(a) Der Schwerpunkt der Kugel liegt in ihrem Mittelpunkt; das ergibt

$$R_g^2 = \frac{\int_0^\infty 4\pi r^4 \mathrm{d}r}{\int_0^\infty 4\pi r^2 \mathrm{d}r} = \frac{3}{5}a^2, \quad \underline{R_g = a \cdot \sqrt{\frac{3}{5}}}.$$

(N ist proportional zum Volumen)

(b) Der Schwerpunkt liegt im Zentrum des Zylinders, das ergibt

$$R_g^2 = \frac{2\int_0^{\frac{1}{2}l} r^2 \mathrm{d}r}{2\int_0^{\frac{1}{2}l} \mathrm{d}r} = \frac{l^2}{12}; \quad R_g = \frac{l}{\sqrt{12}}.$$

Für eine Kugel gilt $a = \sqrt[3]{\frac{3V_m}{4\pi N_A}} = \sqrt[3]{\frac{3v_s M_m}{4\pi N_A}}$.

Damit wird $R_g = \sqrt{\frac{3}{5}} \cdot \sqrt[3]{\frac{3v_s M_m}{4\pi N_A}}$ und

$$R_g/\mathrm{nm} = \sqrt{\frac{3}{5}} \cdot \sqrt[3]{\frac{3v_s M_r \text{ g mol}^{-1}}{4\pi \cdot N_A \cdot (10^{-9} \text{ m})^3}}$$

$$= \sqrt{\frac{3}{5}} \cdot \sqrt[3]{\frac{3v_s M_r \text{ g m}^{-3}}{4\pi \cdot (6.022 \cdot 10^{23}) \cdot 10^{-27})}}$$

$$= 0.0569 \cdot \sqrt[3]{(v_s/\mathrm{cm}^3 \text{ g}^{-1}) \cdot M_r}.$$

Mit $M_r = 100000$ und $v_s = 0.750 \text{ cm}^3 \text{ g}^{-1}$ erhalten wir jetzt

$R_g/\mathrm{nm} = 0.0569 \cdot \sqrt[3]{0.750 \cdot 10^5} = \underline{2.40.}$

Beim Zylinder ist $v_{mol} = \pi a^2 l$ und damit $R_g = \frac{v_{mol}}{\pi a^2 \cdot \sqrt{12}} = \frac{v_{mol} M_m}{\pi a^2 N_A \cdot \sqrt{12}}$.

Dann ist $R_g = \frac{(0.750 \text{ cm}^3 \text{ g}^{-1}) \cdot (10^5 \text{ g mol}^{-1})}{\pi \cdot (0.5 \cdot 10^{-7} \text{ cm})^2 \cdot (6.022 \cdot 10^{23} \text{ mol}^{-1}) \cdot \sqrt{12}} = 4.6 \cdot 10^{-6}$ cm

$= 4.6 \cdot 10^{-8} \text{ m} = \underline{46 \text{ nm.}}$

25-28 Wir nehmen an, es seinen starre Kugeln; dann ist

$$R_g = \sqrt{\frac{3}{5}} \cdot \sqrt[3]{\frac{3v_s M_m}{4\pi N_A}} = 0.0569 \cdot \sqrt[3]{(v_s/\mathrm{cm}^3 \text{ g}^{-1}) \cdot M_r} \text{ nm} \quad [25\text{–}27].$$

Jetzt stellen wir die folgende Tabelle auf:

	M_r	$v_s/(\mathrm{cm^3\ g^{-1}})$	$(R_g/\mathrm{nm})_{\mathrm{ber}}$	$(R_g/\mathrm{nm})_{\mathrm{exp}}$
Serumalbumin	66000	0.752	2.09	2.98
Fleckfieber-Virus	$10.6 \cdot 10^6$	0.741	11.3	12.0
DNA	$4 \cdot 10^6$	0.556	7.43	117.0

Das weist darauf hin, daß es sich beim Serumalbuimin und beim Fleckfieber-Virus um kugelförmige Teilchen handelt, bei der DNA dagegen nicht.

25-29 Für feste Stäbchen ist $R_g \propto l \propto M_r$ [Aufgabe 25-27], dagegen für ungeordnete Knäuel $R_g \propto \sqrt{N}$ [25.2-2] und wegen $N \propto M_r$ schließlich $R_g \propto \sqrt{M_r}$. Danach ist Poly-(γ-benzyl-L-glutamat) stäbchenförmig, und Polystyrol in Butanol bildet ungeordnete Knäuel.

25-30 $P(\vartheta) = \left(\frac{1}{N^2}\right) \sum\limits_{ij} \frac{\sin(sR_{ij})}{sR_{ij}}, \qquad s = \left(\frac{4\pi}{\lambda}\right) \cdot \sin(\frac{1}{2}\vartheta)$ [25.1-26].

Die Summe enthält N Terme mit $R_{ij} = 0$, $2 \cdot (N-1)$ Terme mit $R_{ij} = l$, $2 \cdot (N-2)$ Terme mit $R_{ij} = 2l$, ... und $2 \cdot (N-k)$ Terme mit $R_{ij} = kl$. Das ergibt

$$P(\vartheta) = \left(\frac{1}{N^2}\right) \sum_{k=0}^{N-1} 2 \cdot (N-k) \cdot \frac{\sin(skl)}{skl} - \left(\frac{1}{N}\right)$$
$$= \left(\frac{2}{N}\right) \int_0^{N-1} \frac{\sin(skl)}{skl} \mathrm{d}k - \left(\frac{2}{N^2 sl}\right) \int_0^{N-1} \sin(skl) \mathrm{d}k - \left(\frac{1}{N}\right).$$

Mit den Abkürzungen $x = skl$, $\mathrm{d}k = \frac{\mathrm{d}x}{sl}$ und $N \cdot l = \mathcal{L}$ (für die Länge der Stäbchen) erhalten wir

$$P(\vartheta) \approx \left(\frac{2}{s\mathcal{L}}\right) \int_0^{(N-1)sl} \left(\frac{\sin x}{x}\right) \mathrm{d}x - \left(\frac{2}{s^2 \mathcal{L}^2}\right) \int_0^{(N-1)sl} \sin x \cdot \mathrm{d}x - \left(\frac{1}{N}\right)$$
$$\approx \left(\frac{2}{s\mathcal{L}}\right) \int_0^{(N-1)sl} \left(\frac{\sin x}{x}\right) \mathrm{d}x + \left(\frac{2}{s^2 \mathcal{L}^2}\right) \cdot \{\cos((N-1) \cdot sl) - 1\} - \left(\frac{1}{N}\right).$$

$$\cos((N-1) \cdot sl) = \left\{1 - 2 \cdot \sin^2\left(\tfrac{1}{2} \cdot (N-1) \cdot sl\right)\right\}.$$

Für lange Stäbchen gilt $(N-1) \cdot sl \approx Nsl = s\mathcal{L}$ und $\frac{1}{N} \ll 1$. Das ergibt

$$P(\vartheta) \approx \left(\frac{2}{s\mathcal{L}}\right) \int_0^{s\mathcal{L}} \left(\frac{\sin x}{x}\right) \mathrm{d}x - \left\{\frac{\sin\left(\frac{1}{2}s\mathcal{L}\right)}{\frac{1}{2}s\mathcal{L}}\right\}^2.$$

Mit dem Integralsinus $\mathrm{Si}(z) = \int_0^z \left(\frac{\sin x}{x}\right) \mathrm{d}x$ erhalten wir schließlich

$$P(\vartheta) \approx \underline{\left(\frac{2}{s\mathcal{L}}\right) \mathrm{Si}(s\mathcal{L}) - \left\{\frac{\sin\left(\frac{1}{2}s\mathcal{L}\right)}{\frac{1}{2}s\mathcal{L}}\right\}^2}\,.$$

25-31 $P(\vartheta) \approx \left(\frac{2}{s\mathcal{L}}\right) \cdot \mathrm{Si}(s\mathcal{L}) - \left(\frac{\sin\left(\frac{1}{2}s\mathcal{L}\right)}{\frac{1}{2}s\mathcal{L}}\right)^2$ [Aufgabe 25–30] und $s = \left(\frac{4\pi}{\lambda}\right) \cdot \sin\left(\frac{1}{2}\vartheta\right)$.

Für $\mathcal{L} = \lambda$ gilt $s\mathcal{L} = 4\pi \cdot \sin\left(\frac{1}{2}\vartheta\right)$,

$$P(\vartheta) \approx \frac{\mathrm{Si}\left(4\pi \cdot \sin\left(\frac{1}{2}\vartheta\right)\right)}{2\pi \cdot \sin\left(\frac{1}{2}\vartheta\right)} - \left\{\frac{sin\left(2\pi \cdot \sin\left(\frac{1}{2}\vartheta\right)\right)}{2\pi \cdot \sin\left(\frac{1}{2}\vartheta\right)}\right\}^2.$$

Jetzt stellen wir die folgende Tabelle auf (für $z \to 0$ wird $\mathrm{Si}(z) \to 0$).

ϑ	0	20	40	60	80
$4\pi \cdot \sin\left(\frac{1}{2}\vartheta\right)$	0	2.182	4.298	6.283	8.078
$\mathrm{Si}\left(4\pi \cdot \sin\left(\frac{1}{2}\vartheta\right)\right)$	0	1.69	1.70	1.42	1.59
$\sin\left(2\pi \cdot \sin\left(\frac{1}{2}\vartheta\right)\right)$	0	0.887	0.837	0.000	−0.782
$2\pi \cdot \sin\left(\frac{1}{2}\vartheta\right)$	0	1.091	2.149	3.142	4.039
$P(\vartheta)$	1.000	0.888	0.639	0.452	0.356

ϑ	100	120	140	160	180
$4\pi \cdot \sin\left(\frac{1}{2}\vartheta\right)$	9.626	10.838	11.809	12.375	12.566
$\mathrm{Si}\left(4\pi \cdot \sin\left(\frac{1}{2}\vartheta\right)\right)$	1.67	1.58	1.53	1.50	1.49
$\sin\left(2\pi \cdot \sin\left(\frac{1}{2}\vartheta\right)\right)$	−0.782	−0.746	−0.370	−0.096	0.000
$2\pi \cdot \sin\left(\frac{1}{2}\vartheta\right)$	4.813	5.411	5.904	6.188	6.283
$P(\vartheta)$	0.304	0.272	0.255	0.242	0.237

Diese Punkte sind in dem Diagramm in Abb. 25–8 wiedergegeben.

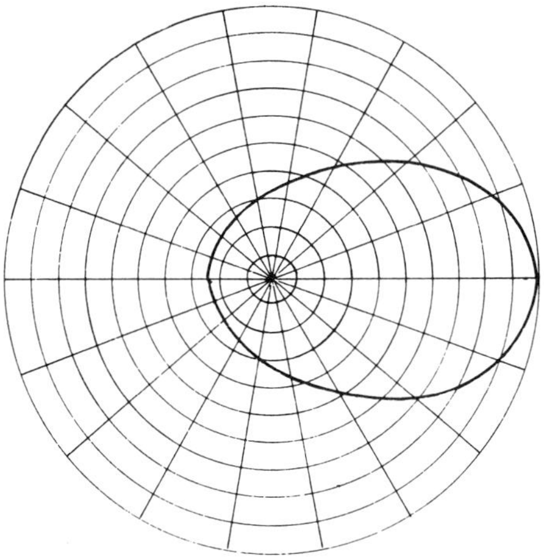

Abb. 25–8

25-32 $\tau_{\text{rot}} = \dfrac{4\pi a^3 \eta}{3kT}$ [25.1–30].

$\eta(\text{H}_2\text{O}) = 0.8909 \cdot 10^{-3}$ kg m^{-1} s^{-1}, a(Serumalbumin) $\approx 3.0 \cdot 10^{-9}$ m;

$$\tau_{\text{rot}} = \frac{4\pi \cdot (3.0 \cdot 10^{-9}\ \text{m})^3 \cdot (0.8909 \cdot 10^{-3}\ \text{kg m}^{-1}\ \text{s}^{-1})}{3 \cdot (1.3807 \cdot 10^{-23}\ \text{J K}^{-1}) \cdot (298.15\ \text{K})} = \underline{2.5 \cdot 10^{-8}\ \text{s.}}$$

$\eta(\text{CCl}_4) = 0.895 \cdot 10^{-3}$ kg m^{-1} s^{-1}, $a(\text{CCl}_4) \approx 2.5 \cdot 10^{-10}$ m;

$$\tau_{\text{rot}} = \frac{4\pi \cdot (2.5 \cdot 10^{-10}\ \text{m})^3 \cdot (0.895 \cdot 10^{-3}\ \text{kg m}^{-1}\ \text{s}^{-1})}{3 \cdot (1.3807 \cdot 10^{-23}\ \text{J K}^{-1}) \cdot (298.15\ \text{K})} = \underline{1.4 \cdot 10^{-11}\ \text{s.}}$$

25-33 $G = U - TS - tl$ [angegeben].

$$\text{d}G = \text{d}U - T\text{d}S - S\text{d}T - l\text{d}t - t\text{d}l$$

$$= (T\text{d}S + t\text{d}l) - T\text{d}S - S\text{d}T - l\text{d}t - t\text{d}l = \underline{-S\text{d}T - l\text{d}t.}$$

$$A = U - TS = G + tl,$$

$$\text{d}A = \text{d}G + t\text{d}l + l\text{d}t = -S\text{d}T - l\text{d}t + t\text{d}l + l\text{d}t = \underline{-S\text{d}T + t\text{d}l.}$$

dA und dG sind exakte (vollständige) Differentiale; deshalb gilt

$$\left(\frac{\partial S}{\partial l}\right)_T = -\left(\frac{\partial t}{\partial T}\right)_l \quad \text{und} \quad \left(\frac{\partial S}{\partial t}\right)_T = \left(\frac{\partial l}{\partial T}\right)_t \quad \text{[Kasten 3–1].}$$

25-34 $\text{d}U = T\text{d}S + t\text{d}l$ [Aufgabe 25-33]

$$\left(\frac{\partial U}{\partial l}\right)_T = T \cdot \left(\frac{\partial S}{\partial l}\right)_T + t \quad \text{[Kasten 3–1, Formel 1]}$$

$$= \underline{-T\left(\frac{\partial t}{\partial T}\right)_l + t} \quad \text{[Aufgabe 25–33].}$$

25-35 $t = aT$ [$t \propto T$].

$\left(\dfrac{\partial t}{\partial T}\right)_l = a;$ $\left(\dfrac{\partial U}{\partial l}\right)_T = t - T \cdot \left(\dfrac{\partial t}{\partial T}\right)_l = t - aT = 0,$ damit hängt die Innere Energie für T = konst nicht von der Länge ab.

$$\left(\frac{\partial S}{\partial l}\right)_T = -\left(\frac{\partial t}{\partial T}\right)_l \quad \text{[Aufgabe 25–33]} \quad = -a = -\frac{t}{T}.$$

Damit ist $t = -T \cdot \left(\frac{\partial S}{\partial l}\right)_T$.

Beim Dehnen wird also im Gummi die Unordnung verringert.

25-36 $f(s) = \frac{1}{s^2 - 4} + \frac{2}{s^2} + \ln\left(1 - \frac{4}{s^2}\right)$ [angegeben].

Jetzt stellen wir die folgende Tabelle auf:

s	4	5	6	7	8	9	10
$10^5 \cdot f(s)$	398	88.5	27.3	10.3	4.5	2.2	1.1

Diese Punkte sind in Abb. 25–9 aufgetragen.

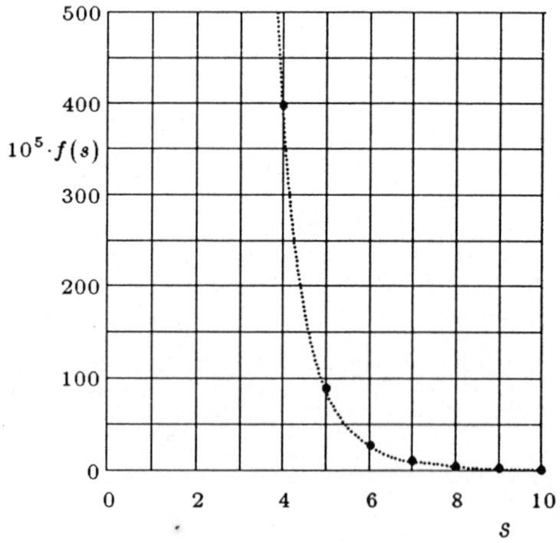

Abb. 25–9

25-37 $\Gamma = -\left(\frac{c}{RT}\right) \cdot \left(\frac{\partial \gamma}{\partial c}\right)_T \quad [25.4\text{–}7] \quad = -\left(\frac{[A]}{RT}\right) \cdot \left(\frac{\partial \gamma}{\partial [A]}\right)_T.$

Mit $\left(\frac{\partial \gamma}{\partial [A]}\right)_T \approx \frac{\Delta \gamma}{\Delta [A]}$ stellen wir jetzt die folgende Tabelle auf:

$[A]/\text{mol dm}^{-3}$	0	0.10	0.20	0.30	0.40	0.50
$\gamma/\text{mN m}^{-1}$	72.8	70.2	67.7	65.1	62.8	59.8
$-\left(\frac{\partial\gamma}{\partial[A]}\right)_T/\text{mN m}^{-1}\ \text{M}^{-1}$	–	26.0	25.0	26.0	23.0	30.0
$-[A]\cdot\left(\frac{\partial\gamma}{\partial[A]}\right)_T/\text{mN m}^{-1}$	–	2.60	5.00	7.80	9.20	15.0
$10^{10}\cdot\Gamma/\text{mol cm}^{-2}$	0	1.08	2.08	3.24	3.82	6.23

Für die letzte Zeile haben wir die folgenden Formeln verwendet:

$$\Gamma = -\left\{[A]\cdot\left(\frac{\partial\gamma}{\partial[A]}\right)_T/\text{mN m}^{-1}\right\}\cdot\frac{\text{mN m}^{-1}}{RT}$$
$$= -\left\{[A]\cdot\left(\frac{\partial\gamma}{\partial[A]}\right)_T/\text{mN m}^{-1}\right\}\cdot\frac{10^{-3}\ \text{N m}^{-1}}{2412\ \text{J mol}^{-1}}$$
$$= \{\text{Zeile 4}\}\cdot(4.15\cdot10^{-7}\ \text{mol m}^{-2}) = \{\text{Zeile 4}\}\cdot 4.15\cdot10^{-11}\ \text{mol cm}^{-2}.$$

25-38 $\pi = RT\Gamma$ und $\pi = \gamma^* - \gamma$ [25.4–8].

Mit $\gamma^* = 72.8\ \text{mN m}^{-1}$ und $RT = 2412\ \text{J mol}^{-1}$ stellen wir jetzt die folgende Tabelle auf:

$A/[M]$	0	0.10	0.20	0.30	0.40	0.50
$10^6\cdot\Gamma/\text{mol m}^{-2}$	0	1.08	2.08	3.24	3.82	6.23
$RT\Gamma/\text{mN m}^{-1}$	0	2.60	5.02	7.81	9.21	15.0
$(\gamma^* - \gamma)/\text{mN m}^{-1}$	0	2.6	5.1	7.7	10.0	13.0

Die Übereinstimmung ist sehr befriedigend.

25-39 $\left(\frac{\partial\gamma}{\partial c}\right)_T = -\frac{RT\Gamma}{c}$ [25.4–7].

$\left(\frac{\partial\gamma}{\partial c}\right)_T > 0$ ist vorgegeben, damit wird $\Gamma < 0$, und das Salz meidet die Oberfläche.

25-40 $\Gamma = -\left(\frac{c}{RT}\right)\cdot\left(\frac{\partial\gamma}{\partial c}\right)_T$ [25.4–7].

$$\gamma = \gamma^* + \left(\frac{c}{M}\right) \cdot \Delta\gamma, \quad \left(\frac{\partial \gamma}{\partial c}\right)_T = \frac{\Delta\gamma}{M}.$$

$$\begin{aligned}
\Gamma &= -\left(\frac{c}{RT}\right) \cdot \left(\frac{\partial \gamma}{\partial c}\right)_T = -\left(\frac{c}{RT}\right) \cdot \frac{\Delta\gamma}{M} \\
&= -\left(\frac{c}{M}\right) \cdot \left(\frac{\Delta\gamma}{RT}\right) \\
&= -\left(\frac{c}{M}\right) \cdot (\Delta\gamma/\text{mN m}^{-1}) \cdot \frac{10^{-3}\ \text{N m}^{-1}}{RT} \\
&= -\left(\frac{c}{M}\right) \cdot (\Delta\gamma/\text{mN m}^{-1}) \cdot (4.145 \cdot 10^{-7}\ \text{mol m}^{-2}) \\
&= -(4.145 \cdot 10^{-11}\ \text{mol cm}^{-2}) \cdot (c/M) \cdot (\Delta\gamma/\text{mN m}^{-1}).
\end{aligned}$$

Mit $c \approx 1$ M stellen wir die folgende Tabelle auf:

	KCl	NaCl	Na_2CO_3
$\Delta\gamma/\text{mN m}^{-1}$	1.4	1.64	2.7
$10^{11} \cdot \Gamma/\text{mol cm}^{-2}$	−5.80	−6.80	−11.2

Teil III: ZEITLICHE VERÄNDERUNGEN

26 Moleküle in Bewegung: Die kinetische Gastheorie

A26-1 $\bar{c} = \sqrt{\dfrac{8kT}{\pi m}}$ [26.1–10]

$$= \sqrt{\frac{8 \cdot (1.38 \cdot 10^{-23}\ \mathrm{J\ K^{-1}}) \cdot (650\ \mathrm{K})}{\pi \cdot (131) \cdot (1.66 \cdot 10^{-27}\ \mathrm{kg})}}$$

$$= \underline{324\ \mathrm{m\ s^{-1}}}.$$

A26-2 $F(v) = 4\pi \cdot \left(\dfrac{m}{2\pi kT}\right)^{\frac{3}{2}} \cdot v^2 \cdot \mathrm{e}^{-\frac{mv^2}{2kT}}$, [26.1–9]

$$\frac{m}{2kT} = \frac{(28.0) \cdot (1.66 \cdot 10^{-27}\ \mathrm{kg})}{2 \cdot (1.38 \cdot 10^{-23}\ \mathrm{J\ K^{-1}}) \cdot (500\ \mathrm{K})}$$

$$= 3.37 \cdot 10^{-6}\ \mathrm{m^{-2}\ s^2},$$

$$4\pi \cdot \left(\frac{m}{2\pi kT}\right)^{\frac{3}{2}} = \frac{4}{\sqrt{\pi}} \cdot (3.37 \cdot 10^{-6}\ \mathrm{m^{-2}\ s^2})^{\frac{3}{2}} = 1.40 \cdot 10^{-8}\ \mathrm{m^{-3}\ s^2}.$$

$$F(290\ \mathrm{m\ s^{-1}}) = (1.40 \cdot 10^{-8}\ \mathrm{m^{-3}\ s^3}) \cdot (290\ \mathrm{m\ s^{-1}})^2 \cdot \exp\left[-(3.37 \cdot 10^{-6}\ \mathrm{m^{-2}\ s^2}) \cdot (290\ \mathrm{m\ s^{-1}})^2\right]$$

$$= 8.87 \cdot 10^{-4}\ \mathrm{m^{-1}\ s},$$

$$F(300\ \mathrm{m\ s^{-1}}) = (1.40 \cdot 10^{-8}\ \mathrm{m^{-3}\ s^3}) \cdot (300\ \mathrm{m\ s^{-1}})^2 \cdot \exp\left[-(3.37 \cdot 10^{-6}\ \mathrm{m^{-2}\ s^2}) \cdot (300\ \mathrm{m\ s^{-1}})^2\right]$$

$$= 9.30 \cdot 10^{-4}\ \mathrm{m^{-1}\ s},$$

$$F_{\text{gemittelt}} = \underline{9.08 \cdot 10^{-4}\ \mathrm{m^{-1}\ s}}.$$

Der Bruchteil der Moleküle im angegebenen Bereich ist

$(9.08 \cdot 10^{-4}\ \mathrm{m^{-1}}) \cdot (10\ \mathrm{m\ s^{-2}}) \cdot (100\ \%) = \underline{0.91\ \%}.$

A26-3 $Z_\mathrm{w} = \dfrac{p}{\sqrt{2\pi mkT}}$ [26.2–9]

$$= \frac{90\ \mathrm{Pa}}{\sqrt{(2\pi) \cdot (40) \cdot (1.7 \cdot 10^{-27}\ \mathrm{kg}) \cdot (1.4 \cdot 10^{-23}\ \mathrm{J\ K^{-1}}) \cdot (500\ \mathrm{K})}}$$

$$= 1.7 \cdot 10^{24}\ \mathrm{m^{-2}\ s^{-1}}.$$

Anzahl der Stöße $= (1.7 \cdot 10^{24}\ \mathrm{m^{-2}\ s^{-1}}) \cdot (2.5 \cdot 10^{-3}\ \mathrm{m}) \cdot (3.0 \cdot 10^{-3}\ \mathrm{m}) \cdot (15\ \mathrm{s})$

$$= \underline{1.9 \cdot 10^{20}}.$$

A26-4 $T = \dfrac{(2.00 \cdot 10^3\ \mathrm{Pa}) \cdot (5.00 \cdot 10^{-3}\ \mathrm{m^3})}{(8.314\ \mathrm{J\ K^{-1}\ mol^{-1}}) \cdot (4.50 \cdot 10^{-3}\ \mathrm{mol})} = \underline{267\ \mathrm{K}}.$ [1.1–1].

$$d_{12} = \frac{1}{2} \cdot (d_1 + d_2) = \frac{\frac{1}{2}}{\sqrt{\pi}} \cdot \left[\sqrt{0.27} + \sqrt{0.43}\right] \cdot (10^{-9})\ \mathrm{m}$$

$$= \underline{0.332\ \mathrm{nm.}} \quad \text{[Tabelle 26–2]}$$

$$\mu = \frac{(2.02) \cdot (28.0) \cdot (1.66 \cdot 10^{-27}\ \mathrm{kg})}{30.0} = 3.13 \cdot 10^{-27}\ \mathrm{kg}.$$

$$\frac{8kT}{\pi\mu} = \frac{8 \cdot (1.38 \cdot 10^{-23}\ \mathrm{J\ K^{-1}}) \cdot (267\ \mathrm{K})}{\pi \cdot (3.13 \cdot 10^{-27}\ \mathrm{kg})} = 3.00 \cdot 10^6\ \mathrm{m^2\ s^{-2}}.$$

$$Z_{12} = \pi d_{12}^2 \cdot \sqrt{\frac{8kT}{\pi\mu}} \cdot \left(\frac{N_1 N_2}{V^2}\right) \quad [26.2\text{–}5]$$

$$= \frac{(3.14) \cdot (3.32 \cdot 10^{-10}\ \mathrm{m})^2 \cdot \sqrt{3.00 \cdot 10^6\ \mathrm{m^2\ s^{-2}}} \cdot (1.50 \cdot 10^{-3}\ \mathrm{mol}) \cdot (3.00 \cdot 10^{-3}\ \mathrm{mol}) \cdot (6.02 \cdot 10^{23}\ \mathrm{mol^{-1}})^2}{(5.00 \cdot 10^{-3}\ \mathrm{m^3})^2}$$

$$= \underline{3.90 \cdot 10^{31}\ \mathrm{m^{-3}\ s^{-1}}.}$$

Anzahl der Stöße $= (3.90 \cdot 10^{31}\ \mathrm{m^{-3}\ s^{-1}}) \cdot (5.00 \cdot 10^{-3}\ \mathrm{m^3}) \cdot (1.00 \cdot 10^{-3}\ \mathrm{s}) = \underline{1.95 \cdot 10^{26}.}$

A26-5 $\sigma = 0.46\ \mathrm{nm^2}$; $\lambda = \frac{1}{\sqrt{2} \cdot \sigma} \cdot \left(\frac{kT}{p}\right)$. [26.2–6].

$$T = p \cdot \lambda \cdot \sqrt{2} \cdot \frac{\sigma}{k}$$

$$= \frac{(3.65 \cdot 10^3\ \mathrm{Pa}) \cdot (1.20 \cdot 10^{-6}\ \mathrm{m}) \cdot (1.41) \cdot (0.46 \cdot 10^{-18}\ \mathrm{m^2})}{1.38 \cdot 10^{-23}\ \mathrm{J\ K^{-1}}}$$

$$= 206\ \mathrm{K} \quad \text{[Tabelle 26–2]}.$$

A26-6 $\delta m = \frac{A_0 \tau p}{\sqrt{\frac{2\pi kT}{m}}}$ [26.3–4]

$$= \frac{(3.14) \cdot (1.25 \cdot 10^{-3}\ \mathrm{m})^2 \cdot (7.20 \cdot 10^3\ \mathrm{s}) \cdot (0.835\ \mathrm{Pa})}{\sqrt{\frac{(2\pi) \cdot (1.38 \cdot 10^{-23}\ \mathrm{J\ K^{-1}}) \cdot (400\ \mathrm{K})}{(260) \cdot (1.66 \cdot 10^{-27}\ \mathrm{kg})}}}$$

$$= 1.04 \cdot 10^{-4}\ \mathrm{kg} = \underline{104\ \mathrm{mg.}}$$

A26-7 $J_z(\text{Energie}) = -\kappa \cdot \frac{\mathrm{d}T}{\mathrm{d}z} = -(1.63 \cdot 10^{-2}\ \mathrm{J\ m^{-1}\ s^{-1}\ K^{-1}}) \cdot (2.5\ \mathrm{K\ m^{-1}})$

$$= \underline{-0.041\ \mathrm{J\ m^{-2}\ s^{-1}}} \quad [26.3\text{–}2,\ \text{Tabelle 26–3}].$$

A26-8 $\kappa = \frac{\frac{1}{3}\bar{c}C_{V,\mathrm{m}}}{\sqrt{2}\sigma N_\mathrm{A}} = 0.0465\ \mathrm{J\ s^{-1}\ K^{-1}\ m^{-1}}$ [Tabelle 26–3, 26.3–11]

$$\bar{c} = \sqrt{\frac{8 \cdot (1.38 \cdot 10^{-23}\ \mathrm{J\ K^{-1}}) \cdot (273\ \mathrm{K})}{(3.14) \cdot (20.2) \cdot (1.66 \cdot 10^{-27}\ \mathrm{kg})}} = 535\ \mathrm{m\ s^{-1}}.$$

$C_{V,\mathrm{m}} = \frac{3}{2}R = (1.50) \cdot (8.314\ \mathrm{J\ K^{-1}\ mol^{-1}}) = 12.5\ \mathrm{J\ K^{-1}\ mol^{-1}}$

$$\sigma = \frac{(535\ \mathrm{m\ s^{-1}}) \cdot (12.5\ \mathrm{J\ K^{-1}\ mol^{-1}})}{(0.0465\ \mathrm{J\ m^{-1}\ s^{-1}\ K^{-1}}) \cdot 3 \cdot \sqrt{2} \cdot (6.02 \cdot 10^{23}\ \mathrm{mol^{-1}})} = 5.63 \cdot 10^{-20}\ \mathrm{m^2} = \underline{0.0563\ \mathrm{nm^2}}.$$

In Tabelle 26–2 finden wir den Wert $0.24\ \mathrm{nm^2}$.

A26-9 $\eta = \dfrac{\frac{1}{3}m\bar{c}}{\sqrt{2} \cdot \sigma} = 298\ \mu P$ [Tabelle 26-3, 26.3–13].

$\bar{c} = 535\ \mathrm{m\ s^{-1}}$ [siehe die Lösung von Aufgabe A26–8].

$$\sigma = \frac{(20.2 \cdot 1.66 \cdot 10^{-27}\ \mathrm{kg}) \cdot (535\ \mathrm{m\ s^{-1}})}{3 \cdot \sqrt{2} \cdot (2.98 \cdot 10^{-5}\ \mathrm{kg\ m^{-1}\ s^{-1}})} = 1.42 \cdot 10^{-19}\ \mathrm{m^2} = \underline{0.142\ \mathrm{nm^2}}.$$

In Tabelle 26–2 finden wir den Wert $0.24\ \mathrm{nm^2}$.

A26-10 $p_1^2 = p_2^2 + \left(\dfrac{\mathrm{d}V}{\mathrm{d}t}\right) \cdot 16 \cdot \left(\dfrac{l\eta p_0}{\pi r^4}\right)$ [26.3–14, Tabelle 26–3]

$$= (10^5\ \mathrm{Pa})^2 + \frac{(9.50 \cdot 10^2\ \mathrm{m^3}) \cdot 16 \cdot (8.50\ \mathrm{m}) \cdot (1.76 \cdot 10^{-5}\ \mathrm{kg\ m^{-1}\ s^{-1}}) \cdot (10^5\ \mathrm{Pa})}{(3600\ \mathrm{s}) \cdot \pi \cdot (5.00 \cdot 10^{-3}\ \mathrm{m})^4}$$

$$= (10^5\ \mathrm{Pa})^2 + 3.22 \cdot 10^{10}\ \mathrm{Pa^2} = 4.22 \cdot 10^{10}\ \mathrm{Pa^2}.$$

$p_1 = \underline{2.05 \cdot 10^5\ \mathrm{Pa}}.$

26-1 $\lambda = \dfrac{kT}{\sigma p \cdot \sqrt{2}}$ [26.2–6]

$$= \frac{(1.381 \cdot 10^{-23}\ \mathrm{J\ K^{-1}}) \cdot (298.15\ \mathrm{K})}{(0.43 \cdot 10^{-18}\ \mathrm{m^2}) \cdot p \cdot \sqrt{2}}$$

$$= \frac{0.68 \cdot 10^{-2}\ \mathrm{J\ m^{-2}}}{p}$$

(a) $p = 1\ \mathrm{bar} = 1 \cdot 10^6\ \mathrm{N\ m^{-2}}$.

$$\lambda = \frac{0.68 \cdot 10^{-2}\ \mathrm{J\ m^{-2}}}{1 \cdot 10^6\ \mathrm{N\ m^{-2}}} = 0.68 \cdot 10^{-8}\ \mathrm{J\ N^{-1}} = 0.68 \cdot 10^{-8}\ \mathrm{m} = \underline{6.8\ \mathrm{nm}}.$$

(b) $p = 1.0\ \mathrm{bar}$, $\lambda \propto \dfrac{1}{p}$, das ergibt $\lambda = \underline{68\ \mathrm{nm}}$.

(c) $p = 10^{-6}\ \mathrm{bar}$, $\lambda = 68\ \mathrm{nm} \cdot 10^6 = \underline{68\ \mathrm{mm}}$.

26-2 $p = \dfrac{kT}{\sigma\lambda\sqrt{2}}$ [26.2–6], $\lambda \approx \sqrt[3]{1.00\ \mathrm{dm^3}} = 1.0\ \mathrm{dm}$.

$$p = \frac{(1.381 \cdot 10^{-23}\ \mathrm{J\ K^{-1}}) \cdot (298.15\ \mathrm{K})}{(0.36 \cdot 10^{-18}\ \mathrm{m^2}) \cdot (0.10\ \mathrm{m}) \cdot \sqrt{2})}$$

$$= 0.081\ \mathrm{N\ m^{-2}} = \underline{8.1 \cdot 10^{-7}\ \mathrm{bar}}.$$

26-3 $p = \dfrac{kT}{\sigma\lambda\sqrt{2}}$ [26.2–6], $\lambda \approx \sqrt{\sigma}$.

$$p = \frac{(1.381 \cdot 10^{-23}\ \mathrm{J\ K^{-1}}) \cdot (298.15\ \mathrm{K})}{(0.36 \cdot 10^{-18}\ \mathrm{m^2})^{\frac{3}{2}} \cdot \sqrt{2}}$$

$$= 1.35 \cdot 10^7\ \mathrm{N\ m^2} = \underline{135\ \mathrm{bar}.}$$

26-4 $\lambda = \dfrac{kT}{\sigma p\sqrt{2}}$ [26.2–6]

$$= \frac{(1.381 \cdot 10^{-23}\ \mathrm{J\ K^{-1}}) \cdot (217\ \mathrm{K})}{(0.43 \cdot 10^{-18}\ \mathrm{m^2}) \cdot (0.05 \cdot 10^5\ \mathrm{N\ m^{-2}}) \cdot \sqrt{2}}$$

$$= 9.86 \cdot 10^{-7}\ \mathrm{m} = \underline{986\ \mathrm{nm}.}$$

26-5 $z = \sqrt{2} \cdot \sigma\bar{c}\dfrac{N}{V}$ [26.2–2], $\dfrac{N}{V} = \dfrac{nN_{\mathrm{A}}}{V} = \dfrac{nN_{\mathrm{A}}p}{nRT} = \dfrac{p}{kT}$,

$\bar{c} = \sqrt{\dfrac{8kT}{\pi m}}$ [26.1–10].

$$z = \sqrt{\frac{16 \cdot kT}{\pi m}} \cdot \frac{\sigma p}{kT} = \sqrt{\frac{16}{\pi m kT}} \cdot \sigma p.$$

$m = 39.93 \cdot (1.66056 \cdot 10^{-27}\ \mathrm{kg})$ [Einbandseiten 3 und 4] $= 6.63 \cdot 10^{-26}\ \mathrm{kg}$,

$\sigma = 0.36\ \mathrm{nm^2}$ [Aufgabe 26–2].

$$z = \sqrt{\frac{16}{\pi \cdot (6.63 \cdot 10^{-26}\ \mathrm{kg}) \cdot (1.381 \cdot 10^{-23}\ \mathrm{J\ K^{-1}}) \cdot (298.15\ \mathrm{K})}} \cdot (0.36\ \mathrm{nm^2}) \cdot p$$

$= (4.92 \cdot 10^4\ \mathrm{s^{-1}}) \cdot (p/\mathrm{N\ m^{-2}})$. [1 J = 1 N m]

$z = (4.92 \cdot 10^4\ \mathrm{s^{-1}}) \cdot (10^5) \cdot (p/\mathrm{bar}) = (4.92 \cdot 10^9\ \mathrm{s^{-1}}) \cdot (p/\mathrm{bar})$.

(a) $p = 10$ bar, $z = \underline{4.9 \cdot 10^{10}\ \mathrm{s^{-1}}}$,

(b) $p = 1$ bar, $z = \underline{4.9 \cdot 10^{9}\ \mathrm{s^{-1}}}$,

(c) $p = 10^{-6}$ bar, $z = \underline{4.9 \cdot 10^{3}\ \mathrm{s^{-1}}}$.

26-6 $Z_{\mathrm{AA}} = \frac{1}{2}z \cdot \left(\dfrac{N}{V}\right)$ [26.2–3] $= \dfrac{zp}{2kT}$.

$$\frac{p}{2kT} = \frac{(p/\mathrm{bar}) \cdot (10^5\ \mathrm{N\ m^{-2}})}{2 \cdot (1.381 \cdot 10^{-23}\ \mathrm{J\ K^{-1}}) \cdot (298.15\ \mathrm{K})}$$

$$= (1.214 \cdot 10^{25}\ \mathrm{m^{-3}}) \cdot (p/\mathrm{bar}).$$

$Z_{\mathrm{AA}} = (5.0 \cdot 10^9\ \mathrm{s^{-1}}) \cdot (p/\mathrm{bar}) \cdot (1.214 \cdot 10^{25}\ \mathrm{m^{-3}}) \cdot (p/\mathrm{bar})$ [Aufgabe 26–5]

$= 6.1 \cdot 10^{34} \cdot (p/\mathrm{bar})^2\ \mathrm{s^{-1}\ m^{-3}}$.

Die Anzahl der Stöße, die sich in 1 dm^3 ereignen, ist folglich

$$Z_{AA} \cdot (1\ dm^3) = 6.1 \cdot 10^{34} \cdot 10^{-3} \cdot (p/bar)^2 = 6.1 \cdot 10^{31} \cdot (p/bar)^2)$$

$$= \begin{cases} (a) \quad \underline{6.1 \cdot 10^{33}} \text{ für } p = 10 \text{ bar}, \\ (b) \quad \underline{6.1 \cdot 10^{31}} \text{ für } p = 1 \text{ bar}, \\ (c) \quad \underline{6.1 \cdot 10^{19}} \text{ für } p = 10^{-6} \text{ bar}. \end{cases}$$

26-7 $z = \sqrt{\frac{16}{\pi m T}} \cdot \sigma p$ [Aufgabe 26–5]; $\sigma = 0.43\ nm^2$,

$p = 0.05$ bar, $T = 217$ K [Aufgabe 26–4],

$$z = \sqrt{\frac{16}{\pi \cdot (4.65 \cdot 10^{-26}\ kg) \cdot (1.381 \cdot 10^{-23}\ J\ K^{-1}) \cdot (217\ K)}} \cdot (0.43\ nm^2) \cdot (0.05 \cdot 10^5\ N\ m^{-2})$$

$$= \underline{4 \cdot 10^8\ s^{-1}}.$$

26-8 $Z_{AA} = \sigma \cdot \sqrt{\frac{4kT}{\pi m}} \cdot \left(\frac{N}{V}\right)^2$ [26.2–4] $= \sigma \cdot \sqrt{\frac{4kT}{\pi m}} \cdot \left(\frac{p}{kT}\right)^2$

$$= \sigma \cdot \sqrt{\frac{4}{\pi k^3 T^3 m}} \cdot p^2.$$

$Z_{AB} = \sigma \cdot \sqrt{\frac{8kT}{\pi \mu}} \cdot \left(\frac{NN'}{V^2}\right)$ [26.2–5] $= \sigma \cdot \sqrt{\frac{8kT}{\pi \mu}} \cdot \left(\frac{p_A p_B}{k^2 T^2}\right)$

$$= \sigma \cdot \sqrt{\frac{8}{\pi \mu k^3 T^3}} \cdot p_A p_B, \quad \mu = \frac{m_A m_B}{m_A + m_B}.$$

$\sigma(O_2) = \pi \cdot (357\ pm)^2 = 4.0 \cdot 10^{-19}\ m^2$,

$\sigma(N_2, O_2) = \pi \cdot (178\ pm + 185\ pm)^2 = 4.14 \cdot 10^{-19}\ m^2$.

$m(O_2) = 32.00 \cdot (1.6605 \cdot 10^{-27}\ kg) = 5.32 \cdot 10^{-26}\ kg$.

$\mu(O_2, N_2) = \frac{32.00 \cdot 28.02}{60.02} \cdot (1.6605 \cdot 10^{-27}\ kg) = 2.48 \cdot 10^{-26}\ kg$.

$p(O_2) = 0.210$ bar [Beispiel 1–3] $= 2.10 \cdot 10^4\ N\ m^{-2}$,

$p(N_2) = 0.781$ bar [Beispiel 1–3] $= 7.81 \cdot 10^4\ N\ m^{-2}$.

$$\frac{8}{\pi k^3 T^3} = \frac{8}{\pi \cdot (1.381 \cdot 10^{-23}\ J\ K^{-1})^3 \cdot (298.15\ K)^3} = 3.65 \cdot 10^{61}\ J^{-3}.$$

$$Z(O_2, O_2) = (4.0 \cdot 10^{-19}\ m^2) \cdot \sqrt{\frac{1.83 \cdot 10^{61}\ J^{-3}}{5.32 \cdot 10^{-26}\ kg}} \cdot (2.10 \cdot 10^4\ N\ m^{-2})^2$$

$$= 3.27 \cdot 10^{33}\ s^{-1}\ m^{-3}.$$

Das heißt, in 1 cm^3 Luft erfolgen in einer Sekunde zwischen Sauerstoff-Molekülen

$(0.3 \cdot 10^{33}\ s^{-1}\ m^{-2}) \cdot (1\ s) \cdot (10^{-6}\ m^3) = \underline{3 \cdot 10^{27}}$ Kollisionen.

$$Z(O_2, N_2) = (4.14 \cdot 10^{-19}\ \mathrm{m}^2) \cdot \sqrt{\frac{3.65 \cdot 10^{61}\ \mathrm{J}^{-3}}{2.48 \cdot 10^{-26}\ \mathrm{kg}}} \cdot (2.10 \cdot 10^4\ \mathrm{N\ m}^{-2}) \cdot (7.81 \cdot 10^4\ \mathrm{N\ m}^{-2})$$

$$= 2.60 \cdot 10^{33}\ \mathrm{s}^{-1}\ \mathrm{m}^{-3}.$$

Das heißt, in $1\ \mathrm{cm}^3$ Luft erfolgen in einer Sekunde zwischen Sauerstoff- und Stickstoff-Molekülen $(2.60 \cdot 10^{34}\ \mathrm{s}^{-1}\ \mathrm{m}^{-2}) \cdot (1\ \mathrm{s}) \cdot (10^{-6}\ \mathrm{m}^3) = \underline{3 \cdot 10^{28}}$ Kollisionen.

26-9 $Z_{AA} = \sigma \cdot \sqrt{\frac{4}{\pi k^3 T^3 m}} \cdot p^2$ [Aufgabe 26–8].

$m \approx 0.8\ m(N_2) + 0.2\ m(O_2) = (29 \cdot 1.66 \cdot 10^{-27}\ \mathrm{kg}) = 4.8 \cdot 10^{-26}\ \mathrm{kg}$;

$\sigma \approx 4.0 \cdot 10^{-19}\ \mathrm{m}^2$ [Aufgabe 26–8]

$\frac{4}{\pi k^3 T^3} = 1.83 \cdot 10^{61}\ \mathrm{J}^{-3}$ [Aufgabe 26–8].

$$Z_{\mathrm{Luft,Luft}} \approx (4.0 \cdot 10^{-19}\ \mathrm{m}^2) \cdot \sqrt{\frac{1.83 \cdot 10^{61}\ \mathrm{J}^{-3}}{4.8 \cdot 10^{-26}\ \mathrm{kg}}} \cdot \left(\frac{(1.6\ \mathrm{mbar}) \cdot (10^5\ \mathrm{N\ m}^{-2})}{1000\ \mathrm{mbar}}\right)^2 = 2.0 \cdot 10^{29}\ \mathrm{s}^{-1}\ \mathrm{m}^{-3}.$$

In $1\ \mathrm{cm}^3$ ereignen sich also jetzt $\underline{2.0 \cdot 10^{23}}$ Kollisionen pro Sekunde.

26-10 $\bar{c} = \sqrt{\frac{8kT}{\pi m}}$ [26.1–10].

$$m = \frac{M_m}{N_A} = \frac{M_r\ \mathrm{g\ mol}^{-1}}{N_A} = \frac{10^{-3} \cdot M_r\ \mathrm{kg\ mol}^{-1}}{N_A}.$$

$$\bar{c} = \sqrt{\frac{8RT}{\pi M_m}} = \frac{8 \cdot (8.314\ \mathrm{J\ K}^{-1}\ \mathrm{mol}^{-1}) \cdot T}{10^{-3} \cdot M_r \cdot \pi\ \mathrm{kg\ mol}^{-1}}$$

$$= 145.5 \cdot \sqrt{\frac{T/\mathrm{K}}{M_r}}\ \mathrm{m\ s}^{-1}.$$

Mit $M_r(\mathrm{He}) = 4.0$ und $M_r(CH_4) = 16.0$ können wir jetzt die folgende Tabelle berechnen:

T/K	77	298	1000
$\bar{c}(\mathrm{He})/(\mathrm{m\ s}^{-1})$	640	1260	2300
$\bar{c}(CH_4)/(\mathrm{m\ s}^{-1})$	320	630	1150

26-11 $U_m = \frac{1}{2} m c^2 N_A = \frac{1}{2} m \cdot \left(\frac{3kT}{m}\right) \cdot N_A$ [26.1–1] $= \frac{3}{2} RT$

(oder nach dem Gleichverteilungssatz, Abschnitt 0.1f).

Bei 300 K gilt für beide Molekülarten unabhängig vom Druck

$$U_m = \tfrac{3}{2}(8.314 \text{ J K}^{-1} \text{ mol}^{-1}) \cdot (300 \text{ K}) = \underline{3.7 \text{ kJ mol}^{-1}}.$$

26-12 Die Schlitze benachbarter Scheiben erreichen die gleichen Positionen jeweils mit einer Zeitverschiebung von $\frac{2^0}{360^0} \cdot \frac{1}{\nu}$. Ein Atom kann genau dann durch beide Schlitze fliegen, wenn es die Geschwindigkeit $\frac{1 \text{ cm}}{\left(\frac{2^0}{360^0}\right) \cdot \frac{1}{\nu}} = 180 \cdot \nu \text{ cm} = 180 \cdot (\nu/\text{Hz}) \text{ cm s}^{-1}$ in der x-Richtung (parallel zur Rotationsachse) hat. Das ergibt folgende Verteilung der v_x-Komponente der Geschwindigkeit:

ν/Hz	20	40	80	100	120
$v_x/(\text{cm s}^{-1})$	3600	7200	14400	18000	21600
$I(40 \text{ K})$	0.846	0.513	0.069	0.015	0.002
$I(100 \text{ K})$	0.592	0.485	0.217	0.119	0.057

Nach der Theorie ist $f(v_x) = \sqrt{\frac{m}{2\pi kT}} \cdot \exp\left(-\frac{\frac{1}{2}mv_x^2}{kT}\right)$ [26.1–8] und damit

wegen $I \propto f$ auch $I \propto \sqrt{\frac{1}{T}} \cdot \exp\left(-\frac{\frac{1}{2}mv_x^2}{kT}\right)$.

$$m = 83.8 \cdot (1.66056 \cdot 10^{-27} \text{ kg}) = 1.39 \cdot 10^{-25} \text{ kg}.$$

$$\frac{\frac{1}{2}mv_x^2}{kT} = \frac{(1.39 \cdot 10^{-25} \text{ kg}) \cdot (1.80 \text{ m s}^{-1})^2 \cdot (\nu/\text{Hz})^2}{2 \cdot (1.381 \cdot 10^{-23} \text{ J K}^{-1}) \cdot T}$$

$$= 1.63 \cdot 10^{-2} \cdot \left(\frac{(\nu/\text{Hz})^2}{T/\text{K}}\right).$$

$$I(T) \propto \sqrt{\frac{1}{T/\text{K}}} \cdot \exp\left\{-1.63 \cdot 10^{-2} \cdot \left(\frac{(\nu/\text{Hz})^2}{T/\text{K}}\right)\right\}.$$

Die Proportionalitätskonstante bestimmen wir aus dem Wert von 80 Hz für $T = 40$ K; damit stellen wir dann die folgende Tabclle auf:

ν/Hz	20	40	80	100	120
$I(40 \text{ K})$	0.80	0.49	<u>0.069</u>	0.016	0.003
$I(100 \text{ K})$	0.56	0.46	0.209	0.116	0.057

Die Übereinstimmung zwischen Theorie und Experiment ist sehr gut.

26-13 Die Wahrscheinlichkeit, daß ein Teilchen die Energie E hat, ist proportional zu $e^{-\frac{E}{kT}}$ [0.1–2]. In einem eindimensionalen System ist $E = \frac{1}{2}mv_x^2$. Dann ist die Wahrscheinlichkeit dafür, ein Teilchen bei der Geschwindigkeit v_x in dem Geschwindigkeitsintervall $\mathrm{d}v_x$ anzutreffen, proportional $\exp\left(-\frac{mv_x^2}{2kT}\right) \cdot \mathrm{d}v_x$. Den Proportionalitätsfaktor nennen wir K; dann gilt

$$\int_{-\infty}^{\infty} K \cdot \exp\left(-\frac{mv_x^2}{2kT}\right) \cdot \mathrm{d}v_x = 1.$$

[Jedes Teilchen hat irgendeine Geschwindigkeit zwischen $v_x = -\infty$ und $v_x = +\infty$.]

$$K \cdot \int_{-\infty}^{\infty} \exp\left(-\frac{mv_x^2}{2kT}\right) \cdot \mathrm{d}v_x = \sqrt{\frac{2kT}{m}} \cdot K \cdot \int_{-\infty}^{\infty} \mathrm{e}^{-x^2}\mathrm{d}x \qquad \left[x^2 = \frac{mv_x^2}{2kT}\right]$$

$$= \sqrt{\frac{2kT}{m}} \cdot K \cdot \sqrt{\pi}.$$

Das ergibt $K = \sqrt{\frac{m}{2\pi kT}}$ und $\mathrm{d}f_x = \sqrt{\frac{m}{2\pi kT}} \cdot \exp\left(-\frac{mv_x^2}{2kT}\right)$,

in Übereinstimmung mit [26.1–8].

26-14 $\langle v_x\rangle_{\text{Ende}} = K \cdot \int_0^{\langle v_x\rangle_{\text{Anfang}}} v_x \mathrm{d}f_x$ [26.1–7, 26.1–8 mit $f_x\mathrm{d}x = \mathrm{d}f_x$].

K bestimmen wir aus der Bedingung $K \cdot \int_0^{\langle v_x\rangle_{\text{Anfang}}} \mathrm{d}f_x = 1.$

[Die Teilchen, die aus dem Selektor herauskommen, haben mit Sicherheit eine Geschwindigkeit zwischen 0 und $\langle v_x\rangle_{\text{Anfang}}$. Zur Abkürzung schreiben wir jetzt $\langle v_x\rangle_{\text{Anfang}} = a$.

$$K \cdot \int_0^a \mathrm{d}f_x = K \cdot \sqrt{\frac{m}{2\pi kT}} \cdot \int_0^a \exp\left(-\frac{mv_x^2}{2kT}\right) \mathrm{d}v_x$$

$$= K \cdot \sqrt{\frac{2kT}{m}} \cdot \sqrt{\frac{m}{2\pi kT}} \cdot \int_0^b \mathrm{e}^{-x^2}\mathrm{d}x \qquad \left[b = \sqrt{\frac{m}{2kT}} \cdot a\right]$$

$$= \frac{K}{\sqrt{\pi}} \cdot \int_0^b \mathrm{e}^{-x^2}\mathrm{d}x.$$

In Kasten 26–1 ist die Fehlerfunktion angegeben: $\operatorname{erf} z = \left(\frac{2}{\sqrt{\pi}}\right) \int_0^z \mathrm{e}^{-x^2}\mathrm{d}x.$

Damit können wir $K \int_0^a \mathrm{d}f_x = \frac{1}{2}K \cdot \operatorname{erf} b = 1$ schreiben

und erhalten $K = \frac{2}{\operatorname{erf} b}.$

Für die mittlere Geschwindigkeit der Teilchen des ausströmenden Strahles ergibt das

$$\begin{aligned}
\langle v_x\rangle_{\text{Ende}} &= \left(\frac{2}{\operatorname{erf} b}\right)\cdot\int_0^a v_x \mathrm{d}f_x \\
&= \left(\frac{2}{\operatorname{erf} b}\right)\cdot\sqrt{\frac{m}{2\pi kT}}\cdot\int_0^a v_x\cdot\exp\left(-\frac{mv_x^2}{2kT}\right)\mathrm{d}v_x \\
&= \left(\frac{2}{\operatorname{erf} b}\right)\cdot\sqrt{\frac{m}{2\pi kT}}\cdot\int_0^a \left(-\frac{kT}{m}\right)\cdot\left(\frac{\mathrm{d}}{\mathrm{d}v_x}\right)\exp\left(-\frac{mv_x^2}{2kT}\right)\mathrm{d}v_x \\
&= -\sqrt{\frac{2kT}{\pi m}}\left(\frac{1}{\operatorname{erf} b}\right)\cdot\exp\left(-\frac{mv_x^2}{2kT}\right)\Bigg|_0^a \\
&= -\sqrt{\frac{2kT}{\pi m}}\left(\frac{1}{\operatorname{erf} b}\right)\cdot\left\{\exp\left(-\frac{ma^2}{2kT}\right)-1\right\}.
\end{aligned}$$

Es ist aber $a = \langle v_x\rangle_{\text{Anfang}} = \sqrt{\dfrac{2kT}{\pi m}}$.

[Das folgt aus der Formel für $\langle v_x\rangle_{\text{Ende}}$, wenn man $a = \infty$ einsetzt, denn dann ist erf $b = 1$.] Damit erhalten wir

$$\exp\left(-\frac{ma^2}{2kT}\right) = \exp\left(-\frac{1}{\pi}\right) \quad \text{und} \quad \operatorname{erf} b = \operatorname{erf}\left(\frac{1}{\sqrt{\pi}}\right),$$

$$\langle v_x\rangle_{\text{Ende}} = \sqrt{\frac{2kT}{\pi m}}\cdot\frac{1-\mathrm{e}^{-\frac{1}{\pi}}}{\operatorname{erf}\left(\frac{1}{\sqrt{\pi}}\right)}$$ und schließlich

$$\frac{\langle v_x\rangle_{\text{Ende}}}{\langle v_x\rangle_{\text{Anfang}}} = \frac{1-\mathrm{e}^{-\frac{1}{\pi}}}{\operatorname{erf}\left(\frac{1}{\sqrt{\pi}}\right)}.$$ Tabellen der Fehlerfunktion entnehmen wir

die Werte $\operatorname{erf}\left(\frac{1}{\sqrt{\pi}}\right) = \operatorname{erf}(0.56) = 0.57$ und $\mathrm{e}^{-\frac{1}{\pi}} = 0.73$. Das ergibt

$$\frac{\langle v_x\rangle_{\text{Ende}}}{\langle v_x\rangle_{\text{Anfang}}} = \underline{0.47.}$$

26-15 $\langle X\rangle = \sum_{i=1}^{z}\left(\frac{N_i}{N}\right)\cdot X_i$ [26.1–6], $N = 328$.

$$\langle v_x\rangle = \frac{1}{328}\cdot\{40\cdot 50 + 62\cdot 55 + \ldots + 2\cdot 70 + 38\cdot(-50) + \ldots + 2\cdot(-70)\}\ \text{km h}^{-1} = \underline{18\ \text{km h}^{-1}.}$$

$$\langle|v_x|\rangle = \frac{1}{328}\cdot\{40\cdot 50 + 62\cdot 55 + \ldots + 2\cdot 70 + 38\cdot 50 + \ldots + 2\cdot 70\}\ \text{km h}^{-1} = \underline{56\ \text{km h}^{-1}.}$$

$$\langle v_x^2\rangle = \frac{1}{328}\cdot\left\{40\cdot 50^2 + 62\cdot 55^2 + \ldots + 2\cdot 70^2 + 38\cdot 50^2 + \ldots + 2\cdot 70^2\right\}\ (\text{km h}^{-1})^2 = \underline{3184\ \text{km}^2\ \text{h}^{-2}.}$$

$\sqrt{\langle v_x^2\rangle} = \underline{56\ \text{km h}^{-1}.}$ Zufällig ist hier $\sqrt{\langle v_x^2\rangle} \approx \langle|v_x|\rangle$.

26-16 $\langle X\rangle = \sum_i \left(\frac{N_i}{N}\right) \cdot X_i$ [26.1–6], $N = 53.$

$$\langle h\rangle = \left(\frac{1}{53}\right) \cdot \{1 \cdot (160) + 2 \cdot (162) + 4 \cdot (164) + \ldots + 1 \cdot (178)\} \text{ cm} = \underline{168.94 \text{ cm.}}$$

$$\langle h^2\rangle = \left(\frac{1}{53}\right) \cdot \left\{1 \cdot (160)^2 + 2 \cdot (162)^2 + 4 \cdot (164)^2 + \ldots + 1 \cdot (178)^2\right\} \text{ cm} = \underline{28553.74 \text{ cm.}}$$

$$\sqrt{\langle h^2\rangle} = \underline{168.98 \text{ cm.}}$$

26-17 $F(v) = 4\pi \cdot \left(\frac{m}{2\pi kT}\right)^{\frac{3}{2}} v^2 \cdot \exp\left(-\frac{mv^2}{2kT}\right)$ [26.1–9]

Der Anteil der Moleküle mit einer Geschwindigkeit <u>unter</u> c ist

$$\int_0^c F(v)\mathrm{d}v = 4\pi \cdot \left(\frac{m}{2\pi kT}\right)^{\frac{3}{2}} \int_0^c v^2 \cdot \exp\left(-\frac{mv^2}{2kT}\right) \mathrm{d}v$$

Mit der Abkürzung $a = \frac{m}{2kT}$ erhalten wir daraus

$$\int_0^c F(v)\mathrm{d}v = 4\pi \cdot \left(\frac{a}{\pi}\right)^{\frac{3}{2}} \int_0^c v^2 \cdot \mathrm{e}^{-av^2} \mathrm{d}v = -4\pi \cdot \left(\frac{a}{\pi}\right)^{\frac{3}{2}} \cdot \left(\frac{\mathrm{d}}{\mathrm{d}a}\right) \int_0^c \mathrm{e}^{-av^2} \mathrm{d}v$$

$$= -4\pi \cdot \left(\frac{a}{\pi}\right)^{\frac{3}{2}} \cdot \left(\frac{\mathrm{d}}{\mathrm{d}a}\right) \sqrt{\frac{1}{a}} \int_0^{c\sqrt{a}} \mathrm{e}^{-x^2} \mathrm{d}x$$

$$= -4\pi \cdot \left(\frac{a}{\pi}\right)^{\frac{3}{2}} \cdot \left\{-\frac{1}{2}\left(\frac{1}{a}\right)^{\frac{3}{2}} \int_0^{c\sqrt{a}} \mathrm{e}^{-x^2} \mathrm{d}x + \sqrt{\frac{1}{a}} \cdot \left(\frac{\mathrm{d}}{\mathrm{d}a}\right) \int_0^{c\sqrt{a}} \mathrm{e}^{-x^2} \mathrm{d}x\right\}$$

$$\int_0^{c\sqrt{a}} \mathrm{e}^{-x^2} \mathrm{d}x = \frac{1}{2}\sqrt{\pi} \cdot \operatorname{erf}(c\sqrt{a}) \quad \text{[Kasten 26–1].}$$

$$\left(\frac{\mathrm{d}}{\mathrm{d}a}\right) \int_0^{c\sqrt{a}} \mathrm{e}^{-x^2} \mathrm{d}x = \left(\frac{\mathrm{d}(c\sqrt{a})}{\mathrm{d}a}\right) \cdot \mathrm{e}^{-c^2 a} = \frac{1}{2}\left(\frac{c}{\sqrt{a}}\right) \cdot \mathrm{e}^{-c^2 a}$$

$$\left[\left(\frac{\mathrm{d}}{\mathrm{d}x}\right) \int_0^x f(y)\mathrm{d}y = f(x)\right]$$

$$\int_0^c F(v)\mathrm{d}v = \operatorname{erf}\left(\frac{c}{\sqrt{a}}\right) - \left(\frac{2}{\sqrt{\pi}}\right) \cdot \left(\frac{c}{\sqrt{a}}\right) \cdot \mathrm{e}^{-c^2 a}.$$

Nach [26.1–1] ist $c = \sqrt{\frac{3kT}{m}}$ und damit $c\sqrt{a} = \sqrt{\left(\frac{3kT}{m}\right) \cdot \left(\frac{m}{2kT}\right)} = \sqrt{\frac{3}{2}}.$

Damit wird $\int_0^c F(v)\mathrm{d}v = \operatorname{erf}\sqrt{\frac{3}{2}} - \sqrt{\frac{6}{\pi}} \cdot \mathrm{e}^{-\frac{3}{2}} = 0.92 - 0.31 = \underline{0.61.}$

Es haben also 61 Prozent der Moleküle eine Geschwindigkeit, die kleiner als die quadratisch gemittelte Geschwindigkeit ist, und 39 Prozent eine größere.

Wenn man diese Frage auf die mittlere Geschwindigkeit $\bar{c}$ beziehen will, muß c durch $\bar{c} = \sqrt{\frac{8kT}{\pi m}}$ [26.1–10] $= \sqrt{\frac{8}{3}\pi} \cdot c$ ersetzt werden; dann ist $\bar{c}\sqrt{a} = \frac{2}{\sqrt{\pi}}$ und

$$\int_0^{\bar{c}} F(v)\mathrm{d}v = \mathrm{erf}\,(\bar{c}\sqrt{a}) - \left(\frac{2}{\sqrt{\pi}}\right) \cdot (\bar{c}\sqrt{a}) \cdot \mathrm{e}^{-\bar{c}^2 a}$$

$$= \mathrm{erf}\left(\frac{2}{\sqrt{\pi}}\right) - \left(\frac{4}{\pi}\right) \cdot \mathrm{e}^{-\frac{4}{\pi}} = 0.889 - 0.356 = \underline{0.533.}$$

26-18 Wir betrachten Geschwindigkeitsintervalle bei c^* und nc^* mit der Breite $\mathrm{d}v$:

$$\frac{F(nc^*)}{F(c^*)} = \frac{(nc^*)^2 \cdot \exp\left(-\frac{mn^2c^{*2}}{2kT}\right)}{(c^*)^2 \cdot \exp\left(-\frac{mc^{*2}}{2kT}\right)} \quad [26.1\text{–}9]$$

$$= n^2 \cdot \exp\left(-\frac{(n^2-1) \cdot mc^{*2}}{2kT}\right).$$

$c^* = \sqrt{\frac{2kT}{m}}$ [26.1–12]; dann gilt für das Verhältnis der Geschwindigkeiten

$$\frac{F(nc^*)}{F(c^*)} = n^2 \cdot \mathrm{e}^{1-n^2}.$$

$$\frac{F(3c^*)}{F(c^*)} = 9 \cdot \mathrm{e}^{-8} = \underline{3.02 \cdot 10^{-3}}, \qquad \frac{F(4c^*)}{F(c^*)} = 16 \cdot \mathrm{e}^{-15} = \underline{4.9 \cdot 10^{-6}}.$$

26-19 Um einen Körper von R nach ∞ (bezogen auf den Mittelpunkt eines Planeten mit der Masse m_2) anzuheben, braucht man die Arbeit

$$w = -\int_R^{\infty} \left(\frac{G \cdot m_1 \cdot m_2}{R^2}\right) \mathrm{d}R \quad \text{[Beispiel 2–2]} \quad = -\frac{G \cdot m_1 \cdot m_2}{R}.$$

Die kinetische Energie eines abgeschossenen Teilchens ist $E = \frac{1}{2}m_1 v^2$.

Daraus folgt für die Fluchtgeschwindigkeit der Mindestwert $\underline{v = \sqrt{\frac{2 \cdot G \cdot m_2}{R}}}$

mit der Gravitationskonstante $G = 6.672 \cdot 10^{-11}$ N m^2 kg $-$ 2.

In der Nähe der Erdoberfläche verwenden wir die Erdbeschleunigung $g = \frac{G \cdot m_2}{R^2}$. g ist für kleine Auslenkungen praktisch konstant; dann gilt $w = m_1 gh$.

Es ist also $\underline{v = \sqrt{2gR}.}$

(a) $v = \sqrt{2 \cdot (9.81 \text{ m s}^{-2}) \cdot (6.37 \cdot 10^6 \text{ m})} = \underline{11.2 \text{ km s}^{-1}.}$

(b) $g(\text{Mars}) = \frac{G \cdot m(\text{Mars})}{(R(\text{Mars}))^2}$

$$= \left\{\frac{G \cdot m(\text{Erde})}{(R(\text{Erde}))^2}\right\} \cdot \left\{\frac{R(\text{Erde})}{(R(\text{Mars}))^2}\right\} \cdot \left\{\frac{m(\text{Mars})}{m(\text{Erde})}\right\}$$

$$= g(\text{Erde}) \cdot \left\{\frac{6.37}{3.38}\right\}^2 \cdot (0.108)$$

$$= 0.38 \cdot g(\text{Erde}) = 3.73 \text{ m s}^{-2}.$$

$$v = \sqrt{2 \cdot (3.73 \text{ m s}^{-2}) \cdot (3.38 \cdot 10^6 \text{ m})} = \underline{5.0 \text{ km s}^{-1}.}$$

$$\bar{c} = \sqrt{\frac{8kT}{\pi m}} \quad [26.1\text{–}10], \quad T = \frac{\pi m \bar{c}^2}{8k};$$

$$T = \frac{\pi M_\text{m} \bar{c}^2}{8R} = \left\{4.72 \cdot 10^{-5}\ M_\text{r} \cdot \left(\bar{c}/(\text{m s}^{-1})\right)^2\right\} \text{ K} \qquad [M_\text{m} = M_\text{r} \text{ g mol}^{-1}].$$

Mit $M_\text{r}(H_2) = 2.02$, $M_\text{r}(\text{He}) = 4.00$ und $M_\text{r}(O_2) = 32.00$ stellen wir jetzt die folgende Tabelle auf:

T/K	H_2	He	O_2	
Erde	11900	23600	188900	$[\bar{c} = 11.2 \text{ km s}^{-1}]$
Mars	2430	4810	38500	$[\bar{c} = 5.0 \text{ km s}^{-1}]$

Der Bruchteil der Moleküle mit einer Geschwindigkeit größer als die Fluchtgeschwindigkeit c_Flucht ist

$$1 - \int_0^{c_\text{Flucht}} F(v)\text{d}v = 1 - \text{erf}\left(c_\text{Flucht} \cdot \sqrt{a}\right) + \left(\frac{2}{\sqrt{\pi}}\right) \cdot \left(c_\text{Flucht} \cdot \sqrt{a}\right) \cdot \text{e}^{-c_\text{Flucht}^2 a} \quad [\text{Aufgabe 26–17}]$$

mit $a = \dfrac{m}{2kT} = \dfrac{M_\text{m}}{2RT}$. Damit können wir die folgenden Tabellen berechnen.

(a) $T = 240$ K		H_2	He	O_2
$a/(\mathrm{m}^{-2}\ \mathrm{s}^2)$		$5.06 \cdot 10^{-7}$	$1.00 \cdot 10^{-6}$	$8.02 \cdot 10^{-6}$
$c_{\text{Flucht}} \cdot \sqrt{a}$	Erde	7.97	11.2	31.7
	Mars	3.56	5.01	14.2
$1 - \text{erf}\,(c_{\text{Flucht}} \cdot \sqrt{a})$	Erde	$1.8 \cdot 10^{-29}$	≈ 0	≈ 0
	Mars	$4.8 \cdot 10^{-7}$	$2.5 \cdot 10^{-12}$	≈ 0
$(c_{\text{Flucht}} \cdot \sqrt{a}) \cdot \mathrm{e}^{-c^2_{\text{Flucht}} a}$	Erde	$2.06 \cdot 10^{-27}$	≈ 0	≈ 0
	Mars	$1.12 \cdot 10^{-5}$	$6.30 \cdot 10^{-11}$	≈ 0
Anteil mit $v > c_{\text{Flucht}}$	Erde	$2.3 \cdot 10^{-27}$	≈ 0	≈ 0
	Mars	$1.3 \cdot 10^{-5}$	$7.4 \cdot 10^{-11}$	≈ 0

(b) $T = 1500$ K		H_2	He	O_2
$a/(\mathrm{m}^{-2}\ \mathrm{s}^2)$		$8.10 \cdot 10^{-8}$	$1.60 \cdot 10^{-7}$	$1.28 \cdot 10^{-6}$
$c_{\text{Flucht}} \cdot \sqrt{a}$	Erde	3.19	4.49	12.7
	Mars	1.42	2.00	5.66
$1 - \text{erf}\,(c_{\text{Flucht}} \cdot \sqrt{a})$	Erde	$6.4 \cdot 10^{-6}$	$2.2 \cdot 10^{-10}$	≈ 0
	Mars	$4.46 \cdot 10^{-2}$	$4.70 \cdot 10^{-3}$	$1.2 \cdot 10^{-5}$
$(c_{\text{Flucht}} \cdot \sqrt{a}) \cdot \mathrm{e}^{-c^2_{\text{Flucht}} a}$	Erde	$1.21 \cdot 10^{-4}$	$7.89 \cdot 10^{-9}$	≈ 0
	Mars	$1.89 \cdot 10^{-1}$	$3.66 \cdot 10^{-2}$	$6.92 \cdot 10^{-14}$
Anteil mit $v > c_{\text{Flucht}}$	Erde	$1.4 \cdot 10^{-4}$	$9.1 \cdot 10^{-9}$	≈ 0
	Mars	0.26	0.046	$7.9 \cdot 10^{-14}$

26-20 Der Druck sinkt gemäß

$$\frac{\delta p}{\mathrm{d}t} \propto -Z_{\mathrm{w}} A = -\frac{pA}{\sqrt{2\pi kT}} \quad [26.2\text{–}9],$$

wobei A der Querschnitt des Loches ist. Integration ergibt

$$p = p_0 \cdot \exp\left\{-\frac{aAt}{\sqrt{2\pi kT}}\right\},$$

dabei ist a der Proportionalitätsfaktor in der Formel für $\frac{\mathrm{d}p}{\mathrm{d}t}$ (vergl. Aufgabe 26–22). Die Zeit, in der der Druck von p_0 auf p fällt, ist damit

$$t = \sqrt{\frac{2\pi mkT}{A^2a^2}} \cdot \ln\left(\frac{p_0}{p}\right) = \sqrt{\frac{2\pi M_{\mathrm{m}} RT}{N_{\mathrm{A}}^2 A^2 a^2}} \cdot \ln\left(\frac{p_0}{p}\right).$$

Vergleicht man zwei Gase mit den relativen Molekülmassen M_{r} und M_{r}' mit gleichen Anfangs- und Enddrucken, so erhält man

$$\frac{t}{t'} = \sqrt{\frac{M_r}{M_r'}} \quad \text{und damit} \quad M_r' = \frac{M_r t'^2}{t^2}.$$

Mit $t' = 52$ s, $t = 42$ s und $M_r = 28$ ergibt sich $M_r' = 28 \cdot \left(\frac{52}{42}\right)^2 = \underline{43.}$

26-21 $Z_w = \dfrac{p}{\sqrt{2\pi mkT}}$ [26.2–9].

Die Anzahl der Stöße pro Sekunde ist $A \cdot Z_w$, dabei ist A die Oberfläche des Glühdrahtes.

$A = 2\pi \cdot (5 \text{ cm}) \cdot (0.1 \text{ mm}) = 3.14 \cdot 10^{-5} \text{ m}^2$.

$$Z_w = \frac{\left(\frac{67 \text{ mbar}}{1000 \text{ mbar}}\right) \cdot (10^5 \text{ N m}^{-2})}{\sqrt{2\pi \cdot (39.95 \cdot 1.66056 \cdot 10^{-27} \text{ kg}) \cdot (1.381 \cdot 10^{-23} \text{ J K}^{-1}) \cdot (1273 \text{ K})}}$$
$$= 7.78 \cdot 10^{25} \text{ s}^{-1} \text{ m}^{-2}.$$

Daraus folgt für die Stoßfrequenz

$(3.14 \cdot 10^{-5} \text{ m}^2) \cdot (7.78 \cdot 10^{25} \text{ s}^{-1} \text{ m}^{-2}) = \underline{2.5 \cdot 10^{21} \text{ s}^{-1}.}$

26-22 $p = \dfrac{nRT}{V} = \dfrac{nN_A kT}{V} = \dfrac{NkT}{V}$

$$\frac{dp}{dt} = \left(\frac{dN}{dt}\right) \cdot \left(\frac{kT}{V}\right), \quad \frac{dN}{dt} = -Z_w \cdot A, \quad Z_w = \frac{p}{\sqrt{2\pi mkT}} \quad [26.2\text{–}9]$$

$$\frac{dp}{dt} = \frac{-Z_w AkT}{V} = -pA \cdot \frac{\left(\frac{kT}{V}\right)}{\sqrt{2\pi mkT}} = -p \cdot \left(\frac{A}{V}\right) \cdot \sqrt{\frac{kT}{2\pi m}}.$$

Integration bis $p = p_0 \cdot \exp\left\{-\left(\frac{tA}{V}\right) \cdot \sqrt{\frac{kT}{2\pi m}}\right\}$ ergibt

$$t = \left(\frac{V}{A}\right) \cdot \sqrt{\frac{2\pi m}{kT}} \cdot \ln\left(\frac{p_0}{p}\right).$$

Für $p_0 = 0.8$ bar, $p = 0.7$ bar, $M_r \approx 29$, $V = 3.0 \text{ m}^3$, $A = \pi \cdot (0.1 \text{ mm})^2 = \pi \cdot 10^{-8} \text{ m}^2$ und $T = 298$ K erhalten wir

$$t = \left(\frac{3.0 \text{ m}^3}{\pi \cdot 10^{-8} \text{ m}^2}\right) \cdot \sqrt{\frac{2\pi \cdot (29 \cdot 1.66056 \cdot 10^{-27} \text{ kg})}{(1.381 \cdot 10^{-23} \text{ J K}^{-1}) \cdot (298 \text{ K})}} \cdot \ln\left(\frac{0.8}{0.7}\right)$$

$= \underline{1.1 \cdot 10^5 \text{ s (30 Stunden).}}$

26-23 $\dfrac{dN}{dt} = -Z_w \cdot A, \quad Z_w = \dfrac{p}{\sqrt{2\pi mkT}}$ [26.2–9], dabei ist p der (konstante) Dampfdruck der festen Substanz.

Dann ist $\Delta N = -Z_w \cdot A \cdot t$ die Änderung der Anzahl der Moleküle im Behälter, und für den Massenverlust erhalten wir

$$\Delta m = \left(-\frac{\Delta N}{N_A}\right) \cdot M_m = \frac{Z_w A t M_m}{N_A} = \frac{p A t M_m}{N_A \cdot \sqrt{2\pi m k T}}.$$

Mit $\frac{M_m}{N_A} = m$ für die Molekülmasse erhalten wir

$$p = \left(\frac{\Delta m}{At}\right) \cdot \sqrt{\frac{2\pi k T}{m}}.$$

26-24 $T = 1273$ K, $t = 7200$ s, $\Delta m = 4.3 \cdot 10^{-8}$ kg, $A = \pi \cdot (5 \cdot 10^{-4}\ \mathrm{m})^2 = 7.85 \cdot 10^{-7}\ \mathrm{m}^2$,

$m = 72.5 \cdot (1.6605 \cdot 10^{-27}\ \mathrm{kg}) = 1.20 \cdot 10^{-25}$ kg.

$$p = \left\{\frac{4.3 \cdot 10^{-8}\ \mathrm{kg}}{(7200\ \mathrm{s}) \cdot (7.85 \cdot 10^{-7}\ \mathrm{m}^2)}\right\} \cdot \sqrt{\frac{2\pi \cdot (1.381 \cdot 10^{-23}\ \mathrm{J\ K^{-1}}) \cdot (1273\ \mathrm{K})}{1.20 \cdot 10^{-25}\ \mathrm{kg}}}$$

$$= 7.3 \cdot 10^{-3}\ \mathrm{N\ m^{-2}} = \underline{7.3 \cdot 10^{-3}\ \mathrm{Pa}}.$$

26-25 $Z_w = \frac{p}{\sqrt{2\pi m k T}}$ [26.2–9, $M_r = 32$]

$$= \frac{(p/\mathrm{bar}) \cdot (1 \cdot 10^5\ \mathrm{N\ m^{-2}})}{\sqrt{2\pi \cdot (32 \cdot 1.66056 \cdot 10^{-27}\ \mathrm{kg}) \cdot (1.381 \cdot 10^{-23}\ \mathrm{J\ K^{-1}}) \cdot (300\ \mathrm{K})}}$$

$$= (2.69 \cdot 10^{27}\ \mathrm{s^{-1}\ m^{-2}}) \cdot (p/\mathrm{bar}) = (2.69 \cdot 10^{23}\ \mathrm{s^{-1}\ cm^{-2}}) \cdot (p/\mathrm{bar}).$$

(a) $p = 1$ bar, $Z_w = \underline{2.7 \cdot 10^{23}\ \mathrm{s^{-1}\ cm^{-2}}}$,

(b) $p = 10^{-6}$ bar, $Z_w = \underline{2.7 \cdot 10^{17}\ \mathrm{s^{-1}\ cm^{-2}}}$,

(c) $p = 10^{-10}$ bar, $Z_w = \underline{2.7 \cdot 10^{13}\ \mathrm{s^{-1}\ cm^{-2}}}$.

Im Titan beträgt der Abstand 291 pm, damit sind in $1\ \mathrm{cm}^2$ Oberfläche etwa $1.2 \cdot 10^{15}$ Atome vorhanden. (Die genaue Anzahl hängt natürlich von der Packungsart und vom Typ der betreffenden Kristallfläche ab.) Ein Oberflächenatom erleidet deshalb in der Sekunde $\frac{Z_w}{1.2 \cdot 10^{15}\ \mathrm{cm}^{-2}}$ Stöße.

(a) $p = 1$ bar, $Z_{\mathrm{Atom}} = \underline{2.3 \cdot 10^8\ \mathrm{s^{-1}}}$,

(b) $p = 10^{-6}$ bar, $Z_{\mathrm{Atom}} = \underline{230\ \mathrm{s^{-1}}}$,

(c) $p = 10^{-10}$ bar, $Z_{\mathrm{Atom}} = \underline{0.02\ \mathrm{s^{-1}}}$.

26-26 $\frac{\mathrm{d}N}{\mathrm{d}t} = k_r \cdot [\mathrm{Bk}] - Z_w \cdot A$, $Z_w = \frac{p}{\sqrt{2\pi m k T}}$ [26.2–9]

$[\mathrm{Bk}] = [\mathrm{Bk}]_0 \cdot \mathrm{e}^{-k_r t}$ [radioaktives Zerfallsgesetz],

$$p = \frac{nRT}{V} = \frac{NkT}{V}.$$

$$\frac{\mathrm{d}p}{\mathrm{d}t} = \left(\frac{kT}{V}\right) \cdot \left(\frac{\mathrm{d}N}{\mathrm{d}t}\right) = \frac{kk_\mathrm{r}T}{V} \cdot [\mathrm{Bk}]_0 \cdot \mathrm{e}^{-k_\mathrm{r}t} - pA \cdot \left(\frac{kT}{V}\right) \cdot \sqrt{2\pi mkT}.$$

Mit den Abkürzungen $A' = \left(\frac{kk_\mathrm{r}T}{V}\right) \cdot [\mathrm{Bk}]_0$ und $B = \left(\frac{A}{V}\right) \cdot \sqrt{\frac{kT}{2\pi m}}$

erhalten wir $\frac{\mathrm{d}p}{\mathrm{d}t} = A' \cdot \mathrm{e}^{-k_\mathrm{r}t} - Bp.$

Bei $t = 0$ ist $p = 0$, dann gilt

$$p(t) = \frac{A'}{k_\mathrm{r} - B} \cdot \left\{\mathrm{e}^{-Bt} - \mathrm{e}^{-k_\mathrm{r}t}\right\}.$$

Im vorliegenden Fall ist $\frac{[\mathrm{Bk}]}{[\mathrm{Bk}]_0} = \frac{1}{2}$ für $t = 4.4$ Stunden; damit gilt

$$k_\mathrm{r} = \frac{1}{4.4 \cdot 3600\ \mathrm{s}} \cdot \ln 2 = 4.4 \cdot 10^{-5}\ \mathrm{s}^{-1}.$$

$$[\mathrm{Bk}]_0 = \frac{(1.0 \cdot 10^{-3}\ \mathrm{g}) \cdot (6.022 \cdot 10^{23}\ \mathrm{mol}^{-1})}{244\ \mathrm{g\ mol}^{-1}} = 2.5 \cdot 10^{18}.$$

$$A' = \frac{(1.381 \cdot 10^{-25}\ \mathrm{J\ K}^{-1}) \cdot (4.4 \cdot 10^{-5}\ \mathrm{s}^{-1}) \cdot (298\ \mathrm{K}) \cdot (2.5 \cdot 10^{18})}{10^{-6}\ \mathrm{m}^3} = 0.45\ \mathrm{N\ m}^{-2}\ \mathrm{s}^{-1} = 0.45\ \mathrm{Pa\ s}^{-1}.$$

$$A = \pi \cdot (2 \cdot 10^{-6}\ \mathrm{m})^2 = 4\pi \cdot 10^{-12}\ \mathrm{m}^2.$$

$$B = \left(\frac{4\pi \cdot 10^{-12}\ \mathrm{m}^2}{10^{-6}\ \mathrm{m}^3}\right) \cdot \sqrt{\frac{(1.381 \cdot 10^{-23}\ \mathrm{J\ K}^{-1}) \cdot (298\ \mathrm{K})}{2\pi \cdot (4.0 \cdot 1.6605 \cdot 10^{-27}\ \mathrm{kg})}} = 3.9 \cdot 10^{-3}\ \mathrm{s}^{-1}.$$

$$p(t) = \left\{\frac{0.45\ \mathrm{Pa\ s}^{-1}}{(4.4 \cdot 10^{-5}\ \mathrm{s}^{-1}) - (3.9 \cdot 10^{-3}\ \mathrm{s}^{-1})}\right\} \cdot \left\{\mathrm{e}^{-3.9 \cdot 10^{-3} \cdot (t/\mathrm{s})} - \mathrm{e}^{-4.4 \cdot 10^{-5} \cdot (t/\mathrm{s})}\right\}$$
$$= 120\ \mathrm{Pa} \cdot \left\{\mathrm{e}^{-4.4 \cdot 10^{-5} \cdot (t/\mathrm{s})} - \mathrm{e}^{-3.9 \cdot 10^{-3} \cdot (t/\mathrm{s})}\right\}.$$

(a) $t = 1$ Stunde $= 3600$ s, $p(t) = 120\ \mathrm{Pa} \cdot \left\{\mathrm{e}^{-0.16} - \mathrm{e}^{-14}\right\} = \underline{100\ \mathrm{Pa}}.$

(b) $t = 10$ Stunden $= 36000$ s, $p(t) = 120\ \mathrm{Pa} \cdot \left\{\mathrm{e}^{-1.6} - \mathrm{e}^{-140}\right\} = \underline{24\ \mathrm{Pa}}.$

26-27 $t = \left(\frac{V}{A}\right) \cdot \sqrt{\frac{2\pi m}{kT}} \cdot \ln\left(\frac{p_0}{p}\right)$ [Aufgabe 26–22].

$V = \frac{4}{3}\pi \cdot (5 \cdot 10^{-2}\ \mathrm{m})^3 = 5.2 \cdot 10^{-4}\ \mathrm{m}^3$; $A = \pi \cdot (3 \cdot 10^{-3}\ \mathrm{m})^2 = 2.8 \cdot 10^{-5}\ \mathrm{m}^2$.

$m = 18.02 \cdot (1.6605 \cdot 10^{-27}\ \mathrm{kg}) = 2.99 \cdot 10^{-26}\ \mathrm{kg}$.

$$\frac{p_0}{p} = \frac{1.33\ \mathrm{mbar}}{1.33 \cdot 10^{-5}\ \mathrm{mbar}} = 1.0 \cdot 10^5.$$

$$t = \left(\frac{5.2 \cdot 10^{-4}\ \mathrm{m}^3}{2.8 \cdot 10^{-5}\ \mathrm{m}^2}\right) \cdot \sqrt{\frac{2\pi \cdot (2.99 \cdot 10^{-26}\ \mathrm{kg})}{(1.381 \cdot 10^{-23}\ \mathrm{J\ K}^{-1}) \cdot (300\ \mathrm{K})}} \cdot \ln(1.0 \cdot 10^5) = \underline{1.4\ \mathrm{s}}.$$

26-28 Unter der Stärke des Atomstrahles (dem Atomstrom) verstehen wir die Anzahl der Atome, die pro Sekunde aus dem Spalt herausfliegen: $Z_w A$.

$A = 1 \cdot 10^{-3}\ \text{cm}^2 = 1 \cdot 10^{-7}\ \text{m}^2.$

$$Z_w = \frac{p}{\sqrt{2\pi mkT}} \quad [26.2\text{–}9]$$

$$= \frac{(p/\text{kPa}) \cdot 10^3\ \text{N m}^{-2}}{\sqrt{2\pi \cdot M_r \cdot (1.66056 \cdot 10^{-27}\ \text{kg}) \cdot (1.381 \cdot 10^{-23}\ \text{J K}^{-1}) \cdot (380\ \text{K})}}$$

$$= (1.35 \cdot 10^{26}\ \text{m}^{-2}\ \text{s}^{-1}) \cdot \left(\frac{p/\text{kPa}}{\sqrt{M_r}}\right).$$

(a) Cadmium: $p/\text{kPa} = 0.13 \cdot 10^{-3}$, $M_r = 112.4$;

$$Z_w A = \frac{(10^{-7}\ \text{m}^2) \cdot (1.35 \cdot 10^{26}\ \text{m}^{-2}\ \text{s}^{-1}) \cdot (0.13 \cdot 10^{-3})}{\sqrt{112.4}} = \underline{1.7 \cdot 10^{14}\ \text{s}^{-1}.}$$

(b) Quecksilber: $p/\text{kPa} = 152$, $M_r = 200.6$;

$$Z_w A = \frac{(10^{-7}\ \text{m}^2) \cdot (1.35 \cdot 10^{26}\ \text{m}^{-2}\ \text{s}^{-1}) \cdot (152)}{\sqrt{200.6}} = \underline{1.4 \cdot 10^{20}\ \text{s}^{-1}.}$$

26-29 $Z_{AA} = \sigma \cdot \sqrt{\frac{4kT}{\pi m}} \cdot \left(\frac{N}{V}\right)^2 \quad [26.2\text{–}4] \quad = \sigma \cdot \sqrt{\frac{4kT}{\pi m}} \cdot \left(\frac{p}{kT}\right)^2.$

$$Z_{AB} = \sigma \cdot \sqrt{\frac{8kT}{\pi\mu}} \cdot \left(\frac{p_A p_B}{k^2T^2}\right) \quad [26.2\text{–}5].$$

$\sigma(H_2) = 0.27\ \text{nm}^2$, $\sigma(I_2) \approx 1.2\ \text{nm}^2$.

$$Z(H_2,H_2) = (0.27 \cdot 10^{-18}\ \text{m}^2) \cdot \sqrt{\frac{4 \cdot (1.381 \cdot 10^{-23}\ \text{J K}^{-1}) \cdot (400\ \text{K})}{\pi \cdot (2.02 \cdot 1.6605 \cdot 10^{-27}\ \text{kg})}} \cdot \left\{\frac{0.5 \cdot (10^5\ \text{N m}^{-2})}{(1.381 \cdot 10^{-23}\ \text{J K}^{-1}) \cdot (400\ \text{K})}\right\}^2$$

$$= \underline{3.3 \cdot 10^{34}\ \text{m}^{-3}\ \text{s}^{-1}.}$$

$$Z(I_2,I_2) = \sqrt{\frac{M_r(H_2)}{M_r(I_2)}} \cdot \left(\frac{\sigma(I_2)}{\sigma(H_2)}\right) \cdot Z(H_2,H_2)$$

$$= \sqrt{\frac{2.02}{254}} \cdot \left(\frac{1.2}{0.27}\right) \cdot (3.3 \cdot 10^{34}\ \text{m}^{-3}\ \text{s}^{-1})$$

$$= \underline{1.3 \cdot 10^{34}\ \text{m}^{-3}\ \text{s}^{-1}.}$$

$$Z(H_2,I_2) = \sqrt{\frac{2 \cdot M_r(H_2)}{\mu_r}} \cdot \left\{\frac{\sigma(H_2,I_2)}{\sigma(H_2,H_2)}\right\} \cdot Z(H_2,H_2)$$

$$\mu_r = \frac{M_r(H_2) \cdot M_r(I_2)}{M_r(H_2) + M_r(I_2)} = \frac{2.02 \cdot 254}{2.02 + 254} = 2.00.$$

$$\sigma(H_2,I_2) \approx \pi \cdot (R(H_2) + R(I_2))^2$$

$$2 \cdot R(H_2) \approx \sqrt{\frac{\sigma(H_2,H_2)}{\pi}} = 2.9 \cdot 10^{-10}\ \text{m},$$

$$2 \cdot R(\mathrm{I_2}) \approx \sqrt{\frac{\sigma(\mathrm{I_2},\mathrm{I_2})}{\pi}} = 6.2 \cdot 10^{-10}\ \mathrm{m},$$

$$\sigma(\mathrm{H_2},\mathrm{I_2}) \approx \tfrac{1}{4}\pi \cdot (9.1 \cdot 10^{-10}\ \mathrm{m})^2 = 0.65\ \mathrm{nm}^2.$$

$$Z(\mathrm{H_2},\mathrm{I_2}) = \sqrt{\frac{4.04}{2.00}} \cdot \left(\frac{0.65}{0.27}\right) \cdot (3.29 \cdot 10^{34}\ \mathrm{m^{-3}\ s^{-1}})$$

$$= \underline{1.1 \cdot 10^{35}\ \mathrm{m^{-3}\ s^{-1}}}.$$

26-30 $\eta = \frac{1}{3}\lambda \bar{c} m \mathcal{N}$ [Kasten 26–2, ein Ergebnis der einfachen kinetischen Gastheorie],

$$\bar{c} = \sqrt{\frac{8kT}{\pi m}}\quad [26.1\text{–}10],\quad \lambda = \frac{kT}{\sigma p\sqrt{2}}\quad [26.2\text{–}6],\quad \mathcal{N} = \frac{p}{kT}\quad \left[\mathcal{N} = \frac{N}{V}\right].$$

$$\eta = \frac{1}{3} \cdot \left(\frac{kT}{\sigma p\sqrt{2}}\right) \cdot \sqrt{\frac{8kT}{\pi m}} \cdot m \cdot \left(\frac{p}{kT}\right) = \frac{\frac{2}{3} \cdot \sqrt{\frac{kTm}{\pi}}}{\sigma}$$

$$= \frac{\frac{2}{3} \cdot \sqrt{\frac{(1.381 \cdot 10^{-23}\ \mathrm{J\ K^{-1}}) \cdot T \cdot (29 \cdot 1.66056 \cdot 10^{-27}\ \mathrm{kg})}{\pi}}}{0.40 \cdot 10^{18}\ \mathrm{m}^2}$$

$$= (7.67 \cdot 10^{-7}\ \mathrm{kg\ m^{-1}\ s^{-1}}) \cdot \sqrt{T/\mathrm{K}}.$$

(a) $T = 273$ K, $\eta = (7.67 \cdot 10^{-7}\ \mathrm{kg\ m^{-1}\ s^{-1}}) \cdot 16.5 = \underline{1.27 \cdot 10^{-5}\ \mathrm{kg\ m^{-1}\ s^{-1}}}$.

(b) $T = 298$ K, $\eta = (7.67 \cdot 10^{-7}\ \mathrm{kg\ m^{-1}\ s^{-1}}) \cdot 17.3 = \underline{1.33 \cdot 10^{-5}\ \mathrm{kg\ m^{-1}\ s^{-1}}}$.

(c) $T = 1000$ K, $\eta = (7.67 \cdot 10^{-7}\ \mathrm{kg\ m^{-1}\ s^{-1}}) \cdot 31.6 = \underline{2.42 \cdot 10^{-5}\ \mathrm{kg\ m^{-1}\ s^{-1}}}$.

26-31 $\kappa = \dfrac{\bar{c} C_{V,\mathrm{m}}}{3\sigma N_\mathrm{A}\sqrt{2}}$ [Kasten 26–2, Ergebnis der einfachen kinetischen Gastheorie],

$$\bar{c} = \sqrt{\frac{8kT}{\pi m}}\quad [26.1\text{–}10];\quad \kappa = \sqrt{\frac{4kT}{\pi m}} \cdot \frac{C_{V,\mathrm{m}}}{3\sigma N_\mathrm{A}};\quad C_{V,\mathrm{m}} = \tfrac{3}{2}R.$$

$$\kappa = \sqrt{\frac{4kT}{\pi m}} \cdot \frac{\frac{3}{2}R}{3\sigma N_\mathrm{A}} = \frac{\sqrt{\frac{k^3T}{\pi m}}}{\sigma}$$

$$= \sqrt{\frac{(1.3807 \cdot 10^{-23}\ \mathrm{J\ K^{-1}})^3 \cdot T}{\pi \cdot M_\mathrm{r} \cdot (1.66056 \cdot 10^{-27}\ \mathrm{kg})}} \cdot \left(\frac{1}{\sigma}\right)$$

$$= (7.103 \cdot 10^{-4}\ \mathrm{J\ K^{-1}\ m^{-1}\ s^{-1}}) \cdot \frac{\sqrt{T/\mathrm{K}}}{\sqrt{M_\mathrm{r}} \cdot (\sigma/\mathrm{nm}^2)}.$$

(a) $M_\mathrm{r} = 39.95$, $T = 300$ K, $\sigma = 0.36\ \mathrm{nm}^2$ [Tabelle 26–2];

$$\kappa = (7.103 \cdot 10^{-4}\ \mathrm{J\ K^{-1}\ m^{-1}\ s^{-1}}) \cdot \frac{\sqrt{\frac{300}{39.95}}}{0.36}$$

$$= \underline{5.4\ \mathrm{mJ\ K^{-1}\ m^{-1}\ s^{-1}}}.$$

(b) $M_r = 4.00, \quad T = 300\ \text{K}, \quad \sigma = 0.21\ \text{nm}^2$ [Tabelle 26–2];

$$\kappa = (7.103 \cdot 10^{-4}\ \text{J K}^{-1}\ \text{m}^{-1}\ \text{s}^{-1}) \cdot \frac{\sqrt{\frac{300}{4.00}}}{0.21}$$

$$= \underline{30\ \text{mJ K}^{-1}\ \text{m}^{-1}\ \text{s}^{-1}}.$$

$$\frac{\text{d}E}{\text{d}t} = \kappa A \cdot \left(\frac{\text{d}T}{\text{d}z}\right), \quad A = 100\ \text{cm}^2 = 1.00 \cdot 10^{-2}\ \text{m}^2,$$

$$\frac{\text{d}T}{\text{d}z} = \frac{310\ \text{K} - 295\ \text{K}}{10\ \text{cm}} = 150\ \text{K m}^{-1}.$$

(a) Argon: $\frac{\text{d}E}{\text{d}t} = (5.4 \cdot 10^{-3}\ \text{J K}^{-1}\ \text{m}^{-1}\ \text{s}^{-1}) \cdot (1.00 \cdot 10^{-2}\ \text{m}^2) \cdot (150\ \text{K m}^{-1}) = \underline{8.1\ \text{mJ s}^{-1}}.$

(b) Helium: $\frac{\text{d}E}{\text{d}t} = (3 \cdot 10^{-2}\ \text{J K}^{-1}\ \text{m}^{-1}\ \text{s}^{-1}) \cdot (1.00 \cdot 10^{-2}\ \text{m}^2) \cdot (150\ \text{K m}^{-1}) = \underline{40\ \text{mJ s}^{-1}}.$

26-32 $\frac{\text{d}V}{\text{d}t} \propto \frac{1}{\eta}$ [26.3–14]

$$\frac{\left(\frac{\text{d}V}{\text{d}t}\right)_{CO_2}}{\left(\frac{\text{d}V}{\text{d}t}\right)_{Ar}} = \frac{\eta_{Ar}}{\eta_{CO_2}} = \frac{83}{55} = 1.5.$$

$$\eta_{CO_2} = \frac{\eta_{Ar}}{1.5} = \frac{208\ \mu\text{P}}{1.5} = 140\ \mu\text{P}.$$

$\eta = \frac{m\bar{c}}{3\sigma\sqrt{2}}$ [Kasten 26–2, nach der einfachen kinetischen Gastheorie]

$$= \frac{m \cdot \sqrt{\frac{8kT}{\pi m}}}{3\sigma\sqrt{2}} \quad [26.1\text{–}10] \quad = \frac{\sqrt{\frac{4kTm}{9\pi}}}{\sigma};$$

$$\sigma = \frac{\sqrt{\frac{4kTm}{9\pi}}}{\eta}$$

$$= \frac{\sqrt{4 \cdot (1.381 \cdot 10^{-23}\ \text{J K}^{-1}) \cdot (298\ \text{K}) \cdot (44 \cdot 1.6605 \cdot 10^{-27}\ \text{kg})}}{3 \cdot \sqrt{\pi} \cdot (1.40 \cdot 10^{-5}\ \text{kg m}^{-1}\ \text{s}^{-1})}$$

$$= 4.7 \cdot 10^{-19}\ \text{m}^2.$$

$$\sigma \approx \pi d^2, \quad d = \sqrt{\frac{4.7 \cdot 10^{-19}\ \text{m}^2}{\pi}} = \underline{390\ \text{pm}}.$$

26-33 $\kappa = \frac{\sqrt{\frac{4kT}{\pi m}} \cdot C_{V,\text{m}}}{3\sigma N_A}$ [Aufgabe 26–31]

(a) $\kappa = \sqrt{\dfrac{4\cdot(1.381\cdot 10^{-23}\ \mathrm{J\ K^{-1}})\cdot(298\ \mathrm{K})}{\pi\cdot(39.95\cdot 1.66056\cdot 10^{-27}\ \mathrm{kg})}}\cdot\left(\dfrac{1}{3}\right)\cdot\left\{\dfrac{12.5\ \mathrm{J\ K^{-1}\ mol^{-1}}}{(0.36\ \mathrm{nm^2})\cdot(6.022\cdot 10^{23}\ \mathrm{mol^{-1}})}\right\}$

$= \underline{5.40\ \mathrm{mJ\ K^{-1}\ m^{-1}\ s^{-1}}.}$

(b) $\kappa = \sqrt{\dfrac{4\cdot(1.381\cdot 10^{-23}\ \mathrm{J\ K^{-1}})\cdot(298\ \mathrm{K})}{\pi\cdot(29\cdot 1.66056\cdot 10^{-27}\ \mathrm{kg})}}\cdot\left(\dfrac{1}{3}\right)\cdot\left\{\dfrac{21.0\ \mathrm{J\ K^{-1}\ mol^{-1}}}{(0.40\ \mathrm{nm^2})\cdot(6.022\cdot 10^{23}\ \mathrm{mol^{-1}})}\right\}$

$= \underline{9.59\ \mathrm{mJ\ K^{-1}\ m^{-1}\ s^{-1}}.}$

26-34 $\dfrac{\kappa(T_2)}{\kappa(T_1)} = \sqrt{\dfrac{T_2}{T_1}}\cdot\dfrac{C_{V,\mathrm{m}}(T_2)}{C_{V,\mathrm{m}}(T_1)}$ [Aufgabe 26–31]

$C_{V,\mathrm{m}}(300\ \mathrm{K}) \approx \frac{3}{2}R + R = \frac{5}{2}R$ [22.3–14]

$C_{V,\mathrm{m}}(10\ \mathrm{K}) \approx \frac{3}{2}R$ [Die Rotation ist noch nicht angeregt, vergl. Abschnitt 22.3b]

$\dfrac{\kappa(300\ \mathrm{K}}{\kappa(10\ \mathrm{K})} = \sqrt{30}\cdot\dfrac{\frac{5}{2}}{\frac{3}{2}} = \frac{5}{3}\cdot\sqrt{30} = \underline{9.1.}$

26-35 $\dfrac{\mathrm{d}E}{\mathrm{d}t} = \kappa A\cdot\left(\dfrac{\mathrm{d}T}{\mathrm{d}z}\right)$ [26.3–2]

$\kappa = 1\cdot 10^{-2}\ \mathrm{J\ m^{-1}\ s^{-1}\ K^{-1}}$ [Aufgabe 26-33]; $A = 1\ \mathrm{m^2}$.

$\dfrac{\mathrm{d}T}{\mathrm{d}z} = \dfrac{35\ \mathrm{K}}{5\ \mathrm{cm}} = 7\ \mathrm{K\ cm^{-1}} = 700\ \mathrm{K\ m^{-1}}.$

$\dfrac{\mathrm{d}E}{\mathrm{d}T} = (1\cdot 10^{-2}\ \mathrm{J\ m^{-1}\ s^{-1}\ K^{-1}})\cdot(1\ \mathrm{m^2})\cdot(700\ \mathrm{K\ m^{-1}}) = \underline{7\ \mathrm{J\ s^{-1}}.}$

Ein 7-W-Gerät reicht also aus, um die Wärmeverluste durch das Fenster zu kompensieren.

26-36 $D = \dfrac{\sqrt{\dfrac{4k^3T^3}{9\pi m}}}{p\sigma}$ [26.3–7]

$= \sqrt{\dfrac{4\cdot(1.381\cdot 10^{-23}\ \mathrm{J\ K^{-1}})^3\cdot(298.15\ \mathrm{K})^3}{9\pi\cdot(39.95\cdot 1.66056\cdot 10^{-27}\ \mathrm{kg})}}\cdot\left(\dfrac{1}{(10^5\ \mathrm{N\ m^{-2}})\cdot(p/\mathrm{bar})\cdot(0.36\ \mathrm{nm^2})}\right)$

$= \dfrac{1.06\cdot 10^{-5}\ \mathrm{m^2\ s^{-1}}}{p/\mathrm{bar}}$

(a) $p = 10^{-6}$ bar; $D = \underline{10\ \mathrm{m^2\ s^{-1}}.}$

(b) $p = 10$ bar; $D = \underline{1.1\cdot 10^{-5}\ \mathrm{m^2\ s^{-1}}.}$

(c) $p = 100$ bar; $D = \underline{1.1\cdot 10^{-7}\ \mathrm{m^2\ s^{-1}}.}$

$J = -D\cdot\left(\dfrac{\mathrm{d}\mathcal{N}}{\mathrm{d}z}\right)$ [26.3–1], $\mathcal{N} = \dfrac{nN_\mathrm{A}}{V} = \dfrac{p}{kT}$; das ergibt $J = -\left(\dfrac{D}{kT}\right)\cdot\dfrac{\mathrm{d}p}{\mathrm{d}z}.$

In unserem Fall ist $\frac{\mathrm{d}p}{\mathrm{d}z} = -0.1$ bar cm^{-1} $= -1 \cdot 10^4$ N m^{-2} cm^{-1} $= -1 \cdot 10^6$ N m^{-3}.

Mit $kT = 4.12 \cdot 10^{21}$ J ergibt das

$$J = \frac{(1 \cdot 10^6 \text{ N m}^{-3}) \cdot D}{4.12 \cdot 10^{-21} \text{ J}} = (2 \cdot 10^{26} \cdot D) \text{ m}^{-4}.$$

(a) $J = (2 \cdot 10^{26} \text{ m}^{-4}) \cdot (10 \text{ m}^2 \text{ s}^{-1}) = \underline{2 \cdot 10^{27} \text{ m}^{-2} \text{ s}^{-1}}$, das sind $\underline{0.3 \text{ mol cm}^{-2} \text{ s}^{-1}}$.

(b) $J = (2 \cdot 10^{26} \text{ m}^{-4}) \cdot (1.1 \cdot 10^{-5} \text{ m}^2 \text{ s}^{-1}) = \underline{2 \cdot 10^{21} \text{ m}^{-2} \text{ s}^{-1}}$, das sind $\underline{3 \cdot 10^{-7} \text{ mol cm}^{-2} \text{ s}^{-1}}$.

(c) $J = (2 \cdot 10^{26} \text{ m}^{-4}) \cdot (1.1 \cdot 10^{-7} \text{ m}^2 \text{ s}^{-1}) = \underline{2 \cdot 10^{19} \text{ m}^{-2} \text{ s}^{-1}}$, das sind $\underline{3 \cdot 10^{-9} \text{ mol cm}^{-2} \text{ s}^{-1}}$.

26-37 Das Volumenwachstum $\frac{\mathrm{d}v}{\mathrm{d}t}$ ist gleich dem Produkt aus der Stoßfrequenz Z_w, der Oberfläche A und der Volumenzunahme pro hinzugekommenes Atom, $\frac{V_\mathrm{m}}{N_\mathrm{A}}$, also

$$\frac{\mathrm{d}v}{\mathrm{d}t} = \frac{sZ_\mathrm{w}AV_\mathrm{m}}{N_\mathrm{A}}.$$

Für kugelförmige Teilchen ist $v = \frac{4}{3}\pi r^3$ und $A = 4\pi r^2$.

Dann ist $\frac{\mathrm{d}v}{\mathrm{d}t} = 4\pi r^2 \cdot \left(\frac{\mathrm{d}r}{\mathrm{d}t}\right) = A \cdot \left(\frac{\mathrm{d}r}{\mathrm{d}t}\right)$ und $\frac{\mathrm{d}r}{\mathrm{d}t} = \frac{sZ_\mathrm{w}V_\mathrm{m}}{N_\mathrm{A}}$.

$$Z_\mathrm{w} = \frac{p}{\sqrt{2\pi mkT}} \quad [26.2\text{-}9] \quad = \sqrt{\frac{kT}{2\pi m}} \cdot \mathcal{N}; \quad \mathcal{N} = \frac{nN_\mathrm{A}}{V}, \quad V_\mathrm{m} = \frac{M_\mathrm{m}}{\rho}, \quad m = \frac{M_\mathrm{m}}{N_\mathrm{A}}.$$

$$\frac{\mathrm{d}r}{\mathrm{d}t} = s \cdot \sqrt{\frac{kTN_\mathrm{A}}{2\pi M_\mathrm{m}}} \cdot \frac{\mathcal{N} \cdot M_\mathrm{m}}{\rho \cdot N_\mathrm{A}} = \underline{\left(\frac{s\mathcal{N}}{N_\mathrm{A}\rho}\right) \cdot \sqrt{\frac{M_\mathrm{m}RT}{2\pi}}}.$$

$\mathcal{N} \leq 3 \cdot 10^{15}$ cm^{-3} $= 3 \cdot 10^{21}$ m^{-3}, $M_\mathrm{m} = 207$ g mol^{-1}, $\rho \approx 11.5$ g cm^{-3}, $T = 935$ K, $s \approx 1$.

$$\frac{\mathrm{d}r}{\mathrm{d}t} \leq \left\{\frac{3 \cdot 10^{21} \text{ m}^{-3}}{(6.022 \cdot 10^{23} \text{ mol}^{-1}) \cdot (11.5 \cdot 10^3 \text{ kg m}^{-3})}\right\} \cdot \sqrt{\frac{(207 \cdot 10^{-3} \text{ kg mol}^{-1}) \cdot (8.314 \text{ J K}^{-1} \text{ mol}^{-1}) \cdot (935 \text{ K})}{2 \cdot \pi}}$$

$$= 7 \cdot 10^{-6} \text{ m s}^{-1} = \underline{7 \cdot 10^{-4} \text{ cm s}^{-1}}.$$

In 0.5 ms kann demnach der Radius eines Teilchens höchstens um

$(7 \cdot 10^{-4} \text{ cm s}^{-1}) \cdot (0.5 \cdot 10^{-3} \text{ s}) = 4 \cdot 10^{-7} \text{ cm} = \underline{4 \text{ nm}}$ anwachsen.

27 Moleküle in Bewegung: Der Transport von Ionen und die Diffusion von Molekülen

A27-1 $\rho = \frac{1}{\Lambda_m c}$ $\left[27.1\text{–}2, \quad \rho = \frac{1}{\kappa}\right]$ $= \frac{1}{(135.5 \cdot 10^{-4}\ \mathrm{S\ m^2\ mol^{-1}}) \cdot (53.5\ \mathrm{mol\ m^{-3}})}$

$= \underline{1.38\ \Omega\ \mathrm{m}.}$

A27-2 $\kappa = \frac{l}{R \cdot A}$ [27.1–1] $= \frac{2.75\ \mathrm{cm}}{(351\ \Omega) \cdot (2.2\ \mathrm{cm})^2}$

$= \underline{1.62 \cdot 10^{-3}\ \mathrm{S\ cm^{-1}}.}$

A27-3 $\Lambda_m = \Lambda_m^0 - \mathcal{K} \cdot \sqrt{c}$ [27.1–13]

$\Delta\Lambda_m = -\mathcal{K} \cdot \Delta\sqrt{c}$

$\Lambda m^0 = \Lambda_m - \left(\frac{\Delta\Lambda_m}{\Delta\sqrt{c}}\right) \cdot \sqrt{c}$

$= 109.9\ \mathrm{S\ cm^2\ mol^{-1}} - \frac{[(106.1 - 109.9)\ \mathrm{S\ cm^2\ mol^{-1}}] \cdot \sqrt{6.2 \cdot 10^{-3}\ \mathrm{mol\ dm^{-3}}}}{[\sqrt{0.0150} - \sqrt{0.0062}] \cdot \sqrt{\mathrm{mol\ dm^{-3}}}}$

$= \underline{116.7\ \mathrm{S\ cm^2\ mol^{-1}}.}$

A27-4 $\lambda_- = |z_-| \cdot u_- \cdot F$ [27.1-12b] $= (1) \cdot (6.85 \cdot 10^{-8}\ \mathrm{m^2\ s^{-1}\ V^{-1}}) \cdot (9.65 \cdot 10^4\ \mathrm{C\ mol^{-1}})$

$= \underline{6.61 \cdot 10^{-3}\ \mathrm{S\ m^2\ s^{-1}}.}$

A27-5 $s = uE$ [27.1–10] $= \frac{(7.92 \cdot 10^{-8}\ \mathrm{m^2\ s^{-1}\ V^{-1}}) \cdot (35.0\ \mathrm{V})}{8.00 \cdot 10^{-3}\ \mathrm{m}}$

$= \underline{3.47 \cdot 10^{-4}\ \mathrm{m\ s^{-1}}.}$

A27-6 $t_+ = \frac{u_+}{u_+ + u_-} = \frac{4.01}{4.01 + 8.09} = \underline{0.331}$ [27.1–17, Tabelle 27–2].

A27-7 $a = \frac{kT}{6\pi\eta D}$ [27.2–9]

$a = \frac{(1.4 \cdot 10^{-23}\ \mathrm{J\ K^{-1}}) \cdot (2.9 \cdot 10^2\ \mathrm{K})}{6\pi \cdot (1.0 \cdot 10^{-3}\ \mathrm{kg\ m^{-1}\ s^{-1}}) \cdot (7.1 \cdot 10^{-11}\ \mathrm{m^2\ s^{-1}})} = 3.1 \cdot 10^{-9}\ \mathrm{m},$

$M = \frac{\frac{4}{3}\pi a^3 N_A}{\bar{V}} = \frac{\frac{4}{3}\pi \cdot (3.1 \cdot 10^{-9}\ \mathrm{m})^3 \cdot (6.0 \cdot 10^{23}\ \mathrm{mol^{-1}})}{7.5 \cdot 10^{-4}\ \mathrm{m^3\ kg^{-1}}} = 99\ \mathrm{kg\ mol^{-1}},$

RMM $= \underline{9.9 \cdot 10^4.}$

A27-8 $D = \dfrac{ukT}{ez} = \dfrac{uRT}{Fz}$ [27.2–5]

$$= \frac{(7.40 \cdot 10^{-8}\ \mathrm{m^2\ s^{-1}\ V^{-1}}) \cdot (8.314\ \mathrm{J\ K^{-1}\ mol^{-1}}) \cdot (298\ \mathrm{K})}{(9.65 \cdot 10^4\ \mathrm{C\ mol^{-1}}) \cdot (1)} = \underline{1.90 \cdot 10^{-9}\ \mathrm{m^2\ s^{-1}}}.$$

A27-9 $a = \dfrac{kT}{6\pi\eta D}$ [27.2–9]

$$= \frac{(1.4 \cdot 10^{-23}\ \mathrm{J\ K^{-1}}) \cdot (2.9 \cdot 10^2\ \mathrm{K})}{6\pi \cdot 1.0 \cdot 10^3\ \mathrm{kg\ m^{-1}\ s^{-1}}) \cdot (4.0 \cdot 10^{-11}\ \mathrm{m^2\ s^{-1}})}$$

$$= 5.5 \cdot 10^{-9}\ \mathrm{m} = \underline{5.5\ \mathrm{nm}}.$$

A27-10 $\tau = \dfrac{d^2}{2D}$ [27.3–12]

$$= \frac{(5.00 \cdot 10^{-3}\ \mathrm{m})^2}{2 \cdot (3.17 \cdot 10^{-9}\ \mathrm{m^2\ s^{-1}}} = \underline{3.94 \cdot 10^3\ \mathrm{s}}.$$

27-1 $\kappa = \dfrac{C}{R}, \quad \Lambda_\mathrm{m} = \dfrac{\kappa}{c}$ [27.1–2]

$$\frac{\kappa(\mathrm{AcOH})}{\kappa(\mathrm{KCl})} = \frac{R(\mathrm{KCl})}{R(\mathrm{AcOH})}.$$

$R(\mathrm{KCl}) = 33.21\ \Omega, \quad R(\mathrm{AcOH}) = 300\ \Omega.$

$$\kappa(\mathrm{AcOH}) = \frac{33.21\ \Omega}{300\ \Omega} \cdot (1.1639 \cdot 10^{-2}\ \mathrm{S\ cm^{-1}}) = 1.29 \cdot 10^{-3}\ \mathrm{S\ cm^{-1}}.$$

In $\kappa(\mathrm{AcOH})$ steckt ein Beitrag von $7.6 \cdot 10^{-4}\ \mathrm{S\ cm^{-1}}$, der vom Wasser herrührt. Die von der Essigsäure herrührende Leitfähigkeit ist nur $(12.9 - 7.6) \cdot 10^{-4}\ \mathrm{S\ cm^{-1}} = 5.3 \cdot 10^{-4}\ \mathrm{S\ cm^{-1}}$.

$$\Lambda_\mathrm{m} = \frac{5.3 \cdot 10^{-4}\ \mathrm{S\ cm^{-1}}}{0.100\ \mathrm{mol\ dm^{-3}}} = \underline{5.3\ \mathrm{S\ cm^2\ mol^{-1}}}.$$

27-2 $\kappa = \dfrac{C}{cR}, \quad \Lambda_\mathrm{m} = \dfrac{\kappa}{c}$ [27.1–2]; $\quad C = \kappa R = c\Lambda_\mathrm{m} R.$

$$C = (0.0200\ \mathrm{mol\ dm^{-3}}) \cdot (138.3\ \mathrm{S\ cm^2\ mol^{-1}}) \cdot (74.58\ \Omega)$$

$$= 206.3\ \mathrm{cm^2\ dm^{-3}} = 206.3 \left(\frac{\mathrm{cm^2}}{10^3\ \mathrm{cm^3}}\right) = 0.2063\ \mathrm{cm^{-1}} = \underline{20.63\ \mathrm{m^{-1}}}.$$

27-3 $\Lambda_\mathrm{m} = \dfrac{C}{cR}$ [Aufgabe 27–2] $\quad = \Lambda_\mathrm{m}^0 - \mathcal{K}\sqrt{c}$ [27.1–3]

Mit $C = 0.2063\ \mathrm{cm^{-1}}$ [Aufgabe 27–2] stellen wir jetzt die folgende Tabelle auf:

c/M	0.0005	0.0001	0.005	0.010	0.020	0.050
$\sqrt{c/M}$	0.0224	0.032	0.071	0.100	0.141	0.224
R/Ω	3314	1668	342.1	174.1	89.08	37.14
$\Lambda_\mathrm{m}/\mathrm{S\ cm^2\ mol^{-1}}$	124.5	123.7	120.6	118.5	115.8	111.1

In Abb. 27–1 ist Λ_m gegen $\sqrt{c}$ aufgetragen. Der Grenzwert ist $\Lambda^0_\mathrm{m} = 126\ \mathrm{cm^2\ mol^{-1}}$. Die Steigung der Geraden ist –76.5; das ergibt $\mathcal{K} = 76.5\ \mathrm{S\ cm^2\ mol^{-1}\ M^{-\frac{1}{2}}}$.

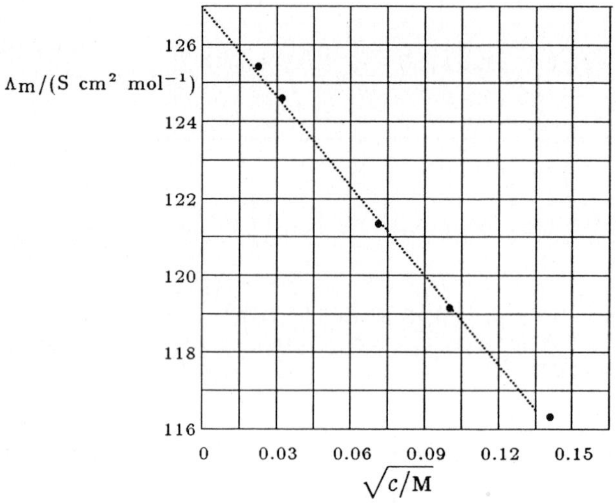

Abb. 27–1

27-4 $\Lambda^0_\mathrm{m} = \nu_+\lambda^0_+ + \nu_+\lambda^0_-$ [27.1–4]

$\Lambda_\mathrm{m} = \Lambda^0_\mathrm{m} - \mathcal{K}\sqrt{c}$ [27.1–3], $\mathcal{K} = 76.5\ \mathrm{S\ cm^2\ mol^{-1}\ M^{-\frac{1}{2}}}$

$\Lambda^0_\mathrm{m}(\mathrm{NaI}) = (50.1 + 76.8)\ \mathrm{S\ cm^2\ mol^{-1}} = 126.9\ \mathrm{S\ cm^2\ mol^{-1}}$.

$$\mathcal{K} \cdot \sqrt{c} = 76.5\ \mathrm{S\ cm^2\ mol^{-1}\ M^{-\frac{1}{2}}} \cdot \sqrt{0.010\ \mathrm{M}}$$
$$= 7.65\ \mathrm{S\ cm^2\ mol^{-1}}.$$

(a) $\Lambda_\mathrm{m} = 126.9\ \mathrm{S\ cm^2\ mol^{-1}} - 7.65\ \mathrm{S\ cm^2\ mol^{-1}} = 119.2\ \mathrm{S\ cm^2\ mol^{-1}}$.

(b) $\kappa = c \cdot \Lambda_\mathrm{m}$ [27.1–2] $= (0.010\ \mathrm{M}) \cdot (119.2\ \mathrm{S\ cm^2\ mol^{-1}})$
$= 1.192\ \mathrm{S\ cm^2\ dm^{-3}} = 1.192 \cdot 10^{-3}\ \mathrm{S\ cm^{-1}} = 1.192\ \mathrm{mS\ cm^{-1}}$.

(c) $R = \dfrac{c}{\kappa} = \dfrac{0.2063\ \mathrm{cm^{-1}}}{1.192 \cdot 10^{-3}\ \mathrm{S\ cm^{-1}}} = 173.1$.

27-5 $\Lambda_m^0 = \nu_+\lambda_+^0 + \nu_-\lambda_-^0$ [27.1–4]

KCl: $\Lambda_m^0(KCl) = \lambda_+^0(K+) + \lambda_-^0(Cl^-) = 149.9\ S\ cm^2\ mol^{-1}$,

KNO_3: $\Lambda_m^0(KNO_3) = \lambda_+^0(K^+) + \lambda_-^0(NO_3^-) = 145.0\ S\ cm^2\ mol^{-1}$,

$AgNO_3$: $\Lambda_m^0(AgNO_3) = \lambda_+^0(Ag^+) + \lambda_-^0(NO_3^-) = 133.4\ S\ cm^2\ mol^{-1}$,

AgCl: $\Lambda_m^0(AgCl) = \lambda_+^0(Ag^+) + \lambda_-^0(Cl^-) = \Lambda_m^0(AgNO_3) + \Lambda_m^0(KCl) - \Lambda_m^0(KNO_3)$

$$= (133.4 + 149.9 - 145.0)\ S\ cm^2\ mol^{-1}) = \underline{138.3\ S\ cm^2\ mol^{-1}}.$$

27-6 $c = \frac{\kappa}{\Lambda_m} \approx \frac{\kappa}{\Lambda_m^0}$ [c ist klein; die Eigenleitfähigkeit des Wassers ist berücksichtigt]

$$= \frac{1.887 \cdot 10^{-6}\ S\ cm^{-1}}{138.3\ S\ cm^2\ mol^{-1}} \quad \text{[Aufgabe 27–5]}$$

$$= 1.36 \cdot 10^{-8}\ mol\ cm^{-3} = \underline{1.36 \cdot 10^{-5}\ M.}$$

$K_{Lp} = (1.36 \cdot 10^{-5})^2 = \underline{1.86 \cdot 10^{-10}}$ [ohne Berücksichtigung der Aktivitätskoeffizienten].

Die Aktivitäten können wir mit $\gamma_\pm \approx 10^{-A\sqrt{c}}$ [11.2–11] ≈ 0.996 korrigieren. Das ergibt

$K_{Lp} = \gamma_\pm^2 \cdot (1.86 \cdot 10^{-10}) = \underline{1.85 \cdot 10^{-10}}.$

27-7 Die Eigenleitfähigkeit des Wassers ist in den Daten bereits berücksichtigt.

$\Lambda_m^0(AcONa) = \lambda_+^0(Na^+) + \lambda_-^0(AcO^-) = 91.0\ S\ cm^2\ mol^{-1}$,

$\Lambda_m^0(HCl) = \lambda_+^0(H^+) + \lambda_-^0(Cl^-) = 425.0\ S\ cm^2\ mol^{-1}$,

$\Lambda_m^0(NaCl) = \lambda_+^0(Na^+) + \lambda_-^0(Cl^-) = 128.1\ S\ cm^2\ mol^{-1}$,

$$\Lambda_m^0(AcOH) = \lambda_+^0(H^+) + \lambda_-^0(AcO^-) = \Lambda_m^0(HCl) + \Lambda_m^0(AcONa) - \Lambda_m^0(NaCl)$$
$$= (425.0 + 91.0 - 128.1)\ S\ cm^2\ mol^{-1} = \underline{387.9\ S\ cm^2\ mol^{-1}}.$$

27-8 $\alpha = \frac{\Lambda_m}{\Lambda_m^0}$ [Beispiel 27–3, AcOH ist in unendlich verdünnter Lösung vollständig dissoziiert].

$\Lambda_m = \frac{\kappa}{c} = \frac{C}{cR}$ [Aufgabe 27–2; die Leitfähigkeit des Wassers ist bereits berücksichtigt]

$$= \frac{0.2063\ cm^{-1}}{(0.020\ M) \cdot (888\ \Omega)}$$

$$= 1.16 \cdot 10^{-2}\ S\ mol^{-1}\ dm^3\ cm^{-1} = 11.6\ S\ cm^2\ mol^{-1}.$$

$$\alpha = \frac{11.6\ S\ cm^2\ mol^{-1}}{387.9\ S\ cm^2\ mol^{-1}} \quad \text{[Aufgabe 27–7]} \quad = 2.99 \cdot 10^{-2} = \underline{0.030.}$$

27-9 $\mathrm{pH} = \log a_{\mathrm{H}^+}$ [12.4–9] $= -\log\left(\gamma \cdot c_{\mathrm{H}^+}\right) = -\log(\gamma c \alpha)$; $c \equiv c(\mathrm{HA})/\mathrm{M}$.

Für $\gamma \approx 1$ wird $\mathrm{pH} \approx \log(\alpha c) = -\log(0.030 \cdot 0.020) = \underline{3.22.}$

$\log \gamma = -0.509 \cdot \sqrt{I}$ [11.2–11] $\approx -0.509 \cdot \sqrt{6.0 \cdot 10^{-4}} = -0.012.$

$\mathrm{pH} = -\log(\alpha c) - \log \gamma = 3.22 + 0.012 = \underline{3.23.}$

27-10 $\dfrac{1}{\Lambda_\mathrm{m}} = \dfrac{1}{\Lambda_\mathrm{m}^0} + \dfrac{\Lambda_\mathrm{m} \cdot c}{K \cdot (\Lambda_\mathrm{m}^0)^2}$ [27.1–7]; wir verwenden $\Lambda_\mathrm{m}^0 = \lambda_{\mathrm{H}^+}^0 + \lambda_{\mathrm{Ac}^-}^0 = 390.5\ \mathrm{S\ cm^2\ mol^{-1}}$.

Mit $\Lambda_\mathrm{m} = \dfrac{\kappa}{c} = \dfrac{C}{cR}$ und $C = 0.2063\ \mathrm{cm^{-1}}$ [Aufgabe 27–2] stellen wir die folgende Tabelle auf:

c/M	0.00049	0.00099	0.00198	0.01581	0.06323	0.2529
$\Lambda_\mathrm{m}/(\mathrm{S\ cm^2\ mol^{-1}})$	68.5	49.5	35.6	13.0	6.56	3.22
$10^5 \cdot c \cdot \Lambda_\mathrm{m}/(\mathrm{S\ cm^{-1}})$	3.36	4.90	7.05	20.6	41.5	81.4
$\dfrac{100}{\Lambda_\mathrm{m}/(\mathrm{S\ cm^2\ mol^{-1}})}$	1.46	2.02	2.81	7.69	15.2	31.1

Wenn man $\dfrac{100}{\Lambda_\mathrm{m}}$ gegen $10^5 \cdot c\Lambda_\mathrm{m}$ aufträgt, erhält man (z.B. nach der Methode der kleinsten Quadrate) die Steigung 0.352 und den Ordinatenabschnitt 0.01559. Wegen

$$\frac{100 \cdot \mathrm{S\ cm^2\ mol^{-1}}}{\Lambda_\mathrm{m}} = \frac{100\ \mathrm{S\ cm^2\ mol^{-1}}}{\Lambda_\mathrm{m}^0} + (100\ \mathrm{S\ cm^2\ mol^{-1}}) \cdot \left(\frac{1}{K \cdot (\Lambda_\mathrm{m}^0)^2}\right) \cdot \left(\frac{10^5\ c \cdot \Lambda_\mathrm{m}}{10^5\ \mathrm{S\ cm^{-1}}}\right)$$

gilt hier

$$\text{Steigung} = \frac{100\ \mathrm{S^2\ cm\ mol^{-1}}}{10^5\ \mathrm{K} \cdot (\Lambda_\mathrm{m}^0)^2} = \frac{10^{-3}\ \mathrm{S^2\ cm\ mol^{-1}}}{K \cdot (\Lambda_\mathrm{m}^0)^2} = 0.352. \quad \text{Daraus folgt}$$

$$K = \frac{10^{-3}\ \mathrm{cm^{-3}\ mol^{-1}}}{(390.5)^2 \cdot 0.352} = 1.86 \cdot 10^{-8}\ \mathrm{mol\ cm^{-3}} \quad \text{und}$$

$\underline{\mathrm{p}K_\mathrm{a} = 4.73.}$

27-11 $\dfrac{1}{\Lambda_\mathrm{m}} = \dfrac{1}{\Lambda_\mathrm{m}^0} + \dfrac{\Lambda_\mathrm{m} \cdot c}{K \cdot (\Lambda_\mathrm{m}^0)^2}$ [27.1–7], $\Lambda_\mathrm{m}^0 = 390.5\ \mathrm{S\ cm^2\ mol^{-1}}$ [Tabelle 27–1],

$$\Lambda_\mathrm{m}^0 = \Lambda_\mathrm{m} + \frac{\Lambda_\mathrm{m}^2 \cdot c}{K \cdot \Lambda_\mathrm{m}^0}, \qquad \frac{\Lambda_\mathrm{m}^2 \cdot c}{K \cdot \Lambda_m^0} + \Lambda_m - \Lambda_m^0 = 0,$$

$$\Lambda_\mathrm{m} = \frac{K}{2c} \cdot \left\{-1 + \sqrt{1 + \frac{4c}{K}}\right\} \cdot \Lambda_\mathrm{m}^0$$

$$= \left(\frac{1.91 \cdot 10^{-5}}{2 \cdot 0.040}\right) \cdot \left\{-1 + \sqrt{1 + \frac{4 \cdot 0.040}{1.91 \cdot 10^{-5}}}\right\} \cdot \Lambda_\mathrm{m}^0$$

$= 0.022 \cdot \Lambda_m^0 = \underline{8.59 \text{ S cm}^2 \text{ mol}^{-1}}.$

$\kappa = c \cdot \Lambda_m = (0.040 \text{ M}) \cdot (8.59 \cdot \text{S cm}^2 \text{ mol}^{-1}) = \underline{3.44 \cdot 10^{-4} \text{ S cm}^{-1}}.$

$$R = \frac{C}{\kappa} = \frac{0.2063 \text{ cm}^{-1}}{3.44 \cdot 10^{-4} \text{ S cm}^{-1}} = \underline{600\ \Omega}.$$

27-12 $\lambda_\pm = u_\pm \cdot |z_\pm| \cdot F$ [27.1–12], $u_\pm = \dfrac{\lambda_\pm}{|z_\pm| \cdot F}$

$$u^+(\text{Li}^+) = \frac{38.7 \text{ S cm}^2 \text{ mol}^{-1}}{9.648 \cdot 10^4 \text{ C mol}^{-1}}$$

$[1 \text{ C}\,\Omega = 1 \text{ A s}\,\Omega = 1 \text{ V s}, \quad 1 \text{ A}\,\Omega = 1 \text{ V}]$

$$= 4.01 \cdot 10^{-4} \text{ cm}^2 \text{ C}^{-1} \text{ S} = \underline{4.01 \cdot 10^{-4} \text{ cm}^2 \text{ s}^{-1} \text{ V}^{-1}}$$

$$u^+(\text{Na}^+) = \frac{50.1 \text{ S cm}^2 \text{ mol}^{-1}}{9.648 \cdot 10^4 \text{ C mol}^{-1}}$$

$$= \underline{5.19 \cdot 10^{-4} \text{ cm}^2 \text{ s}^{-1} \text{ V}^{-1}}$$

$$u^+(\text{K}^+) = \frac{73.5 \text{ S cm}^2 \text{ mol}^{-1}}{9.648 \cdot 10^4 \text{ C mol}^{-1}}$$

$$= \underline{7.62 \cdot 10^{-4} \text{ cm}^2 \text{ s}^{-1} \text{ V}^{-1}}$$

27-13 $s = uE$ [27.1–10], $E = \dfrac{10 \text{ V}}{1.0 \text{ cm}} = 10 \text{ V cm}^{-1}$.

$s(\text{Li}^+) = (4.01 \cdot 10^{-4} \text{ cm}^2 \text{ s}^{-1}) \cdot (10 \text{ V cm}^{-1}) = \underline{4.0 \cdot 10^{-3} \text{ cm s}^{-1} \text{ V}^{-1}},$

$s(\text{Na}^+) = (5.19 \cdot 10^{-4} \text{ cm}^2 \text{ s}^{-1}) \cdot (10 \text{ V cm}^{-1}) = \underline{5.2 \cdot 10^{-3} \text{ cm s}^{-1} \text{ V}^{-1}},$

$s(\text{K}^+) = (7.62 \cdot 10^{-4} \text{ cm}^2 \text{ s}^{-1}) \cdot (10 \text{ V cm}^{-1}) = \underline{7.6 \cdot 10^{-3} \text{ cm s}^{-1} \text{ V}^{-1}}.$

$t = \dfrac{d}{s}; \quad d = 1 \text{ cm}.$

$$t(\text{Li}^+) = \frac{1.0 \text{ cm}}{4.0 \cdot 10^{-3} \text{ cm s}^{-1}} = 250 \text{ s} \approx \underline{4 \text{ min}},$$

$$t(\text{Na}^+) = \frac{1.0 \text{ cm}}{5.2 \cdot 10^{-3} \text{ cm s}^{-1}} = 190 \text{ s} \approx \underline{3 \text{ min}},$$

$$t(\text{K}^+) = \frac{1.0 \text{ cm}}{7.6 \cdot 10^{-3} \text{ cm s}^{-1}} = 130 \text{ s} \approx \underline{2 \text{ min}}.$$

Für die in einer halben Schwingungsperiode zurückgelegte Strecke schreiben wir $E = E_0 \cdot \sin(2\pi\nu t)$, dann gilt

$$d = \int_0^{\frac{1}{2\nu}} s(t)\mathrm{d}t = \int_0^{\frac{1}{2\nu}} uE \cdot \mathrm{d}t = uE_0 \int_0^{\frac{1}{2\nu}} \sin(2\pi\nu t)\mathrm{d}t = \frac{uE_0}{\pi\nu}.$$

Mit $E_0 = 10 \text{ V cm}^{-1}$ und $\nu = 1 \text{ kHz}$ ergibt das

$$d = \frac{u \cdot (10 \text{ V cm}^{-1})}{\pi \cdot 10^3 \text{ Hz}} = 3.183 \cdot 10^{-3} \cdot (u \text{ V s cm}^{-1})$$

oder $d/\text{cm} = 3.183 \cdot 10^{-3} \cdot \big(u/(\text{cm}^2 \text{ V}^{-1} \text{ s}^{-1})\big)$.

$d(\text{Li}^+) = 3.183 \cdot 10^{-3} \cdot (4.0 \cdot 10^{-4}) = \underline{1.3 \cdot 10^{-6} \text{ cm}}$

(das ist 43 mal der Durchmesser der Lösungsmittelmoleküle),

$d(\text{Na}^+) = \underline{1.7 \cdot 10^{-6} \text{ cm}}$ (das sind 55 Moleküldurchmesser),

$d(\text{K}^+) = \underline{2.4 \cdot 10^{-6} \text{ cm}}$ (das sind 81 Moleküldurchmesser).

27-14 Der Strom I_i, den die Ionen i transportieren, ist proportional zur Konzentration c_i, zur Beweglichkeit u_i und zum Betrag der Ladung $|z_i|$. Den Proportionalitätsfaktor bezeichnen wir mit A:

$$I_i = A \cdot c_i \cdot |z_i| \cdot u_i.$$

Der gesamte durch die Lösung fließende Strom ist $I = \sum_j c_j \cdot |z_j| \cdot u_j$.

Der Teil des Stromes, den die Ionen i tragen, ist

$$t_i = \frac{I_i}{I} = \frac{A \cdot c_i \cdot |z_i| \cdot u_i}{A \cdot \sum_j c_j \cdot |z_j| \cdot u_j} = \frac{c_i \cdot |z_i| \cdot u_i}{\sum_j c_j \cdot |z_j| \cdot u_j}.$$

Wenn die Mischung zwei Kationen enthält, gilt

$$\frac{t'_+}{t''_+} = \frac{c'_+ \cdot |z'_+| \cdot u'_+}{c''_+ \cdot |z''_+| \cdot u''_+}$$

und, wenn die beiden Kationen die gleiche Ladung tragen,

$$\underline{\frac{t'_+}{t''_+} = \frac{c'_+ \cdot u'_+}{c''_+ \cdot u''_+}.}$$

27-15 $t(\text{H}^+) = \dfrac{u(\text{H}^+)}{u(\text{H}^+) + u(\text{Cl}^-)}$ [27.1–17]

$$= \frac{3.623 \cdot 10^{-3}}{3.623 \cdot 10^{-3} + 7.91 \cdot 10^{-4}} = \underline{0.82.}$$

Nach der Zugabe von NaCl ist

$$t(\text{H}^+) = \frac{c(\text{H}^+) \cdot u(\text{H}^+)}{c(\text{H}^+) \cdot u(\text{H}^+) + c(\text{Na}^+) \cdot u(\text{Na}^+) + c(\text{Cl}^-) \cdot u(\text{Cl}^-)}$$

$$= \frac{10^{-3} \cdot (3.623 \cdot 10^{-3})}{10^{-3} \cdot (3.623 \cdot 10^{-3}) + 1.0 \cdot (5.19 \cdot 10^{-4}) + 1.001 \cdot (7.91 \cdot 10^{-4})}$$

$$= \frac{3.623 \cdot 10^{-6}}{1.31 \cdot 10^{-3}} = \underline{0.0028.}$$

27-16 $t_+ \cdot \left(\dfrac{It}{z_+ cF}\right) = xA$ [27.1–20, A ist die Fläche, x die Strecke]

$I = 18.2$ mA, $z_+ = 1$, $c = 0.021$ M $= 21$ mol m^{-3},

$A = \pi \cdot (2.073 \cdot 10^{-3}\ \text{m})^2 = 1.35 \cdot 10^{-5}\ \text{m}^2$

$$t_+ = \frac{xAz_+cF}{It}$$

$$= \frac{x}{t} \cdot \left\{\frac{(1.35 \cdot 10^{-5}\ \text{m}^2) \cdot (21\ \text{mol m}^{-3}) \cdot (9.65 \cdot 10^4\ \text{C mol}^{-1})}{1.82 \cdot 10^{-2}\ \text{A}}\right\}$$

$$= \frac{1.50 \cdot 10^3 \cdot (x/\text{m})}{t/\text{s}} = \frac{1.50 \cdot (x/\text{mm})}{t/\text{s}}. \qquad [1\ \text{C} = 1\ \text{A s}]$$

Damit stellen wir jetzt die folgende Tabelle auf:

t/s	200	400	600	800	1000
x/mm	64	128	192	254	318
t_+	0.48	0.48	0.48	0.48	0.48
$t_- = 1 - t_+$	0.52	0.52	0.52	0.52	0.52

Es ist also $t_+ = \underline{0.48}$ und $t_- = \underline{0.52.}$

27-17 $t_+ = \dfrac{\lambda_\pm}{\Lambda_\text{m}}$ [27.1–18]), $\lambda_\pm = u_\pm \cdot |z_\pm| \cdot F$ [27.1–12].

$$u_\pm = \frac{\lambda_\pm}{|z_\pm| \cdot F} = \frac{t_\pm \cdot \Lambda_\text{m}}{|z_\pm| \cdot F}.$$

$\Lambda_\text{m} = 149.9$ S cm^2 mol^{-1} [Aufgabe 27–5].

$$u_+ = \frac{0.48 \cdot (149.9\ \text{S cm}^2\ \text{mol}^{-1})}{9.65 \cdot 10^4\ \text{C mol}^{-1}}$$

$$= \underline{7.5 \cdot 10^{-4}\ \text{cm}^2\ \text{s}^{-1}\ \text{V}^{-1}} \qquad [1\ \text{V} = 1\ \text{A}\ \Omega = 1\ \text{C}\ \Omega\ \text{s}^{-1}]$$

$\lambda_+ = t_+ \Lambda_\text{m} = 0.48 \cdot (149.9\ \text{S cm}^2\ \text{mol}^{-1}) = \underline{72\ \text{S cm}^2\ \text{mol}^{-1}.}$

27-18 Wir untersuchen, was passiert, wenn die elektrische Ladung $1 \cdot F$ durch die Zelle

Ag, AgCl | HCl(c_1) || HCl(c_2) | AgCl, Ag fließt.

Rechte Halbzelle: 1 mol Cl^- wird erzeugt, und t^- mol Cl^- wandern durch die Verbindung in die andere Halbzelle ab. Es verbleibt eine Änderung der Cl^--Menge um $(1 - t_-)$ mol $= t_+$ mol. Darüberhinaus wandern t_+ mol H^+ aus der linken Halbzelle zu.

Linke Halbzelle: 1 mol Cl^- wird verbraucht (und zu festem AgCl umgesetzt), t_- mol Cl^- wandern aus der rechten Halbzelle zu. Damit ändert sich die Cl^--Menge um $(-1+t_-)$ mol $= -t_+$ mol. Darüberhinaus wandern t_+ mol H^+ in die rechte Halbzelle ab.

Das ergibt für die Änderung der Freien Enthalpie insgesamt

$$\Delta G = (t_+ \text{ mol}) \cdot \left\{\mu_{\text{Cl}^-}(c_2) + \mu_{\text{H}^+}(c_2)\right\} - (t_+ \text{ mol}) \cdot \left\{\mu_{\text{Cl}^-}(c_1) + \mu_{\text{H}^+}(c_1)\right\}$$

$$\Delta G_\text{m} = t_+ \cdot \left\{\mu_{\text{Cl}^-}(c_2) + \mu_{\text{H}^+}(c_2)\right) - t_+ \cdot \left\{\mu_{\text{Cl}^-}(c_1) + \mu_{\text{H}^+}(c_1)\right\},$$

wenn die Konzentrationsabhängigkeit von t_+ vernachlässigt wird.

$\mu = \mu^\ominus + RT \cdot \ln a$ [11.1–1], $E = -\dfrac{\Delta G_\text{m}}{F}$ [12.3–1].

Die EMK der Kette mit Überführung bezeichnen wir mit E_t :

$$E_\text{t} = -\left(\frac{RT}{F}\right) \cdot t_+ \cdot \ln\left\{\frac{a_{\text{Cl}^-}(2) \cdot a_{\text{H}^+}(2)}{a_{\text{Cl}^-}(1) \cdot a_{\text{H}^+}(1)}\right\}$$

$$= -2t_+ \cdot \left(\frac{RT}{F}\right) \cdot \ln\left\{\frac{a(2)}{a(1)}\right\},$$

wobei a die mittlere Aktivität ist. In einer Zelle ohne Überführung ist

$E_\text{t} = -2 \cdot \left(\dfrac{RT}{F}\right) \cdot \ln\left\{\dfrac{a(2)}{a(1)}\right\}$ [Abschnitt 12.1f], dann gilt

$\underline{E_\text{t} = t_+ E.}$

Wenn es sich um eine für das Kation reversible Elektrode handelt, so wird 1 mol M^+ erzeugt (bzw. verbraucht) und t_+ mol wandern hinzu oder weg, so daß die Änderung an M^+ insgesamt $\pm t_-$ mol beträgt. Der Rest der Ableitung verläuft genauso wie oben für das Anion.

27-19 $t_+ = \dfrac{xA}{\left(\dfrac{It}{z_+ cF}\right)}$ [27.1–20] $= cx \cdot \left(\dfrac{z_+ AF}{It}\right)$; $I = 5.0$ mA, $t = 2500$ s.

$A = 1.35 \cdot 10^{-5}\ \text{m}^2$ [Aufgabe 27-16].

$$\frac{z_+ AF}{It} = \frac{(1.35 \cdot 10^{-5}\ \text{m}^2) \cdot (9.65 \cdot 10^4\ \text{C mol}^{-1})}{(5 \cdot 10^{-3}\ \text{A}) \cdot (2500\ \text{s})}$$

$$= 0.104\ \text{m}^2\ \text{mol}^{-1} = 0.104/(\text{mm mol dm}^{-3}).$$

$t_+ = 0.104 \cdot (x/\text{mm}) \cdot (c/\text{mol dm}^{-3}) \approx 0.104 \cdot (x/\text{mm}) \cdot \big(m/(\text{mol kg}^{-1}\big).$

(a) $t_+ = 0.104 \cdot 286.9 \cdot 0.01365 = 0.407,$

(b) $t_+ = 0.104 \cdot 92.03 \cdot 0.04255 = 0.407,$

Mit $t(H^+) = \underline{0.407}$ ist die Beweglichkeit des Protons in flüssigem Ammoniak nicht ungewöhnlich. (Für HI in Wasser ist $t(H^+) = 0.82$).

27-20 $R = \dfrac{C}{\kappa}, \quad C = 2.063\ \text{cm}^{-1}$ [Aufgabe 27–2]

$$= \frac{0.2063\ \text{cm}^{-1}}{5.5 \cdot 10^{-8}\ \text{S cm}^{-1}} = 3.75 \cdot 10^6\ \Omega = \underline{3.75\ \text{M}\Omega.}$$

$$\Lambda_\text{m} = \frac{\kappa}{c} = \frac{5.5 \cdot 10^{-8}\ \text{S cm}^{-1}}{55.5\ \text{mol dm}^{-3}} = 9.9 \cdot 10^{-10}\ \text{S cm}^{-1}\ \text{dm}^3\ \text{mol}^{-1} = 9.9 \cdot 10^{-7}\ \text{S cm}^2\ \text{mol}^{-1}.$$

$$\Lambda^0_\text{m} = \lambda(\text{H}^+) + \lambda(\text{OH}^-) = (349.8 + 197.6)\ \text{S cm}^2\ \text{mol}^{-1} = 547.4\ \text{S cm}^2\ \text{mol}^{-1}.$$

$\alpha = \dfrac{\Lambda_\text{m}}{\Lambda^0_\text{m}}$ [Abschnitt 27.1a] $= \dfrac{9.9 \cdot 10^{-7}}{547.4} = 1.8 \cdot 10^{-9}.$

$$K_\text{w} = a(\text{H}^+) \cdot a(\text{OH}^-) \approx c(\text{H}^+) \cdot c(\text{OH}^-)/\text{M}^2$$

$$= \alpha_2 \cdot (c(\text{H}_2\text{O})/\text{M})^2 = (1.8 \cdot 10^{-9})^2 \cdot (55.5)^2 = \underline{1.0 \cdot 10^{-14}.}$$

$$\text{p}K_\text{w} = -\log K_\text{w} = \underline{14.0.}$$

$$\text{pH} = -\log a(\text{H}^+) = -\log \sqrt{K_\text{w}} = -\tfrac{1}{2} \log K_\text{w} = \underline{7.0.}$$

27-21 $\Lambda_\text{m} = \Lambda^0_\text{m} - \mathcal{K} \cdot \sqrt{c}$ [27.1–3] $= \Lambda^0_\text{m} - (A + B \cdot \Lambda^0_\text{m}) \cdot \sqrt{c}$ [27.1–21].

$A = \dfrac{z^2 e F^2}{3\pi\eta} \cdot \sqrt{\dfrac{2}{\varepsilon RT}}$ [27.1–21]

$$B = q \cdot \frac{z^3 e F^2}{24\pi\varepsilon RT} \cdot \sqrt{\frac{2}{\pi\varepsilon RT}}$$

$z = 1, \quad \eta = 0.8904 \cdot 10^{-3}\ \text{kg m}^{-1}\ \text{s}^{-1}$ [Tabelle 24–5], $\varepsilon_\text{r} = 78.54$ [Tabelle 11–1];

daraus folgt $\underline{A = 60.4\ \text{S cm}^2\ \text{mol}^{-1}\ \text{M}^{-\frac{1}{2}}.}$

$$B = 4.12 \cdot 10^{-3}\ \text{mol}^{-\frac{1}{2}}\ m^{\frac{3}{2}} = \underline{0.13\ \text{M}^{-\frac{1}{2}}.}$$

$$\Lambda^0_\text{m} = (50.11 + 76.34)\ \text{S cm}^2\ \text{mol}^{-1} = 126.45\ \text{S cm}^2\ \text{mol}^{-1}$$

$$\mathcal{K} = A + B \cdot \Lambda^0_\text{m} = \big(60.4 + (0.13 \cdot 126.45)\big)\ \text{S cm}^2\ \text{mol}^{-1}\ \text{M}^{-\frac{1}{2}}$$

$$= \underline{76.8\ \text{S cm}^2\ \text{mol}^{-1}\ \text{M}^{-\frac{1}{2}}.}$$

In Aufgabe 27–3 erhielten wir $\mathcal{K} = 76.5\ \text{S cm}^2\ \text{mol}^{-1}\ \text{M}^{-\frac{1}{2}}.$

27-22 $\mathcal{F} = -\left(\dfrac{RT}{c}\right) \cdot \left(\dfrac{\text{d}c}{\text{d}x}\right)$ [27.2–2]

$$\frac{\text{d}c}{\text{d}x} = \frac{0.05\ \text{M} - 0.10\ \text{M}}{0.10\ \text{m}} = -0.50\ \text{M m}^{-1}.$$

$$RT = 2.48\ \text{kJ mol}^{-1} = 2.48 \cdot 10^3\ \text{J mol}^{-1} = 2.48 \cdot 10^3\ \text{N m mol}^{-1}.$$

(a) $\mathcal{F} = -\dfrac{(2.48 \cdot 10^3\ \mathrm{N\ m\ mol^{-1}}) \cdot (-0.50\ \mathrm{M\ m^{-1}})}{0.10\ \mathrm{M}}$

$= \underline{1.2 \cdot 10^4\ \mathrm{N\ mol^{-1}}} = \underline{2.1 \cdot 10^{-20}\ \mathrm{N/Molekül.}}$

(b) $\mathcal{F} = -\dfrac{(2.48 \cdot 10^3\ \mathrm{N\ m\ mol^{-1}}) \cdot (-0.50\ \mathrm{M\ m^{-1}})}{0.075\ \mathrm{M}}$

$= \underline{1.7 \cdot 10^4\ \mathrm{N\ mol^{-1}}} = \underline{2.8 \cdot 10^{-20}\ \mathrm{N/Molekül.}}$

(a) $\mathcal{F} = -\dfrac{(2.48 \cdot 10^3\ \mathrm{N\ m\ mol^{-1}}) \cdot (-0.50\ \mathrm{M\ m^{-1}})}{0.05\ \mathrm{M}}$

$= \underline{2.5 \cdot 10^4\ \mathrm{N\ mol^{-1}}} = \underline{4.1 \cdot 10^{-20}\ \mathrm{N/Molekül.}}$

27-23 $s = \left(\dfrac{D}{kT}\right) \cdot \mathcal{F}$ [27.2–3]

$$\frac{D}{kT} = \frac{5.2 \cdot 10^{-6}\ \mathrm{cm^2\ s^{-1}}}{(1.381 \cdot 10^{-23}\ \mathrm{J\ K^{-1}}) \cdot (298.15\ \mathrm{K})}$$

$$= 1.26 \cdot 10^{11}\ \mathrm{m^2\ s^{-1}\ J^{-1}} = 1.26 \cdot 10^{11}\ \mathrm{m\ s^{-1}\ N^{-1}}.$$

(a) $s = (1.26 \cdot 10^{11}\ \mathrm{m\ s^{-1}\ N^{-1}}) \cdot (2.1 \cdot 10^{-20}\ \mathrm{N})$
$= 2.6 \cdot 10^{-9}\ \mathrm{m\ s^{-1}} = \underline{2.7\ \mathrm{nm\ s^{-1}}.}$

(b) $s = (1.26 \cdot 10^{11}\ \mathrm{m\ s^{-1}\ N^{-1}}) \cdot (2.8 \cdot 10^{-20}\ \mathrm{N}) = \underline{3.5\ \mathrm{nm\ s^{-1}}.}$

(c) $s = (1.26 \cdot 10^{11}\ \mathrm{m\ s^{-1}\ N^{-1}}) \cdot (4.1 \cdot 10^{-20}\ \mathrm{N}) = \underline{5.2\ \mathrm{nm\ s^{-1}}.}$

Die Konzentration können wir bestimmen, indem wir entweder den Brechungsindex, den optischen Drehwert oder die IR-Absorption messen. Zu Beginn ist der Fluß (in einen gedachten Querschnitt des Rohres) überall gleich, weil $\frac{\mathrm{d}c}{\mathrm{d}x}$ überall gleich ist, abgesehen vom linken (geschlossenen) und vom rechten (offenen) Ende des Rohres (vergl. Abb. 27—2a). Wie sich das System zu Beginn verändert, zeigt Abb. 27–2b. Nach einiger Zeit ist $\frac{\mathrm{d}c}{\mathrm{d}x}$ nicht mehr überall gleich, und damit ist auch $\frac{\mathrm{d}c}{\mathrm{d}t}$ von Ort zu Ort verschieden (vergl. Abb. 27–2c). Nach sehr langer Zeit erhält man eine homogene Verteilung mit der Konzentration 0.075 M, wie es Abb. 27–2d zeigt.

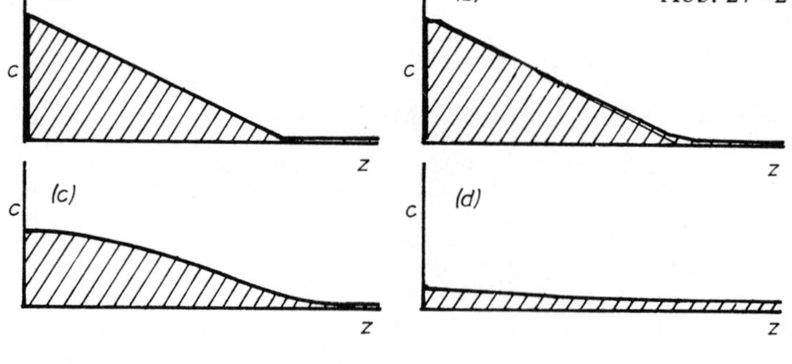

Abb. 27–2

27-24 $D = \dfrac{kT}{6\pi\eta a}$ [27.2–9].

$$a = \frac{kT}{6\pi\eta D} = \frac{(1.381 \cdot 10^{-23}\ \mathrm{J\ K^{-1}}) \cdot (298.15\ \mathrm{K})}{6\pi \cdot (1.00 \cdot 10^{-3}\ \mathrm{kg\ m^{-1}\ s^{-1}}) \cdot (5.2 \cdot 10^{-10}\ \mathrm{m^2\ s^{-1}})} = 4.20 \cdot 10^{-10}\ \mathrm{m} = \underline{420\ \mathrm{pm}.}$$

27-25 $\tau = \dfrac{d^2}{2D}$ [27.3–12]; $R(\mathrm{I_2}) \approx 266$ pm; dann ist $d \approx 300$ pm.

$$\tau \approx \frac{(300 \cdot 10^{-12}\ \mathrm{m})^2}{2 \cdot (2.13 \cdot 10^{-9}\ \mathrm{m^2\ s^{-1}})} = \underline{2.1 \cdot 10^{-11}\ \mathrm{s}.}$$

27-26 $\bar{x} = \sqrt{2Dt}$ [27.3–6].

(a) $\bar{x} = \sqrt{2 \cdot (2.13 \cdot 10^{-9}\ \mathrm{m^2\ s^{-1}}) \cdot (1\ \mathrm{s})} = \underline{6.5 \cdot 10^{-5}\ \mathrm{m},}$

(b) $\bar{x} = \sqrt{2 \cdot (5.2 \cdot 10^{-10}\ \mathrm{m^2\ s^{-1}}) \cdot (1\ \mathrm{s})} = \underline{3.2 \cdot 10^{-5}\ \mathrm{m},}$

27-27 $t = \dfrac{\bar{x}^2}{2D}$ [27.3–6].

(a) $t(\mathrm{Jod}) = \dfrac{(1.0 \cdot 10^{-3}\ \mathrm{m})^2}{2 \cdot (2.13 \cdot 10^{-9}\ \mathrm{m^2\ s^{-1}})} = \underline{240\ \mathrm{s}}$ (= 4 min).

$t(\mathrm{Rohrzucker}) = \dfrac{(1.0 \cdot 10^{-3}\ \mathrm{m})^2}{2 \cdot (5.2 \cdot 10^{-10}\ \mathrm{m^2\ s^{-1}})} = \underline{960\ \mathrm{s}}$ (= 16 min).

(b) $t(\mathrm{Jod}) = \dfrac{(1.0 \cdot 10^{-1}\ \mathrm{m})^2}{2 \cdot (2.13 \cdot 10^{-9}\ \mathrm{m^2\ s^{-1}})} = \underline{2.4 \cdot 10^4\ \mathrm{s}}$ (≈ 7 Stunden).

$t(\mathrm{Rohrzucker}) = \dfrac{(1.0 \cdot 10^{-2}\ \mathrm{m})^2}{2 \cdot (5.2 \cdot 10^{-10}\ \mathrm{m^2\ s^{-1}})} = \underline{9.6 \cdot 10^4\ \mathrm{s}}$ (≈ 27 Stunden).

27-28 $D = \dfrac{ukT}{ez}$ [27.2–5], $a = \dfrac{ez}{6\pi\eta u}$ [27.2–8].

$$\frac{kT}{e} = \frac{(1.381 \cdot 10^{-23}\ \mathrm{J\ K^{-1}}) \cdot (298.15\ \mathrm{K})}{1.602 \cdot 10^{-19}\ \mathrm{C}} = 2.57 \cdot 10^{-2}\ \mathrm{V}.$$

$$\frac{e}{6\pi\eta} = \frac{1.602 \cdot 10^{-19}\ \mathrm{C}}{6\pi \cdot (1.00 \cdot 10^{-3}\ \mathrm{kg\ m^{-1}\ s^{-1}})}$$

$$= 8.50 \cdot 10^{-18}\ \mathrm{V^{-1}\ m^3\ s^{-1}} \qquad [1\ \mathrm{J} = 1\ \mathrm{C\ V} = 1\ \mathrm{kg\ m^2\ s^{-2}}].$$

$$D/(\mathrm{cm^2\ s^{-1}}) = (2.57 \cdot 10^{-2}\ \mathrm{V}) \cdot u/(\mathrm{cm^2\ s^{-1}}) = 2.57\ 10^{-2} \cdot (u/(\mathrm{cm^2\ s^{-1}\ V^{-1}}).$$

$$a/\mathrm{m} = \frac{8.50 \cdot 10^{-18}\ \mathrm{V^{-1}\ m^2\ s^{-1}}}{u} = \frac{8.50 \cdot 10^{-14}\ \mathrm{V^{-1}\ cm^2\ s^{-1}}}{u};$$

$$a/\mathrm{pm} = \frac{8.50 \cdot 10^{-2}}{u/(\mathrm{cm^2\ s^{-1}\ V^{-1}})}.$$

Mit den Daten aus Tabelle 27–2 können wir jetzt die folgende Tabelle aufstellen.

	Li^+	Na^+	K^+	Rb^+
$u/(\text{cm}^2\ \text{s}^{-1}\ \text{V}^{-1})$	$4.01 \cdot 10^{-4}$	$5.19 \cdot 10^{-4}$	$7.62 \cdot 10^{-4}$	$7.92 \cdot 10^{-4}$
D/cm^2	$1.03 \cdot 10^{-5}$	$1.33 \cdot 10^{-5}$	$1.96 \cdot 10^{-5}$	$2.04 \cdot 10^{-5}$
a/pm	212	164	112	107

27-29 Die Ionenradien sind nach Tabelle 23–1

	Li^+	Na^+	K^+	Rb^+
a_{Ion}/pm	59	102	138	149

Die effektiven hydrodynamischen Radien von K^+ und Rb^+ sind also kleiner als ihre kristallographischen Radien. Die effektiven Ionenvolumina von Li^+ und von Na^+ sind gleich $\frac{4}{3}\pi a^3$; das ergibt

(a) für Li^+ : $\Delta v = \frac{4}{3}\pi \cdot (212^3 - 59^3) \cdot 10^{-36}\ \text{m}^3 = 3.9 \cdot 10^{-29}\ \text{m}^3$.

(b) für Na^+ : $\Delta v = \frac{4}{3}\pi \cdot (164^3 - 102^3) \cdot 10^{-36}\ \text{m}^3 = 1.4 \cdot 10^{-29}\ \text{m}^3$.

Ein Wassermolekül besetzt ein Volumen von etwa $\frac{4}{3}\pi \cdot (150\ \text{pm})^3 = 1.4 \cdot 10^{-29}\ \text{m}^3$. Nach diesen Daten hat Li^+ etwa drei ziemlich fest gebundene Wassermoleküle, Na^+ dagegen nur eines.

27-30 $a = \dfrac{kT}{6\pi\eta D}$ [27.2–9].

$\eta = 0.972 \cdot 10^{-3}\ \text{kg m}^{-1}\ \text{s}^{-1}$ [Tabelle 24–5] bei 25 °C.

$$a = \frac{(1.381 \cdot 10^{-23}\ \text{J K}^{-1}) \cdot (298.15\ \text{K})}{6\pi \cdot (0.972 \cdot 10^{-3}\ \text{kg m}^{-1}\ \text{s}^{-1}) \cdot (2.89 \cdot 10^{-9}\ \text{m}^2\ \text{s}^{-1})}$$

$$= 7.8 \cdot 10^{-11}\ \text{m} = \underline{78\ \text{pm}}.$$

Das entspricht einem Molekülvolumen von $\frac{4}{3}\pi a^3 = 2.0 \cdot 10^{-30}\ \text{m}^3$, und das molare Volumen ist das N_A-fache davon, nämlich $1.2 \cdot 10^{-6}\ \text{m}^3\ \text{mol}^{-1} = 1.2 \cdot 10^{-3}\ \text{dm}^3\ \text{mol}^{-1}$.

Wenn bei dem Prozeß eine Aktivierung eine Rolle spielt, muß $\frac{1}{\tau} \propto \exp\left(-\frac{E_a}{RT}\right)$ gelten. Nach [27.3–12] ist $D = \frac{d^2}{2\tau}$; wenn d nicht von der Temperatur abhängt, können wir deshalb die Beziehung

$D \propto \exp\left(-\frac{E_a}{RT}\right)$ erwarten. Das ergibt

$$E_a = \left(\frac{RT_1T_2}{T_1 - T_2}\right) \cdot \ln\left\{\frac{D(T_2)}{D(T_1)}\right\}$$

$$= \left\{\frac{(8.314\ \mathrm{J\ K^{-1}\ mol^{-1}}) \cdot (273\ \mathrm{K}) \cdot (298\ \mathrm{K})}{25\ \mathrm{K}}\right\} \cdot \ln\left\{\frac{2.89 \cdot 10^{-5}}{2.05 \cdot 10^{-5}}\right\}$$

$$= 9.3\ \mathrm{kJ\ mol^{-1}}.$$

Für die Aktivierungsenergie der Diffusion erwarten wir damit einen Wert von etwa $\underline{9.3\ \mathrm{kJ\ mol^{-1}}.}$

27-31 $\left(\frac{\partial \mathcal{N}}{\partial t}\right)_x = D \cdot \left(\frac{\partial^2 \mathcal{N}}{\partial x^2}\right)_t$ [27.3–1].

$\mathcal{N} = \frac{a}{\sqrt{t}} \cdot \exp\left(-\frac{bx^2}{t}\right)$ [27.3–2], a und b sind Konstanten.

$$\left(\frac{\partial \mathcal{N}}{\partial t}\right)_x = -\frac{1}{2}\frac{a}{t^{\frac{3}{2}}} \cdot \exp\left(-\frac{bx^2}{t}\right) + \left(\frac{a}{\sqrt{t}}\right) \cdot \left(\frac{bx^2}{t^2}\right) \cdot \exp\left(-\frac{bx^2}{t}\right)$$

$$= -\frac{1}{2}\frac{\mathcal{N}}{t} + \frac{bx^2 \cdot \mathcal{N}}{t^2}.$$

$$\left(\frac{\partial \mathcal{N}}{\partial t}\right)_x = \frac{a}{t^{\frac{1}{2}}} \cdot \left(-\frac{2bx}{t}\right) \cdot \exp\left(-\frac{bx^2}{t}\right),$$

$$\left(\frac{\partial^2 \mathcal{N}}{\partial x^2}\right)_t = -\left(\frac{2b}{t}\right) \cdot \left(\frac{a}{\sqrt{t}}\right) \cdot \exp\left(-\frac{bx^2}{t}\right) + \left(\frac{a}{\sqrt{t}}\right) \cdot \left(\frac{2bx}{t}\right)^2 \cdot \exp\left(-\frac{bx^2}{t}\right)$$

$$= -\left(\frac{2b}{t}\right) \cdot N + \left(\frac{2bx}{t}\right)^2 \cdot \mathcal{N} = -\left(\frac{1}{2Dt}\right) \cdot \mathcal{N} + \left(\frac{bx^2}{Dt^2}\right) \cdot \mathcal{N} \quad \left[b = \frac{1}{4D}\right]$$

$$= \frac{\left(\frac{\partial \mathcal{N}}{\partial t}\right)_x}{D},$$ wie behauptet wurde.

Zu Beginn befindet sich das Material ganz bei $x = 0$. $\mathcal{N}(x,t)$ ist Null für alle $x > 0$ und $t = 0$ wegen des Faktors $\exp\left(-\frac{x^2}{4Dt}\right)$ $[\mathrm{e}^{-\infty} = 0]$. Bei $x = 0$ ist $\exp\left(-\frac{x^2}{4Dt}\right) = 1$. Wir können so vorgehen, daß wir $\langle x \rangle = 0$ [27.3–4] und $\langle x^2 \rangle = 0$ [27.3–6] bei $t = 0$ nachprüfen. Danach befindet sich bei $t = 0$ die Substanz vollständig an der Stelle $x = 0$.

27-32 $\mathcal{N}(x,t) = \frac{N_0}{a \cdot \sqrt{\pi Dt}} \cdot \exp\left(-\frac{x^2}{4Dt}\right)$ [27.3–2].

$N_0 = \frac{10\ \mathrm{g}}{342\ \mathrm{g\ mol^{-1}}} \cdot N_A = 1.76 \cdot 10^{22}$, $x = 5$ cm,

$A = 19.6\ \mathrm{cm^2}$, $D = 5.2 \cdot 10^{-6}\ \mathrm{cm^2\ s^{-1}}$ [Aufgabe 27–23].

$$\mathcal{N}(5\ \text{cm}, t) = \frac{1.76 \cdot 10^{22} \exp\left(-\dfrac{25\ \text{cm}^2}{4 \cdot (5.2 \cdot 10^{-6}\ \text{cm}^2\ \text{s}^{-1}) \cdot t}\right)}{(19.6\ \text{cm}^2) \cdot \sqrt{\pi \cdot (5.2 \cdot 10^{-6}\ \text{cm}^2\ \text{s}^{-1}) \cdot t}}$$

$$= (2.22 \cdot 10^{23}\ \text{cm}^{-3}) \cdot \left\{\frac{1}{\sqrt{t/\text{s}}} \cdot \exp\left(-\frac{1.20 \cdot 10^6}{t/\text{s}}\right)\right\}.$$

(a) $t = 10$ s;

$$\mathcal{N} = (2.22 \cdot 10^{23}\ \text{cm}^{-3}) \cdot \sqrt{\frac{1}{10}} \cdot \exp\left(-1.2 \cdot 10^5\right) \approx \underline{0.}$$

(b) $t = 1$ Jahr $= 3.16 \cdot 10^7$ s;

$$= (2.22 \cdot 10^{23}\ \text{cm}^{-3}) \cdot \sqrt{\frac{1}{3.16 \cdot 10^7}} \cdot \exp\left(-\frac{1.20 \cdot 10^6}{3.16 \cdot 10^7}\right)$$

$$= \underline{3.80 \cdot 10^{19}\ \text{cm}^{-3}} = \underline{3.80 \cdot 10^{22}\ \text{dm}^{-3}} = \underline{0.06\ \text{M.}}$$

27-33 $P(x) = \dfrac{n!}{\left[\frac{1}{2}(n+s)\right]!\ \left[\frac{1}{2}(n-s)\right]!\ 2^n}$ [27.A1–2], $s = \dfrac{x}{d}$.

$$P(6d) = \frac{n!}{\left[\frac{1}{2}(n+6)\right]!\ \left[\frac{1}{2}(n-6)\right]!\ 2^n}.$$

(a) $n = 4$; $P(6d) = \underline{0}$ $[m! \equiv \infty$ für $m < 0]$.

(b) $n = 6$; $P(6d) = \dfrac{6!}{6!\ 0!\ 2^6} = \dfrac{1}{2^6} = \dfrac{1}{64} = \underline{0.016.}$ $[0! \equiv 1]$

(c) $n = 12$; $P(6d) = \dfrac{12!}{9!\ 3!\ 2^{12}} = \dfrac{12 \cdot 11 \cdot 10}{3 \cdot 2 \cdot 2^{12}} = \dfrac{55}{2^{10}} = \underline{0.054.}$

27-34 Mit $P(x)$ [27.A1–2] und der Näherungsformel für großes n [27.3–11] stellen wir jetzt die folgende Tabelle auf:

n	4	6	8	10	20
$P(x)_{\text{genau}}$	0	0.016	0.0313	0.0439	0.0739
$P(x)_{\text{asymptotisch}}$	0.004	0.0162	0.0297	0.0417	0.0725

n	30	40	60	100
$P(x)_{\text{genau}}$	0.806	0.0807	0.0763	0.0666
$P(x)_{\text{asymptotisch}}$	0.0799	0.0804	0.0763	0.0666

In Abb. 27–3 sind diese Punkte aufgetragen. Für $n > 60$ ist der Unterschied kleiner als 0.1 %.

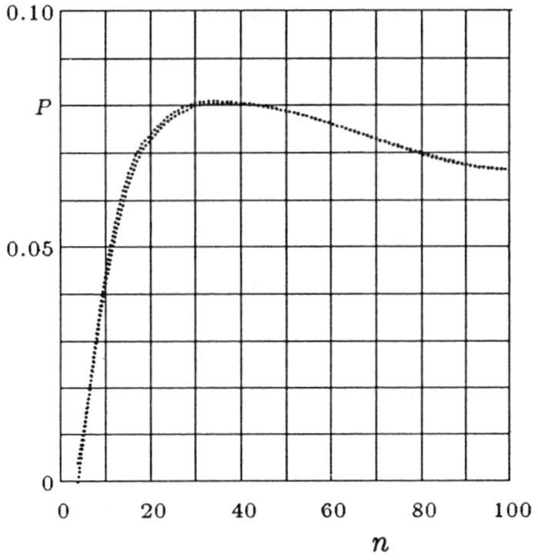

Abb. 27–3

27-35 $\langle x^2 \rangle = 2Dt$ [27.3–6], $D = \dfrac{kT}{6\pi\eta a}$ [27.2–9].

$$\eta = \frac{kT}{6\pi D a} = \frac{kTt}{3\pi a\langle x^2\rangle}$$

$$= \frac{(1.381 \cdot 10^{-23}\ \mathrm{J\ K^{-1}}) \cdot (298.15\ \mathrm{K}) \cdot t}{3\pi \cdot (2.12 \cdot 10^{-7}\ \mathrm{m}) \cdot \langle x^2\rangle} = \frac{(2.06 \cdot 10^{-15}\ \mathrm{J\ m^{-1}}) \cdot t}{\langle x^2\rangle},$$

$$\eta/(\mathrm{kg\ m^{-1}\ s^{-1}}) = \frac{(2.06 \cdot 10^{-11}) \cdot (t/\mathrm{s})}{\langle x^2\rangle/\mathrm{cm^2}}.$$

Damit stellen wir die folgende Tabelle auf:

t/s	30	60	90	120
$\langle x^2\rangle/\mathrm{cm}$	$88.2 \cdot 10^{-8}$	$113.5 \cdot 10^{-8}$	$128 \cdot 10^{-8}$	$144 \cdot 10^{-8}$
$\eta/(\mathrm{kg\ m^{-1}\ s^{-1}})$	$7.01 \cdot 10^{-4}$	$1.09 \cdot 10^{-3}$	$1.45 \cdot 10^{-3}$	$1.72 \cdot 10^{-3}$

Als Mittelwert erhalten wir $\underline{1.2 \cdot 10^{-3}\ \mathrm{kg\ m^{-1}\ s^{-1}}}$.

28 Die Geschwindigkeit chemischer Reaktionen

A28-1 $\frac{\mathrm{d[A]}}{\mathrm{d}t} = -\frac{\mathrm{d[P]}}{\mathrm{d}t} = -k_1 \cdot [\mathrm{A}] \cdot [\mathrm{B}]$ [Abschnitt 28.2e]

$$= -\frac{(3.67 \cdot 10^{-3}\ \mathrm{dm^3\ mol^{-1}\ s^{-1}}) \cdot (0.255\ \mathrm{mol}) \cdot (0.605\ \mathrm{mol})}{(1.70\ \mathrm{dm^3})^2}$$

$$= \underline{-1.96 \cdot 10^{-4}\ \mathrm{mol\ dm^{-3}\ s^{-1}}}.$$

$$\frac{\mathrm{d[B]}}{\mathrm{d}t} = -2 \cdot (1.96 \cdot 10^{-4}) = \underline{-3.92 \cdot 10^{-4}\ \mathrm{mol\ dm^{-3}\ s^{-1}}}.$$

$$\frac{\mathrm{d[P]}}{\mathrm{d}t} = -\frac{\mathrm{d[A]}}{\mathrm{d}t}; \quad \frac{\mathrm{d}n_\mathrm{B}}{\mathrm{d}t} = V \cdot \frac{\mathrm{d[B]}}{\mathrm{d}t} = \underline{-6.7 \cdot 10^{-4}\ \mathrm{mol\ s^{-1}}}.$$

$$\dot{\xi} = -\frac{\mathrm{d}n_\mathrm{B}}{\mathrm{d}t} = \underline{3.4 \cdot 10^{-4}\ \mathrm{mol\ s^{-1}}}.$$

A28-2 $t_{\frac{1}{2}} = \frac{1}{k \cdot [\mathrm{A}]}$ [28.2–22] $= \frac{1}{(2.62 \cdot 10^{-3}\ \mathrm{dm^3\ mol^{-1}\ s^{-1}}) \cdot (1.70\ \mathrm{mol\ dm^{-3}})} = \underline{225\ \mathrm{s}}.$

A28-3 $\frac{1}{[A]_2} - \frac{1}{[A]_1} = k \cdot (t_2 - t_2)$ [28.2–16]

$$t_2 - t_1 = \frac{1}{3.50 \cdot 10^{-4}\ \mathrm{dm^3\ mol^{-1}\ s^{-1}}} \cdot \left[\frac{1}{0.0110\ \mathrm{mol\ dm^{-3}}} - \frac{1}{0.260\ \mathrm{mol\ dm^{-3}}}\right] = \underline{2.49 \cdot 10^5\ \mathrm{s}}.$$

A28-4 $E_\mathrm{a} = \frac{R}{\frac{1}{T_1} - \frac{1}{T_2}} \cdot \ln\left(\frac{k_2}{k_1}\right)$ [28.3–4]

$$= \frac{8.314\ \mathrm{J\ K^{-1}\ mol^{-1}}}{\frac{1}{303\ K} - \frac{1}{323\ K}} \cdot \ln\left(\frac{0.0138}{0.00280}\right) = \underline{64.9\ \mathrm{kJ\ mol^{-1}}}.$$

$$A = k \cdot \mathrm{e}^{\frac{E_\mathrm{a}}{RT}} = \underline{4.3 \cdot 10^8\ \mathrm{M^{-1}\ s^{-1}}}.$$

A28-5 Der erste Schritt ist geschwindigkeitsbestimmend. Damit gilt Geschwindigkeit $= k_1 \cdot [H_2O_2] \cdot [M^-]$. Die Reaktion ist erster Ordnung bezüglich H_2O_2 und bezüglich M^-. Insgesamt ist die Reaktion zweiter Ordnung [Abschnitt 28.3d].

A28-6 Für das vorgelagerte Gleichgewicht [Abschnitt 28.3f] gilt $[A] = \sqrt{\frac{k_1}{2k_{-1}}} \cdot \sqrt{[A]}$,

$$\text{Geschwindigkeit} = k_2 \cdot [A] \cdot [B] = k_2 \cdot \sqrt{\frac{k_1}{2k_{-1}}} \cdot \sqrt{[A_2]} \cdot [B].$$

A28-7 Für das vorgelagerte Gleichgewicht [Abschnitt 28.3f] gilt

$$[\text{Helix mit zwei Basenpaaren}] = \left(\frac{k_1}{k_{-1}}\right) \cdot [A] \cdot [B];$$

$$\text{Geschwindigkeit der Wiederherstellung} = k_2 \cdot \left(\frac{k_1}{k_{-1}}\right) \cdot [A] \cdot [B],$$

$$\underline{k_{\text{gesamt}} = k_2 \cdot \left(\frac{k_1}{k_{-1}}\right).}$$

A28-8 Maximale Geschwindigkeit $= k_1 \cdot [E]_0$ [28.3–33].

$$k_1 \cdot [E]_0 = (\text{Geschwindigkeit}) \cdot \frac{K_M + [S]}{[S]} = \frac{(1.15 \cdot 10^{-3}\ \text{mol dm}^{-3}\ \text{s}^{-1}) \cdot ((0.035 + 0.110)\ \text{mol dm}^{-3})}{0.110\ \text{mol dm}^{-3}}$$

$$= \underline{1.52 \cdot 10^{-3}\ \text{mol dm}^{-3}\ \text{s}^{-1}.}$$

A28-9 $\text{Geschwindigkeit} = \dfrac{\text{maximale Geschwindigkeit} \cdot [\text{S}]}{K_M + [\text{S}]}$, [28.3-33]

$$\frac{1}{2} = \frac{[\text{S}]}{K_M + [\text{S}]},$$

$$[\text{S}] = K_M.$$

A28-10 $\dfrac{1}{k_{\text{eff}}} = \dfrac{1}{k_2 p} + \dfrac{k_{-2}}{k_1 k_2}$ [28.4–40]

$$\frac{1}{2.50 \cdot 10^{-4}\ s^{-1}} = \frac{1}{(1.30 \cdot 10^3\ \text{Pa}) \cdot k_2} + \frac{k_{-2}}{k_1 k_2}.$$

$$\frac{1}{2.10 \cdot 10^{-5}\ \text{s}^{-1}} = \frac{1}{(12\ \text{Pa}) \cdot k_2} + \frac{k_{-2}}{k_1 k_2}.$$

Dieses System aus zwei Gleichungen mit zwei Unbekannten ist nach k_2 aufzulösen.

$$k_2 = \underline{1.89 \cdot 10^{-6}\ \text{Pa}^{-1}\ \text{s}^{-1}.}$$

28-1 $\dfrac{\text{d}[\text{J}]}{\text{d}t} = \left(\dfrac{\nu_J}{V}\right) \cdot \dot{\xi}$ [28.2–4].

Für die Reaktionsgleichung $\text{A} + 2\ \text{B} \rightarrow 3\ \text{C} + \text{D}$ gilt

$\nu_A = -1,\quad \nu_B = -2,\quad \nu_C = 3$ und $\nu_D = 1,$

$$v_A = \frac{\text{d}[\text{A}]}{\text{d}t} = -\frac{1}{V} \cdot (1.0\ \text{mol s}^{-1}) = \underline{-1.0\ \text{M s}^{-1}}\quad [V = 1\ \text{dm}^3],$$

$$v_B = \underline{-2.0\ \text{M s}^{-1}},\quad v_C = \underline{+3.0\ \text{M s}^{-1}},\quad v_D = \underline{+1.0\ \text{M s}^{-1}.}$$

28-2 $\dot{\xi} = \left(\frac{V}{\nu_J}\right) \cdot v_J$ [28.5–5]; $n_C = +2$

$$= \frac{1.0 \text{ dm}^3}{2} \cdot (1.0 \text{ M s}^{-1}) = \underline{0.50 \text{ mol s}^{-1}}.$$

$$v_A = \frac{-2}{V} \cdot (0.50 \text{ mol s}^{-1}) \quad [28.2\text{–}4,\ \nu_A = -2] \quad = \underline{-1.0 \text{ M s}^{-1}}.$$

$$v_B = \frac{-1}{V} \cdot \dot{\xi} = \underline{-0.50 \text{ M s}^{-1}}.$$

$$v_D = \frac{+3}{V} \cdot \dot{\xi} = \underline{+1.50 \text{ M s}^{-1}}.$$

28-3 Einheit von $\dot{\xi} = \text{mol s}^{-1}$, Einheit von $[A] \cdot [B] = \text{mol}^2 \text{ dm}^{-6} = \text{M}^2$.

$$\text{Einheit von } k = \frac{\text{Einheit von } \dot{\xi}}{\text{Einheit von } [A] \cdot [B]} = \frac{\text{mol s}^{-1}}{\text{mol}^2 \text{ dm}^{-6}} = \underline{\text{mol}^{-1} \text{ dm}^6 \text{ s}^{-1}}.$$

$v_J = \left(\frac{\nu_J}{V}\right) \cdot \dot{\xi}$ [28.2–4]; $\nu_A = -1$, $\nu_C = +3$.

(a) $v_A = \frac{d[A]}{dt} = \left(\frac{-1}{V}\right) \cdot k \cdot [A] \cdot [B] = \underline{k' \cdot [A] \cdot [B], \quad k' = \frac{k}{V}}.$

(b) $v_C = \frac{d[C]}{dt} = \left(\frac{3}{V}\right) \cdot k \cdot [A] \cdot [B] = \underline{k'' \cdot [A] \cdot [B], \quad k' = \frac{3k}{V}}.$

28-4 $\dot{\xi} = \left(\frac{V}{\nu_J}\right) \cdot v_J$, $v_C = \frac{\delta[C]}{dt}$, $\nu_C = +2$.

$$\dot{\xi} = \frac{V}{2} \cdot k \cdot [A] \cdot [B] \cdot [C] = \underline{k' \cdot [A] \cdot [B] \cdot [C], \quad k' = \frac{kV}{2}}.$$

Einheit von $k = \text{M}^{-2} \text{ s}^{-1}$; Einheit von $k' = (\text{mol}^{-2} \text{ dm}^6 \text{ s}^{-1}) \cdot \text{dm}^3 = \underline{\text{mol}^{-2} \text{ dm}^9 \text{ s}^{-1}}.$

28-5 $t_{\frac{1}{2}} = \frac{\ln 2}{k}$ [28.2– 22]

$$= \frac{\ln 2}{4.8 \cdot 10^{-4} \text{ s}^{-1}} = \underline{1.4 \cdot 10^3 \text{ s}}.$$

$2\ N_2O_5(g) \rightarrow 4\ NO_2(g) + O_2(g)$;

$p(N_2O_5) = p_0(N_2O_5) \cdot \exp(-k_1 t)$ [28.2–14].

Das ergibt für N_2O_5 einen Druck von

$p(N_2O_5) = (667 \text{ mbar}) \cdot \exp\left(-4.8 \cdot 10^{-4} \cdot (t/\text{s})\right)$.

(a) nach 10 s: $p(N_2O_5) = \underline{664 \text{ mbar}}.$

(b) nach 10 min (600 s): $p(N_2O_5) = \underline{500 \text{ mbar}}.$

Der Gesamtdruck ist $p + 2 \cdot (p_0 - p) + \frac{1}{2} \cdot (p_0 - p) = \frac{1}{2} \cdot (5p_0 - 3p)$,

dabei ist p der Druck des N_2O_5. Das ergibt

(a) nach 10 s: $p_{\text{gesamt}} = \frac{1}{2} \cdot (5 \cdot 667 - 3 \cdot 664) = \underline{671.5 \text{ mbar}}$,

(b) nach 10 min: $p_{\text{gesamt}} = \frac{1}{2} \cdot (5 \cdot 667 - 3 \cdot 500) = \underline{917.5 \text{ mbar}}$.

28-6 $\frac{\mathrm{d}[\mathrm{A}]}{\mathrm{d}t} = k_n \cdot [\mathrm{A}]^n$. Die Dimension von k_n ergibt sich aus den Dimensionen der anderen Größen in dieser Gleichung.

$$\text{Dimension von } k_n = \frac{(\text{Konzentration oder Druck})^{1-n}}{\text{Zeit}}.$$

Dann ist $\quad \text{Dimension von } k_2 = \frac{1}{\text{Konzentration oder Druck}} \cdot \frac{1}{\text{Zeit}}$,

$$\text{Dimension von } k_3 = \frac{1}{(\text{Konzentration oder Druck})} \cdot \frac{1}{\text{Zeit}}.$$

k_2 sollte also (a) in $\underline{\mathrm{M}^{-1}\ \mathrm{s}^{-1}}$, (b) in $\underline{\mathrm{Pa}^{-1}\ \mathrm{s}^{-1}}$ und k_3 (a) in $\underline{\mathrm{m}^{-2}\ \mathrm{s}^{-1}}$, (b) in $\underline{\mathrm{Pa}^{-2}\ \mathrm{s}^{-1}}$

angegeben werden.

28-7 $\left[{}^{14}\mathrm{C}\right] = \left[{}^{14}\mathrm{C}\right]_0 \cdot \exp(-kt), \quad k = \frac{\ln 2}{t_{\frac{1}{2}}} \quad [28.2\text{–}21]$

$$\frac{\left[{}^{14}\mathrm{C}\right]}{\left[{}^{14}\mathrm{C}\right]_0} = \exp\left(-\frac{t \cdot \ln 2}{t_{\frac{1}{2}}}\right).$$

$$t = \frac{t_{\frac{1}{2}}}{\ln 2} \cdot \ln\left(\frac{\left[{}^{14}\mathrm{C}\right]_0}{\left[{}^{14}\mathrm{C}\right]}\right) = \frac{5730 \text{ Jahre}}{\ln 2} \cdot \ln\left(\frac{1}{0.72}\right) = \underline{2720 \text{ Jahre}}.$$

28-8 $\left[{}^{90}\mathrm{Sr}\right] = \left[{}^{90}\mathrm{Sr}\right]_0 \cdot \exp(-kt) = \left[{}^{90}\mathrm{Sr}\right]_0 \cdot \exp\left(-\frac{t \cdot \ln 2}{t_{\frac{1}{2}}}\right)$ [Aufgabe 28–7].

$$\frac{\ln 2}{t_{\frac{1}{2}}} = 0.0247 \text{ Jahre}^{-1}.$$

$$m\left({}^{90}\mathrm{Sr}\right) = m_0\left({}^{90}\mathrm{Sr}\right) \cdot \exp\left(-\frac{t \cdot \ln 2}{t_{\frac{1}{2}}}\right) = (1.0\ \mu g) \cdot \exp(-0.0247 \cdot (t/\text{Jahre})).$$

(a) $m\left({}^{90}\mathrm{Sr}\right) = (1.0\ \mu g) \cdot \exp(-0.0247 \cdot 18) = \underline{0.64\ \mu g}$,

(b) $m\left({}^{90}\mathrm{Sr}\right) = (1.0\ \mu g) \cdot \exp(-0.0247 \cdot 70) = \underline{0.18\ \mu g}$.

28-9 $kt = \left\{ \frac{1}{[B]_0 - [A]_0} \right\} \cdot \ln \left\{ \frac{[A]_0 \cdot ([B]_0 - x)}{([A]_0 - x) \cdot [B]_0} \right\}$ [28.2–19]

$$\frac{[A]_0 \cdot ([B]_0 - x)}{([A]_0 - x) \cdot [B]_0} = e^{([B]_0 - [A]_0) \cdot kt}.$$

Wenn wir das nach x auflösen, erhalten wir

$$x = \frac{[A]_0 \cdot [B]_0 \cdot \{e^{([B]_0 - [A]_0) \cdot kt} - 1\}}{[B]_0 \cdot e^{([B]_0 - [A]_0) \cdot kt} - [A]_0}.$$

$k = 0.11\ M^{-1}\ s^{-1}$; $[A]_0 = [NaOH]_0 = 0.050\ M$,

$[B]_0 = [AcOEt]_0 = 0.100\ M$; $k([B]_0 - [A]_0) = 5.5 \cdot 10^{-3}\ s^{-1}$.

$$x/M = \frac{(0.050 \cdot 0.100) \cdot \{e^{5.5 \cdot 10^{-3} \cdot (t/s)} - 1\}}{0.100 \cdot e^{5.5 \cdot 10^{-3} \cdot (t/s)} - 0.050}$$

$$= \frac{0.100 \cdot \{e^{5.5 \cdot 10^{-3} \cdot (t/s)} - 1\}}{2 \cdot e^{5.5 \cdot 10^{-3} \cdot (t/s)} - 1}.$$

(a) $t = 10$ s; $x/M = \frac{0.100 \cdot (e^{0.055} - 1)}{2 \cdot e^{0.055} - 1} = 5.1 \cdot 10^{-3}$;

$[NaOH] = (0.050 - 0.005)\ M = \underline{0.045\ M},$

$[AcOEt] = (0.100 - 0.005)\ M = \underline{0.095\ M}.$

(b) $t = 10$ min(600 s); $x/M = \frac{0.10 \cdot (e^{3.3} - 1)}{2 \cdot e^{3.3} - 1} = 0.049.$

$[NaOH] = (0.050 - 0.049)\ M = \underline{0.001\ M},$

$[AcOEt] = (0.100 - 0.049)\ M = \underline{0.051\ M}.$

28-10 $2\ A + 3\ B \rightarrow P$, $\frac{dP}{dt} = k \cdot [A] \cdot [B]$. Die Ausgangsmengen von A, B und P sind A_0, B_0 und 0. Wenn von P die Menge x gebildet worden ist, liegt A in der Menge $A_0 - 2x$ und B in der Menge $B_0 - 3x$ vor. Daraus folgt

$$\frac{dP}{dt} = \frac{dx}{dt} = k \cdot (A_0 - 2x) \cdot (B_0 - 3x); \quad \text{bei } t = 0 \text{ ist } x = 0.$$

$$k \cdot dt = \frac{dx}{(A_0 - 2x) \cdot (B_0 - 3x)} = \left\{ \frac{1}{3 \cdot (A_0 - 2x)} - \frac{1}{2 \cdot (B_0 - 3x)} \right\} \cdot \left\{ \frac{6 \cdot dx}{2B_0 - 3A_0} \right\}$$

$$= \left\{ \frac{dx}{x - \frac{1}{2}A_0} - \frac{dx}{x - \frac{1}{3}B_0} \right\} \cdot \left\{ \frac{1}{2B_0 - 3A_0} \right\}.$$

Jetzt integrieren wir von 0 bis t bzw. von 0 bis x:

$$kt = \left\{ \frac{-1}{2B_0 - 3\ _0} \right\} \cdot \ln \left\{ \frac{x - \frac{1}{2}A_0}{x - \frac{1}{3}B_0} \right\} \Bigg|_0^x = \underline{\left\{ \frac{-1}{2B_0 - 3A_0} \right\} \cdot \ln \left\{ \frac{(2x - A_0) \cdot B_0}{A_0 \cdot (3x - B_0)} \right\}}.$$

28-11 $\frac{\mathrm{d}[\mathrm{A}]}{\mathrm{d}t} = -k \cdot [\mathrm{A}]^2 \cdot [\mathrm{B}], \quad 2\,\mathrm{A} + \mathrm{B} \rightarrow \mathrm{P}.$

Zum Zeitpunkt $t = 0$ ist $x = 0$; zum Zeitpunkt t setzen wir $[\mathrm{P}] = x$.

Dann wird $[\mathrm{A}] = \mathrm{A}_0 - 2x$ und $[\mathrm{B}] = \mathrm{B}_0 - x$ und

$$\frac{\mathrm{d}[\mathrm{A}]}{\mathrm{d}t} = -2 \cdot \frac{\mathrm{d}x}{\mathrm{d}t} = -k \cdot (\mathrm{A}_0 - 2x)^2 \cdot (\mathrm{B}_0 - x) \text{ bzw. } \frac{\mathrm{d}x}{\mathrm{d}t} = \tfrac{1}{2}k \cdot (\mathrm{A}_0 - 2x)^2 \cdot (\mathrm{B}_0 - x).$$

Im vorgegebenen Fall ist $\mathrm{B}_0 = \frac{1}{2}\mathrm{A}_0$; damit wird

$$\frac{\mathrm{d}x}{\mathrm{d}t} = \tfrac{1}{2}k \cdot (\mathrm{A}_0 - 2x)^2 \cdot (\tfrac{1}{2}\mathrm{A}_0 - x) = \tfrac{1}{4}k \cdot (\mathrm{A}_0 - 2x)^3.$$

$$\tfrac{1}{4}kt = \int_0^x \frac{\mathrm{d}x}{(\mathrm{A}_0 - 2x)^3} = \left\{\frac{1}{4 \cdot (\mathrm{A}_0 - 2x)^2}\right\}\Bigg|_0^x = \frac{1}{4}\left\{\left(\frac{1}{\mathrm{A}_0 - 2x}\right)^2 - \left(\frac{1}{\mathrm{A}_0}\right)^2\right\}.$$

Es ist also $\underline{kt = \frac{4x \cdot (\mathrm{A}_0 - x)}{\mathrm{A}_0^2 \cdot (\mathrm{A}_0 - 2x)^2}}.$

28-12 $\frac{\mathrm{d}x}{\mathrm{d}t} = \frac{1}{2}k \cdot (\mathrm{A}_0 - 2x)^2 \cdot (\mathrm{B}_0 - x)$ [Aufgabe 28–11]; $\mathrm{B}_0 = 2 \cdot (\frac{1}{2}\mathrm{A}_0) = \mathrm{A}_0$.

$$\frac{\mathrm{d}x}{\mathrm{d}t} = \tfrac{1}{2}k \cdot (\mathrm{A}_0 - 2x)^2 \cdot (\mathrm{A}_0 - x), \quad [\text{bei } t = 0 \text{ ist } x = 0).$$

$$\tfrac{1}{2}kt = \int_o^x \left\{\frac{\mathrm{d}x}{(\mathrm{A}_0 - 2x)^2 \cdot (\mathrm{A}_0 - x)}\right\}.$$

Dieses Integral läßt sich berechnen, wenn wir die Methode der Partialbruchzerlegung auf den Integranden anwenden:

$$\frac{1}{(\mathrm{A}_0 - 2x)^2 \cdot (\mathrm{A}_0 - x)} = \frac{\alpha}{(\mathrm{A}_0 - 2x)^2} + \frac{\beta}{(\mathrm{A}_0 - 2x)} + \frac{\gamma}{(\mathrm{A}_0 - x)};$$

$$\alpha \cdot (\mathrm{A}_0 - x) + \beta \cdot (\mathrm{A}_0 - 2x) \cdot (\mathrm{A}_0 - x) + \gamma \cdot (\mathrm{A}_0 - 2x)^2 = 1,$$

$$(\mathrm{A}_0\alpha + \mathrm{A}_0^2\beta + \mathrm{A}_0^2\gamma) - (\alpha + 3\beta\mathrm{A}_0 + 4\gamma\mathrm{A}_0) \cdot x + (2\beta + 4\gamma) \cdot x^2 = 1.$$

Das gilt nur dann für alle x, wenn die drei Gleichungen

$$\left.\begin{aligned} \mathrm{A}_0\alpha + \mathrm{A}_0^2\beta + \mathrm{A}_0^2\gamma &= 1 \\ \alpha + 3\beta\mathrm{A}_0 + 4\gamma\mathrm{A}_0 &= 0 \\ 2\beta + 4\gamma &= 0 \end{aligned}\right\} \text{ erfüllt sind.}$$

Das ergibt $\alpha = \frac{2}{\mathrm{A}_0}$, $\beta = -\frac{2}{\mathrm{A}_0^2}$, $\gamma = -\frac{1}{\mathrm{A}_0^2}$ und damit

$$\tfrac{1}{2}kt = \int_0^x \left\{\frac{\left(\frac{2}{\mathrm{A}_0}\right) \cdot \mathrm{d}x}{(\mathrm{A}_0 - 2x)^2} - \frac{\left(\frac{2}{\mathrm{A}_0^2}\right) \cdot \mathrm{d}x}{\mathrm{A}_0 - 2x} + \frac{\left(\frac{1}{\mathrm{A}_0^2}\right) \cdot \mathrm{d}x}{\mathrm{A}_0 - x}\right\}$$

$$= \left\{ \frac{1}{A_0} \cdot \frac{1}{A_0 - 2x} + \frac{1}{A_0^2} \cdot \ln(A_0 - 2x) - \frac{1}{A_0^2} \cdot \ln(A_0 - x) \right\} \Bigg|_0^x$$

$$= \underline{\left\{ \frac{2x}{A_0^2 \cdot (A_0 - 2x)} \right\} + \frac{1}{A_0^2} \cdot \ln \left\{ \frac{A_0 - 2x}{A_0 - x} \right\}.}$$

28-13 $kt = \dfrac{4x \cdot (A_0 - x)}{A_0^2 \cdot (A_0 - 2x)^2}$ [Aufgabe 28–11].

$[A] = A_0 - 2x, \quad [B] = B_0 - x; \quad B_0 = \frac{1}{2} A_0.$

(a) Für $x = \frac{1}{4} A_0$ ist $[A] = \frac{1}{2} A_0$; dann ist auch

$$kt_{\frac{1}{2}} = \frac{A_0 \cdot \frac{3}{4} A_0}{A_0^2 \cdot (\frac{1}{2} A_0)^2} = \frac{3}{A_0^2} \quad \text{und damit} \quad \underline{t_{\frac{1}{2}} = \frac{3}{k A_0^2}.}$$

(b) Für $x = \frac{1}{2} B_0 = \frac{1}{4} A_0$ ist $[B] = \frac{1}{2}[B_0]$, damit hat $t_{\frac{1}{2}}$ denselben Wert wie bei (a).

(c) Für die Reaktion schreiben wir $0 = -2\,A - B + P$, $\nu_A = -2$, $\nu_B = -1$.

Beim Beginn einer Reaktion ist $\xi = 0$, am Ende $\xi = 1$. Dann wird

$[B] = B_0 \cdot (1 - \xi)$, $[P] = B_0 \cdot \xi$ und $[A] = A_0 - 2B_0 \cdot \xi$.

$$\frac{dA}{dt} = -2B_0 \dot{\xi} = -kA^2B = -k \cdot (A_0 - 2B_0\xi)^2 \cdot B_0 \cdot (1 - \xi).$$

Mit $B_0 = \frac{1}{2} A_0$ ergibt das $\dot{\xi} = \frac{1}{2} k A_0^2 \cdot (1 - \xi)^3$.

$$\int_0^\xi \frac{d\xi}{(1 - \xi)^3} = \frac{1}{2} k A_0^2 t = \frac{1}{2} \left\{ \left(\frac{1}{1 - \xi} \right)^2 - 1 \right\} = \frac{\xi \cdot (2 - \xi)}{2 \cdot (1 - \xi)^2}.$$

Bei $\xi = \frac{1}{2}$ ist dann $\frac{1}{2} k A_0^2 t_{\frac{1}{2}} = \dfrac{\frac{1}{2} \cdot \frac{3}{2}}{2 \cdot \frac{1}{4}} = \dfrac{3}{2}$

und $\underline{t_{\frac{1}{2}} = \dfrac{3}{k A_0^2}.}$

28-14 $\dfrac{dx}{dt} = k \cdot [A]^n, \quad A \rightarrow P.$

$$kt = \left(\frac{1}{n - 1} \right) \cdot \left\{ \left(\frac{1}{A_0 - x} \right)^{n-1} - \left(\frac{1}{A_0} \right)^{n-1} \right\}$$ [Integration, oder nach Kasten 28–1],

bei $t = t_{\frac{1}{2}}$ ist $x = \dfrac{A_0}{2}$:

$$kt_{\frac{1}{2}} = \left(\frac{1}{n - 1} \right) \cdot \left\{ \left(\frac{2}{A_0} \right)^{n-1} - \left(\frac{1}{A_0} \right)^{n-1} \right\} \propto \underline{\frac{1}{A_0^{n-1}}.}$$

28-15 $kt_{\frac{1}{2}} = \left(\frac{1}{n-1}\right) \cdot \left\{ \left(\frac{2}{A_0}\right)^{n-1} - \left(\frac{1}{A_0}\right)^{n-1} \right\}$ [Kasten 28–1, $x = \frac{1}{2}A_0$].

$kt_{\frac{3}{4}} = \left(\frac{1}{n-1}\right) \cdot \left\{ \left(\frac{4}{3A_0}\right)^{n-1} - \left(\frac{1}{A_0}\right)^{n-1} \right\}$ [Kasten 28–1, $x = \frac{1}{4}A_0$].

$$\frac{t_{\frac{1}{2}}}{t_{\frac{3}{4}}} = \frac{2^{n-1} - 1}{\left(\frac{4}{3}\right)^{n-1} - 1}.$$

Weiter ist $\frac{t_{\frac{1}{2}}}{t_{\frac{1}{4}}} = \frac{2^{n-1} - 1}{4^{n-1} - 1} = \frac{1}{2^{n-1} + 1}$; daraus erhalten wir

einen expliziten Ausdruck für n:

$$n = 1 + \frac{\ln\left(\frac{t_{\frac{1}{4}}}{t_{\frac{1}{2}}}\right) - 1}{\ln 2}.$$

28-16 $[B]_\infty = \frac{1}{2}[A]_0$, es ist also $[A]_0 = 0.624$ M.

Für die Reaktion 2 A → B gilt $[A] = [A]_0 - 2 \cdot [B]$; dafür stellen wir die folgende Tabelle auf.

t/s	0	600	1200	1800	2400
[B]/M	0	0.089	0.153	0.200	0.230
[A]/M	0.624	0.446	0.318	0.224	0.164

Diese Daten sind in Abb. 28–1a aufgetragen. Wir lesen $t_{\frac{3}{4}} = 540$ s und $t_{\frac{1}{2}} = 1230$ s ab; das ergibt $\frac{t_{\frac{1}{2}}}{t_{\frac{3}{4}}} = 2.3$.

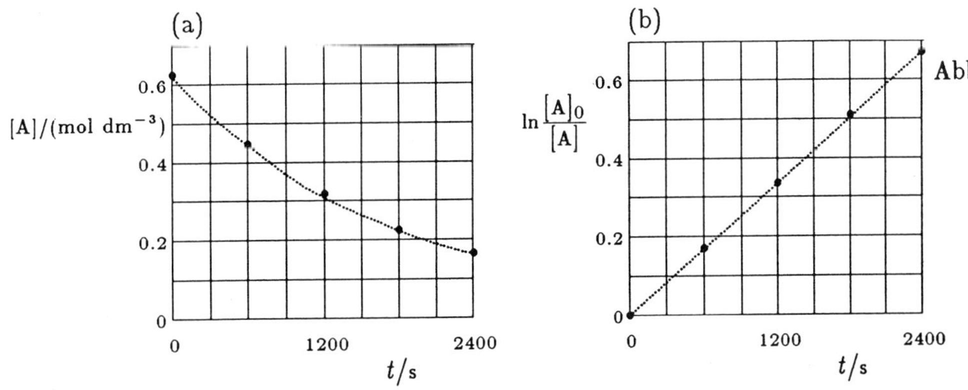

Abb. 28–1

Nach Aufgabe 28–15 $\left[\text{oder aus } kt_{\frac{1}{2}} = \ln\left(\frac{A_0}{\frac{1}{2}A_0}\right) \text{ und } kt_{\frac{3}{4}} = \ln\left(\frac{A_0}{\frac{3}{4}A_0}\right)\right]$ sollte für eine Reaktion erster Ordnung $\frac{t_{\frac{1}{2}}}{t_{\frac{3}{4}}} = 2.4$ und für eine Reaktion zweiter Ordnung $\frac{t_{\frac{1}{2}}}{t_{\frac{3}{4}}} = 3.0$ sein. Wir haben soeben den Wert 2.3 erhalten, die Reaktion ist also erster Ordnung. Das läßt sich nachprüfen, indem in der Gleichung

$$\ln\frac{[A]_0}{[A]} = kt \quad [28.2\text{–}13]$$

die linke Seite gegen t aufgetragen wird. Dazu stellen wir die folgende Tabelle auf:

t/s	0	600	1200	1800	2400
$\ln\frac{[A]_0}{[A]}$	0	0.34	0.67	1.02	1.34

Diese Punkte sind in Abb. 28–1b aufgetragen. Sie liegen auf einer Geraden, es handelt sich also um eine Reaktion erster Ordnung. Die Steigung ist $5.6 \cdot 10^{-4}$, das ergibt

$k = \underline{5.6 \cdot 10^{-4}\ s^{-1}}.$

28-17 Nach den angegebenen Daten nimmt die Geschwindigkeit der Wasserbildung mit $1 - e^{-kt}$ zu. [Siehe auch die Angaben für [B] in Aufgabe 28–16.] Ob es sich um eine Reaktion erster Ordnung handelt, prüfen wir in der folgenden Weise. Wir schreiben $A \rightarrow B + C$ (C steht für Wasser). Wenn es sich um eine Reaktion erster Ordnung mit einer solchen Reaktionsgleichung handelt, muß

$$\frac{d[B]}{dt} = k \cdot [A] = k \cdot \{[A]_0 - [B]\} \quad \text{und}$$

$$[B] = [A]_0 \cdot \{1 - e^{-kt}\} = [B]_\infty \cdot \{1 - e^{-kt}\} \quad \text{gelten,}$$

wobei $[B]_\infty$ die Menge des Wassers (z. B. als Volumen) ist, wenn die Ausgangssubstanz vollständig verbraucht ist. Dann gilt

$$e^{-kt} = \frac{[B]_\infty - [B]}{[B]_\infty} \quad \text{bzw.} \quad \ln\left\{\frac{[B]_\infty}{[B]_\infty - [B]}\right\} = kt.$$

Jetzt stellen wir die folgende Tabelle auf:

t/s	30	60	90	120	150
$\frac{V(\infty)}{V(\infty) - V}$	2.0	3.3	5.0	6.7	10.0
$\ln\frac{V(\infty)}{V(\infty) - V}$	0.69	1.20	1.61	1.90	2.30

Diese Punkte sind in Abb. 28–2a aufgetragen. Wir erhalten eine Gerade, es handelt sich also um eine Reaktion erster Ordnung.

Aus der Steigung $1.3 \cdot 10^{-2}$ folgt $k = 1.4 \cdot 10^{-2}\ s^{-1}$. Unter den Reaktionsbedingungen reagiert das C_4H_6 wahrscheinlich weiter.

(a) (b) Abb. 28–2

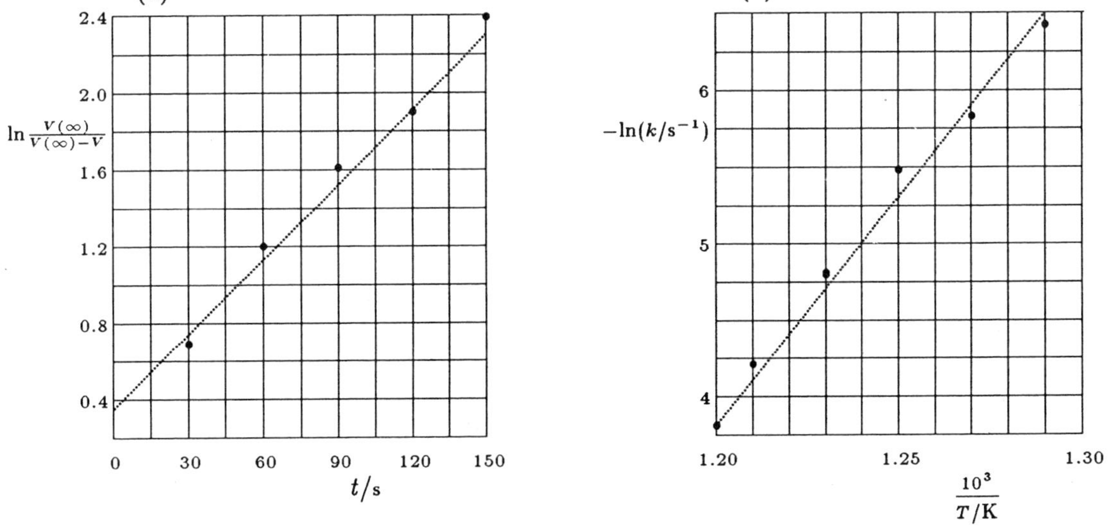

28-18 $k = A \cdot \exp\left(-\frac{E_a}{RT}\right)$ [28.3–4, eine Aktivierung der Reaktion erster Ordnung wird vorausgesetzt].

$\ln k = \ln A - \frac{E_a}{RT}$, wir sollten also $\ln k$ gegen $\frac{1}{T}$ auftragen. Dazu stellen wir die folgende Tabelle auf:

T/K	773.5	786	797.5	810	810	824	834
$\frac{10^3}{T/K}$	1.29	1.27	1.25	1.23	1.23	1.21	1.20
$k/(10^{-3}\ s^{-1})$	1.63	2.95	4.19	8.13	8.19	14.9	22.2
$-\ln(k/s^{-1})$	6.42	5.83	5.48	4.81	4.80	4.21	3.81

Diese Punkte sind in Abb. 28–2b aufgetragen. Die Gerade hat die Steigung $-2.9 \cdot 10^4$, das ergibt

$E_a = (2.9 \cdot 10^4\ K) \cdot R = 240\ kJ\ mol^{-1}$.

Eine Extrapolation liefert den Ordinatenabschnitt $-\ln(k/s^{-1}) = -30$, das ergibt $A = e^{30}\ s^{-1} = 1.1 \cdot 10^{13}\ s^{-1}$.

28-19 Wenn es sich um eine Reaktion erster Ordnung handelt, sollte der Druck p des Cyclopropans der Formel $\frac{p}{p_0} = e^{-kt}$ [28.2–14] genügen. Dann sollte $\frac{1}{t} \cdot \ln\frac{p_0}{p}$ konstant und gleich k sein. Um das nachzuprüfen, stellen wir die folgende Tabelle auf:

p_0/mbar	266	266	533	533	800	800
t/s	100	200	100	200	100	200
p/mbar	248	231	497	463	744	693
$\frac{1}{t/s} \cdot \ln\frac{p_0}{p}$	$7.3 \cdot 10^{-4}$	$7.3 \cdot 10^{-4}$	$7.0 \cdot 10^{-4}$	$7.1 \cdot 10^{-4}$	$7.1 \cdot 10^{-4}$	$7.2 \cdot 10^{-4}$

Man erhalt praktisch eine Konstante. Die Reaktion ist also (zumindest in diesem Druckbereich) erster Ordnung mit

$k = 7.2 \cdot 10^{-4}\ s^{-1}$.

28-20 $2\ A \rightarrow B, \quad \frac{d[A]}{dt} = -k \cdot [A]^2.$

$$[A] = \frac{A_0}{1 + ktA_0} \quad [38.2\text{–}17, \quad A_0 = [A]_0].$$

$$[B] = B_0 + \tfrac{1}{2} \cdot (A_0 - [A]) = \tfrac{1}{2} \cdot (A_0 - [A]) \quad [B_0 = 0].$$

Wenn die Daten als Drucke angegeben sind, lauten die Formeln

$$p_A = \frac{p_0}{1 + ktp_0}, \quad p_B = \tfrac{1}{2} \cdot (p_0 - p_A).$$

Der Gesamtdruck ist $p = p_A + p_B = \frac{1}{2} \cdot (p_0 + p_A)$.

$$p = \tfrac{1}{2}p_0 \cdot \left\{1 + \left(\frac{1}{1 + ktp_0}\right)\right\} = \tfrac{1}{2}p_0 \cdot \left\{\frac{2 + ktp_0}{1 + ktp_0}\right\},$$

$$\frac{p}{p_0} = \left\{\frac{1 + \frac{1}{2}x}{1 + x}\right\}, \quad x = p_0kt.$$

Diese Funktion ist in Abb. 28–3 graphisch wiedergegeben. Der Endwert des Druckes ist $\frac{1}{2}p_0$, die Mitte zwischen Anfangs- und Enddruck entspricht dem Wert $p = \frac{3}{4}p_0$. Die Zeit bis zum Erreichen dieses Wertes erhalten wir aus

$$\frac{3}{4} = \left\{\frac{1 + \frac{1}{2}x}{1 + x}\right\} \quad \text{zu} \quad x = 1, \quad \text{das ergibt} \quad t = \frac{1}{p_0k}.$$

Man kann den Gesamtdruck auch mit Hilfe der Reaktionslaufzahl ξ angeben:

$$p = p_0 \cdot (1 - \xi) + \tfrac{1}{2} p_0 \xi = p_0 \cdot \left(1 - \tfrac{1}{2}\xi\right).$$

Daraus folgt $\dfrac{p}{p_0} = 1 - \tfrac{1}{2}\xi.$

Für $\dfrac{p}{p_0} = \tfrac{3}{4}$ ist $\underline{\xi = \tfrac{1}{2}.}$

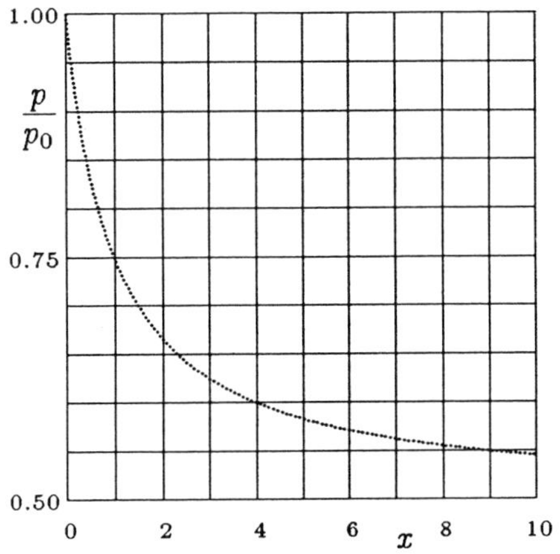

Abb. 28–3

28-21 Um festzustellen, ob es sich um eine Reaktion zweiter Ordnung handelt, versuchen wir, die Daten nach der Formel

$$\frac{p}{p_0} = \left\{\frac{1 + \frac{1}{2}x}{1 + x}\right\}, \quad x = p_0 kt \quad \text{[Aufgabe 28–20] auszugleichen.}$$

Daraus erhalten wir $p_o kt = \left\{\dfrac{1 - \left(\dfrac{p}{p_0}\right)}{\left(\dfrac{p}{p_0}\right) - \frac{1}{2}}\right\}.$

Mit $p_0 = 533$ mbar (das ist der Druck bei $t = 0$) stellen wir die folgende Tabelle auf:

t/s	0	100	200	300	400
p/mbar	533	429	384	357	341
$\dfrac{p}{p_0}$	1	0.805	0.720	0.670	0.640
rechte Seite	0	0.639	1.273	1.941	2.571

Diese Punkte sind in Abb. 28–4 wiedergegeben. Wir erhalten eine Gerade, es handelt sich also um eine Reaktion zweiter Ordnung. Die Steigung hat den Wert $6.4 \cdot 10^{-3}$, daraus folgt

$p_0 k = 6.4 \cdot 10^{-3}\ \mathrm{s}^{-1}$. Mit $p_0 = 533$ mbar ergibt das

$\underline{k = 1.2 \cdot 10^{-5}\ \mathrm{mbar}^{-1}\ \mathrm{s}^{-1}.}$

(Wenn wir das Geschwindigkeitsgesetz in der Form $\frac{d[B]}{dt} = k' \cdot [A]^2$ schreiben, erhalten wir $k' = 6.1 \cdot 10^{-6}$ mbar^{-1} s^{-1}.)

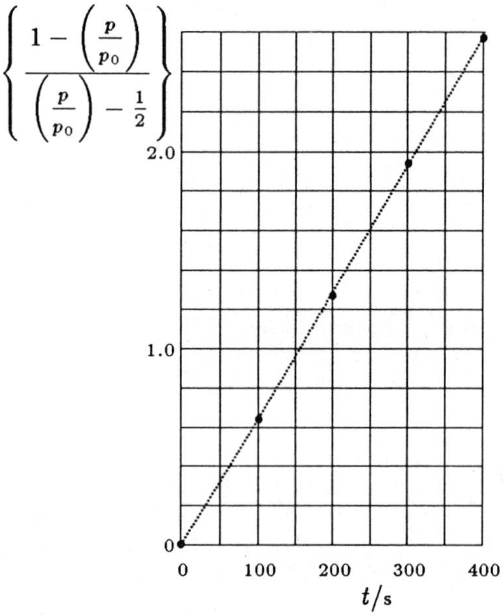

Abb. 28–4

28-22 $^{239}_{92}U \xrightarrow{t_{\frac{1}{2}}} {}^{239}_{93}Np \xrightarrow{t'_{\frac{1}{2}}} {}^{239}_{94}Pu$, $t_{\frac{1}{2}} = 23.5$ min, $t'_{\frac{1}{2}} = 2.35$ Tage [Abschnitt 28–3d];

$\frac{[U]}{[U]_0} = e^{-kt}$ [28.3–14a],

$\frac{[Np]}{[U]_0} = \left(\frac{k}{k' - k}\right) \cdot \left(e^{-kt} - e^{-k't}\right)$ [28.3–14b],

$\frac{[Pu]}{[U]_0} = 1 + \left(\frac{k}{k - k'}\right) \cdot \left(k' \cdot e^{-kt} - k \cdot e^{-k't}\right)$ [28.3–14c].

$k = \frac{\ln 2}{t_{\frac{1}{2}}}$ [28.2–21] $= 2.95 \cdot 10^{-2}$ min^{-1}; $k' = \frac{\ln 2}{t'_{\frac{1}{2}}} = 0.295$ Tage^{-1}.

Jetzt stellen wir die folgenden Tabellen auf:

t/min	0	20	40	60	80	100
$\frac{[U]}{[U]_0}$	1.00	0.55	0.31	0.17	0.09	0.05
$\frac{[Np]}{[U]_0}$	0	0.44	0.69	0.82	0.90	0.93
$\frac{[Pu]}{[U]_0}$	0	$1.00 \cdot 10^{-3}$	$3.4 \cdot 10^{-3}$	$6.5 \cdot 10^{-3}$	0.0100	0.0138

t/Tage	0	2	4	6	8	10
$\frac{[U]}{[U]_0}$	1.00	0.00	0.00	0.00	0.00	0.00
$\frac{[Np]}{[U]_0}$	0	0.56	0.31	0.17	0.095	0.05
$\frac{[Pu]}{[U]_0}$	0	0.44	0.69	0.83	0.905	0.95

Diese Punkte sind in den Abbildungen 28–5a und 28–5b graphisch wiedergegeben.

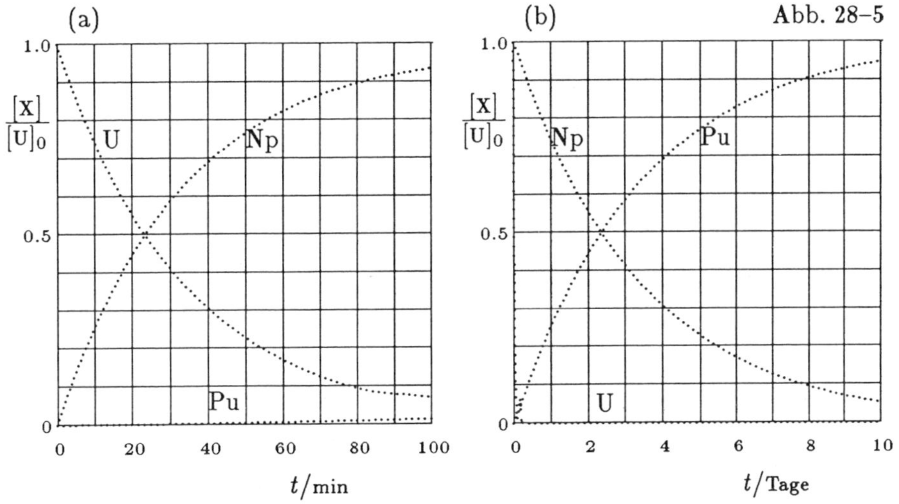

Abb. 28–5

28-23 $A + B \rightarrow P, \quad \frac{d[P]}{dt} = k \cdot [A]^m \cdot [B]^n.$

$\Delta[P] \approx k \cdot [A]^m \cdot [B]^n \cdot \Delta t$. Damit folgt aus $\Delta[P] = [P]_t - [P]_0 = [P]_t$

$$\frac{[P]}{[A]} = k \cdot [A]^{m-1} \cdot [B]^n \cdot \Delta t.$$

(a) Weil $\frac{[\text{Chlorpropan}]}{[\text{Propen}]}$ nicht von [Propen] abhängt, muß $n = 1$ sein.

(b) $\frac{[\text{Chlorpropan}]}{[\text{HCl}]}$ ergibt nach 100 Stunden für $p(\text{HCl})$-Werte im Verhältnis (10:7.5:5.0) die Werte 0.05, 0.03 und 0.01, das ist ein Verhältnis von (5:3:1). Quadriert man die Drucke, so ergibt sich (100:56:25) = (5:3:1), also das gleiche Verhältnis. Für A = HCl ist also $m = 3$. Damit erhalten wir das Geschwindigkeitsgesetz

$$\frac{d[\text{Chlorpropan}]}{dt} = k \cdot [\text{HCl}]^3 \cdot [\text{Propen}];$$

die Reaktion ist also bezüglich HCl <u>dritter</u> und bezüglich Propen <u>erster Ordnung.</u>

28-24 $2\,\text{HCl} \rightleftharpoons (\text{HCl})_2, \quad K_1,$ d. h. es gilt $[(\text{HCl})_2] = K_1 \cdot [\text{HCl}]^2$.

$CH_3CH{=}CH_2 + HCl \rightleftharpoons \text{Komplex}, \quad K_2; \quad [\text{Komplex}] = K_2 \cdot [HCl] \cdot [CH_3CH{=}CH_2].$

$(HCl)_2 + \text{Komplex} \rightarrow CH_3CHClCH_3 + 2\,HCl, \quad k$

$$\frac{d[CH_3CHClCH_3]}{dt} = k \cdot [(HCl)_2] \cdot [\text{Komplex}]$$

$$= kK_1 \cdot [HCl]^2 \cdot K_2 \cdot [HCl] \cdot [CH_3CH{=}CH_2]$$

$$= k_{\text{eff}} \cdot [HCl]^3 \cdot [CH_3CH{=}CH_2], \quad \underline{k_{\text{eff}} = kK_1K_2.}$$

Den Nachweis von $(HCl)_2$ versucht man am besten IR-spektroskopisch.

28-25 $k_{\text{eff}} = A \cdot \exp\left(-\frac{E_a}{RT}\right)$ [28.3–4].

$$\frac{k_{\text{eff}}(292\text{ K})}{k_{\text{eff}}(343\text{ K})} = \exp\left\{-\left(\frac{E_a}{R}\right) \cdot \left[\left(\frac{1}{292\text{ K}}\right) - \left(\frac{1}{343\text{ K}}\right)\right]\right\} = 3;$$

$$E_a = \frac{R}{\frac{1}{343\text{ K}} - \frac{1}{292\text{ K}}} \cdot \ln 3 = \underline{-20\ \text{kJ mol}^{-1}},$$

$k_{\text{eff}} = kK_1K_2$ [Aufgabe 28–24]

$\ln k_{\text{eff}} = \ln k + \ln K_1 + \ln K_2,$

$$E_a = -R \cdot \frac{d \ln k_{\text{eff}}}{d\left(\frac{1}{T}\right)} \quad [28.3\text{–}6]$$

$$= E_a' + \Delta_r U_1^{\ominus} + \Delta_r U_2^{\ominus} \quad [28.3\text{–}7] \quad = E_a' + 2RT + \Delta_r H_1^{\ominus} + \Delta_r H_2^{\ominus}.$$

$$E_a' = E_a - 2RT - \Delta_r H_1^\ominus - \Delta_r H_2^\ominus$$
$$= \{-18 - 5 + 14 + 14\}\ \text{kJ mol}^{-1} = \underline{+5\ \text{kJ mol}^{-1}}.$$

28-26 $\ln k = \ln A - \frac{E_a}{RT}$ [28.3–3];

$$E_a = \frac{R}{\frac{1}{T_2} - \frac{1}{T_1}} \cdot \ln \frac{k(T_1)}{k(T_2)}.$$ Damit stellen wir die folgende Tabelle auf:

T_1/K	300.3	300.3	341.2
T_2/K	341.2	392.2	392.2
$k(T_1)/(\text{M}^{-1}\ \text{s}^{-1})$	$1.44 \cdot 10^7$	$1.44 \cdot 10^7$	$3.03 \cdot 10^7$
$k(T_2)/(\text{M}^{-1}\ \text{s}^{-1})$	$3.03 \cdot 10^7$	$6.9 \cdot 10^7$	$6.9 \cdot 10^7$
$E_a/(\text{kJ mol}^{-1})$	15.5	16.7	18.0

Der Mittelwert von E_a ist $\underline{16.7\ \text{kJ mol}^{-1}}$.

A bestimmen wir aus $A = k \cdot \exp\left(\frac{E_a}{RT}\right)$. Dazu stellen wir die folgende Tabelle auf:

T/K	300.3	341.2	392.2
$k/(\text{M}^{-1}\ \text{s}^{-1})$	$1.44 \cdot 10^7$	$3.03 \cdot 10^7$	$6.9 \cdot 10^7$
$\frac{E_a}{RT}$	6.69	5.89	5.12
$A/(\text{M}^{-1}\ \text{s}^{-1})$	$1.16 \cdot 10^{10}$	$1.10 \cdot 10^{10}$	$1.16 \cdot 10^{10}$

Für A erhalten wir einen Mittelwert von $\underline{1.14 \cdot 10^{10}\ \text{M}^{-1}\ \text{s}^{-1}}$.

28-27 $\ln k/(\text{M}^{-1}\ \text{s}^{-1}) = \ln A/(\text{M}^{-1}\ \text{s}^{-1}) - \frac{E_a}{RT}$.

Damit stellen wir die folgende Tabelle auf:

$\vartheta/^{0}\mathrm{C}$	0	10	15	25	34.5
T/K	273	283	288	298	308
$\frac{10^3}{T/\mathrm{K}}$	3.66	3.53	3.47	3.36	3.25
$\ln k/(\mathrm{M}^{-1}\ \mathrm{s}^{-1})$	−10.65	−9.60	−9.19	−8.24	−7.44

Diese Punkte sind in Abb. 28–6 aufgetragen. Die Steigung der Geraden hat den Wert 7900, daraus folgt $E_a = 7.9 \cdot 10^3 \cdot R = \underline{66\ \mathrm{kJ\ mol}^{-1}}$. Der Schnittpunkt mit der Ordinate liegt bei -18.3, das ergibt $A/(\mathrm{M}^{-1}\ \mathrm{s}^{-1}) = \mathrm{e}^{18.3} = 8.7 \cdot 10^7$.

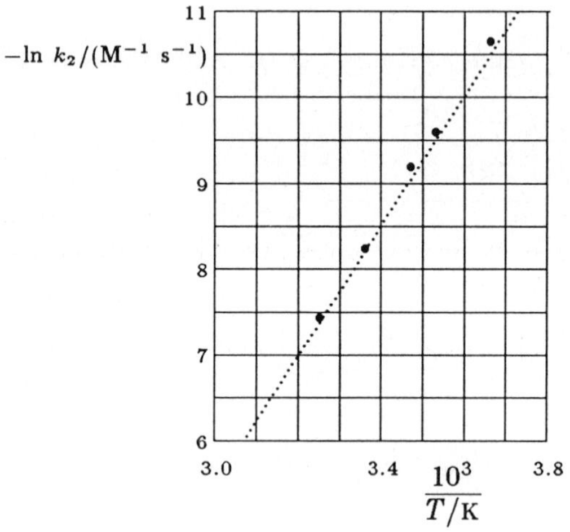

Abb. 28–6

28-28 $\mathrm{A} \rightleftharpoons \mathrm{B}$; $\frac{\mathrm{d[A]}}{\mathrm{d}t} = -k \cdot [\mathrm{A}] + k' \cdot [\mathrm{B}]$, $\frac{\mathrm{d[B]}}{\mathrm{d}t} = k' \cdot [\mathrm{B}] + k \cdot [\mathrm{A}]$.

Zu jedem Zeitpunkt gilt $[\mathrm{A}] + [\mathrm{B}] = [\mathrm{A}]_0 + [\mathrm{B}]_0$ und damit auch $[\mathrm{B}] = [\mathrm{A}]_0 + [\mathrm{B}]_0 - [\mathrm{A}]$,

$$\frac{\mathrm{d[A]}}{\mathrm{d}t} = -k \cdot [\mathrm{A}] + k' \cdot \{[\mathrm{A}]_0 + [\mathrm{B}]_0 - [\mathrm{A}]\} = -(k + k') \cdot [\mathrm{A}] + k' \cdot \{[\mathrm{A}]_0 - [\mathrm{B}]_0\}.$$

Daraus erhalten wir

$$[\mathrm{A}] = \left\{ \frac{k' \cdot ([\mathrm{A}]_0 + [\mathrm{B}]_0) + (k \cdot [\mathrm{A}]_0 - k' \cdot [\mathrm{B}]_0) \cdot \exp(-(k + k') \cdot t)}{k + k'} \right\}.$$

Die Zusammensetzung nach der Reaktion erhalten wir, indem wir $t = \infty$ setzen:

$$[\mathrm{A}]_\infty = \frac{k}{k + k'} \cdot \{[\mathrm{A}]_0 + [\mathrm{B}]_0\},$$

$$[\mathrm{B}]_\infty = [\mathrm{A}]_0 + [\mathrm{B}]_0 - [\mathrm{A}]_\infty = \frac{k'}{k + k'} \cdot \{[\mathrm{A}]_0 + [\mathrm{B}]_0\}.$$

Dabei ist $\frac{[B]_\infty}{[A]_\infty} = \frac{k}{k'}$.

28-29 $\frac{1}{k_{\text{eff}}} = \frac{1}{k_a \cdot [M]} + \frac{k'_a}{k_a k_b}$ [28.3-40] oder $\frac{1}{k_{\text{eff}}} = \frac{1}{k_a p} + \frac{k'_a}{k_a k_b}$.

Wenn wir $\frac{1}{k_{\text{eff}}}$ gegen $\frac{1}{p}$ auftragen, haben wir also eine Gerade zu erwarten. Dazu stellen wir die folgende Tabelle auf:

p/mbar	112.1	14.7	3.85	0.759	0.160	0.089
$\frac{1}{p/\text{mbar}}$	0.009	0.068	0.260	1.318	6.25	11.236
$\frac{10^{-4}}{k_{\text{eff}}/\text{s}^{-1}}$	0.336	0.448	0.649	1.17	2.55	3.30

Diese Punkte sind in Abb. 28–7 aufgetragen. Bei kleinen Drucken treten erhebliche Abweichungen von einer Geraden auf. Die Lindemann-Theorie gibt also in unserem Beispiel keine passende Beschreibung des Reaktions-Mechanismus.

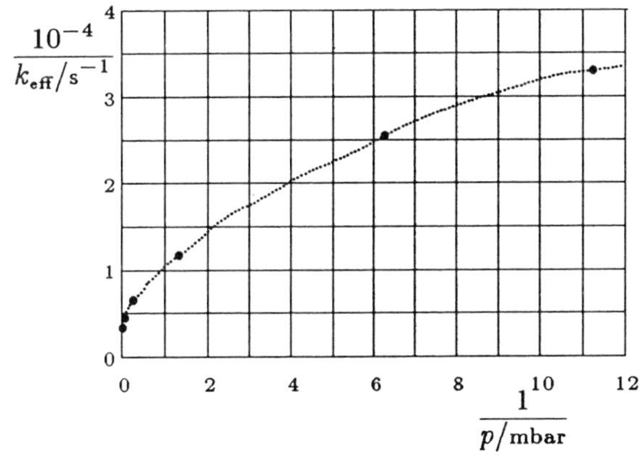

Abb. 28–7

28-30 $NH_2OH + OH^- \rightarrow NH_2O^- + H_2O$; $NH_2O^- + O_2 \rightarrow$ Produkte.

$-\frac{d([NH_2OH])}{dt} = k_{\text{exp}} \cdot [(NH_2OH)] \cdot [O_2]$ (k_{exp} ist die effektive Geschwindigkeitskonstante erster Ordnung).

$-\frac{[(NH_2OH)]}{dt} = k \cdot [NH_2O^-] \cdot [O_2]$,

$k_{\text{exp}} \cdot [(NH_2OH)] \cdot [O_2] = k \cdot [NH_2O^-] \cdot [O_2]$ und $[(NH_2OH)] = [NH_2OH] + [NH_2O^-]$.

Daraus folgt $k_{\text{exp}} \cdot [NH_2OH] = (k - k_{\text{exp}}) \cdot [NH_2O^-]$.

$$\frac{1}{k_{exp}} = \frac{1}{k} + \frac{[NH_2OH]}{k \cdot [NH_2O^-]} = \frac{1}{k} + \frac{[H^+]}{kK_b K_W}.$$

$$\left[K_b = \frac{[NH_2O^-]}{[NH_2OH] \cdot [OH^-]}, \quad K_W = [OH^-] \cdot [H^+]; \text{ alle } [x] \text{ stehen für } [x]/M.\right]$$

$$K_b K_W = \frac{[NH_2O^-] \cdot [H^+] \cdot [OH^-]}{[NH_2OH] \cdot [OH^-]} = \frac{[NH_2O^-] \cdot [H^+]}{[NH_2OH]} = K_s.$$

Es ist also $\underline{\dfrac{1}{k_{exp}} = \dfrac{1}{k} + \dfrac{[H^+]}{kK_s}}.$

Wenn man $\frac{1}{k_{exp}}$ gegen $[H^+]$ aufträgt, sollte man demnach eine Gerade mit der Steigung $\frac{1}{kK_s}$ und dem Ordinatenabschnitt $\frac{1}{k}$ erhalten.

28-31 $\dfrac{1}{k_{exp}} = \dfrac{1}{k} + \dfrac{[H^+]}{kK_s}$ [Aufgabe 28–30]

$$= \frac{1}{k} + \frac{K_W}{kK_s \cdot [OH^-]} \quad [K_W = [H^+] \cdot [OH^-]].$$

Mit $f = \frac{k_{exp}}{k}$ [Aufgabe 28–30] und dem weiter unten bestimmten k berechnen wir jetzt die folgende Tabelle:

$[OH^-]/M$	0.50	1.00	1.6	2.4
$\frac{1}{[OH^-]/M}$	2.00	1.00	0.63	0.42
$\frac{10^{-3}}{k_{exp}/s^{-1}}$	4.65	3.53	3.01	2.83
f	0.51	0.66	0.77	0.82

Diese Punkte sind in Abb. 28-8 aufgetragen. Die Ordinate wird bei $2.35 \cdot 10^3$ geschnitten, das ergibt $k = \frac{1}{2.35 \cdot 10^3}\, s^{-1} = 4.3 \cdot 10^{-4}\, s^{-1}$. Die Steigung ist $1.15 \cdot 10^3$, daraus folgt $\frac{K_W}{kK_s} = 1.15 \cdot 10^3 \cdot \frac{1}{s^{-1}} = 1.15 \cdot 10^3$ s.

Mit $k = 4.3 \cdot 10^{-4}\, s^{-1}$ und $K_W = 10^{-14}$ erhalten wir dann

$$K_s = \frac{10^{-14}}{(4.3 \cdot 10^{-4}\, s^{-1}) \cdot (1.15 \cdot 10^3\, s)} = 2.0 \cdot 10^{-14}$$

und damit $\underline{pK_s = 13.7.}$

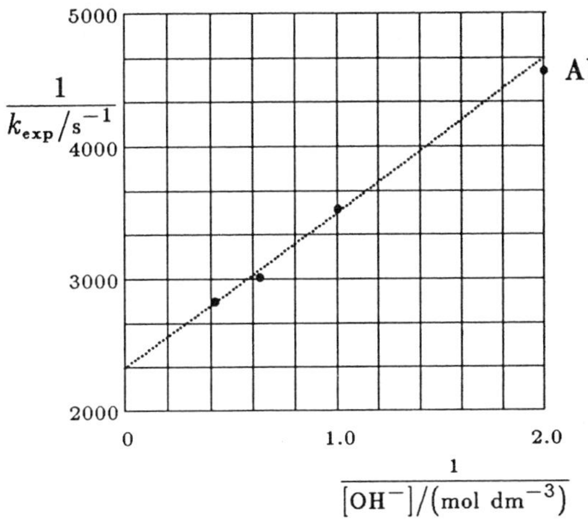

Abb. 28–8

28-32 $\frac{d[P]}{dt} = \frac{k_1 \cdot [E]_0 \cdot [S]}{K_M + [S]}$ [28.3–33]

$$\frac{1}{\frac{d[P]}{dt}} = \frac{1}{k_1 \cdot [E]_0} + \frac{K_M}{k_1 \cdot [E]_0 \cdot [S]}.$$

Jetzt stellen wir die folgende Tabelle auf:

[S]/M	0.050	0.017	0.010	0.005	0.002
$\frac{1}{[S]/M}$	20.0	58.8	100	200	500
$\frac{d[P]}{dt}/(mm^3\ min^{-1})$	16.6	12.4	10.1	6.6	3.3
$\frac{1}{\frac{d[P]}{dt}/(mm^3\ min^{-1})}$	0.0602	0.0806	0.0990	0.152	0.303

Diese Werte sind in Abb. 28–9 graphisch wiedergegeben.

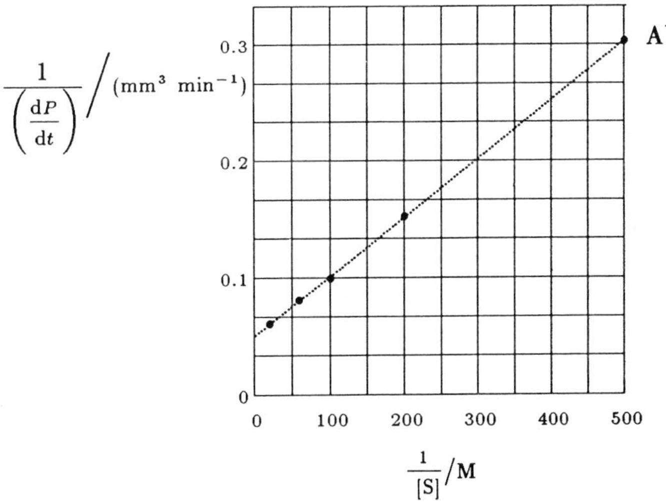

Abb. 28–9

Der Ordinatenabschnitt hat den Wert 0.050 und ergibt $\frac{1}{k_1 \cdot [\mathrm{E}]_0} = 0.050\ \mathrm{mm^{-3}\ min}$. Aus der Steigung $5.06 \cdot 10^{-4}$ folgt $\frac{K_\mathrm{M}}{k_1 \cdot [\mathrm{E}]_0} = 5.06 \cdot 10^{-4}\ \mathrm{mm^{-3}\ min\ mol\ dm^{-3}}$. Wir erhalten damit

$$K_\mathrm{M} = \frac{5.06 \cdot 10^{-4}\ \mathrm{mm^{-3}\ min\ mol\ dm^{-3}}}{0.050\ \mathrm{mm^{-3}\ min}} = \underline{0.010\ \mathrm{M}}.$$

29 Die Kinetik zusammengesetzter Reaktionen

A29-1 Schritt (1) ist der Kettenstart, die Schritte (3) bis (7) gehören zum Kettenwachstum und die Schritte (2) und (8) zum Kettenabbruch.

A29-2 $\frac{\mathrm{d}[\mathrm{Cr(CO)_5}]}{\mathrm{d}t} = I - k_2 \cdot [\mathrm{Cr(CO)_5}] \cdot [\mathrm{CO}] - k_3 \cdot [\mathrm{Cr(CO)_5}] \cdot [\mathrm{M}] + k_4 \cdot [\mathrm{Cr(CO)_5M}] = 0$

[Abschnitt 29.1a]

$$[\mathrm{Cr(CO)_5}] = \frac{I + k_4 \cdot [\mathrm{Cr(CO)_5M}]}{k_2 \cdot [\mathrm{CO}] + k_3 \cdot [\mathrm{M}]};$$

$$\frac{\mathrm{d}[\mathrm{Cr(CO)_5M}]}{\mathrm{d}t} = k_3 \cdot [\mathrm{Cr(CO)_5}] \cdot [\mathrm{M}] - k_4 \cdot [\mathrm{Cr(CO)_5M}]$$

$$= \frac{k_3 I - k_2 k_4 \cdot [\mathrm{Cr(CO)_5M}] \cdot [\mathrm{CO}]}{k_2 \cdot [\mathrm{CO}] + k_3 \cdot [\mathrm{M}]};$$

$$f = \frac{k_2 k_4 \cdot [\mathrm{CO}]}{k_2 \cdot [\mathrm{CO}] + k_3 \cdot [\mathrm{M}]} \quad \text{für} \quad k_3 I \ll k_2 k_4 \cdot [\mathrm{CO}] \cdot [\mathrm{Cr(CO)_5M}];$$

$$\underline{\frac{1}{f} = \frac{1}{k_4} + \frac{k_3 \cdot [\mathrm{M}]}{k_2 k_4 \cdot [\mathrm{CO}]}}.$$

A29-3 $\frac{\mathrm{d}[\mathrm{R}]}{\mathrm{d}t} = 2k_1 \cdot [\mathrm{R_2}] - k_2 \cdot [\mathrm{R}] \cdot [\mathrm{R_2}] + k_3 \cdot [\mathrm{R'}] - 2k_4 \cdot [\mathrm{R}]^2$ [Abschnitt 29.1a]

$$\frac{\mathrm{d}[\mathrm{R'}]}{\mathrm{d}t} = k_2 \cdot [\mathrm{R}] \cdot [\mathrm{R_2}] - k_3 \cdot [\mathrm{R'}].$$

Wendet man auf diese Gleichungen die Näherung des stationären Zustandes an, so ergibt sich

$$[\mathrm{R}] + \sqrt{\frac{k_1}{k_4}} \cdot [\mathrm{R_2}];$$

$$\frac{\mathrm{d}[\mathrm{R_2}]}{\mathrm{d}t} = -k_1 \cdot [\mathrm{R_2}] - k_2 \cdot [\mathrm{R_2}] \cdot [\mathrm{R}] = \underline{-k_1 \cdot [\mathrm{R_2}] - k_2 \cdot \sqrt{\frac{k_1}{k_4}} \cdot [\mathrm{R_2}]^{\frac{3}{2}}}.$$

A29-4 Bei 700 K gilt $282\ \mathrm{Pa} \le p \le 2.24 \cdot 10^3\ \mathrm{Pa}$ [Abschnitt 29.1c].

Bei 800 K gilt $141\ \mathrm{Pa} \le p \le 8.91 \cdot 10^3\ \mathrm{Pa}$, bei 900 K gilt $112\ \mathrm{Pa} \le p$.

A29-5 Anzahl der absorbierten Photonen $= \frac{\text{Anzahl der reagierenden Moleküle}}{\Phi}$ [29.2–1]

$$= \frac{(1.14 \cdot 10^{-3}\ \mathrm{mol}) \cdot (6.02 \cdot 10^{23}\ \mathrm{Einstein}^{-1})}{2.10 \cdot 10^{2}\ \mathrm{mol\ Einstein}^{-1}} = \underline{3.27 \cdot 10^{18}}.$$

A29-6 Die Strahlungsquelle liefert

$$\frac{(100\ \mathrm{J\ s^{-1}}) \cdot (45 \cdot 60\ \mathrm{s}) \cdot (490 \cdot 10^{-9}\ \mathrm{m})}{(1.99 \cdot 10^{-25}\ \mathrm{J\ m}) \cdot (6.02 \cdot 10^{23}\ \mathrm{Einstein}^{-1})} = \underline{1.10\ \mathrm{Einstein}}.$$

Absorbiert werden $(0.60) \cdot (1.10) = 0.660$ Einstein.

$$\Phi = \frac{0.344 \text{ mol}}{0.660 \text{ Einstein}} = \underline{0.521 \text{ mol Einstein}^{-1}}.$$

A29-7 $\frac{d[A^-]}{dt} = k_1 \cdot [AH] \cdot [B] - k_2 \cdot [A^-] \cdot [BH^+] - k_3 \cdot [A^-] \cdot [A]$ [Abschnitt 29.3a]

$$[A^-] = \frac{k_1 \cdot [AH] \cdot [B]}{k_2 \cdot [BH^+] + k_3 \cdot [A]}$$

$$\underline{\frac{d[\text{Produkt}]}{dt} = \frac{k_1 k_3 \cdot [A] \cdot [AH] \cdot [B]}{k_2 \cdot [BH^+] + k_3 \cdot [A]}}.$$

A29-8 $\frac{d[AH]}{dt} = k_3 \cdot [HAH^+] \cdot [B] = k_3 \cdot \left(\frac{k_1}{k_2}\right) \cdot [HA] \cdot [H^+] \cdot [B]$ [Abschnitt 29.3a]

$$K_i = \frac{[H^+] \cdot [B]}{[HB^+]}; \quad \frac{d[AH]}{dt} = k_3 \cdot \left(\frac{k_1}{k_2}\right) \cdot K_i \cdot [HA] \cdot [HB^+].$$

A29-9 $K_{Gl} = \frac{k_1}{k_2}$ [Abschnitt 29.5c].

$$k_1 = (4.0 \cdot 10^{10} \text{ dm}^3 \text{ mol}^{-1} \text{ s}^{-1}) \cdot (1.8 \cdot 10^{-5} \text{ mol dm}^{-3}) = 7.2 \cdot 10^5 \text{ s}^{-1}.$$

$$\frac{1}{\tau} = k_1 + k_2 \cdot ([NH_4^+] + [OH^-])$$

$$= 7.2 \cdot 10^5 \text{ s}^{-1} + (4.0 \cdot 10^{10} \text{ dm}^3 \text{ mol}^{-1} \text{ s}^{-1}) \cdot 2 \cdot \sqrt{1.8 \cdot 10^{-5} \text{ mol dm}^{-3}} \cdot \sqrt{0.15 \text{ mol dm}^{-3}}$$

$$= 1.3 \cdot 10^8 \text{ s}^{-1}.$$

$$\tau = \underline{7.7 \text{ ns}}.$$

A29-10 $\frac{1}{\tau} = k_1 + k_2 \cdot ([B] + [C])$ [Beispiel 29–4]

$$\frac{1}{3 \cdot 10^{-6} \text{ s}} = k_1 + 2 \cdot (2.0 \cdot 10^{-4} \text{ mol dm}^{-3}) \cdot k_2.$$

$$K_{Gl} = \frac{k_1}{k_2}; \quad k_1 = 2.0 \cdot 10^{-16} \cdot k_2.$$

$$k_2 = \frac{1}{3 \cdot 10^{-6}} \cdot \frac{1}{(2.0 \cdot 10^{-16}) + (4.0 \cdot 10^{-4})} = \underline{8.3 \cdot 10^8 \text{ dm}^3 \text{ mol}^{-1} \text{ s}^{-1}}.$$

$$k_1 = (2.0 \cdot 10^{-16} \text{ mol dm}^{-3}) \cdot (8.3 \cdot 10^8 \text{ dm}^3 \text{ mol}^{-1} \text{ s}^{-1}) = \underline{1.66 \cdot 10^{-7} \text{ s}^{-1}}.$$

29-1 (a) Startreaktion [Radikale werden gebildet, siehe Abschnitt 29-1a].

(b) Wachstum [neue Radikale werden gebildet].

(c) Wachstum [neue Radikale werden gebildet].

(d) Kettenabbruch [ein nicht-radikalisches Produkt entsteht].

$$\frac{d[AH]}{dt} = -k_a \cdot [AH] - k_c \cdot [A\bullet] \cdot [B\bullet]$$

(I) $$\frac{d[A\bullet]}{dt} = k_a \cdot [AH] - k_b \cdot [A\bullet] + k_c \cdot [AH] \cdot [B\bullet] - k_d \cdot [A\bullet] \cdot [B\bullet] \approx 0$$

(II) $$\frac{d[B\bullet]}{dt} = k_b \cdot [A\bullet] - k_c \cdot [AH] \cdot [B\bullet] - k_d \cdot [A\bullet] \cdot [B\bullet] \approx 0$$

(I) + (II): $[A\bullet] \cdot [B\bullet] = \left(\frac{k_a}{2k_d}\right) \cdot [AH]$,

(I) – (II): $[A\bullet] = \frac{(k_a + 2k_c \cdot [B\bullet]) \cdot [AH]}{2k_b}$

Dann ist $[A\bullet] = k \cdot [AH]$, $k = \left(\frac{k_a}{4k_b}\right) \cdot \left\{1 + \sqrt{1 + \frac{4k_b k_c}{k_a k_d}}\right\}$

und $[B\bullet] = \frac{k_a \cdot [AH]}{2k_d \cdot [A]} = \frac{k_a}{2kk_d}$.

Das ergibt $\frac{d[AH]}{dt} = -k_a \cdot [AH] + \left(\frac{k_a k_c}{2kk_d}\right) \cdot [AH] = k_{eff} \cdot [AH]$

mit $k_{eff} = k_a + \frac{k_a k_c}{2kk_d}$.

29-2 $CH_3CH_3 \rightarrow 2\ CH_3$, k_a. *Vom Lehrbuch abweichende Bezeichnungen!*

$CH_3 + CH_3CH_3 \rightarrow CH_4 + CH_3CH_2$, k_b.

$CH_3CH_2 \rightarrow CH_2{=}CH_2 + H$, k_c.

$H + CH_3CH_3 \rightarrow H_2 + CH_3CH_2$, k_d.

$H + CH_3CH_2 \rightarrow CH_3CH_3$, k_e.

$$\frac{d[CH_3CH_3]}{dt} = -k_a \cdot [CH_3CH_3] - k_b \cdot [CH_3] \cdot [CH_3CH_3] - k_d \cdot [CH_3CH_3] \cdot [H] + k_e \cdot [CH_3CH_2] \cdot [H].$$

$$\frac{d[CH_3]}{dt} = 2k_a \cdot [CH_3CH_3] - k_b \cdot [CH_3CH_3] \cdot [CH_3] = 0, \quad \text{danach ist } [CH_3] = \frac{2k_a}{k_b}.$$

$$\frac{d[CH_3CH_2]}{dt} = k_b \cdot [CH_3] \cdot [CH_3CH_3] - k_c \cdot [CH_3CH_2] + k_d \cdot [CH_3CH_3] \cdot [H] - k_e \cdot [CH_3CH_2] \cdot [H] = 0.$$

$$\frac{d[H]}{dt} = k_c \cdot [CH_3CH_2] - k_d \cdot [CH_3CH_3] \cdot [H] - k_e \cdot [CH_3CH_2] \cdot [H] = 0.$$

Aus diesen drei Gleichungen erhalten wir

$$[H] = \frac{k_c}{k_e + k_d \cdot \frac{[CH_3CH_3]}{[CH_3CH_2]}}$$

$$[CH_3CH_2]^2 - \left(\frac{k_a}{k_c}\right) \cdot \frac{[CH_3CH_3]}{[CH_3CH_2]} - \left(\frac{k_a k_d}{k_c k_e}\right) \cdot [CH_3CH_3]^2 = 0 \quad \text{bzw.}$$

$$[CH_3CH_2] = [CH_3CH_3] \cdot \left\{ \left(\frac{k_a}{2k_c}\right) + \sqrt{\left(\frac{k_a}{2k_c}\right)^2 + \left(\frac{k_a k_d}{k_c k_e}\right)} \right\}, \quad \text{daraus folgt}$$

$$[H] = \cfrac{k_c}{k_e + \cfrac{k_d}{\left(\frac{k_a}{2k_c}\right)^2 + \sqrt{\left(\frac{k_a}{2k_c}\right)^2 + \frac{k_a k_d}{k_c k_e}}}}$$

Wenn k_a so klein ist, daß seine höheren Potenzen zu vernachlässigen sind, gilt dafür

$$[CH_3CH_2] \approx [CH_3CH_3] \cdot \sqrt{\frac{k_a k_c}{k_d k_e}} \quad \text{und}$$

$$[H] \approx \frac{k_c}{k_e + k_d \cdot \sqrt{\frac{k_c k_e}{k_a k_d}}} \approx \sqrt{\frac{k_a k_c}{k_d k_e}}.$$

Damit erhalten wir jetzt

$$-\frac{d[CH_3CH_3]}{dt} = k_a \cdot [CH_3CH_3] + k_b \cdot \left(\frac{2k_a}{k_c}\right) \cdot [CH_3CH_3] + k_d \cdot \sqrt{\frac{k_a k_c}{k_d k_e}} \cdot [CH_3CH_3]$$
$$- k_e \cdot \sqrt{\frac{k_a k_d}{k_c k_e}} \cdot \sqrt{\frac{k_a k_c}{k_d k_e}} \cdot [CH_3CH_3]$$
$$= \left\{ 2k_a + \sqrt{\frac{k_a k_c k_d}{k_e}} \right\} \cdot [CH_3CH_3] \approx \sqrt{\frac{k_a k_c k_d}{k_e}} \cdot [CH_3CH_3],$$

wenn wir nur das Glied mit der kleinsten Potenz von k_a berücksichtigen. Die Reaktion verläuft also nach erster Ordnung, wenn k_a so klein ist, daß $\frac{k_a k_d}{k_c k_e} \gg \left(\frac{k_a}{2k_c}\right)$ ist. Wenn man die Reaktionsbedingungen so verändert, daß k_a größer wird, können auch andere Reaktionsordnungen erreicht werden.

29-3 $CH_3CHO \rightarrow CH_3 + CHO, \quad k_a.$

$CH_3 + CH_3CHO \rightarrow CH_4 + CH_2CHO, \quad k_b.$

$CH_2CHO \rightarrow CO + CH_3, \quad k_c.$

$CH_3 + CH_3 \rightarrow CH_3CH_3, \quad k_d.$

$$\frac{d[CH_4]}{dt} = k_b \cdot [CH_3] \cdot [CH_3CHO].$$

$$\frac{d[CH_3CHO]}{dt} = -k_a \cdot [CH_3CHO] - k_b \cdot [CH_3CHO] \cdot [CH_3].$$

$$\frac{d[CH_3]}{dt} = -k_a \cdot [CH_3CHO] - k_b \cdot [CH_3CHO] \cdot [CH_3] + k_c \cdot [CH_2CHO] - 2k_d \cdot [CH_3]^2 = 0.$$

$$\frac{d[CH_2CHO]}{dt} = k_b \cdot [CH_3] \cdot [CH_3CHO] - k_c \cdot [CH_2CHO] = 0.$$

Wenn wir die beiden letzten Gleichungen addieren, erhalten wir

$k_a \cdot [CH_3CHO] - 2k_d \cdot [CH_3]^2 = 0$ bzw.

$$[CH_3] = \sqrt{\frac{k_a}{2k_d}} \cdot \sqrt{[CH_3CHO]}.$$

Daraus folgt $\dfrac{d[CH_4]}{dt} = k_b \cdot \sqrt{\dfrac{k_a}{2k_d}} \cdot [CH_3CHO]^{\frac{3}{2}}.$

$$\frac{d[CH_3CHO]}{dt} = -k_a \cdot [CH_3CHO] - k_b \cdot \sqrt{\frac{k_a}{2k_d}} \cdot [CH_3CHO]^{\frac{3}{2}}.$$

Wenn wieder nur die kleinste Potenz von k_a berücksichtigt wird, ergibt das

$\dfrac{d[CH_3CHO]}{dt} \approx -k_b \cdot \sqrt{\dfrac{k_a}{2k_d}} \cdot [CH_3CHO]^{\frac{3}{2}}$, also eine Reaktion der Ordnung $\frac{3}{2}$.

29-4 $Cl_2 \rightleftharpoons 2\,Cl$, k_a, k'_a : $\dfrac{[Cl]^2}{[Cl_2]} = K = \dfrac{k_a}{k'_a}$

$Cl + CO \rightleftharpoons COCl$, k_b, k'_b : $\dfrac{[COCl]}{[CO] \cdot [Cl]} = K' = \dfrac{k_b}{k'_b}$

$COCl + Cl_2 \rightarrow COCl_2 + Cl$, k_c.

$$\begin{aligned}\frac{d[COCl_2]}{dt} &= k_c \cdot [COCl] \cdot [Cl_2] \\ &= k_c K' \cdot [CO] \cdot [Cl] \cdot [Cl_2] \\ &= k_c K' \cdot [CO] \cdot \sqrt{K} \cdot \sqrt{[Cl_2]} \cdot [Cl_2] \\ &= k_{eff} \cdot [CO] \cdot [Cl_2]^{\frac{3}{2}}, \qquad k_{eff} = k_c \cdot K' \cdot \sqrt{K}.\end{aligned}$$

$[CO] = a - x$, $[Cl_2] = a - x$, $[COCl_2] = x$,

$$\frac{dx}{dt} = k_{eff} \cdot (a - x)^{\frac{5}{2}}$$

$$\int_0^x \frac{dx}{(a-x)^{\frac{5}{2}}} = k_{eff} \cdot t; \qquad k_{eff} \cdot t = \tfrac{2}{3}(a-x)^{-\frac{3}{2}}\Big|_0^x$$

$$\tfrac{3}{2} k_{eff} \cdot t = \left(\frac{1}{a-x}\right)^{\frac{3}{2}} - \left(\frac{1}{a}\right)^{\frac{3}{2}}.$$

29-5 (I) $\dfrac{d[COCl_2]}{dt} = k_c \cdot [COCl] \cdot [Cl_2]$

(II) $\dfrac{d[COCl]}{dt} = k_b \cdot [Cl] \cdot [CO] - k'_b \cdot [COCl] - k_c \cdot [COCl] \cdot [Cl_2] = 0$

(III) $\frac{d[Cl]}{dt} = 2k_a \cdot [Cl_2] - 2k'_a \cdot [Cl]^2 - k_b \cdot [Cl] \cdot [CO] + k'_b \cdot [COCl] + k_c \cdot [COCl] \cdot [Cl_2] = 0,$

Aus (II) entnehmen wir $[COCl] = \frac{k_b \cdot [Cl_e \cdot [CO]}{k'_b + k_c \cdot [Cl_2]}$ (IV)

Damit folgt aus (III) $k_a \cdot [Cl_2] - k'_a \cdot [Cl]^2 = 0$ und

$[Cl] = \sqrt{K} \cdot \sqrt{[Cl_2]}, \quad K = \frac{k_a}{k'_a}.$

Das setzen wir in (IV) ein und das Ergebnis in (I); damit erhalten wir das Geschwindigkeitsgesetz

$$\frac{d[COCl_2]}{dt} = \frac{k_c K' \sqrt{K} \cdot [CO] \cdot [Cl_2]^{\frac{3}{2}}}{1 + \left(\frac{k_c}{k'_b}\right) \cdot [Cl_2]} \quad \text{mit } K' = \frac{k_b}{k'_b}.$$

29-6 Wir schreiben $a = [COCl_2]$, $b = [Cl_2]$, $c = [CO]$, $x = [COCl]$ und $y = [Cl]$

und ersetzen die in Aufgabe 29-5 angegebenen Differentialgleichungen durch das folgende System aus gekoppelten Differenzengleichungen:

(I) $a(t_{i+1}) = a(t_i) + k_c \cdot x(t_i) \cdot b(t_i) \cdot \Delta t$

(II) $x(t_{i+1}) = a(t_i) + k_b \cdot y(t_i) \cdot c(t_i) - k'_b \cdot x(t_i) - k_c \cdot x(t_i) \cdot b(t_i)$

(III) $y(t_{i+1}) = y(t_i) + 2k_a \cdot b(t_i) - 2k'_a \cdot (y(t_i))^2 - k_b \cdot y(t_i) \cdot c(t_i) + k'_b \cdot x(t_i) + k_c \cdot x(t_i) \cdot b(t_i).$

Die Lösungen dieses Gleichungssystems bestimmt man am besten mit Hilfe von Iterationsmethoden, die sich für Computer-Auswertungen sehr gut eignen.

29-7 Wir gehen wir in Abschnitt 29.1b vor. $\frac{d[M\bullet]}{dt} = k_i \cdot f[I]$ [Startreaktion]

$\frac{d[R]}{dt} = -2k_t \cdot [R]^2$ [Kettenabbruch]

$\frac{d[R]}{dt} = k_i f[I] - 2k_t \cdot [R]^2 = 0$ [stationärer Zustand];

daraus folgt $[R] = \sqrt{\frac{k_i f[I]}{2k_t}}.$

Geschwindigkeit des Kettenwachstums:

$$\frac{d[M]}{dt} = k_p \cdot [R] \cdot [M] = -k_p \cdot \sqrt{\frac{k_i \cdot f}{2k_t}} \cdot [M] \cdot \sqrt{[I]}.$$

$$\chi = \frac{k_p \cdot \sqrt{\frac{k_i f}{2k_t}} \cdot [M] \cdot \sqrt{[I]}}{k_i \cdot f[I]} \quad [29.1\text{–}9]$$

$$= \frac{k_p}{\sqrt{2f \cdot k_t k_i}} \cdot \frac{[M]}{\sqrt{[I]}}.$$

29-8 $\frac{\mathrm{d[M]}}{\mathrm{d}t} = k_\mathrm{i} \cdot [\mathrm{M}] \cdot [\mathrm{I}]$ [Startreaktion]

$$\frac{\mathrm{d[R]}}{\mathrm{d}t} = -2k_\mathrm{t}^0 \cdot (1 + a \cdot [\mathrm{M}]) \cdot [\mathrm{R}]^2 \quad \text{[Kettenabbruch]}$$

$$\frac{\mathrm{d[M]}}{\mathrm{d}t} = -k_\mathrm{p}^0 \cdot (1 + b \cdot [\mathrm{M}]) \cdot [\mathrm{R}] \cdot [\mathrm{M}] \quad \text{[Kettenwachstum]}$$

Für den stationären Zustand gilt

$$\frac{\mathrm{d[R]}}{\mathrm{d}t} = k_\mathrm{i} \cdot [\mathrm{M}] \cdot [\mathrm{I}] - 2k_\mathrm{t}^0 \cdot (1 + a \cdot [\mathrm{M}]) \cdot [\mathrm{R}]^2 = 0,$$

$$[\mathrm{R}] = \sqrt{\frac{k_\mathrm{i} \cdot [\mathrm{M}] \cdot [\mathrm{I}]}{2k_\mathrm{t}^0 \cdot (1 + a \cdot [\mathrm{M}])}}$$

$$\frac{\mathrm{d[M]}}{\mathrm{d}t} = -k_\mathrm{p}^0 \cdot (1 + b \cdot [\mathrm{M}]) \cdot [\mathrm{M}] \cdot \sqrt{\frac{k_\mathrm{i} \cdot [\mathrm{M}] \cdot [\mathrm{I}]}{2k_\mathrm{t}^0 \cdot (1 + a \cdot [\mathrm{M}])}}$$

$$= \underline{-\,k_\mathrm{p}^0 \cdot \sqrt{\frac{k_\mathrm{i}}{2k_\mathrm{t}^0}} \cdot \left\{\frac{1 + b \cdot [\mathrm{M}]}{\sqrt{1 + a \cdot [\mathrm{M}]}}\right\} \cdot \sqrt{[\mathrm{I}]} \cdot [\mathrm{M}]^{\frac{3}{2}}}.$$

29-9 $\frac{\mathrm{d[A]}}{\mathrm{d}t} = -k \cdot [\mathrm{A}]^3$ [vorgegeben]

$$2kt = \frac{1}{[\mathrm{A}]_0^2} - \frac{1}{[\mathrm{A}]^2},$$

daraus folgt $[\mathrm{A}] = \frac{[\mathrm{A}]_0}{\sqrt{1 - 2 \cdot [\mathrm{A}]_0^2 \cdot kt}}$.

$$p = \frac{[\mathrm{A}]_0 - [\mathrm{A}]}{[\mathrm{A}]_0} \quad [29.1\text{–}11]$$

$$= \underline{1 - \frac{1}{\sqrt{1 - 2 \cdot [\mathrm{A}]_0^2 \cdot kt}}}.$$

29-10 $\langle M \rangle_M = M_\mathrm{mon} \cdot \frac{1+p}{1-p}$ [Beispiel 29–1]

$$\frac{1}{1-p} = 1 + kt \cdot [\mathrm{A}]_0, \qquad 1 + p = \frac{1 + 2kt \cdot [\mathrm{A}]_0}{1 + kt \cdot [\mathrm{A}]_0}$$

$$\langle M \rangle_M = \underline{M_\mathrm{mon} \cdot (1 + 2kt \cdot [\mathrm{A}]_0)}.$$

Das heißt, $\langle M \rangle_M$ nimmt linear mit der Zeit zu (bis das Monomere aufgebraucht ist).

29-11 $\langle M \rangle_N = \frac{M_\mathrm{mon}}{1-p}$ [Übungsaufgabe zu Beispiel 29–1]

$$= \underline{M_\mathrm{mon} \cdot (1 + kt \cdot [\mathrm{A}]_0)}.$$

$$\frac{\langle M \rangle_N}{\langle M \rangle_M} = \frac{1 + kt \cdot [\mathrm{A}]_0}{1 + 2kt \cdot [\mathrm{A}]_0}$$

Für $2kt \cdot [\mathrm{A}]_0 \ll 1$ ergibt das $\dfrac{\langle M \rangle_N}{\langle M \rangle_M} \approx 1 - kt \cdot [\mathrm{A}]_0$,

für $kt \cdot [\mathrm{A}]_0 \gg 1$ dagegen $\dfrac{\langle M \rangle_N}{\langle M \rangle_M} \approx \frac{1}{2}$.

29-12 $\langle M_\mathrm{r} \rangle_N = \dfrac{M_\mathrm{mon}}{1-p}$ [Beispiel 29–1]

$$\langle M_\mathrm{r}^2 \rangle_N = M_\mathrm{mon}^2 \cdot \sum_n n^2 P_n \quad [M_\mathrm{r} = n \cdot M_\mathrm{mon},\ P_n \text{ ist die Wahrscheinlichkeit}]$$

$$= M_\mathrm{mon}^2 \cdot (1-p) \cdot \sum_n n^2 p^{n-1} \quad [29.1\text{–}13]$$

$$= M_\mathrm{mon}^2 \cdot (1-p) \cdot \left(\frac{\mathrm{d}}{\mathrm{d}p}\right) p \cdot \left(\frac{\mathrm{d}}{\mathrm{d}p}\right) \sum_n p^n$$

$$= M_\mathrm{mon}^2 \cdot (1-p) \cdot \left(\frac{\mathrm{d}}{\mathrm{d}p}\right) p \cdot \left(\frac{\mathrm{d}}{\mathrm{d}p}\right) \frac{1}{1-p}$$

$$= M_\mathrm{mon}^2 \cdot \frac{1+p}{(1-p)^2}.$$

$$\langle M_\mathrm{r}^2 \rangle_N - \langle M_\mathrm{r} \rangle_N^2 = M_\mathrm{mon}^2 \cdot \left\{ \frac{1+p}{(1-p)^2} - \frac{1}{(1-p)^2} \right\}$$

$$= \frac{p \cdot M_\mathrm{mon}^2}{(1-p)^2}.$$

Das ergibt $\underline{\delta M_\mathrm{r} = \dfrac{\sqrt{p} \cdot M_\mathrm{mon}}{1-p}.}$

Wenn uns die Zeitabhängigkeit interessiert, müssen wir das mit der Formel

$\dfrac{1}{1-p} = 1 + kt \cdot [\mathrm{A}]_0$ [29.1–12] kombinieren; das ergibt

$\delta M_\mathrm{r} = \underline{M_\mathrm{mon} \cdot \sqrt{kt \cdot [\mathrm{A}]_0 + k^2 t^2 \cdot [\mathrm{A}]_0^2}.}$

29-13 $\langle M_\mathrm{r}^3 \rangle_N = M_\mathrm{mon}^3 \cdot \sum_n n^3 P_n \quad [M_\mathrm{r} = n \cdot M_\mathrm{mon}]$

$$= M_\mathrm{mon}^3 \cdot (1-p) \cdot \sum_n n^3 p^{n-1} \quad [29.1\text{–}13]$$

$$= M_\mathrm{mon}^3 \cdot (1-p) \cdot \left(\frac{\mathrm{d}}{\mathrm{d}p}\right) \sum_n n^2 p^n$$

$$= M_\mathrm{mon}^3 \cdot (1-p) \cdot \left(\frac{\mathrm{d}}{\mathrm{d}p}\right) \left[p \cdot \left(\frac{\mathrm{d}}{\mathrm{d}p}\right) \left\{ p \cdot \left(\frac{\mathrm{d}}{\mathrm{d}p}\right) \sum_n p^n \right\} \right]$$

$$= M_\mathrm{mon}^3 \cdot (1-p) \cdot \left(\frac{\mathrm{d}}{\mathrm{d}p}\right) \left[p \cdot \left(\frac{\mathrm{d}}{\mathrm{d}p}\right) \left\{ p \cdot \left(\frac{\mathrm{d}}{\mathrm{d}p}\right) \frac{1}{1-p} \right\} \right]$$

$$= M_\mathrm{mon}^3 \cdot \frac{1+4p+p^2}{(1-p)^3}.$$

$\langle M_r^3 \rangle_N = M_{mon}^2 \cdot \frac{1+p}{(1-p)^2}$ [Aufgabe 29–12]

$$\frac{\langle M_r^3 \rangle_N}{\langle M_r^2 \rangle_N} = \underline{M_{mon} \cdot \frac{1+4p+p^2}{1-p^2}}.$$

Wegen $\chi = \frac{1}{1-p}$ [29.1–14] und $p = 1 - \frac{1}{\chi}$ gilt auch

$$\frac{\langle M_r^3 \rangle_N}{\langle M_r^2 \rangle_N} = \underline{M_{mon} \cdot \frac{6\chi^2 - 6\chi + 1}{2\chi - 1}}.$$

29-14 (I) $\frac{d[H]}{dt} = k_b \cdot [H_2] \cdot [OH] - k_c \cdot [O_2] \cdot [H\bullet] + k_d \cdot [H_2] \cdot [O] - k_e \cdot [H\bullet] = 0$

(II) $\frac{d[O]}{dt} = k_c \cdot [O_2] \cdot [H\bullet] - k_d \cdot [H_2] \cdot [O] = 0$

(III) $\frac{d[OH]}{dt} = r_a - k_b \cdot [H_2] \cdot [OH] + k_c \cdot [O_2] \cdot [H\bullet] + k_d \cdot [H_2] \cdot [O] = 0$

Aus (II) folgt $[O] = \left(\frac{k_c}{k_d}\right) \cdot \frac{[O_2] \cdot [H\bullet]}{[H_2]}$.

Aus (I) und (III) folgt $r_a + 2k_d \cdot [H_2] \cdot [O] - k_e \cdot [H\bullet] = 0$,

das ergibt $r_a + 2k_c \cdot \frac{[H_2] \cdot [O_2] \cdot [H\bullet]}{[H_2]} - k_e \cdot [H\bullet] = 0$

und $\underline{[H\bullet] = \frac{r_a}{k_e - 2k_c \cdot [O_2]}}$.

Für $2k_c \cdot [O_2] \to k_e$ ergibt das $[H\bullet] \to \infty$.

29-15 $UO_2^{2+} + h\nu \to (UO_2^{2+})^*$

$(UO_2^{2+})^* + (COOH)_2 \to UO_2^{2+} + H_2O + CO_2 + CO$.

$2\ MnO_4^- + 5\ (COOH)_2 + 6\ H^+ \to 10\ CO_2 + 8\ H_2O + 2\ Mn^{2+}$

oder $2\ KMnO_4 + 5\ (COOH)_2 + 6\ HCl \to 10\ CO_2 + 8\ H_2O + 2\ MnCl_2 + 2\ KCl$.

17.0 cm^3 einer Lösung von 0.212 M $KMnO_4$ sind äquivalent zu

$\frac{5}{2} \cdot (17.0\ cm^3) \cdot (0.212\ M) = 9.01 \cdot 10^3$ mol Oxalsäure.

Die Probe enthielt zu Beginn 5.232 g Oxalsäure, das sind $\frac{5.232\ g}{90.04\ g\ mol^{-1}} = 5.81 \cdot 10^{-2}$ mol. Verbraucht wurden $5.81 \cdot 10^{-2}$ mol $- 9.01 \cdot 10^{-3}$ mol $= 4.91 \cdot 10^{-2}$ mol Oxalsäure. Eine Quantenausbeute von 0.53 bedeutet hier, daß $\frac{4.91 \cdot 10^{-2}\ mol}{0.53} = 9.3 \cdot 10^{-2}$ mol Photonen absorbiert worden sind. Die Probe wurde 300 s belichtet, die Photonenintensität war also $\frac{9.3 \cdot 10^{-2}\ mol}{300\ s} = 3.1 \cdot 10^{-4}\ mol\ s^{-1}$. Für 1 mol Photonen schreiben wir auch 1 Einstein, das ergibt eine Bestrahlungsintensität von $\underline{3.1 \cdot 10^{-4}\ Einstein\ s^{-1}}$ oder $3.1 \cdot 10^{-4} \cdot N_A$ Photonen pro Sekunde, das sind $\underline{1.9 \cdot 10^{20}\ s^{-1}}$.

29-16 $M + h\nu_i \rightarrow M^*, \quad I_a.$

$M^* + Q \rightarrow M + Q, \quad k_q.$

$$\frac{d[M^*]}{dt} = I_a - k_f \cdot [M^*] - k_q \cdot [Q] \cdot [M^*] \approx 0, \quad \text{daraus folgt}$$

$$[M^*] = \frac{I_a}{k_f + k_q \cdot [Q]}.$$

$$I_f = k_f \cdot [M^*] = \frac{k_f I_a}{k_f + k_q \cdot [Q]}, \quad \text{das ergibt} \quad \underline{\frac{1}{I_f} = \frac{1}{I_a} + \frac{k_q \cdot [Q]}{k_f I_a}}.$$

Wenn die Lichtquelle abgestellt wird, wird $[M^*]$ wie $e^{-k_f t}$ zerfallen; entsprechend wird I_f abklingen. Wenn man k_f mißt, läßt sich k_q aus der Steigung der Kurve berechnen, die beim Auftragen von $\frac{1}{I_f}$ gegen [Q] entsteht.

[Die Steigung ist $\frac{k_q}{k_f I_a}$, der Ordinatenabschnitt $\frac{1}{I_a}$.]

29-17 $\frac{1}{I_f} = \frac{1}{I_a} + \frac{k_q \cdot [Q]}{k_f I_a}$ [Aufgabe 29–16].

Damit stellen wir die folgende Tabelle auf:

[Q]/M	0.001	0.005	0.010
$\frac{1}{I_f}$	2.4	4.0	6.3

Diese Punkte sind in Abb. 29–1 aufgetragen. Die Gerade schneidet die Ordinate bei 2.0, das ergibt $I_a = \frac{1}{2.0} = 0.50$. Die Steigung hat den Wert 430, daraus folgt $\frac{k_q}{k_f I_a} = 430\ M^{-1}$. Mit $I_a = 0.50$ erhalten wir daraus

$$k_q = (215\ M^{-1}) \cdot k_f = (215\ M^{-1}) \cdot \frac{1}{t_{\frac{1}{2}}} \cdot \ln 2 \quad [27.2\text{–}10]$$

$$= (215\ M^{-1}) \cdot \frac{1}{2.9 \cdot 10^{-7}\ s} \cdot \ln 2 = \underline{5.1 \cdot 10^8\ M^{-1}\ s^{-1}}.$$

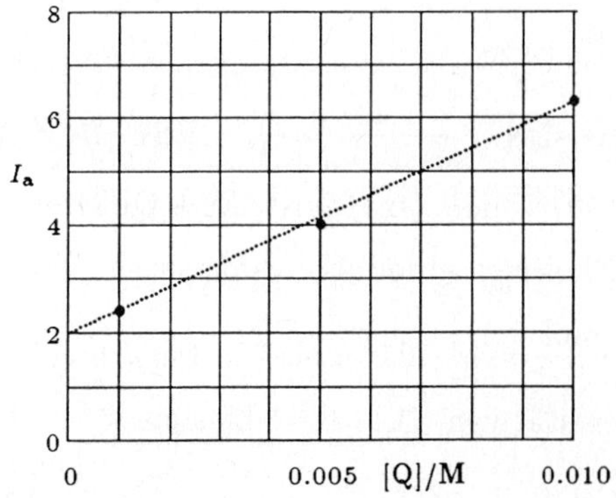

Abb. 29–1

29-18 $A \rightarrow 2\,R, \quad I_a.$

$A + R \rightarrow R + B, \quad k_p.$

$R + R \rightarrow R_2, \quad k_t.$

$$\frac{d[A]}{dt} = -I_a - k_p \cdot [A]\ [R]; \quad \frac{d[R]}{dt} = 2\,I_a - 2k_t \cdot [R]^2 = 0.$$

Aus der letzten Gleichung folgt $[R] = \sqrt{\frac{I_a}{k_t}}$ und daraus

$$\frac{d[A]}{dt} = -I_a - k_p \cdot \sqrt{\frac{I_a}{k_t}} \cdot [A] \text{ und}$$

$$\frac{d[B]}{dt} = k_p \cdot [A] \cdot [R] = k_p \cdot \sqrt{\frac{I_a}{k_t}} \cdot [A].$$

Das bedeutet, man kann, wenn ein stationärer Zustand erreicht ist, nur das Verhältnis $\frac{k_p}{\sqrt{k_t}}$ bestimmen.

29-19 $Cl_2 + h\nu \rightarrow 2\,Cl, \quad I_a,$

$Cl + CHCl_3 \rightarrow CCl_3 + HCl, \quad k_a,$

$CCl_3 + Cl_2 \rightarrow CCl_4 + Cl, \quad k_b,$

$2\,CCl_3 + Cl_2 \rightarrow 2\,CCl_4, \quad k_c.$

$$\text{(I)} \quad \frac{d[CCl_4]}{dt} = 2k_c \cdot [CCl_3]^2 \cdot [Cl_2] + k_b \cdot [CCl_3] \cdot [Cl_2].$$

$$\text{(II)} \quad \frac{d[CCl_3]}{dt} = k_a \cdot [Cl] \cdot [CHCl_3] - k_b \cdot [CCl_3] \cdot [Cl_2] - 2k_c \cdot [CCl_3]^2 \cdot [Cl_2] = 0.$$

$$\text{(III)} \quad \frac{d[Cl]}{dt} = 2I_a - k_a \cdot [Cl] \cdot [CHCl_3] + k_b \cdot [CCl_3] \cdot [Cl_2] = 0.$$

$$\text{(IV)} \quad \frac{d[Cl_2]}{dt} = -I_a - k_b \cdot [CCl_3] \cdot [Cl_2] - k_c \cdot [CCl_3]^2 \cdot [Cl_2].$$

Aus (II) und (III) folgt dann $I_a = k_c \cdot [CCl_3]^2 \cdot [Cl_2]$ und $[CCl_3] = \sqrt{\frac{1}{k_c}} \cdot \sqrt{\frac{I_a}{[Cl_2]}}.$

Mit (I) ergibt das

$$\frac{d[CCl_4]}{dt} = 2I_A + k_b \cdot \sqrt{\frac{1}{k_c}} \cdot \sqrt{I_a} \cdot \sqrt{[Cl_2]}.$$

Wenn der Chlor-Druck groß ist und die Startreaktion langsam (also für kleines I_a), dann überwiegt der zweite Term gegenüber dem ersten, und wir erhalten

$$\frac{d[CCl_4]}{dt} = k_b \cdot \sqrt{\frac{1}{k_c}} \cdot \sqrt{I_a} \cdot \sqrt{[Cl_2]} = k_{\frac{1}{2}} \cdot \sqrt{I_a} \cdot \sqrt{[Cl_2]} \text{ mit } k_{\frac{1}{2}} = \frac{k_b}{\sqrt{k_c}}.$$

Die Rekombination (Cl + Cl), die nur über einen Dreierstoß möglich ist, scheint hier keine Rolle zu spielen.

29-20 $A \to B, \quad \frac{d[B]}{dt} = I_a; \quad B \to A, \quad \frac{d[B]}{dt} = -k \cdot [B]^2.$

Im photostationären Zustand ist $I_a - k \cdot [B]^2 = 0$ bzw. $[B] = \sqrt{\frac{I_a}{k}} \propto \underline{\sqrt{[A]}}.$

Die Bestrahlung erhöht die Geschwindigkeit der Hin-Reaktion, hat aber keinen Einfluß auf die Rück-Reaktion. Es ist also möglich, die Zusammensetzung der Reaktionsmischung durch eine Veränderung der Bestrahlungs-Intensität zu modifizieren. Dabei handelt es sich natürlich nicht um ein Gleichgewicht im Sinne der Gleichgewichts-Thermodynamik.

21-21 $A + h\nu \to A^*, \quad I_a;$

$A^* + A \to A_2, \quad k;$

$A^* \to A + h\nu_f, \quad k_f; \quad I_f = k_f \cdot [A^*].$

$$\Phi = \frac{-\frac{d[A]}{dt}}{I_a}.$$

$$\frac{d[A]}{dt} = -I_a - k \cdot [A^*] \cdot [A] + k_f \cdot [A^*].$$

$$\frac{d[A^*]}{dt} = I_a - k \cdot [A^*] \cdot [A] - k_f \cdot [A^*] \approx 0.$$

$[A^*] \approx \frac{I_a}{k_f + k \cdot [A]},$ damit erhalten wir

$$\frac{d[A]}{dt} \approx -I_a + \frac{(k_f - k \cdot [A]) \cdot I_a}{k_f + k \cdot [A]} \approx \frac{-2kI_a \cdot [A]}{k_f + k \cdot [A]}.$$

Dann ist $\underline{\Phi \approx \frac{2k \cdot [A]}{k_f + k \cdot [A]}}.$

Für $k \cdot [A] \ll k_f$ ist $\Phi \approx 2 \cdot \left(\frac{k}{k_f}\right) \cdot [A]$, und die Ausbeute wird dadurch bestimmt, ob ein A-Molekül ein A^*-Molekül erreichen kann. Für $k \cdot [A] \gg k_f$ wird $\Phi \approx 2$, und die Geschwindigkeit wird durch die Geschwindigkeit der Anregung bestimmt, denn es sind genügend A-Moleküle vorhanden, um mit A^* zu A_2 zu reagieren (dabei verschwinden 2 Moleküle der Ausgangssubstanz).

29-22 $\frac{d[P]}{dt} = k \cdot [A]^2 \cdot [P].$

$[A] = [A]_0 - x, \quad [P] = [P]_0 + x, \quad \frac{d[P]}{dt} = \frac{dx}{dt},$

$$\frac{dx}{dt} = k \cdot ([A]_0 - x)^2 \cdot ([P]_0 + x),$$

$$kt = \int_0^x \frac{dx}{([A]_0 - x)^2 \cdot ([P]_0 + x)};$$

das Integral können wir ausrechnen, wenn wir den Integranden einer Partialbruchzerlegung unterwerfen.

$$\frac{1}{([A]_0 - x)^2 \cdot ([P]_0 + x)} = \frac{\alpha}{([A]_0 - x)^2} + \frac{\beta}{[A]_0 - x} + \frac{\gamma}{[P]_0 + x}$$
$$= \frac{\alpha \cdot ([P]_0 + x) + \beta \cdot ([A]_0 - x) \cdot ([P]_0 + x) + \gamma \cdot ([A]_0 - x)^2}{([A]_0 - x)^2 \cdot ([P]_0 + x)}$$

Das liefert drei Gleichungen für die drei Unbekannten α, β und γ:

$$\alpha \cdot [P]_0 + \beta \cdot [A]_0 \cdot [P]_0 + \gamma \cdot [A]_0^2 = 1,$$
$$\alpha + \beta \cdot ([A]_0 - [P]_0) - 2\gamma \cdot [A]_0 = 0,$$
$$-\beta + \gamma = 0.$$

Ihre Lösung lautet

$$\alpha = \frac{1}{[A]_0 + [P]_0}, \qquad \beta = \gamma = \frac{\alpha}{[A]_0 + [P]_0}.$$

Damit erhalten wir

$$kt = \left(\frac{1}{[A]_0 + [P]_0}\right) \cdot \int_0^x \left\{\left(\frac{1}{[A]_0 - x}\right)^2 + \left(\frac{1}{[A]_0 + [P]_0}\right) \cdot \left(\frac{1}{[A]_0 - x} + \frac{1}{[P]_0 + x}\right)\right\}$$
$$= \left(\frac{1}{[A]_0 + [P]_0}\right) \cdot \left\{\left(\frac{1}{[A]_0 - x} - \frac{1}{[A]_0}\right) + \left(\frac{1}{[A]_0 + [P]_0}\right) \cdot \left[\ln\left(\frac{[A]_0}{[A]_0 - x}\right) + \ln\left(\frac{[P]_0 + x}{[P]_0}\right)\right]\right\}$$
$$= \left(\frac{1}{[A]_0 + [P]_0}\right) \cdot \left\{\frac{x}{[A]_0 \cdot ([A]_0 - x)} + \left(\frac{1}{[A]_0 + [P]_0}\right) \cdot \ln\left(\frac{[A]_0 \cdot ([P]_0 + x)}{([A]_0 - x) \cdot [P]_0}\right)\right\}.$$

Mit den Abkürzungen $y = \frac{x}{[A]_0}$ und $p = \frac{[P]_0}{[A]_0}$ erhalten wir dann

$$[A]_0 \cdot ([A]_0 + [P]_0) \cdot kt = \underline{\frac{y}{1-y} + \frac{1}{1+p} \cdot \ln\left(\frac{p+y}{(1-y) \cdot p}\right)}.$$

29-23 $\frac{d[P]}{dt} = k \cdot [A] \cdot [P]^2$

$$\frac{dx}{dt} = k \cdot ([A]_0 - x) \cdot ([P]_0 + x)^2, \qquad x = [P] - [P]_0$$

$$kt = \int_0^x \frac{dx}{[A]_0 - x} \cdot ([P]_0 + x)^2.$$

Wie in Aufgabe 29–22 berechnen wir dieses Integral durch Partialbruchzerlegung des Integranden.

$$kt = \left(\frac{1}{[A]_0 + [P]_0}\right) \cdot \int_0^x \left\{\left(\frac{1}{[P]_0 + x}\right)^2 + \left(\frac{1}{[A]_0 + [P]_0}\right) \cdot \left[\left(\frac{1}{[P]_0 + x}\right) + \left(\frac{1}{[A]_0 - x}\right)\right]\right\} dx$$
$$= \left(\frac{1}{[A]_0 - [P]_0}\right) \cdot \left\{\left(\frac{1}{[P]_0} - \frac{1}{[P]_0 + x}\right) + \left(\frac{1}{[A]_0 + [P]_0}\right) \cdot \left[\ln\left(\frac{[P]_0 + x}{[P]_0}\right) + \ln\left(\frac{[A]_0}{[A]_0 - x}\right)\right]\right\}$$
$$= \left(\frac{1}{[A]_0 + [P]_0}\right) \cdot \left\{\frac{x}{[P]_0 \cdot ([P]_0 + x)} + \left(\frac{1}{[A]_0 + [P]_0}\right) \cdot \ln\left(\frac{([P]_0 + x) \cdot [A]_0}{[P]_0 \cdot ([A]_0 - x)}\right)\right\}.$$

Mit den Abkürzungen $y = \frac{x}{[\mathrm{A}]_0}$ und $p = \frac{[\mathrm{P}]_0}{[\mathrm{A}]_0}$ ergibt das

$$[\mathrm{A}]_0 \cdot ([\mathrm{A}]_0 + [\mathrm{P}]_0) \cdot kt = \underline{\frac{y}{p \cdot (p+y)} + \frac{1}{1+p} \cdot \ln \frac{p+y}{(1-y) \cdot p}}.$$

29-24 (a) $v_\mathrm{P} = k \cdot [\mathrm{A}]^2 \cdot [\mathrm{P}]$.

$$\frac{\mathrm{d}v_\mathrm{P}}{\mathrm{d}t} = 2k \cdot [\mathrm{A}] \cdot \frac{\mathrm{d}[\mathrm{A}]}{\mathrm{d}t} \cdot [\mathrm{P}] + k \cdot [\mathrm{A}]^2 \cdot \frac{\mathrm{d}[\mathrm{P}]}{\mathrm{d}t}$$

$$= -2k \cdot [\mathrm{A}] \cdot [\mathrm{P}] \cdot v_\mathrm{P} + k \cdot [\mathrm{A}]^2 \cdot v_\mathrm{P} \quad [v_\mathrm{A} = -v_\mathrm{P}]$$

$$= k \cdot [\mathrm{A}] \cdot ([\mathrm{A}] - 2 \cdot [\mathrm{P}]) \cdot v_\mathrm{P}$$

$$= 0 \quad \text{für} \quad [\mathrm{A}] = 2 \cdot [\mathrm{P}].$$

Die Geschwindigkeit erreicht also ihr Maximum bei $[\mathrm{A}]_0 - x = 2 \cdot [\mathrm{P}]_0 + 2x$ oder $x = \frac{1}{3} \cdot ([\mathrm{A}]_0 - 2 \cdot [\mathrm{P}]_0)$ bzw. bei $y = \frac{1}{3} \cdot (1 - 2p)$. Wenn wir das in das Ergebnis von Aufgabe 29–22 einsetzen, erhalten wir

$$[\mathrm{A}]_0 \cdot ([\mathrm{A}]_0 + [\mathrm{P}]_0) \cdot kt_\mathrm{max} = \frac{1}{1+p} \cdot \left\{ \tfrac{1}{2} \cdot (1 - 2p) + \ln \left(\frac{1}{2p} \right) \right\} \quad \text{oder}$$

$$([\mathrm{A}]_0 + [\mathrm{P}]_0)^2 \cdot kt_\mathrm{max} = \underline{\tfrac{1}{2} - p + \ln \left(\frac{1}{2p} \right)}.$$

(b) $v_\mathrm{P} = k \cdot [\mathrm{A}] \cdot [\mathrm{P}]^2$.

$$\frac{\mathrm{d}v_\mathrm{P}}{\mathrm{d}t} = 2k \cdot [\mathrm{A}] \cdot [\mathrm{P}] \cdot \frac{\mathrm{d}[\mathrm{P}]}{\mathrm{d}t} + k \cdot \frac{\mathrm{d}[\mathrm{A}]}{\mathrm{d}t} \cdot [\mathrm{P}]^2$$

$$= 2k \cdot [\mathrm{A}] \cdot [\mathrm{P}] \cdot v_\mathrm{P} - k \cdot [\mathrm{P}]^2 \cdot v_\mathrm{P}$$

$$= k \cdot [\mathrm{P}] \cdot (2 \cdot [\mathrm{A}] - [\mathrm{P}]) \cdot v_\mathrm{P}$$

$$= 0 \quad \text{für} \quad [\mathrm{A}] = \tfrac{1}{2} \cdot [\mathrm{P}].$$

Die Geschwindigkeit erreicht also ihr Maximum bei $2 \cdot [\mathrm{A}]_0 - 2x = [\mathrm{P}]_0 + x$ oder $x = \frac{1}{3} \cdot (2 \cdot [\mathrm{A}]_0 - [\mathrm{P}]_0)$ bzw. bei $y = \frac{1}{3} \cdot (2 - p)$. Wenn wir das in das Ergebnis von Aufgabe 29–23 einsetzen, erhalten wir

$$[\mathrm{A}]_0 \cdot ([\mathrm{A}]_0 + [\mathrm{P}]_0) \cdot kt_\mathrm{max} = \frac{2-p}{2p \cdot (1+p)} + \frac{1}{1+p} \cdot \ln \left(\frac{2}{p} \right) \quad \text{oder}$$

$$([\mathrm{A}]_0 + [\mathrm{P}]_0)^2 \cdot kt_\mathrm{max} = \underline{\frac{2-p}{2p} + \ln \left(\frac{2}{p} \right)}.$$

29-25 Die Differentialgleichungen für [X] und [Y] lauten

(I) $\frac{\mathrm{d}[\mathrm{X}]}{\mathrm{d}t} = k_\mathrm{a} \cdot [\mathrm{A}[\cdot[\mathrm{X}] - k_\mathrm{b} \cdot [\mathrm{X}] \cdot [\mathrm{Y}]$

(II) $\frac{\mathrm{d}[\mathrm{Y}]}{\mathrm{d}t} = k_\mathrm{b} \cdot [\mathrm{X}] \cdot [\mathrm{Y}] - k_\mathrm{c} \cdot [\mathrm{Y}]$.

Daraus erhalten wir das System von Differenzengleichungen

(I) $X(t_{i+1}) = X(t_i) + k_a \cdot [A] \cdot X(t_i) \cdot \Delta t - k_b \cdot X(t_i) \cdot Y(t_i) \cdot \Delta t$

(II) $Y(t_{i+1}) = Y(t_i) - k_c \cdot Y(t_i) \cdot \Delta t + k_b \cdot X(t_i) \cdot Y(t_i) \cdot \Delta t,$

das wir durch Iteration mit verschiedenen Werten von [A], X(0) und Y(0) lösen.

29-26 Im stationären Zustand gilt

(I) $\frac{d[X]}{dt} = k_a \cdot [A] \cdot [X] - k_b \cdot [X] \cdot [Y] = 0,$

(II) $\frac{d[Y]}{dt} = k_b \cdot [X] \cdot [Y] - k_c \cdot [Y] = 0.$

Diese Gleichungen haben die Lösungen

(II) $k_b \cdot [X] = k_c,$

(I) $k_a \cdot [A] = k_b \cdot [Y];$

das ergibt $\underline{[X] = \frac{k_c}{k_b}}, \quad \underline{[Y] = \frac{k_a \cdot [A]}{k_b}}.$

29-27 (I) $\frac{d[X]}{dt} = k_a \cdot [A] + k_b \cdot [X]^2 \cdot [Y] - k_c \cdot [B] \cdot [X] - k_d \cdot [X]$

(II) $\frac{d[Y]}{dt} = -k_b \cdot [X]^2 \cdot [Y] + k_c \cdot [B] \cdot [X]$ [29.4–2].

Wir führen dafür wieder Differenzengleichungen ein und bestimmen die Lösung durch Iteration.

(I) $X(t_{i+1}) = X(t_i) + \{k_a \cdot [A] + k_b \cdot X^2(t_i) \cdot Y(t_i) - k_c \cdot [B] \cdot X(t_i) - k_d \cdot [X]\} \cdot \Delta t$

(II) $Y(t_{i+1}) = Y(t_i) + \{k_c \cdot [B] \cdot X(t_i) - k_b \cdot X^2(t_i) \cdot Y(t_i)\} \cdot \Delta t.$

Siehe dazu Abb. 29–9 im Lehrbuch.

29-28 (I) $\frac{d[X]}{dt} = k_a \cdot [A] \cdot [Y] - k_b \cdot [X] \cdot [Y] + k_c \cdot [B] \cdot [X] - 2k_d \cdot [X]^2$

(II) $\frac{d[Y]}{dt} = -k_a \cdot [A] \cdot [Y] - k_b \cdot [X] \cdot [Y] + k_e \cdot [Z]$ [29.4–3]

Wir führen dafür wieder Differenzengleichungen ein und bestimmen die Lösung durch Iteration.

(I) $X(t_{i+1}) = X(t_i) + \{k_a \cdot [A] \cdot Y(t_i) - k_b \cdot X(t_i) \cdot Y(t_i) + k_c \cdot [B] \cdot X(t_i) - 2k_d \cdot X^2(t_i)\} \cdot \Delta t,$

(II) $Y(t_{i+1}) = Y(t_i) + \{k_e \cdot [Z] - k_a \cdot [A] \cdot Y(t_i) - k_b \cdot X(t_i) \cdot Y(t_i)\} \cdot \Delta t.$

29-29 $H + NO_2 \rightarrow OH + NO, \quad k = 2.9 \cdot 10^{10}\ M^{-1}\ s^{-1},$

$OH + OH \rightarrow H_2O + O, \quad k' = 1.55 \cdot 10^9\ M^{-1}\ s^{-1},$

$O + OH \rightarrow O_2 + H, \quad k'' = 1.1 \cdot 10^{10}\ M^{-1}\ s^{-1}.$

$[H]_0 = 4.5 \cdot 10^{-10}\ \text{mol cm}^{-3}, \quad [NO_2]_0 = 5.6 \cdot 10^{-10}\ \text{mol cm}^{-1}.$

$$\frac{d[O]}{dt} = k' \cdot [OH]^2 - k'' \cdot [O] \cdot [OH]$$

$$\frac{d[O_2]}{dt} = k'' \cdot [O] \cdot [OH]$$

$$\frac{d[OH]}{dt} = k \cdot [H] \cdot [NO^2] - 2k' \cdot [OH]^2 - k'' \cdot [O] \cdot [OH]$$

$$\frac{d[NO_2]}{dt} = -k \cdot [H] \cdot [NO_2]$$

$$\frac{d[H]}{dt} = k'' \cdot [O] \cdot [OH] - k \cdot [H] \cdot [NO_2].$$

Dieses Beispiel zeigt, daß schon eine noch relativ einfache Folge von Reaktionen zu einem komplizierten Satz nicht-linearer Differentialgleichungen führen kann. Wenn wir uns für die zeitliche Veränderung der Zusammensetzung des Systems interessieren, dürfen wir nicht die Näherung des stationären Zustandes verwenden. Es bleibt nur eine numerische Integration übrig, die in der Regel mit einem Computer erfolgen muß. In Abb. 29–2 ist ein Satz von Kurven wiedergegeben, der in dieser Weise berechnet worden ist. (Die Abbildung stammt aus der Original-Publikation.) Das Ergebnis ähnelt dem, was man für ein Reaktionsschema vom Typ A → B → C erwartet. Die allgemeinen Aspekte eines solchen Systems lassen sich leicht mit den zugrundeliegenden Einzelreaktionen erklären.

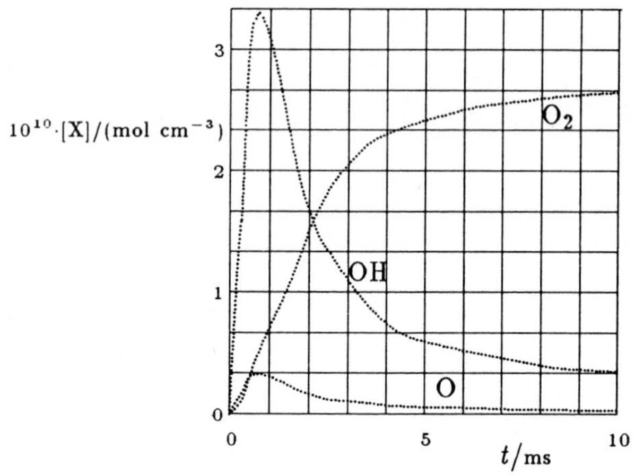

Abb. 29–2

29-30 $O + Cl_2 \rightarrow ClO + Cl$. $p(Cl_2) \approx$ konstant [es wird hoher Chlor-Druck vorausgesetzt]. Die Reaktion ist deshalb wahrscheinlich pseudo-erster Ordnung mit $\frac{[O]}{[O]_0} = e^{-k't}$. Dann gilt

$$\ln\frac{[O]_0}{[O]} = k't = k \cdot [Cl_2] \cdot t = k \cdot [Cl_2] \cdot \frac{d}{v},$$

dabei ist $k' = k \cdot [Cl_2] \approx$ konstant, und d ist die im Rohr zurückgelegte Strecke.

Jetzt stellen wir die folgende Tabelle auf:

d/cm	0	2	4	6	8	10	12	14	16	18
$\ln\frac{[O]_0}{[O]}$	0.27	0.31	0.34	0.38	0.45	0.46	0.50	0.55	0.56	0.60

Diese Punkte sind in Abb. 29–4 aufgetragen. Die Steigung der Geraden ist 0.0189, daraus folgt $\frac{k \cdot [Cl_2]}{v} =$ 0.0189 cm^{-1}.

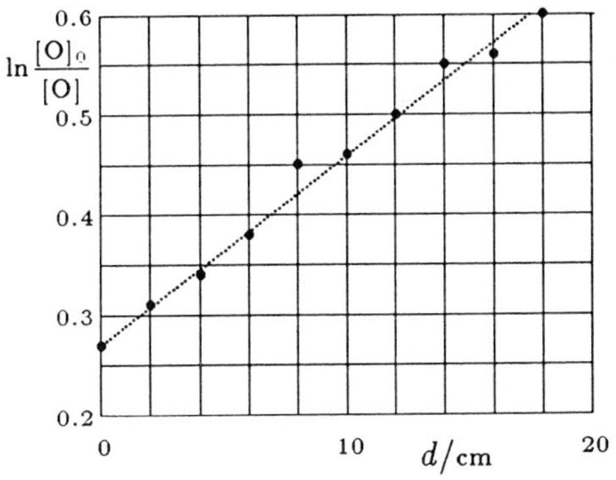

Abb. 29–3

$$k = \frac{(0.0189\ \mathrm{cm}^{-1}) \cdot v}{[\mathrm{Cl_2}]}$$

$$= \frac{(0.0189\ \mathrm{cm}^{-1}) \cdot (6.66 \cdot 10^2\ \mathrm{cm\ s}^{-1})}{2.54 \cdot 10^{-7}\ \mathrm{mol\ dm}^{-3}} = 5.0 \cdot 10^7\ \mathrm{M}^{-1}\ \mathrm{s}^{-1}.$$

[Es tritt auch die sehr schnelle Reaktion $O + ClO \rightarrow Cl + O_2$ auf; deshalb erhält man hier etwa das Zweifache des richtigen Wertes.

29-31 $A \rightleftharpoons B + C$.

$$A \rightarrow B + C, \quad \frac{d[A]}{dt} = -k_1 \cdot [A],$$

$$B + C \rightarrow A, \quad \frac{d[A]}{dt} = k_2 \cdot [B] \cdot [C].$$

Unter bestimmten Gleichgewichtsbedingungen ist $k_1 \cdot [A]_{Gl} = k_2 \cdot [B]_{Gl} \cdot [C]_{Gl}$

und unter bestimmten anderen Bedingungen, die wir einfach mit $'$ bezeichnen, soll

$k_1' \cdot [A]_{Gl}' = k_2' \cdot [B]_{Gl}' \cdot [C]_{Gl}'$ gelten.

Wir wollen von den mit $'$ markierten Bedingungen ausgehen. Wenn das System plötzlich die unmarkierten äußeren Bedingungen annimmt, gilt für den Relaxationsprozeß

$$\frac{d[A]}{dt} = -k_1 \cdot [A] + k_2 \cdot [B] \cdot [C] \quad \text{mit den Anfangswerten } [A]_{Gl}', \ [B]_{Gl}' \text{ und } [C]_{Gl}'.$$

Jetzt schreiben wir $[A] = x + [A]_{Gl}$. Daraus folgt $[B] = -x + [B]_{Gl}$ und $[C] = -x + [C]_{Gl}$, denn für jedes verbrauchte A werden ein B und ein C gebildet (und umgekehrt).
Daraus folgt

$$\frac{d[A]}{dt} = \frac{dx}{dt} = -k_1 \cdot \{x + [A]_{Gl}\} + k_2 \cdot \{-x + [B]_{Gl}\} \cdot \{-x + [C]_{Gl}\}$$

$$= -k_1 x - k_1 \cdot [A]_{Gl} - x k_2 \cdot [C]_{Gl} - x k_2 \cdot [B]_{Gl} + k_2 x^2 + k_2 \cdot [B]_{Gl} \cdot [C]_{Gl}.$$

Wegen $k_1 \cdot [A]_{Gl} = k_2 \cdot [B]_{Gl} \cdot [C]_{Gl}$ heben sich der zweite und der sechste Term auf, und wir erhalten

$$\frac{dx}{dt} = -(k_1 + k_2 \cdot [B]_{Gl} + k_2 \cdot [C]_{Gl}) \cdot x + k_2 \cdot x^2.$$

Für kleine Störungen können wir x^2 vernachlässigen; dann gilt

$$\frac{dx}{dt} = -(k_1 + k_2 \cdot [B]_{Gl} + k_2 \cdot [C]_{Gl}) \cdot x \text{ und daraus}$$

$$x = x_0 \cdot \exp\left\{-(k_1 + k_2 \cdot [B]_{Gl} + k_2 \cdot [C]_{Gl}) \cdot t\right\}.$$

Aus $x_0 = [A]_0 - [A]_{Gl} = [A]_{Gl}' - [A]_{Gl}$ folgt dann

$$\underline{[A] - [A]_{Gl} = \{[A]_{Gl}' - [A]_{Gl}\} \cdot e^{-\frac{t}{\tau}}} \quad \text{mit} \quad \underline{\frac{1}{\tau} = k_1 + k_2 \cdot [B]_{Gl} + k_2 \cdot [C]_{Gl}}.$$

30 Molekulare Reaktionsdynamik

A30-1 $\sigma^* \cdot N_A \cdot \sqrt{\frac{8kT}{\pi\mu}} = 3.72 \cdot 10^{12}\ \text{dm}^3\ \text{mol}^{-1}\ \text{min}^{-1} \cdot \frac{1\ \text{min}}{60\ \text{s}} \cdot \left(\frac{1\ \text{m}}{10\ \text{dm}}\right)^3$

$$= 6.20 \cdot 10^7 \cdot \text{m}^3 \cdot \text{mol}^{-1} \cdot \text{s}^{-1}.$$

$$\mu = \frac{(100) \cdot (16)}{116} = 13.8$$

$$\frac{8kT}{\pi\mu} = \frac{8 \cdot (1.38 \cdot 10^{-23}\ \text{J K}^{-1}) \cdot (298\ \text{K})}{\pi \cdot (13.8) \cdot 1.66 \cdot 10^{-27}\ \text{kg})} = 4.57 \cdot 10^5\ \text{m}^2\ \text{s}^{-2}.$$

$$\sigma^* = \frac{6.20 \cdot 10^7 \cdot \text{m}^3 \cdot \text{mol}^{-1} \cdot \text{s}^{-1}}{\sqrt{4.57 \cdot 10^5 \cdot \text{m}^2 \cdot \text{s}^{-2}} \cdot (6.02 \cdot 10^{23}\ \text{mol}^{-1})}$$

$$= 1.52 \cdot 10^{-19}\ \text{m}^2 = \underline{0.152\ \text{nm}^2.}\quad [30.1\text{–}7]$$

A30-2 $P = \frac{\sigma^*}{\sigma}$ [30.1–8] $= \frac{9.2 \cdot 10^{-22}\ \text{m}^2}{0.5 \cdot (0.95 + 0.65) \cdot 10^{-18}\ \text{m}^2} = \underline{1.2 \cdot 10^{-3}.}$

A30-3 $\frac{\text{d}[\text{P}]}{\text{d}t} = k_2 \cdot [\text{A}] \cdot [\text{B}].$

$$k_2 = \frac{4 \cdot (R_A + R_B) \cdot (RT) \cdot \left(\frac{1}{R_A} + \frac{1}{R_B}\right)}{6\eta}\quad [30.2\text{–}8]$$

$$= \frac{4 \cdot (0.294 + 0.825) \cdot (10^{-9}\ \text{m}) \cdot (8.314\ \text{J K}^{-1}\ \text{mol}^{-1}) \cdot (313\ \text{K}) \cdot \left(\frac{1}{0.294} + \frac{1}{0.825}\right) \cdot (10^9\ \text{m})}{6 \cdot (2.37 \cdot 10^{-3}\ \text{kg m}^{-1}\ \text{s}^{-1})}$$

$$= 3.78 \cdot 10^6\ \text{mol}^{-1}\ \text{m}^3\ \text{s}^{-1} = \underline{3.78 \cdot 10^9\ \text{mol}^{-1}\ \text{dm}^3\ \text{s}^{-1}.}$$

$$\frac{\text{d}[\text{P}]}{\text{d}t} = (3.78 \cdot 10^9\ \text{dm}^3\ \text{mol}^{-1}\ \text{s}^{-1}) \cdot (0.150) \cdot (0.330)\ \text{mol}^2\ \text{dm}^{-6}$$

$$= 1.78 \cdot 10^8\ \text{mol dm}^{-3}\ \text{s}^{-1}.$$

A30-4 $k_2 = P \cdot \left(\frac{8RT}{3\eta}\right)$, $P = 0.19$ [30.2–9].

$$k_2 = \frac{(0.193) \cdot (8) \cdot (8.314\ \text{J K}^{-1}\ \text{mol}^{-1}) \cdot (303\ \text{K})}{3 \cdot (3.70 \cdot 10^{-3}\ \text{kg m}^{-1}\ \text{s}^{-1})}$$

$$= 3.50 \cdot 10^5\ \text{m}^3\ \text{mol}^{-1}\ \text{s}^{-1} = \underline{3.5 \cdot 10^8\ \text{dm}^3\ \text{mol}^{-1}\ \text{s}^{-1}.}$$

A30-5 $\frac{E_a}{R} = 8681\ \text{K};\quad E_a = (8681\ \text{K}) \cdot (8.314\ \text{J K}^{-1}\ \text{mol}^{-1}) = 72.17\ \text{kJ mol}^{-1}.$

$$2.05 \cdot 10^{13} = \frac{ekT}{h} \cdot \exp\left(\frac{\Delta S^{\ddagger}}{R}\right).\quad [\text{Abschnitt 30.3d}].$$

$$1 + \frac{\Delta S^{\ddagger}}{8.314\ \text{J K}^{-1}\ \text{mol}^{-1}} = \ln\left(\frac{(2.05 \cdot 10^{13}) \cdot (6.62 \cdot 10^{-34}\ \text{J s})}{(1.38 \cdot 10^{-23}\ \text{J K}^{-1}) \cdot (303\ \text{K})}\right) = 1.18;$$

$$\Delta S^{\ddagger} = 0.18 \cdot (8.314\ \text{J K}^{-1}\ \text{mol}^{-1}) = \underline{1.5\ \text{J K}^{-1}\ \text{mol}^{-1}.}$$

A30-6 $\Delta H^{\ddagger} = E_a - RT = R \cdot \left[\frac{E_a}{R} - T\right] = [8.314\ \text{J K}^{-1}\ \text{mol}^{-1}] \cdot [(9134 - 303)\ \text{K}]$

$= \underline{73.42\ \text{kJ mol}^{-1}.}$ [Abschnitt 30.3d]

$$\Delta G^{\ddagger} = \Delta H^{\ddagger} - T\Delta S^{\ddagger} = 73.42\ \text{kJ mol}^{-1} - (303\ \text{K}) \cdot (31.7 \cdot 10^{-3})\ \text{kJ K}^{-1}\ \text{mol}^{-1}$$
$$= \underline{63.81\ \text{kJ mol}^{-1}.}$$

A30-7 $p^{\ominus} k_r = \frac{e^2 kT}{h} \cdot \exp\left(\frac{\Delta S^{\ddagger}}{R}\right) \cdot \exp\left(\frac{-E_a}{RT}\right)$

[30.3–22 unter Verwendung von $[X] = \frac{n_X p_X}{RT}$ und $\frac{dp_A}{dt} = -k_r p_A p_B$, also von $k_r = \frac{k_{eff}}{RT}$]

$$2 + \frac{\Delta S^{\ddagger}}{R} = \frac{E_a}{RT} + \ln\left(\frac{hp^{\ominus}k_r}{kT}\right) = \frac{58.6 \cdot 10^3\ \text{J mol}^{-1}}{(8.314\ \text{J K}^{-1}\ \text{mol}^{-1}) \cdot 338\ \text{K}}$$
$$+ \ln\left(\frac{(6.626 \cdot 10^{-34}\ \text{J s}) \cdot (10^5\ \text{N m}^{-2}) \cdot (7.84 \cdot 10^{-6}\ \text{N}^{-2}\ \text{m}^2\ \text{s}^{-1})}{(1.381 \cdot 10^{-23}\ \text{J K}^{-1}) \cdot (338\ \text{K})}\right)$$

$$= 20.9 - 29.8 = -8.9$$

$$\Delta S^{\ddagger} = (8.314\ \text{J K}^{-1}\ \text{mol}^{-1}) \cdot (-10.9) = \underline{-90.6\ \text{J K}^{-1}\ \text{mol}^{-1}.}$$

A30-8 $\log k = \log k^0 + 1.02 \cdot z_A \cdot z_B \cdot \sqrt{I}$ [30.3–28].

$\log k^0 = \log(12.2) - 1.02 \cdot (-1) \cdot (+1) \cdot \sqrt{0.0525} = 1.32;$

$k^0 = \underline{20.9\ \text{dm}^6\ \text{mol}^{-2}\ \text{min}^{-1}.}$

A30-9 Abb. A30–1 zeigt, daß $\log k_r$ eine lineare Funktion von I ist. Nach diesem Ergebnis sollte für neutrale Teilchen $\log \gamma$ proportional zu I sein.

Am Diagramm lesen wir $\log k_r^0/(\text{M}^{-1}\ \text{min}^{-1}) = -0.18$ ab;

das ergibt $k_r^0 = \underline{0.66\ \text{M}^{-1}\ \text{min}^{-1}.}$

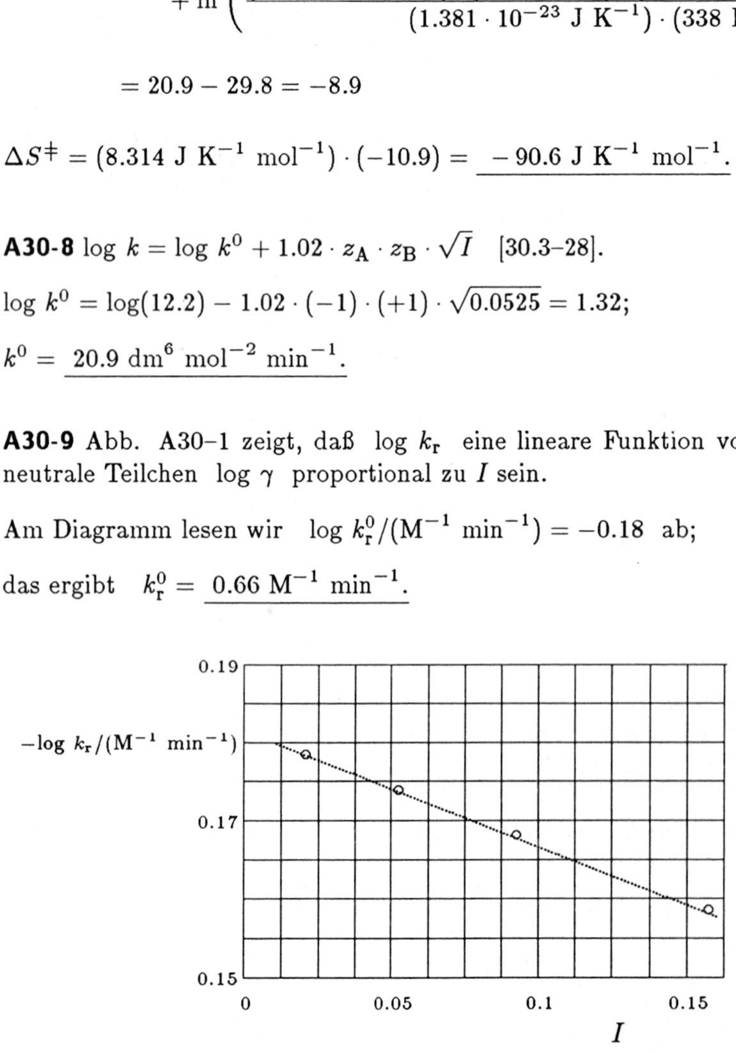

Abb. A30–1

A30-10 $K_s = \dfrac{[H^+] \cdot [A^-]}{[HA]} \cdot \dfrac{\gamma_{H^+} \cdot \gamma_{A^-}}{\gamma_{HA}}$ [30.3–25].

$$\log[H^+] = \log K_a + \log \frac{[HA]}{[A^-]} + 2 \cdot A \cdot \sqrt{I}.$$

$$\log(\text{Geschwindigkeit}) = \log(k_r \cdot [B]) + \log[H^+]$$

Weil $\log[H^+]$ linear von $\sqrt{I}$ abhängt, sollte auch $\log(\text{Geschwindigkeit})$ linear von $\sqrt{I}$ abhängen.

30-1 $z = \dfrac{\sqrt{2} \cdot \sigma \bar{c} p}{kT}$ [26.2–2], $\bar{c} = \sqrt{\dfrac{8kT}{\pi m}}$ [26.1–10]

$$z = \frac{4\sigma p}{\sqrt{\pi m k T}}, \quad \sigma = \pi d^2 = 4\pi R^2 \quad [d = 2R].$$

$$Z_{AA} = \sigma \cdot \sqrt{\frac{4kT}{\pi m}} \cdot \left(\frac{N}{V}\right)^2 \quad [26.2\text{–}4] \quad = \sigma \cdot \sqrt{\frac{4kT}{\pi m}} \cdot \left(\frac{p}{kT}\right)^2.$$

$$z = \frac{16\pi R^2 \cdot (10^5 \text{ N m}^{-2})}{\sqrt{\pi \cdot M_r \cdot (1.66056 \cdot 10^{-27} \text{ kg}) \cdot (1.3807 \cdot 10^{-23} \text{ J K}^{-1}) \cdot (298.15 \text{ K})}}$$

$$= \left(\frac{1.085 \cdot 10^6 \cdot (R/\text{pm})^2}{\sqrt{M_r}}\right) \text{s}^{-1}.$$

$$Z_{AA} = 4\pi R^2 \cdot \sqrt{\frac{4 \cdot (1.3807 \cdot 10^{-23} \text{ J K}^{-1}) \cdot (298.15 \text{ K})}{\pi \cdot (1.66056 \cdot 10^{-27} \text{ kg}) \cdot M_r}} \cdot \left\{\frac{1 \cdot 10^5 \text{ N m}^{-2}}{(1.3807 \cdot 10^{-23} \text{ J K}^{-1}) \cdot (298.15 \text{ K})}\right\}^2$$

$$= \left(\frac{1.3175 \cdot 10^{31} \cdot (R/\text{pm})^2}{\sqrt{M_r}}\right) \text{s}^{-1} \text{ m}^{-3}.$$

(a) Ammoniak. $R = 190$ pm, $M_r = 17$;

$$z = \frac{1.085 \cdot 10^6 \cdot (190)^2}{\sqrt{17}} \text{s}^{-1} = \underline{9.5 \cdot 10^9 \text{ s}^{-1}}.$$

$$Z_{AA} = \frac{1.3175 \cdot 10^{31} \cdot (190)^2}{\sqrt{17}} \text{s}^{-1} \text{ m}^{-3} = 1.15 \cdot 10^{35} \cdot \text{s}^{-1} \text{ m}^{-3} = \underline{1.15 \cdot 10^{29} \text{ s}^{-1} \text{ cm}^{-3}}.$$

(b) Kohlendioxid. $R = 180$ pm, $M_r = 28$;

$$z = \frac{1.085 \cdot 10^6 \cdot (180)^2}{\sqrt{28}} \text{s}^{-1} = \underline{6.64 \cdot 10^9 \text{ s}^{-1}}.$$

$$Z_{AA} = \frac{1.3175 \cdot 10^{31} \cdot (180)^2}{\sqrt{28}} \text{s}^{-1} \text{ m}^{-3} = \underline{8.07 \cdot 10^{28} \cdot \text{s}^{-1} \text{ cm}^{-3}}.$$

Zur Berechnung des prozentualen Anstiegs bei konstantem Volumen verwenden wir die folgenden Formeln:

$$\frac{dz}{dT} = \sqrt{2} \cdot \sigma \cdot \left(\frac{N}{V}\right) \cdot \frac{d\bar{c}}{dT}, \quad \frac{d\bar{c}}{dT} = \frac{\bar{c}}{2T} \text{ bzw. } \frac{dz}{dT} = \frac{z}{2T}.$$

Daraus folgt $100 \cdot \left(\dfrac{\delta z}{z}\right) = 100 \cdot \left(\dfrac{dz}{dT}\right) \cdot \dfrac{\delta T}{z} = 50 \cdot \left(\dfrac{\delta T}{T}\right)$;

analog ergibt $\frac{\mathrm{d}Z}{\mathrm{d}T} = \frac{Z}{2T}$ und $100 \cdot \left(\frac{\delta Z}{Z}\right) = 50 \cdot \left(\frac{\delta T}{T}\right)$.

$\frac{\delta T}{T} = \frac{10\ \mathrm{K}}{298\ \mathrm{K}} = 0.034$, deshalb ist der Anstieg in z und Z jeweils $\underline{1.7\ \%}$.

30-2 $\mathrm{d}N(E) = K \cdot \mathrm{e}^{-\beta E}\mathrm{d}E$ [vorgegeben, K wird gesucht].

$N = \int_0^\infty \mathrm{d}N(E) = K \int_0^\infty \mathrm{e}^{-\beta E}\mathrm{d}E = \frac{K}{\beta}$. Daraus folgt

$K = N\beta = \underline{\frac{N}{kT}}$ [N ist die Gesamtanzahl der Moleküle].

$$P(E \geq E_\mathrm{a}) = \frac{1}{N}\int_{E_\mathrm{a}}^\infty K \cdot \mathrm{e}^{-\beta E}\mathrm{d}E = \frac{K}{N\beta} \cdot \mathrm{e}^{-\beta E_\mathrm{a}} = \underline{\mathrm{e}^{-\beta E_\mathrm{a}}}.$$

Der Ausdruck $\mathrm{e}^{-\beta E}$ gibt sowohl den Anteil der Teilchen mit der Energie E als auch den Anteil der Moleküle mit mindestens dieser Energie an.

Wenn die Zustandsdichte proportional zu E^n ist, ergibt sich

$$\mathrm{d}N(E) = K \cdot E^n \cdot \mathrm{e}^{-\beta E} \quad \text{und} \quad K = \frac{N \cdot \beta^{n+1}}{n!}.$$

Daraus folgt schließlich

$$P(E \geq E_\mathrm{a}) = \int_{E_\mathrm{a}}^\infty K \cdot E^n \cdot \mathrm{e}^{-\beta E}\mathrm{d}E = \mathrm{e}^{-\beta E_\mathrm{a}} \cdot \sum_{k=0}^{n} \frac{(\beta E_\mathrm{a})^{n-k}}{(n-k)!}.$$

Für $n = 1$ ergibt das $P(E \gg E_\mathrm{a}) = (1 + \beta E_\mathrm{a}) \cdot \mathrm{e}^{-\beta E_\mathrm{a}}$.

30-3 Wenn die Zustandsdichte gleichförmig ist, gilt

$$P(E > E_\mathrm{a}) = \mathrm{e}^{-\frac{\varepsilon_\mathrm{a}}{kT}} \ \text{[Aufgabe 30–2]} \ = \mathrm{e}^{-\frac{E_\mathrm{a}}{RT}}.$$

ε_a bezieht sich auf ein Molekül, E_a auf ein Mol. Mit $R = 8.314\ \mathrm{J\ K^{-1}\ mol^{-1}}$ stellen wir jetzt die folgende Tabelle auf.

$P(E > E_\mathrm{a})$		200 K	300 K	500 K	1000 K
E_a	$10\ \mathrm{kJ\ mol^{-1}}$	$2.44 \cdot 10^{-3}$	$1.81 \cdot 10^{-2}$	$9.02 \cdot 10^{-2}$	$3.00 \cdot 10^{-1}$
	$1000\ \mathrm{kJ\ mol^{-1}}$	$7.62 \cdot 10^{-27}$	$3.87 \cdot 10^{-18}$	$3.57 \cdot 10^{-11}$	$5.98 \cdot 10^{-6}$

Wenn die Zustandsdichte linear zunimmt, erhalten wir

$P(E > E_a)$		200 K	300 K	500 K	1000 K
E_a	10 kJ mol^{-1}	$1.71 \cdot 10^{-2}$	$9.07 \cdot 10^{-2}$	$3.07 \cdot 10^{-1}$	$6.61 \cdot 10^{-1}$
	100 kJ mol^{-1}	$4.66 \cdot 10^{-25}$	$1.59 \cdot 10^{-16}$	$8.94 \cdot 10^{-10}$	$7.79 \cdot 10^{-5}$

30-4 Der prozentuale Anstieg ist angenähert

$$100 \cdot \frac{1}{P} \cdot \left(\frac{\mathrm{d}P}{\mathrm{d}T}\right) \cdot \delta T = 100 \cdot \left(\frac{\mathrm{d}\ln P}{\mathrm{d}T}\right) \cdot \delta T = 100 \cdot \left(\frac{\mathrm{d}}{\mathrm{d}T}\right)\left(-\frac{E_a}{RT}\right) \cdot \delta T = 100 \cdot E_a \cdot \frac{\delta T}{RT^2}.$$

Jetzt stellen wir die folgende Tabelle auf; die Zustände sollen gleichförmig verteilt sein mit $\delta T = 10$ K.

$\frac{100 \cdot E_a \cdot \delta T}{RT^2}$		200 K	300 K	500 K	1000 K
E_a	10 kJ mol^{-1}	30.1	13.4	4.8	1.2
	100 kJ mol^{-1}	301	134	48	12

Die Daten dieser Tabelle sind in Prozenten angegeben.

30-5 $2\,\mathrm{A} \rightarrow \mathrm{A}_2, \quad -\frac{\mathrm{d}[\mathrm{A}]}{\mathrm{d}t} = k \cdot [\mathrm{A}]^2.$

$$\frac{\mathrm{d}[\mathrm{A}]}{\mathrm{d}t} = \frac{\mathrm{d}\left(\frac{N}{V}\right)}{\mathrm{d}t} \cdot \frac{1}{N_\mathrm{A}} \quad \left[[\mathrm{A}] = \frac{n}{V} = \frac{N}{N_\mathrm{A} V}\right];$$

$$\frac{\mathrm{d}}{\mathrm{d}t}\left(\frac{N}{V}\right) = -2Z_{\mathrm{AA}} \cdot \mathrm{e}^{-\frac{E_a}{RT}}$$ [bei jeder erfolgreichen Kollision verschwinden 2 A];

Daraus folgt

$$-\frac{\mathrm{d}[\mathrm{A}]}{\mathrm{d}t} = \left(\frac{2}{N_\mathrm{A}}\right) \cdot Z_{\mathrm{AA}} \cdot \mathrm{e}^{-\frac{E_a}{RT}}$$

$$= \left(\frac{2}{N_\mathrm{A}}\right) \cdot \sigma^* \cdot \sqrt{\frac{4kT}{\pi m}} \cdot \left(\frac{N}{V}\right)^2 \cdot \mathrm{e}^{-\frac{E_a}{RT}}$$

$$= 4\sigma^* \cdot \sqrt{\frac{kT}{\pi m}} \cdot N_\mathrm{A} \cdot [\mathrm{A}]^2 \cdot \mathrm{e}^{-\frac{E_a}{RT}} = k \cdot [\mathrm{A}]^2.$$

Dann ist $k = 4\sigma^* \cdot \sqrt{\dfrac{kT}{\pi m}} \cdot N_A \cdot e^{-\frac{E_a}{RT}} = A \cdot e^{-\frac{E_a}{RT}}$ und damit

$$A = 4\sigma^* \cdot \sqrt{\frac{kT}{\pi m}} \cdot N_A.$$

$$4 \cdot \sqrt{\frac{kT}{\pi m}} \cdot N_A = 4 \cdot \sqrt{\frac{(1.381 \cdot 10^{-23}\ \mathrm{J\ K^{-1}}) \cdot (298.15\ \mathrm{K})}{\pi \cdot (15 \cdot 1.66056 \cdot 10^{-27}\ \mathrm{kg})}} \cdot (6.022 \cdot 10^{23}\ \mathrm{mol^{-1}})$$

$$= 5.52 \cdot 10^{26}\ \mathrm{mol^{-1}\ m\ s^{-1}}.$$

(a) $A_{exp} = 2.4 \cdot 10^{10}\ \mathrm{M^{-1}\ s^{-1}}$ ergibt

$$\sigma^* = \frac{A_{exp}}{4 \cdot \sqrt{\dfrac{kT}{\pi m}} \cdot N_A} = \frac{2.4 \cdot 10^{7}\ \mathrm{m^3\ mol^{-1}\ s^{-1}}}{5.52 \cdot 10^{26}\ \mathrm{mol^{-1}\ m\ s^{-1}}}$$

$$= \underline{4.3 \cdot 10^{-20}\ \mathrm{m^2}.}$$

(b) Die Länge der C–H-Bindung betragt 154 pm, das ergibt $\sigma \approx \pi \cdot (308\ \mathrm{pm})^2 = 3.0 \cdot 10^{-19}\ \mathrm{m^2}$.

Nach Abschnitt 30.1c folgt daraus $P = \dfrac{\sigma^*}{\sigma} = \dfrac{4.3 \cdot 10^{-20}\ \mathrm{m^2}}{3.0 \cdot 10^{-19}\ \mathrm{m^2}} = \underline{0.14.}$

30-6 $A_{exp} = 1.14 \cdot 10^{10}\ \mathrm{M^{-1}\ s^{-1}}$ [Aufgabe 28–26]

$= \sigma^* \cdot N_A \cdot \sqrt{\dfrac{8kT}{\pi m}}$ [30.1–5] und damit $\sigma^* = \dfrac{A_{exp}}{N_A \cdot \sqrt{\dfrac{8kT}{\pi m}}}$.

$$\frac{1}{\mu} = \frac{1}{m(\mathrm{O})} + \frac{1}{m(\mathrm{Benzol})},$$

$$\mu = \left(\frac{16 \cdot 78}{16 + 78}\right) \cdot (1.6605 \cdot 10^{-27}\ \mathrm{kg}) = 2.20 \cdot 10^{-26}\ \mathrm{kg}.$$

$$N_A \cdot \sqrt{\frac{8kT}{\pi m}} = (6.022 \cdot 10^{23}\ \mathrm{mol^{-1}}) \cdot \sqrt{\frac{8 \cdot (1.381 \cdot 10^{-23}\ \mathrm{J\ K^{-1}}) \cdot (340\ \mathrm{K})}{\pi \cdot (2.20 \cdot 10^{-26}\ \mathrm{kg})}}$$

$$= 4.44 \cdot 10^{26}\ \mathrm{mol^{-1}\ m^{-1}\ s^{-1}}.$$

$$\sigma^* = \frac{1.14 \cdot 10^{7}\ \mathrm{m^3\ mol^{-1}\ s^{-1}}}{4.44 \cdot 10^{26}\ \mathrm{mol^{-1}\ m^{-1}\ s^{-1}}}$$

$$= \underline{2.6 \cdot 10^{-20}\ \mathrm{m^2} = 0.026\ \mathrm{nm^2}.}$$

$R(\mathrm{O}) \approx 78$ pm, $R(\mathrm{Benzol}) \approx 265$ pm, das ergibt

$\sigma \approx \pi \cdot (78\ \mathrm{pm} + 265\ \mathrm{pm})^2 = 3.7 \cdot 10^{-19}\ \mathrm{m^2}$. Damit erhalten wir

$P = \dfrac{\sigma^*}{\sigma}$ [Abschnitt 30.1b] $= \dfrac{2.6 \cdot 10^{-20}}{3.7 \cdot 10^{-19}} = \underline{0.07.}$

30-7 Damit wir ein Arrhenius-Diagramm [28.3–3] zeichnen können, berechnen wir die folgende Tabelle.

T/K	600	700	800	1000
$\dfrac{10^3}{T/\mathrm{K}}$	1.67	1.43	1.25	1.00
$k/(\mathrm{cm^3\ mol^{-1}\ s^{-1}})$	$4.6 \cdot 10^2$	$9.7 \cdot 10^3$	$1.2 \cdot 10^5$	$3.1 \cdot 10^6$
$\ln k/(\mathrm{cm^3\ mol^{-1}\ s^{-1}})$	6.13	9.18	11.8	15.0

Diese Punkte sind in Abb. 30–1 eingetragen. Die nach der Methode der kleinsten Quadrate berechnete Gerade schneidet die Ordinate $\left(\frac{1}{T} = 0\right)$ bei 28.3; daraus folgt

$$A/(\mathrm{cm^3\ mol^{-1}\ s^{-1}}) = \mathrm{e}^{28.3} = 2.0 \cdot 10^{12}.$$

$$\sigma^* = \frac{A_{\mathrm{exp}}}{4 \cdot \sqrt{\dfrac{kT}{\pi m}} \cdot N_{\mathrm{A}}} \qquad \text{[Aufgabe 30–5].}$$

Für die Auswertung verwenden wir $T \approx 750$ K und $M_{\mathrm{r}}(\mathrm{NO_2}) = 46$.

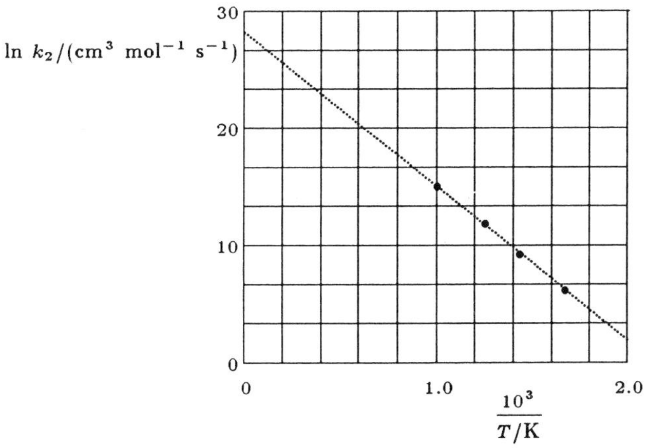

Abb. 30–1

$$4 \cdot \sqrt{\frac{kT}{\pi m}} \cdot N_{\mathrm{A}} = 4 \cdot (6.022 \cdot 10^{23}\ \mathrm{mol^{-1}}) \cdot \sqrt{\frac{(1.381 \cdot 10^{-23}\ \mathrm{J\ K^{-1}}) \cdot (750\ \mathrm{K})}{\pi \cdot 46 \cdot (1.66056 \cdot 10^{-27}\ \mathrm{kg})}}$$

$$= \underline{5.00 \cdot 10^{26}\ \mathrm{mol^{-1}\ m\ s^{-1}}.}$$

Dann wird $\sigma^* = \dfrac{2.0 \cdot 10^{12}\ \mathrm{cm^3\ mol^{-1}\ s^{-1}}}{5.00 \cdot 10^{26}\ \mathrm{mol^{-1}\ m\ s^{-1}}} = \underline{4.0 \cdot 10^{21}\ \mathrm{m^2}.}$

Mit $\sigma \approx 0.60\ \mathrm{nm^2}$ erhalten wir dann $P = \dfrac{4.0 \cdot 10^{-21}\ \mathrm{m^2}}{0.60 \cdot 10^{-18}\ \mathrm{m^2}} = \underline{0.007.}$

30-8 k erreicht seinen Maximalwert für $E_a = 0$ und $P \geq 1$, denn dann ist jede Kollision erfolgreich.

$$k_{max} = 4\sigma \cdot \sqrt{\frac{kT}{\pi m}} \cdot N_A \quad \left[30.1-5, \quad \mu = \tfrac{1}{2}m\right]$$

$$4 \cdot \sqrt{\frac{kT}{\pi m}} \cdot N_A = 5.52 \cdot 10^{26}\ \text{mol}^{-1}\ \text{m s}^{-1} \quad [T = 198\ \text{K, Aufgabe 30–5}]$$

$$\sigma \approx \pi \cdot (308\ \text{pm})^2 = 3.0 \cdot 10^{-19}\ \text{m}^2.$$

Das ergibt $k_{max} \approx (3.0 \cdot 10^{-19}\ \text{m}^2) \cdot (5.52 \cdot 10^{26}\ \text{mol}^{-1}\ \text{m s}^{-1})$

$$= 1.7 \cdot 10^8\ \text{m}^3\ \text{mol}^{-1}\ \text{s}^{-1} = \underline{1.7 \cdot 10^{11}\ \text{M}^{-1}\ \text{s}^{-1}}.$$

30-9 $\frac{[C_2H_6]}{dt} = k \cdot [CH_3]^2; \quad k = 2.5 \cdot 10^{11}\ \text{M}^{-1}\ \text{s}^{-1} \quad$ [Aufgabe 30–8]

$[CH_3] = [CH_3]_0 - 2 \cdot [C_2H_6]$, dann gilt $\frac{d[CH_3]}{dt} = -2 \cdot \frac{d[C_2H_6]}{dt} = -2k \cdot [CH_3]^2$.

$$\frac{1}{[CH_3]} - \frac{1}{[CH_3]_0} = 2kt.$$

Bei 90%iger Rekombination gilt $[CH_3] = 0.1 \cdot [CH_3]_0$ und damit $2kt = \frac{9}{[CH_3]_0}$.

$$[CH_3]_0 = 0.1 \cdot 2 \cdot [C_2H_6]_0 = 0.2 \cdot \frac{p}{RT}$$

$$= \frac{0.2 \cdot (10^5\ \text{N m}^{-2})}{2.48 \cdot 10^3\ \text{J mol}^{-1}} = 8.06\ \text{mol m}^{-3} = 8.06 \cdot 10^{-3}\ \text{M}.$$

Das ergibt $t = \frac{4.5}{(2.5 \cdot 10^{11}\ \text{M}^{-1}\ \text{s}^{-1}) \cdot (8.06 \cdot 10^{-3}\ \text{M})} = \underline{22\ \text{ns.}}$

30-10 $k_d = \frac{8RT}{3\eta} \quad [30.2\text{–}9] \quad = \frac{8 \cdot (2.4789\ \text{kJ mol}^{-1})}{3\eta}$

$$= \frac{6.610 \cdot 10^3}{\eta}\ \text{J mol}^{-1}$$

$$= \frac{6.610 \cdot 10^3}{\eta/(\text{kg m}^{-1}\ \text{s}^{-1})} \cdot \left(\text{J}/(\text{kg m}^{-1}\ \text{s}^{-1})\right)\ \text{mol}^{-1}$$

$$\left[\text{J}/(\text{kg m}^{-1}\ \text{s}^{-1}) = \text{kg m}^2\ \text{s}^{-2}/(\text{kg m}^{-1}\ \text{s}^{-1}) = \text{m}^3\ \text{s}^{-1} = 10^3\ \text{dm}^3\ \text{s}^{-1}\right].$$

$$k_d = \frac{6.610 \cdot 10^6\ \text{dm}^3\ \text{mol}^{-1}\ \text{s}^{-1}}{\eta/(\text{kg m}^{-1}\ \text{s}^{-1})}$$

$$= \frac{6.610 \cdot 10^9\ \text{M}^{-1}\ \text{s}^{-1}}{\eta/\text{cP}} \quad \text{[die Einheit cP ist in Beispiel 26–6 definiert].}$$

(a) <u>Wasser:</u> $\eta = 1.00 \cdot 10^{-3}\ \text{kg m}^{-1}\ \text{s}^{-1}$.

$$k_d = \frac{6.610 \cdot 10^6\ \text{M}^{-1}\ \text{s}^{-1}}{1.00 \cdot 10^{-3}} = \underline{6.6 \cdot 10^9\ \text{M}^{-1}\ \text{s}^{-1}}.$$

(b) n-Pentan: $\eta = 0.22 \cdot 10^{-3}$ kg m^{-1} s^{-1}.

$$k_\mathrm{d} = \frac{6.610 \cdot 10^6 \ \mathrm{M}^{-1}\ \mathrm{s}^{-1}}{0.22 \cdot 10^{-3}} = \underline{3.0 \cdot 10^{10}\ \mathrm{M}^{-1}\ \mathrm{s}^{-1}.}$$

(c) n-Decylbenzol: $\eta = 3.36 \cdot 10^{-3}$ kg m^{-1} s^{-1}.

$$k_\mathrm{d} = \frac{6.610 \cdot 10^6 \ \mathrm{M}^{-1}\ \mathrm{s}^{-1}}{3.36 \cdot 10^{-3}} = \underline{2.0 \cdot 10^{9}\ \mathrm{M}^{-1}\ \mathrm{s}^{-1}.}$$

30-11 $$\frac{\partial [\mathrm{J}]^*}{\partial t} = k \cdot [\mathrm{J}] \cdot \mathrm{e}^{-kt} + \frac{\partial [\mathrm{J}]}{\partial t} \cdot \mathrm{e}^{-kt} - k \cdot [\mathrm{J}] \cdot \mathrm{e}^{-kt}$$

$$= \frac{\partial [\mathrm{J}]}{\partial t} \cdot \mathrm{e}^{-kt}.$$

$$\frac{\partial^2 [\mathrm{J}]^*}{\partial x^2} = k \int_0^t \frac{\partial^2 [\mathrm{J}]}{\partial x^2} \cdot \mathrm{e}^{-kt} dt + \frac{\partial^2 [\mathrm{J}]}{\partial x^2} \cdot \mathrm{e}^{-kt}.$$

Wegen $D \cdot \dfrac{\partial^2 [\mathrm{J}]}{\partial x^2} = \dfrac{\partial [\mathrm{J}]}{\partial t}$ [30.2–13 mit $k = 0$] gilt dann

$$D \cdot \frac{\partial^2 [\mathrm{J}]^*}{\partial x^2} = k \cdot \int_0^t \frac{\partial [\mathrm{J}]}{\partial t} \cdot \mathrm{e}^{-kt} dt + \frac{\partial [\mathrm{J}]}{\partial x^2} \cdot \mathrm{e}^{-kt}$$

$$= k \cdot \int_0^t \frac{\partial [\mathrm{J}]}{\partial t} dt + \frac{\partial [\mathrm{J}]}{\partial t} \cdot \mathrm{e}^{-kt} \quad \text{[Zeile 1]}$$

$$= k \cdot [\mathrm{J}]^* + \frac{\partial [\mathrm{J}]^*}{\partial t},$$

und das stimmt mit [30.2–13] überein.

Für $t = 0$ ist $[\mathrm{J}]^* = [\mathrm{J}]$ [nach 30.2–14 mit $t = 0$], damit sind dieselben Anfangsbedingungen erfüllt und auch dieselben Randbedingungen.

30-12 Die Simpsonsche Regel ist in Beispiel 24–4 beschrieben. Wir schreiben

$z^2 = \dfrac{kx^2}{4D}$, $\tau = kt$ und $j = \dfrac{A}{n_0} \cdot \sqrt{\dfrac{\pi D}{k}} \cdot [\mathrm{J}]^*$, dann haben wir nur noch

$$j = \int_0^\tau \frac{1}{\sqrt{\tau}} \cdot \mathrm{e}^{-\frac{z^2}{\tau}+\tau} + \frac{1}{\sqrt{\tau}} \cdot \mathrm{e}^{-\frac{z^2}{\tau}+\tau}$$ numerisch auszuwerten.

30-13 $$\frac{q_\mathrm{m}^{\ominus \mathrm{T}}}{N_\mathrm{A}} = 2.561 \cdot 10^{-2} \cdot (T/\mathrm{K})^{\frac{5}{2}} \cdot M_\mathrm{r}^{\frac{3}{2}} \quad \text{[Kasten 22–1].}$$

Für $T \approx 300$ K und $M_\mathrm{r} \approx 50$ ist $\dfrac{q_\mathrm{m}^{\ominus T}}{N_\mathrm{A}} \approx \underline{1.4 \cdot 10^7.}$

$$q^\mathrm{R}_\mathrm{nichtlinear} = \frac{1.0270}{\sigma} \cdot \frac{(T/\mathrm{K})^{\frac{3}{2}}}{\sqrt{ABC/\mathrm{cm}^{-3}}} \quad \text{[Kasten 22–1].}$$

Für $T \approx 300$ K, $A \approx B \approx C \approx 2\ \mathrm{cm}^{-1}$ und $\sigma \approx 2$ ist $q^{\mathrm{R}}_{\text{nichtlinear}} \approx \underline{900.}$

$$q^{\mathrm{R}}_{\text{linear}} = \frac{0.6950}{\sigma} \cdot \frac{(T/\mathrm{K})}{B/\mathrm{cm}^{-1}} \quad \text{[Kasten 22–1].}$$

Für $T \approx 300$ K, $B \approx 1\ \mathrm{cm}^{-1}$ und $\sigma \approx 1$ ist $q^{\mathrm{R}}_{\text{linear}} \approx \underline{200.}$

$q^{\mathrm{Schw}} \approx \underline{1,}\quad q^{\mathrm{Elek}} \approx \underline{1.}$ [Kasten 22-1].

Zweiter Teil des Aufgabe:

$$k_{\text{eff}} = k \cdot \left(\frac{kT}{h}\right) \cdot K \quad [30.3\text{–}11]$$

$$K = \frac{RT}{p^{\ominus}} \cdot \bar{K}_{\mathrm{p}} \quad [30.3\text{–}10\mathrm{b}]$$

$$= \frac{RT}{p^{\ominus}} \cdot \left\{\frac{N_{\mathrm{A}}\bar{q}^{\ominus}_{\mathrm{C,m}}}{q^{\ominus}_{\mathrm{A,m}}q^{\ominus}_{\mathrm{B,m}}}\right\} \cdot \mathrm{e}^{-\frac{\Delta E_0^{\ddagger}}{RT}} \quad [30.3\text{–}10\mathrm{c}].$$

$$\frac{q^{\ominus}_{\mathrm{A,m}}}{N_{\mathrm{A}}} = \frac{q^{\ominus\,\mathrm{Trans}}_{\mathrm{A,m}}}{N_{\mathrm{A}}} \approx 1.4 \cdot 10^{7} \quad \text{[erste Zeile]}$$

$$\frac{q^{\ominus}_{\mathrm{B,m}}}{N_{\mathrm{A}}} = \frac{q^{\ominus\,\mathrm{Trans}}_{\mathrm{B,m}}}{N_{\mathrm{A}}} \approx 1.4 \cdot 10^{7} \quad \text{[erste Zeile]}$$

$$\frac{\bar{q}^{\ominus}_{\mathrm{C,m}}}{N_{\mathrm{A}}} = \left(\frac{q^{\ominus\,\mathrm{Trans}}_{\mathrm{C,m}}}{N_{\mathrm{A}}}\right) \cdot q^{\mathrm{R}}_{1} \approx 2^{\frac{3}{2}} \cdot 1.4 \cdot 10^{7} \cdot 200$$

[Der Faktor $2^{\frac{3}{2}}$ kommt von $m_{\mathrm{C}} = 2m_{\mathrm{A}} + m_{\mathrm{B}} \approx 2m_{\mathrm{A}}$ und $q \propto m^{\frac{3}{2}}$].

$$K = \frac{RT}{p^{\ominus}} \cdot \left\{\frac{2^{\frac{3}{2}} \cdot 1.4 \cdot 10^{7} \cdot 200}{(1.4 \cdot 10^{7})^{2}}\right\} \cdot \mathrm{e}^{-\frac{\Delta E_0^{\ddagger}}{RT}}$$

$$= \frac{RT}{p^{\ominus}} \cdot 4.2 \cdot 10^{-5} \cdot \mathrm{e}^{-\frac{\Delta E_0^{\ddagger}}{RT}}.$$

Mit $\dfrac{RT}{p^{\ominus}} = 2.5 \cdot 10^{-2}\ \mathrm{m}^3\ \mathrm{mol}^{-1}$ ergibt das

$K \approx (1.05 \cdot 10^{-6}\ \mathrm{m}^3\ \mathrm{mol}^{-1}) \cdot \mathrm{e}^{-\frac{\Delta E_0^{\ddagger}}{RT}}.$ Dann erhalten wir

$$A \approx \frac{kT}{h} \cdot (1.05 \cdot 10^{-6}\ \mathrm{m}^3\ \mathrm{mol}^{-1})$$

$$\approx (6.2 \cdot 10^{12}\ \mathrm{s}^{-1}) \cdot (1.05 \cdot 10^{-6}\ \mathrm{m}^3\ \mathrm{mol}^{-1})$$

$$\approx 6.5 \cdot 10^{6}\ \mathrm{m}^3\ \mathrm{mol}^{-1}\ \mathrm{s}^{-1} = \underline{6.5 \cdot 10^{9}\ \mathrm{M}^{-1}\ \mathrm{s}^{-1}.}$$

30-14 Wenn alle Teilchen nichtlinear sind, gilt

$$\frac{q_{\mathrm{A,m}}^{\ominus}}{N_{\mathrm{A}}} \approx 1.4 \cdot 10^{7} \cdot 900 = 1.3 \cdot 10^{10}$$

$$\frac{q_{\mathrm{B,m}}^{\ominus}}{N_{\mathrm{A}}} \approx 1.4 \cdot 10^{7} \cdot 900 = 1.3 \cdot 10^{10}$$

$$\frac{q_{\mathrm{C,m}}^{\ominus}}{N_{\mathrm{A}}} \approx 2^{\frac{3}{2}} \cdot 1.4 \cdot 10^{7} \cdot 900 = 3.6 \cdot 10^{10}$$

$$K = \frac{RT}{p^{\ominus}} \cdot \frac{3.6 \cdot 10^{10}}{(1.3 \cdot 10^{10})^2} \cdot \mathrm{e}^{-\frac{\Delta E_0^{\ddagger}}{RT}} \quad [30.3\text{–}10\mathrm{c}].$$

$$= 2.1 \cdot 10^{-10} \cdot \frac{RT}{p^{\ominus}} \cdot \mathrm{e}^{-\frac{\Delta E_0^{\ddagger}}{RT}}.$$

Daraus folgt $\frac{k(\mathrm{wahr})}{k(\mathrm{einfach})} = \frac{2.1 \cdot 10^{-10}}{4.2 \cdot 10^{-5}}$ [Aufgabe 30–13] $= 5 \cdot 10^{-6}$ und

$P \approx 5 \cdot 10^{-6}$.

30-15 Wenn im geschwindigkeitsbestimmenden Schritt die Spaltung einer CD- oder einer CH-Bindung erfolgt, gilt

$$\frac{k_2(\mathrm{D})}{k_2(\mathrm{H})} = \exp\left\{\frac{1}{2}\,\frac{\hbar\sqrt{k_{\mathrm{f}}}}{kT} \cdot \left[\frac{1}{\sqrt{\mu_{\mathrm{CD}}}} - \frac{1}{\sqrt{\mu_{\mathrm{CH}}}}\right]\right\} \quad [30.3\text{–}16].$$

$$\mu_{\mathrm{CD}} = \frac{12 \cdot 2}{12 + 2} \cdot (1.6605 \cdot 10^{-27}\ \mathrm{kg}) = 2.8 \cdot 10^{-27}\ \mathrm{kg},$$

$$\mu_{\mathrm{CH}} = \frac{12 \cdot 1}{12 + 1} \cdot (1.6605 \cdot 10^{-27}\ \mathrm{kg}) = 1.5 \cdot 10^{-27}\ \mathrm{kg},$$

$k_{\mathrm{f}} \approx 450\ \mathrm{N\ m^{-1}}$.

$$\frac{k_2(\mathrm{D})}{k_2(\mathrm{H})} = \exp\left\{\frac{1}{2} \cdot \left[\frac{(1.054 \cdot 10^{-34}\ \mathrm{J\ s}) \cdot \sqrt{450\ \mathrm{N\ m^{-1}}}}{(1.381 \cdot 10^{-23}\ \mathrm{J\ K^{-1}}) \cdot (298\ \mathrm{K})}\right] \cdot \left[\sqrt{\frac{10^{27}}{2.8\ \mathrm{kg}}} - \sqrt{\frac{10^{27}}{1.5\ \mathrm{kg}}}\right]\right\}$$

$$= \mathrm{e}^{-1.88} = 0.15 = \frac{1}{6.6}.$$

Dieses Ergebnis stimmt mit dem experimentell bestimmten Verhältnis von 4.3 befriedigend überein.

30-16 $\mu_{\mathrm{CT}} = \frac{12 \cdot 3}{12 + 3} \cdot (1.6605 \cdot 10^{-27}\ \mathrm{kg}) = 40 \cdot 10^{-27}\ \mathrm{kg},$

$$\mu_{\mathrm{CO(16)}} = \frac{12 \cdot 16}{12 + 16} \cdot (1.6605 \cdot 10^{-27}\ \mathrm{kg}) = 1.14 \cdot 10^{-26}\ \mathrm{kg},$$

$$\mu_{\mathrm{CO(18)}} = \frac{12 \cdot 18}{12 + 18} \cdot (1.6605 \cdot 10^{-27}\ \mathrm{kg}) = 1.20 \cdot 10^{-26}\ \mathrm{kg}.$$

(a) $\frac{1}{2}\left(\frac{\hbar\sqrt{k_\mathrm{f}}}{kT}\right)\cdot\left[\frac{1}{\sqrt{\mu_\mathrm{CT}}}-\frac{1}{\sqrt{\mu_\mathrm{CH}}}\right]$

$$=\frac{1}{2}\cdot\left\{\frac{(1.054\cdot 10^{-34}\ \mathrm{J\ s})\cdot\sqrt{450\ \mathrm{N\ m^{-1}}}}{(1.381\cdot 10^{-23}\ \mathrm{J\ K^{-1}})\cdot(298.15\ \mathrm{K})}\right\}\cdot\left[\sqrt{\frac{10^{27}}{4.0\ \mathrm{kg}}}-\sqrt{\frac{10^{27}}{1.5\ \mathrm{kg}}}\right\}=-2.7.$$

Das ergibt $\frac{k_2(\mathrm{T})}{k_2(\mathrm{H})}=\mathrm{e}^{-2.7}=\underline{\frac{1}{15}}.$

(b) $\frac{1}{2}\left(\frac{\hbar\sqrt{k_\mathrm{f}}}{kT}\right)\cdot\left[\frac{1}{\sqrt{\mu_\mathrm{CO(18)}}}-\frac{1}{\sqrt{\mu_\mathrm{CO(16)}}}\right]$

$$=\frac{1}{2}\cdot\left\{\frac{(1.054\cdot 10^{-34}\ \mathrm{J\ s})\cdot\sqrt{1750\ \mathrm{N\ m^{-1}}}}{(1.381\cdot 10^{-23}\ \mathrm{J\ K^{-1}})\cdot(298.15\ \mathrm{K})}\right\}\cdot\left[\sqrt{\frac{10^{26}}{1.2\ \mathrm{kg}}}-\sqrt{\frac{10^{26}}{1.1\ \mathrm{kg}}}\right\}=-0.12.$$

Das ergibt $\frac{k_2(\mathrm{CO(18)})}{k_2(\mathrm{CO(16)})}=\mathrm{e}^{-0.12}=\underline{\frac{1}{1.1}}.$

Wenn wir untersuchen wollen, welchen Einfluß eine Temperaturerhöhung auf den Isotopieeffekt hat, müssen wir das Vorzeichen von $\frac{\mathrm{d}}{\mathrm{d}T}\left(\frac{k_2(x')}{k_2(x)}\right)$ bestimmen.

$$\frac{\mathrm{d}}{\mathrm{d}T}\left(\frac{k_2(x')}{k_2(x)}\right)=-\frac{1}{2}\left(\frac{\hbar\sqrt{k_\mathrm{f}}}{kT^2}\right)\cdot\left[\frac{1}{\sqrt{\mu_{x'}}}-\frac{1}{\sqrt{\mu_x}}\right]\cdot\exp\left\{\ldots\right\}$$
$$=-\frac{1}{2}\left(\frac{\hbar\sqrt{k_\mathrm{f}}}{kT}\right)\cdot\left[\frac{1}{\sqrt{\mu_{x'}}}-\frac{1}{\sqrt{\mu_x}}\right]\cdot\frac{k_2(x')}{k_2(x)}.$$

Für $\mu_{x'}>\mu_x$ wird dieser Ausdruck positiv. Dann ist aber auch $\frac{k_2(x')}{k_2(x)}<1$, ein Temperaturanstieg verschiebt also den Quotienten nach Eins und verkleinert so den Effekt. Auch für $\mu_{x'}<\mu_x$ wird der Isotopieeffekt in der Wärme kleiner.

30-17 Die Struktur des aktivierten Komplexes zeigt Abb. 30–2a. Die Trägheitsmomente haben die folgenden Werte:

$I_\mathrm{A}=2m_\mathrm{D}\cdot(44\ \mathrm{pm})^2=1.3\cdot 10^{-47}\ \mathrm{kg\ m^2}$

$I_\mathrm{B}=m_\mathrm{H}\cdot(68\ \mathrm{pm})^2+2m_\mathrm{D}\cdot(17\ \mathrm{pm})^2=9.6\cdot 10^{-48}\ \mathrm{kg\ m^2}$

$I_\mathrm{C}=m_\mathrm{H}\cdot(68\ \mathrm{pm})^2+2m_\mathrm{D}\cdot(48\ \mathrm{pm})^2=2.3\cdot 10^{-47}\ \mathrm{kg\ m^2}.$

Das ergibt für die Rotationskonstanten die Werte

$$A=\frac{\hbar}{4\pi cI_\mathrm{A}}=\frac{1.054\cdot 10^{-34}\ \mathrm{J\ s}}{4\pi\cdot(2.998\cdot 10^{10}\ \mathrm{cm\ s^{-1}})\cdot I_\mathrm{A}}$$
$$=\frac{2.8\cdot 10^{-46}\ \mathrm{cm^{-1}}}{I_\mathrm{A}/(\mathrm{kg\ m^2})}=22\ \mathrm{cm^{-1}},$$

$$B=\frac{2.8\cdot 10^{-46}\ \mathrm{cm^{-1}}}{9.6\cdot 10^{-48}}=29\ \mathrm{cm^{-1}},$$

$$C=\frac{2.8\cdot 10^{-46}\ \mathrm{cm^{-1}}}{2.3\cdot 10^{-47}}=12\ \mathrm{cm^{-1}}.$$

Aus $I(D_2) = 2m_D \cdot (37 \text{ pm})^2 = 9.1 \cdot 10^{-48}$ kg m^2 erhalten wir $B(D_2) = \dfrac{2.8 \cdot 10^{-46} \text{ cm}^{-1}}{9.1 \cdot 10^{-48}} = 31 \text{ cm}^{-1}$.

Kasten 22–1 liefert dann $q^{\ddagger}_{\text{Rot}} = \dfrac{1.027 \cdot \frac{1}{2} \cdot (400)^{\frac{3}{2}}}{\sqrt{22 \cdot 29 \cdot 12}} = 47$ und

$$q_{\text{rot}}(D_2) = 0.695 \cdot \tfrac{1}{2} \cdot \frac{400}{31} = 4.5.$$

Jeder Schwingungsfreiheitsgrad trägt zur Zustandssumme den Faktor

$$q_{\text{Schw}} = \frac{1}{1 - e^{-\frac{\hbar\omega}{kT}}} \quad \text{bei.}$$

Bei 400 K ist $\dfrac{kT}{hc} \approx 280 \text{ cm}^{-1}$; daraus folgt

$$q_{\text{Schw}} \approx \frac{1}{1 - e^{-3.6}} = 1.03.$$

Wegen $N = 3$ hat der Komplex $3N - 6 = 3$ Freiheitsgrade, davon ist einer der eigentliche Freiheitsgrad der Reaktion. Damit wird $q^{\ddagger}_{\text{Schw}} \approx (1.03)^2 \approx 1.06$. Für D_2 ist $q_{\text{Schw}} \approx 1$.

Die Translations-Zustandssummen lauten

für H: $q_{\text{m}}^{\ominus\text{T}} = 2.561 \cdot 10^{-2} \cdot 400^{\frac{5}{2}} \cdot 1.01^{\frac{3}{2}} = 8.3 \cdot 10^4$ [Kasten 22–1],

für D_2: $q_{\text{m}}^{\ominus\text{T}} = 2.3 \cdot 10^5$,

für den Komplex: $q_{\text{m}}^{\ominus\text{T}} = 4.3 \cdot 10^5$.

Die elektronischen Zustandssummen lauten

$q_{\text{elek}}(\text{H}) = 2$ [der Grundzustand ist ein Dublett], $q_{\text{elek}}(D_2) = 1$,

$q^{\ddagger}_{\text{elek}} = 2$ [die Anzahl der Elektronen ist ungerade, deshalb ist der Grundzustand höchstwahrscheinlich ein Dublett].

$$A = \kappa \cdot \left(\frac{kT}{h}\right) \cdot \left(\frac{RT}{p^{\ominus}}\right) \cdot \frac{N_A \bar{q}_{\text{m}}^{\ddagger\ominus}}{q^{\ominus}_{\text{A,m}} q^{\ominus}_{\text{B,m}}}.$$

$$\frac{kT}{h} = \frac{(1.381 \cdot 10^{-23} \text{ J K}^{-1}) \cdot (400 \text{ K})}{6.626 \cdot 10^{-34} \text{ J s}} = 8.34 \cdot 10^{12} \text{ s}^{-1},$$

$$\frac{RT}{p^{\ominus}} = 3.28 \cdot 10^{-2} \text{ m}^3 \text{ mol}^{-1}.$$

$$A = \frac{(8.34 \cdot 10^{12} \text{ s}^{-1}) \cdot (3.28 \cdot 10^{1} \text{ dm}^3 \text{ mol}^{-1}) \cdot (4.3 \cdot 10^5) \cdot (47) \cdot (1.06) \cdot 2}{(8.3 \cdot 10^4) \cdot (2.3 \cdot 10^5) \cdot (4.5) \cdot (1.03) \cdot 2}$$

$$= 6.6 \cdot 10^{10} \text{ M}^{-1} \text{ s}^{-1}.$$

$$k \approx A \cdot e^{-\frac{E_a}{RT}} = (6.6 \cdot 10^{10} \text{ M s}^{-1}) \cdot e^{-10.52}.$$

$$= \underline{1.8 \cdot 10^6 \text{ M}^{-1} \text{ s}^{-1}}.$$

(Im Experiment wurde der Wert $4 \cdot 10^5$ M^{-1} s^{-1} gefunden.)

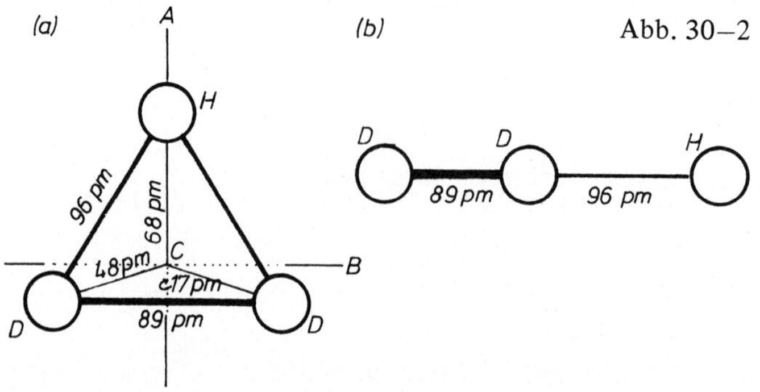

Abb. 30–2

30-18 Abb. 30–2b zeigt die Struktur des aktivierten Komplexes. Die Trägheitsmomente haben die folgenden Werte [Kasten 18–1]:

$$I = \frac{m_H \cdot m_D}{m} \cdot (96\ \text{pm} + 89\ \text{pm})^2 + \frac{m_D}{m} \cdot \left(m_H \cdot (96\ \text{pm})^2 + m_D \cdot (89\ \text{pm})^2 \right)$$

$$= 3.9 \cdot 10^{-47}\ \text{kg m}^2,$$

$$B = \frac{2.8 \cdot 10^{-46}\ \text{cm}^{-1}}{3.9 \cdot 10^{-47}} \quad [\text{Aufgabe 30–18}] \quad = 7.1\ \text{cm}^{-1}.$$

$$q_{\text{Rot}} = \frac{0.6952 \cdot 400}{7.1} \quad [\text{Kasten 22–1}, \quad \sigma = 1] \quad = 39.$$

$3N - 5 = 4$, der Komplex hat also 4 Schwingungsfreiheitsgrade. Rechnet man davon einen für die Reaktionskoordinate, so wird

$$q^{\ddagger}_{\text{Schw}} = (1.03)^3 = 1.09.$$

Alle anderen Beiträge haben dieselben Werte wie in Aufgabe 30–17; wir schreiben dafür $A(30,17)$. Dann wird

$$A \approx A(30,17) \cdot \frac{39}{47} \cdot \frac{1.09}{1.06} = 0.85 \cdot A(30,17) \quad \text{und}$$

$$k = 0.85 \cdot (1.8 \cdot 10^6\ \text{M}^{-1}\ \text{s}^{-1}) = \underline{1.5 \cdot 10^6\ \text{M}^{-1}\ \text{s}^{-1}}.$$

30-19 Wir betrachten die folgenden Modelle mit zunehmender Komplexität.

(1) Kollineare Annäherung, dabei werden $R(\text{HD})$ und $R(\text{DD})$ unabhängig voneinander variiert.

(2) Seitliche Annäherung, dabei werden $R(\text{H–D}_2)$ und $R(\text{DD})$ unabhängig voneinander variiert.

(3) Annäherung aus einer Richtung, die mit der D–D-Achse den Winkel ϑ bildet; die Bindungslängen werden wiederum unabhängig voneinander variiert.

Unter diesen Voraussetzungen unterscheiden sich die verschiedenen Modelle nur in ihren Rotations-Zustandssummen.

30-20 $\Delta S_\mathrm{m}^\ominus = R \cdot \ln\left\{\dfrac{hAp^\ominus}{N_\mathrm{A}\cdot(ekT)^2}\right\}$ [30.3–23b]

$= R \cdot \ln\left\{(7.8119 \cdot 10^{-11}) \cdot \dfrac{A/(\mathrm{M^{-1}\ s^{-1}})}{(T/\mathrm{K})^2}\right\}$ [Beispiel 30–4].

$A = \sigma N_\mathrm{A} \cdot \sqrt{\dfrac{8kT}{\pi\mu}}$ [30.1–5] $= \sigma \cdot \sqrt{\dfrac{8N_\mathrm{A}RT}{\pi\mu}} = \sigma \cdot \sqrt{\dfrac{8N_\mathrm{A}RT}{\pi\mu m_\mathrm{u}}}$

mit der reduzierten Masse $\mu_\mathrm{r} = \dfrac{M_\mathrm{A,r}\cdot M_\mathrm{B,r}}{M_\mathrm{A,r}+M_\mathrm{B,r}}$ und

$m_\mathrm{u} = 1.66056 \cdot 10^{-27}$ kg [erste Einbandinnenseite].

$$A = \sigma \cdot \sqrt{\frac{8\cdot(6.02205\cdot10^{23}\ \mathrm{mol^{-1}})\cdot(8.314\ \mathrm{J\ K^{-1}\ mol^{-1}})\cdot T}{\pi\cdot\mu_\mathrm{r}\cdot(1.66056\cdot10^{-27}\ \mathrm{kg})}}$$

$$= \sigma \cdot (8.7626\cdot10^{25}\ \mathrm{mol^{-1}\ m\ s^{-1}}) \cdot \sqrt{\frac{T/\mathrm{K}}{\mu_\mathrm{r}}}$$

$$= (8.7626\cdot10^{10}\ \mathrm{M^{-1}\ s^{-1}}) \cdot \sigma(\mathrm{nm^2}) \cdot \sqrt{\frac{T/\mathrm{K}}{\mu_\mathrm{r}}}.$$

Dann ist

$$\Delta S_\mathrm{m}^\ddagger = R \cdot \ln\left\{(7.8119\cdot10^{-11})\cdot(8.7626\cdot10^{10})\cdot\frac{\sigma/\mathrm{nm^2}}{(T/K)^{\frac{3}{2}}\ \sqrt{\mu_\mathrm{r}}}\right\}$$

$$= R \cdot \ln\left\{\frac{6.845\cdot(\sigma/\mathrm{nm^2})}{(T/\mathrm{K})^{\frac{3}{2}}\cdot\sqrt{\mu_\mathrm{r}}}\right\}$$

Für $\sigma \approx 0.4\ \mathrm{nm^2}$, $T \approx 300$ K, $M_\mathrm{A,r} \approx M_\mathrm{B,r} \approx 50$ (das bedeutet $\mu_\mathrm{r} \approx 25$) ist dann

$$\Delta S_\mathrm{m}^\ddagger \approx R \cdot \ln\left\{\frac{6.845\cdot0.40}{(300)^{\frac{3}{2}}\cdot\sqrt{25}}\right\}$$

$$\approx R \cdot \ln\{1.054\cdot10^{-4}\} = \underline{-76\ \mathrm{K^{-1}\ mol^{-1}}}.$$

30-21 $\Delta S_\mathrm{m}^\ddagger = R \cdot \ln\left\{(7.8119\cdot10^{-11})\cdot\dfrac{A/(\mathrm{M^{-1}\ s^{-1}})}{(T/\mathrm{K})^2}\right\}$ [Beispiel 30–4].

(a) $A = 6.6\cdot10^{10}\ \mathrm{M^{-1}\ s^{-1}}$ [Aufgabe 30–17],

$$\Delta S_\mathrm{m}^\ddagger = R \cdot \ln\frac{(7.8119\cdot10^{-11})\cdot(6.6\cdot10^{10})}{(400)^2} = \underline{-86\ \mathrm{J\ K^{-1}\ mol^{-1}}}.$$

(b) $A = 0.85\cdot6.6\cdot10^{10}\ \mathrm{M^{-1}\ s^{-1}} = 5.6\cdot10^{10}\ \mathrm{M^{-1}\ s^{-1}}$,

$$\Delta S_\mathrm{m}^\ddagger = R \cdot \ln(2.7\cdot10^{-5}) = \underline{-87\ \mathrm{J\ K^{-1}\ mol^{-1}}}.$$

30-22 $q^\ddagger = q^\ddagger_{\mathrm{Schw},z}\cdot q^\ddagger_{\mathrm{Schw},x}$ [y ist die Richtung, in der die Diffusion erfolgt].

$q = q_{\mathrm{Schw},x}\cdot q_{\mathrm{Schw},y}\cdot q_{\mathrm{Schw},z}$ [für das Atom am Fuß der Energie-Barriere].

Im klassischen Fall $[h\nu \ll kT]$ gilt $q_{\text{Schw}} \approx \dfrac{kT}{h\nu}$ [Kasten 22–1].

Unter der Diffusionsgeschwindigkeit verstehen wir hier die Geschwindigkeit, mit der sich die Konzentration in einem bestimmten Bereich der Oberfläche verändert: $-\dfrac{\mathrm{d}[x]}{\mathrm{d}t}$. Nach den Überlegungen in Abschnitt 30.3b stimmt diese Größe mit $[x]^{\ddagger} \cdot \nu$ überein.

Aus $K^{\ddagger} = \dfrac{[x]^{\ddagger}}{[x]}$ erhalten wir dann $-\dfrac{\mathrm{d}[x]}{\mathrm{d}t} = \nu \cdot [x[\cdot K^{\ddagger} = k_1 \cdot [x]$.

Mit $q^{\ddagger}$ und q bezeichnen wir die Schwingungszustandsfunktionen auf der Barriere und an ihrem Fuß.

Dann gilt $k_1 = \nu \cdot K^{\ddagger} = \nu \cdot \left(\dfrac{kT}{h\nu}\right) \cdot \dfrac{q^{\ddagger}}{q} \cdot \mathrm{e}^{-\beta\Delta E}$ und

$$k_1 = \left(\frac{kT}{h}\right) \cdot \left\{\frac{q^{\ddagger}_{\text{Schw},z} \cdot q^{\ddagger}_{\text{Schw},y}}{q_{\text{Schw},z} \cdot q_{\text{Schw},y} \cdot q_{\text{Schw},x}}\right\} \cdot \mathrm{e}^{-\beta\Delta E}$$

$$= \left(\frac{kT}{h}\right) \cdot \frac{\left(\dfrac{kT}{h\nu^{\ddagger}}\right)^2}{\left(\dfrac{kT}{h\nu}\right)^3} \cdot \mathrm{e}^{-\beta\Delta E} = \underline{\left(\frac{\nu^3}{\nu^{\ddagger 2}}\right) \cdot \mathrm{e}^{-\beta\Delta E}}.$$

(a) Für $\nu^{\ddagger} = \nu$ ist $k_1 = \nu \cdot \mathrm{e}^{-\beta\Delta E}$;

$$k_1 = (10^{11}\ \text{Hz}) \cdot \exp\left\{\frac{-60\ \text{kJ mol}^{-1}}{(8.314\ \text{J K}^{-1}\ \text{mol}^{-1}) \cdot (500\ \text{K})}\right\} = 5.4 \cdot 10^4\ \text{s}^{-1}.$$

$$D = \frac{d^2}{2\tau}\ \text{[Kasten 27–1]} = \tfrac{1}{2} d^2 k_1 = \tfrac{1}{2} \cdot (316\ \text{pm})^2 \cdot (5.4 \cdot 10^4\ \text{s}^{-1}).$$

$$= 2.7 \cdot 10^{-15}\ \text{m}^2\ \text{s}^{-1} = \underline{2.7 \cdot 10^{-11}\ \text{cm}^2\ \text{s}^{-1}}.$$

(b) Für $\nu^{\ddagger} = \tfrac{1}{2}\nu$ ist $k_1 = 4\nu \cdot \mathrm{e}^{-\beta\Delta E} = 2.2 \cdot 10^5\ \text{s}^{-1}$.

$D = 4 \cdot 2.7 \cdot 10^{-11}\ \text{cm}^2\ \text{s}^{-1} = \underline{1.1 \cdot 10^{-10}\ \text{cm}^2\ \text{s}^{-1}}.$

30-23 $k_1 = \left(\dfrac{kT}{h}\right) \cdot \left(\dfrac{q^{\ddagger}}{q}\right) \cdot \mathrm{e}^{-\beta\Delta E}$ [Aufgabe 30–22]

$$q^{\ddagger} = q^{\ddagger}_{\text{Schw},z} \cdot q^{\ddagger}_{\text{Schw},y} \cdot q_{\text{Rot}} \approx \left(\frac{kT}{h\nu^{\ddagger}}\right)^2 \cdot q_{\text{Rot}}.$$

$$q_{\text{Rot}} \approx \frac{1.027}{\sigma} \cdot \frac{(T/\text{K})^{\frac{3}{2}}}{(B/\text{cm}^{-1})^{\frac{3}{2}}}\ \text{[Kasten 22–1 mit } A = B = C\text{]} \approx 80,$$

$$q = q_{\text{Schw},z} \cdot q_{\text{Schw},y} \cdot q_{\text{Schw},x} \approx \left(\frac{kT}{h\nu}\right)^3.$$

Das ergibt $k_1 \approx 80 \cdot \dfrac{\nu^3}{\nu^{\neq 2}} \cdot \mathrm{e}^{-\beta\Delta E} \approx 80 \cdot 5.4 \cdot 10^4\ \text{s}^{-1} = 4 \cdot 10^6\ \text{s}^{-1}$.

Damit wird für $\nu^{\ddagger} = \nu$ jetzt $D \approx 80 \cdot (2.7 \cdot 10^{-11}\ \text{cm}^2\ \text{s}^{-1}) = \underline{2 \cdot 10^{-9}\ \text{cm}^2\ \text{s}^{-1}}$

und für $\nu^{\ddagger} = \frac{1}{2}\nu$ aber $D \approx \underline{8 \cdot 10^{-9}\ \mathrm{cm^2\ s^{-1}}}$.

30-24 $k_{\mathrm{eff}} = \kappa \cdot \left(\frac{kT}{h}\right) \cdot \mathrm{e}^{-\frac{\Delta G^{\ddagger}_{\mathrm{m}}}{RT}}$ [30.3–18], $k_{\mathrm{eff}} \approx 1.0 \cdot 10^{8}$ Hz, $T = 115$ K;

$$\Delta G^{\ddagger}_{\mathrm{m}} \approx -RT \ln\left(\frac{hk_{\mathrm{eff}}}{kT}\right)$$

$$= -(8.314\ \mathrm{J\ K^{-1}\ mol^{-1}}) \cdot (115\ \mathrm{K}) \cdot \ln\left\{\frac{(6.626 \cdot 10^{-34}\ \mathrm{J\ s}) \cdot (1.0 \cdot 10^{8}\ \mathrm{s^{-1}})}{(1.381 \cdot 10^{-23}\ \mathrm{J\ K^{-1}}) \cdot (115\ \mathrm{K})}\right\}$$

$$= \underline{9.6\ \mathrm{kJ\ mol^{-1}}}.$$

30-25 $\Delta S^{\ddagger}_{\mathrm{m}} = R \cdot \ln\left\{\frac{(7.8119 \cdot 10^{-11}) \cdot (A/(\mathrm{M^{-1}\ s^{-1}}))}{(T/\mathrm{K})^2}\right\}$ [Beispiel 30–4]

$$= R \cdot \ln\left\{\frac{(7.8119 \cdot 10^{-11}) \cdot (4.6 \cdot 10^{12})}{(298.15)^2}\right\}$$

$$= \underline{-46\ \mathrm{J\ K^{-1}\ mol^{-1}}}.$$

$\Delta H^{\ddagger}_{\mathrm{m}} = E_{\mathrm{a}} - 2RT$ [30.3–21] $= 10\ \mathrm{kJ\ mol^{-1}} - 2 \cdot (2.48\ \mathrm{kJ\ mol^{-1}}) = \underline{5\ \mathrm{kJ\ mol^{-1}}}$.

$\Delta G^{\ddagger}_{\mathrm{m}} = \Delta H^{\ddagger}_{\mathrm{m}} - T\Delta S^{\ddagger}_{\mathrm{m}} = 5\ \mathrm{kJ\ mol^{-1}} - (298.15\ \mathrm{K}) \cdot (-46\ \mathrm{J\ K^{-1}\ mol^{-1}}) = \underline{19\ \mathrm{kJ\ mol^{-1}}}$.

30-26 Für das Arrhenius-Diagramm stellen wir die folgende Tabelle auf:

$\vartheta/°\mathrm{C}$	−24.82	−20.73	−17.02	−13.00	−8.95
T/K	248.33	252.42	256.13	260.15	264.20
$\frac{10^3}{T/\mathrm{K}}$	4.027	3.962	3.904	3.844	3.785
$\ln k/\mathrm{s^{-1}}$	−9.01	−8.37	−7.73	−7.07	−6.55

In Abb. 30–3 sind diese Punkte aufgetragen. Sie liegen auf der Geraden

$$-\ln k/\mathrm{s^{-1}} = 6.0 + \left\{\frac{10^3}{T/\mathrm{K}} - 3.74\right\} \cdot 10.91 \quad \text{oder}$$

$$\ln k/\mathrm{s^{-1}} = -6.0 - 10.91 \cdot 10^3 \cdot \left\{\frac{1}{T/\mathrm{K}} - 3.84 \cdot 10^{-3}\right\}.$$

Die Ordinate (das entspricht $\frac{1}{T} = 0$) wird bei +34.8 geschnitten, die Steigung ist −10.91.

Das bedeutet $\ln A/\mathrm{s}^{-1} = 34.8$ und $A = 1.3 \cdot 10^{15}\ \mathrm{s}^{-1}$.

Aus der Steigung folgt $\frac{E_a}{R} = 10.91 \cdot 10^3$ K und $\underline{E_a = 90.7 \text{ kJ mol}^{-1}}$.

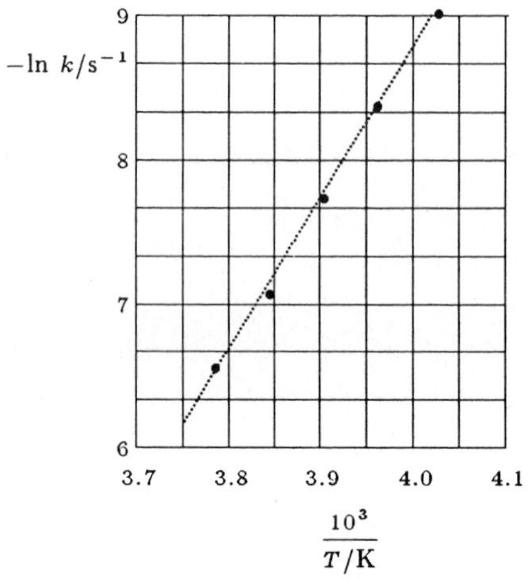

Abb. 30–3

Nach der Fußnote zu Gl. 30.2–21 ist $\Delta H_m^{\ddagger} = E_a - RT$. In unserem Fall gilt dann

$\Delta H_m^{\ddagger} = 90.7 \text{ kJ mol}^{-1} - 2.48 \text{ kJ mol}^{-1} = \underline{88.2 \text{ kJ mol}^{-1}}$.

Für einen Prozeß erster Ordnung ist $\Delta S_m^{\ddagger} = R \cdot \ln\left(\frac{hA}{ekT}\right)$

$\left[\text{das folgt aus 30.3–20 bis 30.3–23 mit } k_{\text{eff}} = \left(\frac{kT}{h}\right) \cdot \mathrm{e}^{-\frac{\Delta G^{\ddagger}}{RT}}\right]$

Dann ist für $T = 253$ K bzw. -20 °C

$$\Delta S_m^{\ddagger} = R \cdot \left\{\ln\left(\frac{1.3 \cdot 10^{15}\ \mathrm{s}^{-1}}{6.212 \cdot 10^{12}\ \mathrm{s}^{-1}}\right) - 1\right\} = 5.34 \cdot R = \underline{44 \text{ J K}^{-1} \text{ mol}^{-1}}.$$

$$\Delta G_m^{\ddagger} = \Delta H_m^{\ddagger} - T\Delta S_m^{\ddagger} = 88.2 \text{ kJ mol}^{-1} - (253 \text{ K}) \cdot (44 \text{ J K}^{-1} \text{ mol}^{-1}) = \underline{77 \text{ kJ mol}^{-1}}.$$

30-27 Um zwei Ionen, die zu Beginn unendlich weit voneinander entfernt sind, in einem Medium mit der relativen Dielektrizitätskonstanten ε_r auf den Abstand $R^{\ddagger}$ zu bringen, müssen wir die Arbeit

$w = \frac{z' \cdot z'' \cdot e^2}{4\pi\varepsilon_0\varepsilon_r \cdot R^{\ddagger}}$ [Anhang 11–1] aufwenden.

Diese elektrische Arbeit trägt zur Freien Enthalpie bei:

$$\Delta \bar{G}_m^{\ddagger} = \Delta G_m^{\ddagger} + \frac{z' z'' N_A e^2}{4\pi\varepsilon_0\varepsilon_r R^{\ddagger}}.$$

Nach $k_{\text{eff}} \propto \mathrm{e}^{-\frac{\Delta G_m^{\ddagger}}{RT}}$ [30.3–18] verändert die Ionenladung k_{eff} nach $\bar{k}_{\text{eff}}$ mit

$$\bar{k}_{\text{eff}} = k_{\text{eff}} \cdot \exp\left(\frac{-z'z''N_A e^2}{4\pi\varepsilon_0\varepsilon_r R^{\ddagger} RT}\right) = k_{\text{eff}} \cdot \exp\left(\frac{-z'z''e^2}{4\pi\varepsilon_0\varepsilon_r R^{\ddagger} kT}\right).$$

$$\ln \bar{k}_{\text{eff}} = \ln k_{\text{eff}} - \frac{z'z''e^2}{4\pi\varepsilon_0\varepsilon_r R^{\ddagger} kT}.$$

Wenn z' und z'' dasselbe Vorzeichen haben, wird $\bar{k}_{\text{eff}} < k_{\text{eff}}$; haben sie verschiedenes Vorzeichen, gilt $\bar{k}_{\text{eff}} > k_{\text{eff}}$, und die Bildung des Komplexes ist begünstigt. Je größer ε_r ist, umso kleiner wird die Wirkung der Ladung der Ionen.

30-28 $\ln \bar{k}_{\text{eff}} = \ln k_{\text{eff}} - \dfrac{z'z''B}{\varepsilon_r}$ [Aufgabe 30–27] mit $B = \dfrac{e^2}{4\pi\varepsilon_0 R^{\ddagger} kT}$. Wenn unser Modell der Wirklichkeit entspricht, sollten wir Geraden mit Steigungen proportional zu $z'z''$ erhalten, wenn wir $\ln \bar{k}_{\text{eff}}$ oder $\log \bar{k}_{\text{eff}}$ in einem Diagramm auftragen. Dazu stellen wir die folgenden Tabellen auf:

(a) Bromphenolblau, $z'z'' = (-1) \cdot (-2) = 2$.

ε_r	60	65	70	75	79
$\dfrac{10^3}{\varepsilon_r}$	16.7	15.4	14.3	13.3	12.7
$\log \bar{k}_{\text{eff}}$	−0.987	0.201	0.751	1.172	1.401

(b) Azodicarbonat, $z'z'' = (-1) \cdot (+2) = -2$.

ε_r	27	35	45	55	65	79
$\dfrac{10^3}{\varepsilon_r}$	37.0	28.6	22.2	18.2	15.4	12.7
$\log \bar{k}_{\text{eff}}$	12.95	12.22	11.58	11.14	10.73	10.34

Diese Punkte sind in Abb. 30–4 aufgetragen.

Die Kurven sind nur mäßig gerade; die Vorzeichen der Steigungen entsprechen dem Modell des aktivierten Komplexes, sind also für (a) negativ und für (b) positiv.

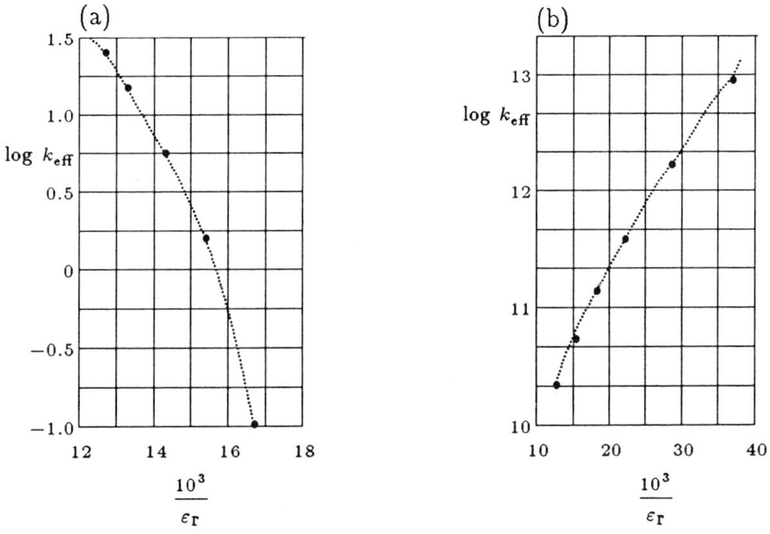

Abb. 30–4

30-29 $\log k = \log k^0 + 2Az_A z_B \cdot \sqrt{I}$ [30.3–28], $A = 0.509$ [11.2–11].

Es ist $|z_A| = 1$; deshalb tragen wir $\log k$ gegen $\sqrt{I}$ auf; dann können wir z_B aus der Steigung bestimmen. Dazu stellen wir die folgende Tabelle auf:

I	0.0025	0.0037	0.0045	0.0065	0.0085
$\sqrt{I}$	0.050	0.061	0.067	0.081	0.092
$\log k/(M^{-1}\ s^{-1})$	0.021	0.049	0.064	0.072	0.100

Diese Punkte sind in Abb. 30–5 aufgetragen. Die Grenzgerade hat die Steigung 2.4. Für die Steigung soll $2Az_A z_B = 1.018 \cdot z_A z_B$ gelten, wir erhalten also $z_A z_B = 2.4$. z_A und z_B haben dasselbe Vorzeichen, denn es ist $z_A z_B > 0$. (Diese Daten beziehen sich auf Jodid und Persulfat.)

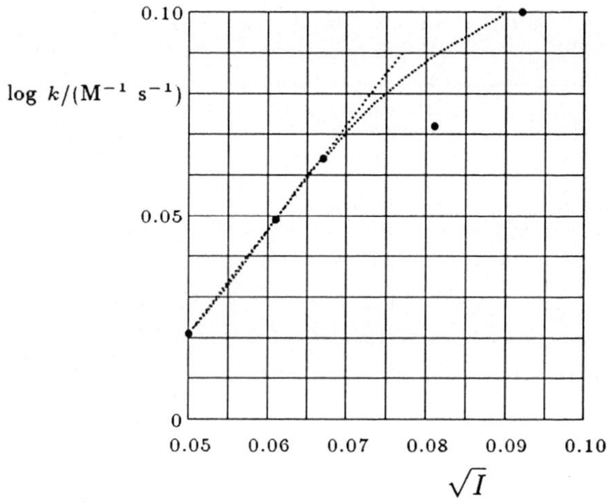

Abb. 30–5

30-30 dI, die Änderung der Intensität des Strahls, ist proportional zu $\mathcal{N}_s$, der Anzahl der streuenden Teilchen in der Volumeneinheit, zur Intensität I und zur (unendlich kleinen) Schichtdicke dl. Definitionsgemäß ist die Proportionalitätskonstante gleich dem Stoßquerschnitt σ. Dann gilt

$$dI = -\sigma \cdot \mathcal{N}_s \cdot I \cdot dl \quad \text{oder} \quad d \ln I = -\sigma\ \mathcal{N}_s\ dl.$$

Die Intensität des ursprünglichen Strahles bezeichnen wir mit I_0 (das gilt bei $l = 0$), dann erhalten wir die Intensität I des Strahles nach dem Durchgang durch die Probe, wenn wir diese Formel integrieren.

$$\ln \frac{I}{I_0} = -\sigma \cdot \mathcal{N}_s \cdot l \quad \text{oder} \quad \underline{I = I_0 \cdot e^{-\sigma \cdot \mathcal{N}_s \cdot l}}.$$

30-31 $\ln\left(\frac{I}{I_0}\right) = -\sigma \cdot \mathcal{N}_s \cdot l$ [Aufgabe 30–30]

$$\frac{\sigma(CH_2F_2)}{\sigma(Ar)} = \frac{\ln 0.6}{\ln 0.9} = \underline{5.}$$

CH_2F_2 ist polar, Ar ist unpolar. Das polare CsCl wird stärker von dem polaren CH_2F_2 gestreut.

30-32 $\frac{\sigma^*}{\sigma} \approx \left\{ \frac{e^2}{4\pi\varepsilon_0 d \cdot [I(\mathrm{M}) - E_\mathrm{A}(\mathrm{X_2})]} \right\}^2$ [30.1-8] mit $d \approx R(\mathrm{M}) + R(\mathrm{X_2})$.

Wenn wir $\sigma \approx \pi d^2$ schreiben, so erhalten wir daraus

$$\sigma^* \approx \pi \cdot \left\{ \frac{e^2}{4\pi\varepsilon_0 \cdot [I(\mathrm{M}) - E_\mathrm{A}(\mathrm{X_2})]} \right\}^2 = \frac{6.5\ \mathrm{nm}^2}{[(I - E_\mathrm{a})/\mathrm{eV}]^2}.$$

Nach der Theorie soll σ^* zunehmen, wenn $I(\mathrm{M}) - E_\mathrm{A}(\mathrm{X_2})$ abnimmt. Um das nachzuprüfen, stellen wir die folgende Tabelle auf:

σ^*/nm^2	Cl_2	Br_2	I_2
Na	0.45	0.42	0.56
K	0.72	0.68	0.97
Rb	0.77	0.72	1.05
Cs	0.97	0.90	1.34

Alle Werte von σ^* sind kleiner als die experimentell ermittelten Werte, sie zeigen aber von oben nach unten den richtigen Trend. Der Zusammenhang mit E_A ist nicht so klar; das liegt z. T. daran, daß oft Zweifel bestehen, welche E_A-Werte verwendet werden sollten. Können Sie bessere Werte für die E_A angeben?

31 Vorgänge auf festen Oberflächen

A31-1 Geschwindigkeit $= \dfrac{\pi r^2 p}{\sqrt{2\pi mkT}}$ [31.1–1].

$$p = \frac{(4.5 \cdot 10^{20}\ \mathrm{s^{-1}}) \cdot \sqrt{2} \cdot \sqrt{40 \cdot 10^{-3}\ \mathrm{kg\ mol^{-1}}} \cdot \sqrt{8.314\ \mathrm{J\ K^{-1}\ mol^{-1}}} \cdot \sqrt{4.5 \cdot 10^{2}\ \mathrm{K}}}{\sqrt{\pi} \cdot (7.5 \cdot 10^{-4}\ \mathrm{m})^2 \cdot (6.0 \cdot 10^{23}\ \mathrm{mol^{-1}})} = 13\ \mathrm{kPa}.$$

A31-2 Zu einem Cu-Atom gehört im Mittel eine Oberfläche von $\frac{1}{2} \cdot (3.61 \cdot 10^{-10}\ \mathrm{m})^2 = 6.5 \cdot 10^{-20}\ \mathrm{m^2}$;

$$Z = \frac{p}{\sqrt{2\pi mkT}} \quad [31.1\text{–}1] \quad = \frac{(35\ \mathrm{Pa}) \cdot \sqrt{2\pi} \cdot (6.0 \cdot 10^{23}\ \mathrm{mol^{-1}})}{\sqrt{4.0 \cdot 10^{-3}\ \mathrm{kg\ mol^{-1}}} \cdot \sqrt{8.314\ \mathrm{J\ K^{-1}\ mol^{-1}}} \cdot \sqrt{80\ \mathrm{K}}}$$

$$= 5.2 \cdot 10^{24}\ \mathrm{s^{-1}\ m^{-2}}.$$

Auf ein Cu-Atom treffen dann in der Zeiteinheit im Mittel

$(5.2 \cdot 10^{24}\ \mathrm{s^{-1}\ m^{-2}}) \cdot (6.5 \cdot 10^{-20}\ \mathrm{m^2}) = \underline{3.4 \cdot 10^{5}\ \mathrm{s^{-1}}\ \text{He-Atome.}}$

A31-3 Es liegt Chemisoprtion vor. Für Physisorption sind Werte üblich, die bei einem Zehntel des beobachteten liegen [Abschnitt 31.2b].

$$\tau = (10^{-14}\ \mathrm{s}) \cdot e^{\frac{E_a}{RT}}$$

$$= (10^{-14}\ \mathrm{s}) \cdot \exp\left(\frac{1.20 \cdot 10^{5}\ \mathrm{J\ mol^{-1}}}{(8.314\ \mathrm{J\ K^{-1}\ mol^{-1}}) \cdot (400\ \mathrm{K})}\right) = \underline{48\ \mathrm{s}.}$$

A31-4 (a) $0.15 = \dfrac{(0.85\ \mathrm{kPa^{-1}}) \cdot p}{1 + (0.85\ \mathrm{kPa^{-1}}) \cdot p}$ [31.3–3];

$p = \underline{0.21\ \mathrm{kPa}.}$

(b) $0.95 = \dfrac{(0.85\ \mathrm{kPa^{-1}}) \cdot p}{1 + (0.85\ \mathrm{kPa^{-1}}) \cdot p}$;

$Kp_2 = 0.558; \quad \vartheta_2 = \dfrac{0.558}{1.56} = \underline{35.8\ \%.}$

A31-5 $\dfrac{w_1}{w_2} = \dfrac{t_1}{t_2} = \dfrac{p_1 \cdot (1 + Kp_2)}{p_2 \cdot (1 + Kp_1)}$ [31.3–3];

$$\frac{0.44\ \mathrm{mg}}{0.19\ \mathrm{mg}} = \frac{26.0\ \mathrm{kPa}}{3.0\ \mathrm{kPa}} \cdot \frac{1 + (3.0\ \mathrm{kPa}) \cdot K}{1 + (26.0\ \mathrm{kPa}) \cdot K}.$$

$K = 0.186\ \mathrm{kPa^{-1}}; \quad Kp_1 = 4.84; \quad \vartheta_1 = \dfrac{4.84}{5.84} = \underline{82.9\ \%,}$

$Kp_2 = 0.558; \quad \vartheta_2 = \dfrac{0.558}{1.56} = \underline{35.8\ \%.}$

A31-6 $\ln p = A - \dfrac{\Delta H}{RT}$ [Beispiel 31–3].

$$\ln \frac{p_2}{p_1} = -\left(\frac{\Delta H}{R}\right) \cdot \left(\frac{1}{T_2} - \frac{1}{T_1}\right).$$

$$\ln \frac{p_2}{12\ \text{kPa}} = \frac{-1.02 \cdot 10^4\ \text{J mol}^{-1}}{8.314\ \text{J K}^{-1}\ \text{mol}^{-1}} \cdot \left(\frac{1}{313\ \text{K}} - \frac{1}{298\ \text{K}}\right) = 0.197.$$

$p_2 = (12\ \text{kPa}) \cdot e^{0.197} = \underline{14\ \text{kPa}}.$

A31-7 Auf Gold ist $\vartheta \approx 1$; die Geschwindigkeit ist konstant $= k_r \cdot \vartheta$;

das ergibt die Ordnung $\underline{0}$ [Abschnitt 31.4a].

Auf Platin ist $\vartheta \approx Kp$; die Geschwindigkeit ist $k_r\vartheta \approx k_r Kp$, und die Ordnung ist $\underline{1.}$

31-1 $Z_w/(\text{cm}^{-2}\ \text{s}^{-1}) \approx \dfrac{2.62 \cdot 10^{21}\ (p/\text{mbar})}{\sqrt{M_r}}$ [31.1–2]

(I) $p = 100\ \text{Pa} = 1\ \text{mbar}$; (II) $p = 1.33 \cdot 10^{-2}\ \text{Pa}$.

(a) $M_r = 2$;

(I) $Z_w \approx \left\{(2.62 \cdot 10^{21}) \cdot (1) \cdot \dfrac{1}{\sqrt{2}}\right\}\ \text{cm}^{-2}\ \text{s}^{-1} = \underline{1.85 \cdot 10^{21}\ \text{cm}^{-2}\ \text{s}^{-1}}.$

(II) $Z_w = \underline{2.46 \cdot 10^{17}\ \text{cm}^{-2}\ \text{s}^{-1}}.$

(b) $M_r = 44.1$;

(I) $Z_w \approx \left\{(2.62 \cdot 10^{21}) \cdot \dfrac{1}{\sqrt{44.1}}\right\}\ \text{cm}^{-2}\ \text{s}^{-1} = \underline{3.95 \cdot 10^{20}\ \text{cm}^{-2}\ \text{s}^{-1}}.$

(II) $Z_w = \underline{5.25 \cdot 10^{16}\ \text{cm}^{-2}\ \text{s}^{-1}}.$

31-2 Siehe dazu Abb. 31–1. Die Flächen (100) und (110) enthalten je 2 Atome, die Fläche (111) enthält 4 Atome. Die Größen dieser Flächen sind (a) $(352\ \text{pm})^2 = 1.24 \cdot 10^{-15}\ \text{cm}^2$, (b) $(\sqrt{2} \cdot (352\ \text{pm})^2 = 1.75 \cdot 10^{-15}\ \text{cm}^2$, (c) $(\sqrt{3} \cdot (352\ \text{pm})^2 = 2.15 \cdot 10^{-15}\ \text{cm}^2$. Die Anzahl der Atome, die sich in $1\ \text{cm}^2$ Oberfläche befinden, ist dann

(a) $\dfrac{2}{1.24 \cdot 10^{-15}\ \text{cm}^2} = \underline{1.61 \cdot 10^{15}\ \text{cm}^{-2}},$

(b) $\dfrac{2}{1.75 \cdot 10^{-15}\ \text{cm}^2} = \underline{1.14 \cdot 10^{15}\ \text{cm}^{-2}},$

(c) $\dfrac{4}{2.15 \cdot 10^{-15}\ \text{cm}^2} = \underline{1.86 \cdot 10^{15}\ \text{cm}^{-2}}.$

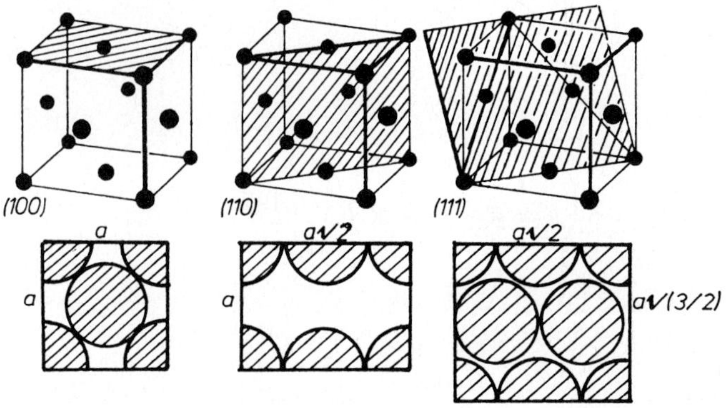

Abb. 31–1

31-3 Siehe dazu Abb. 31–2. Die Fläche (100) enthält pro Elementarzelle 1 Atom, die Flächen (110) und (111) ungefähr 2. Die Größen dieser Flächen sind (a) $(316\ \text{pm})^2 = 9.99 \cdot 10^{-16}\ \text{cm}^2$, (b) $(\sqrt{2} \cdot (316\ \text{pm})^2 = 1.41 \cdot 10^{-15}\ \text{cm}^2$, (c) $(\sqrt{3} \cdot (316\ \text{pm})^2 = 1.73 \cdot 10^{-15}\ \text{cm}^2$. Die Anzahl der Atome, die sich in 1 cm^2 Oberfläche befinden, ist dann

(a) $$\frac{1}{9.99 \cdot 10^{-16}\ \text{cm}^2} = \underline{1.00 \cdot 10^{15}\ \text{cm}^{-2}},$$

(b) $$\frac{2}{1.41 \cdot 10^{-15}\ \text{cm}^2} = \underline{1.41 \cdot 10^{15}\ \text{cm}^{-2}},$$

(c) $$\frac{2}{1.73 \cdot 10^{-15}\ \text{cm}^2} = \underline{1.16 \cdot 10^{15}\ \text{cm}^{-2}}.$$

Im Mittel befinden sich also in der Oberfläche $\frac{1}{2} \cdot (1.00 + 1.4) \cdot 10^{15}\ \text{cm}^{-2} = \underline{1.20 \cdot 10^{15}\ \text{cm}^2\ \text{Atome}}.$

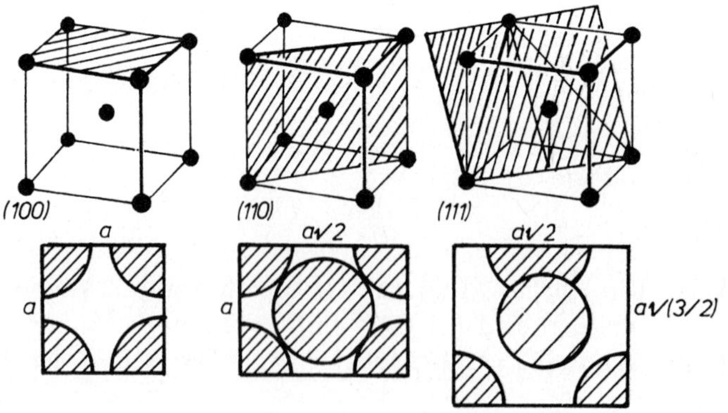

Abb. 31–2

31-4 Aus der Stoßzahl $1.85 \cdot 10^{21}\ \text{cm}^{-2}\ \text{s}^{-1}$ folgt pro Oberflächenatom eine Stoßzahl von

$$\frac{1.85 \cdot 10^{21}\ \text{cm}^{-2}\ \text{s}^{-1}}{1.61 \cdot 10^{15}\ \text{cm}^{-2}} = 1.15 \cdot 10^5\ \text{s}^{-1}$$ für die (100)-Flächen des Nickels.

Auf diese Weise stellen wir jetzt die folgende Tabelle auf:

	Wasserstoff		Propan	
$Z/(\text{Atom}^{-1}\ \text{s}^{-1})$	100 Pa	$1.33 \cdot 10^{-2}$ Pa	100 Pa	$1.33 \cdot 10^{-2}$ Pa
Ni(100)	$1.15 \cdot 10^{6}$	$1.53 \cdot 10^{2}$	$2.45 \cdot 10^{5}$	$3.26 \cdot 10^{1}$
Ni(110)	$1.62 \cdot 10^{6}$	$2.16 \cdot 10^{2}$	$3.46 \cdot 10^{5}$	$4.60 \cdot 10^{1}$
Ni(111)	$9.95 \cdot 10^{5}$	$1.32 \cdot 10^{2}$	$2.12 \cdot 10^{5}$	$2.82 \cdot 10^{1}$
Ni(100)	$1.85 \cdot 10^{6}$	$2.46 \cdot 10^{2}$	$3.95 \cdot 10^{5}$	$5.25 \cdot 10^{1}$
Ni(110)	$1.31 \cdot 10^{6}$	$1.74 \cdot 10^{2}$	$2.80 \cdot 10^{5}$	$3.72 \cdot 10^{1}$
Ni(111)	$1.59 \cdot 10^{6}$	$2.12 \cdot 10^{2}$	$3.41 \cdot 10^{5}$	$4.53 \cdot 10^{1}$

31-5 $\tau \approx \vartheta_0 \cdot e^{\frac{E_a}{RT}}$ [Abschnitt 31.2] $= (10^{-13}\ \text{s}) \cdot e^{\frac{E_a}{2.48\ \text{kJ mol}^{-1}}}$.

(a) $E_a = 15\ \text{kJ mol}^{-1}$, $\tau = (10^{-13}\ \text{s}) \cdot e^{6.05} = \underline{4.2 \cdot 10^{-11}\ \text{s}}$,

(b) $E_a = 150\ \text{kJ mol}^{-1}$, $\tau = (10^{-13}\ \text{s}) \cdot e^{60.5} = \underline{1.9 \cdot 10^{-13}\ \text{s} = 600000\ \text{Jahre}}$.

31-6 Bei 1000 K ist $RT = 8.31\ \text{kJ mol}^{-1}$; das ergibt $\tau = (10^{-13}\ \text{s}) \cdot e^{\frac{E_a}{8.31\text{kJ mol}^{-1}}}$.

(a) $E_a = 15\ \text{kJ mol}^{-1}$, $\tau = (10^{-13}\ \text{s}) \cdot e^{1.81} = \underline{6.1 \cdot 10^{-13}\ \text{s}}$,

(b) $E_a = 150\ \text{kJ mol}^{-1}$, $\tau = (10^{-13}\ \text{s}) \cdot e^{18.1} = \underline{7.3 \cdot 10^{-6}\ \text{s}}$.

31-7 Die Deuterierung bewirkt zweierlei: erstens verändert sie die Schwingungsfrequenz in der Mulde und damit τ_0, und zweitens beeinflußt sie die Nullpunktsenergie und damit E_a.

$\frac{1}{\tau_0} = \nu = \frac{1}{2\pi} \cdot \sqrt{\frac{k}{m}}$; es ist also $\tau_0 \propto \sqrt{m}$. Das ergibt $\tau_{0\text{D}} \approx \underline{\tau_{o\text{H}} \cdot \sqrt{2}}$.

Die Nullpunktsenergien sind $\frac{1}{2}h\nu_\text{H}$ und $\frac{1}{2}h\nu_\text{D}$; daraus folgt

$$E_{a\text{D}} = E_{a\text{H}} + \tfrac{1}{2}h\nu_\text{H} - \tfrac{1}{2}h\nu_\text{D} = E_{a\text{H}} + \tfrac{1}{2}h\nu_\text{H} \cdot \left(1 - \frac{1}{\sqrt{2}}\right) = E_{a\text{H}} + 0.15 \cdot h\nu_\text{H}.$$

Mit $\nu_\text{H} = 10^{13}\ \text{s}^{-1}$ wird $h\nu_\text{H}N_\text{A} = 4.0\ \text{kJ mol}^{-1}$ und damit $E_{a\text{D}} = E_{A\text{H}} + 0.6\ \text{kJ mol}^{-1}$.

Das ergibt $\tau_\text{D} = \sqrt{2} \cdot t_{o\text{H}} \cdot e^{\frac{ssyE_a}{RT}} \cdot e^{\frac{0.6\ \text{kJ mol}^{-1}}{RT}} = 1.41 \cdot \tau_\text{H} \cdot e^{\frac{0.6\ \text{kJ mol}^{-1}}{RT}}$.

Bei 298 K ist damit $\underline{\frac{\tau_\text{D}}{\tau_\text{H}} = 1.80}$ und bei 1000 K nur noch $\frac{\tau_\text{d}}{\tau_\text{H}} = 1.52$.

31-8 $\tau(T) = \tau_0 \cdot e^{\frac{E_a}{RT}}$ [Abschnitt 31.2]

$$E_a = \frac{R \cdot \ln\left\{\frac{\tau(T)}{\tau(T')}\right\}}{\frac{1}{T} - \frac{1}{T'}}$$

$$= \frac{(8.314 \text{ J K}^{-1} \text{ mol}^{-1}) \cdot \ln\left(\frac{0.36}{3.49}\right)}{\frac{1}{2548 \text{ K}} - \frac{1}{2362 \text{ K}}} = \underline{610 \text{ kJ mol}^{-1}}.$$

$$\tau_0 = (3.49 \text{ s}) \cdot e^{\frac{-610 \text{ kJ mol}^{-1}}{(8.314 \text{ J K}^{-1} \text{ mol}^{-1}) \cdot (2362 \text{ K})}} = \underline{1.1 \cdot 10^{-13} \text{ s.}}$$

31-9 $E_a = \frac{R \cdot \ln\left\{\frac{\tau(T)}{\tau(T')}\right\}}{\frac{1}{T} - \frac{1}{T'}}$ [Aufgabe 31-8].

$$\frac{\tau(1000 \text{ K})}{\tau(600 \text{ K})} \approx \frac{1}{1.35} = 0.74.$$

$$E_a = \frac{R \cdot \ln 0.74}{\frac{1}{1000 \text{ K}} - \frac{1}{600 \text{ K}}} = \underline{3.7 \text{ kJ mol}^{-1}}.$$

31-10 Siehe dazu Abb. 31–3. Wir bilden die Summe aller $\pm g 1 r_i$, wobei r_i der Abstand zwischen einem festen Ion und dem i-ten Ion ist. Haben die Ionen gleiches Vorzeichen, schreiben wir +, andernfalls −. Das Gitter wird in 5 Zonen aufgeteilt. Die Zonen B und D lassen sich analytisch aufsummieren [Aufgabe 24–29], dabei wird $-\ln 2 = -0.69$ erhalten. Die Summation der anderen Zonen ist mühsam, weil die Summen nur langsam konvergieren. Wenn man die Summation in einer geschickt gewählten Reihenfolge ausführt, erhält man für das 10×10-Gitter 0.259, für das 20×20-Gitter 0.273, für das 50×50-Gitter 0.283 und für das 100×100-Gitter 0.286. (Zuletzt sind 10^4 Summationen über 10^4 Ionen nötig gewesen.) Für das 200×200-Gitter finden wir 0.289, das stimmt schon gut mit analytischen Wert 0.2892597... überein.

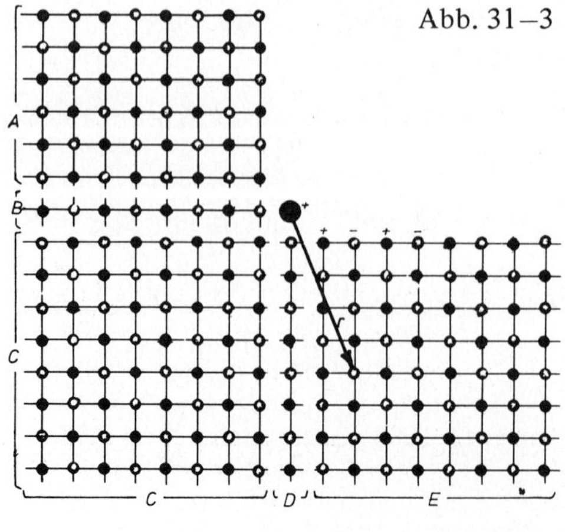

Abb. 31–3

(a) Für ein Kation auf einer ebenen Oberfläche haben wir die Beiträge der Zonen C, D und E zu addieren. Setzen wir die Energie in unendlichem Abstand gleich Null und verwenden wir als Energieeinheit $\frac{e^2}{4\pi\varepsilon}$, so erhalten wir $0.29 - 0.69 + 0.29 = -0.11$, das heißt, es handelt sich um einen anziehenden Zustand.

(b) Für ein Kation am Fuß einer hohen Stufe haben wir die Beiträge von A, B, C, D und E zu addieren; das ergibt $3 \cdot 0.29 + 2 \cdot (-0.69) = -0.51$. Dieser Zustand ist also noch stärker anziehend als unter (a).

31-11 $\vartheta = \frac{Kp}{1+Kp}$ [31.3–3], $\frac{1}{\vartheta} = 1 + \frac{1}{Kp}$.

Mit $\vartheta = \frac{V_\mathrm{a}}{V_\mathrm{a}^0}$ erhalten wir $\frac{V_\mathrm{a}^0}{V} = 1 + \frac{1}{Kp}$.

Daraus folgt $\underline{\frac{p}{V_\mathrm{a}} = \frac{p}{V_\mathrm{a}^0} + \frac{1}{KV_\mathrm{a}^0}}$.

Wenn man $\frac{p}{V_\mathrm{a}}$ gegen p aufträgt, sollte man eine Gerade mit der Steigung $\frac{1}{V_\mathrm{a}}$ und dem Ordinatenabschnitt $\frac{1}{KV_\mathrm{a}^0}$ erhalten. Für die Isotherme können wir auch $\vartheta = \frac{Kp}{1-\vartheta}$ schreiben; dann ist

$$\ln\frac{\vartheta}{p} = \ln K + \ln(1-\vartheta) \approx \underline{\ln K - \vartheta} \quad \text{für } \vartheta \ll 1.$$

Wenn man $\ln\frac{\vartheta}{p}$ gegen ϑ aufträgt, sollte man also für $\vartheta \ll 1$ eine Gerade mit der Steigung -1 erhalten.

Wegen $\vartheta = \frac{V_\mathrm{a}}{V_\mathrm{a}^0}$ können wir für die letzte Gleichung auch $\ln\frac{V_\mathrm{a}}{p} \approx \ln\left(KV_\mathrm{a}^0\right) - \frac{V_\mathrm{a}}{V_\mathrm{a}^0}$ schreiben. Wenn man dann $\ln\left(\frac{V_\mathrm{a}}{p}\right)$ gegen V_a aufträgt, sollte man eine Gerade mit der Steigung $\underline{\frac{-1}{V_\mathrm{a}^0}}$ erhalten.

31-12 Wir stellen die folgende Tabelle auf.

p/mbar	0.25	1.29	2.53	5.40	10.00	15.93
$\left(\frac{p}{V_\mathrm{a}}\right)/(\mathrm{mbar\ cm^{-3}})$	5.95	7.91	11.4	16.8	24.3	33.8

In Abb. 31–4 ist $\frac{p}{V_\mathrm{a}}$ gegen p aufgetragen. Bei kleinem Druck erhalten wir in der Tat eine Gerade mit der Steigung 2.1, die die Ordinate bei 5.33 schneidet. Daraus folgt $\frac{1}{V_\mathrm{a}^0} = 2.1\ \mathrm{cm^{-3}}$ oder $\underline{V_\mathrm{a}^0} = 0.48\ \mathrm{cm^3}$) und $\frac{1}{KV_\mathrm{a}^0} = 5.33\ \mathrm{mbar\ cm^{-3}}$. Es ist also $K = \frac{1}{(5.33\ \mathrm{mbar\ cm^{-3}})\cdot(0.48\ \mathrm{cm^3})} = \underline{0.39\ \mathrm{mbar^{-1}}}$.

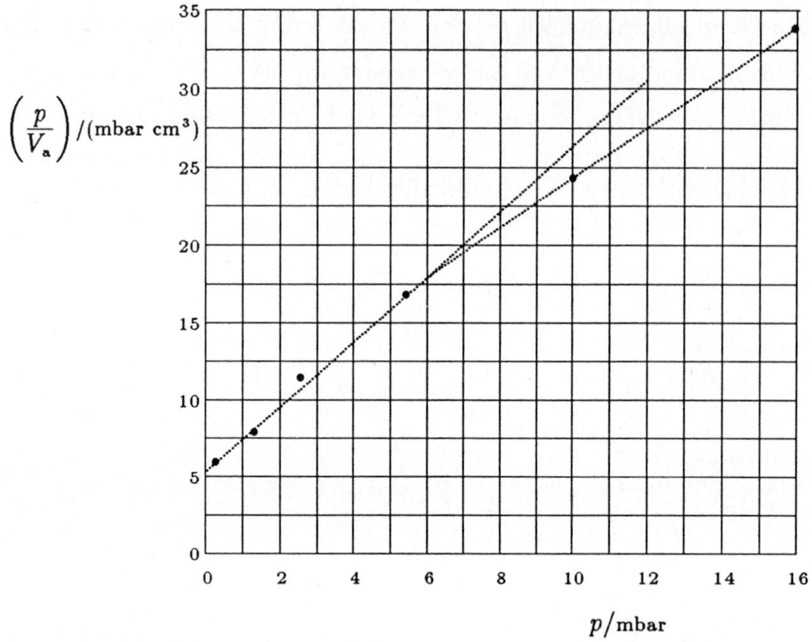

Abb. 31–4

31-13 (a) Für eine Adsorption ohne Dissoziation gilt $\vartheta = \frac{Kp}{1+Kp}$ [31.3–3] und

$$\frac{p}{V_a} = \frac{p}{V_a^0} + \frac{1}{KV_a^0} \quad \text{[Aufgabe 31–11].}$$

(b) Für eine Adsorption mit Dissoziation in $O + O_2$ gilt $\vartheta = \frac{\sqrt{Kp}}{1+\sqrt{Kp}}$ [31.3–4]. Das ist aber nur eine Näherung unter der Voraussetzung, daß jeder bimolekulare Stoß auf der Oberfläche zu O_3 führt, aber nicht ein Stoß vom Typ $O + O$. Können Sie die Rechnung verbessern? Die vorliegende Näherung läßt sich so rechtfertigen, daß $\frac{1}{3}$ aller Stöße zwischen O und O_2 erfolgen. Der Faktor $\frac{1}{3}$ ist in k_d enthalten. Dann gilt

$$\frac{1}{\vartheta} = 1 + \frac{1}{\sqrt{Kp}} \text{ und damit } \frac{\sqrt{p}}{V_a} = \frac{\sqrt{p}}{V_a^0} + \frac{1}{\sqrt{K} \cdot V_a^0},$$

und wenn man jetzt $\frac{\sqrt{p}}{V_a}$ gegen $\sqrt{p}$ aufträgt, sollte man eine Gerade erhalten.

(c) Für eine Adsorption mit Dissoziation in $O + O + O$ gilt $\vartheta = \frac{\sqrt[3]{Kp}}{1+\sqrt[3]{Kp}}$ [nach einer Ableitung wie in Abschnitt 31.3a]. Das ergibt

$$\frac{\sqrt[3]{p}}{V_a} = \frac{\sqrt[3]{p}}{V_a} + \frac{1}{\sqrt[3]{K} \cdot V_a^0},$$ und wir sollten beim Auftragen

von $\frac{\sqrt[3]{p}}{V_a}$ gegen $\sqrt[3]{p}$ eine Gerade erhalten.

31-14 $$\frac{z}{(1-z) \cdot V} = \frac{1}{c \cdot V_{mon}} + \frac{(c-1) \cdot z}{c \cdot V_{mon}}, \quad z = \frac{p}{p^*} \quad [31.3\text{–}14].$$

Wir stellen die folgende Tabelle auf:

(a) 0 °C							
p/mbar	140	376	656	792	827	1007	1064
z	0.0326	0.0875	0.1527	0.1844	0.1924	0.2343	0.2477
$\dfrac{10^3 \cdot z}{(1-z)(V/\text{cm}^3)}$	3.035	7.103	12.10	14.13	15.37	17.69	19.95

(b) 18.6 °C				
p/mbar	39.5	62.7	108	219
z	0.0064	0.0102	0.0176	0.0356
$\dfrac{10^3 \cdot z}{(1-z)\cdot(V/\text{cm}^3)}$	0.700	1.051	1.739	3.267

(b) 18.6 °C (Fortsetzung)				
p/mbar	466	555	601	765
z	0.0758	0.0903	0.0978	0.1244
$\dfrac{10^3 \cdot z}{(1-z)\cdot(V/\text{cm}^3)}$	6.358	7.577	8.09	10.08

Diese Punkte sind in Abb. 31-5a aufgetragen. Die numerische Auswertung erfolgt am besten nach der Methode der kleinsten Quadrate.

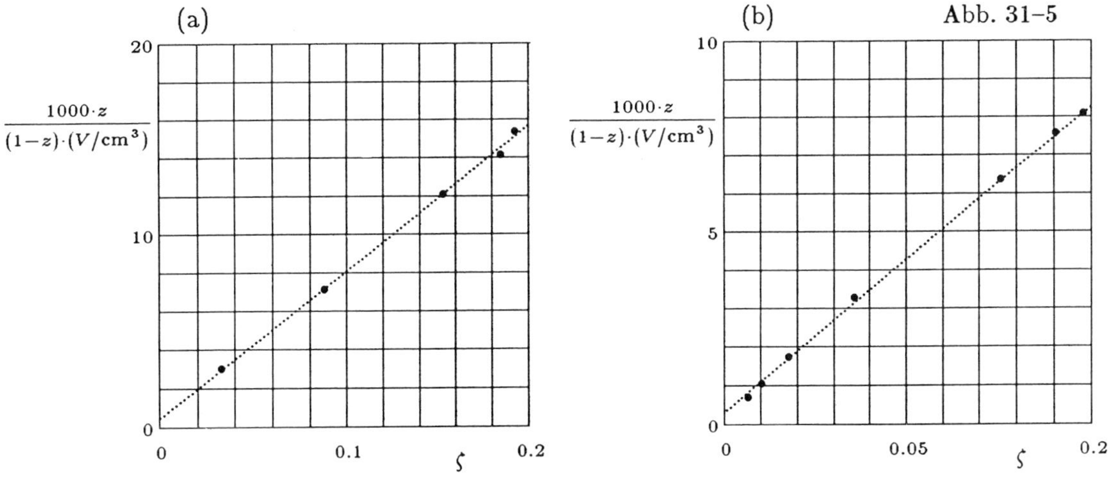

Abb. 31–5

Die Ordinaten werden (a) bei 0.466, (b) bei 0.303 geschnitten; daraus folgt

(a) $\dfrac{1}{c \cdot V_{\text{mon}}} = 0.466 \cdot 10^{-3}\ \text{cm}^{-3}$, (b) $\dfrac{1}{c \cdot V_{\text{mon}}} = 0.303 \cdot 10^{-3}\ \text{cm}^{-3}$.

Die Steigungen der Geraden sind (a) 76.10, (b) 79.54; das ergibt

(a) $\dfrac{c-1}{c \cdot V_{\text{mon}}} = 76.10 \cdot 10^{-3}\ \text{cm}^{-3}$, $\dfrac{c-1}{c \cdot V_{\text{mon}}} = 79.54 \cdot 10^{-3}\ \text{cm}^{-3}$.

Lösen wir diese Gleichungen nach c auf, so erhalten wir

$c - 1 =$ (a) 163.3, (b) 262.5, also

$c =$ (a) 164.3, (b) 263.5 und $V_{\text{mon}} =$ (a) 13.1 cm^3, (b) 12.5 cm^3.

31-15 $V_a = c^1 \cdot p^{\frac{1}{c_2}}$ [angegeben], dann ist auch $\ln V_a = \ln c_1 + \frac{1}{c_2} \cdot \ln p$.

Nach der Langmuirschen Isotherme ist $\frac{p}{V_a} = \frac{p}{V_a^0} + \frac{1}{KV_a^0}$ [Aufgabe 31–11].

Jetzt tragen wir (a) $\ln V_a$ gegen $\ln p$, (b) $\frac{p}{V_a}$ gegen p auf, um festzustellen, welches der beiden Diagramme eine Gerade ergibt. Dazu berechnen wir die folgende Tabelle:

p/mbar	133	266	400	533
$\ln(p/\text{mbar})$	4.89	5.58	5.99	6.28
$\ln(V_a/\text{cm}^3)$	4.58	4.97	5.20	5.37
$\frac{p}{V_a}/(\text{mbar cm}^{-3})$	1.36	1.85	2.20	2.49

Diese Daten sind in den Abb. 31–6a und 31–6b aufgetragen. Die Freundlichsche Isotherme gibt eindeutig die bessere Gerade. Die Bestimmungskoeffizienten (siehe den Anhang) sind 0.9870 für das Langmuirsche und 0.9999 für das Freundlichsche Diagramm.

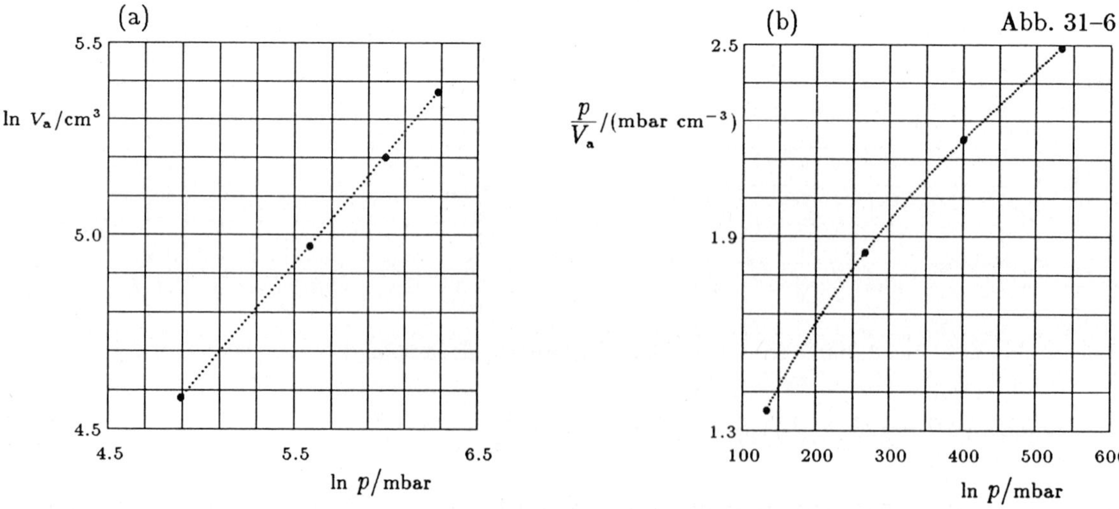

Abb. 31–6

31-16 Wir gehen genauso wir in der letzten Aufgabe vor und stellen die folgende Tabelle auf:

p/mbar	133	266	400	533	667	800
$\ln p$/mbar	4.89	5.58	5.99	6.28	6.50	6.68
$\ln V_a/\text{cm}^3$	−2.040	−1.897	−1.820	−1.796	−1.743	−1.715
$\frac{p}{V_a}\Big/(\text{mbar cm}^{-3})$	1023	1773	2469	3210	3811	4444

Diese Werte sind in Abb. 31–7 aufgetragen. Das Langmuirsche Diagramm (b) gibt eine wesentlich bessere Gerade mit einem Korrelations-Koeffizienten von 0.9983 gegenüber dem Freundlichschen Diagramm (a) mit 0.9517. Aus dem Langmuirschen Diagramm können wir einen Ordinatenabschnitt (bei $p = 0$) von 396 und eine Steigung von 5.1 ermitteln. Daraus folgt [Aufgabe 31–11]

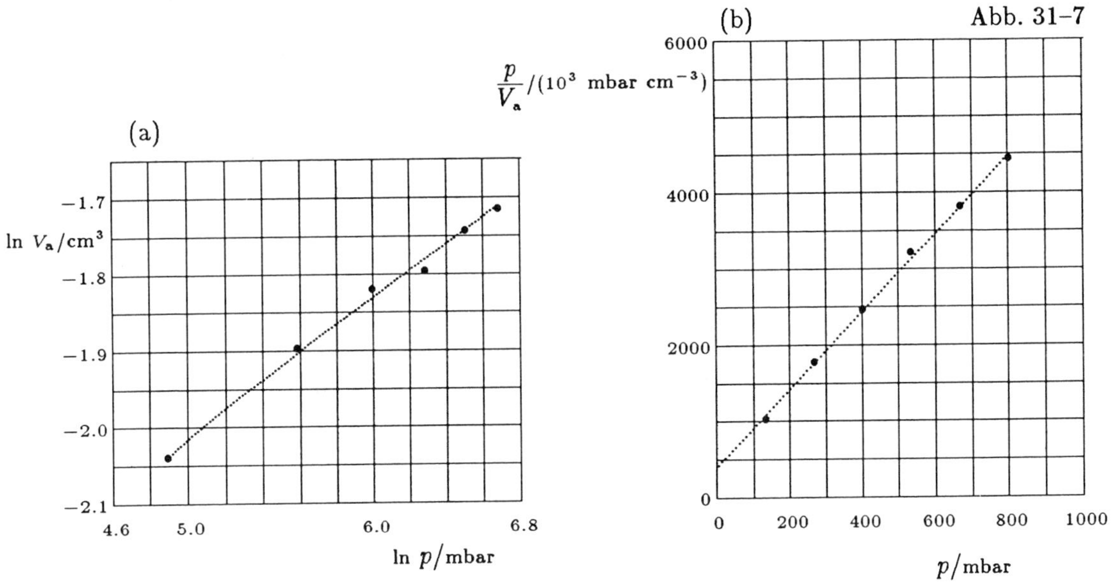

Abb. 31–7

$$\frac{1}{V_a^0} = 5.1 \text{ cm}^{-3} \quad \text{und} \quad V_a^0 = 0.196 \text{ cm}^3.$$

Aus $\frac{1}{KV_a^0} = 396 \text{ mbar cm}^{-3}$ erhalten wir $K = \frac{1}{(396 \text{ mbar cm}^{-3}) \cdot (0.196 \text{ cm}^3)} = \underline{0.0129 \text{ mbar}^{-1}}.$

Bei Standard-Temperatur und Standard-Druck sind dann

$$N = \frac{pV_a^0}{kT} = \frac{(10^5 \text{ N m}^{-2}) \cdot (1.96 \cdot 10^{-7} \text{ m}^3)}{(1.381 \cdot 10^{-23} \text{ J K}^{-1}) \cdot (298 \text{ K})} = 4.8 \cdot 10^{18} \text{ Moleküle adsorbiert.}$$

Die Oberfläche der Probe ist $6.2 \cdot 10^3 \text{ cm}^2 = 6.2 \cdot 10^{17} \text{ nm}^2$, ein einzelnes Molekül belegt also

$$\frac{6.2 \cdot 10^{17} \text{ nm}^2}{4.8 \cdot 10^{18}} = \underline{0.13 \text{ nm}^2}.$$

31-17 $V_a = \vartheta \cdot V_a^0 = \dfrac{KpV_a^0}{1+Kp}$ [die Daten stehen in Aufgabe 31–16]

$$= \frac{(0.0129\ \text{mbar}^{-1})\cdot(1000\ \text{mbar})\cdot(0.196\ \text{cm}^3)}{1+(0.0129\ \text{mbar}^{-1})\cdot(1000\ \text{mbar})} = \underline{0.18\ \text{cm}^3}.$$

31-18 Wir stellen die folgende Tabelle auf:

p/mbar	133	267	400	533	667	800
$\frac{p}{V_a}\Big/(\text{mbar cm}^{-3})$	7.43	8.09	8.51	8.77	8.86	8.76

Diese Punkte sind in Abb. 31–8 aufgetragen. Man erhält eine stark gekrümmte Kurve, die Langmuirsche Isotherme eignet sich also in diesem Fall (zumindest oberhalb 400 mbar) keinesfalls zur Beschreibung des Adsorptionsverhaltens.

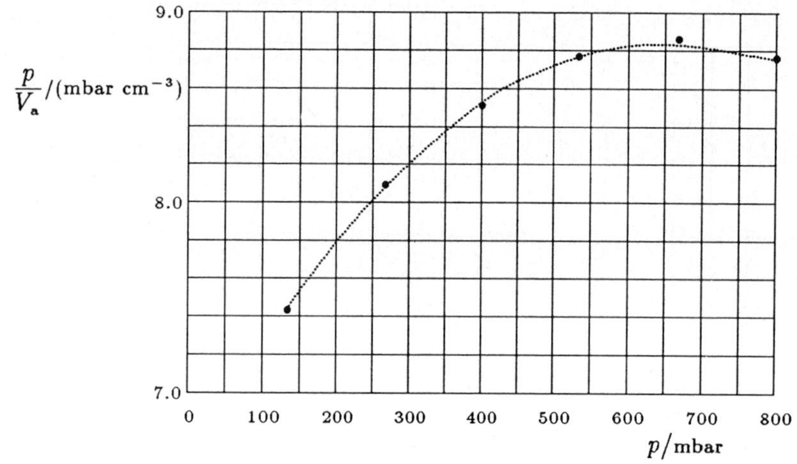

Abb. 31–8

31-19 Wir gehen wie in Aufgabe 31–14 vor und stellen die folgende Tabelle auf:

p/mbar	133	267	400	533	667	800
z	0.067	0.133	0.200	0.267	0.333	0.400
$\dfrac{10^3 \cdot z}{(1-z)\cdot(V/\text{cm}^3)}$	4.01	4.66	5.32	5.98	6.64	7.3

Diese Punkte sind in Abb. 31–9 aufgetragen; sie liegen zufriedenstellend auf einer Geraden.

Die Ordinate wird bei $3.33 \cdot 10^{-3}$ geschnitten, das ergibt $\frac{1}{c \cdot V_{\text{mon}}} = 3.33 \cdot 10^{-3}$ cm. Die Steigung hat den Wert 9.93, daraus folgt $\frac{c-1}{c \cdot V_{\text{mon}}} = 9.93 \cdot 10^{-3}\ \text{cm}^{-3}$. Wir erhalten also $c - 1 = 2.98$ und daraus $c = 3.98$ und $V_{\text{mon}} = 75.4\ \text{cm}^3$.

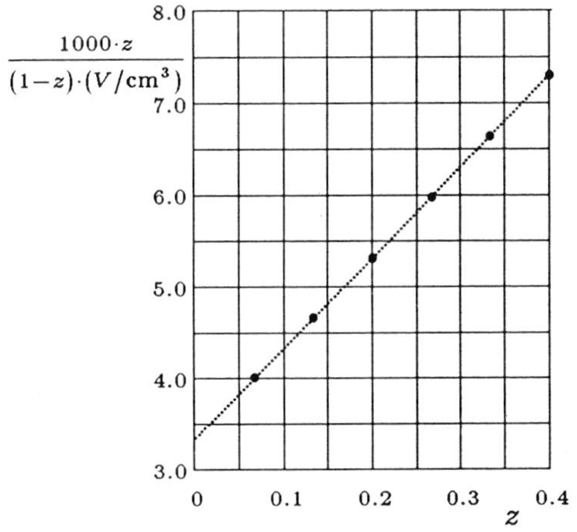

Abb. 31-9

31-20 A hat die Adsorptionsgeschwindigkeit $k_{\text{aA}} p_{\text{A}} N \cdot (1 - \vartheta_{\text{A}} - \vartheta_{\text{B}})$

und wird desorbiert mit der Geschwindigkeit $k_{\text{dA}} N \vartheta_{\text{A}}$.

Im Gleichgewicht müssen diese beiden Geschwindigkeiten gleich sein:

$$k_{\text{aA}} p_{\text{A}} N \cdot (1 - \vartheta_{\text{A}} - \vartheta_{\text{B}}) = k_{\text{dA}} N \vartheta_{\text{A}}.$$

Analog gilt für B

$$k_{\text{aB}} p_{\text{B}} N \cdot (1 - \vartheta_{\text{A}} - \vartheta_{\text{B}}) = k_{\text{dB}} N \vartheta_{\text{B}}.$$

Damit wir dieses Gleichungssystem lösen können, schreiben wir

$K_{\text{A}} = \frac{k_{\text{aA}}}{k_{\text{dA}}}$ und $K_{\text{B}} = \frac{k_{\text{aB}}}{k_{\text{dB}}}$. Dann erhalten wir

$$\underline{\vartheta_{\text{A}} = \frac{K_{\text{A}} p_{\text{A}}}{1 + K_{\text{A}} p_{\text{A}} + K_{\text{B}} p_{\text{B}}}} \quad \text{und} \quad \underline{\vartheta_{\text{B}} = \frac{K_{\text{B}} p_{\text{B}}}{1 + K_{\text{A}} p_{\text{A}} + K_{\text{B}} p_{\text{B}}}} \quad \text{wie verlangt.}$$

31-21 $-\frac{\mathrm{d}p_{\text{A}}}{\mathrm{d}t} = \frac{k K_{\text{A}} K_{\text{B}} p_{\text{A}} p_{\text{B}}}{(1 + K_{\text{A}} p_{\text{A}} + K_{\text{B}} p_{\text{B}})^2}$.

$p_{\text{A}} = p - x, \quad p_{\text{B}} = p - x\ [p_{\text{A}}(0) = p_{\text{B}}(0) = p, \quad \text{A} + \text{B} \rightarrow \text{Produkte}]$.

$A \hat{=} k K_{\text{A}} K_{\text{B}}, \quad B \hat{=} 1 + (K_{\text{A}} + K_{\text{B}}) \cdot p = 1 + Kp, \quad K = K_{\text{A}} + K_{\text{B}}$.

$$\frac{\mathrm{d}x}{\mathrm{d}t} = \frac{A \cdot (p - x)^2}{(B - Kx)^2},$$

$$\int_0^t A \mathrm{d}t = \int_0^x \frac{B^2 \mathrm{d}x}{(p-x)^2} - \int_0^x \frac{2BKx \mathrm{d}x}{(p-x)^2} + \int_0^x \frac{K^2 x^2 \mathrm{d}x}{(p-x)^2}.$$

$$\int_0^x \frac{\mathrm{d}x}{(p-x)^2} = \frac{1}{p-x}, \quad \int_0^x \frac{x\mathrm{d}x}{(p-x)^2} = \frac{x}{p-x} - \ln\left(\frac{p}{p-x}\right),$$

$$\int_0^x \frac{x^2\mathrm{d}x}{(p-x)^2} = \frac{x^2-2p^2}{x-p} + 2p\cdot\ln(x-p).$$

$$A\cdot t = B^2\cdot\left\{\left(\frac{1}{p-x}\right) - \frac{1}{p}\right\} - 2BK\cdot\left\{\left(\frac{x}{p-x}\right) - \ln\left(\frac{p}{p-x}\right)\right\} +$$

$$+K^2\cdot\left\{\left(\frac{x^2-2p^2}{x-p}\right) - 2p + 2p\cdot\ln\left(\frac{p-x}{p}\right)\right\}$$

$$= \left(\frac{1}{p}\right)\cdot\left(\frac{x}{p-x}\right) + K^2x + 2K\cdot\ln\left(\frac{p}{p-x}\right).$$

Für $p = 1$ ist $K_\mathrm{A} \approx K_\mathrm{B} \approx 1$, $K \approx 2$ und $A \approx k$; das ergibt

$$kt = \frac{x}{1-x} + 4x - 4\cdot\ln(1-x).$$

Diese Funktion ist in Abb. 31–10 wiedergegeben.

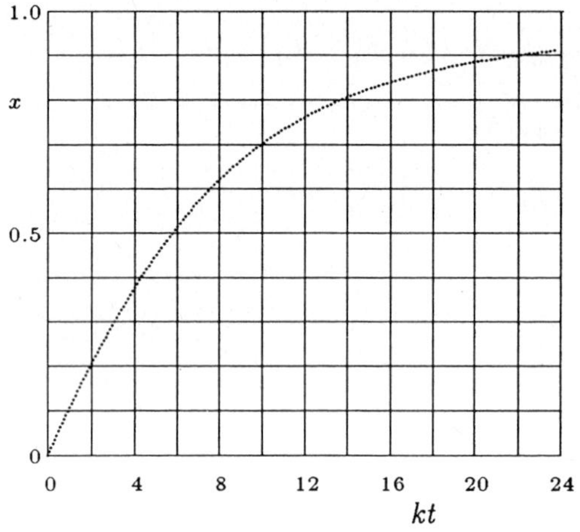

Abb. 31–10

31-22 $\vartheta(\mathrm{F}) = \dfrac{\sqrt{Kp_\mathrm{F}}}{1+\sqrt{Kp_\mathrm{F}}}$ [31.3–4].

$\vartheta(\text{Butadien}) = c_1\cdot\sqrt{p_\mathrm{B}}$ $\left[\vartheta = \dfrac{V_\mathrm{a}}{V_\mathrm{a}^0} \propto p^{\frac{1}{c_2}},\ \text{Aufgabe 31–15}\right]$.

Reaktionsgeschwindigkeit $= k'\cdot\vartheta(\mathrm{F})\cdot\vartheta(\mathrm{B}) = k'c_1\cdot\sqrt{K}\cdot\sqrt{p_\mathrm{F}}\cdot\sqrt{p_\mathrm{B}}\cdot\left[1+\sqrt{Kp_\mathrm{F}}\right]$.

Mit der Abkürzung $k = k'\cdot c_1\cdot\sqrt{K}$ erhalten wir für die Reaktionsgeschwindigkeit $\dfrac{k\cdot\sqrt{p_\mathrm{F}}\cdot\sqrt{p_\mathrm{B}}}{1+\sqrt{Kp_\mathrm{F}}}$.

Für $\sqrt{Kp_\mathrm{F}} \gg 1$ wird die Geschwindigkeit $\propto \dfrac{k\cdot\sqrt{K}}{\sqrt{p_\mathrm{B}}}$ und damit unabhängig von p_F.

31-23 $\vartheta(T_1) = \dfrac{K(T_1)\cdot p(T_1)}{1+K(T_1)\cdot p(T_1)}$ [31.3–3],

$$\vartheta(T2) = \frac{k(T_2) \cdot p(T_2)}{1 + K(T_2) \cdot p(T_2)}.$$

Aus $\vartheta(T_1) = \vartheta(T_2)$ folgt

$$\frac{K(T_1) \cdot p(T_1)}{1 + K(T_1) \cdot p(T_1)} = \frac{K(T_2) \cdot p(T_2)}{1 + K(T_2) \cdot p(T_2)}$$

oder $K(T_1) \cdot p(T_1) = K(T_2) \cdot p(T_2)$.

$$\Delta_{\text{ad}} H^\ominus = RT^2 \cdot \left(\frac{\partial \ln K}{\partial T}\right)_\vartheta \quad [31.3\text{–}5].$$

$$\frac{\mathrm{d} \ln K}{\mathrm{d}T} \approx \frac{\ln K(T_2) \approx \ln K(T_1)}{T_2 - T_1} \approx \frac{\ln\left(\frac{K(T_2)}{K(T_1)}\right)}{T_2 - T_1} = \frac{\ln\left(\frac{p(T_1)}{p(T_2)}\right)}{T_2 - T_1}.$$

Dann ist $\Delta_{\text{ad}} H^\ominus \approx \left(\frac{RT^2}{T_2 - T_1}\right) \cdot \ln\left(\frac{p(T_1)}{p(T_2)}\right)$.

$T \approx \frac{1}{2} \cdot (T_1 + T_2) = 220\ \text{K}, \quad T_2 - T_1 = 60\ \text{K}.$

$$\Delta H_{\text{m}}^\ominus \approx \left\{\frac{(8.314\ \text{J K}^{-1}\ \text{mol}^{-1}) \cdot (220\ \text{K})^2}{60\ \text{K}}\right\} \cdot \ln\left(\frac{4.8}{32}\right) = \underline{-13\ \text{kJ mol}^{-1}}.$$

31-24 Die für die Desorption benötigte Zeit ist proportional zu ϑ, der Lebensdauer der adsorbierten Teilchen [Abschnitt 31.2e]. Wegen $\tau \propto \mathrm{e}^{\frac{E_\mathrm{a}}{RT}}$ [31.2–2] ergibt das

$$E_\mathrm{a} = \frac{1}{\frac{1}{T} - \frac{1}{T'}} \cdot R \cdot \ln\left(\frac{\tau(T)}{\tau(T')}\right).$$

Wir berechnen E_a für zwei Temperaturintervalle:

$$E_\mathrm{a} = \frac{1}{\frac{1}{1856\ \text{K}} - \frac{1}{1978\ \text{K}}} \cdot R \cdot \ln\left(\frac{27}{2}\right) = 650\ \text{kJ mol}^{-1},$$

$$E_\mathrm{a} = \frac{1}{\frac{1}{1978\ \text{K}} - \frac{1}{2070\ \text{K}}} \cdot R \cdot \ln\left(\frac{2}{0.3}\right) = 700\ \text{kJ mol}^{-1}.$$

Im Rahmen der zu erwartenden Genauigkeit ist das $\underline{E_\mathrm{a} = 700\ \text{kJ mol}^{-1}}$.

Bei 1856 K ist dann $\tau = \tau_0 \cdot \exp\left\{\frac{700\ \text{kJ mol}^{-1}}{(8.314\ \text{J K}^{-1}\ \text{mol}^{-1}) \cdot (1856\ \text{K})}\right\} = \tau_0 \cdot (5.03 \cdot 10^{19})$.

t, die zur Desorption der genannten Menge benötigte Zeit, ist proportional zu τ; deshalb gilt

$\tau(1856\ \text{K}) = K\tau = K\tau_0 \cdot 5.03 \cdot 10^{19}$.

Dann ist $K\tau_0 = \frac{27\ \text{min}}{5.03 \cdot 10^{19}} = 5.4 \cdot 10^{-19}$ min.

Bei 298 K erhalten wir dann

$$t(298\ \text{K}) = (5.4 \cdot 10^{-19}\ \text{min}) \cdot \exp\left\{\frac{700\ \text{kJ mol}^{-1}}{2.48\ \text{kJ mol}^{-1}}\right\} = \underline{2 \cdot 10^{104}\ \text{min}},$$

d. h. es wird praktisch nie desorbiert.

Bei 3000 K erhalten wir

$$t(3000\ \text{K}) = (5.4 \cdot 10^{-19}\ \text{min}) \cdot \exp\left\{\frac{700\ \text{kJ mol}^{-1}}{24.9\ \text{kJ mol}^{-1}}\right\} = \underline{8 \cdot 10^{-7}\ \text{min} = 50\ \mu s.}$$

31-25 Die Reaktionsgeschwindigkeit scheint nicht vom Ammoniak-Druck abzuhängen; das bedeutet eine nullte Reaktionsordnung. Um das nachzuprüfen, schreiben wir

$$-\frac{dp(NH_3)}{dt} = k \quad \text{[Geschwindigkeitsgesetz nullter Ordnung]}, \qquad p_o(NH_3) - p(NH_3) = kt.$$

Dann sollte $\frac{\Delta p}{t}$ konstant sein.

$$\text{(I)} \quad \frac{\Delta p}{t} = \frac{8\ \text{kPa}}{500\ \text{s}} = 16\ \text{Pa s}^{-1},$$

$$\text{(II)} \quad \frac{\Delta p}{t} = \frac{15\ \text{kPa}}{1000\ \text{s}} = 15\ \text{Pa s}^{-1}.$$

Diese beiden Werte sind praktisch identisch, die Reaktion ist also <u>nullter Ordnung.</u> Die Raktionsordnung Null bedeutet, der Druck ist genügend hoch, sodaß sich bei einer mäßigen Änderung von p die Belegung der Oberfläche nicht ändert.

31-26 $\vartheta = \frac{Kp}{1 + Kp}$ [31.3–3].

Daraus folgt $Kp(1 - \vartheta) = \vartheta$. Für stark adsorbierte Teilchen ist $\vartheta \approx 1$. Dann gilt für den Bruchteil der unbesetzten Plätze $\underline{1 - \vartheta \approx \frac{1}{Kp}}.$

$-\frac{dp(NH_3)}{dt} = k_c \cdot p(NH_3) \cdot (1 - \vartheta)$. [Die Reaktionsgeschwindigkeit ist proportional zum Ammoniak-Druck und zum Bruchteil der von dem stark adsorbierten Produkt-Wasserstoff freigelassenen Plätze.]

$$1 - \vartheta \approx \frac{1}{Kp(H_2)}.$$

$$\underline{-\frac{dp(NH_3)}{dt} = \left(\frac{k_c}{K}\right) \cdot \frac{p(NH_3)}{p(H_2)}}.$$

31-27 $p(H_2) = \frac{3}{2} \cdot \left\{p_0(NH_3) - p(NH_3)\right\}$, $\left[NH_3 \rightarrow \frac{1}{2}\ N_2 + \frac{3}{2}\ H_2\right]$.

Mit $p(NH_3) = p$, $p_o(NH_3) = p_0$ und $k_c = \frac{\frac{2}{3}k_c'}{K}$ erhalten wir

$$-\frac{dp}{dt} = \frac{k_c \cdot p}{p_o - p} \quad \text{[Aufgabe 31–26].}$$

Integration ergibt jetzt

$$\int_{p_0}^{p} \left(1 - \frac{p_0}{p}\right) dp = k_c \cdot \int_0^t dt \quad \text{oder} \quad \frac{p - p_o}{t} = k_c + \left(\frac{p_o}{t}\right) \cdot \ln \frac{p}{p_0}.$$

Wir schreiben jetzt $F(t) = \frac{p_0}{t} \cdot \ln \frac{p}{p_0}$ und $G(t) = \frac{p - p_0}{t}$.

Dann ist $G(t) = k_c + F(t)$, und wenn man $G(t)$ gegen $F(t)$ aufträgt, sollte man eine Gerade mit dem Ordinatenschnittpunkt k_c erhalten. Andererseits sollte die Differenz $G(t) - F(t)$ konstant sein. Dazu stellen wir die folgende Tabelle auf:

t/s	0	30	60	100
p/mbar	133	117	112	107
$G(t)/(\text{mbar s}^{-1})$	–	−0.53	−0.36	−0.27
$F(t)/(\text{mbar s}^{-1})$	–	−0.57	−0.39	−0.29
$[G(t) - F(t)]/(\text{mbar s}^{-1})$	–	0.04	0.03	0.02

t/s	160	200	250
p/mbar	103	99	96
$G(t)/(\text{mbar s}^{-1})$	−0.19	−0.17	−0.15
$F(t)/(\text{mbar s}^{-1})$	−0.21	−0.20	−0.17
$[G(t) - F(t)]/(\text{mbar s}^{-1})$	0.02	0.03	0.02

Die Daten erfüllen die Bedingungen des Geschwindigkeitsgesetzes; es ist also $k_c \approx \underline{0.03 \text{ mbar s}^{-1}}$.

31-28 $-\frac{dp}{dt} = \frac{k_c \cdot p}{1 - \vartheta}$ [Aufgabe 31.2–6], $\vartheta = \frac{kp'}{1 + Kp'}$ [31.3–3],

[p' ist der Druck des Produkt-Gases.]

Dann ist $\underline{-\frac{dp}{dt} = \frac{k_c \cdot p}{1 + Kp'}}$.

Für die Reaktion $A \rightarrow B$ ist $p' = p_B = p_0 - p$ [p' ist hier der Druck von A.]

Das ergibt $-\frac{dp}{dt} = \frac{k_c p}{1 + Kp_0 - Kp}$ und

$$\int_{p_0}^{p} \left(K - \frac{1 + Kp_0}{p}\right) dp = \int_0^t k_c dt.$$

Deshalb ist $K \cdot (p - p_0) - (1 + K p_0) \cdot \ln\left(\frac{p}{p_0}\right) = k_c \cdot t.$

Jetzt schreiben wir $F(t) = \left(\frac{p_0}{t}\right) \cdot \ln\left(\frac{p}{p_0}\right)$ und $G(t) = \frac{p - p_0}{t}$. Damit erhalten wir

$$K \cdot G(t) - \frac{1 + K p_0}{p_0} \cdot F(t) = k_c \quad \text{oder} \quad G(t) = \frac{k_c}{K} + \frac{1 + K p_0}{K p_0} \cdot F(t).$$

Tragen wir $G(t)$ gegen $F(t)$ auf, können wir aus dem Ordinatenabschnitt bei $F(t) = 0$ den Zahlenwert von $\frac{k_c}{K}$ und aus der Steigung $1 + \frac{1}{K p_0}$ entnehmen.

31-29 Wir berechnen die folgende Tabelle:

t/s	0	315	750	1400
p/mbar	127	113	100	87
$F(t)/(\mathrm{mbar\ s^{-1}})$	–	−0.045	−0.040	−0.035
$G(t)/(\mathrm{mbar\ s^{-1}})$	–	−0.043	−0.036	−0.028

t/s	2250	3450	5150
p/mbar	73	60	47
$F(t)/(\mathrm{mbar\ s^{-1}})$	−0.031	−0.028	−0.024
$G(t)/(\mathrm{mbar\ s^{-1}})$	−0.024	−0.019	−0.016

Diese Punkte sind in Abb. 31–11 aufgetragen. Die Ordinate wird bei 0.017 geschnitten, daraus folgt $\frac{k_c}{K} = 0.017\ \mathrm{mbar\ s^{-1}}$.

Die Steigung hat den Wert 1.32, deshalb ist $\frac{1 + K p_0}{K p_0} = 1.32$ und $K p_0 = 3.13$. Mit $p_0 = 127$ mbar ergibt das $\underline{K = 0.044\ \mathrm{mbar^{-1}}}$ und mit $\frac{k_c}{K} = 0.017\ \mathrm{mbar\ s^{-1}}$ schließlich $k_c = \underline{4.3 \cdot 10^{-4}\ \mathrm{s^{-1}}}$.

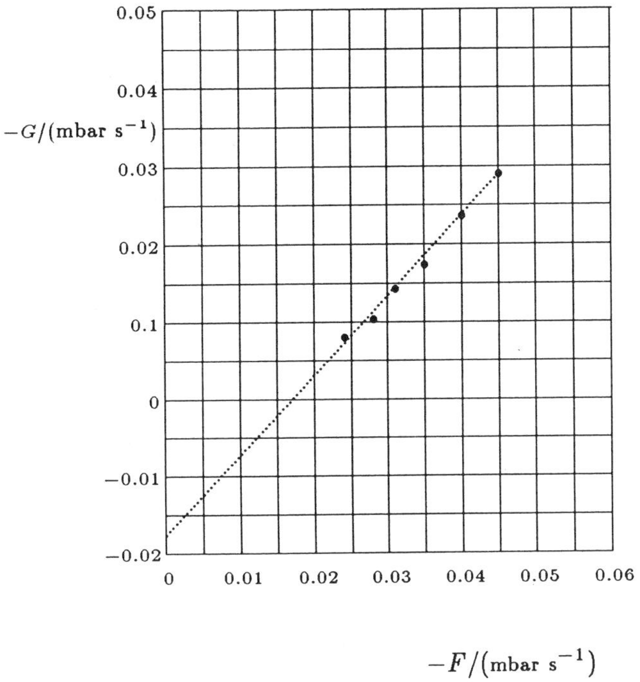

Abb. 31–11

Abb. 31–12

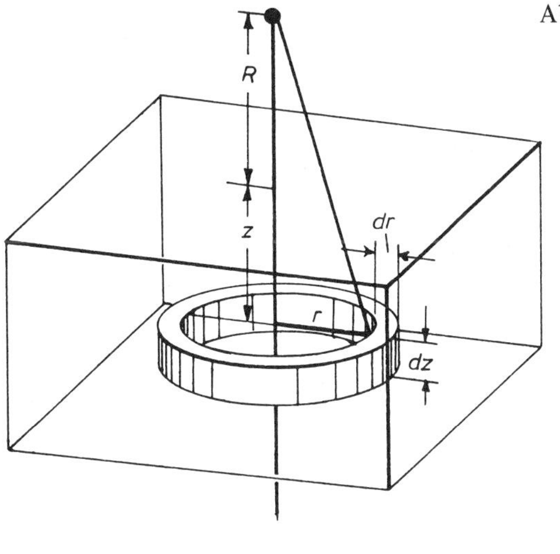

31-30 Siehe dazu Abb. 31–12. Die Dichte der Atome im Festkörper bezeichnen wir mit $\mathcal{N}$. Dann ist die Anzahl der Atome in einem Ring der Dicke $\mathrm{d}z$ zwischen den Radien r und $r + \mathrm{d}r$ in der Tiefe z gleich $2\pi \mathcal{N} r \mathrm{d}r \mathrm{d}z$. Die Wechselwirkungsenergie zwischen diesen Atomen und dem adsorbierten Atom, das sich in der Höhe R über der Oberfläche befindet, ist dann

$$\mathrm{d}U = \frac{-\,2\pi \mathcal{N} r\ \mathrm{d}r\ \mathrm{d}z\ C_6}{\left\{(R+z)^2 + r^2\right\}^3},$$

wenn die Wechselwirkung zwischen den einzelnen Atomen durch

$\frac{-C_6}{d^6}$ mit $d^2 = (R+z)^2 + r^2$ beschrieben werden kann.

Die gesamte Wechselwirkung eines Atoms mit einer unendlich ausgedehnten Scheibe gleichförmiger Dichte ist dann

$$U = -2\pi \mathcal{N} C_6 \int_0^\infty \mathrm{d}r \int_0^\infty \mathrm{d}z \, \frac{r}{\{(R+z)^2 + r^2\}^3}.$$

$$\int_0^\infty \frac{r\mathrm{d}r}{(a^2+r^2)^3} = \frac{1}{2}\int_0^\infty \frac{\mathrm{d}(r^2)}{(a^2+x)^3} = \frac{1}{2}\int_0^\infty \frac{\mathrm{d}x}{(a^2+x)^3} = \frac{1}{4a^4}$$

$$U = -\frac{\pi}{2} \cdot \mathcal{N} C_6 \int_0^\infty \frac{\mathrm{d}z}{(R+z)^4} = \underline{\frac{-\pi \mathcal{N} C_6}{6R^3}}.$$

Das bedeutet $U \propto \frac{1}{R^3}$. [Dieses Ergebnis kann auch durch eine einfache Dimensionsüberlegung hergeleitet werden. In der nächsten Aufgabe werden wir aber auf die vollstandige Formel für U zurückgreifen.]

31-31 $V(R) = 4\varepsilon \cdot \left\{ \left(\frac{\sigma}{R}\right)^{12} - \left(\frac{\sigma}{R}\right)^6 \right\}$ [24.2–9] $= \frac{C_{12}}{R^{12}} - \frac{C_6}{R^6}$ [24.2–8].

Für den Term mit $\frac{1}{R^{12}}$ gehen wir genauso wie in Aufgabe 31–30 vor:

$$U = 2\pi \mathcal{N} C_{12} \int_0^\infty \mathrm{d}r \int_0^\infty \mathrm{d}z \cdot \frac{r}{\{(R+z)^2 + r^2\}^6} - \frac{\pi \mathcal{N} C_6}{6R^3}$$

$$= 2\pi \mathcal{N} C_{12} \int_0^\infty \mathrm{d}z \cdot \frac{1}{10} \cdot \frac{1}{(R+z)^{10}} - \frac{\pi \mathcal{N} C_6}{6R^3}$$

$$= \frac{2\pi \mathcal{N} C_{11}}{90\, R^9} - \frac{\pi \mathcal{N} C_6}{6\, R^3} = 8\pi\varepsilon\sigma^3 \mathcal{N} \cdot \left\{ \frac{1}{90} \cdot \left(\frac{\sigma}{R}\right)^9 - \frac{1}{12} \cdot \left(\frac{\sigma}{R}\right)^3 \right\}.$$

Im Gleichgewicht ist R durch $\frac{\mathrm{d}U}{\mathrm{d}R} = 0$ bestimmt:

$$\frac{\mathrm{d}U}{\mathrm{d}R} = 8\pi\varepsilon\sigma^3 \mathcal{N} \cdot \left\{ -\frac{1}{10} \cdot \left(\frac{\sigma^9}{R^{10}}\right) + \frac{1}{4} \cdot \left(\frac{\sigma^3}{R^4}\right) \right\} = 0.$$

Dann ist $\frac{\sigma^9}{10 \cdot R^{10}} = \frac{\sigma^3}{4 \cdot R^4}$ oder $R = \sqrt[6]{\frac{2}{5}} \cdot \sigma = \underline{0.858 \cdot \sigma.}$

Für $\sigma \approx 342$ pm [Tabelle 24–4] ergibt das $R \approx \underline{294 \text{ pm.}}$

31-32 $\vartheta = c_1 \cdot p_{\mathrm{a}}^{\frac{1}{c_2}}$ [31.3–17].

Diese Formel können wir auf die Adsorption aus einer flüssigen Phase anwenden, wenn wir $w_{\mathrm{s}} \propto \vartheta$ berücksichtigen und p_{A} durch [A], die Konzentration der gelösten Substanz, ersetzen. Das ergibt

$$w_{\mathrm{s}} = c_1 \cdot [\mathrm{A}]^{\frac{1}{c}} \quad \text{oder} \quad \log w_{\mathrm{s}} = \log c_1 + \frac{1}{c_2} \cdot \log[\mathrm{A}].$$

Damit stellen wir die folgende Tabelle auf:

$[A]/M$	0.05	0.10	0.50	1.0	1.5
$\log [A]/M$	−1.30	−1.00	−0.30	−0.00	0.18
$\log w_s/g$	−1.40	−1.22	−0.92	−0.80	−0.72

Diese Punkte sind in Abb. 31-13a wiedergegeben. Wir erhalten praktisch eine Gerade mit der Steigung 0.42 und dem Ordinatenabschnitt -0.80. Daraus folgt $c_2 = \frac{1}{0.42} = \underline{2.4}$ und $c_1 = \underline{0.16.}$ [Lassen Sie sich nicht von den Einheiten erschrecken, in denen hier c_1 angegeben wird: $c_1 = 0.16$ g $\text{mol}^{-0.42}$ $\text{dm}^{1.26}$].

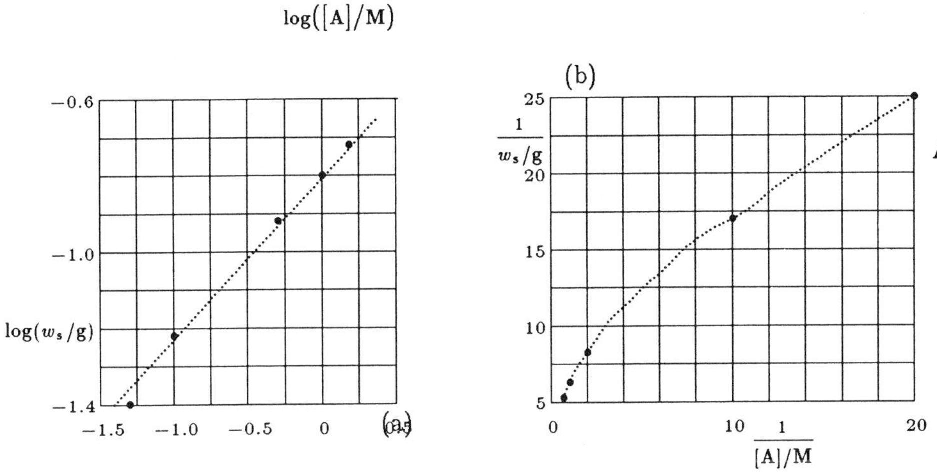

Abb. 31–13

In unserem Fall lautet die Langmuirsche Isotherme $w_s = \frac{K \cdot [A]}{1 + K \cdot [A]}$.

Jetzt schreiben wir $\frac{1}{w_s} = 1 + \frac{1}{K \cdot [A]}$ und berechnen die folgende Tabelle:

$[A]/M$	0.05	0.10	0.50	1.0	1.5
$\frac{1}{[A]/M}$	20	10	2.0	1.0	0.67
$\frac{1}{w_s/g}$	25	17	8.3	6.3	5.3

Diese Punkte sind in Abb. 31-13b aufgetragen. Man erhält im unteren Bereich keine Gerade. Die Bestimmungskoeffizienten sind (a) 0.9491 und (b) 0.9865.

31-33 In einem Einkomponentensystem ist das Differential der Freien Enthalpie

$\mathrm{d}G = -S\mathrm{d}T + V\mathrm{d}p + \gamma\mathrm{d}\sigma + \mu\mathrm{d}n$ [Abschnitt 25.4].

Schreiben wir $G = G(g) + G(\sigma)$ und $n = n(g) + n(\sigma)$; dann wird

$\mathrm{d}G(g) = -S(g)\mathrm{d}T + V(g)\mathrm{d}p + \mu(g)\mathrm{d}n(g)$ und $\mathrm{d}G(\sigma) = -S(\sigma)\mathrm{d}T + \gamma\mathrm{d}\sigma + \mu(\sigma)\mathrm{d}n(\sigma)$.

Im Gleichgewicht ist $\mu(\sigma) = \mu(\gamma) = \mu$. Bei konstanter Temperatur gilt $\mathrm{d}G(\sigma) = \gamma\mathrm{d}\sigma + \mu\mathrm{d}n(\sigma)$. $\mathrm{d}G$ ist ein vollständiges Integral, beim Integrieren folgt aus $\mathrm{d}G(\sigma)$

$$G(\sigma) = \gamma\sigma + \mu n(\sigma).$$

Dann ist auch $\mathrm{d}G(\sigma) = \sigma\mathrm{d}\gamma + \gamma\mathrm{d}\sigma + \mu\mathrm{d}n(\sigma) + n(\sigma)\mathrm{d}\mu$.

Mit $\mathrm{d}G(\sigma) = \gamma\mathrm{d}\sigma + \mu\mathrm{d}n(\sigma)$ erhalten wir daraus

$\sigma\mathrm{d}\gamma + n(\sigma)\mathrm{d}\mu = 0$ und mit $\mathrm{d}\mu = RT \cdot \mathrm{d}\ln p$ schließlich

$$-\left(\frac{\sigma}{RT}\right) \cdot \frac{\mathrm{d}\gamma}{\mathrm{d}\ln p} = n(\sigma).$$

$n(\sigma)$ drücken wir durch das absorbierte Volumen V_a aus, $n(\sigma) = \frac{p^\ominus V_\mathrm{a}}{RT^\ominus}$, und $\mathrm{d}\gamma$ durch ein chemisches Potential $\mathrm{d}\mu'$ gemäß $\mathrm{d}\mu' = \frac{RT^\ominus}{p^\ominus} \cdot \mathrm{d}\gamma$, das sich auf einen bestimmten Standarddruck und eine bestimmte Standardtemperatur bezieht. Daraus folgt

$$\underline{-\left(\frac{\sigma}{RT}\right) \cdot \left(\frac{\mathrm{d}\mu'}{\mathrm{d}\ln p}\right) = V_\mathrm{a}.}$$

31-34 $\mathrm{d}\mu' = -c_2 \cdot \left(\frac{RT}{\sigma}\right) \cdot \mathrm{d}V_\mathrm{a}$, $\frac{\mathrm{d}\mu'}{\mathrm{d}\ln p} = -c_2 \cdot \left(\frac{RT}{\sigma}\right) \cdot \frac{\mathrm{d}V_\mathrm{a}}{\mathrm{d}\ln p}$,

$\frac{\mathrm{d}\mu'}{\mathrm{d}\ln p} = -\frac{RTV_\mathrm{a}}{\sigma}$ [Aufgabe 31–33]. Dann ist

$$-c_2 \cdot \left(\frac{RT}{\sigma}\right) \cdot \frac{\mathrm{d}V_\mathrm{a}}{\mathrm{d}\ln p} = -\frac{RTV_\mathrm{a}}{\sigma} \quad \text{oder} \quad c_2 \cdot \mathrm{d}\ln V_\mathrm{a} = \mathrm{d}\ln p \qquad \left[\frac{\mathrm{d}x}{x} = \mathrm{d}\ln x\right],$$

oder $\mathrm{d}\ln V_\mathrm{a}^{c_2} = \mathrm{d}\ln p$. Dann ist

$V_\mathrm{a}^{c_2} \propto p$ oder $\underline{V_\mathrm{a} = c_1 \cdot p^{\frac{1}{c_2}}}$ [31.3–17].

31-35 $\vartheta = \frac{Kp}{1 + Kp}$ [31.3–3], $\vartheta = \frac{V_\mathrm{a}}{V_\mathrm{a}^0}$.

$$p = \frac{\vartheta}{K \cdot (1 - \vartheta)} = \frac{V_\mathrm{a}}{K \cdot (V_\mathrm{a}^0 - V_\mathrm{a})}.$$

$$\frac{\mathrm{d}p}{\mathrm{d}V_\mathrm{a}} = \frac{1}{K \cdot (V_\mathrm{a}^0 - V_\mathrm{a})} + \frac{V_\mathrm{a}}{K \cdot (V_\mathrm{a}^0 - V_\mathrm{a})^2} = \frac{V_\mathrm{a}^2}{K \cdot (V_\mathrm{a}^0 - V_\mathrm{a})^2}.$$

$$\mathrm{d}\mu' = -\left(\frac{RT}{\sigma}\right) \cdot V_\mathrm{a} \cdot \mathrm{d}\ln p = -\left(\frac{RT}{p\sigma}\right) \cdot V_\mathrm{a} \cdot \mathrm{d}p$$

$$= -\left(\frac{RT}{\sigma}\right) \cdot \left\{\frac{K \cdot (V_{\mathrm{a}}^0 - V_{\mathrm{a}})}{V_{\mathrm{a}}}\right\} \cdot V_{\mathrm{a}} \cdot \left\{\frac{V_{\mathrm{a}}^0}{K \cdot (V_{\mathrm{a}}^0 - V_{\mathrm{a}})^2}\right\} \cdot \mathrm{d}V_{\mathrm{a}}$$

$$= -\left(\frac{RT}{\sigma}\right) \cdot \frac{V_{\mathrm{a}}^0 \cdot \mathrm{d}V_{\mathrm{a}}}{V_{\mathrm{a}}^0 - V_{\mathrm{a}}}.$$

Dafür können wir auch

$$\mathrm{d}\mu' = -\left\{\frac{\left(\frac{RT}{\sigma}\right) \cdot V_{\mathrm{a}}^0}{V_{\mathrm{a}}^0 - V_{\mathrm{a}}}\right\} \mathrm{d}V_{\mathrm{a}} = -\left\{\frac{\left(\frac{RT}{\sigma}\right)}{1-\vartheta}\right\} \cdot \mathrm{d}V_{\mathrm{a}} = -\left\{\frac{\left(\frac{RTV_{\mathrm{a}}^0}{\sigma}\right)}{1-\vartheta}\right\} \cdot \mathrm{d}\vartheta = \left(\frac{RTV_{\mathrm{a}}^0}{\sigma}\right) \cdot \mathrm{d}\ \ln(1-\vartheta).$$

32 Dynamische Elektrochemie

A32-1 $\ln j = \ln j_0 + (1-\alpha) \cdot \frac{\eta F}{RT}$ [32.1–10a].

$$\ln\left(\frac{j_2}{j_1}\right) = (1-\alpha) \cdot (\eta_2 - \eta_1) \cdot \frac{F}{RT}.$$

$$\ln\left(\frac{75}{55}\right) = \frac{(1-0.39) \cdot (\eta_2 - 125\ \text{mV})}{25.7\ \text{mV}}.$$

$$\eta_2 = 125\ \text{mV} + 13\ \text{mV} = \underline{138\ \text{mV}}.$$

A32-2 $j_0 = j \cdot \exp\left[\frac{(\alpha-1) \cdot \eta \cdot F}{RT}\right]$ [32.1–10a]

$$= (55.0\ \text{mA cm}^{-2}) \cdot \exp\left[\frac{(0.39-1) \cdot (125\ \text{mV})}{25.7\ \text{mV}}\right]$$

$$= \underline{2.83\ \text{mA cm}^{-2}}.$$

A32-3 $j_L = \left(\frac{zFD}{\delta}\right) \cdot c$ [32.2–8]

$$zFD_+ = \frac{RT\lambda_+}{zF} = \frac{(8.314\ \text{J K}^{-1}\ \text{mol}^{-1}) \cdot (298\ \text{K}) \cdot (61.9 \cdot 10^{-4}\ \text{S m}^2\ \text{mol}^{-1})}{(+1) \cdot (9.65 \cdot 10^4\ \text{C mol}^{-1})}$$

$$= 1.59 \cdot 10^{-4}\ \text{A m}^2\ \text{mol}^{-1};$$

$$j_L = \frac{(1.59 \cdot 10^{-4}\ \text{A m}^2\ \text{mol}^{-1}) \cdot (2.50\ \text{mol m}^{-3})}{4.00 \cdot 10^{-4}\ \text{m}} = \underline{0.994\ \text{A m}^{-2}}.$$

32-1 $j = j_0 \cdot \left\{\exp\left((1-\alpha) \cdot \frac{\eta \cdot F}{RT}\right) - \exp\left(-\alpha \cdot \frac{\eta \cdot F}{RT}\right)\right\}$

$$\frac{j}{j_0} = e^{\frac{\eta F}{2RT}} - e^{-\frac{\eta F}{2RT}} \qquad [\alpha = \tfrac{1}{2}]$$

$$= 2 \sinh\left(\frac{\eta F}{2RT}\right) \left[\sinh x = \mathit{Sin}\ x \equiv \tfrac{1}{2} \cdot (e^x - e^{-x})\right].$$

$\frac{2RT}{F} = 51.4$ mV [erste Einbandinnenseite, $T = 298$ K].

Die Funktion $\frac{j}{j_0} = 2 \sinh\left(\frac{\eta}{51.4\ \text{mV}}\right)$ ist in Abb. 32–1 wiedergegeben.

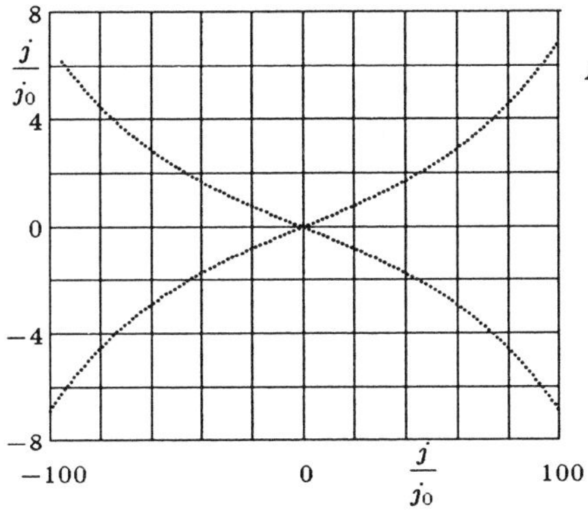

Abb. 32–1

32-2 $j = 2j_0 \cdot \sinh\left(\dfrac{\eta}{51.4\ \mathrm{mV}}\right)$ [Aufgabe 32–1] $= (1.58\ \mathrm{mA\ cm^{-2}}) \cdot \sinh\left(\dfrac{\eta}{51.4\ \mathrm{mV}}\right)$.

(a) $\eta = 10$ mV;

$j = (1.58\ \mathrm{mA\ cm^{-2}}) \cdot \sinh\left(\dfrac{10}{51.4}\right) = \underline{0.31\ \mathrm{mA\ cm^{-2}}}\left[\sinh x = \mathit{Sin}\ x \equiv \frac{1}{2} \cdot (\mathrm{e}^{x} - \mathrm{e}^{-x})\right].$

(b) $\eta = 100$ mV;

$j = (1.58\ \mathrm{mA\ cm^{-2}}) \cdot \sinh\left(\dfrac{100}{51.4}\right) = \underline{5.41\ \mathrm{mA\ cm^{-2}}}$

(c) $\eta = -5.0$ V;

$j = (1.58\ \mathrm{mA\ cm^{-2}}) \cdot \sinh\left(\dfrac{-5000}{51.4}\right) = \underline{-1.39 \cdot 10^{42}\ \mathrm{mA\ cm^{-2}}}$ (!)

32-3 $I = jS$ [S ist die Oberfläche der Elektrode] $= 2j_0S \cdot \sinh\left(\dfrac{\eta}{51.4\ \mathrm{mV}}\right)$

$$= 2 \cdot (2.5\ \mathrm{mA\ cm^{-2}}) \cdot (1\ \mathrm{cm^2}) \cdot \sinh\left(\frac{\eta}{51.4\ \mathrm{mV}}\right)$$

$$= (5.0\ \mathrm{mA}) \cdot \sinh\left(\frac{E - E^{\ominus}}{51.4\ \mathrm{mV}}\right).$$

[Die Gleichgewichts-EMK E_{Gl} ist für $a = 1$ gleich $E^{\ominus}$.]

Mit $E^{\ominus} = 771$ mV stellen wir jetzt die folgende Tabelle auf:

E/mV	500	600	700	771	800	900	1000
$\lvert I \rvert$ /mA	487	69.5	9.32	0	2.97	30.6	215

32-4 $E_{\mathrm{Gl}}(\mathrm{Fe^{2+},Fe^{3+}}) = E^{\ominus}(\mathrm{Fe^{2+},Fe^{3+}}) + \left(\dfrac{RT}{F}\right) \cdot \ln\dfrac{a(\mathrm{Fe^{3+}})}{a(\mathrm{Fe^{2+}})}$ [11.4–5].

$$E_{Gl}/\text{mV} = 771 + 25.7 \cdot \ln \frac{a(Fe^{3+})}{a(Fe^{2+})},$$

$$\eta = \Delta\phi - \Delta\phi_{Gl} \quad [32.1\text{–}5],$$

$$\eta/\text{mV} = 1000 - \left\{771 + 25.7 \cdot \ln \frac{a^{3+}}{a^{2+}}\right\} = 229 - 25.7 \cdot \ln \frac{a^{3+}}{a^{2+}}.$$

$$I = 2j_o \cdot S \cdot \sinh\left(\frac{\eta}{51.4\ \text{mV}}\right) \quad [\text{Aufgabe 32–3}]$$

$$= (5.0\ \text{mA}) \cdot \sinh\left\{4.46 - 0.50 \cdot \ln \frac{a^{3+}}{a^{2+}}\right\}.$$

Jetzt stellen wir die folgende Tabelle auf:

$\frac{a(Fe^{3+})}{a(Fe^{2+})}$	0.1	0.3	0.6	1.0	3.0	6.0	10.0
$\lvert I\rvert$ /mA	684	395	278	215	124	88	68.0

Für $4.46 = 0.50 \cdot \ln \frac{a^{3+}}{a^{2+}}$ verschwindet der Strom; das entspricht $\frac{a^{3+}}{a^{2+}} = 7480$, denn dann ist $E_{Gl} = 1.00$ V.

31-5 Für eine große Überspannung gilt [vergl. die letzte Zeile]

$$j \approx j_0 \cdot e^{-\frac{\eta F}{2RT}} \quad [32.1\text{–}10,\ \alpha \approx \tfrac{1}{2},\ \eta < 0].$$

$$I = jS = 20\ \text{mA}, \quad S = 1\ \text{cm}^2 \quad [\text{Aufgabe 32–3}].$$

$$\eta = \left(\frac{2RT}{F}\right) \cdot \ln \frac{j}{j_0}$$

$$= (51.4\ \text{mV}) \cdot \ln \frac{20\ \text{mA cm}^{-2}}{2.5\ \text{mA cm}^{-2}} = \underline{110\ \text{mV}.}$$

Hier ist $\left|\frac{\eta F}{2RT}\right| = \frac{110\ \text{mV}}{51.4\ \text{mV}} = 2.1$ und $e^x \approx 8 \gg e^{-x} \approx 0.12$, die Näherung, die wir zu Beginn für große Überspannung gemacht haben, ist also gerade erlaubt.

32-6 Die Elektronenstromdichte ist $\frac{j_0}{e}$, denn jedes Elektron trägt die Ladung e. Daraus folgt

$$J = \frac{j_0}{1.602 \cdot 10^{-19}\ \text{C}}.$$

(a) $Pt\,|\,H_2\,|\,H^+$; $j_0 = 7.9 \cdot 10^{-4}$ A cm^{-2} [Tabelle 32-1];

$$J = \frac{7.9 \cdot 10^{-4}\ \text{A cm}^{-2}}{1.602 \cdot 10^{-19}\ \text{C}} = \underline{4.9 \cdot 10^{15}\ \text{cm}^{-2}\ \text{s}^{-1}.}$$

(b) $\mathrm{Pt}\,|\,\mathrm{Fe^{3+},Fe^{2+}}$; $j_0 = 2.5 \cdot 10^{-3}$ A cm^{-2} [Tabelle 32-1];

$$J = \frac{2.5 \cdot 10^{-3}\ \text{A cm}^{-2}}{1.602 \cdot 10^{-19}\ \text{C}} = \underline{1.6 \cdot 10^{16}\ \text{cm}^{-2}\ \text{s}^{-1}.}$$

(c) $\mathrm{Pb}\,|\,\mathrm{H_2}\,|\,\mathrm{H^+}$; $j_0 = 5.0 \cdot 10^{-12}$ A cm^{-2};

$$J = \frac{5.0 \cdot 10^{-12}\ \text{A cm}^{-2}}{1.602 \cdot 10^{-19}\ \text{C}} = \underline{3.1 \cdot 10^{7}\ \text{cm}^{-2}\ \text{s}^{-1}.}$$

32-7 In 1 cm^2 der Oberfläche befinden sich $\dfrac{1\ \text{cm}^2}{(280\ \text{pm})^2} = 1.3 \cdot 10^{15}$ Atome. Die Anzahl der Elektronen, die in der Sekunde mit einem Oberflächenatom kollidieren, ist dann in den drei in der letzten Aufgabe genannten Fällen (wir unterscheiden nicht zwischen Pb und Pt) gleich $\underline{3.8}$, $\underline{12}$ und $\underline{2.4 \cdot 10^{-8}}$. Der letzte Fall entspricht weniger als einem Ereignis pro Jahr.

32-8 $\eta = \left(\dfrac{RT}{F}\right) \cdot \dfrac{j}{j_0}$ [32.1–9]

$$|I| = \left|\frac{S j_0 F}{RT}\right| \cdot |\eta|.$$

Für einen Ohmschen Leiter gilt $|I| = \dfrac{|\Delta\phi|}{|R_\Omega|}$, dann gilt für den Widerstand

$$\begin{aligned} R_\Omega &= \frac{RT}{S j_0 F} \\ &= \frac{2.4789\ \text{kJ mol}^{-1}}{(1\ \text{cm}^2) \cdot (9.6485 \cdot 10^4\ \text{C mol}^{-1}) \cdot j_0} \\ &= \frac{2.57 \cdot 10^{-2}\ \Omega}{j_0/\text{A cm}^{-2}} \end{aligned} \qquad [1\ \Omega = 1\ \text{V A}^{-1} = 1\ \text{J C}^{-1}\ \text{A}^{-1}].$$

Dann erhalten wir

(a) $\mathrm{Pt}\,|\,\mathrm{H_2}\,|\,\mathrm{H^+}$; $j_0 = 7.9 \cdot 10^{-4}$ A cm^{-2}.

$$R_\Omega = \frac{2.57 \cdot 10^{-2}\ \text{O}}{7.90 \cdot 10^{-4}} = \underline{33\ \Omega.}$$

(b) $\mathrm{Hg}\,|\,\mathrm{H_2}\,|\,\mathrm{H^+}$; $j_0 = 0.79 \cdot 10^{-12}$ A cm^{-2}.

$$R_\Omega = \frac{2.57 \cdot 10^{-2}\ \text{O}}{0.79 \cdot 10^{-12}} = \underline{3.3 \cdot 1010\ \Omega.}$$

32-9 $j = j_0 \cdot \left\{ e^{(1-\alpha)\cdot\frac{\eta F}{RT}} - e^{-\alpha\cdot\frac{\eta F}{RT}} \right\}$ [32.1–7]

$$= j_0 \cdot \left\{ 1 + \left((1-\alpha)\cdot\frac{\eta F}{RT}\right) + \tfrac{1}{2}\cdot\left((1-\alpha)\cdot\frac{\eta F}{RT}\right)^2 - \ldots - 1 - \left(-\alpha\cdot\frac{\eta F}{RT}\right) - \tfrac{1}{2}\cdot\left(-\alpha\cdot\frac{\eta F}{RT}\right)^2 - \ldots \right\}$$

$$= j_0 \cdot \left\{ \frac{\eta F}{RT} + \tfrac{1}{2} \cdot \left(\frac{\eta F}{RT}\right)^2 \cdot (1-2\alpha) + \ldots \right\}.$$

$$\langle \eta \rangle = 0 \left[\left(\frac{\omega}{2\pi}\right) \int_0^{\frac{2\pi}{\omega}} \cos \omega t \; dt = 0, \text{ wenn } \frac{2\pi}{\omega} \text{ die Periode ist} \right],$$

$$\langle \eta^2 \rangle = \tfrac{1}{2}\, \eta_0^2 \left[\left(\frac{\omega}{2\pi}\right) \int_0^{\frac{2\pi}{\omega}} \cos^2 \omega t \; dt = \frac{1}{2} \right].$$

Das ergibt $\langle j \rangle = \tfrac{1}{4} \cdot (1-2\alpha) \cdot \left(\frac{F}{RT}\right)^2 \cdot j_0 \cdot \eta_0^2.$

Wie behauptet ist $\langle j \rangle = 0$ für $\alpha = \tfrac{1}{2}$.

32-10 $\langle I \rangle = \tfrac{1}{4} \cdot S \cdot (1-2\alpha) \cdot \left(\frac{F}{RT}\right)^2 \cdot j_0 \cdot \eta_0^2$ [Aufgabe 32–9]

$$= \tfrac{1}{4} \cdot (1 \text{ cm}^2) \cdot (1-0.76) \cdot \frac{1}{(0.0257 \text{ V})^2} \cdot (7.90 \cdot 10^{-4} \text{ A cm}^{-2}) \cdot (10 \text{ mV})^2$$

$$= \underline{7.2 \; \mu\text{A}}.$$

32-11 η soll zwischen η_+ und η_- um den Mittelwert η_0 oszillieren. Wenn η_- groß und positiv ist, gilt dann

$$j \approx j_0 \cdot e^{(1-\alpha)\cdot\frac{\eta F}{RT}} \quad [32.1\text{–}10a] \quad = j_0 \cdot e^{\frac{\eta F}{2RT}} \quad \left[\alpha = \tfrac{1}{2}\right].$$

Den zeitlichen Verlauf von η zeigt Abb. 32-2a. j hat die Form einer Kette aus ansteigenden und fallenden Potentialen. Während der Anstiegsphasen gilt

$j = j_0 \cdot e^{(\eta_+ + \gamma t)\cdot\frac{F}{2RT}} \propto e^{\frac{t}{\tau}}$ und während der Abstiegsphasen $j = j_0 \cdot e^{(\eta_+ - \gamma t)\cdot\frac{F}{2RT}} \propto e^{-\frac{t}{\tau}}$, siehe dazu Abb. 32-2b. Hier ist $\tau = \frac{2RT}{\gamma F}$ mit einer Konstanten γ.

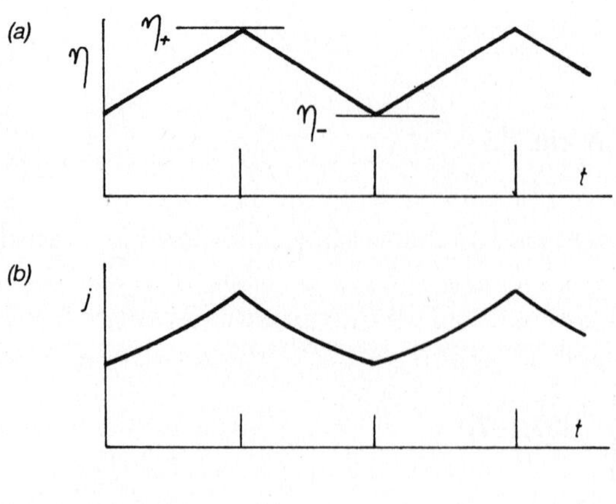

Abb. 32–2

32-12 $\ln j = \ln j_0 + (1-\alpha) \cdot \frac{\eta F}{RT}$ [32.1–10a].

Wir stellen die folgende Tabelle auf:

η/mV	50	100	150	200	250
$\ln j^+/(\text{mA cm}^{-2})$	0.98	2.19	3.40	4.61	5.81

Diese Punkte sind in Abb. 32–3 aufgetragen. Die Abszisse wird bei –0.25 geschnitten; daraus folgt $j_0/(\text{mA cm}^{-2}) = e^{-0.25} = \underline{0.78.}$ Die Steigung ist 0.0243, das ergibt

$$\frac{(1-\alpha)\cdot F}{RT} = 0.0243 \text{ mV}^{-1}, \quad 1-\alpha = 0.62 \quad \text{und} \quad \alpha = \underline{0.38.}$$

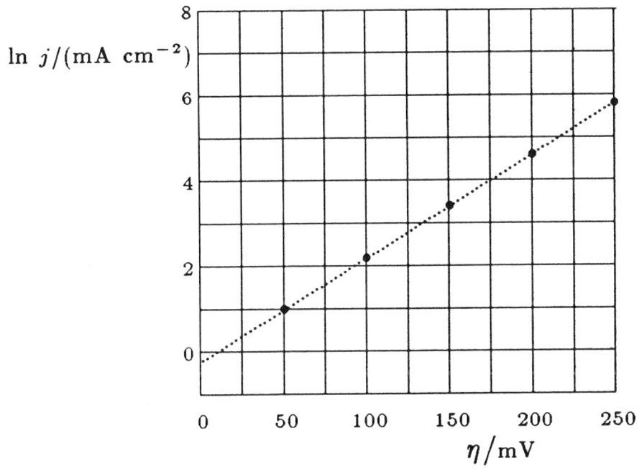

Abb. 32–3

32-13 Wenn η groß und negativ ist, gilt

$$j \approx j_0 \cdot \exp\left(-\alpha \cdot \frac{\eta F}{RT}\right) = -(0.78 \text{ mA cm}^{-2}) \cdot \exp\left(\frac{-38\cdot\eta}{25.7 \text{ mV}}\right)$$

$$= \underline{-(0.78 \text{ mA cm}^{-2}) \cdot \exp(-0.015 \cdot (\eta/\text{mV}))}, \quad \eta < 0.$$

31-14 Damit Kationen abgeschieden werden, muß ein nicht zu geringer Strom auf die Elektrode zu fließen.

Im vorliegenden Fall ist $E_{\text{Gl}}(\text{Cu}) \approx 0.34$ V und $E_{\text{Gl}} \approx -0.76$ V. Kupfer wird also abgeschieden, wenn E unter den Wert 0.34 V sinkt (das entspricht $\Delta\phi(\text{M,S})$ in der Umgebung der Elektrode), und zwar so lange, bis nur noch so wenig Kupfer vorhanden ist, daß die Grenzstromdichte erreicht ist. Eine weitere Senkung des Potentials bis auf die Differenz –0.67 V wird dann nicht mehr durch eine Abscheidung von Kupferionen kompensiert, und die Abscheidung von Zn kann beginnen.

32-15 Wir setzen voraus, daß die Aktivitätskoeffizienten gleich Eins sind; dann erfolgt eine Abscheidung von Kupfer und Zink für $E < E_{\text{Gl}} \approx E^{\ominus}$. Das ist gleichzeitig die Bedingung dafür, daß in der Butler-Volmer-Gleichung [32.1–7] der erste Summand gegenüber dem zweiten überwiegt. Die kleinsten Potential-Differenzen sind deshalb <u>0.34 V</u> bzw. <u>− 0.76 V.</u> Wenn die Konzentrationen gleich 0.01 M sind, haben wir [vergl. Aufgabe 32–14]

$$E_{\mathrm{Gl}} = E^{\ominus} + \frac{RT}{2F} \cdot \ln 0.01 = E^{\ominus} - 0.06\ \mathrm{V};$$

dann sind die Abscheidungsspannungen für Kupfer und Zink

$$(0.34 - 0.06)\ \mathrm{V} = \underline{0.28\ \mathrm{V}} \quad \text{bzw.} \quad (-0.76 - 0.06)\ \mathrm{V} = \underline{-0.82\ \mathrm{V}.}$$

32-16 Von einer wesentlichen Wasserstoff-Entwicklung sprechen wir, wenn auf 1 cm^2 Elektrodenoberfläche in der Stunde 1 cm^3 Gas entwickelt werden; das entspricht einer Stromdichte von 1 mA bzw. von $6.2 \cdot 10^{15}$ Elektronen $cm^{-2}\ s^{-1}$ oder von $1.0 \cdot 10^{-8}$ mol $cm^{-2}\ s^{-1}$. Das ist bei einer Überspannung von 1 V der Fall.

Wegen $E_{\mathrm{Gl}} = E^{\ominus} + \frac{RT}{F} \cdot \ln a_{\mathrm{H}^+}$ [11.4–3] wird bei pH = 1 diese Gasentwicklung bei einer Differenz der Elektrodenpotentiale von $-1.06\ \mathrm{V} \approx -1\ \mathrm{V}$ erreicht. Aber Ag^+ (mit $E^{\ominus} = 0.80$ V) und Cd^{2+} (mit $E^{\ominus} = -0.44$ V) haben bei $a(\mathrm{M}^+) \approx 1$ positivere Abscheidungspotentiale und werden deshalb zuerst abgeschieden.

32-17 Zink scheidet sich aus einer Lösung mit der Aktivität Eins ab, wenn die Potentialdifferenz unter −0.76 V sinkt. Der auf die Zink-Elektrode gerichtete Protonenstrom ist dann

$$j(\mathrm{H}^+) = (5.0 \cdot 10^{-11}\ \mathrm{A\ cm^{-2}}) \cdot \mathrm{e}^{\frac{760\ \mathrm{mV}}{51.4\ \mathrm{mV}}}$$
$$= 1.3 \cdot 10^{-4}\ \mathrm{A\ cm^{-2}} = \underline{0.13\ \mathrm{mA\ cm^{-2}}.}$$

Das ist vernachlässigbar wenig [vergl. Aufgabe 32–6] und bedeutet, daß sich Zink aus der Lösung abscheiden wird.

32-18 Wir gehen wie in der letzten Aufgabe vor. Wenn Zink sich abzuscheiden beginnt, ist der auf die Platinelektrode gerichtete Protonenstrom

$$j(\mathrm{H}^+) = (0.79\ \mathrm{mA\ cm^{-2}}) \cdot \mathrm{e}^{\frac{760\ \mathrm{mV}}{51.4\ \mathrm{mV}}} = \underline{2.1 \cdot 10^{3}\ \mathrm{A\ cm^{-2}},}$$

es findet also eine intensive Wasserstoff-Entwicklung statt, bevor das Abscheidungs-Potential des Zinks erreicht ist.

32-19 Wegen $E^{\ominus}(\mathrm{Mg,Mg^{2+}}) = -2.37$ [Tabelle 12–1] scheidet sich Magnesium ab, sobald die Potentialdifferenz unter diesen Wert sinkt ($a(\mathrm{Mg^{2+}}) = 1$ vorausgesetzt). Der Strom der Wasserstoff-Ionen ist dann

$$j(\mathrm{H}^+) = (5 \cdot 10^{-11}\ \mathrm{A\ cm^{-2}}) \cdot \mathrm{e}^{\frac{2370}{51.4}} = \underline{5.3 \cdot 10^{9}\ \mathrm{A\ cm^{-2}}.}$$

Das ist eine relativ starke Wasserstoffentwicklung ($10^6\ \mathrm{dm^3\ cm^{-2}\ s^{-1}}$), und Magnesium wird nicht abgeschieden.

32-20 $j = \frac{zcFD}{\delta} \cdot \left\{1 - \exp\left(\frac{F\eta^c}{RT}\right)\right\}$ [32.2–7] $= j_L \cdot \left\{1 - \exp\left(\frac{F\eta^c}{RT}\right)\right\}$

und $j_L = \left(\frac{zFD}{\delta}\right) \cdot c$ [32.2–8]. Wie diese Funktion verläuft, ist in Abb. 32–4 wiedergegeben.

[η^c ist negativ!]

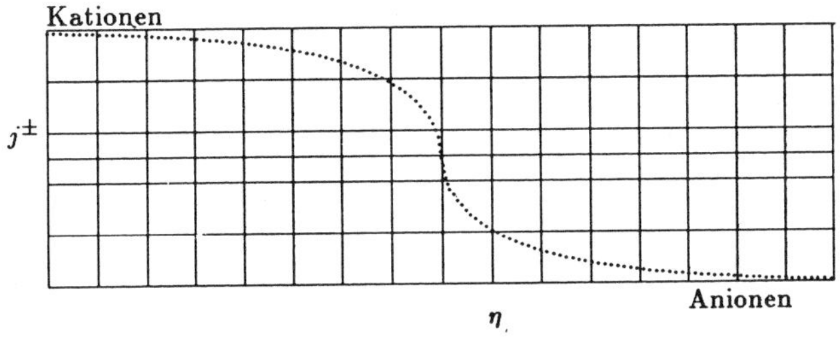

Abb. 32–4

Wenn man den Anionenstrom untersuchen will, hat man das Vorzeichen von η^c umzukehren; der Anionenstrom erreicht dann seinen Grenzwert, wenn η^c positiver wird, siehe Aufgabe 32–4.

32-21 $j_L = \left(\frac{FD}{\delta}\right) \cdot c$ [32.2–8].

$$\delta = \frac{FDc_{X^-}}{j_L} = \frac{(9.65 \cdot 10^4 \text{ C mol}^{-1}) \cdot (1.14 \cdot 10^{-9} \text{ m}^2 \text{ s}^{-1}) \cdot (6.6 \cdot 10^{-1} \text{ mol m}^{-3})}{28.9 \cdot 10^{-2} \text{ A m}^{-2}}$$

$= 2.5 \cdot 10^{-4}$ m $=$ $\underline{0.25 \text{ mm}}$.

32-22 $j_L = \left(\frac{zFD}{\delta}\right) \cdot c$ [32.2–8], $D = \left(\frac{RT}{z^2F^2}\right) \cdot \lambda_+$ [Kasten 27–1].

$$j_L = \left(\frac{zF}{\delta}\right) \cdot \left(\frac{RT}{z^2F^2}\right) \cdot \lambda_+ c = \underline{\left(\frac{RT}{zF}\right) \cdot \left(\frac{\lambda_+}{\delta}\right) \cdot c}.$$

32-23 $j_L = \left(\frac{RT}{zF}\right) \cdot \left(\frac{\lambda_+}{\delta}\right) \cdot c$ [Aufgabe 32–22].

Mit $j_L = \frac{I}{S}$ und $S = 40 \text{ cm}^2$ stellen wir jetzt die folgende Tabelle auf:

$c(Fe^{2+})$/M	0.250	0.125	0.063	0.031
$j_L/(\text{mA cm}^{-2})$	5.38	2.68	1.23	0.58

Diese Punkte sind in Abb. 32–5 aufgetragen. Sie liegen auf einer Geraden mit der Steigung 22.3. Daraus folgt

$$\left(\frac{RT}{zF}\right) \cdot \left(\frac{\lambda_+}{\delta}\right) = 22.3 \text{ mA cm}^{-2} \text{ M}^{-1} = 0.223 \text{ A m mol}^{-1}.$$

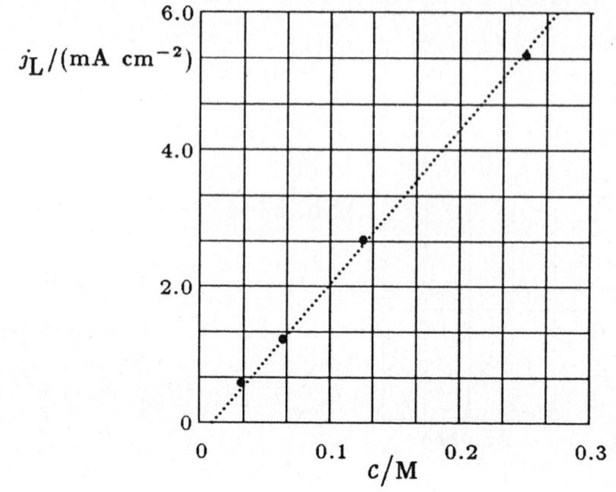

Abb. 32–5

$$\left(\frac{RT}{zF}\right) \cdot \lambda_+ = \frac{1}{2} \cdot (0.0257 \text{ V}) \cdot (40 \text{ S cm}^2 \text{ mol}^{-1})$$

$$= 0.514 \text{ V S cm}^2 \text{ mol}^{-1} = 0.514 \cdot 10^{-4} \text{ A m}^2 \text{ mol}^{-1}.$$

Damit erhalten wir

$$\delta = \frac{0.514 \cdot 10^{-4} \text{ A m}^2 \text{ mol}^{-1}}{0.223 \text{ A m mol}^{-1}} = 2.3 \cdot 10^{-4} \text{ m} = \underline{0.23 \text{ mm.}}$$

Zur Bestimmung von λ eignen sich Messungen des Brechungsindex sowie spektroskopische Methoden.

32-24 $E_{\text{Gl}}(\text{M,M}^{z+}) = E^{\ominus}(\text{M,M}^{z+}) + \left(\frac{RT}{z_+F}\right) \cdot \ln a(\text{M}^{z+})$ [11.4–3].

Die Abscheidung erfolgt, wenn E kleiner als $E_{\text{Gl}}(\text{M,M}^{z+})$ wird. Gleichzeitige Abscheidung von Sn und Pb setzt $E_{\text{Gl}}(\text{Sn,Sn}^{2+}) = E_{\text{Gl}}(\text{Pb,Pb}^{2+})$ voraus. Das ist möglich für

$$E^{\ominus}(\text{Sn,Sn}^{2+}) + \frac{RT}{2F} \cdot \ln a(\text{Sn}^{2+}) = E^{\ominus}(\text{Pb,Pb}^{2+}) + \frac{RT}{2F} \cdot \ln a(\text{Pb}^{2+}) \quad \text{oder}$$

$$\ln \frac{a(\text{Sn}^{2+})}{a(\text{Pb}^{2+})} = \left(\frac{2F}{RT}\right) \cdot \left\{E^{\ominus}(\text{Pb,Pb}^{2+}) - E^{\ominus}(\text{Sn,Sn}^{2+})\right\}$$

$$= \frac{2}{0.0257 \text{ V}} \cdot \{-0.126 \, V - (-0.136 \text{ V})\} = 0.78.$$

Das ergibt $\frac{a(\text{Sn}^{2+})}{a(\text{Pb}^{2+})} \approx \underline{2.2.}$

32-25 Die Werte für $E^{\ominus}(\text{M,M}^+)$ sind sehr verschieden, damit ist eine gleichzeitige Abscheidung unwahrscheinlich. Für das Abscheidungspotential ist aber E_{Gl} und nicht $E^{\ominus}$ bestimmend. Man kann also im Prinzip die E_{Gl} zur Deckung bringen, wenn man die Aktivitäten der Ionen verändert. Wenn man einen

Komplexbildner wie z. B. CN^- zusetzt und wenn sich die Komplexbildungs-Konstanten für die Metall-Ionen unterscheiden, kann man diese Bedingung erfüllen.

32-26 Diese Zelle ist in Abschnitt 32.4b beschrieben.

Linke Halbzelle: $Cd(OH)_2 + 2\ e^- \rightarrow Cd + 2\ OH^-$, $E^\ominus = -0.81$ V.

Rechte Halbzelle: $NiOOH + e^- + H_2O \rightarrow Ni(OH)_2 + OH^-$, $E^\ominus = 0.49$ V.

[Die Zahlenwerte stammen aus Tabelle 12–1.]
Das ergibt für die EMK der Zelle $-0.81\ V - 0.49\ V = \underline{-1.30\ V}$., wenn die rechte Elektrode die Cd-Elektrode ist. Das ist zugleich die maximale Potentialdifferenz der Zelle für den Fall, daß sie reversibel arbeitet. Wenn sie reversibel arbeitet und wenn dabei ein Strom von 100 mA fließt, so leistet sie

$$P = I \cdot E_{Gl} \quad [32.3\text{–}6] \quad = (100 \cdot 10^{-3}\ A) \cdot (1.3\ V) = \underline{0.13\ W.}$$

32-27 $E^\ominus = \dfrac{-\Delta_r G^\ominus}{\nu F}$ [12.3–1], wenn die Reaktionspartner in ihren Standardzuständen sind.

(a) $H_2 + \frac{1}{2}\ O_2 \rightleftharpoons H_2O$, $\Delta_r G^\ominus = -237.1\ kJ\ mol^{-1}$ [Tabelle 4–1].

Bei dieser Reaktion werden zwei Elektronen übertragen. Dann ist

$$E^\ominus = -\frac{-237.1\ kJ\ mol^{-1}}{2 \cdot 9.648 \cdot 10^4\ C\ mol^{-1}} = \underline{1.23\ V.}$$

(b) $CH_4 + 2\ O_2 \rightleftharpoons CO_2 + 2\ H_2O$;

$$\begin{aligned}\Delta_r G^\ominus &= 2\Delta_b G^\ominus(H_2O) + \Delta_b G^\ominus(CO_2) - \Delta_b G^\ominus(CH_4)\\ &= \{2 \cdot (-237.1) + (-394.4) - (-50.7)\}\ kJ\ mol^{-1} = -817.9\ kJ\ mol^{-1}.\end{aligned}$$

So wie wir sie hingeschrieben haben, ist die Reaktion mit einem Umsatz von acht Elektronen verbunden. Wenn sich die Reaktionspartner in ihren Standardzuständen befinden, gilt dann

$$E^\ominus = -\frac{-817.9\ kJ\ mol^{-1}}{8 \cdot 9.648 \cdot 10^4\ C\ mol^{-1}} = \underline{1.06\ V.}$$

32-28 $E = E_{Gl} - I \cdot R_s - \left(\dfrac{2RT}{zF}\right) \cdot \ln f(I)$ [32.3–5a],

$$f(I) = \frac{\left(\dfrac{I^2}{A^2 j_0 j_0'}\right)}{\sqrt{1 - \dfrac{I}{A j_L}} \cdot \sqrt{1 - \dfrac{I}{A j_L'}}}.$$

$$j_L = \left(\frac{zFD}{\delta}\right) \cdot c \quad [32.2\text{–}8] \quad = \left(\frac{RT}{zF}\right) \cdot \left(\frac{\lambda_+}{\delta}\right) \cdot c \quad \text{[Beispiel 32-3]}.$$

$R_s = \dfrac{l}{\kappa A}$ [27.1–1, A ist eigentlich der Querschnitt der Zelle, aber wenn wir voraussetzen, daß die Elektroden gleichzeitig zwei Wände der Zelle bilden, müssen ihre Oberflächen gleich dem Querschnitt der Zelle sein.]

$k = \Lambda_m C$ [27.1–2], dann ist $R_s = \frac{l}{c\Lambda_m A}$. $[\Lambda_m = \lambda_+ + \lambda_-]$

Das ergibt

$$E = E_{Gl} - \frac{I \cdot l}{cA\Lambda_m} - \frac{2RT}{zF} \cdot \ln f(I),$$

$$f(I) = \frac{\left(\frac{I^2}{A^2 j_0 j_0'}\right)}{\sqrt{1 - \frac{I}{Aa\lambda_+}} \cdot \sqrt{1 - \frac{I}{Aa'\lambda_+'}}}$$

mit $a = \left(\frac{RT}{zF}\right) \cdot \left(\frac{\lambda_+}{\delta}\right) \cdot c$ und $a' = \left(\frac{RT}{z'F}\right) \cdot \left(\frac{\lambda_+'}{\delta'}\right) \cdot c'$.

32-29 Zn | $ZnSO_4$(aq) || $CuSO_4$(aq) |$_{Cu}$

$l = 5$ cm, $A = 5$ cm^2, $c(M^+) = c(M'^+) = 1$ M.

$z = z' = 2$, $\lambda_+ = 107$ S cm^2 mol^{-1} [Tabelle 27–1], $\lambda_+' = 106$ S cm^2 mol^{-1} [Tabelle 27–1];

wir verwenden $\lambda_+ \approx \lambda_+' = 107$ S cm^2 mol^{-1}.

Für beide Salzlösungen gilt

$\Lambda_m \approx (107 + 160)$ S cm^2 mol^{-1} = 267 S cm^2 mol^{-1}.

$\lambda \approx 0.25$ mm [Aufgabe 32–21], $j_0 \approx 1$ mA cm$^{-2} \approx j_0'^+$.

$E^\ominus[a \approx 1] = E^\ominus(Cu, Cu^{+2}) - E^\ominus(Zn, Zn^{2+}) = 0.34\text{ V} - (-0.76\text{ V}) = 1.10$ V.

$$R_s = \frac{5\text{ cm}}{(1\text{ M}) \cdot (267\text{ S cm}^2\text{ mol}^{-1}) \cdot (5\text{ cm}^2)} = 4\ \Omega.$$

$$j_L \approx j_L^+ = \frac{\frac{1}{2} \cdot (0.0257\text{ V})\ (107\text{ S cm}^2\text{ mol}^{-1}) \cdot (1\text{ M})}{0.25\text{ mm}} = 5.5 \cdot 10^{-2}\text{ S V cm}^{-2} = 5.5 \cdot 10^{-2}\text{ A cm}^{-2}.$$

$$E/\text{V} = 1.100 - 3.8 \cdot (I/\text{A}) - 0.0257 \cdot \ln \frac{(I/5 \cdot 10^{-3}\text{ A})^2}{1 - 3.6 \cdot (I/\text{A})}$$

$$= 1.100 - 3.8 \cdot (I/\text{A}) - 0.0257 \cdot \ln \frac{4 \cdot 10^4 \cdot (I/\text{A})^2}{1 - 3.6 \cdot (I/\text{A})}.$$

Diese Funktion ist in Abb. 32–6 wiedergegeben.

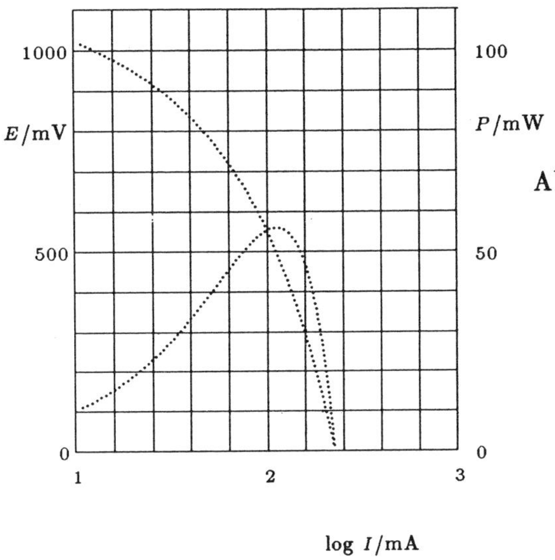

Abb. 32–6

32-30 $P = IE$ [32.3–6].

$$P/\text{W} = 1.100 \cdot (I/\text{A}) - 3.8 \cdot (I/\text{A})^2 + 0.0257 \cdot (I/\text{A}) \cdot \ln \frac{4 \cdot 10^4 \cdot (I/\text{A})^2}{1 - 3.6 \cdot (I/\text{A})} \quad \text{[Aufgabe 32-29].}$$

Diese Funktion ist in Abb. 32–6 aufgetragen. Bei 120 mA und 0.6 V erhält man eine maximale Leistung von etwa 60 mW.

32-31 $E = E_{\text{Gl}} - \frac{4RT}{zF} \cdot \ln\left(\frac{I}{A \cdot \sqrt{j_0 j_0'}}\right) - IR_{\text{s}}$ [32.3–5]

$$p = IE = IE_{\text{Gl}} - aI \cdot \ln\left(\frac{I}{I_0}\right) - I^2 R_{\text{s}} \quad \text{mit} \quad a = \frac{4RT}{zF} \quad \text{und} \quad I_0 = A \cdot \sqrt{j_0 j_0'}.$$

Am Maximum ist $\frac{\mathrm{d}P}{\mathrm{d}I} = 0$; daraus folgt $E_{\text{Gl}} - a \cdot \ln\left(\frac{I}{I_0}\right) - a - 2IR_{\text{s}} = 0$ oder

$$\ln\left(\frac{I}{I_0}\right) = \left\{\frac{E_{\text{Gl}}}{a} - 1\right\} - \frac{2IR_{\text{s}}}{a} \quad \text{am Maximum von } P.$$

Das hat die Gestalt $\ln\left(\frac{I}{I_0}\right) = c_1 - c_2 \cdot I$ mit $c_1 = \frac{E_{\text{Gl}}}{a} - 1 = \frac{zE_{\text{Gl}}F}{4RT} - 1$ und

$c_2 = \frac{2R_{\text{s}}}{a} = \frac{zFR_{\text{s}}}{2RT}$. Zur Ausrechnung verwenden wir die Daten aus Aufgabe 32–29:

$$I_0 = A \cdot \sqrt{j_0 j_0'} = (5 \text{ cm}^2) \cdot (1 \text{ mA cm}^{-2}) = 5 \text{ mA},$$

$$c_1 - \frac{2 \cdot (1.10 \text{ V})}{4 \cdot (0.0257 \text{ V})} - 1 = 20.40,$$

$$c_2 = \frac{2 \cdot (3.8\ \Omega)}{2 \cdot (0.0257 \text{ V})} = 148\ \Omega\ \text{V}^{-1} = 148\ \text{A}^{-1}.$$

Das ist $\ln 0.20/\text{mA} = 20.40 - 0.148 \cdot (I/\text{mA})$.

Jetzt stellen wir die folgende Tabelle auf:

I/mA	115	116	117	118	120
ln $(0.20 \cdot I)$/mA	3.14	3.14	3.15	3.16	3.18
$20.40 - 0.148 \cdot (I/\text{mA})$	3.38	3.23	3.08	2.94	2.64

Diese beiden Reihen sind in Abb. 32–7 aufgetragen. Sie schneiden sich bei $I = 116.5$ mA; das entspricht dem Strom beim Maximum der Leistung. Diese maximale Leistung ist

$$P = (116.5 \text{ mA}) \cdot (1.10 \text{ V}) - (0.0514 \text{ V}) \cdot (116.5 \text{ mA}) \cdot \ln \frac{116.5}{5} - (116.5 \text{ mA})^2 \cdot (3.8\ \Omega)$$
$$= \underline{57.7 \text{ mW.}}$$

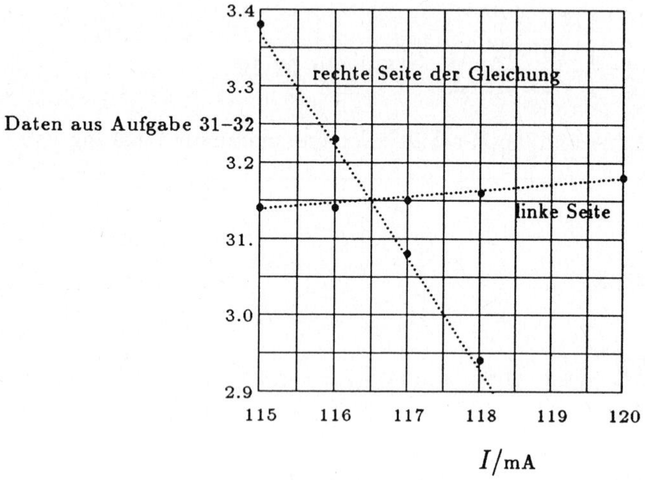

Abb. 32–7

32-32 Die Reaktion $M + M'^{+} \rightarrow M^{+} + M'$ ist thermodynamisch begünstigt, wenn

$E_{Gl}(M'^{+},M') > E_{Gl}(M^{+},M)$ gilt.

In unserem Fall ist $E^{\ominus}(Fe^{2+},Fe) = -0.44$ V und $E^{\ominus}(Cu^{2+},Cu) = 0.34$ V [Tabelle12–1], es ist also $E^{\ominus}(Cu^{2+},Cu) \rightarrow E^{\ominus}(Fe^{2+},Fe)$. Die Reaktion $Fe + Cu^{2+} \rightarrow Fe^{2+} + Cu$ ist damit spontan, und die Eisen-Komponente der Anlage wird zuerst korrodieren.

32-33 $2\ H_2O + O_2 + 4\ e^- \rightleftharpoons 4\ OH^-, \quad E^{\ominus} = 0.40$ V.

$$E_{Gl} = E^{\ominus} - \frac{RT}{F} \cdot \ln a(OH^-) \quad [11.4\text{–}5].$$

Wegen $a(OH^-) \cdot a(H^+) = K_w$ erhalten wir dann

$$E_{Gl} = \left\{ E^{\ominus} - \frac{RT}{F} \cdot \ln K_w \right\} + \frac{RT}{F} \cdot \ln a(H^+)$$

$$= E^{\ominus} + \frac{2.303 \cdot RT}{F} \cdot pK_w - \frac{2.303 \cdot RT}{F} \cdot pH.$$

Die Austauschstromdichte für H^+ auf Metallen (z. B. Fe) liegt typischerweise bei 10^{-6} A cm^{-2}, diejenige für Sauerstoff eher bei 10^{-14} A cm^{-2}. Die Entwicklung von Wasserstoff ist also kinetisch begünstigt.

32-34 (a) $E(H_2,H^+) = -(0.059\ V) \cdot pH = -7 \cdot (0.059\ V) = -0.41\ V.$

(b) $E(O_2,H^+) = (1.23\ V) - (0.059\ V) \cdot pH = 0.82\ V.$

$$E(M,M^+) = E^{\ominus}(M,M^+) + \frac{0.059\ V}{z_+} \cdot \log 10^{-6} = E^{\ominus}(M,M^+) - \frac{0.35\ V}{z_+}.$$

Korrosion erfolgt, wenn entweder $E(a)$ oder $E(b) > E(M,M^+)$ ist. Die Standard-Elektrodenpotentiale entnehmen wir der Tabelle 12–1.

(a) Fe: $E^{\ominus}(Fe,Fe^{2+}) = -0.44\ V, \quad z_+ = 2$

$E(Fe,Fe^{2+}) = -0.44\ V - 0.18\ V = -0.62\ V < E(a)$ und $E(b)$.

(b) Cu: $E^{\ominus}(Cu,Cu^+) = +0.52\ V - 0.35\ V = 0.17\ V \begin{cases} > E(a) \\ < E(b) \end{cases}$

$E(Cu,Cu^{2+}) = 0.34\ V - 0.18\ V = 0.16\ V \begin{cases} > E(a) \\ < E(b) \end{cases}$

(c) Pb: $E^{\ominus}(Pb,Pb^{2+}) = -0.13\ V,$

$E(Pb,Pb^{2+}) = -0.13\ V - 0.18\ V = -0.31\ V \begin{cases} > E(a) \\ < E(b) \end{cases}$

(d) Al: $E^{\ominus}(Al,Al^{3+}) = -1.66\ V,$

$E(Al,Al^{3+}) = -1.66\ V - 0.12\ V = -1.78\ V < E(a)$ und $E(b)$.

(e) Ag: $E^{\ominus}(Ag,Ag^+) = 0.80\ V,$

$E(Ag,Ag^+) = 0.80\ V - 0.35\ V = 0.45\ V \begin{cases} > E(a) \\ < E(b) \end{cases}$

(f) Cr: $E^{\ominus}(Cr,Cr^{3+}) = -0.74\ V,$

$E(Cr,Cr^{3+}) = -0.74\ V - 0.12\ V = -0.86\ V < E(a)$ und $E(b)$.

(g) Co: $E^{\ominus}(Co,Co^{2+}) = -0.28\ V,$

$E(Co,Co^{2+}) = -0.28\ V - 0.15\ V = -0.43\ V < E(a)$ und $E(b)$.

In feuchter Umgebung bei $pH = 7$ korrodieren also in Abwesenheit von Sauerstoff nur Fe, Al, Co und Cr. In Gegenwart von Sauerstoff korrodieren alle sieben.

32-35 $I_{korr} = \bar{A}\bar{j}_0 \cdot e^{\frac{FE}{4RT}}$ [32.4–3]

$\bar{A} = 0.25\ cm^2, \quad \bar{j}_0 = 10^{-6}\ A\ cm^{-2}, \quad z \approx 1$

$E = -0.62\ V - (-0.94\ V)$ [Aufgabe 32–34] $= 0.32\ V.$

$I_{korr} \approx (0.25 \cdot 10^{-6}\ A) \cdot e^{\frac{0.32}{4 \cdot 0.0257}} = 6 \cdot 10^{-6}\ A = \underline{6\ \mu A}.$

Weiterführende und ergänzende Literatur

Kapitel 0

Physikalische Chemie. E. A. Moelwyn-Hughes; Thieme, Stuttgart, 1970.

Moleküle und Molekülanhäufungen. H.-D. Försterling und H. Kuhn; Springer, Heidelberg, 1983

Lehrbuch der Physikalischen Chemie. G. Wedler; 3. durchges. Auflage, VCH Verlagsgesellschaft, Weinheim, 1987.

Physikalische Chemie. W. J. Moore; de Gruyter, Berlin, 1983.

Praxis der Physikalischen Chemie. H.-D. Försterling und H. Kuhn; Springer, Heidelberg, 1984

Physikalische Methoden in der Chemie. Hsg. von B. Schröder und J. Rudolph; VCH Verlagsgesellschaft, Weinheim, 1985.

Kristallstruktur und chemische Bindung. A. Weiss und H. Witte; VCH Verlagsgesellschaft, Weinheim, 1983.

Kristallphysik. S. Haussühl; VCH Verlagsgesellschaft, Weinheim, 1984.

Computeranwendungen in der Chemie. K. Ebert und H. Ederer; VCH Verlagsgesellschaft, Weinheim, 1983.

Mengenberechnungen in der Chemie. W. Kullbach; VCH Verlagsgesellschaft, Weinheim, 1980.

Aufgabensammlung Physikalische Chemie in SI-Einheiten. B. W. Hawes und N. Davies; VCH Verlagsgesellschaft, Weinheim, 1975.

Physikalisch-chemisches Rechnen. W. Wittenberger und W. Fritz; Springer, Heidelberg, 1980.

Kapitel 1

Properties of matter. B. H. Flowers und E. Mendoza; Wiley, London, 1970.

Gases, liquids, and solids (2nd edn). D. Tabor; Cambridge University Press, 1979.

Three phases of matter (2nd edn). A. J. Walton; Clarendon Press, Oxford, 1983.

Determination of pressure and volume. G. W. Thomson and D. R. Douslin; in *Techniques of chemistry* (A. Weissberger and D. R. Rossiter, eds.) V, 23, Wiley-Interscience, New York, 1971.

The measurement of temperature. J. A. Hall; Barnes and Noble, New York, 1966.

Temperature. J. F. Swindells; NBS Special Publication 300, 1968.

Comparisions of equations of state. J. B. Ott, J. R. Coates, and H. T. Hall; J. chem. Educ. **48**, *515 (1971).*

The virial coefficients of pure gases and mixtures. J. H. Dymond and E. B. Smith; Clarendon Press, Oxford, 1980.

International critical tables. Vol. 3 (p, V, T data). McGraw-Hill, New York, 1928.

Das Experiment: Bestimmung der Avogadroschen Zahl mit Oberflächenfilmen. P. Tillmann; Chem. unserer Zeit **2**, *127 (1968).*

Kapitel 2

Basic chemical thermodynamics (3rd edn.). E. B. Smith; Clarendon Press, Oxford, 1982.

Engines, energy, and entropy J. B. Fenn; W. H. Freeman & Co., New York, 1982.

Perpetual motion machines. S. W. Angrist; *Scientific American* **218** (1), 114 (1968).

Chemical thermodynamics (2nd edn). I. M. Klotz and R. M. Rosenberg; Benjamin, New York, 1972.

Chemical thermodynamics. P. A. Rock; University Science Books and Oxford University Press, 1983.

Chemical thermodynamics. M. K. McGlashan; Academic Press, London, 1979.

Heat and thermodynamics. M. W. Zemansky and R. H. Dittman; McGraw-Hill, New York, 1981.

Energy at the surface of the earth. D. H. Miller; Academic Press, New York, 1981.

Bibliography of thermodynamics. L. K. Nash, *J. chem. Educ.* **64**, 42 (1965).

Lehrbuch der Physikalischen Chemie. G. Wedler; 3. durchges. Auflage, VCH Verlagsgesellschaft, Weinheim, 1987.

Thermodynamik. K. Stephan und F. Mayinger; Springer, Heidelberg, 1986.

Einführung in die chemische Thermodynamik. G. Kortüm und H. Lachmann; VCH Verlagsgesellschaft, Weinheim, 1981.

Kapitel 3

Mathematical methods in elementary thermodynamics. S. M. Blinder; *J. chem. Educ.* **43**, 85 (1966)

Chemical thermodynamics P. A. Rock; University Science Books and Oxford University Press, 1983.

Thermodynamics for chemical engineers. K. E. Bett, J. S. Rowlinson, and G. Saville; Athlone Press, London, 1975.

Heat and thermodynamics. M. W. Zemansky and R. H. Dittman; McGraw-Hill, New York, 1981.

Chemical thermodynamics M. L. McGlashan; Academic Press, London, 1979.

Kapitel 4

Experimentelle Methoden:

Calorimetry. J. M. Sturtevant; in *Techniques of chemistry* (A. Weissberger and B. W. Rossiter, eds.) V, 347, Wiley-Interscience, New York, 1971.

Experimental thermochemistry (Vol. 2). F. D. Rossini; Wiley-Interscience, New York, 1956.

Experimental thermochemistry (Vol. 2). H. A. Skinner (ed.); Wiley-Interscience, New York, 1956.

Experimental thermodynamics. J. D. McCullough and D. W. Scott; Butterworths, London, 1968

Grundlagen der Kalorimetrie. W. Hemminger und G. Höhne; VCH Verlagsgesellschaft, Weinheim, 1986.

Anwendungen:

Energy changes in biochcmical rcactions. I. Klotz; Academic Press, New York, 1967.

Bioenergetik. A. Lehninger; Thieme, Stuttgart, 1967.

Daten:

NBS tables of chemical thermodynamic properties. Supplement to Vol. 2, *J. phys. and chem. reference data,* 1982.

Physico-chemical constants of pure organic compounds. J. Timmermans; Elsevier, Amsterdam, 1956.

Selected values of chemical thermodynamic properties. NBS technical note 270, 1965-71 (six parts).

Bond energies, ionization potentials, and electron affinities. V. I. Vedeneyev, L. V. Gurvich, V. N. Kondrat'yev, V. I. Mendaradev, and Y. L. Frankevich; Edward Arnold, London, 1966.

Tables of physical and chemical constants. G. W. C. Kaye and T. H. Laby; Longmans, London, 1973.

Handbook of chemistry and physics (Vol. 65). R. C. Weast (ed.); CRC Press, Boca Raton, 1986.

American Institute of Physics handbook. D. E. Gray (ed.); McGraw-Hill, New York, 1972.

Conversion of standard (1 atm) thermodynamic data to the new standard-state pressure, 1 *bar* (10^5 *Pa*). R. D. Freeman; *Bull. chem. thermodynamics* **25**, 523 (1982).

Ergänzung:

Die differentialkalorimetrische Untersuchung der Reaktivität instabiler Verbindungen. E. Koch; *Angew. Chem.* **82**, 306 (1970).

Kernenergie-Reserven und langfristiger Energiebedarf. K. E. Zimen; *Angew. Chem.* **83**, 1 (1971).

Kapitel 5

The second law. P. W. Atkins; Scientific American Books, New York, 1984.

Chemical thermodynamics. P. A. Rock; University Science Books and Oxford University Press, 1983.

Entropy. J. D. Fast; McGraw-Hill, New York, 1963.

Engines, energy, and entropy. J. B. Fenn; W. H. Freeman & Co., New York, 1982.

Heat and thermodynamics. M. W. Zemansky and R. H. Dittman; McGraw-Hill, New York, 1981.

Bibliography of thermodynamics. L. K. Nash; *J. chem. Educ.* **42**, 71 (1965)

Entropie und Information. J. Peters; *Phys. unserer Zeit* **1**, 162 (1970)

Kapitel 6

Chemical thermodynamics (2nd edn.). I. M. Klotz and R. M. Rosenberg; Benjamin, Menlo Park, 1972.

Chemical thermodynamics. P. A. Rock; University Science Books and Oxford University Press, 1983.

Chemical thermodynamics. M. L. McGlashan; Academic Press, London, 1979.

Heat and thermodynamics. M. W. Zemansky and R. H. Dittman; McGraw-Hill, New York, 1981.

Applications of thermodynamics (2nd edn.). B. D. Wood; Addison-Wesley, New York, 1982.

Wärmepumpen. Phys. unserer Zeit **7**, 97 (1976).

Kapitel 7

Experimentelle Methoden:

Determination of melting and freezing temperatures. E. L. Skau and J. C. Arthur; *Techniques of chemistry* (A. Weissberger and B. W. Rossiter, eds.) V, 105, Wiley-Interscience, New York, 1971.

Determination of boiling and condensation temperatures. J. R. Anderson; *Techniques of chemistry* (A. Weissberger and B. W. Rossiter, eds.) V, 199, Wiley-Interscience, New York, 1971.

Determination of surface and interfacial tension. A. E. Alexander and J. B. Hayter; *Techniques of chemistry* (A. Weissberger and B. W. Rossiter, eds.) V, 501, Wiley-Interscience, New York, 1971.

Tiefe Temperaturen:

The quest for absolute zero. K. Mendelssohn; McGraw-Hill, New York, 1966.

Temperatures very low and very high. M. W. Zemansky, Dover. New York, 1964.

Eigenschaften von Substanzen:

Vapor pressure of organic compounds. T. E. Jordan; Interscience, New York, 1954.

Molecular theory of capillarity. J. S. Rowlinson and B. Widom; Clarendon Press, Oxford, 1982.

Introduction to phase transitions and critical phenomena (2nd edn.). H. E. Stanley; Clarendon Press, Oxford, 1982.

Daten:

Physico-chemical constants of pure organic compounds. J. Timmermans (ed.); Elsevier, Amsterdam, 1956.

Tables of physical and chemical constants. G. W. C. Kaye and T. H. Laby; Longman, London, 1973.

Handbook of chemistry and physics. R. C. Weast (ed.); CRC Press, Boca Raton, 1986.

Datensammlung Chemie in SI-Einheiten. G. H. Aylward und T. J. V. Findlay; VCH Verlagsgesellschaft, Weinheim, 1986.

Bestimmung von Siedetemperaturen unter vermindertem Druck. H. Böhme, R.-H. Böhm und W. Schlephack, *Angew. Chem.* **70**, 699 (1958).

Das Verfahren zur Messung von Dampfdrucken nach Baur und Brunner. G. Gattow und A. Schneider; *Angew. Chem.* **71**, 189 (1959).

Zur Kenntnis der Struktur des Eises. R. Brill; *Angew. Chem.* **74**, 895 (1962).

Schmelzvorgang und Kristallstruktur, A. R. Ubbelohde, *Angew. Chem.* **77**, 614 (1965).

Aus dem Bereich der tiefsten Temperaturen. W. Braunbeck; *Chem. unserer Zeit* **10**, 75 (1976).

Erzeugung tiefer Temperaturen. K. Lüders; *Phys. unserer Zeit* **16**, 89 (1985).

Kapitel 8

Experimentelle Methoden:

Determination of osmotic pressure. J. R. Overton in *Techniques of chemistry* (A. Weissberger and B. W. Rossiter, eds.) V, 309, Wiley-Interscience, New York, 1971.

Determination of solubility. W. J. Mader and L. T. Brady in *Techniques of chemistry* (A. Weissberger and B. W. Rossiter, eds.) V, 257, Wiley-Interscience, New York, 1971.

Eigenschaften von Substanzen:

Liquids and liquid mixtures (3rd edn.). J. S. Rowlinson and F. L. Swinton; Butterworths, London, 1982.

Regular and related solutions. J. H. Hildebrand, J. M. Prausnitz, and R. L. Scott; Van Nostrand Reinhold, New York, 1970.

Properties of liquids and solutions. J. N. Murrell and E. A. Boucher; Wiley-Interscience, New York, 1982.

Chemical thermodynamics. M. L. McGlashan; Academic Press, London, 1979.

Solutions and solubilities. M. R. J. Dack (ed.) in *Techniques of chemistry* (A. Weissberger, ed.) VIII, Wiley-Interscience, New York, 1975.

Oberflächen:

Physical chemistry of surfaces (3rd edn.). A. W. Adamson; Wiley-Interscience, New York, 1976.

Physical surfaces. J. R. Bikerman, Academic Press, New York, 1970.

Interfacial phenomena. J. T. Davies and E. K. Rideal; Academic Press, New York, 1973.

Daten:

International critical tables (Vol. 4). McGraw-Hill, New York, 1927.

Zahlenwerte und Funktionen (vielbändige Serie). Landolt-Börnstein; Springer, Heidelberg.

Physico-chemical constants of binary systems in concentrated solutions (Vols. 1-4). J. Timmermans; Interscience, New York, 1959.

Ergänzung:

Kolonnenkristallisieren. H. Schildknecht und H. Vetter; *Angew. Chem.* **73**, 612 (1961).

Großtechnische Anlagen zur Extraktion mit überkritischen Gasen. R. Eggers; *Angew. Chem.* **90**, 799 (1978).

Fluidextraktion von Hopfen, Gewürzen und Tabak mit überkritischen Gasen. P. Hubert und O. G. Vitzthum, *Angew. Chem.* **90**, 756 (1978).

Chromatographie mit überkritischen fluiden Gasen. E. Klesper; *Angew. Chem.* **90**, 785 (1978).

Phasengleichgewichte und kritische Kurven binärer Systeme aus Ammoniak und Kohlenwasserstoff. H. Lentz und E. U. Franck; *Angew. Chem.* **90**, 775 (1978).

Trennung schwerflüchtiger Stoffe mit komprimierten Gasen in Gegenstromkolonnen. S. Peter und G. Brunner; *Angew. Chem.* **90**, 794 (1978).

Physikalisch-Chemische Grundlagen der Extraktion mit überkritischen Gasen. G. M. Schneider; *Angew. Chem.* **90**, 762 (1978).

Extraktion mit überkritischen Gasen – ein Vorwort. G. Wilke; *Angew. Chem.* **90**, 747 (1978).

Praktische Anwendungen der Stofftrennung mit überkritischen Gasen. K. Zosel; *Angew. Chem.* **90**, 756 (1978).

Kristallisation und Transformation in binären Systemen. N. Kanani; *Phys. unserer Zeit* **13**, 71 (1982).

Kapitel 9

Freezing points, triple points, and phase equilibria. R. C. Parker and D. S. Kristol; *J. chem. Educ.* **51**, 658 (1974).

Phase transitions. A. Alper; Academic Press, New York, 1970.

Geochemistry. W. S. Fyfe; Clarendon Press, Oxford, 1974.

High pressure chemistry. R. S. Bradley and D. C. Munro; Pergamon Press, Oxford, 1965.

The diamond-anvil high-pressure cell. A. Jayaraman; *Scientific American* **250** (4), 42 (1984).

Trennung organischer Mischkristalle durch 'Zonenschmelz-Fraktionieren'. H. Schildknecht und H. Vetter; *Angew. Chem.* **71**, 723 (1959).

Extraktionsmechanismus bei Verteilungsverfahren. H. Specker, M. Cremer und E. Jackwerth; *Angew. Chem.* **71**, 492 (1959).

Phasenverhalten ternärer Systeme des Typs H_2O - Öl - nichtionisches Amphiphil (Mikroemulsionen). M. Kahlweit und R. Strey, *Angew. Chem.* **97**, 655 (1985).

Glas - Festkörper oder Flüssigkeit? J. Jäckle; *Phys. unserer Zeit* **12**, 82 (1981).

Phasenübergänge und hydrodynamische Instabilitäten. I. Rehberg; *Phys. unserer Zeit* **12**, 131 (1981).

Fernstraßenverkehrsbeeinflussung und Physik der Phasenübergänge. *Phys. unserer Zeit* **15**, 84 (1984).

Mischphasenthermodynamik polynärer Systeme. H. Schuberth; VCH Verlagsgesellschaft, Weinheim, 1986.

Kapitel 10

Grundlagen:

Chemical thermodynamics (2nd edn.). I. M. Klotz and R. M. Rosenberg; Benjamin, Menlo Park, 1972.

Chemical thermodynamics. P. A. Rock; University Science Books and Oxford University Press, 1983.

Thermodynamics. G. N. Lewis and M. Randall, revised by K. S. Pitzer and L. Brewer; McGraw-Hill, New York, 1961.

The principles of chemical equilibrium (4th edn.). K. G. Denbigh; Cambridge University Press, 1981.

A thermodynamic bypass: GOTO log K. P. A. Wyatt; Royal Society of Chemistry. London, 1982.

Massenwirkungsgesetz – MWG. W. Schröder; De Gruyter, Berlin, 1975.

Einführung in der chemische Thermodynamik. G. Kortüm und H. Lachmann; VCH Verlagsgesellschaft, Weinheim, 1981.

Anwendungen:

Some thermodynamic aspects of inorganic chemistry (2nd edn.). D. A. Johnson; Cambridge University Press, 1982.

Energy changes in biochemical reactions. I. Klotz; Academic Press, New York, 1967.

Bioenergetik. A. Lehninger; Thieme, Stuttgart, 1982.

Die Messung von Gleichgewichtskonstanten des Deuterium-Austauschs zwischen Schwefelwasserstoff und Wasser. R. Haul, H. Behnke und H. Dietrich; *Angew. Chem.* **71**, 64 (1959).

Der Einfluß des Drucks auf organische Reaktionen in Lösungen. W. J. le Noble; *Chem. unserer Zeit* **17**, 152 (1983).

Daten:

NBS tables of chemical thermodynamic properties. Supplement to Vol. 2, *J. phys. and chem. reference data,* 1982.

Physico-chemical constants of pure organic compounds. J. Timmermans; Elsevier, Amsterdam, 1956.

Selected values of chemical thermodynamic properties. NBS technical note 270, 1965-71 (six parts).

Bond energies, ionization potentials, and electron affinities. V. I. Vedeneyev, L. V. Gurvich, V. N. Kondrat'yev, V. I. Mendaradev, and Y. L. Frankevich; Edward Arnold, London, 1966.)

Tables of physical and chemical constants. G. W. C. Kaye and T. H. Laby; Longmans, London, 1973.

Handbbok of chemistry and physics (Vol. 65). R. C. Weast (ed.); CRC Press, Boca Raton, 1986.

American Institute of Physics handbook. D. E. Gray (ed.); McGraw-Hill, New York, 1972.

Kapitel 11

Electrolyte solutions (2nd edn.). R. A. Robinson and R. H. Stokes; Academic Press, New York and Butterworth, London, 1959.

Modern electrochemistry. J. O'M. Bockris and A. K. N. Reddy; Plenum. New York, 1970.

The physical chemistry of electrolyte solutions. H. S. Harned and B. B. Owen; Reinhold, New York, 1958.

Ionic solution theory. H. L. Friedman; Wiley-Interscience, New York, 1962.

Lehrbuch der Elektrochemie. G. Kortüm; VCH Verlagsgesellschaft, Weinheim, 1972.

Gleichgewichts- und Transporteigenschaften konzentrierter Elektrolytlösungen. R. Haase; *Angew. Chem.* **77**, 517 (1965).

Die Ionenbildung in Lösung. V. Gutmann; *Chem. unserer Zeit* **4**, 90 (1970).

Theorie der Elektrolyte. H. Falkenhagen; Hirzel, Stuttgart, 1971.

Elektrochemie I und *Elektrochemie II.* C. H. Hamann und W. Vielstich; VCH Verlagsgesellschaft, Weinheim, 1985 bzw. 1981.

Kapitel 12

Grundlagen:

Electrolyte solutions (2nd edn.). R. A. Robinson and R. H. Stokes; Academic Press, New York and Butterworth, London, 1959.

Experimental approach to electrochemistry. N. J. Selley; Edward Arnold, London, 1977.

Principles and applications of electrochemsitry (2nd edn.). D. R. Crow; Chapman and Hall, London, 1979.

Modern electrochemistry. J. O'M. Bockris and A. K. N. Reddy; Plenum, New York, 1970.

Lehrbuch der Elektrochemie. G. Kortüm; VCH Verlagsgesellschaft, Weinheim, 1972.

Anwendungen:

The study of ionic equilibria. H. S. Rossotti; Longman, London, 1978.

Chemical applications of e.m.f. H. S. Rosotti; Longman, London, 1978.

Acid-base equilibria. E. J. King; Pergamon Press, Oxford, 1965.

The proton in chemistry. R. P. Bell, Cornell University Press, 1959.

Determination of pH: theory and practice. R. G. Bates; Wiley, New York, 1973.

Theorie der Glaselektrode. K. Schwabe und H. D. Suschke; *Angew. Chem.* **76**, 39 (1964).

Daten:

Electrochemical data. B. E. Conway; Elsevier, Amsterdam, 1952.

The Oxidation states of the elements and their potentials in aqueous solutions. W. M. Latimer; Prentice-Hall, Englewood Cliffs, 1952.

Encyclopedia of electrochemistry of the elements (Vols. 1–6). A. J. Bard; Marcel Dekker, New York, 1973.

Kapitel 13

Entstehung der Quantentheorie:

The strange story of the quantum. B. Hoffman; Dover, New York, 1959.

Black-body theory and the quantum discontinuity, 1894–1912. T. S. Kuhn; Clarendon Press, Oxford, 1978.

The conceptual development of quantum mechanics. M. Jammer; McGraw-Hill, New York, 1966.

Von Planck bis Bohr. A. Hermann; *Angew. Chem.* **82**, 1 (1970).

Grundlagen und Methoden:

Quantization (lecture cassette and workbook). P. W. Atkins; Royal Society of Chemistry, London, 1981.

Quanta: a handbook of concepts. P. W. Atkins; Clarendon Press, Oxford, 1974.

Molecular quantum mechanics (2nd edn.). P. W. Atkins; Oxford University Press, 1983.

Lectures in physics. R. P. Feynman, R. B. Leighton, and M. Sands; W. H. Freeman & Co., San Francisco, 1963.

Atoms and molecules. M. Karplus and R. N. Porter; Benjamin, Menlo Park, 1970.

Methoden und Erkenntnisse der Quantenchemie I (Physikalisch-mathematische Grundlagen). W. Kutzelnigg; *Angew. Chem.* **78**, 789 (1966).

Einführung in die Theoretische Chemie, 2 Bände. W. Kutzelnigg; VCH Verlagsgesellschaft, Weinheim, 1975-1978.

Quantenchemie. H. H. Schmidtke; VCH Verlagsgesellschaft, Weinheim, 1987.

Elektronenstruktur organischer Moleküle. M. Klessinger; VCH Verlagsgesellschaft, Weinheim, 1982.

Quantum Mechanics and Reductionism. H. Primas; Springer, Heidelberg, 1983.

Kapitel 14

Molecular quantum mechanics (2nd edn.). P. W. Atkins; Oxford University Press, 1983.

Quantum mechanics. A. I. M. Rae; McGraw-Hill, London, 1981.

Quantum chemistry. D. A. McQuarrie; University Science Books and Oxford University Press, 1983.

Quantum chemistry (2nd edn.). I. N. Levine; Allyn and Bacon, Boston, 1974.

Introduction to quantum mechanics. L. Pauling and E. B. Wilson; McGraw-Hill, New York, 1935.

Quantum mechanics (2nd edn.). A. S. Davydov; Pergamon Press, Oxford, 1976.

Quantum mechanics. L. I. Schiff; McGraw-Hill, New York, 1968.

Principles of quantum mechanics (4th edn.). P. A. M. Dirac; Clarendon Press, Oxford, 1958.

The tunnel effect in chemistry. R. P. Bell; Chapman and Hall, New York, 1980.

Quantenchemie. H. H. Schmidtke; VCH Verlagsgesellschaft, Weinheim, 1987.

Der lose Zusammenhang zwischen Elektronenkonfiguration und chemischem Verhalten der schweren Elemente (Transurane). C. K. Jorgensen; *Angew. Chem.* **85**, 1 (1973).

Zur Gestalt und Größe von 2p-Orbitalen. A. Berndt. *Chem. unserer Zeit* **3**, 23 (1969).

Atomorbitale. J. Brickmann, M. Kloffler und H.-U. Raab; *Chem. unserer Zeit* **12**, 23 (1978).

Kapitel 15

Structure and spectra of atoms. W. G. Richards and P. R. Scott; Wiley, London, 1976.

Atomic spectra and atomic structure. G. Herzberg; Dover, New York, 1944.

Molecular quantum mechanics (2nd edn.). P. W. Atkins; Oxford University Press, 1983.

Introduction to quantum mechanics. L. Pauling and E. B. Wilson; McGraw-Hill, New York, 1935.

Atoms and molecules. M. Karplus and R. N. Porter; Benjamin, New York, 1970.

Atomic spectra and the vector model. C. Candler; Hilger and Watts, London, 1964.

Atomic spectra (2nd edn.). H. G. Kuhn; Longman, London, 1969.

Atomic structure. E. U. Condon and H. Odabasi; Cambridge University Press, 1980.

Atomic energy levels. C. E. Moore; NBS-Circ. 467, Washington, 1949, 1952, and 1958.

Tables of spectral lines of neutral and ionized atoms. I. R. Striganov and N. S. Sventitskii; Plenum, New York, 1968.

Atomic energy levels and Grotrian diagrams. S. Bashkin and J. O. Stonor Jr.; North-Holland, Amsterdam, 1975 et seq.

Die Absorptions-Flammenphotometrie in der analytischen Chemie. W. Leithe; *Angew. Chem.* **73**, 488 (1961).

Entwicklungsstand der Atomabsorptionsspektrometrie. H. Massmann; *Angew. Chem.* **86**, 542 (1974).

Die Bedeutung der Kraftkonstanten für den Chemiker. J. Goubeau; *Angew. Chem.* **73**, 305 (1961).

Atomabsorptionsspektrometrie. B. Welz; VCH Verlagsgesellschaft, Weinheim, 1983.

Kapitel 16

Grundlagen:

The shape and structure of molecules (2nd edn.). C. A. Coulson (revised by R. McWeeny); Oxford University Press, 1982.

Coulson's Valence. R. McWeeny; Oxford University Press, 1979.

Die Natur der chemischen Bindung. L. Pauling; VCH Verlagsgesellschaft, Weinheim, 1976.

Valence theory. J. N. Murrell, S. F. A. Kettle, and J. M. Tedder, Wiley, New York, 1965.

Molecular quantum mechanics (2nd edn.). P. W. Atkins; Oxford University Press, 1983.

Quantum chemistry. D. A. McQuarrie; University Science Books and Oxford University Press, 1983.

Chemical structure and bonding. R. L. De Kock and H. B. Gray; Benjamin Cummings, Menlo Park, 1980.

Das HMO-Modell und seine Anwendung, 2 Bd. E. Heilbronner und E. Bock; VCH Verlagsgesellschaft, Weinheim, 1976.

Elektronenstruktur organischer Verbindungen. M. Klessinger; VCH Verlagsgesellschaft, Weinheim, 1976.

Strukturen organischer Moleküle. P. Rademacher; VCH Verlagsgesellschaft, Weinheim, 1976.

Ergebnisse quantenmechanischer Rechnungen:

Atoms and molecules. M. Karplus and N. R. Porter; Van Nostrand, New York, 1970.

The organic chemist's book of orbitals. W. L. Jorgensen and L. Salem; Academic Press, New York, 1973.

Molecular wavefunctions. E. Steiner; Cambridge University Press, 1976.

Quantum chemistry (the development of ab initio methods in molecular electronic structure theory). H. Shaefer III; Clarendon Press, Oxford, 1984.

Festkörper:

Kristallstruktur und chemische Bindung. A. Weiss und H. Witte; VCH Verlagsgesellschaft, Weinheim, 1983.

Bond theory of metals. S. L. Altmann; Pergamon Press, Oxford, 1970.

Electronic structure and the properties of solids. W. A. Harrison; W. H. Freeman & Co., San Francisco, 1980.

Ergänzung:

Die Benzolformel – Eine kurze Problemgeschichte. H. Hartmann; *Angew. Chem.* **77**, 750 (1965).

Spektroskopie, Molekülorbitale uund chemische Bindung (Nobelvortrag). R. S. Mulliken; *Angew. Chem.* **79**, 541 (1967).

Strukturelle Aspekte der interatomaren Charge-Transfer-Bindung (Nobelvortrag). O. Hassel; *Angew. Chem.* **82**, 821 (1970).

Chemische Bindung in Festkörpern. H. Hartmann; *Angew. Chem.* **83**, 521 (1971).

Magnetismus und lokales Molekularfeld (Nobel-Vortrag). L. Neel; *Angew. Chem.* **83**, 838 (1971).

Was wissen wir über die Metall-Metall-Bindung? H. Varenkamp; *Angew. Chem.* **90**, 403 (1978).

August Kekulé - dem Baumeister der Chemie zum 150. Geburtstag. K. Hafner; *Angew. Chem.* **91**, 685 (1979).

Hybridorbitale und ihre Anwendungen in der Strukturchemie. W. A. Bingel und W. Lüttke; *Angew. Chem.* **93**, 944 (1981).

Die chemische Bindung bei den höheren Hauptgruppenelementen. W. Kutzelnigg; *Angew. Chem.* **96**, 262 (1984).

Chemische Bindung. H. Kuhn; *Chem. unserer Zeit* **1**, 5, 49 (1967).

MO-Theorie – Möglichkeiten und Grenzen. M. Jungen; *Chem. unserer Zeit* **5**, 163 (1971.

"Aromatisch" - was heißt das eigentlich? *Chem. unserer Zeit* **9**, 131 (1975).

Molekülorbitalrechnungen für Vorhersagen in der organischen Chemie. J. J. Dannenberg; *Angew. Chem.* **88**, 602 (1976).

Molekülzustände und Molekülorbitale. H. Bock; *Angew. Chem.* **89**, 631 (1977).

Frühgeschichte der quantenmechanischen Behandlung der chemischen Bindung. F. Hund; *Angew. Chem.* **89**, 89 (1977).

Das Pauli-Prinzip und seine Anwendung auf die chemische Bindung in Molekülen und Festkörpern. L. Jansen und L. Block; *Angew. Chem.* **89**, 317 (1977).

Die Verwendung von Elektronendichtediagrammen in der Quantenchemie. I. Absar und J. R. Van Wazer; *Angew. Chem.* **90**, 86 (1978).

Chemische Bindung anschaulich: Populationsanalysen. R. Ahlrich und C. Ehrhardt; *Chem. unserer Zeit* **19**, 120 (1985).

Die Singulettsauerstoff-Story. W. Adam; *Chem. unserer Zeit* **15**, 190 (1981).

Kapitel 17

Symmetry. H. Weyl; Princeton University Press, 1952.

Symmetry in chemistry. H. H. Jaffe and M. Orchin; Wiley, New York, 1965.

Chemical applications of group theory. F. A. Cotton; Wiley, New York, 1971.

Symmetry and spectroscopy. D. C. Harris and M. D. Bertolucci; Oxford University Press, 1978.

Molecular quantum mechanics (2nd edn.). P. W. Atkins; Oxford University Press, 1983.

Group theory and chemistry. D. M. Bishop; Clarendon Press, Oxford, 1973.

Group theory and quantum mechanics. M. Tinkham; McGraw-Hill, New York, 1964.

Tables for group theory. P. W. Atkins, M. S. Child, and C. S. G. Phillips, Clarendon Press, Oxford, 1970.

Symmetry through the eyes of a chemist. I. Hargittai and M. Hargittai; VCH Verlagsgesellschaft, Weinheim, 1986.

Hundert Jahre Stereochemie – Ein Rückblick auf die wichtigsten Entwicklungsphasen. J. Weyer; *Angew. Chem.* **86**, 604 (1974).

Optische Aktivität und Molekularsymmetrie. C. Reichardt, *Chem. unserer Zeit* **4**, 188 (1970).

Das Konzept von der Erhaltung der Orbitalsymmetrie. R. Hoffmann und R. B. Woodward; *Chem. unserer Zeit* **6**, 164 (1972).

Die Entwicklung der Stereochemie seit Le Bel und van't Hoff. E. L. Eliel; *Chem. unserer Zeit* **8**, 148 (1974).

Einführung in die Molekülsymmetrie. R. Borsdorf u. a.; VCH Verlagsgesellschaft, Weinheim, 1975.

Molekülgeometrie. R. Gillespie; VCH Verlagsgesellschaft, Weinheim, 1975.

Gruppentheorie für Chemiker. D. Wald; VCH Verlagsgesellschaft, Weinheim, 1985.

Kapitel 18

Allgemeine Literatur:

Physikalische Methoden in der Chemie. B. Schröder und J. Rudolph; VCH Verlagsgesellschaft, Weinheim, 1985.

Fundamentals of molecular spectroscopy. C. N. Banwell; McGraw-Hill, New York, 1972.

The determination of molecular structure (2nd edn.). P. J. Wheatley; Clarendon Press, Oxford, 1968.

Spectroscopy. D. H. Whiffen; Longman, 1972.

Molecular quantum mechanics (2nd edn.). P. W. Atkins; Oxford University Press, 1983.

Spectroscopy and molecular structure. G. W. King; Holt, Rinehart, and Winston, New York, 1964.

High resolution spectroscopy. J. M. Hollas; Butterworth, London, 1982.

Molecular structure and dynamics. W. H. Flygare; Prentice-Hall, Englewood Cliffs, 1978.

Mikrowellen-Spektroskopie:

Microwave spectroscopy of gases. T. M. Sugden and C. N. Kenney; Van Nostrand, London, 1965.

Microwave spectroscopy. W. H. Flygare; in *Techniques in chemistry* (A. Weissberger and B. W. Rossiter, eds.) IIIa, 439, Wiley-Interscience, New York, 1972.

Microwave spectroscopy. C. H. Townes and A. L. Schawlow; McGraw-Hill, New York, 1955.

Interstellare Moleküle und Mikrowellenspektroskopie. M. Winnewisser; *Chem. unserer Zeit* **18**, 1, 54 (1984).

IR-Spektroskopie:

Infrared spectroscopy. D. H. Anderson and N. B. Woodall; *Techniques of chemistry* (A. Weissberger and B. W. Rossiter, eds.) IIIB, 1, Wiley-Interscience, New York, 1972.

Vibrating molecules. P. Gans; Chapman and Hall, London, 1971.

The infrared spectra of complex molecules. L. J. Bellamy; Chapman and Hall, London, 1975.

Infrared and Raman spectra of polyatomic molecules. G. Herzberg; Van Nostrand, New York, 1945.

Molecular vibrations. E. B. Wilson, J. C. Decius, and P. C. Cross; McGraw-Hill, New York, 1955.

IR-Spektroskopie. H. Günzler und H. Böck; VCH Verlagsgesellschaft, Weinheim, 1983.

Schwingungsspektroskopie. Weidlein, Müller und Dehnicke; Thieme, Stuttgart, 1982.

Physikalische Methoden in der Chemie: Infrarotspektroskopie. F.-M. Schnepel; *Chem. unserer Zeit* **13**, 33 (1979).

Ultrarot-Spektrum und chemische Konstitution. L. J. Bellamy; Steinkopf, Darmstadt, 1974.

Raman-Spektroskopie:

Raman spectroscopy. J. R. Durig and W. C. Harris, *Techniques of chemistry* (A. Weissberger and B. W. Rossiter, eds.) IIIB, 85, Wiley-Interscience, New York, 1972.

Raman spectroscopy. D. A. Long; McGraw-Hill, New York, 1977.

Laser Raman spectroscopy. T. R. Gilson and P. J. Hendra; Wiley, New York, 1979.

Chemische Anwendungen der Raman-Spektroskopie. B. Schrader; *Angew. Chem.* **85**, 925 (1973).

Physikalische Methoden in der Chemie: Raman-Spektroskopie. F.-M. Schnepel; *Chem. unserer Zeit* **14**, 158 (1980).

Photonenspektroskopie:

Photonenspektroskopie in Festkörpern. P. Fischer, M. Heuser und R. Kloke; *Phys. unserer Zeit* **2**, 33 (1971).

Anwendungen:

Strukturaufklärung in der organischen Chemie. D. H. Williams und I. Fleming; Thieme, Stuttgart, 1985.

Physical methods in chemistry. R. Drago; Saunders, Philadelphia, 1977.

Chemical applications of infrared spectroscopy. C. N. R. Rao; Academic Press, New York, 1963.

Spektroskopische Methoden in der Organischen Chemie. Hesse, Meier und Zeh; Thieme, Stuttgart, 1987.

Spektroskopische Untersuchungen von Molekülstrukturen (Nobel-Vortrag). *Angew. Chem.* **84**, 1126 (1972).

2-Photonenspektroskopie. D. Fröhlich, *Phys. unserer Zeit* **6**, 47 (1975).

Kapitel 19

Allgemeine Literatur:

Physikalische Methoden in der Chemie. B. Schröder und J. Rudolph; VCH Verlagsgesellschaft, Weinheim, 1985.

Fundamentals of molecular spectroscopy. C. N. Banwell; McGraw-Hill, New York, 1972.

The determination of molecular structure (2nd edn.). P. J. Wheatley; Clarendon Press, Oxford, 1968.

Spectroscopy. D. H. Whiffen; Longman, 1972.

Molecular quantum mechanics (2nd edn.). P. W. Atkins; Oxford University Press, 1983.

Spectroscopy and molecular structure. G. W. King; Holt, Rinehart, and Winston, New York, 1964.

High resolution spectroscopy. J. M. Hollas; Butterworth, London, 1982.

Molecular structure and dynamics. W. H. Flygare; Prentice-Hall, Englewood Cliffs, 1978.

Spektren im UV und im Sichtbaren:

Theory and applications of ultraviolet spectroscopy. H. H. Jaffe and M. Orchin; Wiley, New York, 1962.

Ultraviolet and visible spectroscopy. C. N. R. Rao; Butterworth, London, 1967.

Visible and ultraviolet spectroscopy. F. Grum; *Techniques of chemistry* (A. Weissberger and B. W. Rossiter, eds.) IIIB, 207, Wiley-Intersciences, New York, 1972.

Spectra of diatomic molecules. G. Herzberg; Van Nostrand, New York, 1950.

Electronic spectra and electronic structure of polyatomic molecules. G. Herzberg; Van Nostrand, New York, 1966.

Spectroscopy with polarized light. Z. Michl and E. W. Thulstrup, VCH Verlagsgesellschaft, Weinheim, 1987.

Feinauflösende UV/VIS-Derivativspektrometrie höherer Ordnung. G. Talsky, L. Mayring und H. Kreuzer; *Angew. Chem.* **90**, 840 (1978).

Physikalische Methoden in der Chemie: UV-Spektroskopie. J. Dehler und G. Kresze; *Chem. unserer Zeit* **2**, 123 (1968), **3**, 1 (1969).

Prozesse mit angeregten Zuständen:

Photochemie. G. von Bünau und T. Wolff; VCH Verlagsgesellschaft, Weinheim, 1987.

Determination of fluorescence and phosphorescence. N. Wotherspoon, G. K. Oster, and G. Oster; *Techniques of chemistry* (A. Weissberger and B. W. Rossiter, eds.) IIIB, 429, Wiley-Interscience, New York, 1972.

Dissociation energies. A. G. Gaydon; Chapman and Hall, London, 1972.

Photochemistry. J. G. Calvert and J. N. Pitts, Wiley, New York, 1966.

Photophysics of aromatic molecules. J. B. Birks; Wiley, New York, 1970.

Photochemistry: past, present, and future. R. P. Wayne (ed.); *J. photochem.* **25** (1), (1984).

Laser:

Lasers. B. A. Lengyel; Wiley-Interscience, New York, 1971.

Handbook of laser science and technology. M. J. Weber; CRC Press, Boca Raton, 1982.

High resolution spectroscopy. M. Hollas; Butterworth, London, 1982.

Applications of lasers to chemical problems. T. R. Evans (ed.); *Techniques of chemistry, Vol. XVII,* Wiley-Interscience, New York, 1982.

Organische Farbstoffe in der Lasertechnik. F. P. Schäfer; *Angew. Chem.* **82**, 25 (1970).

Der Laser und seine Anwendungen in der Chemie. U. Schindewolf; *Chem. unserer Zeit* **6**, 17 (1972).

Laserlicht aus Farbstofflösungen. W. Schmidt; *Phys. unserer Zeit* **3**, 164 (1972).

Infrarot-Molekülllaser. K. Gürs; *Phys. unserer Zeit* **4**, 38 (1973).

Fern-Infrarot-Laser. J. Fricke; *Phys. unserer Zeit* **14**, 129 (1983).

Industrie-Einsatz von Multi-kW CO_2-Lasern. Phys. unserer Zeit **16**, 1 (1985).

Photoelektronenspektren:

Photoelectron spectroscopy. J. H. Eland; Open University Press, Milton Keynes, 1977.

Photoelectron spectroscopy. A. D. Baker and D. Betteridge; Pergamon Press, Oxford, 1977.

Molecular photoelectron spectroscopy. D. W. Turner, C. Baker, A. D. Baker, and C. R. Brundle; Wiley-Interscience, New York, 1970.

ESCA: Elektronen-Spektroskopie für chemische Analyse. C. Nordling; *Angew. Chem.* **84**, 144 (1972).

Photoelektronen-Spektren und Moleküleigenschaften: Echtzeit-Gasanalytik in strömenden Systemen. H. Bock und B. Solouki; *Angew. Chem.* **93**, 425 (1981).

UV-Photoelektronenspektroskopie. N. Knöpfel, Th. Olbricht und A. Schweig; *Chem. unserer Zeit* **5**, 65 (1971).

Physikalische Methoden in der Chemie: ESCA. K. Levsen; *Chem. unserer Zeit* **10**, 48 (1976).

Ergänzung:

Neuere Untersuchungen über das Elektronengasmodell organischer Farbstoffe. H. Kuhn; *Angew. Chem.* **71**, 93 (1959).

Blitzlicht-Photolyse. G. Porter; *Angew. Chem.* **73**, 7 (1961).

Ein Schlüssel zum Ordnen der Elektronenanregungsspektren organischer Verbindungen. M. Pestemer, G. Bergmann, H. H. Perkampus und B. Schrader; *Angew. Chem.* **77**, 541 (1965).

ENDOR-Spektroskopie – eine fortschrittliche Methode zur Strukturuntersuchung organischer Radikale. H. Kurreck, B. Kirste und W. Lubitz; *Angew. Chem.* **96**, 171 (1984).

Angewandte Fluoreszenz: Weißtöner. U. Clausen; *Chem. unserer Zeit* **7**, 141 (1973).

X-Ray Spectroscopy. B. K. Agarval; Springer, Berlin, 1979.

Röntgen-Absorptionsspektroskopie an freien Molekülen. W. H. E. Schwarz; *Angew. Chem.* **86**, 505 (1974).

Kapitel 20

NMR:

Nuclear magnetic resonance spectroscopy. R. K. Harris; Pitman, London, 1983.

Fourier transform NMR spectroscopy (2nd edn.). D. Shaw; Elsevier, Amsterdam, 1984.

Fourier transform NMR techniques: a practical approach. K. Mullen and P. S. Pregosin; Academic Press, New York, 1976.

NMR and its applications to living systems. D. Gadian; Clarendon Press, Oxford, 1982.

Ein- und zweidimensionale NMR-Spektroskopie. H. Friebolin; VCH Verlagsgesellschaft, Weinheim, 1988.

^{13}C-NMR-Spektroskopie. Kalinowski, Berger und Braun; Thieme, Stuttgart, 1983.

NMR-Spektroskopie. Günther; Thieme, Stuttgart, 1983.

Anwendungen der kernmagnetischen Resonanzspektroskopie in der organischen Chemie. J. D. Roberts; *Angew. Chem.* **75**, 20 (1963).

Kernresonanzspektroskopische Konformationsanalyse an Cyclohexanderivaten. H. Feltkamp und N. C. Franklin; *Angew. Chem.* **77**, 798 (1965).

Nachweis gehinderter Rotationen und Inversionen durch NMR-Spektroskopie. H. Kessler; *Angew. Chem.* **82**, 237 (1970).

Methoden und Anwendungen der kernmagnetischen Doppelresonanz. W. v. Philipsborn; *Angew. Chem.* **83**, 470 (1971).

Verschiebungsreagentien in der NMR-Spektroskopie. R. v. Ammon und R. D. Fischer; *Angew. Chem.* **84**, 737 (1972).

^{17}O-NMR-Spektroskopie zur Lösung chemischer Probleme. W. G. Klemperer; *Angew. Chem.* **90**, 258 (1978).

Kernresonanzspektroskopie mit Natrium-23. P. Laszlo; *Angew. Chem.* **90**, 271 (1978).

Die kinetische und mechanistische Auswertung von NMR-Spektren. G. Binsch und H. Kessler; *Angew. Chem.* **92**, 445 (1980).

^{15}N-NMR-Spektroskopie – neue Methoden und ihre Anwendung. W. v. Philipsborn und R. Müller; *Angew. Chem.* **98**, 381 (1986).

Physikalische Methoden in der Chemie: Kohlenstoff-^{13}-NMR-Spektroskopie. H. Günther; *Chem. unserer Zeit* **8**, 44, 84 (1974).

NMR-Spektroskopie in vivo. A. M. Gronenborn und K. Roth; *Chem. unserer Zeit* **16**, 1 (1982).

NMR-Tomographie. K. Roth und A. M. Gronenborn; *Chem. unserer Zeit* **16**, 35 (1982).

40 Jahre Kernresonanz – zum Jubiläum einer folgenreichen Emtdeckung. H. Günther; *Chem. unserer Zeit* **20**, 173 (1986).

Kernresonanzspektroskopie. M. Gratwohl; *Phys. unserer Zeit* **2**, 168 (1971).

Kernquadrupol-Resonanzspektroskopie. M. Gratwohl; *Phys. unserer Zeit* **3**, 16 (1972).

Protonen-Kernresonanz-Spektroskopie. A. Ault und G. O. Dudek; Steinkopff, Darmstadt, 1978.

^{13}-*C-NMR-Spektroskopie.* L. Ernst; Steinkopff, Darmstadt, 1980.

ESR:

Theory and applications of electron spin resonance. W. Gordy (ed.). *Techniques of chemistry,* XV, Wiley-Interscience. New York, 1980.

Electron spin resonance: elementary theory and practical applications. J. E. Wertz and J. R. Bolton; McGraw-Hill, New York, 1972.

Chemical and biochemical aspects of electron spin resonance spectroscopy. M. C. R. Symons; Van Nostrand Reinhold, New York, 1978.

Zur Anwendung der paramagnetischen Elektronenresonanz in der organischen Chemie. F. Schneider, K. Möbius und M. Plato; *Angew. Chem.* **77**, 888 (1965).

Magnetische Resonanz paramagnetischer Komplexverbindungen. H. J. Keller und K. E. Schwarzhans; *Angew. Chem.* **82**, 227 (1970).

Physikalische Methoden in der Chemie: ESR-Spektroskopie organischer Radikale. F. Bär, S. Berndt und K. Dimroth; *Chem. unserer Zeit* **9**, 18, 45 (1975).

Allgemein:

Strukturaufklärung von Stickstoffverbindungen mit Hilfe von NQR-, NMR- und ESCA-Spektroskopie. H. G. Fitzke, D. Wendisch und R. Holm; *Angew. Chem.* **84**, 1032 (1972).

Holographische Methoden zur Untersuchung photochemischer und photophysikalischer Eigenschaften von Molekülen. C. Bräuchle und D. M. Burland; *Angew. Chem.* **95**, 579 (1983).

Verzögerte Fluoreszenz lebender Pflanzenzellen. H. Krause, V. Gerhardt und W. Gerhardt; *Phys. unserer Zeit* **15**, 182, (1984).

Uran-Isotopentrennung mit Lasern. Phys. unserer Zeit **17**, 69, (1986).

Mößbauer-Spektroskopie:

Experimentral aspects of Mössbauer spectroscopy. R. H. Herber and Y. Hazony; *Techniques of chemistry* (A. Weissberger and B. W. Rossiter, eds.) IIID, 215, Wiley-Interscience, New York, 1972.

Physical methods in advanced inorganic chemistry. H. A. O. Hill and P. Day (eds.); Interscience, London, 1968.

Der Mößbauer-Effekt und seine Bedeutung für die Chemie. E. Fluck, W. Kerler und W. Neuwirth; *Angew. Chem.* **75**, 461 (1963).

Zur Gamma-Resonanzspektroskopie (Mößbauerspektroskopie) in der Chemie. V. I. Goldanski; *Angew. Chem.* **79**, 844 (1967).

Gammastrahlen-Resonanzspektroskopie und chemische Bindung. R. L. Mößbauer; *Angew. Chem.* **83**, 524 (1971).

Mößbauer-Spektroskopie. P. Gütlich; *Chem. unserer Zeit* **4**, 133 (1970), **5**, 131 (1971).

Kapitel 21

Elementary statistical thermodynamics. L. K. Nash; Addison-Wesley, Reading, 1968.

The second law. P. W. Atkins; Scientific American Books, New York, 1984.

The second law. H. A. Bent; Oxford University Press, 1965.

Statistical thermodynamics. B. J. McClelland; Wiley, New York, 1973.

Statistical thermodynamics. D. A. McQuarrie; Harper & Row, New York, 1976.

Statistical thermodynamics. N. Davidson; McGraw-Hill, New York, 1962.

An introduction to statistical mechanics. T. L. Hill; Addison-Wesley, Reading, 1960.

Statistical thermodynamics. A. Münster, Springer, Berlin, 1974.

Entropy, the devil on the pillion. J. Zernike; Kluwer, Deventer, 1972.

Chemische Statistik. H. Moesta; Springer, Berlin, 1979.

Kapitel 22

Elementary statistical thermodynamics. L. K. Nash; Addison-Wesley, Reading, 1968.

Statistical thermodynamics. B. J. McClelland; Wiley, New York, 1973.

Statistical thermodynamics. D. A. McQuarrie; Harper & Row, New York, 1976.

Statistical thermodynamics. N. Davidson; McGraw-Hill, New York, 1962.

An Introduction to statistical mechanics. T. L. Hill; Addison-Wesley, Reading, 1960.

Statistical thermodynamics. A. Münster, Springer, Berlin, 1974.

Kapitel 23

Kristalle:

The third dimension in chemistry. A. F. Wells; Clarendon Press, Oxford, 1956 (reissued 1968).

An introduction to crystallography. F. C. Phillips; Longman, London, 1979.

Elementary crystallography. M. J. Buerger, Wiley, New York, 1956.

Introduction to crystal geometry. M. J. Buerger, McGraew-Hill, New York, 1971.

Röntgenbeugung:

Kristallstrukturbestimmung. S. Haussühl; VCH Verlagsgesellschaft, Weinheim, 1979.

Crystal structure analysis. J. P. Glusker and K. N. Trueblood; Oxford University Press, 1972.

X-ray crystal structure analysis. W. N. Lipscomb and R. A. Jacobson; *Techniques of chemistry* (A. Weissberger und B. W. Rossiter, eds.) IIID, 1, Wiley-Interscience, New York, 1972.

An introduction to X-ray crystallography. M. M. Woolfson; Cambridge University Press, 1970.

Elektronenbeugung:

Electron diffraction by gases. L. S. Bartell; *Techniques of chemistry* (A. Weissberger und B. W. Rossiter, eds.) IIID, 125, Wiley-Interscience, New York, 1972.

Electron diffraction. T. B. Rymer; Chapman and Hall, London, 1970.

Neutronenbeugung:

Neutron diffraction. G. E. Bacon; Oxford University Press, 1975.

Daten:

Tables of interatomic distances and configurations of molecules. L. E. Sutton (ed.); Chem. Soc. Special Publication 11, 1958 (Supplement, Special Publication 18, 1965).

Structural inorganic chemistry (5th edn.). A. F. Wells; Clarendon Press, Oxford, 1984.

Crystal structure (5 sections und supplements). R. W. G. Wycoff; Wiley-Interscience, New York, 1959.

Ergänzung:

Diffuse Kleinwinkelstreuung (Bestimmung von Größe und Gestalt von Kolloidteilchen und Makromolekülen. O. Kratky. *Angew. Chem.* **72**, 467 (1960).

Strukturbestimmung freier Moleküle durch Elektronenbeugung. A. Almenningen, O. Bastiansen, A. Haaland und H. M. Seip; *Angew. Chem.* **77**, 877 (1965).

Die Röntgenstrukturanalyse komplizierter Moleküle (Nobel-Vortrag). Dorothy Crowfoot-Hodgkin; *Angew. Chem.* **77**, 954 (1965).

Spezifikation der molekularen Chiralität. R. S. Cahn., C. K. Ingold und V. Prelog; *Angew. Chem.* **78**, 413 (1966).

Kristallstrukturanalyse und Neutronenbeugung. G. Will; *Angew. Chem.* **81**, 307, 984 (1966).

50 Jahre Theorie der Wasserstoffbrückenbindung. M. K. Huggins; *Angew. Chem.* **83**, 163 (1971).

Hochauflösende Röntgen-Strukturanalyse – eine experimentelle Methode zur Beschreibung chemischer Bindungen. K. Angermund, K. H. Claus, R. Goddard und C. Krüger, *Angew. Chem.* **97**, 241 (1985).

Röntgenstrukturuntersuchungen von Flüssigkeiten. H. Zimmermann; *Chem. unserer Zeit* **9**, 99 (1975).

Kristalluntersuchungen mit Neutronenbeugung. Phys. unserer Zeit **4**, 13 (1973).

Kapitel 24

Dipolmomente und Polarisierbarkeiten:

Determination of dipole moments. C. P. Smyth; *Techniques of chemistry* (A. Weissberger und B. W. Rossiter, eds.) IV, 397, Wiley-Interscience, New York, 1972.

Determination of dielectric constant and loss. W. E. Vaughan, C. P. Smyth, and J. C. Powles; *Techniques of chemistry* (A. Weissberger und B. W. Rossiter, eds.) IV, 431, Wiley-Interscience, New York, 1972.

Tables of experimental dipole moments. A. L. McClellan; W. H. Freeman & Co., San Francisco, 1963.

Zwischenmolekulare Kräfte:

Molecular forces. B. Chu; Wiley-Interscience, New York, 1967.

Intermolecular forces: their origin and determination. G. C. Maitland, M. Rigby, E. B. Smith, and W. A. Wakeham; Clarendon Press, Oxford, 1981.

Molecular beams in chemistry. M. A. D. Fluendy and K. P. Lawley; Chapman and Hall, London, 1974.

Molecular beams. J. Ross (ed.). *Adv. chem. Phys.* **10** (1966).

Elastic scattering. U. Buck; *Adv. chem. Phys.* **30**, 313 (1975).

Flüssigkeiten:

The structure of liquids. J. S. Rowlinson in *Essays in chemistry* (J. N. Bradley, R. D. Gillard, and R. F. Hudson, eds.), **1**, 1 (1970).

Properties of liquids and solutions. J. N. Murrell and E. A. Boucher; Wiley-Interscience, New York, 1982.

Computer simulation of liquids. D. Tildesley and M. P. Allen; Clarendon Press, Oxford, 1986.

Magnetismus:

Magnetochemie. A. Weiss und H. Witte; VCH Verlagsgesellschaft, Weinheim, 1973.

Introduction to magnetochemistry. A. Earnshaw; Academic Press, New York, 1968.

Instrumentation and techniques for measuring magnetic susceptibility. L. N. Mulay *Techniques of chemistry* (A. Weissberger und B. W. Rossiter, eds.) IV, 431, Wiley-Interscience, New York, 1972.

Ergänzung:

Zur Entwicklung der Molekularphysik – Peter Debye zum 75. Geburtstag. K. Wirtz; *Angew. Chem.* **71**, 1 (1960).

Chemie und Verwendung flüssiger Kristalle. R. Steinsträßer und L. Pohl; *Angew. Chem.* **85**, 706 (1973).

Modellbetrachtungen einfacher Flüssigkeiten. W. A. P. Luck; *Angew. Chem.* **91**, 408 (1979).

Struktur einfacher molekularer Flüssigkeiten. M. D. Zeidler; *Angew. Chem.* **92**, 700 (1980).

Modellbetrachtungen von Flüssigkeiten mit Wasserstoffbrücken. W. A. P. Luck; *Angew. Chem.* **92**, 29 (1980).

Zwischenmolekulare Kräfte – Ein Beispiel für das Zusammenwirken von Theorie und Experiment. F. Schuster; *Angew. Chem.* **93**, 532 (1981).

Flüssigkristalle: Ein Werkzeug für Chiralitätsuntersuchungen. G. Solladie und R. G. Zimmermann; *Angew. Chem.* **96**, 335 (1984).

Flüssige Kristalle. G. H. Brown; *Chem. unserer Zeit* **1**, 42 (1968).

Flüssige Kristalle. M. Kobale und H. Krüger; *Phys. unserer Zeit* **6**, 66 (1975).

Flüssige Kristalle. R. Eidenschink; *Phys. unserer Zeit* **18**, 168 (1984).

Kapitel 25

Biologische Makromoleküle:

Physical biochemistry. K. E. van Holde; Prentice Hall, Englewood Cliffs, 1971.

Physical biochemistry. (2nd edn.) D. Freifelder; W. H. Freeman & Co., San Francisco, 1982.

Biophysical chemistry. A. G. Marshall; Wiley-Interscience, New York, 1978.

Biophysical chemistry (Part 1). C. R. Cantor and P. R. Schimmel; W. H. Freeman & Co., San Francisco, 1980.

Struktur und Funktion der Proteine. R. E. Dickerson und I. Geiss; VCH Verlagsgesellschaft, Weinheim, 1981.

Polymere:

Physical chemistry of macromolecules. C. Tanford; Wiley, New York, 1961.

Principles of polymer chemistry. P. Flory; Cornell University Press, 1953.

Kolloide:

Colloids and interparticle forces. D. Eagland; *Contemporary physics* **14**, 119 (1973).

Colloids and interparticle forces. J. N. Israelichvili; *Contemporary physics* **15**, 159 (1974).

Physical chemistry of surfaces (3rd edn.). A. W. Adamson; Wiley. New York, 1976.

Surfactants and interfacial phenomena. M. J. Rosen; Wiley-Interscience, New York, 1978.

Kapitel 26

Kinetic theory of gases. R. D. Present; McGraw-Hill, New York, 1958.

Gases, liquids, and solids (2nd edn.). D. Tabor; Cambridge University Press, 1979.

Three phases of matter (2nd edn.). A. J. Walton; Clarendon Press, Oxford, 1983.

Transport phenomena. R. B. Bird, W. E. Stewart, and E. N. Lightfoot; Wiley, New York, 1960.

The molecular theory of gases and liquids. J. O. Hirschfelder, C. F. Curtiss, and R. B. Bird; Wiley, New York, 1954.

Kapitel 27

Ionentransport:

Conductivity. T. Shedlovsky; *Techniques of chemistry* (A. Weissberger und B. W. Rossiter, eds.) IIa, 163, Wiley-Interscience, New York, 1971.

Determination of transference numbers. M. Spiro; *Techniques of chemistry* (A. Weissberger und B. W. Rossiter, eds.) IIa, 205, Wiley-Interscience, New York, 1971.

Electrolyte solutions (2nd edn.). R. A. Robinson und R. H. Stokes; Academic Press, New York and Butterworth, London, 1959.

Ionic solution theory. H. L. Friedman; Wiley-Interscience, New York, 1962.

Electrolytic conductance. R. M. Fuoss and F. Accascina; Wiley-Interscience, New York, 1959.

Diffusion:

Experimental methods for studying diffusion in liquids, gases, and solids. P. J. Dunlop, B. J. Steel, and J. E. Jane; *Techniques of chemistry* (A. Weissberger und B. W. Rossiter, eds.) IV, 205, Wiley-Interscience, New York, 1972.

Diffusion in solids, liquids, and gases. W. Jost; Academic Press, New York, 1960.

The mathematics of diffusion (2nd edn.). J. Crank; Clarendon Press, Oxford, 1975.

Ergänzung:

Die Bewegung von Ionen: Prinzipien und Vorstellungen (Nobel-Vortrag). L. Onsager; *Angew. Chem.* **81**, 1009 (1969).

Die Struktur solvatisierter Ionenpaare. J. Smid; *Angew. Chem.* **84**, 127 (1972).

Mechanismen des biologischen Ionentransports – Carrier, Kanäle und Pumpen in künstlichen Lipidmembranen. P. Läuger; *Angew. Chem.* **97**, 939 (1985).

Das Experiment: Zum Fließverhalten nicht-Newtonscher Stoffe. G. Mennig; *Chem. unserer Zeit* **5**, 57 (1971).

Die dynamische Biomembran: Regulation von Transportaktivitäten in tierischen Zellen. T. Bakker-Grunwald; *Chem. unserer Zeit* **19**, 69 (1985).

Elektrochemie – kurz und bündig. H. Ebert; Vogel, Wiesbaden, 1979.

Kapitel 28

Chemical kinetics (2nd edn.). K. J. Laidler; McGraw-Hill, New York, 1965.

Chemical kinetics. J. Nicholas; Harper & Row, New York,1976.

Rates and mechanisms of chemical reactions. W. C. Gardner; Benjamin, New York, 1969.

Foundations of chemical kinetics. S. W. Benson; McGraw-Hill, New York, 1960.

Homogeneous gas phase reactions. A. Maccoll; *Techniques of chemistry* (E. S. Lewis, ed.) VIA, 47, Wiley-Interscience, New York, 1974.

Kinetics in solution. J. F. Bunnett; *Techniques of chemistry* (E. S. Lewis, ed.) VIA, 129, Wiley-Interscience, New York, 1974.

Comprehensive chemical kinetics (Vols. 1-20). C. H. Bamford and C. F. Tipper (eds.); Elsevier, Amsterdam, 1969-1980.

Kinetic data on gas phase unimolecular reactions. S. W. Benson and H. E. O'Neal; NSRDS-NBS-21, US Department of Commerce, Washington, 1970.

Tables of bimolecular gas phase reactions. A. F. Trotman-Dickenson and G. S. Milne; NSRDS-NBS-9, US Department of Commerce, Washington, 1967.

Biosynthese eines Enzyms. Information, Induktion, Repression. J. Monod; *Angew. Chem.* **71**, 685 (1959).

Zum Ablauf der Niederdruckpolymerisation der α-Olefine. F. Patat und H. Sinn; *Angew. Chem.* **70**, 496 (1958).

Untersuchungen einiger schneller Reaktionen in Gasen durch Blitzlichtphotolyse und kinetische Spektroskopie (Nobel-Vortrag). R. G. W. Norrish; *Angew. Chem.* **80**, 868 (1968).

Die "unmeßbar" schnellen Reaktionen (Nobel-Vortrag). M. Eigen; *Angew. Chem.* **80**, 882 (1968).

Bedeutung und Anwendung der Arrhenius-Aktivierungsenergie. M. Menzinger und R. L. Wolfgang. *Angew. Chem.* **81**, 446 (1969).

Reaktionen von Atomen. H. G. Wagner und J. Wolfrum; *Angew. Chem.* **83**, 561 (1971).

Zur anomalen Temperaturabhängigkeit enzymkatalysierter Reaktionen. G. Talsky; *Angew. Chem.* **83**, 553 (1971).

Kinetik intramolekularer Reaktionen aus Relaxationszeitmessungen. J. B. Lambert, R. J. Nienhuis und J. W. Keepers; *Angew. Chem.* **93**, 553 (1981).

Zeitlineare Temperaturführung – der Weg zu einer neuen Reaktionskinetik. E. Koch; *Angew. Chem.* **93**, 553 (1981).

Die Kinetik schneller chemischer Reaktionen in Lösung. H. Strehlow; *Chem. unserer Zeit* **2**, 18 (1968).

Molekulare Photochemie. N. J. Turro; *Chem. unserer Zeit* **6**, 135 (1972).

Homogene Katalyse in der Technik. J. Falbe und H. Bahrmann; *Chem. unserer Zeit* **15**, 37 (1981).

Auf dem Weg zu Enzymmodellen. F. Diederich; *Chem. unserer Zeit* **17**, 56 (1983).

Auswertung und Analyse kinetischer Messungen. E. S. Swinbourne; VCH Verlagsgesellschaft. Weinheim, 1975.

Kapitel 29

Kettenreaktionen:

Chain reactions. V. N. Kondratiev; *Comprehensive chemical kinetics, Vol. 2* (C. H. Bamford and C. F. Tipper, eds.); Elsevier, Amsterdam, 1970.

Kinetics of chemical chain reactions. F. G. R. Gimblett; McGraw-Hill, New York, 1970.

Polymer chemistry. J. C. Bevington in *Photochemistry and reaction kinetics* (P. G. Ashmore, F. S. Dainton, and T. M. Sugden, eds.); Cambridge University Press, 1967.

Principles of polymer chemistry. P. Flory; Cornell University Press, 1953.

Photochemie:

Photochemistry. R. P. Wayne; Butterworth, London, 1970.

Introduction to molecular photochemistry. C. H. J. Wells; Chapman and Hall, London, 1972.

Chemistry of the atmosphere. M. J. McEwan and L. F. Phillips; Edward Arnold, London, 1975.

Chemistry of atmospheres. R. P. Wayne; Clarendon Press, Oxford, 1985.

Photochemie. G. von Bünau und T. Wolff; VCH Verlagsgesellschaft, Weinheim, 1987.

Oszillierende Reaktionen:

Oscillating chemical reactions. I. R. Epstein, K. Kustin, P. De Kepper, and M. Orban; *Scientific American* **248** (3), 96 (1983).

Chemical reactor theory (3rd edn.). K. G. Denbigh and J. C. R. Turner; Cambridge University Press, 1984.

The physical chemistry of biological organization. A. R. Peacocke; Clarendon Press, Oxford, 1983.

Schnelle Reaktionen:

Fast reactions. J. N.Bradley; Clarendon Press, Oxford, 1974.

Flash photolysis. G. Porter and M. A. West; *Techniques of chemistry* (G. G. Hammes, ed.) VIB, 367, Wiley-Interscience, New York, 1974.

Rapid flow methods. B. B. Chance; *Techniques of chemistry* (G. G. Hammes, ed.) VIB, 5, Wiley-Interscience, New York, 1974.

Temperature-jump methods. G. G. Hammes; *Techniques of chemistry* (G. G. Hammes, ed.) VIB, 147, Wiley-Interscience, New York, 1974.

Pressure-jump methods. W. Knoche; *Techniques of chemistry* (G. G. Hammes, ed.) VIB, 187, Wiley-Interscience, New York, 1974.

Photostationary methods. R. M. Noyes; *Techniques of chemistry* (G. G. Hammes, ed.) VIB, 343, Wiley-Interscience, New York, 1974.

Ergänzung:

Untersuchungen zum Wirkungsmechanismus von Enzymen. G. Pfleiderer; *Angew. Chem.* **72**, 160 (1960).

Chemisch erzeugte angeregte Zustände. E. H. White, J. D. Miano, C. J. Watkins und E. J. Breaux; *Angew. Chem.* **86**, 292 (1974).

Effizienz und Evolution der Enzymkatalyse. W. J. Albery und J. R. Knowles; *Angew. Chem.* **89**, 295 (1977).

Entropie, Bindungsenergie und enzymatische Katalyse. M. I. Page; *Angew. Chem.* **89**, 456 (1977).

Chemische Oszillationen. U. F. Franck; *Angew. Chem.* **90**, 1 (1978).

Der Lösungsmitteleinfluß auf chemische Reaktionen. C. Reichardt; *Chem. unserer Zeit* **15**, 139 (1981).

Aufklärung von Reaktionsmechanismen. R. W. Hoffmann; Thieme, Stuttgart, 1976.

Kapitel 30

Allgemeine Literatur:

Reaction kinetics. M. J. Pilling; Clarendon Press, Oxford, 1974.

Theory of chemical reaction rates. K. J. Laidler; McGraw-Hill, New York, 1969.

Gas phase reaction rate theory, H. S. Johnstone; Ronald, New York, 1966.

Kinetics and dynamics of elementary gas reactions. I. W. M. Smith; Butterworth, London, 1980.

Energetic principles of chemical reaction. J. Simons; Jones and Bartlett, Portola Valley, 1983.

Correlation analysis in organic chemistry. J. Shorter, Clarendon Press, Oxford, 1973.

Theorie des aktivierten Komplexes:

Activated complex theory: current status, extensions, and applications. R. A. Marcus; *Techniques of chemistry* (E. S. Lewis, ed.) VIA, 13, Wiley-Interscience, New York, 1974.

Diffusion und Reaktionen:

Chemical reactor theory (3rd edn.). K. Denbigh and J. C. R. Turner; Cambridge University Press, 1984.

The mathematics of diffusion (2nd edn.). J. Crank; Clarendon Press, Oxford, 1975.

Molekularstrahlen:

Molecular beams in chemistry. M. A. D. Fluendy and K. P. Lawley; Chapman and Hall, London, 1974.

Molecular beams in chemistry. J. E. Jordan, E. A. Mason, and I. Amdur; *Techniques of chemistry* (A. Weissberger and B. W. Rossiter, eds.) IIID, 365, Wiley-Interscience, New York, 1972.

Reactive scattering. R. Grice; *Adv. chem. Phys.* **30**, 249 (1975).

Molecular reaction dynamics. R. D. Levine and R. B. Bernstein; Clarendon Press, Oxford, 1974.

Chemical dynamics via molecular beam and laser techniques. R. B. Bernstein; Clarendon Press, Oxford, 1982.

Ergänzung:

Zum kinetischen Nachweis reaktiver Zwischenstufen. R. Huisgen; *Angew. Chem.* **82**, 783 (1970).

Störungstheoretische Behandlung der chemischen Reaktivität. R. F. Hudson; *Angew. Chem.* **85**, 63 (1973).

Reaktionswege auf mehrdimensionalen Energiehyperflächen. K. Müller; *Angew. Chem.* **92**, 1 (1980).

Grenzorbitale – ihre Bedeutung bei chemischen Reaktionen. K. Fukui; *Angew. Chem.* **94**, 852 (1982).

Untersuchungen in Molekularstrahlen. W. Seidel; *Chem. unserer Zeit* **6**, 112 (1972).

Kapitel 31

Adsorption:

On physical adsorption. S. Ross and J. P. Oliver; Interscience, New York, 1964.

Physical chemistry of surfaces (3rd edn.) A. W. Adamson; Wiley-Interscience, New York, 1975.

Principles of surfaces chemistry. G. Somorjai; Prentice Hall, Englewood Cliffs, 1972.

Chemisorption. D. O. Haywood and B. M. W. Trapnell; Butterworth, London, 1964.

The dynamical character of adsorption. J. de Boer; Clarendon Press, Oxford, 1953.

An introduction to chemisorption and catalysis. R. P. H. Gasser; Clarendon Press, Oxford, 1985.

Chemistry of the metal-gas interface. M. W. Roberts and C. S. McKee; Clarendon Press, Oxford, 1978.

Katalyse:

Chemistry in two dimensions: surfaces. G. Somorjai; Cornell University Press, 1981.

Heterogeneous catalysis: principles and applications (2nd edn.). G. C. Bond; Clarendon Press, Oxford, 1986.

Introduction to the principles of heterogeneous catalysis. J. M. Thomas and W. J. Thomas; Academic Press, New York, 1967.

Kinetics of heterogeneous catalysis reactions. M. Boudart and G. Djéga-Mariadassou; Princeton University Press, 1984.

Heterogeneous catalysis in practice. C. Satterfield; McGraw-Hill, New York, 1980.

Ergänzung:

Abbildung und Analyse von Oberflächen mit Rasterelektronenmikroskop und Elektronenspektrometer. R. Holm; *Angew. Chem.* **83**, 632 (1971).

Chemische Bindung an Oberflächen. G. Samorjai; *Angew. Chem.* **89**, 94 (1977).

Oberflächenchemie aus der Sicht eines Komplexchemikers. E. L. Mutterties; *Angew. Chem.* **90**, 577 (1978).

Katalysatoren zur Reinigung von Autoabgasen. Chem. unserer Zeit **18**, 37 (1984).

Low energy electrons and surface chemistry. G. Ertl und J. Küppers; VCH Verlagsgesellschaft, Weinheim, 1986.

Kapitel 32

Elektrodenprozesse:

Electrode processes. G. J. Hills; *Essays in chemistry* (J. N. Bradley, R. D. Gillard, and R. F. Hudson, eds.) **2**, 19 (1971).

Experimental approach to electrochemistry. N. J. Selley; Edward Arnold, London, 1977.

Modern electrochemistry. J. O'M. Bockris and A. K. N. Reddy; Plenum, New York, 1970.

Electrode kinetics. W. J. Albery; Clarendon Press, Oxford, 1974.

Reactions of molecules at electrodes. N. S. Hush; Wiley-Interscience, New York, 1971.

Charge transfer processes in condensed media. J. Ulstrup; Springer, Berlin, 1979.

Elektroanalytische Methoden:

Potentiometry: oxidation-reduction potentials. S. Wawzonek; *Techniques of chemistry* (A. Weissberger and B. W. Rossiter, eds.) IIA, 1, Wiley-Interscience, New York, 1971.

Electrochemical techniques. A. J. Bard and L. R. Faulkner; Wiley-Interscience, New York, 1979.

Brennstoffzellen:

Fuel cells: their electrochemistry. J. O'M. Bockris and S. N. Srinivasan; McGraw-Hill, New York, 1969.

Fuel cells. A. McDougall; Macmillan, London, 1976.

Korrosion:

Advances in corrosion science and technology. M. G. Fontana and R. W. Staehle (eds.); Plenum, New York, 1980.

Ergänzung:

Entwicklungslinien der Polarographie (Nobel-Vortrag). J. Heyrovsky; *Angew. Chem.* **72**, 427 (1960).

Über die Passivität der Metalle. K. Schwabe; *Angew. Chem.* **78**, 253 (1966).

Brennstoffzellen – moderne elektrochemische Stromquellen. K. J. Euler; *Chem. unserer Zeit* **1**, 65 (1967).

Metallkorrosion. G. Fäßler; *Chem. unserer Zeit* **3**, 76 (1969).

Elektrochemische Stromquellen heute. H. Schmidt und W. Vielstich; *Chem. unserer Zeit* **6**, 101 (1972).

Batterien fürs Elektroauto. Phys. unserer Zeit **7**, 33 (1976).

Die Natrium/Schwefel-Batterie. W. Fischer und W. Haar; *Phys. unserer Zeit* **9**, 184 (1978).

Zinkchlorid-Batterie und Redoxzellen. J. Fricke, *Phys. unserer Zeit* **11**, 157 (1980).

Elektroanalytische Methoden I: Elektrodenreaktionen und Chronoamperometrie. B. Speiser; *Chem. unserer Zeit* **15**, 21 (1981).

Elektroanalytische Methoden II: Cyclische Voltammetrie. B. Speiser; *Phys. unserer Zeit* **15**, 62 (1981).

Energiespeicher. J. Fricke; *Phys. unserer Zeit* **13**, 2 (1982).

Photoelektrochemische Zellen – chemischer Treibstoff aus Sonnenenergie. Phys. unserer Zeit **15**, 123 (1984).

Grundlagen der Technischen Elektrochemie, E. Heitz und G. Kreysa; VCH Verlagsgesellschaft, Weinheim, 1980.

Kapitel 33

Thermodynamik irreversibler Prozesse. S. R. de Groot; BI, Mannheim, 1960.

Grundlagen der Thermodynamik irreversibler Prozesse. S. R. de Groot und P. Mazur; BI, Mannheim, 1969.

Introduction to thermodynamics of irreversible processes. I. Prigogine; Interscience, New York, 1967.

Thermodynamic theory of structure, stability and fluctuations. P. Glansdorff and I. Prigogine; Wiley-Interscience, London, 1971.

Reciprocal relations in irreversible processes. L. Onsager; *Physical Review* **37**, 405 (1931), **38**, 2265 (1931).

Selforganization of matter and the evolution. M. Eigen; *Die Naturwissenschaften* **58**, 465 (1971).

Irreversible Thermodynamik für Chemiker. A. Höpfner; Sammlung Göschen Nr. 2611, Berlin, 1976.

Darwin und die Molekularbiologie. M. Eigen; *Angew. Chem.* **93**, 221 (1981).

Evolution – Von Molekülen zu Gesellschaften. Teil I. Dynamik der Polynukleotidreplikation. P. Schuster; *Phys. unserer Zeit* **14**, 66 (1983).

Molekulare Selbstorganisation und Ursprung des Lebens. H. Kuhn und J. Waser; *Angew. Chem.* **93**, 495 (1981).

Thermodynamik irreversibler Prozesse. H.-W. Kammer und K. Schwabe; VCH Verlagsgesellschaft, Weinheim, 1985.

Die Methode der kleinsten Quadrate

Im Lehrbuch ist die lineare Regression [Kasten 0–2] beschrieben, mit der durch eine Reihe von Meßpunkten $[x_\nu]$, $[y_\nu]$, $\nu = 1$ bis ν eine Gerade gelegt wird. In manchen Fällen erreicht man es auch mit Hilfe mathematischer Tricks nicht, die Punkte durch eine Gerade wiederzugeben. Dann ist die allgemeine Methode der kleinsten Quadrate (engl. `least squares fit`) zu verwenden.

Aufgabenstellung: die Meßpunkte $[x_\nu]$, $[y_\nu]$, $\nu = 1$ bis ν sind gegeben. Es wird angenommen, sie können durch die Formel

$$y = f(A_\mu, x), \quad \mu = 1 \text{ bis } m$$

zufriedenstellen wiedergegeben werden. Dabei ist f eine Funktion, die dem Problem angepaßt ist, und die A_μ sind Parameter in dieser Funktion, die berechnet werden sollen.

Die Differenzen zwischen den Meßwerten y_ν und den Werten, die wir mit der Funktionen f und den Parametern A_μ berechnen, nennen wir R_ν :

$$R_\nu = y_\nu - f(A_\mu, x_\nu).$$

Die Methode der kleinsten Quadrate läuft darauf hinaus, daß man die Koeffizienten A_μ so bestimmt, daß $\sum_\nu R_\nu^2$ möglichst klein wird.

Schritt 0. Wir müssen mit einem Satz von Werten A_μ $(\mu = 1$ bis $m)$ beginnen. In manchen Fällen konvergiert das Verfahren nur, wenn schon gute Anfangswerte für die A_μ vorgegeben sind.

Schritt 1. Zuerst berechnen wir für alle Meßpunkte x_ν die Funktionswerte $f(A_\mu, x_\nu)$ und mit den Meswerten y_ν die Reste $R_\nu = y_\nu - f(A_\mu, x_\nu)$.

Schritt 2. Die Funktion $f(A_\mu, x_\nu)$ wird nach allen Parametern A_μ differenziert; damit erhalten wir die Ableitungen $\left(\frac{\partial f}{\partial A_\mu}\right)$.

Schritt 3. Jetzt berechnen wir die Koeffizienten des folgenden linearen Gleichungssystems mit den m Unbekannten x_μ :

$$\begin{array}{lllll}
\sum_\nu \left(\frac{\partial F}{\partial A_1}\right)^2 \cdot x_1 & +\sum_\nu \left(\frac{\partial F}{\partial A_1} \cdot \frac{\partial F}{\partial A_2}\right) \cdot x_2 & +\sum_\nu \left(\frac{\partial F}{\partial A_1} \cdot \frac{\partial F}{\partial A_3}\right) \cdot x_3 & + \ldots = & \sum_\nu \left(R_\nu \cdot \frac{\partial F}{A_1}\right) \\
\sum_\nu \left(\frac{\partial F}{\partial A_1} \cdot \frac{\partial F}{\partial A_2}\right) \cdot x_1 & +\sum_\nu \left(\frac{\partial F}{\partial A_2}\right)^2 \cdot x_2 & +\sum_\nu \left(\frac{\partial F}{\partial A_2} \cdot \frac{\partial F}{\partial A_3}\right) \cdot x_3 & + \ldots = & \sum_\nu \left(R_\nu \cdot \frac{\partial F}{A_2}\right) \\
\sum_\nu \left(\frac{\partial F}{\partial A_1} \cdot \frac{\partial F}{\partial A_3}\right) \cdot x_1 & +\sum_\nu \left(\frac{\partial F}{\partial A_3} \cdot \frac{\partial F}{\partial A_2}\right) \cdot x_2 & +\sum_\nu \left(\frac{\partial F}{\partial A_3}\right)^2 \cdot x_3 & + \ldots = & \sum_\nu \left(R_\nu \cdot \frac{\partial F}{A_2}\right) \\
\vdots & \vdots & \vdots & \ddots & \vdots
\end{array}$$

Schritt 4. Die Lösungen x_ν dieses Gleichungssystems addieren wir zu den ursprünglichen A_μ :

$$A'_1 = A_1 + x_1$$

$$A'_2 = A_2 + x_2$$

$$A'_3 = A_3 + x_3$$

allgemein

$$\vdots$$

$$A'_\mu = A_\mu + x_\mu$$

Die Koeffizienten A'_μ bilden jetzt eine bessere Näherung. Mit dieser Näherung wird wieder bei Schritt 1 begonnen. Gegebenenfalls ist das Verfahren mehrere Male zu wiederholen. Wenn man die Summe der Quadrate der Reste $\left(\sum_\nu R_\nu\right)$ berechnet, kann man sehr gut verfolgen, wie die Näherungen besser werden.